U0179449

机械工人切削手册

第 9 版

原北京第一通用机械厂　编

机 械 工 业 出 版 社

《机械工人切削手册》1970 年出版后，曾先后出版过 7 次修订本，销量超过 6000000 册，并获得了第四届全国优秀科技图书二等奖、全国优秀畅销书奖等各种奖项，被广大技术工人誉为好使好用的工具书。

本手册内容以常用数据、公式、图表为主，辅以简要的文字说明和应用实例。本手册共十二章，主要内容包括常用技术资料，切削加工常用技术标准及应用，常用材料及金属热处理，机械零件，切削刀具，车工工作，铣工工作，齿轮加工，磨工工作，刨工、插工工作，钻孔、扩孔、锪孔和铰孔工作，钳工工作等。本手册中所列的数据资料大部分来自生产第一线，并注意收集和整理了工人在实践中创新的加工工艺等经验，具有内容丰富、简明实用、语言通俗、数据可靠的特点。本次修订在保持原有特色的基础上，适当调整了结构，充实更新了内容，使之更加实用、好用。

本手册是一本可供金属切削加工各工种使用的综合性手册，是各类加工制造厂、修配厂和乡镇企业的广大机械工人和工程技术人员必备的工具书，也可供广大职业院校、技术院校的师生使用。

前　言

《机械工人切削手册》自1970年出版后已畅销50余年。作为本手册的主要作者，我曾应邀参加“中国科学技术普及协会、工交科普读物创作研究委员会”的1980年年会，以《编写和修订〈机械工人切削手册〉的几点经验》为题在大会上做了重点发言。本手册于1982年在“机械工业出版社30周年纪念会”上获得优秀图书一等奖，1988年获得第四届全国优秀科技图书二等奖，1986年、1998年、2001年和2005年四次被全国书刊发行业协会评为全国优秀畅销书，深受广大读者欢迎和好评。为了更好地适应机械工业不断发展、工艺技术水平不断提高的需要，以及符合国家和行业标准更新后的行业需求，我们决定对本手册再次进行全面的修订。

本次修订工作的主要重点是：对手册总体结构和内容设置进行了调整和增补，取材以基础、标准、规范、实用和够用为原则，并结合作者长期在生产一线工作的经验，进一步合理完善全书的结构，做到内容翔实、层次清楚、语言简练、图表为主，更便于读者使用。

本次修订后本手册的主要内容包括常用技术资料，切削加工常用技术标准及应用，常用材料及金属热处理，机械零件，切削刀具，车工工作，铣工工作，齿轮加工，磨工工作，刨工、插工工作，钻孔、扩孔、锪孔和铰孔工作，钳工工作等。

为了保证编写质量，本手册从第 1 版编写开始到后来历次修订，编者多次走访一些厂矿企业，聘请来自生产一线有经验的操作工人、技术人员、工程师等进行座谈，研讨汇集编写素材。在此我们向 50 多年来参加编写、历次编辑及给予过我们帮助指导的所有单位和个人表示衷心的感谢。

本次修订工作由陈宏钧完成。由于编者水平有限，手册中难免有不妥之处，恳请广大读者批评指正。

编　者

数字化手册配套资源说明

本书册是机械工业出版社“数字化手册项目”中的一种。随着移动互联技术的发展，给人们获取知识的方式和阅读方式带来了翻天地覆的变化。因此，特设计了本“数字化手册”项目，为读者提供更好的内容服务、方便快捷的查询服务、提质增效的在线计算服务、直观的3D模型和视频服务等不断更新的数字资源知识服务。

本手册属于“纸数复合类”富媒体产品，通过“纸质书+移动互联网”呈现给读者。除了纸质内容外，还提供了大量的数字资源，读者扫描“机械加工微站”，即可在线观看及查询相应的视频课程、计算/工具、3D模型、知识库等资源，希望能为您的工作和学习带来帮助。

机械加工微站

大国技能公众号

机械加工微站主要配备了以下四种数字资源，且在不断更新中：

知识库	包含知识条目 1194 条，方便读者在线查询检索
计算/工具	包含常用小工具 3 个（公差与配合查询、三角函数计算、金属牌号及用途查询等），以及 55 个常用在线计算公式
3D模型	包含多个可互动的仿真 3D 模型
视频课程	包含大量微课视频、实操视频和动画视频，覆盖多个工种

目　录

第二章　切削加工常用技术标准及应用

第三章　常用材料及金属热处理

第四章　机械零件

第五章　切削刀具

第六章 车工工作

第七章　铣工工作

第八章 齿轮加工

第九章　磨工工作

第十章　刨工、插工工作

第十一章　钻孔、扩孔、锪孔和铰孔工作

第十二章　钳工工作

第一章 常用技术资料

一、常用资料

1. 汉语拼音字母（表1-1）

表1-1 汉语拼音字母

字母		名称		字母		名称	
大写	小写	注音符号	读法	大写	小写	注音符号	读法
A	*a*	ㄚ	啊	*N*	*n*	ㄋㄝ	讷
B	*b*	ㄅㄝ	玻	*O*	*o*	ㄛ	喔
C	*c*	ㄘㄝ	雌	*P*	*p*	ㄆㄝ	坡
D	*d*	ㄉㄝ	得	*Q*	*q*	ㄑㄧㄡ	欺
E	*e*	ㄜ	鹅	*R*	*r*	ㄚㄦ	日
F	*f*	ㄝㄈ	佛	*S*	*s*	ㄝㄙ	思
G	*g*	ㄍㄝ	哥	*T*	*t*	ㄊㄝ	特
H	*h*	ㄏㄚ	喝	*U*	*u*	ㄨ	乌
I	*i*	ㄧ	衣	*V*	*v*	ㄪㄝ	维
J	*j*	ㄐㄧㄝ	基	*W*	*w*	ㄨㄚ	娃
K	*k*	ㄎㄝ	科	*X*	*x*	ㄒㄧ	希
L	*l*	ㄝㄌ	勒	*Y*	*y*	ㄧㄚ	呀
M	*m*	ㄝㄇ	摸	*Z*	*z*	ㄗㄝ	资

2. 希腊字母（表1-2）

表1-2 希腊字母

大写	小写	近似读音	大写	小写	近似读音
Α	α	啊耳发	Δ	δ	得耳塔
Β	β	贝塔	Ε	ε	艾普西龙
Γ	γ	嘎马	Ζ	ζ	截塔

（续）

大写	小写	近似读音	大写	小写	近似读音
Η	η	衣塔	Π	π	派
Θ	θ	西塔	Ρ	ρ	柔
Ι	ι	约塔	Σ	σ	西格马
Κ	κ	卡帕	Τ	τ	滔
Λ	λ	兰姆达	Υ	υ	依普西龙
Μ	μ	谬	Φ	φ, ϕ	费衣
Ν	ν	纽	Χ	χ	喜
Ξ	ξ	克西	Ψ	ψ	普西
Ο	ο	奥密克戎	Ω	ω	欧米嘎

3. 拉丁字母（表1-3）

表1-3　拉丁字母

大写	小写	近似读音	大写	小写	近似读音	大写	小写	近似读音
A	a	爱	J	j	街	S	s	爱斯
B	b	比	K	k	克	T	t	提
C	c	西	L	l	爱耳	U	u	由
D	d	低	M	m	爱姆	V	v	维衣
E	e	衣	N	n	恩	W	w	打不留
F	f	爱福	O	o	欧	X	x	爱克斯
G	g	基	P	p	皮	Y	y	歪
H	h	爱曲	Q	q	克由	Z	z	挤
I	i	哀	R	r	啊耳			

4. 国家标准代号及含义（表1-4）

表1-4　国家标准代号及含义

标准代号	含　义
GB	强制性国家标准
GB/T	推荐性国家标准
GBn	国家内部标准
GB/Z	国家标准化指导性技术文件
GBJ	国家工程建设标准
GBW	国家卫生标准

（续）

标准代号	含　义
GJB	国家军用标准
GSB	国家实物标准

5. 部分行业标准代号及含义（表 1-5）

表 1-5　部分行业标准代号及含义

标准代号	含　义
BB	包装行业标准
CB	船舶行业标准
CH	测绘行业标准
CJ	城镇建设行业标准
DL	电力行业标准
DZ	地质矿产行业标准
EJ	核工业行业标准
FZ	纺织行业标准
HB	航空行业标准
HG	化工行业标准
MH	民用航空行业标准
MT	煤炭行业标准
NY	农业行业标准
QB	轻工行业标准
QC	汽车行业标准
HJ	环境保护行业标准
JB	机械行业标准
JC	建材行业标准
JG	建筑工业行业标准
JT	交通行业标准
LD	劳动和劳动安全行业标准
LY	林业行业标准
QJ	航天工业行业标准
SH	石油化工行业标准

（续）

标准代号	含　义
SJ	电子行业标准
SL	水利行业标准
SY	石油天然气行业标准
TB	铁路运输行业标准
WB	物资管理行业标准
WJ	兵工民品行业标准
XB	稀土行业标准
YB	黑色冶金行业标准
YD	通信行业标准
YS	有色冶金行业标准

6. 主要元素的化学符号、相对原子质量和密度（表 1-6）

表 1-6　主要元素的化学符号、相对原子质量和密度

元素名称	化学符号	相对原子质量	密度/(g/cm^3)	元素名称	化学符号	相对原子质量	密度/(g/cm^3)
银	Ag	107.9	10.5	铜	Cu	63.55	8.93
铝	Al	26.98	2.7	氟	F	19	1.11
砷	As	74.92	5.73	铁	Fe	55.85	7.87
金	Au	197	19.3	锗	Ge	72.63	5.36
硼	B	10.83	2.3	汞	Hg	200.6	13.6
钡	Ba	137.3	3.5	碘	I	126.9	4.93
铍	Be	9.012	1.9	铱	Ir	192.2	22.4
铋	Bi	209	9.8	钾	K	39.1	0.86
溴	Br	79.9	3.12	镁	Mg	24.31	1.74
碳	C	12.02	1.9~2.3	锰	Mn	54.94	7.3
钙	Ca	40.08	1.55	钼	Mo	95.96	10.2
镉	Cd	112.4	8.65	钠	Na	22.99	0.97
钴	Co	58.93	8.8	铌	Nb	92.91	8.6
铬	Cr	52	7.19	镍	Ni	58.69	8.9

（续）

元素名称	化学符号	相对原子质量	密度/(g/cm^3)	元素名称	化学符号	相对原子质量	密度/(g/cm^3)
磷	P	30.97	1.82	锡	Sn	118.7	7.3
铅	Pb	207.2	11.34	锶	Sr	87.62	2.6
铂	Pt	195.1	21.45	钽	Ta	180.9	16.6
镭	Ra	226.05	5	钍	Th	232	11.5
铷	Rb	85.47	1.53	钛	Ti	47.87	4.54
钌	Ru	101.1	12.2	铀	U	238	18.7
硫	S	32.08	2.07	钒	V	50.94	5.6
锑	Sb	121.8	6.67	钨	W	183.8	19.15
硒	Se	78.96	4.81	锌	Zn	65.38	7.17
硅	Si	28.08	2.35				

7. 常用材料的熔点（表 1-7）

表 1-7　常用材料的熔点

名称	熔点/℃	名称	熔点/℃
灰铸铁	1200	铝	658
铸钢	1425	铅	327
钢	1 400～1 500	锡	232
黄铜	950	镍	1452
青铜	995	尼龙 1010	200～210
纯铜	1083	有机玻璃	≥108

8. 常用材料的密度（表 1-8）

表 1-8　常用材料的密度

材料名称	密度/(g/cm^3)	材料名称	密度/(g/cm^3)
灰铸铁	6.6～7.4	纯铜材	8.9
球墨铸铁	7.3	黄铜	8.5～8.85
铸钢	7.8	锡青铜	8.8～8.9
不锈钢	7.75	铝板	2.73
高速钢	8.3～8.7	锻铝	2.65～2.8

（续）

材料名称	密度/(g/cm³)	材料名称	密度/(g/cm³)
铸铝	2.55~2.67	尼龙 1010	1.04~1.06
工业镍	8.9	尼龙 1010+30%玻纤	1.19
锡基轴承合金	7.34~7.75		
铅基轴承合金	9.33~10.67	有机玻璃	1.18
K 类硬质合金	13.9~14.9	橡胶	0.93~1.2
松木	0.5~0.6	水泥	1.2
衬垫纸	0.9	石墨	1.9~2.1
石棉胶板	1.5~2	普通玻璃	2.5~2.7
聚氯乙烯	1.35~1.4	普通混凝土	2~2.4
聚四氟乙烯	2.1~2.2	汽油	0.66~0.75

二、法定计量单位及其换算

1. 国际单位制（摘自 GB 3100—1993）

（1）国际单位制的基本单位（表 1-9）

表 1-9 国际单位制的基本单位

量的名称	单位名称	单位符号	量的名称	单位名称	单位符号
长度	米	m	热力学温度	开[尔文]	K
质量	千克(公斤)	kg	物质的量	摩[尔]	mol
时间	秒	s	发光强度	坎[德拉]	cd
电流	安[培]	A			

注：1. 圆括号中的名称，是它前面的名称的同义词，下同。

2. 无方括号的量的名称与单位名称均为全称。方括号中的字，在不致引起混淆、误解的情况下，可以省略。去掉方括号中的字即为其名称的简称。下同。

3. 本标准所称的符号，除特殊指明外，均指我国法定计量单位中所规定的符号以及国际符号，下同。

4. 人民生活和贸易中，质量习惯称为重量。

(2) 国际单位制中具有专门名称和符号的导出单位(表 1-10)

表 1-10 国际单位制中具有专门名称和符号的导出单位

量的名称	SI 导出单位		
	名称	符号	用 SI 基本单位和 SI 导出单位表示
[平面]角	弧度	rad	1rad = 1m/m = 1
立体角	球面度	sr	$1sr = 1m^2/m^2 = 1$
频率	赫[兹]	Hz	$1Hz = 1s^{-1}$
力	牛[顿]	N	$1N = 1kg \cdot m/s^2$
压力,压强,应力	帕[斯卡]	Pa	$1Pa = 1N/m^2$
能[量],功,热量	焦[耳]	J	$1J = 1N \cdot m$
功率,辐[射能]通量	瓦[特]	W	1W = 1J/s
电荷[量]	库[仑]	C	$1C = 1A \cdot s$
电压,电动势,电位(电势)	伏[特]	V	1V = 1W/A
电容	法[拉]	F	1F = 1C/V
电阻	欧[姆]	Ω	1Ω = 1V/A
电导	西[门子]	S	$1S = 1\Omega^{-1}$ 或 1A/V
磁通[量]	韦[伯]	Wb	$1Wb = 1V \cdot s$
磁通[量]密度,磁感应强度	特[斯拉]	T	$1T = 1Wb/m^2$
电感	亨[利]	H	1H = 1Wb/A
摄氏温度	摄氏度	℃	1℃ = 1K
光通量	流[明]	lm	$1lm = 1cd \cdot sr$
[光]照度	勒[克斯]	lx	$1lx = 1lm/m^2$

（3）国际单位制词头（表 1-11）

表 1-11　国际单位制词头

因 数	词头名称	符 号	因 数	词头名称	符 号
10^{24}	尧［它］	Y	10^{-1}	分	d
10^{21}	泽［它］	Z	10^{-2}	厘	c
10^{18}	艾［可萨］	E	10^{-3}	毫	m
10^{15}	拍［它］	P	10^{-6}	微	μ
10^{12}	太［拉］	T	10^{-9}	纳［诺］	n
10^{9}	吉［咖］	G	10^{-12}	皮［可］	p
10^{6}	兆	M	10^{-15}	飞［母托］	f
10^{3}	千	k	10^{-18}	阿［托］	a
10^{2}	百	h	10^{-21}	仄［普托］	z
10^{1}	十	da	10^{-24}	幺［科托］	y

（4）可与国际单位制单位并用的我国法定计量单位（表 1-12）

表 1-12　可与国际单位制单位并用的我国法定计量单位

量的名称	单位名称	单位符号	与 SI 单位的关系
时间	分	min	1min = 60s
	［小］时	h	1h = 60min = 3 600s
	日,（天）	d	1d = 24h = 86 400s

（续）

量的名称	单位名称	单位符号	与 SI 单位的关系
[平面]角	度	°	$1° = (\pi/180)\,\mathrm{rad}$
	[角]分	′	$1' = (1/60)° = (\pi/10\,800)\,\mathrm{rad}$
	[角]秒	″	$1'' = (1/60)' = (\pi/648\,000)\,\mathrm{rad}$
体积	升	L,(l)	$1\mathrm{L} = 1\mathrm{dm}^3 = 10^{-3}\mathrm{m}^3$
质量	吨 原子质量单位	t u	$1\mathrm{t} = 10^3\mathrm{kg}$ $1\mathrm{u} \approx 1.660\,540 \times 10^{-27}\mathrm{kg}$
旋转速度	转每分	r/min	$1\mathrm{r/min} = (1/60)\ \mathrm{s}^{-1}$
长度	海里	n mile	1n mile = 1 852m（只用于航行）
速度	节	kn	1kn = 1n mile/h = (1 852/3 600) m/s （只用于航行）
能	电子伏	eV	$1\mathrm{eV} \approx 1.602\,177 \times 10^{-19}\mathrm{J}$
级差	分贝	dB	
线密度	特[克斯]	tex	$1\mathrm{tex} = 1 \times 10^{-6}\mathrm{kg/m}$
面积	公顷	hm^2	$1\mathrm{hm}^2 = 10^4\mathrm{m}^2$

2. 常用法定计量单位及其换算（表 1-13）

表 1-13　常用法定计量单位及其换算

物理量名称	法定计量单位		非法定计量单位		单位换算
	单位名称	单位符号	单位名称	单位符号	
长度	米	m	公里		1 公里 $=10^3$ m
	海里	n mile	费密		1 费密 $=1$ fm $=10^{-15}$ m
			埃	Å	1Å $=0.1$ nm $=10^{-10}$ m
			英尺	ft	1ft $=0.304\ 8$ m
			英寸	in	1in $=0.025\ 4$ m
			英里	mile	1mile $=1\ 609.344$ m
			密耳	mil	1mil $=25.4\times10^{-6}$ m
面积	平方米	m^2	公亩	a	1a $=10^2\ m^2$
			平方英尺	ft^2	$1ft^2=0.092\ 903\ 04m^2$
			平方英寸	in^2	$1in^2=6.451\ 6\times10^{-4}m^2$
			平方英里	$mile^2$	$1mile^2=2.589\ 99\times10^6m^2$
体积	立方米	m^3	立方英尺	ft^3	$1ft^3=0.028\ 316\ 8m^3$
	升	L,(l)	立方英寸	in^3	$1in^3=1.638\ 71\times10^{-5}m^3$
			英加仑	UKgal	$1UKgal=4.546\ 09dm^3$
			美加仑	USgal	$1USgal=3.785\ 41dm^3$

（续）

物理量名称	法定计量单位		非法定计量单位		单位换算
	单位名称	单位符号	单位名称	单位符号	
质量	千克（公斤）	kg	磅	lb	1lb=0.453 592 37kg
	吨	t	英担	cwt	1cwt=50.802 3kg
	原子质量单位	u	英吨	ton	1ton=1 016.05kg
			短吨	sh ton	1sh ton=907.185kg
			盎司	oz	1oz=28.349 5g
			格令	gr	1gr=0.064 798 91g
			夸特	qr，qtr	1qr=12.700 6kg
			［米制］克拉		1［米制］克拉=2×10^{-4}kg
旋转速度	转每分	r/min	转每秒	r/s	1r/s=(1/60)r/min
力	牛［顿］	N	达因	dyn	1dyn=10^{-5}N
			千克力	kgf	1kgf=9.806 65N
			磅力	lbf	1lbf=4.448 22N
			吨力	tf	1tf=$9.806\ 55\times10^{3}$N
压力，压强，应力	帕［斯卡］	Pa	巴	bar	1bar=10^{5}Pa
			千克力每平方厘米	kgf/cm^2	1kgf/cm^2=0.098 066 5MPa
			毫米水柱	mmH_2O	1mmH_2O=9.806 65Pa
			毫米汞柱	mmHg	1mmHg=133.322Pa

（续）

物理量名称	法定计量单位		非法定计量单位		单位换算
	单位名称	单位符号	单位名称	单位符号	
压力，压强，应力	帕[斯卡]	Pa	托	Torr	1Torr = 133.322Pa
			工程大气压	at	1at = 98 066.5Pa = 98.066 5kPa
			标准大气压	atm	1atm = 101 325Pa = 101.325kPa
			磅力每平方英尺	lbf/ft^2	$1lbf/ft^2$ = 47.880 3Pa
			磅力每平方英寸	lbf/in^2	$1lbf/in^2$ = 6 894.76Pa = 6.894 76kPa
磁通[量]密度，磁感应强度	特[斯拉]	T	高斯	Gs，G	$1Gs = 10^{-4}T$
[光]照度	勒[克斯]	lx	英尺烛光	fc	1fc = 10.764 lx
速度	米每秒	m/s	英尺每秒	ft/s	1ft/s = 0.304 8m/s
	节	kn	英寸每秒	in/s	1in/s = 0.025 4m/s
			英里每[小]时	mile/h	1mile/h = 0.447 04m/s
	千米每[小]时	km/h			1km/h = 0.277 778m/s
	米每分	m/min			1m/min = 0.016 666 7m/s

（续）

物理量名称	法定计量单位		非法定计量单位		单位换算
	单位名称	单位符号	单位名称	单位符号	
加速度	米每二次方秒	m/s^2	标准重力加速度	gn	$1gn = 9.806\ 65m/s^2$
			英尺每二次方秒	ft/s^2	$1ft/s^2 = 0.304\ 8m/s^2$
			伽	Gal	$1Gal = 10^{-2}m/s^2$
力矩	牛[顿]米	N · m	千克力米	kgf · m	1kgf · m = 9.80 665N · m
			磅力英尺	lbf · ft	1lbf · ft = 1.355 82N · m
			磅力英寸	lbf · in	1lbf · in = 0.112 985N · m
密度	千克每立方米	kg/m^3	磅每立方英尺	lb/ft^3	$1lb/ft^3 = 16.018\ 5kg/m^3$
			磅每立方英寸	lb/in^3	$1lb/in^3 = 276\ 79.9kg/m^3$

3. 单位换算

长度单位换算见表 1-14，面积单位换算见表 1-15，体积单位换算见表 1-16，质量单位换算见表 1-17，力单位换算见表 1-18。

表 1-14　长度单位换算

米(m)	厘米(cm)	毫米(mm)	英寸(in)	英尺(ft)	码(yd)	市尺
1	10^2	10^3	39. 37	3. 281	1. 094	3
10^{-2}	1	10	0. 394	3.281×10^{-2}	1.094×10^{-2}	3×10^{-2}
10^{-3}	0. 1	1	3.937×10^{-3}	3.281×10^{-3}	1.094×10^{-3}	3×10^{-3}
2.54×10^{-2}	2. 54	25. 4	1	8.333×10^{-2}	2.778×10^{-2}	7.62×10^{-2}
0. 305	30. 48	3.048×10^2	12	1	0. 333	0. 914
0. 914	91. 44	9.14×10^2	36	3	1	2. 743
0. 333	33. 333	3.333×10^2	13. 123	1. 094	0. 366	1

表 1-15　面积单位换算

平方米(m^2)	平方厘米(cm^2)	平方毫米(mm^2)	平方英寸(in^2)	平方英尺(ft^2)	平方码(yd^2)	平方市尺
1	10^4	10^6	1.55×10^3	10. 764	1. 196	9
10^{-4}	1	10^2	0. 155	1.076×10^{-3}	1.196×10^{-4}	9×10^{-4}
10^{-6}	10^{-2}	1	1.55×10^{-3}	1.076×10^{-5}	1.196×10^{-6}	9×10^{-6}
6.452×10^{-4}	6. 452	6.452×10^2	1	6.944×10^{-3}	7.617×10^{-4}	5.801×10^{-3}
9.29×10^{-2}	9.29×10^2	9.29×10^4	1.44×10^2	1	0. 111	0. 836
0. 836	8361. 3	0.836×10^6	1296	9	1	7. 524
0. 111	1.111×10^3	1.111×10^5	1.722×10^2	1. 196	0. 133	1

表 1-16　体积单位换算

立方米 (m^3)	升 (L)	立方厘米 (cm^3)	立方英寸 (in^3)	立方英尺 (ft^3)	美加仑 (USgal)	英加仑 (UKgal)
1	10^3	10^6	6.102×10^4	35.315	2.642×10^2	2.200×10^2
10^{-3}	1	10^3	61.024	3.532×10^{-2}	0.264	0.220
10^{-6}	10^{-3}	1	6.102×10^{-2}	3.532×10^{-5}	2.642×10^{-4}	2.200×10^{-4}
1.639×10^{-5}	1.639×10^{-2}	16.387	1	5.787×10^{-4}	4.329×10^{-3}	3.605×10^{-3}
2.832×10^{-2}	28.317	2.832×10^4	1.728×10^3	1	7.481	6.229
3.785×10^{-3}	3.785	3.785×10^3	2.310×10^2	0.134	1	0.833
4.546×10^{-3}	4.546	4.546×10^3	2.775×10^2	0.161	1.201	1

表 1-17　质量单位换算

千克(kg)	克(g)	毫克(mg)	吨(t)	英吨(tn)	短吨(sh tn)	磅(lb)
1 000			1	0.984 2	1.102 3	2 204.6
1	1 000		0.001			2.204 6
0.001	1	1 000				
1 016.05			1.016 1	1	1.12	2 240
907.19			0.907 2	0.892 9	1	2 000
0.453 6	453.59					1

表 1-18　力单位换算

牛顿(N)	千克力(kgf)	达因(dyn)	磅力(lbf)	磅达(pdl)
1	0.102	10^5	0.224 8	7.233
9.806 65	1	$9.806\ 65\times10^5$	2.204 6	70.93
10^{-5}	1.02×10^{-5}	1	2.248×10^{-6}	7.233×10^{-5}
4.448	0.453 6	4.448×10^5	1	32.174
0.138 3	1.41×10^{-2}	1.383×10^4	3.108×10^{-2}	1

三、常用数表

1. π 的重要函数表（表 1-19）

表 1-19　π 的重要函数表

π	3.141 593	$\sqrt{2\pi}$	2.506 628
π^2	9.869 604	$\sqrt{\frac{\pi}{2}}$	1.253 314
$\sqrt{\pi}$	1.772 454	$\sqrt[3]{\pi}$	1.464 592
$\frac{1}{\pi}$	0.318 310	$\sqrt{\frac{1}{2\pi}}$	0.398 942
$\frac{1}{\pi^2}$	0.101 321	$\sqrt{\frac{2}{\pi}}$	0.797 885
$\sqrt{\frac{1}{\pi}}$	0.564 190	$\sqrt[3]{\frac{1}{\pi}}$	0.682 784

2. π 的近似分数（表 1-20）

表 1-20　π 的近似分数

近　似　分　数	误　差
$\pi\approx3.14=\frac{157}{50}$	0.001 592 7
$\pi\approx3.142\ 857\ 1=\frac{22}{7}$	0.001 264 4

（续）

近似分数	误差
$\pi \approx 3.1418181=\frac{32\times27}{25\times11}$	0.000 225 4
$\pi \approx 3.1417322=\frac{19\times21}{127}$	0.000 139 5
$\pi \approx 3.1417112=\frac{25\times47}{22\times17}$	0.000 118 5
$\pi \approx 3.1417004=\frac{8\times97}{13\times19}$	0.000 107 7
$\pi \approx 3.1416666=\frac{13\times29}{4\times30}$	0.000 073 9
$\pi \approx 3.1415929=\frac{5\times71}{113}$	0.000 000 2

3. 25.4 的近似分数（表 1-21）

表 1-21　25.4 的近似分数

近似分数	误差
$25.4=\frac{127}{5}$	0
$25.41176=\frac{18\times24}{17}$	0.011 76
$25.39683=\frac{40\times40}{7\times9}$	0.003 17
$25.38461=\frac{11\times30}{13}$	0.015 39

四、几何图形计算

1. 常用几何图形的面积计算公式（表 1-22）

表 1-22　常用几何图形的面积计算公式

名称	图　形	计　算　公　式
正方形	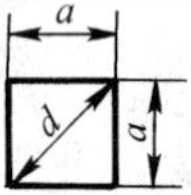	面积 $A=a^2$ $a=0.707d$；$d=1.414a$
长方形	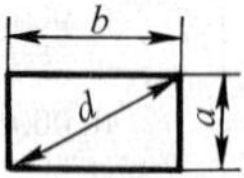	面积 $A=ab$ $d=\sqrt{a^2+b^2}$；$a=\sqrt{d^2-b^2}$； $b=\sqrt{d^2-a^2}$
平行四边形	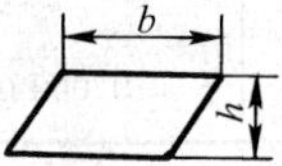	面积 $A=bh$ $h=\frac{A}{b}$；$b=\frac{A}{h}$
菱形	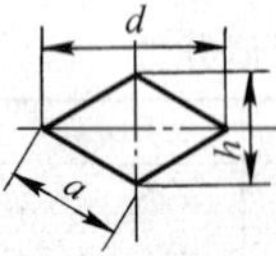	面积 $A=dh$ $a=\frac{1}{2}\sqrt{d^2+h^2}$ $h=\frac{A}{d}$；$d=\frac{A}{h}$
梯形	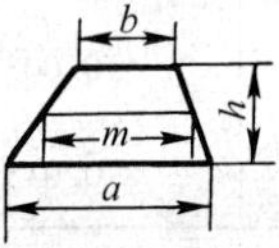	面积 $A=\frac{a+b}{2}h$ $m=\frac{a+b}{2}$；$h=\frac{2A}{a+b}$； $a=\frac{2A}{h}-b$；$b=\frac{2A}{h}-a$
斜梯形	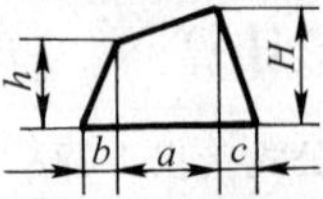	面积 $A=\frac{(H+h)a+bh+cH}{2}$

（续）

名称	图　形	计　算　公　式
等边三角形	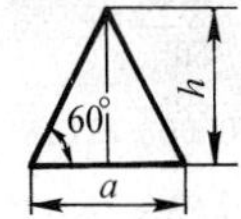	面积 $A=\frac{ah}{2}=0.433a^2$ $=0.577h^2$ $a=1.155h$；$h=0.866a$
直角三角形	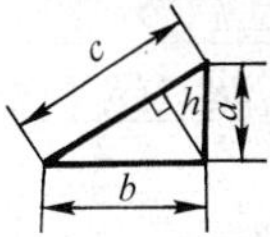	面积 $A=\frac{ab}{2}$ $c=\sqrt{a^2+b^2}$；$h=\frac{ab}{c}$
圆形	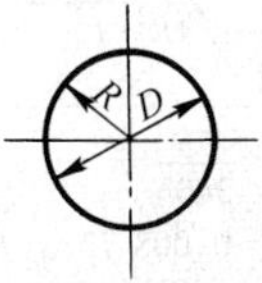	面积 $A=\frac{1}{4}\pi D^2$ $=0.7854D^2=\pi R^2$ 周长 $c=\pi D$；$D=0.318c$
椭圆形	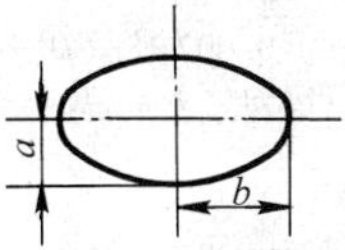	面积 $A=\pi ab$
圆环形	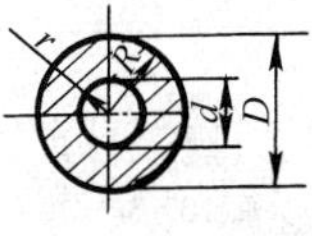	面积 $A=\frac{\pi}{4}(D^2-d^2)$ $=0.785(D^2-d^2)$ $=\pi(R^2-r^2)$

（续）

名称	图形	计算公式
扇形		面积 $A=\dfrac{\pi R^2\alpha}{360°}$ $=0.008\ 727\alpha R^2=\dfrac{Rl}{2}$ $l=\dfrac{\pi R\alpha}{180°}=0.017\ 45R\alpha$ α 的单位为(°)
弓形	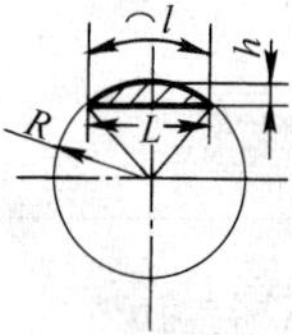	面积 $A=\dfrac{lR}{2}-\dfrac{L(R-h)}{2}$ $R=\dfrac{L^2+4h^2}{8h}$ $h=R-\dfrac{1}{2}\sqrt{4R^2-L^2}$
局部圆环形	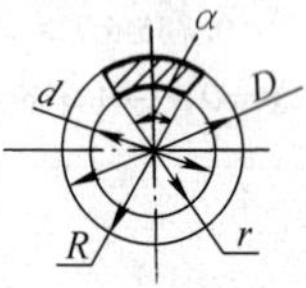	面积 $A=\dfrac{\pi\alpha}{360°}(R^2-r^2)$ $=0.008\ 727\alpha(R^2-r^2)$ $=\dfrac{\pi\alpha}{4\times360°}(D^2-d^2)$ $=0.002\ 18\alpha(D^2-d^2)$ α 的单位为(°)
抛物线弓形	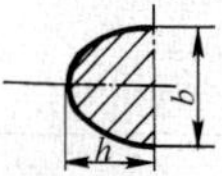	面积 $A=\dfrac{2}{3}bh$
角椽	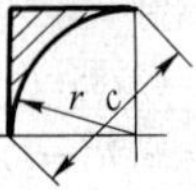	面积 $A=r^2-\dfrac{\pi r^2}{4}=0.214\ 6r^2$ $=0.107\ 3c^2$

（续）

名称	图形	计算公式
正多边形		面积 $A=\frac{SK}{2}n=\frac{1}{2}nSR\cos\frac{\alpha}{2}$ 圆心角 $\alpha=\frac{360°}{n}$ 内角 $\gamma=180°-\frac{360°}{n}$ 式中 S——正多边形边长 n——正多边形边数

2. 常用几何体的表面积和体积的计算公式（表1-23）

表1-23 常用几何体的表面积和体积的计算公式

名称	图形	计算公式
圆柱体		体积 $V=\pi R^2H=\frac{1}{4}\pi D^2H$ 侧表面积 $A_0=2\pi RH$
斜底圆柱体		体积 $V=\pi R^2\frac{H+h}{2}$ 侧表面积 $A_0=\pi R(H+h)$
空心圆柱体		体积 $V=\pi H(R^2-r^2)$ $=\frac{1}{4}\pi H(D^2-d^2)$ 侧表面积 $A_0=2\pi H(R+r)$

（续）

名称	图　　形	计　算　公　式
圆锥体	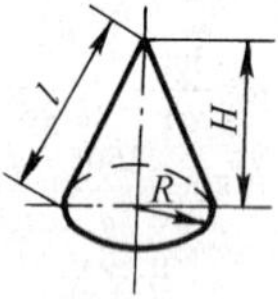	体积 $V=\frac{1}{3}\pi HR^2$ 侧表面积 $A_0=\pi Rl$ $=\pi R\sqrt{R^2+H^2}$ 母线 $l=\sqrt{R^2+H^2}$
截顶圆锥体	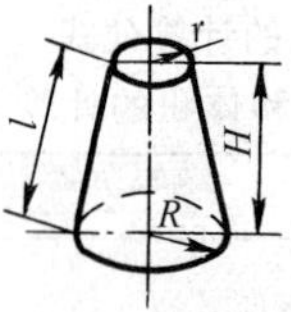	体积 $V=\frac{\pi H}{3}(R^2+r^2+Rr)$ 侧表面积 $A_0=\pi l(R+r)$ 母线 $l=\sqrt{H^2+(R-r)^2}$
正方体	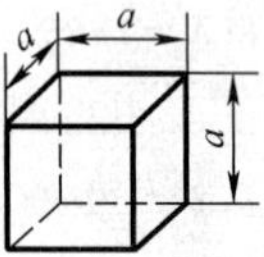	体积 $V=a^3$
长方体	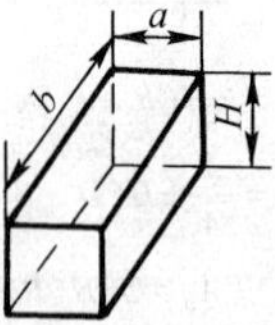	体积 $V=abH$

（续）

名称	图形	计算公式
角锥体	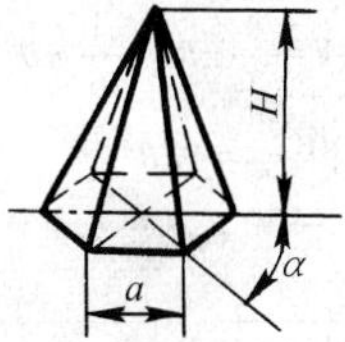	体积 $V=\frac{1}{3}H\times$底面积 $=\frac{na^2H}{12}\cot\frac{\alpha}{2}$ 式中 n——正多边形边数 $\alpha=\frac{360°}{n}$
截顶角锥体	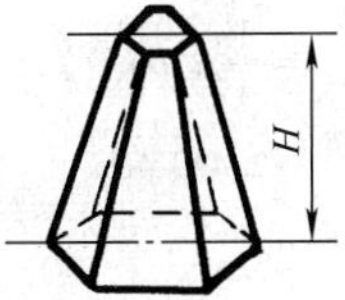	体积 $V=\frac{1}{3}H(A_1+A_2+\sqrt{A_1A_2})$ 式中 A_1——顶面积 A_2——底面积
正方锥体	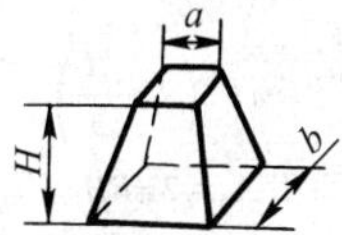	体积 $V=\frac{1}{3}H(a^2+b^2+ab)$
正六棱柱	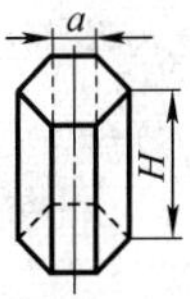	体积 $V=2.598a^2H$

（续）

名称	图　形	计　算　公　式
球体	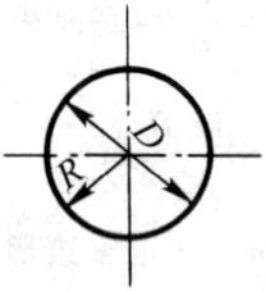	体积 $V=\frac{4}{3}\pi R^3=\frac{1}{6}\pi D^3$ 表面积 $A_n=4\pi R^2$ $=\pi D^2$
圆球体	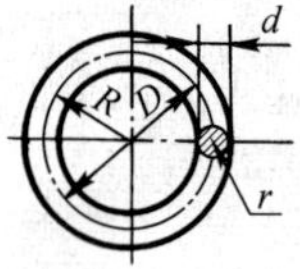	体积 $V=2\pi^2Rr^2$ $=19.739Rr^2$ $=\frac{1}{4}\pi^2Dd^2$ $=2.4674Dd^2$ 表面积 $A_n=4\pi^2Rr$ $=39.48Rr$
截球体	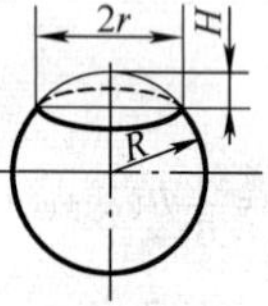	体积 $V=\frac{1}{6}\pi H(3r^2+H^2)$ $=\pi H^2\left(R-\frac{H}{3}\right)$ 侧表面积 $A_0=2\pi RH$
球台体	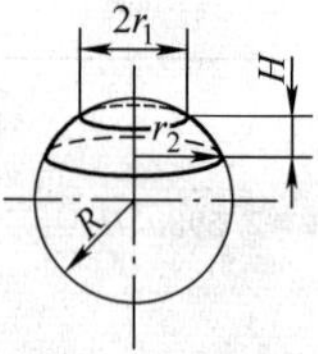	体积 $V=\frac{1}{6}\pi H[3(r_1^2+r_2^2)+H^2]$ 侧表面积 $A_0=2\pi RH$

3. 圆周等分尺寸计算（表 1-24）

表 1-24　圆周等分尺寸计算

名称	图　形	计　算　公　式
内接正三角形	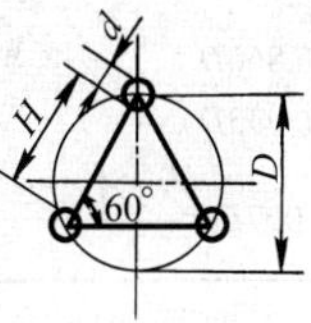	$D=1.155(H+d)$ $H=\dfrac{D-1.155d}{1.155}$
	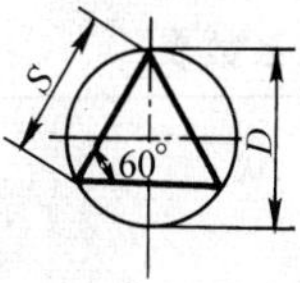	$D=1.155S$ $S=0.866D$
内接正四边形	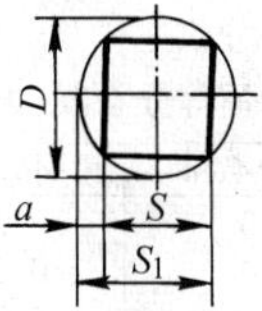	$D=1.414S$ $S=0.707D$ $S_1=0.854D$ $a=0.147D=\dfrac{D-S}{2}$
内接正五边形	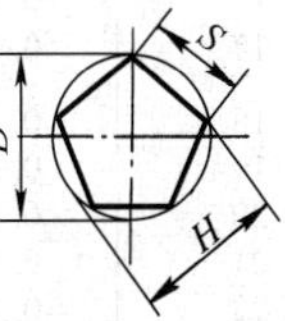	$D=1.701S$ $S=0.588D$ $H=0.951D=1.618S$

（续）

名称	图　形	计　算　公　式
内接正六边形		$D=2S=1.155S_1$ $S=\frac{1}{2}D$ $S_1=0.866D$ $S_2=0.933D$ $a=0.067D=\frac{D-S_1}{2}$

4. 圆周等分系数表（表 1-25）

表 1-25　圆周等分系数表

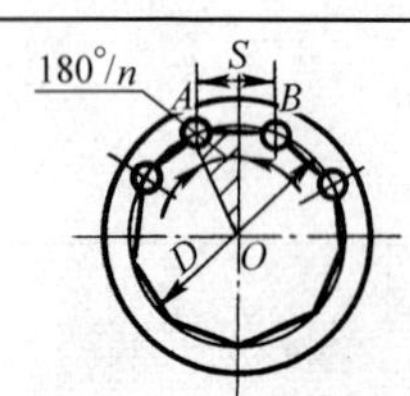

$$S=D\sin\frac{180°}{n}=DK$$

$$K=\sin\frac{180°}{n}$$

式中　n——等分数

K——圆周等分系数（查表）

等分数 n	圆周等分系数 K	等分数 n	圆周等分系数 K
3	0.866 03	13	0.239 32
4	0.707 11	14	0.222 52
5	0.587 79	15	0.207 91
6	0.5	16	0.195 09
7	0.433 88	17	0.183 75
8	0.382 68	18	0.173 65
9	0.342 02	19	0.164 59
10	0.309 02	20	0.156 43
11	0.281 73	21	0.149 04
12	0.258 82	22	0.142 32

（续）

等分数 n	圆周等分系数 K	等分数 n	圆周等分系数 K
23	0. 136 17	54	0. 058 145
24	0. 130 53	55	0. 057 09
25	0. 125 33	56	0. 056 071
26	0. 120 54	57	0. 055 087
27	0. 116 09	58	0. 054 138
28	0. 111 97	59	0. 053 222
29	0. 108 12	60	0. 052 336
30	0. 104 53	61	0. 051 478
31	0. 101 17	62	0. 050 649
32	0. 098 015	63	0. 049 845
33	0. 095 056	64	0. 049 067
34	0. 092 269	65	0. 048 313
35	0. 089 64	66	0. 047 581
36	0. 087 156	67	0. 046 872
37	0. 084 805	68	0. 046 183
38	0. 082 58	69	0. 045 514
39	0. 080 466	70	0. 044 864
40	0. 078 46	71	0. 044 233
41	0. 076 549	72	0. 043 619
42	0. 074 731	73	0. 043 022
43	0. 072 995	74	0. 042 441
44	0. 071 339	75	0. 041 875
45	0. 069 756	76	0. 041 325
46	0. 068 243	77	0. 040 788
47	0. 066 792	78	0. 040 265
48	0. 065 403	79	0. 039 757
49	0. 064 073	80	0. 039 26
50	0. 062 791	81	0. 038 775
51	0. 061 56	82	0. 038 302
52	0. 060 379	83	0. 037 841
53	0. 059 24	84	0. 037 391

（续）

等分数 n	圆周等分系数 K	等分数 n	圆周等分系数 K
85	0. 036 951	93	0. 033 774
86	0. 036 522	94	0. 033 415
87	0. 036 102	95	0. 033 064
88	0. 035 692	96	0. 032 719
89	0. 035 291	97	0. 032 381
90	0. 034 899	98	0. 032 051
91	0. 034 516	99	0. 031 728
92	0. 034 141	100	0. 031 41

［例］ 在直径 $D=80\text{mm}$ 的圆周上钻 31 个等距离的小孔，求两孔的中心距 S。

［解］ 查表 1-25，31 等分时系数 $K=0.10117$，则

$$S=DK=80\text{mm}\times 0.10117=8.09\text{mm}$$

5. **角度与弧度换算**（表 1-26）

表 1-26 角度与弧度换算

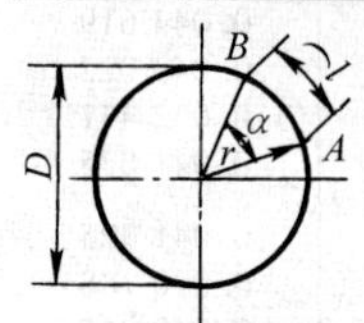

AB 弧长 $l=r\times$弧度数

或 $l=0.017453r\alpha$［α 的单位为(°)］

$=0.008727D\alpha$［α 的单位为(°)］

角度	弧　度	角度	弧　度	角度	弧　度
1″	0. 000 005	6″	0. 000 029	20″	0. 000 097
2″	0. 000 01	7″	0. 000 034	30″	0. 000 145
3″	0. 000 015	8″	0. 000 039	40″	0. 000 194
4″	0. 000 019	9″	0. 000 044	50″	0. 000 242
5″	0. 000 024	10″	0. 000 048	1′	0. 000 291

（续）

角度	弧　度	角度	弧　度	角度	弧　度
2′	0.000 582	2°	0.034 907	70°	1.221 73
3′	0.000 873	3°	0.052 36	80°	1.396 263
4′	0.001 164	4°	0.069 813	90°	1.570 796
5′	0.001 454	5°	0.087 266	100°	1.745 329
6′	0.001 745	6°	0.104 72	120°	2.094 395
7′	0.002 036	7°	0.122 173	150°	2.617 994
8′	0.002 327	8°	0.139 626	180°	3.141 593
9′	0.002 618	9°	0.157 08	200°	3.490 659
10′	0.002 909	10°	0.174 533	250°	4.363 323
20′	0.005 818	20°	0.349 066	270°	4.712 389
30′	0.008 727	30°	0.523 599	300°	5.235 988
40′	0.011 636	40°	0.698 132	360°	6.283 185
50′	0.014 544	50°	0.872 665	1rad（弧度）= 57°17′44.8″	
1°	0.017 453	60°	1.047 198		

五、常用三角函数计算

1. 常用三角函数计算公式（表1-27）

表1-27　常用三角函数计算公式

名称	图　形	计算公式
直角三角形	A、B、C、a、b、c、α、β	α的正弦 $\sin\alpha=\frac{a}{c}$ α的余弦 $\cos\alpha=\frac{b}{c}$ α的正切 $\tan\alpha=\frac{a}{b}$ α的余切 $\cot\alpha=\frac{b}{a}$ α的正割 $\sec\alpha=\frac{c}{b}$

（续）

<table>
<tr><th>名称</th><th>图　　形</th><th>计算公式</th></tr>
<tr><td>直角三角形</td><td>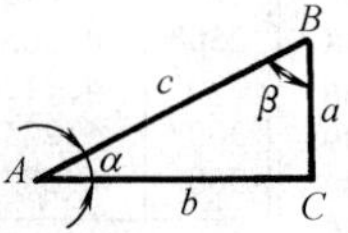</td><td>α 的余割 $\csc\alpha=\dfrac{c}{a}$
$\alpha+\beta=90^\circ \quad c^2=a^2+b^2$
或 $c=\sqrt{a^2+b^2}$；$a=\sqrt{c^2-b^2}$
$b=\sqrt{c^2-a^2}$
余角函数：$\sin(90^\circ-\alpha)=\cos\alpha$
$\cos(90^\circ-\alpha)=\sin\alpha$
$\tan(90^\circ-\alpha)=\cot\alpha$
$\cot(90^\circ-\alpha)=\tan\alpha$
反三角函数：
$x=\sin\alpha\left(\alpha\in\left[-\dfrac{\pi}{2},\dfrac{\pi}{2}\right]\right)$ 的反函数为 $\alpha=\arcsin x(x\in[-1,1])$
$x=\cos\alpha(\alpha\in[0,2\pi])$ 的反函数为
$\alpha=\arccos x(x\in[-1,1])$
$x=\tan\alpha\left(\alpha\in\left(-\dfrac{\pi}{2},\dfrac{\pi}{2}\right)\right)$ 的反函数为 $\alpha=\arctan x(x\in(-\infty,+\infty))$
$x=\cot\alpha(\alpha\in(0,\pi))$ 的反函数为
$\alpha=\mathrm{arccot}\,x(x\in(-\infty,+\infty))$</td></tr>
<tr><td>锐角三角形</td><td>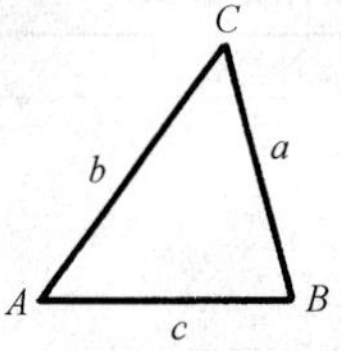</td><td rowspan="2">正弦定理：$\dfrac{a}{\sin A}=\dfrac{b}{\sin B}=\dfrac{c}{\sin C}$
余弦定理：$a^2=b^2+c^2-2bc\cos A$
即：$\cos A=\dfrac{b^2+c^2-a^2}{2bc}$
$b^2=a^2+c^2-2ac\cos B$
即：$\cos B=\dfrac{a^2+c^2-b^2}{2ac}$
$c^2=a^2+b^2-2ab\cos C$
即：$\cos C=\dfrac{a^2+b^2-c^2}{2ab}$</td></tr>
<tr><td>钝角三角形</td><td>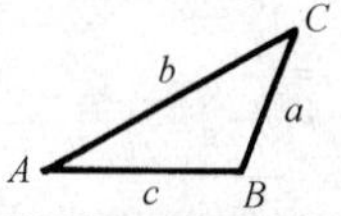</td></tr>
</table>

2. 30°、45°、60°的三角函数值（表 1-28）

表 1-28　30°、45°、60°的三角函数值

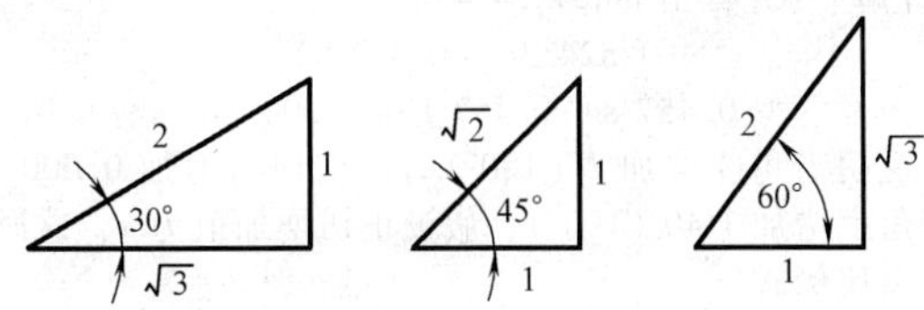

函数	角度		
	30°	45°	60°
sin	$\frac{1}{2}=0.5$	$\frac{1}{\sqrt{2}}=0.707\ 11$	$\frac{\sqrt{3}}{2}=0.866\ 03$
cos	$\frac{\sqrt{3}}{2}=0.866\ 03$	$\frac{1}{\sqrt{2}}=0.707\ 11$	$\frac{1}{2}=0.5$
tan	$\frac{1}{\sqrt{3}}=0.577\ 35$	1	$\sqrt{3}=1.732\ 05$
cot	$\sqrt{3}=1.732\ 05$	1	$\frac{1}{\sqrt{3}}=0.577\ 35$

3. 三角函数表（见附录）

用法说明

三角函数表的角度间隔是 2′，若遇到带奇数分（如 3′、5′）或带秒（如 24°35′40″）的角度，可用比例法进行修正。

［例 1］　30°15′的正弦（sin30°15′）等于多少？

［解］　先查出 sin30°14′=0.503 52

sin30°16′=0.504 03

取 sin30°14′与 sin30°16′的平均值，就可以作为 30°15′的正弦。即

$$\sin30°15' = \frac{\sin30°14'+\sin30°16'}{2} = \frac{0.503\ 52+0.504\ 03}{2} = 0.503\ 77$$

［例 2］ 24°35′40″的正切(tan24°35′40″)等于多少？

［解］ 先查出 tan24°34′=0.457 13

tan24°36′=0.457 84

0.457 84−0.457 13=0.000 71

说明当角度增加 2′(120″)时，正切值增加 0.000 71，现在角度增加 1′40″(100″)，假设正切增加值为 x，这时可以列出比例式

$$\frac{100}{120} = \frac{x}{0.000\ 71}$$

$$x = \frac{0.000\ 71 \times 100}{120} = 0.000\ 59$$

所以 tan24°35′40″=0.457 13+0.000 59=0.457 72。

［例 3］ 已知某角的正切(tan)等于 0.582 4，求某角。

［解］ 从附表“正切 tan”一栏查出与 0.582 4 相近的函数值为 0.582 01 和 0.582 79

0.582 79−0.582 01=0.000 78

0.582 01 对应的角度是 30°12′，0.582 79 对应的角度是 30°14′，说明当正切值增加 0.000 78 时，角度增加 2′。现在某角的正切 0.582 4 比 30°12′的正切 0.582 01 增加 0.000 39(0.582 4−0.582 01=0.000 39)，可以根据比例式求出角度的增加值 x

$$\frac{0.000\ 39}{0.000\ 78} = \frac{x}{2'}$$

$$x = \frac{2' \times 0.000\ 39}{0.000\ 78} = 1'$$

所以正切为 0.582 4 的角度=30°12′+1′=30°13′。

六、常用测量计算

1. 内圆弧与外圆弧计算（表 1-29）

表 1-29　内圆弧与外圆弧计算

名称	图形	计算公式	应用举例
内圆弧		$r=\dfrac{d(d+H)}{2H}$ $H=\dfrac{d^2}{2\left(r-\dfrac{d}{2}\right)}$	［例］　已知钢柱直径 $d=20$mm，游标深度卡尺示值 $H=2.3$mm，求圆弧工件的半径 r ［解］　$r=\dfrac{20\times(20+2.3)}{2\times2.3}$mm ≈96.96mm
外圆弧		$r=\dfrac{(L-d)^2}{8d}$	［例］　已知钢柱直径 $d=25.4$mm，$L=158.699$mm，求外圆弧半径 r ［解］　$r=\dfrac{(L-d)^2}{8d}$ $=\dfrac{(158.699-25.4)^2}{8\times25.4}$mm $=87.444$mm

2. V 形槽宽度、角度计算（表 1-30）

表 1-30　V 形槽宽度、角度计算

名称	图形	计算公式	应用举例
V形槽宽度		$B=2\tan\alpha\times\left(\dfrac{R}{\sin\alpha}+R-h\right)$	[例]　已知钢柱半径 $R=12.5\text{mm}$，$\alpha=30°$，量得 $h=9.52\text{mm}$，求槽宽度 B [解]　$B=2\times\tan30°\times\left(\dfrac{12.5}{\sin30°}+12.5-9.52\right)\text{mm}$ $\approx32.309\text{mm}$
V形槽角度		$\sin\alpha=\dfrac{R-r}{(H_2-R)-(H_1-r)}$	[例]　已知大钢柱半径 $R=15\text{mm}$，小钢柱半径 $r=10\text{mm}$，游标高度卡尺示值 $H_2=55.6\text{mm}$，$H_1=43.53\text{mm}$，求 V 形槽斜角 α [解]　$\sin\alpha=\dfrac{15-10}{(55.6-15)-(43.53-10)}$ ≈0.7072 $\alpha=45°0'27''$

3. 燕尾与燕尾槽宽度计算（表 1-31）

表 1-31　燕尾与燕尾槽宽度计算

图　形	计算公式	应　用　举　例
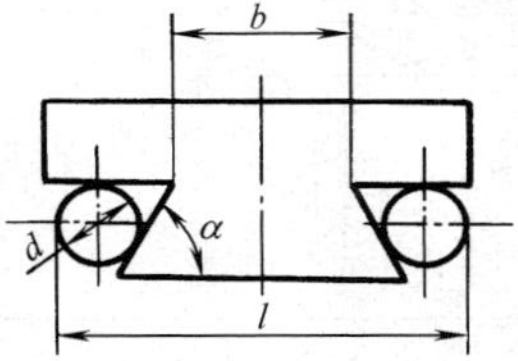	$l=b+d\left(1+\cot\frac{\alpha}{2}\right)$ $b=l-d\left(1+\cot\frac{\alpha}{2}\right)$	[例]　已知钢柱直径 $d=10\text{mm}$，$b=60\text{mm}$，$\alpha=55°$，求 l [解]　$l=60\text{mm}+10\text{mm}\times(1+1.921)\approx 89.21\text{mm}$
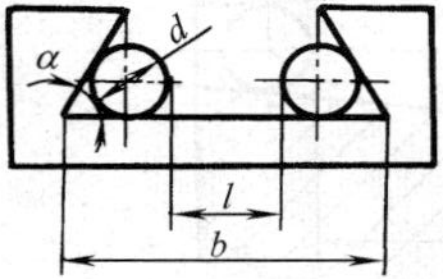	$l=b-d\left(1+\cot\frac{\alpha}{2}\right)$ $b=l+d\left(1+\cot\frac{\alpha}{2}\right)$	[例]　已知钢柱直径 $d=10\text{mm}$，$b=72\text{mm}$，$\alpha=55°$，求 l [解]　$l=72\text{mm}-10\text{mm}\times(1+1.921)=42.79\text{mm}$

4. 内圆锥与外圆锥计算（表 1-32）

表 1-32　内圆锥与外圆锥计算

名称	图　形	计算公式	应　用　举　例
外圆锥	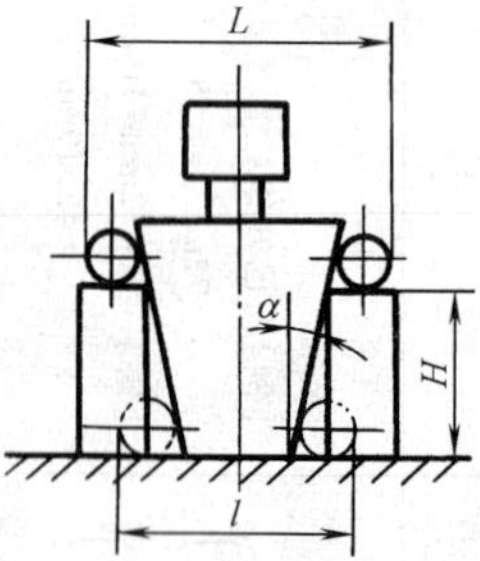 L α H l	$\tan\alpha=\dfrac{L-l}{2H}$	［例］　已知游标卡尺示值 $L=32.7$mm，$l=28.5$mm，$H=15$mm，求斜角 α ［解］　$\tan\alpha=\dfrac{32.7-28.5}{2\times15}=0.14$ $\alpha=7°58'11''$
内圆锥	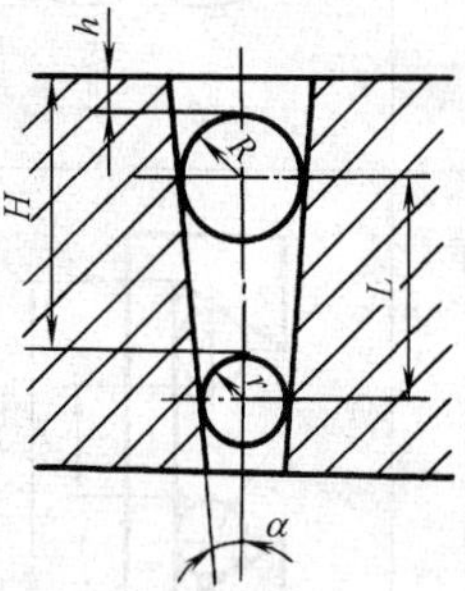 h H R L r α	$\sin\alpha=\dfrac{R-r}{L}$ $=\dfrac{R-r}{H+r-R-h}$	［例］　已知大钢球半径 $R=10$mm，小钢球半径 $r=6$mm，游标深度卡尺示值 $H=24.5$mm，$h=2.2$mm，求斜角 α ［解］　$\sin\alpha=\dfrac{10-6}{24.5+6-10-2.2}$ ≈0.2186 $\alpha=12°37'37''$

（续）

名称	图形	计算公式	应用举例
内圆锥	h D R H L r d α	$\sin\alpha=\frac{R-r}{L}$ $=\frac{R-r}{H+h-R+r}$	［例］已知大钢球半径 $R=10\text{mm}$，小钢球半径 $r=6\text{mm}$，游标深度卡尺示值 $H=18\text{mm}$，$h=1.8\text{mm}$，求斜角 α ［解］ $\sin\alpha=\frac{10-6}{18+1.8-10+6}$ ≈ 0.2532 $\alpha=14°40'01''$

七、产品几何技术规范

（一）极限与配合

1. 术语和定义

（1）轴　轴通常指工件的外尺寸要素，包括非圆柱形外尺寸要素（由两平行平面或切面形成的被包容面）。

基准轴：指在基轴制配合中选作基准的轴。在极限与配合制中，即上极限偏差为零的轴。

（2）孔　孔通常指工件的内尺寸要素，包括非圆柱形内尺寸要素（由两平行平面或切面形成的包容面）。

基准孔：指在基孔制配合中选作基准的孔。在极限与配合制中，即下极限偏差为零的孔。

（3）尺寸　尺寸是以特定单位表示线性尺寸值的

数值。

1）公称尺寸。由图样规范定义的理想形状要素的尺寸，如图 1-1 所示。公称尺寸可以是一个整数或一个小数值，例如 32、15、8.75、0.5……通过它应用上、下极限偏差可以计算出极限尺寸。

2）极限尺寸。尺寸要素的尺寸所允许的极限值。

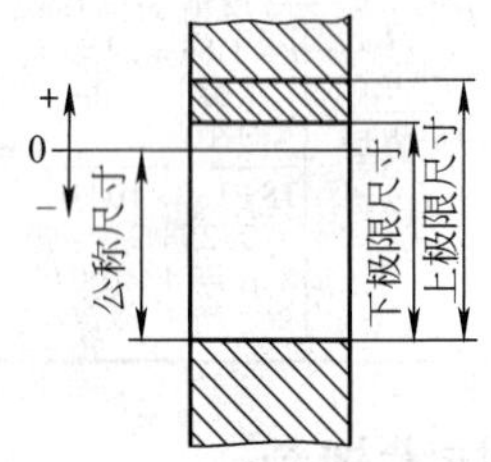

图 1-1　公称尺寸、上极限尺寸和下极限尺寸

3）上极限尺寸。尺寸要素允许的最大尺寸，如图 1-1 所示。

4）下极限尺寸。尺寸要素允许的最小尺寸，如图 1-1 所示。

（4）偏差　偏差是某值与其参考值之差。对于尺寸偏差，是实际尺寸减去其公称尺寸所得的代数差。

1）极限偏差分为相对于公称尺寸的上极限偏差和下极限偏差。

2）上极限偏差为上极限尺寸减其公称尺寸所得的代数差，如图 1-2 所示。

3）下极限偏差为下极限尺寸减其公称尺寸所得的代数差，如图 1-2 所示。

4）基本偏差是指确定公差带相对公称尺寸位置的那个极限偏差。它可以是上极限偏差或下极限偏差，一般为接近公称尺寸的那个极限偏差为基本偏差，如图 1-2 所示。

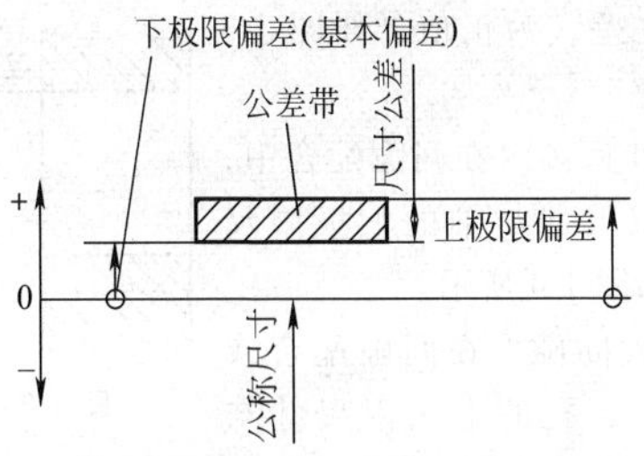

图 1-2　极限与配合图解

(5) 尺寸公差　尺寸公差（简称公差）是上极限尺寸与下极限尺寸之差，或上极限偏差与下极限偏差之差。它是允许尺寸的变动量。尺寸公差是一个没有符号的绝对值。

1) 标准公差（IT）。线性尺寸公差 ISO 代号体系串的任一公差（IT 为“国际公差”的缩略语字母）。

2) 标准公差等级。标准公差等级是用常用标示符表征的线性尺寸公差组。极限与配合制中，同一公差等级（例如 IT7）对所有公称尺寸的一组公差被认为具有同等精确程度。

3) 公差带。公差带是指公差极限之间（包括公差极限）的尺寸变动值。在极限与配合图解中，由代表上极限偏差和下极限偏差或上极限尺寸和下极限尺寸的两条直线所限定的一个区域。它是由公差大小和其相对公称尺寸的位置如基本偏差来确定，如图 1-2 所示。

(6) 间隙　间隙是当轴的直径小于孔的直径时，孔和轴的尺寸之差，为正值，如图 1-3 所示。

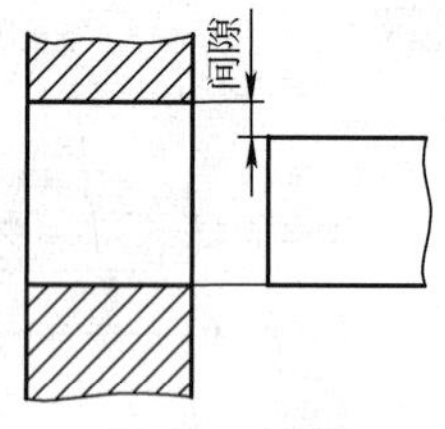

图 1-3 间隙

1）最小间隙。在间隙配合中，孔的下极限尺寸与轴的上极限尺寸之差，如图 1-4 所示。

2）最大间隙。在间隙配合或过渡配合中，孔的上极限尺寸与轴的下极限尺寸之差，如图 1-4 和图 1-5 所示。

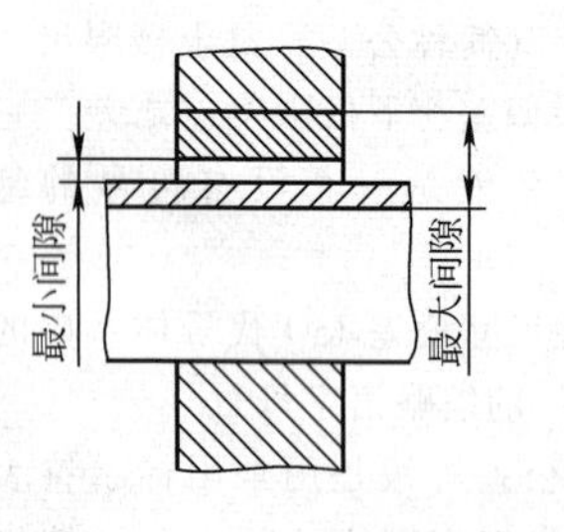

图 1-4 间隙配合

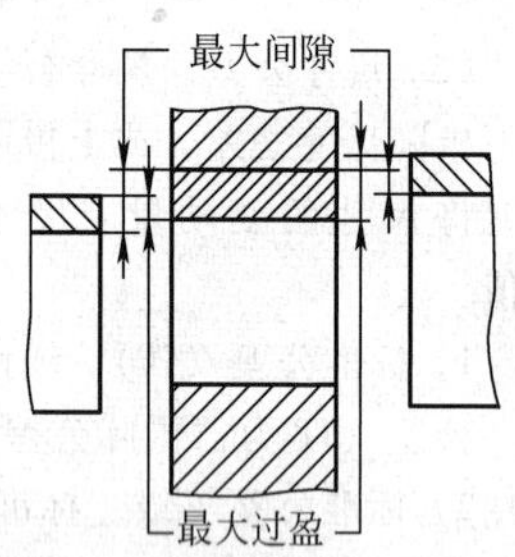

图 1-5 过渡配合

（7）过盈 过盈是指当轴的直径大于孔的直径时，相配孔和轴的尺寸之差，为负值，如图 1-6 所示。

1）最小过盈。在过盈配合中，孔的上极限尺寸与轴的下极限尺寸之差，如图 1-7 所示。

2）最大过盈。在过盈配合或过渡配合中，孔的下极限尺寸与轴的上极限尺寸之差，如图 1-7 所示。

（8）配合 配合是指类型相同且待装配的外尺寸要素

（轴）和内尺寸要素（孔）之间的关系。

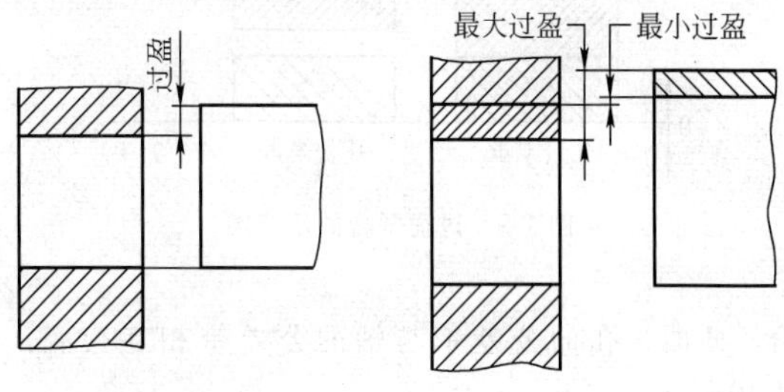

图 1-6　过盈　　　　图 1-7　过盈配合

1）间隙配合。孔和轴装配时总是存在间隙的配合。此时，孔的下极限尺寸大于或在极端情况下等于轴的上极限尺寸，如图 1-8 所示。

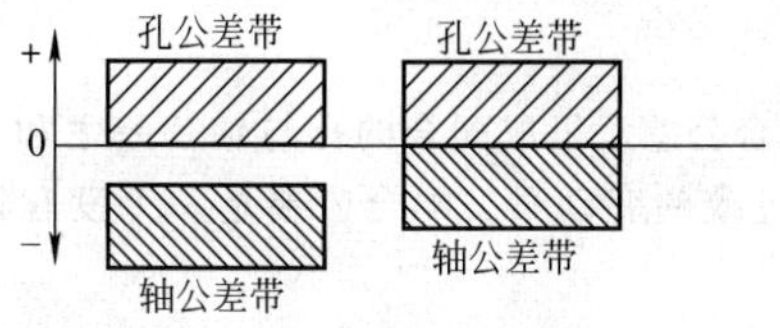

图 1-8　间隙配合的示意图

2）过盈配合。孔和轴装配时总是存在过盈的配合。此时，孔的上极限尺寸小于或在极端情况下等于轴的下极限尺寸，如图 1-9 所示。

3）过渡配合。孔和轴装配时可能具有间隙或过盈的

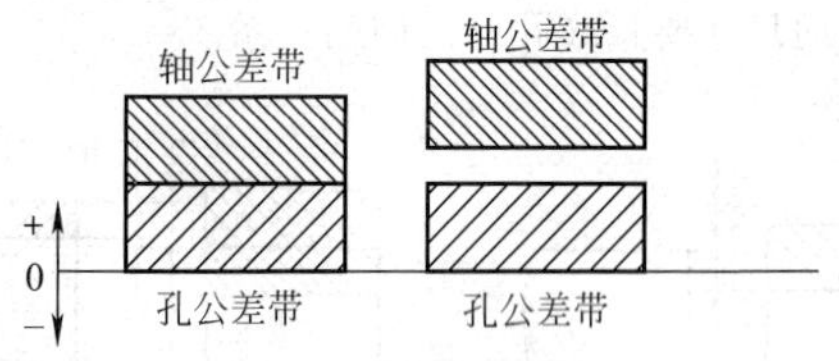

图 1-9　过盈配合的示意图

配合。此时，孔的公差带与轴的公差带相互交叠，如图 1-10 所示。

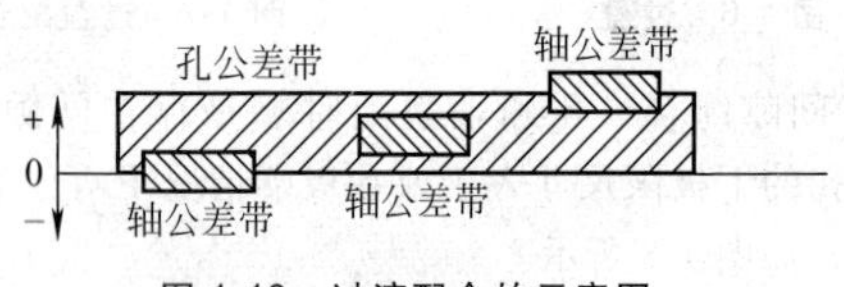

图 1-10　过渡配合的示意图

4）配合公差。组成配合的孔与轴公差之和。它是允许间隙或过盈的变动量。配合公差是一个没有符号的绝对值。

（9）配合制　配合制是同一极限制的孔和轴组成的一种配合制度。

1）基轴制配合。轴的基本偏差为零的配合。它是轴的上极限偏差为零的一种配合制，如图 1-11 所示。

2）基孔制配合。孔的基本偏差为零的配合。它是孔的下极限偏差为零的一种配合制，如图 1-12 所示。

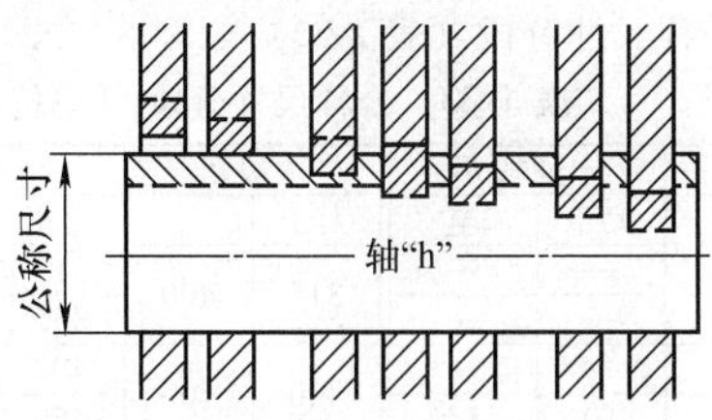

图 1-11　基轴制配合

注：1. 限制公差带的水平实线代表基准轴和不同的孔的基本偏差。

2. 限制公差带的虚线代表其他极限偏差，表示基准轴和不同的孔之间可能的组合，与它们的公差等级有关。

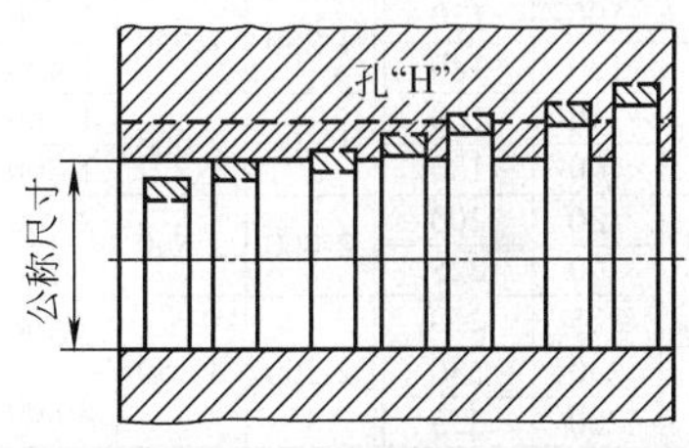

图 1-12　基孔制配合

注：1. 限制公差带的水平实线代表基准孔或不同的轴的基本偏差。

2. 限制公差带的虚线代表其他极限偏差，表示基准孔与不同的轴之间可能的组合，与它们的公差等级有关。

2. 基本规定

（1）公称尺寸分段（表 1-33）

表 1-33　公称尺寸分段（单位：mm）

主段落		中间段落		主段落		中间段落	
大于	至	大于	至	大于	至	大于	至
—	3	—	—	315	400	315	355
3	6	—	—			355	400
6	10	—	—	400	500	400	450
10	18	10	14			450	500
		14	18	500	630	500	560
18	30	18	24			560	630
		24	30	630	800	630	710
30	50	30	40			710	800
		40	50	800	1 000	800	900
50	80	50	65			900	1 000
		65	80	1 000	1 250	1 000	1 120
80	120	80	100			1 120	1 250
		100	120	1 250	1 600	1 250	1 400
120	180	120	140			1 400	1 600
		140	160	1 600	2 000	1 600	1 800
		160	180			1 800	2 000
180	250	180	200	2 000	2 500	2 000	2 240
		200	225			2 240	2 500
		225	250	2 500	3 150	2 500	2 800
250	315	250	280				
		280	315			2 800	3 150

（2）标准公差的等级、代号及数值　标准公差分 20 级，即：IT01、IT0、IT1～IT18。IT 表示标准公差，公差的等级代号用阿拉伯数字表示。从 IT01～IT18 等级依次降低，当其与代表基本偏差的字母一起组成公差带时，省略“IT”字母，如 h7，各级标准公差的数值见表 1-34。

表 1-34 各级标准公差的数值

公称尺寸 /mm		标准公差等级									
		IT01	IT0	IT1	IT2	IT3	IT4	IT5	IT6	IT7	IT8
大于	至	标准公差值/μm									
—	3	0. 3	0. 5	0. 8	1. 2	2	3	4	6	10	14
3	6	0. 4	0. 6	1	1. 5	2. 5	4	5	8	12	18
6	10	0. 4	0. 6	1	1. 5	2. 5	4	6	9	15	22
10	18	0. 5	0. 8	1. 2	2	3	5	8	11	18	27
18	30	0. 6	1	1.5	2. 5	4	6	9	13	21	33
30	50	0. 6	1	1.5	2. 5	4	7	11	16	25	39
50	80	0. 8	1. 2	2	3	5	8	13	19	30	46
80	120	1	1. 5	2. 5	4	6	10	15	22	35	54
120	180	1. 2	2	3. 5	5	8	12	18	25	40	63
180	250	2	3	4. 5	7	10	14	20	29	46	72
250	315	2. 5	4	6	8	12	16	23	32	52	81
315	400	3	5	7	9	13	18	25	36	57	89
400	500	4	6	8	10	15	20	27	40	63	97
500	630	4. 5	6	9	11	16	22	32	44	70	110
630	800	5	7	10	13	18	25	36	50	80	125
800	1 000	5. 5	8	11	15	21	28	40	56	90	140
1 000	1 250	6. 5	9	13	18	24	33	47	66	105	165
1 250	1 600	8	11	15	21	29	39	55	78	125	195
1 600	2 000	9	13	18	25	35	46	65	92	150	230
2 000	2 500	11	15	22	30	41	55	78	110	175	280
2 500	3 150	13	18	26	36	50	68	96	135	210	330

公称尺寸 /mm		标准公差等级									
		IT9	IT10	IT11	IT12	IT13	IT14	IT15	IT16	IT17	IT18
大于	至	标准公差值/μm			标准公差值/mm						
—	3	25	40	60	0. 1	0. 14	0. 25	0. 4	0. 6	1	1. 4
3	6	30	48	75	0. 12	0. 18	0. 3	0. 48	0. 75	1. 2	1. 8
6	10	36	58	90	0. 15	0. 22	0. 36	0. 58	0. 9	1. 5	2. 2
10	18	43	70	110	0. 18	0. 27	0. 43	0. 7	1. 1	1. 8	2. 7
18	30	52	84	130	0. 21	0. 33	0. 52	0. 84	1. 3	2. 1	3. 3

（续）

公称尺寸 /mm		标准公差等级									
		IT9	IT10	IT11	IT12	IT13	IT14	IT15	IT16	IT17	IT18
大于	至	标准公差值/μm			标准公差值/mm						
30	50	62	100	160	0.25	0.39	0.62	1	1.6	2.5	3.9
50	80	74	120	190	0.3	0.46	0.74	1.2	1.9	3	4.6
80	120	87	140	220	0.35	0.54	0.87	1.4	2.2	3.5	5.4
120	180	100	160	250	0.4	0.63	1	1.6	2.5	4	6.3
180	250	115	185	290	0.46	0.72	1.15	1.85	2.9	4.6	7.2
250	315	130	210	320	0.52	0.81	1.3	2.1	3.2	5.2	8.1
315	400	140	230	360	0.57	0.89	1.4	2.3	3.6	5.7	8.9
400	500	155	250	400	0.63	0.97	1.55	2.5	4	6.3	9.7
500	630	175	280	440	0.7	1.1	1.75	2.8	4.4	7	11
630	800	200	320	500	0.8	1.25	2	3.2	5	8	12.5
800	1 000	230	360	560	0.9	1.4	2.3	3.6	5.6	9	14
1 000	1 250	260	420	660	1.05	1.65	2.6	4.2	6.6	10.5	16.5
1 250	1 600	310	500	780	1.25	1.95	3.1	5	7.8	12.5	19.5
1 600	2 000	370	600	920	1.5	2.3	3.7	6	9.2	15	23
2 000	2 500	440	700	1 100	1.75	2.8	4.4	7	11	17.5	28
2 500	3 150	540	860	1 350	2.1	3.3	5.4	8.6	13.5	21	33

注：表中所列数值来源于 GB/T 1800.1—2020。

（3）基本偏差标示符　基本偏差的信息由一个或多个字母标示，称为基本偏差标示符。大写的为孔，小写的为轴，各 28 个。

孔（图 1-13a）：A，B，C，CD，D，E，EF，F，FG，G，H，JS，J，K，M，N，P，R，S，T，U，V，X，Y，Z，ZA，ZB，ZC。

轴（图 1-13b）：a，b，c，cd，d，e，ef，f，fg，g，

h, js, j, k, m, n, p, r, s, t, u, v, x, y, z, za, zb, zc。

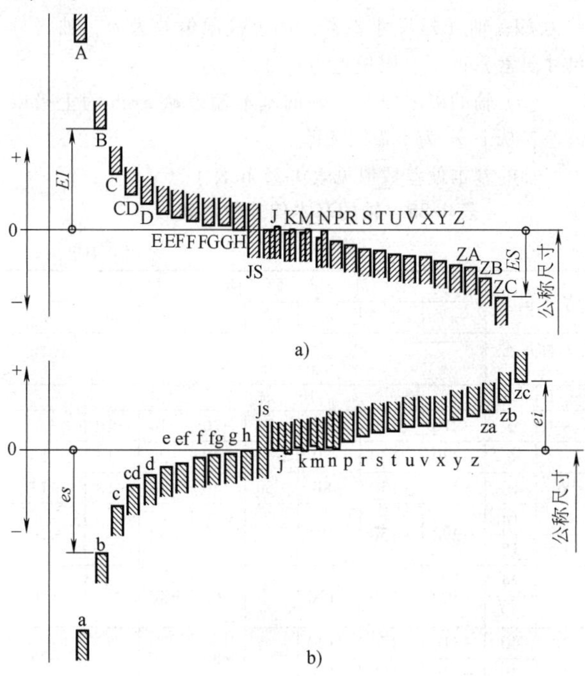

图 1-13　公差带（基本偏差）相对于公称尺寸位置的示意说明

a) 孔（内尺寸要素）　b) 轴（外尺寸要素）

（4）偏差代号　偏差代号规定如下：孔（内尺寸要素）的上极限偏差为 ES，孔（内尺寸要素）的下极限偏差为 EI；轴（外尺寸要素）的上极限偏差为 es，轴（外尺寸要素）的下极限偏差为 ei。

（5）轴的极限偏差　轴的基本偏差从 a～h 为上极限偏差，从 j～zc 为下极限偏差。

轴的基本偏差数值见表 1-35 和表 1-36。

表 1-35　轴的基本偏差数值表（一）

（单位：μm）

基本偏差		上极限偏差（es）							
		a	b	c	cd	d	e	ef	f
公称尺寸/mm		标准公差等级							
大于	至	所有等级							
—	3	−270	−140	−60	−34	−20	−14	−10	−6
3	6	−270	−140	−70	−46	−30	−20	−14	−10
6	10	−280	−150	−80	−56	−40	−25	−18	−13
10	14	−290	−150	−95		−50	−32		−16
14	18								
18	24	−300	−160	−110		−65	−40		−20
24	30								
30	40	−310	−170	−120		−80	−50		−25
40	50	−320	−180	−130					
50	65	−340	−190	−140		−100	−60		−30
65	80	−360	−200	−150					
80	100	−380	−220	−170		−120	−72		−36
100	120	−410	−240	−180					

（续）

基本偏差		上极限偏差（*es*）							
		a	b	c	cd	d	e	ef	f
公称尺寸/mm		标准公差等级							
大于	至	所有等级							
120	140	-460	-260	-200		-145	-85		-43
140	160	-520	-280	-210					
160	180	-580	-310	-230					
180	200	-660	-340	-240		-170	-100		-50
200	225	-740	-380	-260					
225	250	-820	-420	-280					
250	280	-920	-480	-300		-190	-110		-56
280	315	-1 050	-540	-330					
315	355	-1 200	-600	-360		-210	-125		-62
355	400	-1 350	-680	-400					
400	450	-1500	-760	-440		-230	-135		-68
450	500	-1 650	-840	-480					
500	560					-260	-145		-76
560	630								
630	710					-290	-160		-80
710	800								
800	900					-320	-170		-86
900	1 000								
1 000	1 120					-350	-195		-98
1 120	1 250								
1 250	1 400					-390	-220		-110
1 400	1 600								

（续）

基本偏差		上极限偏差（*es*）							
		a	b	c	cd	d	e	ef	f
公称尺寸/mm		标准公差等级							
大于	至	所有等级							
1 600	1 800					-430	-240		-120
1 800	2 000								
2 000	2 240					-480	-260		-130
2 240	2 500								
2 500	2 800					-520	-290		-145
2 800	3 150								

基本偏差		上极限偏差（*es*）				下极限偏差（*ei*）		
		fg	g	h	js	j		
公称尺寸/mm		标准公差等级						
大于	至	所有等级				IT5、IT6	IT7	IT8
—	3	-4	-2	0	偏差=±IT/2	-2	-4	-6
3	6	-6	-4	0		-2	-4	
6	10	-8	-5	0		-2	-5	
10	14		-6	0		-3	-6	
14	18							
18	24		-7	0		-4	-8	
24	30							
30	40		-9	0		-5	-10	
40	50							
50	65		-10	0		-7	-12	
65	80							

（续）

基本偏差		上极限偏差(*es*)				下极限偏差(*ei*)		
		fg	g	h	js	j		
公称尺寸/mm		标准公差等级						
大于	至	所有等级				IT5、IT6	IT7	IT8
80	100		−12	0	偏差=±IT/2	−9	−15	
100	120							
120	140		−14	0		−11	−18	
140	160							
160	180							
180	200		−15	0		−13	−21	
200	225							
225	250							
250	280		−17	0		−16	−26	
280	315							
315	355		−18	0		−18	−28	
355	400							
400	450		−20	0		−20	−32	
450	500							
500	560		−22	0				
560	630							
630	710		−24	0				
710	800							
800	900		−26	0				
900	1 000							
1 000	1 120		−28	0				
1 120	1 250							

（续）

基本偏差		上极限偏差(*es*)				下极限偏差(*ei*)		
		fg	g	h	js	j		
公称尺寸/mm		标准公差等级						
大于	至	所有等级				IT5、IT6	IT7	IT8
1 250	1 400		−30	0	偏差=±IT/2			
1 400	1 600							
1 600	1 800		−32	0				
1 800	2 000							
2 000	2 240		−34	0				
2 240	2 500							
2 500	2 800		−38	0				
2 800	3 150							

表 1-36　轴的基本偏差数值表（二）

（单位：μm）

基本偏差		下极限偏差(*ei*)							
		k		m	n	p	r	s	t
公称尺寸/mm		标准公差等级							
大于	至	IT4~IT7	≤IT3 >IT7	所有等级					
—	3	0	0	+2	+4	+6	+10	+14	
3	6	+1	0	+4	+8	+12	+15	+19	
6	10	+1	0	+6	+10	+15	+19	+23	
10	14	+1	0	+7	+12	+18	+23	+28	
14	18								

（续）

基本偏差		下极限偏差(ei)							
		k		m	n	p	r	s	t
公称尺寸/mm		标准公差等级							
大于	至	IT4~IT7	≤IT3 >IT7	所有等级					
18	24	+2	0	+8	+15	+22	+28	+35	
24	30								+41
30	40	+2	0	+9	+17	+26	+34	+43	+48
40	50								+54
50	65	+2	0	+11	+20	+32	+41	+53	+66
65	80						+43	+59	+75
80	100	+3	0	+13	+23	+37	+51	+71	+91
100	120						+54	+79	+104
120	140	+3	0	+15	+27	+43	+63	+92	+122
140	160						+65	+100	+134
160	180						+68	+108	+146
180	200	+4	0	+17	+31	+50	+77	+122	+166
200	225						+80	+130	+180
225	250						+84	+140	+196
250	280	+4	0	+20	+34	+56	+94	+158	+218
280	315						+98	+170	+240
315	355	+4	0	+21	+37	+62	+108	+190	+268
355	400						+114	+208	+294
400	450	+5	0	+23	+40	+68	+126	+232	+330
450	500						+132	+252	+360
500	560	0	0	+26	+44	+78	+150	+280	+400

（续）

基本偏差		下极限偏差(ei)							
		k		m	n	p	r	s	t
公称尺寸/mm		标准公差等级							
大于	至	IT4~IT7	≤IT3 >IT7	所有等级					
560	630	0	0	+26	+44	+78	+155	+310	+450
630	710	0	0	+30	+50	+88	+175	+340	+500
710	800						+185	+380	+560
800	900	0	0	+34	+56	+100	+210	+430	+620
900	1 000						+220	+470	+680
1 000	1 120	0	0	+40	+66	+120	+250	+520	+780
1 120	1 250						+260	+580	+840
1 250	1 400	0	0	+48	+78	+140	+300	+640	+960
1 400	1 600						+330	+720	+1 050
1 600	1 800	0	0	+58	+92	+170	+370	+820	+1 200
1 800	2 000						+400	+920	+1 350
2 000	2 240	0	0	+68	+110	+195	+440	+1 000	+1 500
2 240	2 500						+460	+1 100	+1 650
2 500	2 800	0	0	+76	+135	+240	+550	+1 250	+1 900
2 800	3 150						+580	+1 400	+2 100

（续）

基本偏差		下极限偏差(*ei*)							
		u	v	x	y	z	za	zb	zc
公称尺寸 /mm		标准公差等级							
大于	至	所 有 等 级							
—	3	+18		+20		+26	+32	+40	+60
3	6	+23		+28		+35	+42	+50	+80
6	10	+28		+34		+42	+52	+67	+97
10	14	+33		+40		+50	+64	+90	+130
14	18		+39	+45		+60	+77	+108	+150
18	24	+41	+47	+54	+63	+73	+98	+136	+188
24	30	+48	+55	+64	+75	+88	+118	+160	+218
30	40	+60	+68	+80	+94	+112	+148	+200	+274
40	50	+70	+81	+97	+114	+136	+180	+242	+325
50	65	+87	+102	+122	+144	+172	+226	+300	+405
65	80	+102	+120	+146	+174	+210	+274	+360	+480
80	100	+124	+146	+178	+214	+258	+335	+445	+585
100	120	+144	+172	+210	+254	+310	+400	+525	+690
120	140	+170	+202	+248	+300	+365	+470	+620	+800
140	160	+190	+228	+280	+340	+415	+535	+700	+900
160	180	+210	+252	+310	+380	+465	+600	+780	+1 000
180	200	+236	+284	+350	+425	+520	+670	+880	+1 150
200	225	+258	+310	+385	+470	+575	+740	+960	+1 250
225	250	+284	+340	+425	+520	+640	+820	+1 050	+1 350
250	280	+315	+385	+475	+580	+710	+920	+1 200	+1 550
280	315	+350	+425	+525	+650	+790	+1 000	+1 300	+1 700
315	355	+390	+475	+590	+730	+900	+1 150	+1 500	+1 900

（续）

基本偏差		下极限偏差(ei)							
		u	v	x	y	z	za	zb	zc
公称尺寸/mm		标准公差等级							
大于	至	所有等级							
355	400	+435	+530	+660	+820	+1 000	+1 300	+1 650	+2 100
400	450	+490	+595	+740	+920	+1 100	+1 450	+1 850	+2 400
450	500	+540	+660	+820	+1 000	+1 250	+1 600	+2 100	+2 600
500	560	+600							
560	630	+660							
630	710	+740							
710	800	+840							
800	900	+940							
900	1 000	+1 050							
1 000	1 120	+1 150							
1 120	1 250	+1 300							
1 250	1 400	+1 450							
1 400	1 600	+1 600							
1 600	1 800	+1 850							
1 800	2 000	+2 000							
2 000	2 240	+2 300							
2 240	2 500	+2 500							
2 500	2 800	+2 900							

（续）

基本偏差		下极限偏差(ei)							
		u	v	x	y	z	za	zb	zc
公称尺寸/mm		标准公差等级							
大于	至	所 有 等 级							
2 800	3 150	+3 200							

注：1. 公称尺寸小于或等于 1mm 时，基本偏差 a 和 b 均不采用。

2. 公差带 js7～js11，若 IT 的数值（μm）为奇数，则取偏差 $js=\pm\frac{IT-1}{2}$。

轴的另一个偏差（下极限偏差或上极限偏差），根据轴的基本偏差和标准公差，按以下代数式计算

$$ei=es-\text{IT} \text{ 或 } es=ei+\text{IT}$$

（6）孔的极限偏差　孔的基本偏差从 A～H 为下极限偏差，从 J～ZC 为上极限偏差。

孔的基本偏差数值表见表 1-37。

孔的另一个偏差（上极限偏差或下极限偏差），根据孔的基本偏差和标准公差，按以下代数式计算

$$EI=ES-\text{IT} \text{ 或 } ES=EI+\text{IT}$$

（7）公差带代号　孔、轴的公差带代号分别由代表孔的基本偏差的大写字母和轴的基本偏差的小写字母与公差等级的数字的组合标示。例如：H8、F8、K7、P7 等为孔的公差带代号；h7、f7、k6、p6 等为轴的公差带代号。其表示方法可以用下列示例之一：

孔：$\phi50\text{H8}$，$\phi50^{+0.039}_{0}$，$\phi50\text{H8}\left(^{+0.039}_{0}\right)$；

轴：$\phi50\text{f7}$，$\phi50^{-0.025}_{-0.050}$，$\phi50\text{f7}\left(^{-0.025}_{-0.050}\right)$。

表 1-37 孔的基本偏差数值表 （单位：μm）

基本偏差		下极限偏差（EI）												上极限偏差（ES）								
		A	B	C	CD	D	E	EF	F	FG	G	H	JS	J			K		M		N	
公称尺寸/mm		标准公差等级																				
大于	至	所有等级												IT6	IT7	IT8	≤IT8	>IT8	≤IT8	>IT8	≤IT8	>IT8
—	3	+270	+140	+60	+34	+20	+14	+10	+6	+4	+2	0	偏差 $=\pm\frac{IT}{2}$	+2	+4	+6	0	0	−2	−2	−4	−4
3	6	+270	+140	+70	+46	+30	+20	+14	+10	+6	+4	0		+5	+6	+10	−1+Δ		−4+Δ	−4	−8+Δ	0
6	10	+280	+150	+80	+56	+40	+25	+18	+13	+8	+5	0		+5	+8	+12	−1+Δ		−6+Δ	−6	−10+Δ	0
10	14	+290	+150	+95		+50	+32		+16		+6	0		+6	+10	+15	−1+Δ		−7+Δ	−7	−12+Δ	0
14	18																					
18	24	+300	+160	+110		+65	+40		+20		+7	0		+8	+12	+20	−2+Δ		−8+Δ	−8	−15+Δ	0
24	30																					
30	40	+310	+170	+120		+80	+50		+25		+9	0		+10	+14	+24	−2+Δ		−9+Δ	−9	−17+Δ	0
40	50	+320	+180	+130																		
50	65	+340	+190	+140		+100	+60		+30		+10	0		+13	+18	+28	−2+Δ		−11+Δ	−11	−20+Δ	0
65	80	+360	+200	+150																		

（续）

基本偏差		下极限偏差（EI）												上极限偏差（ES）									
		A	B	C	CD	D	E	EF	F	FG	G	H	JS	J			K		M		N		
公称尺寸/mm		标准公差等级																					
大于	至	所有等级												IT6	IT7	IT8	≤IT8	>IT8	≤IT8	>IT8	≤IT8	>IT8	
80	100	+380	+220	+170		+120	+72		+36		+12	0	偏差 $=\pm\frac{IT}{2}$	+16	+22	+34	$-3+\Delta$		$-13+\Delta$	−13	$-23+\Delta$	0	
100	120	+410	+240	+180																			
120	140	+460	+260	+200		+145	+85		+43		+14	0		+18	+26	+41	$-3+\Delta$		$-15+\Delta$	−15	$-27+\Delta$	0	
140	160	+520	+280	+210																			
160	180	+580	+310	+230																			
180	200	+660	+340	+240		+170	+100		+50		+15	0		+22	+30	+47	$-4+\Delta$		$-17+\Delta$	−17	$-31+\Delta$	0	
200	225	+740	+380	+260																			
225	250	+820	+420	+280																			
250	280	+920	+480	+300		+190	+110		+56		+17	0		+25	+36	+55	$-4+\Delta$		$-20+\Delta$	−20	$-34+\Delta$	0	
280	315	+1 050	+540	+330																			
315	355	+1 200	+600	+360		+210	+125		+62		+18	0		+29	+39	+60	$-4+\Delta$		$-21+\Delta$	−21	$-37+\Delta$	0	
355	400	+1 350	+680	+400																			
400	450	+1 500	+760	+440		+230	+135		+68		+20	0		+33	+43	+66	$-5+\Delta$		$-23+\Delta$	−23	$-40+\Delta$	0	
450	500	+1 650	+840	+480																			

（续）

基本偏差		下极限偏差（EI）												上极限偏差（ES）									
		A	B	C	CD	D	E	EF	F	FG	G	H	JS	J			K		M		N	
公称尺寸/mm		标准公差等级																					
大于	至	所有等级												IT6	IT7	IT8	≤IT8	>IT8	≤IT8	>IT8	≤IT8	>IT8
500	560					+260	+145		+76		+22	0					0		−26		−44	
560	630																					
630	710					+290	+160		+80		+24	0					0		−30		−50	
710	800																					
800	900					+320	+170		+86		+26	0					0		−34		−56	
900	1 000																					
1 000	1 120					+350	+195		+98		+28	0					0		−40		−66	
1 120	1 250												偏差=±IT/2									
1 250	1 400					+390	+220		+110		+30	0					0		−48		−78	
1 400	1 600																					
1 600	1 800					+430	+240		+120		+32	0					0		−58		−92	
1 800	2 000																					
2 000	2 240					+480	+260		+130		+34	0					0		−68		−110	
2 240	2 500																					
2 500	2 800					+520	+290		+145		+38	0					0		−76		−135	
2 800	3 150																					

（续）

基本偏差		上极限偏差(ES)													Δ值					
		P～ZC	P	R	S	T	U	V	X	Y	Z	ZA	ZB	ZC						
公称尺寸/mm		标准公差等级																		
大于	至	≤IT7	>IT7												IT3	IT4	IT5	IT6	IT7	IT8
—	3	在大于7级的相应数值上增加一个Δ值	-6	-10	-14		-18		-20		-26	-32	-40	-60	0					
3	6		-12	-15	-19		-23		-28		-35	-42	-50	-80	1	1.5	1	3	4	6
6	10		-15	-19	-23		-28		-34		-42	-52	-67	-97	1	1.5	2	3	6	7
10	14		-18	-23	-28		-33		-40		-50	-64	-90	-130	1	2	3	3	7	9
14	18							-39	-45		-60	-77	-108	-150						
18	24		-22	-28	-35		-41	-47	-54	-63	-73	-98	-136	-188	1.5	2	3	4	8	12
24	30					-41	-48	-55	-64	-75	-88	-118	-160	-218						
30	40		-26	-34	-43	-48	-60	-68	-80	-94	-112	-148	-200	-274	1.5	3	4	5	9	14
40	50					-54	-70	-81	-97	-114	-136	-180	-242	-325						
50	65		-32	-41	-53	-66	-87	-102	-122	-144	-172	-226	-300	-405	2	3	5	6	11	16
65	80			-43	-59	-75	-102	-120	-146	-174	-210	-274	-360	-480						

（续）

基本偏差		上极限偏差（*ES*）													Δ值					
		P~ZC	P	R	S	T	U	V	X	Y	Z	ZA	ZB	ZC						
公称尺寸/mm		标准公差等级																		
大于	至	≤IT7	>IT7												IT3	IT4	IT5	IT6	IT7	IT8
80	100	在大于7级的相应数值上增加一个Δ值	-37	-51	-71	-91	-124	-146	-178	-214	-258	-335	-445	-585	2	4	5	7	13	19
100	120			-54	-79	-104	-144	-172	-210	-254	-310	-400	-525	-690						
120	140		-43	-63	-92	-122	-170	-202	-248	-300	-365	-470	-620	-800	3	4	6	7	15	23
140	160			-65	-100	-134	-190	-228	-280	-340	-415	-535	-700	-900						
160	180			-68	-108	-146	-210	-252	-310	-380	-465	-600	-780	-1 000						
180	200		-50	-77	-122	-166	-236	-284	-350	-425	-520	-670	-880	-1 150	3	4	6	9	17	26
200	225			-80	-130	-180	-258	-310	-385	-470	-575	-740	-960	-1 250						
225	250			-84	-140	-196	-284	-340	-425	-520	-640	-820	-1 050	-1 350						
250	280		-56	-94	-158	-218	-315	-385	-475	-580	-710	-920	-1 200	-1 550	4	4	7	9	20	29
280	315			-98	-170	-240	-350	-425	-525	-650	-790	-1 000	-1 300	-1 700						
315	355		-62	-108	-190	-268	-390	-475	-590	-730	-900	-1 150	-1 500	-1 900	4	5	7	11	21	32
355	400			-114	-208	-294	-435	-530	-660	-820	-1 000	-1 300	-1 650	-2 100						

（续）

基本偏差		上极限偏差（*ES*）													Δ值					
		P～ZC	P	R	S	T	U	V	X	Y	Z	ZA	ZB	ZC						
公称尺寸/mm		标准公差等级																		
大于	至	≤IT7	>IT7												IT3	IT4	IT5	IT6	IT7	IT8
400	450	在大于7级的相应数值上增加一个Δ值	-68	-126	-232	-330	-490	-595	-740	-920	-1 100	-1 450	-1 850	-2 400	5	5	7	13	23	34
450	500			-132	-252	-360	-540	-660	-820	-1 000	-1 250	-1 600	-2 100	-2 600						
500	560		-78	-150	-280	-400	-600													
560	630			-155	-310	-450	-660													
630	710		-88	-175	-340	-500	-740													
710	800			-185	-380	-560	-840													
800	900		-100	-210	-430	-620	-940													
900	1 000			-220	-470	-680	-1 050													
1 000	1 120		-120	-250	-520	-780	-1 150													
1 120	1 250			-260	-580	-840	-1 300													
1 250	1 400		-140	-300	-640	-960	-1 450													
1 400	1 600			-330	-720	-1 050	-1 600													

（续）

基本偏差		上极限偏差（ES）													Δ 值					
		P~ZC	P	R	S	T	U	V	X	Y	Z	ZA	ZB	ZC						
公称尺寸/mm		标准公差等级																		
大于	至	≤IT7	>IT7												IT3	IT4	IT5	IT6	IT7	IT8
1 600	1 800	在大于7级的相应数值上增加一个Δ值	−170	−370	−820	−1 200	−1 850													
1 800	2 000			−400	−920	−1 350	−2 000													
2 000	2 240		−195	−440	−1 000	−1 500	−2 300													
2 240	2 500			−460	−1 100	−1 650	−2 500													
2 500	2 800		−240	−550	−1 250	−1 900	−2 900													
2 800	3 150			−580	−1 400	−2 100	−3 200													

注：1. 公称尺寸小于或等于 1mm 时，基本偏差 A 和 B 及大于 8 级的 N 均不采用。

2. 公差带 JS7~JS11，若 IT 的数值（μm）为奇数，则取偏差 $JS=\pm\frac{IT-1}{2}$。

3. 特殊情况，当公称尺寸为 250~315mm 时，M6 的 $ES=-9\mu m$（不等于$-11\mu m$）。

4. 对小于或等于 IT8 的 K、M、N 和小于或等于 IT7 的 P 至 ZC，所需 Δ 值从表内右侧栏选取。例如：大于 6~10mm 的 P6，$\Delta=3\mu m$，所以 $ES=(-15+3)\ \mu m=-12\mu m$。

(8) 配合代号　配合代号用孔、轴公差带的组合表示，写成分数形式，分子为孔的公差带，分母为轴的公差带。例如：H8/f7 或$\frac{H8}{f7}$。其表示方法可用以下示例之一：

ϕ50H8/f7 或 $\phi 50\,\frac{H8}{f7}$；10H7/n6 或 $10\,\frac{H7}{n6}$。

(9) 配合分类　配合分基孔制配合与基轴制配合。在一般情况下，优先选用基孔制配合。如有特殊需要，允许任一孔、轴公差带组成配合。根据公称尺寸相同的并且相互结合的孔和轴公差带之间的关系，配合又分为三类：即间隙配合、过渡配合和过盈配合。属于哪一类配合取决于孔、轴公差带的相互关系。

基孔制（基轴制）中，a~h（A~H）用于间隙配合，j~zc（J~ZC）用于过渡配合和过盈配合。

(10) 公差带及配合的选用原则　孔、轴公差带及配合，首先采用优先公差带及优先配合，其次采用常用公差带及常用配合，再次采用一般用途公差带。

必要时，可按标准所规定的标准公差与基本偏差组成孔、轴公差带及配合。

3. 孔、轴的极限偏差与配合

公差带代号应尽可能从图 1-14 和图 1-15 分别给出的孔和轴相应的公差带代号中选取。框中所示的公差带代号应优先选取。

极限与配合公差制给出了多种公差带代号（见表 1-35~表 1-37），即使这种选取仅受限于 GB/T 1800.2 所示的那些公差带代号，其可选性也非常宽。通过对公差带代号选取的限制，可以避免工具和量具不必要的多样性。

图 1-14 和图 1-15 中的公差带代号仅应用于不需要对公差带代号进行特定选取的一般性用途。例如，键槽需要特定选取。

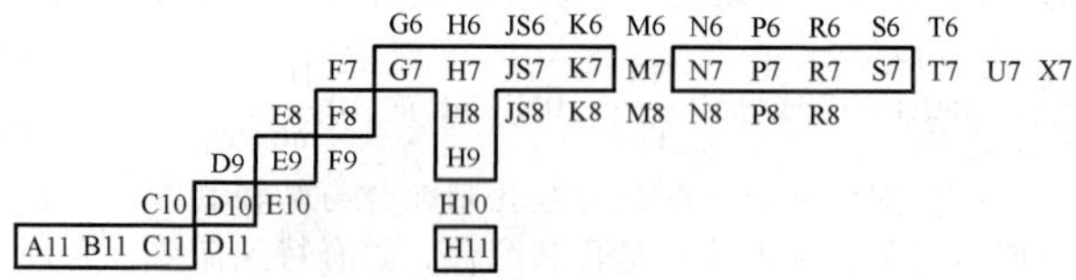

图 1-14　孔的公差带代号

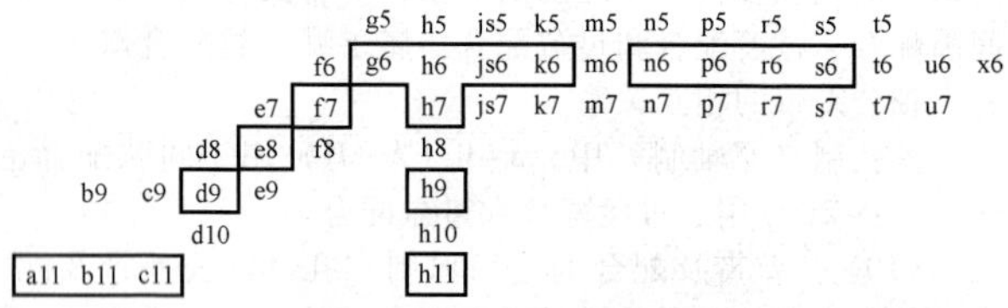

图 1-15　轴的公差带代号

在特定应用中若有必要，偏差 js 和 JS 可被相应的偏差 i 和 J 替代。

(1) 孔的极限偏差 (GB/T 1800.2—2020)　孔的公差带代号，对公称尺寸至 500mm 的如图 1-16 所示，公称尺寸大于 500mm～3150mm 的如图 1-17 所示，对应的极限偏差数值列于表 1-38。

(2) 轴的极限偏差 (GB/T 1800.2—2020)　轴的公差带代号，对公称尺寸至 500mm 的如图 1-18 所示，公称尺寸大于 500mm～3150mm 的如图 1-19 所示，对应的极限偏差数值列于表 1-39。

										H1	JS1																
										H2	JS2																
						EF3	F3	FG3	G3	H3	JS3		K3	M3	N3	P3	R3	S3									
						EF4	F4	FG4	G4	H4	JS4		K4	M4	N4	P4	R4	S4									
					E5	EF5	F5	FG5	G5	H5	JS5		K5	M5	N5	P5	R5	S5	T5	U5	V5	X5					
			CD6	D6	E6	EF6	F6	FG6	G6	H6	JS6	J6	K6	M6	N6	P6	R6	S6	T6	U6	V6	X6	Y6	Z6	ZA6		
			CD7	D7	E7	EF7	F7	FG7	G7	H7	JS7	J7	K7	M7	N7	P7	R7	S7	T7	U7	V7	X7	Y7	Z7	ZA7	ZB7	ZC7
	B8	C8	CD8	D8	E8	EF8	F8	FG8	G8	H8	JS8	J8	K8	M8	N8	P8	R8	S8	T8	U8	V8	X8	Y8	Z8	ZA8	ZB8	ZC8
A9	B9	C9	CD9	D9	E9	EF9	F9	FG9	G9	H9	JS9		K9	M9	N9	P9	R9	S9		U9		X9	Y9	Z9	ZA9	ZB9	ZC9
A10	B10	C10	CD10	D10	E10	EF10	F10	FG10	G10	H10	JS10		K10	M10	N10	P10	R10	S10		U10		X10	Y10	Z10	ZA10	ZB10	ZC10
A11	B11	C11		D11						H11	JS11				N11									Z11	ZA11	ZB11	ZC11
A12	B12	C12		D12						H12	JS12																
A13	B13	C13		D13						H13	JS13																
										H14	JS14																
										H15	JS15																
										H16	JS16																
										H17	JS17																
										H18	JS18																
1-39			1-40			1-41		1-42		1-43	1-44	1-45		1-46		1-47	1-48	1-49	1-50		1-51			1-52		1-53	
表																											

图 1-16　公称尺寸至 500mm 的孔的公差带代号示图

1-40	1-41	1-42	1-43	1-44	1-45	1-46	1-47	1-48	1-49	1-50
			H1	JS1						
			H2	JS2						
			H3	JS3						
			H4	JS4						
			H5	JS5						
D6 E6	F6	G6	H6	JS6	K6	M6 N6	P6	R6	S6	T6 U6
D7 E7	F7	G7	H7	JS7	K7	M7 N7	P7	R7	S7	T7 U7
D8 E8	F8	G8	H8	JS8	K8	M8 N8	P8	R8	S8	T8 U8
D9 E9	F9		H9	JS9		N9	P9			
D10 E10			H10	JS10						
D11			H11	JS11						
D12			H12	JS12						
D13			H13	JS13						
			H14	JS14						
			H15	JS15						
			H16	JS16						
			H17	JS17						
			H18	JS18						

表

图 1-17　公称尺寸大于 500mm~3150mm 的孔的公差带代号示图

										h1	js1																
										h2	js2																
						ef3	f3	fg3	g3	h3	js3		k3	m3	n3	p3	r3	s3									
						ef4	f4	fg4	g4	h4	js4		k4	m4	n4	p4	r4	s4									
			cd5	d5	e5	ef5	f5	fg5	g5	h5	js5	j5	k5	m5	n5	p5	r5	s5	t5	u5	v5	x5					
			cd6	d6	e6	ef6	f6	fg6	g6	h6	js6	j6	k6	m6	n6	p6	r6	s6	t6	u6	v6	x6	y6	z6	za6		
			cd7	d7	e7	ef7	f7	fg7	g7	h7	js7	j7	k7	m7	n7	p7	r7	s7	t7	u7	v7	x7	y7	z7	za7	zb7	zc7
	b8	c8	cd8	d8	e8	ef8	f8	fg8	g8	h8	js8	j8	k8	m8	n8	p8	r8	s8	t8	u8	v8	x8	y8	z8	za8	zb8	zc8
a9	b9	c9	cd9	d9	e9	ef9	f9	fg9	g9	h9	js9		k9	m9	n9	p9	r9	s9		u9		x9	y9	z9	za9	zb9	zc9
a10	b10	c10	cd10	d10	e10	ef10	f10	fg10	g10	h10	js10		k10			p10	r10	s10				x10	y10	z10	za10	zb10	zc10
a11	b11	c11		d11						h11	js11		k11											z11	za11	zb11	zc11
a12	b12	c12		d12						h12	js12		k12														
a13	b13			d13						h13	js13		k13														
										h14	js14																
										h15	js15																
										h16	js16																
										h17	js17																
										h18	js18																
表 1-54			1-55		1-56		1-57		1-58	1-59	1-60	1-61		1-62		1-63	1-64	1-65	1-66		1-67			1-68		1-69	

图 1-18　公称尺寸至 500mm 的轴的公差带代号示图

				h1	js1						
				h2	js2						
				h3	js3						
				h4	js4						
				h5	js5						
	e6	f6	g6	h6	js6	k6	m6 n6	p6	r6	s6	t6 u6
d7	e7	f7	g7	h7	js7	k7	m7 n7	p7	r7	s7	t7 u7
d8	e8	f8	g8	h8	js8	k8		p8	r8	s8	u8
d9	e9	f9		h9	js9	k9					
d10	e10			h10	js10	k10					
d11				h11	js11	k11					
				h12	js12	k12					
				h13	js13	k13					
				h14	js14						
				h15	js15						
				h16	js16						
				h17	js17						
				h18	js18						
1-55	1-56	1-57	1-58	1-59	1-60	1-61	1-62	1-63	1-64	1-65	1-66

表

图 1-19　公称尺寸大于 500~3150mm 的轴的公差带代号示图

表 1-38　孔的极限偏差　　（单位：μm）

公称尺寸/mm		公差带												
		A				B				C				
大于	至	9	10	11	12	9	10	11	12	8	9	10	11	12
—	3	+295 +270	+310 +270	+330 +270	+370 +270	+165 +140	+180 +140	+200 +140	+240 +140	+74 +60	+85 +60	+100 +60	+120 +60	+160 +60
3	6	+300 +270	+318 +270	+345 +270	+390 +270	+170 +140	+188 +140	+215 +140	+260 +140	+88 +70	+100 +70	+118 +70	+145 +70	+190 +70
6	10	+316 +280	+338 +280	+370 +280	+430 +280	+186 +150	+208 +150	+240 +150	+300 +150	+102 +80	+116 +80	+138 +80	+170 +80	+230 +80
10	18	+333 +290	+360 +290	+400 +290	+470 +290	+193 +150	+220 +150	+260 +150	+330 +150	+122 +95	+138 +95	+165 +95	+205 +95	+275 +95
18	30	+352 +300	+384 +300	+430 +300	+510 +300	+212 +160	+244 +160	+290 +160	+370 +160	+143 +110	+162 +110	+194 +110	+240 +110	+320 +110
30	40	+372 +310	+410 +310	+470 +310	+560 +310	+232 +170	+270 +170	+330 +170	+420 +170	+159 +120	+182 +120	+220 +120	+280 +120	+370 +120
40	50	+382 +320	+420 +320	+480 +320	+570 +320	+242 +180	+280 +180	+340 +180	+430 +180	+169 +130	+192 +130	+230 +130	+290 +130	+380 +130

（续）

公称尺寸/mm		公差带												
		A				B				C				
大于	至	9	10	11	12	9	10	11	12	8	9	10	11	12
50	65	+414 +340	+460 +340	+530 +340	+640 +340	+264 +190	+310 +190	+380 +190	+490 +190	+186 +140	+214 +140	+260 +140	+330 +140	+440 +140
65	80	+434 +360	+480 +360	+550 +360	+660 +360	+274 +200	+320 +200	+390 +200	+500 +200	+196 +150	+224 +150	+270 +150	+340 +150	+450 +150
80	100	+467 +380	+520 +380	+600 +380	+730 +380	+307 +220	+360 +220	+440 +220	+570 +220	+224 +170	+257 +170	+310 +170	+390 +170	+520 +170
100	120	+497 +410	+550 +410	+630 +410	+760 +410	+327 +240	+380 +240	+460 +240	+590 +240	+234 +180	+267 +180	+320 +180	+400 +180	+530 +180
120	140	+560 +460	+620 +460	+710 +460	+860 +460	+360 +260	+420 +260	+510 +260	+660 +260	+263 +200	+300 +200	+360 +200	+450 +200	+600 +200
140	160	+620 +520	+680 +520	+770 +520	+920 +520	+380 +280	+440 +280	+530 +280	+680 +280	+273 +210	+310 +210	+370 +210	+460 +210	+610 +210
160	180	+680 +580	+740 +580	+830 +580	+980 +580	+410 +310	+470 +310	+560 +310	+710 +310	+293 +230	+330 +230	+390 +230	+480 +230	+630 +230
180	200	+775 +660	+845 +660	+950 +660	+1120 +660	+455 +340	+525 +340	+630 +340	+800 +340	+312 +240	+355 +240	+425 +240	+530 +240	+700 +240

（续）

公称尺寸/mm		公差带												
		A				B				C				
大于	至	9	10	11	12	9	10	11	12	8	9	10	11	12
200	225	+855 +740	+925 +740	+1 030 +740	+1 200 +740	+495 +380	+565 +380	+670 +380	+840 +380	+332 +260	+375 +260	+445 +260	+550 +260	+720 +260
225	250	+935 +820	+1 005 +820	+1 110 +820	+1 280 +820	+535 +420	+605 +420	+710 +420	+880 +420	+352 +280	+395 +280	+465 +280	+570 +280	+740 +280
250	280	+1 050 +920	+1 130 +920	+1 240 +920	+1 440 +920	+610 +480	+690 +480	+800 +480	+1 000 +480	+381 +300	+430 +300	+510 +300	+620 +300	+820 +300
280	315	+1 180 +1 050	+1 260 +1 050	+1 370 +1 050	+1 570 +1 050	+670 +540	+750 +540	+860 +540	+1 060 +540	+411 +330	+460 +330	+540 +330	+650 +330	+850 +330
315	355	+1 340 +1 200	+1 430 +1 200	+1 560 +1 200	+1 770 +1 200	+740 +600	+830 +600	+960 +600	+1 170 +600	+449 +360	+500 +360	+590 +360	+720 +360	+930 +360
355	400	+1 490 +1 350	+1 580 +1 350	+1 710 +1 350	+1 920 +1 350	+820 +680	+910 +680	+1 040 +680	+1 250 +680	+489 +400	+540 +400	+630 +400	+760 +400	+970 +400
400	450	+1 655 +1 500	+1 750 +1 500	+1 900 +1 500	+2 130 +1 500	+915 +760	+1 010 +760	+1 160 +760	+1 390 +760	+537 +440	+595 +440	+690 +440	+840 +440	+1 070 +440
450	500	+1 805 +1 650	+1 900 +1 650	+2 050 +1 650	+2 280 +1 650	+995 +840	+1 090 +840	+1 240 +840	+1 470 +840	+577 +480	+635 +480	+730 +480	+880 +480	+1 110 +480

（续）

公称尺寸/mm		公差带												
		D					E				F			
大于	至	7	8	9	10	11	7	8	9	10	6	7	8	9
—	3	+30 +20	+34 +20	+45 +20	+60 +20	+80 +20	+24 +14	+28 +14	+39 +14	+54 +14	+12 +6	+16 +6	+20 +6	+31 +6
3	6	+42 +30	+48 +30	+60 +30	+78 +30	+105 +30	+32 +20	+38 +20	+50 +20	+68 +20	+18 +10	+22 +10	+28 +10	+40 +10
6	10	+55 +40	+62 +40	+76 +40	+98 +40	+130 +40	+40 +25	+47 +25	+61 +25	+83 +25	+22 +13	+28 +13	+35 +13	+49 +13
10 14	14 18	+68 +50	+77 +50	+93 +50	+120 +50	+160 +50	+50 +32	+59 +32	+75 +32	+102 +32	+27 +16	+34 +16	+43 +16	+59 +16
18 24	24 30	+86 +65	+98 +65	+117 +65	+149 +65	+195 +65	+61 +40	+73 +40	+92 +40	+124 +40	+33 +20	+41 +20	+53 +20	+72 +20
30 40	40 50	+105 +80	+119 +80	+142 +80	+180 +80	+240 +80	+75 +50	+89 +50	+112 +50	+150 +50	+41 +25	+50 +25	+64 +25	+87 +25
50 65	65 80	+130 +100	+146 +100	+174 +100	+220 +100	+290 +100	+90 +60	+106 +60	+134 +60	+180 +60	+49 +30	+60 +30	+76 +30	+104 +30

（续）

公称尺寸/mm		公差带												
		D					E				F			
大于	至	7	8	9	10	11	7	8	9	10	6	7	8	9
80	100	+155 +120	+174 +120	+207 +120	+260 +120	+340 +120	+107 +72	+125 +72	+159 +72	+212 +72	+58 +36	+71 +36	+90 +36	+123 +36
100	120													
120	140	+185 +145	+208 +145	+245 +145	+305 +145	+395 +145	+125 +85	+148 +85	+185 +85	+245 +85	+68 +43	+83 +43	+106 +43	+143 +43
140	160													
160	180													
180	200	+216 +170	+242 +170	+285 +170	+355 +170	+460 +170	+146 +100	+172 +100	+215 +100	+285 +100	+79 +50	+96 +50	+122 +50	+165 +50
200	225													
225	250													
250	280	+242 +190	+271 +190	+320 +190	+400 +190	+510 +190	+162 +110	+191 +110	+240 +110	+320 +110	+88 +56	+108 +56	+137 +56	+186 +56
280	315													
315	355	+267 +210	+299 +210	+350 +210	+440 +210	+570 +210	+182 +125	+214 +125	+265 +125	+355 +125	+98 +62	+119 +62	+151 +62	+202 +62
355	400													
400	450	+293 +230	+327 +230	+385 +230	+480 +230	+630 +230	+198 +135	+232 +135	+290 +135	+385 +135	+108 +68	+131 +68	+165 +68	+223 +68
450	500													

（续）

公称尺寸/mm		公差带												
		G				H								
大于	至	5	6	7	8	1	2	3	4	5	6	7	8	9
—	3	+6 +2	+8 +2	+12 +2	+16 +2	+0.8 0	+1.2 0	+2 0	+3 0	+4 0	+6 0	+10 0	+14 0	+25 0
3	6	+9 +4	+12 +4	+16 +4	+22 +4	+1 0	+1.5 0	+2.5 0	+4 0	+5 0	+8 0	+12 0	+18 0	+30 0
6	10	+11 +5	+14 +5	+20 +5	+27 +5	+1 0	+1.5 0	+2.5 0	+4 0	+6 0	+9 0	+15 0	+22 0	+36 0
10 14	14 18	+14 +6	+17 +6	+24 +6	+33 +6	+1.2 0	+2 0	+3 0	+5 0	+8 0	+11 0	+18 0	+27 0	+43 0
18 24	24 30	+16 +7	+20 +7	+28 +7	+40 +7	+1.5 0	+2.5 0	+4 0	+6 0	+9 0	+13 0	+21 0	+33 0	+52 0
30 40	40 50	+20 +9	+25 +9	+34 +9	+48 +9	+1.5 0	+2.5 0	+4 0	+7 0	+11 0	+16 0	+25 0	+39 0	+62 0
50 65	65 80	+23 +10	+29 +10	+40 +10	+56 +10	+2 0	+3 0	+5 0	+8 0	+13 0	+19 0	+30 0	+46 0	+74 0

（续）

公称尺寸/mm		公差带												
		G				H								
大于	至	5	6	7	8	1	2	3	4	5	6	7	8	9
80	100	+27 +12	+34 +12	+47 +12	+66 +12	+2.5 0	+4 0	+6 0	+10 0	+15 0	+22 0	+35 0	+54 0	+87 0
100	120													
120	140	+32 +14	+39 +14	+54 +14	+77 +14	+3.5 0	+5 0	+8 0	+12 0	+18 0	+25 0	+40 0	+63 0	+100 0
140	160													
160	180													
180	200	+35 +15	+44 +15	+61 +15	+87 +15	+4.5 0	+7 0	+10 0	+14 0	+20 0	+29 0	+46 0	+72 0	+115 0
200	225													
225	250													
250	280	+40 +17	+49 +17	+69 +17	+98 +17	+6 0	+8 0	+12 0	+16 0	+23 0	+32 0	+52 0	+81 0	+130 0
280	315													
315	355	+43 +18	+54 +18	+75 +18	+107 +18	+7 0	+9 0	+13 0	+18 0	+25 0	+36 0	+57 0	+89 0	+140 0
355	400													
400	450	+47 +20	+60 +20	+83 +20	+117 +20	+8 0	+10 0	+15 0	+20 0	+27 0	+40 0	+63 0	+97 0	+155 0
450	500													

（续）

公称尺寸/mm		公差带													
		H				J			JS						
大于	至	10	11	12	13	6	7	8	1	2	3	4	5	6
—	3	+40 0	+60 0	+100 0	+140 0	+2 -4	+4 -6	+6 -8	±0.4	±0.6	±1	±1.5	±2	±3
3	6	+48 0	+75 0	+120 0	+180 0	+5 -3	±6	+10 -8	±0.5	±0.75	±1.25	±2	±2.5	±4
6	10	+58 0	+90 0	+150 0	+220 0	+5 -4	+8 -7	+12 -10	±0.5	±0.75	±1.25	±2	±3	±4.5
10 14	14 18	+70 0	+110 0	+180 0	+270 0	+6 -5	+10 -8	+15 -12	±0.6	±1	±1.5	±2.5	±4	±5.5
18 24	24 30	+84 0	+130 0	+210 0	+330 0	+8 -5	+12 -9	+20 -13	±0.75	±1.25	±2	±3	±4.5	±6.5
30 40	40 50	+100 0	+160 0	+250 0	+390 0	+10 -6	+14 -11	+24 -15	±0.75	±1.25	±2	±3.5	±5.5	±8
50 65	65 80	+120 0	+190 0	+300 0	+460 0	+13 -6	+18 -12	+28 -18	±1	±1.5	±2.5	±4	±6.5	±9.5

（续）

公称尺寸/mm		公差带												
		H				J			JS					
大于	至	10	11	12	13	6	7	8	1	2	3	4	5	6
80	100	+140 0	+220 0	+350 0	+540 0	+16 -6	+22 -13	+34 -20	±1.25	±2	±3	±5	±7.5	±11
100	120													
120	140	+160 0	+250 0	+400 0	+630 0	+18 -7	+26 -14	+41 -22	±1.75	±2.5	±4	±6	±9	±12.5
140	160													
160	180													
180	200	+185 0	+290 0	+460 0	+720 0	+22 -7	+30 -16	+47 -25	±2.25	±3.5	±5	±7	±10	±14.5
200	225													
225	250													
250	280	+210 0	+320 0	+520 0	+810 0	+25 -7	+36 -16	+55 -26	±3	±4	±6	±8	±11.5	±16
280	315													
315	355	+230 0	+360 0	+570 0	+890 0	+29 -7	+39 -18	+60 -29	±3.5	±4.5	±6.5	±9	±12.5	±18
355	400													
400	450	+250 0	+400 0	+630 0	+970 0	+33 -7	+43 -20	+66 -31	±4	±5	±7.5	±10	±13.5	±20
450	500													

（续）

公称尺寸/mm		公差带												
		JS							K					M
大于	至	7	8	9	10	11	12	13	4	5	6	7	8	4
—	3	±5	±7	±12	±20	±30	±50	±70	0 −3	0 −4	0 −6	0 −10	0 −14	−2 −5
3	6	±6	±9	±15	±24	±37	±60	±90	+0.5 −3.5	0 −5	+2 −6	+3 −9	+5 −13	−2.5 −6.5
6	10	±7	±11	±18	±29	±46	±75	±110	+0.5 −3.5	+1 −5	+2 −7	+5 −10	+6 −16	−4.5 −8.5
10 14	14 18	±9	±13	±21	±36	±55	±90	±135	+1 −4	+2 −6	+2 −9	+6 −12	+8 −19	−5 −10
18 24	24 30	±10	±16	±26	±42	±65	±105	±165	0 −6	+1 −8	+2 −11	+6 −15	+10 −23	−6 −12
30 40	40 50	±12	±19	±31	±50	±80	±125	±195	+1 −6	+2 −9	+3 −13	+7 −18	+12 −27	−6 −13
50 65	65 80	±15	±23	±37	±60	±95	±150	±230		+3 −10	+4 −15	+9 −21	+14 −32	

（续）

公称尺寸/mm		公差带												
		JS							K					M
大于	至	7	8	9	10	11	12	13	4	5	6	7	8	4
80	100	±17	±27	±43	±70	±110	±175	±270		+2 -13	+4 -18	+10 -25	+16 -38	
100	120													
120	140	±20	±31	±50	±80	±125	±200	±315		+3 -15	+4 -21	+12 -28	+20 -43	
140	160													
160	180													
180	200	±23	±36	±57	±92	±145	±230	±360		+2 -18	+5 -24	+13 -33	+22 -50	
200	225													
225	250													
250	280	±26	±40	±65	±105	±160	±280	±405		+3 -20	+5 -27	+16 -36	+25 -56	
280	315													
315	355	±28	±44	±70	±115	±180	±285	±445		+3 -22	+7 -29	+17 -40	+28 -61	
355	400													
400	450	±31	±48	±77	±125	±200	±315	±485		+2 -25	+8 -32	+18 -45	+29 -68	
450	500													

（续）

公称尺寸/mm		公差带												
		M				N					P			
大于	至	5	6	7	8	5	6	7	8	9	5	6	7	8
—	3	-2 -6	-2 -8	-2 -12	-2 -16	-4 -8	-4 -10	-4 -14	-4 -18	-4 -29	-6 -10	-6 -12	-6 -16	-6 -20
3	6	-3 -8	-1 -9	0 -12	+2 -16	-7 -12	-5 -13	-4 -16	-2 -20	0 -30	-11 -16	-9 -17	-8 -20	-12 -30
6	10	-4 -10	-3 -12	0 -15	+1 -21	-8 -14	-7 -16	-4 -19	-3 -25	0 -36	-13 -19	-12 -21	-9 -24	-15 -37
10 14	14 18	-4 -12	-4 -15	0 -18	+2 -25	-9 -17	-9 -20	-5 -23	-3 -30	0 -43	-15 -23	-15 -26	-11 -29	-18 -45
18 24	24 30	-5 -14	-4 -17	0 -21	+4 -29	-12 -21	-11 -24	-7 -28	-3 -36	0 -52	-19 -28	-18 -31	-14 -35	-22 -55
30 40	40 50	-5 -16	-4 -20	0 -25	+5 -34	-13 -24	-12 -28	-8 -33	-3 -42	0 -62	-22 -33	-21 -37	-17 -42	-26 -65
50 65	65 80	-6 -19	-5 -24	0 -30	+5 -41	-15 -28	-14 -33	-9 -39	-4 -50	0 -74	-27 -40	-26 -45	-21 -51	-32 -78

（续）

公称尺寸/mm		公差带												
		M				N					P			
大于	至	5	6	7	8	5	6	7	8	9	5	6	7	8
80 100	100 120	-8 -23	-6 -28	0 -35	+6 -48	-18 -33	-16 -38	-10 -45	-4 -58	0 -87	-32 -47	-30 -52	-24 -59	-37 -91
120 140 160	140 160 180	-9 -27	-8 -33	0 -40	+8 -55	-21 -39	-20 -45	-12 -52	-4 -67	0 -100	-37 -55	-36 -61	-28 -68	-43 -106
180 200 225	200 225 250	-11 -31	-8 -37	0 -46	+9 -63	-25 -45	-22 -51	-14 -60	-5 -77	0 -115	-44 -64	-41 -70	-33 -79	-50 -122
250 280	280 315	-13 -36	-9 -41	0 -52	+9 -72	-27 -50	-25 -57	-14 -66	-5 -86	0 -130	-49 -72	-47 -79	-36 -88	-56 -137
315 355	355 400	-14 -39	-10 -46	0 -57	+11 -78	-30 -55	-26 -62	-16 -73	-5 -94	0 -140	-55 -80	-51 -87	-41 -98	-62 -151
400 450	450 500	-16 -43	-10 -50	0 -63	+11 -86	-33 -60	-27 -67	-17 -80	-6 -103	0 -155	-61 -88	-55 -95	-45 -108	-68 -165

（续）

公称尺寸/mm		公差带												
		P	R				S				T			U
大于	至	9	5	6	7	8	5	6	7	8	6	7	8	6
—	3	-6 -31	-10 -14	-10 -16	-10 -20	-10 -24	-14 -18	-14 -20	-14 -24	-14 -28				-18 -24
3	6	-12 -42	-14 -19	-12 -20	-11 -23	-15 -33	-18 -23	-16 -24	-15 -27	-19 -37				-20 -28
6	10	-15 -51	-17 -23	-16 -25	-13 -28	-19 -41	-21 -27	-20 -29	-17 -32	-23 -45				-25 -34
10	14	-18 -61	-20 -28	-20 -31	-16 -34	-23 -50	-25 -33	-25 -36	-21 -39	-28 -55				-30 -41
14	18													
18	24	-22 -74	-25 -34	-24 -37	-20 -41	-28 -61	-32 -41	-31 -44	-27 -48	-35 -68				-37 -50
24	30										-37 -50	-33 -54	-41 -74	-44 -57
30	40	-26 -88	-30 -41	-29 -45	-25 -50	-34 -73	-39 -50	-38 -54	-34 -59	-43 -82	-43 -59	-39 -64	-48 -87	-55 -71
40	50										-49 -65	-45 -70	-54 -93	-65 -81

（续）

公称尺寸/mm		公差带												
		P	R				S				T			U
大于	至	9	5	6	7	8	5	6	7	8	6	7	8	6
50	65	-32 -106	-36 -49	-35 -54	-30 -60	-41 -87	-48 -61	-47 -66	-42 -72	-53 -99	-60 -79	-55 -85	-66 -112	-81 -100
65	80		-38 -51	-37 -56	-32 -62	-43 -89	-54 -67	-53 -72	-48 -78	-59 -105	-69 -88	-64 -94	-75 -121	-96 -115
80	100	-37 -124	-46 -61	-44 -66	-38 -73	-51 -105	-66 -81	-64 -86	-58 -93	-71 -125	-84 -106	-78 -113	-91 -145	-117 -139
100	120		-49 -64	-47 -69	-41 -76	-54 -108	-74 -89	-72 -94	-66 -101	-79 -133	-97 -119	-91 -126	-104 -158	-137 -159
120	140	-43 -143	-57 -75	-56 -81	-48 -88	-63 -126	-86 -104	-85 -110	-77 -117	-92 -155	-115 -140	-107 -147	-122 -185	-163 -188
140	160		-59 -77	-58 -83	-50 -90	-65 -128	-94 -112	-93 -118	-85 -125	-100 -163	-127 -152	-119 -159	-134 -197	-183 -208
160	180		-62 -80	-61 -86	-53 -93	-68 -131	-102 -120	-101 -126	-93 -133	-108 -171	-139 -164	-131 -171	-146 -209	-203 -228
180	200	-50 -165	-71 -91	-68 -97	-60 -106	-77 -149	-116 -136	-113 -142	-105 -151	-122 -194	-157 -186	-149 -195	-166 -238	-227 -256

（续）

公称尺寸/mm		公差带												
		P	R				S				T			U
大于	至	9	5	6	7	8	5	6	7	8	6	7	8	6
200	225	-50 -165	-74 -94	-71 -100	-63 -109	-80 -152	-124 -144	-121 -150	-113 -159	-130 -202	-171 -200	-163 -209	-180 -252	-249 -278
225	250		-78 -98	-75 -104	-67 -113	-84 -156	-134 -154	-131 -160	-123 -169	-140 -212	-187 -216	-179 -225	-196 -268	-275 -304
250	280	-56 -186	-87 -110	-85 -117	-74 -126	-94 -175	-151 -174	-149 -181	-138 -190	-158 -239	-209 -241	-198 -250	-218 -299	-306 -338
280	315		-91 -114	-89 -121	-78 -130	-98 -179	-163 -186	-161 -193	-150 -202	-170 -251	-231 -263	-220 -272	-240 -321	-341 -373
315	355	-62 -202	-101 -126	-97 -133	-87 -144	-108 -197	-183 -208	-179 -215	-169 -226	-190 -279	-257 -293	-247 -304	-268 -357	-379 -415
355	400		-107 -132	-103 -139	-93 -150	-114 -203	-201 -226	-197 -233	-187 -244	-208 -297	-283 -319	-273 -330	-294 -383	-424 -460
400	450	-68 -223	-119 -146	-113 -153	-103 -166	-126 -223	-225 -252	-219 -259	-209 -272	-232 -329	-317 -357	-307 -370	-330 -427	-477 -517
450	500		-125 -152	-119 -159	-109 -172	-132 -229	-245 -272	-239 -279	-229 -292	-252 -349	-347 -387	-337 -400	-360 -457	-527 -567

（续）

公称尺寸/mm		公差带													
		U		V			X			Y			Z		
大于	至	7	8	6	7	8	6	7	8	6	7	8	6	7	8
—	3	-18 -28	-18 -32				-20 -26	-20 -30	-20 -34				-26 -32	-26 -36	-26 -40
3	6	-19 -31	-23 -41				-25 -33	-24 -36	-28 -46				-32 -40	-31 -43	-35 -53
6	10	-22 -37	-28 -50				-31 -40	-28 -43	-34 -56				-39 -48	-36 -51	-42 -64
10	14	-26 -44	-33 -60				-37 -48	-33 -51	-40 -67				-47 -58	-43 -61	-50 -77
14	18			-36 -47	-32 -50	-39 -66	-42 -53	-38 -56	-45 -72				-57 -68	-53 -71	-60 -87
18	24	-33 -54	-41 -74	-43 -56	-39 -60	-47 -80	-50 -63	-46 -67	-54 -87	-59 -72	-55 -76	-63 -96	-69 -82	-65 -86	-73 -106
24	30	-40 -61	-48 -81	-51 -64	-47 -68	-55 -88	-60 -73	-56 -77	-64 -97	-71 -84	-67 -88	-75 -108	-84 -97	-80 -101	-88 -121

（续）

公称尺寸/mm		公差带													
		U		V			X			Y			Z		
大于	至	7	8	6	7	8	6	7	8	6	7	8	6	7	8
30	40	-51 -76	-60 -99	-63 -79	-59 -84	-68 -107	-75 -91	-71 -96	-80 -119	-89 -105	-85 -110	-94 -133	-107 -123	-103 -128	-112 -151
40	50	-61 -86	-70 -109	-76 -92	-72 -97	-81 -120	-92 -108	-88 -113	-97 -136	-109 -125	-105 -130	-114 -153	-131 -147	-127 -152	-136 -175
50	65	-76 -106	-87 -133	-96 -115	-91 -121	-102 -148	-116 -135	-111 -141	-122 -168	-138 -157	-133 -163	-144 -190		-161 -191	-172 -218
65	80	-91 -121	-102 -148	-114 -133	-109 -139	-120 -166	-140 -159	-135 -165	-146 -192	-168 -187	-163 -193	-174 -220		-199 -229	-210 -256
80	100	-111 -146	-124 -178	-139 -161	-133 -168	-146 -200	-171 -193	-165 -200	-178 -232	-207 -229	-201 -236	-214 -268		-245 -280	-258 -312
100	120	-131 -166	-144 -198	-165 -187	-159 -194	-172 -226	-203 -225	-197 -232	-210 -264	-247 -269	-241 -276	-254 -308		-297 -332	-310 -364
120	140	-155 -195	-170 -233	-195 -220	-187 -227	-202 -265	-241 -266	-233 -273	-248 -311	-293 -318	-285 -325	-300 -363		-350 -390	-365 -428

（续）

公称尺寸/mm		公差带													
		U		V			X			Y			Z		
大于	至	7	8	6	7	8	6	7	8	6	7	8	6	7	8
140	160	-175 -215	-190 -253	-221 -246	-213 -253	-228 -291	-273 -298	-265 -305	-280 -343	-333 -358	-325 -365	-340 -403		-400 -440	-415 -478
160	180	-195 -235	-210 -273	-245 -270	-237 -277	-252 -315	-303 -328	-295 -335	-310 -373	-373 -398	-365 -405	-380 -443		-450 -490	-465 -528
180	200	-219 -265	-236 -308	-275 -304	-267 -313	-284 -356	-341 -370	-333 -379	-350 -422	-416 -445	-408 -454	-425 -497		-503 -549	-520 -592
200	225	-241 -287	-258 -330	-301 -330	-293 -339	-310 -382	-376 -405	-368 -414	-385 -457	-461 -490	-453 -499	-470 -542		-558 -604	-575 -647
225	250	-267 -313	-284 -356	-331 -360	-323 -369	-340 -412	-416 -445	-408 -454	-425 -497	-511 -540	-503 -549	-520 -592		-623 -669	-640 -712
250	280	-295 -347	-315 -396	-376 -408	-365 -417	-385 -466	-466 -498	-455 -507	-475 -556	-571 -603	-560 -612	-580 -661		-690 -742	-710 -791
280	315	-330 -382	-350 -431	-416 -448	-405 -457	-425 -506	-516 -548	-505 -557	-525 -606	-641 -673	-630 -682	-650 -731		-770 -822	-790 -871

（续）

公称尺寸/mm		公差带														
		U		V			X			Y			Z		
大于	至	7	8	6	7	8	6	7	8	6	7	8	6	7	8
315	355	-369 -426	-390 -479	-464 -500	-454 -511	-475 -564	-579 -615	-569 -626	-590 -679	-719 -755	-709 -766	-730 -819		-879 -936	-900 -989
355	400	-414 -471	-435 -524	-519 -555	-509 -566	-530 -619	-649 -685	-639 -696	-660 -749	-809 -845	-799 -856	-820 -909		-979 -1 036	-1 000 -1 089
400	450	-467 -530	-490 -587	-582 -622	-572 -635	-595 -692	-727 -767	-717 -780	-740 -837	-907 -947	-897 -960	-920 -1 017		-1 077 -1 140	-1 100 -1 197
450	500	-517 -580	-540 -637	-647 -687	-637 -700	-660 -757	-807 -847	-797 -860	-820 -917	-987 -1 027	-977 -1 040	-1 000 -1 097		-1 227 -1 290	-1 250 -1 347

注：1. 公称尺寸小于 1mm 时，各级的 A 和 B 均不采用。

2. IT4 ~ IT8 只用于大 1mm 的公称尺寸。

3. 公差带 N9、N10 和 N11 只用于大于 1mm 的公称尺寸。

4. 公称尺寸大于 3mm 时，大于 IT8 的 K 的偏差值不做规定。

5. 公称尺寸为大于 3 ~ 6mm 的 J7 的偏差值与对应尺寸段的 JS7 等值。

6. 因版面所限，公称尺寸大于 500mm、部分不常用偏差及 ZA、ZB、ZC 数值未列入。

表 1-39　轴的极限偏差　　（单位：μm）

公称尺寸/mm		公差带														
		a					b					c				
大于	至	9	10	11	12	13	9	10	11	12	13	8	9	10	11	12
—	3	-270 -295	-270 -310	-270 -330	-270 -370	-270 -410	-140 -165	-140 -180	-140 -200	-140 -240	-140 -280	-60 -74	-60 -85	-60 -100	-60 -120	-60 -160
3	6	-270 -300	-270 -318	-270 -345	-270 -390	-270 -450	-140 -170	-140 -188	-140 -215	-140 -260	-140 -320	-70 -88	-70 -100	-70 -118	-70 -145	-70 -190
6	10	-280 -316	-280 -338	-280 -370	-280 -430	-280 -500	-150 -186	-150 -208	-150 -240	-150 -300	-150 -370	-80 -102	-80 -116	-80 -138	-80 -170	-80 -220
10	14	-290 -333	-290 -360	-290 -400	-290 -470	-290 -560	-150 -193	-150 -220	-150 -260	-150 -330	-150 -420	-95 -122	-95 -138	-95 -165	-95 -205	-95 -275
14	18															
18	24	-300 -352	-300 -384	-300 -430	-300 -510	-300 -630	-160 -212	-160 -244	-160 -290	-160 -370	-160 -490	-110 -143	-110 -162	-110 -194	-110 -240	-110 -320
24	30															
30	40	-310 -372	-310 -410	-310 -470	-310 -560	-310 -700	-170 -232	-170 -270	-170 -330	-170 -420	-170 -560	-120 -159	-120 -182	-120 -220	-120 -280	-120 -370
40	50	-320 -382	-320 -420	-320 -480	-320 -570	-320 -710	-180 -242	-180 -280	-180 -340	-180 -430	-180 -570	-130 -169	-130 -192	-130 -230	-130 -290	-130 -380
50	65	-340 -414	-340 -460	-340 -530	-340 -640	-340 -800	-190 -264	-190 -310	-190 -380	-190 -490	-190 -650	-140 -186	-140 -214	-140 -260	-140 -330	-140 -440

（续）

公称尺寸/mm		公差带														
		a					b					c				
大于	至	9	10	11	12	13	9	10	11	12	13	8	9	10	11	12
65	80	-360 -434	-360 -480	-360 -550	-360 -660	-360 -820	-200 -274	-200 -320	-200 -390	-200 -500	-200 -660	-150 -196	-150 -224	-150 -270	-150 -340	-150 -450
80	100	-380 -467	-380 -520	-380 -600	-380 -730	-380 -920	-220 -307	-220 -360	-220 -440	-220 -570	-220 -760	-170 -224	-170 -257	-170 -310	-170 -390	-170 -520
100	120	-410 -497	-410 -550	-410 -630	-410 -760	-410 -950	-240 -327	-240 -380	-240 -460	-240 -590	-240 -780	-180 -234	-180 -267	-180 -320	-180 -400	-180 -530
120	140	-460 -560	-460 -620	-460 -710	-460 -860	-460 -1090	-260 -360	-260 -420	-260 -510	-260 -660	-260 -890	-200 -263	-200 -300	-200 -360	-200 -450	-200 -600
140	160	-520 -620	-520 -680	-520 -770	-520 -920	-520 -1150	-280 -380	-280 -440	-280 -530	-280 -680	-280 -910	-210 -273	-210 -310	-210 -370	-210 -460	-210 -610
160	180	-580 -680	-580 -740	-580 -830	-580 -980	-580 -1210	-310 -410	-310 -470	-310 -560	-310 -710	-310 -940	-230 -293	-230 -330	-230 -390	-230 -480	-230 -630
180	200	-660 -775	-660 -845	-660 -950	-660 -1120	-660 -1380	-340 -455	-340 -525	-340 -630	-340 -800	-340 -1060	-240 -312	-240 -355	-240 -425	-240 -530	-240 -700
200	225	-740 -855	-740 -925	-740 -1030	-740 -1200	-740 -1460	-380 -495	-380 -565	-380 -670	-380 -840	-380 -1100	-260 -332	-260 -375	-260 -445	-260 -550	-260 -720

225	250	-820 -935	-820 -1 005	-820 -1 110	-820 -1 280	-820 -1 540	-420 -535	-420 -605	-420 -710	-420 -880	-420 -1 140	-280 -352	-280 -395	-280 -465	-280 -570	-280 -740
250	280	-920 -1 050	-920 -1 130	-920 -1 240	-920 -1 440	-920 -1 730	-480 -610	-480 -690	-480 -800	-480 -1 000	-480 -1 290	-300 -381	-300 -430	-300 -510	-300 -620	-300 -820
280	315	-1 050 -1 180	-1 050 -1 260	-1 050 -1 370	-1 050 -1 570	-1 050 -1 860	-540 -670	-540 -750	-540 -860	-540 -1 060	-540 -1 350	-330 -411	-330 -460	-330 -540	-330 -650	-330 -850
315	355	-1 200 -1 340	-1 200 -1 430	-1 200 -1 560	-1 200 -1 770	-1 200 -2 090	-600 -740	-600 -830	-600 -960	-600 -1 170	-600 -1 490	-360 -449	-360 -500	-360 -590	-360 -720	-360 -930
355	400	-1 350 -1 490	-1 350 -1 580	-1 350 -1 710	-1 350 -1 920	-1 350 -2 240	-680 -820	-680 -910	-680 -1 040	-680 -1 250	-680 -1 570	-400 -489	-400 -540	-400 -630	-400 -760	-400 -970
400	450	-1 500 -1 655	-1 500 -1 750	-1 500 -1 900	-1 500 -2 130	-1 500 -2 470	-760 -915	-760 -1 010	-760 -1 160	-760 -1 390	-760 -1 730	-440 -537	-440 -595	-440 -690	-440 -840	-440 -1 070
450	500	-1 650 -1 805	-1 650 -1 900	-1 650 -2 050	-1 650 -2 280	-1 650 -2 620	-840 -995	-840 -1 090	-840 -1 240	-840 -1 470	-840 -1 810	-480 -577	-480 -635	-480 -730	-480 -880	-480 -1 110

公称尺寸/mm		公差带												
		d					e					f		
大于	至	7	8	9	10	11	6	7	8	9	10	5	6	7
—	3	-20 -30	-20 -34	-20 -45	-20 -60	-20 -80	-14 -20	-14 -24	-14 -28	-14 -39	-14 -54	-6 -10	-6 -12	-6 -16

（续）

公称尺寸/mm		公差带												
		d					e					f		
大于	至	7	8	9	10	11	6	7	8	9	10	5	6	7
3	6	-30 -42	-30 -48	-30 -60	-30 -78	-30 -105	-20 -28	-20 -32	-20 -38	-20 -50	-20 -68	-10 -15	-10 -18	-10 -22
6	10	-40 -55	-40 -62	-40 -76	-40 -98	-40 -130	-25 -34	-25 -40	-25 -47	-25 -61	-25 -83	-13 -19	-13 -22	-13 -28
10 14	14 18	-50 -68	-50 -77	-50 -93	-50 -120	-50 -160	-32 -43	-32 -50	-32 -59	-32 -75	-32 -102	-16 -24	-16 -27	-16 -34
18 24	24 30	-65 -86	-65 -98	-65 -117	-65 -149	-65 -195	-40 -53	-40 -61	-40 -73	-40 -92	-40 -124	-20 -29	-20 -33	-20 -41
30 40	40 50	-80 -105	-80 -119	-80 -142	-80 -180	-80 -240	-50 -66	-50 -75	-50 -89	-50 -112	-50 -150	-25 -36	-25 -41	-25 -50
50 65	65 80	-100 -130	-100 -146	-100 -174	-100 -220	-100 -290	-60 -79	-60 -90	-60 -106	-60 -134	-60 -180	-30 -43	-30 -49	-30 -60

80 100	100 120	−120 −155	−120 −174	−120 −207	−120 −260	−120 −340	−72 −94	−72 −107	−72 −126	−72 −159	−72 −212	−36 −51	−36 −58	−36 −71
120 140 160	140 160 180	−145 −185	−145 −208	−145 −245	−145 −305	−145 −395	−85 −110	−85 −125	−85 −148	−85 −185	−85 −245	−43 −61	−43 −68	−43 −83
180 200 225	200 225 250	−170 −216	−170 −242	−170 −285	−170 −355	−170 −460	−100 −129	−100 −146	−100 −172	−100 −215	−100 −285	−50 −70	−50 −79	−50 −96
250 280	280 315	−190 −242	−190 −271	−190 −320	−190 −400	−190 −510	−110 −142	−110 −162	−110 −191	−110 −240	−110 −320	−56 −79	−56 −88	−56 −108
315 355	355 400	−210 −267	−210 −299	−210 −350	−210 −440	−210 −570	−125 −161	−125 −182	−125 −214	−125 −265	−125 −355	−62 −87	−62 −98	−62 −119
400 450	450 500	−230 −293	−230 −327	−230 −385	−230 −480	−230 −630	−135 −175	−135 −198	−135 −232	−135 −290	−135 −385	−68 −95	−68 −108	−68 −131

（续）

公称尺寸/mm		公差带												
		f		g					h					
大于	至	8	9	4	5	6	7	8	1	2	3	4	5	6
—	3	-6 -20	-6 -31	-2 -5	-2 -6	-2 -8	-2 -12	-2 -16	0 -0.8	0 -1.2	0 -2	0 -3	0 -4	0 -6
3	6	-10 -28	-10 -40	-4 -8	-4 -9	-4 -12	-4 -16	-4 -22	0 -1	0 -1.5	0 -2.5	0 -4	0 -5	0 -8
6	10	-13 -35	-13 -49	-5 -9	-5 -11	-5 -14	-5 -20	-5 -27	0 -1	0 -1.5	0 -2.5	0 -4	0 -6	0 -9
10 14	14 18	-16 -43	-16 -59	-6 -11	-6 -14	-6 -17	-6 -24	-6 -33	0 -1.2	0 -2	0 -3	0 -5	0 -8	0 -11
18 24	24 30	-20 -53	-20 -72	-7 -13	-7 -16	-7 -20	-7 -28	-7 -40	0 -1.5	0 -2.5	0 -4	0 -6	0 -9	0 -13
30 40	40 50	-25 -64	-25 -87	-9 -16	-9 -20	-9 -25	-9 -34	-9 -48	0 -1.5	0 -2.5	0 -4	0 -7	0 -11	0 -16
50 65	65 80	-30 -76	-30 -104	-10 -18	-10 -23	-10 -29	-10 -40	-10 -56	0 -2	0 -3	0 -5	0 -8	0 -13	0 -19
80 100	100 120	-36 -90	-36 -123	-12 -22	-12 -27	-12 -34	-12 -47	-12 -66	0 -2.5	0 -4	0 -6	0 -10	0 -15	0 -22

120	140	−43 −106	−43 −143	−14 −26	−14 −32	−14 −39	−14 −54	−14 −77	0 −3.5	0 −5	0 −8	0 −12	0 −18	0 −25
140	160													
160	180													
180	200	−50 −122	−50 −165	−15 −29	−15 −35	−15 −44	−15 −61	−15 −87	0 −4.5	0 −7	0 −10	0 −14	0 −20	0 −29
200	225													
225	250													
250	280	−56 −137	−56 −185	−17 −33	−17 −40	−17 −49	−17 −69	−17 −98	0 −6	0 −8	0 −12	0 −16	0 −23	0 −32
280	315													
315	355	−62 −151	−62 −202	−18 −36	−18 −43	−18 −54	−18 −75	−18 −107	0 −7	0 −9	0 −13	0 −18	0 −25	0 −36
355	400													
400	450	−68 −165	−68 −223	−20 −40	−20 −47	−20 −60	−20 −83	−20 −117	0 −8	0 −10	0 −15	0 −20	0 −27	0 −40
450	500													

（续）

公称尺寸/mm		公差带												
		h							j			js		
大于	至	7	8	9	10	11	12	13	5	6	7	1	2	3
—	3	0 -10	0 -14	0 -25	0 -40	0 -60	0 -100	0 -140	±2	+4 -2	+6 -4	±0.4	±0.6	±1
3	6	0 -12	0 -18	0 -30	0 -48	0 -75	0 -120	0 -180	+3 -2	+6 -2	+8 -4	±0.5	±0.75	±1.25
6	10	0 -15	0 -22	0 -36	0 -58	0 -90	0 -150	0 -220	+4 -2	+7 -2	+10 -5	±0.5	±0.75	±1.25
10	14	0 -18	0 -27	0 -43	0 -70	0 -110	0 -180	0 -270	+5 -3	+8 -3	+12 -6	±0.6	±1	±1.5
14	18													
18	24	0 -21	0 -33	0 -52	0 -84	0 -130	0 -210	0 -330	+5 -4	+9 -4	+13 -8	±0.75	±1.25	±2
24	30													
30	40	0 -25	0 -39	0 -62	0 -100	0 -160	0 -250	0 -390	+6 -5	+11 -5	+15 -10	±0.75	±1.25	±2
40	50													

50	65	0 -30	0 -46	0 -74	0 -120	0 -190	0 -300	0 -460	+6 -7	+12 -7	+18 -12	±1	±1.5	±2.5
65	80													
80	100	0 -35	0 -54	0 -87	0 -140	0 -220	0 -350	0 -540	+6 -9	+13 -9	+20 -15	±1.25	±2	±3
100	120													
120	140	0 -40	0 -63	0 -100	0 -160	0 -250	0 -400	0 -630	+7 -11	+14 -11	+22 -18	±1.75	±2.5	±4
140	160													
160	180													
180	200	0 -46	0 -72	0 -115	0 -185	0 -290	0 -460	0 -720	+7 -13	+16 -13	+25 -21	±2.25	±3.5	±5
200	225													
225	250													
250	280	0 -52	0 -81	0 -130	0 -210	0 -320	0 -520	0 -810	+7 -16	±16	±26	±3	±4	±6
280	315													
315	355	0 -57	0 -89	0 -140	0 -230	0 -360	0 -570	0 -890	+7 -18	±18	+29 -28	±3.5	±4.5	±6.5
355	400													
400	450	0 -63	0 -97	0 -155	0 -250	0 -400	0 -630	0 -970	+7 -20	±20	+31 -32	±4	±5	±7.5
450	500													

（续）

公称尺寸/mm		公差带											
		js										k	
大于	至	4	5	6	7	8	9	10	11	12	13	4	5
—	3	±1.5	±2	±3	±5	±7	±12	±20	±30	±50	±70	+3 0	+4 0
3	6	±2	±2.5	±4	±6	±9	±15	±24	±37	±60	±90	+5 +1	+6 +1
6	10	±2	±3	±4.5	±7	±11	±18	±29	±45	±75	±110	+5 +1	+7 +1
10	14	±2.5	±4	±5.5	±9	±13	±21	±35	±55	±90	±135	+6 +1	+9 +1
14	18												
18	24	±3	±4.5	±6.5	±10	±16	±26	±42	±65	±105	±165	+8 +2	+11 +2
24	30												
30	40	±3.5	±5.5	±8	±12	±19	±31	±50	±80	±125	±195	+9 +2	+13 +2
40	50												
50	65	±4	±6.5	±9.5	±15	±23	±37	±60	±95	±150	±230	+10 +2	+15 +2
65	80												

80	100	±5	±7.5	±11	±17	±27	±43	±70	±110	±175	±270	+13 +3	+18 +3
100	120												
120	140	±6	±9	±12.5	±20	±31	±50	±80	±125	±200	±315	+15 +3	+21 +3
140	160												
160	180												
180	200	±7	±10	±14.5	±23	±36	±57	±92	±145	±230	±360	+18 +4	+24 +4
200	225												
250	280	±8	±11.5	±16	±26	±40	±65	±105	±160	±260	±405	+20 +4	+27 +4
280	315												
315	355	±9	±12.5	±18	±28	±44	±70	±115	±180	±285	±445	+22 +4	+29 +4
355	400												
400	450	±10	±13.5	±20	±31	±48	±77	±125	±200	±315	±485	+25 +5	+32 +5
450	500												

（续）

公称尺寸/mm		公差带												
		k			m					n				
大于	至	6	7	8	4	5	6	7	8	4	5	6	7	8
—	3	+6 0	+10 0	+14 0	+5 +2	+6 +2	+8 +2	+12 +2	+16 +2	+7 +4	+8 +4	+10 +4	+14 +4	+18 +4
3	6	+9 +1	+13 +1	+18 0	+8 +4	+9 +4	+12 +4	+16 +4	+22 +4	+12 +8	+13 +8	+16 +8	+20 +8	+26 +8
6	10	+10 +1	+16 +1	+22 0	+10 +6	+12 +6	+15 +6	+21 +6	+28 +6	+14 +10	+16 +10	+19 +10	+25 +10	+32 +10
10 14	14 18	+12 +1	+19 +1	+27 0	+12 +7	+15 +7	+18 +7	+25 +7	+34 +7	+17 +12	+20 +12	+23 +12	+30 +12	+39 +12
18 24	24 30	+15 +2	+23 +2	+33 0	+14 +8	+17 +8	+21 +8	+29 +8	+41 +8	+21 +15	+24 +15	+28 +15	+36 +15	+48 +15
30 40	40 50	+18 +2	+27 +2	+39 0	+16 +9	+20 +9	+25 +9	+34 +9	+48 +9	+24 +17	+28 +17	+33 +17	+42 +17	+56 +17
50 65	65 80	+21 +2	+32 +2	+46 0	+19 +11	+24 +11	+30 +11	+41 +11		+28 +20	+33 +20	+39 +20	+50 +20	

80	100	+25 +3	+38 +3	+54 0	+23 +13	+28 +13	+35 +13	+48 +13		+33 +23	+38 +23	+45 +23	+58 +23	
100	120													
120	140	+28 +3	+43 +3	+63 0	+27 +15	+33 +15	+40 +15	+55 +15		+39 +27	+45 +27	+52 +27	+67 +27	
140	160													
160	180													
180	200	+33 +4	+50 +4	+72 0	+31 +17	+37 +17	+46 +17	+63 +17		+45 +31	+51 +31	+60 +31	+77 +31	
200	225													
225	250													
250	280	+36 +4	+56 +4	+81 0	+36 +20	+43 +20	+52 +20	+72 +20		+50 +34	+57 +34	+66 +34	+86 +34	
280	315													
315	355	+40 +4	+61 +4	+89 0	+39 +21	+46 +21	+57 +21	+78 +21		+55 +37	+62 +37	+73 +37	+94 +37	
355	400													
400	450	+45 +5	+68 +5	+97 0	+43 +23	+50 +23	+63 +23	+86 +23		+60 +40	+67 +40	+80 +40	+103 +40	
450	500													

（续）

公称尺寸/mm		公差带												
		p					r					s		
大于	至	4	5	6	7	8	4	5	6	7	8	4	5	6
—	3	+9 +6	+10 +6	+12 +6	+16 +6	+20 +6	+13 +10	+14 +10	+16 +10	+20 +10	+24 +10	+17 +14	+18 +14	+20 +14
3	6	+16 +12	+17 +12	+20 +12	+24 +12	+30 +12	+19 +15	+20 +15	+23 +15	+27 +15	+33 +15	+23 +19	+24 +19	+27 +19
6	10	+19 +15	+21 +15	+24 +15	+30 +15	+37 +15	+23 +19	+25 +19	+28 +19	+34 +19	+41 +19	+27 +23	+29 +23	+32 +23
10 14	14 18	+23 +18	+26 +18	+29 +18	+36 +18	+45 +18	+28 +23	+31 +23	+34 +23	+41 +23	+50 +23	+33 +28	+36 +28	+39 +28
18 24	24 30	+28 +22	+31 +22	+35 +22	+43 +22	+55 +22	+34 +28	+37 +28	+41 +28	+49 +28	+61 +28	+41 +35	+44 +35	+48 +35
30 40	40 50	+33 +26	+37 +26	+42 +26	+51 +26	+65 +26	+41 +34	+45 +34	+50 +34	+59 +34	+73 +34	+50 +43	+54 +43	+59 +43

50	65	+40 +32	+45 +32	+51 +32	+62 +32	+78 +32	+49 +41	+54 +41	+60 +41	+71 +41	+87 +41	+61 +53	+66 +53	+72 +53
65	80						+51 +43	+56 +43	+62 +43	+72 +43	+89 +43	+67 +59	+72 +59	+78 +59
80	100	+47 +37	+52 +37	+59 +37	+72 +37	+91 +37	+61 +51	+66 +51	+73 +51	+86 +51	+105 +51	+81 +71	+86 +71	+93 +71
100	120						+64 +54	+69 +54	+76 +54	+89 +54	+108 +54	+89 +79	+94 +79	+101 +79
120	140	+55 +43	+61 +43	+68 +43	+83 +43	+106 +43	+75 +63	+81 +63	+88 +63	+103 +63	+126 +63	+104 +92	+110 +92	+117 +92
140	160						+77 +65	+83 +65	+90 +65	+105 +65	+128 +65	+112 +100	+118 +100	+125 +100
160	180						+80 +68	+86 +68	+93 +68	+108 +68	+131 +68	+120 +108	+126 +108	+133 +108
180	200	+64 +50	+70 +50	+79 +50	+96 +50	+122 +50	+91 +77	+97 +77	+106 +77	+123 +77	+149 +77	+136 +122	+142 +122	+151 +122
200	225						+94 +80	+100 +80	+109 +80	+126 +80	+152 +80	+144 +130	+150 +130	+159 +130
225	250						+98 +84	+104 +84	+113 +84	+130 +84	+156 +84	+154 +140	+160 +140	+169 +140

（续）

公称尺寸/mm		公差带												
		p					r					s		
大于	至	4	5	6	7	8	4	5	6	7	8	4	5	6
250	280	+72 +56	+79 +56	+88 +56	+108 +56	+137 +56	+110 +94	+117 +94	+126 +94	+146 +94	+175 +94	+174 +158	+181 +158	+190 +158
280	315						+114 +98	+121 +98	+130 +98	+150 +98	+179 +98	+186 +170	+193 +170	+202 +170
315	355	+80 +62	+87 +62	+98 +62	+119 +62	+151 +62	+126 +108	+133 +108	+144 +108	+165 +108	+197 +108	+208 +190	+215 +190	+226 +190
355	400						+132 +114	+139 +114	+150 +114	+171 +114	+203 +114	+226 +208	+233 +208	+244 +208
400	450	+88 +68	+95 +68	+108 +68	+131 +68	+165 +68	+146 +126	+153 +126	+166 +126	+189 +126	+223 +126	+252 +232	+259 +232	+272 +232
450	500						+152 +132	+159 +132	+172 +132	+195 +132	+229 +132	+272 +252	+279 +252	+292 +252

公称尺寸/mm		公差带												
		s		t				u				v		
大于	至	7	8	5	6	7	8	5	6	7	8	5	6	7
—	3	+24 +14	+28 +14					+22 +18	+24 +18	+28 +18	+32 +18			
3	6	+31 +19	+37 +19					+28 +23	+31 +23	+35 +23	+41 +23			

6	10	+38 +23	+45 +23					+34 +28	+37 +28	+43 +28	+50 +28			
10	14	+46 +28	+55 +28					+41 +33	+44 +33	+51 +33	+60 +33			
14	18											+47 +39	+50 +39	+57 +39
18	24	+56 +35	+68 +35					+50 +41	+54 +41	+62 +41	+74 +41	+56 +47	+60 +47	+68 +47
24	30			+50 +41	+54 +41	+62 +41	+74 +41	+57 +48	+61 +48	+69 +48	+81 +48	+64 +55	+68 +55	+76 +55
30	40	+68 +43	+82 +43	+59 +48	+64 +48	+73 +48	+87 +48	+71 +60	+76 +60	+85 +60	+99 +60	+79 +68	+84 +68	+93 +68
40	50			+65 +54	+70 +54	+79 +54	+93 +54	+81 +70	+86 +70	+95 +70	+109 +70	+92 +81	+97 +81	+106 +81
50	65	+83 +53	+99 +53	+79 +66	+85 +66	+96 +66	+112 +66	+100 +87	+106 +87	+117 +87	+133 +87	+115 +102	+121 +102	+132 +102
65	80	+89 +59	+105 +59	+88 +75	+94 +75	+105 +75	+121 +75	+115 +102	+121 +102	+132 +102	+148 +102	+133 +120	+139 +120	+150 +120
80	100	+106 +71	+125 +71	+106 +91	+113 +91	+126 +91	+145 +91	+139 +124	+146 +124	+159 +124	+178 +124	+161 +146	+168 +146	+181 +146

（续）

公称尺寸/mm		公差带												
		s		t				u				v		
大于	至	7	8	5	6	7	8	5	6	7	8	5	6	7
100	120	+114 +79	+133 +79	+119 +104	+126 +104	+139 +104	+158 +104	+159 +144	+166 +144	+179 +144	+198 +144	+187 +172	+194 +172	+207 +172
120	140	+132 +92	+155 +92	+140 +122	+147 +122	+162 +122	+185 +122	+188 +170	+195 +170	+210 +170	+233 +170	+220 +202	+227 +202	+242 +202
140	160	+140 +100	+163 +100	+152 +134	+159 +134	+174 +134	+197 +134	+208 +190	+215 +190	+230 +190	+253 +190	+246 +228	+253 +228	+268 +228
160	180	+148 +108	+171 +108	+164 +146	+171 +146	+186 +146	+209 +146	+228 +210	+235 +210	+250 +210	+273 +210	+270 +252	+277 +252	+292 +252
180	200	+168 +122	+194 +122	+186 +166	+195 +166	+212 +166	+238 +166	+256 +236	+265 +236	+282 +236	+308 +236	+304 +284	+313 +284	+330 +284
200	225	+176 +130	+202 +130	+200 +180	+209 +180	+226 +180	+252 +180	+278 +258	+287 +258	+304 +258	+330 +258	+330 +310	+339 +310	+356 +310
225	250	+186 +140	+212 +140	+216 +196	+225 +196	+242 +196	+268 +196	+304 +284	+313 +284	+330 +284	+356 +284	+360 +340	+369 +340	+386 +340
250	280	+210 +158	+239 +158	+241 +218	+250 +218	+270 +218	+299 +218	+338 +315	+347 +315	+367 +315	+396 +315	+408 +385	+417 +385	+437 +385
280	315	+222 +170	+251 +170	+263 +240	+272 +240	+292 +240	+321 +240	+373 +350	+382 +350	+402 +350	+431 +350	+448 +425	+457 +425	+477 +425

315	355	+247 +190	+279 +190	+293 +268	+304 +268	+325 +268	+357 +268	+415 +390	+426 +390	+447 +390	+479 +390	+500 +475	+511 +475	+532 +475
355	400	+265 +208	+297 +208	+319 +294	+330 +294	+351 +294	+383 +294	+460 +435	+471 +435	+492 +435	+524 +435	+555 +530	+566 +530	+587 +530
400	450	+295 +232	+329 +232	+357 +330	+370 +330	+393 +330	+427 +330	+517 +490	+530 +490	+553 +490	+587 +490	+622 +595	+635 +595	+658 +595
450	500	+315 +252	+349 +252	+387 +360	+400 +360	+423 +360	+457 +360	+567 +540	+580 +540	+603 +540	+637 +540	+687 +660	+700 +660	+723 +660

公称尺寸/mm		公差带										
		v	x				y			z		
大于	至	8	5	6	7	8	6	7	8	6	7	8
—	3		+24 +20	+26 +20	+30 +20	+34 +20				+32 +26	+36 +26	+40 +26
3	6		+33 +28	+36 +28	+40 +28	+46 +28				+43 +35	+47 +35	+53 +35
6	10		+40 +34	+43 +34	+49 +34	+56 +34				+51 +42	+57 +42	+64 +42
10	14		+48 +40	+51 +40	+58 +40	+67 +40				+61 +50	+68 +50	+77 +50

（续）

公称尺寸/mm		公差带										
		v	x				y			z		
大于	至	8	5	6	7	8	6	7	8	6	7	8
14	18	+66 +39	+53 +45	+56 +45	+63 +45	+72 +45				+71 +60	+78 +60	+87 +60
18	24	+80 +47	+63 +54	+67 +54	+75 +54	+87 +54	+76 +63	+84 +63	+96 +63	+86 +73	+94 +73	+106 +73
24	30	+88 +55	+73 +64	+77 +64	+85 +64	+97 +64	+88 +75	+96 +75	+108 +75	+101 +88	+109 +88	+121 +88
30	40	+107 +68	+91 +80	+96 +80	+105 +80	+119 +80	+110 +94	+119 +94	+133 +94	+128 +112	+137 +112	+151 +112
40	50	+120 +81	+108 +97	+113 +97	+122 +97	+136 +97	+130 +114	+139 +114	+153 +114	+152 +136	+161 +136	+175 +136
50	65	+148 +102	+135 +122	+141 +122	+152 +122	+168 +122	+163 +144	+174 +144	+190 +144	+191 +172	+202 +172	+218 +172
65	80	+166 +120	+159 +146	+165 +146	+176 +146	+192 +146	+193 +174	+204 +174	+220 +174	+229 +210	+240 +210	+256 +210
80	100	+200 +146	+193 +178	+200 +178	+213 +178	+232 +178	+236 +214	+249 +214	+268 +214	+280 +258	+293 +258	+312 +258
100	120	+226 +172	+225 +210	+232 +210	+245 +210	+264 +210	+276 +254	+289 +254	+308 +254	+332 +310	+345 +310	+364 +310
120	140	+265 +202	+266 +248	+273 +248	+288 +248	+311 +248	+325 +300	+340 +300	+363 +300	+390 +365	+405 +365	+428 +365

140	160	+291 +228	+298 +280	+305 +280	+320 +280	+343 +280	+365 +340	+380 +340	+403 +340	+440 +415	+455 +415	+478 +415
160	180	+315 +252	+328 +310	+335 +310	+350 +310	+373 +310	+405 +380	+420 +380	+443 +380	+490 +465	+505 +465	+528 +465
180	200	+356 +284	+370 +350	+379 +350	+396 +350	+422 +350	+454 +425	+471 +425	+497 +425	+549 +520	+566 +520	+592 +520
200	225	+382 +310	+405 +385	+414 +385	+431 +385	+457 +385	+499 +470	+516 +470	+542 +470	+604 +575	+621 +575	+647 +575
225	250	+412 +340	+445 +425	+454 +425	+471 +425	+497 +425	+549 +520	+566 +520	+592 +520	+669 +640	+686 +640	+712 +640
250	280	+466 +385	+498 +475	+507 +475	+527 +475	+556 +475	+612 +580	+632 +580	+661 +580	+742 +710	+762 +710	+791 +710
280	315	+506 +425	+548 +525	+557 +525	+577 +525	+606 +525	+682 +650	+702 +650	+731 +650	+822 +790	+842 +790	+871 +790
315	355	+564 +475	+615 +590	+626 +590	+647 +590	+679 +590	+766 +730	+787 +730	+819 +730	+936 +900	+957 +900	+989 +900
355	400	+619 +530	+685 +660	+696 +660	+717 +660	+749 +660	+856 +820	+877 +820	+909 +820	+1036 +1 000	+1 057 +1 000	+1 089 +1 000
400	450	+692 +595	+767 +740	+780 +740	+803 +740	+837 +740	+960 +920	+983 +920	+1 017 +920	+1 140 +1 100	+1 163 +1 100	+1 197 +1 100
450	500	+757 +660	+847 +820	+860 +820	+883 +820	+917 +820	+1 040 +1 000	+1 063 +1 000	+1 097 +1 000	+1 290 +1 250	+1 313 +1 250	+1 347 +1 250

注：1. 公称尺寸小于 1mm 时，各级的 a 和 b 均不采用。

2. IT4～IT8 只用于大于 1mm 的公称尺寸。

3. 因版面所限，公称尺寸大于 500mm、部分不常用偏差及 za、zb、zc 数值未列入。

（3）基孔制与基轴制优先、常用配合

1）基孔制配合的优先配合如图 1-20 所示。

基准孔	轴公差带代号																
	间隙配合							过渡配合				过盈配合					
H6						g5	h5	js5	k5	m5	n5	p5					
H7					f6	g6	h6	js6	k6	m6	n6	p6	r6	s6	t6	u6	x6
H8				e7	f7		h7	js7	k7	m7				s7		u7	
			d8	e8	f8		h8										
H9			d8	e8	f8		h8										
H10	b9	c9	d9	e9			h9										
H11	b11	c11	d10				h10										

图 1-20　基孔制配合的优先配合

2）基轴制配合的优先配合如图 1-21 所示。

基准轴	孔公差带代号																
	间隙配合							过渡配合				过盈配合					
h5						G6	H6	JS6	K6	M6	N6	P6					
h6					F7	G7	H7	JS7	K7	M7	N7	P7	R7	S7	T7	U7	X7
h7				E8	F8		H8										
h8			D9	E9	F9		H9										
h9				E8	F8		H8										
			D9	E9	F9		H9										
	B11	C10	D10				H10										

图 1-21　基轴制配合的优先配合

对于通常的工程目的，只需要许多可能的配合中的少数配合。图 1-20 和图 1-21 中的配合可满足普通工程机构需要。基于经济因素，若有可能，配合应优先选择框中所示的公差带代号（见图 1-20 和图 1-21）。

可由基孔制（见图 1-20）获得符合要求的配合，或在特定应用中由基轴制（见图 1-21）获得。

3）基孔制与基轴制优先、常用配合极限间隙或极限过盈见表 1-40。

表 1-40 基孔制与基轴制（公称尺寸至 500mm）优先、常用配合极限间隙或极限过盈

（单位：μm）

基孔制		H6/f5	H6/g5	H6/h5	H7/f6	◤H7/g6	◤H7/h6	H8/e7	◤H8/f7	H8/g7	◤H8/h7	H8/d8	H8/e8	H8/f8	H8/h8	H9/c9	◤H9/d9
基轴制		F6/h5	G6/h5	H6/h5	F7/h6	◤G7/h6	◤H7/h6	E8/h7	◤F8/h7		◤H8/h7	D8/h8	E8/h8	F8/h8	H8/h8		◤D9/h9
公称尺寸/mm		间隙配合															
大于	至																
-	3	+16 +6	+12 +2	+10 0	+22 +6	+18 +2	+16 0	+38 +14	+30 +6	+26 +2	+24 0	+48 +20	+42 +14	+34 +6	+28 0	+110 +60	+70 +20
3	6	+23 +10	+17 +4	+13 0	+30 +10	+24 +4	+20 0	+50 +20	+40 +10	+34 +4	+30 0	+66 +30	+56 +20	+46 +10	+36 0	+130 +70	+90 +30
6	10	+28 +13	+20 +5	+15 0	+37 +13	+29 +5	+24 0	+62 +25	+50 +13	+42 +5	+37 0	+84 +40	+69 +25	+57 +13	+44 0	+152 +80	+112 +40
10	14	+35	+25	+19	+45	+35	+29	+77	+61	+51	+45	+104	+86	+70	+54	+181	+136
14	18	+16	+6	0	+16	+6	0	+32	+16	+6	0	+50	+32	+16	0	+95	+50

（续）

基孔制		H6/f5	H6/g5	H6/h5	H7/f6	◤H7/g6	◤H7/h6	H8/e7	◤H8/f7	H8/g7	◤H8/h7	H8/d8	H8/e8	H8/f8	H8/h8	H9/c9	◤H9/d9
基轴制		F6/h5	G6/h5	H6/h5	F7/h6	◤G7/h6	◤H7/h6	E8/h7	◤F8/h7		◤H8/h7	D8/h8	E8/h8	F8/h8	H8/h8		◤D9/h9
公称尺寸/mm		间隙配合															
大于	至																
18	24	+42 +20	+29 +7	+22 0	+54 +20	+41 +7	+34 0	+94 +40	+74 +20	+61 +7	+54 0	+131 +65	+106 +40	+86 +20	+66 0	+214 +110	+169 +65
24	30																
30	40	+52 +25	+36 +9	+27 0	+66 +25	+50 +9	+41 0	+114 +50	+89 +25	+73 +9	+64 0	+158 +80	+128 +50	+103 +25	+78 0	+244 +120	+204 +80
40	50															+254 +130	
50	65	+62 +30	+42 +10	+32 0	+79 +30	+59 +10	+49 0	+136 +60	+106 +30	+86 +10	+76 0	+192 +100	+152 +60	+122 +30	+92 0	+288 +140	+248 +100
65	80															+298 +150	

80	100	+73 +36	+49 +12	+37 0	+93 +36	+69 +12	+57 0	+161 +72	+125 +36	+101 +12	+89 0	+228 +120	+180 +72	+144 +36	+108 0	+344 +170	+294 +120
100	120															+354 +180	
120	140	+86 +43	+57 +14	+43 0	+108 +43	+79 +14	+65 0	+188 +85	+146 +43	+117 +14	+103 0	+271 +145	+211 +85	+169 +43	+126 0	+400 +200	+345 +145
140	160															+410 +210	
160	180															+430 +230	
180	200	+99 +50	+64 +15	+40 0	+125 +50	+90 +15	+75 0	+218 +100	+168 +50	+133 +15	+118 0	+314 +170	+244 +100	+194 +50	+144 0	+470 +240	+400 +170
200	225															+490 +260	
225	250															+510 +280	
250	280	+111 +56	+72 +17	+55 0	+140 +56	+101 +17	+84 0	+243 +110	+189 +56	+150 +17	+133 0	+352 +190	+272 +110	+218 +56	+162 0	+560 +300	+450 +190
280	315															+590 +330	

（续）

基孔制		H6/f5	H6/g5	H6/h5	H7/f6	◤H7/g6	◤H7/h6	H8/e7	◤H8/f7	H8/g7	◤H8/h7	H8/d8	H8/e8	H8/f8	H8/h8	H9/c9	◤H9/d9
基轴制		F6/h5	G6/h5	H6/h5	F7/h6	◤G7/h6	◤H7/h6	E8/h7	◤F8/h7		◤H8/h7	D8/h8	E8/h8	F8/h8	H8/h8		◤D9/h9
公称尺寸/mm		间隙配合															
大于	至																
315	355	+123 +62	+79 +18	+61 0	+155 +62	+111 +18	+93 0	+271 +125	+208 +62	+164 +18	+146 0	+388 +210	+303 +125	+240 +62	+178 0	+640 +360	+490 +210
355	400															+680 +400	
400	450	+135 +68	+87 +20	+67 0	+171 +68	+123 +20	+103 0	+295 +135	+228 +68	+180 +20	+160 0	+424 +230	+329 +135	+262 +68	+194 0	+750 +440	+540 +230
450	500															+790 +480	

（续）

基孔制		H9/e9	H9/f9	H9/h9	H10/c10	H10/d10	H10/h10	H11/a11	H11/b11	H11/c11	H11/d11	H11/h11	H12/b12	H12/h12	H6/js5	
基轴制		E9/h9	F9/h9	H9/h9		D10/h10	H10/h10	A11/h11	B11/h11	C11/h11	D11/h11	H11/h11	B12/h12	H12/h12		JS6/h5
公称尺寸/mm		间隙配合													过渡配合	
大于	至															
-	3	+64	+56	+50	+140	+100	+80	+390	+260	+180	+140	+120	+340	+200	+8	+7
		+14	+6	0	+60	+20	0	+270	+140	+60	+20	0	+140	0	-2	-3
3	6	+80	+70	+60	+166	+126	+96	+420	+290	+220	+180	+150	+380	+240	+10.5	+9
		+20	+10	0	+70	+30	0	+270	+140	+70	+30	0	+140	0	-2.5	-4
6	10	+97	+85	+72	+196	+156	+116	+460	+330	+260	+220	+180	+450	+300	+12	+10.5
		+25	+13	0	+80	+40	0	+280	+150	+80	+40	0	+150	0	-3	-4.5
10	14	+118	+102	+86	+235	+190	+140	+510	+370	+315	+270	+220	+510	+360	+15	+13.5
14	18	+32	+16	0	+95	+50	0	+290	+150	+95	+50	0	+150	0	-4	-5.5
18	24	+144	+124	+104	+278	+233	+168	+560	+420	+370	+325	+260	+580	+420	+17.5	+15.5
24	30	+40	+20	0	+110	+65	0	+300	+160	+110	+65	0	+160	0	-4.5	-6.5

（续）

基孔制		H9/e9	H9/f9	H9/h9	H10/c10	H10/d10	H10/h10	H11/a11	H11/b11	H11/c11	H11/d11	H11/h11	H12/b12	H12/h12	H6/js5	
基轴制		E9/h9	F9/h9	H9/h9		D10/h10	H10/h10	A11/h11	B11/h11	C11/h11	D11/h11	H11/h11	B12/h12	H12/h12		JS6/h5
公称尺寸/mm		间隙配合													过渡配合	
大于	至															
30	40	+174 +50	+149 +25	+124 0	+320 +120	+280 +80	+200 0	+630 +310	+490 +170	+440 +120	+400 +80	+320 0	+670 +170	+500 0	+21.5 -5.5	+19 -8
40	50				+330 +130			+640 +320	+500 +180	+450 +130			+680 +180			
50	65	+208 +60	+178 +30	+148 0	+380 +140	+340 +100	+240 0	+720 +340	+570 +190	+520 +140	+480 +100	+380 0	+790 +190	+600 0	+25.5 -6.5	+22.5 -9.5
65	80				+390 +150			+740 +360	+580 +200	+530 +150			+800 +200			
80	100	+246 +72	+210 +36	+174 0	+450 +170	+400 +120	+280 0	+820 +380	+660 +220	+610 +170	+560 +120	+440 0	+920 +220	+700 0	+29.5 -7.5	+26 -11
100	120				+460 +180			+850 +410	+680 +240	+620 +180			+940 +240			

120	140	+285 +85	+243 +43	+200 0	+520 +200	+465 +145	+320 0	+960 +460	+760 +260	+700 +200	+645 +145	+500 0	+1 060 +260	+800 0	+34 -9	+30.5 -12.5
140	160				+530 +210			+1 020 +520	+780 +280	+710 +210			+1 080 +280			
160	180				+550 +230			+1 080 +580	+810 +310	+730 +230			+1 110 +310			
180	200	+330 +100	+280 +50	+230 0	+610 +240	+540 +170	+370 0	+1 240 +660	+920 +340	+820 +240	+750 +170	+580 0	+1 260 +340	+920 0	+39 -10	+34.5 -14.5
200	225				+630 +260			+1 320 +740	+960 +380	+840 +260			+1 300 +380			
225	250				+650 +280			+1 400 +820	+1 000 +420	+860 +280			+1 340 +420			
250	280	+370 +110	+316 +56	+260 0	+720 +300	+610 +190	+420 0	+1 560 +920	+1 120 +480	+940 +300	+830 +190	+640 0	+1 520 +480	+1 040 0	+43.5 -11.5	+39 -16
280	315				+750 +330			+1 690 +1 050	+1 180 +540	+970 +330			+1 580 +540			
315	355	+405 +125	+342 +62	+280 0	+820 +360	+670 +210	+460 0	+1 920 +1 200	+1 320 +600	+1 080 +360	+930 +210	+720 0	+1 740 +600	+1 140 0	+48.5 -12.5	+43 -18
355	400				+860 +400			+2 070 +1 350	+1 400 +680	+1 120 +400			+1 820 +680			
400	450	+445 +135	+378 +68	+310 0	+940 +440	+730 +230	+500 0	+2 300 +1 500	+1 560 +760	+1 240 +440	+1 030 +230	+800 0	+2 020 +760	+1 260 0	+53.5 -13.5	+47 -20
450	500				+980 +480			+2 450 +1 650	+1 640 +840	+1 280 +480			+2 100 +840			

（续）

<table>
<tr><td colspan="2">基孔制</td><td>H6/k5</td><td></td><td>H6/m5</td><td></td><td>H7/js6</td><td></td><td>◤H7/k6</td><td></td><td>H7/m6</td><td></td><td>◤H7/n6</td><td></td><td>H8/js7</td><td></td><td>H8/k7</td><td></td></tr>
<tr><td colspan="2">基轴制</td><td></td><td>K6/h5</td><td></td><td>M6/h5</td><td></td><td>JS7/h6</td><td></td><td>◤K7/h6</td><td></td><td>M7/h6</td><td></td><td>◤N7/h6</td><td></td><td>JS8/h7</td><td></td><td>K8/h7</td></tr>
<tr><td colspan="2">公称尺寸/mm</td><td colspan="16" rowspan="2">过　渡　配　合</td></tr>
<tr><td>大于</td><td>至</td></tr>
<tr><td>—</td><td>3</td><td>+6
-4</td><td>+4
-6</td><td>+4
-6</td><td>+2
-8</td><td>+13
-3</td><td>+11
-5</td><td>+10
-6</td><td>+6
-10</td><td>±8</td><td>+4
-12</td><td>+6
-10</td><td>+2
-14</td><td>+19
-5</td><td>+17
-7</td><td>+14
-10</td><td>+10
-14</td></tr>
<tr><td>3</td><td>6</td><td colspan="2">+7
-6</td><td colspan="2">+4
-9</td><td>+16
-4</td><td>+14
-6</td><td colspan="2">+11
-9</td><td colspan="2">+8
-12</td><td colspan="2">+4
-16</td><td>+24
-6</td><td>+21
-9</td><td colspan="2">+17
-13</td></tr>
<tr><td>6</td><td>10</td><td colspan="2">+8
-7</td><td colspan="2">+3
-12</td><td>+19.5
-4.5</td><td>+16
-7</td><td colspan="2">+14
-10</td><td colspan="2">+9
-15</td><td colspan="2">+5
-19</td><td>+29
-7</td><td>+26
-11</td><td colspan="2">+21
-16</td></tr>
<tr><td>10</td><td>14</td><td colspan="2" rowspan="2">+10
-9</td><td colspan="2" rowspan="2">+4
-15</td><td rowspan="2">+23.5
-5.5</td><td rowspan="2">+20
-9</td><td colspan="2" rowspan="2">+17
-12</td><td colspan="2" rowspan="2">+11
-18</td><td colspan="2" rowspan="2">+6
-23</td><td rowspan="2">+36
-9</td><td rowspan="2">+31
-13</td><td colspan="2" rowspan="2">+26
-19</td></tr>
<tr><td>14</td><td>18</td></tr>
<tr><td>18</td><td>24</td><td colspan="2" rowspan="2">±11</td><td colspan="2" rowspan="2">+5
-17</td><td rowspan="2">+27.5
-6.5</td><td rowspan="2">+23
-10</td><td colspan="2" rowspan="2">+19
-15</td><td colspan="2" rowspan="2">+13
-21</td><td colspan="2" rowspan="2">+6
-28</td><td rowspan="2">+43
-10</td><td rowspan="2">+37
-16</td><td colspan="2" rowspan="2">+31
-23</td></tr>
<tr><td>24</td><td>30</td></tr>
</table>

30	40	+14	+7		+33	+28	+23	+16	+8	+51	+44	+37
40	50	−13	−20		−8	−12	−18	−25	−33	−12	−19	−27
50	65	+17	+8		+39.5	+34	+28	+19	+10	+61	+53	+44
65	80	−15	−24		−9.5	−15	−21	−30	−39	−15	−23	−32
80	100	+19	+9		+46	+39	+32	+22	+12	+71	+62	+51
100	120	−18	−28		−11	−17	−25	−35	−45	−17	−27	−38
120	140	+22	+10		+52.5	+45	+37	+25	+13	+83	+71	+60
140	160											
160	180	−21	−33		−12.5	−20	−28	−40	−52	−20	−31	−43
180	200	+25	+12		+60.5	+52	+42	+29	+15	+95	+82	+68
200	225											
225	250	−24	−37		−14.5	−23	−33	−46	−60	−23	−36	−50
250	280	+28	+12	+14	+68	+58	+48	+32	+18	+107	+92	+77
280	315	−27	−43	−41	−16	−26	−36	−52	−66	−26	−40	−56
315	355	+32	+15		+75	+64	+53	+36	+20	+117	+101	+85
355	400	−29	−46		−18	−28	−40	−57	−73	−28	−44	−61
400	450	+35	+17		+83	+71	+58	+40	+23	+128	+111	+92
450	500	−32	−50		−20	−31	−45	−63	−80	−31	−48	−68

（续）

基孔制		H8/m7		H8/n7		H8/p7	H6/n5		H6/p5		H6/r5		H6/s5		H6/t5	H7/p6	
基轴制			M8/h7		N8/h7			N6/h5		P6/h5		R6/h5		S6/h5	T6/h5		P7/h6
公称尺寸/mm		过渡配合					过盈配合										
大于	至																
-	3	+12 -12	+8 -16	+10 -14	+6 -18	+8 -16	+2 -8	0 -10	0 -10	-2 -12	-4 -14	-6 -16	-8 -18	-10 -20		+4 -12	0 -16
3	6	+14 -16		+10 -20		+6 -24	0 -13		-4 -17		-7 -20		-11 -24			0 -20	
6	10	+16 -21		+12 -25		+7 -30	-1 -16		-6 -21		-10 -25		-14 -29			0 -24	
10	14	+20 -25		+15 -30		+9 -36	-1 -20		-7 -26		-12 -31		-17 -36			0 -29	
14	18																
18	24	+25 -29		+18 -36		+11 -43	-2 -24		-9 -31		-15 -37		-22 -44			-1 -35	
24	30														-28 -50		

30	40	+30 -34	+22 -42	+13 -51	-1 -28	-10 -37	-18 -45	-27 -54	-32 -59	-1 -42
40	50								-38 -65	
50	65	+35 -41	+26 -50	+14 -62	-1 -33	-13 -45	-22 -54	-34 -66	-47 -79	-2 -51
65	80						-24 -56	-40 -72	-56 -88	
80	100	+41 -48	+31 -58	+17 -72	-1 -38	-15 -52	-29 -66	-49 -86	-69 -106	-2 -59
100	120						-32 -69	-57 -94	-82 -119	
120	140	+48 -55	+36 -67	+20 -83	-2 -45	-18 -61	-38 -81	-67 -110	-97 -140	-3 -68
140	160						-40 -83	-75 -118	-109 -152	
160	180						-43 -86	-83 -126	-121 -164	
180	200	+55 -63	+41 -77	+22 -96	-2 -51	-21 -70	-48 -97	-93 -142	-137 -186	-4 -79
200	225						-51 -100	-101 -150	-151 -200	
225	250						-55 -104	-111 -160	-167 -216	

（续）

基孔制		$\frac{H8}{m7}$	$\frac{H8}{n7}$	$\frac{H8}{p7}$	$\frac{H6}{n5}$	$\frac{H6}{p5}$	$\frac{H6}{r5}$	$\frac{H6}{s5}$	$\frac{H6}{t5}$	◤$\frac{H7}{p6}$
基轴制		$\frac{M8}{h7}$	$\frac{N8}{h7}$		$\frac{N6}{h5}$	$\frac{P6}{h5}$	$\frac{R6}{h5}$	$\frac{S6}{h5}$	$\frac{T6}{h5}$	◤$\frac{P7}{h6}$
公称尺寸/mm		过渡配合			过盈配合					
大于	至									
250	280	+61 -72	+47 -86	+25 -108	-2 -57	-24 -79	-62 -117	-126 -181	-186 -241	-4 -88
280	315						-66 -121	-138 -193	-208 -263	
315	355	+68 -78	+52 -94	+27 -119	-1 -62	-26 -87	-72 -133	-154 -215	-232 -293	-5 -98
355	400						-78 -139	-172 -233	-258 -319	
400	450	+74 -86	+57 -103	+29 -131	0 -67	-28 -95	-86 -153	-192 -259	-290 -357	-5 -108
450	500						-92 -159	-212 -279	-320 -387	

（续）

基孔制		H7/r6		H7/s6		H7/t6	H7/u6		H7/v6	H7/x6	H7/y6	H7/z6	H8/r7	H8/s7	H8/t7	H8/u7
基轴制			R7/h6		S7/h6	T7/h6		U7/h6								
公称尺寸/mm		过盈配合														
大于	至															
—	3	0 -16	-4 -20	-4 -20	-8 -24		-8 -24	-12 -28		-10 -26		-16 -32	+4 -20	0 -24		-4 -28
3	6	-3 -23		-7 -27			-11 -31			-16 -36		-23 -43	+3 -27	-1 -31		-5 -35
6	10	-4 -28		-8 -32			-13 -37			-19 -43		-27 -51	+3 -34	-1 -38		-6 -43
10	14	-5 -34		-10 -39			-15 -44			-22 -51		-32 -61	+4 -41	-1 -46		-6 -51
14	18								-21 -50	-27 -56		-42 -71				

（续）

基孔制		H7/r6	H7/s6	H7/t6	H7/u6	H7/v6	H7/x6	H7/y6	H7/z6	H8/r7	H8/s7	H8/t7	H8/u7
基轴制		R7/h6	S7/h6	T7/h6	U7/h6								
公称尺寸/mm		过盈配合											
大于	至												
18	24	-7 -41	-14 -48		-20 -54	-26 -60	-33 -67	-42 -76	-52 -86	+5 -49	-2 -56		-8 -62
24	30			-20 -54	-27 -61	-34 -68	-43 -77	-54 -88	-67 -101			-8 -62	-15 -69
30	40	-9 -50	-18 -59	-23 -64	-35 -76	-43 -84	-55 -96	-69 -110	-87 -128	+5 -59	-4 -68	-9 -73	-21 -85
40	50			-29 -70	-45 -86	-56 -97	-72 -113	-89 -130	-111 -152			-15 -79	-31 -95
50	65	-11 -60	-23 -72	-36 -85	-57 -106	-72 -121	-92 -141	-114 -163	-142 -191	+5 -71	-7 -83	-20 -96	-41 -117

65	80	−13 −62	−29 −78	−45 −94	−72 −121	−90 −139	−116 −165	−144 −193	−180 −229	+3 −73	−13 −89	−29 −105	−56 −132
80	100	−16 −73	−36 −93	−56 −113	−89 −146	−111 −168	−143 −200	−179 −236	−223 −280	+3 −86	−17 −106	−37 −125	−70 −159
100	120	−19 −76	−44 −101	−69 −126	−109 −166	−137 −194	−175 −232	−219 −276	−275 −332	0 −89	−25 −114	−50 −139	−90 −179
120	140	−23 −88	−52 −117	−82 −147	−130 −195	−162 −227	−208 −273	−260 −325	−325 −390	0 −103	−29 −132	−59 −162	−107 −210
140	160	−25 −90	−60 −125	−94 −159	−150 −215	−188 −253	−240 −305	−300 −365	−375 −440	−2 −105	−37 −140	−71 −174	−127 −230
160	180	−28 −93	−68 −133	−106 −171	−170 −235	−212 −277	−270 −335	−340 −405	−425 −490	−5 −108	−45 −148	−83 −186	−147 −250
180	200	−31 −106	−76 −151	−120 −195	−190 −265	−238 −313	−304 −379	−379 −454	−474 −549	−5 −123	−50 −168	−94 −212	−164 −282
200	225	−34 −109	−84 −159	−134 −209	−212 −287	−264 −339	−339 −414	−424 −499	−529 −604	−8 −126	−58 −176	−108 −226	−186 −304
225	250	−38 −113	−94 −169	−150 −225	−238 −313	−294 −369	−379 −454	−474 −549	−594 −669	−12 −130	−68 −186	−124 −242	−212 −330
250	280	−42 −126	−105 −190	−166 −250	−263 −347	−333 −417	−423 −507	−528 −612	−658 −742	−13 −146	−77 −210	−137 −270	−234 −367
280	315	−46 −130	−118 −202	−188 −272	−298 −382	−373 −457	−473 −557	−598 −682	−738 −822	−17 −150	−89 −222	−159 −292	−269 −402

（续）

基孔制		$\frac{H7}{r6}$	◤$\frac{H7}{s6}$	$\frac{H7}{t6}$	◤$\frac{H7}{u6}$	$\frac{H7}{v6}$	$\frac{H7}{x6}$	$\frac{H7}{y6}$	$\frac{H7}{z6}$	$\frac{H8}{r7}$	$\frac{H8}{s7}$	$\frac{H8}{t7}$	$\frac{H8}{u7}$
基轴制		$\frac{R7}{h6}$	◤$\frac{S7}{h6}$	$\frac{T7}{h6}$	◤$\frac{U7}{h6}$								
公称尺寸/mm		过盈配合											
大于	至												
315	355	-51 -144	-133 -226	-211 -304	-333 -426	-418 -511	-533 -626	-673 -766	-843 -936	-19 -165	-101 -247	-179 -325	-301 -447
355	400	-57 -150	-151 -244	-237 -330	-378 -471	-473 -566	-603 -696	-763 -856	-943 -1 036	-25 -171	-119 -265	-205 -351	-346 -492
400	450	-63 -166	-169 -272	-267 -370	-427 -530	-532 -635	-677 -780	-857 -960	-1 037 -1 140	-29 -189	-135 -295	-233 -393	-393 -553
450	500	-69 -172	-189 -292	-297 -400	-477 -580	-597 -700	-757 -860	-937 -1 040	-1 187 -1 290	-35 -195	-155 -315	-263 -423	-443 -603

注：1. 表中“+”值为间隙量，“-”值为过盈量；标注◤的配合为优先配合。

2. $\frac{H8}{r7}$在小于或等于 100mm 时，为过渡配合；$\frac{H6}{n5}$、$\frac{H7}{p6}$在公称尺寸小于或等于 3mm 时，为过渡配合。

4）优先配合选用说明见表 1-41。

表 1-41　优先配合选用说明

优先配合		说　明
基孔制	基轴制	
$\frac{H11}{c11}$	$\frac{C11}{h11}$	间隙非常大,用于很松的、转动很慢的动配合,要求大公差与大间隙的外露组件,要求装配方便的很松的配合,相当于旧国标 D6/dd6
$\frac{H9}{d9}$	$\frac{D9}{h9}$	间隙很大的自由转动配合,用于精度为非主要要求时,或有大的温度变动、高转速或大的轴颈压力时,相当于旧国标 D4/de4
$\frac{H8}{f7}$	$\frac{F8}{h7}$	间隙不大的转动配合,用于中等转速与中等轴颈压力的精确转动;也用于装配较易的中等定位配合,相当于旧国标 D/dc
$\frac{H7}{g6}$	$\frac{G7}{h6}$	间隙很小的滑动配合,用于不希望自由转动,但可自由移动和滑动并精密定位时;也可用于要求明确的定位配合,相当于旧国标 D/db
$\frac{H7}{h6}$ $\frac{H8}{h7}$ $\frac{H9}{h9}$ $\frac{H11}{h11}$	$\frac{H7}{h6}$ $\frac{H8}{h7}$ $\frac{H9}{h9}$ $\frac{H11}{h11}$	均为间隙定位配合,零件可自由装拆,而工作时一般相对静止不动。在最大实体条件下的间隙为零,在最小实体条件下的间隙由公差等级确定 H7/h6 相当于旧国标 D/d;H8/h7 相当于旧国标 D3/d3,H9/h9 相当于旧国标 D4/d4;H11/h11 相当于旧国标 D6/d6

（续）

优先配合		说　　明
基孔制	基轴制	
$\frac{H7}{k6}$	$\frac{K7}{h6}$	过渡配合，用于精密定位，相当旧国标 D/gc
$\frac{H7}{n6}$	$\frac{N7}{h6}$	过渡配合，允许有较大过盈的更精密定位，相当旧国标 D/ga
$\frac{H7}{p6}$	$\frac{P7}{h6}$	过盈定位配合，即小过盈配合，用于定位精度特别重要时，能以最好的定位精度达到部件的刚性及对中性能要求，而对内孔承受压力无特殊要求，不依靠配合的紧固性传递摩擦负荷，H7/p6 相当 D/ga～D/jf
$\frac{H7}{s6}$	$\frac{S7}{h6}$	中等压入配合，适用于一般钢件，或用于薄壁件的冷缩配合，用于铸铁件可得到最紧的配合，相当于旧国标 D/je
$\frac{H7}{u6}$	$\frac{U7}{h6}$	压入配合，适用于可以受高压力的零件或不宜承受大压入力的冷缩配合

5）各种配合特性及应用见表 1-42。

表 1-42　各种配合特性及应用

配合	基本偏差	配合特性及应用
间隙配合	a、b	可得到特别大的间隙，应用很少
	c	可得到很大的间隙，一般适用于缓慢、松弛的动配合。用于工作条件较差（如农业机械），受力变形大，或为了便于装配，而必须保证有较大的间隙时，推荐配合为 H11/c11；其较高等级的配合，如 H8/c7 适用于轴在高温工作的紧密动配合，例如内燃机排气阀和导管
	d	配合一般用于 IT7~11 级，适用于松的转动配合，如密封盖、滑轮、空转带轮等与轴的配合，也适用于大直径滑动轴承配合，如汽轮机、球磨机、轧辊成形和重型弯曲机及其他重型机械中的一些滑动支承
	e	多用于 IT7、8、9 级，通常适用要求有明显间隙，易于转动的支承配合，如大跨距支承、多支点支承等配合。高等级的 e 轴适用于大的、高速、重载支承，如涡轮发电机、大电动机的支承及内燃机主要轴承、凸轮轴支承、摇臂支承等配合
	f	多用于 IT6、7、8 级的一般转动配合。当温度影响不大时，被广泛用于普通润滑油（或润滑脂）润滑的支承，如齿轮箱、小电动机、泵等的转轴与滑动支承的配合
	g	配合间隙很小，制造成本高，除很轻负荷的精密装置外，不推荐用于转动配合。多用于 IT5、6、7 级，最适合不回转的精密滑动配合，也用于插销等定位配合。如精密连杆轴承、活塞及滑阀、连杆销等
	h	多用 IT4~11 级。广泛用于无相对转动的零件，作为一般的定位配合。若没有温度、变形影响，也用于精密滑动配合

（续）

配合	基本偏差	配合特性及应用
过渡配合	js	为完全对称偏差（±IT/2），平均起来为稍有间隙的配合，多用于 IT4～7 级，要求间隙比 h 轴小，并允许略有过盈的定位配合，如联轴器，可用手或木锤装配
	k	平均起来没有间隙的配合，适用 IT4～7 级。推荐用于稍有过盈的定位配合。例如为了消除振动用的定位配合，一般用木锤装配
	m	平均起来具有不大过盈的过渡配合。适用 IT4～7 级，一般可用木锤装配，但在最大过盈时，要求相当的压入力
	n	平均过盈比 m 轴稍大，很少得到间隙，适用 IT4～7 级，用锤子或压力机装配，通常推荐用于紧密的组件配合，H6/n5 配合时为过盈配合
过盈配合	p	与 H6 或 H7 配合时是过盈配合，与 H8 孔配合时则为过渡配合。对非铁类零件，为较轻的压入配合，当需要时易于拆卸。对钢、铸铁或铜、钢组件装配是标准压入配合
	r	对铁类零件为中等打入配合，对非铁类零件，为轻打入的配合，当需要时可以拆卸。与 H8 孔配合，直径在 100mm 以上时为过盈配合，直径小时为过渡配合
	s	用于钢和铁制零件的永久性和半永久装配，可产生相当大的结合力。当用弹性材料，如轻合金时，配合性质与铁类零件的 p 轴相当，如套环压装在轴上、阀座等配合。尺寸较大时，为了避免损伤配合表面，需用热胀或冷缩法装配
	t、u、v、x、y、z	过盈量依次增大，一般不推荐

4. 一般公差：未注公差的线性和角度尺寸的公差

GB/T 1804—2000 规定了未注出公差的线性和角度尺寸的一般公差的公差等级和极限偏差数值。其规定适用于金属切削加工的尺寸，也适用于一般的冲压加工的尺寸。非金属材料和其他工艺方法加工的尺寸可参照采用。

(1) 线性尺寸的极限偏差数值（表 1-43）

表 1-43　线性尺寸的极限偏差数值

（单位：mm）

公差等级	公称尺寸分段			
	0.5~3	>3~6	>6~30	>30~120
精密 f	±0.05	±0.05	±0.1	±0.15
中等 m	±0.1	±0.1	±0.2	±0.3
粗糙 c	±0.2	±0.3	±0.5	±0.8
最粗 v	—	±0.5	±1	±1.5
公差等级	公称尺寸分段			
	>120~400	>400~1 000	>1 000~2 000	>2 000~4 000
精密 f	±0.2	±0.3	±0.5	—
中等 m	±0.5	±0.8	±1.2	±2
粗糙 c	±1.2	±2	±3	±4
最粗 v	±2.5	±4	±6	±8

(2) 倒圆半径与倒角高度尺寸的极限偏差数值（表 1-44）

(3) 角度尺寸的极限偏差数值（表 1-45）

表 1-44　倒圆半径与倒角高度尺寸的极限偏差数值

（单位：mm）

公差等级	公称尺寸分段			
	0.5~3	>3~6	>6~30	>30
精密 f 中等 m	±0.2	±0.5	±1	±2
粗糙 c 最粗 v	±0.4	±1	±2	±4

表 1-45　角度尺寸的极限偏差数值

公差等级	长度分段/mm				
	≤10	>10~50	>50~120	>120~400	>400
精密 f 中等 m	±1°	±30′	±20′	±10′	±5′
粗糙 c	±1°30′	±1°	±30′	±15′	±10′
最粗 v	±3°	±2°	±1°	±30′	±20′

（4）一般公差的图样表示法　若采用 GB/T 1804—2000 规定的一般公差，应在图样标题栏附近或技术要求、技术文件（如企业标准）中注出标准编号及公差等级代号。例如选用中等级时，标注为：GB/T 1804—m。

（二）几何公差

GB/T 1182—2018 定义了工件几何公差规范的符号及其说明的规则，给出了几何公差规范的基本原则，适用于工件几何公差的形状、方向、位置和跳动公差标注。

1. 符号

几何公差的几何特征符号和部分附加符号见表 1-46

和表 1-47。

表 1-46 几何特征符号

公差类型	几何特征	符　号	有无基准
形状公差	直线度	⏤	无
	平面度	⏥	无
	圆度	○	无
	圆柱度	⌭	无
	线轮廓度	⌒	无
	面轮廓度	⌓	无
方向公差	平行度	∥	有
	垂直度	⊥	有
	倾斜度	∠	有
	线轮廓度	⌒	有
	面轮廓度	⌓	有
位置公差	位置度	⌖	有或无
	同心度(用于中心点)	◎	有
	同轴度(用于轴线)	◎	有
	对称度	⌯	有
	线轮廓度	⌒	有
	面轮廓度	⌓	有
跳动公差	圆跳动	↗	有
	全跳动	⌰	有

表 1-47 附加符号

说明	符号	说明	符号
无基准的几何规范标注		最小外接要素	Ⓝ
有基准的几何规范标注	D	贴切要素	Ⓣ
		最大内切要素	Ⓧ
基准要素	A A	导出要素	
		中心要素	Ⓐ
		延伸公差带	Ⓟ
基准目标标识	$\frac{\phi 2}{A1}$	评定参照要素的拟合	
理论正确尺寸	50	无约束的最小区域（切比雪夫）拟合被测要素	C
拟合被测要素			
最小区域（切比雪夫）要素	Ⓒ	实体外部约束的最小区域（切比雪夫）拟合被测要素	CE
最小二乘（高斯）要素	Ⓖ	实体内部约束的最小区域（切比雪夫）拟合被测要素	CI

（续）

说　明	符　　号	说　明	符　　号
无约束的最小二乘（高斯）拟合被测要素	G	最大实体要求	Ⓜ
实体外部约束的最小二乘（高斯）拟合被测要素	GE	最小实体要求	Ⓛ
实体内部约束的最小二乘（高斯）拟合被测要素	GI	可逆要求	Ⓡ
最小外接拟合被测要素	N	自由状态条件（非刚性零件）	Ⓕ
最大内切拟合被测要素	X	包容要求（尺寸公差）	Ⓔ
参数		组合规范元素	
偏差的总体范围	T	组合公差带	CZ①
峰值	P	独立公差带	SZ
谷深	V	不对称公差带	
标准差	Q	（规定偏置量的）偏置公差带	UZ
被测要素标识符			
区间	↔		

（续）

说　明	符　　号	说　明	符　　号
公差带约束		线素	LE
（未规定偏置量的）偏置公差带	OZ	不凸起	NC
（未规定偏置量的）角度偏置公差带	VA	任意横截面	ACS
被测要素标识符		辅助要素标识符或框格	
联合要素	UF	任意横截面	ACS
全周（轮廓）		相交平面框格	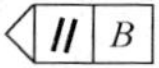
全表面（轮廓）		定向平面框格	
小径	LD	方向要素框格	
大径	MD	组合平面框格	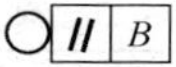
中径、节径	PD		

2. 用公差框格标注几何公差的基本要求（表 1-48）

表 1-48　用公差框格标注几何公差的基本要求

标注方法及要求	图　　示
框格中的内容从左到右顺序填写： 第一格填写公差符号 第二格填写公差值及有关符号，如公差带是圆形或圆柱形的则在公差值前加注 ϕ，如是球形则加注 $S\phi$ 第三格及以后填写基准代号	— | 0.1　　// | 0.1 | A　　⌖ | ϕ0.1 | A | C | B ⌖ | $S\phi$0.1 | A | B | C　　◎ | ϕ0.1 | A—B
当某项公差应用于几个相同要素时，应在公差框格的上方被测要素的尺寸之前注明要素的个数，并在两者之间加上符号“×”	6× ▱ | 0.2　　6×ϕ12±0.02 ⌖ | ϕ0.1
如果需要限制被测要素在公差带内的形状，应在公差框格的下方注明	▱ | 0.1 NC
如果需要就某个要素给出几种几何特征的公差，可将一个公差框格放在另一个的下面	— | 0.01 // | 0.06 | B

3. 标注方法（表 1-49）

表 1-49　标注方法

名称	图示及说明
几何公差规范标注的元素	几何公差规范标注的组成包括公差框格，可选的辅助平面和要素标注以及可选的相邻标注（补充标注） 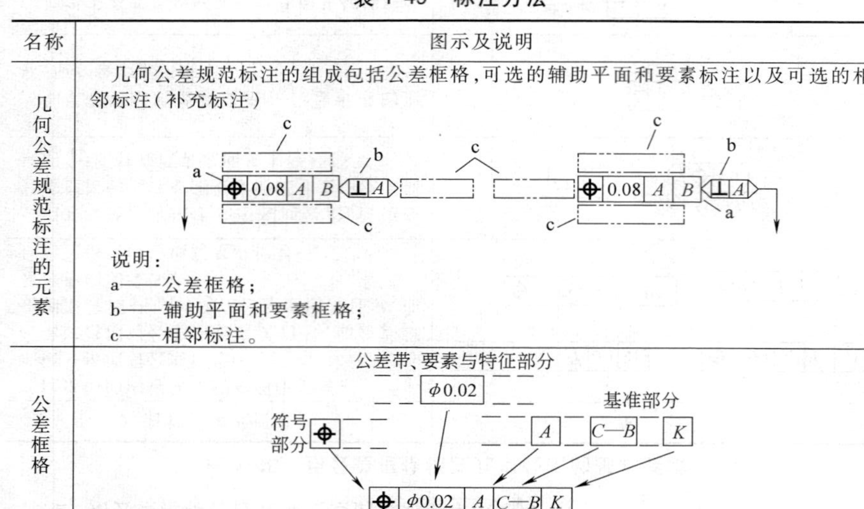 说明： a——公差框格； b——辅助平面和要素框格； c——相邻标注。
公差框格	

（续）

名称	图示及说明
被测要素	用带箭头的指引线将框格与被测要素相连，按以下方式标注： 当公差涉及轮廓线或表面时（图 a 和图 b），将箭头置于要素的轮廓线或轮廓线的延长线上（但必须与尺寸线明显地分开） 当指向实际表面时（图 c），箭头可置于带点的参考线上，该点指在实际表面上 当公差涉及轴线、中心平面或由带尺寸要素确定的点时，则带箭头的指引线应与尺寸线的延长线重合（图 d、图 e 和图 f） 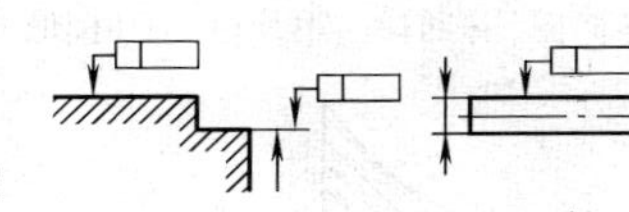 a)　b)　c)　d)　e)　f)

（续）

名称	图示及说明
公差带	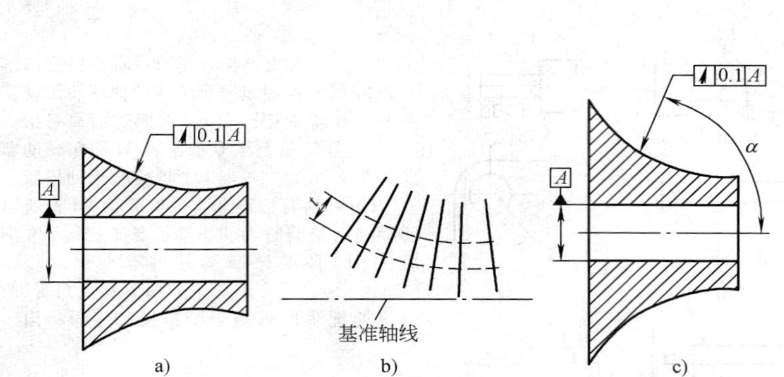 a)　b)　c) 公差带的宽度方向为被测要素的法向(图 a 和图 b)。另有说明时除外(图 c 和图 d) 圆度公差带的宽度应在垂直于公称轴线的平面内确定 注:图 c 中的角度 α(即使等于 90°)必须注出

（续）

名称	图示及说明
公差带	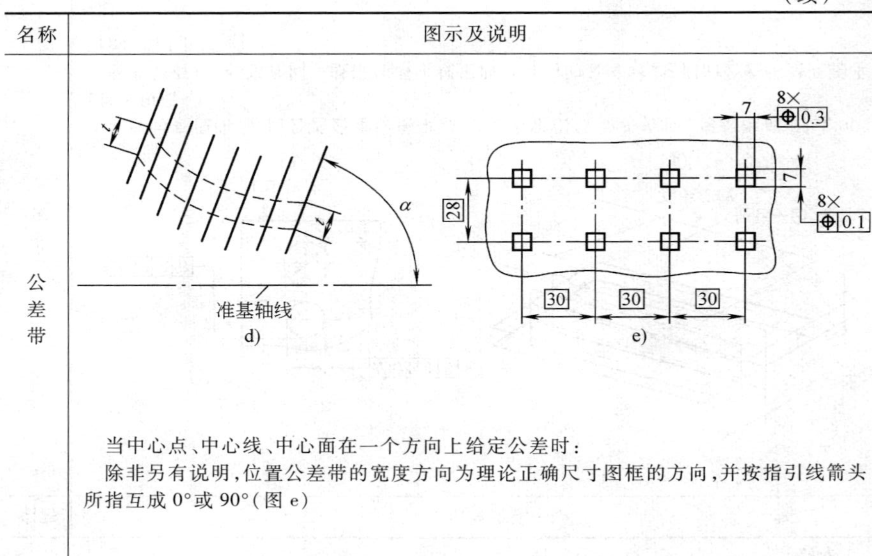 d)　e) 当中心点、中心线、中心面在一个方向上给定公差时： 除非另有说明，位置公差带的宽度方向为理论正确尺寸图框的方向，并按指引线箭头所指互成 0°或 90°（图 e）

（续）

<table>
<tr><th>名称</th><th>图示及说明</th></tr>
<tr><td>公差带</td><td>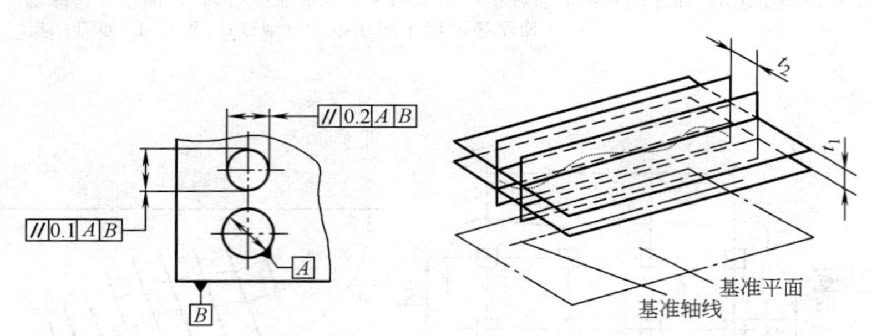f）　g）
除非另有说明，方向公差公差带的宽度方向为指引线箭头方向，与基准成 0°或 90°（图 f 和图 g）
除非另有规定，当在同一基准体系中规定两个方向的公差时，它们的公差带是互相垂直的（图 f 和图 g）</td></tr>
</table>

（续）

名称	图示及说明
公差带	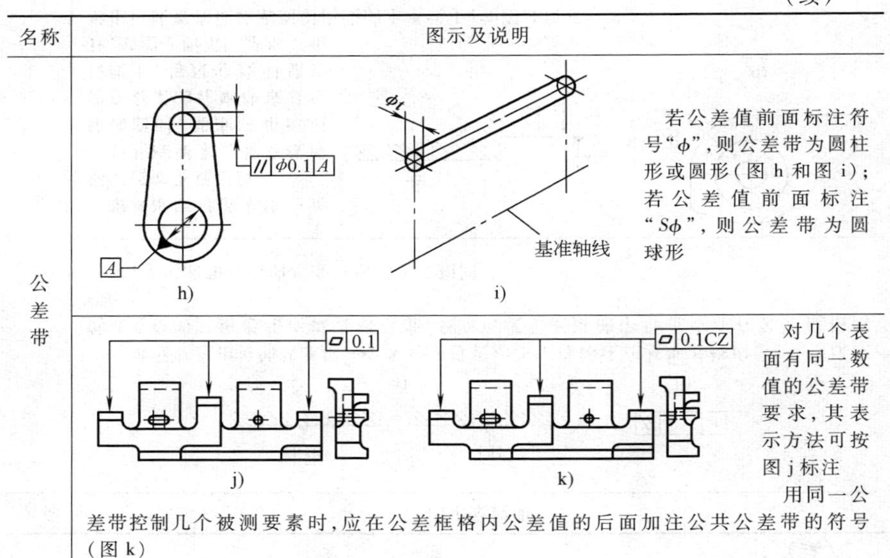 h) i) 若公差值前面标注符号“ϕ”，则公差带为圆柱形或圆形（图 h 和图 i）；若公差值前面标注“$S\phi$”，则公差带为圆球形 j) k) 对几个表面有同一数值的公差带要求，其表示方法可按图 j 标注 用同一公差带控制几个被测要素时，应在公差框格内公差值的后面加注公共公差带的符号（图 k）

（续）

<table>
<tr><th>名称</th><th>图示及说明</th></tr>
<tr><td rowspan="2">基准</td><td> 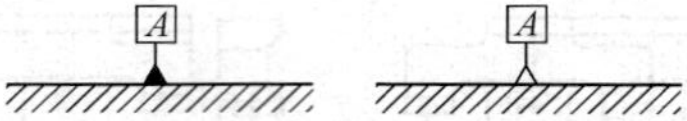A A // A
a) b)
与被测要素相关的基准用一个大写字母表示。字母标注在基准方格内，与一个涂黑的或空白的三角形相连以表示基准（图 a），表示基准的字母也应注在公差框格内（图 b）
注：涂黑的和空白的基准三角形含义相同</td></tr>
<tr><td>带基准字母的基准三角形应按如下规定放置：
当基准要素是轮廓线或轮廓面时，基准三角形放置在要素的轮廓线或其延长线上，与尺寸线明显错开，如图 c 所示。基准三角形也可放置在该轮廓面引出线的水平线上，如图 d 所示 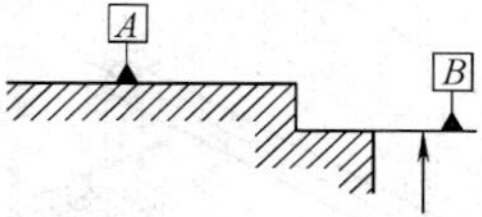
A B A
c) d)</td></tr>
</table>

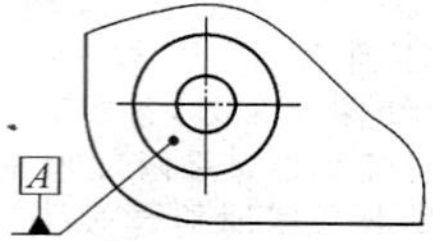

（续）

名称	图示及说明
基准	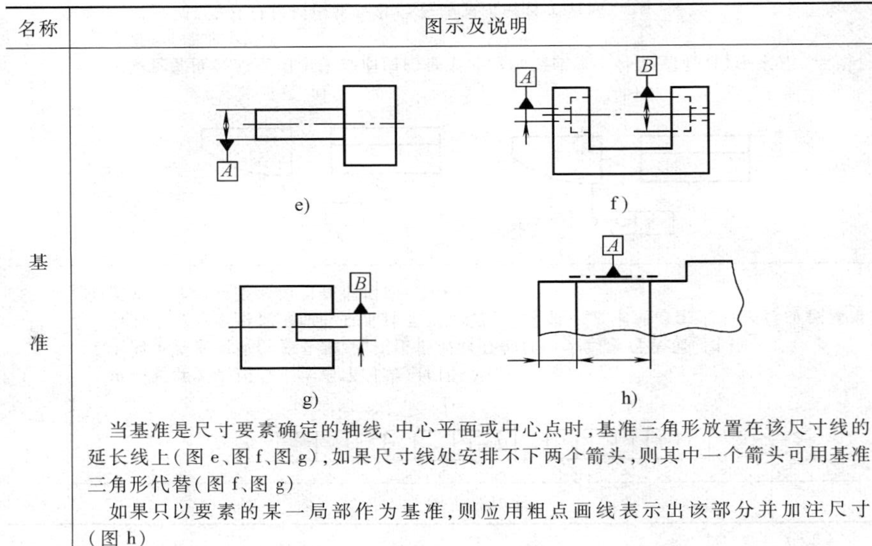e)　f)　g)　h) 当基准是尺寸要素确定的轴线、中心平面或中心点时，基准三角形放置在该尺寸线的延长线上（图 e、图 f、图 g），如果尺寸线处安排不下两个箭头，则其中一个箭头可用基准三角形代替（图 f、图 g） 如果只以要素的某一局部作为基准，则应用粗点画线表示出该部分并加注尺寸（图 h）

（续）

名称	图示及说明
基准	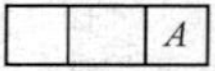 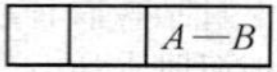 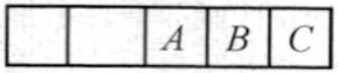 | | | A | i) | | | A—B | j) | | | A | B | C | k) 单一基准要素用一个大写字母表示(图 i) 由两个要素组成的公共基准,用由横线隔开的两个大写字母表示(图 j) 由两个或三个要素组成的基准体系(即采用多基准),表示基准的大写字母应按基准的优先顺序自左至右填写在框格内(图 k)
附加标记	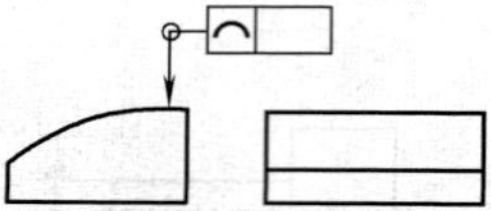 a) 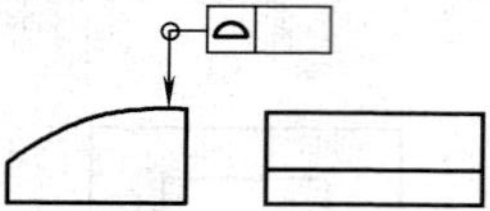　　b) 如果轮廓度公差适用于横截面内的整个外轮廓线或整个外轮廓面时,应采用“全周”符号表示(图 a、图 b) 注:“全周”符号只包括由轮廓和公差所表示的各个表面

（续）

名称	图示及说明
附加标记	在一般情况下，螺纹的轴线作为被测要素或基准要素均为中径轴线，如果用大径轴线则用“MD”表示，如果用小径轴线则用“LD”表示（图 c、图 d） 以齿轮和花键轴线作为被测要素或基准要素时，节径轴线用“PD”表示，大径轴线用“MD”表示，小径轴线用“LD”表示
理论正确尺寸	对于要素的位置度、轮廓度或倾斜度，其尺寸由不带公差的理论正确位置、轮廓或角度确定，这种尺寸称为理论正确尺寸 理论正确尺寸应围以框格，零件实际尺寸仅由在公差框格中位置度、轮廓度或倾斜度公差来限定（图 a 和图 b）

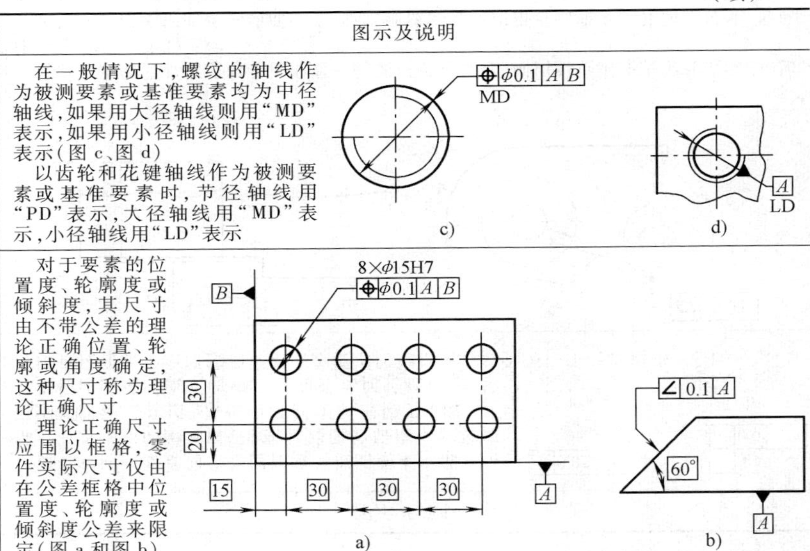

（续）

<table>
<tr><th>名称</th><th>图示及说明</th></tr>
<tr><td rowspan="2">限定性规定</td><td>需要对同一要素的公差值在全部被测要素内的任一部分有进一步的限制时，可在公差值的后面加注限定范围的线性尺寸值，并在两者间用斜线隔开（图 a）。如果标注的是两项或两项以上同样几何特征的公差，可以直接在表示全部被测要素公差要求的框格下方放置另一个公差框格（图 b） 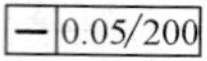
— 0.05/200
a) 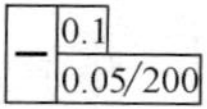
— 0.1 / 0.05/200
b)</td></tr>
<tr><td> 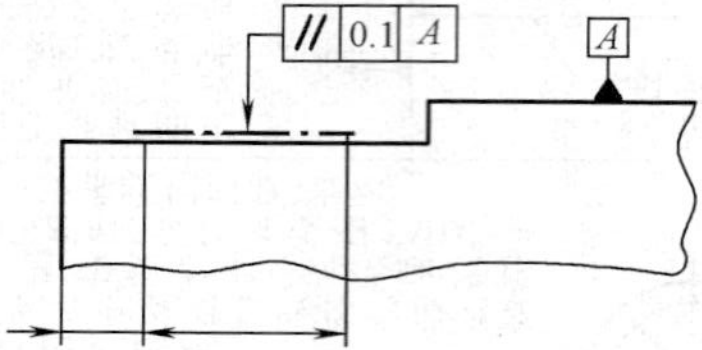// 0.1 A
A
c) 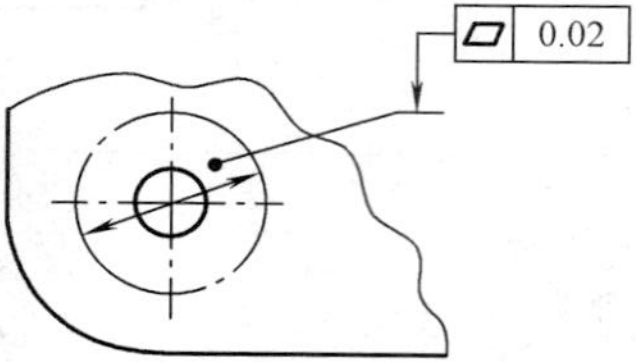
▱ 0.02
d)
如果给出的公差仅适用于被测要素的某一指定局部，则用粗点画线表示其范围，并加注尺寸（图 c、图 d）
如果仅只以要素的某一局部作为基准，则该部分应用粗点画线表示并加注尺寸，参见本表“基准”一项的图 h</td></tr>
</table>

（续）

名称	图示及说明
延伸公差带	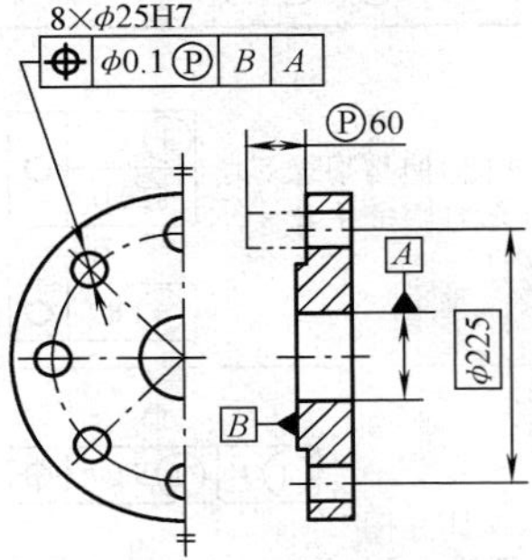 8×ϕ25H7 ⌖ | ϕ0.1Ⓟ | B | A Ⓟ60 A B ϕ225 延伸公差带用附加符号Ⓟ表示 详见 GB/T 17773
最大实体要求	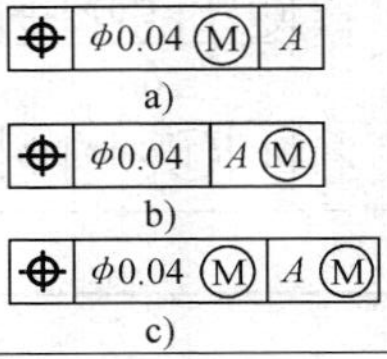 ⌖ | ϕ0.04Ⓜ | A a) ⌖ | ϕ0.04 | AⓂ b) ⌖ | ϕ0.04Ⓜ | AⓂ c) 最大实体要求用附加符号Ⓜ表示。该符号可根据需要单独或同时标注在相应公差值和（或）基准字母的后面（图 a、图 b、图 c）

（续）

名称	图示及说明
最小实体要求	⌖ | ϕ0.5Ⓛ | *A* a) ⌖ | ϕ0.5 | *A*Ⓛ b) ⌖ | ϕ0.5Ⓛ | *A*Ⓛ c) 最小实体要求用附加符号Ⓛ表示，该符号可根据需要单独或同时标注在相应公差值和（或）基准字母的后面，（图 a、图 b、图 c）
自由状态下的要求	○ | 2.8Ⓕ a) ○ | 0.025 / 0.3Ⓕ b) 对于非刚性零件的自由状态条件用符号Ⓕ表示，该符号置于给出的公差值后面（图 a、图 b）

注：各附加符号Ⓟ、Ⓜ、Ⓛ、Ⓕ和 CZ，可同时用于同一个公差框格中，例如：

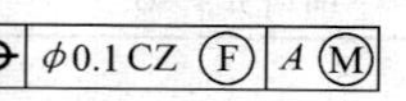

4. **图样上注出公差值的规定**（GB/T 1184—1996）

（1）规定提出了下列项目的公差值或数系表

1）直线度、平面度。

2）圆度、圆柱度。

3）平行度、垂直度、倾斜度。

4）同轴度、对称度、圆跳动和全跳动。

5）位置度数系。

（2）几何公差值的选用原则

1）根据零件的功能要求，并考虑加工的经济性和零件的结构、刚性等情况，按数系确定要素的几何公差值，并考虑下列情况：

① 在同一要素上给出的形状公差值应小于位置公差值。如果要求平行的两个表面，其平面度公差值应小于平行度公差值。

② 圆柱形零件的形状公差值（轴线的直线度除外）一般情况下应小于其尺寸公差值。

③ 平行度公差值应小于其相应的距离公差值。

2）对于下列情况，考虑到加工的难易程度和除主参数外其他参数的影响，在满足零件功能的要求下，适当降低 1~2 级选用。

① 孔相对于轴。

② 细长比较大的轴或孔。

③ 距离较大的轴或孔。

④ 宽度较大（一般大于 1/2 长度）的零件表面。

⑤ 线对线和线对面相对于面对面的平行度。

⑥ 线对线和线对面相对于面对面的垂直度。

5. 公差值表

(1) 直线度、平面度公差值（表 1-50）

表 1-50 直线度、平面度公差值

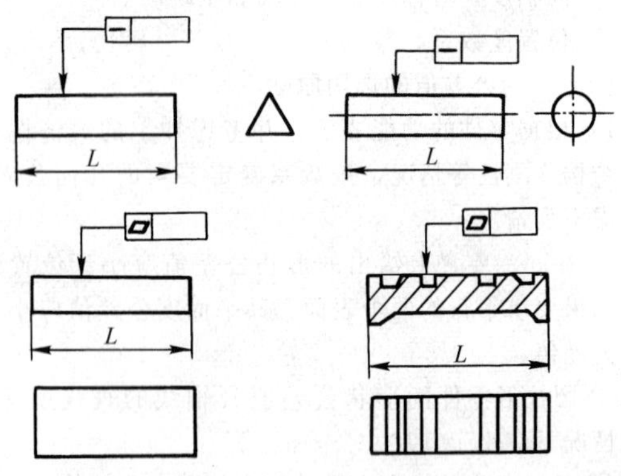

主参数 L /mm	公差等级					
	1	2	3	4	5	6
	公差值 /μm					
≤10	0.2	0.4	0.8	1.2	2	3
>10~16	0.25	0.5	1	1.5	2.5	4
>16~25	0.3	0.6	1.2	2	3	5
>25~40	0.4	0.8	1.5	2.5	4	6

（续）

主参数 L /mm	公差等级					
	1	2	3	4	5	6
	公差值 /μm					
>40~63	0.5	1	2	3	5	8
>63~100	0.6	1.2	2.5	4	6	10
>100~160	0.8	1.5	3	5	8	12
>160~250	1	2	4	6	10	15
>250~400	1.2	2.5	5	8	12	20
>400~630	1.5	3	6	10	15	25

主参数 L /mm	公差等级					
	7	8	9	10	11	12
	公差值 /μm					
≤10	5	8	12	20	30	60
>10~16	6	10	15	25	40	80
>16~25	8	12	20	30	50	100
>25~40	10	15	25	40	60	120
>40~63	12	20	30	50	80	150
>63~100	15	25	40	60	100	200
>100~160	20	30	50	80	120	250
>160~250	25	40	60	100	150	300
>250~400	30	50	80	120	200	400
>400~630	40	60	100	150	250	500

（2）圆度、圆柱度公差值（表 1-51）

（3）平行度、垂直度、倾斜度公差值（表 1-52）

表 1-51 圆度、圆柱度公差值

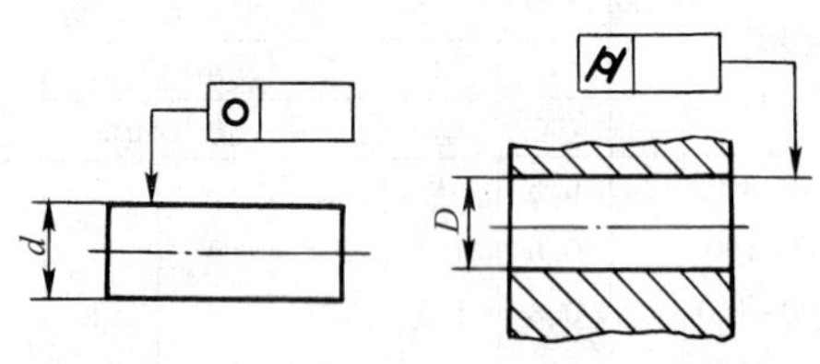

主参数 d(D) /mm	公差等级						
	0	1	2	3	4	5	6
	公差值 /μm						
≤3	0.1	0.2	0.3	0.5	0.8	1.2	2
>3~6	0.1	0.2	0.4	0.6	1	1.5	2.5
>6~10	0.12	0.25	0.4	0.6	1	1.5	2.5
>10~18	0.15	0.25	0.5	0.8	1.2	2	3
>18~30	0.2	0.3	0.6	1	1.5	2.5	4
>30~50	0.25	0.4	0.6	1	1.5	2.5	4
>50~80	0.3	0.5	0.8	1.2	2	3	5
>80~120	0.4	0.6	1	1.5	2.5	4	6
>120~180	0.6	1	1.2	2	3.5	5	8
>180~250	0.8	1.2	2	3	4.5	7	10
>250~315	1.0	1.6	2.5	4	6	8	12
>315~400	1.2	2	3	5	7	9	13
>400~500	1.5	2.5	4	6	8	10	15

主参数 d(D) /mm	公差等级					
	7	8	9	10	11	12
	公差值 /μm					
≤3	3	4	6	10	14	25
>3~6	4	5	8	12	18	30

（续）

主参数	公	差	等	级		
d(D)	7	8	9	10	11	12
/mm	公	差	值	/μm		
>6～10	4	6	9	15	22	36
>10～18	5	8	11	18	27	43
>18～30	6	9	13	21	33	52
>30～50	7	11	16	25	39	62
>50～80	8	13	19	30	46	74
>80～120	10	15	22	35	54	87
>120～180	12	18	25	40	63	100
>180～250	14	20	29	46	72	115
>250～315	16	23	32	52	81	130
>315～400	18	25	36	57	89	140
>400～500	20	27	40	63	97	155

表 1-52　平行度、垂直度、倾斜度公差值

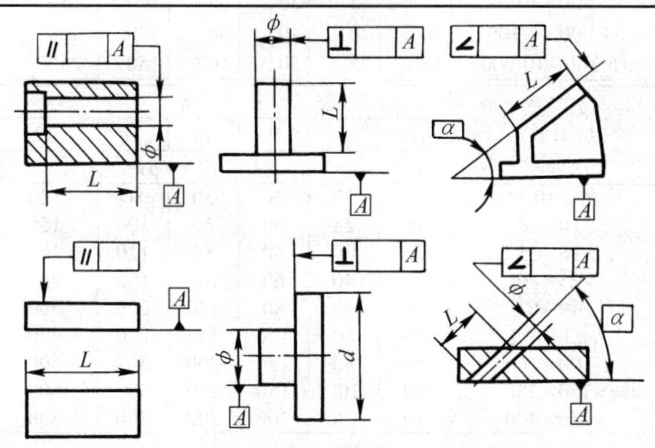

(续)

主参数 $L,d(D)$ /mm	公差等级					
	1	2	3	4	5	6
	公差值 /μm					
≤10	0.4	0.8	1.5	3	5	8
>10~16	0.5	1	2	4	6	10
>16~25	0.6	1.2	2.5	5	8	12
>25~40	0.8	1.5	3	6	10	15
>40~63	1	2	4	8	12	20
>63~100	1.2	2.5	5	10	15	25
>100~160	1.5	3	6	12	20	30
>160~250	2	4	8	15	25	40
>250~400	2.5	5	10	20	30	50
>400~630	3	6	12	25	40	60
>630~1 000	4	8	15	30	50	80
>1 000~1 600	5	10	20	40	60	100
>1 600~2 500	6	12	25	50	80	120
>2 500~4 000	8	15	30	60	100	150
>4 000~6 300	10	20	40	80	120	200
>6 300~10 000	12	25	50	100	150	250
主参数 $L,d(D)$ /mm	公差等级					
	7	8	9	10	11	12
	公差值 /μm					
≤10	12	20	30	50	80	120
>10~16	15	25	40	60	100	150
>16~25	20	30	50	80	120	200
>25~40	25	40	60	100	150	250
>40~63	30	50	80	120	200	300
>63~100	40	60	100	150	250	400
>100~160	50	80	120	200	300	500
>160~250	60	100	150	250	400	600
>250~400	80	120	200	300	500	800

（续）

主参数 $L,d(D)$ /mm	公差等级					
	7	8	9	10	11	12
	公差值 /μm					
>400~630	100	150	250	400	600	1 000
>630~1 000	120	200	300	500	800	1 200
>1 000~1 600	150	250	400	600	1 000	1 500
>1 600~2 500	200	300	500	800	1 200	2 000
>2 500~4 000	250	400	600	1 000	1 500	2 500
>4 000~6 300	300	500	800	1 200	2 000	3 000
>6 300~10 000	400	600	1 000	1 500	2 500	4 000

（4）同轴度、对称度、圆跳动和全跳动公差值（表 1-53）

表 1-53　同轴度、对称度、圆跳动和全跳动公差值

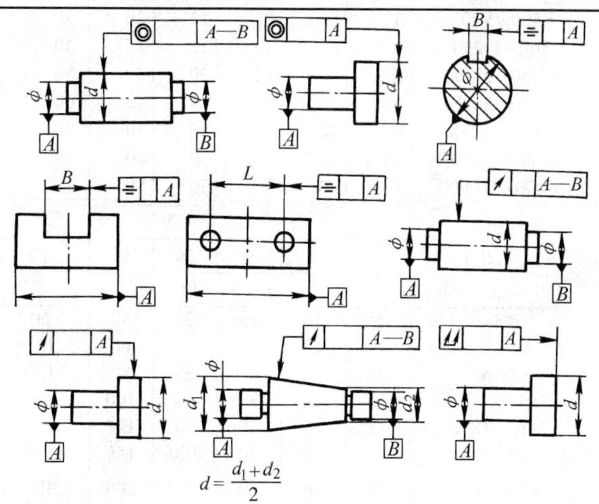

（续）

主参数	公差等级					
$d(D),B,L$	1	2	3	4	5	6
/mm	公差值/μm					
≤1	0.4	0.6	1.0	1.5	2.5	4
>1~3	0.4	0.6	1.0	1.5	2.5	4
>3~6	0.5	0.8	1.2	2	3	5
>6~10	0.6	1	1.5	2.5	4	6
>10~18	0.8	1.2	2	3	5	8
>18~30	1	1.5	2.5	4	6	10
>30~50	1.2	2	3	5	8	12
>50~120	1.5	2.5	4	6	10	15
>120~250	2	3	5	8	12	20
>250~500	2.5	4	6	10	15	25
>500~800	3	5	8	12	20	30
>800~1 250	4	6	10	15	25	40
>1 250~2 000	5	8	12	20	30	50
>2 000~3 150	6	10	15	25	40	60
>3 150~5 000	8	12	20	30	50	80
>5 000~8 000	10	15	25	40	60	100
>8 000~10 000	12	20	30	50	80	120

主参数	公差等级					
$d(D),B,L$	7	8	9	10	11	12
/mm	公差值/μm					
≤1	6	10	15	25	40	60
>1~3	6	10	20	40	60	120
>3~6	8	12	25	50	80	150
>6~10	10	15	30	60	100	200
>10~18	12	20	40	80	120	250
>18~30	15	25	50	100	150	300
>30~50	20	30	60	120	200	400

（续）

主参数	公差等级					
$d(D)$,B,L	7	8	9	10	11	12
/mm	公差值 /μm					
>50～120	25	40	80	150	250	500
>120～250	30	50	100	200	300	600
>250～500	40	60	120	250	400	800
>500～800	50	80	150	300	500	1 000
>800～1 250	60	100	200	400	600	1 200
>1 250～2 000	80	120	250	500	800	1 500
>2 000～3 150	100	150	300	600	1 000	2 000
>3 150～5 000	120	200	400	800	1 200	2 500
>5 000～8 000	150	250	500	1 000	1 500	3 000
>8 000～10 000	200	300	600	1 200	2 000	4 000

6. 几何公差未注公差值（GB/T 1184—1996）

（1）几何公差的未注公差值

1）直线度和平面度的未注公差值见表 1-54。选择公差值时，对于直线度应按其相应线的长度选择；对于平面度应按其表面的较长一侧或圆表面的直径选择。

2）圆度的未注公差值等于标准的直径公差值，但不能大于表 1-57 中圆跳动的未注公差值。

3）圆柱度的未注公差值不做规定。圆柱度误差由三个部分组成：圆度、直线度和相对素线的平行度误差，而其中每一项误差均由它们的注出公差或未注公差控制。如果因功能要求，圆柱度应小于圆度、直线度和平行度的未注公差的综合结果，应在被测要素上按 GB/T 1182—2018 的规定注出圆柱度公差值。圆柱度采用包容要求。

表 1-54　直线度和平面度的未注公差值

（单位：mm）

公差等级	基本长度范围		
	≤10	>10~30	>30~100
H	0.02	0.05	0.1
K	0.05	0.1	0.2
L	0.1	0.2	0.4
公差等级	基本长度范围		
	>100~300	>300~1 000	>1 000~3 000
H	0.2	0.3	0.4
K	0.4	0.6	0.8
L	0.8	1.2	1.6

（2）位置公差的未注公差值

1）平行度的未注公差值等于给出的尺寸公差值，或是直线度和平面度未注公差值中的相应公差值取较大者。应取两要素中的较长者作为基准，若两要素的长度相等则可选任一要素为基准。

2）垂直度的未注公差值见表 1-55。取形成直角的两边中较长的一边作为基准，较短的一边作为被测要素，若边的长度相等则可取其中的任意一边为基准。

表 1-55　垂直度的未注公差值　（单位：mm）

公差等级	基本长度范围			
	≤100	>100~300	>300~1 000	>1 000~3 000
H	0.2	0.3	0.4	0.5
K	0.4	0.6	0.8	1
L	0.6	1	1.5	2

3）对称度的未注公差值见表 1-56。应取两要素中较长者作为基准，较短者作为被测要素，若两要素长度相等则可选任一要素为基准。

表 1-56　对称度的未注公差值

（单位：mm）

公差等级	基本长度范围			
	≤100	>100~300	>300~1 000	>1 000~3 000
H	0.5			
K	0.6		0.8	1
L	0.6	1	1.5	2

4）同轴度的未注公差值未做规定。在极限状况下，同轴度的未注公差值与圆跳动的未注公差值相等。

5）圆跳动（径向、轴向和斜向）的未注公差值见表 1-57。对于圆跳动的未注公差值，应以设计和工艺给出的支承面作为基准，否则应取两要素中较长的一个作为基准，若两要素的长度相等则可选任一要素为基准。

表 1-57　圆跳动的未注公差值

（单位：mm）

公差等级	H	K	L
圆跳动公差值	0.1	0.2	0.5

（三）表面结构

1. 基本术语新旧标准对照（表 1-58）

表 1-58　基本术语新旧标准对照

基本术语 （GB/T 3505—2009）	GB/T 3505—1983	GB/T 3505—2009
取样长度	l	lp、lw、lr①
评定长度	l_n	ln
纵坐标值	y	$Z(x)$
局部斜率	—	$\frac{dZ}{dX}$
轮廓峰高	y_p	Zp
轮廓谷深	y_v	Zv
轮廓单元高度	—	Zt
轮廓单元宽度	—	Xs
在水平截面高度 c 位置上轮廓的实体材料长度	η_p	$Ml(c)$

① 给定的三种不同轮廓的取样长度。

2. 表面结构的参数新旧标准对照（表 1-59）

表 1-59　表面结构的参数新旧标准对照

参数 （GB/T 3505—2009）	GB/T 3505 —1983	GB/T 3505 —2009	在测量范围内	
			评定长度 ln	取样长度
最大轮廓峰高	R_p	Rp		✓
最大轮廓谷深	R_m	Rv		✓
轮廓最大高度	R_y	Rz		✓
轮廓单元的平均高度	R_c	Rc		✓
轮廓总高度	—	Rt	✓	
评定轮廓的算术平均偏差	R_a	Ra		✓
评定轮廓的均方根偏差	R_q	Rq		✓

（续）

参数 （GB/T 3505—2009）	GB/T 3505 —1983	GB/T 3505 —2009	在测量范围内	
			评定长度 *ln*	取样长度
评定轮廓的偏斜度	S_k	*Rsk*		✓
评定轮廓的陡度	—	*Rku*		✓
轮廓单元的平均宽度	S_m	*Rsm*		✓
评定轮廓的均方根斜率	Δ_q	$R\Delta q$		
轮廓支承长度率	—	*Rmr*(*c*)	✓	
轮廓水平截面高度	—	$R\delta c$	✓	
相对支承长度率	t_p	*Rmr*	✓	
十点高度	R_z	—		

注：1. “✓”表示在测量范围内，现采用的评定长度和取样长度。

2. 表中取样长度是 *lr*、*lw* 和 *lp*，分别对应于 *R*、*W* 和 *P* 参数。*lp*=*ln*。

3. 在规定的三个轮廓参数中，表中只列出了粗糙度轮廓参数。例如：三个参数分别为 *Pa*（原始轮廓）、*Ra*（粗糙度轮廓）、*Wa*（波纹度轮廓）。

3. 评定表面结构的参数及数值系列

GB/T 1031—2009 采用中线制（轮廓法）评定表面粗糙度。

表面粗糙度的参数从轮廓的算术平均偏差 *Ra* 和轮廓的最大高度 *Rz* 两项中选择。在幅度参数（峰和谷）常用的参数值范围内（*Ra* 为 0.025～6.3μm，*Rz* 为 0.1～25μm）推荐优先选用 *Ra*。

（1）轮廓的算术平均偏差 *Ra* 的系列值　轮廓的算术平均偏差是指在取样长度内纵坐标值的算术平均值，代号为 *Ra*，其系列值见表 1-60。

表 1-60　轮廓的算术平均偏差 *Ra* 的系列值

（GB/T 1031—2009）（单位：μm）

系列值	补充系列值	系列值	补充系列值
	0.008		1
	0.01		1.25
0.012		1.6	
	0.016		2
	0.02		2.5
0.025		3.2	
	0.032		4
	0.04		5
0.05		6.3	
	0.063		8
	0.08		10
0.10		12.5	
	0.125		16
	0.16		20
0.2		25	
	0.25		32
	0.32		40
0.4		50	
	0.5		63
	0.63		80
0.8		100	

（2）轮廓的最大高度 *Rz* 的系列值　轮廓的最大高度是指在取样长度内最大的轮廓峰高 *Rp* 与最大的轮廓谷深 *Rv* 之和的高度，代号为 *Rz*，其系列值见表 1-61。

表 1-61　轮廓的最大高度 *Rz* 的系列值

（GB/T 1031—2009）（单位：μm）

系列值	补充系列值	系列值	补充系列值
0.025			8
	0.032		10
	0.04	12.5	
0.05			16
	0.063		20
	0.08	25	
0.1			32
	0.125		40
	0.16	50	
0.2			63
	0.25		80
	0.32	100	
0.4			125
	0.5		160
	0.63	200	
0.8			250
	1		320
1.6	1.25	400	
			500
	2		630
3.2	2.5	800	
			1 000
	4		1 250
6.3	5	1 600	

（3）取样长度（*lr*）　取样长度是指用于判别被评定轮廓不规则特征的 *X* 轴上的长度，代号为 *lr*。

为了在测量范围内较好地反映粗糙度的实际情况，标准规定取样长度按表面粗糙程度选取相应的数值，在取样长度范围内，一般至少包含5个的轮廓峰和轮廓谷。规定和选择取样长度目的是限制和削弱其他几何形状误差，尤其是表面波度对测量结果的影响。

取样长度的数值见表1-62。

表1-62 取样长度的数值（*lr*）

（单位：mm）

lr	0.08	0.25	0.8	2.5	8	25

（4）评定长度（*ln*） 评定长度是指用于判别被评定轮廓的 *x* 轴上方向的长度，代号为 *ln*。它可以包含一个或几个取样长度。

为了较充分和客观地反映被测表面的表面粗糙度，须连续取几个取样长度的平均值作为测量结果。国标规定，$ln=5lr$ 为默认值。选取评定长度的目的是减小被测表面上表面粗糙度的不均匀性的影响。

取样长度与幅度参数之间有一定的联系，一般情况下，在测量 *Ra*、*Rz* 时推荐按表1-63选取对应的取样长度值。

表1-63 取样长度（*lr*）和评定长度（*ln*）的数值

Ra/μm	*Rz*/μm	*lr*/mm	*ln*（*ln*=5*lr*）/mm
≥0.008~0.02	≥0.025~0.1	0.08	0.4
>0.02~0.1	>0.1~0.5	0.25	1.25
>0.1~2	>0.5~10	0.8	4
>2~10	>10~50	2.5	12.5
>10~80	>50~320	8	40

4. 表面粗糙度的符号、代号及标注（GB/T 131—2006）

（1）表面粗糙度的符号（表1-64）

表1-64 表面粗糙度的符号

<table>
<tr><th colspan="2">符号类型</th><th>符号</th><th>意 义</th></tr>
<tr><td colspan="2">基本图形符号</td><td>√</td><td>仅用于简化代号标注，没有补充说明时不能单独使用</td></tr>
<tr><td rowspan="2">扩展图形符号</td><td>要求去除材料的图形符号</td><td>[illegible]</td><td>在基本图形符号上加一短横，表示指定表面是用去除材料的方法获得，如通过机械加工获得的表面</td></tr>
<tr><td>不去除材料的图形符号</td><td>[illegible]</td><td>在基本图形符号上加一个圆圈，表示指定表面是用不去除材料方法获得</td></tr>
<tr><td rowspan="3">完整图形符号</td><td>允许任何工艺</td><td>[illegible]</td><td rowspan="3">当要求标注表面粗糙度特征的补充信息时，应在图形的长边上加一横线</td></tr>
<tr><td>去除材料</td><td>[illegible]</td></tr>
<tr><td>不去除材料</td><td>[illegible]</td></tr>
<tr><td colspan="2">工件轮廓各表面的图形符号</td><td>[illegible]</td><td>当在图样某个视图上构成封闭轮廓的各表面有相同的表面粗糙度要求时，应在完整图形符号上加一个圆圈，标注在图样中工件的封闭轮廓线上。如果标注会引起歧义时，各表面应分别标注</td></tr>
</table>

（2）表面粗糙度代号　在表面粗糙度符号的规定位置注出表面粗糙度数值及相关的规定项目后就形成了表面粗糙度代号。表面粗糙度代号标注方法见表1-65。

表1-65　表面粗糙度代号标注方法

图　示	标注方法说明
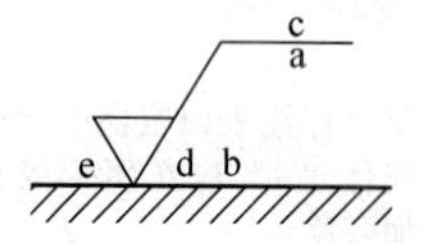	位置a注写表面粗糙度的单一要求：标注表面粗糙度参数代号、极限值和传输带或取样长度。为了避免误解，在参数代号和极限值间应插入空格。传输带或取样长度后应有一斜线“/”，之后是表面粗糙度参数符号，最后是数值，如-0.8/*Rz* 6.3 位置a和b注写两个或多个表面粗糙度要求：在位置a注写一个表面粗糙度要求，方法同上；在位置b注写第二个表面粗糙度要求。如果要注写第三个或更多个表面粗糙度要求，图形符号应在垂直方向扩大，以空出足够的空间。扩大图形符号时，a和b的位置随之上移 位置c注写加工方法、表面处理、涂层或其他加工工艺要求等，如车、磨、镀等加工表面 位置d注写表面纹理和方向，如“=”“×”“M” 位置e注写加工余量，以mm为单位给出数值

（3）表面粗糙度评定参数的标注　表面粗糙度评定参数必须注出参数代号和相应数值，数值的单位均为 μm（微米），数值的判断规则有两种：

1）16%规则，是所有表面粗糙度要求默认规则。

2）最大规则，应用于表面粗糙度要求时，则参数代号中应加上“max”。

当图样上标注参数的最大值（max）或（和）最小值（min）时，表示参数中所有的实测值均不得超过规定值。当图样上采用参数的上限值（用 U 表示）或（和）下限值（用 L 表示）时（表中未标注 max 或 min 的），表示参数的实测值中允许少于总数的 16% 的实测值超过规定值。具体标注示例及意义见表 1-66。

表 1-66　表面粗糙度代号的标注示例及意义

符　　号	含义/解释
Rz 0.4	表示不允许去除材料,单向上限值,粗糙度的最大高度为 0.4μm,评定长度为 5 个取样长度(默认),“16% 规则”(默认)
Rz max 0.2	表示去除材料,单向上限值,粗糙度最大高度的最大值为 0.2μm,评定长度为 5 个取样长度(默认),“最大规则”(默认)
-0.8/Ra3 3.2	表示去除材料,单向上限值,取样长度为 0.8μm,算术平均偏差为 3.2μm,评定长度包含 3 个取样长度,“16%规则”(默认)

（续）

符　号	含义/解释
U *Ra* max 3.2 L *Ra* 0.8	表示不允许去除材料，双向极限值，上限值：算术平均偏差为 3.2μm，评定长度为 5 个取样长度（默认），“最大规则”；下限值：算术平均偏差为 0.8μm，评定长度为 5 个取样长度（默认），“16%规则”（默认）
车 *Rz* 3.2	零件的加工表面的粗糙度要求由指定的加工方法获得时，用文字标注在符号上边的横线上
Fe/Ep·Ni15pCr 0.3r *Rz* 0.8	在符号的横线上面可注写镀（涂）覆或其他表面处理要求。镀覆后达到的参数值这些要求也可在图样的技术要求中说明
铣 *Ra* 0.8 ⊥　*Rz* 3.2	需要控制表面加工纹理方向时，可在完整符号的右下角加注加工纹理方向符号
3	在同一图样中，有多道加工工序的表面可标注加工余量时，加工余量标注在完整符号的左下方，单位为 mm

注：评定长度（*ln*）的标注时，若所标注的参数代号没有“max”，表明采用的有关标准中默认的评定长度；若不存在默认的评定长度时，参数代号中应标注取样长度的个数，如 *Ra*3、*Rz*3、*Rsm*3……（要求评定长度为 3 个取样长度）。

（4）常用的加工纹理方向（表 1-67）

表 1-67　常用的加工纹理方向

符号	说明	示意图
=	纹理平行于视图所在的投影面	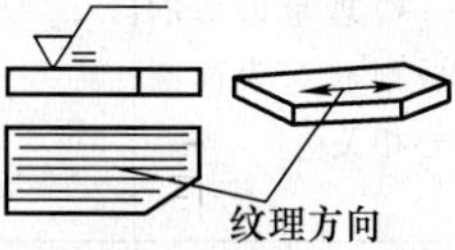 纹理方向
⊥	纹理垂直于视图所在的投影面	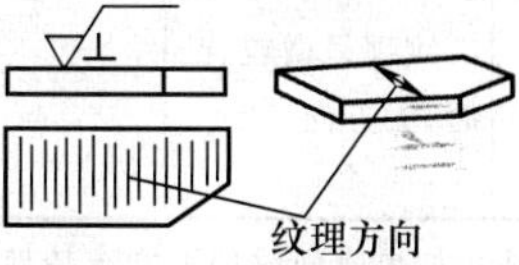 纹理方向
×	纹理呈两斜向交叉且与视图所在的投影面相交	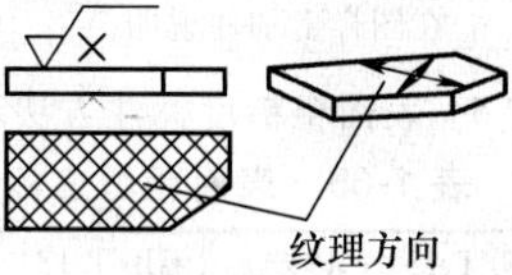 纹理方向
M	纹理呈多方向	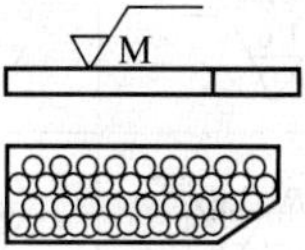
C	纹理呈近似同心圆且圆心与表面中心相关	

（续）

符号	说明	示意图
R	纹理呈近似的放射状与表面圆心相关	
P	纹理呈微粒、凸起，无方向	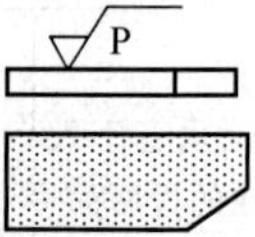

注：如果表面纹理不能清楚地用这些符号表示，必要时可以在图样上加注说明。

（5）表面粗糙度标注方法新旧标准对照（表 1-68）

表 1-68 表面粗糙度标注方法新旧标准对照

GB/T 131—1993	GB/T 131—2006	说明主要问题的示例
1.6 1.6	Rz 1.6	Ra 只采用“16% 规则”
R_y 3.2 R_y 3.2	Rz 3.2	除了 Ra“16% 规则”的参数
1.6max	Rz max 1.6	“最大规则”
1.6 0.8	-0.8/Ra 1.6	Ra 加取样长度

（续）

GB/T 131—1993	GB/T 131—2006	说明主要问题的示例
Ry 3.2 √ 0.8	√ -0.8/Rz 6.3	除 *Ra* 外其他参数及取样长度
Ry 1.6 6.3 √	√ *Ra* 1.6 *Rz* 6.3	*Ra* 及其他参数
Ry 3.2 √	√ *Rz*3 6.3	评定长度中的取样长度个数如果不是 5,则要注明个数(此例表示比例取样长度个数为 3)
—	√ L *Rz* 1.6	下限值
3.2 1.6 √	√ U *Ra* 3.2 L *Ra* 1.6	上、下限值

5. 表面粗糙度代号在图样上的标注方法

表面粗糙度要求对每个表面一般只标注一次，并尽可能注在相应的尺寸及其公差的同一视图上。除非另有说明，所标注的表面粗糙度要求是对完工零件表面的要求。

（1）表面粗糙度在图样上标注方法示例（表 1-69）

（2）表面粗糙度简化标注方法示例（表 1-70）

表 1-69　表面粗糙度在图样上标注方法示例

图　　示	标注方法说明
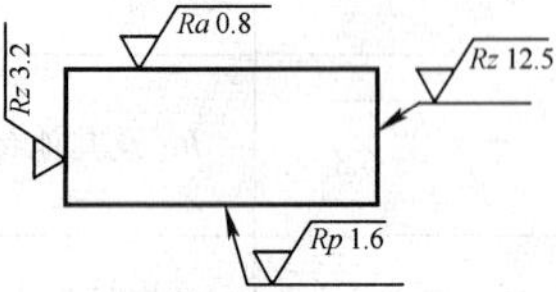 Ra 0.8　Rz 3.2　Rz 12.5　Rp 1.6	表面粗糙度的注写和读取方向与尺寸的注写和读取方向一致
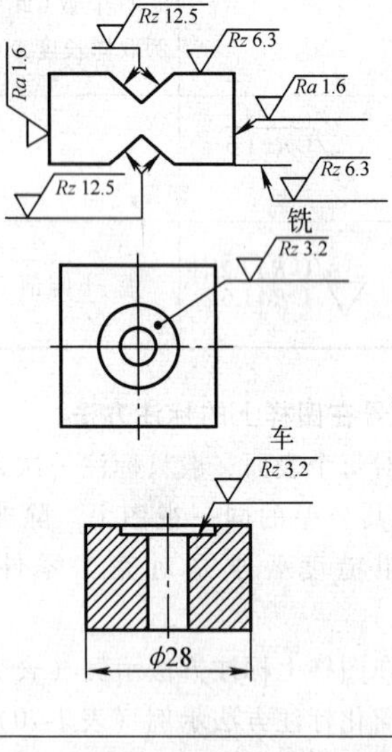 Rz 12.5　Rz 6.3　Ra 1.6　Ra 1.6　Rz 12.5　Rz 6.3 铣　Rz 3.2 车　Rz 3.2　$\phi 28$	表面粗糙度要求可标注在轮廓线上，其符号应从材料外指向并接触表面。必要时，表面粗糙度符号也可用带箭头或黑点的指引线引出标注

（续）

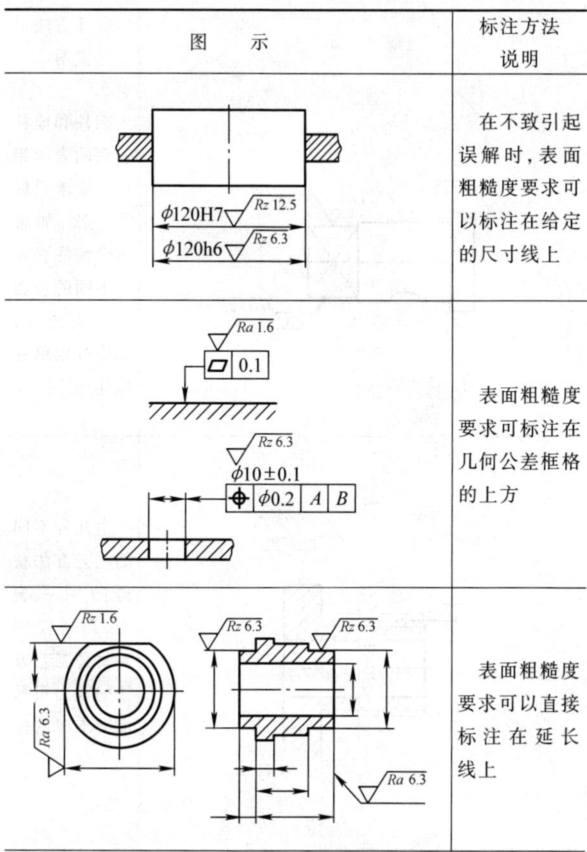

图　　示	标注方法说明
	在不致引起误解时，表面粗糙度要求可以标注在给定的尺寸线上
	表面粗糙度要求可标注在几何公差框格的上方
	表面粗糙度要求可以直接标注在延长线上

（续）

图示	标注方法说明
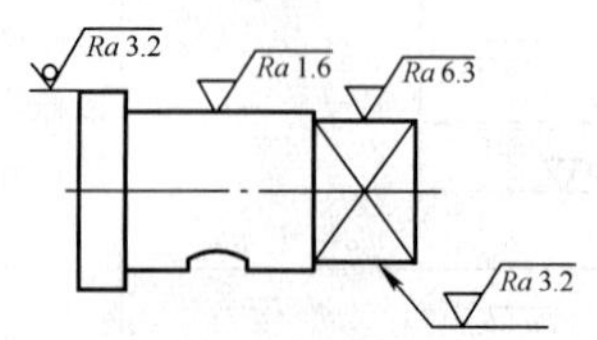	圆柱和棱柱表面的表面粗糙度要求只标注一次，如果每个棱柱表面有不同的表面粗糙度要求，则应分别单独标注
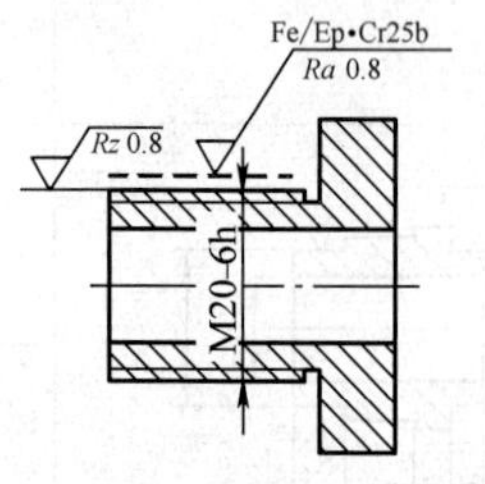	由几种不同的工艺方法获得的同一表面，当需要明确每种工艺方法的表面粗糙度要求时的标注方法

表 1-70　表面粗糙度简化标注方法示例

图　示	标注方法说明
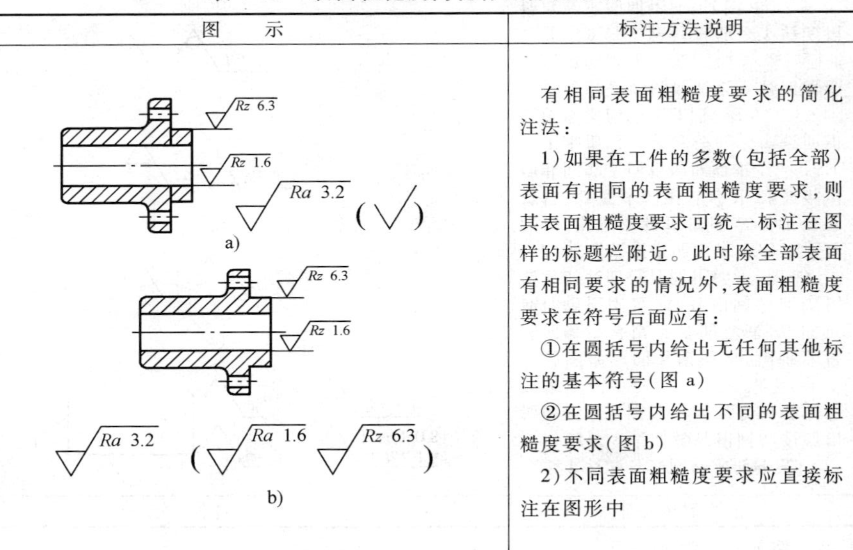	有相同表面粗糙度要求的简化注法： 1）如果在工件的多数（包括全部）表面有相同的表面粗糙度要求，则其表面粗糙度要求可统一标注在图样的标题栏附近。此时除全部表面有相同要求的情况外，表面粗糙度要求在符号后面应有： ①在圆括号内给出无任何其他标注的基本符号（图 a） ②在圆括号内给出不同的表面粗糙度要求（图 b） 2）不同表面粗糙度要求应直接标注在图形中

（续）

图　示	标注方法说明
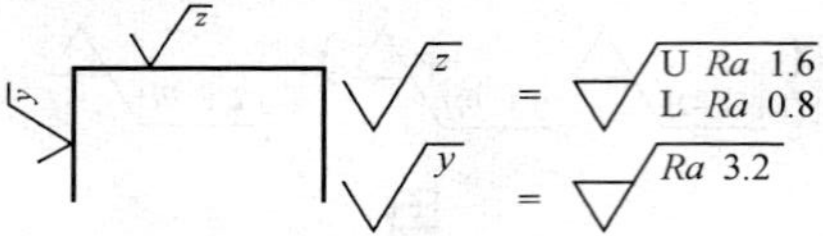 z; y; z = U *Ra* 1.6 L *Ra* 0.8; y = *Ra* 3.2 a)  = *Ra* 3.2 b) 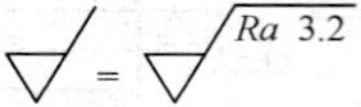 = *Ra* 3.2 c)  *Ra* 3.2 d)	多个表面有共同要求的注法： 1）当多个表面具有相同的表面粗糙度要求或图样空间有限时的简化注法 2）图样空间有限时，可用带字母的完整符号以等式的形式，在图形或标题栏附近，对有相同表面结构要求的表面进行简化标注（图 a） 3）只用表面粗糙度符号的简化注法：可用基本和扩展的表面粗糙度符号，以等式的形式给出对多个表面共同的表面粗糙度要求 ①未指定工艺方法的多个表面粗糙度要求的简化注法（图 b） ②要求去除材料的多个表面粗糙度要求的简化注法（图 c） ③不允许去除材料的多个表面粗糙度要求的简化注法（图 d）

6. 各级表面粗糙度的表面特征及应用举例（表 1-71）

表 1-71　各级表面粗糙度的表面特征及应用举例

表面特征		$Ra/\mu m$	$Rz/\mu m$	应用举例
粗糙表面	可见刀痕	>20~40	>80~160	半成品粗加工过的表面，非配合的加工表面，如轴端面、倒角、钻孔、齿轮和带轮侧面、键槽底面、垫圈接触面等
	微见刀痕	>10~20	>40~80	
半光表面	微见加工痕迹	>5~10	>20~40	轴上不安装轴承或齿轮处的非配合表面、紧固件的自由装配表面、轴和孔的退刀槽等
	微辨加工痕迹	>2.5~5	>10~20	半精加工表面，箱体、支架、端盖、套筒等和其他零件结合而无配合要求的表面，需要发蓝的表面等
	看不清加工痕迹	>1.25~2.5	>6.3~10	接近于精加工表面、箱体上安装轴承的镗孔表面、齿轮的工作面
光表面	可辨加工痕迹方向	>0.63~1.25	>3.2~6.3	圆柱销、圆锥销，与滚动轴承配合的表面，普通车床导轨面，内、外花键定心表面等

（续）

表面特征		Ra/μm	Rz/μm	应用举例
光表面	微辨加工痕迹方向	>0. 32~0. 63	>1. 6~3. 2	要求配合性质稳定的配合表面，工作时受交变应力的重要零件，较高精度车床的导轨面
	不可辨加工痕迹方向	>0. 16~0. 32	>0. 8~1. 6	精密机床主轴锥孔，顶尖圆锥面，发动机曲轴、凸轮轴工作表面，高精度齿轮齿面
极光表面	暗光泽面	>0. 08~0. 16	>0. 4~0. 8	精度机床主轴颈表面、一般量规工作表面、气缸套内表面、活塞销表面等
	亮光泽面	>0. 04~0. 08	>0. 2~0. 4	精度机床主轴颈表面、滚动轴承的滚动体、高压油泵中柱塞和柱塞套配合的表面
	镜状光泽面	>0. 01~0. 04	>0. 05~0. 2	
	镜面	≤0. 01	≤0. 05	高精度量仪、量块的工作表面，光学仪器中的金属镜面

第二章　切削加工常用技术标准及应用

一、常用零件结构要素

1. 60°中心孔（GB/T 145—2001）

60°中心孔分 A 型、B 型、C 型和 R 型四种形式（表 2-1～表 2-4）。

表 2-1　A 型中心孔型式和尺寸

（单位：mm）

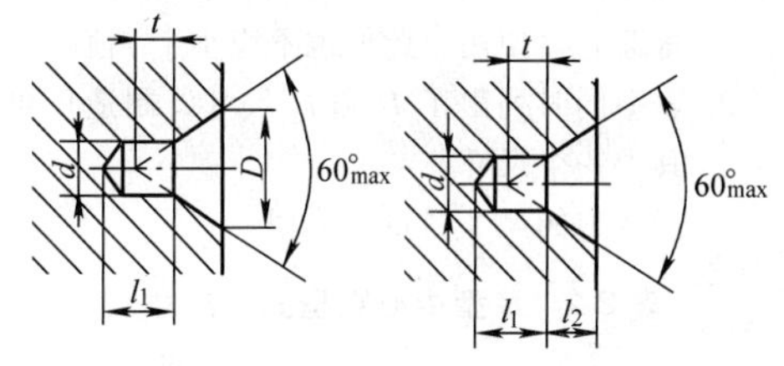

d	D	l_2	t
			参考尺寸
(0.5)	1.06	0.48	0.5
(0.63)	1.32	0.6	0.6
(0.8)	1.7	0.78	0.7
1	2.12	0.97	0.9
(1.25)	2.65	1.21	1.1
1.6	3.35	1.52	1.4

（续）

d	D	l_2	t 参考尺寸
2	4.25	1.95	1.8
2.5	5.3	2.42	2.2
3.15	6.7	3.07	2.8
4	8.5	3.9	3.5
(5)	10.6	4.85	4.4
6.3	13.2	5.98	5.5
(8)	17	7.79	7
10	21.2	9.7	8.7

注：1. 尺寸 l_1 取决于中心钻的长度 l_1，即使中心钻重磨后再使用，此值也不应小于 t 值。

2. 表中同时列出了 D 和 l_2 尺寸，制造厂可任选其中一个尺寸。

3. 括号内的尺寸尽量不采用。

表 2-2　B 型中心孔型式和尺寸

（单位：mm）

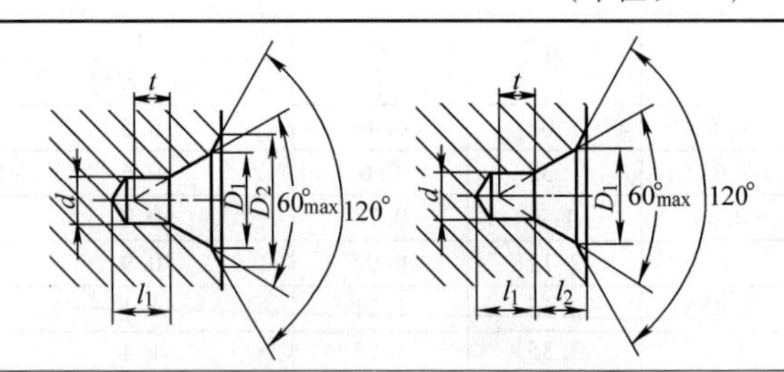

（续）

d	D_1	D_2	l_2	t 参考尺寸
1	2.12	3.15	1.27	0.9
(1.25)	2.65	4	1.6	1.1
1.6	3.35	5	1.99	1.4
2	4.25	6.3	2.54	1.8
2.5	5.3	8	3.2	2.2
3.15	6.7	10	4.03	2.8
4	8.5	12.5	5.05	3.5
(5)	10.6	16	6.41	4.4
6.3	13.2	18	7.36	5.5
(8)	17	22.4	9.36	7
10	21.2	28	11.66	8.7

注：1. 尺寸 l_1 取决于中心钻的长度 l_1，即使中心钻重磨后再使用，此值也不应小于 t 值。

2. 表中同时列出了 D_2 和 l_2 尺寸，制造厂可任选其中一个尺寸。

3. 尺寸 d 和 D_1 与中心钻的尺寸一致。

4. 括号内的尺寸尽量不采用。

表 2-3 C 型中心孔型式和尺寸

（单位：mm）

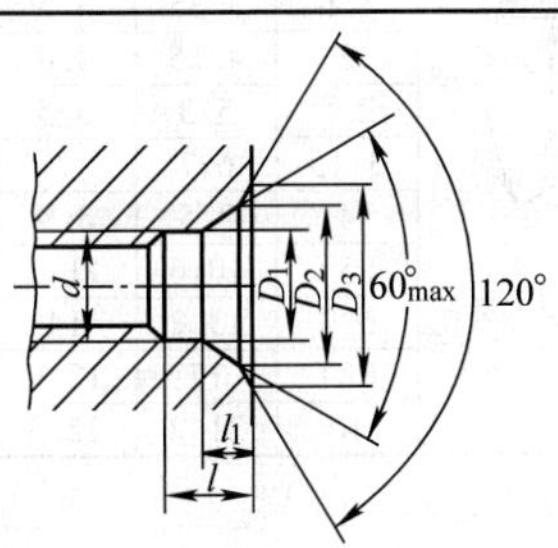

（续）

d	D_1	D_2	D_3	l	l_1
					参考尺寸
M3	3.2	5.3	5.8	2.6	1.8
M4	4.3	6.7	7.4	3.2	2.1
M5	5.3	8.1	8.8	4	2.4
M6	6.4	9.6	10.5	5	2.8
M8	8.4	12.2	13.2	6	3.3
M10	10.5	14.9	16.3	7.5	3.8
M12	13	18.1	19.8	9.5	4.4
M16	17	23	25.3	12	5.2
M20	21	28.4	31.3	15	6.4
M24	26	34.2	38	18	8

表 2-4　R 型中心孔型式和尺寸

（单位：mm）

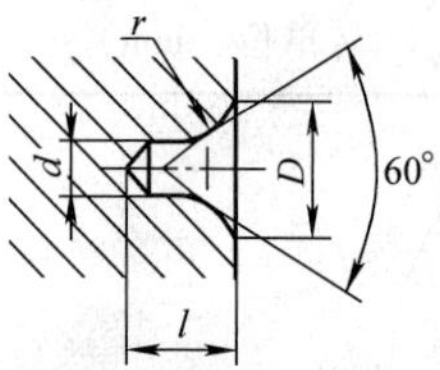

d	D	l_{min}	r	
			max	min
1	2.12	2.3	3.15	2.5
(1.25)	2.65	2.8	4	3.15
1.6	3.35	3.5	5	4
2	4.25	4.4	6.3	5
2.5	5.3	5.5	8	6.3
3.15	6.7	7	10	8
4	8.5	8.9	12.5	10
(5)	10.6	11.2	16	12.5
6.3	13.2	14	20	16
(8)	17	17.9	25	20
10	21.2	22.5	31.5	25

注：括号内的尺寸尽量不采用。

2. 各类槽

(1) 退刀槽

1) 外圆退刀槽的各部尺寸（表2-5）。

表2-5 外圆退刀槽的各部尺寸

（单位：mm）

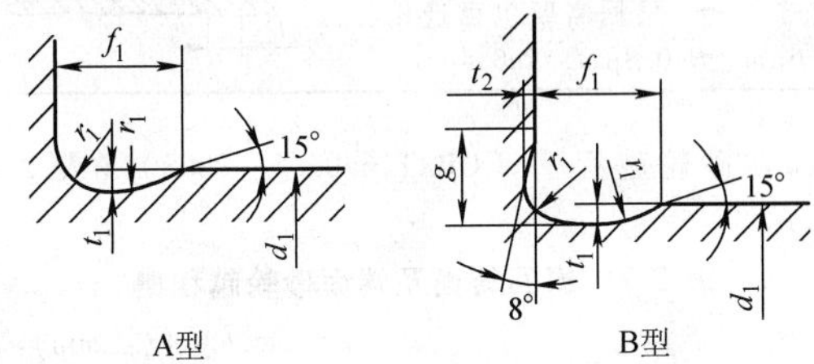

r_1	t_1 +0.1	f_1	g ≈	t_2−0.05	推荐的配合直径 d_1	
					用在一般载荷	用在交变载荷
0.6	0.2	2	1.4	0.1	~18	—
	0.3	2.5	2.1	0.2	>18~80	
1	0.4	4	3.2	0.3	>80	
	0.2	2.5	1.8	0.1	—	>18~50
1.6	0.3	4	3.1	0.2	—	>50~80
2.5	0.4	5	4.8	0.3		>80~125
4	0.5	7	6.4	0.3		125

注：A型轴的配合面需磨削，轴肩不磨削。B型轴的配合面及轴肩皆需磨削。

2）带槽孔的退刀槽（表2-6）。

表 2-6 带槽孔的退刀槽

图示及说明
退刀槽直径 d_2 可按选用的平键或楔键而定，退刀槽的深度 t_2 一般为 20mm，若因结构上的原因 t_2 的最小值不得小于 10mm 退刀槽的表面粗糙度值一般选用 $Ra3.2\mu m$，根据需要也可选用 $Ra1.6\mu m$、$Ra0.8\mu m$、$Ra0.4\mu m$ 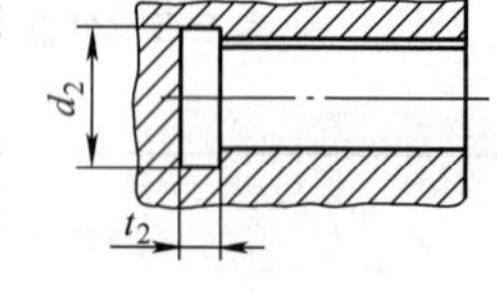

（2）砂轮越程槽（GB/T 6403.5—2008）（表 2-7～表 2-11）

表 2-7 磨回转面及端面砂轮越程槽

（单位：mm）

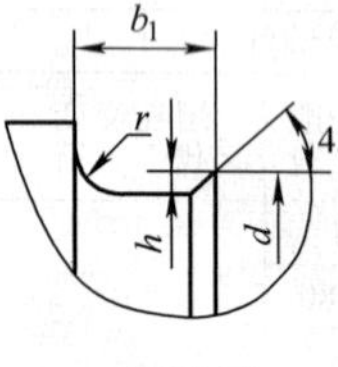

a)磨外圆 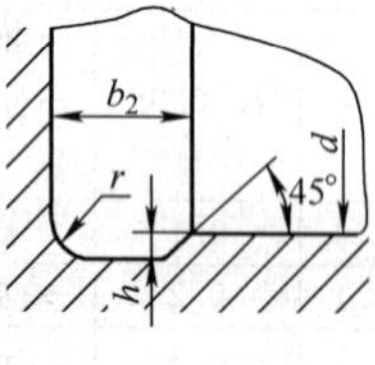　b)磨内圆 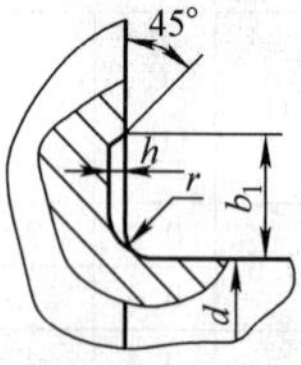　c)磨外端面

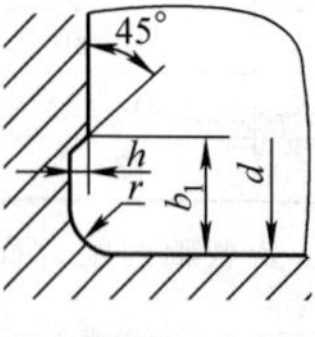

d)磨内端面 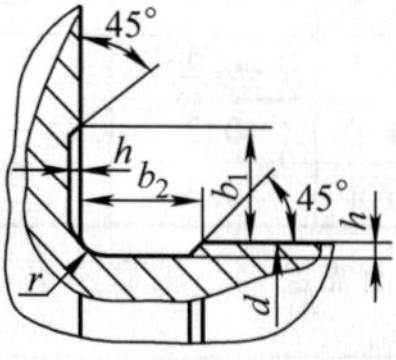　e)磨外圆及端面 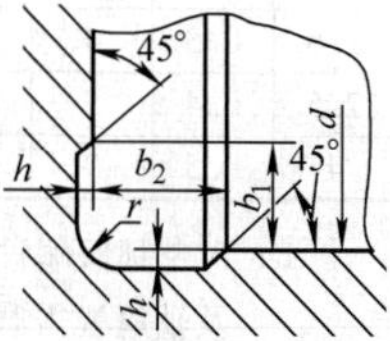　f)磨内圆及端面

（续）

b_1	0.6	1	1.6	2	3	4	5	8	10
b_2	2	3		4		5		8	10
h	0.1	0.2		0.3	0.4		0.6	0.8	1.2
r	0.2	0.5		0.8	1		1.6	2	3
d	~10			10~50		50~100		100	

注：1. 越程槽内两直线相交处，不允许产生尖角。
2. 越程槽深度 h 与圆弧半径 r，要满足 $r<3h$。
3. 磨削具有数个直径的工件时，可使用同一规格的越程槽。
4. 直径 d 值大的零件，允许选择小规格的砂轮越程槽。
5. 砂轮越程槽的尺寸公差和表面粗糙度根据该零件的结构、性能确定。

表 2-8 磨平面砂轮越程槽

（单位：mm）

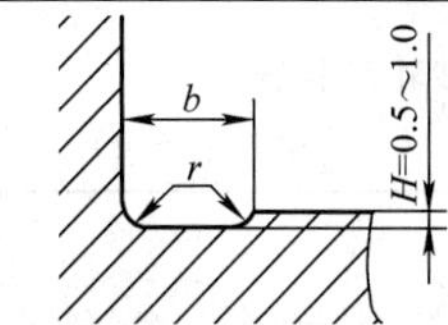

b	2	3	4	5
r	0.5	1	1.2	1.6

表 2-9 磨 V 形面砂轮越程槽

（单位：mm）

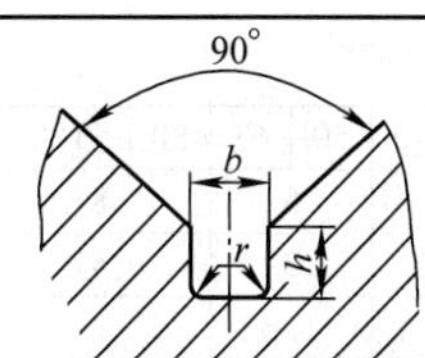

b	2	3	4	5
h	1.6	2	2.5	3
r	0.5	1	1.2	1.6

表 2-10　磨燕尾导轨砂轮越程槽

（单位：mm）

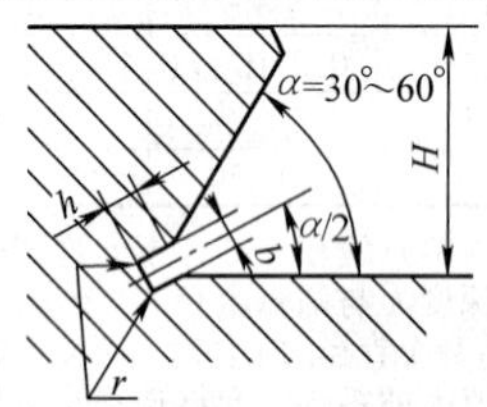

<table>
<tr><td>H</td><td>≤5</td><td>6</td><td>8</td><td>10</td><td>12</td><td>16</td><td>20</td><td>25</td><td>32</td><td>40</td><td>50</td><td>63</td><td>80</td></tr>
<tr><td>b</td><td rowspan="2">1</td><td colspan="2" rowspan="2">2</td><td colspan="3" rowspan="2">3</td><td colspan="3" rowspan="2">4</td><td colspan="3" rowspan="2">5</td><td rowspan="2">6</td></tr>
<tr><td>h</td></tr>
<tr><td>r</td><td>0.5</td><td colspan="2">0.5</td><td colspan="3">1</td><td colspan="3">1.6</td><td colspan="3">1.6</td><td>2</td></tr>
</table>

表 2-11　磨矩形导轨砂轮越程槽

（单位：mm）

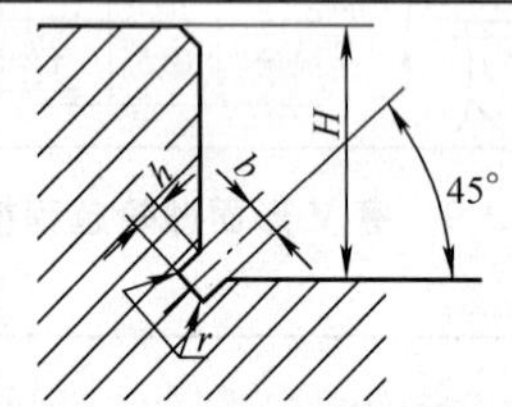

<table>
<tr><td>H</td><td>8</td><td>10</td><td>12</td><td>16</td><td>20</td><td>25</td><td>32</td><td>40</td><td>50</td><td>63</td><td>80</td><td>100</td></tr>
<tr><td>b</td><td colspan="4">2</td><td colspan="4">3</td><td colspan="3">5</td><td>8</td></tr>
<tr><td>h</td><td colspan="4">1.6</td><td colspan="4">2</td><td colspan="3">3</td><td>5</td></tr>
<tr><td>r</td><td colspan="4">0.5</td><td colspan="4">1</td><td colspan="3">1.6</td><td>2</td></tr>
</table>

3. 零件倒圆与倒角（GB/T 6403.4—2008）（表 2-12～表 2-14）

表 2-12 倒圆倒角尺寸 R、C 系列值

（单位：mm）

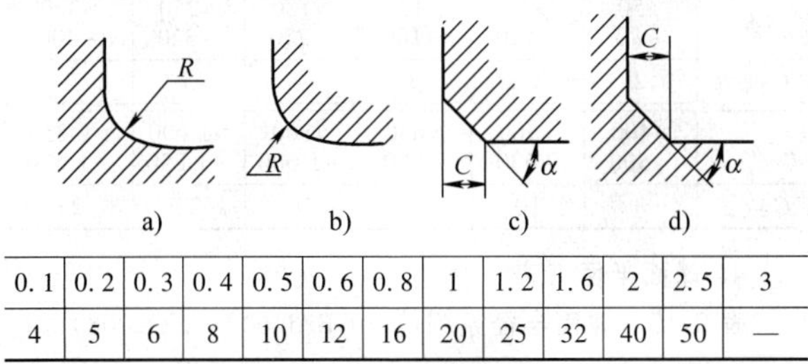

0.1	0.2	0.3	0.4	0.5	0.6	0.8	1	1.2	1.6	2	2.5	3
4	5	6	8	10	12	16	20	25	32	40	50	—

表 2-13 内角倒角、外角倒圆时 C 的最大值 C_{max} 与 R_1 的关系

（单位：mm）

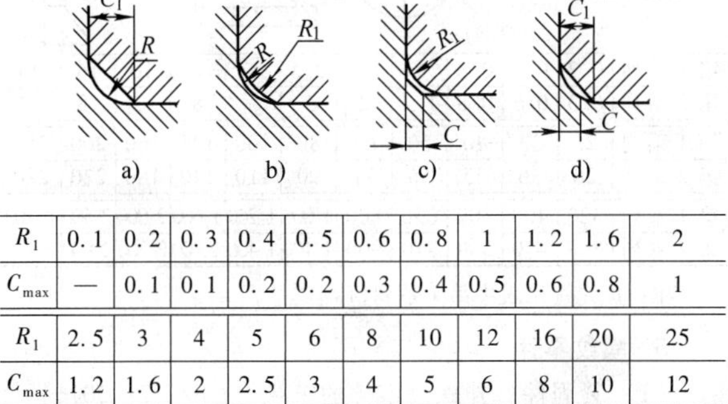

R_1	0.1	0.2	0.3	0.4	0.5	0.6	0.8	1	1.2	1.6	2
C_{max}	—	0.1	0.1	0.2	0.2	0.3	0.4	0.5	0.6	0.8	1
R_1	2.5	3	4	5	6	8	10	12	16	20	25
C_{max}	1.2	1.6	2	2.5	3	4	5	6	8	10	12

表 2-14　与直径 ϕ 相应的倒角 C、倒圆 R 的推荐值

（单位：mm）

ϕ	~3	>3~6	>6~10	>10~18	>18~30	>30~50
C 或 R	0.2	0.4	0.6	0.8	1	1.6
ϕ	>50~80	>80~120	>120~180	>180~250	>250~320	>320~400
C 或 R	2	2.5	3	4	5	6
ϕ	>400~500	>500~630	>630~800	>800~1 000	>1 000~1 250	>1 250~1 600
C 或 R	8	10	12	16	20	25

4. 球面半径（表 2-15）

表 2-15　球面半径系列值（GB/T 6403.1—2008）

（单位：mm）

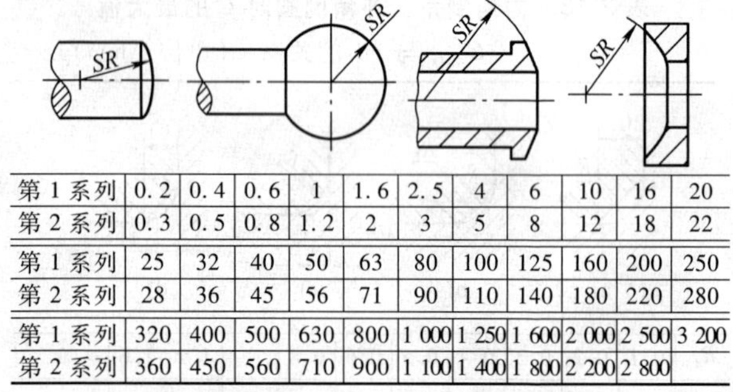

第 1 系列	0.2	0.4	0.6	1	1.6	2.5	4	6	10	16	20
第 2 系列	0.3	0.5	0.8	1.2	2	3	5	8	12	18	22
第 1 系列	25	32	40	50	63	80	100	125	160	200	250
第 2 系列	28	36	45	56	71	90	110	140	180	220	280
第 1 系列	320	400	500	630	800	1 000	1 250	1 600	2 000	2 500	3 200
第 2 系列	360	450	560	710	900	1 100	1 400	1 800	2 200	2 800	

注：优先选用表中第 1 系列值。

5. 螺纹零件

（1）紧固件　外螺纹零件的末端（GB/T 2—2016）

1）紧固件公称长度以内的末端形式（图 2-1）。

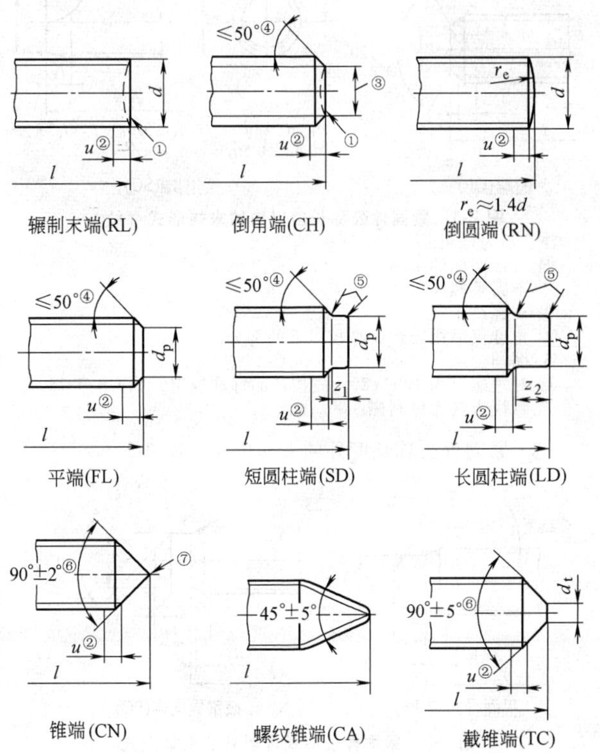

图 2-1 紧固件公称长度以内的末端形式

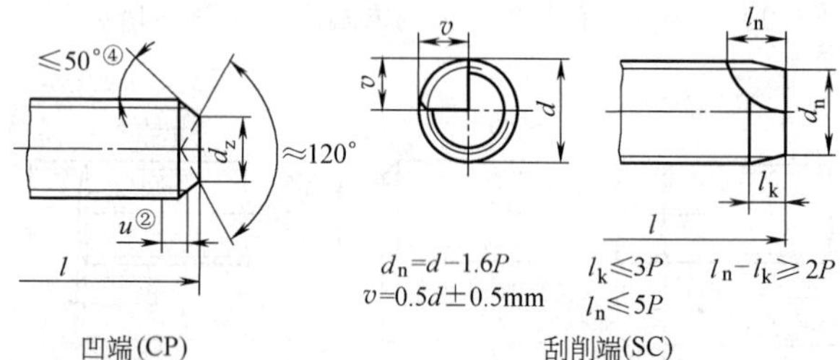

图 2-1　紧固件公称长度以内的末端形式（续）

注：P 为螺距。

① 可带凹面的末端。

② 不完整螺纹长度 $u\leqslant 2P$。

③ ≤螺纹小径。

④ 角度仅适用于螺纹小径以下的部分。

⑤ 倒圆。

⑥ 对短螺钉为 120°±2°，或按产品标准规定，如 GB/T 78。

⑦ 触摸末端无锋利感。

2）紧固件公称长度外的末端形式（图 2-2）。

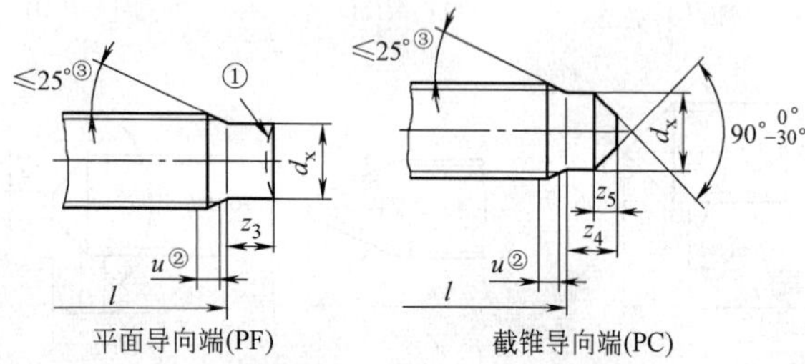

图 2-2　紧固件公称长度以外的末端形式

① 可带凹面的末端。

② 不完整螺纹长度 $u\leqslant 2P$，P 为螺距。

③ 角度仅适用于螺纹小径以下的部分。

（2）普通外螺纹的收尾、肩距、退刀槽和倒角尺寸（表 2-16）

表 2-16　普通外螺纹的收尾、肩距、退刀槽和倒角尺寸（GB/T 3—1997）（单位：mm）

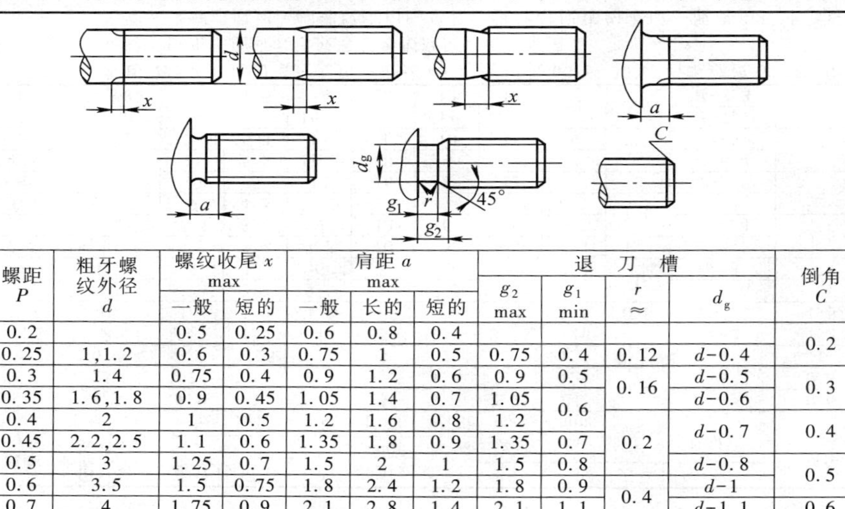

螺距 P	粗牙螺纹外径 d	螺纹收尾 x max		肩距 a max			退刀槽				倒角 C
		一般	短的	一般	长的	短的	g_2 max	g_1 min	r ≈	d_g	
0.2		0.5	0.25	0.6	0.8	0.4					0.2
0.25	1,1.2	0.6	0.3	0.75	1	0.5	0.75	0.4	0.12	$d-0.4$	
0.3	1.4	0.75	0.4	0.9	1.2	0.6	0.9	0.5	0.16	$d-0.5$	0.3
0.35	1.6,1.8	0.9	0.45	1.05	1.4	0.7	1.05	0.6		$d-0.6$	
0.4	2	1	0.5	1.2	1.6	0.8	1.2		0.2	$d-0.7$	0.4
0.45	2.2,2.5	1.1	0.6	1.35	1.8	0.9	1.35	0.7			
0.5	3	1.25	0.7	1.5	2	1	1.5	0.8		$d-0.8$	0.5
0.6	3.5	1.5	0.75	1.8	2.4	1.2	1.8	0.9	0.4	$d-1$	
0.7	4	1.75	0.9	2.1	2.8	1.4	2.1	1.1		$d-1.1$	0.6

（续）

螺距 P	粗牙螺纹外径 d	螺纹收尾 x max		肩距 a max			退刀槽				倒角 C
		一般	短的	一般	长的	短的	g_2 max	g_1 min	r ≈	d_g	
0.75	4.5	1.9	1	2.25	3	1.5	2.25	1.2	0.4	$d-1.2$	0.6
0.8	5	2	1	2.4	3.2	1.6	2.4	1.3		$d-1.3$	0.8
1	6,7	2.5	1.25	3	4	2	3	1.6	0.6	$d-1.6$	1
1.25	8	3.2	1.6	4	5	2.5	3.75	2		$d-2$	1.2
1.5	10	3.8	1.9	4.5	6	3	4.5	2.5	0.8	$d-2.3$	1.5
1.75	12	4.3	2.2	5.3	7	3.5	5.25	3	1	$d-2.6$	2
2	14,16	5	2.5	6	8	4	6	3.4		$d-3$	
2.5	18,20,22	6.3	3.2	7.5	10	5	7.5	4.4	1.2	$d-3.6$	2.5
3	24,27	7.5	3.8	9	12	6	9	5.2	1.6	$d-4.4$	
3.5	30,33	9	4.5	10.5	14	7	10.5	6.2		$d-5$	3
4	36,39	10	5	12	16	8	12	7	2	$d-5.7$	
4.5	42,45	11	5.5	13.5	18	9	13.5	8	2.5	$d-6.4$	4
5	48,52	12.5	6.3	15	20	10	15	9		$d-7$	
5.5	56,60	14	7	16.5	22	11	17.5	11	3.2	$d-7.7$	5
6	64,68	15	7.5	18	24	12	18			$d-8.3$	

注：1. 外螺纹倒角和退刀槽过渡角一般按 45°，也可按 60°或 30°。当螺纹按 60°或 30°倒角时，倒角深度应大于或等于牙型高度。

2. 肩距 a 是螺纹收尾 x 加螺纹空白的总长。设计时应优先考虑一般肩距尺寸。短的肩距只在结构需要时采用。产品等级为 B 或 C 级的螺纹紧固件可采用长肩距。

3. 细牙螺纹按本表螺距 P 选用。

（3）普通内螺纹的收尾、肩距、退刀槽和倒角尺寸（表 2-17）

表 2-17　普通内螺纹的收尾、肩距、退刀槽和倒角尺寸（GB/T 3—1997）

（单位：mm）

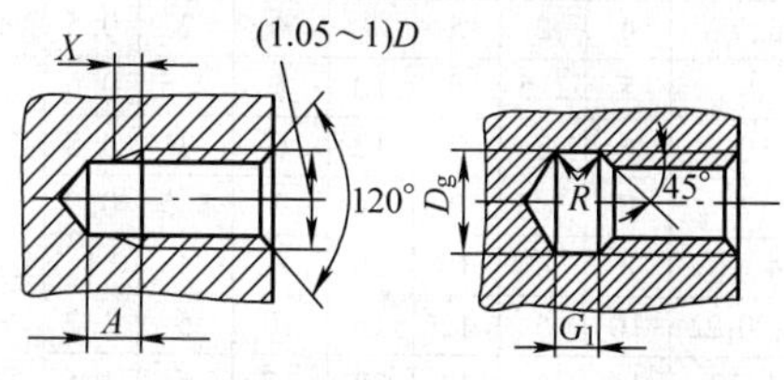

螺距 P	粗牙螺纹大径 D	螺纹收尾 X		肩距 A		退刀槽			
						G_1		R ≈	D_g
		一般	短的	一般	长的	一般	短的		
0.2		0.8	0.4	1.2	1.6				
0.25	1,1.2	1	0.5	1.5	2				
0.3	1.4	1.2	0.6	1.8	2.4				
0.35	1.6,1.8	1.4	0.7	2.2	2.8				
0.4	2	1.6	0.8	2.5	3.2				D+0.3
0.45	2.2,2.5	1.8	0.9	2.8	3.6				
0.5	3	2	1	3	4	2	1	0.2	
0.6	3.5	2.4	1.2	3.2	4.8	2.4	1.2	0.3	

（续）

<table>
<tr><th rowspan="3">螺距
P</th><th rowspan="3">粗牙螺
纹大径
D</th><th colspan="2">螺纹收尾
X</th><th colspan="2" rowspan="2">肩距 A</th><th colspan="4">退　刀　槽</th></tr>
<tr><th colspan="2">G_1</th><th>R</th><th rowspan="2">D_g</th></tr>
<tr><th>一般</th><th>短的</th><th>一般</th><th>长的</th><th>一般</th><th>短的</th><th>≈</th></tr>
<tr><td>0.7</td><td>4</td><td>2.8</td><td>1.4</td><td>3.5</td><td>5.6</td><td>2.8</td><td>1.4</td><td>0.4</td><td rowspan="3">D+0.3</td></tr>
<tr><td>0.75</td><td>4.5</td><td>3</td><td>1.5</td><td>3.8</td><td>6</td><td>3</td><td>1.5</td><td>0.4</td></tr>
<tr><td>0.8</td><td>5</td><td>3.2</td><td>1.6</td><td>4</td><td>6.4</td><td>3.2</td><td>1.6</td><td>0.4</td></tr>
<tr><td>1</td><td>6,7</td><td>4</td><td>2</td><td>5</td><td>8</td><td>4</td><td>2</td><td>0.5</td><td rowspan="13">D+0.5</td></tr>
<tr><td>1.25</td><td>8</td><td>5</td><td>2.5</td><td>6</td><td>10</td><td>5</td><td>2.5</td><td>0.6</td></tr>
<tr><td>1.5</td><td>10</td><td>6</td><td>3</td><td>7</td><td>12</td><td>6</td><td>3</td><td>0.8</td></tr>
<tr><td>1.75</td><td>12</td><td>7</td><td>3.5</td><td>9</td><td>14</td><td>7</td><td>3.5</td><td>0.9</td></tr>
<tr><td>2</td><td>14,16</td><td>8</td><td>4</td><td>10</td><td>16</td><td>8</td><td>4</td><td>1</td></tr>
<tr><td>2.5</td><td>18,20,22</td><td>10</td><td>5</td><td>12</td><td>18</td><td>10</td><td>5</td><td>1.2</td></tr>
<tr><td>3</td><td>24,27</td><td>12</td><td>6</td><td>14</td><td>22</td><td>12</td><td>6</td><td>1.5</td></tr>
<tr><td>3.5</td><td>30,33</td><td>14</td><td>7</td><td>16</td><td>24</td><td>14</td><td>7</td><td>1.8</td></tr>
<tr><td>4</td><td>36,39</td><td>16</td><td>8</td><td>18</td><td>26</td><td>16</td><td>8</td><td>2</td></tr>
<tr><td>4.5</td><td>42,45</td><td>18</td><td>9</td><td>21</td><td>29</td><td>18</td><td>9</td><td>2.2</td></tr>
<tr><td>5</td><td>48,52</td><td>20</td><td>10</td><td>23</td><td>32</td><td>20</td><td>10</td><td>2.5</td></tr>
<tr><td>5.5</td><td>56,60</td><td>22</td><td>11</td><td>25</td><td>35</td><td>22</td><td>11</td><td>2.8</td></tr>
<tr><td>6</td><td>64,68</td><td>24</td><td>12</td><td>28</td><td>38</td><td>24</td><td>12</td><td>3</td></tr>
</table>

注：1. 内螺纹倒角一般是120°倒角，也可以是90°倒角。端面倒角直径为（1.05~1）D。

2. 肩距 A 是螺纹收尾 X 加螺纹空白的总长。

3. 应优先采用一般长度的收尾和肩距；短的退刀槽只在结构需要时采用；产品等级为B或C级的螺纹紧固件可采用长肩距。

4. 细牙螺纹按本表螺距 P 选用。

（4）普通螺纹的内、外螺纹余留长度、钻孔余留深度、螺栓凸出螺母的末端长度（表 2-18）

表 2-18 普通螺纹的内、外螺纹余留长度、钻孔余留深度、螺栓凸出螺母的末端长度（JB/ZQ 4247—2006）

（单位：mm）

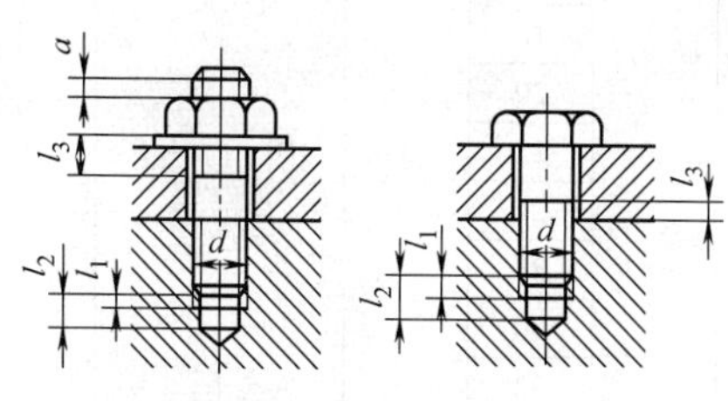

螺距	螺纹直径		余留长度			末端长度
	粗牙	细牙	内螺纹	钻孔	外螺纹	
P	d		l_1	l_2	l_3	a
0.5	3	5	1	4	2	1~2
0.7	4		1.5	5	2.5	2~3
0.75		6				
0.8	5			6		
1	6	8	2	7	3.5	2.5~4
		10				
		14				
		16				
		18				
1.25	8	12	2.5	9	4	

（续）

螺距	螺纹直径		余留长度			末端长度
	粗牙	细牙	内螺纹	钻孔	外螺纹	
P	d		l_1	l_2	l_3	a
		14				
		16				
		18				
		20				
1.5	10	22	3	10	4.5	3.5~5
		24				
		27				
		30				
		33				
1.75	12		3.5	13	5.5	
		24				
		27				
	14	30				
		33				
2		36	4	14	6	
		39				
	16	45				4.5~6.5
		48				
		52				
	18					
2.5	20		5	17	7	
	22					

（续）

<table>
<tr><th rowspan="2">螺距</th><th colspan="2">螺纹直径</th><th colspan="3">余留长度</th><th rowspan="2">末端长度</th></tr>
<tr><th>粗牙</th><th>细牙</th><th>内螺纹</th><th>钻孔</th><th>外螺纹</th></tr>
<tr><td>P</td><td colspan="2">d</td><td>l_1</td><td>l_2</td><td>l_3</td><td>a</td></tr>
<tr><td rowspan="10">3</td><td rowspan="5">24</td><td>36</td><td rowspan="10">6</td><td rowspan="10">20</td><td rowspan="10">8</td><td rowspan="11">5. 5～8</td></tr>
<tr><td>39</td></tr>
<tr><td>42</td></tr>
<tr><td>45</td></tr>
<tr><td>48</td></tr>
<tr><td rowspan="5">27</td><td>56</td></tr>
<tr><td>60</td></tr>
<tr><td>64</td></tr>
<tr><td>72</td></tr>
<tr><td>76</td></tr>
<tr><td>3. 5</td><td>30</td><td></td><td>7</td><td>23</td><td>10</td></tr>
<tr><td rowspan="6">4</td><td rowspan="6">36</td><td>56</td><td rowspan="6">8</td><td rowspan="6">26</td><td rowspan="6">11</td><td rowspan="7">7～11</td></tr>
<tr><td>60</td></tr>
<tr><td>64</td></tr>
<tr><td>68</td></tr>
<tr><td>72</td></tr>
<tr><td>76</td></tr>
<tr><td>4. 5</td><td>42</td><td></td><td>9</td><td>30</td><td>12</td></tr>
<tr><td>5</td><td>48</td><td></td><td>10</td><td>33</td><td>13</td><td rowspan="5">10～15</td></tr>
<tr><td>5. 5</td><td>56</td><td></td><td>11</td><td>36</td><td>16</td></tr>
<tr><td rowspan="3">6</td><td>64</td><td rowspan="3"></td><td rowspan="3">12</td><td rowspan="3">40</td><td rowspan="3">18</td></tr>
<tr><td>72</td></tr>
<tr><td>76</td></tr>
</table>

（5）梯形螺纹的收尾、退刀槽和倒角尺寸（表 2-19）

表 2-19　梯形螺纹的收尾、退刀槽和倒角尺寸（单位：mm）

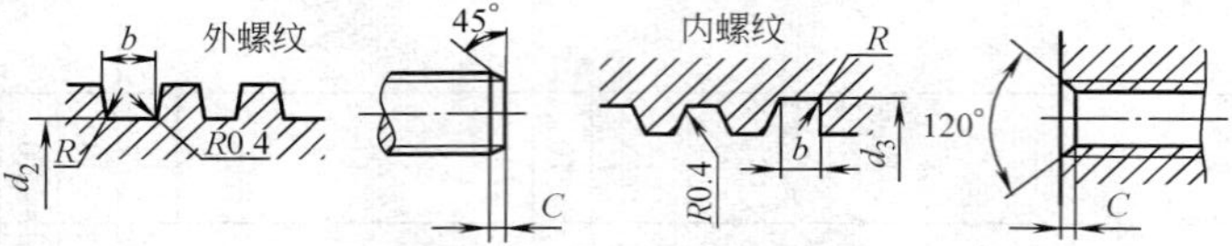

螺距(或导程)P	b	d_2	d_3	R	C
2	2.5	$d-3$	$d+1$	1	1.5
3	4	$d-4$			2
4	5	$d-5.1$	$d+1.1$	1.5	2.5
5	6.5	$d-6.6$	$d+1.6$		3
6	7.5	$d-7.8$	$d+1.8$	2	3.5
8	10	$d-9.8$		2.5	4.5
10	12.5	$d-12$	$d+2$	3	5.5
12	15	$d-14$			6
16	20	$d-19.2$	$d+3.2$	4	9
20	24	$d-23.5$	$d+3.5$	5	11
24	30	$d-27.5$			13
32	40	$d-36$	$d+4$	6	17
40	50	$d-44$			21

注：表中 d 为螺纹公称直径。

(6) 米制锥螺纹的结构要素

1）米制锥螺纹的螺纹收尾、肩距、退刀槽和倒角尺寸（表 2-20）。

表 2-20　米制锥螺纹的螺纹收尾、肩距、退刀槽和倒角尺寸

（单位：mm）

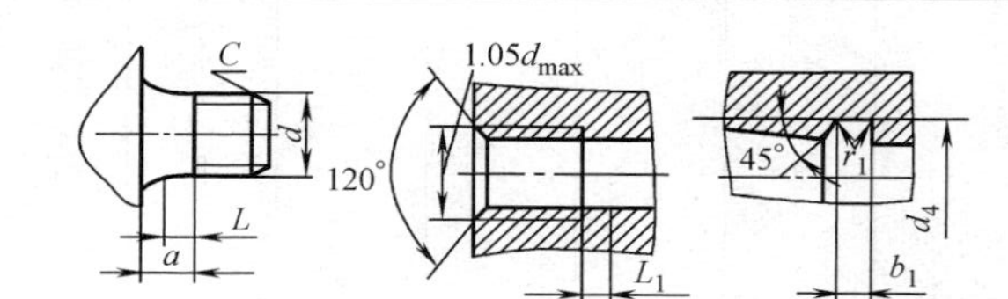

螺纹代号	螺距 P	外螺纹			内螺纹			
		螺纹收尾 L	肩距 a	倒角 C	螺纹收尾 L_1	退刀槽		
						b_1	r_1	d_4
Mc6	1	2	3	1	3	3	0.5	6.5
Mc8								8.5
Mc10								10.5

（续）

<table>
<tr><th rowspan="3">螺纹代号</th><th rowspan="3">螺距
P</th><th colspan="3">外　螺　纹</th><th colspan="4">内　螺　纹</th></tr>
<tr><th rowspan="2">螺纹收
尾 L</th><th rowspan="2">肩距
a</th><th rowspan="2">倒角
C</th><th rowspan="2">螺纹收
尾 L_1</th><th colspan="3">退　刀　槽</th></tr>
<tr><th>b_1</th><th>r_1</th><th>d_4</th></tr>
<tr><td>Mc14</td><td rowspan="3">1.5</td><td rowspan="3">3</td><td rowspan="3">4.5</td><td rowspan="3">1</td><td rowspan="3">4.5</td><td rowspan="3">4.5</td><td rowspan="3">1</td><td>14.5</td></tr>
<tr><td>Mc18</td><td>18.5</td></tr>
<tr><td>Mc22</td><td>22.5</td></tr>
<tr><td>Mc27</td><td rowspan="6">2</td><td rowspan="6">4</td><td rowspan="6">6</td><td rowspan="7">1.5</td><td rowspan="6">6</td><td rowspan="6">6</td><td rowspan="6">1</td><td>27.5</td></tr>
<tr><td>Mc33</td><td>33.5</td></tr>
<tr><td>Mc42</td><td>42.5</td></tr>
<tr><td>Mc48</td><td>48.5</td></tr>
<tr><td>Mc60</td><td>60.5</td></tr>
<tr><td>Mc76</td><td>77.5</td></tr>
<tr><td>Mc90</td><td>3</td><td>6</td><td>8</td><td>9</td><td>9</td><td>1.5</td><td>91.5</td></tr>
</table>

注：1. 外螺纹倒角和螺纹退刀槽过渡角一般按 45°，也可按 60°或 30°。当按 60°或 30°倒角时，倒角深度约等于螺纹深度。

2. 内螺纹倒角一般是 120°锥角，也可以是 90°锥角。

3. d 为基面上螺纹外径，对内螺纹即螺孔端面的螺纹外径。

2）米制锥螺纹接头尾端尺寸（表 2-21）。

表 2-21　米制锥螺纹接头尾端尺寸　　（单位：mm）

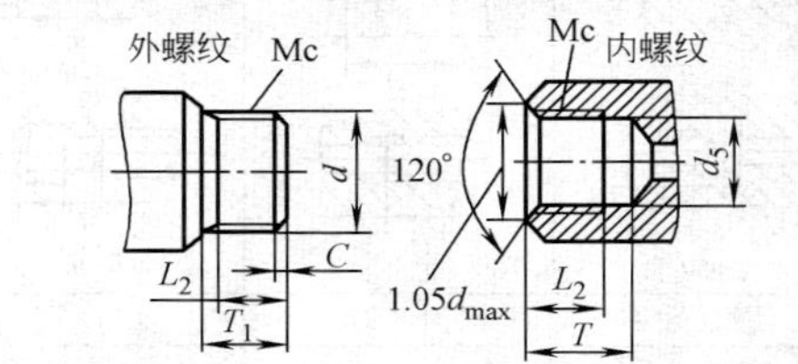

螺纹代号	d	L_2	T_1	T	d_5		C
					Ⅰ	Ⅱ	
Mc6	6. 18	7. 5	10. 5	12	4	4. 5	1
Mc8	8. 18				6	6. 5	
Mc10	10. 18				8	8. 5	
Mc14	14. 28	11. 5	16	18	11	11. 8	1. 5
Mc18	18. 28				15	15. 7	
Mc22	22. 28				19	19. 7	
Mc27	27. 37	15	21	23	23	24	
Mc33	33. 37				29	30	

（续）

螺纹代号	d	L_2	T_1	T	d_5		C
					Ⅰ	Ⅱ	
Mc42	42.37	16	22	24	38	39	1.5
Mc48	48.37				44	45	
Mc60	60.37	18	24	26	56	57	

注：Ⅰ—铰锥孔前的底孔直径、用于高压接头，Ⅱ—钻孔后攻螺纹用的底孔直径。d 为基面上螺纹外径。

（7）圆柱管螺纹收尾、退刀槽和倒角尺寸（表 2-22）

表 2-22　圆柱管螺纹收尾、退刀槽和倒角尺寸　（单位：mm）

外螺纹		内螺纹		倒角
收尾	退刀槽	收尾	退刀槽	
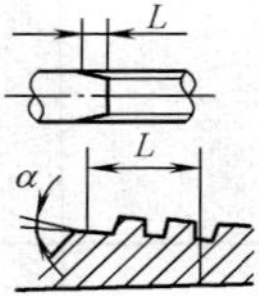 L L α	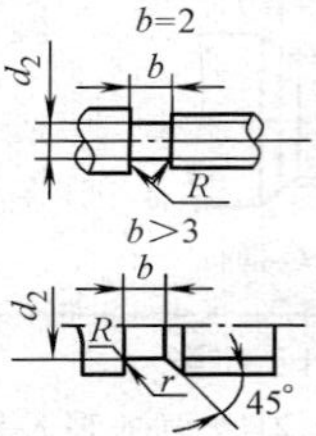 $b=2$ d_2　b　R $b>3$ d_2　b　R　r　45°	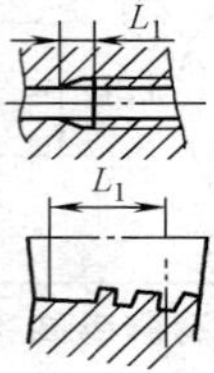 L_1 L_1	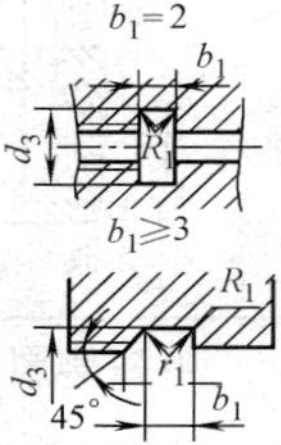 $b_1=2$ d_3　b_1　R_1 $b_1\geqslant 3$ d_3　R_1　r_1　b_1　45°	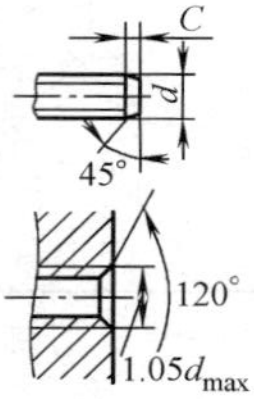 C　d　45° 120° $1.05d_{max}$

（续）

<table>
<tr><th rowspan="2">螺纹代号</th><th rowspan="2">每英寸牙数 n</th><th colspan="5">外　螺　纹</th><th colspan="5">内　螺　纹</th><th rowspan="2">C</th></tr>
<tr><th>$L \leqslant$ （$\alpha = 25°$时）</th><th>b</th><th>d_2</th><th>R</th><th>r</th><th>$L_1 \leqslant$</th><th>b_1</th><th>d_3</th><th>R_1</th><th>r_1</th></tr>
<tr><td>G1/8</td><td>28</td><td>1.5</td><td>2</td><td>8</td><td>0.5</td><td>—</td><td>2</td><td>2</td><td>10</td><td>0.5</td><td>—</td><td>0.6</td></tr>
<tr><td>G1/4</td><td rowspan="2">19</td><td rowspan="2">2</td><td rowspan="2">3</td><td>11</td><td rowspan="5">1</td><td rowspan="11">0.5</td><td rowspan="2">3</td><td rowspan="2">3</td><td>13.5</td><td rowspan="5">1</td><td rowspan="5">0.5</td><td rowspan="2">1</td></tr>
<tr><td>G3/8</td><td>14</td><td>17</td></tr>
<tr><td>G1/2</td><td rowspan="3">14</td><td rowspan="3">2.5</td><td rowspan="3">4</td><td>18</td><td rowspan="3">4</td><td rowspan="3">4</td><td>21.5</td><td rowspan="9">1.5</td></tr>
<tr><td>G5/8</td><td>20</td><td>23.5</td></tr>
<tr><td>G3/4</td><td>23.5</td><td>27</td></tr>
<tr><td>G1</td><td rowspan="7">11</td><td rowspan="7">3.5</td><td rowspan="7">5</td><td>29.5</td><td rowspan="7">1.5</td><td rowspan="5">5</td><td rowspan="5">6</td><td>34</td><td rowspan="5">1.5</td><td rowspan="7">1</td></tr>
<tr><td>$G1^1/_4$</td><td>38</td><td>42.5</td></tr>
<tr><td>$G1^1/_2$</td><td>44</td><td>48.5</td></tr>
<tr><td>$G1^3/_4$</td><td>50</td><td>54.5</td></tr>
<tr><td>G2</td><td>56</td><td>60.5</td></tr>
<tr><td>$G2^1/_4$</td><td>62</td><td rowspan="2">6</td><td rowspan="2">8</td><td>66.5</td><td rowspan="2">2</td></tr>
<tr><td>$G2^1/_2$</td><td>71</td><td>76</td></tr>
</table>

（续）

螺纹代号	每英寸牙数 n	外螺纹					内螺纹					C
		$L\leqslant$（$\alpha=25°$时）	b	d_2	R	r	$L_1\leqslant$	b_1	d_3	R_1	r_1	
$G2^3/_4$	11	3.5	5	78	1.5	0.5	6	8	82.5	2	1	1.5
G3				84			8	10	88.5	3		
$G3^1/_2$				96					101			
G4				109					114			
G5				134.5					139.5			
G6				160					165			

注：1. 外螺纹的螺尾角 $\alpha=25°$ 的螺尾数值系列为基本的。内螺纹的螺尾角不予规定，以螺尾长度 L_1 与螺纹牙型高度来确定。

2. 对辗制和铣制的螺尾角不予规定，而螺尾长度 L 不超过表中对 $\alpha=25°$ 时所规定的数值。

3. 螺纹倒角的宽度系指在切制螺纹前的数值。

4. 在必要情况下，b（或 b_1）的退刀槽宽度两种形式可以采用标准规定的其他退刀槽宽度，但不得小于 1.2 倍螺距和不大于 3 倍螺距。

5. 在结构有特殊要求时，允许不按标准规定的退刀槽直径 d_2 与 d_3。

6. 紧固件用通孔和沉孔(表 2-23~表 2-27)

表 2-23 螺栓和螺钉通孔(GB/T 5277—1985)

(单位: mm)

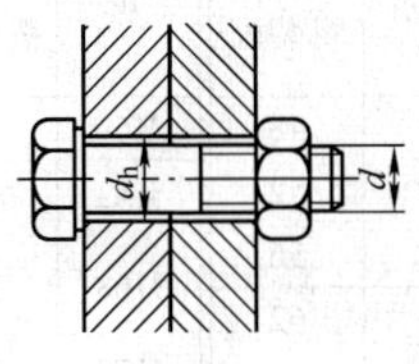

螺纹规格 d	通孔 d_h 系列 精装配	中等装配	粗装配	螺纹规格 d	通孔 d_h 系列 精装配	中等装配	粗装配
M1.6	1.7	1.8	2	M10	10.5	11	12
M1.8	2	2.1	2.2	M12	13	13.5	14.5
M2	2.2	2.4	2.6	M14	15	15.5	16.5
M2.5	2.7	2.9	3.1	M16	17	17.5	18.5
M3	3.2	3.4	3.6	M18	19	20	21
M3.5	3.7	3.9	4.2	M20	21	22	24
M4	4.3	4.5	4.8	M22	23	24	26
M4.5	4.8	5	5.3	M24	25	26	28
M5	5.3	5.5	5.8	M27	28	30	32
M6	6.4	6.6	7	M30	31	33	35
				M33	34	36	38
M7	7.4	7.6	8	M36	37	39	42
M8	8.4	9	10	M39	40	42	45

（续）

螺纹规格 d	通孔 d_h			螺纹规格 d	通孔 d_h		
	系　　列				系　　列		
	精装配	中等装配	粗装配		精装配	中等装配	粗装配
M42	43	45	48	M60	62	66	70
M45	46	48	52	M64	66	70	74
M48	50	52	56	M68	70	74	78
M52	54	56	62	M72	74	78	82
M56	58	62	66				

表 2-24　铆钉用通孔（GB/T 152.1—1988）

（单位：mm）

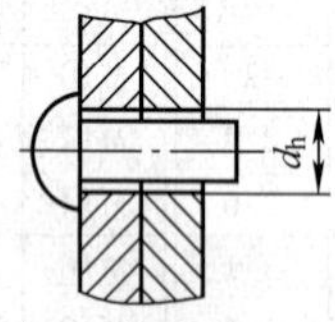

铆钉公称直径 d	0.6	0.7	0.8	1	1.2	1.4	1.6	2
d_h 精装配	0.7	0.8	0.9	1.1	1.3	1.5	1.7	2.1

铆钉公称直径 d	2.5	3	3.5	4	5	6	8
d_h 精装配	2.6	3.1	3.6	4.1	5.2	6.2	8.2

铆钉公称直径 d		10	12	14	16	18	20	22	24	27	30	36
d_h	精装配	10.3	12.4	14.5	16.5	—	—	—	—	—	—	—
	粗装配	11	13	15	17	19	21.5	23.5	25.5	28.5	32	38

表 2-25 沉头紧固件用沉孔(GB/T 152.2—2014)(单位:mm)

公称规格	螺纹规格		d_h[①]		D_c		t
			min(公称)	max	min(公称)	max	≈
1.6	M1.6	—	1.8	1.94	3.6	3.7	0.95
2	M2	ST2.2	2.4	2.54	4.4	4.5	1.05
2.5	M2.5	—	2.9	3.04	5.5	5.6	1.35
3	M3	ST2.9	3.4	3.58	6.3	6.5	1.55
3.5	M3.5	ST3.5	3.9	4.08	8.2	8.4	2.25
4	M4	ST4.2	4.5	4.68	9.4	9.6	2.55
5	M5	ST4.8	5.5	5.68	10.4	10.65	2.58
5.5	—	ST5.5	6[②]	6.18	11.5	11.75	2.88
6	M6	ST6.3	6.6	6.82	12.6	12.85	3.13
8	M8	ST8	9	9.22	17.3	17.55	4.28
10	M10	ST9.5	11	11.27	20	20.3	4.65

① 按 GB/T 5277—1985 中等装配系列的规定,公差带为 H13。

② GB/T 5277—1985 中无此尺寸。

表 2-26 圆柱头紧固件用沉孔（GB/T 152. 3—1988） （单位：mm）

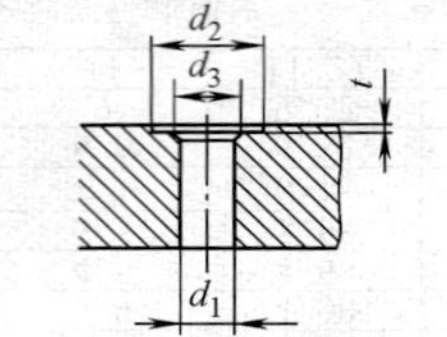

（1）内六角圆柱头螺钉用沉孔

螺纹规格	M1. 6	M2	M2. 5	M3	M4	M5	M6	M8	M10	M12	M14	M16	M20	M24	M30	M36
d_2	3. 3	4. 3	5	6	8	10	11	15	18	20	24	26	33	40	48	57
t	1. 8	2. 3	2. 9	3. 4	4. 6	5. 7	6. 8	9	11	13	15	17. 5	21. 5	25. 5	32	38
d_3										16	18	20	24	28	36	42
d_1	1. 8	2. 4	2. 9	3. 4	4. 5	5. 5	6. 6	9	11	13. 5	15. 5	17. 5	22	26	33	39

（2）内六角花形圆柱头螺钉及开槽圆柱头螺钉用沉孔

螺纹规格	M4	M5	M6	M8	M10	M12	M14	M16	M20
d_2H13	8	10	11	15	18	20	24	26	33
tH13	3. 2	4	4. 7	6	7	8	9	10. 5	12. 5
d_3						16	18	20	24
d_1H13	4. 5	5. 5	6. 6	9	11	13. 5	15. 5	17. 5	22

表 2-27　六角头螺栓和六角螺母用沉孔（GB/T 152.4—1988）

（单位：mm）

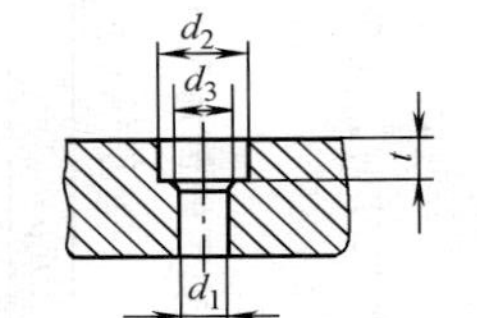

螺纹规格	M1.6	M2	M2.5	M3	M4	M5	M6	M8	M10	M12	M14	M16	M18	M20
d_2 H15	5	6	8	9	10	11	13	18	22	26	30	33	36	40
d_3	—	—	—	—	—	—	—	—	—	16	18	20	22	24
d_1 H13	1.8	2.4	2.9	3.4	4.5	5.5	6.6	9	11	13.5	15.5	17.5	20	22
螺纹规格	M22	M24	M27	M30	M33	M36	M39	M42	M45	M48	M52	M56	M60	M64
d_2 H15	43	48	53	61	66	71	76	82	89	98	107	112	118	125
d_3	26	28	33	36	39	42	45	48	51	56	60	68	72	76
d_1 H13	24	26	30	33	36	39	42	45	48	52	56	62	66	70

注：对尺寸 t，只要能制出与通孔轴线垂直的圆平面即可。

二、切削加工件通用技术条件（JB/T 8828—2001）

1. 一般要求

1）所有经过切削加工的零件必须符合产品图样、工艺规程和本标准的要求。

2）零件的加工面不允许有锈蚀和影响性能、寿命或外观的磕、碰、划伤等缺陷。

3）除有特殊要求外，加工后的零件不允许有尖棱、尖角和毛刺。

① 零件图样中未注明倒角高度尺寸时，应按表 2-28 的规定倒角。

表 2-28　零件未注明倒角时规定的倒角尺寸

（单位：mm）

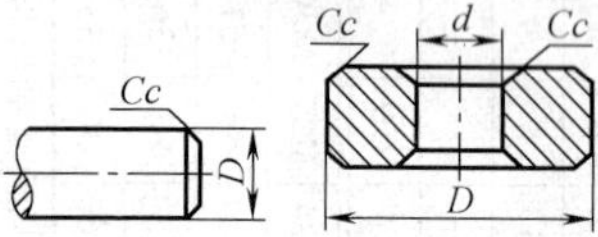

图示	$D(d)$	c
a) b)	≤5	0.2
	5~30	0.5
	30~100	1
	100~250	2
	250~500	3
	500~1 000	4
	>1 000	5

② 零件图样中未注明倒圆半径又无清根要求时，应按表 2-29 的规定倒圆。

表 2-29 零件未注明倒圆时规定的倒圆尺寸

（单位：mm）

D(d)	D[①]	r
≤4	3～10	0.4
4～12	10～30	1
12～30	30～80	2
30～80	80～260	4
80～140	260～630	8
140～200	630～1 000	12
>200	>1 000	20

a) b)

注：非圆柱面的倒圆可参照本表。

① D 值用于不通孔倒圆。

4）滚压精加工件，滚压后的表面不得有脱皮现象。

5）经过热处理的工件，精加工后的表面不得有影响性能和寿命的烧伤、裂纹等缺陷。

6）精加工后的配合面（摩擦面和定位面等）上不允许打印标记。

7）采用一般公差的尺寸在图样上可不单独注出其公差，而是在图样上、技术要求或技术文件（如企业标准）中做出总的说明，表示方法按 GB/T 1804—2000 和 GB/T 1184—1996 的规定，例如，GB/T 1804—m，GB/T 1184—1996。

2. 线性尺寸的一般公差

1）线性尺寸（不包括倒圆半径和倒角高度）的极限偏差按 GB/T 1804—2000 中 f 级和 m 级选取，其数值见表 2-30。

表 2-30　线性尺寸的极限偏差数值

（单位：mm）

等级	尺寸分段							
	0.5~3	>3~6	>6~30	>30~120	>120~400	>400~1 000	>1 000~2 000	>2 000~4 000
f（精密级）	±0.05	±0.05	±0.1	±0.15	±0.2	±0.3	±0.5	—
m（中等级）	±0.1	±0.1	±0.2	±0.3	±0.5	±0.8	±1.2	±2

2）倒角高度和倒圆半径按 GB/T 6403.4—2008 的规定选取，其尺寸的极限偏差数值按 GB/T 1804—2000 中 f 级和 m 级选取，见表 2-31。

表 2-31　倒圆半径与倒角高度尺寸的极限偏差数值

（单位：mm）

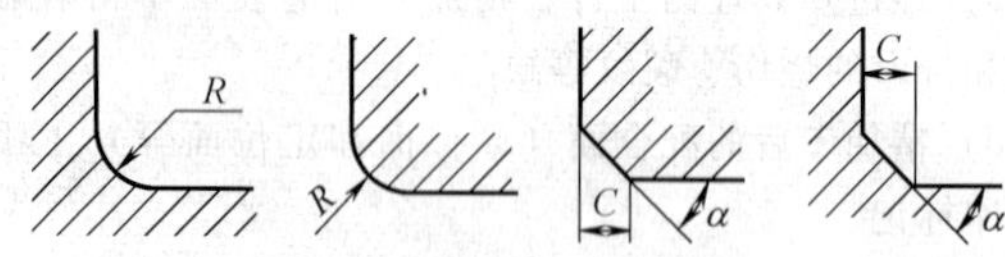

等级	尺寸分段			
	0.5~3	>3~6	>6~30	>30
f（精密级）	±0.2	±0.5	±1	±2
m（中等级）	±0.4	±1	±2	±4

3. 角度尺寸的一般公差

角度尺寸的极限偏差按 GB/T 1804—2000 中 m 级和 c 级选取，其数值见表 2-32。

表 2-32　角度尺寸的极限偏差数值

等级	长度/mm				
	≤10	>10~50	>50~120	>120~400	>400
m(中等级)	±1°	±30′	±20′	±10′	±5′
c(粗糙级)	±1°30′	±1°	±30′	±15′	±10′

注：长度值按短边长度确定。若为圆锥角，当锥度为 1∶3~1∶500 的圆锥，按圆锥长度确定；当锥度大于 1∶3 的圆锥，按其素线长度确定。

4. 形状和位置公差的一般公差

（1）形状公差的一般公差

1）直线度与平面度。图样上直线度和平面度的未注公差值按 GB/T 1184—1996 中 H 级或 K 级选用，其数值见表 2-33。

表 2-33　直线度和平面度的未注公差值

被测要素表面粗糙度 Ra/μm	直线度与平面度的公差等级	被测要素尺寸 L/mm					
		≤10	>10~30	>30~100	>100~300	>300~1 000	>1 000~3 000
		公差值/mm					
0.01~1.6	H	0.02	0.05	0.1	0.2	0.3	0.4
3.2~25	K	0.05	0.1	0.2	0.4	0.6	0.8

注：被测要素尺寸 L，对直线度公差值是指被测要素的长度尺寸；对平面度公差值是指被测表面轮廓的较大尺寸。

2）圆度。图样上圆度的未注公差值等于直径公差值，但不应大于 GB/T 1184—1996 中的径向圆跳动公差值，其数值见表 2-34。

表 2-34　圆跳动的未注公差值

（单位：mm）

等级	径向圆跳动公差值
H	0.1
K	0.2

（2）位置公差的一般公差

1）平行度。平行度的未注公差值等于给出的尺寸公差值，或是直线度和平面度未注公差中的相应公差值取较大者。应取两要素中的较长者作为基准，若两要素的长度相等则可选任一要素为基准。

2）对称度。

① 图样上对称度的未注公差值（键槽除外）按 GB/T 1184—1996 中 K 级选用，其数值见表 2-35。对称度应取两要素中较长者作为基准，较短者作为被测要素，若两要素长度相等则可任选一要素作为基准。

表 2-35　对称度的未注公差值　（单位：mm）

等级	基本长度范围			
	≤100	>100~300	>300~1 000	>1 000~3 000
K	0.6		0.8	1

② 图样上键槽对称度的未注公差值按 GB/T 1184—1996 中 9 级选用，其数值见表 2-36。

3）垂直度。图样上垂直度的未注公差值按 GB/T 1184—1996 的规定选取，其数值见表 2-37。取形成直角的两边中较长的一边作为基准，较短的一边作为被测要素，若两边的长度相等则可取其中的任意一边作为基准。

表 2-36 键槽对称度的未注公差值

（单位：mm）

键宽 B	对称度公差值	键宽 B	对称度公差值
2~3	0.02	>18~30	0.05
>3~6	0.025	>30~50	0.06
>6~10	0.03	>50~100	0.08
>10~18	0.04		

表 2-37 垂直度的未注公差值

（单位：mm）

等级	基本长度范围			
	≤100	>100~300	>300~1 000	>1 000~3 000
H	0.2	0.3	0.4	0.5

4）同轴度。同轴度未注公差在 GB/T 1184—1996 中未做规定。在极限状态下，同轴度的未注公差值可以与 GB/T 1184—1996 中规定的径向圆跳动的未注公差值相等（见表 2-34）。应选两要素中的较长者为基准，若两要素长度相等则可任选一要素为基准。

5）圆跳动。圆跳动（径向、轴向和斜向）的未注公差值见表 2-34。对于圆跳动的未注公差值，应以设计或工艺给出的支承面作为基准，否则应取两要素中较长的一个作为基准，若两要素长度相等则可任选一要素为基准。

6）中心距的极限偏差。当图样上未注明中心距的极限偏差时，按表 2-38 的规定。螺栓和螺钉尺寸按 GB/T

5277—1985 选取。

表 2-38 任意两螺钉、螺栓孔中心距的极限偏差

（单位：mm）

螺钉或螺栓规格	M2～M6	M8～M10	M12～M18	M20～M24	M27～M30	M36～M42	M48	M56～M72	≥M80
任意两螺钉孔中心距极限偏差	±0.12	±0.25	±0.3	±0.5	±0.6	±0.75	±1	±1.25	±1.5
任意两螺栓孔中心距极限偏差	±0.25	±0.5	±0.75	±1	±1.25	±1.5	±2	±2.5	±3

5. 螺纹

1）加工的螺纹表面不允许有黑皮、乱牙和毛刺等缺陷。

2）普通螺纹的收尾、肩距、退刀槽和倒角尺寸应按 GB/T 3—1997 的相应规定。

6. 中心孔

零件图样中未注明中心孔的零件，加工中又需要中心孔时，在不影响使用和外观的情况下，加工后中心孔可以保留。中心孔的形式和尺寸根据需要按 GB/T 145—2001

的规定选取。

三、常用零件画法

1. 螺纹及螺纹紧固件

(1) 螺纹的规定画法（表 2-39）

表 2-39 螺纹的规定画法（GB/T 4459.1—1995）

规定说明	图例
螺纹牙顶圆的投影用粗实线表示,牙底圆的投影用细实线表示,在螺杆的倒角或倒圆部分也应画出。在垂直于螺纹轴线的投影面的视图中,表示牙底圆的细实圆只画约 3/4 圈(空出 1/4 圈的位置不做规定),此时螺杆或螺孔上的倒角投影不应画出 有效螺纹的终止界线(简称螺纹终止线)用粗实线表示 无论是外螺纹或内螺纹,在剖视图或断面图中,剖面线都应画到粗实线	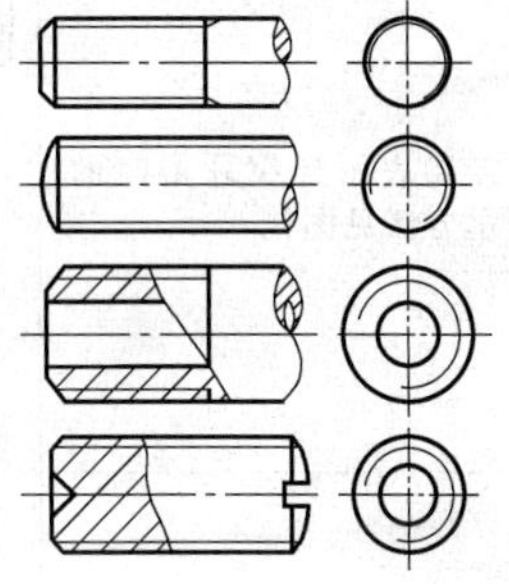

（续）

规定说明	图例
绘制不穿通的螺孔时，一般应将钻孔深度与螺纹部分的深度分别画出 螺尾部分一般不画出，当需要表示螺尾时，该部分用与轴线成 30°的细实线画出	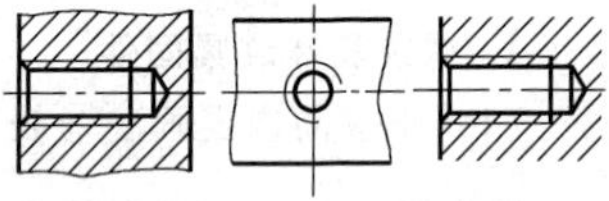
不可见螺纹的所有图线用虚线绘制	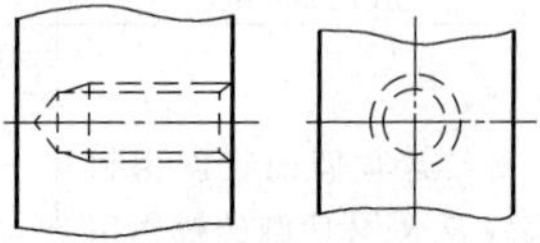
需要表示螺纹牙型时的表示方法见图例	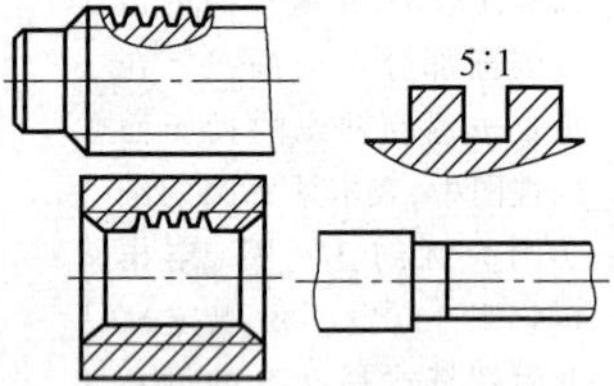 5:1
圆锥外螺纹和圆锥内螺纹的表示方法见图例	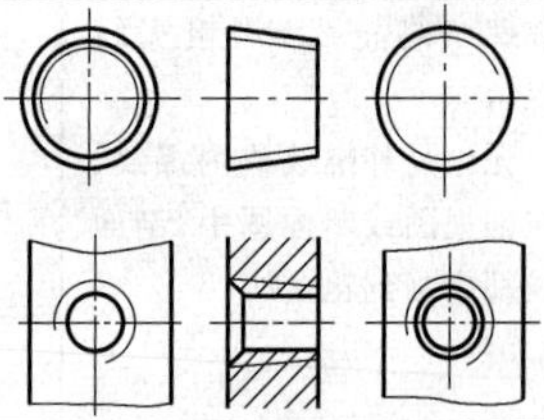

（续）

规定说明 	图例
以剖视图表示内、外螺纹连接时，其旋合部分应按外螺纹的画法绘制，其余部分仍按各自的画法表示	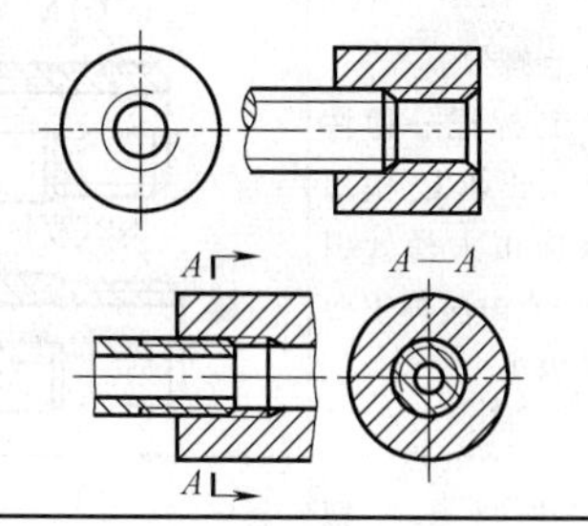

（2）螺纹的标注（表 2-40）

表 2-40　螺纹的标注

规定说明	图例
普通螺纹、梯形螺纹： 公称直径以 mm 为单位的螺纹，其标记应直接注在大径的尺寸线上或其引出线上	M20−6g M10−6H M16×1.5−6g Tr32×6LH−7e

（续）

规定说明	图例
管螺纹： 其标记一律注在引出线上，引出线应由大径处引出，或由对称中心处引出	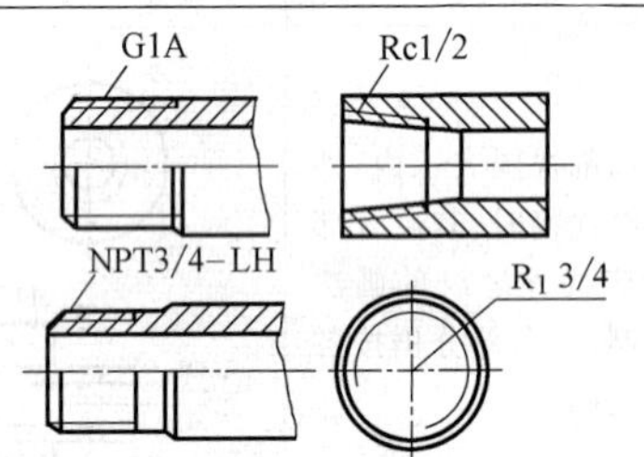
米制密封螺纹： 其标记一般应注在引出线上，引出线应由大径或对称中心处引出，也可以直接标注在从基面处画出的尺寸线上	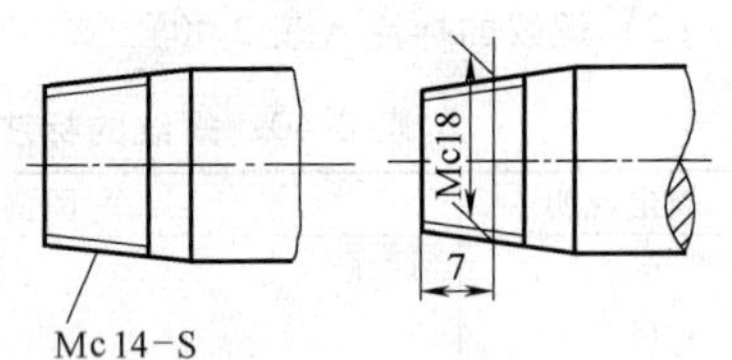
非标准螺纹： 应画出螺纹的牙型，并注出所需要的尺寸及有关要求	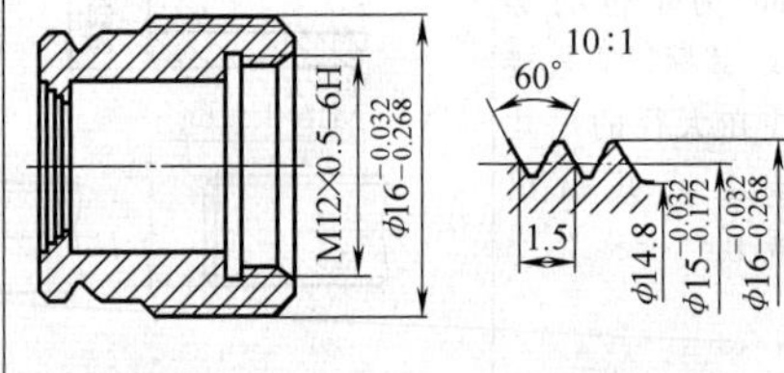

（续）

规定说明	图例
螺纹长度： 图样中标注的螺纹长度，均指不包括螺尾在内的有效螺纹长度，否则应另加说明或按实际需要标注	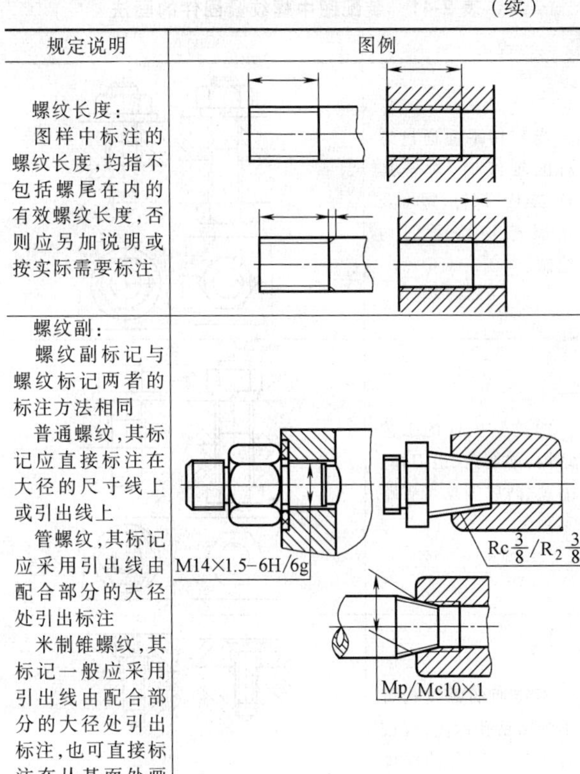
螺纹副： 螺纹副标记与螺纹标记两者的标注方法相同 普通螺纹，其标记应直接标注在大径的尺寸线上或引出线上 管螺纹，其标记应采用引出线由配合部分的大径处引出标注 米制锥螺纹，其标记一般应采用引出线由配合部分的大径处引出标注，也可直接标注在从基面处画出的尺寸线上	

（3）装配图中螺纹紧固件的画法（表 2-41）

表 2-41　装配图中螺纹紧固件的画法

规定说明	图例
当剖切平面通过螺杆的轴线时，对于螺柱、螺栓、螺钉、螺母及垫圈等均按未剖切绘制	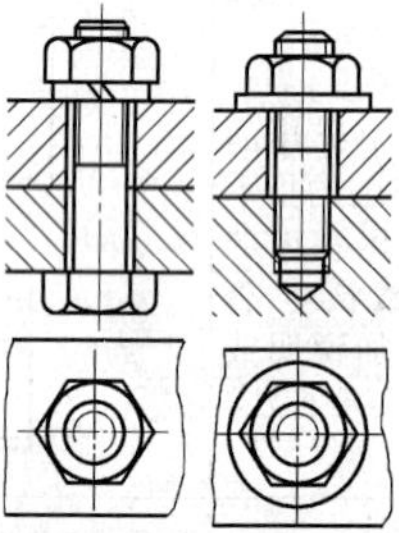
螺纹紧固件的工艺结构，如倒角、退刀槽、缩颈、凸肩等均可省略不画	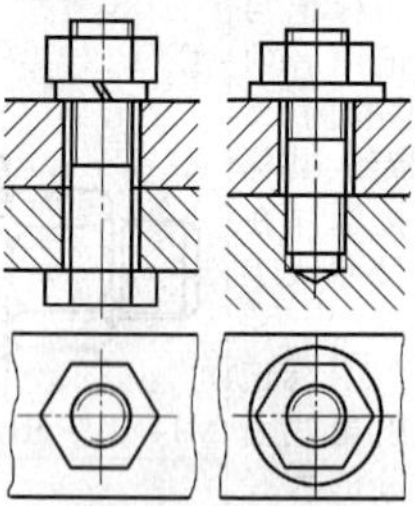
不穿通的螺纹孔可不画出钻孔深度，仅按有效螺纹部分的深度（不包括螺尾）画出	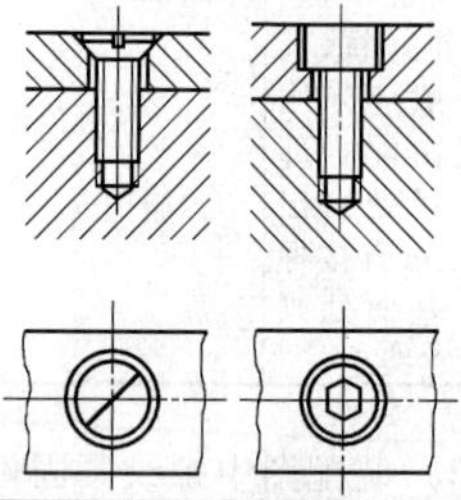

(4) 常用紧固件的简化画法（表 2-42）

表 2-42　常用紧固件的简化画法

类型	图例
六角头螺栓	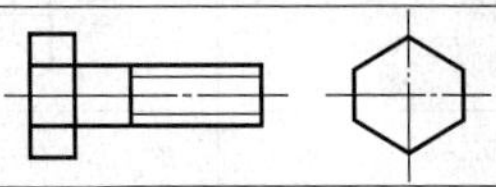
方头螺栓	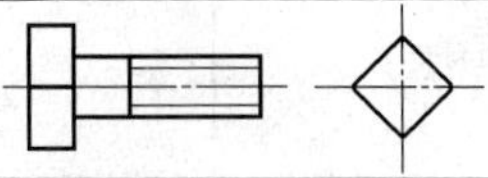
圆柱头内六角螺钉	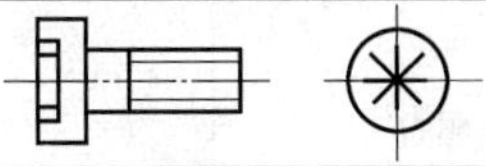
无头内六角螺钉	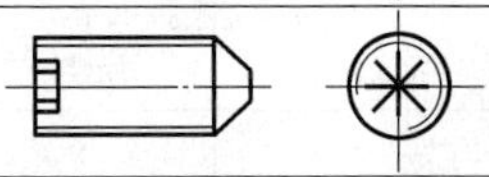
无头开槽螺钉	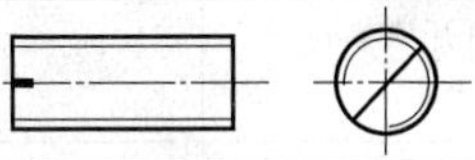
沉头开槽螺钉	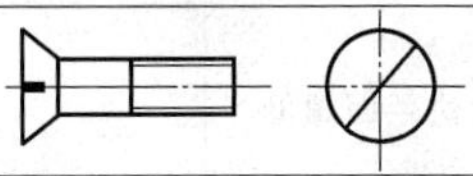
半沉头开槽螺钉	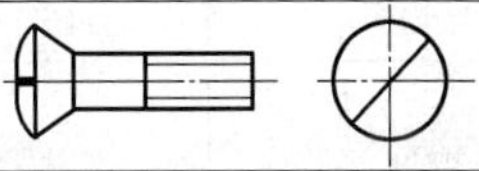
圆柱头开槽螺钉	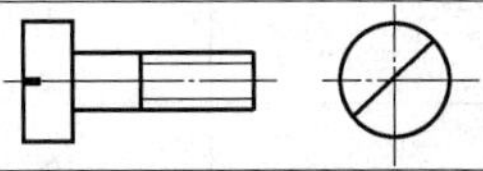
盘头开槽螺钉	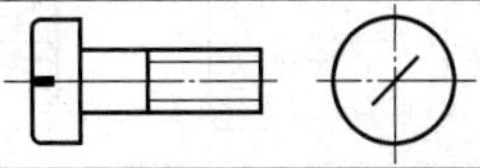

（续）

类型	图例
沉头开槽自攻螺钉	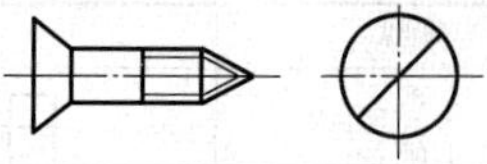
六角螺母	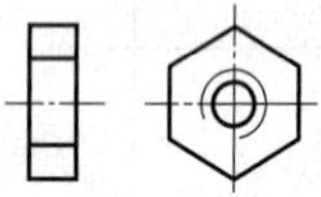
方头螺母	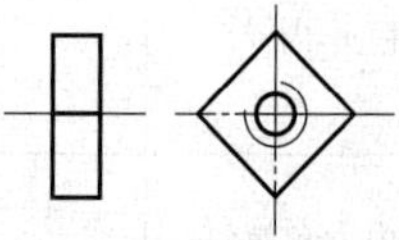
六角开槽螺母	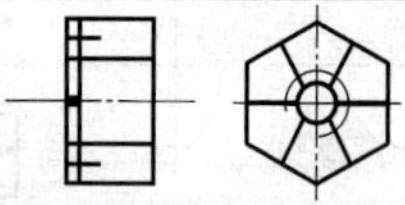
六角法兰面螺母	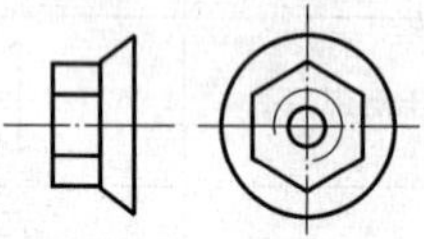
蝶形螺母	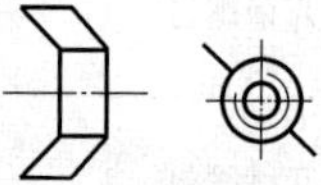
沉头十字槽螺钉	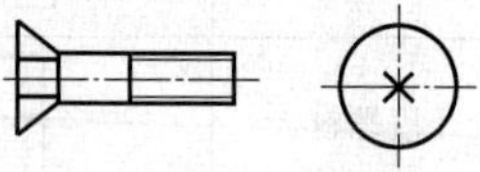

（续）

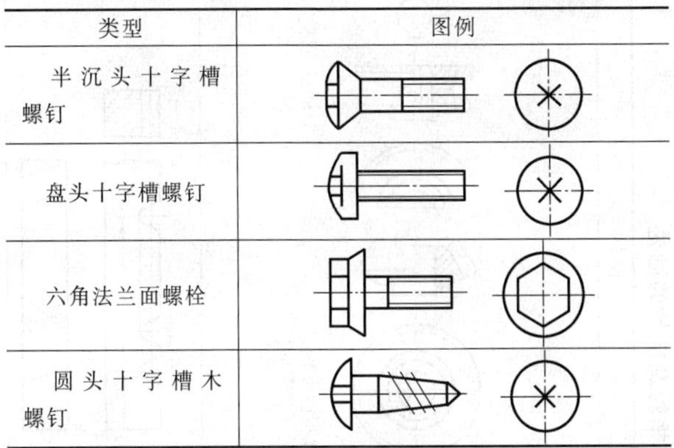

类型	图例
半沉头十字槽螺钉	
盘头十字槽螺钉	
六角法兰面螺栓	
圆头十字槽木螺钉	

2. 齿轮、齿条、蜗杆、蜗轮及链轮的画法（GB/T 4459.2—2003）

（1）齿轮、齿条、蜗轮及链轮的画法（表 2-43）

（2）齿轮、蜗杆、蜗轮啮合画法（表 2-44）

3. 矩形花键的画法及其尺寸标注（表 2-45）

4. 弹簧的画法（GB/T 4459.4—2003）

（1）螺旋弹簧的画法（表 2-46）

① 在平行于螺旋弹簧轴线的投影面的视图中，其各圈的轮廓线应画成直线。

② 螺旋弹簧均可画成右旋，但左旋弹簧不论画成左旋或右旋，一律要标注“左”字。

③ 螺旋压缩弹簧，如果要求两端并紧且磨平，不论支承圈的圈数多少和末端贴紧情况如何，均按表 2-46 形式绘制。必要时也可按支承圈的实际结构绘制。

表 2-43　齿轮、齿条、蜗轮及链轮的画法

规定说明	图例
齿轮部分绘制的规定： 1）齿顶圆和齿顶线用粗实线绘制 2）分度圆和分度线用点画线绘制 3）齿根圆和齿根线用细实线绘制，也可省略不画；在剖视图中，齿根线用粗实线绘制 表示齿轮、蜗轮一般用两个视图，或者用一个视图和一个局部视图 在剖视图中，当剖切平面通过齿轮的轴线时，轮齿一律按不剖处理	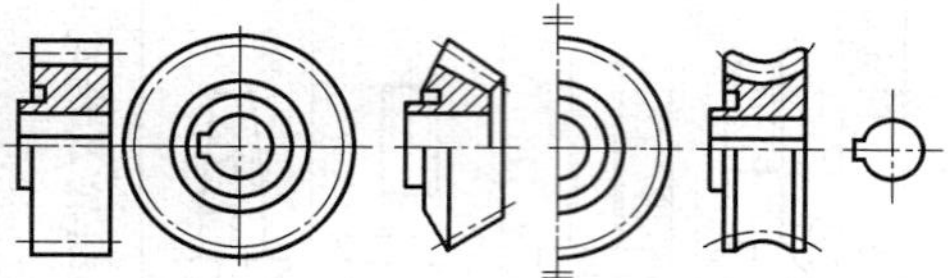 a）直齿圆柱齿轮　b）锥齿轮　c）蜗轮
需要注出齿条的长度时，可在画出齿形的图中注出，并在另一视图中用粗实线画出其范围线	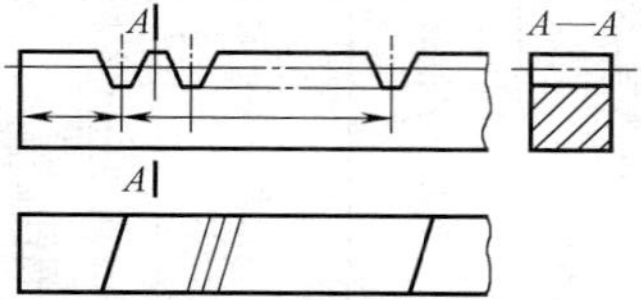 A　A—A　A

（续）

规定说明	图例
若需表明齿形，可在图形中用粗实线画出一个或两个齿，或用适当比例的局部放大图表示 图 b 为圆弧齿轮的画法	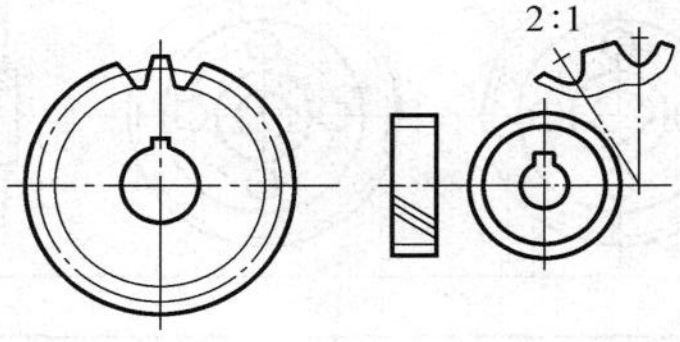 2:1 a)　b)
当需要表示齿线的特征时，可用三条与齿线方向一致的细实线表示。直齿则不需要表示	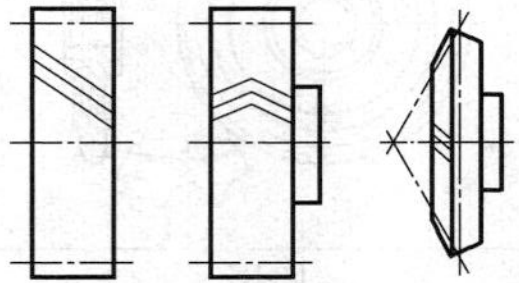

（续）

规定说明	图例
链轮的画法	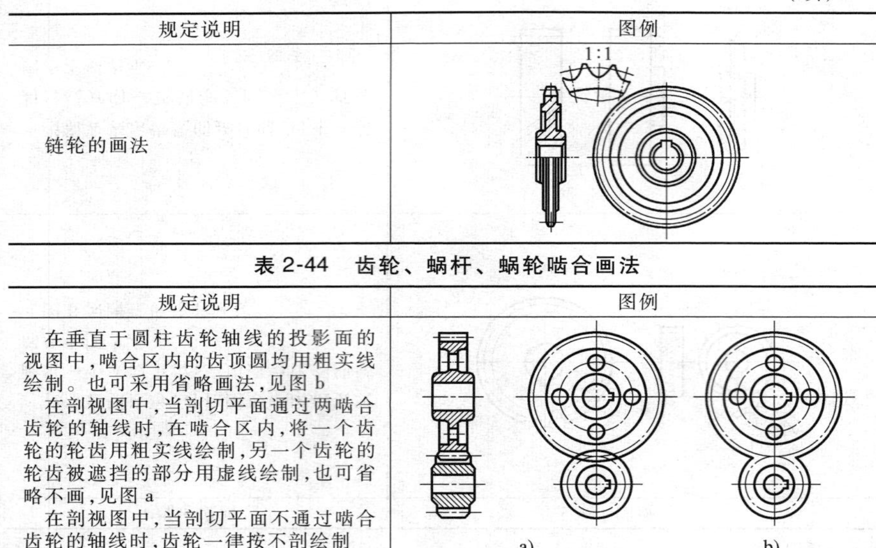

表 2-44　齿轮、蜗杆、蜗轮啮合画法

规定说明	图例
在垂直于圆柱齿轮轴线的投影面的视图中，啮合区内的齿顶圆均用粗实线绘制。也可采用省略画法，见图 b 在剖视图中，当剖切平面通过两啮合齿轮的轴线时，在啮合区内，将一个齿轮的轮齿用粗实线绘制，另一个齿轮的轮齿被遮挡的部分用虚线绘制，也可省略不画，见图 a 在剖视图中，当剖切平面不通过啮合齿轮的轴线时，齿轮一律按不剖绘制	a)　b)

（续）

规定说明	图例
在平行齿轮轴线的投影面的外形视图中，啮合区的齿顶线不需画出，节线用粗实线绘制，其他处的节线仍用点画线绘制	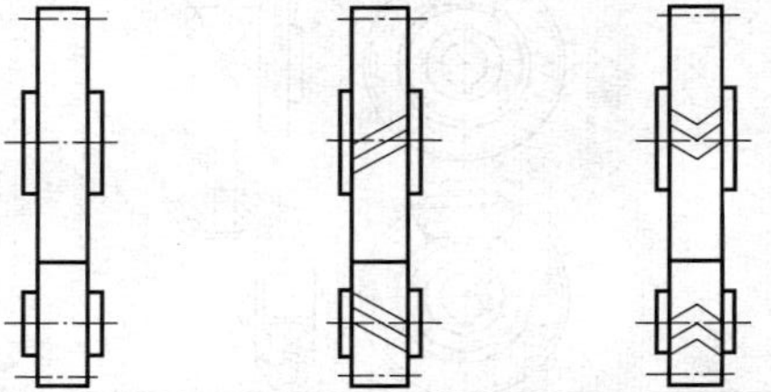
内啮合齿轮画法	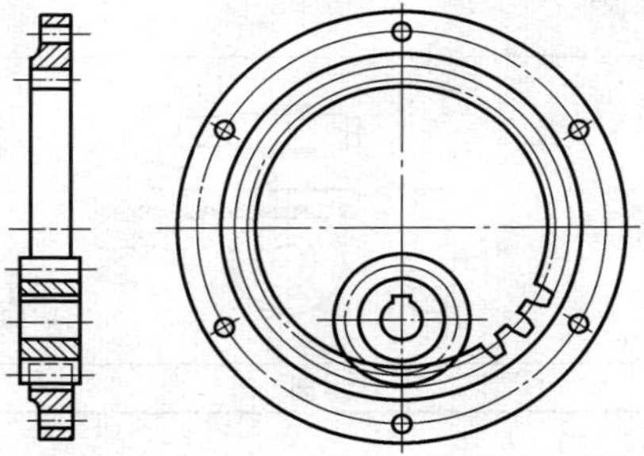

（续）

规定说明	图例
齿轮齿条啮合画法	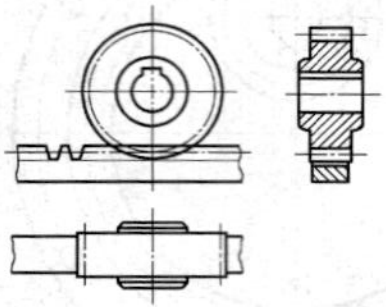
锥齿轮啮合（轴线成直角）的画法	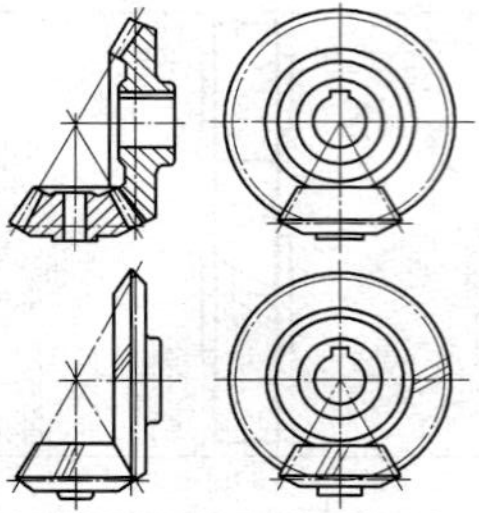

（续）

规定说明	图例
螺旋齿轮啮合（轴线成直角）的画法	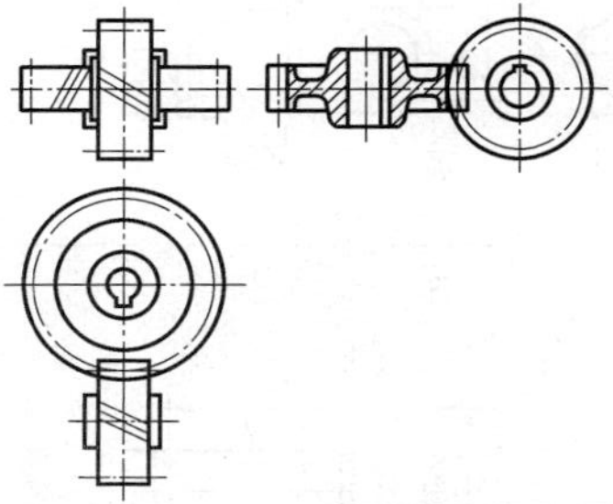
蜗轮、蜗杆啮合（圆柱蜗杆）的画法	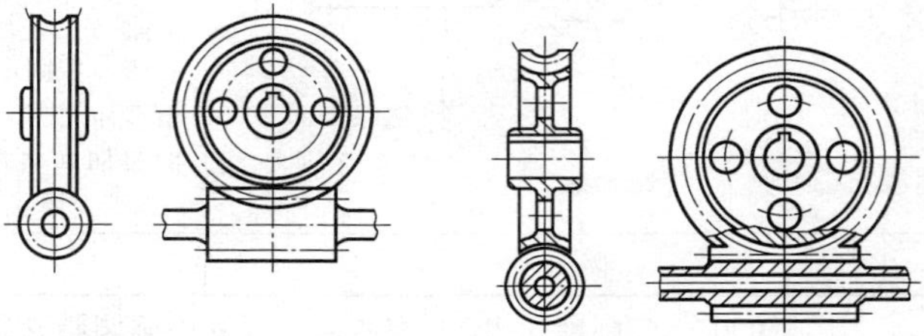

表 2-45　矩形花键的画法及其尺寸标注（GB/T 4459.3—2000）

规定说明	图例
在平行于花键轴线的投影面的视图中，外花键大径用粗实线绘制、小径用细实线绘制，并在断面图中画出一部分或全部齿形 外花键工作长度的终止端和尾部长度的末端均用细实线绘制，并与轴线垂直，尾部则画成斜线，其倾斜角一般与轴线成 30°，必要时可按实际情况画出	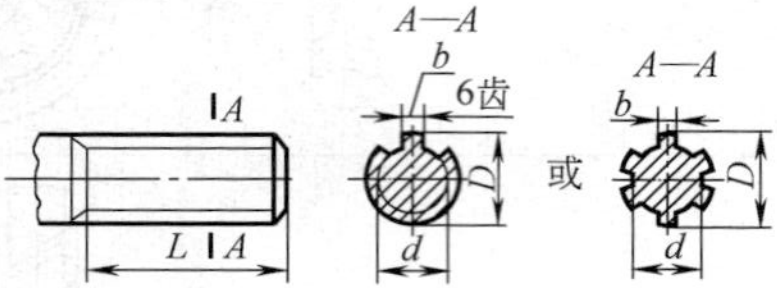 A　L　A—A　b　6齿　D　d　或　A—A　b　D　d
在平行于花键轴线的投影面的视图中，内花键大径与小径均用粗实线绘制，并用局部视图画出一部分或全部齿形	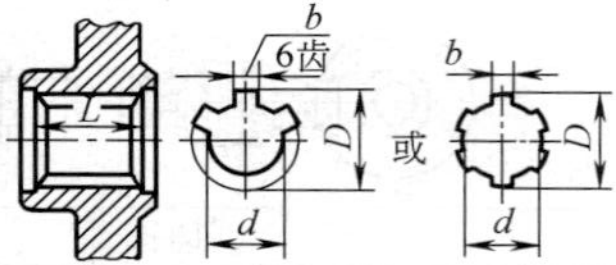 L　b　6齿　D　d　或　b　D　d

（续）

规定说明	图例
大径、小径及键宽采用一般尺寸标注时，其注法如本表中外花键和内花键图例 采用标准规定的花键标记标注时，其注法见图例	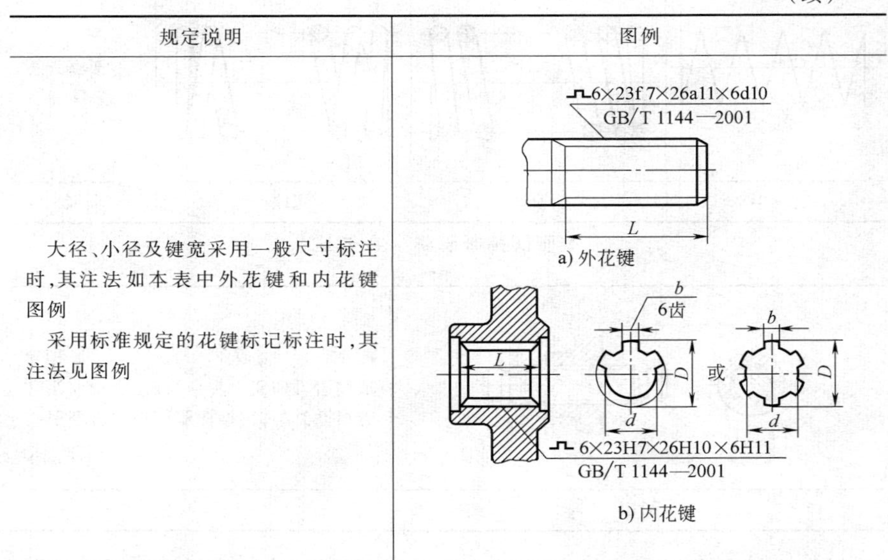 a) 外花键 b) 内花键

（续）

规定说明	图例
花键联接用剖视图表示时，其联接部分按外花键绘制，矩形花键的联接画法见图例	A—A A A

表 2-46　螺旋弹簧的画法

类型	视图	剖视图	示意图
圆柱螺旋压缩弹簧	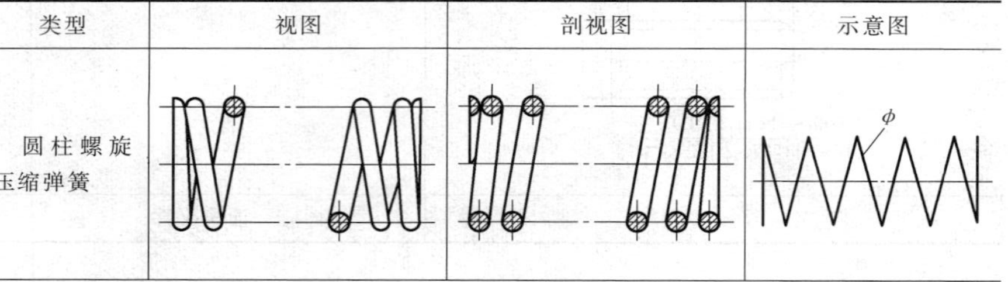		ϕ

（续）

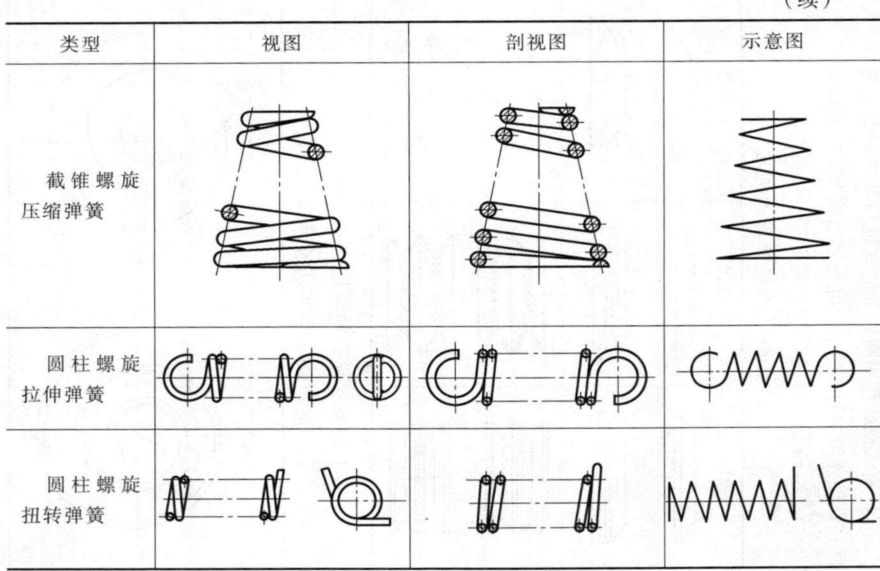

类型	视图	剖视图	示意图
截锥螺旋压缩弹簧			
圆柱螺旋拉伸弹簧			
圆柱螺旋扭转弹簧			

④ 有效圈数在四圈以上的螺旋弹簧中间部分可以省略。圆柱螺旋弹簧中间省略后，允许适当缩短图形的长度。

（2）碟形弹簧的画法（表 2-47）

表 2-47　碟形弹簧的画法

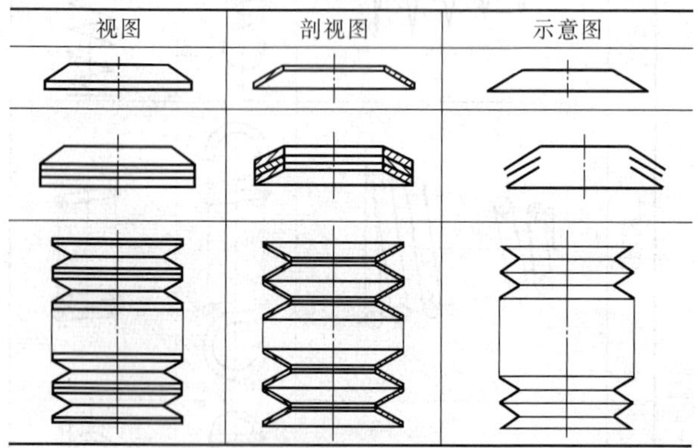

（3）平面涡卷弹簧的画法（表 2-48）

表 2-48　平面涡卷弹簧的画法

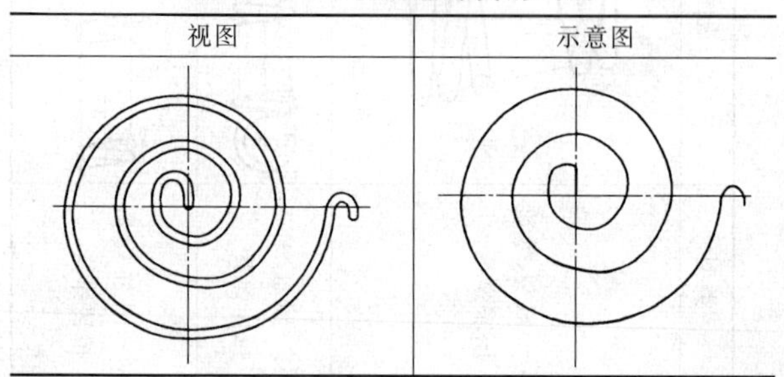

（4）板弹簧的画法　弓形板弹簧由多种零件组成，其画法如图 2-3 所示。

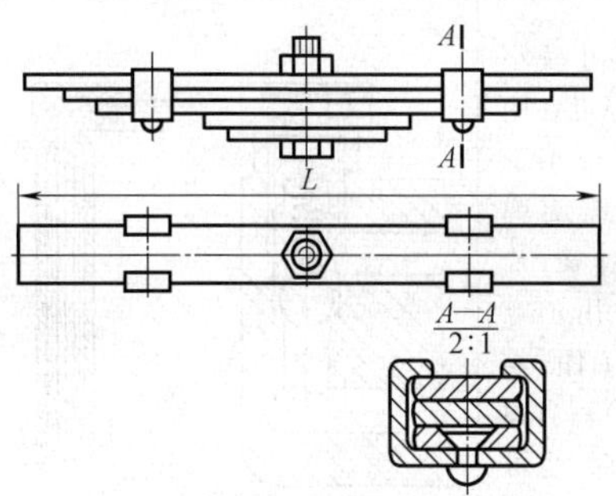

图 2-3　弓形板弹簧画法图例

（5）装配图中弹簧的画法（表 2-49）

5. 中心孔表示法（GB/T 4459.5—1999）

（1）中心孔符号（表 2-50）

（2）中心孔在图样上的标注（表 2-51）　中心孔有 R 型（弧形）、A 型（不带护锥）、B 型（带护锥和 C 型（带螺纹））。

表 2-49　装配图中弹簧的画法

规定说明	图例
被弹簧挡住的结构一般不画出，可见部分应从弹簧的外轮廓线或从弹簧钢丝剖面的中心线画起	

（续）

规定说明	图例
型材尺寸较小（直径或厚度在图形上等于或小于2mm）的螺旋弹簧、碟形弹簧、片弹簧允许用示意图表示（图a、图c、图d）。当弹簧被剖切时，也可用涂黑表示（图e） 被剖切弹簧的截面尺寸在图形上等于或小于2mm，并且弹簧内部还有零件，为了便于表达，可用图b的示意图形式表示 四束以上的碟形弹簧，中间部分省略后用细实线画出轮廓范围（图c）	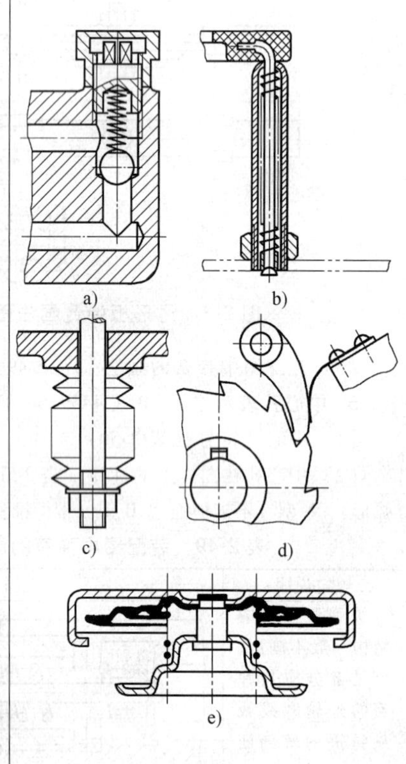 a) b) c) d) e)

（续）

规定说明	图例
板弹簧允许仅画出外形轮廓	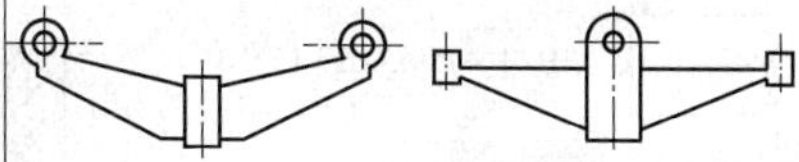
平面涡卷弹簧的装配图画法见图例	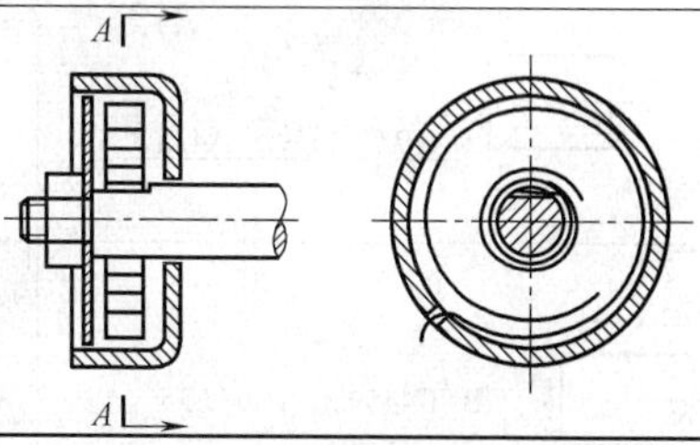 A A

表 2-50　中心孔符号

符号	说明
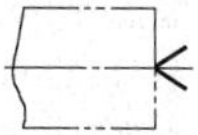	在完工的零件上要求保留中心孔
	在完工的零件上可以保留中心孔
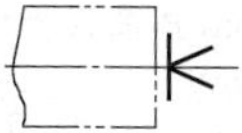	在完工的零件上不允许保留中心孔

表 2-51　中心孔在图样上的标注

标注示例	说明
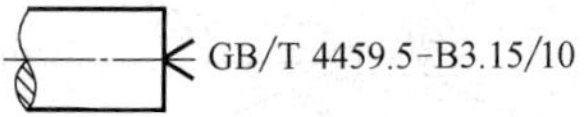 GB/T 4459.5-B3.15/10	采用 B 型中心孔 D=3.15mm，D_1=10mm 在完工的零件上要求保留中心孔
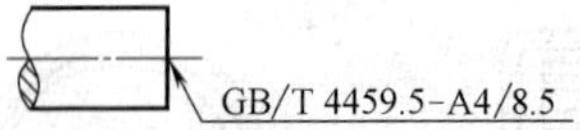 GB/T 4459.5-A4/8.5	采用 A 型中心孔 D=4mm，D_1=8.5mm 在完工的零件上可以保留中心孔
 GB/T 4459.5-A1.6/3.35	采用 A 型中心孔 D=1.6mm，D_1=3.35mm 在完工的零件上不允许保留中心孔
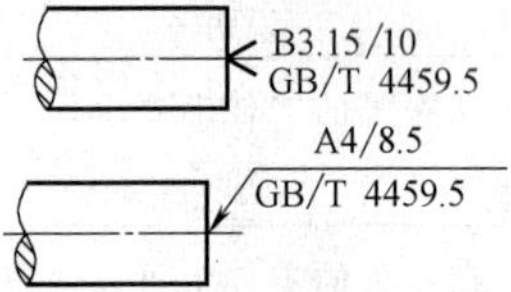 B3.15/10 GB/T 4459.5 A4/8.5 GB/T 4459.5	需指明中心孔的标准编号，也可标注在中心孔型号的下方
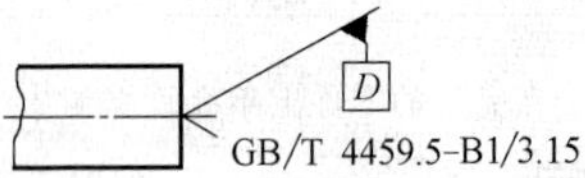 D GB/T 4459.5-B1/3.15	以中心孔轴线为基准，基准代号的标注方法

（续）

标注示例	说明
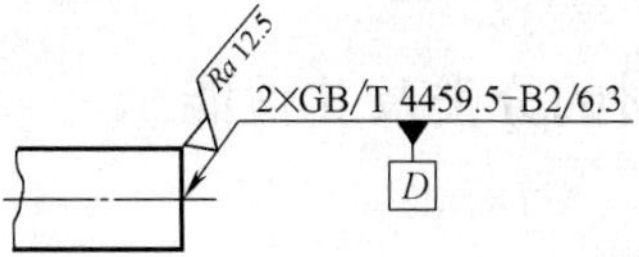 Ra 12.5 2×GB/T 4459.5-B2/6.3 D	中心孔工作表面的粗糙度应标注在引出线上
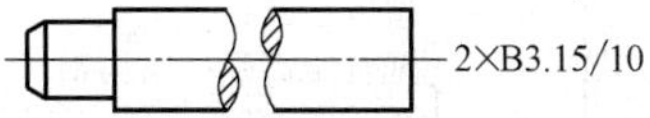 2×B3.15/10	如果同一轴的两端中心孔相同，可在一端标出，但应注出数量；在不致引起误解时，可省略标记中的标准编号

第三章　常用材料及金属热处理

一、金属材料的分类及其性能

1. 金属材料的分类

常用的金属材料分类如下：

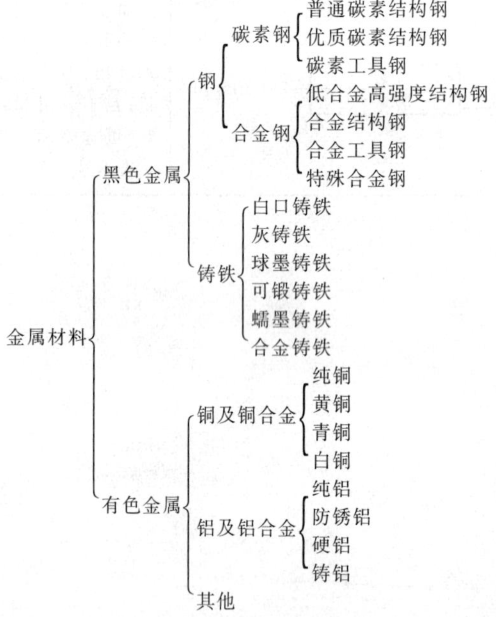

2. 钢铁材料性能的名词术语（表 3-1）

表 3-1 钢铁材料性能的名词术语

类别	术语	符号	单位	说明
物理性能	密度	ρ	kg/m^3	单位体积金属材料的质量
	熔点		℃	由固态转变为液态的温度
	电阻率	ρ	$\Omega \cdot m$	金属传导电流的能力。电阻率大，导电性能差；反之，导电性能就好
	热导率	λ	$W/(m \cdot K)$	单位时间内，当沿着热流方向的单位长度上温度降低 1K（或 1℃）时，单位面积允许导过的热量
	线胀系数	α_l	K^{-1}	金属的温度每升高 1℃ 所增加的长度与原来长度的比值
	磁导率	μ	H/m	磁性材料中的磁感应强度（B）和磁场强度（H）的比值
力学性能	强度极限	σ	MPa	金属在外力作用下，断裂前单位面积上所能承受的最大载荷
	抗拉强度	R_m	MPa	外力是拉力时的强度极限
	抗压强度	R_{mc}	MPa	外力是压力时的强度极限
	抗弯强度	σ_{bb}	MPa	外力的作用方向与材料轴线垂直，并在作用后使材料呈弯曲时的强度极限

（续）

类别	术语	符号	单位	说　明
力学性能	屈服强度	R_{eL}、R_{eH}	MPa	开始出现塑性变形时的强度
	冲击韧度	a_K	J/cm^2	指材料抵抗弯曲负荷的能力，即用摆锤一次冲断试样，a 点单位面积所消耗的功
	断后伸长率	A		金属材料受拉力断裂后，总伸长量与原始长度比值的百分率
	断面收缩率	Z		金属材料受拉力断裂后，其截面面积的缩减量与原截面面积之比的百分率
	硬度			金属材料抵抗其他更硬物体压入自己表面的能力
	布氏硬度	HBW		用硬质合金球压入金属表面，加在钢球上的载荷，除以压痕面积所得的商即为布氏硬度值
	洛氏硬度	HRC		在特定的压头上以一定压力压入被测材料，根据压痕深度来度量材料的硬度，称为洛氏硬度，用 HR 表示。HRC 是用 1471N(150kgf)载荷，将顶角为 120°的金刚石圆锥形压头压入金属表面测得的洛氏硬度值。主要用于测定淬火钢及较硬的金属材料

（续）

类别	术语	符号	单位	说　　明
力学性能	洛氏硬度	HRA		用 588.4N(60kgf)载荷和顶角为 120°的金刚石圆锥形压头测定的洛氏硬度。一般用于测定硬度很高或硬而薄的材料
		HRB		用 980.7N(100kgf)载荷和直径为 1.59mm(即 1/16in)的淬硬钢球所测得的洛氏硬度。主要用于测定硬度为 60~230HRB 的较软的金属材料
	维氏硬度	HV		用 49.03~980.7N(5~100kgf)的载荷，将顶角为 136°的金刚石正四棱锥压头压入金属表面，所加载荷除以压痕面积所得的商即为维氏硬度值。主要用于检验很薄(0.3~0.5mm)的金属材料或厚度为 0.03~0.05mm 的零件表面的硬化层
	肖氏硬度	HS		一定质量(2.5g)的钢球或金刚石球自一定的高度(一般为 254mm)落下，撞击金属后球回跳到某一高度 h，此高度即为肖氏硬度值

二、钢

1. 钢的分类(表 3-2)

表 3-2 钢的分类

分类方法	分类名称	说明
按化学成分分	碳素钢	碳素钢是指钢中除铁、碳外，还含有少量锰、硅、硫、磷等元素的铁碳合金，按其碳含量的不同，可分为： 1）低碳钢——$w_C<0.25\%$ 2）中碳钢——$0.25\% \leqslant w_C \leqslant 0.6\%$ 3）高碳钢——$w_C>0.6\%$
	合金钢	为了改善钢的性能，在冶炼碳素钢的基础上，加入一些合金元素而炼成的钢，如铬钢、锰钢、铬锰钢、铬镍钢等。按其合金元素的总含量，可分为： 1）低合金钢——合金元素总的质量分数不大于 5% 2）中合金钢——合金元素总的质量分数为 5%～10% 3）高合金钢——合金元素总的质量分数大于 10%
按冶炼设备分	转炉钢	用转炉吹炼的钢，可分为底吹、侧吹、顶吹和空气吹炼、纯氧吹炼等转炉钢；根据炉衬的不同，又分酸性和碱性两种
	平炉钢	用平炉炼制的钢，按炉衬材料的不同分为酸性和碱性两种，一般平炉钢多为碱性
	电炉钢	用电炉炼制的钢，有电弧炉钢、感应炉钢及真空感应炉钢等。工业上大量生产的是碱性电弧炉钢
按浇注前脱氧程度分	沸腾钢	属脱氧不完全的钢，浇注时在钢锭模里产生沸腾现象。其优点是冶炼损耗少、成本低、表面质量及深冲性能好；缺点是成分和质量不均匀、耐蚀性差和力学强度较低，一般用于轧制碳素结构钢的型钢和钢板

（续）

分类方法	分类名称	说　　明
按浇注前脱氧程度分	镇静钢	属脱氧完全的钢，浇注时在钢锭模里钢液镇静，没有沸腾现象。其优点是成分和质量均匀；缺点是成本较高。一般合金钢和优质碳素结构钢都为镇静钢
	半镇静钢	脱氧程度介于镇静钢和沸腾钢之间的钢，因生产较难控制，目前产量较少
按钢的品质分	普通钢	钢中含杂质元素较多，一般 $w_S \leqslant 0.05\%$，$w_P \leqslant 0.045\%$，如碳素结构钢、低合金结构钢等
	优质钢	钢中含杂质元素较少，一般 $w_S \leqslant 0.04\%$、$w_P \leqslant 0.04\%$，如优质碳素结构钢、合金结构钢、碳素工具钢和合金工具钢、弹簧钢、轴承钢等
	高级优质钢	钢中含杂质元素极少，一般 $w_S \leqslant 0.03\%$，$w_P \leqslant 0.035\%$，如合金结构钢和工具钢等。高级优质钢在钢牌号后面通常加符号“A”或汉字“高”，以便识别
按钢的用途分	结构钢	1）建筑及工程用结构钢——简称建造用钢，它是指用于建筑、桥梁、船舶、锅炉或其他工程上制作金属结构件的钢，如碳素结构钢、低合金钢、钢筋钢等 2）机械制造用结构钢——是指用于制造机械设备上结构零件的钢。这类钢基本上都是优质钢或高级优质钢，主要有优质碳素结构钢、合金结构钢、易切结构钢、弹簧钢、滚动轴承钢等
	工具钢	一般用于制造各种工具，如碳素工具钢、合金工具钢、高速工具钢等，如按用途又可分为刃具钢、模具钢、量具钢

（续）

分类方法	分类名称	说　明
按钢的用途分	特殊钢	具有特殊性能的钢，如不锈耐酸钢、耐热不起皮钢、高电阻合金、耐磨钢、磁钢等
	专业用钢	指各个工业部门专业用途的钢，如汽车用钢、农机用钢、航空用钢、化工机械用钢、锅炉用钢、电工用钢、焊条用钢等
按制造加工形式分	铸钢	指采用铸造方法而生产出来的一种钢铸件。铸钢主要用于制造一些形状复杂、难于进行锻造或切削加工成形而又要求较高的强度和塑性的零件
	锻钢	指采用锻造方法生产出来的各种锻材和锻件。锻钢件的质量比铸钢件高，能承受大的冲击力作用，塑性、韧性和其他方面的力学性能也都比铸钢件高，所以凡是一些重要的机器零件都应当采用锻钢件
	热轧钢	指用热轧方法生产出来的各种热轧钢材。大部分钢材都是采用热轧轧成的，热轧常用来生产型钢、钢管、钢板等大型钢材，也用于轧制线材
	冷轧钢	指用冷轧方法生产出来的各种冷轧钢材。与热轧钢相比，冷轧钢的特点是表面光洁、尺寸精确、力学性能好。冷轧常用来轧制薄板、钢带和钢管
	冷拔钢	指用冷拔方法生产出来的各种冷拔钢材。冷拔钢的特点是精度高、表面质量好。冷拔主要用于生产钢丝，也用于生产直径在 50mm 以下的圆钢和六角钢，以及直径在 76mm 以下的钢管

注：1. 表中成分含量皆指质量分数。

2. w_C、w_S、w_P 分别表示碳、硫、磷的质量分数。

2. 钢铁产品牌号表示方法（GB/T 221—2008）

（1）牌号表示方法基本原则

1）凡列入国家标准和行业标准的钢铁产品，均应按GB/T 221—2008规定的牌号表示方法编写牌号。

2）钢铁产品牌号的表示，通常采用大写汉语拼音字母、化学元素符号和阿拉伯数字相结合的方法表示。为了便于国际交流和贸易的需要，也可采用大写英文字母或国际惯例表示符号。

3）采用汉语拼音字母或英文字母表示产品名称、用途、特性和工艺方法时，一般从产品名称中选取有代表性的汉字的汉语拼音的首位字母或英文单词的首位字母。当和另一产品所取字母重复时，改取第二个字母或第三个字母，或同时选取两个（或多个）汉字或英文单词的首位字母。采用汉语拼音字母或英文字母，原则上只取一个，一般不超过三个。

4）产品牌号中各组成部分的表示方法应符合相应规定，各部分按顺序排列，如果无必要可省略相应部分。除有特殊规定外，字母、符号及数字之间应无间隙。

5）产品牌号中的元素含量用质量分数表示。

（2）产品用途、特性和工艺方法表示符号（表3-3）

（3）牌号表示方法及示例（表3-4）

3. 常用钢的牌号及用途

（1）结构钢

1）碳素结构钢的牌号及用途（表3-5）。

2）常用优质碳素结构钢的牌号及用途（表3-6）。

表 3-3　产品用途、特性和工艺方法表示符号

产品名称	采用的汉字及汉语拼音或英文单词			采用字母	位置
	汉字	汉语拼音	英文单词		
炼钢用生铁	炼	LIAN	—	L	牌号头
铸造用生铁	铸	ZHU	—	Z	牌号头
球墨铸铁用生铁	球	QIU	—	Q	牌号头
耐磨生铁	耐磨	NAI MO	—	NM	牌号头
脱碳低磷粒铁	脱粒	TUO LI	—	TL	牌号头
含钒生铁	钒	FAN	—	F	牌号头
热轧光圆钢筋	热轧光圆钢筋	—	Hot Rolled Plain Bars	HPB	牌号头
热轧带肋钢筋	热轧带肋钢筋	—	Hot Rolled Ribbed Bars	HRB	牌号头
细晶粒热轧带肋钢筋	热轧带肋钢筋+细	—	Hot Rolled Ribbed Bars+Fine	HRBF	牌号头
冷轧带肋钢筋	冷轧带肋钢筋	—	Cold Rolled Ribbed Bars	CRB	牌号头
预应力混凝土用螺纹钢筋	预应力、螺纹、钢筋	—	Prestressing、Screw、Bars	PSB	牌号头
焊接气瓶用钢	焊瓶	HAN PING	—	HP	牌号头
管线用钢	管线	—	Line	L	牌号头
船用锚链钢	船锚	CHUAN MAO	—	CM	牌号头
煤机用钢	煤	MEI	—	M	牌号头
锅炉和压力容器用钢	容	RONG	—	R	牌号尾
锅炉用钢(管)	锅	GUO	—	G	牌号尾
低温压力容器用钢	低容	DI RONG	—	DR	牌号尾

（续）

产品名称	采用的汉字及汉语拼音或英文单词			采用字母	位置
	汉字	汉语拼音	英文单词		
桥梁用钢	桥	QIAO	—	Q	牌号尾
耐候钢	耐候	NAI HOU	—	NH	牌号尾
高耐候钢	高耐候	GAO NAI HOU	—	GNH	牌号尾
汽车大梁用钢	梁	LIANG	—	L	牌号尾
高性能建筑结构用钢	高建	GAO JIAN	—	GJ	牌号尾
低焊接裂纹敏感性钢	低焊接裂纹敏感性	—	Crack Free	CF	牌号尾
保证淬透性钢	淬透性	—	Hardenability	H	牌号尾
矿用钢	矿	KUANG	—	K	牌号尾
船用钢	采用国际符号				
车辆车轴用钢	辆轴	LiANG ZHOU	—	LZ	牌号头
机车车辆用钢	机轴	JI ZHOU	—	JZ	牌号头
非调质机械结构钢	非	FEI	—	F	牌号头
碳素工具钢	碳	TAN	—	T	牌号头
高碳铬轴承钢	滚	GUN	—	G	牌号头
钢轨钢	轨	GUI	—	U	牌号头
冷镦钢	铆螺	MAO LUO	—	ML	牌号头
焊接用钢	焊	HAN	—	H	牌号头
电磁纯铁	电铁	DIAN TIE	—	DT	牌号头
原料纯铁	原铁	YUAN TIE	—	YT	牌号头

表 3-4 牌号表示方法及示例

类别	牌号组成	示例
生铁	牌号由两部分组成： 1)表示产品用途、特性及工艺方法，用大写汉语拼音字母 2)表示主要元素平均含量(以千分之几计)的阿拉伯数字。炼钢用生铁、铸造用生铁、球墨铸铁用生铁、耐磨生铁为硅元素平均含量。脱碳低磷粒铁为碳元素平均含量，含钒生铁为钒元素平均含量	硅的质量分数为 0.85%~1.25%的炼钢用生铁，阿拉伯数字为 10，L10 硅的质量分数为 2.8%~3.2%的铸造用生铁，阿拉伯数字为 30，Z30 硅的质量分数为 1%~1.4%的球墨铸铁用生铁，阿拉伯数字为 12，Q12 硅的质量分数为 1.6%~2%的耐磨生铁，阿拉伯数字为 18，NM18 碳的质量分数为 1.2%~1.6%的炼钢用脱碳低磷粒铁，阿拉伯数字为 14，TL14 钒的质量分数不小于 0.4%的含钒生铁，阿拉伯数字为 04，F04
碳素结构钢和低合金结构钢	牌号由四部分组成： 1)采用代表屈服强度的拼音字母“Q” 2)钢的质量等级，用英文字母 A、B、C、D、E、F……表示(必要时) 3)脱氧方式表示符号，沸腾钢、半镇静钢、镇静钢、特殊镇静钢分别以 F、b、Z、TZ 表示。镇静钢、特殊镇静钢表示	碳素结构钢：最小屈服强度 235MPa，A 级、沸腾钢，Q235AF 低合金高强度结构钢：最小屈服强度 355MPa，D 级、特殊镇静钢，Q355D 热轧光圆钢筋：屈服强度特征值 235MPa，HPB235 热轧带肋钢筋：屈服强度特征值 335MPa，HRB335 细晶粒热轧带肋钢筋：屈服强度特征值 335MPa，HRBF335

(续)

类别	牌号组成	示　　例
碳素结构钢和低合金结构钢	符号可以省略(必要时) 4)产品用途、特性和工艺方法表示符号见表3-3(必要时)	冷轧带肋钢筋:最小抗拉强度550MPa、CRB550 预应力混凝土用螺纹钢筋:最小屈服强度830MPa,PSB830 焊接气瓶用钢:最小屈服强度345MPa,HP345 管线用钢:最小规定总延伸强度415MPa,L415 船用锚链钢:最小抗拉强度370MPa,CM370 煤机用钢:最小抗拉强度510MPa,M510 锅炉和压力容器用钢:最小屈服强度355MPa,Q355R
优质碳素结构钢和优质碳素弹簧钢	牌号由五部分组成: 1)以两位阿拉伯数字表示平均碳含量(以万分之几计) 2)含锰量较高的优质碳素结构钢,加锰元素符号Mn(必要时) 3)高级优质钢、特级优质钢分别用A、E表示,优质钢不用字母表示(必要时)	优质碳素结构钢:w(C)=0.05%~0.11%,w(Mn)=0.25%~0.5%,优质钢,08 优质碳素结构钢:w(C)=0.47%~0.55%,w(Mn)=0.5%~0.8%,高级优质钢,镇静钢,50A 优质碳素结构钢:w(C)=0.48%~0.56%,w(Mn)=0.7%~1%,特级优质钢,镇静钢,50MnE

（续）

类别	牌号组成	示　例
优质碳素结构钢和优质碳素弹簧钢	4）沸腾钢、半镇静钢、镇静钢分别用F、b、Z表示。但镇静钢符号可以省略（必要时） 5）产品用途、特性或工艺方法表示符号见表3-3（必要时）	保证淬透性用钢：w(C)=0.42%～0.5%，w(Mn)=0.5%～0.85%，高级优质钢，镇静钢，45AH 优质碳素弹簧钢：w(C)=0.62%～0.7%，w(Mn)=0.9%～1.2%，优质钢，镇静钢，65Mn
易切削钢	牌号由三部分组成： 1）易切削钢表示符号“Y” 2）用两位阿拉伯数字表示平均碳含量（以万分之几计） 3）含钙、铅、锡等易切削元素的易切削钢，在符号“Y”和阿拉伯数字后加易切削元素符号Ca、Pb、Sn 加硫易切削钢和加硫磷易切削钢，在符号“Y”和阿拉伯数字后不加易切削元素符号 较高含锰量的加硫或加硫磷易切削钢，在符号“Y”和阿拉伯数字后加锰元素符号Mn。为区分牌号，对较高硫含量的易切削钢，在牌号尾部加硫元素符号S	易切削钢：碳的质量分数为0.42%～0.5%，钙的质量分数为0.002%～0.006%，Y45Ca 易切削钢：碳的质量分数为0.4%～0.48%，锰的质量分数为1.35%～1.65%，硫的质量分数为0.16%～0.24%，Y45Mn 易切削钢：碳的质量分数为0.4%～0.48%，锰的质量分数为1.35%～1.65%，硫的质量分数为0.24%～0.32%，Y45MnS

（续）

类别	牌号组成	示　　例
合金结构钢和合金弹簧钢	牌号由四部分组成： 1）用两位阿拉伯数字表示平均碳含量（以万分之几计） 2）合金元素含量表示方法：平均质量分数小于1.5%时，牌号中仅标明元素，一般不标明含量；平均合金质量分数为1.5%～2.49%、2.5%～3.49%、3.5%～4.49%、4.5%～5.49%……时，在合金元素后相应写成2、3、4、5…… 3）高级优质合金结构钢，在牌号尾部加符号“A”表示 特级优质合金结构钢，在牌号尾部加符号“E”表示 专用合金结构钢，在牌号头部（或尾部）加代表产品用途的符号表示 4）产品用途、特性或工艺方法表示符号见表3-3（必要时）	合金结构钢：w(C)＝0.22%～0.29%，w(Cr)＝1.5%～1.8%，w(Mo)＝0.25%～0.35%，w(V)＝0.15%～0.3%，高级优质钢25Cr2MoVA 锅炉和压力容器用钢：w(C)≤0.22%，w(Mn)＝1.2%～1.6%，w(Mo)＝0.45%～0.65%，w(Nb)＝0.025%～0.05%，特级优质钢，18MnMoNbER 优质弹簧钢：w(C)＝0.56%～0.64%，w(Si)＝1.6%～2%，w(Mn)＝0.7%～1%，优质钢，60Si2Mn

（续）

类别	牌号组成	示　　例
非调质机械结构钢	牌号由四部分组成： 1）非调质机械结构钢用符号“F”表示 2）用两位阿拉伯数字表示平均碳含量（以万分之几计） 3）合金元素含量，以化学元素符号及阿拉伯数字表示，表示方法同合金结构钢中第二部分 4）改善切削性能的非调质机械结构钢加硫元素符号 S	非调质机械结构钢：碳的质量分数为 0.32%～0.39%，钒的质量分数为 0.06%～0.13%，硫的质量分数为 0.035%～0.075%，F35VS
碳素工具钢	牌号由四部分组成： 1）碳素工具钢用符号“T”表示 2）用阿拉伯数字表示，平均含碳量（以千分之几计） 3）较高含锰量碳素工具钢，加锰元素符号 Mn（必要时） 4）高级优质碳素工具钢用 A 表示，优质钢不用字母表示（必要时）	碳素工具钢：碳的质量分数为 0.8%～0.9%，锰的质量分数为 0.4%～0.6%，高级优质钢 T8MnA

（续）

类别	牌号组成	示　　例
合金工具钢	牌号由两部分组成： 1）平均碳的质量分数小于1%时，采用一位数字表示碳含量（以千分之几计）。平均碳的质量分数不小于1%时，不标明含碳量数字 2）合金元素含量，用化学元素符号和阿拉伯数字表示，表示方法同合金结构中第二部分。平均铬的质量分数小于1%的合金工具钢，在铬含量（以千分之几计）前加数字“0”	合金工具钢：碳的质量分数为0.85%~0.95%，硅的质量分数为1.2%~1.6%，铬的质量分数为0.95%~1.25%，9SiCr
高速工具钢	高速工具钢牌号表示方法与合金结构钢相同，但在牌号头部一般不标明表示含碳量的阿拉伯数字。为表示高碳高速工具钢，在牌号头部加“C”	高速工具钢：碳的质量分数为0.8%~0.9%，钨的质量分数为5.5%~6.75%，钼的质量分数为4.5%~5.5%，铬的质量分数为3.8%~4.4%，钒的质量分数为1.75%~2.2%，W6Mo5Cr4V2 高速工具钢：碳的质量分数为0.86%~0.94%，钨的质量分数为5.9%~6.7%，钼的质量分数为4.7%~5.2%，铬的质量分数为3.8%~4.5%，钒的质量分数为1.75%~2.1%，CW6Mo5Cr4V2

（续）

类别	牌号组成	示　　例
高碳铬轴承钢	牌号由两部分组成： 1)(滚珠)轴承钢表示符号"G"，但不标明碳含量 2)合金元素"Cr"符号及其含量(以千分之几计)，其他合金元素含量，用化学元素符号及阿拉伯数字表示，表示方法同合金结构钢中第二部分	高碳铬轴承钢：铬的质量分数为1.4%~1.65%，硅的质量分数为0.45%~0.75%，锰的质量分数为0.95%~1.25%，GCr15SiMn
渗碳轴承钢	采用合金结构钢的牌号表示方法，仅在牌号头部加符号"G" 高级优质渗碳轴承钢，在牌号尾部加"A"	高级优质渗碳轴承钢：碳的质量分数为0.17%~0.23%，铬的质量分数为0.35%~0.65%，镍的质量分数为0.4%~0.7%，钼的质量分数为0.15%~0.3%，G20CrNiMoA
高碳铬不锈轴承钢和高温轴承钢	采用不锈钢和耐热钢的牌号表示方法，牌号头部不加符号"G"	高碳铬不锈轴承钢：碳的质量分数为0.9%~1%，铬的质量分数为17%~19%，G95Cr18 高温轴承钢：碳的质量分数为0.75%~0.85%，铬的质量分数为3.75%~4.25%，钼的质量分数为4%~4.5%，G80Cr4Mo4V
不锈钢和耐热钢	牌号采用合金元素符号和表示各元素含量的阿拉伯数字表示： (1)碳含量：用两位或三位阿拉伯数字表示碳含量最佳控制值(以万分之几	不锈钢：碳的质量分数不大于0.08%，铬的质量分数为18%~20%，镍的质量分数为8%~11%，06Cr19Ni10

（续）

类别	牌号组成	示　例
不锈钢和耐热钢	或十万分之几计） 1）碳的质量分数上限为 0.08%、碳含量用 06 表示；碳的质量分数上限为 0.2%，碳含量用 16 表示；碳的质量分数上限为 0.15%，碳含量用 12 表示 2）碳的质量分数上限为 0.03% 时，其牌号中的碳含量用 022 表示；碳的质量分数上限为 0.02% 时，其牌号中的碳含量用 015 表示 3）碳的质量分数为 0.16%～0.25% 时，其牌号中的碳含量用 20 表示 （2）合金元素表示方法同合金结构钢第二部分，钢中加入铌、钛、锆、氮等合金元素，应在牌号中标出	不锈钢：碳的质量分数不大于 0.03%，铬的质量分数为 16%～19%，钛的质量分数为 0.1%～1%，022Cr18Ti 不锈钢：碳的质量分数为 0.15%～0.25%，铬的质量分数为 14%～16%，锰的质量分数为 14%～16%，镍的质量分数为 1.5%～3%，氮的质量分数为 0.15%～0.3%，20Cr15Mn15Ni12N 耐热钢：碳的质量分数不大于 0.25%，铬的质量分数为 24%～26%，镍的质量分数为 19%～22%，20Cr25Ni20
焊接用钢	焊接用钢包括焊接用碳素钢、焊接用合金钢和焊接用不锈钢等，其牌号表示方法是在各类焊接用钢牌号头部加符号“H”。高级优质焊接用钢，在牌号尾部加符号“A”	焊接用钢：碳的质量分数不大于 0.1%，铬的质量分数为 0.8%～1.1%，钼的质量分数为 0.4%～0.6% 的高级优质合金结构钢，H08CrMoA
原料纯铁	牌号由两部分组成： 1）原料纯铁表示符号“YT” 2）用阿拉伯数字表示不同牌号的顺序号	原料纯铁：顺序号 1，YT1

表 3-5 碳素结构钢的牌号及用途

牌号	主要特性	用途
Q195 Q215	具有高的塑性、韧性和焊接性，良好的压力加工性能，但强度低	用于制造地脚螺栓、犁铧、烟筒、屋面板、铆钉、低碳钢丝、薄板、焊管、拉杆、吊钩、支架、焊接结构
Q235	具有良好的塑性、韧性和焊接性、冷冲压性能，以及一定的强度，好的冷弯性能	广泛用于一般要求的零件和焊接结构，如受力不大的拉杆、连杆、销、轴、螺钉、螺母、套圈、支架、机座、建筑结构、桥梁等
Q275	具有较高的强度、较好的塑性和可加工性，一定的焊接性。小型零件可以淬火强化	用于制造要求强度较高的零件，如齿轮、轴、链轮、键、螺栓、螺母、农机用型钢、输送链和链节

表 3-6 常用优质碳素结构钢的牌号及用途

牌号	主要特性	用途
30	强度、硬度较高，塑性好、焊接性尚可、可加工性良好，可在正火或调质后使用，适于热锻、热压	用于受力不大，温度小于 150℃ 的低载荷零件，如丝杆、拉杆、轴键、齿轮、轴套筒等，渗碳件表面耐磨性好，可作为耐磨件
35	强度适当，塑性较好，冷塑性高，焊接性尚可，状态下可局部镦粗和拉丝，淬透性低，正火或调质后使用	适于制造小截面零件，可承受较大载荷的零件，如曲轴、杠杆、连杆、钩环等，各种标准件、紧固件

（续）

牌号	主要特性	用途
40	强度较高，可加工性良好，冷变形能力中等，焊接性差，无回火脆性，淬透性低，易产生水淬裂纹，多在调质或正火态使用，两者综合性能相近，表面淬火后可用于制造承受较大应力件	适于制造曲轴、心轴、传动轴、活塞杆、连杆、链轮、齿轮等，制作焊接件时需先预热，焊后缓冷
45	最常用的中碳调质钢，综合力学性能良好，淬透性低，水淬时易生裂纹。小型件宜采用调质处理，大型件宜采用正火处理	主要用于制造强度高的运动件，如涡轮机叶轮、压缩机活塞、轴、齿轮、齿条、蜗杆等。焊接件注意焊前预热，焊后应进行去应力退火
50	高强度中碳结构钢，冷变形能力低，可加工性中等，焊接性差，无回火脆性，淬透性较低，水淬时，易生裂纹。使用状态：正火，淬火后回火，高频感应淬火，适用于在动载荷及冲击作用不大的条件下耐磨性高的机械零件	锻造齿轮、拉杆、轧辊、轴摩擦盘、机床主轴、发动机曲轴、农业机械犁铧、重载荷心轴及各种轴类零件等，及较次要的减振弹簧、弹簧垫圈等
55	具有高强度和硬度，塑性和韧性差，可加工性能中等，焊接性差，淬透性差，水淬时易淬裂。多在正火或调质处理后使用，适于制造高强度、高弹性、高耐磨性机件	齿轮、连杆、轮圈、轮缘、机车轮箍、扁弹簧、垫轧轧辊等

（续）

牌号	主要特性	用途
60	具有高强度、高硬度和高弹性，冷变形时塑性差，可加工性中等，焊接性不好，淬透性差，水淬易生裂纹，故大型件用正火处理	轧辊、轴类、轮箍、弹簧圈、减振弹簧、离合器、钢丝绳
20Mn	其强度和淬透性比15Mn钢略高，其他性能与15Mn钢相近	与15Mn钢基本相同
25Mn	性能与20Mn及25钢相近，强度稍高	与20Mn及25钢相近
30Mn	与30钢相比具有较高的强度和淬透性，冷变形时塑性好，焊接性中等，可加工性良好，热处理时有回火脆性倾向及过热敏感性	螺栓、螺母、螺钉、拉杆、杠杆、小轴、制动机齿轮
35Mn	强度及淬透性比30Mn高，冷变形时的塑性中等，可加工性好，但焊接性较差，宜调质处理后使用	转轴、啮合杆、螺栓、螺母、螺钉等，心轴、齿轮等
40Mn	淬透性略高于40钢。热处理后，强度、硬度、韧性比40钢稍高，冷变形塑性中等，可加工性好，焊接性低，具有过热敏感性和回火脆性，水淬易裂	耐疲劳件、曲轴、辊子、轴、连杆。高应力下工作的螺钉、螺母等

（续）

牌号	主要特性	用途
45Mn	中碳调质结构钢，调质后具有良好的综合力学性能。淬透性、强度、韧性比 45 钢高，可加工性尚好，冷变形塑性低，焊接性差，具有回火脆性倾向	转轴、心轴、花键轴、汽车半轴、万向接头轴、曲轴、连杆、制动杠杆、啮合杆、齿轮、离合器、螺栓、螺母等
50Mn	性能与 50 钢相近，但其淬透性较高，热处理后强度、硬度、弹性均稍高于 50 钢，焊接性差，具有过热敏感性和回火脆性倾向	用作承受高应力零件、高耐磨零件，如齿轮、齿轮轴、摩擦盘、心轴、平板弹簧等
60Mn	强度、硬度、弹性和淬透性比 60 钢稍高，退火态可加工性良好，冷变形塑性和焊接性差，具有过热敏感和回火脆性倾向	大尺寸螺旋弹簧、板簧、各种圆扁弹簧，弹簧环、片，冷拉钢丝及发条
65Mn	强度、硬度、弹性和淬透性均比 65 钢高，具有过热敏感性和回火脆性倾向，水淬有形成裂纹倾向，退火态可加工性尚可，冷变形塑性低，焊接性差	受中等载荷的板弹簧，直径达 7~20mm 的螺旋弹簧及弹簧垫圈、弹簧环。高耐磨性零件，如磨床主轴、弹簧夹头、精密机床丝杠、犁、切刀、深沟球轴承上的套环、铁道钢轨等
70Mn	性能与 70 钢相近，但淬透性稍高，热处理后强度、硬度、弹性均比 70 钢好，具有过热敏感性和回火脆性倾向，易脱碳及水淬时形成裂纹倾向，冷塑性变形能力差，焊接性差	承受大应力、磨损条件下工作零件，如各种弹簧圈、弹簧垫圈、止推环、锁紧圈、离合器盘等

3）常用合金结构钢的牌号及用途（表 3-7）。

4）非调质机械结构钢（GB/T 15712—2016）。非调质机械结构钢是在中碳钢中添加微量合金元素，通过控温轧制（锻制）、控温冷却，使之在轧制（锻制）后不经调质处理，即可获得碳素结构钢或合金结构钢经调质处理后所能达到的力学性能的节能型新钢种。

非调质机械结构钢，广泛应用于汽车、机床和农业机械。直接切削加工用钢材，公称直径或边长不大于 60mm 钢材的力学性能应符合表 3-8 的规定。

5）常用弹簧钢的牌号及用途（表 3-9）。

（2）工具钢

1）碳素工具钢的牌号及用途（表 3-10）。

2）合金工具钢的牌号及用途（表 3-11）。

3）高速工具钢的牌号及用途（表 3-12）。

（3）常用轴承钢的牌号、特性和应用（表 3-13）

（4）特种钢

1）不锈钢的牌号、特性和用途（表 3-14）。

2）耐热钢的牌号、特性和用途（表 3-15）。

4. 常用钢的火花鉴别方法

（1）火花图的基本知识　火花图的基本组成如图 3-1 所示。由于碳含量的不同，爆花可分为一次花、二次花、三次花和多次花。

1）一次花（图 3-2）——在流线上的爆花，只有一次爆裂的芒线。一次花一般是碳的质量分数在 0.25%及 0.25%以下时的火花特征。

表 3-7　常用合金结构钢的牌号及用途

牌号	主要特性	用途
15Cr	低碳合金渗碳钢，比 15 钢的强度和淬透性均高，冷变形塑性高，焊接性良好，退火后可加工性较好，对性能要求不高且形状简单的零件，渗碳后可直接淬火，但热处理变形较大，有回火脆性，一般均作为渗碳钢使用	用于制造表面耐磨、心部强度和韧性较高、较高工作速度但断面尺寸在 30mm 以下的各种渗碳零件，如曲柄销、活塞销、活塞环、联轴器、小凸轮轴、小齿轮、滑阀、活塞、衬套、轴承圈、螺钉、铆钉等，还可以用作淬火钢，制造要求一定强度和韧性，但变形要求较宽的小型零件
20Cr	比 15Cr 和 20 钢的强度和淬透性高，经淬火+低温回火后，能得到良好的综合力学性能和低温冲击韧度，无回火脆性，渗碳时，钢的晶粒仍有长大的倾向，因而应进行二次淬火以提高心部韧性，不宜降温淬火，冷弯时塑性较高，可进行冷拉丝，高温正火或调质后，可加工性良好，焊接性较好（焊前一般应预热至 100~150℃），一般作为渗碳钢使用	用于制造小截面（小于 30mm）、形状简单、较高转速、载荷较小、表面耐磨、心部强度较高的各种渗碳或碳氮共渗零件，如小齿轮、小轴、阀、活塞销、衬套棘轮、托盘、凸轮、蜗杆、齿形离合器等，对热处理变形小、耐磨性要求高的零件，渗碳后应进行一般淬火或高频感应淬火，如小模数（小于 3mm）齿轮、花键轴、轴等，也可作为调质钢用于制造低速、中等载荷（冲击）的零件

（续）

牌号	主要特性	用途
30Cr	强度和淬透性均高于30钢，冷弯塑性尚好，退火或高温回火后的可加工性良好，焊接性中等，一般在调质后使用，也可在正火后使用	用于制造耐磨或受冲击的各种零件，如齿轮、滚子、轴、杠杆、摇杆、连杆、螺栓、螺母等，还可用作高频感应淬火用钢，制造耐磨、表面高硬度的零件
35Cr	中碳合金调质钢，强度和韧性较高，其强度比35钢高，淬透性比30Cr略高，性能基本上与30Cr相近	用于制造齿轮、轴、滚子、螺栓以及其他重要调质件，用途和30Cr基本相同
40Cr	经调质处理后，具有良好的综合力学性能、低温冲击韧度及低的缺口敏感性，淬透性良好，油冷时可得到较高的疲劳强度，水冷时复杂形状的零件易产生裂纹，冷弯塑性中等，正火或调质后可加工性好，但焊接性不好，易产生裂纹，焊前应预热到100~150℃，一般在调质状态下使用，还可以进行碳氮共渗和高频感应淬火处理	使用最广泛的钢种之一，调质处理后用于制造中速、中等载荷的零件，如机床齿轮、轴、蜗杆、花键轴、顶尖套等，调质并高频表面淬火后用于制造表面高硬度、耐磨的零件，如齿轮、轴、主轴、曲轴、心轴、套筒、销子、连杆、螺钉、螺母、进气阀等，经淬火及中温回火后用于制造重载、中速冲击的零件，如液压泵转子、滑块、齿轮、主轴、套环等，经淬火及低温回火后用于制造重载、低冲击、耐磨的零件，如蜗杆、主轴、轴、套环等，碳氮共渗处理后制造尺寸较大、低温冲击韧度较高的传动零件，如轴、齿轮等，40Cr的代用钢有40MnB、45MnB、35SiMn、42SiMn、40MnVB、42MnV、40MnMoB、40MnWB等

（续）

牌号	主要特性	用途
45Cr	强度、耐磨性及淬透性均优于40Cr,但韧性稍低,性能与40Cr相近	与40Cr的用途相似,主要用于制造高频感应淬火的轴、齿轮、套筒、销子等
50Cr	淬透性好,在油冷及回火后,具有高强度、高硬度,水冷易产生裂纹,可加工性良好,但冷变形时塑性低,且焊接性不好,有裂纹倾向,焊前预热到200℃,焊后热处理消除应力,一般在淬火及回火或调质状态下使用	用于制造重载、耐磨的零件,如600mm以下的热轧辊、传动轴、齿轮、止推环,支承辊的心轴、柴油机连杆、挺杆,拖拉机离合器、螺栓,重型矿山机械中耐磨、高强度的油膜轴承套、齿轮,也可用于制造高频感应淬火零件、中等弹性的弹簧等
38CrSi	具有高强度、较高的耐磨性及韧性,淬透性好,低温冲击韧度较高,耐回火性好,可加工性尚可,焊接性差,一般在淬火加回火后使用	一般用于制造直径30~40mm、强度和耐磨性要求较高的各种零件,如拖拉机、汽车等机器设备中的小模数齿轮、拨叉轴、履带轴、小轴、起重钩、螺栓、进气阀、铆钉机压头等

（续）

牌号	主要特性	用途
12CrMo	耐热钢，具有高的热强度，且无热脆性，冷变形塑性及可加工性良好，焊接性尚可，一般在正火及高温回火后使用	正火回火后用于制造蒸汽温度510℃的锅炉及汽轮机的主汽管，管壁温度不超过540℃的各种导管、过热器管，淬火回火后还可制造各种高温弹性零件
15CrMo	珠光体耐热钢，强度优于12CrMo，韧性稍低，在500～550℃时，持久强度较高，可加工性及冷应变塑性良好，焊接性尚可（焊前预热至300℃，焊后热处理），一般在正火及高温回火状态下使用	正火及高温回火后用于制造蒸汽温度至510℃的锅炉过热器、中高压蒸汽导管及联箱，蒸汽温度至510℃的主汽管，淬火+回火后，可用于制造常温工作的各种重要零件
20CrMo	热强性较高，在500～520℃时，热强度仍高，淬透性较好，无回火脆性，冷应变塑性、可加工性及焊接性均良好，一般在调质或渗碳淬火状态下使用	用于制造化工设备中非腐蚀介质及工作温度250℃以下，氮氢介质的高压管和各种紧固件，汽轮机、锅炉中的叶片、隔板、锻件、轧制型材，一般机器中的齿轮、轴等重要渗碳零件，还可以替代12Cr13钢使用，制造中压、低压汽轮机处在过热蒸汽区压力级工作叶片

（续）

牌号	主要特性	用途
30CrMo	具有高强度、高韧性，在低于 500℃温度时，具有良好的高温强度，可加工性良好，冷弯塑性中等，淬透性较高，焊接性能良好，一般在调质状态下使用	用于制造工作温度 400℃以下的导管，锅炉、汽轮机中工作温度低于 450℃的紧固件，工作温度低于 500℃、高压用的螺母及法兰，通用机械中受载荷大的主轴、轴、齿轮、螺栓、螺柱、操纵轮，化工设备中低于 250℃、氮氢介质中工作的高压导管以及焊接件
35CrMo	高温下具有高的持久强度和蠕变强度，低温冲击韧度较好，工作温度高温可达 500℃，低温可至 -110℃，并具有高的静强度、冲击韧度及较高的疲劳强度，淬透性良好，无过热倾向，淬火变形小，冷变形时塑性尚可，可加工性中等，但有第一类回火脆性，焊接性不好，焊前需预热至 150~400℃，焊后热处理以消除应力，一般在调质处理后使用，也可在高中频感应淬火或淬火及低、中温回火后使用	用于制造承受冲击、弯扭、重载荷的各种机器中的重要零件，如轧钢机人字齿轮、曲轴、锤杆、连杆、紧固件，汽轮发动机主轴、车轴，发动机传动零件，大型电动机轴，石油机械中的穿孔器，工作温度低于 400℃的锅炉用螺栓，低于 510℃的螺母，化工机械中高压无缝厚壁的导管（温度 450~500℃，无腐蚀性介质）等，还可代替 40CrNi 用于制造高载荷传动轴、汽轮发电机转子、大截面齿轮、支承轴（直径小于 500mm）等

表 3-8　直接切削加工用非调质机械结构钢的力学性能

序号	牌号	公称直径或边长/mm	抗拉强度 R_m/MPa	下屈服强度 R_{eL}/MPa	断后伸长率 A(%)	断面收缩率 Z(%)	冲击吸收能量[①] KU_2/J
			不小于				
1	F35VS	≤40	590	390	18	40	47
2	F40VS	≤40	640	420	16	35	37
3	F45VS	≤40	685	440	15	30	35
4	F30MnVS	≤60	700	450	14	30	实测值
5	F35MnVS	≤40	735	460	17	35	37
		>40~60	710	440	15	33	35
6	F38MnVS	≤60	800	520	12	25	实测值
7	F40MnVS	≤40	785	490	15	33	32
		>40~60	760	470	13	30	28
8	F45MnVS	≤40	835	510	13	28	28
		>40~60	810	490	12	28	25
9	F49MnVS	≤60	780	450	8	20	实测值

注：根据需方要求，并在合同中注明，可提供表中未列牌号钢材、公称直径或边长大于60mm钢材的力学性能，具体指标由供需双方协商确定。

① 公称直径不大于16mm圆钢或边长不大于12mm方钢不做冲击试验；F30MnVS、F38MnVS、F49MnVS钢提供实测值，不作为判定依据。

表 3-9　常用弹簧钢的牌号及用途

牌号	主要特性	用途
65 70 85	可得到很高的强度、硬度、屈强比，但淬透性小，耐热性不好，承受动载和疲劳载荷的能力低	应用非常广泛，但多用于工作温度不高的小型弹簧或不太重要的较大弹簧，如汽车、拖拉机、铁道车辆及一般机械用的弹簧
65Mn	成分简单，淬透性和综合力学性能、抗脱碳等工艺性能均比碳钢好，但对过热比较敏感，有回火脆性，淬火易出裂纹	价格较低，用量很大，制造各种小截面扁簧、圆簧、发条等，亦可制造气门弹簧、弹簧环，减振器和离合器簧片、制动簧等
55Si2Mn 60Si2Mn 60Si2MnA	硅含量（w_{Si}）高（上限达 2%），强度高，弹性好，耐回火性好，易脱碳和石墨化，淬透性不高	主要的弹簧钢类，用途很广，制造各种弹簧，如汽车、机车、拖拉机的板簧、螺旋弹簧，气缸安全阀簧及一些在高应力下工作的重要弹簧，磨损严重的弹簧
55Si2MnB	因含硼，其淬透性明显改善	轻型、中型汽车的前后悬架弹簧、副簧
55SiMnVB	我国自行研制的钢种，淬透性、综合力学性能、疲劳性能均较 60Si2Mn 钢好	主要制造中、小型汽车的板簧，使用效果好，也可制其他中等截面尺寸的板簧、螺旋弹簧

（续）

牌号	主要特性	用途
60Si2CrA 60Si2CrVA	高强度弹簧钢，淬透性高，热处理工艺性能好，因强度高，卷制弹簧后应及时处理消除内应力	制造载荷大的重要大型弹簧。60Si2CrVA 可制造汽轮机汽封弹簧、调节弹簧、冷凝器支承弹簧、高压水泵碟形弹簧等。60Si2CrVA 钢还可制造极重要的弹簧，如常规武器取弹钩弹簧、破碎机弹簧

表 3-10　碳素工具钢的牌号及用途（GB/T 1299—2014）

牌　　号	用　　途
T7、T7A	用于制作承受撞击、振动载荷、韧性较好、硬度中等且切削能力不高的各种工具，如小尺寸风动工具（冲头、錾子），木工用的凿和锯，压模、锻模、钳工工具，铆钉冲模，车床顶尖、钻头、钻软岩石的钻头，镰刀、剪铁皮的剪子，还可用于制作弹簧、销轴、杆、垫片等耐磨、承受冲击、韧性不高的零件，T7 钢还可制作手用大锤、钳工锤头、瓦工用抹子
T8、T8A	用于制造切削刃口在工作中不变热的、硬度和耐磨性较高的工具，如木材加工用的铣刀、埋头钻、锪钻、斧、錾、纵向手锯、圆锯片、滚子、铅锡合金压铸板和型芯、简单形状的模具和冲头、软金属切削刀具、打孔工具、钳工装配工具、铆钉冲模、台虎钳钳口以及弹性垫圈、弹簧片、卡子、销子、夹子、止动圈等

（续）

牌号	用途
T9、T9A	用于制作硬度、韧性较高，但不受强烈冲击振动的工具，如冲头、冲模、中心冲、木工工具、切草机刀片、收割机中切割零件
T10、T10A	用于制造切削条件较差，耐磨性较高、且不受强烈振动、要求韧性及锋刃的工具，如钻头、丝锥、车刀、刨刀、扩孔刀具、螺纹板牙、铣刀、切烟和切纸机的刀具、锯条、机用细木工具、拉丝模、直径或厚度为6~8mm且断面均匀的冷修边模及冲孔模、卡板量具以及用于制作冲击不大的耐磨零件，如小轴、低速传动轴承、滑轮轴、销子等
T11、T11A	用于制造钻头、丝锥、手用锯金属的锯条、形状简单的冲头和凹模、剪边模和剪冲模
T12、T12A	用于制造冲击小、切削速度不高、高硬度的各种工具，如铣刀、车刀、钻头、铰刀、扩孔钻、丝锥、板牙、刮刀、切螺纹刀具、锉刀、锯片、切黄铜用工具、羊毛剪刀、小尺寸的冷修边模及冲孔模以及高硬度但冲击小的机械零件
T13、T13A	用于制造要求极高硬度但不受冲击的工具，如刮刀、剃刀、拉丝工具、刻锉刀纹的工具、钻头、硬石加工用的工具、锉刀、雕刻用工具、剪羊毛刀片等

表3-11　合金工具钢的牌号及用途（GB/T 1299—2014）

牌号	用途
9SiCr	适用于耐磨性高、切削不剧烈、且变形小的刀具，如板牙、丝锥、钻头、铰刀、齿轮铣刀、拉刀等，还可用作冷冲模及冷轧辊

（续）

牌号	用途
8MnSi	多用作木工錾子、锯条及其他工具，制造穿孔器与扩孔器工具以及小尺寸热锻模和冲头、热压锻模、螺栓、道钉冲模、拉丝模、冷冲模及切削工具
Cr06	多经冷轧成薄钢带后，用于制作剃刀、刀片及外科医疗刀具，也可用作刮刀、刻刀、锉刀等
W	多用于工作温度不高、切削速度不大的刀具，如小型麻花钻、丝锥、板牙、铰刀、锯条、辊式刀具等
9Mn2V	适用于制作各种变形小，耐磨性高的精密丝杠、磨床主轴、样板、凸轮、量块、量具及丝锥、板牙、铰刀以及压铸轻金属和合金的推入装置

表 3-12　高速工具钢的牌号及用途（GB/T 9943—2008）

牌号	用途
W18Cr4V	通用型高速钢，容易磨得光洁锋利，适于制造形状复杂、热处理后刃形需要磨制的刀具，如拉刀、齿轮刀具等
W12Cr4V4Mo	高钒高速钢的硬度、热硬性、耐磨性较普通高速钢有显著的提高，热稳定性好，易脱碳，过热敏感性较大，磨削性能差，仅用来制造形状简单的车刀
W6Mo5Cr4V2 W6Mo5Cr4V3	高钼高速钢碳化物分布均匀，热塑温度范围较宽，利用压力加工，普遍用于制造麻花钻

表 3-13　常用轴承钢的牌号、特性和应用

(1)高碳铬不锈轴承钢(GB/T 3086—2019)		
牌号	主要特性	应用举例
G95Cr18 G102Cr18Mo	具有高的硬度和耐回火性,可加工性及冷冲压性良好,导热性差,淬火处理和低温回火后有更高的力学性能	用于制造耐蚀的轴承套圈及滚动体,如海水、河水、硝酸、化工石油、核反应堆用轴承,还可以作为耐蚀高温轴承钢使用,其工作温度不高于250℃;也可制造高质量的刀具、医用手术刀,以及耐磨和耐蚀但动载荷较小的机械零件
(2)高碳铬轴承钢(GB/T 18254—2016)		
牌号	主要特性	应用举例
GCr15	高碳铬轴承钢的代表钢种,综合性能良好,淬火与回火后具有高而均匀的硬度,良好的耐磨性和高的接触疲劳寿命,热加工变形性能和可加工性均好,但焊接性差,对白点形成较敏感,有回火脆性倾向	用于制造壁厚不大于12mm、外径不大于250mm的各种轴承套圈,也用作尺寸范围较宽的滚动体,如钢球、圆锥滚子、圆柱滚子、球面滚子、滚针等;还用于制造模具、精密量具以及其他要求高耐磨性、高弹性极限和高接触疲劳强度的机械零件

（续）

（2）高碳铬轴承钢（GB/T 18254—2016）		
牌号	主要特性	应用举例
GCr15SiMn	在 GCr15 钢的基础上适当增加硅、锰含量，其淬透性、弹性极限、耐磨性均有明显提高，冷加工塑性中等，可加工性稍差，焊接性不好，对白点形成较敏感，有回火脆性倾向	用于制造大尺寸的轴承套圈、钢球、圆锥滚子、圆柱滚子、球面滚子等，轴承零件的工作温度为 180℃；还用于制造模具、量具、丝锥及其他要求硬度高且耐磨的零部件
（3）渗碳轴承钢（GB/T 3203—2016）		
牌号	主要特性	应用举例
G20CrMo	低合金渗碳钢，渗碳后表面硬度较高，耐磨性较好，而心部硬度低，韧性好，适于制造耐冲击载荷的轴承及零部件	常用作汽车、拖拉机的承受冲击载荷的滚子轴承，也用作汽车齿轮、活塞杆、螺栓等
G20CrNiMo	有良好的塑性、韧性和强度，渗碳或碳氮共渗后表面有相当高的硬度，耐磨性好，接触疲劳寿命明显高于 GCr15 钢，而心部碳含量低，有足够的韧性承受冲击载荷	制造耐冲击载荷轴承的良好材料，用作承受冲击载荷的汽车轴承和中小型轴承，也用作汽车、拖拉机齿轮及牙轮钻头的牙爪和牙轮体
G20CrNi2Mo	渗碳后表面硬度高，耐磨性好，具有中等表面硬化性，心部韧性好，可耐冲击载荷，钢的冷热加工塑性较好，能加工成棒、板、带及无缝钢管	用于承受较高冲击载荷的滚子轴承，如铁路货车轴承套圈和滚子，也用作汽车齿轮、活塞杆、万向联轴器、圆头螺栓等

表 3-14　不锈钢的牌号、特性和用途

牌号	特性和用途
12Cr17Mn6Ni5N	节镍钢，性能与 12Cr17Ni7 相近，可代替 12Cr17Ni7 使用。在固溶态无磁，冷加工后具有轻微磁性。主要用于制造旅馆装备、厨房用具、水池、交通工具等
12Cr18Mn9Ni5N	节镍钢，是 Cr-Mn-Ni-N 型最典型、发展比较完善的钢。在 800℃ 以下具有很好的抗氧化性，且保持较高的强度，可代替 12Cr18Ni9 使用。主要用于制作 800℃ 以下经受弱介质腐蚀和承受负荷的零件，如炊具、餐具等
12Cr17Ni7	亚稳定奥氏体不锈钢，是最易冷变形强化的钢，经冷加工有高的强度和硬度，并仍保留足够的塑韧性，在大气条件下具有较好的耐蚀性。主要用于以冷加工状态承受较高负荷，又希望减轻装备重量和不生锈的设备和部件，如铁道车辆、装饰板、传送带、紧固件等
12Cr18Ni9	历史最悠久的奥氏体不锈钢，在固溶态具有良好的塑性、韧性和冷加工性，在氧化性酸和大气、水、蒸汽等介质中耐蚀性也好。经冷加工有高的强度，但断后伸长率比 12Cr17Ni7 稍差。主要用于对耐蚀性和强度要求不高的结构件和焊接件，如建筑物外表装饰材料；也可用于无磁部件和低温装置的部件；但在敏化态或焊后，具有晶间腐蚀倾向，不宜用作焊接结构材料
Y12Cr18Ni9	12Cr18Ni9 的改进切削性能钢。最适用于快速切削（如自动车床）制作辊、轴、螺栓、螺母等

（续）

牌号	特性和用途
06Cr18Ni9Cu3	在06Cr19Ni10的基础上为改进其冷成形性能而发展的不锈钢。铜的加入，使钢的冷作硬化倾向小，冷作硬化率降低，可以在较小的成形力下获得最大的冷变形。主要用于制作冷镦紧固件、深拉等冷成形的部件
Y12Cr18Ni9Se	除调整12Cr18Ni9钢的磷、硫含量外，还加入硒，提高12Cr18Ni9钢的可加工性。用于小切削用量，也适用于热加工或冷顶锻，如螺钉、铆钉等
06Cr19Ni10	在12Cr18Ni9的基础上发展演变的钢，性能类似于12Cr18Ni9，但耐蚀性优于12Cr18Ni9，可用作小截面尺寸的焊接件，是应用量最大、使用范围最广的不锈钢。适用于制造深冲成形部件和输酸管道、容器、结构件等，也可以制造无磁、低温设备和部件
022Cr19Ni10	为解决因 $Cr_{23}C_6$ 析出致使06Cr19Ni10在一些条件下存在严重的晶间腐蚀倾向而发展的超低碳奥氏体不锈钢，其敏化态耐晶间腐蚀能力显著优于06Cr18Ni9。除强度稍低外，其他性能同06Cr18Ni9Ti，主要用于需焊接且焊接后又不能进行固溶处理的耐蚀设备和部件

注：不锈钢按组织结构不同分为奥氏体型、奥氏体+铁素体型、铁素体型、马氏体型和沉淀硬化型等五类。这里只简单介绍奥氏体型中的几种，读者若有更多需要可查阅GB/T 1220—2007。

表 3-15　耐热钢的牌号、特性和用途

牌号	特性和用途
53Cr21Mn9Ni4N	Cr-Mn-Ni-N 型奥氏体阀门钢。用于制作以经受高温强度为主的汽油及柴油机用排气阀
26Cr18Mn12Si2N	有较高的高温强度和一定的抗氧化性，并且有较好的抗硫及抗增碳性。用于吊挂支架、渗碳炉构件、加热炉传送带、料盘、炉爪
22Cr20Mn10Ni2Si2N	特性和用途同 26Cr18Mn12Si2N，还可用作盐浴坩埚和加热炉管道等
06Cr19Ni10	通用耐氧化钢，可承受 870℃以下反复加热
22Cr21Ni12N	Cr-Ni-N 型耐热钢。用来制造以抗氧化为主的汽油及柴油机用排气阀
16Cr23Ni13	承受 980℃以下反复加热的抗氧化钢。用作加热炉部件、重油燃烧器
06Cr23Ni13	耐蚀性比 06Cr19Ni10 好，可承受 980℃以下反复加热。用作炉用材料
20Cr25Ni20	承受 1035℃以下反复加热的抗氧化钢。主要用于制作炉用部件、喷嘴、燃烧室
06Cr25Ni20	抗氧化性比 06Cr23Ni13 好，可承受 1035℃以下反复加热。用作炉用材料、汽车排气净化装置等

（续）

牌号	特性和用途
06Cr17Ni12Mo2	高温具有优良的蠕变强度。用作热交换用部件和高温耐蚀螺栓
06Cr19Ni13Mo3	耐点蚀和抗蠕变能力优于 06Cr17Ni12Mo2。用于制作造纸、印染设备，石油化工及耐有机酸腐蚀的装备、热交换用部件等
06Cr18Ni11Ti	用于在 400~900℃腐蚀条件下使用的部件，高温用焊接结构部件
45Cr14Ni14W2Mo	中碳奥氏体型阀门钢。在 700℃以下有较高的热强性，在 800℃以下有良好的抗氧化性能。用于制造 700℃以下工作的内燃机、柴油机的负荷进、排气阀和紧固件，500℃以下工作的航空发动机及其他产品零件，也可作为渗氮钢使用

注：耐热钢按组织结构不同分为奥氏体型、铁素体型、马氏体型和沉淀硬化型等四类。这里只简单介绍奥氏体型中的几种，读者若有更多需要可查阅 GB/T 1221—2007。

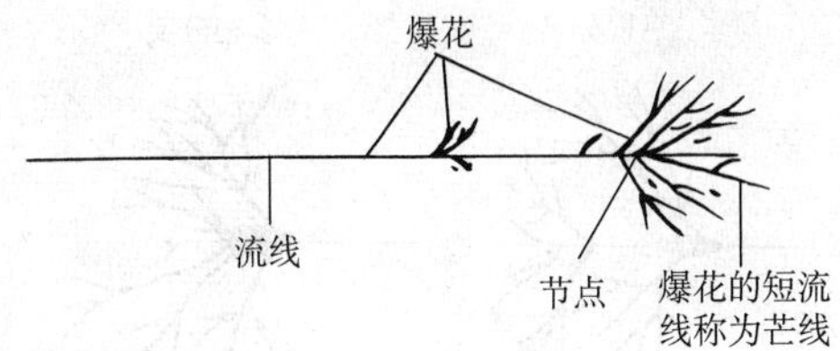

图 3-1 火花图的基本组成

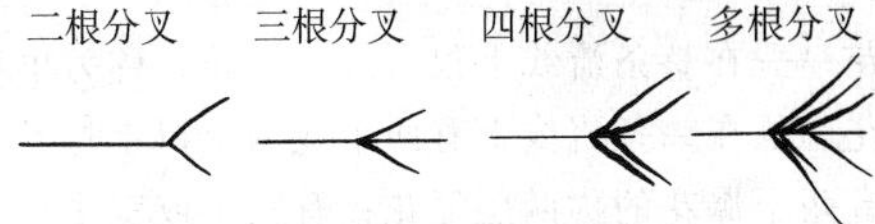

图 3-2 一次花图

2）二次花（图 3-3）——在一次花的芒线上，又一次发生爆裂所呈现的爆花形式。二次花一般是碳的质量分数为 0.25%~0.6%时的火花特征。

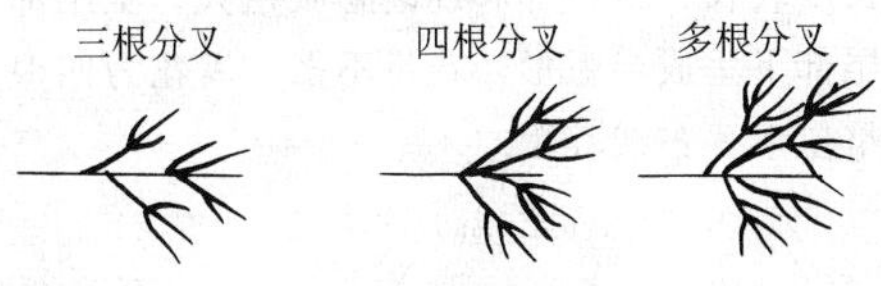

图 3-3 二次花图

3）三次花与多次花（图 3-4）——在二次花的芒线上，再一次发生爆裂的火花形式称三次花。若在三次花的芒线上继续有一次或数次爆裂出现，这种形式的爆花称多次花。三次花与多次花是碳的质量分数在 0.65%及 0.65%以上时的火花特征。

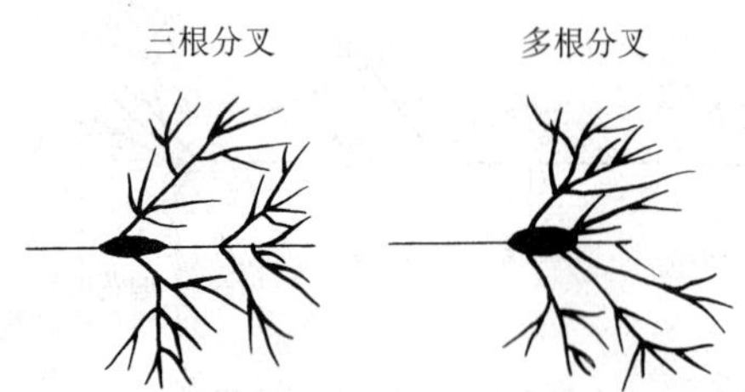

图 3-4　三次花与多次花图

单花——在整条流线上仅有一个爆花，称为单花。

复花——在一条流线上有两个或两个以上爆花，统称复花。有两个爆花的称两层复花；有三个或三个以上爆花的称三层复花或多层复花。

（2）低碳钢的火花图　以 15 钢为例，低碳钢的火花图如图 3-5 所示。整个火束呈草黄带红，发光适中。流线稍多，长度较长，自根部起逐渐膨胀粗大，至尾部又逐渐收缩，尾部下垂成半弧形。花量不多，爆花为四根分叉一次花，呈星形，芒线较粗。

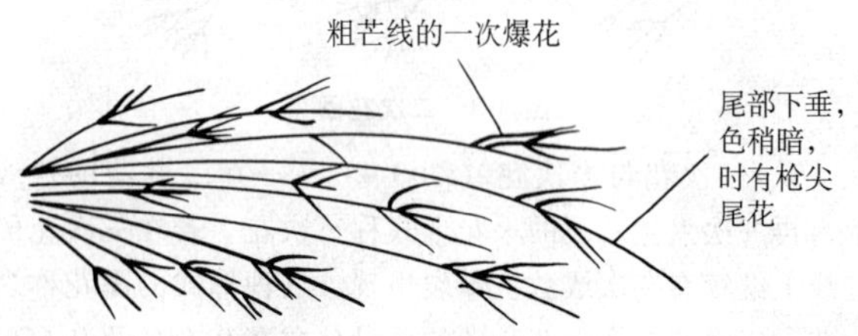

图 3-5　低碳钢的火花图

（3）中碳钢的火花图　以 40 钢为例，中碳钢的火花图如图 3-6 所示。整个火束呈黄色，发光明亮。流线多而较细长，尾部挺直，尖端有分叉现象。爆花为多根分叉二次花，附有节点，芒线清晰，有较多的小花及花粉产生，并开始出现不完全的两层复花，火花盛开，射力较大，花量较多，占整个火束的 3/5 以上。

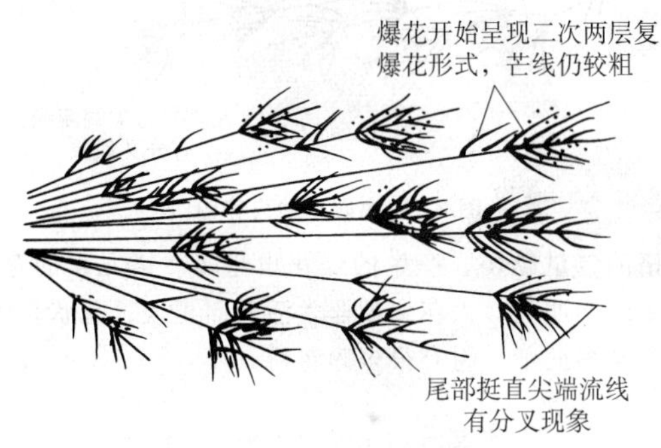

图 3-6　中碳钢的火花图

（4）高碳钢的火花图　以 65 钢为例，高碳钢的火花图如图 3-7 所示。整个火束呈黄色，光度在根部暗，中部明亮，尾部次之。流线多而细，长宽较短，形挺直，射力很强。爆花为多根分叉二、三次爆裂三层复花，花量多而拥挤，占整个火束的 3/4 以上。芒线细长而量多，间距密，芒线间杂有更多的花粉。

（5）铬钢的火花图　以 8Cr3 钢为例，铬钢的火花图如图 3-8 所示。铬元素是助长产生爆花的，在一定范围

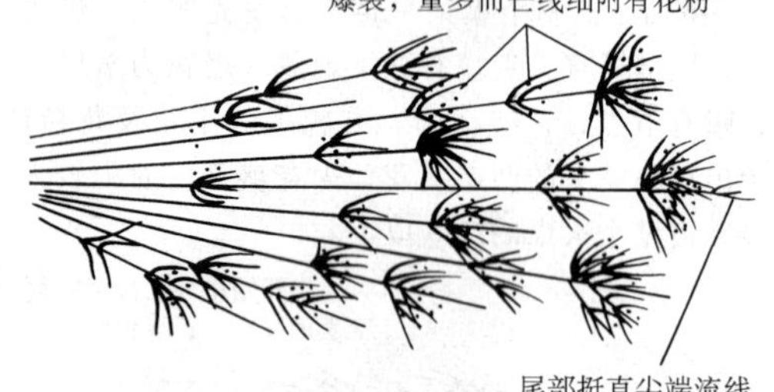

图 3-7　高碳钢的火花图

内，铬的含量越多，产生的爆花也越多。铬元素的存在，使火束趋向明亮，火花爆裂非常活跃而正规，花状呈大星形，分叉多而细，附有很多碎花粉。

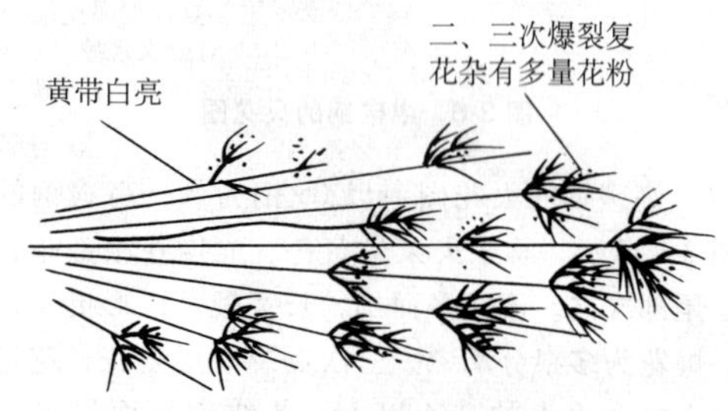

图 3-8　铬钢的火花图

8Cr3 为高碳低铬钢，与高碳钢的火花图有些相似，爆花为二、三次爆裂复花，花形较大，有多量花粉产生，花量多而拥挤。由于铬元素的存在，使火束的颜色为黄色而带白亮，流线短缩而稍粗，爆花多为大型爆花，枝状爆花不显著，另外根据手的感觉材料很硬，并在砂轮的外圈围绕很多火花。

(6) 锰钢的火花图（图 3-9） 锰元素是助长火花爆裂最甚的元素，当钢中锰的质量分数为 1%～2%时，其火花形式与碳钢相仿，但它的明显特征是全体爆花呈星形，爆花核心较大，成为白亮的节点，花粉很多，花形较大，芒线稍细而长，花呈黄色，光度较亮，爆裂强度大于碳钢，流线也较其多而粗长。

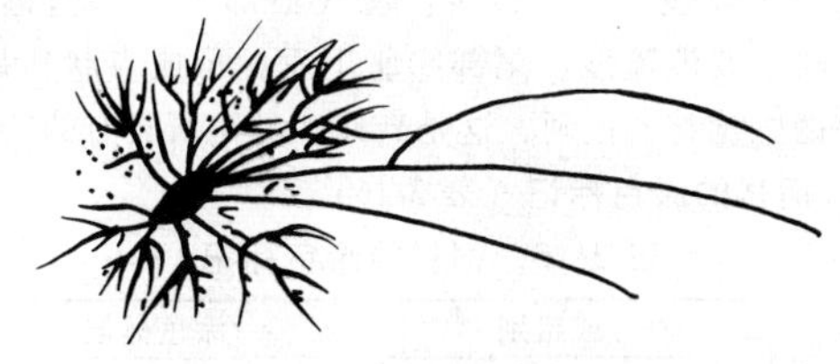

图 3-9 锰钢的火花图

普通锰合金结构钢、弹簧钢中锰的质量分数一般均在 1%～2%之间。若锰的质量分数在 2%以上，则上面特征更为显著，在火束中有时产生特种的大花及小火团。

(7) 高速工具钢的火花图 以 W18Cr4V 为例，高速工具钢的火花图如图 3-10 所示。钨元素对火花爆裂的发生起抑制作用，钨的存在会使流线呈暗红色和细花，爆裂几乎完全不发生，在流线尾端产生狐尾花是钨的特有特征。

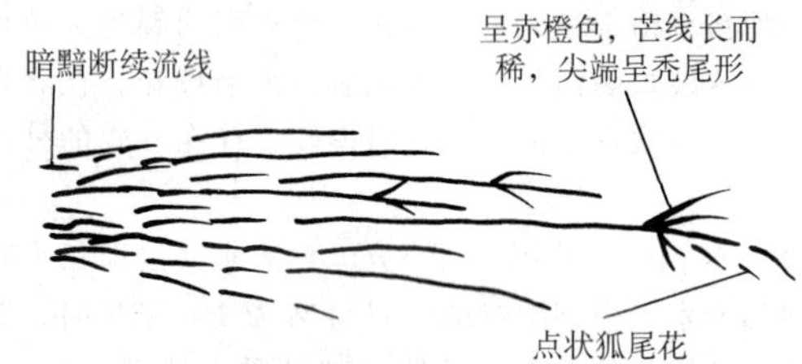

图 3-10　高速工具钢的火花图

W18Cr4V 的火花图火束细长，呈赤橙色，发光极暗弱。因受高钨的影响，几乎无火花爆裂，仅在尾部略有三、四分叉爆裂，花量极少。流线根部和中部呈继续状态，有时呈波浪流线，尾部膨胀下垂，形成点状狐尾花。同时手的感觉材料极硬，这是高速工具钢所具有的特征。

5. 钢材的涂色标记（表 3-16）

表 3-16　钢材的涂色标记

类别	牌号或组别	涂色标记
普通碳素钢	0 号 1 号 （Q195） 2 号 （Q215） 3 号 （Q235） 5 号 （Q275） 6 号 7 号	红色+绿色 白色+黑色 黄色 红色 绿色 蓝色 红色+棕色
优质碳素结构钢	05~15 20~25 30~40 45~85 15Mn~40Mn 45Mn~70Mn	白色 棕色+绿色 白色+蓝色 白色+棕色 白色二条 绿色三条

（续）

类别	牌号或组别	涂色标记
合金结构钢	锰钢	黄色+蓝色
	硅锰钢	红色+黑色
	锰钒钢	蓝色+绿色
	铬钢	绿色+黄色
	铬硅钢	蓝色+红色
	铬锰钢	蓝色+黑色
	铬锰硅钢	红色+紫色
	铬钒钢	绿色+黑色
	铬锰钛钢	黄色+黑色
	铬钨钒钢	棕色+黑色
	钼钢	紫色
	铬钼钢	绿色+紫色
	铬锰钼钢	绿色+白色
	铬钼钒钢	紫色+棕色
	铬硅钼钒钢	紫色+棕色
	铬铝钢	铝白色
	铬钼铝钢	黄色+紫色
	铬钨钒铝钢	黄色+红色
	硼钢	紫色+蓝色
	铬钼钨钒钢	紫色+黑色
高速工具钢	W12Cr4V4Mo	棕色一条+黄色一条
	W18Cr4V	棕色一条+蓝色一条
	W9Cr4V2	棕色二条
	W9Cr4V	棕色一条

（续）

类别	牌号或组别	涂色标记
铬轴承钢	GCr9 GCr9SiMn GCr15 GCr15SiMn	白色一条+黄色一条 绿色二条 蓝色一条 绿色一条+蓝色一条
不锈耐酸钢	铬钢 铬钛钢 铬锰钢 铬钼钢 铬镍钢 铬锰镍钢 铬镍钛钢 铬镍铌钢 铬钼钛钢 铬钼钒钢 铬镍钼钛钢 铬钼钒钴钢 铬镍铜钛钢 铬镍钼铜钛钢 铬镍钼铜铌钢	铝色+黑色 铝色+黄色 铝色+绿色 铝色+白色 铝色+红色 铝色+棕色 铝色+蓝色 铝色+蓝色 铝色+白色+黄色 铝色+红色+黄色 铝色+紫色 铝色+紫色 铝色+蓝色+白色 铝色+黄色+绿色 铝色+黄色+绿色 （铝色为宽条，余为窄色条）
耐热钢	铬硅钢 铬钼钢 铬硅钼钢 铬钢 铬钼钒钢 铬镍钛钢 铬铝硅钢 铬硅钛钢 铬硅钼钛钢 铬硅钼钒钢 铬铝钢 铬镍钨钼钛钢 铬镍钨钼钢 铬镍钨钛钢	红色+白色 红色+绿色 红色+蓝色 铝色+黑色 铝色+紫色 铝色+蓝色 红色+黑色 红色+黄色 红色+紫色 红色+紫色 红色+铝色 红色+棕色 红色+棕色 铝色+白色+红色 （前为宽色条，后为窄色条）

6. 钢的热处理

（1）热处理工艺分类及代号（表 3-17 和表 3-18）

表 3-17 热处理工艺分类及代号（GB/T 12603—2005）

工艺总称	代号	工艺类型	代号	工艺名称	代号
热处理	5	整体热处理	1	退火	1
				正火	2
				淬火	3
				淬火和回火	4
				调质	5
				稳定化处理	6
				固溶处理，水韧处理	7
				固溶处理+时效	8
		表面热处理	2	表面淬火和回火	1
				物理气相沉积	2
				化学气相沉积	3
				等离子体增强化学气相沉积	4
				离子注入	5
		化学热处理	3	渗碳	1
				碳氮共渗	2
				渗氮	3
				氮碳共渗	4

（续）

工艺总称	代号	工艺类型	代号	工艺名称	代号
热处理	5	化学热处理	3	渗其他非金属	5
				渗金属	6
				多元共渗	7

加热方式及代号

加热方式	可控气氛（气体）	真空	盐浴（液体）	感应	火焰	激光	电子束	等离子体	固体装箱	流态床	电接触
代号	01	02	03	04	05	06	07	08	09	10	11

退火工艺及代号

退火工艺	去应力退火	均匀化退火	再结晶退火	石墨化退火	脱氢处理	球化退火	等温退火	完全退火	不完全退火
代号	St	H	R	G	D	Sp	I	F	P

淬火冷却介质、冷却方法及代号

冷却介质和方法	空气	油	水	盐水	有机聚合物水溶液	热浴	加压淬火	双介质淬火	分级淬火	等温淬火	形变淬火	气冷淬火	冷处理
代号	A	O	W	B	Po	H	Pr	I	M	At	Af	G	C

表 3-18　常用热处理工艺代号（GB/T 12603—2005）

工艺名称	代　号	工艺名称	代　号	工艺名称	代　号
热处理	500	水冷淬火	513-W	可控气氛渗碳	531-01
感应热处理	500-04	盐水淬火	513-B	真空渗碳	531-02
火焰热处理	500-05	盐浴淬火	513-H	盐浴渗碳	531-03
整体热处理	510	盐浴加热淬火	513-03	碳氮共渗	532
退火	511	淬火和回火	514	渗氮	533
去应力退火	511-St	调质	515	液体渗氮	533-03
球化退火	511-Sp	表面热处理	520	气体渗氮	533-01
等温退火	511-1	表面淬火和回火	521	氮碳共渗	534
正火	512	感应淬火和回火	521-04	渗硼	535（B）
淬火	513	火焰淬火和回火	521-05	固体渗硼	535-09（B）
空冷淬火	513-A	渗碳	531	液体渗硼	535-03（B）
油冷淬火	513-O	固体渗碳	531-09	渗硫	535（S）

（2）钢的热处理方法和应用（表 3-19）

表 3-19　钢的热处理方法和应用

名称	操作方法	目　　的	应用要点
退火	将钢件加热到 Ac_3 + 30～50℃ 或 Ac_1 + 30～50℃ 或 Ac_1 以下的温度，经透烧和保温后，一般随炉缓慢冷却	1. 降低硬度，提高塑性，改善可加工性与压力加工性能 2. 细化晶粒，改善力学性能，为下一步工序做准备 3. 消除热、冷加工所产生的内应力	1. 适用于合金结构钢、碳素工具钢、合金工具钢、高速钢等的锻件、焊接件以及供应状态不合格的原材料 2. 一般在毛坯状态进行退火

（续）

名称	操作方法	目　　的	应用要点
正火（正常化）	将钢件加热到 Ac_3 或 Ac_{cm} 以上 30～50℃，保温后以稍大于退火的冷却速度冷却	正火的目的与退火相似	正火通常作为锻件、焊接件以及渗碳零件的预备热处理工序。对于性能要求不高的低碳和中碳的碳素结构钢及低合金钢件，也可以作为最后的热处理。对于一般中、高合金钢，空冷可导致完全或局部淬火，因此不能作为最后热处理工序
淬火	将钢件加热到相变温度 Ac_3 或 Ac_1 以上，保温一定时间，然后在水、硝盐、油或空气中快速冷却	淬火一般是为了得到高硬度的马氏体组织，有时对某些高合金钢（如不锈钢、耐磨钢）淬火时，则是为了获得单一均匀的奥氏体组织，以提高其耐蚀性和耐磨性	1. 一般均用于 w_C>0.3%的碳钢和合金钢 2. 淬火能充分发挥钢的强度和耐磨性潜力，但同时会造成很大的内应力，降低钢的塑性和冲击韧度，故需进行回火以得到较好的综合力学性能
回火	将淬火后的钢件重新加热到 Ac_1 以下某一温度，经保温后，于空气或油、热水、水中冷却	1. 降低或消除淬火后的内应力，减少工件的变形和开裂 2. 调整硬度，提高塑性和韧性，获得工作所要求的力学性能 3. 稳定工件尺寸	1. 保持钢在淬火后的高硬度和耐磨性时用低温回火，在保持一定韧性的条件下提高弹性和屈服强度时用中温回火，以保持高的冲击韧度和塑性为主，又有足够强度时用高温回火 2. 一般钢尽量避免在 230～280℃、不锈钢在 400～450℃之间回火，因这时会产生一次回火脆性

（续）

名称	操作方法	目　　的	应用要点
调质	淬火后高温回火称为调质，即钢件加热到比淬火时高 10～20℃的温度，保温后进行淬火，然后在 400～720℃的温度下进行回火	1. 改善可加工性，提高加工表面质量 2. 减小淬火时的变形和开裂 3. 获得良好的综合力学性能	1. 适用于淬透性较高的合金结构钢、合金工具钢和高速钢 2. 不仅可以作为各种较为重要的结构件的最后热处理，而且还可作为某些精密件，如丝杠等的预备热处理，以减小变形
时效	将钢件加热到 80～200℃，保温 5～20h 或更长一些时间，然后取出在空气中冷却	1. 稳定钢件淬火后的组织，减小存放或使用期间的变形 2. 减小淬火以及磨削加工后的内应力，稳定形状和尺寸	1. 适用于经淬火后的各钢种 2. 常用于要求形状不再发生变形的精密工作，如精密丝杠、测量工具、床身箱体等
冷处理	将淬火后的钢件，在低温介质（如干冰、液氮）中冷却到 -60～-80℃或更低，温度均匀一致后取出均温到室温	1. 使淬火钢件内的残留奥氏体全部或大部转变为马氏体，从而提高钢件的硬度、强度、耐磨性和疲劳极限 2. 稳定钢的组织，以稳定钢件的形状和尺寸	1. 钢件淬火后应立即进行冷处理，然后经低温回火，以消除低温冷却时的内应力 2. 冷处理主要适用于合金钢制作的精密刀具、量具和精密零件

（续）

名称	操作方法	目　　的	应用要点
火焰淬火	用氧乙炔混合气体燃烧的火焰，喷射到钢件表面上，快速加热，当达到淬火温度后立即喷水冷却	提高钢件表面硬度、耐磨性及疲劳强度，心部仍保持韧性状态	1. 多用于中碳钢制作，一般淬透层深度为2~6mm 2. 适用于单件或小批生产的大型工件和需要局部淬火的工件
感应淬火	将钢件放入感应器中，使钢件表层产生感应电流，在极短的时间内加热到淬火温度，然后立即喷水冷却	提高钢件表面硬度、耐磨性及疲劳强度，心部仍保持韧性状态	1. 多用于中碳钢和中碳合金结构钢制件 2. 由于集肤效应，高频感应淬火淬透层一般为1~2mm，中频感应淬火一般为3~5mm，工频感应淬火一般大于10mm
渗碳	将钢件放入渗碳介质中，加热至900~950℃并保温，使钢件表面获得一定浓度和深度的渗碳层	提高钢件表面硬度、耐磨性及疲劳强度，心部仍保持韧性状态	1. 多用于 $w_C=0.15\%\sim0.25\%$ 的低碳钢及低合金钢制件。一般渗碳层深度为0.5~2.5mm 2. 渗碳后必须经过淬火，使表面得到马氏体，才能实现渗碳的目的

（续）

名称	操作方法	目　　的	应用要点
渗氮	利用在 500~600℃时氨气分解出来的活性氮原子，使钢件表面被氮饱和，形成渗氮层	提高钢件表面的硬度、耐磨性、疲劳强度以及耐蚀能力	多用于含有铝、铬、钼等合金元素的中碳合金结构钢，以及碳钢和铸铁。一般渗氮层深度为 0.025~0.8mm
氮碳共渗	向钢件表面同时渗碳和渗氮	提高钢件表面的硬度、耐磨性、疲劳强度以及耐蚀能力	1. 多用于低碳钢、低合金结构钢以及工具钢制件。一般渗氮层深度为 0.02~3mm 2. 渗氮后还需淬火和低温回火

注：表中 Ac_1、Ac_3、Ac_{cm} 指钢的加热临界点。

（3）常用钢的热处理规范

1）优质碳素结构钢热处理工艺参数（表 3-20）。

2）合金结构钢热处理工艺参数（表 3-21）。

3）弹簧钢热处理工艺参数（表 3-22）。

4）工具钢热处理工艺参数（表 3-23）。

表 3-20　优质碳素结构钢热处理工艺参数

牌号	退火			正火			淬火			回火							
	温度/℃	冷却方式	硬度HBW	温度/℃	冷却方式	硬度HBW	温度/℃	淬火介质	硬度HRC	不同温度回火后的硬度 HRC							
										150℃	200℃	300℃	400℃	500℃	550℃	600℃	650℃
35	850~880	炉冷	≤187	850~870	空冷	≤187	860	水或盐水	≥50	49	48	43	35	26	22	20	—
40	840~870	炉冷	≤187	840~860	空冷	≤207	840	水	≥55	55	53	48	42	34	29	23	20
45	800~840	炉冷	≤197	850~870	空冷	≤217	840	水或油	≥59	58	55	50	41	33	26	22	—
50	820~840	炉冷	≤229	820~870	空冷	≤229	830	水或油	≥59	58	55	50	41	33	26	22	—
55	770~810	炉冷	≤229	810~860	空冷	≤255	820	水或油	≥63	63	56	50	45	34	30	24	21
60	800~820	炉冷	≤229	800~820	空冷	≤255	820	水或油	≥63	63	56	50	45	34	30	24	21
15Mn	—	—	—	880~920	空冷	≤163	—	—	—	—	—	—	—	—	—	—	—
20Mn	900	炉冷	≤179	900~950	空冷	≤197	—	—	—	—	—	—	—	—	—	—	—

（续）

牌号	退火			正火			淬火			回火							
	温度/℃	冷却方式	硬度HBW	温度/℃	冷却方式	硬度HBW	温度/℃	淬火介质	硬度HRC	不同温度回火后的硬度HRC							
										150℃	200℃	300℃	400℃	500℃	550℃	600℃	650℃
25Mn	—	—	—	870~920	空冷	≤207	—	—	—	—	—	—	—	—	—	—	—
30Mn	890~900	炉冷	≤187	900~950	空冷	≤217	850~900	水	49~53	—	—	—	—	—	—	—	—
35Mn	830~880	炉冷	≤197	850~900	空冷	≤229	850~880	油或水	50~55	—	—	—	—	—	—	—	—
40Mn	820~860	炉冷	≤207	850~900	空冷	≤229	800~850	油或水	53~58	—	—	—	—	—	—	—	—
45Mn	820~850	炉冷	≤217	830~860	空冷	≤241	810~840	油或水	54~60	—	—	—	—	—	—	—	—
50Mn	800~840	炉冷	≤217	840~870	空冷	≤255	780~840	油或水	54~60	—	—	—	—	—	—	—	—
60Mn	820~840	炉冷	≤229	820~840	空冷	≤269	810	油	57~64	61	58	54	47	39	34	29	25
65Mn	775~800	炉冷	≤229	830~850	空冷	≤269	810	油	57~64	61	58	54	47	39	34	29	25
70Mn	—	—	—	—	—	—	780~800	油	≥62	>62	62	55	46	37	—	—	—

表 3-21 合金结构钢热处理工艺参数

牌号	退火			正火			淬火			回火							
	温度/℃	冷却方式	硬度HBW	温度/℃	冷却方式	硬度HBW	温度/℃	淬火介质	硬度HRC	不同温度回火后的硬度 HRC							
										150℃	200℃	300℃	400℃	500℃	550℃	600℃	650℃
15Cr 15CrA	860~890	炉冷	≤179	870~900	空冷	≤197	870	水	>35	35	34	32	28	24	19	14	—
20Cr	860~890	炉冷	≤179	870~900	空冷	≤197	860~880	油、水	>28	28	26	25	24	22	20	18	15
30Cr	830~850	炉冷	≤187	850~870	空冷	—	840~860	油	>50	50	48	45	35	25	21	14	—
35Cr	830~850	炉冷	≤207	850~870	空冷	—	860	油	48~56	—	—	—	—	—	—	—	—
40Cr	825~845	炉冷	≤207	850~870	空冷	≤250	830~860	油	>55	55	53	51	43	34	32	28	24
45Cr	840~850	炉冷	≤217	830~850	空冷	≤320	820~850	油	>55	55	53	49	45	33	31	29	21
50Cr	840~850	炉冷	≤217	830~850	空冷	≤320	820~840	油	>56	56	55	54	52	40	37	28	18

（续）

牌号	退火			正火			淬火			回火							
	温度/℃	冷却方式	硬度HBW	温度/℃	冷却方式	硬度HBW	温度/℃	淬火介质	硬度HRC	不同温度回火后的硬度 HRC							
										150℃	200℃	300℃	400℃	500℃	550℃	600℃	650℃
38CrSi	860~880	炉冷	≤225	900~920	空冷	≤350	880~920	油或水	57~60	57	56	54	48	40	37	35	29
12CrMo	—	—	—	900~930	空冷	—	900~940	油	—	—	—	—	—	—	—	—	—
15CrMo	600~650	空冷	—	910~940	空冷	—	910~940	油	—	—	—	—	—	—	—	—	—
20CrMo	850~860	炉冷	≤197	880~920	空冷	—	860~880	水或油	≥33	33	32	28	28	23	20	18	16
30CrMo 30CrMoA	830~850	炉冷	≤229	870~900	空冷	≤400	850~880	水或油	>52	52	51	49	44	36	32	27	25
35CrMo	820~840	炉冷	≤229	830~880	空冷	241~286	850	油	>55	55	53	51	43	34	32	28	24
40CrV	830~850	炉冷	≤241	850~880	空冷	—	850~880	油	≥56	56	54	50	45	35	30	28	25
50CrVA	810~870	炉冷	≤254	850~880	空冷	≈288	830~860	油	>58	57	56	54	46	40	35	33	29

表 3-22 弹簧钢热处理工艺参数

牌号	退火			正火			淬火			回火										
	温度/℃	冷却方式	硬度HBW	温度/℃	冷却方式	硬度HBW	温度/℃	淬火介质	硬度HRC	不同温度回火后的硬度 HRC								常用回火温度范围/℃	淬火介质	硬度HRC
										150℃	200℃	300℃	400℃	500℃	550℃	600℃	650℃			
65	680~700	炉冷	≤210	820~860	空冷	—	800	水	62~63	63	58	50	45	37	32	28	24	320~420	水	35~48
70	780~820	炉冷	≤225	800~840	空冷	≤275	800	水	62~63	63	58	50	45	37	32	28	24	380~400	水	45~50
85	780~800	炉冷	≤229	800~840	空冷	—	780~820	油	62~63	63	61	52	47	39	32	28	24	375~400	水	40~49
65Mn	780~840	炉冷	≤228	820~860	空冷	≤269	780~840	油	57~64	61	58	54	47	39	34	29	25	350~530	空气	36~50

（续）

牌号	退火			正火			淬火			回火										
										不同温度回火后的硬度 HRC								常用回火温度范围/℃	淬火介质	硬度 HRC
	温度/℃	冷却方式	硬度 HBW	温度/℃	冷却方式	硬度 HBW	温度/℃	淬火介质	硬度 HRC	150℃	200℃	300℃	400℃	500℃	550℃	600℃	650℃			
55Si2Mn	750	炉冷	—	830~860	空冷	—	850~880	油	60~63	60	56	57	51	40	37	—	—	400~520	空气	40~50
55Si2MnB	—	—	—	—	—	—	870	油	≥60	60	59	58	52	45	40	38	35	460	空气	47~50
55SiMnVB	800~840	炉冷	—	840~880	空冷	—	840~880	油	>60	60	59	55	47	40	34	30	—	400~500	水	40~50
60Si2Mn 60Si2MnA	750	炉冷	≤222	830~860	空冷	≤302	870	油	>61	61	60	56	51	43	38	33	29	430~480	水、空气	45~50

表 3-23　工具钢热处理工艺参数

牌号	碳素工具钢																	
	普通退火			正火			淬火			回火								
										不同温度回火后的硬度 HRC							常用回火温度范围/℃	硬度HRC
	温度/℃	冷却方式	硬度HBW	温度/℃	冷却方式	硬度HBW	温度/℃	淬火介质	硬度HBW	150℃	200℃	300℃	400℃	500℃	550℃	600℃		
T7	750~760	炉冷	≤187	800~820	空冷	229~280	820	水→油	62~64	63	60	54	43	35	31	27	200~250	55~60
T8	750~760	炉冷	≤187	800~820	空冷	229~280	800	水→油	62~64	64	60	55	45	35	31	27	150~240	55~60
T8Mn	690~710	炉冷	≤189	800~820	空冷	229~280	800	水→油	62~64	64	60	55	45	35	31	27	180~270	55~60
T9	750~760	炉冷	≤192	800~820	空冷	229~280	800	水→油	63~65	64	62	56	46	37	33	27	180~270	55~60

（续）

碳素工具钢																		
牌号	普通退火			正火			淬火			回火								
										不同温度回火后的硬度 HRC							常用回火温度范围/℃	硬度 HRC
	温度/℃	冷却方式	硬度 HBW	温度/℃	冷却方式	硬度 HBW	温度/℃	淬火介质	硬度 HBW	150℃	200℃	300℃	400℃	500℃	550℃	600℃		
T10	760~780	炉冷	≤197	820~840	空冷	225~310	790	水→油	62~64	64	62	56	46	37	33	27	200~250	62~64
T11	750~770	炉冷	≤207	820~840	空冷	225~310	780	水→油	62~64	64	62	57	47	38	33	28	200~250	62~64
T12	760~780	炉冷	≤207	820~840	空冷	225~310	780	水→油	62~64	64	62	57	47	38	33	28	200~250	58~62
T13	760~780	炉冷	≤207	810~830	空冷	179~217	780	水→油	62~66	65	62	58	47	38	33	28	150~270	60~64

（续）

牌号	合金工具钢																		
	普通退火			正火			淬火			回火									
										不同温度回火后的硬度 HRC									
	加热温度/℃	冷却方式	硬度HBW	温度/℃	冷却方式	硬度HBW	温度/℃	淬火介质	硬度HBC	150℃	200℃	300℃	400℃	500℃	550℃	600℃	650℃	常用回火温度范围/℃	硬度HRC
9SiCr	790~810	炉冷	197~241	900~920	空冷	321~415	860~880	油	62~65	65	63	59	54	48	44	40	36	180~200	60~62
																		200~220	58~62
8MnSi	740±10	炉冷	≤229	—	—	—	800~820	油	>60	—	60~64	60~63	—	—	—	—	—	100~200	60~64
																		200~300	60~63
Cr06	750~770	炉冷	187~241	980~1 000	空冷	—	780~800	油	62~65	63	60	55	50	40	—	—	—	150~200	60~62
							800~820	水											

（续）

合金工具钢																			
牌号	普通退火			正火			淬火			回火									
	加热温度/℃	冷却方式	硬度HBW	温度/℃	冷却方式	硬度HBW	温度/℃	淬火介质	硬度HBC	不同温度回火后的硬度 HRC								常用回火温度范围/℃	硬度HRC
										150℃	200℃	300℃	400℃	500℃	550℃	600℃	650℃		
Cr2	700~790	炉冷	187~229	930~950	空冷	302~388	830~850	油	62~65	61	60	55	50	41	36	31	28	150~170	60~62
																		180~220	56~60
9Cr2	800~820	炉冷	179~217	—	—	—	820~850	油	61~63	61	60	55	50	41	36	31	28	160~180	59~61
W	750~770	炉冷	187~229	—	—	—	800~820	水	62~64	61	58	52	44	—	—	—	—	150~180	59~61

（续）

钢号	淬火预热		淬火加热			淬火介质	回火制度	淬火、回火后硬度HRC
	温度/℃	时间/(s/mm)	介质	温度/℃	时间/(s/mm)			
高速工具钢								
W18Cr4V	850	24	中性盐浴	1 260~1 300	12~15	油	560℃,3次,每次1h,空冷	≥62
				1 200~1 240④	15~20			
W6Mo5Cr4V2	850	24		1 200~1 220①	12~15		560℃回火3次,每次1h,空冷	≥62
				1 230②				≥63
W6Mo5Cr4V2	850	24		1 240③	12~15		560℃回火3次,每次1h,空冷	≥64
				1 150~1 200④	20			≥60
W14Cr4VMnRE	850	24		1 230~1 260	12~15		同上	≥63
9W18Cr4V	850	24		1 260~1 280	12~15		570~590℃,回火4次,每次1h,空冷	≥63
W12Cr4V4Mo	850	24		1 240~1 250① 1 260② 1 270~1 280③	12~15		550~570℃,回火3次,每次1h,空冷	≥62

① 高强薄刃刀具淬火温度。
② 复杂刀具淬火温度。
③ 简单刀具淬火温度。
④ 冷作模具淬火温度。

三、铸　铁

1. 铸铁名称、代号及牌号表示方法（表 3-24）

表 3-24　铸铁名称、代号及牌号表示方法
（GB/T 5612—2008）

分类	铸铁名称	代号	牌号表示方法实例
灰铸铁		HT	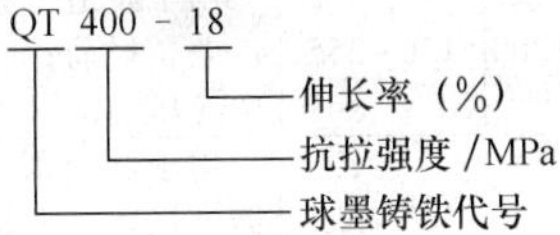
	灰铸铁	HT	QT 400 - 18 18——伸长率（%） 400——抗拉强度 /MPa QT——球墨铸铁代号
	奥氏体灰铸铁	HTA	
	冷硬灰铸铁	HTL	
	耐磨灰铸铁	HTM	
	耐热灰铸铁	HTR	
	耐蚀灰铸铁	HTS	
球墨铸铁		QT	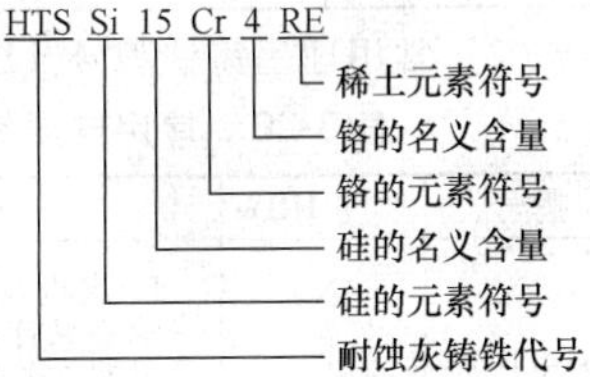
	球墨铸铁	QT	
	奥氏体球墨铸铁	QTA	HTS Si 15 Cr 4 RE RE——稀土元素符号 4——铬的名义含量 Cr——铬的元素符号 15——硅的名义含量 Si——硅的元素符号 HTS——耐蚀灰铸铁代号
	冷硬球墨铸铁	QTL	
	抗磨球墨铸铁	QTM	
	耐热球墨铸铁	QTR	
	耐蚀球墨铸铁	QTS	
蠕墨铸铁		RuT	
可锻铸铁		KT	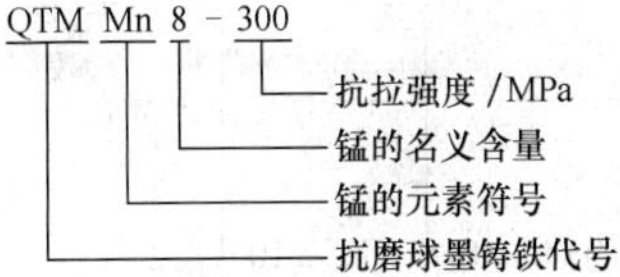
	白心可锻铸铁	KTB	QTM Mn 8 - 300 300——抗拉强度 /MPa 8——锰的名义含量 Mn——锰的元素符号 QTM——抗磨球墨铸铁代号
	黑心可锻铸铁	KTH	
	珠光体可锻铸铁	KTZ	
白口铸铁		BT	
	抗磨白口铸铁	BTM	
	耐热白口铸铁	BTR	
	耐蚀白口铸铁	BTS	

2. 常用铸铁牌号及用途

（1）常用灰铸铁牌号及用途（表 3-25）

表 3-25　常用灰铸铁牌号及用途

牌号	硬度 HBW	用　　途
HT150	129~192	用于制造端盖、泵体、轴承座、阀壳、管子及管路附件、手轮、一般机床附件、底座、床身以及其他复杂零件、滑座、工作台等
HT200	150~255	用于制造气缸、齿轮、底架、机体、飞轮、齿条、衬筒；一般机床铸有导轨的床身以及中等压力的液压缸、液压泵及阀门壳体等
HT250	163~255	用于制造阀门壳体、液压缸、气缸、联轴器、机体、齿轮、齿轮箱外壳、飞轮、衬筒、凸轮、轴承座等
HT300	185~278	用于制造齿轮、凸轮、车床卡盘；高压液压缸、液压泵和滑阀壳体等

（2）常用球墨铸铁牌号及用途（表 3-26）

表 3-26　常用球墨铸铁牌号及用途

<table>
<tr><th>牌号</th><th>硬度 HBW</th><th>用　　途</th></tr>
<tr><td>QT400-18
QT400-15</td><td>120~180</td><td rowspan="2">1. 农机具：重型机引五铧犁、轻型二铧犁、悬挂犁上的犁柱、犁托、犁侧板、牵引架、收割机及割草机上的导架、差速器壳、护刃器
2. 汽车、拖拉机、手扶拖拉机：牵引框、轮毂、驱动桥壳体、离合器壳、差速器壳、离合器拨叉、弹簧吊耳、汽车底盘悬挂件
3. 通用机械：1.6~6.4MPa 阀门的阀体、阀盖、支架；压缩机上承受一定温度的高低压气缸、输气管
4. 其他：铁路垫板、电动机机壳、齿轮箱、汽轮壳</td></tr>
<tr><td>QT450-10</td><td>160~210</td></tr>
</table>

（续）

牌号	硬度 HBW	用　　途
QT500-7	170～230	内燃机的机油泵齿轮，汽轮机中温气缸隔板、水轮机的阀门体、铁路机车车辆轴瓦、机器座架、传动轴、链轮、飞轮、电动机架、千斤顶座等
QT600-3 QT700-2 QT800-2	190～270 225～305 245～335	1. 内燃机：柴油机和汽油机的曲轴、部分轻型柴油机和汽油机的凸轮轴、气缸套、连杆、进排气门座 2. 农机具：脚踏脱粒机齿条、轻负荷齿轮、畜力犁铧 3. 机床：部分磨床、铣床、车床的主轴 4. 通用机械：空调机、气压机、冷冻机、制氧机及泵的曲轴、缸体、缸套 5. 冶金、矿山、起重机械：球磨机齿轴、矿车轮、桥式起重机大小车滚轮
QT900-2	280～360	1. 农机具：犁铧、耙片、低速农用轴承套圈 2. 汽车：曲线齿锥齿轮、转向节、传动轴 3. 拖拉机：减速齿轮 4. 内燃机：凸轮轴、曲轴

(3) 常用可锻铸铁牌号及用途（表 3-27）

表 3-27　常用可锻铸铁牌号及用途

类型	牌号	用途
黑心可锻铸铁	KTH300-06	有一定的韧性和适度的强度，气密性好，用于承受低动载荷及静载荷、要求气密性好的工作零件，如管道配件（弯头、三通、管件）、中低压阀门等
	KTH330-08	有一定的韧性和强度，用于承受中等动载荷和静载荷的工作零件，如农机上的犁刀、犁柱、车轮壳，机床用的钩形扳手、螺纹扳手，铁道扣扳，输电线路上的线夹本体及压板等
	KTH350-10 KTH370-12	有较高的韧性和强度，用于承受较高的冲击、振动及扭转载荷下工作的零件，如汽车、拖拉机上的前后轮壳、差速器壳、转向节壳，农机上的犁刀、犁柱，船用电动机壳，瓷绝缘子铁帽等
珠光体可锻铸铁	KTZ450-06 KTZ550-04 KTZ650-02 KTZ700-02	韧性较低，但强度大、硬度高、耐磨性好，且可加工性良好；可代替低碳、中碳、低合金钢及有色合金制造承受较高的动、静载荷，在磨损条件下工作并要求有一定韧性的重要工作零件，如曲轴、连杆、齿轮、摇臂、凸轮轴、万向联轴器、活塞环、轴套、犁刀、耙片等

（续）

类型	牌号	用途
白心可锻铸铁	KTB350-04 KTB380-12 KTB400-05 KTB450-07	薄壁铸件仍有较好的韧性；有非常优良的焊接性，可与钢钎焊；可加工性好，但工艺复杂、生产周期长、强度及耐磨性较差，适于铸造厚度在15mm以下的薄壁铸件和焊接后不需进行热处理的铸件，在机械制造工业上很少应用这类铸铁

（4）常用耐热铸铁牌号及用途（表3-28）

表3-28　常用耐热铸铁牌号及用途

牌号	用途
HTRCr	适用于急冷急热的、薄壁、细长件，如炉条、高炉支梁式水箱、金属型、玻璃模等
HTRCr2	适用于急冷急热的、薄壁、细长件，如煤气炉内灰盆、矿山烧结车挡板等
HTRCr16	可在室温及高温下作为抗磨件使用，如退火罐、煤粉烧嘴、炉栅、水泥焙烧炉零件、化工机械等零件
HTRSi5	用于炉条、煤粉烧嘴、锅炉用梳形定位析、换热器针状管、二硫化碳反应瓶等

（续）

牌号	用途
QTRSi4	用于玻璃窑烟道闸门、玻璃引上机墙板、加热炉两端管架等
QTRSi4Mo	用于内燃机排气歧管、罩式退火炉导向器、烧结机中后热筛板、加热炉吊梁等
QTRSi4Mo1	用于内燃机排气歧管、罩式退火炉导向器、烧结机中后热筛板、加热炉吊梁等

四、有色金属及其合金

1. 有色金属及其合金产品代号表示方法

（1）有色金属、合金名称及其汉语拼音字母的代号（表3-29）

表3-29 有色金属、合金名称及其汉语拼音字母的代号

名称	采用汉字	采用符号	名称	采用汉字	采用符号
铜	铜	T	黄铜	黄	H
铝	铝	L	青铜	青	Q
镁	镁	M	白铜	白	B
镍	镍	N	钛及钛合金	钛	T

（2）常用有色金属及其合金产品牌号的表示方法（表3-30）

表 3-30　常用有色金属及其合金产品牌号的表示方法

有色金属及其合金	牌号举例		说　　明
	名称	代号	
铝及铝合金	纯铝 铝合金	1A99 2A50、3A21	1 A 9 9 ①②③④ GB/T 16474—2011 中规定： ①　表示铝及铝合金的组别，1 为纯铝，2 为以铜为主要合金元素的铝合金，3 则表示以锰为主要元素，4 对应硅，5 对应镁，6 对于镁和硅，7 对应锌，8 对应其他合金元素，9 为备用组 ②　若为字母，则表示原始纯铝或原始合金的改型情况，A 表示为原始铝或合金，B 表示已改型；若为数字，则表示合金元素或杂质极限含量的控制情况，0 表示其杂质极限含量无特殊限制，1～9 表示对一项或一项以上的单个杂质或合金元素极限含量进行特殊控制 ③、④　最后两位数字仅用来识别同一组中不同合金或铝的纯度

（续）

有色金属及其合金	牌号举例		说明
	名称	代号	
铜及铜合金	纯铜 黄铜 青铜 白铜	T1、T2-M、TU1、TUMn H62、HSn90-1 QSn4-3、QSn4-4-2.5 B25、BMn3-12	Q Al 10 -3-1.5M ①②③④④⑤ ① 为分类代号，T 为纯铜，TU 为无氧铜，TK 为真空铜，H 为黄铜，Q 为青铜，B 为白铜 ② 为主添加元素符号，纯铜、一般黄铜、白铜不标；三元以上的黄铜、白铜为第二主添加元素，青铜为第一主加元素 ③ 为主添加元素含量，百分之几，纯铜中为金属顺序号；黄铜中为铜含量（Zn 为余数）；白铜为 Ni 或 Ni+Co 的含量；青铜为第一主添加元素含量 ④ 为添加元素的量，百分之几，纯铜、一般黄铜、白铜无此数字；三元以上黄铜、白铜为第二添加合金元素含量；青铜为第二主添加元素含量 ⑤ 为状态代号
钛及钛合金		TA1-M、TA4、TB2 TC1、TC4	TA 1- M ①②③ ① 为分类代号，A 表示 α 型钛合金；B 表示 β 型钛合金；C 表示 α+β 型钛合金 ② 为金属或合金的顺序号 ③ 为合金的状态号

（续）

有色金属及其合金	牌号举例		说　明
	名称	代号	
镁合金		M2M ME20M	A　Z　9　1　D ①　②　③　④　⑤ ①　为名义含量（质量分数）最高的合金元素“Al” ②　为名义含量（质量分数）高的合金元素“Zn” ③　为 Al 的含量（质量分数）大致为 9% ④　为 Zn 的质量（质量分数）小于 1% ⑤　标识代号
镍及镍合金		N4NY1 NSi0. 19 NMn2-2-1 NCu28-2. 5-1. 5 NCr10	N　Cu　28-　2. 5-1. 5M ①　②　③　④　④　⑤ ①　为分类代号，N 为纯镍或镍合金，NY 为阳极镍 ②　为主添加元素符号 ③　为主添加元素含量或序号，百分之几，纯镍中为金属顺序号 ④　为添加元素的含量，百分之几 ⑤　为状态代号

（续）

有色金属及其合金	牌号举例		说明
	名称	代号	
专用合金	焊料 轴承合金 硬质合金	HlCuZn64 HlSnPb39 ChSnSb8-4 ChPbSb2-0.2-0.15 YG6 YT5 YZ2	Hl Ag Cu 20- 15 ① ② ③ ④ ⑤ ① 为分类代号，Hl 焊料合金，I 为印刷合金，Ch 轴承合金、YG 钨钴合金、YT 钨钛合金、YZ 铸造碳化钨、F 金属粉末、FLP 喷铝粉、FLX 细铝粉、FLM 铝镁粉、FM 纯镁粉 ② 为第一基元素符号 ③ 为第二基元素符号 ④ 含量或等级数：合金中第二基元素含量，以百分之几表示；硬质合金中决定其特征的主元素成分；金属粉末中纯度等级 ⑤ 含量或规格：合金中其他添加元素含量，以百分之几表示；金属粉末的粒度规格

2. 铜及铜合金

（1）工业纯铜的牌号和应用（表 3-31）

表 3-31　工业纯铜的牌号和应用（GB/T 5231—2012）

<table>
<tr><th>名称</th><th>牌号</th><th>产品形状</th><th>应用举例</th></tr>
<tr><td>一号铜</td><td>T1</td><td>板、带、箔、管</td><td rowspan="2">用作导电、导热、耐蚀器材，如电线、电缆、导电螺钉、爆破用雷管、化工用蒸发器、储藏器及各种管道等</td></tr>
<tr><td>二号铜</td><td>T2</td><td>板、带、箔、管、棒、线、型</td></tr>
<tr><td>三号铜</td><td>T3</td><td>板、带、箔、管、棒、线</td><td>用作一般铜材，如电器开关、垫圈、垫片、铆钉、管嘴、油管及其他管道等</td></tr>
</table>

（2）常用加工铜的牌号和应用（表 3-32）

表 3-32　常用加工铜的牌号和应用（GB/T 5231—2012）

<table>
<tr><th>组别</th><th>名称</th><th>牌号</th><th>应用举例</th></tr>
<tr><td rowspan="7">普通黄铜</td><td>95 黄铜</td><td>H95</td><td>在一般机械制造中用作导管、冷凝管、散热器管、散热片、汽车散热器带以及导电零件等</td></tr>
<tr><td>80 黄铜</td><td>H80</td><td>造纸网、薄壁管、皱纹管及房屋建筑用品</td></tr>
<tr><td>70 黄铜</td><td>H70</td><td rowspan="2">复杂的冷冲件和深冲件，如散热器外壳、导管、波纹管、弹壳、垫片、雷管等</td></tr>
<tr><td>68 黄铜</td><td>H68</td></tr>
<tr><td>65 黄铜</td><td>H65</td><td>小五金、日用品、小弹簧、螺钉、铆钉和机器零件</td></tr>
<tr><td>63 黄铜</td><td>H63</td><td rowspan="2">各种深引伸和弯折制造的受力零件，如销钉、铆钉、垫圈、螺母、导管、气压表弹簧、筛网、散热器零件等</td></tr>
<tr><td>62 黄铜</td><td>H62</td></tr>
</table>

（续）

组别	名称	牌号	应用举例
铅黄铜	63-3 铅黄铜	HPb63-3	主要用于要求可加工性极高的钟表结构零件、汽车拖拉机零件
	63-0.1 铅黄铜	HPb63-0.1	用于一般机器结构零件
	62-0.8 铅黄铜	HPb62-0.8	
	61-1	HPb61-1	用于高强、高可加工性结构零件
	59-1 铅黄铜	HPb59-1	适于以热冲压和切削加工制作的各种结构零件，如螺钉、垫圈、垫片、衬套、螺母、喷嘴等
锡黄铜	90-1 锡黄铜	HSn90-1	汽车拖拉机弹性套管及其他耐蚀减摩零件
铝黄铜	60-1-1 铝黄铜	HAl60-1-1	要求耐蚀的结构零件，如齿轮、蜗轮、衬套、轴等
锰黄铜	58-2 锰黄铜	HMn58-2	腐蚀条件下工作的重要零件和弱电流工业用零件
	57-3-1 锰黄铜	HMn57-3-1	耐腐蚀结构零件
	55-3-1 锰黄铜	HMn55-3-1	
铁黄铜	59-1-1 铁黄铜	HFe59-1-1	制作在摩擦和受海水腐蚀条件下工作的结构零件
	58-1-1 铁黄铜	HFe58-1-1	适于用热压和切削加工法制作的高强度耐蚀零件
硅黄铜	80-3 硅黄铜	HSi80-3	船舶零件、蒸汽管和水管配件
镍黄铜	65-5 镍黄铜	HNi65-5	压力表管、造纸网、船舶用冷凝管等，可作为锡磷青铜的代用品

（续）

组别	名称	牌号	应用举例
锡青铜	4-4-2.5 锡青铜	QSn4-4-2.5	制作在摩擦条件下工作的轴承、卷边轴套、衬套、圆盘以及衬套的内垫等。QSn4-4-4 使用温度可达 300℃以下，是一种热强性较好的锡青铜
	4-4-4 锡青铜	QSn4-4-4	
	6.5-0.1 锡青铜	QSn6.5-0.1	制作弹簧和导电性好的弹簧接触片，精密仪器中的耐磨零件和抗磁零件，如齿轮、电刷盒、振动片、接触器
	6.5-0.4 锡青铜	QSn6.5-0.4	除用作弹簧和耐磨零件外，主要用于造纸工业制作耐磨的铜网和单位负荷 < 981MPa、圆周速度<3m/s 的条件下工作的零件
	7-0.2 锡青铜	QSn7-0.2	制作中等载荷、中等滑动速度下承受摩擦的零件，如抗磨垫圈、轴承、轴套、蜗轮等，还可用作弹簧、簧片等
铝青铜	9-2 铝青铜	QAl9-2	高强度耐蚀零件以及在 250℃以下蒸汽介质中工作的管配件和海轮上零件
	9-4 铝青铜	QAl9-4	制作在高负荷下工作的抗磨、耐蚀零件，如轴承，轴套、齿轮、蜗轮、阀座等，也用于制作双金属耐磨零件
	10-3-1.5 铝青铜	QAl10-3-1.5	制作高温条件下工作的耐磨零件和各种标准件，如齿轮、轴承、衬套、圆盘、导向摇臂、飞轮、固定螺母等，可代替高锡青铜制作重要机件
	10-4-4 铝青铜	QAl10-4-4	高强度的耐磨零件和高温下（400℃）工作的零件，如轴衬、轴套、齿轮、球形座、螺母、法兰盘、滑座等以及其他各种重要的耐蚀耐磨零件

（续）

组别	名称	牌号	应用举例
铍青铜	2铍青铜	QBe2	制作各种精密仪表、仪器中的弹簧和弹性元件，各种耐磨零件以及在高速、高压和高温下工作的轴承、衬套，矿山和炼油厂用的冲击不生火花的工具以及各种深冲零件
硅青铜	3-1硅青铜	QSi3-1	用于制作在腐蚀介质中工作的各种零件、弹簧和弹簧零件，以及蜗轮、蜗杆、齿轮、轴套、制动销和杆类耐磨零件，也用于制作焊接结构中的零件，可代替重要的锡青铜，甚至铍青铜
	1-3硅青铜	QSi1-3	用于制造在300℃以下，润滑不良、单位压力不大的工作条件下的摩擦零件（如发动机排气和进气门的导向套）以及在腐蚀介质中工作的结构零件
	3.5-3-1.5硅青铜	QSi3.5-3-1.5	主要用作在高温工作的轴套材料
锰青铜	1.5锰青铜	QMn1.5	用作电子仪表零件，也可作为蒸汽锅炉管配件和接头等
	2锰青铜	QMn2	
	5锰青铜	QMn5	用于制作蒸汽机零件和锅炉的各种管接头、蒸汽阀门等高温耐蚀零件

(3) 铸造铜合金的牌号和应用(表 3-33)

表 3-33 铸造铜合金的牌号和应用
(GB/T 1176—2013)

合金名称	合金牌号	应用举例
5-5-5 锡青铜	ZCuSn5Pb5Zn5	在较重载荷、中等滑动速度下工作的耐磨、耐蚀零件,如轴瓦、衬套、缸套、活塞、离合器、泵件压盖、蜗轮等
10-1 锡青铜	ZCuSn10P1	可用于重载荷(20MPa 以下)和高滑动速度(8m/s)下工作的耐磨零件,如连杆、衬套、轴瓦、齿轮、蜗轮等
10-5 锡青铜	ZCuSn10Pb5	结构材料,耐蚀、耐酸的配件以及破碎机衬套、轴瓦
10-2 锡青铜	ZCuSn10Zn2	在中等及较重载荷和小滑动速度下工作的重要管配件,以及阀、旋塞、泵体、齿轮、叶轮和蜗轮等
15-8 铅青铜	ZCuPb15Sn8	表面压力高又有侧压力的轴承,可用来制造冷轧机的铜冷却管,耐冲击载荷达 50MPa 的零件,内燃机的双金属轴承,主要用于最大载荷达 70MPa 的活塞销套,耐酸配件
17-4-4 铅青铜	ZCuPb17-Sn4Zn4	一般耐磨件,高滑动速度的轴承等
20-5 铅青铜	ZCuPb20Sn5	高滑动速度的轴承及破碎机、水泵、冷轧机轴承,载荷达 40MPa 的零件,耐腐蚀零件,双金属轴承,载荷达 70MPa 的活塞销套

（续）

合金名称	合金牌号	应用举例
30 铅青铜	ZCuPb30	要求高滑动速度的双金属轴瓦、减摩零件等
8-13-3 铝青铜	ZCuAl8Mn-13Fe3	适用于制造重型机械用轴套，以及要求强度高、耐磨、耐压零件，如衬套、法兰、阀体、泵体等
10-3 铝青铜	ZCuAl10Fe3	要求强度高、耐磨、耐蚀的重型铸件，如轴套、螺母、蜗轮以及250℃以下工作的管配件
10-3-2 铝青铜	ZCuAl10-Fe3Mn2	要求强度高、耐磨、耐蚀的零件，如齿轮、轴承、衬套、管嘴，以及耐热管配件等
38 黄铜	ZCuZn38	一般结构件和耐蚀零件，如法兰、阀座、支架、手柄和螺母等
25-6-3-3 铝黄铜	ZCuZn25Al6-Fe3Mn3	适用高强度、耐磨零件，如桥梁支承板、螺母、螺杆、耐磨板、滑板和蜗轮等
26-4-3-3 铝黄铜	ZCuZn26Al4-Fe3Mn3	要求强度高、耐蚀零件
38-2-2 锰黄铜	ZCuZn38Mn2-Pb2	一般用途的结构件，船舶、仪表等使用的外形简单的铸件，如套筒、衬套、轴瓦、滑块等
33-2 铅黄铜	ZCuZn33Pb2	煤气和给水设备的壳体，机械制造业、电子技术、精密仪器和光学仪器的部分构件和配件
40-2 铅黄铜	ZCuZn40Pb2	一般用途的耐磨、耐蚀零件，如轴套、齿轮等

3. 铝及铝合金

（1）常用铝及铝合金的牌号和应用（表 3-34）

表 3-34　常用铝及铝合金的牌号和应用

（GB/T 3190—2020）

组别	牌号		产品种类	应用举例
	新牌号	旧牌号		
工业纯铝	1060 1050A	L2 L3	板、箔、管、线	用于不承受载荷，但要求具有某种特性——如高的可塑性、良好的焊接性、高的耐蚀性或高的导电、导热性的结构元件，如铝箔用于制作垫片及电容器，其他半成品用于制作电子管隔离罩、电线保护套管、电缆电线线芯、飞机通风系统零件等
	1035 8A06	L4 L6	棒、板、箔、管、线、型	
防锈铝	3A21	LF21	板、箔、管、棒、型、线	用于要求高的可塑性和良好的焊接性、在液体或气体介质中工作的低载荷零件，如油箱、汽油或润滑油导管、各种液体容器和其他用深拉制作的小负荷零件；线材用作铆钉
	5A02	LF2	板、箔、管、棒、型、线、锻件	用于焊接在液体中工作的容器和构件（如油箱、汽油和滑油导管）以及其他中等载荷的零件、车辆船舶的内部装饰件等；线材用作焊条和制作铆钉
	5A05	LF5	板、棒、管	用于制作在液体中工作的焊接零件、管道和容器以及其他零件
	5B05	LF10	线材	用作铆接铝合金和镁合金结构铆钉，铆钉在退火状态下铆入结构

（续）

组别	牌号		产品种类	应用举例
	新牌号	旧牌号		
硬铝	2A01	LY1	线材	这种合金广泛用作铆钉材料，用于中等强度和工业温度不超过100℃的结构用铆钉，因耐蚀性低，铆钉铆入结构时应在硫酸中经过阳极氧化处理，再用重铬酸钾填充氧化膜
	2A04	LY4	线材	用于结构工作温度为125~250℃的铆钉
	2A11	LY11	板、棒、管、型、锻件	用于各种中等强度的零件和构件，冲压的连接部件，空气螺旋桨叶片，局部镦粗的零件，如螺栓、铆钉等。铆钉应在淬火后2h内铆入结构
锻铝	2A70	LD7	棒、板、锻件和模锻件	用于制造内燃机活塞和在高温下工作的复杂锻件，如压气机叶轮、鼓风机叶轮等，板材可用作高温下工作的结构材料，用途比2A80更为广泛
	2A80	LD8	棒、锻件和模锻件	用于制作内燃机活塞，压气机叶片、叶轮、圆盘以及其他高温下工作的发动机零件

（2）常用铸造铝合金的代号和应用（表3-35）

表3-35　常用铸造铝合金的代号和应用（GB/T 1173—2013）

代号	应用举例
ZL101	适于铸造形状复杂、中等载荷零件，或要求良好的气密性、耐蚀性、焊接性，且环境温度不超过200℃的零件，如水泵、传动装置、抽水机壳体、仪器仪表壳体等
ZL101A	

（续）

代号	应用举例
ZL102	适于铸造形状复杂、低载荷的薄壁零件及耐腐蚀和气密性良好、工作温度不高于200℃的零件，如船舶零件、仪表壳体、机器盖等
ZL108	主要用于铸造汽车、拖拉机发动机活塞和其他在250℃以下高温中工作的零件
ZL109	和ZL108可互用
ZL110	可用于活塞和其他工作温度较高的零件
ZL402	用于高静载荷、冲击载荷而不便热处理的零件及要求耐蚀和尺寸稳定的工作情况，如高速整铸叶轮、空压机活塞、精密机械、仪器、仪表等方面

五、粉末冶金材料的分类及应用（表3-36）

表3-36　粉末冶金材料的分类及应用

类别		主要性能要求	应用举例
机械零件材料	减摩材料	承载能力（pv值）高，摩擦因数低，耐磨且不伤对偶。需要时，可满足自润滑、低噪声、耐高温等工况要求	铁、铜基含油轴承，含高石墨及二硫化钼的铁、铜基轴承，金属塑料制品铜铅双金属制品
	结构材料	硬度、强度及韧性。需要时，可满足耐磨、耐腐蚀、密封及导磁等工况要求	钢、铁、铜、不锈钢基的受力件，如齿轮、汽车及电冰箱压缩机零件
	多孔材料	可控孔隙的大小、形态、分布及孔隙度。需要时，可满足耐热、耐腐蚀、导电、灭菌、催化等功能要求	铁、铜、镍、不锈钢、银、钛、铂、碳化钨基的过滤、减振、消声、防火、催化、电极、热交换及人造骨等制品

（续）

类别		主要性能要求	应用举例
机械零件材料	密封材料	静密封材料质软，易与接触对偶贴紧，本身不渗漏；动密封材料耐磨，本身不渗漏	热力管道上热胀冷缩球形补偿器的密封件，泵用的硬质合金或精细陶瓷密封环
	摩擦材料	摩擦因数高且稳定，耐短时高温，导热性好，高的能量负荷（摩滑功与摩滑功率的乘积），耐磨，抗卡且不伤对偶	铁基、铜基、半金属及碳基的离合器片及制动带（片）
工具材料	刀具材料	硬度、高温硬度、强度、韧性、抗切屑粘附性及耐磨性	硬质合金，粉末高速钢，氮化硅、氧化锆等精细陶瓷，硬质合金与金刚石复合材料
	模具及凿岩工具材料	硬度、强度、韧性及耐磨性	高钴（$w_{Co}=15\%\sim25\%$）硬质合金
	金刚石工具材料	金属胎体的硬度、强度，与金刚石的粘接强度，及金刚石本身的强度	砂轮修整工具，石材加工工具，玻璃加工工具，珩磨工具，拉丝模，切削工具
高温材料	难熔金属及其化合物基合金材料	热强性、冲击韧度及硬度	钨、钼、钽、铌、锆、钛及其碳化物、硼化物、硅化物、氮化物基的高温材料
	弥散强化材料	热强性、抗蠕变能力	铝、铜、银、镍、铬、铁与氧化铝、氧化钇、氧化锆、氧化钍弥散相组成的抗晶粒长大的材料

（续）

类别		主要性能要求	应用举例
高温材料	精细陶瓷材料	热强性、高温硬度、硬度、耐磨性、抗氧化性及韧性	氮化硅、碳化硅、氮化铝、氧化铝、氧化锆及 SiAlON 等高温结构、耐磨材料、刀具及模具材料
电工材料	触头材料	电导率、耐电弧性	铜-钨、银-钨、铜-石墨等
	集电材料	电导率、减摩性及耐电弧性	铜-石墨、银-石墨、铜-碳纤维电刷，铁（或铜）-铅-石墨电气火车受电弓滑板及电车滑块
	电热材料	电阻率、耐高温性能	钨、钼、硅化钼、碳化硅、氮化硅等发热元件、灯丝、极板

六、常用工程塑料的性能及应用（表 3-37）

表 3-37　常用工程塑料的性能及应用

名称	特　　性	应用举例
硬质聚氯乙烯（PVC）	强度较高，化学稳定性及介电性能优良，耐油性和抗老化性也较好，易熔接及粘合，价格较低。缺点是使用温度低（在60℃以下），线胀系数大，成型加工性不良	制品有管、棒、板、焊条及管件，除用作日常生活用品外，主要用作耐腐蚀的结构材料或设备衬里材料（代替有色金属、不锈钢和橡胶）及电气绝缘材料
低压聚乙烯（HDPE）	具有优良的介电性能、耐冲击、耐水性，化学稳定性高，使用温度可达 80~100℃，摩擦性能和耐寒性好。缺点是强度不高，质较软，成型收缩率大	用作一般电缆的包皮，耐腐蚀的管道、阀、泵的结构零件，也可喷涂于金属表面，作为耐磨、减摩及防腐蚀涂层

（续）

名称	特　　性	应用举例
聚丙烯（PP）	是最轻的塑料之一，其屈服强度、拉伸强度和压缩强度和硬度均优于低压聚乙烯，有很突出的刚性，高温（90℃）抗应力松弛性能良好，耐热性能较好，可在100℃以上使用，如无外力150℃也不变形，除浓硫酸、浓硝酸外，在许多介质中很稳定，低分子量的脂肪烃、芳香烃、氯化烃对它有软化和溶胀作用，几乎不吸水，高频电性能不好，成型容易，但收缩率大，低温呈脆性，耐磨性不高	用作一般结构零件、耐腐蚀化工设备和受热的电气绝缘零件
改性聚苯乙烯（204）	有较好的韧性和一定的冲击强度，透明度优良，化学稳定性、耐水、耐油性能较好，且易于成型	用作透明零件，如汽车用各种灯罩和电气零件等
改性聚苯乙烯（203A）	有较高的韧性和冲击强度；耐酸、耐碱性能好，不耐有机溶剂，电气性能优良，透光性好，着色性佳，并易成型	用作一般结构零件和透明结构零件以及仪表零件、油浸式多点切换开关、电池外壳等
丙烯腈、丁二烯、苯乙烯（ABS）	具有良好的综合性能，即高的冲击强度和良好的力学性能，优良的耐热、耐油性能和化学稳定性，尺寸稳定，易机械加工，表面还可镀金属，电性能良好	用作一般结构或耐磨受力传动零件和耐腐蚀设备，用ABS制成泡沫夹层板可制作小轿车车身
尼龙66	疲劳强度和刚性较高，耐热性较好，摩擦因数低，耐磨性好，但吸湿性大，尺寸稳定性不够	适用于中等载荷、使用温度不大于120℃、无润滑或少润滑条件下工作的耐磨受力传动零件

（续）

名称	特　性	应用举例
尼龙 6	疲劳强度、刚性、耐热性稍不及尼龙 66，但弹性好，有较好的消振、降低噪声能力。其余同尼龙 66	在轻载荷、中等温度（最高 80～100℃）、无润滑或少润滑、要求噪声低的条件下工作的耐磨受力传动零件
尼龙 610	强度、刚性、耐热性略低于尼龙 66，但吸湿性较小，耐磨性好	同尼龙 6，宜用作要求比较精密的齿轮，湿度波动较大的条件下工作的零件
尼龙 1010	强度、刚性、耐热性均与尼龙 6 和 610 相似，吸湿性低于尼龙 610，成型工艺性较好，耐磨性也好	轻载荷、温度不高、湿度变化较大的条件下无润滑或少润滑的情况下工作的零件
单体浇注尼龙（MC 尼龙）	强度、耐疲劳性、耐热性、刚性均优于尼龙 6 及尼龙 66，吸湿性低于尼龙 6 及尼龙 66，耐磨性好，能直接在模型中聚合成型，宜浇注大型零件	在较高载荷，较高的使用温度（最高使用温度小于 120℃）无润滑或少润滑的条件下工作的零件
聚甲醛（POM）	拉伸强度、冲击强度、刚性、疲劳强度、抗蠕变性能都很高，尺寸稳定性好，吸水性小，摩擦因数小，有很好的耐化学药品能力，性能不亚于尼龙，但价格较低，缺点是加热易分解，成型比尼龙困难	可用作轴承、齿轮、凸轮、阀门、管道螺母、泵叶轮、车身底盘的小部件、汽车仪表板、汽化器、箱体、容器、杆件以及喷雾器的各种代铜零件

（续）

名称	特　　性	应用举例
聚碳酸酯（PC）	具有突出的冲击强度和抗蠕变性能，有很高的耐热性，耐寒性也很好，脆化温度达 -100℃，抗弯、抗拉强度与尼龙等相当，并有较高的伸长率和弹性模量，但疲劳强度小于尼龙 66，吸水性较低，收缩率小，尺寸稳定性好，耐磨性与尼龙相当，并有一定的抗腐蚀能力。缺点是成型条件要求较高	可用作各种齿轮、蜗轮、齿条、凸轮、轴承、心轴、滑轮、传送链、螺母、垫圈、泵叶轮、灯罩、容器、外壳、盖板等
聚酚氧	具有良好的力学性能，高的刚性、硬度和韧性。冲击强度可与聚碳酸酯相比，抗蠕变性能与大多数热塑性塑料相比属于优等，吸水性小，尺寸稳定，成型精度高，一般推荐的最高使用温度为 77℃	适用于精密的、形状复杂的耐磨受力传动零件，仪表、计算机等零件
聚四氟乙烯（PTFE、F-4）	具有优异的化学稳定性，与强酸、强碱或强氧化剂均不起作用，有很高的耐热性，耐寒性，使用温度为 -180～250℃，摩擦因数很低，是极好的自润滑材料。缺点是力学性能较低，刚性差，有冷流动性，热导率低，热膨胀大，耐磨性不高（可加入填充剂，适当改善），需采用预压烧结的方法，成型加工费用较高	主要用作耐化学腐蚀、耐高温的密封元件，如填料、衬垫、胀圈、阀座、阀片，也用作输送腐蚀介质的高温管道，耐腐蚀衬里，容器以及轴承、导轨、无油润滑活塞环、密封圈等。其分散液可以制作涂层及浸渍多孔制品

（续）

名称	特　性	应用举例
填充聚四氟乙烯（PTFE）	用玻璃纤维粉末、二硫化钼、石墨、氧化镉、硫化钨、青铜粉、铅粉等填充的聚四氟乙烯，在承载能力、刚性、pv 极限值等方面都有不同的提高	用于高温或腐蚀性介质中工作的摩擦零件，如活塞环等
酚醛塑料（PF）	力学性能很高，刚性大，冷流动性小，耐热性很高（100℃以上），在水润滑下摩擦因数极低（0.01～0.03），pv 值很高，有良好的电性能和抵抗酸碱侵蚀的能力，不易因温度和湿度的变化而变形，成型简便，价格低廉。缺点是性质较脆，色调有限，耐光性差，耐电弧性较小，不耐强氧化性酸的腐蚀	常用的为层压酚醛塑料和粉末状压塑料，有板材、管材及棒材等。可用作农用潜水电泵的密封件和轴承、轴瓦、带轮、齿轮、制动装置和离合装置的零件、摩擦轮及电器绝缘零件等
环氧树脂塑料（EP）	具有较高的强度，良好的化学稳定性和电绝缘性能，成型收缩率小，成型简便	制造金属拉深模、压形模、铸造模，各种结构零件以及用来修补金属零件及铸件

第四章 机械零件

一、螺 纹

（一）普通螺纹

1. 普通螺纹的基本牙型

普通螺纹的原始牙型呈等边三角形，牙型角为60°，其高度为H，基本牙型上大径和小径处的削平高度分别为$H/8$和$H/4$。普通螺纹基本牙型及尺寸计算见表4-1。

表4-1 普通螺纹基本牙型及尺寸计算

（GB/T 192—2003）

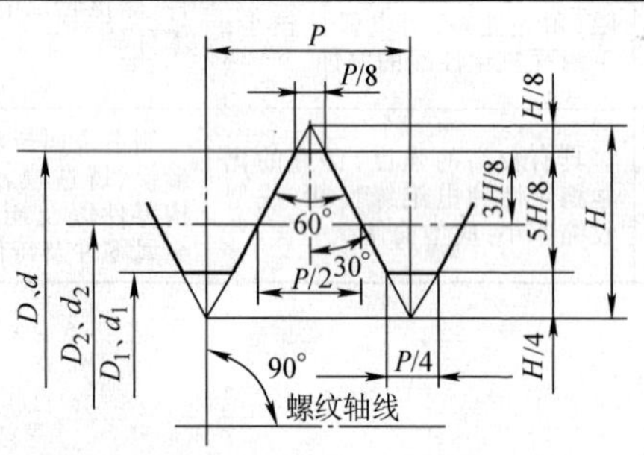

$$H=\frac{\sqrt{3}}{2}P=0.866\ 025\ 404P \quad \frac{5}{8}H=0.541\ 265\ 877P$$

（续）

$$\frac{3}{8}H=0.324\ 759\ 526P;\frac{1}{4}H=0.216\ 506\ 351P$$

$$\frac{1}{8}H=0.108\ 253\ 175P$$

D、d—内、外螺纹大径　D_2、d_2—内、外螺纹中径

D_1、d_1—内、外螺纹小径

P—螺距　H—原始三角形高度

2. 普通螺纹的代号与标记

（1）标记方法　完整的螺纹标记由螺纹特征代号、尺寸代号、公差带代号及其他有必要做进一步说明的个别信息组成。普通螺纹特征代号为“M”。单线螺纹的尺寸代号为“公称直径×螺距”，公称直径和螺距数值单位为mm。对粗牙螺纹，可以省略标注其螺距项。多线螺纹的尺寸代号为“公称直径×Ph导程P螺距”，公称直径、导程和螺距数值单位为mm。可在螺距后增加括号，用英语说明螺纹的线数。

公差带代号包含中径公差带代号和顶径公差带代号。中径公差带代号在前，顶径公差带代号在后，内螺纹用大写字母，外螺纹用小写字母。如果中径公差带代号与顶径公差带代号相同，则只标注一个公差带代号。螺纹尺寸代号与公差带间用“-”号分开。

大批生产的紧固件螺纹（中等公差精度和中等旋合长

度，6H/6g）不标注其公差带代号。

表示螺纹配合时，内螺纹公差带代号在前，外螺纹公差带代号在后，中间用斜线分开。

对旋合长度为短旋合长度组和长旋合长度组的螺纹，在公差带代号后应分别标注“S”和“L”代号。旋合长度代号与公差带间用“-”号分开。中等旋合长度组不标注旋合长度代号（N）。

左旋螺纹在旋合长度代号之后标注代号“LH”。旋合长度代号与旋向代号间用“-”号分开。右旋螺纹不标注旋向代号。

（2）标记示例

1）普通螺纹特征代号和尺寸代号部分的标注：

① 公称直径为8mm、螺距为1mm的单线细牙螺纹：M8×1。

② 公称直径为8mm、螺距为1.25mm的单线粗牙螺纹：M8。

③ 公称直径为16mm、螺距为1.5mm、导程为3mm的双线螺纹：M16 × Ph3P1.5 或 M16 × Ph3P1.5（two starts）。

2）增加公差带代号后的标注：

① 中径公差带为5g、顶径公差带为6g的细牙外螺纹：M10×1-5g6g。

② 中径公差带和顶径公差带均为6g的粗牙外螺纹：M10-6g。

③ 中径公差带为5H、顶径公差带为6H的细牙内螺

纹：M10×1-5H6H。

④ 中径公差带和顶径公差带均为6H的粗牙内螺纹：M10-6H。

⑤ 中径公差带和顶径公差带均为6g、中等公差精度的粗牙外螺纹：M10。

⑥ 中径公差带和顶径公差带均为6H、中等公差精度的粗牙内螺纹：M10。

⑦ 公差带为6H的细牙内螺纹与公差带为5g6g的细牙外螺纹组成配合：M20×2-6H/5g6g。

⑧ 公差带为6H的内螺纹与公差带为6g的外螺纹组成配合（中等精度、粗牙）：M6。

3）增加旋合长度代号后的标注：

① 短旋合长度的细牙内螺纹：M20×2-5H-S。

② 长旋合长度的内、外螺纹：M6-7H/7g6g-L。

③ 中等旋合长度的外螺纹（粗牙、中等精度的6g公差带）：M6。

4）增加旋向代号后的标注（完整标记）：

① 左旋螺纹：M8×1-LH（公差带代号和旋合长度代号被省略）；M6×0.75-5h6h-S-LH；M14×Ph6P2-7H-L-LH或M14×Ph6P2（three starts）-7H-L-LH。

② 右旋螺纹：M6（螺距、公差带代号、旋合长度代号和旋向代号均省略）。

3. 普通螺纹的直径与螺距系列

（1）标准系列（GB/T 193—2003） 普通螺纹直径与螺距的标准系列见表4-2。

表 4-2 普通螺纹直径与螺距的标准系列

（GB/T 193—2003）（单位：mm）

公称直径 D、d			螺距 P	
第 1 系列	第 2 系列	第 3 系列	粗牙	细牙
1			0.25	0.2
	1.1		0.25	
1.2			0.25	
	1.4		0.3	
1.6			0.35	
	1.8		0.35	
2			0.4	0.25
	2.2		0.45	
2.5			0.45	0.35
3			0.5	
	3.5		0.6	
4			0.7	0.5
	4.5		0.75	
5			0.8	
		5.5		
6			1	0.75
	7		1	0.75
8			1.25	1,0.75
		9	1.25	1,0.75
10			1.5	1.25,1,0.75
		11	1.5	1.5,1,0.75
12			1.75	1.25,1
	14		2	1.5,1.25[①],1
		15		1.5,1
16			2	1.5,1
		17		1.5,1

（续）

公称直径 D、d			螺距 P	
第1系列	第2系列	第3系列	粗牙	细牙
	18		2.5	
20			2.5	2,1.5,1
	22		2.5	
24			3	2,1.5,1
		25		2,1.5,1
		26		1.5
	27		3	2,1.5,1
		28		2,1.5,1
30			3.5	(3),2,1.5,1
		32		2,1.5
	33		3.5	(3),2,1.5
		35[2]		1.5
36			4	3,2,1.5
		38		1.5
	39		4	3,2,1.5
		40		3,2,1.5
42			4.5	
	45		4.5	4,3,2,1.5
48			5	
		50		3,2,1.5
	52		5	4,3,2,1.5
		55		4,3,2,1.5
56			5.5	4,3,2,1.5
		58		4,3,2,1.5
	60		5.5	4,3,2,1.5
		62		4,3,2,1.5
64			6	4,3,2,1.5
		65		4,3,2,1.5
	68		6	4,3,2,1.5

（续）

公称直径 D、d			螺距 P	
第 1 系列	第 2 系列	第 3 系列	粗牙	细牙
		70		6,4,3,2,1.5
72				6,4,3,2,1.5
		75		4,3,2,1.5
	76			6,4,3,2,1.5
		78		2
80				6,4,3,2,1.5
		82		2
	85			6,4,3,2
90				
	95			
100				
	105			
110				
	115			6,4,3,2
	120			6,4,3,2
125				8,6,4,3,2
	130			8,6,4,3,2
		135		6,4,3,2
140				8,6,4,3,2
		145		6,4,3,2
	150			8,6,4,3,2

注：1. 直径优先选用第 1 系列，第 3 系列尽可能不用。

2. 括号内的螺距尽可能不用。

① M14×1.25 仅用于发动机的火花塞。

② M35×1.5 仅用于轴承的锁紧螺母。

（2）特殊系列（GB/T 193—2003） 如果需要使用比表 4-2 规定还要小的特殊螺距，则应从下列螺距中选择：3mm、2mm、1.5mm、1mm、0.75mm、0.5mm、0.35mm、0.25mm 和 0.2mm。

选用的最大特殊直径不宜超出表 4-3 所限定的直径范围。

表 4-3 最大公称直径（单位：mm）

螺距	最大公称直径	螺距	最大公称直径
0.5	22	1.5	150
0.75	33	2	200
1	80	3	300

（3）优选系列（GB/T 9144—2003） 普通螺纹的优选系列见表 4-4。

表 4-4 普通螺纹的优选系列

（单位：mm）

公称直径 D、d		螺距 P	
第 1 选择	第 2 选择	粗牙	细牙
1		0.25	
1.2		0.25	
	1.4	0.3	
1.6		0.35	
	1.8	0.35	
2		0.4	
2.5		0.45	
3		0.5	
	3.5	0.6	

（续）

公称直径 D、d		螺距 P	
第 1 选择	第 2 选择	粗牙	细牙
4		0.7	
5		0.8	
6		1	
	7	1	
8		1.25	1
10		1.5	1.25,1
12		1.75	1.5,1.25
	14	2	1.5
16		2	1.5
	18	2.5	2,1.5
20		2.5	2,1.5
	22	2.5	2,1.5
24		3	2
	27	3	2
30		3.5	2
	33	3.5	2
36		4	3
	39	4	3
42		4.5	3
	45	4.5	3
48		5	3
	52	5	4
56		5.5	4
	60	5.5	4
64		6	4

（4）管路系列（GB/T 1414—2013） 普通螺纹的管路系列见表 4-5。

表 4-5 普通螺纹的管路系列 （单位：mm）

公称直径 D、d		螺距 P
第 1 选择	第 2 选择	
8		1
10		1
	14	1.5
16		1.5
	18	1.5
20		1.5
	22	2,1.5
24		2
	27	2
30		2
	33	2
	39	2
42		2
48		2
	56	2
	60	2
64		2
	68	2
72		3
	76	2
80		2
	85	2
90		3,2
100		3,2
	115	3,2
125		2
140		3,2
	150	2
160		2
	170	3

4. 普通螺纹的基本尺寸（表 4-6）

表 4-6 普通螺纹的基本尺寸（GB/T 196—2003）

（单位：mm）

公称直径（大径）D、d	螺距 P	中径 D_2 或 d_2	小径 D_1 或 d_1	公称直径（大径）D、d	螺距 P	中径 D_2 或 d_2	小径 D_1 或 d_1
1	0.25	0.838	0.729	5.5	0.5	5.175	4.959
	0.2	0.87	0.783	6	1	5.35	4.917
1.1	0.25	0.938	0.829		0.75	5.513	5.188
	0.2	0.97	0.883	7	1	6.35	5.917
1.2	0.25	1.038	0.929		0.75	6.513	6.188
	0.2	1.07	0.983	8	1.25	7.188	6.647
1.4	0.3	1.205	1.075		1	7.35	6.917
	0.2	1.27	1.183		0.75	7.513	7.188
1.6	0.35	1.373	1.221	9	1.25	8.188	7.647
	0.2	1.47	1.383		1	8.35	7.917
1.8	0.35	1.573	1.421		0.75	8.513	8.188
	0.2	1.67	1.583	10	1.5	9.026	8.376
2	0.4	1.74	1.567		1.25	9.188	8.647
	0.25	1.838	1.729		1	9.35	8.917
2.2	0.45	1.908	1.713		0.75	9.513	9.188
	0.25	2.038	1.929	11	1.5	10.026	9.376
2.5	0.45	2.208	2.013		1	10.35	9.917
	0.35	2.273	2.121		0.75	10.513	10.188
3	0.5	2.675	2.459	12	1.75	10.863	10.106
	0.35	2.773	2.621		1.5	11.026	10.376
3.5	0.6	3.11	2.85		1.25	11.188	10.647
	0.35	3.273	3.121		1	11.35	10.917
4	0.7	3.545	3.242	14	2	12.701	11.835
	0.5	3.675	3.459		1.5	13.026	12.376
4.5	0.75	4.013	3.688		1.25	13.188	12.647
	0.5	4.175	3.959		1	13.35	12.917
5	0.8	4.48	4.134	15	1.5	14.026	13.376
	0.5	4.675	4.459		1	14.35	13.917

（续）

公称直径（大径）D、d	螺距 P	中径 D_2 或 d_2	小径 D_1 或 d_1
16	2	14.701	13.835
	1.5	15.026	14.376
	1	15.35	14.917
17	1.5	16.026	15.376
	1	16.35	15.917
18	2.5	16.376	15.294
	2	16.701	15.835
	1.5	17.026	16.376
	1	17.35	16.917
20	2.5	18.376	17.294
	2	18.701	17.835
	1.5	19.026	18.376
	1	19.35	18.917
22	2.5	20.376	19.294
	2	20.701	19.835
	1.5	21.026	20.376
	1	21.35	20.917
24	3	22.051	20.752
	2	22.701	21.835
	1.5	23.026	22.376
	1	23.35	22.917
25	2	23.701	22.835
	1.5	24.026	23.376
	1	24.35	23.917
26	1.5	25.026	24.376
27	3	25.051	23.752
	2	25.701	24.835
	1.5	26.026	25.376
	1	26.35	25.917
28	2	26.701	25.835
	1.5	27.026	26.376
	1	27.35	26.917

公称直径（大径）D、d	螺距 P	中径 D_2 或 d_2	小径 D_1 或 d_1
30	3.5	27.727	26.211
	3	28.051	26.752
	2	28.701	27.835
	1.5	29.026	28.376
	1	29.35	28.917
32	2	30.701	29.835
	1.5	31.026	30.376
33	3.5	30.727	29.211
	3	31.051	29.752
	2	31.701	30.835
	1.5	32.026	31.376
35	1.5	34.026	33.376
36	4	33.402	31.67
	3	34.051	32.752
	2	34.701	33.835
	1.5	35.026	34.376
38	1.5	37.026	36.376
39	4	36.402	34.67
	3	37.051	35.752
	2	37.701	36.835
	1.5	38.026	37.376
40	3	38.051	36.752
	2	38.701	37.835
	1.5	39.026	38.376
42	4.5	39.077	37.129
	4	39.402	37.67
	3	40.051	38.752
	2	40.701	39.835
	1.5	41.026	40.376
45	4.5	42.077	40.129
	4	42.402	40.67
	3	43.051	41.752

（续）

公称直径（大径）D、d	螺距 P	中径 D_2 或 d_2	小径 D_1 或 d_1
45	2	43.701	42.835
	1.5	44.026	43.376
48	5	44.752	42.587
	4	45.402	43.67
	3	46.051	44.752
	2	46.701	45.835
	1.5	47.026	46.376
50	3	48.051	46.752
	2	48.701	47.835
	1.5	49.026	48.376
52	5	48.752	46.587
	4	49.402	47.67
	3	50.051	48.752
	2	50.701	49.835
	1.5	51.026	50.376
55	4	52.402	50.67
	3	53.051	51.752
55	2	53.701	52.835
	1.5	54.026	53.376
56	5.5	52.428	50.046
	4	53.402	51.67
	3	54.051	52.752
	2	54.701	53.835
	1.5	55.026	54.376
58	4	55.402	53.67
	3	56.051	54.752
	2	56.701	55.835
	1.5	57.026	56.376
60	5.5	56.428	54.046
	4	57.402	55.67
	3	58.051	56.752
	2	58.701	57.835
	1.5	59.026	58.376

注：$D_2 = D - 0.6495P$，$D_1 = D - 1.0825P$，$d_2 = d - 0.6495P$，$d_1 = d - 1.0825P$。

5. 普通螺纹的公差与配合（GB/T 197—2018）

GB/T 197—2018《普通螺纹　公差》规定了公称直径在 1～355mm 范围内普通螺纹的公差和基本偏差，并对内、外螺纹的配合提出了要求；标准还规定了螺纹配合最小间隙为零，以及具有保证间隙的螺纹公差和基本偏差。

(1) 普通螺纹公差带　螺纹公差带由公差带的位置和公差带的大小组成，如图 4-1 所示。公差带的位置是指公差带的起始点到基本牙型的距离，并称为基本偏差。国家标准规定外螺纹的上极限偏差（*es*）和内螺纹的下极限偏差（*EI*）为基本偏差。

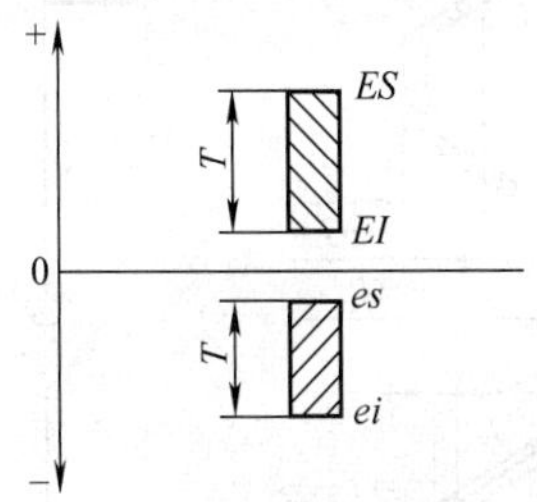

图 4-1　螺纹公差带及基本偏差

T—公差　*ES*—内螺纹上极限偏差　*EI*—内螺纹下极限偏差　*es*—外螺纹上极限偏差　*ei*—外螺纹下极限偏差

对内螺纹规定了 G 和 H 两种位置（图 4-2），对外螺纹规定了 a、b、c、d、e、f、g 和 h 八种位置（图 4-3）。H、h 的基本偏差为零，G 的基本偏差为正值，a、b、c、d、e、f、g 的基本偏差为负值。

(2) 内、外螺纹的基本偏差（表 4-7）

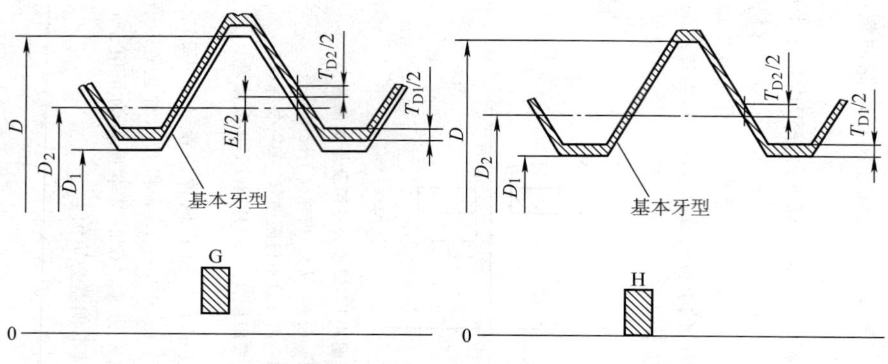

图 4-2　内螺纹公差带位置

T_{D1}—内螺纹小径公差　T_{D2}—内螺纹中径公差

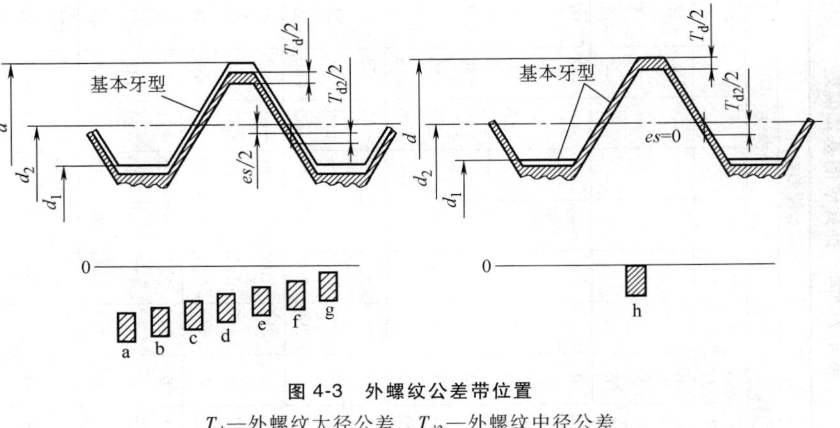

图 4-3　外螺纹公差带位置

T_d—外螺纹大径公差　T_{d2}—外螺纹中径公差

表 4-7 内、外螺纹的基本偏差

螺距 P /mm	基本偏差/μm									
	内螺纹		外螺纹							
	G *EI*	H *EI*	a *es*	b *es*	c *es*	d *es*	e *es*	f *es*	g *es*	h *es*
0. 2	+17	0	—	—	—	—	—	—	-17	0
0. 25	+18	0	—	—	—	—	—	—	-18	0
0. 3	+18	0	—	—	—	—	—	—	-18	0
0. 35	+19	0	—	—	—	—	—	-34	-19	0
0. 4	+19	0	—	—	—	—	—	-34	-19	0
0. 45	+20	0	—	—	—	—	—	-35	-20	0
0. 5	+20	0	—	—	—	—	-50	-36	-20	0
0. 6	+21	0	—	—	—	—	-53	-36	-21	0
0. 7	+22	0	—	—	—	—	-56	-38	-22	0
0. 75	+22	0	—	—	—	—	-56	-38	-22	0
0. 8	+24	0	—	—	—	—	-60	-38	-24	0
1	+26	0	-290	-200	-130	-85	-60	-40	-26	0
1. 25	+28	0	-295	-205	-135	-90	-63	-42	-28	0
1. 5	+32	0	-300	-212	-140	-95	-67	-45	-32	0
1. 75	+34	0	-310	-220	-145	-100	-71	-48	-34	0
2	+38	0	-315	-225	-150	-105	-71	-52	-38	0
2. 5	+42	0	-325	-235	-160	-110	-80	-58	-42	0
3	+48	0	-335	-245	-170	-115	-85	-63	-48	0
3. 5	+53	0	-345	-255	-180	-125	-90	-70	-53	0
4	+60	0	-355	-265	-190	-130	-95	-75	-60	0
4. 5	+63	0	-365	-280	-200	-135	-100	-80	-63	0

（续）

螺距 P /mm	基本偏差/μm									
	内螺纹		外螺纹							
	G	H	a	b	c	d	e	f	g	h
	EI	EI	es	es	es	es	es	es	es	es
5	+71	0	-375	-290	-212	-140	-106	-85	-71	0
5.5	+75	0	-385	-300	-224	-150	-112	-90	-75	0
6	+80	0	-395	-310	-236	-155	-118	-95	-80	0
8	+100	0	-425	-340	-265	-180	-140	-118	-100	0

（3）内、外螺纹各直径的公差等级（表4-8）

表4-8　内、外螺纹各直径的公差等级

螺纹直径		公差等级
内螺纹	小径 D_1	4,5,6,7,8
	中径 D_2	4,5,6,7,8
外螺纹	大径 d	4,6,8
	中径 d_2	3,4,5,6,7,8,9

（4）螺纹旋合长度　螺纹旋合长度分短旋合长度组S、中等旋合长度组N和长旋合长度组L三组，见表4-9。

表4-9　普通螺纹旋合长度（单位：mm）

基本大径 D、d		螺距 P	旋合长度			
			S	N		L
>	≤		≤	>	≤	>
0.99	1.4	0.2	0.5	0.5	1.4	1.4
		0.25	0.6	0.6	1.7	1.7
		0.3	0.7	0.7	2	2
1.4	2.8	0.2	0.5	0.5	1.5	1.5
		0.25	0.6	0.6	1.9	1.9
		0.35	0.8	0.8	2.6	2.6
		0.4	1	1	3	3
		0.45	1.3	1.3	3.8	3.8

（续）

基本大径 D、d		螺距 P	旋合长度			
			S	N		L
>	≤		≤	>	≤	>
2.8	5.6	0.35	1	1	3	3
		0.5	1.5	1.5	4.5	4.5
		0.6	1.7	1.7	5	5
		0.7	2	2	6	6
		0.75	2.2	2.2	6.7	6.7
		0.8	2.5	2.5	7.5	7.5
5.6	11.2	0.75	2.4	2.4	7.1	7.1
		1	3	3	9	9
		1.25	4	4	12	12
		1.5	5	5	15	15
11.2	22.4	1	3.8	3.8	11	11
		1.25	4.5	4.5	13	13
		1.5	5.6	5.6	16	16
		1.75	6	6	18	18
		2	8	8	24	24
		2.5	10	10	30	30
22.4	45	1	4	4	12	12
		1.5	6.3	6.3	19	19
		2	8.5	8.5	25	25
		3	12	12	36	36
		3.5	15	15	45	45
		4	18	18	53	53
		4.5	21	21	63	63
45	90	1.5	7.5	7.5	22	22
		2	9.5	9.5	28	28
		3	15	15	45	45
		4	19	19	56	56
		5	24	24	71	71
		5.5	28	28	85	85
		6	32	32	95	95

（5）螺纹公差带的选用（表 4-10）

表 4-10 螺纹公差带的选用

(1)内螺纹推荐公差带

精度	公差带位置 G			公差带位置 H		
	S	N	L	S	N	L
精密	—	—	—	4H	5H	6H
中等	(5G)	*6G	(7G)	*5H	*6H	*7H
粗糙	—	(7G)	(8G)	—	7H	8H

(2)外螺纹推荐公差带

精度	公差带位置 e			公差带位置 f			公差带位置 g			公差带位置 h		
	S	N	L	S	N	L	S	N	L	S	N	L
精密	—	—	—	—	—	—	—	(4g)	(5g4g)	(3h4h)	*4h	(5h4h)
中等	—	*6e	(7e6e)	—	*6f	—	(5g6g)	*6g	(7g6g)	(5h6h)	6h	(7h6h)
粗糙	—	(8e)	(9e8e)	—	—	—	—	8g	(9g8g)	—	—	—

注：1. 大量生产的紧固件螺纹，推荐采用带方框的公差带。

2. 带*的公差带应优先选用，不带*的公差带其次，括号内的公差带尽可能不用。

(6)普通螺纹公差带的极限偏差(表 4-11)

表 4-11　普通螺纹公差带的极限偏差

(GB/T 2516—2003)　　　　(单位:μm)

基本大径/mm		螺距/mm	内螺纹					外螺纹				
			公差带	中径		小径		公差带	中径		大径	
>	≤			ES	EI	ES	EI		es	ei	es	ei
5.6	11.2	0.75	—	—	—	—	—	3h4h	0	-50	0	-90
			4H	+85	0	+118	0	4h	0	-63	0	-90
			5G	+128	+22	+172	+22	5g6g	-22	-102	-22	-162
			5H	+106	0	+150	0	5h4h	0	-80	0	-90
			—	—	—	—	—	5h6h	0	-80	0	-140
			—	—	—	—	—	6e	-56	-156	-56	-196
			—	—	—	—	—	6f	-38	-138	-38	-178
			6G	+154	+22	+212	+22	6g	-22	-122	-22	-162
			6H	+132	0	+190	0	6h	0	-100	0	-140
			—	—	—	—	—	7e6e	-56	-181	-56	-196
			7G	+192	+22	+258	+22	7g6g	-22	-147	-22	-162
			7H	+170	0	+236	0	7h6h	0	-125	0	-140
			8G	—	—	—	—	8g	—	—	—	—
			8H	—	—	—	—	9g8g	—	—	—	—
		1	—	—	—	—	—	3h4h	0	-56	0	-112
			4H	+95	0	+150	0	4h	0	-71	0	-112

（续）

基本大径/mm		螺距/mm	内螺纹					外螺纹				
			公差带	中径		小径		公差带	中径		大径	
>	≤			ES	EI	ES	EI		es	ei	es	ei
5.6	11.2	1	5G	+144	+26	+216	+26	5g6g	-26	-116	-26	-206
			5H	+118	0	+190	0	5h4h	0	-90	0	-112
			—	—	—	—	—	5h6h	0	-90	0	-180
			—	—	—	—	—	6e	-60	-172	-60	-240
			—	—	—	—	—	6f	-40	-152	-40	-220
			6G	+176	+26	+262	+26	6g	-26	-138	-26	-206
			6H	+150	0	+236	0	6h	0	-112	0	-180
			—	—	—	—	—	7e6e	-60	-200	-60	-240
			7G	+216	+26	+326	+26	7g6g	-26	-166	-26	-206
			7H	+190	0	+300	0	7h6h	0	-140	0	-180
			8G	+262	+26	+401	+26	8g	-26	-206	-26	-306
			8H	+236	0	+375	0	9g8g	-26	-250	-26	-306
		1.25	—	—	—	—	—	3h4h	0	-60	0	-132
			4H	+100	0	+170	0	4h	0	-75	0	-132
			5G	+153	+28	+240	+28	5g6g	-28	-123	-28	-240
			5H	+125	0	+212	0	5h4h	0	-95	0	-132
			—	—	—	—	—	5h6h	0	-95	0	-212
			—	—	—	—	—	6e	-63	-181	-63	-275
			—	—	—	—	—	6f	-42	-160	-42	-254

（续）

基本大径/mm		螺距/mm	内螺纹					外螺纹				
			公差带	中径		小径		公差带	中径		大径	
>	≤			ES	EI	ES	EI		es	ei	es	ei
5.6	11.2	1.25	6G	+188	+28	+293	+28	6g	-28	-146	-28	-240
			6H	+160	0	+265	0	6h	0	-118	0	-212
			—	—	—	—	—	7e6e	-63	-213	-63	-275
			7G	+228	+28	+363	+28	7g6g	-28	-178	-28	-240
			7H	+200	0	+335	0	7h6h	0	-150	0	-212
			8G	+278	+28	+453	+28	8g	-28	-218	-28	-363
			8H	+250	0	+425	0	9g8g	-28	-264	-28	-363
		1.5	—	—	—	—	—	3h4h	0	-67	0	-150
			4H	+112	0	+190	0	4h	0	-85	0	-150
			5G	+172	+32	+268	+32	5g6g	-32	-138	-32	-268
			5H	+140	0	+236	0	5h4h	0	-106	0	-150
			—	—	—	—	—	5h6h	0	-106	0	-236
			—	—	—	—	—	6e	-67	-199	-67	-303
			—	—	—	—	—	6f	-45	-177	-45	-281
			6G	+212	+32	+332	+32	6g	-32	-164	-32	-268
			6H	+180	0	+300	0	6h	0	-132	0	-236
			—	—	—	—	—	7e6e	-67	-237	-67	-303
			7G	+256	+32	+407	+32	7g6g	-32	-202	-32	-268
			7H	+224	0	+375	0	7h6h	0	-170	0	-236
			8G	+312	+32	+507	+32	8g	-32	-244	-32	-407
			8H	+280	0	+475	0	9g8g	-32	-297	-32	-407

（续）

基本大径/mm		螺距/mm	内螺纹					外螺纹				
			公差带	中径		小径		公差带	中径		大径	
>	≤			ES	EI	ES	EI		es	ei	es	ei
11.2	22.4	1	—	—	—	—	—	3h4h	0	-60	0	-112
			4H	+100	0	+150	0	4h	0	-75	0	-112
			5G	+151	+26	+216	+26	5g6g	-26	-121	-26	-206
			5H	+125	0	+190	0	5h4h	0	-95	0	-112
			—	—	—	—	—	5h6h	0	-95	0	-180
			—	—	—	—	—	6e	-60	-178	-60	-240
			—	—	—	—	—	6f	-40	-158	-40	-220
			6G	+186	+26	+262	+26	6g	-26	-144	-26	-206
			6H	+160	0	+236	0	6h	0	-118	0	-180
			—	—	—	—	—	7e6e	-60	-210	-60	-240
			7G	+226	+26	+326	+26	7g6g	-26	-176	-26	-206
			7H	+200	0	+300	0	7h6h	0	-150	0	-180
			8G	+276	+26	+401	+26	8g	-26	-216	-26	-306
			8H	+250	0	+375	0	9g8g	-26	-262	-26	-306
		1.25	—	—	—	—	—	3h4h	0	-67	0	-132
			4H	+112	0	+170	0	4h	0	-85	0	-132
			5G	+168	+28	+240	+28	5g6g	-28	-134	-28	-240
			5H	+140	0	+212	0	5h4h	0	-106	0	-132
			—	—	—	—	—	5h6h	0	-106	0	-212

（续）

基本大径/mm		螺距/mm	内螺纹					外螺纹				
			公差带	中径		小径		公差带	中径		大径	
>	≤			ES	EI	ES	EI		es	ei	es	ei
11.2	22.4	1.25	—	—	—	—	—	6e	-63	-195	-63	-275
			—	—	—	—	—	6f	-42	-174	-42	-254
			6G	+208	+28	+293	+28	6g	-28	-160	-28	-240
			6H	+180	0	+265	0	6h	0	-132	0	-212
			—	—	—	—	—	7e6e	-63	-233	-63	-275
			7G	+252	+28	+363	+28	7g6g	-28	-198	-28	-240
			7H	+224	0	+335	0	7h6h	0	-170	0	-212
			8G	+308	+28	+453	+28	8g	-28	-240	-28	-363
			8H	+280	0	+425	0	9g8g	-28	-293	-28	-363
		1.5	—	—	—	—	—	3h4h	0	-71	0	-150
			4H	+118	0	+190	0	4h	0	-90	0	-150
			5G	+182	+32	+268	+32	5g6g	-32	-144	-32	-268
			5H	+150	0	+236	0	5h4h	0	-112	0	-150
			—	—	—	—	—	5h6h	0	-112	0	-236
			—	—	—	—	—	6e	-67	-207	-67	-303
			—	—	—	—	—	6f	-45	-185	-45	-281
			6G	+222	+32	+332	+32	6g	-32	-172	-32	-268
			6H	+190	0	+300	0	6h	0	-140	0	-236

（续）

基本大径/mm		螺距/mm	内螺纹					外螺纹				
			公差带	中径		小径		公差带	中径		大径	
>	≤			ES	EI	ES	EI		es	ei	es	ei
11.2	22.4	1.5	—	—	—	—	—	7e6e	-67	-247	-67	-303
			7G	+268	+32	+407	+32	7g6g	-32	-212	-32	-268
			7H	+236	0	+375	0	7h6h	0	-180	0	-236
			8G	+332	+32	+507	+32	8g	-32	-256	-32	-407
			8H	+300	0	+475	0	9g8g	-32	-312	-32	-407
		1.75	—	—	—	—	—	3h4h	0	-75	0	-170
			4H	+125	0	+212	0	4h	0	-95	0	-170
			5G	+194	+34	+299	+34	5g6g	-34	-152	-34	-299
			5H	+160	0	+265	0	5h4h	0	-118	0	-170
			—	—	—	—	—	5h6h	0	-118	0	-265
			—	—	—	—	—	6e	-71	-221	-71	-336
			—	—	—	—	—	6f	-48	-198	-48	-313
			6G	+234	+34	+369	+34	6g	-34	-184	-34	-299
			6H	+200	0	+335	0	6h	0	-150	0	-265
			—	—	—	—	—	7e6e	-71	-261	-71	-336
			7G	+284	+34	+459	+34	7g6g	-34	-224	-34	-299
			7H	+250	0	+425	0	7h6h	0	-190	0	-265
			8G	+349	+34	+564	+34	8g	-34	-270	-34	-459
			8H	+315	0	+530	0	9g8g	-34	-334	-34	-459

（续）

基本大径/mm		螺距/mm	内螺纹					外螺纹				
			公差带	中径		小径		公差带	中径		大径	
>	≤			ES	EI	ES	EI		es	ei	es	ei
11.2	22.4	2	—	—	—	—	—	3h4h	0	-80	0	-180
			4H	+132	0	+236	0	4h	0	-100	0	-180
			5G	+208	+38	+338	+38	5g6g	-38	-163	-38	-318
			5H	+170	0	+300	0	5h4h	0	-125	0	-180
			—	—	—	—	—	5h6h	0	-125	0	-280
			—	—	—	—	—	6e	-71	-231	-71	-351
			—	—	—	—	—	6f	-52	-212	-52	-332
			6G	+250	+38	+413	+38	6g	-38	-198	-38	-318
			6H	+212	0	+375	0	6h	0	-160	0	-280
			—	—	—	—	—	7e6e	-71	-271	-71	-351
			7G	+303	+38	+513	+38	7g6g	-38	-238	-38	-318
			7H	+265	0	+475	0	7h6h	0	-200	0	-280
			8G	+373	+38	+638	+38	8g	-38	-288	-38	-488
			8H	+335	0	+600	0	9g8g	-38	-353	-38	-448
		2.5	—	—	—	—	—	3h4h	0	-85	0	-212
			4H	+140	0	+280	0	4h	0	-106	0	-212
			5G	+222	+42	+397	+42	5g6g	-42	-174	-42	-377
			5H	+180	0	+355	0	5h4h	0	-132	0	-212
			—	—	—	—	—	5h6h	0	-132	0	-335

（续）

基本大径/mm		螺距/mm	内螺纹					外螺纹				
			公差带	中径		小径		公差带	中径		大径	
>	≤			*ES*	*EI*	*ES*	*EI*		*es*	*ei*	*es*	*ei*
11.2	22.4	2.5	—	—	—	—	—	6e	-80	-250	-80	-415
			—	—	—	—	—	6f	-58	-228	-58	-393
			6G	+266	+42	+492	+42	6g	-42	-212	-42	-377
			6H	+224	0	+450	0	6h	0	-170	0	-335
			—	—	—	—	—	7e6e	-80	-292	-80	-415
			7G	+322	+42	+602	+42	7g6g	-42	-254	-42	-377
			7H	+280	0	+560	0	7h6h	0	-212	0	-335
			8G	+397	+42	+752	+42	8g	-42	-307	-42	-572
			8H	+355	0	+710	0	9g8g	-42	-377	-42	-572
22.4	45	1	—	—	—	—	—	3h4h	0	-63	0	-112
			4H	+106	0	+150	0	4h	0	-80	0	-112
			5G	+158	+26	+218	+26	5g6g	-26	-126	-26	-206
			5H	+132	0	+190	0	5h4h	0	-100	0	-112
			—	—	—	—	—	5h6h	0	-100	0	-180
			—	—	—	—	—	6e	-60	-185	-60	-240
			—	—	—	—	—	6f	-40	-165	-40	-220
			6G	+196	+26	+262	+26	6g	-26	-151	-26	-206
			6H	+170	0	+236	0	6h	0	-125	0	-180
			—	—	—	—	—	7e6e	-60	-220	-60	-240

（续）

基本大径/mm		螺距/mm	内螺纹					外螺纹				
			公差带	中径		小径		公差带	中径		大径	
>	≤			ES	EI	ES	EI		es	ei	es	ei
22.4	45	1	7G	+238	+26	+326	+26	7g6g	-26	-186	-26	-206
			7H	+212	0	+300	0	7h6h	0	-160	0	-180
			8G	—	—	—	—	8g	-26	-226	-26	-306
			8H	—	—	—	—	9g8g	-26	-276	-26	-306
		1.5	—	—	—	—	—	3h4h	0	-75	0	-150
			4H	+125	0	+190	0	4h	0	-95	0	-150
			5G	+192	+32	+268	+32	5g6g	-32	-150	-32	-268
			5H	+160	0	+236	0	5h4h	0	-118	0	-150
			—	—	—	—	—	5h6h	0	-118	0	-236
			—	—	—	—	—	6e	-67	-217	-67	-303
			—	—	—	—	—	6f	-45	-195	-45	-281
			6G	+232	+32	+332	+32	6g	-32	-182	-32	-268
			6H	+200	0	+300	0	6h	0	-150	0	-236
			—	—	—	—	—	7e6e	-67	-257	-67	-303
			7G	+282	+32	+407	+32	7g6g	-32	-222	-32	-268
			7H	+250	0	+375	0	7h6h	0	-190	0	-236
			8G	+347	+32	+507	+32	8g	-32	-268	-32	-407
			8H	+315	0	+475	0	9g8g	-32	-332	-32	-407

（续）

基本大径/mm		螺距/mm	内螺纹					外螺纹				
			公差带	中径		小径		公差带	中径		大径	
>	≤			ES	EI	ES	EI		es	ei	es	ei
22.4	45	2	—	—	—	—	—	3h4h	0	-85	0	-180
			4H	+140	0	+236	0	4h	0	-106	0	-180
			5G	+218	+38	+338	+38	5g6g	-38	-170	-38	-318
			5H	+180	0	+300	0	5h4h	0	-132	0	-180
			—	—	—	—	—	5h6h	0	-132	0	-280
			—	—	—	—	—	6e	-71	-241	-71	-351
			—	—	—	—	—	6f	-52	-222	-52	-332
			6G	+262	+38	+413	+38	6g	-38	-208	-38	-318
			6H	+224	0	+375	0	6h	0	-170	0	-280
			—	—	—	—	—	7e6e	-71	-283	-71	-351
			7G	+318	+38	+513	+38	7g6g	-38	-250	-38	-318
			7H	+280	0	+475	0	7h6h	0	-212	0	-280
			8G	+393	+38	+638	+38	8g	-38	-307	-38	-488
			8H	+355	0	+600	0	9g8g	-38	-373	-38	-488
		3	—	—	—	—	—	3h4h	0	-100	0	-236
			4H	+170	0	+315	0	4h	0	-125	0	-236
			5G	+260	+48	+448	+48	5g6g	-48	-208	-48	-423
			5H	+212	0	+400	0	5h4h	0	-160	0	-236
			—	—	—	—	—	5h6h	0	-160	0	-375

（续）

基本大径/mm		螺距/mm	内螺纹					外螺纹				
			公差带	中径		小径		公差带	中径		大径	
>	≤			ES	EI	ES	EI		es	ei	es	ei
22.4	45	3	—	—	—	—	—	6e	-85	-285	-85	-460
			—	—	—	—	—	6f	-63	-263	-63	-438
			6G	+313	+48	+548	+48	6g	-48	-248	-48	-423
			6H	+265	0	+500	0	6h	0	-200	0	-375
			—	—	—	—	—	7e6e	-85	-335	-85	-460
			7G	+383	+48	+678	+48	7g6g	-48	-298	-48	-423
			7H	+335	0	+630	0	7h6h	0	-250	0	-375
			8G	+473	+48	+848	+48	8g	-48	-363	-48	-648
			8H	+425	0	+800	0	9g8g	-48	-448	-48	-648
		3.5	—	—	—	—	—	3h4h	0	-106	0	-265
			4H	+180	0	+355	0	4h	0	-132	0	-265
			5G	+277	+53	+503	+53	5g6g	-53	-223	-53	-478
			5H	+224	0	+450	0	5h4h	0	-170	0	-265
			—	—	—	—	—	5h6h	0	-170	0	-425
			—	—	—	—	—	6e	-90	-302	-90	-515
			—	—	—	—	—	6f	-70	-282	-70	-495
			6G	+333	+53	+613	+53	6g	-53	-265	-53	-478
			6H	+280	0	+560	0	6h	0	-212	0	-425
			—	—	—	—	—	7e6e	-90	-355	-90	-515

（续）

基本大径/mm		螺距/mm	内螺纹					外螺纹				
			公差带	中径		小径		公差带	中径		大径	
>	≤			*ES*	*EI*	*ES*	*EI*		*es*	*ei*	*es*	*ei*
22.4	45	3.5	7G	+408	+53	+763	+53	7g6g	-53	-318	-53	-478
			7H	355	0	+710	0	7h6h	0	-265	0	-425
			8G	+503	+53	+953	+53	8g	-53	-388	-53	-723
			8H	+450	0	+900	0	9g8g	-53	-478	-53	-723
		4	—	—	—	—	—	3h4h	0	-112	0	-300
			4H	+190	0	+375	0	4h	0	-140	0	-300
			5G	+296	+60	+535	+60	5g6g	-60	-240	-60	-535
			5H	+236	0	+475	0	5h4h	0	-180	0	-300
			—	—	—	—	—	5h6h	0	-180	0	-475
			—	—	—	—	—	6e	-95	-319	-95	-570
			—	—	—	—	—	6f	-75	-299	-75	-550
			6G	+360	+60	+660	+60	6g	-60	-284	-60	-535
			6H	+300	0	+600	0	6h	0	-224	0	-475
			—	—	—	—	—	7e6e	-95	-375	-95	-570
			7G	+435	+60	+810	+60	7g6g	-60	-340	-60	-535
			7H	+375	0	+750	0	7h6h	0	-280	0	-475
			8G	+535	+60	+1010	+60	8g	-60	-415	-60	-810
			8H	+475	0	+950	0	9g8g	-60	-510	-60	-810

（续）

基本大径/mm		螺距/mm	内螺纹					外螺纹				
			公差带	中径		小径		公差带	中径		大径	
>	≤			ES	EI	ES	EI		es	ei	es	ei
22.4	45	4.5	—	—	—	—	—	3h4h	0	-118	0	-315
			4H	+200	0	+425	0	4h	0	-150	0	-315
			5G	+313	+63	+593	+63	5g6g	-63	-253	-63	-563
			5H	+250	0	+530	0	5h4h	0	-190	0	-315
			—	—	—	—	—	5h6h	0	-190	0	-500
			—	—	—	—	—	6e	-100	-336	-100	-600
			—	—	—	—	—	6f	-80	-316	-80	-580
			6G	+378	+63	+733	+63	6g	-63	-299	-63	-563
			6H	+315	0	+670	0	6h	0	-236	0	-500
			—	—	—	—	—	7e6e	-100	-400	-100	-600
			7G	+463	+63	+913	+63	7g6g	-63	-363	-63	-563
			7H	+400	0	+850	0	7h6h	0	-300	0	-500
			8G	+563	+63	+1123	+63	8g	-63	-438	-63	-863
			8H	+500	0	+1060	0	9g8g	-63	-538	-63	-863

（二）梯形螺纹

1. 梯形螺纹的牙型（GB/T 5796.1—2005）

该标准规定了梯形螺纹的基本牙型和设计牙型。

（1）基本牙型　即理论牙型。基本牙型是由顶角为30°的原始等腰三角形，截去顶部和底部所形成的内、外螺纹共有的牙型（图 4-4）。

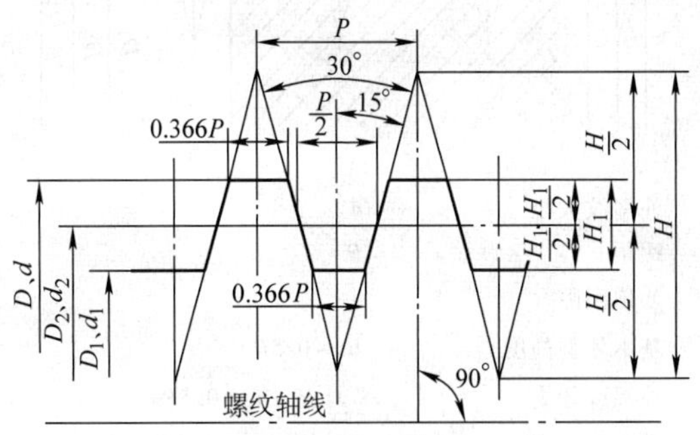

D、d—内、外螺纹大径　D_2、d_2—内、外螺纹中径　P—螺距　D_1、d_1—内、外螺纹小径　H—原始三角形高度　H_1—基本牙型高度

图 4-4　梯形螺纹基本牙型

（2）设计牙型　设计牙型与基本牙型的不同点为大径和小径间都留有一定的间隙，牙顶、牙底给出了制造所需的圆弧，如图 4-5 所示。

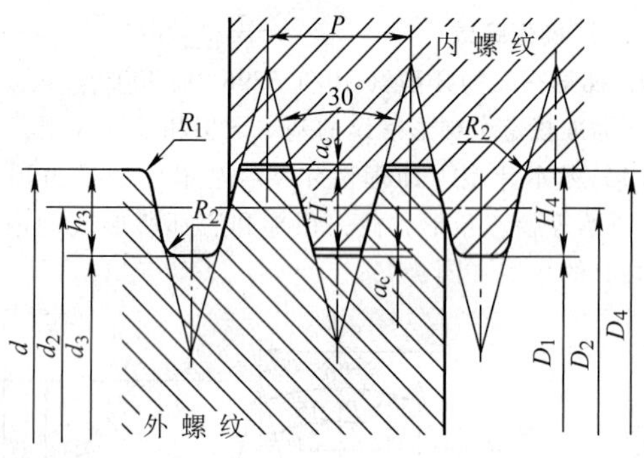

外螺纹大径	d
螺距	P
牙顶间隙	a_c
基本牙型高度	$H_1 = 0.5P$
外螺纹牙高	$h_3 = H_1 + a_c = 0.5P + a_c$
内螺纹牙高	$H_4 = H_1 + a_c = 0.5P + a_c$
外螺纹中径	$d_2 = d - H_1 = d - 0.5P$
内螺纹中径	$D_2 = d - H_1 = d - 0.5P$
外螺纹小径	$d_3 = d - 2h_3 = d - P - 2a_c$
内螺纹小径	$D_1 = d - 2H_1 = d - P$
内螺纹大径	$D_4 = d + 2a_c$
外螺纹牙顶圆角半径	$R_{1max} = 0.5a_c$
牙底圆角半径	$R_{2max} = a_c$

图 4-5 设计牙型

2. 梯形螺纹的代号与标记

梯形螺纹用“Tr”表示。单线螺纹用“公称直径×螺距”表示，多线螺纹用“公称直径×导程（P 螺距）”表示。当螺纹为左旋时，需在尺寸规格之后加注“LH”，右旋不注出。

梯形螺纹的标记由梯形螺纹特征代号、尺寸代号、公差带代号及旋合长度代号组成。梯形螺纹的公差带代号仅包含中径公差带代号。当旋合长度为 N 组时，不标注旋合长度代号。

示例如下：

内螺纹

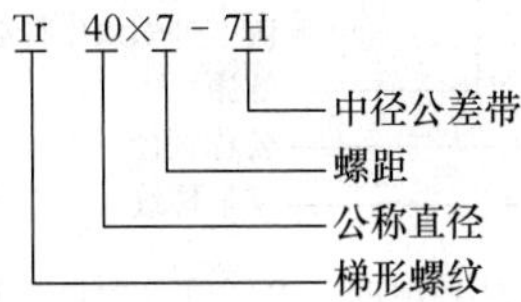

外螺纹

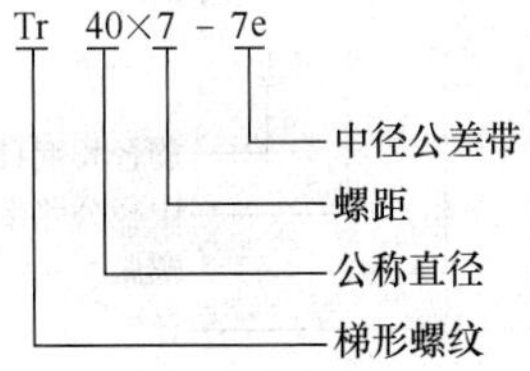

左旋外螺纹

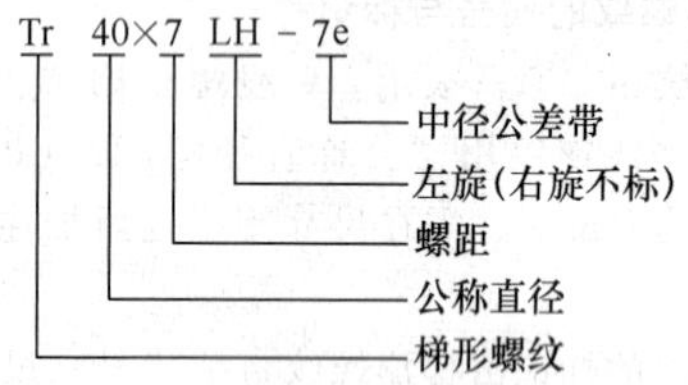

螺纹副的公差带要分别注出内、外螺纹公差带代号，前者为内螺纹，后者为外螺纹，中间用斜线分开，示例如下：

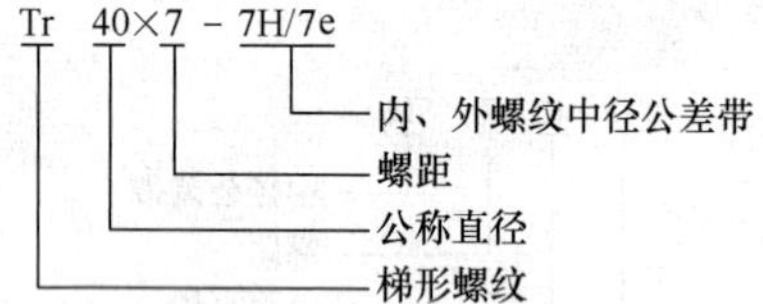

当旋合长度为 L 组时，旋合长度代号 L 写在公差带代号的后面，并用“-”隔开，示例如下：

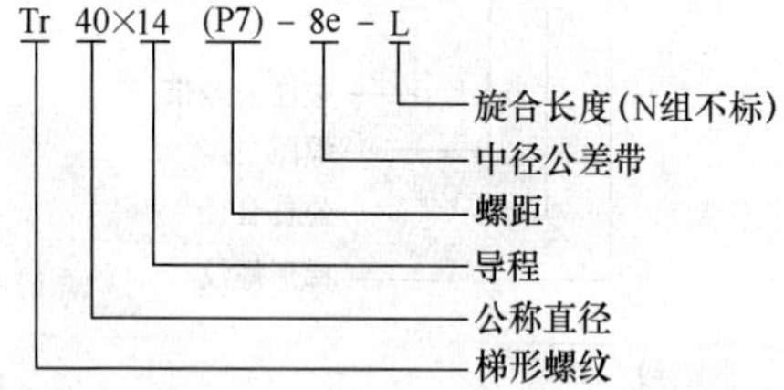

3. 梯形螺纹的直径与螺距（表 4-12）

表 4-12　梯形螺纹的直径与螺距

（GB/T 5796.2—2005）（单位：mm）

公称直径			螺距 P
第一系列	第二系列	第三系列	
8			(1.5)
	9		(2)，1.5
10			(2)，1.5
	11		3，(2)
12			(3)，2
	14		(3)，2
16			(4)，2
	18		(4)，2
20			(4)，2
	22		8，(5)，3
24			8，(5)，3
	26		8，(5)，3
28			8，(5)，3
	30		10，(6)，3
32			10，(6)，3
	34		10，(6)，3
36			10，(6)，3
	38		10，(7)，3
40			10，(7)，3
	42		10，(7)，3
44			12，(7)，3
	46		12，(8)，3

（续）

公称直径			螺距 P
第一系列	第二系列	第三系列	
48			12，（8），3
	50		12，（8），3
52			12，（8），3
	55		14，（9），3
60			14，（9），3
	65		16，（10），4
70			16，（10），4
	75		16，（10），4
80			16，（10），4
	85		18，（12），4
90			18，（12），4
	95		18，（12），4
100			20，（12），4
		105	20，（12），4
	110		20，（12），4
		115	22，（14），6
120			22，（14），6
		125	22，（14），6
	130		22，（14），6
		135	24，（14），6
140			24，（14），6
		145	24，（14），6
	150		24，（16），6
		155	24，（16），6

（续）

公称直径			螺距 P
第一系列	第二系列	第三系列	
160			28，（16），6
		165	28，（16），6
	170		28，（16），6
		175	28，（16），8
180			28，（18），8
		185	32，（18），8
	190		32，（18），8
		195	32，（18），8
200			32，（18），8
	210		36，（20），8
220			36，（20），8
	230		36，（20），8
240			36，（22），8
	250		40，（22），12
260			40，（22），12
	270		40，（24），12
280			40，（24），12
	290		44，（24），12
300			44，（24），12

注：1. 应优先选用第一系列直径，其次选用第二系列直径。

2. 新产品设计中，不宜选用第三系列直径。

3. 优先选用括号中的螺距。

4. 如果需要使用表中规定以外的螺距，则选用表中邻近直径所对应的螺距。

4. 梯形螺纹的基本尺寸（表 4-13）

表 4-13 梯形螺纹的基本尺寸（GB/T 5796.3—2005） （单位：mm）

公称直径 d			螺距 P	中径 $d_2=D_2$	大径 D_4	小径	
第一系列	第二系列	第三系列				d_3	D_1
8			1.5	7.25	8.3	6.2	6.5
	9		1.5	8.25	9.3	7.2	7.5
			2	8	9.5	6.5	7
10			1.5	9.25	10.3	8.2	8.5
			2	9	10.5	7.5	8
	11		2	10	11.5	8.5	9
			3	9.5	11.5	7.5	8
12			2	11	12.5	9.5	10
			3	10.5	12.5	8.5	9
	14		2	13	14.5	11.5	12
			3	12.5	14.5	10.5	11
16			2	15	16.5	13.5	14
			4	14	16.5	11.5	12
	18		2	17	18.5	15.5	16
			4	16	18.5	13.5	14
20			2	19	20.5	17.5	18
			4	18	20.5	15.5	16

（续）

公称直径 d			螺距 P	中径 $d_2=D_2$	大径 D_4	小径	
第一系列	第二系列	第三系列				d_3	D_1
	22		3	20.5	22.5	18.5	19
			5	19.5	22.5	16.5	17
			8	18	23	13	14
24			3	22.5	24.5	20.5	21
			5	21.5	24.5	18.5	19
			8	20	25	15	16
	26		3	24.5	26.5	22.5	23
			5	23.5	26.5	20.5	21
			8	22	27	17	18
28			3	26.5	28.5	24.5	25
			5	25.5	28.5	22.5	23
			8	24	29	19	20
	30		3	28.5	30.5	26.5	27
			6	27	31	23	24
			10	25	31	19	20
32			3	30.5	32.5	28.5	29
			6	29	33	25	26
			10	27	33	21	22
	34		3	32.5	34.5	30.5	31
			6	31	35	27	28
			10	29	35	23	24

（续）

公称直径 d			螺距 P	中径 $d_2=D_2$	大径 D_4	小径	
第一系列	第二系列	第三系列				d_3	D_1
36			3	34.5	36.5	32.5	33
			6	33	37	29	30
			10	31	37	25	26
	38		3	36.5	38.5	34.5	35
			7	34.5	39	30	31
			10	33	39	27	28
40			3	38.5	40.5	36.5	37
			7	36.5	41	32	33
			10	35	41	29	30
	42		3	40.5	42.5	38.5	39
			7	38.5	43	34	35
			10	37	43	31	32
44			3	42.5	44.5	40.5	41
			7	40.5	45	36	37
			12	38	45	31	32
	46		3	44.5	46.5	42.5	43
			8	42	47	37	38
			12	40	47	33	34
48			3	46.5	48.5	44.5	45
			8	44	49	39	40
			12	42	49	35	36

（续）

公称直径 d			螺距 P	中径 $d_2=D_2$	大径 D_4	小径	
第一系列	第二系列	第三系列				d_3	D_1
	50		3	48.5	50.5	46.5	47
			8	46	51	41	42
			12	44	51	37	38
52			3	50.5	52.5	48.5	49
			8	48	53	43	44
			12	46	53	39	40
	55		3	53.5	55.5	51.5	52
			9	50.5	56	45	46
			14	48	57	39	41
60			3	58.5	60.5	56.5	57
			9	55.5	61	50	51
			14	53	62	44	46
	65		4	63	65.5	60.5	61
			10	60	66	54	55
			16	57	67	47	49
70			4	68	70.5	65.5	66
			10	65	71	59	60
			16	62	72	52	54
	75		4	73	75.5	70.5	71
			10	70	76	64	65
			16	67	77	57	59

（续）

公称直径 d			螺距 P	中径 $d_2=D_2$	大径 D_4	小径	
第一系列	第二系列	第三系列				d_3	D_1
80			4	78	80.5	75.5	76
			10	75	81	69	70
			16	72	82	62	64
	85		4	83	85.5	80.5	81
			12	79	86	72	73
			18	76	87	65	67
90			4	88	90.5	85.5	86
			12	84	91	77	78
			18	81	92	70	72
	95		4	93	95.5	90.5	91
			12	89	96	82	83
			18	86	97	75	77
100			4	98	100.5	95.5	96
			12	94	101	87	88
			20	90	102	78	80
		105	4	103	105.5	100.5	101
			12	99	106	92	93
			20	95	107	83	85
	110		4	108	110.5	105.5	106
			12	104	111	97	98
			20	100	112	88	90

（续）

公称直径 d			螺距 P	中径 $d_2=D_2$	大径 D_4	小径	
第一系列	第二系列	第三系列				d_3	D_1
		115	6	112	116	108	109
			14	108	117	99	101
			22	104	117	91	93
120			6	117	121	113	114
			14	113	122	104	106
			22	109	122	96	98
		125	6	122	126	118	119
			14	118	127	109	111
			22	114	127	101	103
	130		6	127	131	123	124
			14	123	132	114	116
			22	119	132	106	108
		135	6	132	136	128	129
			14	128	137	119	121
			24	123	137	109	111
140			6	137	141	133	134
			14	133	142	124	126
			24	128	142	114	116
		145	6	142	146	138	139
			14	138	147	129	131
			24	133	147	119	121
	150		6	147	151	143	144
			16	142	152	132	134
			24	138	152	124	126

5. 梯形螺纹的公差（GB/T 5796.4—2005）

（1）公差带位置与基本偏差

1）内螺纹大径 D_4、中径 D_2 和小径 D_1 的公差带位置为 H，其基本偏差 EI 为零，如图 4-6 所示。

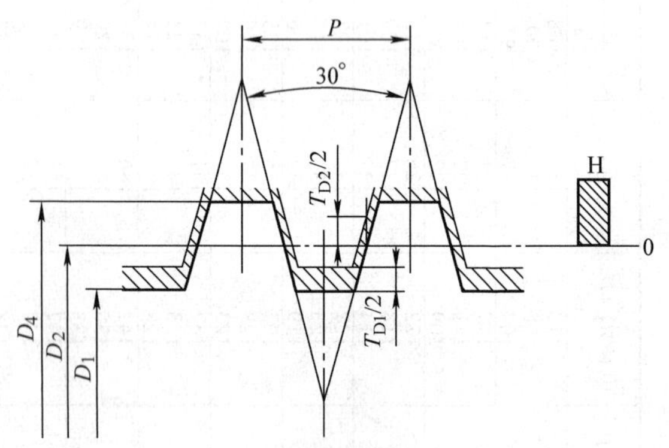

D_4—内螺纹大径　D_1—内螺纹小径

T_{D1}—内螺纹小径公差　T_{D2}—内螺纹中径公差

D_2—内螺纹中径　P—螺距

图 4-6　内螺纹公差带

2）外螺纹中径 d_2 的公差带位置为 e 和 c，其基本偏差 es 为负值；外螺纹大径 d 和小径 d_3 的公差带位置为 h，其基本偏差 es 为零，如图 4-7 所示。

3）外螺纹大径和小径的公差带基本偏差为零，与中径公差带位置无关。

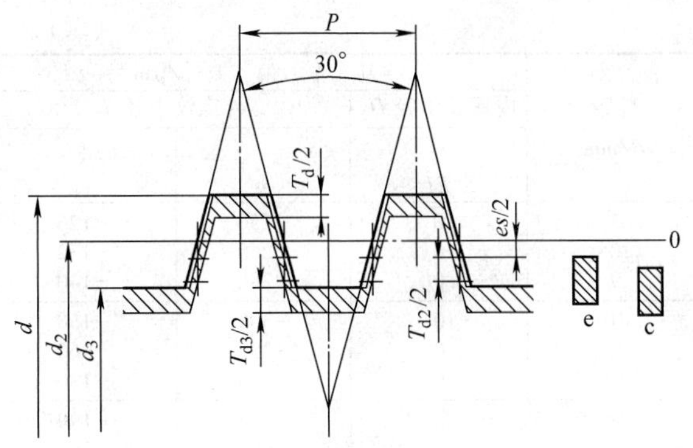

d—外螺纹大径　d_2—外螺纹中径　d_3—外螺纹小径

P—螺距　es—中径基本偏差　T_d—外螺纹大径公差

T_{d2}—外螺纹中径公差　T_{d3}—外螺纹小径公差

图 4-7　外螺纹公差带

（2）内、外螺纹中径基本偏差（表 4-14）

表 4-14　内、外螺纹中径基本偏差

螺距 P/mm	基本偏差/μm		
	内螺纹中径 D_2	外螺纹中径 d_2	
	H EI	c es	e es
1.5	0	-140	-67
2	0	-150	-71
3	0	-170	-85
4	0	-190	-95
5	0	-212	-106
6	0	-236	-118

（续）

螺距 P/mm	基本偏差 /μm		
	内螺纹中径 D_2	外螺纹中径 d_2	
	H	c	e
	EI	es	es
7	0	-250	-125
8	0	-265	-132
9	0	-280	-140
10	0	-300	-150
12	0	-335	-160
14	0	-355	-180
16	0	-375	-190
18	0	-400	-200
20	0	-425	-212
22	0	-450	-224
24	0	-475	-236
28	0	-500	-250
32	0	-530	-265
36	0	-560	-280
40	0	-600	-300
44	0	-630	-315

（3）内、外螺纹各直径公差等级（表 4-15）

表 4-15　内、外螺纹各直径公差等级

直　　径	公　差　等　级
内螺纹小径 D_1	4
外螺纹大径 d	4
内螺纹中径 D_2	7、8、9
外螺纹中径 d_2	7、8、9
外螺纹小径 d_3	7、8、9

注：外螺纹的小径 d_3 与中径 d_2 应选取相同的公差等级。

（4）内螺纹小径公差（表 4-16）

表 4-16 内螺纹小径公差 T_{D1}

螺距 P/mm	4 级公差/μm	螺距 P/mm	4 级公差/μm
1.5 2 3	190 236 315	16 18 20	1 000 1 120 1 180
4 5 6	375 450 500	22 24 28	1 250 1 320 1 500
7 8 9	560 630 670	32 36 40 44	1 600 1 800 1 900 2 000
10 12 14	710 800 900		

（5）外螺纹大径公差（表 4-17）

表 4-17 外螺纹大径公差 T_d

螺距 P/mm	4 级公差/μm	螺距 P/mm	4 级公差/μm
1.5 2 3	150 180 236	16 18 20	710 800 850
4 5 6	300 335 375	22 24 28	900 950 1 060
7 8 9	425 450 500	32 36 40 44	1 120 1 250 1 320 1 400
10 12 14	530 600 670		

（6）内螺纹中径公差（表 4-18）

表 4-18　内螺纹中径公差 T_{D2}（单位：μm）

基本大径 d/mm		螺距 P	公差等级		
>	≤	/mm	7	8	9
5.6	11.2	1.5	224	280	355
		2	250	315	400
		3	280	355	450
11.2	22.4	2	265	335	425
		3	300	375	475
		4	355	450	560
		5	375	475	600
		8	475	600	750
22.4	45	3	335	425	530
		5	400	500	630
		6	450	560	710
		7	475	600	750
		8	500	630	800
		10	530	670	850
		12	560	710	900
45	90	3	355	450	560
		4	400	500	630
		8	530	670	850
		9	560	710	900
		10	560	710	900
		12	630	800	1 000
		14	670	850	1 060
		16	710	900	1 120
		18	750	950	1 180
90	180	4	425	530	670
		6	500	630	800
		8	560	710	900
		12	670	850	1 060
		14	710	900	1 120
		16	750	950	1 180
		18	800	1 000	1 250

（续）

基本大径 d/mm		螺距 P /mm	公差等级		
>	≤		7	8	9
90	180	20 22 24 28	800 850 900 950	1 000 1 060 1 120 1 180	1 250 1 320 1 400 1 500
180	355	8 12 18	600 710 850	750 900 1 060	950 1 120 1 320
		20 22 24	900 900 950	1 120 1 120 1 180	1 400 1 400 1 500
		32 36 40 44	1 060 1 120 1 120 1 250	1 320 1 400 1 400 1 500	1 700 1 800 1 800 1 900

（7）外螺纹中径公差（表 4-19）

表 4-19　外螺纹中径公差 T_{d2}（单位：μm）

基本大径 d/mm		螺距 P /mm	公差等级		
>	≤		7	8	9
5.6	11.2	1.5 2 3	170 190 212	212 236 265	265 300 335
11.2	22.4	2 3 4	200 224 265	250 280 335	315 355 425
		5 8	280 355	355 450	450 560
22.4	45	3 5 6	250 300 335	315 375 425	400 475 530

（续）

基本大径 d/mm		螺距 P /mm	公差等级		
>	≤		7	8	9
22.4	45	7	355	450	560
		8	375	475	600
		10	400	500	630
		12	425	530	670
45	90	3	265	335	425
		4	300	375	475
		8	400	500	630
		9	425	530	670
		10	425	530	670
		12	475	600	750
		14	500	630	800
		16	530	670	850
		18	560	710	900
90	180	4	315	400	500
		6	375	475	600
		8	425	530	670
		12	500	630	800
		14	530	670	850
		16	560	710	900
		18	600	750	950
		20	600	750	950
		22	630	800	1 000
		24	670	850	1 060
		28	710	900	1 120
180	355	8	450	560	710
		12	530	670	850
		18	630	800	1 000
		20	670	850	1 060
		22	670	850	1 060
		24	710	900	1 120

（续）

基本大径 d/mm		螺距 P /mm	公差等级		
>	≤		7	8	9
180	355	32 36 40 44	800 850 850 900	1 000 1 060 1 060 1 120	1 250 1 320 1 320 1 400

（8）外螺纹小径公差（表4-20）

表4-20　外螺纹小径公差 T_{d3}　（单位：μm）

基本大径 d/mm		螺距 P /mm	中径公差带位置为c 公差等级			中径公差带位置为e 公差等级		
>	≤		7	8	9	7	8	9
5.6	11.2	1.5 2 3	352 388 435	405 445 501	471 525 589	279 309 350	332 366 416	398 446 504
11.2	22.4	2 3 4	400 450 521	462 520 609	544 614 690	321 365 426	383 435 514	465 529 595
		5 8	562 709	656 828	775 965	456 576	550 695	669 832
22.4	45	3 5 6	482 587 655	564 681 767	670 806 899	397 481 537	479 575 649	585 700 781
		7 8 10 12	694 734 800 866	813 859 925 998	950 1 015 1 087 1 223	569 601 650 691	688 726 775 823	825 882 937 1 048
45	90	3 4 8	501 565 765	589 659 890	701 784 1 052	416 470 632	504 564 757	616 689 919
		9 10 12	811 831 929	943 963 1 085	1 118 1 138 1 273	671 681 754	803 813 910	978 988 1 098

（续）

基本大径 d/mm		螺距 P /mm	中径公差带位置为 c			中径公差带位置为 e		
			公差等级			公差等级		
>	≤		7	8	9	7	8	9
45	90	14	970	1 142	1 355	805	967	1 180
		16	1 038	1 213	1 438	853	1 028	1 253
		18	1 100	1 288	1 525	900	1 088	1 320
90	180	4	584	690	815	489	595	720
		6	705	830	986	587	712	868
		8	796	928	1 103	663	795	970
		12	960	1 122	1 335	785	947	1 160
		14	1 018	1 193	1 418	843	1 018	1 243
		16	1 075	1 263	1 500	890	1 078	1 315
		18	1 150	1 338	1 588	950	1 138	1 388
		20	1 175	1 363	1 613	962	1 150	1 400
		22	1 232	1 450	1 700	1 011	1 224	1 474
		24	1 313	1 538	1 800	1 074	1 299	1 561
		28	1 388	1 625	1 900	1 138	1 375	1 650
180	355	8	828	965	1 153	695	832	1 020
		12	998	1 173	1 398	823	998	1 223
		18	1 187	1 400	1 650	987	1 200	1 450
		20	1 263	1 488	1 750	1 050	1 275	1 537
		22	1 288	1 513	1 775	1 062	1 287	1 549
		24	1 363	1 600	1 875	1 124	1 361	1 636
		32	1 530	1 780	2 092	1 265	1 515	1 827
		36	1 623	1 885	2 210	1 343	1 605	1 930
		40	1 663	1 925	2 250	1 363	1 625	1 950
		44	1 755	2 030	2 380	1 440	1 715	2 065

（9）多线螺纹中径公差修正系数　多线螺纹的顶径公差和底径公差与具有相同螺距单线螺纹相同。多线螺纹的中径公差是在单线螺纹中径公差的基础上，按线数不同分别乘以修正系数而得，其值见表 4-21。

表 4-21　多线螺纹中径公差修正系数

线　　数	2	3	4	≥5
修正系数	1.12	1.25	1.4	1.6

（10）螺纹公差带的选用　梯形螺纹规定了中等和粗糙两种精度，选择原则是，中等为一般用途，粗糙在制造螺纹有困难时采用，见表 4-22。

表 4-22　内、外梯形螺纹公差带选用

精　　度	内螺纹中径公差带		外螺纹中径公差带	
	N	L	N	L
中　等	7H	8H	7e	8e
粗　糙	8H	9H	8c	9c

6. 梯形螺纹的旋合长度

梯形螺纹的旋合长度按基本大径和螺距的大小分为中等旋合长度组 N 和长旋合长度组 L 两组（表 4-23）。

表 4-23　螺纹旋合长度　（单位：mm）

基本大径 d		螺距 P	旋合长度组		
			N		L
>	≤		>	≤	>
5.6	11.2	1.5 2 3	5 6 10	15 19 28	15 19 28

（续）

基本大径 d		螺距 P	旋合长度组		
			N		L
>	≤		>	≤	>
11.2	22.4	2 3 4 5 8	8 11 15 18 30	24 32 43 53 85	24 32 43 53 85
22.4	45	3 5 6	12 21 25	36 63 75	36 63 75
		7 8 10 12	30 34 42 50	85 100 125 150	85 100 125 150
45	90	3 4 8	15 19 38	45 56 118	45 56 118
		9 10 12	43 50 60	132 140 170	132 140 170
		14 16 18	67 75 85	200 236 265	200 236 265
90	180	4 6 8 12	24 36 45 67	71 106 132 200	71 106 132 200
		14 16 18	75 90 100	236 265 300	236 265 300

（续）

基本大径 d		螺距 P	旋合长度组		
			N		L
>	≤		>	≤	>
90	180	20	112	335	335
		22	118	355	355
		24	132	400	400
		28	150	450	450
180	355	8	50	150	150
		12	75	224	224
		18	112	335	335
		20	125	375	375
		22	140	425	425
		24	150	450	450
		32	200	600	600
		36	224	670	670
		40	250	750	750
		44	280	850	850

（三）55°管螺纹

1. 55°密封管螺纹（GB/T 7306.1—2000、GB/T 7306.2—2000）

55°密封管螺纹（GB/T 7306.1—2000、GB/T 7306.2—2000）规定联接形式有两种，即圆柱内螺纹与圆锥外螺纹联接和圆锥内螺纹与圆锥外螺纹的联接。两种联接形式都具有密封性能，必要时允许在螺纹副内加入密封填料。

（1）牙型及要素名称代号

1）圆锥螺纹的设计牙型如图 4-8 所示。

2）圆柱内螺纹的设计牙型如图 4-9 所示。

3）要素名称及代号见表 4-24。

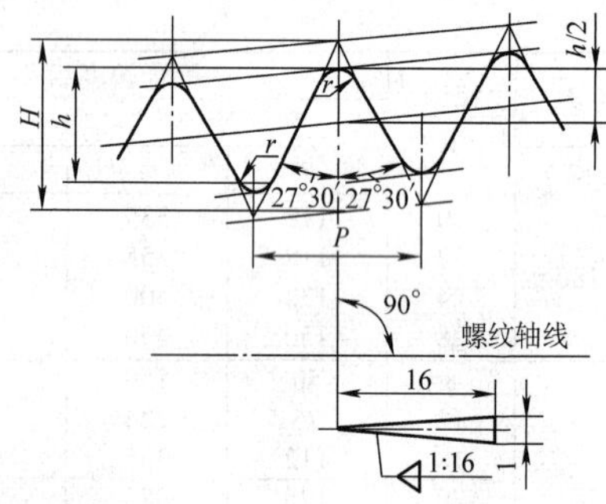

$$P=\frac{25.4}{n} \quad H=0.960\ 237P \quad h=0.640\ 327P \quad r=0.137\ 278P$$

n 为每 25.4mm 内的牙数

图 4-8 圆锥螺纹的设计牙型

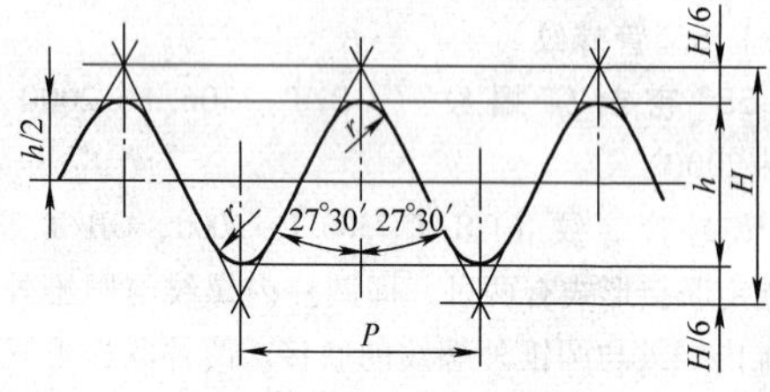

$$P=\frac{25.4}{n} \quad H=0.960\ 491P \quad h=0.640\ 327P \quad r=0.137\ 329P$$

$$\frac{H}{6}=0.160\ 082P$$

图 4-9 圆柱内螺纹的设计牙型

表 4-24 要素名称及代号

名 称	代 号
内螺纹在基准平面上的大径	D
外螺纹在基准平面上的大径（基准直径）	d
内螺纹在基准平面上的中径	D_2
外螺纹在基准平面上的中径	d_2
内螺纹在基准平面上的小径	D_1
外螺纹在基准平面上的小径	d_1
螺距	P
原始三角形高度	H
螺纹牙高	h
螺纹牙顶和牙底的圆弧半径	r
每 25.4mm 轴向长度内的螺纹牙数	n
外螺纹基准距离（基准平面位置）公差	T_1
内螺纹基准平面位置公差	T_2

(2) 螺纹的基本尺寸　圆锥管螺纹的尺寸在基准平面上给出，与圆锥外螺纹配合的圆柱内螺纹尺寸与同规格的圆锥内螺纹基面上的尺寸相同。

螺纹中径和小径的数值按下列公式计算

$$d_2 = D_2 = d - 0.640\,327P$$

$$d_1 = D_1 = d - 1.280\,654P$$

螺纹的基本尺寸及其公差见表 4-25。

(3) 基准平面位置　圆锥外螺纹基准平面的理论位置位于垂直于螺纹轴线、与小端面（参照平面）相距一个基准距离的平面内（图 4-10）；圆锥内螺纹、圆柱内螺纹基准平面的理论位置位于垂直于螺纹轴线、深入端面（参照平面）以内 0.5P 的平面内（图 4-11）。

表 4-25 螺纹的基本尺寸及其公差

1	2	3	4	5	6	7	8	9	10	11	12
尺寸代号	每 25.4mm 内所包含的牙数 n	螺距 P	牙高 h	基准平面内的基本直径			基准距离				
				大径（基准直径）$d=D$	中径 $d_2=D_2$	小径 $d_1=D_1$	公称尺寸	极限偏差 $\pm T_1/2$		最大	最小
		mm					mm	mm	圈数	mm	
1/16	28	0.907	0.581	7.723	7.142	6.561	4	0.9	1	4.9	3.1
1/8	28	0.907	0.581	9.728	9.147	8.566	4	0.9	1	4.9	3.1
1/4	19	1.337	0.856	13.157	12.301	11.445	6	1.3	1	7.3	4.7
3/8	19	1.337	0.856	16.662	15.806	14.95	6.4	1.3	1	7.7	5.1
1/2	14	1.814	1.162	20.955	19.793	18.631	8.2	1.8	1	10	6.4
3/4	14	1.814	1.162	26.441	25.279	24.117	9.5	1.8	1	11.3	7.7
1	11	2.309	1.479	33.249	31.77	30.291	10.4	2.3	1	12.7	8.1
1¼	11	2.309	1.479	41.91	40.431	38.952	12.7	2.3	1	15.0	10.4
1½	11	2.309	1.479	47.803	46.324	44.845	12.7	2.3	1	15.0	10.4
2	11	2.309	1.479	59.614	58.135	56.656	15.9	2.3	1	18.2	13.6
2½	11	2.309	1.479	75.184	73.705	72.226	17.5	3.5	1½	21	14
3	11	2.309	1.479	87.884	86.405	84.926	20.6	3.5	1½	24.1	17.1
4	11	2.309	1.479	113.03	111.551	110.072	25.4	3.5	1½	28.9	21.9
5	11	2.309	1.479	138.43	136.951	135.472	28.6	3.5	1½	32.1	25.1
6	11	2.309	1.479	163.83	162.351	160.872	28.6	3.5	1½	32.1	25.1

（续）

13	14	15	16	17	18	19	20
装配余量		外螺纹的有效螺纹不小于基准距离分别为			圆锥内螺纹基准平面轴向位置的极限偏差 $\pm T_2/2$	圆柱内螺纹直径的极限偏差 $\pm T_2/2$	
		基本	最大	最小		径向	轴向圈数
mm	圈数	mm			mm		
2.5	2¾	6.5	7.4	5.6	1.1	0.071	1¼
2.5	2¾	6.5	7.4	5.6	1.1	0.071	1¼
3.7	2¾	9.7	11	8.4	1.7	0.104	1¼
3.7	2¾	10.1	11.4	8.8	1.7	0.104	1¼
5.0	2¾	13.2	15	11.4	2.3	0.142	1¼
5.0	2¾	14.5	16.3	12.7	2.3	0.142	1¼
6.4	2¾	16.8	19.1	14.5	2.9	0.18	1¼
6.4	2¾	19.1	21.4	16.8	2.9	0.18	1¼
6.4	2¾	19.1	21.4	16.8	2.9	0.18	1¼
7.5	3¼	23.4	25.7	21.1	2.9	0.18	1¼
9.2	4	26.7	30.2	23.2	3.5	0.216	1½
9.2	4	29.8	33.3	26.3	3.5	0.216	1½
10.4	4½	35.8	39.3	32.3	3.5	0.216	1½
11.5	5	40.1	43.6	36.6	3.5	0.216	1½
11.5	5	40.1	43.6	36.6	3.5	0.216	1½

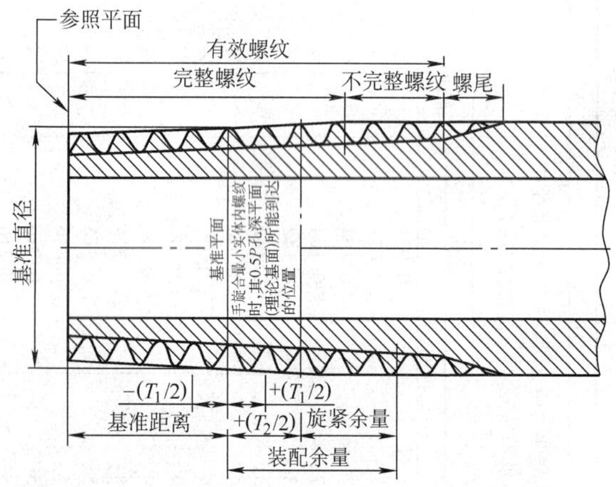

图 4-10　圆锥外螺纹上各主要尺寸的分布位置

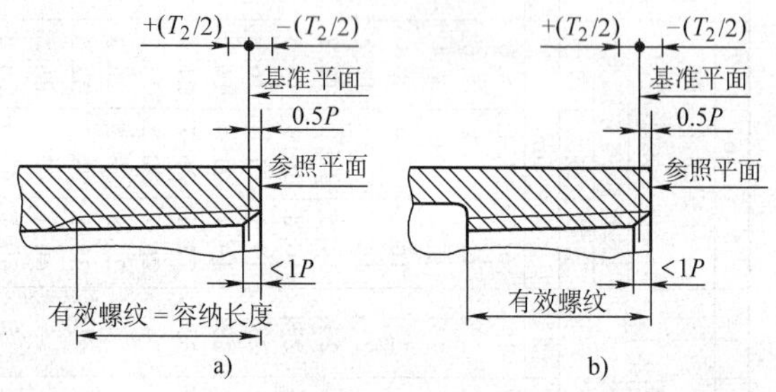

图 4-11　圆锥（圆柱）内螺纹上各主要尺寸的分布位置

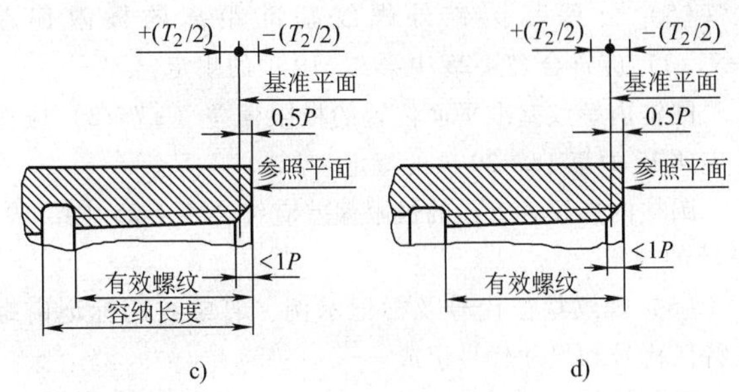

图 4-11　圆锥（圆柱）内螺纹上各主要尺寸的分布位置（续）

圆锥外螺纹小端面和圆锥内螺纹大端面的倒角轴向长度不得大于 1P。

圆柱内螺纹外端面的倒角轴向长度不得大于 1P。

（4）螺纹长度

1）圆锥外螺纹的有效螺纹长度不应小于其基准距离的实际值与装配余量之和。对应基准距离为最大、基本和最小尺寸的三种条件下的情况见表 4-25 第 16、15 和 17 项。

2）当圆锥（圆柱）内螺纹的尾部未采用退刀结构时，其最小有效螺纹长度应能容纳具有表 4-25 中第 16 项长度的圆锥外螺纹；当圆锥（圆柱）内螺纹的尾部采用退刀结构时，其容纳长度应能容纳具有表 4-25 中第 16 项长度的圆锥外螺纹，其最小有效螺纹长度应不小于表 4-25 中第 17 项规定长度的 80%（图 4-11）。

（5）公差　圆锥外螺纹基准距离的极限偏差（$\pm T_1/2$）应符合表 4-25 中第 9、10 项的规定。

圆锥内螺纹基准平面位置的极限偏差（$\pm T_2/2$）应符合表 4-25 中第 18、20 项的规定。

圆柱内螺纹各直径的极限偏差应符合表 4-25 中第 19、20 项的规定。

（6）螺纹特征代号及标记示例　管螺纹的标记由螺纹特征代号和尺寸代号组成。

螺纹特征代号：

Rc——圆锥内螺纹；

Rp——圆柱内螺纹；

R_1——与 Rp 配合的圆锥外螺纹；

R_2——与 Rc 配合的圆锥外螺纹。

螺纹尺寸代号为表 4-25 中第 1 项所规定的分数或整数。

标记示例：

尺寸代号为 3/4 的右旋圆锥内螺纹的标记为 Rc3/4。

尺寸代号为 3/4 的右旋圆柱内螺纹的标记为 Rp3/4。

与 Rc 配合使用尺寸代号为 3/4 的右旋圆锥外螺纹的标记为 $R_2$3/4。

与 Rp 配合使用尺寸代号为 3/4 的右旋圆锥外螺纹的标记为 $R_1$3/4。

当螺纹为左旋时，应在尺寸代号后加注“LH”。如尺寸代号为 3/4 左旋圆锥内螺纹的标记为 Rc3/4LH。

表示螺纹副时，螺纹特征代号为“Rc/R_2”或“Rp/

R_1"。前面为内螺纹的特征代号，后面为外螺纹的特征代号，中间用斜线分开。

圆锥内螺纹与圆锥外螺纹的配合：$Rc/R_2 3/4$。

圆柱内螺纹与圆锥外螺纹的配合：$Rp/R_1 3/4$。

左旋圆锥内螺纹与圆锥外螺纹的配合 $Rc/R_2 3/4LH$。

2. 55°非密封管螺纹

55°非密封管螺纹（GB/T 7307—2001）标准规定管螺纹的内、外螺纹均为圆柱螺纹，不具备密封性能（只是作为机械联接用），若要求联接后具有密封性能，可在螺纹副外采取其他密封方式。

（1）牙型及牙型尺寸计算（图 4-12）

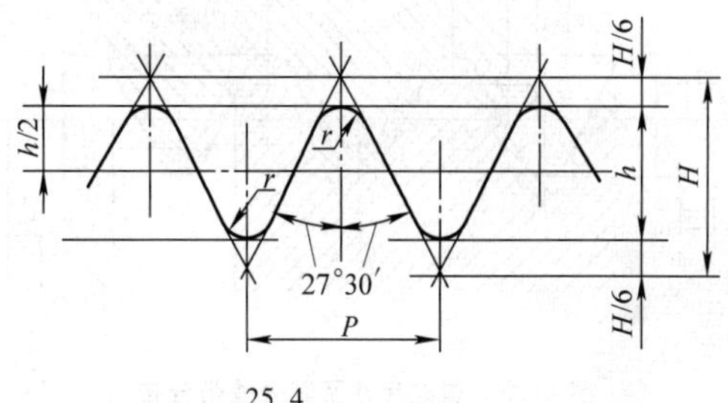

$$P=\frac{25.4}{n} \quad H=0.960\,491P$$

$$h=0.640\,327P \quad r=0.137\,329P \quad H/6=0.160\,082P$$

n 为每 25.4mm 内的螺纹牙数

图 4-12　圆柱管螺纹的设计牙型

（2）基本尺寸和公差　螺纹中径和小径的基本尺寸按下列公式计算

$$d_2 = D_2 = d - 0.640\ 327P$$

$$d_1 = D_1 = d - 1.280\ 645P$$

外螺纹的上极限偏差（*es*）和内螺纹的下极限偏差（*EI*）为基本偏差，基本偏差为零。对内螺纹中径和小径只规定一种公差等级，下极限偏差为零，上极限偏差为正。将外螺纹中径公差分为 A 和 B 两个等级，对外螺纹大径，规定了一种公差，均是上极限偏差为零，下极限偏差为负。螺纹的牙顶在给出的公差范围内允许削平。

55°非密封管螺纹的基本尺寸和公差见表 4-26，螺纹尺寸及其公差带分布如图 4-13 所示。

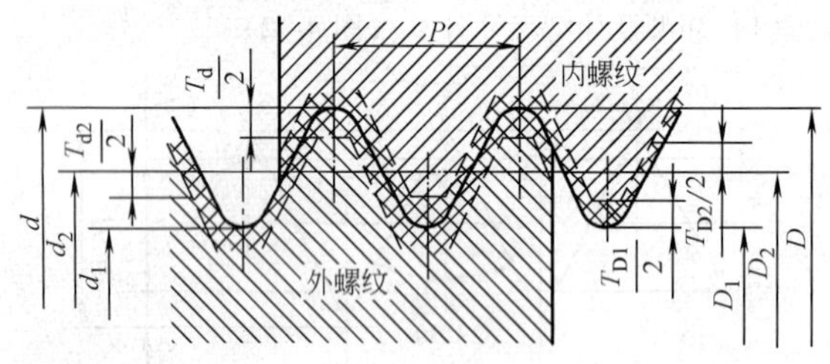

图 4-13　螺纹尺寸及其公差带分布

（3）螺纹特征代号及标记示例　55°非密封管螺纹的标记由螺纹特征代号、尺寸代号和公差等级代号组成，螺纹特征代号用字母“G”表示。

标记示例：

外螺纹 A 级　G1½A。

外螺纹 B 级　G1½B。

表 4-26　55°非密封管螺纹的基本尺寸和公差　（单位：mm）

螺纹的尺寸代号	每 25.4mm 内所包含的牙数 n	螺距 P	牙高 h	基本尺寸			外螺纹					内螺纹			
				大径 $d=D$	中径 $d_2=D_2$	小径 $d_1=D_1$	大径公差 T_d		中径公差① T_{d2}			中径公差① T_{D2}		小径公差 T_{D1}	
							下极限偏差	上极限偏差	下极限偏差 A 级	下极限偏差 B 级	上极限偏差	下极限偏差	上极限偏差	下极限偏差	上极限偏差
1/16	28	0.907	0.581	7.723	7.142	6.561	−0.214	0	−0.107	−0.214	0	0	+0.107	0	+0.282
1/8	28	0.907	0.581	9.728	9.147	8.566	−0.214	0	−0.107	−0.214	0	0	+0.107	0	+0.282
1/4	19	1.337	0.856	13.157	12.301	11.445	−0.25	0	−0.125	−0.25	0	0	+0.125	0	+0.445
3/8	19	1.337	0.856	16.662	15.806	14.95	−0.25	0	−0.125	−0.25	0	0	+0.125	0	+0.445
1/2	14	1.814	1.162	20.955	19.793	18.631	−0.284	0	−0.142	−0.284	0	0	+0.142	0	+0.541
5/8	14	1.814	1.162	22.911	21.749	20.587	−0.284	0	−0.142	−0.284	0	0	+0.142	0	+0.541
3/4	14	1.814	1.162	26.441	25.279	24.117	−0.284	0	−0.142	−0.284	0	0	+0.142	0	+0.541
7/8	14	1.814	1.162	30.201	29.039	27.877	−0.284	0	−0.142	−0.284	0	0	+0.142	0	+0.541
1	11	2.309	1.479	33.249	31.77	30.291	−0.36	0	−0.18	−0.36	0	0	+0.18	0	+0.64
1⅛	11	2.309	1.479	37.897	36.418	34.939	−0.36	0	−0.18	−0.36	0	0	+0.18	0	+0.64
1¼	11	2.309	1.479	41.91	40.431	38.952	−0.36	0	−0.18	−0.36	0	0	+0.18	0	+0.64
1½	11	2.309	1.479	47.803	46.324	44.845	−0.36	0	−0.18	−0.36	0	0	+0.18	0	+0.64
1¾	11	2.309	1.479	53.746	52.267	50.788	−0.36	0	−0.18	−0.36	0	0	+0.18	0	+0.64

（续）

螺纹的尺寸代号	每25.4mm内所包含的牙数 n	螺距 P	牙高 h	基本尺寸			外螺纹					内螺纹			
				大径 $d=D$	中径 $d_2=D_2$	小径 $d_1=D_1$	大径公差 T_d		中径公差[①] T_{d2}			中径公差[①] T_{D2}		小径公差 T_{D1}	
							下极限偏差	上极限偏差	下极限偏差 A级	下极限偏差 B级	上极限偏差	下极限偏差	上极限偏差	下极限偏差	上极限偏差
2	11	2.309	1.479	59.614	58.135	56.656	−0.36	0	−0.18	−0.36	0	0	+0.18	0	+0.64
2¼	11	2.309	1.479	65.71	64.231	62.752	−0.434	0	−0.217	−0.434	0	0	+0.217	0	+0.64
2½	11	2.309	1.479	75.184	73.705	72.226	−0.434	0	−0.217	−0.434	0	0	+0.217	0	+0.64
2¾	11	2.309	1.479	81.534	80.055	78.576	−0.434	0	−0.217	−0.434	0	0	+0.217	0	+0.64
3	11	2.309	1.479	87.884	86.405	84.926	−0.434	0	−0.217	−0.434	0	0	+0.217	0	+0.64
3½	11	2.309	1.479	100.33	98.851	97.372	−0.434	0	−0.217	−0.434	0	0	+0.217	0	+0.64
4	11	2.309	1.479	113.03	111.551	110.072	−0.434	0	−0.217	−0.434	0	0	+0.217	0	+0.64
4½	11	2.309	1.479	125.73	124.251	122.772	−0.434	0	−0.217	−0.434	0	0	+0.217	0	+0.64
5	11	2.309	1.479	138.43	136.951	135.472	−0.434	0	−0.217	−0.434	0	0	+0.217	0	+0.64
5½	11	2.309	1.479	151.13	149.651	148.172	−0.434	0	−0.217	−0.434	0	0	+0.217	0	+0.64
6	11	2.309	1.479	163.83	162.351	160.872	−0.434	0	−0.217	−0.434	0	0	+0.217	0	+0.64

① 对薄壁件，此公差适用于平均中径，该中径是测量两个互相垂直直径的算术平均值。

内螺纹　　G1½。

当螺纹为左旋时，在内螺纹的尺寸代号或外螺纹的公差等级代号后加注“LH”，例如 G1½LH，G1½A-LH。

表示螺纹副时，仅需标注外螺纹的标记代号。

（四）60°密封管螺纹[㊀]

GB/T 12716—2011 规定了牙型角为 60°、螺纹副本身具有密封性的管螺纹（NPT 和 NPSC）的牙型、基本尺寸、公差、标记和量规。配合后的螺纹副具有密封能力，使用中允许加入密封填料。

内螺纹有圆锥内螺纹和圆柱内螺纹两种，外螺纹仅有圆锥外螺纹一种。内、外螺纹可组成两种密封配合形式，圆锥内螺纹与圆锥外螺纹组成“锥/锥”配合，圆柱内螺纹与圆锥外螺纹组成“柱/锥”配合。

1. 术语及代号（表 4-27）

表 4-27　螺纹术语及代号

术　　语	代　　号
内螺纹在基准平面内的大径	D
外螺纹在基准平面内的大径	d
内螺纹在基准平面内的中径	D_2
外螺纹在基准平面内的中径	d_2
内螺纹在基准平面内的小径	D_1
外螺纹在基准平面内的小径	d_1

㊀ GB/T 12716—2011《60°密封管螺纹》等效采用了美国标准 ASME B1.20.2M：2006《一般用途管螺纹》中密封管螺纹的技术内容。

（续）

术　语	代　号
螺距	P
原始三角形高度	H
螺纹牙型高度	h
每 25.4mm 轴向长度内所包含的螺纹牙数	n
削平高度	f
基准直径	—
基准平面	—
基准距离	L_1
完整螺纹长度	L_5
不完整螺纹长度	L_6
螺尾长度	V
有效螺纹长度	L_2
装配余量	L_3
旋紧余量	L_7

2. 螺纹牙型

圆柱内螺纹的牙型如图 4-14a 所示；圆锥内、外螺纹的牙型如图 4-14b 所示。

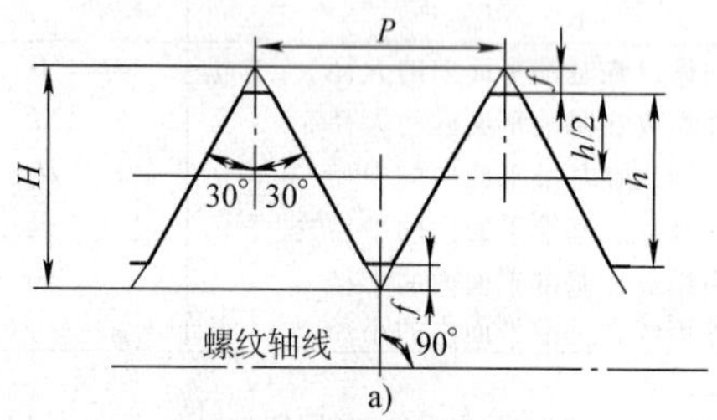

图 4-14　螺纹牙型

a）圆柱内螺纹的牙型

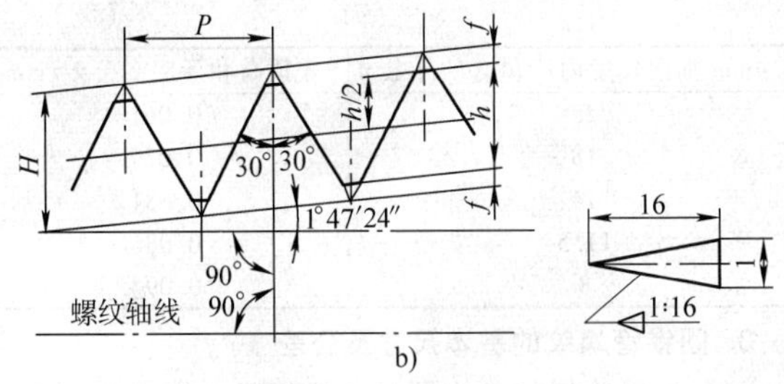

图 4-14 螺纹牙型（续）

b）圆锥内、外螺纹的牙型

（1）牙型尺寸计算公式

$$P = \frac{25.4}{n} \quad H = 0.866\,025P$$

$$h = 0.8P \quad f = 0.033P$$

（2）牙顶高和牙底高公差（表 4-28）

表 4-28 60°密封管螺纹的牙顶高和牙底高公差

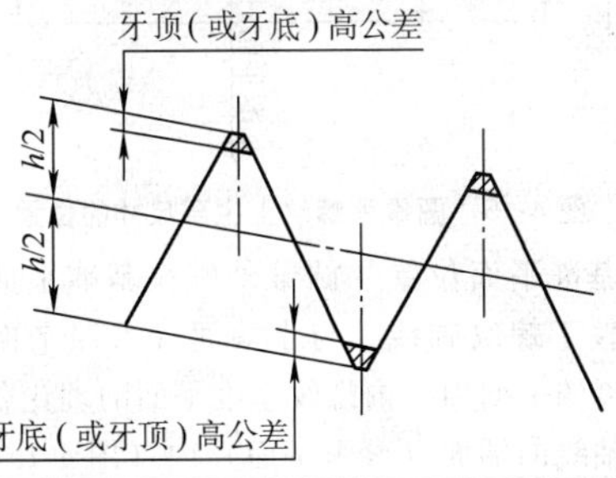

（续）

25.4mm 轴向长度内所包含的牙数 n	牙顶高和牙底高公差/mm
27	0.061
18	0.079
14	0.081
11.5	0.086
8	0.094

3. 圆锥管螺纹的基本尺寸及公差

（1）圆锥管螺纹各主要尺寸的位置（图 4-15）和基本尺寸（表 4-29）

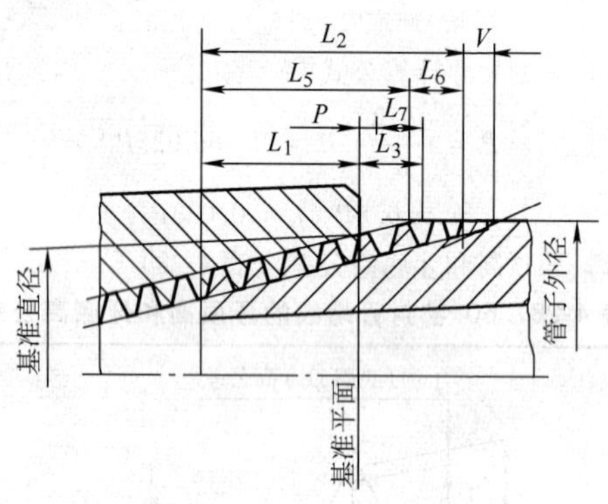

图 4-15 圆锥外螺纹上主要尺寸的位置

（2）基准平面位置 圆锥外螺纹基准平面的理论位置位于垂直于螺纹轴线、与小端面（参照平面）相距一个基准距离的平面内。内螺纹基准平面的理论位置位于垂直于螺纹轴线的端面（参考平面）内（图 4-15）。

表 4-29　圆锥管螺纹的基本尺寸

1	2	3	4	5	6	7	8	9	10	11	12
螺纹尺寸代号	25.4mm内包含的牙数 n	螺距 P	牙型高度 h	基准平面内的基本直径			基准距离 L_1		装配余量 L_3		外螺纹小端面内的基本小径
				大径 $d=D$	中径 $d_2=D_2$	小径 $d_1=D_1$					
		mm					圈数	mm	圈数	mm	mm
1/16	27	0.941	0.752	7.895	7.142	6.389	4.32	4.064	3	2.822	6.137
1/8	27	0.941	0.752	10.242	9.489	8.736	4.36	4.102	3	2.822	8.481
1/4	18	1.411	1.129	13.616	12.487	11.358	4.1	5.786	3	4.234	10.996
3/8	18	1.411	1.129	17.055	15.926	14.797	4.32	6.096	3	4.234	14.417
1/2	14	1.814	1.451	21.223	19.772	18.321	4.48	8.128	3	5.443	17.813
3/4	14	1.814	1.451	26.568	25.117	23.666	4.75	8.611	3	5.443	23.127
1	11.5	2.209	1.767	33.228	31.461	29.694	4.6	10.16	3	6.627	29.06
$1^1/_4$	11.5	2.209	1.767	41.985	40.218	38.451	4.83	10.668	3	6.627	37.785
$1^1/_2$	11.5	2.209	1.767	48.054	46.287	44.52	4.83	10.668	3	6.627	43.853
2	11.5	2.209	1.767	60.092	58.325	56.558	5.01	11.074	3	6.627	55.867
$2^1/_2$	8	3.175	2.54	72.699	70.159	67.619	5.46	17.323	2	6.35	66.535
3	8	3.175	2.54	88.608	86.068	83.528	6.13	19.456	2	6.35	82.311
$3^1/_2$	8	3.175	2.54	101.316	98.776	96.236	6.57	20.853	2	6.35	94.933
4	8	3.175	2.54	113.973	111.433	108.893	6.75	21.438	2	6.35	107.554
5	8	3.175	2.54	140.952	138.412	135.872	7.5	23.8	2	6.35	134.384

（续）

1	2	3	4	5	6	7	8	9	10	11	12
螺纹尺寸代号	25.4mm内包含的牙数 n	螺距 P	牙型高度 h	基准平面内的基本直径			基准距离 L_1		装配余量 L_3		外螺纹小端面内的基本小径
				大径 $d=D$	中径 $d_2=D_2$	小径 $d_1=D_1$					
		mm					圈数	mm	圈数	mm	mm
6	8	3.175	2.54	167.792	165.252	162.712	7.66	24.333	2	6.35	161.191
8	8	3.175	2.54	218.441	215.901	213.361	8.5	27	2	6.35	211.673
10	8	3.175	2.54	272.312	269.772	267.232	9.68	30.734	2	6.35	265.311
12	8	3.175	2.54	323.032	320.492	317.952	10.88	34.544	2	6.35	315.793
14	8	3.175	2.54	354.904	352.365	349.825	12.5	39.675	2	6.35	347.345
16	8	3.175	2.54	405.784	403.244	400.704	14.5	46.025	2	6.35	397.828
18	8	3.175	2.54	456.565	454.025	451.485	16	50.8	2	6.35	448.31
20	8	3.175	2.54	507.246	504.706	502.166	17	53.975	2	6.35	498.793
24	8	3.175	2.54	608.608	606.068	603.528	19	60.325	2	6.35	599.758

注：1. 可参照表中第12栏数据选择攻螺纹前的麻花钻直径。

2. 螺纹收尾长度（V）为3.47P。

（3）公差

1）圆锥管螺纹基准平面的轴向位置极限偏差为±1P。

2）大径和小径公差应随其中径尺寸的变化而变化，以保证螺纹牙顶高和牙底高尺寸在规定的公差范围内，见表 4-28。

3）圆锥管螺纹的单项要素极限偏差见表 4-30。

表 4-30 圆锥管螺纹的单项要素极限偏差

在 25.4mm 轴向长度内所包含的牙数 n	中径线锥度（1/16）的极限偏差	有效螺纹的导程累积偏差/mm	牙侧角极限偏差/（°）
27	+1/96 −1/192	±0.076	±1.25
18，14			±1
11.5，8			±0.75

注：对有效螺纹长度大于 25.4mm 的螺纹，其导程累积误差的最大测量跨度为 25.4mm。

4. 圆柱内螺纹的基本尺寸及公差

1）圆柱内螺纹大径、中径和小径的基本尺寸应分别与圆锥螺纹在基准平面内的大径、中径和小径基本尺寸相等，见表 4-29。

2）基准平面的位置：圆柱内螺纹基准平面的理论位置位于垂直于螺纹轴线的端面内。

3）大径和小径公差：应随其中径尺寸的变化而变化，以保证螺纹牙顶高和牙底高尺寸在所规定的公差范围内，见表 4-28。

4）圆柱内螺纹基准平面的位置极限偏差为±1.5P。

5）圆柱内螺纹的极限尺寸见表 4-31。

表 4-31 圆柱内螺纹的极限尺寸

螺纹尺寸代号	在 25.4mm 长度内所包含的牙数 n	中径/mm		小径/mm
		max	min	min
1/8	27	9.578	9.401	8.636
1/4	18	12.619	12.355	11.227
3/8	18	16.058	15.794	14.656
1/2	14	19.942	19.601	18.161
3/4	14	25.288	24.948	23.495
1	11.5	31.669	31.255	29.489
1¼	11.5	40.424	40.01	38.252
1½	11.5	46.495	46.081	44.323
2	11.5	58.532	58.118	56.363
2½	8	70.457	69.86	67.31
3	8	86.365	85.771	83.236
3½	8	99.073	98.478	95.936
4	8	111.73	111.135	108.585

注：可参照最小小径数据选择攻螺纹前的麻花钻直径。

5. 有效螺纹的长度

圆锥外螺纹的有效螺纹长度不应小于其基准距离的实际尺寸与装配余量之和。内螺纹的有效螺纹长度不应小于其基准平面位置的实际偏差、基准距离的基本尺寸与装配余量之和。

6. 倒角对基准平面理论位置的影响

1）在外螺纹的小端面倒角，其基准平面的理论位置不变，如图 4-16a 所示。

2）在内螺纹的大端面倒角，如倒角直径小于或等于

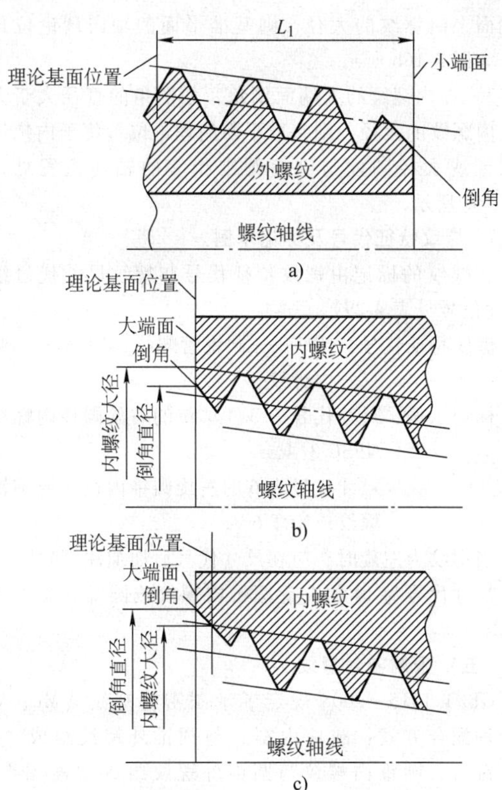

图 4-16　倒角对基准平面理论位置的影响

大端面上内螺纹的大径，则基准平面的轴向理论位置不变，如图 4-16b 所示。

3）在内螺纹的大端面倒角，如倒角的直径大于大端面上内螺纹的大径，则基准平面的理论位置位于内螺纹大径圆锥或大径圆柱与倒角圆锥相交的轴向位置处，如图 4-16c 所示。

7. 螺纹特征代号及标记示例

管螺纹的标记由螺纹特征代号和螺纹尺寸代号组成（尺寸代号见表 4-29）。

螺纹特征代号：NPT——圆锥管螺纹；NPSC——圆柱内螺纹。

标记示例：尺寸代号为 3/4 单位的右旋圆柱内螺纹 NPSC 3/4

尺寸代号为 6 的右旋圆锥内螺纹或圆锥外螺纹　NPT 6

当螺纹为左旋时，应在尺寸代号后面加注“LH”。

尺寸代号为 14 的左旋圆锥内螺纹或圆锥外螺纹 NPT 14-LH。

（五）米制密封螺纹

GB/T 1415—2008 规定了米制密封螺纹（Mc、Mp）有两种配合方式：圆柱内螺纹与圆锥外螺纹组成“柱/锥”配合，圆锥内螺纹与圆锥外螺纹组成“锥/锥”配合。为提高密封性，允许在螺纹配合面加密封填料。

1. 牙型

1）米制密封圆柱内螺纹的牙型见表 4-1 中图。

2）米制密封圆锥管螺纹的设计牙型如图 4-17 所示。

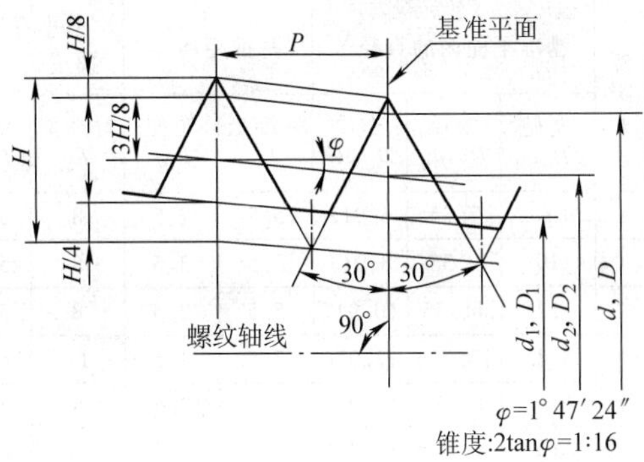

$$H = \frac{\sqrt{3}}{2}P = 0.866\ 025\ 404P \quad \frac{H}{4} = 0.216\ 506\ 351P$$

$$\frac{3}{8}H = 0.324\ 759\ 526P \quad \frac{H}{8} = 0.108\ 253\ 175P$$

图 4-17　米制密封圆锥管螺纹的设计牙型

2. 基准平面位置

圆锥外螺纹基准平面的理论位置在垂直于螺纹轴线、与小端面相距一个基准距离的平面内。内螺纹基准平面的理论位置在垂直于螺纹轴线的端面内（图 4-18）。

3. 基本尺寸

米制密封螺纹的基本尺寸见表 4-32。外螺纹上的轴向尺寸分布位置见图 4-18。其中，$D_2 = d_2 = D - 0.649\ 5P$；$D_1 = d_1 = D - 1.082\ 5P$。

表 4-32 米制密封螺纹的基本尺寸（单位：mm）

公称直径 D,d	螺距 P	基准平面内的直径[①]			基准距离[②]		最小有效螺纹长度[②]	
		大径 D,d	中径 D_2,d_2	小径 D_1,d_1	标准型 L_1	短型 $L_{1短}$	标准型 L_2	短型 $L_{2短}$
8	1	8	7.35	6.917	5.5	2.5	8	5.5
10	1	10	9.35	8.917	5.5	2.5	8	5.5
12	1	12	11.35	10.917	5.5	2.5	8	5.5
14	1.5	14	13.026	12.376	7.5	3.5	11	8.5
16	1	16	15.35	14.917	5.5	2.5	8	5.5
	1.5	16	15.026	14.376	7.5	3.5	11	8.5
20	1.5	20	19.026	18.376	7.5	3.5	11	8.5
27	2	27	25.701	24.835	11	5	16	12
33	2	33	31.701	30.835	11	5	16	12
42	2	42	40.701	30.835	11	5	16	12
48	2	48	46.701	45.835	11	5	16	12
60	2	60	58.701	57.835	11	5	16	12
72	3	72	70.051	68.752	16.5	7.5	24	18
76	2	76	74.701	73.835	11	5	16	12
90	2	90	88.701	87.835	11	5	16	12
	3	90	88.051	86.752	16.5	7	24	18
115	2	115	113.701	112.835	11	5	16	12
	3	115	113.051	111.752	16.5	7.5	24	18
140	2	140	138.701	137.835	11	5	16	12
	3	140	138.051	136.752	16.5	7.5	24	18

（续）

公称直径 D,d	螺距 P	基准平面内的直径①			基准距离②		最小有效螺纹长度②	
		大径 D,d	中径 D_2,d_2	小径 D_1,d_1	标准型 L_1	短型 $L_{1短}$	标准型 L_2	短型 $L_{2短}$
170	3	170	168.051	166.752	16.5	7.5	24	18

① 对圆锥螺纹，不同轴向位置平面内的螺纹直径数值是不同的。要注意各直径的轴向位置。

② 基准距离有两种型式：标准型和短型。两种基准距离分别对应两种型式的最小有效螺纹长度。标准型基准距离 L_1 和标准型最小有效螺纹长度 L_2 适用于由圆锥内螺纹与圆锥外螺纹组成的“锥/锥”配合螺纹；短型基准距离 $L_{1短}$ 和短型最小有效螺纹长度 $L_{2短}$ 适用于由圆柱内螺纹与圆锥外螺纹组成的“柱/锥”配合螺纹。选择时要注意两种配合形式对应两组不同的基准距离和最小有效螺纹长度，避免选择错误。

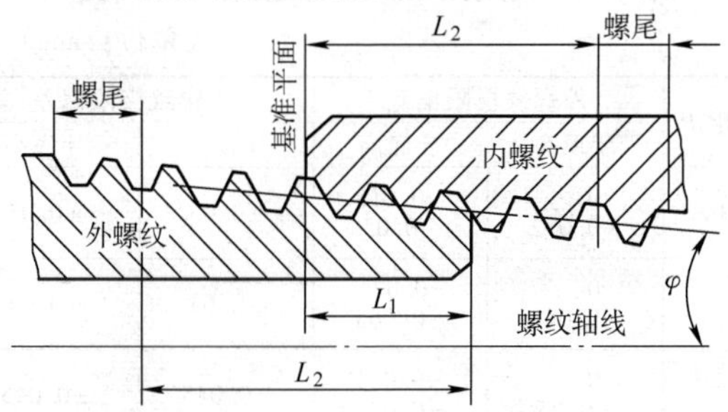

图 4-18　米制密封螺纹基准平面理论位置及轴向尺寸分布位置

4. 公差

圆锥螺纹基准平面位置的极限偏差见表 4-33。

表 4-33　圆锥螺纹基准平面位置的极限偏差

（单位：mm）

螺距 P	外螺纹基准平面的极限偏差（$\pm T_1/2$）	内螺纹基准平面的极限偏差（$\pm T_2/2$）
1	0.7	1.2
1.5	1	1.5
2	1.4	1.8
3	2	3

圆柱内螺纹中径公差带为 5H，其公差值应符合 GB/T 197—2018 的规定。

圆锥螺纹和圆柱内螺纹的牙顶高和牙底高极限偏差见表 4-34。

表 4-34　螺纹牙顶高和牙底高的极限偏差

（单位：mm）

螺距 P	外螺纹极限偏差		内螺纹极限偏差	
	牙顶高	牙底高	牙顶高	牙底高
1	0 -0.032	-0.015 -0.05	±0.03	±0.03
1.5	0 -0.048	-0.02 -0.065	±0.04	±0.04
2	0 -0.05	-0.025 -0.075	±0.045	±0.045
3	0 -0.055	-0.03 -0.085	±0.05	±0.05

5. 螺纹长度

米制密封圆锥螺纹的最小有效螺纹长度不应小于表 4-32 的规定值。米制密封圆柱内螺纹的最小有效螺纹长度不应小于表 4-32 规定值的 80%。

6. 螺纹代号及标记示例

米制密封螺纹的完整标记由螺纹特征代号、尺寸代号和基准距离组别代号组成。

1）圆锥螺纹的特征代号为 Mc。

2）圆柱内螺纹的特征代号为 Mp。

3）基准距离组别代号：采用标准型基准距离时，可以省略基准距离组别代号（N）；采用短型基准距离时，标注组别代号“S”，中间用“-”分开。

4）对左旋螺纹，应在基准距离组别代号后标注“LH”，右旋螺纹不标注旋向代号。

示例：

公称直径为 12mm、螺距为 1mm、标准型基准距离的右旋圆锥管螺纹：Mc12×1；

公称直径为 20mm、螺距为 1.5mm、短型基准距离的右旋圆锥管螺纹：Mc20×1.5-S；

公称直径为 42mm、螺距为 2mm、短型基准距离的左旋圆柱内螺纹：Mp42×2-S-LH。

与圆锥外螺纹配合的圆柱内螺纹采用米制普通螺纹，其牙型、基本尺寸、公差值同米制普通螺纹。

（六）寸制惠氏螺纹

1. 牙型

寸制惠氏螺纹的设计牙型如图 4-19 所示。

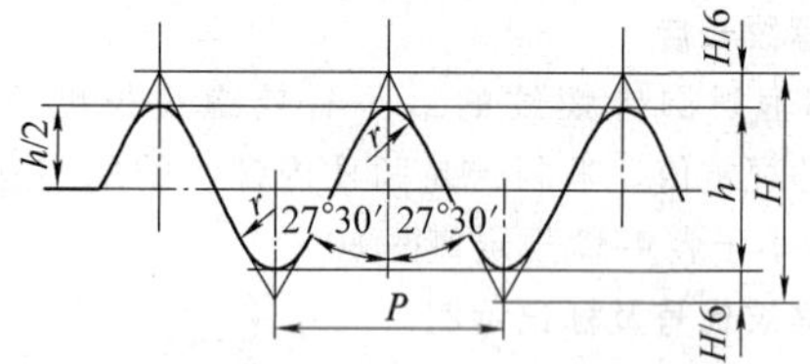

$H=0.960\ 491P \quad h=0.640\ 327P$

$\frac{H}{6}=0.160\ 082P \quad r=0.137\ 329P$

图 4-19　寸制惠氏螺纹的设计牙型

2. 寸制惠氏螺纹的标准系列（表 4-35）

表 4-35　惠氏螺纹的标准系列

公称直径 /in	牙数		公称直径 /in	牙数	
	粗牙 (B. S. W.)	细牙 (B. S. F.)		粗牙 (B. S. W.)	细牙 (B. S. F.)
1/8	(40)	—	1½	6	8
3/16	24	(32)	1⅝	—	(8)
7/32	—	(28)	1¾	5	7
1/4	20	26	2	4. 5	7
9/32	—	(26)	2¼	4	6
5/16	18	22	2½	4	6
3/8	16	20	2¾	3. 5	6
7/16	14	18	3	3. 5	5
1/2	12	16	3¼	(3. 25)	5
9/16	(12)	16	3½	3. 25	4. 5
5/8	11	14	3¾	(3)	4. 5
11/16	(11)	(14)	4	3	4. 5
3/4	10	12	4¼	—	4
7/8	9	11	4½	2. 875	—
1	8	10	5	2. 75	—
1⅛	7	9	5½	2. 625	—
1¼	7	9	6	2. 5	—
1⅜	—	(8)			

注：优先选用不带括号的牙数。1in=25. 4mm，全书后同。

3. 基本尺寸

惠氏粗牙螺纹和细牙螺纹基本尺寸分别见表 4-36 和表 4-37，特殊系列惠氏螺纹基本尺寸按下列公式计算

$$D_2 = d_2 = D - 0.640\ 327P$$

$$D_1 = d_1 = D - 1.280\ 654P$$

表 4-36 惠氏粗牙螺纹（B. S. W.）的基本尺寸

（单位：in）

公称直径	牙数	螺距	牙高	大径	中径	小径
1/8	40	0.025	0.016	0.125	0.109	0.093
3/16	24	0.041 67	0.026 7	0.187 5	0.160 8	0.134 1
1/4	20	0.05	0.032	0.25	0.218	0.186
5/16	18	0.055 56	0.035 6	0.312 5	0.276 9	0.241 3
3/8	16	0.062 5	0.04	0.375	0.335	0.295
7/16	14	0.071 43	0.045 7	0.437 5	0.319 8	0.346 1
1/2	12	0.083 33	0.053 4	0.5	0.446 6	0.393 2
9/16	12	0.083 33	0.053 4	0.562 5	0.509 1	0.455 7
5/8	11	0.090 91	0.058 2	0.625	0.566 8	0.508 6
11/16	11	0.090 91	0.058 2	0.687 5	0.629 3	0.571 1
3/4	10	0.1	0.064	0.75	0.686	0.622
7/8	9	0.111 11	0.071 1	0.875	0.803 9	0.732 8
1	8	0.125	0.08	1	0.92	0.84
1⅛	7	0.142 86	0.091 5	1.125	1.033 5	0.942
1¼	7	0.142 86	0.091 5	1.25	1.158 5	1.067
1½	6	0.166 67	0.106 7	1.5	1.393 3	1.286 6
1¾	5	0.2	0.128 1	1.75	1.621 9	1.493 8
2	4.5	0.222 22	0.142 3	2	1.857 7	1.715 4
2¼	4	0.25	0.160 1	2.25	2.089 9	1.929 8

（续）

公称直径	牙数	螺距	牙高	大径	中径	小径
2½	4	0.25	0.160 1	2.5	2.339 9	2.179 8
2¾	3.5	0.285 71	0.183	2.75	2.567	2.384
3	3.5	0.285 71	0.183	3	2.817	2.634
3¼	3.25	0.307 69	0.197	3.25	3.053	2.856
3½	3.25	0.307 69	0.197	3.5	3.303	3.106
3¾	3	0.333 33	0.213 4	3.75	3.536 6	3.323 2
4	3	0.333 33	0.213 4	4	3.786 6	3.573 2
4½	2.875	0.347 83	0.222 7	4.5	4.277 3	4.054 6
5	2.75	0.363 64	0.232 8	5	4.767 2	4.534 4
5½	2.625	0.380 95	0.243 9	5.5	5.256 1	5.012 2
6	2.5	0.4	0.256 1	6	5.743 9	5.487 8

表 4-37 惠氏细牙螺纹（B.S.F.）的基本尺寸

（单位：in）

公称直径	牙数	螺距	牙高	大径	中径	小径
3/16	32	0.031 25	0.02	0.187 5	0.167 5	0.147 5
7/32	28	0.035 71	0.022 9	0.218 8	0.195 9	0.173
1/4	26	0.038 46	0.024 6	0.25	0.225 4	0.200 8
9/32	26	0.038 46	0.024 6	0.281 2	0.256 6	0.232
5/16	22	0.045 45	0.029 1	0.312 5	0.283 4	0.254 3
3/8	20	0.05	0.032	0.375	0.343	0.311
7/16	18	0.055 56	0.035 6	0.437 5	0.401 9	0.366 3
1/2	16	0.062 5	0.04	0.5	0.46	0.42
9/16	16	0.062 5	0.04	0.562 5	0.522 5	0.482 5
5/8	14	0.071 43	0.045 7	0.625	0.579 3	0.533 6
11/16	14	0.071 43	0.045 7	0.687 5	0.641 8	0.596 1

（续）

公称直径	牙数	螺距	牙高	大径	中径	小径
3/4	12	0.083 33	0.053 4	0.75	0.696 6	0.643 2
7/8	11	0.090 91	0.058 2	0.875	0.816 8	0.758 6
1	10	0.1	0.064	1	0.936	0.872
1⅛	9	0.111 11	0.071 1	1.125	1.053 9	0.982 8
1¼	9	0.111 11	0.071 1	1.25	1.178 9	1.107 8
1⅜	8	0.125	0.08	1.375	1.295	1.215
1½	8	0.125	0.08	1.5	1.42	1.34
1⅝	8	0.125	0.08	1.625	1.545	1.465
1¾	7	0.142 86	0.091 5	1.75	1.658 5	1.567
2	7	0.142 86	0.091 5	2	1.908 5	1.817
2¼	6	0.166 67	0.106 7	2.25	2.143 3	2.036 6
2½	6	0.166 67	0.106 7	2.5	2.393 3	2.286 6
2¾	6	0.166 67	0.106 7	2.75	2.643 3	2.536 6
3	5	0.2	0.128 1	3	2.871 9	2.743 8
3¼	5	0.2	0.128 1	3.25	3.121 9	2.993 8

二、齿　　轮

（一）渐开线圆柱齿轮

1. 基本齿廓和模数

（1）标准基本齿条齿廓的特性（表 4-38）　当渐开线圆柱齿轮的基圆无穷增大时，齿轮将变成齿条，渐开线齿廓将逼近直线形齿廓，这一点成为统一齿廓的基础。基本齿廓标准不仅要统一压力角，还要统一齿廓各部分的几何尺寸。

表 4-38　标准基本齿条齿廓的特性

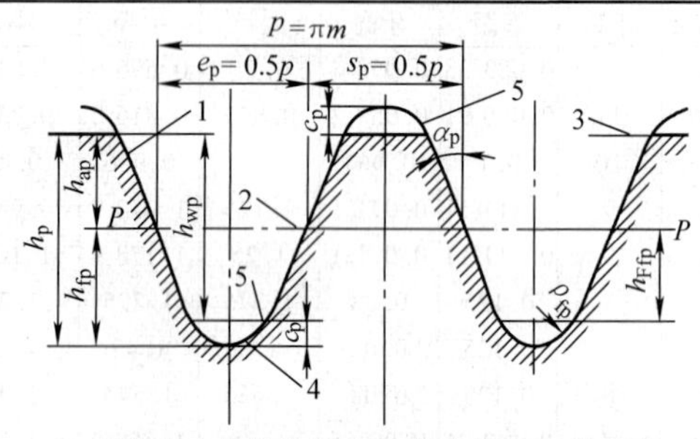

1—标准基本齿条齿廓　2—基准线　3—齿顶线
4—齿根线　5—相啮标准基本齿条齿廓

1）标准基本齿条比例

几何参数	α_p	h_{ap}	c_p	h_{fp}	ρ_{fp}
标准基本齿条值	20°	$1m$	$0.25m$	$1.25m$	$0.38m$

2）基本齿条齿廓

基本齿条齿廓类型	几何参数					推荐使用场合
	α_p	h_{ap}	c_p	h_{fp}	ρ_{fp}	
A	20°	$1m$	$0.25m$	$1.25m$	$0.38m$	用于传递大转矩的齿轮
B	20°	$1m$	$0.25m$	$1.25m$	$0.3m$	用于通常的场合。用标准滚刀加工时，可用 C 型
C	20°	$1m$	$0.25m$	$1.25m$	$0.25m$	
D	20°	$1m$	$0.4m$	$1.4m$	$0.39m$	齿根圆角为单圆弧齿根圆角。用于高精度、传递大转矩齿轮

GB/T 1356—2001《通用机械和重型机械用圆柱齿

轮　标准基本齿条齿廓》规定了通用机械和重型机械用渐开线圆柱齿轮（外齿或内齿）的基本齿条齿廓的特性。标准适用于 GB/T 1357—2008 规定的标准模数。

（2）代号和单位（表 4-39）

表 4-39　代号和单位

符号	意义	单位
c_p	标准基本齿条轮齿与相啮标准基本齿条轮齿之间的顶隙	mm
e_p	标准基本齿条轮齿齿槽宽	mm
h_{ap}	标准基本齿条轮齿齿顶高	mm
h_{fp}	标准基本齿条轮齿齿根高	mm
h_{Ffp}	标准基本齿条轮齿齿根直线部分的高度	mm
h_p	标准基本齿条的齿高	mm
h_{wp}	标准基本齿条和相啮标准基本齿条轮齿的有效齿高	mm
m	模数	mm
p	齿距	mm
s_p	标准基本齿条轮齿的齿厚	mm
α_p	压力角	(°)
ρ_{fp}	基本齿条的齿根圆角半径	mm

（3）渐开线圆柱齿轮模数系列（表 4-40）

表 4-40　渐开线圆柱齿轮模数系列（GB/T 1357—2008）

（单位：mm）

第一系列	1　1.25　1.5　2　2.5　3　4　5　6　8　10　12　16　20　25　32　40　50
第二系列	1.125　1.375　1.75　2.25　2.75　3.5　4.5　5.5　(6.5)　7　9　11　14　18　22　28　36　45

注：优先选用第一系列，应避免采用第二系列中的模数 6.5。

2. 圆柱齿轮的几何尺寸计算

(1) 外啮合标准圆柱齿轮几何尺寸计算（表 4-41）

表 4-41 外啮合标准圆柱齿轮几何尺寸计算

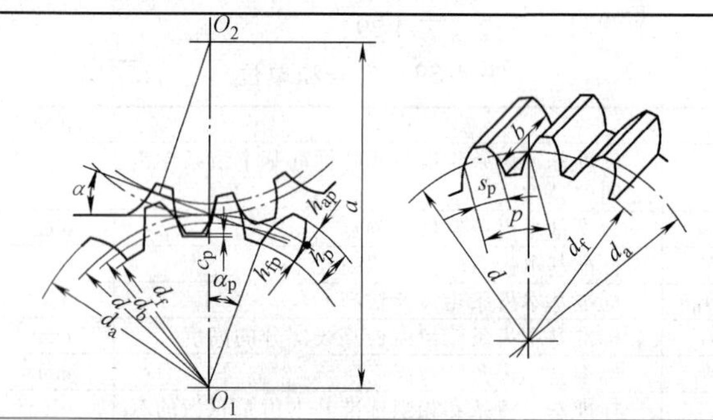

直齿轮

项目	名称	代号	计算公式	说明
基本参数	模数	m	—	按规定选取
	齿数	z	—	按传动要求确定
	压力角	α_p	$\alpha_p=20°$	—
	齿顶高系数	h_a	$h_a=1$	—
	顶隙系数	c_p	$c_p=0.25$	—
几何尺寸	分度圆直径	d	$d=mz$	—
	齿顶高	h_{ap}	$h_{ap}=h_a m=m$	—
	齿根高	h_{fp}	$h_{fp}=(h_a+c_p)m=1.25m$	—
	齿高	h_p	$h_p=h_{ap}+h_{fp}=2.25m$	—
	齿顶圆直径	d_a	$d_a=d+2h_{ap}=m(z+2)$	—

（续）

直齿轮				
项目	名称	代号	计算公式	说明
几何尺寸	齿根圆直径	d_f	$d_f=d-2h_{fp}=m(z-2.5)$	—
	齿距	p	$p=\pi m$	—
	齿厚	s_p	$s_p=\dfrac{p}{2}=\dfrac{\pi m}{2}$	—
	齿宽	b	b	齿的轴向长度
	中心距	a	$a=\dfrac{d_1+d_2}{2}=\dfrac{m(z_1+z_2)}{2}$	—

斜齿轮				
项目	名称	代号	计算公式	说明
基本参数	模数	m	$m_n=m_t\cos\beta$ m_t——端面模数 m_n——法面模数	按规定选取
	齿数	z	—	按传动要求确定
	压力角	α_p	$\alpha_{pn}=20°$	—
	分度圆螺旋角	β	—	常在 8°~20°内选择
	齿顶高系数	h_a	$h_{an}=1$	—
	顶隙系数	c_p	$c_{pn}=0.25$	—
几何尺寸	分度圆直径	d	$d=\dfrac{m_n z}{\cos\beta}$	—
	齿顶高	h_{ap}	$h_{ap}=h_{an}m_n=m_n$	—
	齿根高	h_{fp}	$h_{fp}=(h_{an}+c_p)m_n=1.25m_n$	—

（续）

斜齿轮				
项目	名称	代号	计算公式	说明
几何尺寸	齿高	h_p	$h_p=h_{ap}+h_{fp}=2.25m_n$	—
	齿顶圆直径	d_a	$d_a=d+2h_{ap}$	—
	齿根圆直径	d_f	$d_f=d-2h_{fp}$	—
	齿距	p	$p=\pi m_n$	—
	齿厚	s_p	$s_{pn}=\dfrac{p_n}{2}=\dfrac{\pi m_n}{2}$	—
	齿宽	b	b	齿的轴向长度
	中心距	a	$a=\dfrac{d_1+d_2}{2}=\dfrac{m_n(z_1+z_2)}{2\cos\beta}$	—

（2）内啮合标准圆柱齿轮几何尺寸计算（表 4-42）

表 4-42　内啮合标准圆柱齿轮几何尺寸计算

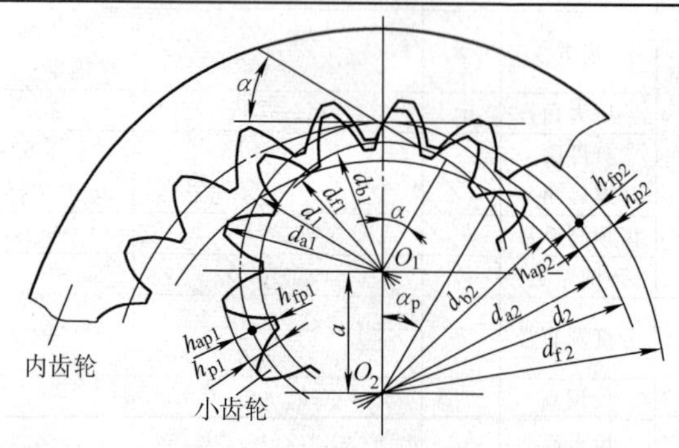

（续）

项目	名称	代号	计算公式	说明
基本参数	模数	m	—	按规定选取
	齿数	z	一般取 $z_2-z_1>10$	按传动要求确定
	分度圆压力角	α_p	$\alpha_p=20°$	—
	齿顶高系数	h_a	$h_a=1$	—
	顶隙系数	c_p	$c_p=0.25$	—
几何尺寸	分度圆直径	d_2	$d_2=z_2m$	—
	基圆直径	d_{b2}	$d_{b2}=d_2\cos\alpha$	—
	齿顶圆直径	d_{a2}	$d_{a2}=d_2-2h_am+\Delta d_a$ $\Delta d_a=\dfrac{2h_am}{z_2\tan^2\alpha_p}$ 当 $h_a=1,\alpha_p=20°$时， $\Delta d_a=\dfrac{15.1m}{z_2}$	—
	齿根圆直径	d_{f2}	$d_{f2}=d_2+2(h_a+c_p)m$	—
	全齿高	h_{p2}	$h_{p2}=\dfrac{1}{2}(d_{f2}-d_{a2})$	—
	中心距	a	$a=\dfrac{1}{2}(z_2-z_1)m$	—

3. 精度等级及其选择

(1) 精度等级　渐开线圆柱齿轮精度标准（GB/T

10095.1~2—2008）中共有 13 个精度等级，用数字 0~12 由高到低的顺序排列，0 级精度最高，12 级精度最低。

0~2 级是有待发展的精度等级，齿轮各项偏差的允许值很小，目前我国只有少数企业能制造和检验测量 2 级精度的齿轮。通常，将 3~5 级精度称为高精度，将 6~8 级称为中等精度，而将 9~12 级称为低精度。

径向综合偏差的精度等级由 F_i''、f_i'' 的 9 个等级组成，其中 4 级精度最高，12 级精度最低。

齿轮精度等级见表 4-43，齿轮各项偏差代号名称见表 4-44。

表 4-43　齿轮精度等级

标准	偏差项目	精度等级												
		0	1	2	3	4	5	6	7	8	9	10	11	12
GB/T 10095.1	f_{pt}、F_{pk}、F_p、F_α、F_β、F_i'、f_i'	—	—	—	—	—	—	—	—	—	—	—	—	—
GB/T 10095.2	F_r	—	—	—	—	—	—	—	—	—	—	—	—	—
	F_i''、f_i''					—	—	—	—	—	—	—	—	—

表 4-44　齿轮各项偏差代号名称

代号	名称
f_{pt}	单个齿距偏差
F_{pk}	齿距累积偏差
F_p	齿距累积总偏差
F_α	齿廓总偏差
F_β	螺旋线总偏差、总公差
F_i'	切向综合总偏差、总公差

（续）

代号	名称
f'_i	一齿切向综合偏差、综合公差
F_r	径向圆跳动偏差、径向圆跳动公差
F''_i	径向综合总偏差、综合公差
f''_i	一齿径向综合偏差、综合公差

（2）精度等级的选择

1）在给定的技术文件中，如果所要求的齿轮精度规定为 GB/T 10095.1 的某级精度而无其他规定时，则齿距偏差（f_{pt}、F_{pk}、F_p）、齿廓偏差（F_α）、螺旋线偏差（F_β）的允许值均按该精度等级。

2）GB/T 10095.1 规定，可按供需双方协议对工作齿面和非工作齿面规定不同的精度等级，或对不同的偏差项目规定不同的精度等级。另外，也可仅对工作齿面规定所要求的精度等级。

3）径向综合偏差精度等级不一定与 GB/T 10095.1 中的要素偏差（如齿距、齿廓、螺旋线）选用相同的等级。当文件需叙述齿轮精度要求时，应注明 GB/T 10095.1 或 GB/T 10095.2。

4）选择齿轮精度等级时，必须根据其用途、工作条件等要求来确定，即必须考虑齿轮的工作速度、传递功率、工作的持续时间、机械振动、噪声和使用寿命等方面的要求。齿轮精度等级可用计算法确定，但目前企业界主要是采用经验法（或表格法）。表 4-45 为各类机器传动中所应用的齿轮精度等级，表 4-46 为各精度等级齿轮的适用范围。

表 4-45　各类机器传动中所应用的齿轮精度等级

产品类型	精度等级	产品类型	精度等级
测量齿轮	2~5	航空发动机	4~8
汽轮机齿轮	3~6	拖拉机	6~9
金属切削机床	3~8	通用减速器	6~9
内燃机车	6~7	轧钢机	6~10
汽车底盘	5~8	矿用绞车	8~10
轻型汽车	5~8	起重机械	7~10
载货汽车	6~9	农业机械	8~11

表 4-46　各精度等级齿轮的适用范围

精度等级	工作条件与适用范围	圆周速度/(m/s)		齿面的最后加工
		直齿	斜齿	
3	用于最平稳且无噪声的极高速下工作的齿轮,特别精密的分度机构齿轮,特别精密机械中的齿轮,控制机构齿轮,检测 5、6 级的测量齿轮	>50	>75	特精密的磨齿和珩磨用精密滚刀滚齿或单边剃齿后的大多数不经淬火的齿轮
4	用于精密分度机构的齿轮,特别精密机械中的齿轮,高速汽轮机齿轮,控制机构齿轮,检测 7 级的测量齿轮	>40	>70	精密磨齿,大多数用精密滚刀滚齿和珩齿或单边剃齿

（续）

精度等级	工作条件与适用范围	圆周速度/(m/s)		齿面的最后加工
		直齿	斜齿	
5	用于高平稳且低噪声的高速传动中的齿轮，精密机构中的齿轮，汽轮机齿轮，检测8、9级的测量齿轮 重要的航空、船用齿轮箱齿轮	>20	>40	精密磨齿，大多数用精密滚刀加工，进而研齿或剃齿
6	用于高速下平稳工作，需要高效率及低噪声的齿轮，航空、汽车用齿轮，读数装置中的精密齿轮，机床传动链齿轮，机床传动齿轮	≤15	≤30	精密磨齿或剃齿
7	在高速和适度功率或大功率和适当速度下工作的齿轮，机床变速箱进给齿轮，高速减速器的齿轮，起重机齿轮，汽车以及读数装置中的齿轮	≤10	≤15	无需热处理的齿轮，用精密刀具加工 对于淬硬齿轮必须精整加工（磨齿、研齿、珩磨）
8	一般机器中无特殊精度要求的齿轮，机床变速齿轮，汽车制造业中不重要齿轮，冶金、起重、机械齿轮，通用减速器的齿轮，农业机械中的重要齿轮	≤6	≤10	滚齿、插齿均可，不用磨齿，必要时剃齿或研齿

（续）

精度等级	工作条件与适用范围	圆周速度/(m/s)		齿面的最后加工
		直齿	斜齿	
9	用于不提精度要求的粗糙工作的齿轮，因结构上考虑，受载低于计算载荷的传动用齿轮，重载、低速不重要工作机械的传力齿轮，农机齿轮	≤2	≤4	不需要特殊的精加工工序

4. 齿坯公差

齿坯是指在轮齿加工前供制造齿轮用的工件。齿坯的尺寸偏差直接影响齿轮的加工精度，影响齿轮副的接触和运行。

（1）基准面的形状公差

1）基准面的要求精度取决于齿轮精度等级和基准面的相对位置。

① 齿轮精度等级。基准面的极限值应远小于单个轮齿的公差值。

② 基准面的相对位置。一般来说，跨距占轮齿分度圆直径的比例越大，则给定的公差就越松。

2）必须在齿轮图样上规定基准面的精度要求。所有基准面的形状公差应不大于表 4-47 中规定值。

表 4-47　基准面与安装面的形状公差

确定轴线的基准面	公差项目		
	圆度	圆柱度	平面度
两个“短的”圆柱或圆锥形基准面	$0.04(L/b)F_{\beta}$ 或 $0.1F_{p}$，取两者中之小值	—	—
一个“长的”圆柱或圆锥形基准面	—	$0.04(L/b)F_{\beta}$ 或 $0.1F_{p}$，取两者中之小值	—
一个“短的”圆柱面和一个端面	$0.06F_{p}$	—	$0.06(D_{d}/b)F_{\beta}$

注：1. L—轴承跨距，b—齿宽，F_{β}—螺旋线总偏差，F_{p}—齿距累积总偏差，D_{d}—基准面直径。

2. 齿轮坯公差应减至能经济制造的最小值。

3）基准面（轴向和径向）应加工得与齿轮坯的实际轴孔、轴颈和肩部完全同心。

（2）工作及制造安装面的形状公差　工作及制造安装面的形状公差也不能大于表 4-47 中的规定值。

（3）工作轴线的跳动公差　当基准轴线与工作轴线不重合时，则工作安装面相对于基准轴线的跳动必须在图样上予以规定，跳动公差不应大于表 4-48 中规定值。

表 4-48　安装面的跳动公差

确定轴线的基准面	跳动量(总的指示幅度)	
	径向	轴向
仅指圆柱或圆锥形基准面	$0.15(L/b)F_{\beta}$ 或 $0.3F_{p}$，取两者中之大值	—
一个圆柱基准面和一个端面基准面	$0.3F_{p}$	$0.2(D_{d}/b)F_{\beta}$

注：齿轮坯的公差应减至能经济制造的最小值。

(4) 齿轮切削和检验时使用的安装面　齿轮在制造和检验过程中，安装齿轮时应使其旋转的实际轴线与图样上规定的基准轴线重合。

除非在制造和检验中用来安装齿轮的安装面就是基准面，否则这些安装面相对于基准轴线的位置也必须予以控制。

(5) 齿顶圆柱面　设计者应对齿顶圆直径选择合适的公差，以保证有最小限度的设计重合度，并且有足够的齿顶间隙。如果将齿顶圆柱面作为基准面，除了上述数值仍可用作尺寸公差外，其形状公差不应大于表 4-47 中所规定的相关数值。

(6) 其他齿轮的安装面　在一个与小齿轮做成一体的轴上，常有一段用来安装一个大齿轮。这时，大齿轮安装面的公差应在妥善考虑大齿轮的质量要求后再选择。

常用的办法是相对于已经确定的基准轴线规定允许的跳动量。

（7）齿坯公差应用示例（图 4-20、图 4-21）

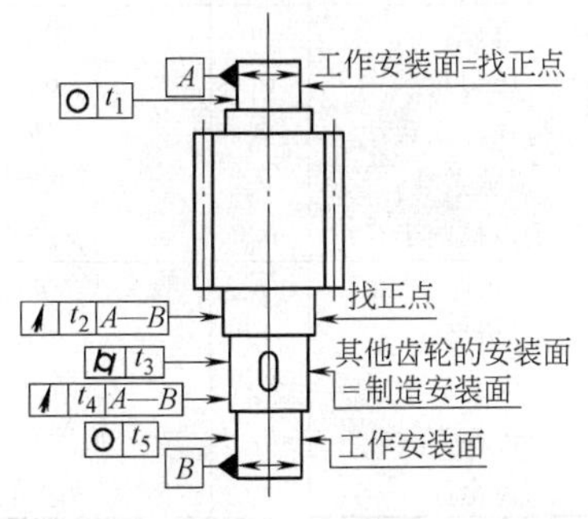

图 4-20　齿轮轴

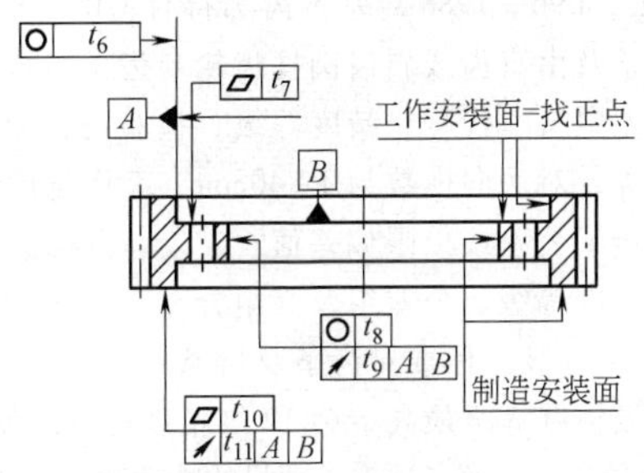

图 4-21　齿圈

（二）齿条

1. 齿条的几何尺寸计算（表 4-49）

表 4-49　齿条的几何尺寸计算

项目	名称	代号	计算公式
基本参数	模数	m	
	压力角	α_p	$\alpha_p=20°$
	齿顶高系数	h_a	$h_a=1$
	顶隙系数	c_p	$c_p=0.25$
	齿条齿根圆半径	ρ_{fp}	$\rho_{fp}=0.38m$
几何尺寸	齿距	p	$p=\pi m$
	齿厚	s_p	$s_p=1.5708m$
	齿顶高	h_{ap}	$h_{ap}=h_a m$
	齿根高	h_{fp}	$h_{fp}=(h_a+c_p)m$
	齿全高	h_p	$h_p=h_{ap}+h_{fp}$

2. 齿条精度（GB/T 10096—1988）

GB/T 10096—1988 对基本齿廓符合 GB/T 1356—2001 规定的齿条及由直齿或斜齿圆柱齿轮与齿条组成的齿条副规定了误差定义、代号、精度等级、检验与公差、侧隙和图样标注等，对法向模数为 1~40mm、工作宽度到 630mm 的齿条规定了公差或极限偏差值。

（1）精度等级、公差组及其组合

1）精度等级。标准对齿条及齿条副规定 12 个精度等级，第 1 级精度等级最高，第 12 级精度等级最低。

2）公差组。按照各项误差项目的特性和对传动性能的主要影响，标准将各项公差划分为三个公差组，见表 4-50。

表 4-50　公差组

公差组	Ⅰ	Ⅱ	Ⅲ
公差与极限偏差项目	F'_i、F_p、F''_i、F_r	f'_i、f''_i、f_f、$\pm f_{pt}$	F_β

3）公差组合。根据不同的使用要求，允许各公差组选用不同的精度等级。但在同一公差组内，各项公差与极限偏差应保持相同的精度等级。

4）齿条各项偏差代号名称见表 4-51。

表 4-51　齿条各项偏差代号名称

代号	名称
F'_i	切向综合公差
F_p	齿距累积公差
F''_i	径向综合公差
F_r	齿槽跳动公差
f'_i	一齿切向综合公差
f''_i	一齿径向综合公差
f_f	齿形公差
$\pm f_{pt}$	齿距极限偏差
F_β	齿向公差

（2）齿厚极限偏差　齿厚极限偏差的上极限偏差 E_{ss} 及下极限偏差 E_{si} 可按表 4-52 选用。

表 4-52　齿厚极限偏差

$C=+1f_{pt}$	$G=-6f_{pt}$	$L=-16f_{pt}$	$R=-40f_{pt}$
$D=0$	$H=-8f_{pt}$	$M=-20f_{pt}$	$S=-50f_{pt}$
$E=-2f_{pt}$	$J=-10f_{pt}$	$N=-25f_{pt}$	
$F=-4f_{pt}$	$K=-12f_{pt}$	$P=-32f_{pt}$	

例如：上极限偏差选用代号 F（等于 $-4f_{pt}$），下极限偏差选用代号 L（等于 $-16f_{pt}$），则齿厚极限偏差用代号 FL 表示，如图 4-22 所示。

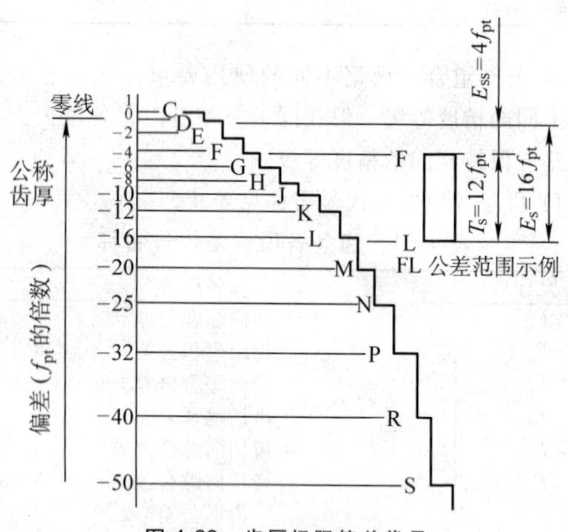

图 4-22 齿厚极限偏差代号

（3）标记示例

1）齿条的三个公差组精度为 7 级，其齿厚上极限偏差为 F，下极限偏差为 L，标注为：

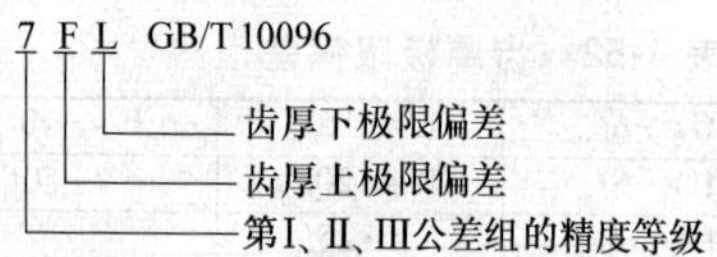

2）齿条第Ⅰ公差组精度为 7 级，第Ⅱ公差组精度为 6

级，第Ⅲ公差组精度为6级，齿厚上极限偏差为G，齿厚下极限偏差为M，标注为：

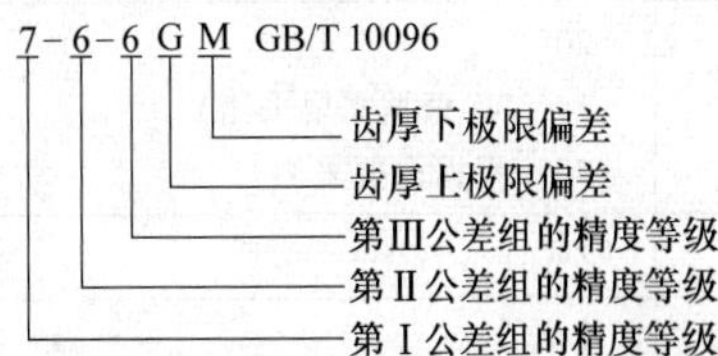

3）齿条的三个公差组精度同为6级，其齿厚上极限偏差为-600μm，下极限偏差为-800μm，标注为：

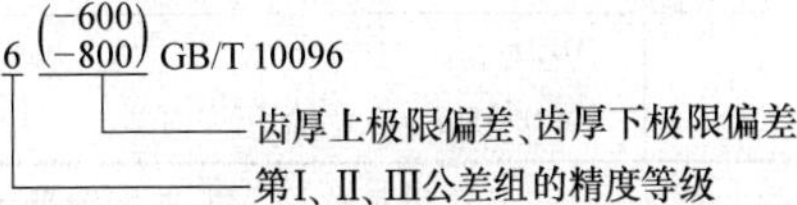

（三）锥齿轮

1. 锥齿轮基本齿廓尺寸参数

GB/T 12369—1990《直齿及斜齿锥齿轮基本齿廓》，对大端端面模数 $m \geqslant 1$mm 的直齿及斜齿锥齿轮规定了其基本齿廓的形状和尺寸参数，见表4-53。

表4-53 锥齿轮基本齿廓尺寸参数

图示
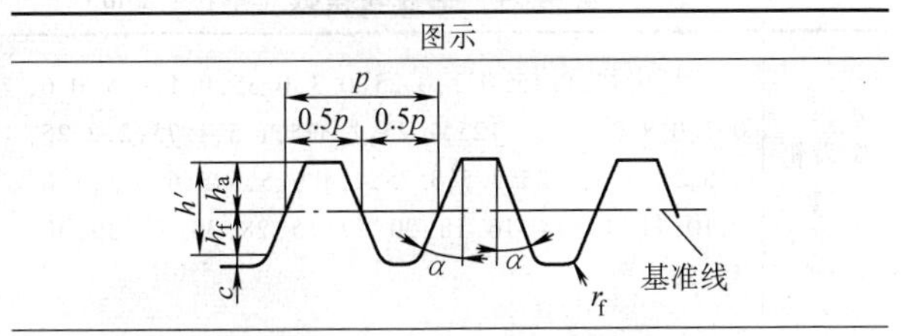

（续）

尺寸参数	
齿形角 α	20° 14°30′（根据需要采用） 25°（根据需要采用）
齿顶高 h_a	$1m_n$
工作高度 h'	$2m_n$
齿距 p	$\pi m_n/\cos\beta$（在大端端面基准面上）
顶隙 c	$0.2m_n$
齿根圆角半径 r_f	$0.3m_n$ $\geqslant 0.35m_n$（在啮合允许时）

注：齿廓可以修缘，原则上在齿顶修缘，齿高方向最大值为 $0.6m_n$，齿厚方向最大值为 $0.02m_n$。

2. 模数

GB/T 12368—1990《锥齿轮模数》，对直齿、斜齿及曲线齿（齿线为圆弧线、长幅外摆线及准渐开线等）锥齿轮，规定了锥齿轮大端端面模数，见表 4-54。

表 4-54　锥齿轮模数（单位：mm）

锥齿轮模数	0.1,0.12,0.15,0.2,0.25,0.3,0.35,0.4,0.5,0.6,0.7,0.8,0.9,1,1.125,1.25,1.375,1.5,1.75,2,2.25,2.5,2.75,3,3.25,3.5,3.75,4,4.5,5,5.5,6,6.5,7,8,9,10,11,12,14,16,18,20,22,25,28,30,32,36,40,45,50

3. 直齿锥齿轮几何尺寸计算（表 4-55）

表 4-55　直齿锥齿轮几何尺寸计算

（单位：mm）

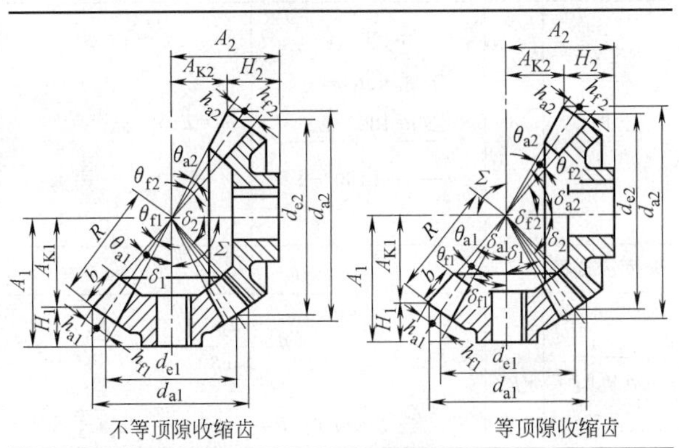

<table>
<tr><th rowspan="2">名称</th><th rowspan="2">代号</th><th colspan="2">计算公式</th></tr>
<tr><th>小齿轮</th><th>大齿轮</th></tr>
<tr><td>模数</td><td>m</td><td colspan="2">大端模数 $m=d_1/z_1=d_2/z_2$</td></tr>
<tr><td>齿数</td><td>z</td><td>z_1</td><td>z_2</td></tr>
<tr><td>轴交角</td><td>Σ</td><td colspan="2">根据结构要求设计确定</td></tr>
<tr><td rowspan="2">分锥角</td><td rowspan="2">δ</td><td>$\Sigma=90°$时
$\delta_1=\arctan\dfrac{z_1}{z_2}$</td><td>$\delta_2=\Sigma-\delta_1$</td></tr>
<tr><td>$\Sigma<90°$时
$\delta_1=\arctan\dfrac{\sin\Sigma}{\dfrac{z_2}{z_1}+\cos\Sigma}$</td><td>$\delta_2=\Sigma-\delta_1$</td></tr>
</table>

（续）

名称	代号	计算公式	
		小齿轮	大齿轮
分锥角	δ	$\Sigma>90^\circ$时 $\delta_1=\arctan\dfrac{\sin(180^\circ-\Sigma)}{\dfrac{z_2}{z_1}-\cos(180^\circ-\Sigma)}$	$\delta_2=\Sigma-\delta_1$
分度圆直径	d	$d_1=mz_1$	$d_2=mz_2$
外锥距	R	$R=\dfrac{d_1}{2\sin\delta_1}$ 当 $\Sigma=90^\circ$时，$R=\dfrac{d_1}{2\sin\delta_1}=\dfrac{m}{2}\sqrt{z_1^2+z_2^2}$	
齿宽	b	$\dfrac{R}{3}\geqslant b\leqslant 10m$	
齿顶高	h_a	m	
齿根高	h_f	$1.2m$	
齿高	h	$2.2m$	
大端齿顶圆直径	d_a	$d_{a1}=d_1+2h_{a1}\cos\delta_1$	$d_{a2}=d_2+2h_{a2}\cos\delta_2$
齿根角	θ_f	$\theta_{f1}=\arctan\dfrac{h_{f1}}{R}$	$\theta_{f2}=\arctan\dfrac{h_{f2}}{R}$

（续）

名称	代号	计算公式	
		小齿轮	大齿轮
齿顶角	θ_a	等顶隙收缩齿	
		$\theta_{a1}=\theta_{f2}=\arctan\dfrac{h_{f2}}{R}$	$\theta_{a2}=\theta_{f1}=\arctan\dfrac{h_{f1}}{R}$
		不等顶隙收缩齿	
		$\theta_{a1}=\arctan\dfrac{h_{a1}}{R}$	$\theta_{a2}=\arctan\dfrac{h_{a2}}{R}$
顶锥角	δ_a	等顶隙收缩齿	
		$\delta_{a1}=\delta_1+\theta_{f2}$	$\delta_{a2}=\delta_2+\theta_{f1}$
		不等顶隙收缩齿	
		$\delta_{a1}=\delta_1+\theta_{a1}$	$\delta_{a2}=\delta_2+\theta_{a2}$
根锥角	δ_f	$\delta_{f1}=\delta_1-\theta_{f1}$	$\delta_{f2}=\delta_2-\theta_{f2}$
冠顶距	A_K	$\Sigma=90°$时	
		$A_{K1}=\dfrac{d_2}{2}-h_{a1}\sin\delta_1$	$A_{K2}=\dfrac{d_1}{2}-h_{a2}\sin\delta_2$
		$\Sigma\neq90°$时	
		$A_{K1}=R\cos\delta_1-h_{a1}\sin\delta_1$	$A_{K2}=R\cos\delta_2-h_{a2}\sin\delta_2$
大端分度圆弧齿厚	s	$s_1=\dfrac{\pi m}{2}$	$s_2=\dfrac{\pi m}{2}$
大端分度圆弦齿厚	$\bar{s}$	$\bar{s}_1=s_1-\dfrac{s_1^3}{6d_1^2}$	$\bar{s}_2=s_2-\dfrac{s_2^3}{6d_2^2}$

（续）

名称	代号	计算公式	
		小齿轮	大齿轮
大端分度圆弦齿高	$\bar{h}$	$\bar{h}_{a1}=h_{a1}+\frac{s_1^2}{4d_1}\cos\delta_1$	$\bar{h}_{a2}=h_{a2}+\frac{s_2^2}{4d_2}\cos\delta_2$
齿角（刨齿机用）	λ	$\lambda_1\approx\frac{3438}{R}\times\left(\frac{s_1}{2}+h_{f1}\tan\alpha\right)$	$\lambda_2\approx\frac{3438}{R}\times\left(\frac{s_2}{2}+h_{f2}\tan\alpha\right)$

注：为提高精切齿的精度及精切刀寿命，粗切时可以沿齿宽上切深 0.05mm 的增量，即实际齿根高比计算的多 0.05mm。

4. 锥齿轮精度

锥齿轮精度标准 GB/T 11365—1989 适用于中点法向模数 $m_n\geqslant 1$mm 的直齿、斜齿、曲线齿锥齿轮和准双曲面齿轮。标准对齿轮及齿轮副规定 12 个精度等级，并将齿轮和齿轮副的公差项目分成三个公差组。

根据使用要求，允许各公差组选用不同的精度等级。但对齿轮副中大、小齿轮的同一公差组，应规定同一精度等级。

(1) 锥齿轮及齿轮副的公差组（表 4-56）

表 4-56　锥齿轮及齿轮副的公差组

公差组		公差与极限偏差项目
Ⅰ	齿轮	F'_i、$F''_{i\Sigma}$、F_p、F_{pk}、F_r
	齿轮副	F'_{ic}、$F''_{i\Sigma c}$、F_{vj}

（续）

公差组		公差与极限偏差项目
Ⅱ	齿轮	f'_{i}、$f''_{i\Sigma}$、f'_{zk}、f_{pt}、f_{c}
	齿轮副	f'_{ic}、$f''_{i\Sigma c}$、f'_{zkc}、f'_{zzc}、f_{AM}
Ⅲ	齿轮	接触斑点
	齿轮副	接触斑点 f_{a}

（2）锥齿轮各项偏差代号名称（表 4-57）

表 4-57　锥齿轮各项偏差代号名称

代号	名称
F'_{i}	切向综合公差
$F''_{i\Sigma}$	轴交角综合公差
F_{p}	齿距累积公差
F_{pk}	k 个齿距累积公差
F_{r}	齿圈跳动公差
F'_{ic}	齿轮副切向综合公差
$F''_{i\Sigma c}$	齿轮副轴交角综合公差
F_{vj}	齿轮副侧隙变动公差
f'_{i}	一齿切向综合公差
$f''_{i\Sigma}$	一齿轴交角综合公差
f'_{zk}	周期误差的公差
f_{pt}	齿距极限偏差
f_{c}	齿形相对误差的公差
f'_{ic}	齿轮副一齿切向综合公差
$f''_{i\Sigma c}$	齿轮副一齿轴交角综合公差
f'_{zkc}	齿轮副周期误差的公差
f'_{zzc}	齿轮副齿频周期误差的公差
f_{AM}	齿圈轴向位移极限偏差
f_{a}	齿轮副轴间距极限偏差

（3）齿轮副侧隙　齿轮副的最小法向侧隙（j_{nmin}）种类为 6 种：a、b、c、d、e、h。法向侧隙公差种类为 5 种：A、B、C、D、H。推荐法向侧隙公差种类与最小法向侧隙种类的对应关系为：A—a，B—b，C—c，D—d，H—e 和 H—h，如图 4-23 所示。

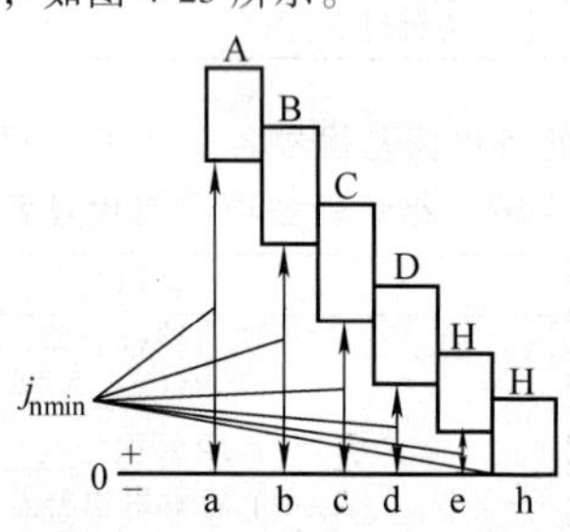

图 4-23　最小法向侧隙与法向侧隙公差的推荐关系

（4）齿轮精度标注示例

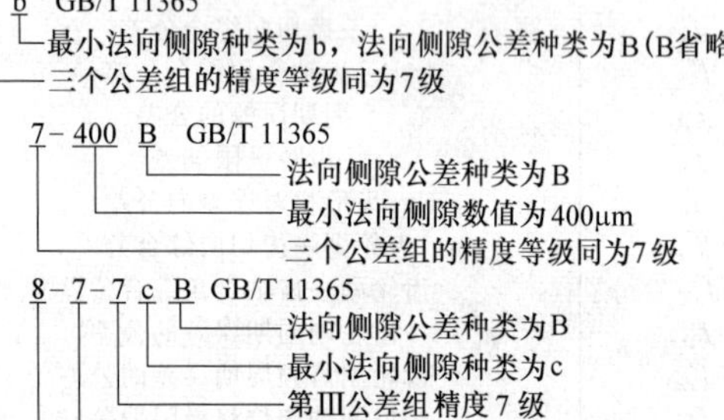

5. 齿坯要求

齿坯质量直接影响切齿精度，同时影响检验数据的可靠性，还影响齿轮副的安装精度。所以齿轮在加工检验和安装时的定位基准面应尽量一致，并在齿轮图样上予以标注。齿坯各项公差和偏差见表 4-58~表 4-60。

表 4-58　齿坯尺寸公差

精度等级	4	5	6	7	8	9	10	11	12
轴径尺寸公差	IT4	IT5		IT6		IT7			
孔径尺寸公差	IT5	IT6		IT7		IT8			
外径尺寸极限偏差	0 −IT7	0 −IT8				0 −IT9			

表 4-59　齿坯顶锥母线跳动和基准轴向圆跳动公差

（单位：μm）

类别	大于	到	跳动公差	精度等级①			
				4	5~6	7~8	9~12
外径/mm	—	30	顶锥母线跳动公差	10	15	25	50
	30	50		12	20	30	60
	50	120		15	25	40	80
	120	250		20	30	50	100
	250	500		25	40	60	120
	500	800		30	50	80	150
	800	1250		40	60	100	200
	1250	2000		50	80	120	250
	2000	3150		60	100	150	300
	3150	5000		80	120	200	400

（续）

类别	大于	到	跳动公差	精度等级①			
				4	5~6	7~8	9~12
基准端面直径/mm	—	30	基准轴向圆跳动公差	4	6	10	15
	30	50		5	8	12	20
	50	120		6	10	15	25
	120	250		8	12	20	30
	250	500		10	15	25	40
	500	800		12	20	30	50
	800	1250		15	25	40	60
	1250	2000		20	30	50	80
	2000	3150		25	40	60	100
	3150	5000		30	50	80	120

① 当三个公差组精度等级不同时，按最高的精度等级确定公差值。

表 4-60　齿坯轮冠距和顶锥角极限偏差

中点法向模数/mm	轮冠距极限偏差/μm	顶锥角极限偏差/(′)
≤1.2	0 -50	+15 0
>1.2~10	0 -75	+8 0
>10	0 -100	+8 0

（四）圆柱蜗杆和蜗轮

1. 圆柱蜗杆的基本齿廓（GB/T 10087—2018）

标准规定了圆柱蜗杆基本齿廓。本标准适用于模数

$m \geqslant 1\text{mm}$，轴交角 $\Sigma = 90°$ 的圆柱蜗杆传动，其基本蜗杆的类型为阿基米德蜗杆（ZA 蜗杆）、法向直廓蜗杆（ZN 蜗杆）、渐开线蜗杆（ZI 蜗杆）和锥面包络圆柱蜗杆（ZK 蜗杆）。

标准规定的圆柱蜗杆的基本齿廓是指基本蜗杆在给定截面上的规定齿形。基本齿廓的尺寸参数在蜗杆的轴平面内规定，见表 4-61。

表 4-61　圆柱蜗杆基本齿廓

基本齿廓(在轴平面内)

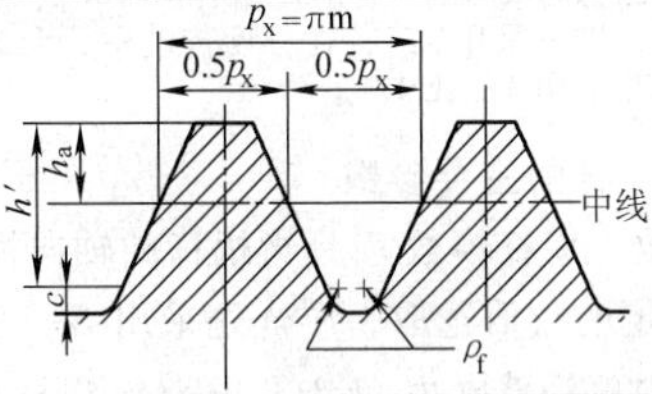

参数名称		代号	数值	说明
齿顶高		h_a	$1m$	齿顶高系数 $h_a^* = 1$
工作齿高		h'	$2m$	在工作齿高部分的齿形是直线
轴向齿距		p_x	πm	中线上的齿厚和齿槽宽相等
顶隙		c	$0.2m$	顶隙系数 $c^* = 0.2$
齿根圆角半径		ρ_f	$0.3m$	
齿形角	ZA 蜗杆	α_x	20°	蜗杆的轴向齿形角
	ZN 蜗杆	α_n	20°	蜗杆的法向齿形角
	ZI 蜗杆	α_n	20°	蜗杆的法向齿形角

（续）

参数名称		代号	数值	说明
产形角	ZK 蜗杆	α_0	20°	为形成蜗杆齿面的锥形刀具的产形角

注：1. 圆柱蜗杆的基本齿廓是指基本蜗杆在给定截面上的规定齿形。基本蜗杆的类型推荐采用 ZI、ZK 蜗杆。
2. 采用短齿时，$h_a = 0.8m$，$h' = 1.6m$。
3. 顶隙 c 允许减小到 $0.15m$ 或增大至 $0.35m$。
4. 齿根圆角半径 ρ_f 允许减小到 $0.2m$ 或增大至 $0.4m$，也允许加工成单圆弧。
5. 允许齿顶倒圆，但圆角半径不大于 $0.2m$。
6. 在动力传动中，当导程角 $\gamma > 30°$ 时，允许增大齿形角，推荐采用 25°；在分度传动中，允许减小齿形角，推荐采用 15°或 12°。

2. 圆柱蜗杆的主要参数

（1）模数　蜗杆模数 m 是指蜗杆的轴向模数。通常应按表 4-62 规定的数值选取，应优先采用第一系列。

表 4-62　圆柱蜗杆模数 m（GB/T 10088—2018）（单位：mm）

第一系列	0.1,0.12,0.16,0.2,0.25,0.3,0.4,0.5,0.6,0.8,1,1.25,1.6,2,2.5,3.15,4,5,6.3,8,10,12.5,16,20,25,31.5,40
第二系列	0.7,0.9,1.5,3,3.5,4.5,5.5,6,7,12,14

（2）蜗杆分度圆直径 d_1　蜗杆分度圆直径 d_1 应按表 4-63 规定的数值选取，应优先采用第一系列。

表 4-63　蜗杆分度圆直径 d_1（GB/T 10088—2018）（单位：mm）

第一系列	4,4.5,5,5.6,6.3,7.1,8,9,10,11.2,12.5,14,16,18,20,22.4,25,28,31.5,35.5,40,45,50,56,63,71,80,90,100,112,125,140,160,180,200,224,250,280,315,355,400

（续）

第二系列	6, 7.5, 8.5, 15, 30, 38, 48, 53, 60, 67, 75, 85, 95, 106, 118, 132, 144, 170, 190, 300

（3）蜗杆分度圆上的导程角 γ（表 4-64）

表 4-64 蜗杆分度圆上的导程角 γ

z_1	q			
	14	13	12	11
1	4°05′08″	4°23′55″	4°45′49″	5°11′40″
2	8°07′48″	8°44′46″	9°27′44″	10°18′17″
3	12°05′41″	12°59′41″	14°02′10″	15°15′18″
4	15°56′43″	17°06′10″	18°26′06″	19°58′59″

z_1	q		
	10	9	8
1	5°42′38″	6°20′25″	7°07′30″
2	11°18′36″	12°31′44″	14°02′10″
3	16°41′57″	18°26′06″	20°33′22″
4	21°48′05″	23°57′45″	26°33′54″

注：z_1 为蜗杆头数，q 为直径系数。

（4）蜗杆头数 z_1 与蜗轮齿数 z_2 的推荐值（表 4-65）

表 4-65 蜗杆头数 z_1 与蜗轮齿数 z_2 的推荐值

$i=\dfrac{z_2}{z_1}$	z_1	z_2
7～8	4	28～32
9～13	3～4	27～52
14～24	2～3	28～72
25～27	2～3	50～81
28～40	1～2	28～80
≥40	1	≥40

(5) 中心距　一般圆柱蜗杆传动的减速装置的中心距 a 按表 4-66 选用。

表 4-66　中心距

中心距 a/mm	40	50	63	80	100	125	160	(180)	200
	(225)	250	(280)	315	(355)	400	(450)	500	—

注：括号中的数值尽可能不用。

3. 圆柱蜗杆传动几何尺寸计算（表 4-67）

表 4-67　圆柱蜗杆传动几何尺寸计算（GB/T 10085—2018）　（单位：mm）

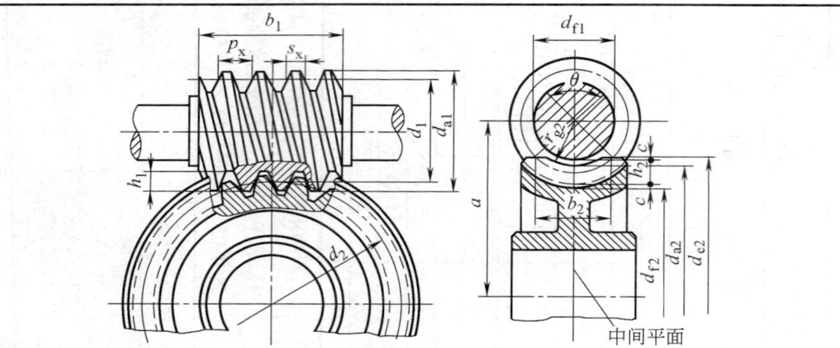

（续）

名称	代号	关系式	说明
中心距	a	$a=(d_1+d_2+2x_2m)/2$	按规定选取
蜗杆头数	z_1		按规定选取
蜗轮齿数	z_2		按传动比确定
齿形角	α	$\alpha_x=20°$或$\alpha_n=20°$	按蜗杆类型确定
模数	m	$m=m_x=\frac{m_n}{\cos\gamma}$	按规定选取
传动比	i	$i=n_1/n_2$	蜗杆为主动,按规定选取
蜗轮变位系数	x_2	$x_2=\frac{a}{m}-\frac{d_1+d_2}{2m}$	正常蜗轮变位系数取零
蜗杆直径系数	q	$q=d_1/m$	
蜗杆轴向齿距	p_x	$p_x=\pi m$	
蜗杆导程	p_z	$p_z=\pi mz_1$	
蜗杆分度圆直径	d_1	$d_1=mq$	按规定选取
蜗杆齿顶圆直径	d_{a1}	$d_{a1}=d_1+2h_{a1}=d_1+2h_a^*m$	$h_a^*=1$
蜗杆齿根圆直径	d_{f1}	$d_{f1}=d_1-2h_{f1}=d_1-2(h_a^*m+c)$	

（续）

名称	代号	关系式	说明
顶隙	c	$c=c^{*}m$	$c^{*}=0.2$
渐开线蜗杆基圆直径	d_{b1}	$d_{b1}=d_1\tan\gamma/\tan\gamma_b=mz_1/\tan\gamma_b$	
蜗杆齿顶高	h_{a1}	$h_{a1}=h_a^{*}m=\frac{1}{2}(d_{a1}-d_1)$	按规定
蜗杆齿根高	h_{f1}	$h_{f1}=(h_a^{*}+c^{*})m=\frac{1}{2}(d_1-d_{f1})$	
蜗杆齿高	h_1	$h_1=h_{a1}+h_{f1}=\frac{1}{2}(d_{a1}-d_{f1})$	
蜗杆导程角	γ	$\tan\gamma=mz_1/d_1=z_1/q$	
渐开线蜗杆基圆导程角	γ_b	$\cos\gamma_b=\cos\gamma\cos\alpha_n$	
蜗杆齿宽	b_1		由设计确定
蜗轮分度圆直径	d_2	$d_2=mz_2$	
蜗轮喉圆直径	d_{a2}	$d_{a2}=d_2+2h_{a2}$	
蜗轮齿根圆直径	d_{f2}	$d_{f2}=d_2-2h_{f2}$	

（续）

名称	代号	关系式	说明
蜗轮齿顶高	h_{a2}	$h_{a2}=\frac{1}{2}(d_{a2}-d_2)$	
蜗轮齿根高	h_{f2}	$h_{f2}=\frac{1}{2}(d_2-d_{f2})$	
蜗轮齿高	h_2	$h_2=h_{a2}+h_{f2}=\frac{1}{2}(d_{a2}-d_{f2})$	
蜗轮咽喉母圆半径	r_{g2}	$r_{g2}=a-\frac{1}{2}d_{a2}$	
蜗轮齿宽	b_2		由设计确定
蜗轮齿宽角	θ	$\theta=2\arcsin\frac{b_2}{d_1}$	
蜗杆轴向齿厚	s_x	$s_x=\frac{1}{2}\pi m$	
蜗杆法向齿厚	s_n	$s_n=s_x\cos\gamma$	
蜗轮齿厚	s_t	按蜗杆节圆处轴向齿槽宽 e'_x 确定	
蜗杆节圆直径	d'_1	$d'_1=d_1+2x_2m=m(q+2x_2)$	正常蜗轮 $x_2=0$
蜗轮节圆直径	d'_2	$d'_2=d_2$	

4. 圆柱蜗杆、蜗轮精度

GB/T 10089—2018 规定了圆柱蜗杆蜗轮传动机构的精度。本标准适用于轴交角 $\Sigma=90°$、最大模数 $m=40\text{mm}$ 及最大分度圆直径 $d=2500\text{mm}$ 的圆柱蜗杆蜗轮传动机构。最大分度圆直径 $d>2500\text{mm}$ 的圆柱蜗杆蜗轮传动机构可参照本标准使用。

蜗杆、蜗轮的各项偏差代号及名称见表 4-68。

表 4-68 蜗杆、蜗轮的各项偏差代号及名称

代号	名称
f	单项偏差
f_{fa}	齿廓形状偏差
f_{fa1}	蜗杆齿廓形状偏差
f_{fa2}	蜗轮齿廓形状偏差
f_{Ha}	齿廓倾斜偏差
f_{Ha1}	蜗杆齿廓倾斜偏差
f_{Ha2}	蜗轮齿廓倾斜偏差
f'_{i}	单面一齿啮合偏差
f'_{i1}	用标准蜗轮测量得到的单面一齿啮合偏差
f'_{i2}	用标准蜗杆测量得到的单面一齿啮合偏差
f'_{i12}	用配对的蜗杆副测量得到的单面一齿啮合偏差
f_{p}	单个齿距偏差
f_{px}	蜗杆轴向齿距偏差
f_{p2}	蜗轮单个齿距偏差
f_{u}	相邻齿距偏差
f_{ux}	蜗杆相邻轴向齿距偏差
f_{u2}	蜗轮相邻齿距偏差
F	总偏差
F'_{i}	单面啮合偏差
F'_{i1}	用标准蜗轮测量得到的单面啮合偏差

（续）

代号	名称
F'_{i2}	用标准蜗杆测量得到的单面啮合偏差
F'_{i12}	用配对的蜗杆副测量得到的单面啮合偏差
F_{pz}	蜗杆导程偏差
F_{p2}	蜗轮齿距累积总偏差
F_r	径向跳动偏差
F_{r1}	蜗杆径向跳动偏差
F_{r2}	蜗轮径向跳动偏差
F_α	齿廓总偏差
$F_{\alpha 1}$	蜗杆齿廓总偏差
$F_{\alpha 2}$	蜗轮齿廓总偏差

（1）精度等级的选择　蜗杆、蜗轮和蜗杆传动共分为12个等级。第1级的精度最高，第12级的精度最低。

根据使用要求，允许各公差组选用不同的精度等级。蜗杆和配对蜗轮的精度等级一般取成相同，也允许取成不相同。对有特殊要求的蜗杆传动，除 F_r、F''_i、f''_i、f_r 项目外，其蜗杆、蜗轮左右齿面的精度等级也可取成不相同。常用的精度等级范围见表4-69。

表4-69　常用的精度等级范围

序号	用途	精度等级范围
1	测量蜗杆	1~5
2	分度蜗轮母机的分度传动	1~3
3	齿轮机床的分度转动	3~5
4	高精度分度装置	1~4
5	一般分度装置	3~5
6	机床进给、操纵机构	5~8
7	化工机械调速传动	5~8
8	冶金机械升降机构	5~7

（续）

序号	用途	精度等级范围
9	起重运输机械、电梯的曳引装置	6~9
10	通用减速器	6~8
11	纺织机械传动装置	6~8
12	舞台升降装置	9~12
13	煤气发生炉调速装置	9~12
14	塑料蜗杆、蜗轮	9~12

（2）侧隙种类及选择　蜗杆传动有八种侧隙，按最小法向侧隙值由大到小的顺序，分别用字母代号 a、b、c、d、e、f、g、h 表示，如图 4-24 所示。各种侧隙的最小极限值见表 4-70。

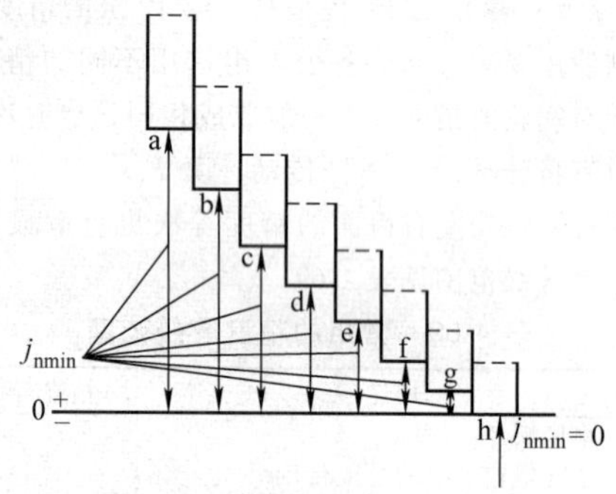

图 4-24　蜗杆传动最小法向侧隙

八种侧隙种类的侧隙规范值是蜗杆传动在 20°时的情况下确定的，未计入传动发热和传动弹性变形的影响。

侧隙种类与传动精度等级无关，但侧隙值的大小则受制造误差的影响。在选择侧隙种类时须考虑同运动精度（第1公差组）等级的对应关系，见表4-70。

表4-70 侧隙种类与适用的精度等级

侧隙种类	h	g	f	e	d	c	b	a
第Ⅰ公差组精度等级	1～6	1～6	1～7	3～8	3～9	3～10	3～12	5～12

（3）标注示例

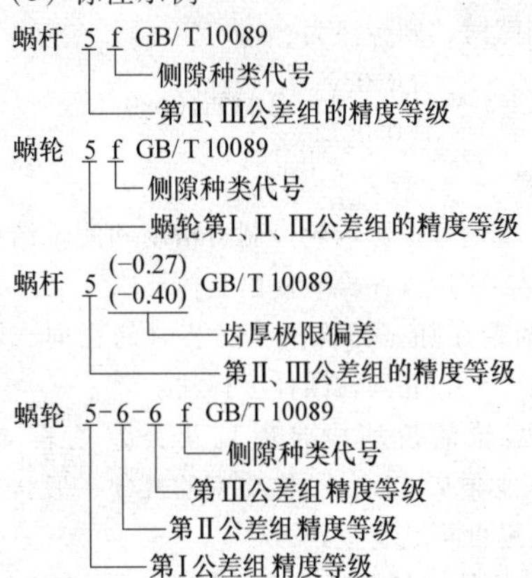

若上例中齿厚极限偏差为非标准值，如上极限偏差为+0.10mm，下极限偏差为−0.10mm，则标注为：

5-6-6(±0.10)　GB/T 10089

若蜗轮齿厚无公差要求，则标注为：

5-6-6　GB/T 10089

对蜗杆传动，应标注出相应的精度等级和侧隙种类代号。如传动的三个公差组的精度同为 5 级，侧隙种类为 f，则标注为：

传动　5　f　GB/T 10089

若此例中侧隙为非标准值，如 $j_{tmin}=0.03\text{mm}$，$j_{tmax}=0.06\text{mm}$，则标注为：

$$\text{传动}\quad 5\quad \begin{pmatrix}0.03\\0.06\end{pmatrix}\text{t}\quad \text{GB/T 10089}$$

若为法向侧隙时，则标注为：

$$\text{传动}\quad 5\quad \begin{pmatrix}0.03\\0.06\end{pmatrix}\quad \text{GB/T 10089}$$

5. 齿坯要求

齿坯的加工质量直接影响轮齿制造精度和测量结果的准确性。因此，必须对齿坯检验提出具体要求：

1）蜗杆、蜗轮在加工、检验、安装时的径向、轴向基准面应尽可能一致，并须在图样上标注。

2）蜗杆、蜗轮的齿坯检验项目及公差见表 4-71、表 4-72，对于其他非基准面的结构要素的尺寸、形状和位置公差及表面粗糙度可自行规定。

表 4-71　蜗杆、蜗轮齿坯检验项目及公差（GB/T 10089）

精度等级		3	4	5	6
孔	尺寸公差	IT4		IT5	IT6
	形状公差	IT3		IT4	IT5
轴	尺寸公差	IT4		IT5	
	形状公差	IT3		IT4	
齿顶圆直径公差		IT7			IT8

（续）

精度等级		7	8	9	10
孔	尺寸公差	IT7		IT8	
	形状公差	IT6		IT7	
轴	尺寸公差	IT6		IT7	
	形状公差	IT5		IT6	
齿顶圆直径公差		IT8		IT9	

注：1. 当三个公差组的精度等级不同时，按最高精度等级确定公差。

2. 当齿顶圆不作测量齿厚基准时，尺寸公差按 IT11 确定，但不得大于 0. 1mm。

表 4-72　蜗杆、蜗轮齿坯基准面径向和轴向圆跳动公差（GB/T 10089）　（单位：μm）

基准面直径 d/mm	精度等级			
	3~4	5~6	7~8	9~10
≤31. 5	2. 8	4	7	10
>31. 5~63	4	6	10	16
>63~125	5. 5	8. 5	14	22
>125~400	7	11	18	28
>400~800	9	14	22	36
>800~1 600	12	20	32	50
>1 600~2 500	18	28	45	71
>2 500~4 000	25	40	63	100

注：1. 当三个公差组的精度等级不同时，按最高精度等级确定公差。

2. 当以齿顶圆作为测量基准时，齿顶圆即属齿坯基准面。

三、花　　键

1. 花键联接的类型、特点和应用（表 4-73）

表 4-73　花键联接的类型、特点和应用

类型	特点	应用
矩形花键 (GB/T 1144—2001) 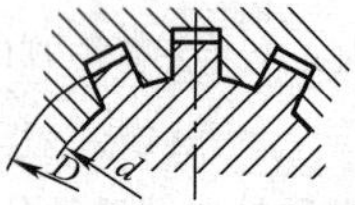	多齿工作,承载能力高,对中性、导向性好,齿根较浅,应力集中较小,轴与毂强度削弱小 加工方便,能用磨削方法获得较高的精度。标准中规定两个系统:轻系列,用于载荷较轻的静联接;中系列,用于中等载荷	应用广泛,如飞机、汽车、拖拉机、机床、农业机械及一般机械传动装置等
渐开线花键 (GB/T 3478.1—2008) 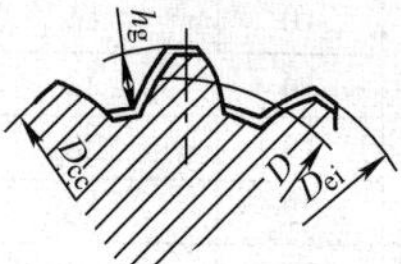	齿廓为渐开线,受载时齿上有径向力,能起自动定心作用,使各齿受力均匀,强度高、寿命长。加工工艺与齿轮相同,易获得较高精度和互换性 渐开线花键标准压力角 α_D 有 30°、37.5°及 45°三种	用于载荷较大、定心精度要求较高,以及尺寸较大的联接

2. 矩形花键

（1）矩形花键尺寸系列　圆柱轴用小径定心矩形花键（GB/T 1144—2001）的尺寸分轻、中两个系列。

1）矩形花键的基本尺寸系列（表 4-74）。

表 4-74 矩形花键的基本尺寸系列

小径 d /mm	轻系列				中系列			
	规格 $N \times d \times D \times B$	键数 N	大径 D /mm	键宽 B /mm	规格 $N \times d \times D \times B$	键数 N	大径 D /mm	键宽 B /mm
11					6×11×14×3		14	3
13					6×13×16×3.5		16	3.5
16	—	—	—	—	6×16×20×4	6	20	4
18					6×18×22×5		22	5
21					6×21×25×5		25	5

（续）

小径 d /mm	轻系列				中系列			
	规格 $N\times d\times D\times B$	键数 N	大径 D /mm	键宽 B /mm	规格 $N\times d\times D\times B$	键数 N	大径 D /mm	键宽 B /mm
23	6×23×26×6	6	26	6	6×23×28×6	6	28	6
26	6×26×30×6		30	6	6×26×32×6		32	6
28	6×28×32×7		32	7	6×28×34×7		34	7
32	6×32×36×6		36	6	8×32×38×6	8	38	6
36	8×36×40×7	8	40	7	8×36×42×7		42	7
42	8×42×46×8		46	8	8×42×48×8		48	8
46	8×46×50×9		50	9	8×46×54×9		54	9
52	8×52×58×10		58	10	8×52×60×10		60	10
56	8×56×62×10		62	10	8×56×65×10		65	10
62	8×62×68×12		68	12	8×62×72×12		72	12
72	10×72×78×12	10	78	12	10×72×82×12	10	82	12
82	10×82×88×12		88	12	10×82×92×12		92	12
92	10×92×98×14		98	14	10×92×102×14		102	14
102	10×102×108×16		108	16	10×102×112×16		112	16
112	10×112×120×18		120	18	10×112×125×18		125	18

注：本标准适用圆柱直齿小径定心矩形花键的基本尺寸。

2）矩形花键键槽的截面尺寸（表 4-75）。

表 4-75 矩形花键键槽的截面尺寸 （单位：mm）

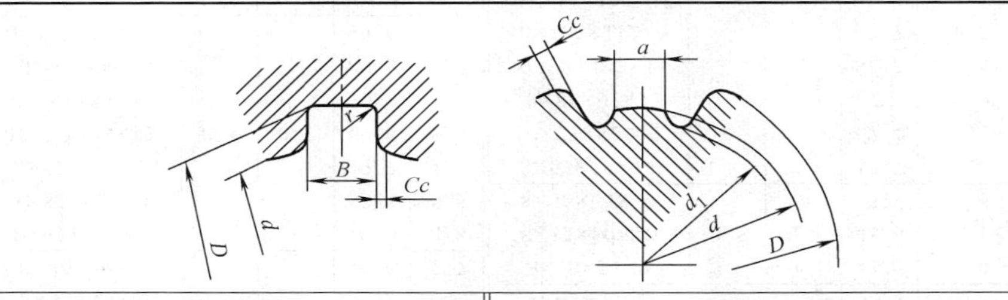

轻系列					中系列				
规格 $N\times d\times D\times B$	c	r	参考		规格 $N\times d\times D\times B$	c	r	参考	
			$d_{1\min}$	$a_{\min}$				$d_{1\min}$	$a_{\min}$
—	—	—	—	—	6×11×14×3 6×13×16×3.5	0.2	0.1	—	—
					6×16×20×4	0.3	0.2	14.4	1
					6×18×22×5			16.6	1
					6×21×25×5			19.5	2
6×23×26×6	0.2	0.1	22	3.5	6×23×28×6			21.2	1.2

（续）

轻系列					中系列				
规格 $N\times d\times D\times B$	c	r	参考		规格 $N\times d\times D\times B$	c	r	参考	
			$d_{1\min}$	$a_{\min}$				$d_{1\min}$	$a_{\min}$
6×26×30×6	0.3	0.2	24.5	3.8	6×26×32×6	0.4	0.3	23.6	1.2
6×28×32×7			26.6	4	6×28×34×7			25.8	1.4
8×32×36×6			30.3	2.7	8×32×38×6			29.4	1
8×36×40×7			34.4	3.5	8×36×42×7			33.4	1
8×42×46×8			40.5	5	8×42×48×8			39.4	2.5
8×46×50×9			44.6	5.7	8×46×54×9	0.5	0.4	42.6	1.4
8×52×58×10	0.4	0.3	49.6	4.8	8×52×60×10			48.6	2.5
8×56×62×10			53.5	6.5	8×56×65×10			52	2.5
8×62×68×12			59.7	7.3	8×62×72×12	0.6	0.5	57.7	2.4
10×72×78×12			69.6	5.4	10×72×82×12			67.4	1
10×82×88×12			79.3	8.5	10×82×92×12			77	2.9
10×92×98×14			89.6	9.9	10×92×102×14			87.3	4.5
10×102×108×16			99.6	11.3	10×102×112×6			97.7	6.2
10×112×120×18	0.5	0.4	108.8	10.5	10×112×125×18			106.2	4.1

注：d_1 和 a 值仅适用于展成法加工。

3）矩形内花键的长度系列（表 4-76）。

表 4-76　矩形内花键的长度系列　（单位：mm）

A型　B型　C型　D型

内花键长度：l 或 l_1+l_2

孔的最大长度：L

小径 d 范围	11	13	16~21	23~32	36~52	56、62	72	82、92	102、112
l 或 l_1+l_2 范围	10~50	10~50	10~80	10~80	22~120	22~120	32~120	32~200	32~200
L	50	80	80	120	200	250	250	250	300
l 或 l_1+l_2 系列	10,12,15,18,22,25,28,30,32,36,38,42,45,48,50,56,60,63,71,75,80,85,90,95,100,110,120,130,140,160,180,200								

（2）矩形花键的公差与配合

1）矩形内、外花键的尺寸公差带（表 4-77）。

表 4-77　矩形内、外花键的尺寸公差带

内花键				外花键			装配形式
d	*D*	*B*		*d*	*D*	*B*	
		拉削后不热处理	拉削后热处理				
一般用							
H7	H10	H9	H11	f7	a11	d10	滑动
				g7		f9	紧滑动
				h7		h10	固定
精密传动用							
H5	H10	H7、H9		f5	a11	d8	滑动
				g5		f7	紧滑动
				h5		h8	固定
H6				f6		d8	滑动
				g6		f8	紧滑动
				h6		h8	固定

注：1. 精密传动用的内花键，当需要控制键侧配合间隙时，槽宽可选用 H7，一般情况下可选用 H9。

2. *d* 为 H6 和 H7 的内花键，允许与提高一级的外花键配合。

2）矩形花键键槽宽及键宽位置度公差（表 4-78）。

3）矩形花键键槽宽或键宽对称度公差（表 4-79）。

4）矩形花键表面粗糙度 *Ra*（表 4-80）。

表 4-78　矩形花键键槽宽及键宽位置度公差

（单位：mm）

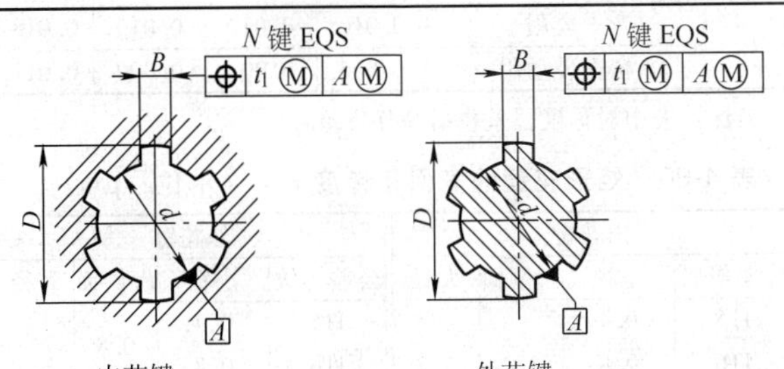

键槽宽或键宽 B			3	3.5~6	7~10	12~18
t_1	键槽宽		0.01	0.015	0.02	0.025
	键宽	滑动、固定	0.01	0.015	0.02	0.025
		紧滑动	0.006	0.01	0.013	0.016

表 4-79　矩形花键键槽宽或键宽对称度公差

（单位：mm）

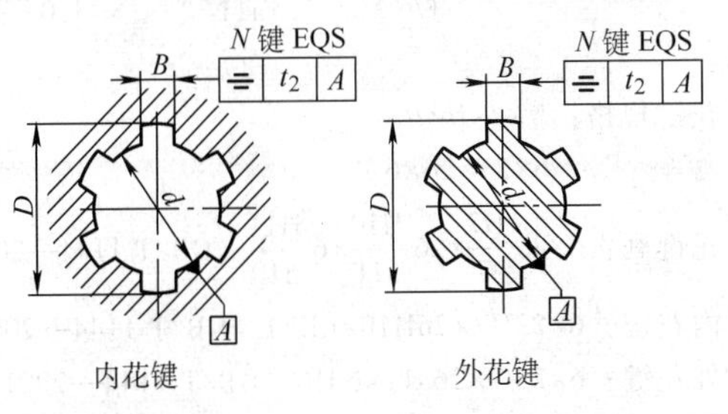

（续）

键槽宽或键宽 B		3	3.5~6	7~10	12~18
t_2	一般用	0.010	0.012	0.015	0.018
	精密传动用	0.006	0.008	0.009	0.011

注：表中对称度公差包括等分公差。

表 4-80　矩形花键的表面粗糙度 *Ra*（单位：μm）

内花键				外花键			
公差等级	小径	齿侧面	大径	公差等级	小径	齿侧面	大径
IT5	0.4	3.2	3.2	IT5	0.4	0.8~1.6	3.2
IT6	0.8			IT6	0.8		
IT7	0.8~1.6			IT7	0.8~1.6		

（3）标记示例　矩形花键的标记代号应按次序包括下列项目：键数 N、小径 d、大径 D、键宽 B、基本尺寸、配合的公差带代号和标准编号。

示例：

键数 $N=6$，$d=23\dfrac{\text{H7}}{\text{f7}}$，$D=26\dfrac{\text{H10}}{\text{a11}}$，$B=6\dfrac{\text{H11}}{\text{d10}}$的标记如下：

花键规格：$N \times d \times D \times B$

$6\times23\times26\times6$

花键副：$6\times23\dfrac{\text{H7}}{\text{f7}}\times26\dfrac{\text{H10}}{\text{a11}}\times6\dfrac{\text{H11}}{\text{d10}}$　GB/T 1144—2001

内花键：6×23H7×26H10×6H11　GB/T 1144—2001

外花键：6×23f7×26a11×6d10　GB/T 1144—2001

四、键

1. 平键

（1）普通型平键（表 4-81）

表 4-81　普通型平键　（单位：mm）

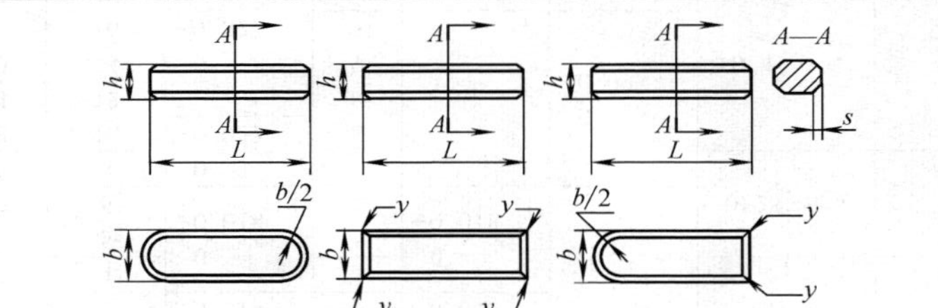

标记示例：圆头普通平键（A 型），$b=10$mm，$h=8$mm，$L=25$mm 标记为

GB/T 1096　键 10×8×25

对一同一尺寸的平头普通平键（B 型）或单头普通平键（C 型），标记为

GB/T 1096　键 B10×8×25

GB/T 1096　键 C10×8×25

（续）

轴径 d	b 公称尺寸	b 极限偏差 h8	h 公称尺寸	h 极限偏差 h8（方形）	h 极限偏差 h11（矩形）	倒角或倒圆 s	L（h14）
自 6~8	2	0 −0.014	2	0 −0.014		0.16~0.25	6~20
>8~10	3		3				6~36
>10~12	4	0 −0.018	4	0 −0.018			8~45
>12~17	5		5			0.25~0.4	10~56
>17~22	6		6				14~70
>22~30	8	0 −0.022	7		0 −0.09		18~90
>30~38	10		8			0.4~0.6	22~110
>38~44	12	0 −0.027	8				28~140
>44~50	14		9				36~160
>50~58	16		10				45~180
>58~65	18		11		0 −0.11		50~200
>65~75	20	0 −0.033	12			0.6~0.8	56~220
>75~85	22		14				63~250
>85~95	25		14				70~280
>95~110	28		16				80~320
>110~130	32	0 −0.039	18				90~360

（续）

轴径 d	b		h			倒角或倒圆 s	L（h14）
	公称尺寸	极限偏差 h8	公称尺寸	极限偏差			
				h8（方形）	h11（矩形）		
>130~150	36	0 -0.039	20		0 -0.13	1~1.2	100~400
>150~170	40		22				100~400
>170~200	45		25				110~450
>200~230	50		28				125~500
>230~260	56	0 -0.046	32		0 -0.16	1.6~2	140~500
>260~290	63		32				160~500
>290~330	70		36				180~500
>330~380	80		40			2.5~3	200~500
>380~440	90	0 -0.054	45				220~500
>440~500	100		50				250~500
L 系列	6,8,10,12,14,16,18,20,22,25,28,32,36,40,45,50,56,63,70,80,90,100,110,125,140,160,180,200,220,250,280,320,360,400,450,500						

注：当键长大于 500mm 时，其长度应按 GB/T 321 的 R20 系列选取，为减小由于直线度而引起的问题，键长应小于 10 倍的键宽。

（2）导向型平键（表 4-82）

表 4-82　导向型平键（GB/T 1097—2003）　（单位：mm）

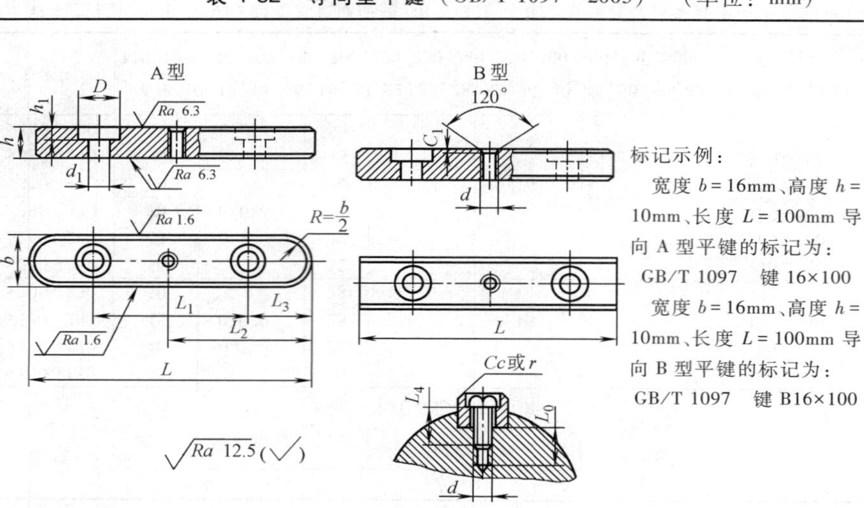

标记示例：

宽度 $b=16$mm、高度 $h=10$mm、长度 $L=100$mm 导向 A 型平键的标记为：

GB/T 1097　键 16×100

宽度 $b=16$mm、高度 $h=10$mm、长度 $L=100$mm 导向 B 型平键的标记为：

GB/T 1097　键 B16×100

（续）

b	公称尺寸	8	10	12	14	16	18	20	22	25	28	32	36	40	45
	极限偏差（h8）	0 -0.022		0 -0.027				0 -0.033				0 -0.039			
h	公称尺寸	7	8	8	9	10	11	12	14	14	16	18	20	22	25
	极限偏差（h11）	0 -0.09					0 -0.11						0 -0.13		
c 或 r		0.25~0.4	0.4~0.6					0.6~0.8					1~1.2		
h_1		2.4		3	3.5		4.5			6		7	8		
d		M3		M4	M5		M6			M8		M10	M12		
d_1		3.4		4.5	5.5		6.6			9		11	14		
D		6		8.5	10		12			15		18	22		
C_1		0.3		0.5									1		
L_0		7	8	10			12			15		18	22		

螺钉（$d \times L_4$）	M3×8	M3×10	M4×10	M5×10	M6×12	M6×16	M8×16	M10×20	M12×25

L 与 L_1、L_2、L_3 的对应长度系列

L	25	28	32	36	40	45	50	56	63	70	80	90	100	110	125	140	160	180	200	220	250	280	320	360	400	450
L_1	13	14	16	18	20	23	26	30	35	40	48	54	60	66	75	80	90	100	110	120	140	160	180	200	220	250
L_2	12.5	14	16	18	20	22.5	25	28	31.5	35	40	45	50	55	62	70	80	90	100	110	125	140	160	180	200	225
L_3	6	7	8	9	10	11	12	13	14	15	16	18	20	22	25	30	35	40	45	50	55	60	70	80	90	100

（3）薄型平键（表 4-83）

表 4-83　薄型平键（GB/T 1567—2003）　（单位：mm）

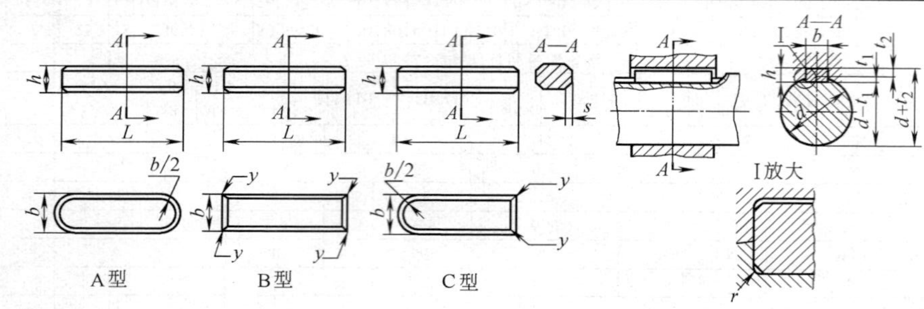

注：$y \leqslant s_{max}$。

标记示例：

宽度 b=16mm、高度 h=7mm、长度 L=100mm 薄 A 型平键的标记为：
GB/T 1567　键 16×7×100

宽度 b=16mm、高度 h=7mm、长度 L=100mm 薄 B 型平键的标记为：
GB/T 1567　键 B16×7×100

宽度 b=16mm、高度 h=7mm、长度 L=100mm 薄 C 型平键的标记为：
GB/T 1567　键 C16×7×100

（续）

轴径	键的基本尺寸					
d	b(h8)		h(h11)		倒角或倒圆 s	L(h14)
	公称尺寸	极限偏差	公称尺寸	极限偏差		
自 12~17	5	0 -0.018	3	0 -0.06	0.25~0.4	10~56
>17~22	6		4	0 -0.075		14~70
>22~30	8	0 -0.022	5			18~90
>30~38	10		6		0.4~0.6	22~110
>38~44	12	0 -0.027	6			28~140
>44~50	14		6			36~160
>50~58	16		7	0 -0.09		45~180
>58~65	18		7			50~200
>65~75	20	0 -0.033	8		0.6~0.8	56~220
>75~85	22		9			63~250
>85~95	25		9			70~280
>95~110	28		10			80~320
>110~130	32	0 -0.039	11	0 -0.11		90~360
>130~150	36		12		1~1.2	100~400

（续）

轴径	键槽尺寸					
d	t_1		t_2		b	半径 r
	公称尺寸	极限偏差	公称尺寸	极限偏差		
12~17	1.8	$^{+0.1}_{0}$	1.4	$^{+0.1}_{0}$	公称尺寸同键的公称尺寸，公差见表4-78相应部分	0.16~0.25
>17~22	2.5		1.8			
>22~30	3		2.3			
>30~38	3.5		2.8			0.25~0.4
>38~44	3.5		2.8			
>44~50	3.5		2.8			
>50~58	4	$^{+0.2}_{0}$	3.3	$^{+0.2}_{0}$		
>58~65	4		3.3			
>65~75	5		3.3			0.4~0.6
>75~85	5.5		3.8			
>85~95	5.5		3.8			
>95~110	6		4.3			
>110~130	7		4.4			
>130~150	7.5		4.9			0.7~1
L 系列	10,12,14,16,18,20,22,25,28,32,36,40,45,50,56,63,70,80,90,100,110,125,140,160,180,200,220,250,280,320,360,400					

(4) 普通型平键和导向型平键的键槽的尺寸公差（表 4-84）

表 4-84 普通型平键和导向型平键的键槽的尺寸与公差（GB/T 1095—2003）

（单位：mm）

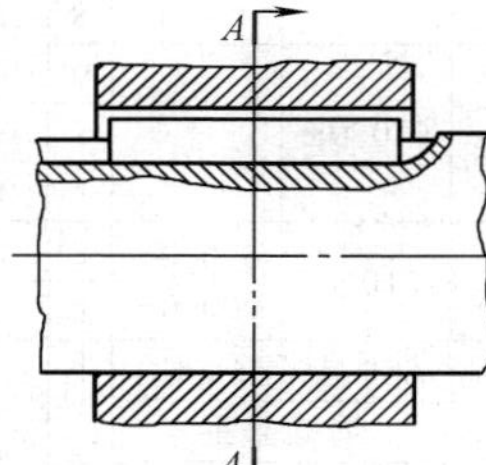

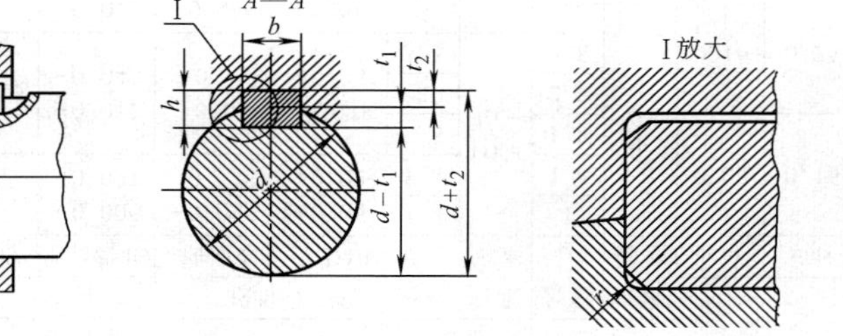

（续）

键尺寸 $b\times h$	键槽											
	宽度 b						深度				半径 r	
	公称尺寸	极限偏差					轴 t_1		毂 t_2			
		正常联接		紧密联接	松联接		公称尺寸	极限偏差	公称尺寸	极限偏差		
		轴 N9	毂 JS9	轴和毂 P9	轴 H9	毂 D10					min	max
2×2	2	-0.004 -0.029	±0.0125	-0.006 -0.031	+0.025 0	+0.06 +0.02	1.2	+0.1 0	1	+0.1 0	0.08	0.16
3×3	3						1.8		1.4			
4×4	4	0 -0.03	±0.015	-0.012 -0.042	+0.03 0	+0.078 +0.03	2.5		1.8			
5×5	5						3		2.3		0.16	0.25
6×6	6						3.5		2.8			
8×7	8	0 -0.036	±0.018	-0.015 -0.051	+0.036 0	+0.098 +0.04	4	+0.2 0	3.3	+0.2 0		
10×8	10						5		3.3		0.25	0.4
12×8	12	0 -0.043	±0.0215	-0.018 -0.061	+0.043 0	+0.12 +0.05	5		3.3			
14×9	14						5.5		3.8			
16×10	16						6		4.3			
18×11	18						7		4.4			
20×12	20						7.5		4.9			
22×14	22						9		5.4			

25×14	25	0 -0.052	±0.026	-0.022 -0.074	+0.052 0	+0.149 +0.065	9		5.4		0.4	0.6
28×16	28						10		6.4			
32×18	32	0 -0.062	±0.031	-0.026 -0.088	+0.062 0	+0.18 +0.08	11		7.4			
36×20	36						12	+0.3 0	8.4	+0.3 0	0.7	1
40×22	40						13		9.4			
45×25	45						15		10.4			
50×28	50						17		11.4			
56×32	56	0 -0.074	±0.037	-0.032 -0.106	+0.074 0	+0.22 +0.1	20		12.4		1.2	1.6
63×32	63						20		12.4			
70×36	70						22		14.4			
80×40	80						25		15.4		2	2.5
90×45	90	0 -0.087	±0.0435	-0.037 -0.124	+0.087 0	+0.26 +0.12	28		17.4			
100×50	100						31		19.5			

2. 半圆键（表 4-85）

表 4-85　半圆键（GB/T 1099.1—2003）　　（单位：mm）

键和键槽的剖面尺寸

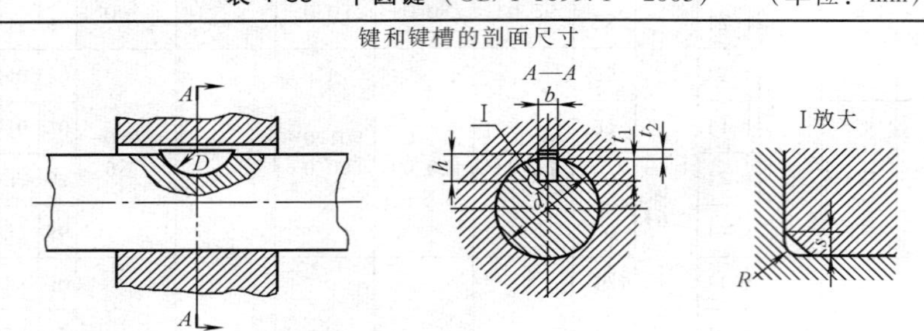

注：键尺寸中的公称直径 D 即为键槽直径最小值。

键的型式和尺寸

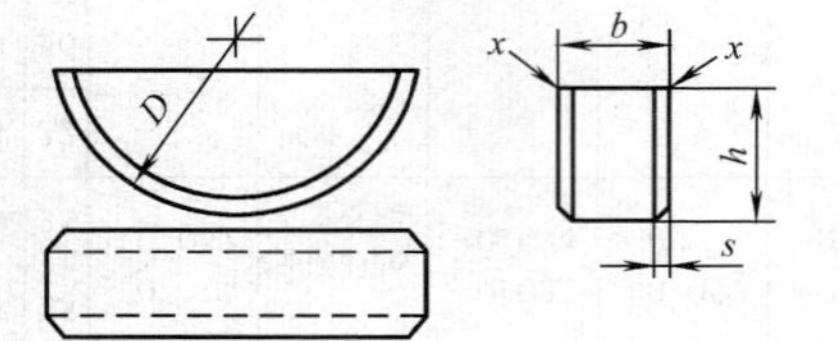

注：$x \leqslant s_{max}$。

标记示例：

宽度 $b = 6$mm、高度 $h = 10$mm、直径 $D = 25$mm 普通型半圆键的标记为：

GB/T 1099.1　键 6×10×25

轴径 d		键的公称尺寸				键槽尺寸					
						轴 t_1		轮毂 t_2			
传递转矩用	定位用	b (h8)	h (h11)	D (h12)	倒角或倒圆 s	公称尺寸	极限偏差	公称尺寸	极限偏差	半径 R	b
3~4	3~4	1	1.4	4	0.16~0.25	1	+0.1 0	0.6	+0.1 0	0.08~0.16	公称尺寸同键的公称尺寸，公差见表4-81相应部分
>4~5	>4~6	1.5	2.6	7		2		0.8			
>5~6	>6~8	2	2.6	7		1.8		1			
>6~7	>8~10	2	3.7	10		2.9		1			
>7~8	>10~12	2.5	3.7	10		2.7		1.2			
>8~10	>12~15	3	5	13		3.8	+0.2 0	1.4			
>10~12	>15~18	3	6.5	16		5.3		1.4		0.16~0.25	
>12~14	>18~20	4	6.5	16	0.25~0.4	5		1.8			
>14~16	>20~22	4	7.5	19		6		1.8			
>16~18	>22~25	5	6.5	16		4.5		2.3			
>18~20	>25~28	5	7.5	19		5.5		2.3			
>20~22	>28~32	5	9	22		7	+0.3 0	2.3			
>22~25	>32~36	6	9	22		6.5		2.8			
>25~28	>36~40	6	10	25		7.5		2.8	+0.2 0		
>28~32	40	8	11	28	0.4~0.6	8		3.3		0.25~0.4	
>32~38	—	10	13	32		10		3.3			

3. 楔键（表 4-86）

表 4-86 楔键（GB/T 1563—2017、GB/T 1564—2003、GB/T 1565—2003）

（单位：mm）

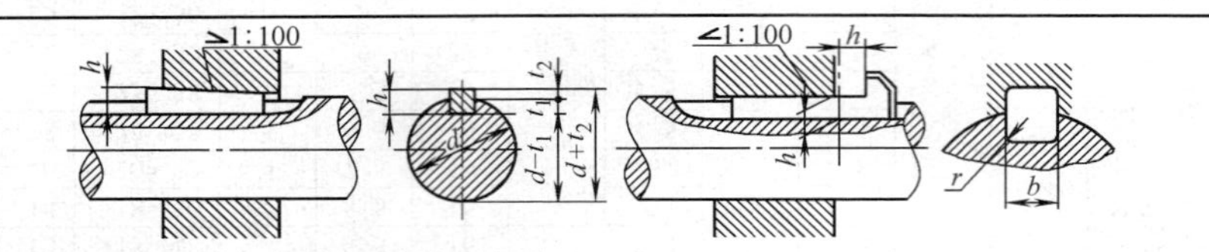

注：1. ($d+t_2$) 及 t_2 表示大端轮毂槽深度。

2. 安装时，键的斜面与轮毂槽的斜面必须紧密贴合。

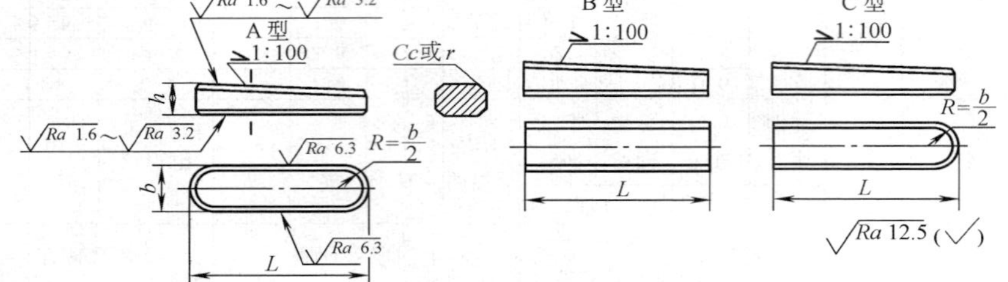

标记示例：

宽度 $b=16\text{mm}$、高度 $h=10\text{mm}$、长度 $L=100\text{mm}$ 普通 A 型楔键的标记为：

GB/T 1564　键 16×100

宽度 $b=16\text{mm}$、高度 $h=10\text{mm}$、长度 $L=100\text{mm}$ 普通 B 型楔键的标记为：

GB/T 1564　键 B16×100

宽度 $b=16\text{mm}$、高度 $h=10\text{mm}$、长度 $L=100\text{mm}$ 普通 C 型楔键的标记为：

GB/T 1564　键 C16×100

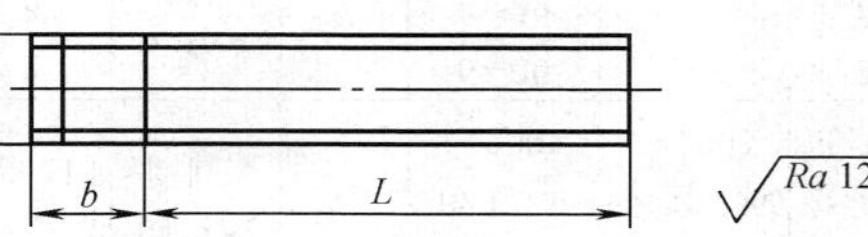

标记示例：

宽度 $b=16\text{mm}$、高度 $h=10\text{mm}$、长度 $L=100\text{mm}$ 钩头型楔键的标记为：

GB/T 1565　键 16×100

（续）

轴径	键的公称尺寸						键槽深度				
					L(h14)		轴 t_1		毂 t_2		
d	b (h8)	h (h11)	倒角或倒圆 s	h_1	GB/T 1564—2003	GB/T 1565—2003	公称尺寸	极限偏差	公称尺寸	极限偏差	半径 r
6～8	2[①]	2[①]	0.16～0.25	7	6～20	—	1.2	+0.1 0	0.5	+0.1 0	0.08～0.16
>8～10	3[①]	3[①]			6～36	—	1.8		0.9		
>10～12	4	4			8～45	14～45	2.5		1.2		
>12～17	5	5	0.25～0.4	8	10～56	14～56	3		1.7		0.16～0.25
>17～22	6	6		10	14～70		3.5		2.2		
>22～30	8	7		11	18～90		4	+0.2 0	2.4	+0.2 0	
>30～38	10	8	0.4～0.6	12	22～110		5		2.4		0.25～0.4
>38～44	12	8		12	28～140		5		2.4		
>44～50	14	9		14	36～160		5.5		2.9		
>50～58	16	10		16	45～180		6		3.4		
>58～65	18	11		18	50～200		7		3.4		
>65～75	20	12	0.6～0.8	20	56～220		7.5		3.9		0.4～0.6
>75～85	22	14		22	63～250		9		4.4		
>85～95	25	14		22	70～280		9		4.4		

>95~110	28	16		25	80~320		10		5.4		
>110~130	32	18		28	90~360		11		6.4		
>130~150	36	20		32	100~400		12		7.1		
>150~170	40	22		36	100~400		13		8.1		
>170~200	45	25	1~1.2	40	110~450	110~400	15		9.1		0.7~1
>200~230	50	28		45	125~500		17		10.1		
>230~260	56	32		50	140~500		20	+0.3	11.1	+0.3	
>260~290	63	32	1.6~2	50	160~500		20	0	11.1	0	1.2~1.6
>290~330	70	36		56	180~500		22		13.1		
>330~380	80	40		63	200~500		25		14.1		
>380~440	90	45	2.5~3	70	220~500		28		16.1		2~2.5
>440~500	100	50		80	250~500		31		18.1		
L 系列	6①,8①,10①,12①,14,16,18,20,22,25,28,32,36,40,45,50,56,63,70,80,90,100,110,125,140,160,180,200,220,250,280,320,360,400,450,500										

① 钩头型楔键无该尺寸。

4. 切向键（表 4-87）

表 4-87 切向键（GB/T 1974—2003） （单位：mm）

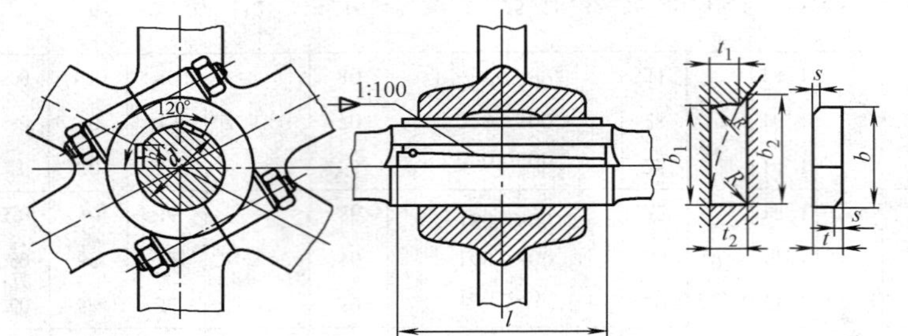

标记示例：

计算宽度 $b=24$mm、厚度 $t=8$mm、长度 $l=100$mm 的普通型切向键的标记为：

GB/T 1974 切向键 24×8×100

计算宽度 $b=60$mm、厚度 $t=20$mm、长度 $l=250$mm 的强力型切向键的标记为：

GB/T 1974 强力切向键 60×20×250

轴径 d	普通切向键										强力切向键									
	键		键槽								键		键槽							
	t	s	深度				计算宽度		半径 R		t	s	深度				计算宽度		半径 R	
			轮毂 t_1		轴 t_2								轮毂 t_1		轴 t_2					
			公称尺寸	极限偏差	公称尺寸	极限偏差	轮毂 b_1	轴 b_2	min	max			公称尺寸	极限偏差	公称尺寸	极限偏差	轮毂 b_1	轴 b_2	min	max
60	7	0.6 ~ 0.8	7	0 −0.2	7.3	+0.2 0	19.3	19.6	0.4	0.6										
63							19.8	20.2												
65							20.1	20.5												
70							21	21.4												
71	8		8		8.3		22.5	22.8												
75							23.2	23.5												
80							24	24.4												
85							24.8	25.2												
90							25.6	26												
95	9		9		9.3		27.8	28.2												
100				0 −0.2			28.6	29			10	1 ~ 1.2	10	0 −0.2	10.3	+0.2 0	30	30.4	0.7	1

（续）

轴径 d	普通切向键										强力切向键									
	键		键槽								键		键槽							
	t	s	深度 轮毂 t_1		深度 轴 t_2		计算宽度		半径 R		t	s	深度 轮毂 t_1		深度 轴 t_2		计算宽度		半径 R	
			公称尺寸	极限偏差	公称尺寸	极限偏差	轮毂 b_1	轴 b_2	min	max			公称尺寸	极限偏差	公称尺寸	极限偏差	轮毂 b_1	轴 b_2	min	max
110	9	0.6~0.8	9		9.3		30.1	30.6	0.4	0.6	11		11	0 -0.2	11.4	+0.2 0	33	33.5		
120							33.2	33.6			12		12		12.4		36	36.5		
125	10		10	0 -0.2	10.3	+0.2 0	33.9	34.4			13	1~1.2	12.5		12.9		37.5	38		
130							34.6	35.1					13		13.4		39	39.5	0.7	1
140	11	1~1.2	11		11.4		37.7	38.3	0.7	1	14		14		14.4		42	42.5		
150							39.1	39.7			15		15		15.4		45	45.5		
160							42.1	42.8			16	1.6~2	16		16.4		48	48.5		
170	12		12		12.4		43.5	44.2			17		17	0 -0.3	17.4	+0.3 0	51	51.5	1.2	1.6
180							44.9	45.6			18		18		18.4		54	54.5		

190	14	1.6~2	14	0 -0.3	14.4	+0.3 0	49.6	50.3			19	2.5~3	19	0 -0.3	19.4	+0.3 0	57	57.5		
200							51	51.7	1.2	1.6	20		20		20.4		60	60.5		
220	16		16		16.4		57.1	57.8			22		22		22.4		66	66.5		
240							59.9	60.6			24		24		24.4		72	72.5	2	2.5
250	18		18		18.4		64.6	65.3			25		25		25.4		75	75.5		
260							66	66.7			26	3~4	26		26.4		78	78.5		
280	20	2.5~3	20		20.4		72.1	72.8	2	2.5	28		28		28.4		84	84.5		
300							74.8	75.5			30		30		30.4		90	90.5		
320	22		22		22.4		81	81.6			32		32		32.4		96	96.5		
340							83.6	84.3			34		34		34.4		102	102.5	2.5	3
360	26		26		26.4		93.2	93.8			36		36		36.4		108	108.5		
380							95.9	96.6			38		38		38.4		114	114.5		
400							98.6	99.3			40		40		40.4		120	120.5		
420	30	3~4	30		30.4		108.2	108.8	2.5	3	42		42		42.4		126	126.5		
440							110.9	111.6				4~5	44		44.4		132	132.5		
450							112.3	112.9			45		45		45.4		135	135.5		
460							113.6	114.3					46		48		138	138.5		
480	34		34		34.4		123.1	123.8			48		48		48.5		144	144.5		

（续）

轴径 d	普通切向键										强力切向键									
	键		键槽								键		键槽							
	t	s	深度 轮毂 t_1		深度 轴 t_2		计算宽度		半径 R		t	s	深度 轮毂 t_1		深度 轴 t_2		计算宽度		半径 R	
			公称尺寸	极限偏差	公称尺寸	极限偏差	轮毂 b_1	轴 b_2	min	max			公称尺寸	极限偏差	公称尺寸	极限偏差	轮毂 b_1	轴 b_2	min	max
500	34		34		34.4		125.9	126.6			50		50		50.5		150	150.7		
530	38		38		38.4		136.7	137.4			53	4~5	53		53.5		159	159.7		
560		3~4		0~0.3		+0.3 0	140.8	141.5	2.5	3	56		56	−0.3 0	56.5	+0.3 0	168	168.7	2.5	3
600	42		42		42.4		153.1	153.8			60	5~6	60		60.5		180	180.7		
630							157.1	157.8			63		63		63.5		189	189.7		

注：1. 键的厚度 t、计算宽度 b 分别与轮毂槽的 t_1、计算宽度 b_1 相同。

2. 对普通切向键，若轴径位于表列尺寸 d 的中间数值时，采用与它最接近的稍大轴径的 t、t_1 和 t_2，但 b 和 b_1、b_2 须用以下公式计算：$b=b_1=\sqrt{t(d-t)}$；$b_2=\sqrt{t_2(d-t_2)}$。当轴径超过 630mm 时，推荐 $t=t_1=0.07d$，$b=b_1=0.25d$。

3. 对强力切向键，若轴径位于表列尺寸 d 的中间数值时，键与键槽的尺寸用以下公式计算：$t=t_1=0.1d$；$b=b_1=0.3d$；$t_2=t+0.3$mm（当 $t\leqslant 10$mm）；$t_2=t+0.4$mm（当 10mm$<t\leqslant 45$mm）；$t_2=t+0.5$mm（当 $t>45$mm）；$b_2=\sqrt{t_2(d-t_2)}$。当轴径超过 630mm 时，推荐 $t=t_1=0.1d$，$b=b_1=0.3d$。

4. 键厚度 t 的极限偏差为 h11。

五、滚动轴承

滚动轴承由外圈、内圈、滚动体和保持架四部分组成(图 4-25)，工作时滚动体在内、外圈的滚道上滚动，形成滚动摩擦。它具有摩擦小、效率高、轴向尺寸小、装拆方便等优点。

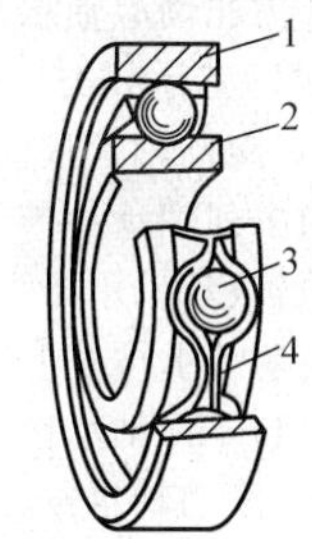

图 4-25 滚动轴承的构造

1—外圈 2—内圈

3—滚动体 4— 保持架

1. 滚动轴承的分类

(1) 按轴承所能承受的载荷方向或公称接触角的不同分类

1) 向心轴承：主要用于承受径向载荷的滚动轴承，其公称接触角从 0°到 45°。按公称接触角不同又分两种。

① 径向接触轴承：公称接触角为 0°的向心轴承，如深沟球轴承。

② 角接触向心轴承：公称接触角大于 0°到 45°的向心轴承。

2) 推力轴承：主要用于承受轴向载荷的滚动轴承，其公称接触角大于 45°到 90°。按公称接触角的不同又分两种。

① 轴向接触轴承：公称接触角为 90°的推力轴承。

② 角接触推力轴承：公称接触角大于 45°但小于 90°的推力轴承。

(2) 按轴承中的滚动体分类

1) 球轴承：滚动体为球。

2) 滚子轴承：滚子轴承按滚子的种类不同，又分为圆柱滚子轴承、圆锥滚子轴承、调心滚子轴承、滚针轴承和长弧面滚子轴承。

（3）按轴承能否调心分类　轴承按其工作时能否调心，分为非调心轴承和调心轴承。

（4）其他分类

1）滚动轴承按滚动体的列数，分为单列轴承、双列轴承和多列轴承。

2）滚动轴承按主要用途，分为通用轴承和专用轴承。

滚动轴承按外形尺寸是否符合标准尺寸系列，分为标准轴承和非标轴承。

3）滚动轴承按其是否有密封圈或防尘盖，分为开式轴承和闭式轴承。

4）滚动轴承按其外形尺寸及公差的表示单位，分为米制轴承和寸制轴承。

5）滚动轴承按其组件是否能分离，分为可分离轴承和不可分离轴承。

6）滚动轴承按产品扩展分类，分为轴承、组合轴承和轴承单元。

滚动轴承按其结构形状（如有无外圈、有无保持架、有无装填槽以及套圈的形状、挡边的结构等）还可以分为多种结构类型。

2. 滚动轴承代号的构成（GB/T 272—2017）

轴承代号由基本代号、前置代号和后置代号构成，其排列顺序如下：

前置代号	基本代号	后置代号

(1) 基本代号　基本代号表示轴承的基本类型、结构和尺寸，是轴承代号的基础。

1) 滚动轴承（滚针轴承除外）基本代号。轴承外形尺寸符合 GB/T 273.1、GB/T 273.2、GB/T 273.3、GB/T 3882 任一标准规定的外形尺寸，其基本代号由轴承类型代号、尺寸系列代号、内径代号构成，排列顺序如下：

类型代号　尺寸系列代号　内径代号

轴承类型代号用阿拉伯数字（以下简称数字）或大写拉丁字母（以下简称字母）表示，尺寸系列代号和内径代号用数字表示。

[例]　6204　6——类型代号，2——尺寸系列代码，04——内径代号

N2210　N——类型代号，22——尺寸系列代号，10——内径代号

2) 类型代号。滚动轴承类型代号见表 4-88。

表 4-88　滚动轴承类型代号

代号	轴承类型	代号	轴承类型
0	双列角接触球轴承	7	角接触球轴承
1	调心球轴承	8	推力圆柱滚子轴承
2	调心滚子轴承和推力调心滚子轴承	N	圆柱滚子轴承,双列或多列用字母 NN 表示
3	圆锥滚子轴承	U	外球面球轴承
4	双列深沟球轴承	QJ	四点接触球轴承
5	推力球轴承	C	长弧面滚子轴承(圆环轴承)
6	深沟球轴承		

注：在表中代号后或前加字母或数字表示该类轴承中的不同结构。

3）尺寸系列代号。尺寸系列代号由轴承的宽（高）度系列代号和直径系列代号组合而成。

向心轴承和推力轴承尺寸系列代号见表 4-89。

表 4-89　向心轴承和推力轴承尺寸系列代号

直径系列代号	向心轴承								推力轴承			
	宽度系列代号								高度系列代号			
	8	0	1	2	3	4	5	6	7	9	1	2
	尺寸系列代号											
7	—	—	17	—	37	—	—	—	—	—	—	—
8	—	08	18	28	38	48	58	68	—	—	—	—
9	—	09	19	29	39	49	59	69	—	—	—	—
0	—	00	10	20	30	40	50	60	70	90	10	—
1	—	01	11	21	31	41	51	61	71	91	11	—
2	82	02	12	22	32	42	52	62	72	92	12	22
3	83	03	13	23	33	—	—	—	73	93	13	23
4	—	04	—	24	—	—	—	—	74	94	14	24
5	—	—	—	—	—	—	—	—	—	95	—	—

4）系列代号。轴承系列代号由轴承类型代号和尺寸系列代号构成。常用的轴承类型、尺寸系列代号及组成的轴承系列代号见表 4-90。

表 4-90　常用滚动轴承系列代号

轴承类型	简图	类型代号	尺寸系列代号	轴承系列代号	标准编号
双列角接触球轴承		(0)	32	32	GB/T 296
			33	33	
调心球轴承		1	39	139	GB/T 281
		1	(1)0	10	
		1	30	130	
		1	(0)2	12	
		(1)	22	22	
		1	(0)3	13	
		(1)	23	23	
调心滚子轴承		2	38	238	GB/T 288
			48	248	
			39	239	
			49	249	
			30	230	
			40	240	
			31	231	
			41	241	
			22	222	
			32	232	
			03①	213	
			23	223	

（续）

轴承类型	简图	类型代号	尺寸系列代号	轴承系列代号	标准编号
推力调心滚子轴承		2	92	292	GB/T 5859
			93	293	
			94	294	
圆锥滚子轴承		3	29	329	GB/T 297
			20	320	
			30	330	
			31	331	
			02	302	
			22	322	
			32	332	
			03	303	
			13	313	
			23	323	
双列深沟球轴承		4	（2）2	42	—
			（2）3	43	

（续）

轴承类型		简图	类型代号	尺寸系列代号	轴承系列代号	标准编号
推力球轴承	推力球轴承		5	11	511	GB/T 301
				12	512	
				13	513	
				14	514	
	双向推力球轴承		5	22	522	GB/T 301
				23	523	
				24	524	
	带球面座圈的推力球轴承		5	12②	532	GB/T 28697
				13②	533	
				14②	534	
	带球面座圈的双向推力球轴承		5	22③	542	
				23③	543	
				24③	544	

（续）

轴承类型	简图	类型代号	尺寸系列代号	轴承系列代号	标准编号
深沟球轴承		6	17	617	GB/T 276
			37	637	
			18	618	
			19	619	
		16	(0)0	160	
		6	(1)0	60	
			(0)2	62	
			(0)3	63	
			(0)4	64	
角接触球轴承		7	18	718	GB/T 292
			19	719	
			(1)0	70	
			(0)2	72	
			(0)3	73	
			(0)4	74	

（续）

轴承类型		简图	类型代号	尺寸系列代号	轴承系列代号	标准编号
推力圆柱滚子轴承		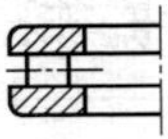	8	11	811	GB/T 4663
				12	812	
圆柱滚子轴承	外圈无挡边圆柱滚子轴承	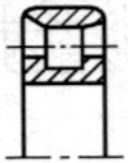	N	10	N10	GB/T 283
				(0)2	N2	
				22	N22	
				(0)3	N3	
				23	N23	
				(0)4	N4	
	内圈无挡边圆柱滚子轴承	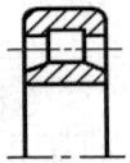	NU	10	NU10	
				(0)2	NU2	
				22	NU22	
				(0)3	NU3	
				23	NU23	
				(0)4	NU4	
	内圈单挡边圆柱滚子轴承	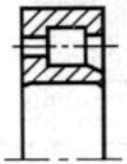	NJ	(0)2	NJ2	
				22	NJ22	
				(0)3	NJ3	
				23	NJ23	
				(0)4	NJ4	

（续）

轴承类型		简图	类型代号	尺寸系列代号	轴承系列代号	标准编号
圆柱滚子轴承	内圈单挡边并带平挡圈圆柱滚子轴承		NUP	(0)2	NUP2	GB/T 283
				22	NUP22	
				(0)3	NUP3	
				23	NUP23	
				(0)4	NUP4	
	外圈单挡边圆柱滚子轴承		NF	(0)2	NF2	
				(0)3	NF3	
				23	NF23	
	双列圆柱滚子轴承		NN	49	NN49	GB/T 285
				30	NN30	
	内圈无挡边双列圆柱滚子轴承		NNU	49	NNU49	GB/T 285
				41	NNU41	

（续）

轴承类型		简图	类型代号	尺寸系列代号	轴承系列代号	标准编号
外球面球轴承	带顶丝外球面球轴承	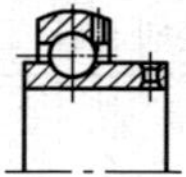	UC	2	UC2	GB/T 3882
				3	UC3	
	带偏心套外球面球轴承	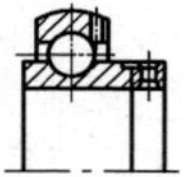	UEL	2	UEL2	
				3	UEL3	
	圆锥孔外球面球轴承	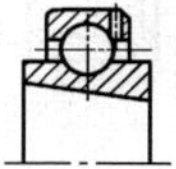	UK	2	UK2	
				3	UK3	
四点接触球轴承			QJ	(0)2	QJ2	GB/T 294
				(0)3	QJ3	
				10	QJ10	

（续）

轴承类型	简图	类型代号	尺寸系列代号	轴承系列代号	标准编号
长弧面滚子轴承		C	29	C29	—
			39	C39	
			49	C49	
			59	C59	
			69	C69	
			30	C30	
			40	C40	
			50	C50	
			60	C60	
			31	C31	
			41	C41	
			22	C22	
			32	C32	

注：表中用“（ ）”括住的数字表示在组合代号中省略。

① 尺寸系列实为 03，用 13 表示。

② 尺寸系列实为 12、13、14，分别用 32、33、34 表示。

③ 尺寸系列实为 22、23、24，分别用 42、43、44 表示。

5） 滚动轴承内径代号（表 4-91）

表 4-91　滚动轴承内径代号

轴承公称内径/mm		内径代号	示例
0.6~10（非整数）		用公称内径毫米数直接表示，在其与尺寸系列代号之间用“/”分开	深沟球轴承　617/0.6　d=0.6mm 深沟球轴承　618/2.5　d=2.5mm
1~9（整数）		用公称内径毫米数直接表示，对深沟及角接触球轴承直径系列 7、8、9，内径与尺寸系列代号之间用“/”分开	深沟球轴承　625　d=5mm 深沟球轴承　618/5　d=5mm 角接触球轴承　707　d=7mm 角接触球轴承　719/7　d=7mm
10~17	10	00	深沟球轴承　6200　d=10mm
	12	01	调心球轴承　1201　d=12mm
	15	02	圆柱滚子轴承　NU202　d=15mm
	17	03	推力球轴承　51103　d=17mm
20~480（22、28、32 除外）		公称内径除以 5 的商数，商数为个位数，需在商数左边加“0”，如 08	调心滚子轴承　22308　d=40mm 圆柱滚子轴承　NU1096　d=480mm
≥500 以及 22、28、32		用公称内径毫米数直接表示，但在与尺寸系列之间用“/”分开	调心滚子轴承　230/500　d=500mm 深沟球轴承　62/22　d=22mm

6）滚针轴承基本代号。其基本代号由轴承类型代号和表示轴承配合安装特征的尺寸构成。代号中类型代号用字母表示，表示轴承配合安装特征的尺寸，用尺寸系列、内径代号或者直接用毫米数表示。类型代号和表示配合安装特征尺寸的滚针轴承基本代号见表 4-92。

7）基本代号编制规则。基本代号中当轴承类型代号用字母表示时，编排时应与表示轴承尺寸的系列代号、内径代号或安装配合特征尺寸的数字之间空半个汉字距。例：NJ 230，AXK 0821。

（2）前置、后置代号　前置、后置代号是滚动轴承在结构形状、尺寸、公差、技术要求等有改变时，在其基本代号左右添加的补充代号。滚动轴承前置、后置代号排列顺序见表 4-93。

1）前置代号。前置代号用字母表示，经常用于表示轴承分部件（轴承组件）。滚动轴承前置代号见表 4-94。

2）后置代号。后置代号用字母（或加数字）表示。

滚动轴承后置代号的编制规则：

① 后置代号置于基本代号的右边并与基本代号空半个汉字距（代号中有符号“-”“/”除外）。当改变项目多、具有多组后置代号，按轴承代号表 4-93 所列从左至右的顺序排列。

② 改变为 4 组（含 4 组）以后的内容，则在其代号前用“/”与前面代号隔开，例如：6205-2Z/P6，22308/P63。

表 4-92　滚针轴承基本代号

<table>
<tr><th colspan="2">轴承类型</th><th>简图</th><th>类型代号</th><th colspan="2">配合安装特征尺寸表示</th><th>轴承基本代号</th><th>标准编号</th></tr>
<tr><td rowspan="2">滚针和保持架组件</td><td>向心滚针和保持架组件</td><td></td><td>K</td><td colspan="2">$F_w \times E_w \times B_c$</td><td>K $F_w \times E_w \times B_c$</td><td>GB/T 20056</td></tr>
<tr><td>推力滚针和保持架组件</td><td></td><td>AXK</td><td colspan="2">$d_c D_c$ ①</td><td>AXK $d_c D_c$</td><td>GB/T 4605</td></tr>
<tr><td rowspan="4">滚针轴承</td><td rowspan="3">滚针轴承</td><td rowspan="3"></td><td rowspan="3">NA</td><td colspan="2">用尺寸系列代号和内径代号表示</td><td rowspan="3">NA 4800
NA 4900
NA 6900</td><td rowspan="3">GB/T 5801</td></tr>
<tr><td>尺寸系列代号</td><td rowspan="2">内径代号按表 4-91②的规定</td></tr>
<tr><td>48
49
69</td></tr>
<tr><td>开口型冲压外圈滚针轴承</td><td></td><td>HK</td><td colspan="2">$F_w C$ ①</td><td>HK $F_w C$</td><td>GB/T 290</td></tr>
</table>

（续）

轴承类型		简图	类型代号	配合安装特征尺寸表示	轴承基本代号	标准编号
滚针轴承	封口型冲压外圈滚针轴承		BK	$F_w C$①	BK $F_w C$	GB/T 290

注：表中 F_w—滚针总体内径；E_w—滚针总体外径；C—冲压外圈宽度；B_c—保持架宽度；d_c—保持架内径；D_c—保持架外径。

① 尺寸直接用毫米数表示时，如果是个位数，需在其左边加“0”。如 8mm 用 08 表示。

② 内径代号除 $d<10$mm 用“/实际公称毫米数”表示外，其余按表 4-91。

表 4-93　滚动轴承前置、后置代号排列顺序

轴承代号										
前置代号	基本代号	后置代号（组）								
		1	2	3	4	5	6	7	8	9
成套轴承分部件		内部结构	密封、防尘与外部形状	保持架及其材料	轴承零件材料	公差等级	游隙	配置	振动及噪声	其他

表 4-94　滚动轴承前置代号

代号	含义	示例
L	可分离轴承的可分离内圈或外圈	LNU 207，表示 NU 207 轴承的内圈 LN 207，表示 N 207 轴承的外圈
LR	带可分离内圈或外圈与滚动体的组件	—
R	不带可分离内圈或外圈的组件（滚针轴承仅适用于 NA 型）	RNU 207，表示 NU 207 轴承的外圈和滚子组件 RNA 6904，表示无内圈的 NA 6904 滚针轴承
K	滚子和保持架组件	K 81107，表示无内圈和外圈的 81107 轴承
WS	推力圆柱滚子轴承轴圈	WS 81107
GS	推力圆柱滚子轴承座圈	GS 81107
F	带凸缘外圈的向心球轴承（仅适用于 $d \leqslant 10$mm）	F 618/4
FSN	凸缘外圈分离型微型角接触球轴承（仅适用于 $d \leqslant 10$mm）	FSN 719/5-Z
KIW-	无座圈的推力轴承组件	KIW-51108
KOW-	无轴圈的推力轴承组件	KOW-51108

③ 改变内容为 4 组后的两组，在前组与后组代号中的数字或文字表示含义可能混淆时，两代号间空半个字距，例如：6208/P63 V1。

3）后置代号及含义。

① 内部结构。内部结构代号用于表示类型和外形尺寸相同但内部结构不同的轴承。其代号及含义按表 4-95 的规定。

表 4-95　内部结构代号

代号	含义	示例
A	无装球缺口的双列角接触或深沟球轴承	3205 A
	滚针轴承外圈带双锁圈($d>9$mm,$F_w>12$mm)	—
	套圈直滚道的深沟球轴承	—
AC	角接触球轴承　公称接触角 $\alpha=25°$	7210 AC
B	角接触球轴承　公称接触角 $\alpha=40°$	7210 B
	圆锥滚子轴承　接触角加大	32310 B
C	角接触球轴承　公称接触角 $\alpha=15°$	7005 C
	调心滚子轴承　C 型　调心滚子轴承设计改变,内圈无挡边,活动中挡圈,冲压保持架,对称型滚子,加强型	23122 C
CA	C 型调心滚子轴承,内圈带挡边,活动中挡圈,实体保持架	23084 CA/W33
CAB	CA 型调心滚子轴承,滚子中部穿孔,带柱销式保持架	—
CABC	CAB 型调心滚子轴承,滚子引导方式有改进	—
CAC	CA 型调心滚子轴承,滚子引导方式有改进	22252 CACK
CC	C 型调心滚子轴承,滚子引导方式有改进 注:CC 还有第二种解释,见表 4-102	22205 CC

（续）

代号	含义	示例
D	剖分式轴承	K 50×55×20 D
E	加强型[①]	NU 207 E
ZW	滚针保持架组件　双列	K 20×25×40 ZW

① 加强型，即内部结构设计改进，增大轴承承载能力。

② 密封、防尘与外部形状。密封、防尘与外部形状变化代号及含义按表4-96的规定。

表4-96　密封、防尘与外部形状变化代号

代号	含义	示例
D	双列角接触球轴承，双内圈	3307 D
	双列圆锥滚子轴承，无内隔圈，端面不修磨	—
D1	双列圆锥滚子轴承，无内隔圈，端面修磨	—
DC	双列角接触球轴承，双外圈	3924-2KDC
DH	有两个座圈的单向推力轴承	—
DS	有两个轴圈的单向推力轴承	—
-FS	轴承一面带毡圈密封	6203-FS
-2FS	轴承两面带毡圈密封	6206-2FSWB
K	圆锥孔轴承　锥度为1∶12（外球面球轴承除外）	1210 K，锥度为1∶12代号为1210的圆锥孔调心球轴承
K30	圆锥孔轴承　锥度为1∶30	24122 K30，锥度为1∶30代号为24122的圆锥孔调心滚子轴承
-2K	双圆锥孔轴承，锥度为1∶12	QF 2308-2K

（续）

代号	含义	示例
L	组合轴承带加长阶梯形轴圈	ZARN 1545 L
-LS	轴承一面带骨架式橡胶密封圈（接触式，套圈不开槽）	—
-2LS	轴承两面带骨架式橡胶密封圈（接触式，套圈不开槽）	NNF 5012-2LSNV
N	轴承外圈上有止动槽	6210 N
NR	轴承外圈上有止动槽，并带止动环	6210 NR
N1	轴承外圈有一个定位槽口	—
N2	轴承外圈有两个或两个以上的定位槽口	—
N4	N+N2　定位槽口和止动槽不在同一侧	—
N6	N+N2　定位槽口和止动槽在同一侧	—
P	双半外圈的调心滚子轴承	—
PP	轴承两面带软质橡胶密封圈	NATR 8 PP
PR	同 P，两半外圈间有隔圈	—
-2PS	滚轮轴承，滚轮两端为多片卡簧式密封	—
R	轴承外圈有止动挡边（凸缘外圈）（不适用于内径小于 10mm 的向心球轴承）	30307 R
-RS	轴承一面带骨架式橡胶密封圈（接触式）	6210-RS

（续）

代号	含义	示例
-2RS	轴承两面带骨架式橡胶密封圈（接触式）	6210-2RS
-RSL	轴承一面带骨架式橡胶密封圈（轻接触式）	6210-RSL
-2RSL	轴承两面带骨架式橡胶密封圈（轻接触式）	6210-2RSL
-RSZ	轴承一面带骨架式橡胶密封圈（接触式）、一面带防尘盖	6210-RSZ
-RZZ	轴承一面带骨架式橡胶密封圈（非接触式）、一面带防尘盖	6210-RZZ
-RZ	轴承一面带骨架式橡胶密封圈（非接触式）	6210-RZ
-2RZ	轴承两面带骨架式橡胶密封圈（非接触式）	6210-2RZ
S	轴承外圈表面为球面（外球面球轴承和滚轮轴承除外）	—
	游隙可调（滚针轴承）	NA 4906 S
SC	带外罩向心轴承	—
SK	螺栓型滚轮轴承，螺栓轴端部有内六角盲孔 注：对螺栓型滚轮轴承、滚轮两端为多片卡簧式密封，螺栓轴端部有内六角不通孔，后置代号可简化为-2PSK	—
U	推力球轴承　带调心座垫圈	53210 U

（续）

代号	含义	示例
WB	宽内圈轴承(双面宽)	—
WB1	宽内圈轴承(单面宽)	—
WC	宽外圈轴承	—
X	滚轮轴承外圈表面为圆柱面	KR 30 X NUTR 30 X
Z	带防尘罩的滚针组合轴承	NK 25 Z
	带外罩的滚针和满装推力球组合轴承(脂润滑)	—
-Z	轴承一面带防尘盖	6210-Z
-2Z	轴承两面带防尘盖	6210-2Z
-ZN	轴承一面带防尘盖,另一面外圈有止动槽	6210-ZN
-2ZN	轴承两面带防尘盖,外圈有止动槽	6210-2ZN
-ZNB	轴承一面带防尘盖,同一面外圈有止动槽	6210-ZNB
-ZNR	轴承一面带防尘盖,另一面外圈有止动槽并带止动环	6210-ZNR
ZH	推力轴承,座圈带防尘罩	—
ZS	推力轴承,轴圈带防尘罩	—

注：密封圈代号与防尘盖代号同样可以与止动槽代号进行多种组合。

③ 保持架及其材料。保持架在结构型式、材料与 GB/T 272—2017 中附录 C 不相同时，其代号按表 4-97 的规定。

表 4-97　保持架代号

代号		含义
保持架材料	F	钢、球墨铸铁或粉末冶金实体保持架
	J	钢板冲压保持架
	L	轻合金实体保持架
	M	黄铜实体保持架
	Q	青铜实体保持架
	SZ	保持架由弹簧丝或弹簧制造
	T	酚醛层压布管实体保持架
	TH	玻璃纤维增强酚醛树脂保持架(筐型)
	TN	工程塑料模注保持架
	Y	铜板冲压保持架
	ZA	锌铝合金保持架
无保持架	V	满装滚动体
保持架结构型式及表面处理	A	外圈引导
	B	内圈引导
	C	有镀层的保持架(C1——镀银)
	D	碳氮共渗保持架
	D1	渗碳保持架
	D2	渗氮保持架
	D3	低温碳氮共渗保持架
	E	磷化处理保持架
	H	自锁兜孔保持架
	P	由内圈或外圈引导的拉孔或冲孔的窗形保持架
	R	铆接保持架(用于大型轴承)
	S	引导面有润滑槽
	W	焊接保持架

注：保持架结构型式及表面处理的代号只能与保持架材料代号结合使用。

④ 轴承零件材料。轴承零件材料改变，其代号按表 4-98 的规定。

表 4-98　轴承零件材料代号

代号	含义	示例
/CS	轴承零件采用碳素结构钢制造	—
/HC	套圈和滚动体或仅是套圈由渗碳轴承钢(/HC——G20Cr2Ni4A;/HC1——G20Cr2Mn2MoA;/HC2——15Mn)制造	—
/HE	套圈和滚动体由电渣重熔轴承钢 GCr15Z 制造	6204/HE
/HG	套圈和滚动体或仅是套圈由其他轴承钢(/HG——5CrMnMo;/HG1——55SiMoVA)制造	—
/HN	套圈、滚动体由高温轴承钢(/HN——Cr4Mo4V;/HN1——Cr14Mo4;/HN2——Cr15Mo4V;/HN3——W18Cr4V)制造	NU 208/HN
/HNC	套圈和滚动体由高温渗碳轴承钢 G13Cr4Mo4 Ni4V 制造	—
/HP	套圈和滚动体由铍青铜或其他防磁材料制造	—
/HQ	套圈和滚动体由非金属材料(/HQ——塑料;/HQ1——陶瓷)制造	—
/HU	套圈和滚动体由 1Cr18Ni9Ti 不锈钢制造	6004/HU
/HV	套圈和滚动体由可淬硬不锈钢(/HV——G95Cr18;/HV1——G102Cr18Mo)制造	6014/HV

⑤ 公差等级。公差等级代号及含义按表 4-99 的规定。

表 4-99 公差等级代号

代号	含义	示例
/PN	公差等级符合标准规定的普通级,代号中省略不表示	6203
/P6	公差等级符合标准规定的 6 级	6203/P6
/P6X	公差等级符合标准规定的 6X 级	30210/P6X
/P5	公差等级符合标准规定的 5 级	6203/P5
/P4	公差等级符合标准规定的 4 级	6203/P4
/P2	公差等级符合标准规定的 2 级	6203/P2
/SP	尺寸精度相当于 5 级,旋转精度相当于 4 级	234420/SP
/UP	尺寸精度相当于 4 级,旋转精度高于 4 级	234730/UP

⑥ 游隙。游隙代号及含义按表 4-100 的规定。

表 4-100 游隙代号

代号	含义	示例
/C2	游隙符合标准规定的 2 组	6210/C2
/CN	游隙符合标准规定的 N 组,代号中省略不表示	6210
/C3	游隙符合标准规定的 3 组	6210/C3
/C4	游隙符合标准规定的 4 组	NN 3006 K/C4

（续）

代号	含义	示例
/C5	游隙符合标准规定的 5 组	NNU 4920 K/C5
/CA	公差等级为 SP 和 UP 的机床主轴用圆柱滚子轴承径向游隙	—
/CM	电机深沟球轴承游隙	6204-2RZ/P6CM
/CN	N 组游隙。/CN 与字母 H、M 和 L 组合，表示游隙范围减半，或与 P 组合，表示游隙范围偏移，如： /CNH——N 组游隙减半，相当于 N 组游隙范围的上半部 /CNL——N 组游隙减半，相当于 N 组游隙范围的下半部 /CNM——N 组游隙减半，相当于 N 组游隙范围的中部 /CNP——偏移的游隙范围，相当于 N 组游隙范围的上半部及 3 组游隙范围的下半部组成	—
/C9	轴承游隙不同于现标准	6205-2RS/C9

公差等级代号与游隙代号需同时表示时，可进行简化，取公差等级代号加上游隙组号（N 组不表示）组合表示。例如：/P63 表示轴承公差等级 6 级，径向游隙 3 组；/P52 表示轴承公差等级 5 级，径向游隙 2 组。

⑦ 配置。配置代号及含义按表 4-101 的规定。

表 4-101　配置代号

代号		含义	示例
/DB		成对背靠背安装	7210 C/DB
/DF		成对面对面安装	32208/DF
/DT		成对串联安装	7210 C/DT
配置组中轴承数目	/D	两套轴承	配置组中轴承数目和配置中轴承排列可以组合成多种配置方式，如： ——成对配置的/DB、/DF、/DT； ——三套配置的/TBT、/TFT、/TT； ——四套配置的/QBC、/QFC、/QT、/QBT、/QFT 等 7210 C/TFT——接触角 $\alpha=15°$ 的角接触球轴承 7210 C，三套配置，两套串联和一套面对面 7210 C/PT——接触角 $\alpha=15°$ 的角接触球轴承 7210 C，五套串联装置 7210 AC/QBT——接触角 $\alpha=25°$ 的角接触球轴承 7210 AC，四套成组配置，三套串联和一套背对背
	/T	三套轴承	
	/Q	四套轴承	
	/P	五套轴承	
	/S	六套轴承	
配置中轴承排列	B	背对背	
	F	面对面	
	T	串联	
	G	万能组配	
	BT	背对背和串联	
	FT	面对面和串联	
	BC	成对串联的背对背	
	FC	成对串联的面对面	

（续）

代号		含义	示例
预载荷	G	特殊预紧，附加数字直接表示预紧的大小（单位为 N）用于角接触球轴承时，“G”可省略	7210 C/G325——接触角 $\alpha=15°$ 的角接触球轴承 7210 C，特殊预载荷为 325N
	GA	轻预紧，预紧值较小（深沟及角接触球轴承）	7210 C/DBGA——接触角 $\alpha=15°$ 的角接触球轴承 7210 C，成对背对背配置，有轻预紧
	GB	中预紧，预紧值大于 GA（深沟及角接触球轴承）	—
	GC	重预紧，预紧值大于 GB（深沟及角接触球轴承）	—
	R	径向载荷均匀分配	NU 210/QTR——圆柱滚子轴承 NU 210，四套配置，均匀预紧
轴向游隙	CA	轴向游隙较小（深沟及角接触球轴承）	—
	CB	轴向游隙大于 CA（深沟及角接触球轴承）	—
	CC	轴向游隙大于 CB（深沟及角接触球轴承）	—
	CG	轴向游隙为零（圆锥滚子轴承）	—

其他在轴承振动、噪声、摩擦力矩、工作温度、润滑等要求特殊时，其代号按 GB/T 272—2017 的规定。

（3）轴承代号示例

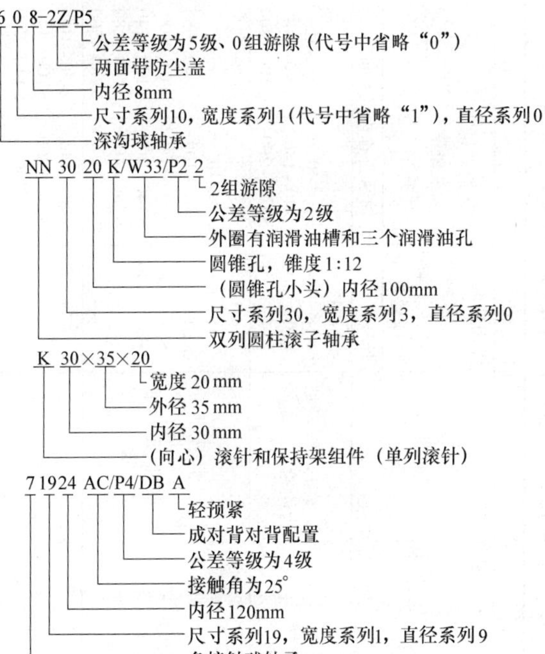

3. 滚动轴承的配合（GB/T 275—2015）

（1）向心轴承

1）向心轴承和轴的配合，轴公差带按表 4-102 选择。

表 4-102　向心轴承和轴的配合——轴公差带

圆柱孔轴承						
载荷情况		举例	深沟球轴承、调心球轴承和角接触球轴承	圆柱滚子轴承和圆锥滚子轴承	调心滚子轴承	公差带
			轴承公称内径/mm			
内圈承受旋转载荷或方向不定载荷	轻载荷	输送机、轻载齿轮箱	≤18 >18~100 >100~200 —	— ≤40 >40~140 >140~200	— ≤40 >40~100 >100~200	h5 j6① k6① m6①
	正常载荷	一般通用机械、电动机、泵、内燃机、正齿轮传动装置	≤18 >18~100 >100~140 >140~200 >200~280 — —	— ≤40 >40~100 >100~140 >140~200 >200~400 —	— ≤40 >40~65 >65~100 >100~140 >140~280 >280~500	j5　js5 k5② m5② m6 n6 p6 r6
	重载荷	铁路机车车辆轴箱、牵引电动机、破碎机等	—	>50~140 >140~200 >200 —	>50~100 >100~140 >140~200 >200	n6③ p6③ r6③ r7③

（续）

载荷情况			举例	深沟球轴承、调心球轴承和角接触球轴承	圆柱滚子轴承和圆锥滚子轴承	调心滚子轴承	公差带
圆柱孔轴承							
				轴承公称内径/mm			
内圈承受固定载荷	所有载荷	内圈需在轴向易移动	非旋转轴上的各种轮子	所有尺寸			f6 g6
		内圈不需在轴向易移动	张紧轮、绳轮				h6 j6
仅有轴向载荷			所有尺寸				j6、js6
圆锥孔轴承							
所有载荷	铁路机车车辆轴箱		装在退卸套上	所有尺寸			h8(IT6)④,⑤
	一般机械传动		装在紧定套上	所有尺寸			h9(IT7)④,⑤

① 凡精度要求较高的场合，应用 j5、k5、m5 代替 j6、k6、m6。
② 圆锥滚子轴承、角接触球轴承配合对游隙影响不大，可用 k6、m6 代替 k5、m5。
③ 重载荷下轴承游隙应选大于 N 组。
④ 凡精度要求较高或转速要求较高的场合，应选用 h7（IT5）代替 h8（IT6）等。
⑤ IT6、IT7 表示圆柱度公差数值。

2）向心轴承和轴承座孔的配合，孔公差带按表 4-103 选择。

表 4-103　向心轴承和轴承座孔的配合——孔公差带

载荷情况		举例	其他状况	公差带[①]	
				球轴承	滚子轴承
外圈承受固定载荷	轻、正常、重	一般机械、铁路机车车辆轴箱	轴向易移动，可采用剖分式轴承座	H7、G7[②]	
	冲击		轴向能移动，可采用整体或剖分式轴承座	J7、JS7	
方向不定载荷	轻、正常	电动机、泵、曲轴主轴承			
	正常、重		轴向不移动，采用整体式轴承座	K7	
	重、冲击	牵引电动机		M7	
外圈承受旋转载荷	轻	带张紧轮		J7	K7
	正常	轮毂轴承		M7	N7
	重			—	N7、P7

① 并列公差带随尺寸的增大从左至右选择。对旋转精度有较高要求时，可相应提高一个公差等级。

② 不适用于剖分式轴承座。

（2）推力轴承

1）推力轴承和轴的配合，轴公差带按表 4-104 选择。

表 4-104　推力轴承和轴的配合——轴公差带

<table>
<tr><th colspan="2">载荷情况</th><th>轴承类型</th><th>轴承公称内径/mm</th><th>公差带</th></tr>
<tr><td colspan="2">仅有轴向载荷</td><td>推力球和推力圆柱滚子轴承</td><td>所有尺寸</td><td>j6、js6</td></tr>
<tr><td rowspan="2">径向和轴向联合载荷</td><td>轴圈承受固定载荷</td><td rowspan="2">推力调心滚子轴承、推力角接触球轴承、推力圆锥滚子轴承</td><td>≤250
>250</td><td>j6
js6</td></tr>
<tr><td>轴圈承受旋转载荷或方向不定载荷</td><td>≤200
>200~400
>400</td><td>k6①
m6
n6</td></tr>
</table>

① 要求较小过盈时，可分别用 j6、k6、m6 代替 k6、m6、n6。

2）推力轴承和轴承座孔的配合，孔公差带按表 4-105 选择。

表 4-105　推力轴承和轴承座孔的配合——孔公差带

<table>
<tr><th>载荷情况</th><th>轴承类型</th><th>公差带</th></tr>
<tr><td rowspan="3">仅有轴向载荷</td><td>推力球轴承</td><td>H8</td></tr>
<tr><td>推力圆柱、圆锥滚子轴承</td><td>H7</td></tr>
<tr><td>推力调心滚子轴承</td><td>—①</td></tr>
</table>

（续）

载荷情况		轴承类型	公差带
径向和轴向联合载荷	座圈承受固定载荷	推力角接触球轴承、推力调心滚子轴承、推力圆锥滚子轴承	H7
	座圈承受旋转载荷或方向不定载荷		K7②
			M7③

① 轴承座孔与座圈间间隙为 0.001D（D 为轴承公称外径）。

② 一般工作条件。

③ 有较大径向载荷时。

六、锥度、锥角及公差

1. 圆锥的术语及定义（表 4-106）

表 4-106　圆锥的术语及定义（GB/T 157—2001）

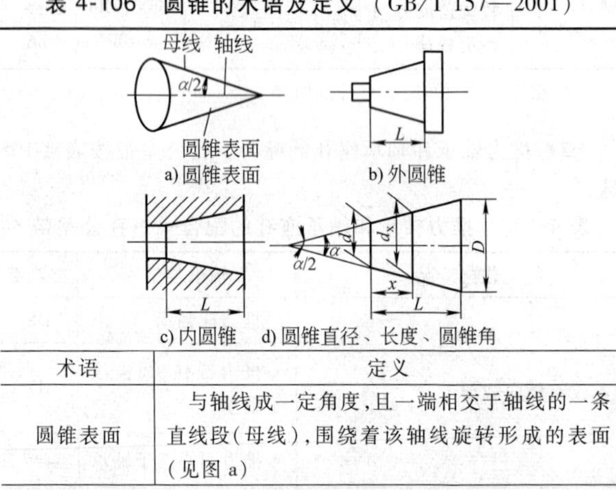

a) 圆锥表面　b) 外圆锥

c) 内圆锥　d) 圆锥直径、长度、圆锥角

术语	定义
圆锥表面	与轴线成一定角度，且一端相交于轴线的一条直线段（母线），围绕着该轴线旋转形成的表面（见图 a）

（续）

术语	定义
圆锥	由圆锥表面与一定尺寸所限定的几何体 外圆锥是外部表面为圆锥表面的几何体(见图 b),内圆锥是内部表面为圆锥表面的几何体(见图 c)
圆锥角 α	在通过圆锥轴线的截面内,两条素线间的夹角(见图 d)
圆锥直径	圆锥在垂直轴线截面上的直径(见图 d)。常用的有: 1）最大圆锥直径 D 2）最小圆锥直径 d 3）给定截面圆锥直径 d_x
圆锥长度 L	最大圆锥直径截面与最小圆锥直径截面之间的轴向距离(见图 d)
锥度 C	两个垂直圆锥轴线截面的圆锥直径之差与该两截面间的轴向距离之比 如:最大圆锥直径 D 与最小圆锥直径 d 之差对圆锥长度 L 之比 $C=\frac{D-d}{L}$ 锥度 C 与圆锥角 α 的关系为 $C=2\tan\frac{\alpha}{2}=1:\frac{1}{2}\cot\frac{\alpha}{2}$ 锥度一般用比例或分式形式表示

2. **锥度与锥角系列**（GB/T 157—2001）

（1）一般用途圆锥的锥度与锥角（表 4-107）

（2）特定用途的圆锥（表 4-108）

3. **圆锥公差**（GB/T 11334—2005）

GB/T 11334—2005 中规定了圆锥公差的术语和定义、圆锥公差的给定方法和公差数值；适用于锥度 C 从 1∶500～1∶3、圆锥长度 L 从 6～630mm 的光滑圆锥。本标准中的圆锥角公差也适用于棱体的角度与斜度。（表 4-108 中数值用于棱体的角度时，以该角短边长度作为 L 选取公差值）。

（1）圆锥直径公差（T_D）所能限制的最大圆锥角误差　表 4-109 列出了圆锥长度 L 为 100mm 时，圆锥直径公差 T_D 所能限制的最大圆锥角误差 $\Delta\alpha_{max}$。

（2）圆锥角公差 AT　圆锥角公差 AT 共分 12 个公差等级，用 AT1，AT2，AT3，…，AT12 表示。

圆锥角公差可用两种形式表示：

AT_α——以角度单位微弧度或以度、分、秒表示，单位为 μrad；

AT_D——以长度单位微米表示，单位为 μm。

AT_α 和 AT_D 的关系如下：

$$AT_D = AT_\alpha \times L \times 10^{-3}$$

式中，L 的单位为 mm。

圆锥角公差数值见表 4-110。

表 4-107　一般用途圆锥的锥度与锥角（GB/T 157—2001）

基本值		推算值			
		圆锥角 α			锥度 C
系列 1	系列 2	(°)(′)(″)	(°)	rad	
120°	—	—	—	2.094 395 10	1 : 0.288 675 1
90°	—	—	—	1.570 796 33	1 : 0.500 000 0
—	75°	—	—	1.308 996 94	1 : 0.651 612 7
60°	—	—	—	1.047 197 55	1 : 0.866 025 4
45°	—	—	—	0.785 398 16	1 : 1.207 106 8
30°	—	—	—	0.523 598 78	1 : 1.866 025 4
1 : 3	—	18°55′28.7199″	18.924 644 42°	0.330 297 35	—
—	1 : 4	14°15′0.1177″	14.250 032 70°	0.248 709 99	—
1 : 5	—	11°25′16.2706″	11.421 186 27°	0.199 337 30	—
—	1 : 6	9°31′38.2202″	9.527 283 38°	0.166 282 46	—
—	1 : 7	8°10′16.4408″	8.171 233 56°	0.142 614 93	—
—	1 : 8	7°9′9.6075″	7.152 668 75°	0.124 837 62	—
1 : 10	—	5°43′29.3176″	5.724 810 45°	0.099 916 79	—
—	1 : 12	4°46′18.7970″	4.771 888 06°	0.083 285 16	—
—	1 : 15	3°49′5.8975″	3.818 304 87°	0.066 641 99	—
1 : 20	—	2°51′51.0925″	2.864 192 37°	0.049 989 59	—
1 : 30	—	1°54′34.8570″	1.909 682 51°	0.033 330 25	—

（续）

基本值		推算值			
		圆锥角 α			锥度 C
系列 1	系列 2	(°)(′)(″)	(°)	rad	
1∶50	—	1°8′45.1586″	1.145 877 40°	0.019 999 33	—
1∶100	—	34′22.6309″	0.572 953 02°	0.009 999 92	—
1∶200	—	17′11.3219″	0.286 478 30°	0.004 999 99	—
1∶500	—	6′52.5295″	0.114 591 52°	0.002 000 00	—

注：系列 1 中 120°～1∶3 的数值近似按 R10/2 优先数系列，1∶5～1∶500 按 R10/3 优先数系列（见 GB/T 321—2005）。

表 4-108 特定用途的圆锥（GB/T 157—2001）

基本值	推算值				标准编号 GB/T (ISO)	用途
	圆锥角 α			锥度 C		
	(°)(′)(″)	(°)	rad			
11°54′	—	—	0.207 694 18	1∶4.797 451 1	(5237) (8489-5)	纺织机械和附件
8°40′	—	—	0.151 261 87	1∶6.598 441 5	(8489-3) (8489-4) (324.575)	
7°	—	—	0.122 173 05	1∶8.174 927 7	(8489-2)	

1 : 38	1°30′27.708 0″	1.507 696 67°	0.026 314 27	—	(368)	纺织机械和附件
1 : 64	0°53′42.822 0″	0.895 228 34°	0.015 624 68	—	(368)	
7 : 24	16°35′39.444 3″	16.594 290 08°	0.289 625 00	1 : 3.428 571 4	3837.3 (297)	机床主轴工具配合
1 : 12.262	4°40′12.151 4″	4.670 042 05°	0.081 507 61	—	(239)	贾各锥度 No. 2
1 : 12.972	4°24′52.903 9″	4.414 695 52°	0.077 050 97	—	(239)	贾各锥度 No. 1
1 : 15.748	3°38′13.442 9″	3.637 067 47°	0.063 478 80	—	(239)	贾各锥度 No. 33
6 : 100	3°26′12.177 6″	3.436 716 00°	0.059 982 01	1 : 16.666 666 7	1962 (594-1) (595-1) (595-2)	医疗设备

（续）

基本值	推算值				标准号 GB/T (ISO)	用途
	圆锥角 α			锥度 C		
	(°)(′)(″)	(°)	rad			
1 : 18.779	3°3′1.207 0″	3.050 335 27°	0.053 238 39	—	(239)	贾各锥度 No. 3
1 : 19.002	3°0′52.395 6″	3.014 554 34°	0.052 613 90	—	1443 (296)	莫氏锥度 No. 5
1 : 19.180	2°59′11.725 8″	2.986 590 50°	0.052 125 84	—	1443 (296)	莫氏锥度 No. 6
1 : 19.212	2°58′53.825 5″	2.981 618 20°	0.052 039 05	—	1443 (296)	莫氏锥度 No. 0
1 : 19.254	2°58′30.421 7″	2.975 117 13°	0.051 925 59	—	1443 (296)	莫氏锥度 No. 4
1 : 19.264	2°58′24.864 4″	2.973 573 43°	0.051 898 65	—	(239)	贾各锥度 No. 6

1 : 19. 922	2°52′31. 446 3″	2. 875 401 76°	0. 050 185 23	—	1443 (296)	莫氏锥度 No. 3
1 : 20. 020	2°51′40. 796 0″	2. 861 332 23°	0. 049 939 67	—	1443 (296)	莫氏锥度 No. 2
1 : 20. 047	2°51′26. 928 3″	2. 857 480 08°	0. 049 872 44	—	1443 (296)	莫氏锥度 No. 1
1 : 20. 288	2°49′24. 780 2″	2. 823 550 06°	0. 049 280 25	—	(239)	贾各锥度 No. 0
1 : 23. 904	2°23′47. 624 4″	2. 396 562 32°	0. 041 827 9	—	1443 (296)	布朗夏普锥度 No. 1 ~ No. 3
1 : 28	2°2′45. 817 4″	2. 046 060 38°	0. 035 710 49	—	(8382)	复苏器(医用)
1 : 36	1°35′29. 209 6″	1. 591 447 11°	0. 027 775 99	—	(5356-1)	麻醉器具
1 : 40	1°25′56. 351 6″	1. 432 319 89°	0. 024 998 7	—		

表 4-109 圆锥直径公差（T_D）所能限制的最大圆锥角误差

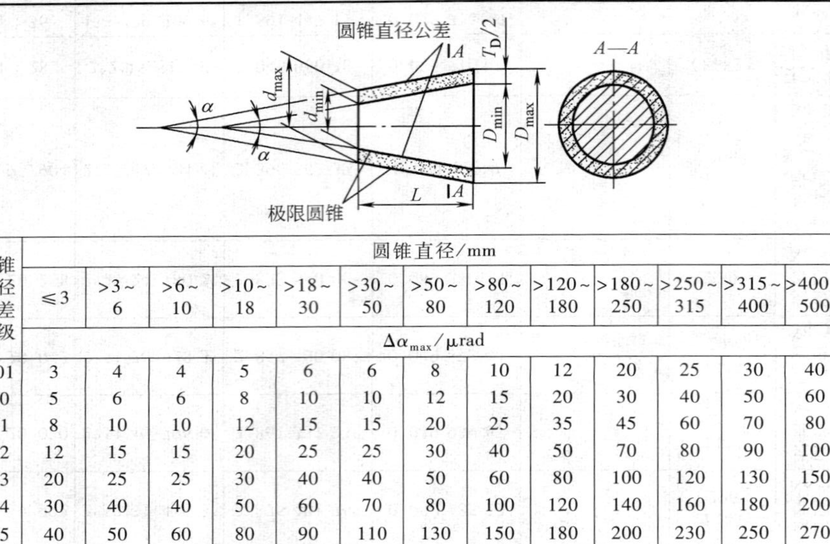

圆锥直径公差等级	圆锥直径/mm												
	≤3	>3~6	>6~10	>10~18	>18~30	>30~50	>50~80	>80~120	>120~180	>180~250	>250~315	>315~400	>400~500
	$\Delta\alpha_{max}$/μrad												
IT01	3	4	4	5	6	6	8	10	12	20	25	30	40
IT0	5	6	6	8	10	10	12	15	20	30	40	50	60
IT1	8	10	10	12	15	15	20	25	35	45	60	70	80
IT2	12	15	15	20	25	25	30	40	50	70	80	90	100
IT3	20	25	25	30	40	40	50	60	80	100	120	130	150
IT4	30	40	40	50	60	70	80	100	120	140	160	180	200
IT5	40	50	60	80	90	110	130	150	180	200	230	250	270

IT6	60	80	90	110	130	160	190	220	250	290	320	360	400
IT7	100	120	150	180	210	250	300	350	400	460	520	570	630
IT8	140	180	220	270	330	390	460	540	630	720	810	890	970
IT9	250	300	360	430	520	620	740	870	1000	1150	1300	1400	1550
IT10	400	480	580	700	840	1000	1200	1400	1600	1850	2100	2300	2500
IT11	600	750	900	1000	1300	1600	1900	2200	2500	2900	3200	3600	4000
IT12	1000	1200	1500	1800	2100	2500	3000	3500	4000	4600	5200	5700	6300
IT13	1400	1800	2200	2700	3300	3900	4600	5400	6300	7200	8100	8900	9700
IT14	2500	3000	3600	4300	5200	6200	7400	8700	10000	11500	13000	14000	15500
IT15	4000	4800	5800	7000	8400	10000	12000	14000	16000	18500	21000	23000	25000
IT16	6000	7500	9000	11000	13000	16000	19000	22000	25000	29000	32000	36000	40000
IT17	10000	12000	15000	18000	21000	25000	30000	35000	40000	46000	52000	57000	63000
IT18	14000	18000	22000	27000	33000	39000	46000	54000	63000	72000	81000	89000	97000

注：圆锥长度不等于 100mm 时，需将表中的数值乘以 $100/L$，L 的单位为 mm。

表 4-110　圆锥角公差数值

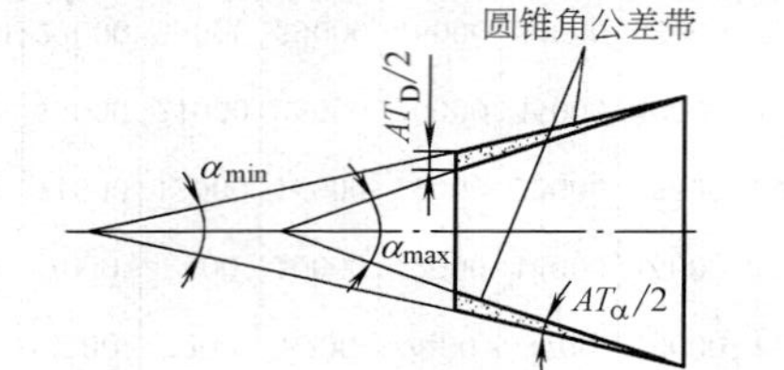

公称圆锥长度 L/mm		圆锥角公差等级								
		$AT1$			$AT2$			$AT3$		
		AT_α		AT_D	AT_α		AT_D	AT_α		AT_D
大于	至	μrad	(″)	μm	μrad	(″)	μm	μrad	(″)	μm
自 6	10	50	10	>0.3~0.5	80	16	>0.5~0.8	125	26	>0.8~1.3
10	16	40	8	>0.4~0.6	63	13	>0.6~1	100	21	>1~1.6
16	25	31.5	6	>0.5~0.8	50	10	>0.8~1.3	80	16	>1.3~2
25	40	25	5	>0.6~1	40	8	>1~1.6	63	13	>1.6~2.5
40	63	20	4	>0.8~1.3	31.5	6	>1.3~2	50	10	>2~3.2
63	100	16	3	>1~1.6	25	5	>1.6~2.5	40	8	>2.5~4
100	160	12.5	2.5	>1.3~2	20	4	>2~3.2	31.5	6	>3.2~5
160	250	10	2	>1.6~2.5	16	3	>2.5~4	25	5	>4~6.3
250	400	8	1.5	>2~3.2	12.5	2.5	>3.2~5	20	4	>5~8
400	630	6.3	1	>2.5~4	10	2	>4~6.3	16	3	>6.3~10

（续）

公称圆锥长度 L/mm		圆锥角公差等级								
		$AT4$			$AT5$			$AT6$		
		AT_{α}		AT_D	AT_{α}		AT_D	AT_{α}		AT_D
大于	至	μrad	(″)	μm	μrad	(′)(″)	μm	μrad	(′)(″)	μm
自 6	10	200	41	>1.3~2	315	1′05″	>2~3.2	500	1′43″	>3.2~5
10	16	160	33	>1.6~2.5	250	52″	>2.5~4	400	1′22″	>4~6.3
16	25	125	26	>2~3.2	200	41″	>3.2~5	315	1′05″	>5~8
25	40	100	21	>2.5~4	160	33″	>4~6.3	250	52″	>6.3~10
40	63	80	16	>3.2~5	125	26″	>5~8	200	41″	>8~12.5
63	100	63	13	>4~6.3	100	21″	>6.3~10	160	33″	>10~16
100	160	50	10	>5~8	80	16″	>8~12.5	125	26″	>12.5~20
160	250	40	8	>6.3~10	63	13″	>10~16	100	21″	>16~25
250	400	31.5	6	>8~12.5	50	10″	>12.5~20	80	16″	>20~32
400	630	25	5	>10~16	40	8″	>16~25	63	13″	>25~40

（续）

公称圆锥长度 L/mm		圆锥角公差等级								
		AT7			AT8			AT9		
		AT_α		AT_D	AT_α		AT_D	AT_α		AT_D
大于	至	μrad	(′)(″)	μm	μrad	(′)(″)	μm	μrad	(′)(″)	μm
自 6	10	800	2′45″	>5~8	1250	4′18″	>8~12.5	2000	6′52″	>12.5~20
10	16	630	2′10″	>6.3~10	1000	3′26″	>10~16	1600	5′30″	>16~25
16	25	500	1′43″	>8~12.5	800	2′45″	>12.5~20	1250	4′18″	>20~32
25	40	400	1′22″	>10~16	630	2′10″	>16~25	1000	3′26″	>25~40
40	63	315	1′05″	>12.5~20	500	1′43″	>20~32	800	2′45″	>32~50
63	100	250	52″	>16~25	400	1′22″	>25~40	630	2′10″	>40~63
100	160	200	41″	>20~32	315	1′05″	>32~50	500	1′43″	>50~80
160	250	160	33″	>25~40	250	52″	>40~63	400	1′22″	>63~100
250	400	125	26″	>32~50	200	41″	>50~80	315	1′05″	>80~125
400	630	100	21″	>40~63	160	33″	>63~100	250	52″	>100~160

（续）

公称圆锥长度 L/mm		圆锥角公差等级								
		AT10			AT11			AT12		
		AT_{α}		AT_{D}	AT_{α}		AT_{D}	AT_{α}		AT_{D}
大于	至	μrad	(′)(″)	μm	μrad	(′)(″)	μm	μrad	(′)(″)	μm
自 6	10	3150	10′49″	>20~32	5000	17′10″	>32~50	8000	27′28″	>50~80
10	16	2500	8′35″	>25~40	4000	13′44″	>40~63	6300	21′38″	>63~100
16	25	2000	6′52″	>32~50	3150	10′49″	>50~80	5000	17′10″	>80~125
25	40	1600	5′30″	>40~63	2500	8′35″	>63~100	4000	13′44″	>100~160
40	63	1250	4′18″	>50~80	2000	6′52″	>80~125	3150	10′49″	>125~200
63	100	1000	3′26″	>63~100	1600	5′30″	>100~160	2500	8′35″	>160~250
100	160	800	2′45″	>80~125	1250	4′18″	>125~200	2000	6′52″	>200~320
160	250	630	2′10″	>100~160	1000	3′26″	>160~250	1600	5′30″	>250~400
250	400	500	1′43″	>125~200	800	2′45″	>200~320	1250	4′18″	>320~500
400	630	400	1′22″	>160~250	630	2′10″	>250~400	1000	3′26″	>400~630

注：1. 本标准中的圆锥角公差也适用于棱体的角度与斜度。

2. 圆锥角公差 AT 若需要更高或更低等级时，可按公比 1.6 向两端延伸。更高等级用 AT0、AT01……表示，更低等级用 AT13、AT14……表示。

3. 圆锥角的极限偏差可按单向（$\alpha+AT_{\alpha}$、$\alpha-AT_{\alpha}$）或双向（$\alpha\pm AT/2$）取值。

4. 表中 AT_{D} 取值举例；

例 1：L 为 63mm，选用 AT7，则 AT_{α} 为 315μrad 或 1′05″，AT_{D} 为 20μm。

例 2：L 为 50mm，选用 AT7，则 AT_{α} 为 315μrad 或 1′05″，而 $AT_{D}=AT_{\alpha}\times L\times 10^{-3}=315\times 50\times 10^{-3}$ μm = 15.75μm，取 AT_{D} 为 15.8μm。

5. 1μrad 等于半径为 1m，弧长为 1μm 所对应的圆心角。5μrad≈1″，300μrad≈1′。

第五章 切削刀具

一、刀具基本知识

1. 刀具切削部分的名称及定义

1）刀具部分切削刃和表面（图5-1）。

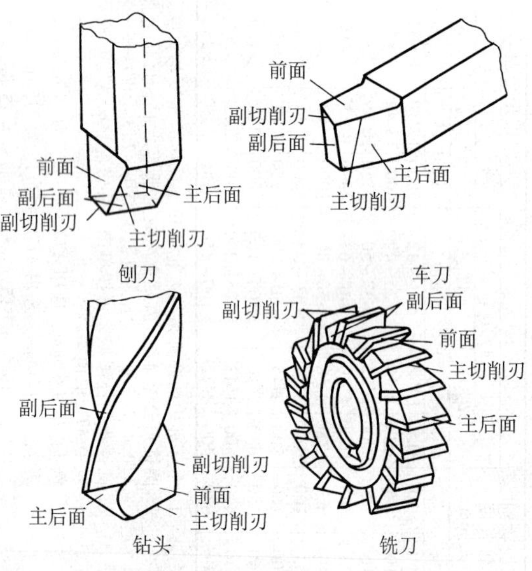

图5-1 刀具部分切削刃和表面

2）刀具各部分名称及定义（表5-1）。

表5-1 刀具各部分名称及定义（GB/T 12204—2010）

名称	定义
前面	刀具上切屑流过的表面
后面	与工件上切削中产生的表面相对的表面
主后面	刀具上同前面相交形成主切削刃的后面
副后面	刀具上同前面相交形成副切削刃的后面
切削刃	刀具前面上拟作切削用的刃
主切削刃	起始于切削刃上主偏角为零的点，并至少有一段切削刃拟用来在工件上切出过渡表面的那个整段切削刃（是前面和主后面的交线，担负主要切削）
副切削刃	切削刃上除主切削刃以外的刃，也起始于主偏角为零的点，但它向背离主切削刃的方向延伸（是前面和副后面的交线，也起切削作用）

2. 确定刀具角度的三个辅助平面名称和定义

（1）切削平面　通过切削刃上选定点与切削刃相切并垂直于基面的平面（图5-2）。

（2）基面　过切削刃选定点的平面，它平行或垂直于刀具在制造、刃磨及测量时适合于安装或定位的一个平面或轴线，一般说来其方位要垂直于假定的主运动方向。

（3）正交平面　通过切削刃选定点并同时垂直于基面和切削平面的平面（图5-3）。

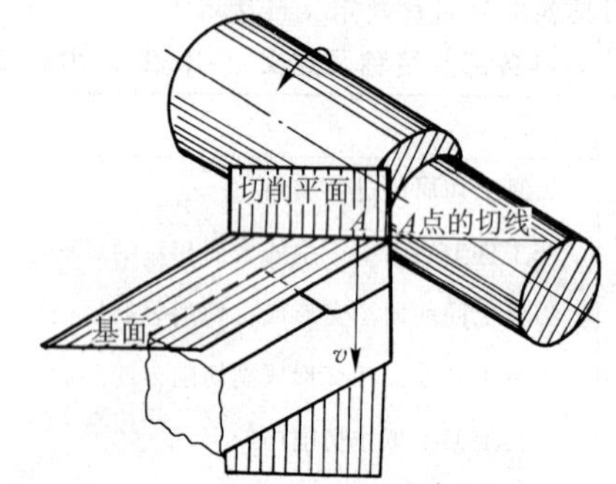

图 5-2　切削平面和基面

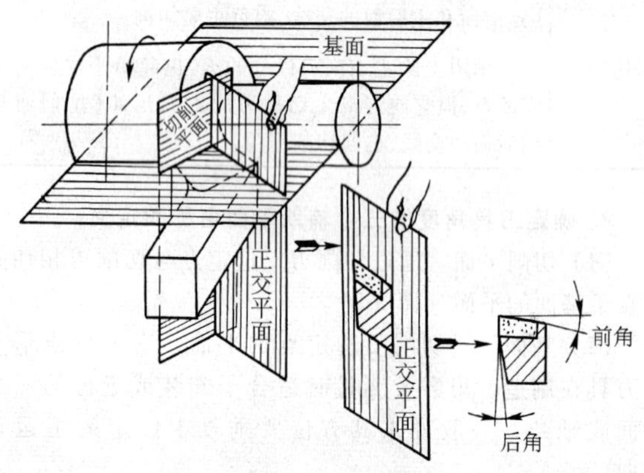

图 5-3　正交平面

3. 刀具的切削角度及其作用（表 5-2）

表 5-2　刀具的切削角度及其作用

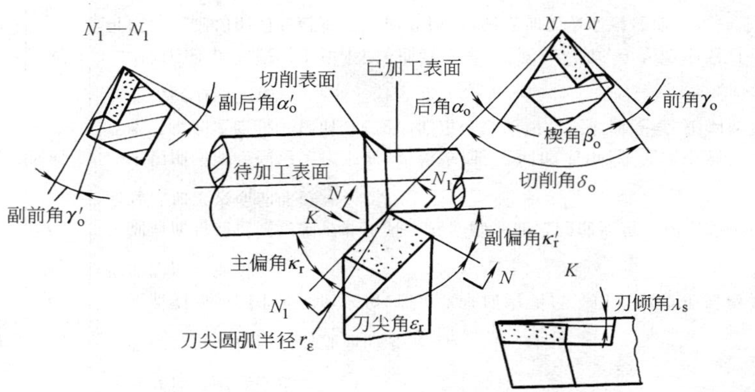

名称	代号	位置和作用
前角	γ_o	前面与基面间的夹角，在正交平面内测量。它影响切屑变形和切屑与前面的摩擦及刀具强度
副前角	γ_o'	前面经过副切削刃与基面的夹角
后角	α_o	主后面与切削平面间的夹角，在正交平面内测量。用来减少主后面与工件的摩擦
副后角	α_o'	副后面与通过副切削刃并垂直于基面的平面之间的夹角。用来减少副后面与已加工表面的摩擦
主偏角	κ_r	主切削平面与假定工作平面（进给方向）之间的夹角，在基面中测量。当背吃刀量和进给量一定时，改变主偏角可以使切屑变薄或变厚，影响散热情况和切削力的变化
副偏角	κ_r'	副切削平面与假定工作平面（进给方向）之间的夹角，在基面中测量。它可以避免副切削刃与已加工表面摩擦，影响已加工表面粗糙度
过渡偏角	κ_o	过渡切削刃与被加工表面（进给方向）之间的夹角。用来增加刀尖强度
刃倾角	λ_s	主切削刃与基面之间的夹角。它可以控制切屑流出方向，增加切削刃强度并能使切削力均匀

楔角	β_o	前面与后面之间的夹角，在正交平面中测量。它影响刀头截面的大小
切削角	δ_o	前面和切削平面间的夹角，在正交平面中测量
刀尖角	ε_r	主切削平面与副切削平面的夹角，在基面中测量。它影响刀头强度和导热能力
倒棱		在切刀前面切削刃上的狭窄平面。用来增加切削刃强度

4. 刀具切削角度的作用及选择原则（表5-3）

表5-3 刀具切削角度的作用及选择原则

名称	作用	选用原则
前角 γ_o	1. 加大前角，刀具锐利，减少切屑的变形 2. 加大前角可减少切屑在前面的摩擦 3. 加大前角可抑制或消除积屑瘤，降低径向切削分力 4. 减小前角可增强刀尖强度	1. 加工硬度高、机械强度大及脆性材料时，应取较小的前角 2. 加工硬度低、机械强度小及塑性材料时，应取较大的前角 3. 粗加工应取较小的前角，精加工应取较大的前角 4. 刀具材料韧性差时前角应取小些，刀具材料韧性好时前角应大些 5. 机床、夹具、工件、刀具系统刚性差，应取较大的前角

（续）

名称	作用	选用原则
后角 α_o	1. 减少刀具后面与工件过渡表面和已加工表面间的摩擦 2. 当前角确定之后，后角越大，刃口越锋利，但相应减小楔角，影响刀具强度和散热面积	1. 加工硬度高、机械强度大及脆性材料时，应取较小的后角 2. 加工硬度低、机械强度小及塑性材料时，应取较大的后角 3. 粗加工应取较小后角，精加工应取较大后角 4. 采用负前角车刀，后角应取大些 5. 工件与车刀的刚性差时应取较小的后角
主偏角 κ_r	1. 在进给量 f 和背吃刀量 a_p 相同的情况下，改变主偏角大小可以改变切削层公称宽度 b_D 和切削层公称厚度 h_D 2. 改变主偏角大小，可以改变径向切削分力和轴向切削分力之间的比例，以适应不同机床、工件、夹具的刚性	1. 工件材料硬，应选取较小的主偏角 2. 刚性差的工件（如细长轴）应增大主偏角，减小径向切削分力 3. 在机床、夹具、工件、刀具系统刚性较好的情况下，主偏角应尽可能选小些 4. 主偏角应根据工件形状选取，台阶轴 $\kappa_r=90°$，中间切入工件 $\kappa_r=60°$
副偏角 κ_r'	1. 减少副切削刃与工件已加工表面之间的摩擦 2. 改善工件表面粗糙度和刀具的散热面积，提高刀具的寿命	1. 机床夹具、工件、刀具系统刚性好，可选较小的副偏角 2. 精加工刀具应取较小的副偏角 3. 加工细长轴工件时取较大的副偏角 4. 加工中间切入的工件 $\kappa_r'=60°$

刃倾角 λ_s	1. 可以控制切屑流出的方向 2. 增强切削刃的强度，λ_s 为负值时强度好，λ_s 为正值时强度差 3. 使切削刃逐渐切入工件，切削力均匀，切削过程平稳	1. 精加工时刃倾角应取正值，粗加工时刃倾角应取负值 2. 断续切削时刃倾角应取负值 3. 机床、夹具、工件、刀具系统刚性较好时刃倾角可为负值，反之增大刃倾角
过渡刃	提高刀尖的强度，改善散热条件	1. 圆弧过渡刃多用于车刀、刨刀等单刃刀具上。高速钢车刀圆弧半径 $r_\varepsilon=0.5\sim5$mm，硬质合金车刀圆弧半径 $r_\varepsilon=0.5\sim2$mm 2. 直线形过渡刃多用于切削刃形状对称的切断刀和多刃刀具，直线形过渡刃长度一般为 0.5～2mm 3. 直线形过渡刃的偏角一般为主偏角的 1/2
修光刃	能减少车削后的残留面积，减小工件表面粗糙度值，修光刃的长度一般为(1.2～1.5)f	在机床、夹具、工件、刀具系统刚性较好的情况下，采用修光刃才能取得好的效果

二、刀具切削部分的材料

1. 各种高速钢的力学性能和适用范围（表 5-4）
2. 常用硬质合金的使用范围（表 5-5）
3. 国产涂层刀片的部分牌号及推荐用途（表 5-6）
4. 几种新牌号硬质合金的性能及应用（表 5-7）

表 5-4　各种高速钢的力学性能和适用范围

牌号	硬度 HRC	抗弯强度/GPa	冲击韧度/(MJ/m^2)	600°C 时的硬度 HRC	主要性能和适用范围
W18Cr4V	63~66	3~3.4	0.18~0.32	48.5	综合性能好，通用性强，可磨性好，适于制造加工轻合金、碳素钢、合金钢、普通铸铁的精加工和复杂刀具，如螺纹车刀、成形车刀、拉刀等
W6Mo5Cr4V2	63~66	3.5~4	0.3~0.4	47~48	强度和冲击韧度略高于W18Cr4V，热硬性略低于W18Cr4V，热塑性好，适于制造加工轻合金、碳素钢、合金钢的热成形刀具以及承受冲击、结构薄弱的刀具
W14Cr4VMnRE	64~66	4	0.31	50.5	切削性能与W18Cr4V相当，热塑性好，适于制作热轧刀具
W9Mo3Cr4V	65~66.5	4~4.5	0.35~0.4		刀具寿命比W18Cr4V和W6Mo5Cr4V2有一定程度提高，适于加工普通轻合金、钢材和铸铁

9W18Cr4V	66~68	3~3.4	0.17~0.22	51	属高碳高速钢，常温硬度和高温硬度有所提高，适用于制造加工普通钢材和铸铁、耐磨性要求较高的钻头、铰刀、丝锥、铣刀和车刀等或加工较硬材料（220~250HBW）的刀具，但不宜承受大的冲击
W6Mo5Cr4V2	67~68	3.5	0.13~0.26	52.1	
W12Cr4V4Mo	66~67	3.2	~0.1	52	属高钒高速钢，耐磨性很好，适合切削对刀具磨损极大的材料，如纤维、硬橡胶、塑料等，也用于加工不锈钢、高强度钢和高温合金等
W6Mo5Cr4V3	65~67	3.2	~0.25	51.7	
W2Mo9Cr4VCo8	67~69	2.7~3.8	0.23~0.3	55	属含钴超硬高速钢，有很高的常温和高温硬度，适合加工高强度耐热钢、高温合金、钛合金等难加工材料。W2Mo9Cr4VCo8可磨性好，适于制作精密复杂刀具，但不宜在冲击切削条件下工作
W10Mo4Cr4V3Co10	67~69	2.35	~0.1	55.5	

（续）

牌号	硬度 HRC	抗弯强度/GPa	冲击韧度/(MJ/m^2)	600°C时的硬度 HRC	主要性能和适用范围
W7Mo4Cr4V2Co5	67～69	2.5～3	0.23～0.3	54	属美国生产的 M40 系列，使用范围与 W2Mo9Cr4VCo8 类同
W12Cr4V5Co5	66～68	3	～0.25	54	常温硬度和耐磨性都很好，600℃高温硬度接近 W2Mo9Cr4VCo8 钢，适用于加工耐热不锈钢、高温合金、高强度钢等难加工材料，适合制造钻头、滚刀、拉刀、铣刀等
W6Mo5Cr4V2Co8	66～68	3	～0.3	54	
W6Mo5Cr4V2Al	67～69	2.9～3.9	0.23～0.3	55	属含铝超硬高速钢，切削性能相当于 W2Mo9Cr4VCo8，宜于制造铣刀、钻头、铰刀、齿轮刀具和拉刀等，用于加工合金钢、不锈钢、高强度钢和高温合金等

W12Mo3Cr4V3N	67~69	2~3.5	0.15~0.3	55	含氮超硬高速钢，硬度、强度、韧性与 W2Mo9Cr4VCo8 相当，可作为含钴钢的代用品，用于低速切削难加工材料和低速高精加工
W6Mo5Cr4V5SiNbAl	66~68	3.6~3.9	0.26~0.27	51	属含 SiNbAl 超硬高速钢，W6Mo5Cr4V5SiNbAl 强度和韧性较好，用于加工不锈钢、耐热钢、高强钢，W18Cr4V4SiNbAl 硬度很高，可加工高温合金、奥氏体不锈钢及硬度在 50HRC 以下的淬火工件
W18Cr4V4SiNbAl	67~69	2.3~2.5	0.11~0.22	51	

注：1. 本表由于资料来源并非在同一条件下试验，数字仅作为参考。
2. 表中所列性能参数，均指淬火处理以后。

表 5-5　常用硬质合金的使用范围

牌号	使用性能	使用范围
YG3①	在 YG 类合金中，耐磨性仅次于 YG3X、YG6A，能使用较高的切削速度，但对冲击和振动比较敏感	适用于铸铁、有色金属及其合金、非金属材料（橡胶、纤维、塑料、板岩、玻璃、石墨电极等）连续精车及半精车
YG3X	属细晶粒合金，是 YG 类合金中耐磨性最好的一种，但冲击韧度较差	适用于铸铁、有色金属及其合金的精车、精镗等，也可适用于淬硬钢及钨、钼材料的精加工

（续）

牌号	使用性能	使用范围
YG6	耐磨性较高，但低于 YG6X、YG3X 及 YG3	适用于铸铁、有色金属及其合金、非金属材料连续切削时的粗车、间断切削时的半精车、精车，连续断面的半精铣与精铣
YG6X	属细晶粒合金，其耐磨性较 YG6 高，而使用强度接近 YG6	适用于冷硬铸铁、合金铸铁、耐热钢的加工，也适用于普通铸铁的精加工，并可用于制造仪器仪表工业用的小型刀具和小模数滚刀
YG8	使用强度较高，抗冲击和抗振动性能较 YG6 好，耐磨性和允许的切削速度较低	适用于铸铁、有色金属及其合金、非金属材料的粗加工
YG8C	属粗晶粒合金，使用强度较高，接近于 YG11	适用于重载切削下的车刀、刨刀等
YG6A（YA6）	属细晶粒合金，耐磨性和使用强度与 YG6X 相似	适用于硬铸铁、灰铸铁、球墨铸铁、有色金属及其合金、耐热合金钢的半精加工，也可用于高锰钢、淬硬钢及合金钢的半精加工和精加工
YT5	在 YT 类合金中，强度最高，抗冲击和抗振动性能最好，但耐磨性较差	适用于碳素钢及合金钢不连续面的粗车、粗刨、半精刨、粗铣、钻孔等
YT14	使用强度高，抗冲击和抗振动性能好，但较 YT5 稍差，耐磨性及允许的切削速度较 YT5 高	适用于碳素钢和合金钢的粗车，间断切削时的半精车和精车，连续面的粗铣等

YT15	耐磨性优于 YT14，但抗冲击性能较 YT14 差	适用于碳素钢与合金钢加工中连续切削时的粗车、半精车及精车，间断切削时的断面精车，连续面的半精铣与精铣等
YT30	耐磨性及允许的切削速度较 YT15 高，但使用强度及冲击韧度较差，焊接及刃磨极易产生裂纹	适用于碳素钢及合金钢的精加工，如小断面精车、精镗、精扩等
YW1	扩展了 YT 类合金的使用性能，能承受一定的冲击负荷，通用性较好	适用于耐热钢、高锰钢、不锈钢等难加工材料的精加工，也适合一般钢材和铸铁及有色金属的精加工
YW2	耐磨性稍次于 YW1 合金，但使用强度较高，能承受较大的冲击负荷	适用于耐热钢、高锰钢、不锈钢及高级合金钢等难加工钢材的精加工、半精加工，也适合一般钢材和铸铁及有色金属的加工
YN10	耐磨性和耐热性好，硬度与 YT30 相当，强度比 YT30 稍高，焊接性及刃磨性能较 YT30 为好	适用于碳素钢、合金钢、不锈钢、工具钢及淬硬钢的连续面精加工，对于较长件和表面粗糙度值要求小的工件，加工效果尤佳
YN05	硬度和耐热性是硬质合金中最高的，耐磨性接近陶瓷，但抗冲击和抗振动性能差	适用于钢、淬硬钢、合金钢、铸钢和合金铸铁的高速精加工，及工艺系统刚性特别好的细长件的精加工

① 硬质合金的最新标准为 GB/T 18376.1—2008，因新牌号在企业间尚未完全推广，故本手册仍采用旧标准提法。

表 5-6　国产涂层刀片的部分牌号及推荐用途

牌号	基体材料	涂层厚度/μm	相当于 ISO 中的	性能及推荐用途
CN15	YW1	4~9	M10~M20 P05~P20 K05~K20	基体耐磨性好，韧性稍差，适用于各种钢的连续切削和精加工，也可用于铸铁及有色金属精加工
CN25	YW2	4~9	M10~M20 K10~K30	基体韧性适中，适用于钢件精加工及半精加工，也可加工铸铁和有色金属
CN35	YT5	4~9	P20~P40 K20~K40	基体韧性较好，适用于钢材粗加工、间断切削和强力切削
CN16	YG6	4~9	M05~M20 K05~K20	适用于铸铁、有色金属及其合金精加工
CN26	YG8	4~9	M10~M20 K20~K30	适用于铸铁、有色金属及其合金半精加工及粗加工
CA15	特制专用基体	4~8	M05~M20 K05~K20	适用于铸铁、有色金属及其合金精加工和半精加工
CA25	特制专用基体	4~8	M10~M30 K20~K30	适用于铸铁、有色金属及其合金半精加工及粗加工
YB115（YB21）	特制专用基体	5~8	K05~K25	适用于铸铁和其他短切屑材料的粗加工
YB125（YB02）	特制专用基体	5~8	K05~K20 P10~P40	具有很好的耐磨性和抗塑性变形能力，宜在高速下精加工、半精加工钢、铸钢、锻造不锈钢及铸铁

YB135 (YB11)	特制专用基体	5~8	P25~P45 M15~M30	粗车钢和铸钢，钻削钢、铸钢、可锻铸铁、球墨铸铁、锻造奥氏体不锈钢等
YB215 (YB01)	特制专用基体	4~9	P05~P35 M10~M25 K05~K20	耐磨性和通用性很好，主要用于精加工和半精加工各种工程材料
YB415 (YB03)	特制专用基体	4~9	P05~P30 M05~M25 K05~K20	耐磨性和通用性很好，适于高速切削铸铁、钢和铸钢以及锻造不锈钢等
YB435	特制专用基体	4~9	P15~P45 M10~M30 K05~K25	适于粗加工和半精加工钢和铸钢等材料，在不良条件下宜采用中等切削速度和进给量
ZC01	YT15	5~10	P10~P20 K05~K20	涂层 TiN，抗月牙洼磨损好，适用于碳素钢、合金钢铸铁等材料的精加工和半精加工
ZC02	YT14	5~10	P05~P20 M10~M20 K04~K20	TiC/TiN 复合涂层，具有 TiN 涂层抗月牙洼磨损好和 TiC 涂层抗后面磨损好的优点，适用于碳素钢、合金钢的精加工和半精加工
ZC05	YT5	5~10	P05~P25 M05~M20	TiC/Al_2O_3 复合涂层，与基体结合牢固，抗氧化能力高，耐磨、耐蚀，适用于多种钢材、铸铁的精加工和半精加工
ZC08	YG6 YG8	5~10	P20~P35 K15~K30	HfN 涂层，寿命高，通用性好，适用于各种钢材、铸铁在高、中、低速下精加工和半精加工

注：表中（　）内为旧标准。

表 5-7 几种新牌号硬质合金的性能及应用

牌号	物理力学性能			使用性能	用途
	密度/(g/cm^3)	硬度 HRA	抗弯强度/GPa		
YM051(YH1)	14.2~14.4	≥93	1.76~2.158	系超细颗粒合金，耐磨性高、高温硬度高、韧性好、通用性强	适用于铁基、铁镍基和镍基高温合金、高强度钢、高锰钢的粗精加工，淬火钢、特殊耐热不锈钢的精加工和半精加工，以及非金属陶瓷、花岗岩的加工
YM052(YH2)	13.9~14.1	≥93.3	1.66~2.06	系超细颗粒合金，通用性好、高温硬度高、耐磨性优良	适用于特种耐热不锈钢、高锰钢、冷硬铸铁的粗精加工，高强度钢的精加工，淬火钢、钛基高温合金的精加工及半精加工，以及玻璃制品的加工
YM053(YH3)	13.9~14.2	≥93	1.66~2.06	系超细颗粒合金，耐磨性优良，高温硬度高	适用于高镍冷硬铸铁、无限冷硬球墨铸铁、白口铁的粗精加工，也适于一般铸铁的粗精加工

YS2 (YG10H)	14.3~14.5	91.5	2.158	系亚细颗粒合金，耐磨性较好、抗冲击和抗振性能高	适用于低速粗车、铣削高温合金及钛合金，制作切断刀及丝锥更佳
YD15 (YGRM)	15	92	1.76	系细颗粒合金，耐磨性优良、抗冲击性能好，抗粘接能力强	适用于精车、半精车钛合金、高温合金，以及各类铸铁及高强度钢加工
YG8W (W4)	14.7	92	1.962	耐磨性及允许的切削速度比 YG8 高，抗冲击性能良好	适用于加工钛合金、高温合金及耐热不锈钢
YW3	12.7~13.3	92	1.373	耐磨性和高温硬度很高，抗冲击性能中等，韧性较好	适用于耐热合金钢、高强度钢、低合金超高强度钢的精加工和半精加工，也可在冲击小的情况下粗加工
YW4	12.1~12.5	92	1.275	具有极好的耐热性和抗粘接能力，通用性良好	适用于碳素钢及除镍基以外的大多数合金钢、调质钢加工，尤其适用于精加工耐热不锈钢
YT05	12.5~12.9	92.5	1.177	耐磨性和热硬性良好，具有足够的高温硬度和韧性	适用于碳素钢、合金钢和高强度钢的精加工和半精加工，也适用于淬火钢及含钴较高的合金加工

（续）

牌号	物理力学性能			使用性能	用途
	密度/(g/cm^3)	硬度HRA	抗弯强度/GPa		
YS30(YTM30)	12.45	91.3	1.765	耐磨性较好，抗冲击性能优良，抗月牙洼磨损良好	适用于大进给量、高效率铣削各种钢材，尤其是合金钢的铣削
YT798	11.8~12.5	150	≥0.892	有较好的高温硬度，强度较高，抗热振性好	适用于高强度钢、高锰钢、不锈钢及一般低碳合金钢的断续车削、铣削，特别适用于制作铣刀
YT712	11.5~12	130	≥0.897	综合性能好，高温硬度及耐磨性优于YT798	适用于高强度合金钢、高速钢、高锰钢，以及硅钢片组合件、中硬度合金钢的粗车、半精车
YT715	11~12	120	≥0.897	高温硬度、耐磨性好，允许切削速度高	适用于高强度合金钢的半精加工、精加工及螺纹加工
YT758	13~13.5	145	≥0.897	高温硬度及抗氧化性能优于YW2	特别适用于加工淬火钢、轧辊等
YT813	14.05~14.1	160	≥0.892	具有较高的高温硬度、高温韧性，通用性好，优于YG6X和YW2	适于加工镍基、铁基高温合金，钴合金、高锰钢、不锈钢、硬度小于50HRC的淬火钢及钛合金

YG643M	13.7	150	≥0.912	有较高的耐磨性、抗氧化性能，抗粘接性能好	适用于高温合金及超高强度钢的精加工及半精加工
1#		160	≥0.892	系细颗粒合金，具有较高耐磨性，优于YG6A	适用于高温合金、不锈钢、钛合金、纯钨、纯铁的加工，宜采用大前角切削
3#		100	≥0.902	系细颗粒合金，耐磨性优于YG3X	适用于铸铁、非铁金属及其合金的精镗，也适用于合金钢、淬火钢的精加工
M2		170	≥0.882	有较好的高温硬度、耐磨性和冲击韧度，综合性能好	适用于高强度合金钢、高锰钢的加工，尤其适用于铣削加工
M3		190	≥0.877	有较好的高温硬度及耐磨性，冲击韧度优于M2	适用于高强度合金钢、高锰钢、反磁钢、硅钢片组合件的车削加工
T20		110	≥0.902	耐磨性和YT30相近，但强度高于YT30，通用性好	适用于碳素钢、合金钢的精加工，并可加工硬度为60HRC左右的淬火钢
T40		90	≥0.907	耐磨性及允许切削速度均高于T20	可加工硬度大于60HRC的钢材

三、车　　刀

1. 高速钢车刀条（表 5-8）

表 5-8　高速钢车刀条（GB/T 4211.1～4211.2—2004）　（单位：mm）

类型	图示	规格范围
正方形	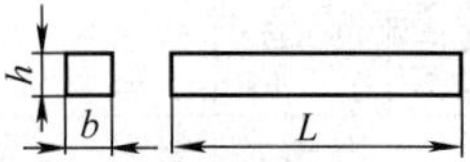	$h \times b \times L$ 4×4×63～ 25×25×200
圆形	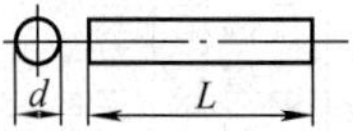	$d \times L$ 4×63～ 20×200
矩形	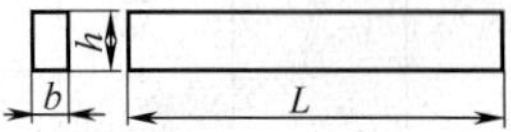	$h \times b \times L$ 6×4×100～ 25×12×200
不规则四边形	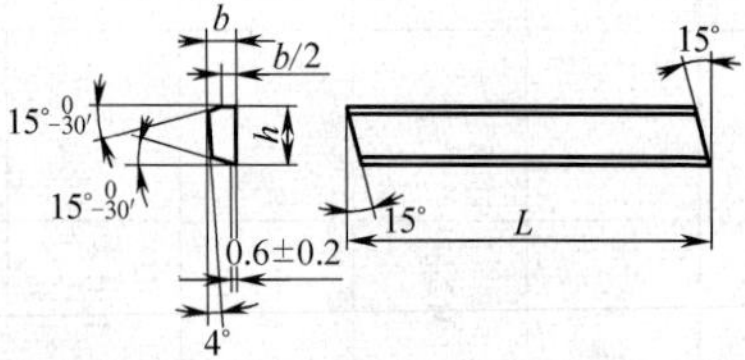	$h \times b \times L$ 12×3×85～ 25×6×250

2. 硬质合金焊接车刀

(1) 硬质合金车刀形式及规格尺寸

1) 硬质合金外表面车刀（GB/T 17985.2—2000）。硬质合金外表面车刀共有 11 种形式，其形式及规格尺寸见表 5-9。

表 5-9 硬质合金外表面车刀形式及规格尺寸 （单位：mm）

名称	车刀形式	主要尺寸范围
70°外圆车刀(右、左)	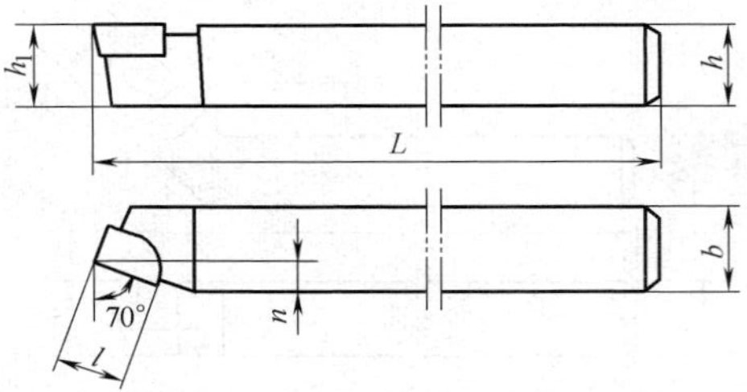 h_1 h L b n 70° l	$L=90\sim240$ $h=10\sim50$ $b=10\sim50$ $h_1=10\sim50$

（续）

名称	车刀形式	主要尺寸范围
45°端面车刀（右、左）	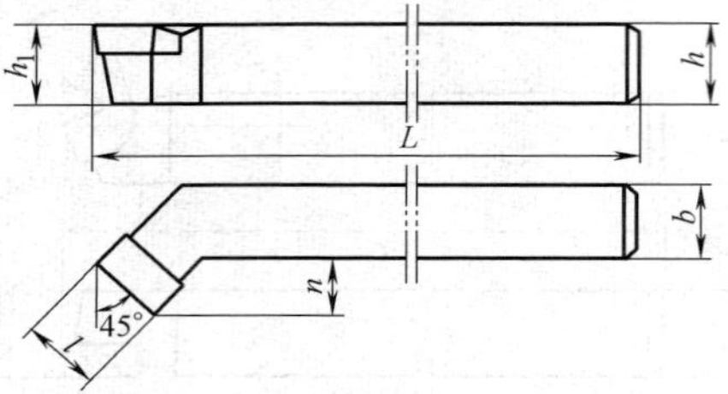	$L=90\sim240$ $h=10\sim50$ $b=10\sim50$ $h_1=10\sim50$
95°外圆车刀（右、左）	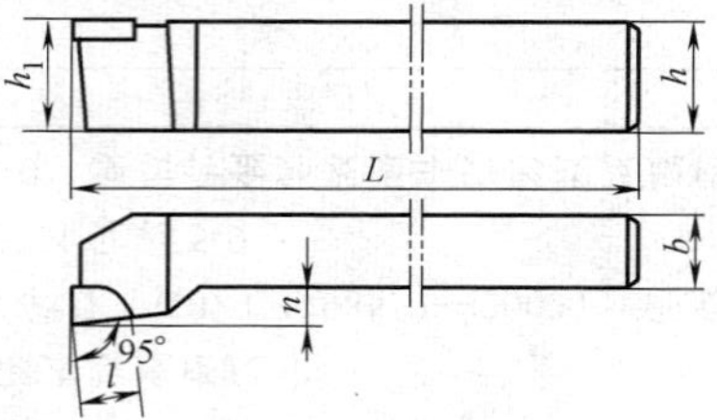	$L=110\sim240$ $h=16\sim50$ $b=10\sim32$ $h_1=16\sim50$

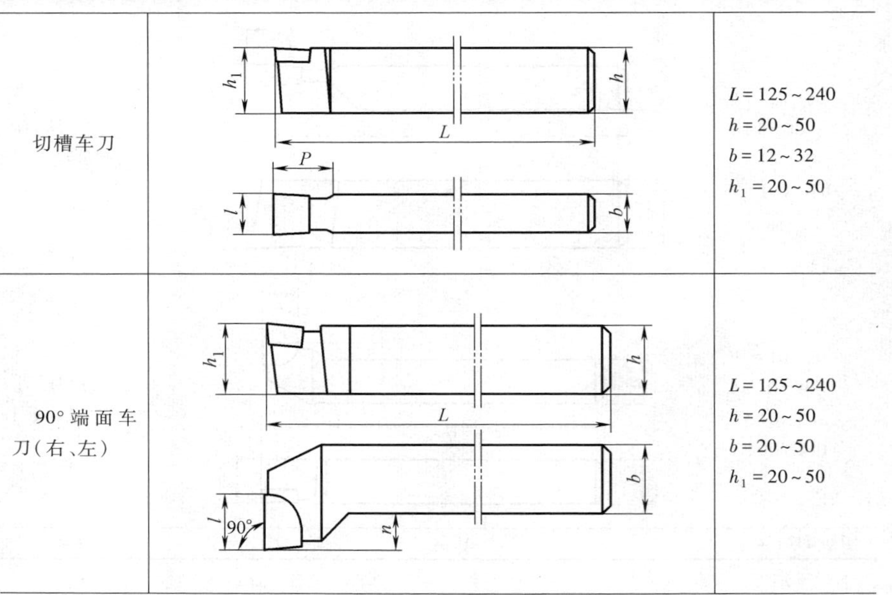

切槽车刀		$L=125\sim240$ $h=20\sim50$ $b=12\sim32$ $h_1=20\sim50$
90° 端面车刀（右、左）		$L=125\sim240$ $h=20\sim50$ $b=20\sim50$ $h_1=20\sim50$

（续）

名称	车刀形式	主要尺寸范围
90°外圆车刀（右、左）	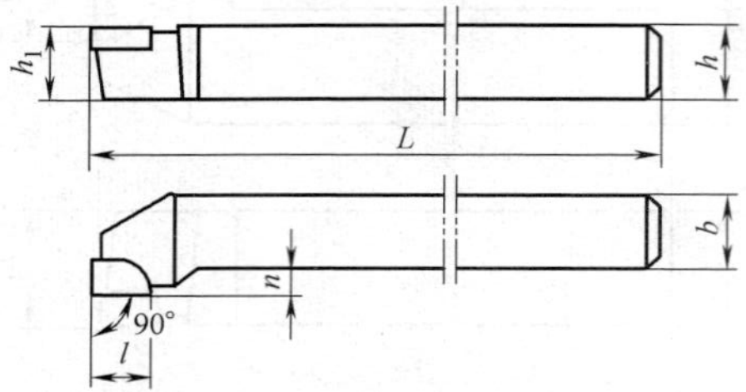	$L=90\sim240$ $h=10\sim50$ $b=10\sim50$ $h_1=10\sim50$
A 型切断车刀（右、左）	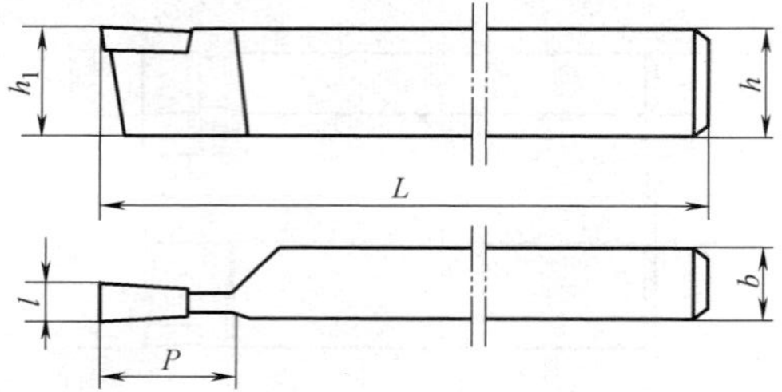	$L=100\sim240$ $h=12\sim50$ $b=8\sim32$ $h_1=12\sim50$

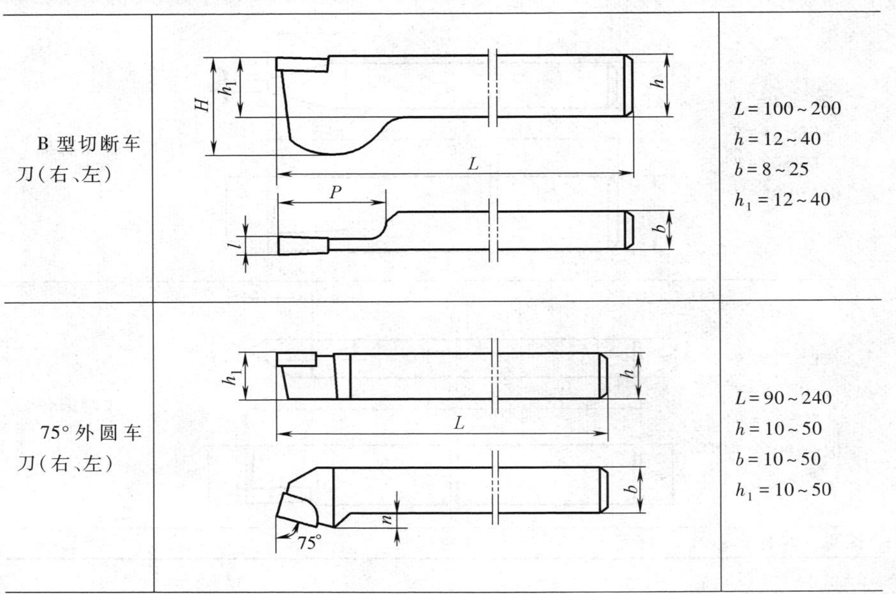

B 型切断车刀(右、左)		$L=100\sim200$ $h=12\sim40$ $b=8\sim25$ $h_1=12\sim40$
75° 外圆车刀(右、左)		$L=90\sim240$ $h=10\sim50$ $b=10\sim50$ $h_1=10\sim50$

（续）

名称	车刀形式	主要尺寸范围
外螺纹车刀	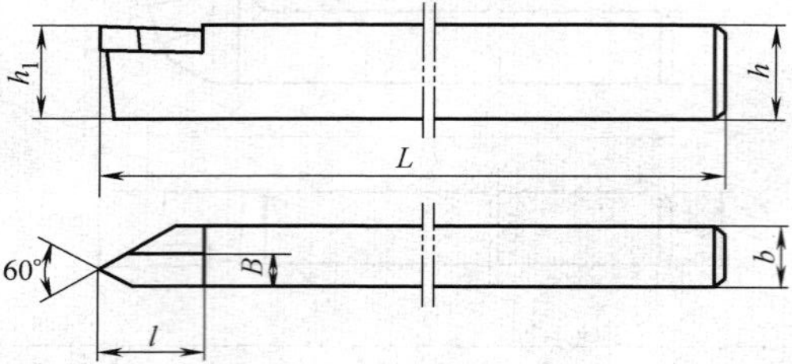	$L=100\sim170$ $h=12\sim32$ $b=8\sim20$ $h_1=12\sim32$
带轮车刀	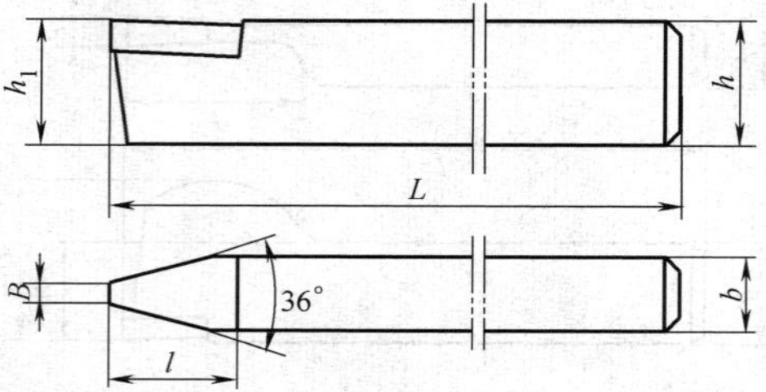	$L=100\sim170$ $h=12\sim32$ $b=12\sim20$ $h_1=12\sim32$

2）硬质合金内表面车刀（GB/T 17985.3—2000）。硬质合金内表面车刀共有 6 种形式，其形式及规格尺寸见表 5-10。

表 5-10　硬质合金内表面车刀形式及规格尺寸（单位：mm）

名称	车刀形式	主要尺寸范围
75° 内孔车刀	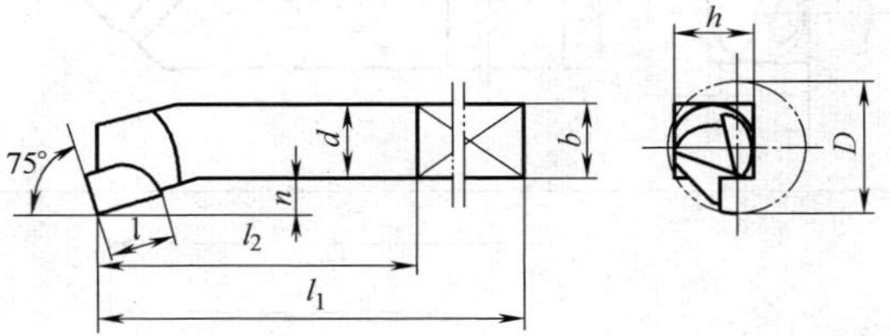	$L=125\sim355$ $h=8\sim32$ $b=8\sim32$ $l=40\sim160$
95° 内孔车刀	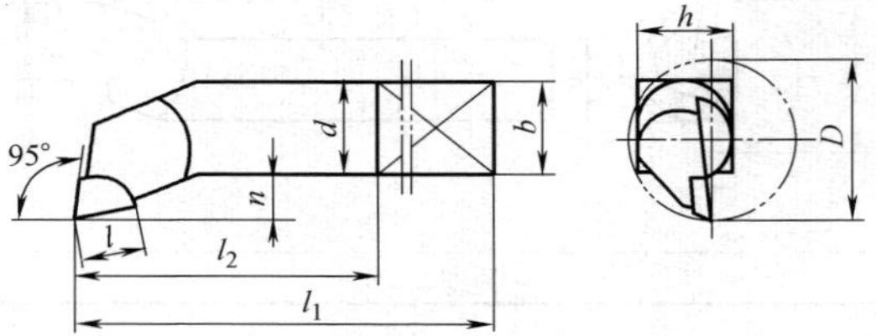	$L=125\sim355$ $h=8\sim32$ $b=8\sim32$ $l=40\sim160$

（续）

名称	车刀形式	主要尺寸范围
90° 内孔车刀	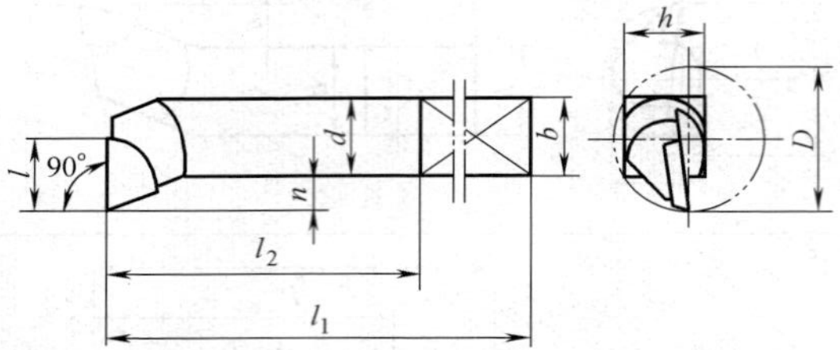	$L=125\sim355$ $h=8\sim32$ $b=8\sim32$ $l=40\sim160$
45° 内孔车刀	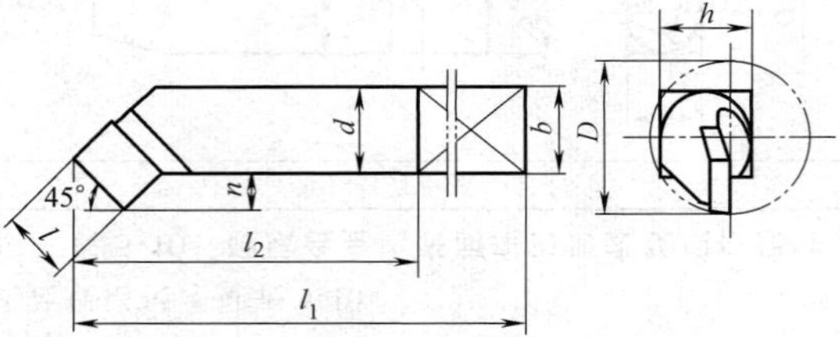	$L=125\sim355$ $h=8\sim32$ $b=8\sim32$ $l=40\sim160$

内螺纹车刀	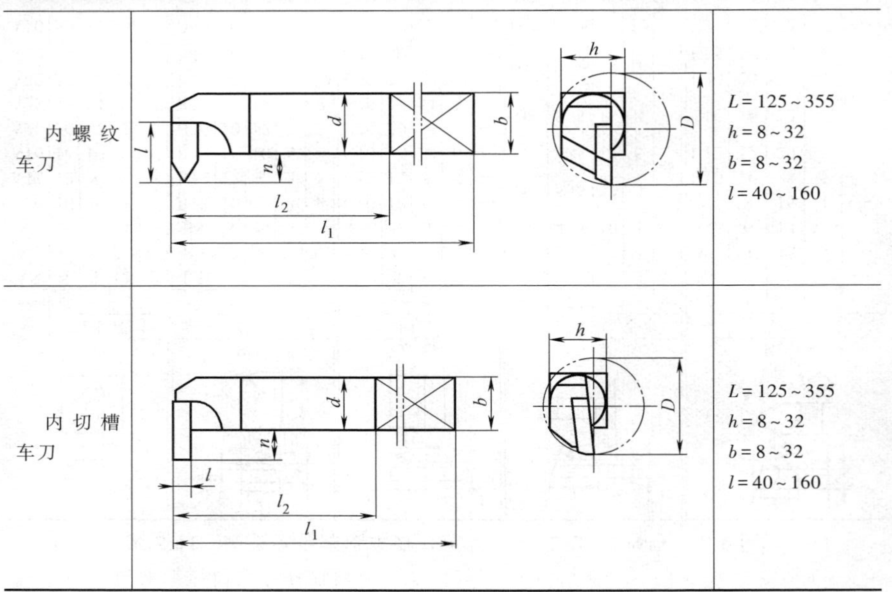	$L=125\sim355$ $h=8\sim32$ $b=8\sim32$ $l=40\sim160$
内切槽车刀		$L=125\sim355$ $h=8\sim32$ $b=8\sim32$ $l=40\sim160$

（2）硬质合金焊接车刀刀片（表 5-11）

表 5-11　硬质合金焊接车刀刀片（YS/T 253—1994）　（单位：mm）

A 型

型号	基本尺寸			
	l	t	s	r
A5	5	3	2	2
A6	6	4	2.5	2.5
A8	8	5	3	3
A10	10	6	4	4
A12	12	8	5	5
A16	16	10	6	6
A20	20	12	7	7
A25	25	14	8	8
A32	32	18	10	10
A40	40	22	12	12
A50	50	25	14	14

B 型

型号	基本尺寸			
	l	t	s	r
B5	5	3	2	2
B6	6	4	2.5	2.5
B8	8	5	3	3
B10	10	6	4	4
B12	12	8	5	5
B16	16	10	6	6
B20	20	12	7	7
B25	25	14	8	8
B32	32	18	10	10
B40	40	22	12	12
B50	50	25	14	14

C 型

型号	基本尺寸			
	l	t	s	r
C5	5	3	2	—
C6	6	4	2.5	—
C8	8	5	3	—
C10	10	6	4	—
C12	12	8	5	—
C16	16	10	6	—
C20	20	12	7	—
C25	25	14	8	—
C32	32	18	10	—
C40	40	22	12	—
C50	50	25	14	—

D 型

型号	基本尺寸			
	l	t	s	r
D3	3.5	8	3	—
D4	4.5	10	4	—
D5	5.5	12	5	—
D6	6.5	14	6	—
D8	8.5	16	8	—
D10	10.5	18	10	—
D12	12.5	20	12	—

E 型

型号	基本尺寸			
	l	t	s	r
E4	4	10	2.5	—
E5	5	12	3	—
E6	6	14	3.5	—
E8	8	16	4	—
E10	10	18	5	—
E12	12	20	6	—
E16	16	22	7	—
E20	20	25	8	—
E25	25	28	9	—
E32	32	32	10	—

3. 可转位车刀

（1）可转位车刀型号表示规则（GB/T 5343.1—2007） 可转位车刀的型号由顺序排列的一组字母和数字代号组成，共有10位代号，分别表示车刀的各项特征。

1）第一位代号用一个字母表示刀片的夹紧方式，见表5-12。

表5-12 刀片的夹紧方式代号

代号	车刀刀片夹紧方式	
C	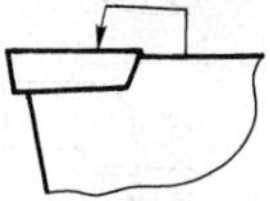	顶面夹紧（无孔刀片） 利用压板从刀片上方将刀片夹紧，如压板式
M	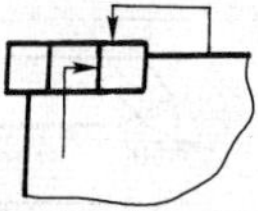	顶面和孔夹紧（有孔刀片） 从刀片上方并利用刀片孔将刀片夹紧，如楔钩式
P	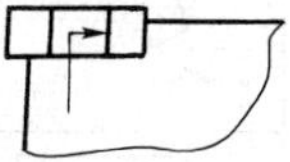	孔夹紧（有孔刀片） 利用刀片孔将刀片夹紧，如杠杆式、偏心式、拉垫式等
S	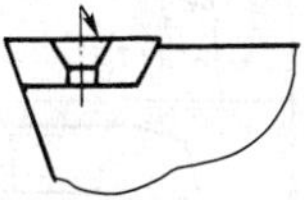	螺钉通孔夹紧（有孔刀片） 螺钉直接穿过刀片孔将刀片夹紧，如压孔式

2）第二位代号用一个字母表示刀片的形状，表示刀片形状的代号按GB/T 2076—2021《切削刀具用可转位刀片 型号表示规则》的规定。

3）第三位代号用一个字母表示车刀的头部形式的代号，见表 5-13。

表 5-13　车刀的头部形式的代号

代号	车刀头部形式		代号	车刀头部形式	
A	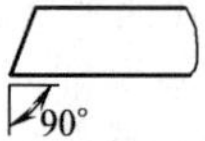 90°	90°直头侧切	J	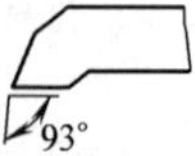 93°	93°偏头侧切
B	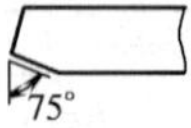 75°	75°直头侧切	K	 75°	75°偏头端切
C	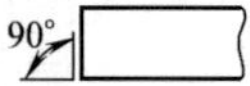 90°	90°直头端切	L	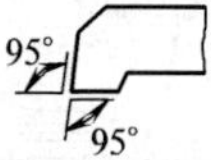 95° 95°	95°偏头侧切及端切
D	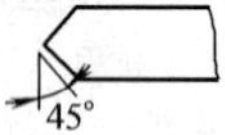 45°	45°直头侧切	M	 50°	50°直头侧切
E	 60°	60°直头侧切	N	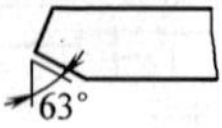 63°	63°直头侧切
F	 90°	90°偏头端切	P	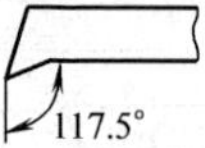 117.5°	117.5°偏头侧切
G	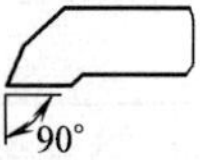 90°	90°偏头侧切	R	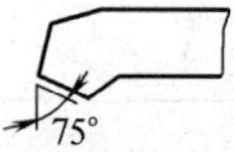 75°	75°偏头侧切
H	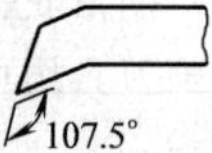 107.5°	107.5°偏头侧切	S	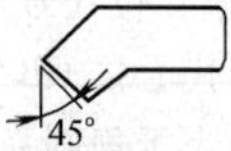 45°	45°偏头端切

（续）

代号	车刀头部形式		代号	车刀头部形式	
T	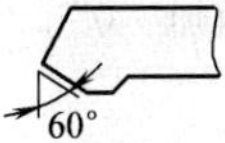 60°	60°偏头侧切	W	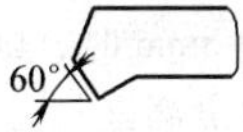 60°	60°偏头端切
U	 93°	93°偏头端切			
V	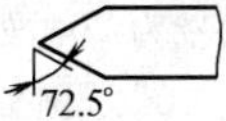 72.5°	72.5°直头侧切	Y	 85°	85°偏头端切

注：1. D 型和 S 型车刀也可以安装圆形（R 型）刀片。

2. 表中所示角度均为主偏角 κ_r。

4）第四位代号用一个字母表示车刀上刀片法向后角的大小。表示刀片法向后角大小的代号按 GB/T 2076—2021 的规定。

5）第五位代号用一个字母表示车刀的切削方向见表 5-14。

表 5-14　车刀切削方向代号

代号	R	L	N
切削方向	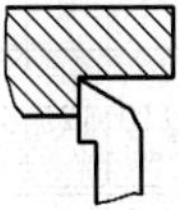 右切削	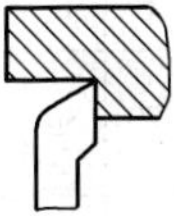 左切削	 左、右均可

6）第六位代号用两位数字表示车刀的高度。当刀尖

高度与刀杆高度相等时，以刀杆高度的数值为代号。例如：刀杆高度为 25mm 的车刀，则第六位代号为 25。如果高度的数值不足两位数时，则在该数前加“0”。例如：刀杆高度为 8mm 时，则第六位代号为 08。

当刀尖高度与刀杆高度不相等时，以刀尖高度的数值为代号。

7）第七位代号用两位数字表示车刀刀杆宽度。例如：刀杆宽度为 20mm 的车刀，则第七位代号为 20。如果宽度的数值不足两位数时，则在该数前加“0”。例如刀杆宽度为 8mm，则第七位代号为 08。

8）第八位代号用符号“——”或用一个字母表示车刀的长度。对于长度符合 GB/T 5343.2—2007 中长刀杆系列的车刀，其第八位代号以符号“——”表示；对于仅是长度不符合 GB/T 5343.2—2007 中长刀杆系列的车刀，其第八位代号按表 5-15 规定的符号来表示。

表 5-15 车刀长度的代号 （单位：mm）

代号	A	B	C	D	E	F	G	H	J	K	L	M
车刀长度	32	40	50	60	70	80	90	100	110	125	140	150
代号	N	P	Q	R	S	T	U	V	W	X		Y
车刀长度	160	170	180	200	250	300	350	400	450	特殊长度		500

9）第九位代号用两位数字表示车刀上刀片的边长。表示刀片边长的代号按 GB/T 2076—2021 的规定。

10）第十位代号用一个字母表示不同测量基准的精密级车刀，见表 5-16。

表 5-16　车刀测量基准的代号

代号	图示
Q	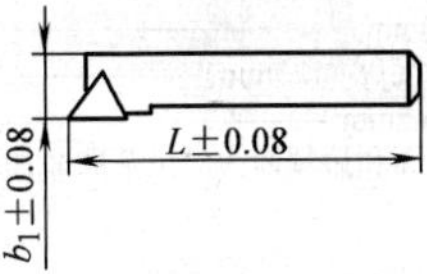 $b_1\pm0.08$　$L\pm0.08$ 外侧面和后端面为测量基准面
F	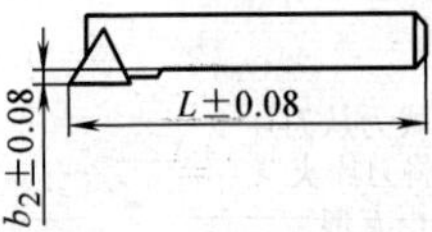 $b_2\pm0.08$　$L\pm0.08$ 内侧面和后端面为测量基准面
B	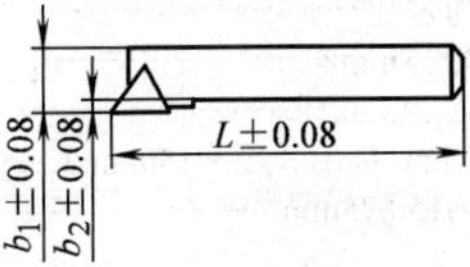 $b_1\pm0.08$　$b_2\pm0.08$　$L\pm0.08$ 内、外侧面和后端面为测量基准面

（2）优先采用的形式和尺寸　优先采用的推荐刀杆见表 5-17。

标记示例：

示例 1：

P T G N R 20 20 — 16 Q

- 车刀刀片夹紧方式为利用刀片孔将刀片夹紧 —— P
- 车刀刀片形状为正三角形刀片 —— T
- 车刀头部型式为G型（90° 偏头外圆车刀）—— G
- 车刀刀片法后角为0° —— N
- 车刀切削方向为右切 —— R
- 车刀刀尖高度为20mm —— 20
- 车刀刀杆宽度为20mm —— 20
- 车刀长度为标准长度（L=125mm）—— —
- 车刀刀片边长为16.5mm —— 16
- 表示以车刀的外侧面和后端面为测量基准面的精密级车刀 —— Q

示例 2：

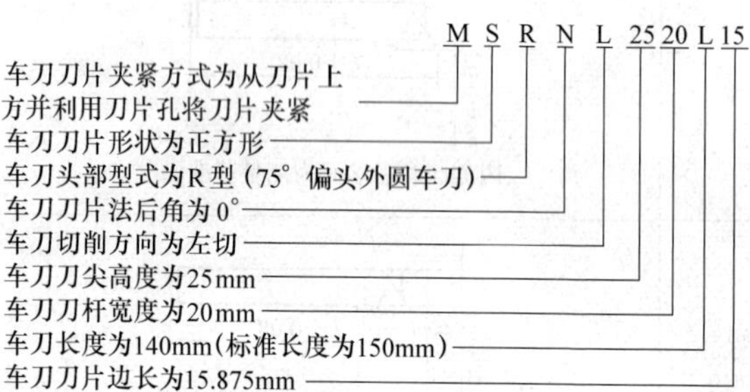

（3）可转位内孔车刀　可转位内孔车刀刀杆形式有圆形截面、正方形截面和矩形截面三种。可转位内孔车刀的规格和尺寸范围见表 5-18。

表 5-17　优先采用的 29 种可转位车刀的规格和尺寸范围（GB/T 5343.2—2007）

车刀名称及用刀片代号	车刀形式	主要尺寸范围	规格品种数	
		$(h/\mathrm{mm})\times(h_1/\mathrm{mm})\times(b/\mathrm{mm})\times(l_1/\mathrm{mm})$	右切车刀	左切车刀
装 C 型刀片的 90° 直头外圆车刀	h_1, h, f, b, l_2, l_1, $90^{\circ}{}^{+2^{\circ}}_{0^{\circ}}$	8×8×8×60～10×10×10×70	2	2
装 T 型刀片的 90° 直头外圆车刀	h_1, h, f, b, l_2, l_1, $90^{\circ}{}^{+2^{\circ}}_{0^{\circ}}$	12×12×12×80～40×40×40×200	7	7
装 C 型刀片的 75° 直头外圆车刀	h_1, h, f, b, a, l_2, l_1, $75^{\circ}\pm1^{\circ}$	8×8×8×60～12×12×12×80	3	3

（续）

车刀名称及用刀片代号	车刀形式	主要尺寸范围 $(h/\mathrm{mm})\times(h_1/\mathrm{mm})\times(b/\mathrm{mm})\times(l_1/\mathrm{mm})$	规格品种数	
			右切车刀	左切车刀
装 S 型刀片的 75° 直头外圆车刀	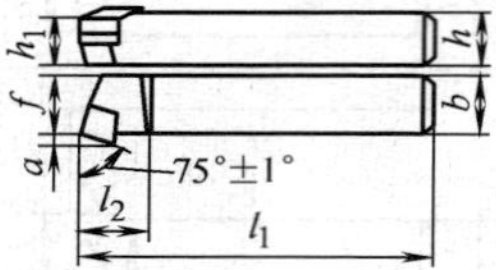 h_1 f a $75°\pm1°$ l_2 l_1 h b	16×16×16×100～50×50×50×250	14	14
装 S 型刀片的 45° 直头外圆车刀	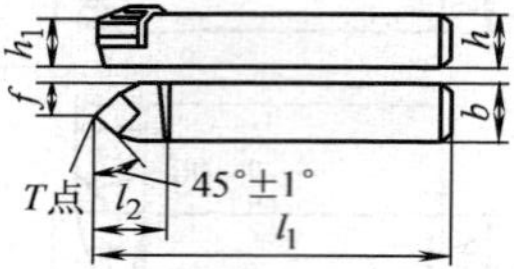 h_1 f T点 $45°\pm1°$ l_2 l_1 h b	12×12×12×80～32×32×32×170	6	
装 T 型刀片的 60° 直头外圆车刀	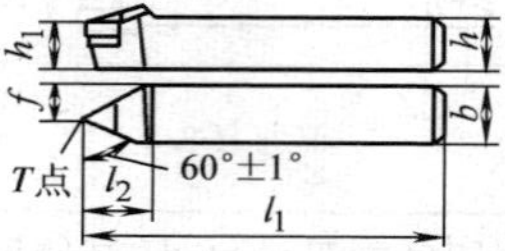 h_1 f T点 $60°\pm1°$ l_2 l_1 h b	20×20×20×125～40×40×32×200	8	

（续）

车刀名称及用刀片代号	车刀形式	主要尺寸范围 $(h/\text{mm})\times(h_1/\text{mm})\times(b/\text{mm})\times(l_1/\text{mm})$	规格品种数	
			右切车刀	左切车刀
装 C 型刀片的 90° 偏头端面车刀	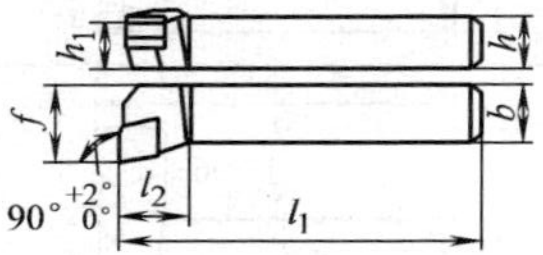 h_1 h f b $90^{\circ}{}^{+2^{\circ}}_{0^{\circ}}$ l_2 l_1	8×8×8×60～10×10×10×70	2	2
装 T 型刀片的 90° 偏头端面车刀	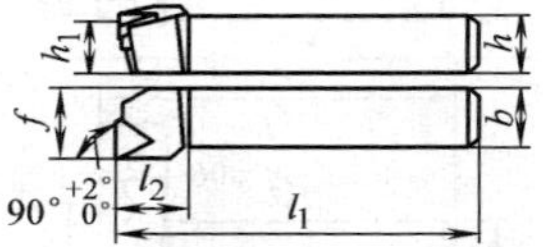 h_1 h f b $90^{\circ}{}^{+2^{\circ}}_{0^{\circ}}$ l_2 l_1	12×12×12×80～40×40×40×200	14	14
装 C 型刀片的 90° 偏头外圆车刀	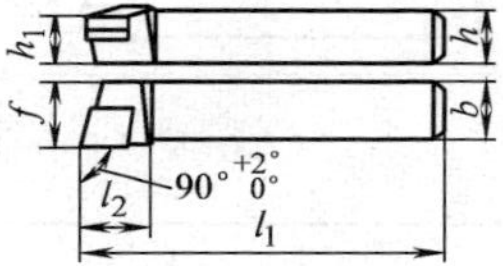 h_1 h f b $90^{\circ}{}^{+2^{\circ}}_{0^{\circ}}$ l_2 l_1	8×8×8×60～10×10×10×70	2	2

（续）

车刀名称及用刀片代号	车刀形式	主要尺寸范围	规格品种数	
		$(h/\mathrm{mm})\times(h_1/\mathrm{mm})\times(b/\mathrm{mm})\times(l_1/\mathrm{mm})$	右切车刀	左切车刀
装 T 型刀片的 90° 偏头外圆车刀	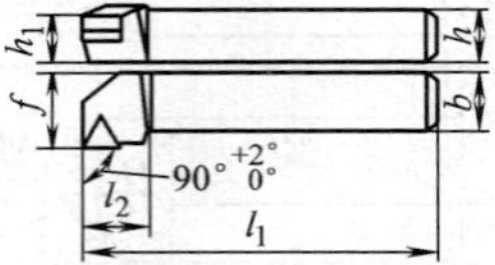	12×12×12×80～50×50×50×250	16	16
装 F 型刀片的 90° 偏头外圆车刀	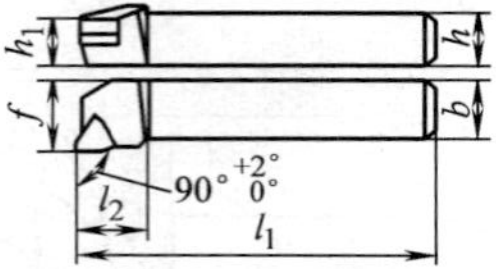	20×20×20×125～50×50×50×250	13	13
装 W 型刀片的 90° 偏头外圆车刀	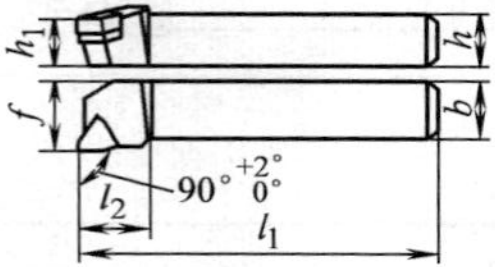	20×20×20×125～40×40×40×200	12	12

（续）

车刀名称及用刀片代号	车刀形式	主要尺寸范围	规格品种数	
		$(h/\mathrm{mm})\times(h_1/\mathrm{mm})\times(b/\mathrm{mm})\times(l_1/\mathrm{mm})$	右切车刀	左切车刀
装 D 型刀片的 107.5°偏头外圆车刀	h_1 h f b 107.5°±1° l_2 l_1	10×10×10×70～32×32×25×170	8	8
装 D 型刀片的 93°偏头外圆车刀	h_1 h f b 93°±1° l_2 l_1	8×8×8×60～40×40×32×200	10	10
装 T 型刀片的 93°偏头外圆车刀	h_1 h f b 93°±1° l_2 l_1	20×20×20×125～40×40×32×200	7	7

（续）

车刀名称及用刀片代号	车刀形式	主要尺寸范围 $(h/\mathrm{mm})\times(h_1/\mathrm{mm})\times(b/\mathrm{mm})\times(l_1/\mathrm{mm})$	规格品种数	
			右切车刀	左切车刀
装 C 型刀片的 93° 偏头外圆车刀	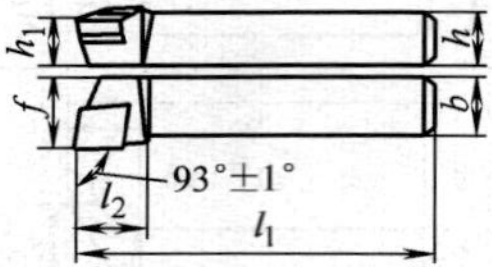 h_1 h f b 93°±1° l_2 l_1	25×25×20×150～40×40×32×200	8	8
装 C 型刀片的 75° 偏头端面车刀	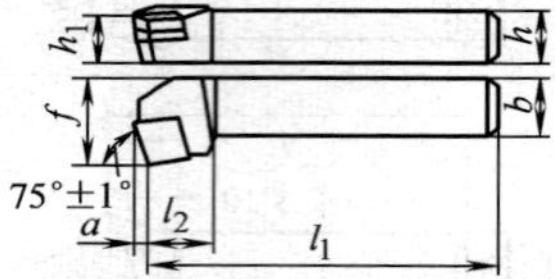 h_1 h f b 75°±1° a l_2 l_1	8×8×8×60～10×10×10×70	2	2
装 S 型刀片的 75° 偏头端面车刀	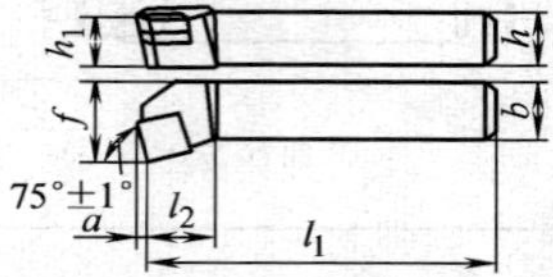 h_1 h f b 75°±1° a l_2 l_1	12×12×12×80～40×40×40×200	19	19

（续）

车刀名称及用刀片代号	车刀形式	主要尺寸范围 $(h/\text{mm})\times(h_1/\text{mm})\times(b/\text{mm})\times(l_1/\text{mm})$	规格品种数	
			右切车刀	左切车刀
装 C 型刀片的 95° 偏头外圆及端面车刀		8×8×8×60～40×40×40×200	12	12
装 V 型刀片的 95° 偏头外圆车刀		20×20×20×125～32×32×25×170	3	3
装 W 型刀片的 50° 直头外圆车刀		20×20×20×125～40×40×32×200	9	

（续）

车刀名称及用刀片代号	车刀形式	主要尺寸范围 $(h/\text{mm})\times(h_1/\text{mm})\times(b/\text{mm})\times(l_1/\text{mm})$	规格品种数	
			右切车刀	左切车刀
装 D 型刀片的 63° 直头外圆车刀	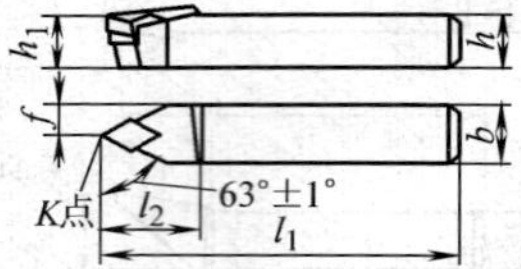 h_1 h f b K点 l_2 63°±1° l_1	8×8×8×60～40×40×32×150	9	9
装 T 型刀片的 63° 直头外圆车刀	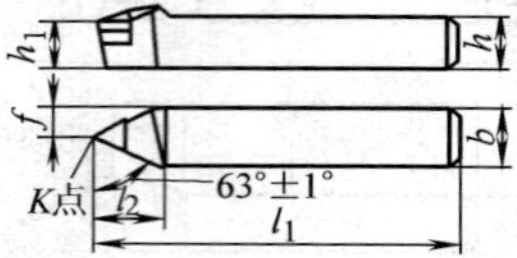 h_1 h f b K点 l_2 63°±1° l_1	25×25×25×150～40×40×32×150	6	6
装 S 型刀片的 75° 偏头外圆车刀	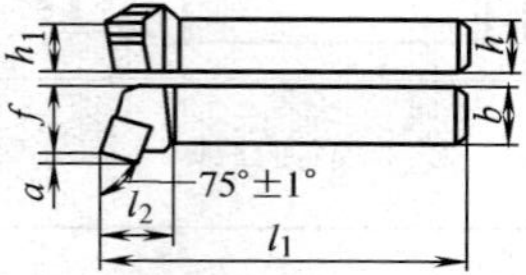 h_1 h f b a l_2 75°±1° l_1	12×12×12×80～50×50×50×250	21	21

（续）

车刀名称及用刀片代号	车刀形式	主要尺寸范围 $(h/\mathrm{mm})\times(h_1/\mathrm{mm})\times(b/\mathrm{mm})\times(l_1/\mathrm{mm})$	规格品种数	
			右切车刀	左切车刀
装 C 型刀片的 45° 偏头外圆车刀	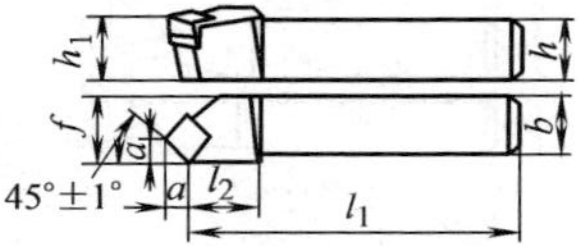 h_1 h f b a l_2 l_1 45°±1°	8×8×8×60～10×10×10×70	2	2
装 R 型刀片的 45° 偏头外圆车刀	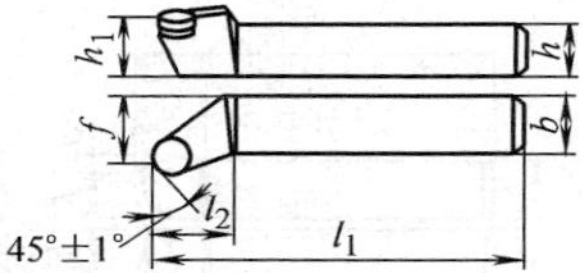 h_1 h f b l_2 l_1 45°±1°	20×20×20×125～40×40×40×200	11	11
装 S 型刀片的 45° 偏头外圆车刀	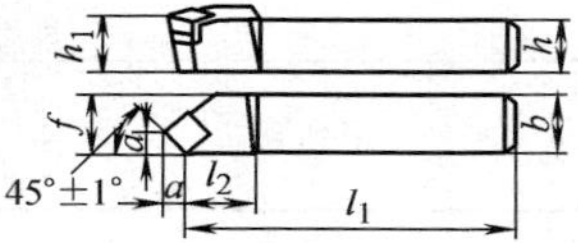 h_1 h f b a l_2 l_1 45°±1°	12×12×12×80～50×50×50×250	16	16

（续）

车刀名称及用刀片代号	车刀形式	主要尺寸范围 $(h/mm)\times(h_1/mm)\times(b/mm)\times(l_1/mm)$	规格品种数	
			右切车刀	左切车刀
装 T 型刀片的 60°偏头外圆车刀	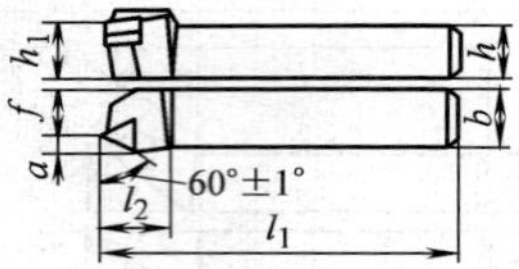	12×12×12×80～40×40×40×200	13	13
装 V 型刀片的 72.5°直头外圆车刀	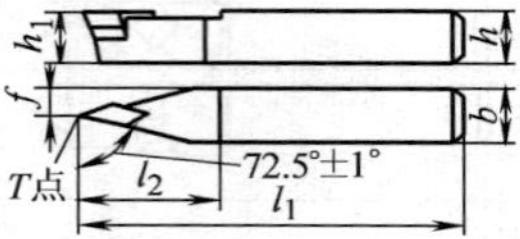	20×20×20×125～32×32×25×170	3	

注：可转位车刀分普通级和精密级两种，这里只介绍普通级的规格尺寸。

表 5-18　可转位内孔车刀的规格和尺寸范围

车刀名称及用刀片代号	车刀形式	主要尺寸范围 $(d/\text{mm})\times(h_1/\text{mm})\times(L/\text{mm})\times(f/\text{mm})\times(D_{min}/\text{mm})$	规格品种数
圆形截面刀杆			
装 C 型刀片的 90°车刀	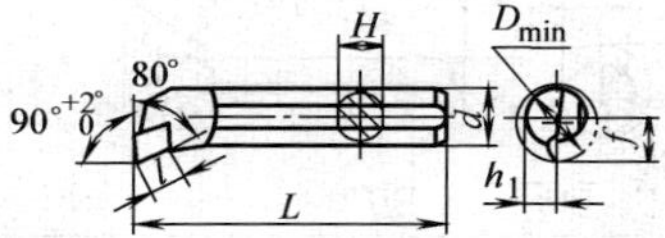	10×5×100×7×13～60×30×400×43×80	9
装 T 型刀片的 90°车刀	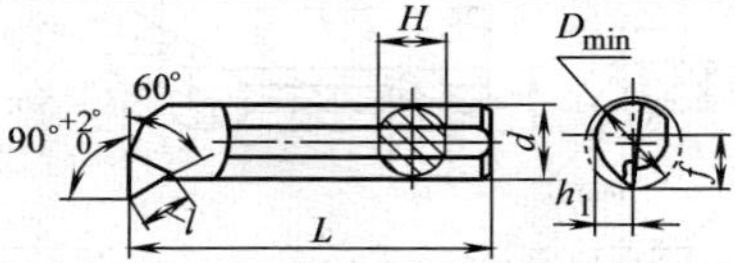	10×5×100×7×13～60×30×400×43×80	9
装 S 型刀片的 75°车刀	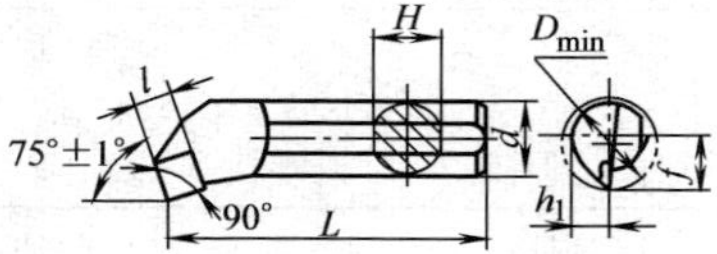	16×8×150×11×20～60×30×400×43×80	7

（续）

车刀名称及用刀片代号	车刀形式	主要尺寸范围 $(d/mm)\times(h_1/mm)\times(L/mm)\times(f/mm)\times(D_{min}/mm)$	规格品种数
圆形截面刀杆			
装 C 型刀片的 95°车刀	95°±2° 80° H d L l D_{min} f h_1	10×5×100×7×13～60×30×400×43×80	9
装 D 型刀片的 93°车刀	93°±1° 55° H d L l D_{min} f h_1	12×6×125×9×16～60×30×400×43×80	8
正方形截面刀杆			
装 C 型刀片的 90°车刀	$90^{\circ}{}^{+2^{\circ}}_{0}$ 80° H b B L l D_{min} h_1	12×8×12×125×25～50×34×50×350×100	7

（续）

车刀名称及用刀片代号	车刀形式	主要尺寸范围 $(H/\mathrm{mm})\times(h_1/\mathrm{mm})\times(B/\mathrm{mm})\times(L/\mathrm{mm})\times(D_{\min}/\mathrm{mm})$	规格品种数
正方形截面刀杆			
装T型刀片的90°车刀	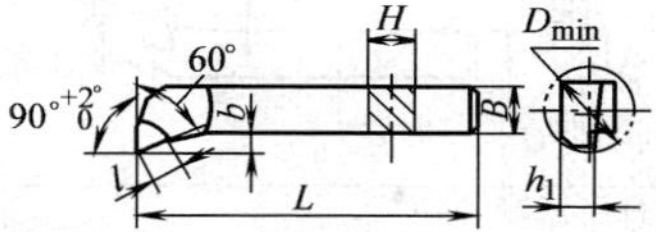 $90^{\circ}{}^{+2^{\circ}}_{0}$, 60°, H, $D_{\min}$, b, B, l, L, h_1	12×8×12×125×25～50×34×50×350×100	7
装S型刀片的75°车刀	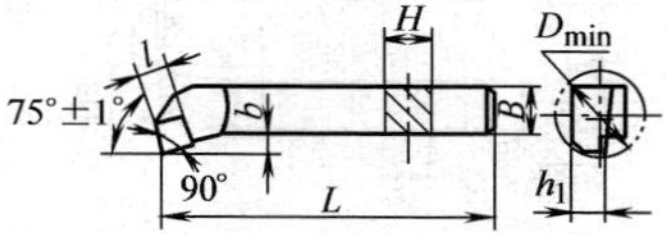 75°±1°, 90°, l, H, $D_{\min}$, b, B, L, h_1	16×11×16×150×32～50×34×50×350×100	6
装C型刀片的95°车刀	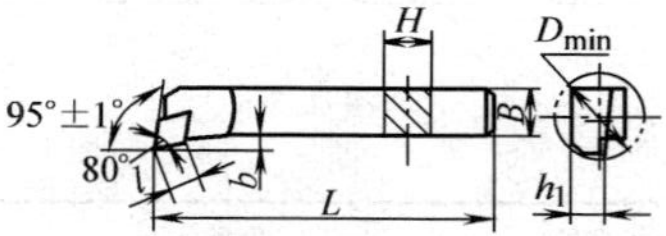 95°±1°, 80°, l, H, $D_{\min}$, b, B, L, h_1	12×8×12×125×25～50×34×50×350×100	7

（续）

车刀名称及用刀片代号	车刀形式	主要尺寸范围 $(H/mm)\times(h_1/mm)\times(B/mm)\times(L/mm)\times(D_{min}/mm)$	规格品种数
正方形截面刀杆			
装 D 型刀片的 93°车刀	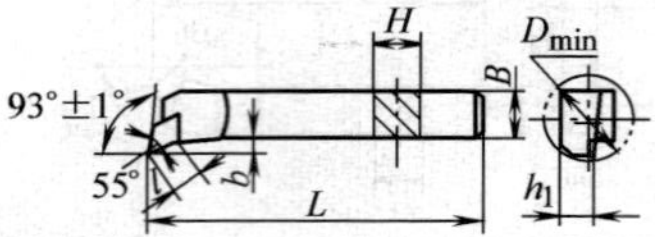 93°±1° 55° H B D_{min} h_1 b l L	12×8×12×125×25~50×34×50×350×100	7
矩形截面刀杆			
装 C 型刀片的 90°车刀	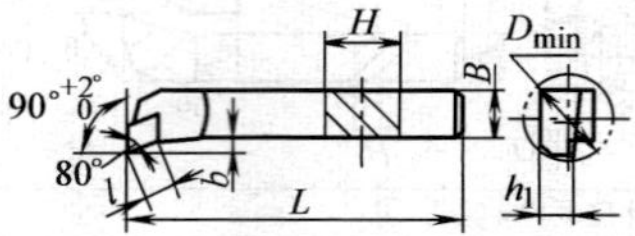 $90^{\circ}{}^{+2^{\circ}}_{0}$ 80° H B D_{min} h_1 b l L	25×20×20×200×50~50×40×40×350×100	4
装 W 型刀片的 93°车刀	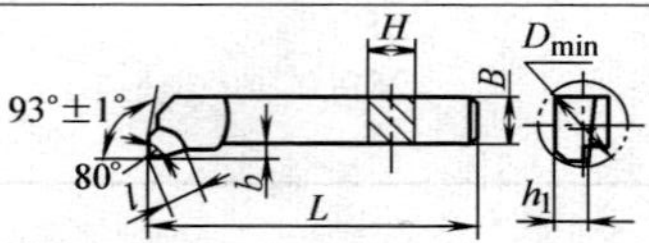 93°±1° 80° H B D_{min} h_1 b l L	25×20×20×200×50~50×40×40×350×100	4

（续）

车刀名称及用刀片代号	车刀形式	主要尺寸范围 $(H/\text{mm})\times(h_1/\text{mm})\times(B/\text{mm})\times(L/\text{mm})\times(D_{\min}/\text{mm})$	规格品种数
	矩形截面刀杆		
装 S 型刀片的 75°车刀	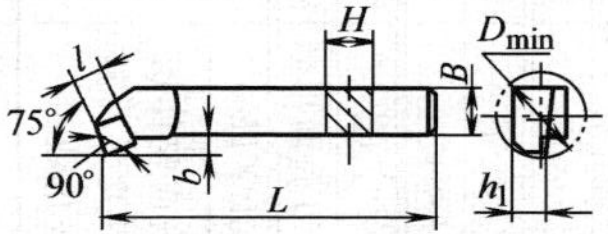	25×20×20×200×50～50×40×40×350×100	4
装 T 型刀片的 60°车刀	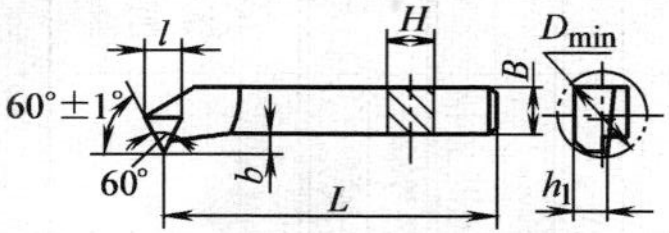	25×20×20×200×50～50×40×40×350×100	4
装 S 型刀片的 45°车刀	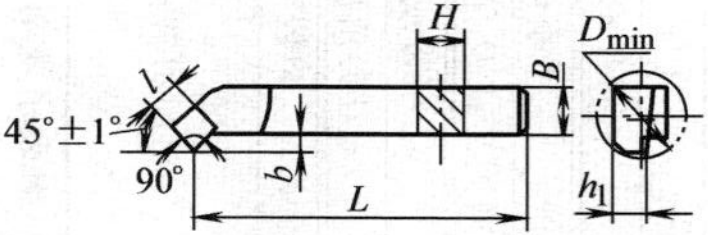	25×20×20×200×50～50×40×40×350×100	4

注：$D_{\min}$ 为最小加工直径。

4. 切削刀具用可转位刀片（GB/T 2076—2021）

可转位刀具的型号标记由9个代号组成，表示刀片的尺寸和基本特征。其中代号①~⑦是必须的，代号⑧和⑨在需要时使用（按照ISO 16462和ISO 16463的规定，镶片式刀片的型号表示规则用十二个代号表征刀片的尺寸及其他特征。代号①~⑦和⑪、⑫是必需的，代号⑧、⑨和⑩在需要时添加，代号⑪、⑫用短横线“-”隔开。除标准代号之外，制造商可以用补充代号⑬表示一个或两个刀片特征），见表5-19。

表5-19 可转位刀片型号表示规则

代号	①字母	②字母	③字母
意义	刀片形状	法后角	尺寸允许偏差等级
代号	④字母	⑤数字	⑥数字
意义	夹固形式及有无断屑槽	刀片长度	刀片厚度
代号	⑦字母或数字	⑧字母	⑨字母
意义	刀尖角形状	切削刃截面形状	切削方向
代号	⑩数字	⑪字母	⑫字母或数字
意义	切削刃截面尺寸	镶嵌或整体切削刃类型及镶嵌角数量	镶刃长度

一般表示规则：

	①	②	③	④	⑤	⑥	⑦	⑧	⑨		⑬
米制	T	P	G	N	16	03	08	E	N	-	…

符合ISO 16462、ISO 16463的刀片表示规则：

	①	②	③	④	⑤	⑥	⑦	⑧	⑩	⑨		⑪	⑫		⑬
车削刀片	S	N	M	A	15	06	08	E	——	(N)	-	B	L	-	…
铣削刀片	T	P	G	T	16	T3	AP	S	01520	R	-	M	028	-	…

"①" 表示刀片形状代号，见表 5-20。

表 5-20 "①" 表示刀片形状代号

刀片形状类别	代号	刀片形状	说明	刀尖角 ε_r
Ⅰ等边等角	H	⬡	正六边形	120°
	O	八边形	正八边形	135°
	P	⬠	正五边形	108°
	S	□	正方形	90°
	T	△	正三角形	60°
Ⅱ等边不等角	C	菱形	菱形	80°①
	D			55°①
	E			75°①
	M			86°①
	V	凸三角形	凸三角形	35°①
	W			80°①
Ⅲ等角不等边	L	 ▭	矩形	90°

（续）

刀片形状类别	代号	刀片形状	说明	刀尖角 ε_r
Ⅳ不等边不等角	A		平行四边形	85°①
	B			82°①
	K			55°①
Ⅴ圆形	R		圆形	—

① 所示角度是指较小的角度。

“②”表示刀片法后角大小的代号，见表5-21。

表5-21 “②”表示刀片法后角大小的代号

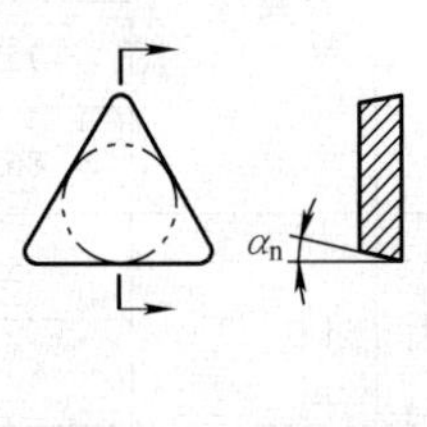

代号	法后角/(°)
A	3
B	5
C	7
D	15
E	20
F	25
G	30
N	0
P	11
O	其他需专门说明的法后角

"③"表示刀片主要尺寸允许偏差代号，见表5-22。

表5-22 "③"表示刀片主要尺寸允许偏差代号（单位：mm）

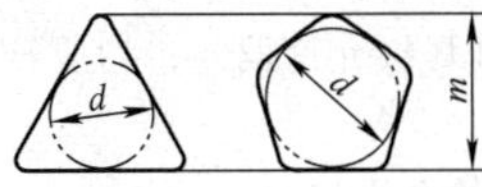

a) 刀片边为奇数，刀尖为圆角

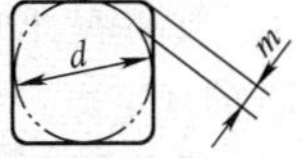

b) 刀片边为偶数，刀尖为圆角

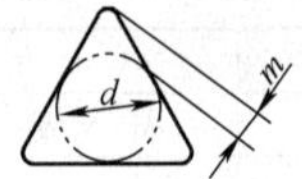

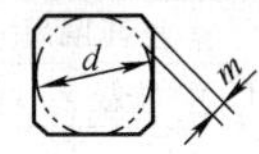

c) 带修光刃刀片

代号	刀片内切圆直径 d	刀尖位置尺寸 m	刀片厚 s
A①	±0.025	±0.005	±0.025
F①	±0.013	±0.005	±0.025
C①	±0.025	±0.013	±0.025
H	±0.013	±0.013	±0.025
E	±0.025	±0.025	±0.025
G	±0.025	±0.025	±0.13
J①	±0.05～±0.15②	±0.005	±0.025
K①	±0.05～±0.15②	±0.013	±0.025
L①	±0.05～±0.15②	±0.025	±0.025
M	±0.05～±0.15②	±0.08～±0.2②	±0.13
N	±0.05～±0.15②	±0.08～±0.2②	±0.025
U	±0.08～±0.25②	±0.13～±0.38②	±0.13

① 通常用于具有修光刃的可转位刀片。

② 允许偏差取决于刀片尺寸的大小。

形状为 H、O、P、S、T、C、E、M、W 和 R 的刀片，其 *d* 尺寸的 J、K、L、M、N 和 U 级允许偏差；刀尖角大于或等于 60°的形状为 H、O、P、S、T、C、E、M 和 W 的刀片，其 *m* 尺寸的 M、N、和 U 级允许偏差；均应符合表 5-23 的规定。

表 5-23　尺寸 *d* 和 *m* 的允许偏差（一）

（单位：mm）

内切圆直径 *d*	*d* 允许偏差		*m* 允许偏差	
	J、K、L、M、N 级	U 级	M、N 级	U 级
4.76	±0.05	±0.08	±0.08	±0.13
5.56				
6[①]				
6.35				
7.94				
8[①]				
9.525				
10[①]				
12[①]	±0.08	±0.13	±0.13	±0.2
12.7				
15.875	±0.1	±0.18	±0.15	±0.27
16[①]				
19.05				
20[①]				
25[①]	±0.13	±0.25	±0.18	±0.38
25.4				
31.75	±0.15	±0.25	±0.2	±0.38
32[①]				

（续）

内切圆直径 d	d 允许偏差				m 允许偏差			
	J、K、L、M、N 级		U 级		M、N 级		U 级	
刀片形状	H	O	P	S	T	C、E、M	W	R(只有 d 的允许偏差)

① 只适用于圆形刀片。

刀尖角为 55°（D 形）、35°（V 形）的菱形刀片，其 m 尺寸、d 尺寸的 M、N 级允许偏差应符合表 5-24 的规定。

表 5-24　尺寸 d 和 m 的允许偏差（二）

（单位：mm）

内切圆直径 d	d 允许偏差 M、N 级	m 允许偏差 M、N 级	刀片形状
5.56	±0.05	±0.11	D
6.35			
7.94			
9.525			
12.7	±0.08	±0.15	
15.875	±0.1	±0.18	
19.05			
6.35	±0.05	±0.16	V
7.94			
9.525			
12.7	±0.08	±0.25	

“④”表示夹固形式及有无断屑槽代号，见表5-25。

表5-25 “④”表示夹固形式及有无断屑槽代号

代号	固定形式	断屑槽	示意图
N	无固定孔	无断屑槽	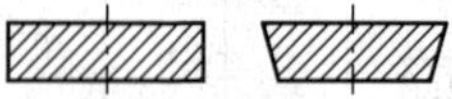
R		单面有断屑槽	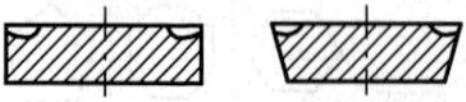
F		双面有断屑槽	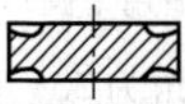
A	有圆形固定孔	无断屑槽	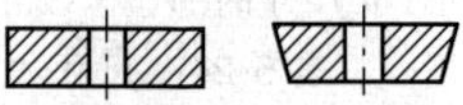
M		单面有断屑槽	
G		双面有断屑槽	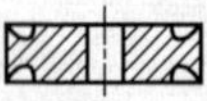
W	单面有40°~60°固定沉孔	无断屑槽	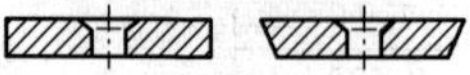
T		单面有断屑槽	
Q	双面有40°~60°固定沉孔	无断屑槽	
U		双面有断屑槽	

（续）

代号	固定形式	断屑槽	示意图
B	单面有70°~90°固定沉孔	无断屑槽	
H		单面有断屑槽	
C	双面有70°~90°固定沉孔	无断屑槽	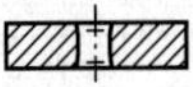
J		双面有断屑槽	
X	其他固定方式和断屑槽形式,需附图形或加以说明		

“⑤”表示刀片长度代号，见表5-26。

表5-26 “⑤”表示刀片长度代号

刀片形状类别	举例		说明
	切削刃长度/mm	代号	
Ⅰ-Ⅱ等边形刀片	9.525 15.5	09 15	用整数表示,不计小数
Ⅲ-Ⅳ不等边形刀片	19.5	19	
Ⅴ圆形刀片	15.875	15	

注：不等边形刀片通常用主切削刃或较长边的尺寸值作为长度代号。

“⑥”表示刀片厚度代号，见表 5-27。

表 5-27 “⑥”表示刀片厚度代号

（单位：mm）

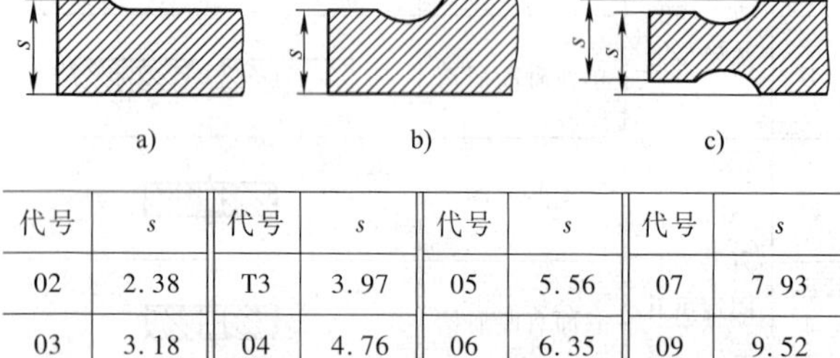

代号	s	代号	s	代号	s	代号	s
02	2.38	T3	3.97	05	5.56	07	7.93
03	3.18	04	4.76	06	6.35	09	9.52

注：当刀片厚度整数值相同，而小数值不同时，则将小数部分大的刀片代号用“T”代替 0，以示区别。

“⑦”表示刀尖角形状的代号，见表 5-28。

表 5-28 “⑦”表示刀尖角形状的代号

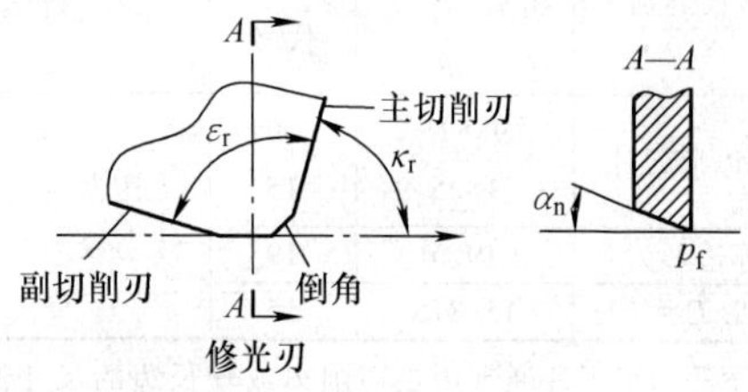

（续）

刀尖圆弧半径	切削刃主偏角		修光刃法后角	
	代号	κ_r	代号	α_n
1. 若刀尖角为圆角，其按0.1mm为单位测量得到的圆弧半径值表示。如果数值小于10，则在数字前加“0”，如刀尖圆弧半径为0.8mm，其代号为08；如刀尖圆弧半径为1.6mm，其代号为16 2. 若刀尖角不是圆角时，则代号为00	A	45°	A	3°
	D	60°	B	5°
	E	75°	C	7°
	F	85°	D	15°
	P	90°	E	20°
	Z	其他角度	F	25°
			G	30°
			N	0°
			P	11°
			Z	其他角度

“⑧”表示刀片切削刃截面形状的字母代号，见表5-29。

表5-29 “⑧”表示刀片切削刃截面形状的字母代号

代号	刀片切削刃截面形状	示意图
F	尖锐切削刃	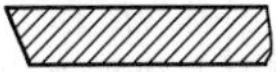
E	倒圆切削刃	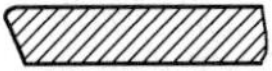
T	倒棱切削刃	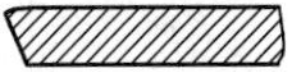

（续）

代号	刀片切削刃截面形状	示意图
S	既倒棱又倒圆切削刃	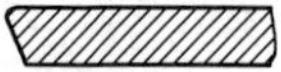
K	双倒棱切削刃	
P	既双倒棱又倒圆切削刃	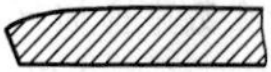

"⑨" 表示刀片切削方向的字母代号，见表5-30。

表5-30 "⑨"表示刀片切削方向的字母代号

代号	切削方向	刀片的应用	示意图
R	右切	适用于非等边、非对称角、非对称刀尖、有或没有非对称断屑槽刀片，只能用该进给方向	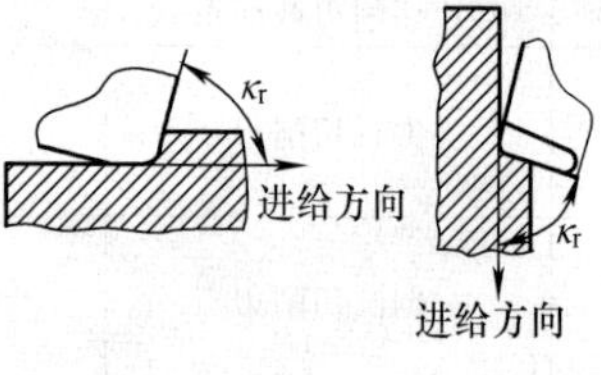 κ_T 进给方向 κ_T 进给方向

（续）

代号	切削方向	刀片的应用	示意图
L	左切	适用于非等边、非对称角、非对称刀尖、有或没有非对称断屑槽刀片，只能用该进给方向	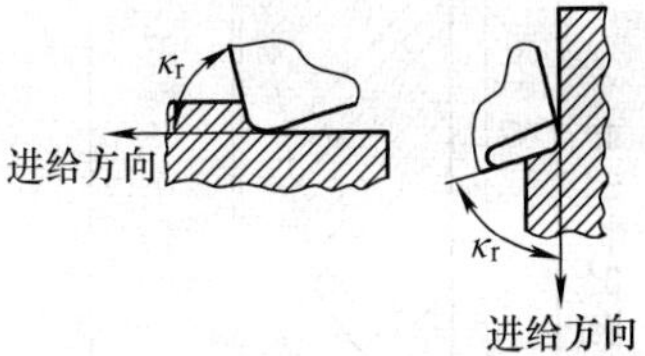
N	双向	适用于有对称刀尖、对称角、对称边和对称断屑槽的刀片，可能采用两个进给方向	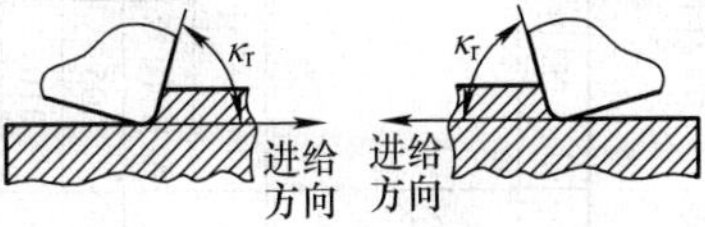

"⑩" 表示切削刃截面尺寸代号，见表 5-31。

表 5-31　切削刃截面尺寸代号

代号	说明	尺寸代号		示意图
E	倒圆切削刃	无		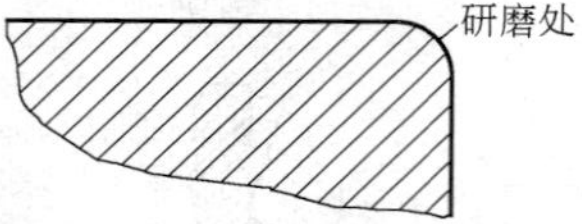 研磨处
代号	说明	尺寸代号		示意图
		数字代号	b_γ/mm	
T	倒棱切削刃	005	0.05	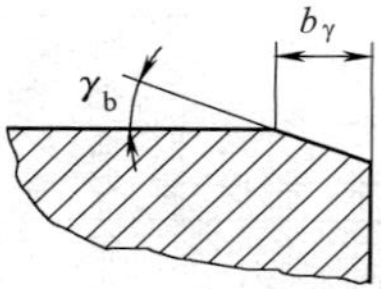 b_γ γ_b
		010	0.1	
		015	0.15	
		020	0.2	
		025	0.25	
		030	0.3	
		050	0.5	
		070	0.7	
		100	1	

（续）

代号	说明	尺寸代号		示意图
		数字代号	b_γ/mm	
T	倒棱切削刃	150	1.5	b_γ γ_b
		200	2	
		05	5°	
		10	10°	
		15	15°	
		20	20°	
		25	25°	
		30	30°	
E	双倒棱倒圆切削刃	005	0.05	b_γ γ_b 研磨处
		010	0.1	
		015	0.15	
		020	0.2	

（续）

代号	说明	尺寸代号		示意图
		数字代号	b_γ/mm	
E	双倒棱倒圆切削刃	025	0.25	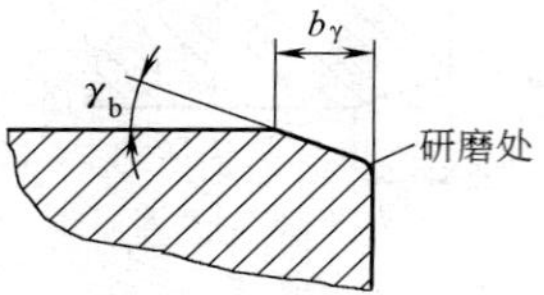
		030	0.3	
		050	0.5	
		070	0.7	
		100	1	
		150	1.5	
		200	2	
		05	5°	
		10	10°	
		15	15°	
		20	20°	
		25	25°	
		30	30°	

（续）

代号	说明	尺寸代号					示意图
		数字代号	$b_{\gamma1}$/mm	γ_{b1}	$b_{\gamma2}$/mm	γ_{b2}	
K	双倒棱切削刃	05015	0.5	15°	0.1	30°	$b_{\gamma1}$ $b_{\gamma2}$ γ_{b2} γ_{b1}
		07015	0.7	15°	0.15	30°	
		10015	1	15°	0.2	30°	
		15010	1.5	10°	0.25	30°	
		20010	2	10°	0.25	30°	
P	双倒棱倒圆切削刃	05015	0.5	15°	0.1	30°	$b_{\gamma1}$ $b_{\gamma2}$ γ_{b2} γ_{b1} 研磨处
		07015	0.7	15°	0.15	30°	
		10015	1	15°	0.2	30°	
		15010	1.5	10°	0.25	30°	
		20010	2	10°	0.25	30°	

⑪表示镶片式或整体刀片切削刃类型和镶嵌角数量代号，见表 5-32。

表 5-32　镶片式或整体刀片切削刃类型和镶嵌角数量代号

子母代号	示意图	说明
S	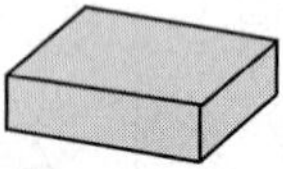	整体刀片
F	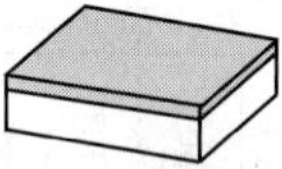	单面全镶刀片
E		双面全镶刀片
A	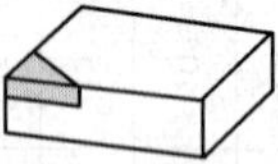	单面单角镶片刀片
B	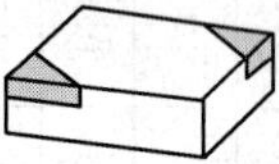	单面对角镶片刀片
C	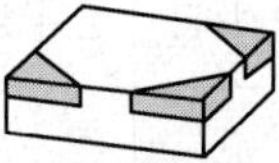	单面三角镶片刀片
D	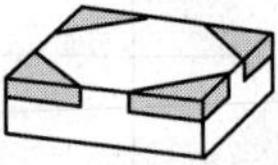	单面四角镶片刀片

（续）

子母代号	示意图	说明
G	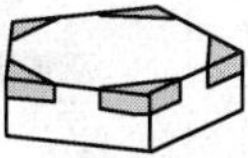	单面五角镶片刀片
H	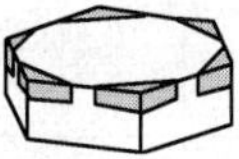	单面六角镶片刀片
J	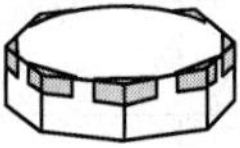	单面八角镶片刀片
K	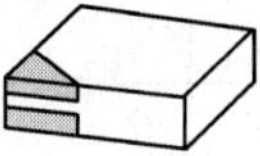	双面单角镶片刀片
L	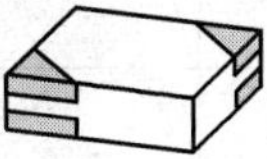	双面对角镶片刀片
M	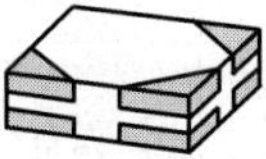	双面三角镶片刀片
N		双面四角镶片刀片

（续）

子母代号	示意图	说明
P	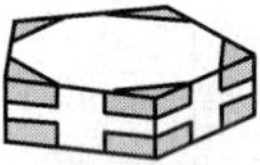	双面五角镶片刀片
Q		双面六角镶片刀片
R		双面八角镶片刀片
T	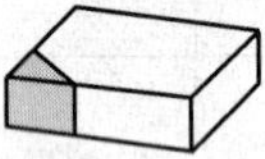	单角全厚镶片刀片
U	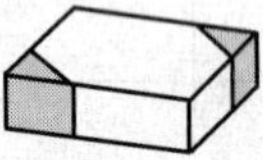	对角全厚镶片刀片
V	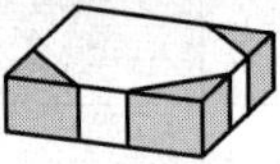	三角全厚镶片刀片
W	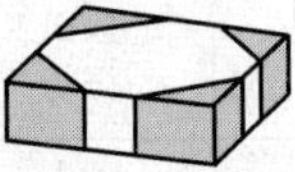	四角全厚镶片刀片
X	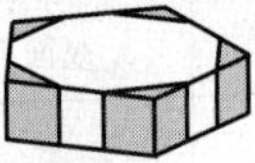	五角全厚镶片刀片

（续）

子母代号	示意图	说明
Y		六角全厚镶片刀片
Z		八角全厚镶片刀片

⑫表示镶刃长度代号，见表 5-33。

表 5-33 镶刃长度代号

字母代号	说明	切削刃长度 l_1 不小于
L	长	见 ISO 16462 和 ISO 16463 如果镶刃不是全切削刃或不是标准长度，用三位数字代号表示有效镶刃长度，以 0.1mm 计。如果镶刃长度小于 10.0mm，则在前面加“0”（比如镶刃长度 4.5mm 表示为 045，镶刃长度 10.7mm 表示为 107）
S	短	
F	全切削刃	

注：1. 字母代号“L”和“S”：该代号可出现在表 5-32 中 A、B、C、D、G、H、J、K、L、M、N、P、Q、R、T、U、V、W、X、Y、Z 类刀片上；切削刃长度是标准长度。

2. 字母代号“F”：该代号可出现在表 5-32 中 A、B、K、L、T、U、S、F、E 类刀片上。

GB/T 2076—2021

示例1：

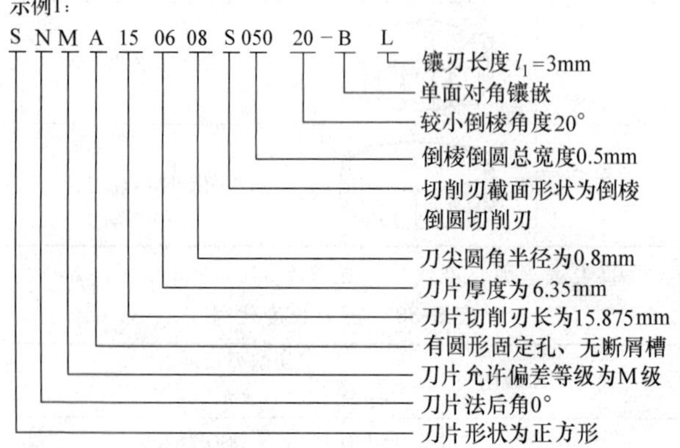

示例2：

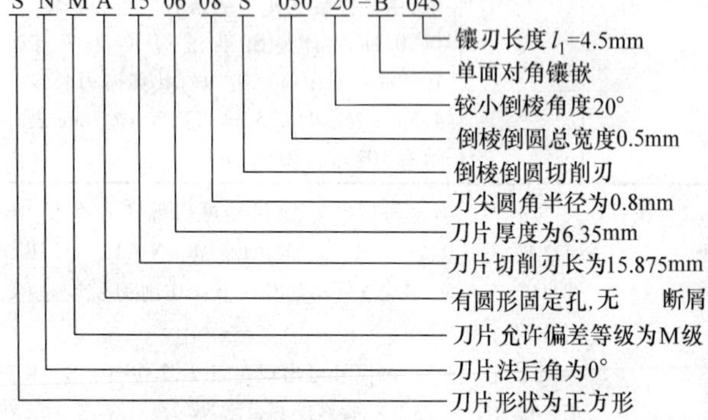

5. 可转位刀片的型号与基本参数（表 5-34～表 5-41）。

表 5-34　可转位刀片的型号与基本参数　　（单位：mm）

型号	刀片简图	L	d 公称尺寸	d 极限偏差	s ±0.13	d_1 ±0.08	r_ε
TNMM160408	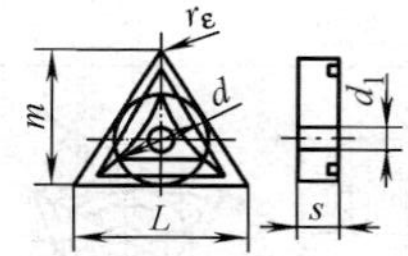	16.5	9.525	±0.05	4.76	3.81	0.8
TNMM160412							1.2
TNMM220412		22	12.7	±0.08	4.76	5.16	1.2
TNMM220416							1.6
FNMM110402	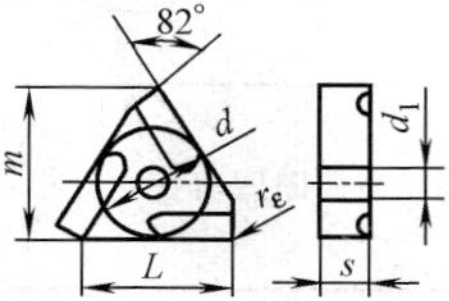	11	9.525	±0.05	4.76	3.81	0.2
FNMM110404							0.4
FNMM150402		15	12.7	±0.08	4.76	5.16	0.2
FNMM150404							0.4

（续）

型号	刀片简图	L	d 公称尺寸	d 极限偏差	s ±0.13	d_1 ±0.08	r_ε
WNMM080404	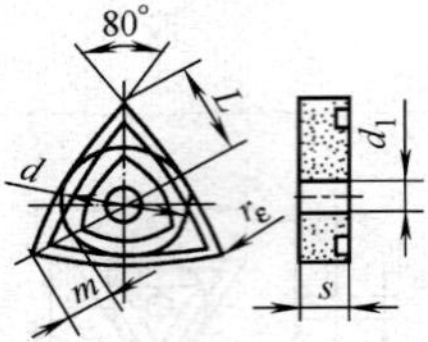	8.45	12.7	±0.08	4.76	5.16	0.4
WNMM080408							0.8
WNMM110608		11.63	15.875	±0.1	6.35	6.35	0.8
WNMM110612							1.2
TPMR110302	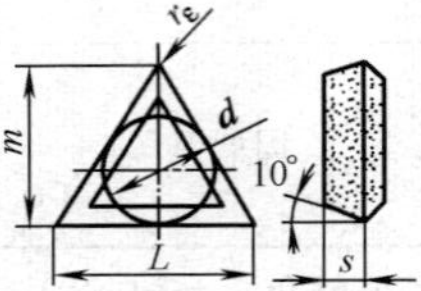	11.0	6.35	±0.05	3.18	—	0.2
TPMR110304							0.4
TPMR160302		16.5	9.525	±0.05	3.18	—	0.2
TPMR160304							0.4

（续）

型号	刀片简图	L	d 公称尺寸	d 极限偏差	s ±0.13	d_1 ±0.08	r_ε
SPMR090302	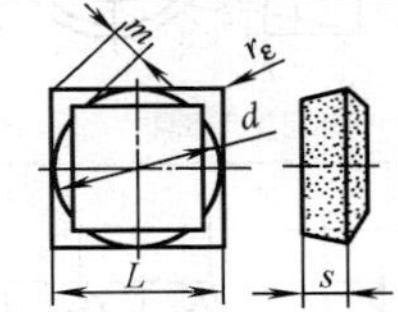	9.525	9.525	±0.05	3.18	—	0.2
SPMR090304							0.4
SPMR120304		12.7	12.7	±0.08	3.18	—	0.4
SPMR120308							0.8
SNMM090304	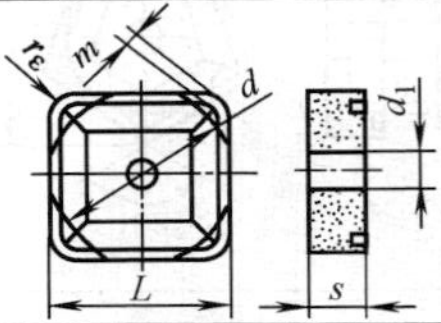	9.525	9.525	±0.05	3.18	3.81	0.4
SNMM090308							0.8
SNMM120408		12.7	12.7	±0.08	5.16	5.16	0.4
SNMM120412							0.8
SNNM190612		19.05	19.05	±0.1	7.93	7.93	1.2
SNNM190616							1.6
DNMM150408	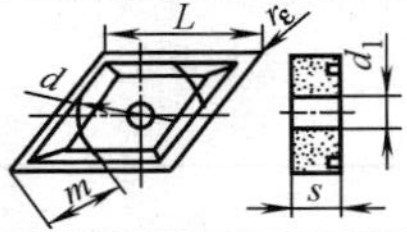	15.5	12.7	±0.08	4.76	5.16	0.8
DNMM150412							1.2
DNMM150608		15.5	12.7	±0.08	6.35	5.16	0.8
DNMM150612							1.2

（续）

型号	刀片简图	L	d 公称尺寸	d 极限偏差	s ±0.13	d_1 ±0.08	r_ε
PNMM110412		11.56	15.875	±0.1	6.35	6.35	1.2
PNMM110420							2.0
PNMM130620		13.87	19.05	±0.1	7.93	7.93	1.6
PNMM130624							2.4
RCMM090300		—	9.525	±0.05	3.18	3.18	0.8
RCMM120400			12.7	±0.08	4.76	5.16	
RCMM150600			15.875	±0.1	6.35	6.35	
RCMM190600			19.05	±0.1	6.35	7.93	
RCMM250700			25.4	±0.13	7.93	9.12	

表 5-35　主偏角 75°、法向后角 0°的正方形刀片（单位：mm）

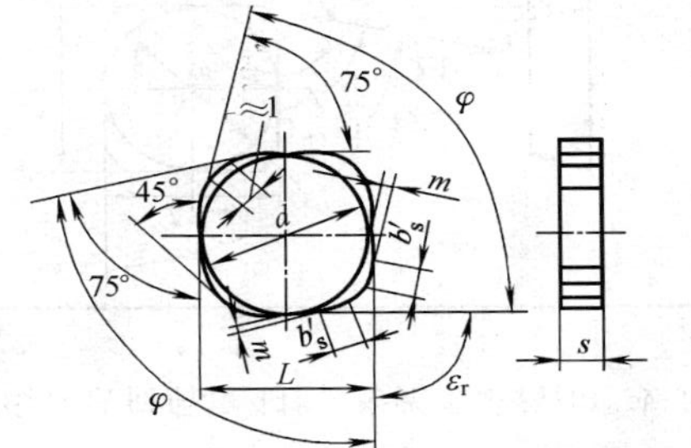

型号	$d=L$	s	$b'_s\approx$	m	ε_r 公称尺寸	ε_r 极限偏差	φ 公称尺寸	φ 极限偏差
SNAN1204ENN	12.7	4.76	1.4	0.8	90°	±8′	75°	0′~+15′
SNCN1204ENN								
SNKN1204ENN						±30′		0′~+30′
SNAN1504ENN	15.875			1.5	90°	±8′	75°	0′~+15′
SNCN1504ENN								

（续）

型号	$d=L$	s	$b'_s\approx$	m	ε_r		φ	
					公称尺寸	极限偏差	公称尺寸	极限偏差
SNKN1504ENN	15.875	4.76	1.4	1.5	90°	±30′	75°	0′~+30′
SNAN1904ENN	19.05	4.76	2	1.3	90°	±8′	75°	0′~+15′
SNCN1904ENN								
SNKN1904ENN						±30′		0′~+30′

表 5-36　主偏角 75°、法向后角 11°、修光刃后角 11°或 15°的正方形刀片

（单位：mm）

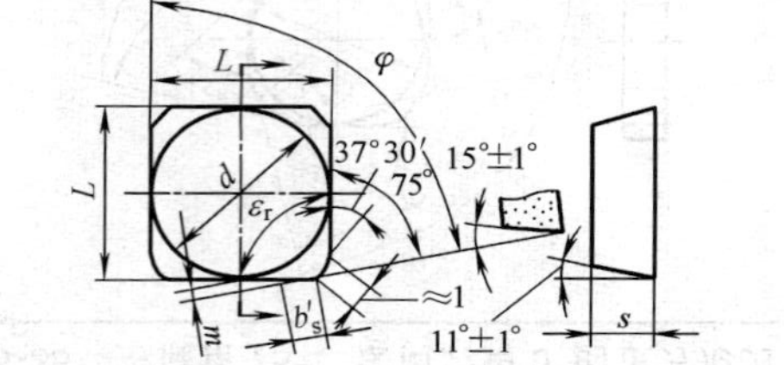

（续）

型号	$d=L$	s	$b'_s \approx$	m	ε_r		φ	
					公称尺寸	极限偏差	公称尺寸	极限偏差
SPAN1203EDR	12.7	3.175	1.4	0.9	90°	±8′	75°	0′～+15′
SPAN1203EDL								
SPCN1203EDR								
SPCN1203EDL								
SPKN1203EDR						±30′		0′～+30′
SPKN1203EDL								
SPAN1504EDR	15.875	4.76	1.4	1.25	90°	±8′	75°	0′～+15′
SPAN1504EDL								
SPCN1504EDR								
SPCN1504EDL								
SPKN1504EDR						±30′		0′～+30′
SPKN1504EDL								

表 5-37 主偏角 45°、法向后角 0°的正方形刀片 （单位：mm）

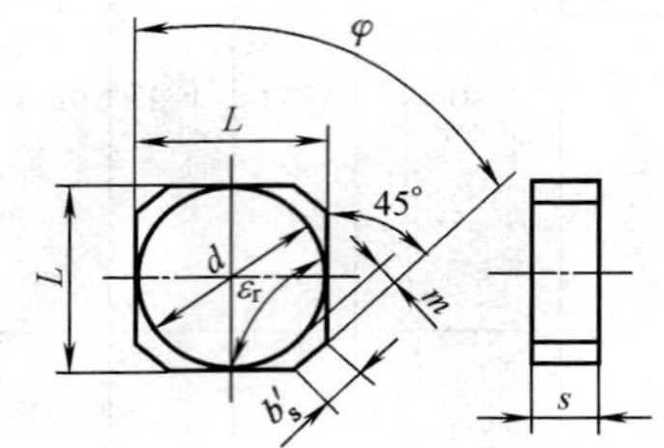

型号	$d=L$	s	$b'_s \approx$	m	ε_r		φ	
					公称尺寸	极限偏差	公称尺寸	极限偏差
SNAN1204ANN	12.7	4.76	3	2.5	90°	±8′	45°	±8′
SNCN1204ANN	12.7	4.76	3	2.5	90°	±8′	45°	±8′
SNKN1204ANN	12.7	4.76	3	2.5	90°	±30′	45°	±15′
SNAN1504ANN	15.875	4.76	3	2.5	90°	±8′	45°	±8′
SNCN1504ANN	15.875	4.76	3	2.5	90°	±8′	45°	±8′

（续）

型号	$d=L$	s	$b'_s\approx$	m	ε_r		φ	
					公称尺寸	极限偏差	公称尺寸	极限偏差
SNKN1504ANN	15.875	4.76	3	2.5	90°	±30′	45°	±15′
SNAN1904ANN	19.05	4.76	3	2.5	90°	±8′	45°	±8′
SNCN1904ANN								
SNKN1904ANN						±30′		±15′

表 5-38　主偏角 90°、法向后角 11°、修光刃法向后角 11°的三角形刀片

（单位：mm）

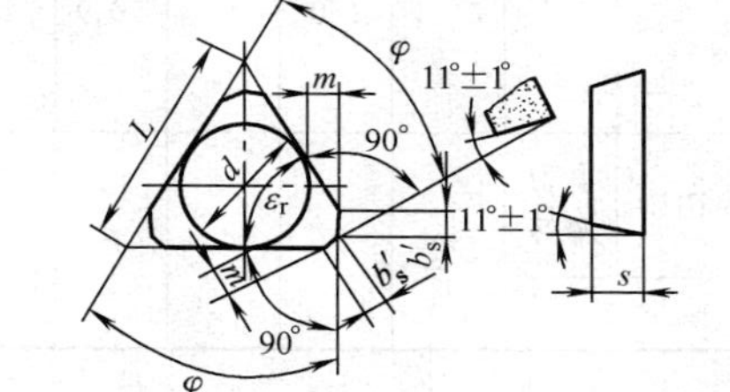

（续）

型号	$L\approx$	d	s	b_s'	m	ε_r		φ	
						公称尺寸	极限偏差	公称尺寸	极限偏差
TPAN1103PPN	11	6.35	3.175	0.7	1.72	60°	±8′	30°	0′～+15′
TPCN1103PPN									
TPKN1103PPN							±30′		0′～+30′
TPAN1603PPN	16.5	9.525		1.2	2.45		±8′		0′～+15′
TPCN1603PPN									
TPKN1603PPN							±30′		0′～+30′
TPAN2204PPN	22	12.7	4.76	1.3	3.55	60°	±8′	30°	0′～+15′
TPCN2204PPN									
TPKN2204PPN							±30′		0′～+30′

表 5-39　主偏角 90°、法向后角 11°、修光刃法向后角 15°的三角形刀片

（单位：mm）

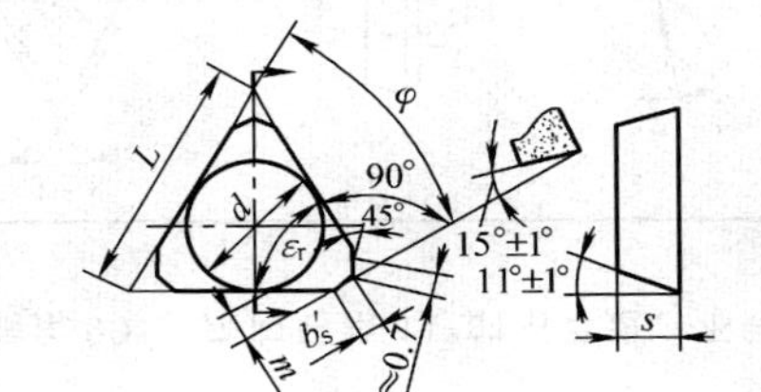

型号	$L\approx$	d	s	b_s'	m	ε_r		φ	
						公称尺寸	极限偏差	公称尺寸	极限偏差
TPAN1603PDR	16.5	9.525	3.175	1.3	2.45	60°	±8′	30°	0′~+15′
TPAN1603PDL									
TPCN1603PDR									
TPCN1603PDL									
TPKN1603PDR							±30′		0′~+30′
TPKN1603PDL									

（续）

型号	$L\approx$	d	s	b'_s	m	ε_r		φ	
						公称尺寸	极限偏差	公称尺寸	极限偏差
TPAN2204PDR	22	12.7	4.76	1.4	3.55	60°	±8′	30°	0′~+15′
TPAN2204PDL									
TPCN2204PDR									
TPCN2204PDL									
TPKN2204PDR							±30′		0′~+30′
TPKN2204PDL									

表 5-40　主偏角 90°、法向后角 11°的不等边、不等角六边形刀片

（单位：mm）

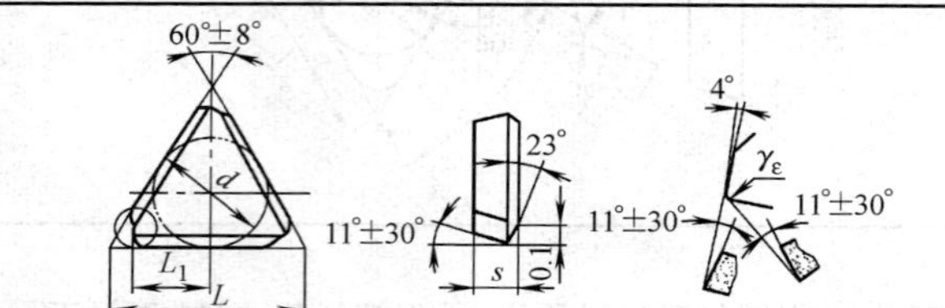

（续）

型号	$L\approx$	d	s	L_1 公称尺寸	L_1 极限偏差	r_ε ±0.1
FPCN110305R	11	6.35	3.175	4.76	±0.013	0.5
FPCN110305L	11	6.35	3.175	4.76	±0.013	0.5
FPCN110310R	11	6.35	3.175	4.76	±0.013	1
FPCN110310L	11	6.35	3.175	4.76	±0.013	1
FPCN160305R	16.5	9.525	3.175	7	±0.013	0.5
FPCN160305L	16.5	9.525	3.175	7	±0.013	0.5
FPCN160310R	16.5	9.525	3.175	7	±0.013	1
FPCN160310L	16.5	9.525	3.175	7	±0.013	1
FPCN160315R	16.5	9.525	3.175	7	±0.013	1.5
FPCN160315L	16.5	9.525	3.175	7	±0.013	1.5
FPCN160320R	16.5	9.525	3.175	7	±0.013	2
FPCN160320L	16.5	9.525	3.175	7	±0.013	2
FPCN220405R	22	12.7	4.76	9.2	±0.013	0.5
FPCN220405L	22	12.7	4.76	9.2	±0.013	0.5

（续）

型号	$L\approx$	d	s	L_1		r_ε
				公称尺寸	极限偏差	±0.1
FPCN220410R	22	12.7	4.76	9.2	±0.013	1
FPCN220410L						
FPCN220415R						1.5
FPCN220415L						
FPCN220420R						2
FPCN220420L						
FPCN220425R						2.5
FPCN220425L						
FPCN270605R	27.5	15.875	6.35	11.3	±0.013	0.5
FPCN270605L						
FPCN270610R						1
FPCN270610L						
FPCN270620R						2
FPCN270620L						
FPCN270630R						3
FPCN270630L						

表 5-41　主偏角 75°、法向后角 11°、15°的带修光刃精铣刀片

（单位：mm）

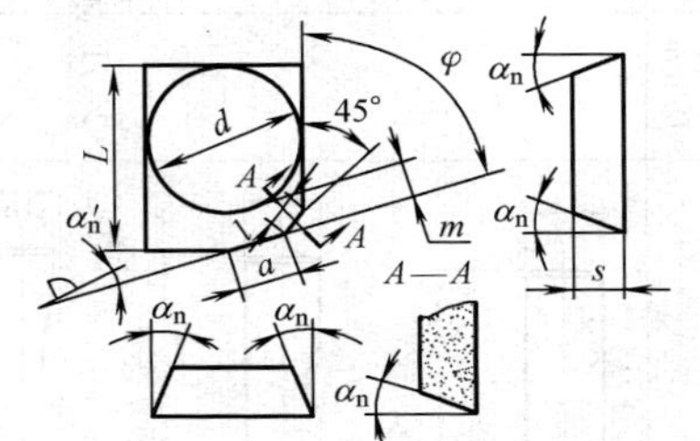

型号	L	d ±0.025	s ±0.025	m ±0.025	a	α_n ±1°	α'_n ±1°	φ 公称尺寸	φ 极限偏差
LPEX1403EDR LPEX1403EDL	14.7	12.7	3.175	0.97	8	11°	15°	75°	0′～+30′
LPEX1804EDR LPEX1804EDL	18.3	15.875	4.76	1.32	10	11°	15°	75°	0′～+30′

四、铣　刀

1. 常用铣刀的类型、规格范围及标准代号

(1) 立铣刀（表 5-42）

表 5-42　立铣刀

类型	简图	规格范围 d 或 D/mm	标准代号
直柄立铣刀	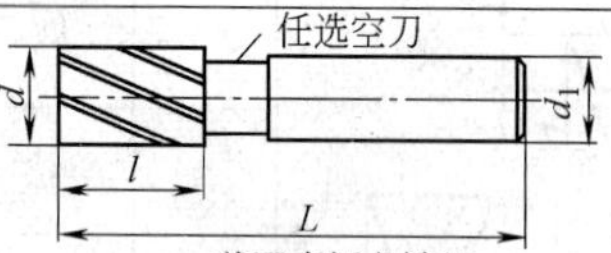 任选空刀 d d_1 l L 普通直柄立铣刀 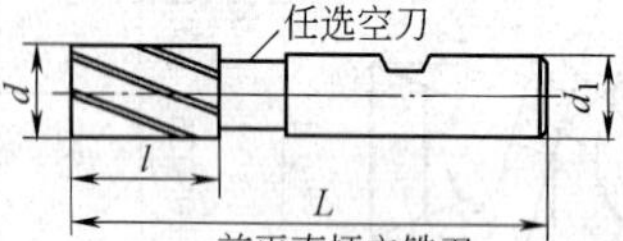 任选空刀 d d_1 l L 前平直柄立铣刀 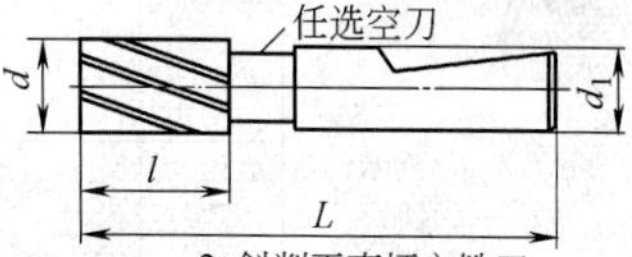 任选空刀 d d_1 l L 2°斜削平直柄立铣刀 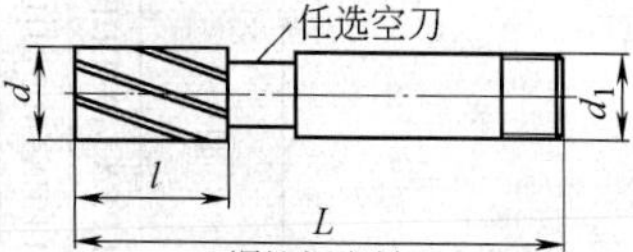 任选空刀 d d_1 l L 螺纹柄立铣刀	2~71	GB/T 6117.1—2010

（续）

类型	简图	规格范围 d 或 D/mm	标准代号
莫氏锥柄立铣刀	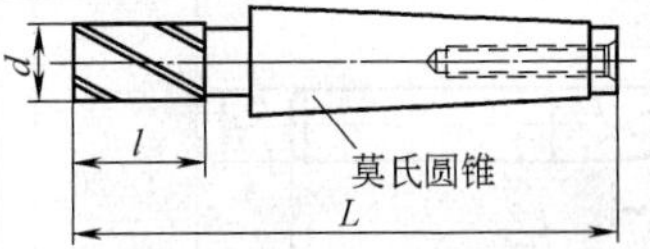 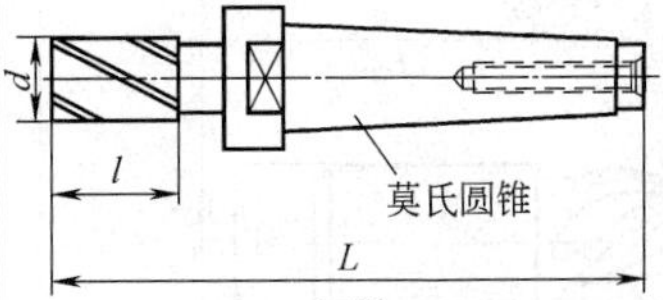 d、l、L、莫氏圆锥 Ⅰ型 d、l、L、莫氏圆锥 Ⅱ型	6~71	GB/T 6117.2—2010
套式立铣刀	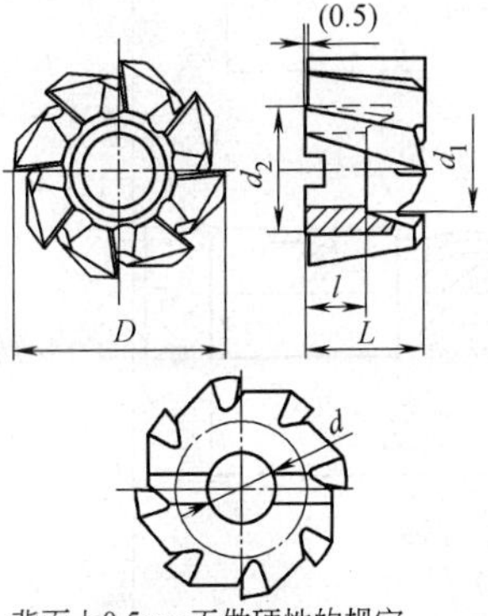 (0.5)、d_1、d_2、D、l、L、d 背面上0.5mm不做硬性的规定。	40~160	GB/T 1114—2016

（续）

类型	简图	规格范围 d 或 D/mm	标准代号
整体硬质合金直柄立铣刀	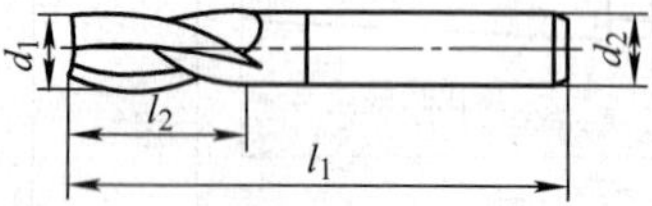	1～20	GB/T 16770.1—2008
硬质合金螺旋齿直柄立铣刀	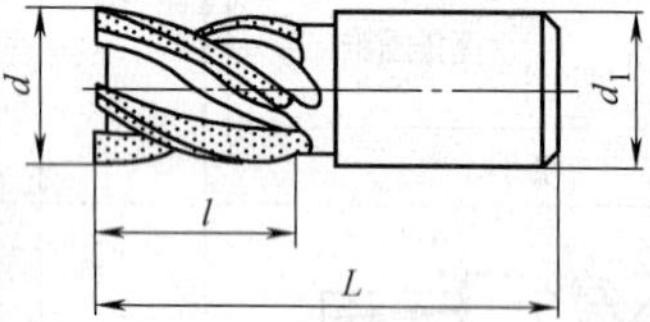 A型 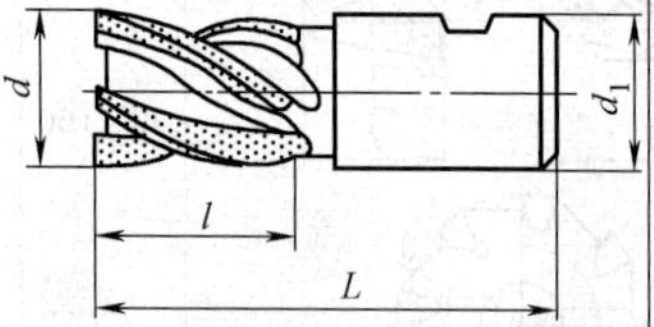 B型	12～40	GB/T 16456.1—2008

（续）

类型	简图	规格范围 d 或 D/mm	标准代号
莫氏锥柄硬质合金螺旋齿立铣刀	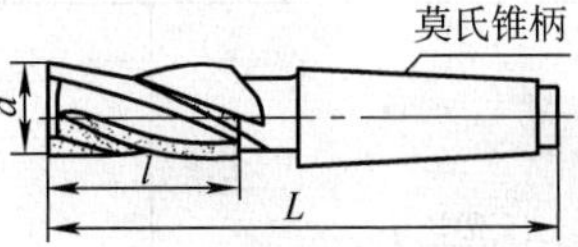 莫氏锥柄 d l L	16～63	GB/T 16456.3—2008
7∶24 锥柄硬质合金螺旋齿立铣刀	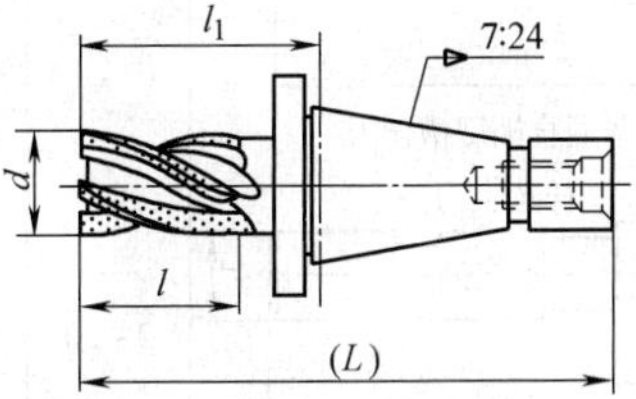 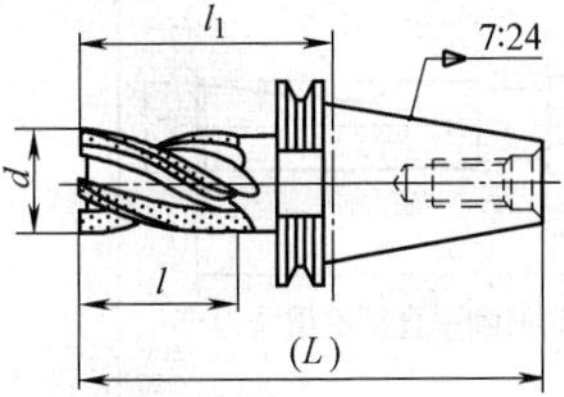 l_1 7:24 d l (L) A型 l_1 7:24 d l (L) B型	32～63	GB/T 16456.2—2008

(2）键槽铣刀（表 5-43）

表 5-43 键槽铣刀

类型	简图	规格范围 d/mm	标准代号
直柄和螺纹柄键槽铣刀	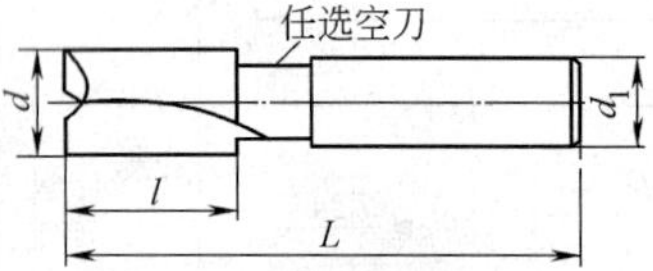 任选空刀 d d_1 l L 普通直柄键槽铣刀 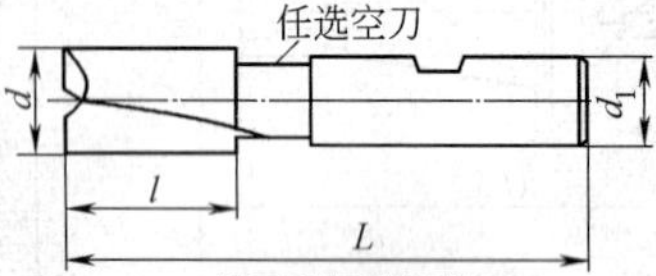 任选空刀 d d_1 l L 削平直柄键槽铣刀 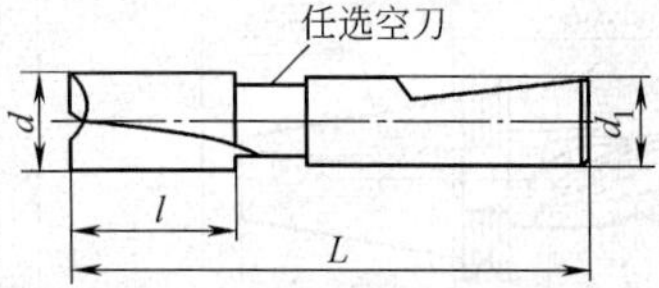 任选空刀 d d_1 l L 2°斜削平直柄键槽铣刀	2~20	GB/T 1112—2012

（续）

类型	简图	规格范围 d/mm	标准代号
直柄和螺纹柄键槽铣刀	任选空刀 d d_1 l L 螺纹柄键槽铣刀	2~20	GB/T 1112—2012
莫氏锥柄键槽铣刀	d l 莫氏圆锥 L Ⅰ型 d l 莫氏圆锥 L Ⅱ型	14~50	

（3）T形槽铣刀（表5-44）

表5-44 T形槽铣刀

类型	简图	规格范围 d/mm	标准代号
普通直柄、削平直柄和螺纹柄T形槽铣刀	$f\times45°$　$g\times45°$　d_1　d_3　d_2　l　c　L	11~60	GB/T 6124—2007
莫氏锥柄T形槽铣刀	$f\times45°$　$g\times45°$　1　l　c　d_3　d_2　L	18~95	

注：倒角f和g可用相同尺寸的圆弧代替。

(4) 半圆键槽铣刀（表 5-45）

表 5-45　半圆键槽铣刀

类型	简图	规格范围 d/mm	标准代号
普通直柄半圆键槽铣刀	A型 d d_1 b L B型 d d_1 b L C型 d β d_1 b L	4. 5～32. 5	GB/T 1127—2007
削平直柄半圆键槽铣刀	A型 d d_1 b L B型 d d_1 b L C型 d β d_1 b L		

（续）

类型	简图	规格范围 d/mm	标准代号
2°斜削平直柄半圆键槽铣刀	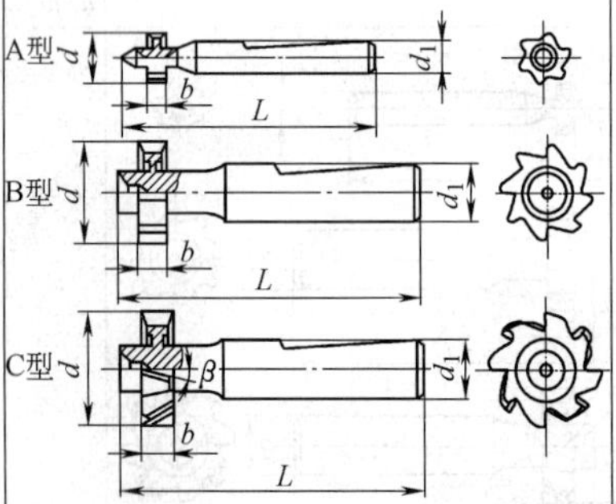 A型 d d_1 b L B型 d d_1 b L C型 d β d_1 b L	4.5~32.5	GB/T 1127—2007
螺纹柄半圆键槽铣刀	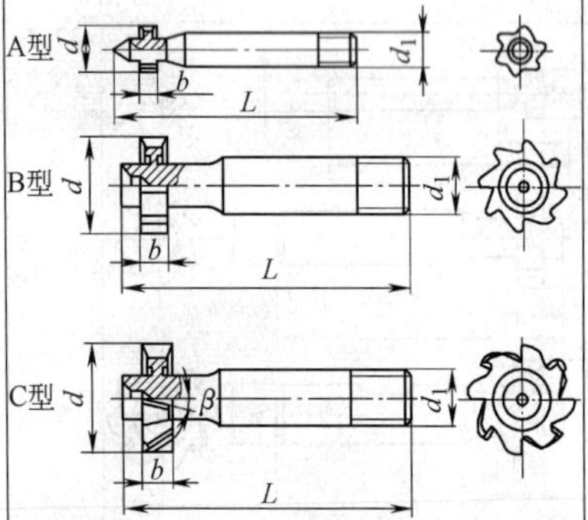 A型 d d_1 b L B型 d d_1 b L C型 d β d_1 b L		

（5）燕尾槽铣刀（表 5-46）

表 5-46　燕尾槽铣刀

类型	简图	规格范围 d/mm	标准代号
直柄燕尾槽铣刀	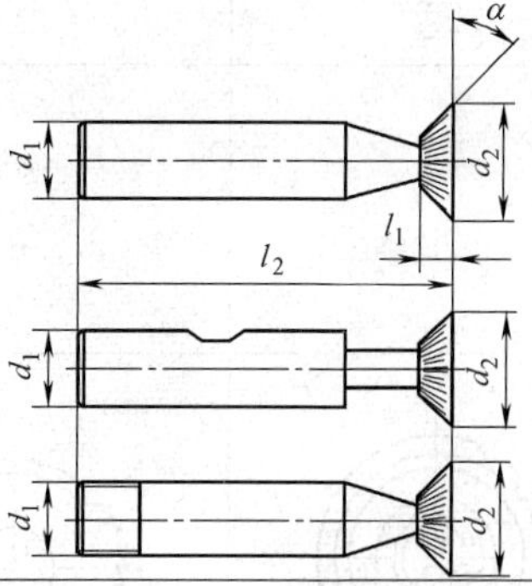	16～31.5	GB/T 6338—2004
直柄反燕尾槽铣刀	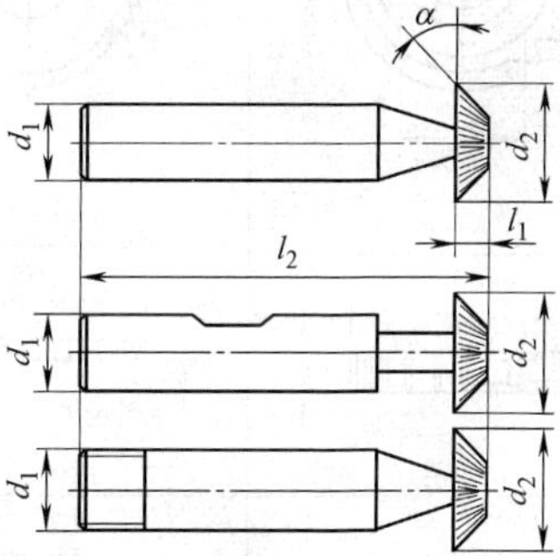		

注：α 为 45°、60°两种规格。

(6) 槽铣刀（表 5-47）

表 5-47　槽铣刀

类型	简图	规格范围 d/mm	标准代号
尖齿槽铣刀	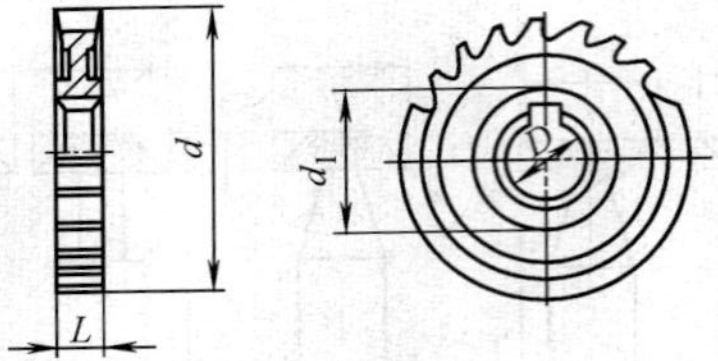	50~200	GB/T 1119.1—2002
螺钉槽铣刀	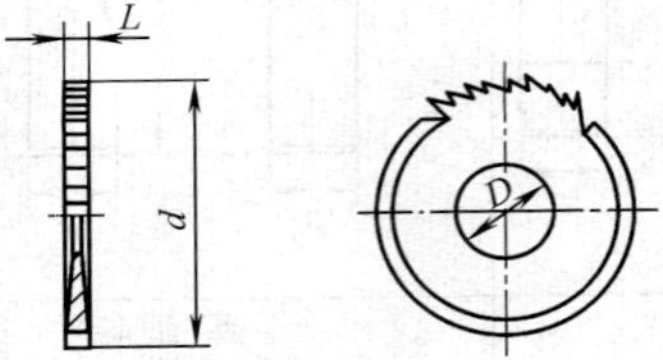	40~75	JB/T 8366—1996

（7）锯片铣刀（表 5-48）

表 5-48　锯片铣刀

类型	简图	规格范围 d/mm	标准代号
粗齿锯片铣刀	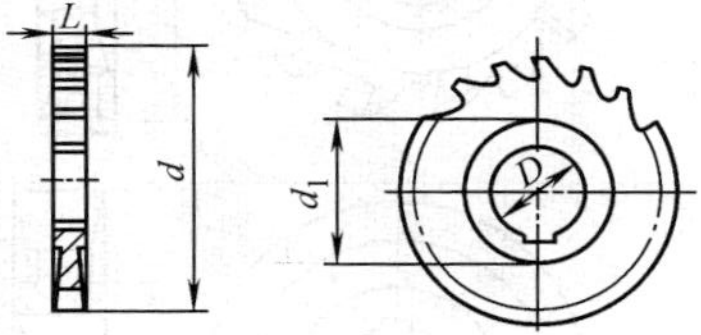	50～315	GB/T 6120—2012
中齿锯片铣刀		32～315	
细齿锯片铣刀		20～315	
整体硬质合金锯片铣刀	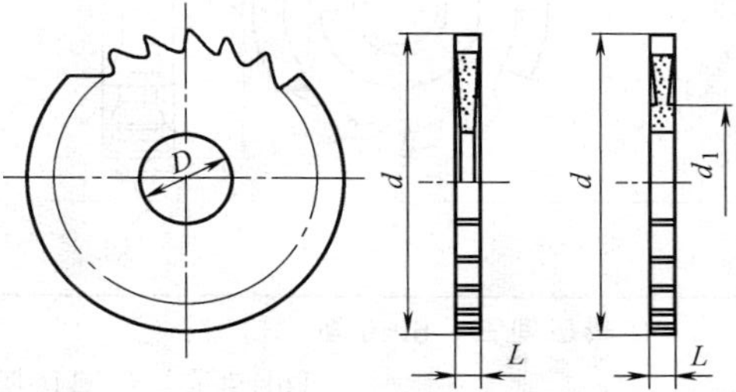	8～63 或 80～125	GB/T 14301—2008

（8）三面刃铣刀（表 5-49）

表 5-49　三面刃铣刀

类型	简图	规格范围 d/mm	标准代号
直齿三面刃铣刀	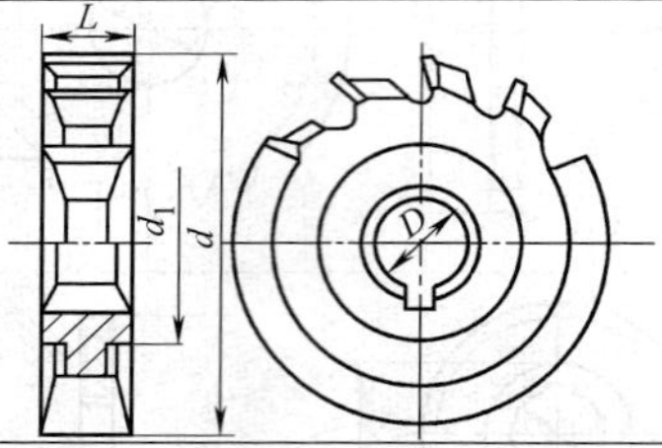	50～200	GB/T 6119—2012
错齿三面刃铣刀	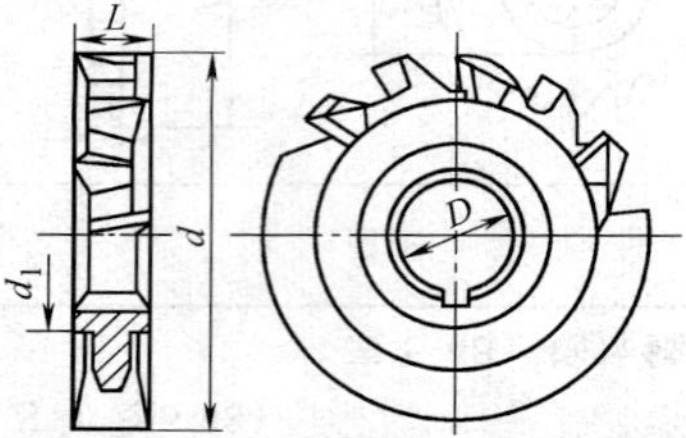	50～200	GB/T 6119—2012

（续）

类型	简图	规格范围 d/mm	标准代号
镶齿三面刃铣刀	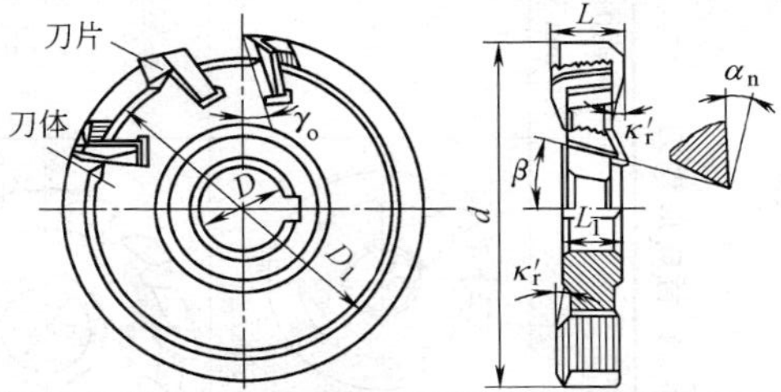 刀片 刀体 γ_o D D_1 L d β L_1 κ_r' α_n	80～315	JB/T 7953—2010
硬质合金错齿三面刃铣刀	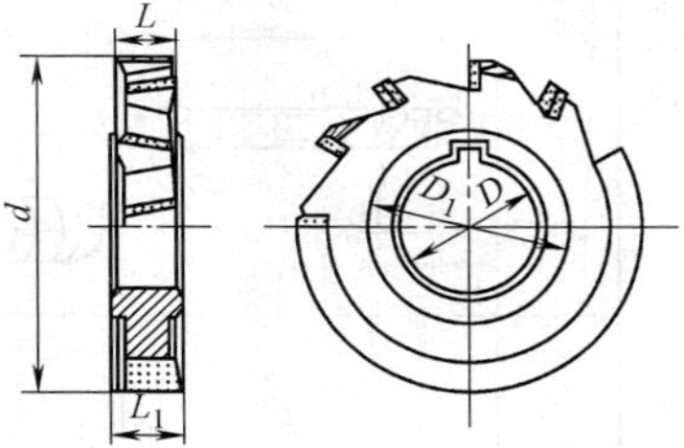 L d L_1 D_1 D	63～250	GB/T 9062—2006

(9) 圆柱形铣刀（表 5-50）

表 5-50 圆柱形铣刀

类型	简图	规格范围 d/mm	标准代号
圆柱形铣刀	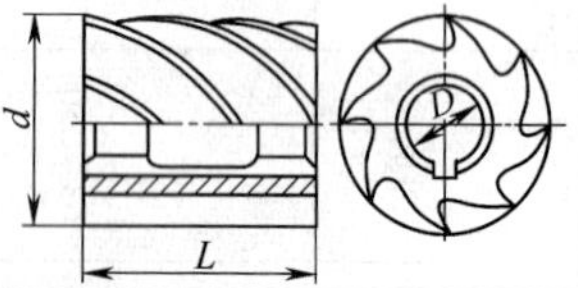	50～100	GB/T 1115.1—2002

(10) 铲背成形铣刀（表 5-51）

表 5-51 铲背成形铣刀

类型	简图	规格范围 R/mm	标准代号
圆角铣刀	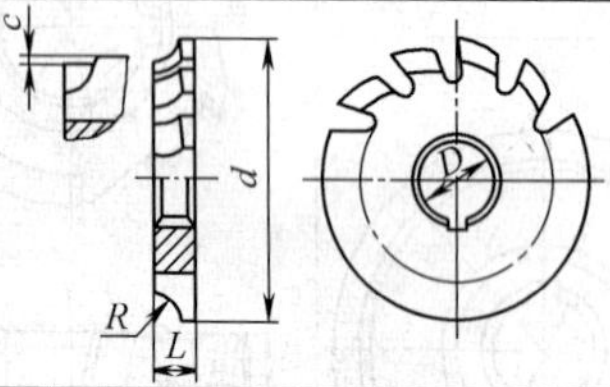	1～20	GB/T 6122—2017
凸半圆铣刀	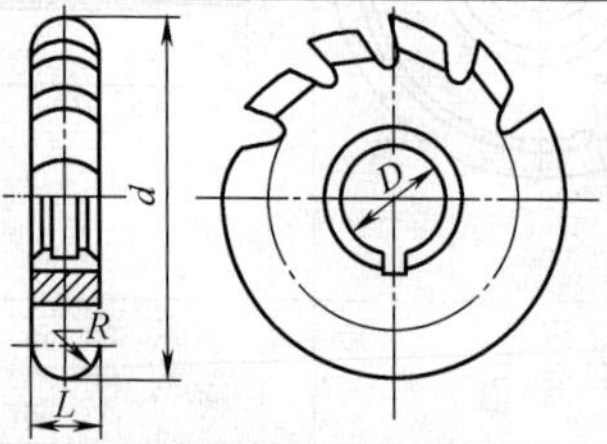	1～20	GB/T 1124.1—2007

（续）

类型	简图	规格范围 R/mm	标准代号
凹半圆铣刀	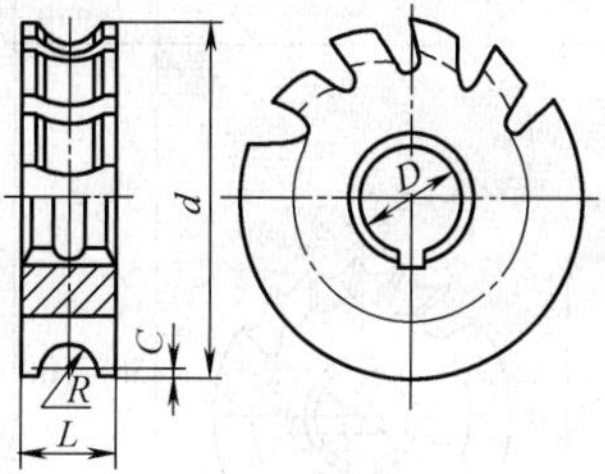	1~20	GB/T 1124.1—2007

（11）角度铣刀（表5-52）

表5-52 角度铣刀

类型	简图	规格范围 d/mm	标准代号
单角铣刀（θ 为 18°~90°）	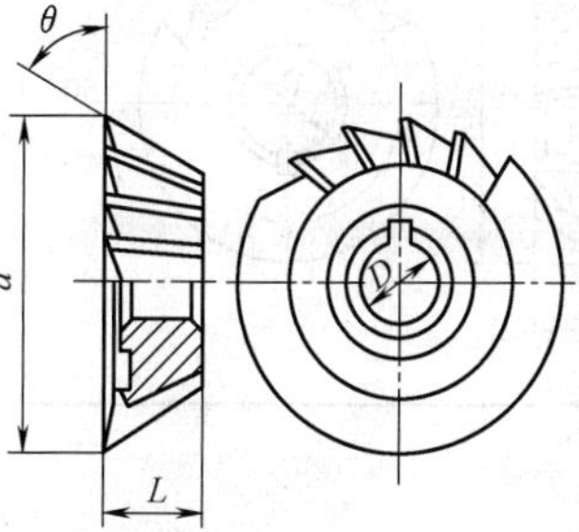	40~100	GB/T 6128.1—2007

（续）

类型	简图	规格范围 d/mm	标准代号
对称双角铣刀（θ 为 18°~90°）	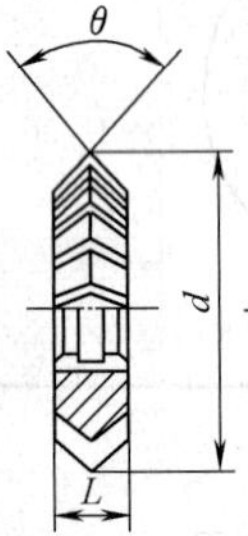 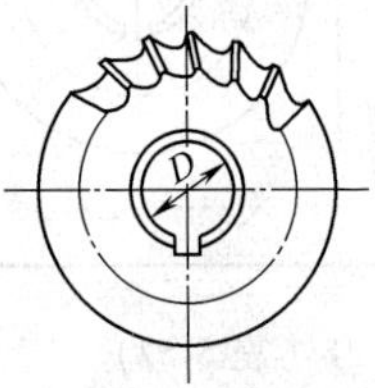	50~100	GB/T 6128.2—2007
不对称双角铣刀（θ 为 50°~100°）（δ 为 15°~25°）	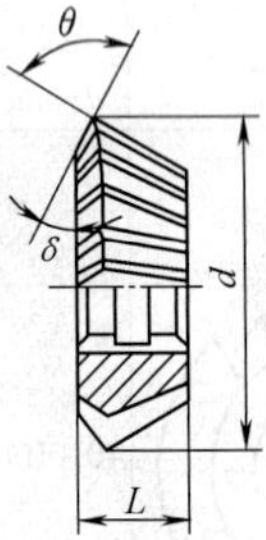 	50~100	GB/T 6128.1—2007

2. 可转位铣刀

（1）可转位铣刀刀片的定位及夹紧方式（表 5-53）

表 5-53 可转位铣刀刀片的定位及夹紧方式

夹紧方式	结构简图	说明
螺钉楔块夹紧	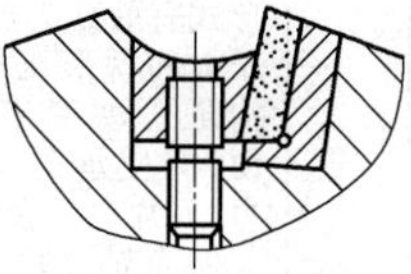 a) 楔块在刀片前面 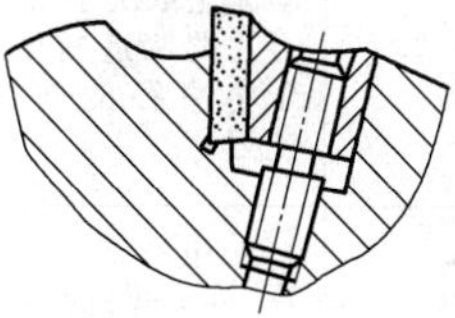 b) 楔块在刀片后面	这是硬质合金可转位铣刀刀片的基本夹紧形式。其结构简单,工艺性好,制造容易。楔块式夹紧结构有两种形式:一种是在刀片的前面上夹紧;另一种是在刀片的后面上夹紧。前面夹紧刀片的结构,夹紧可靠,刚性好,但刀片的厚度偏差影响定位精度,引起铣刀的径向圆跳动。后面夹紧的结构,由于楔块同时起到刀垫的作用,刀片和楔块、刀体上的刀片槽和楔块的贴合必须良好,因此对刀体上的刀片槽和楔块的制造精度要求较高。后面夹紧结构的优点是,刀片的厚度尺寸不会影响铣刀的径向圆跳动
拉杆楔块夹紧	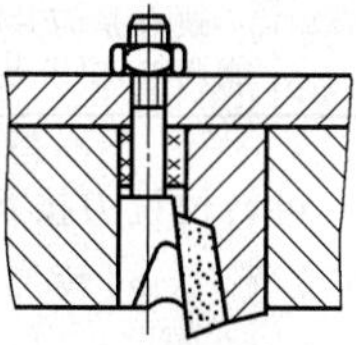	拉杆和楔块为一个整体,拧紧螺母即可将刀片夹紧在刀体上,夹紧可靠,制造方便,结构紧凑,适用于密齿面铣刀。但切削刃的轴向圆跳动要由刀片和刀垫的制造精度来保证

（续）

夹紧方式	结构简图	说明
用压板压紧刀片	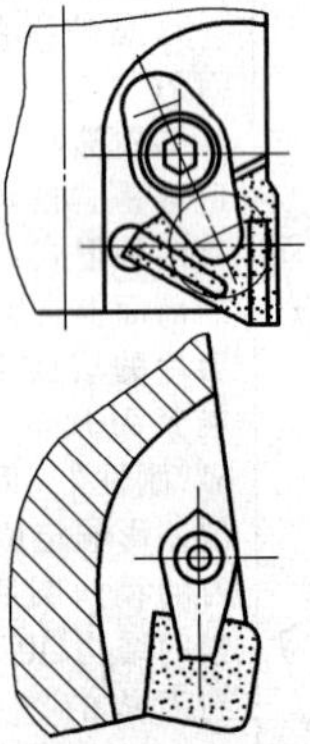	用夹紧元件从刀片的上面直接将刀片压紧在铣刀体的刀片槽内。夹紧元件形式有蘑菇头形螺钉、爪形压板和桥形压板等。其结构简单，夹紧牢靠，制造方便，即使承受很大的切削力，刀片也不会松动和窜动 缺点是刀片位置不可调整，刀片的径向和轴向圆跳动完全取决于刀槽、刀垫与刀片的制造精度。一般用于小直径的面铣刀和立铣刀
用螺钉夹紧刀片	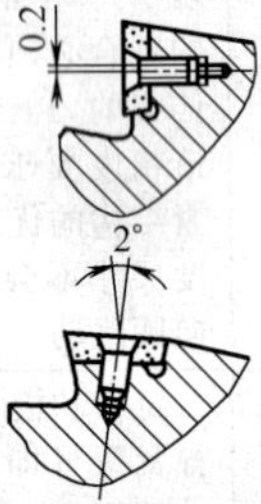 0.2 2°	采用带锥孔的可转位刀片，锥头螺钉的轴线对刀片锥孔轴线应向压紧贴合面偏移 0.2mm。当螺钉向下移动时，螺钉的锥面推动刀片靠紧定位面并夹紧。其结构简单、紧凑，夹紧元件不阻碍切屑流出 缺点是刀片位置精度不能调整，要求制造精度高

（2）可转位铣刀的类型　可转位铣刀按其用途不同，可分为可转位面铣刀、可转位立铣刀、可转位三面刃铣刀和专用可转位铣刀等。

可转位铣刀型号表示方法如下：

1）可转位面铣刀型号的表示方法。按 GB/T 5342.1～3—2006 规定，可转位面铣刀的型号表示方法由 10 位代号组成。各位代号及表示的内容如图 5-4 所示。

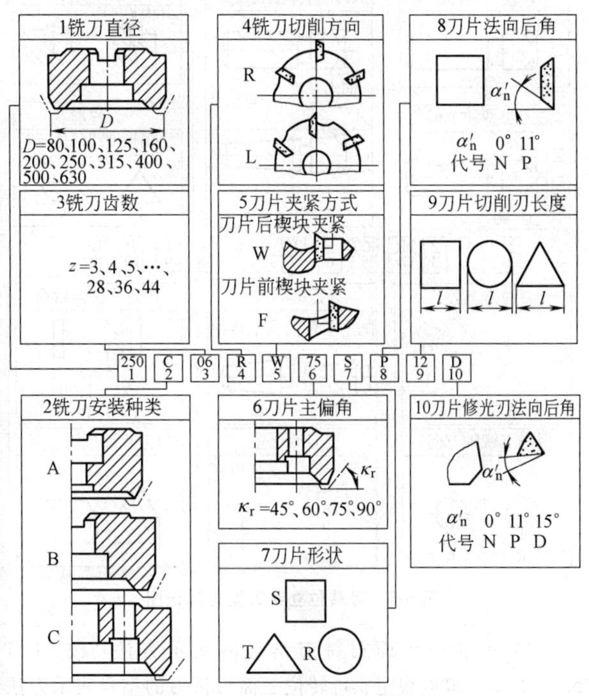

图 5-4 可转位面铣刀型号标记图

2）可转位立铣刀型号的表示方法。按 GB/T 5340.1～3—2006 规定，可转位立铣刀的型号表示方法由 11 位代号组成。各位代号及表示的内容如图 5-5 所示。

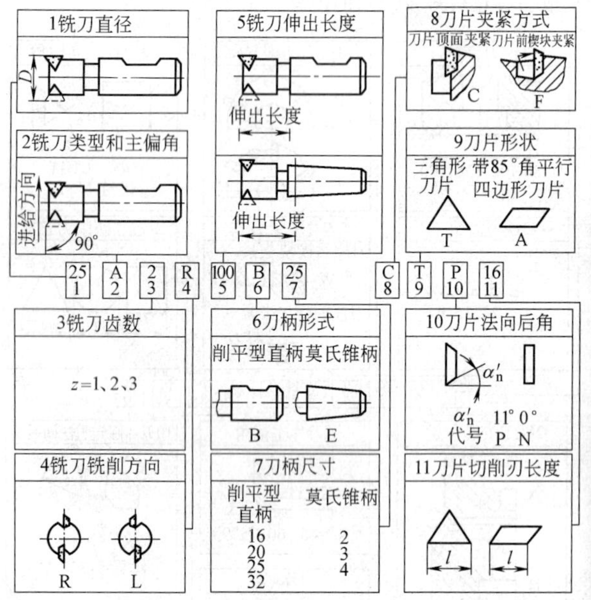

图 5-5　可转位立铣刀型号标记图

3）可转位三面刃铣刀型号的表示方法。按 GB/T 5341.1～2—2006 规定，可转位三面刃铣刀的型号表示方法由 11 位代号组成。各位代号及表示的内容如图 5-6 所示。

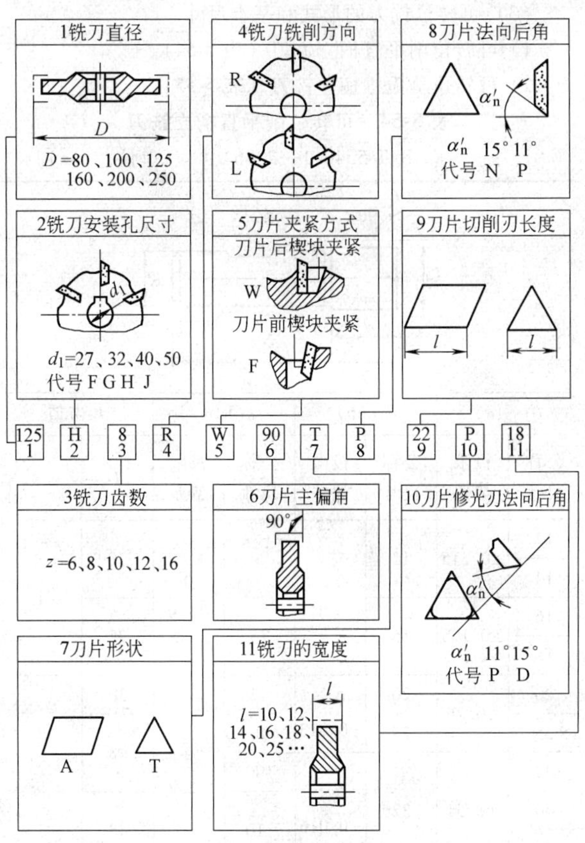

图 5-6 可转位三面刃铣刀型号标记图

(3) 可转位铣刀的形式和基本尺寸

1) 可转位削平直柄立铣刀(表 5-54)。

2) 可转位莫氏锥柄立铣刀(表 5-55)。

表 5-54 可转位削平直柄立铣刀

(GB/T 5340.1—2006) (单位:mm)

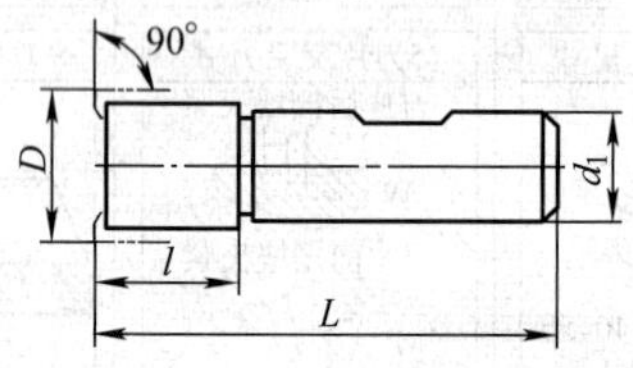

D(js14)		d_1(h6)		L(h16)		参考值	
公称尺寸	极限偏差	公称尺寸	极限偏差	公称尺寸	极限偏差	l	齿数
12	±0.215	12	0 -0.011	70	0 -1.9	20	1
14							
16	±0.125	16		75		25	
18							
20	±0.26	20	0 -0.013	82	0 -2.2	30	2
25		25		96		38	
32	±0.31	32	0 -0.016	100			
40				110		48	3
50							

表 5-55　可转位莫氏锥柄立铣刀

（GB/T 5340.2—2006）（单位：mm）

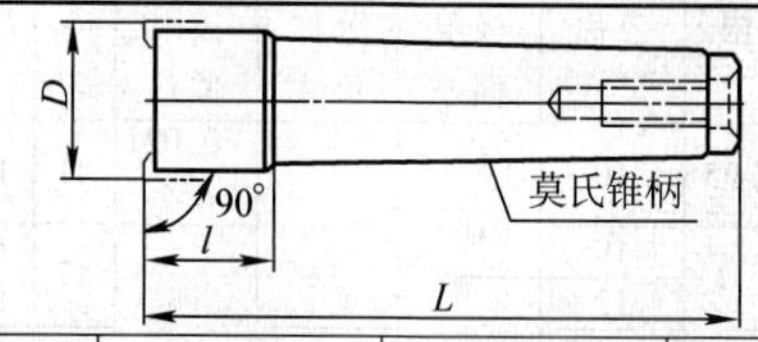

D(js14)		L(h16)		莫氏锥柄号	参考值	
公称尺寸	极限偏差	公称尺寸	极限偏差		l	齿数
12	±0.215	90	0 −2.2	2	20	1
14						
16		94			25	
18						
20	±0.26	116	0 −2.5	3	30	2
25		124			38	
32	±0.31					
40		157		4	48	3
50						

3）可转位三面刃铣刀（表 5-56）。

表 5-56　可转位三面刃铣刀

（GB/T 5341.1—2006）（单位：mm）

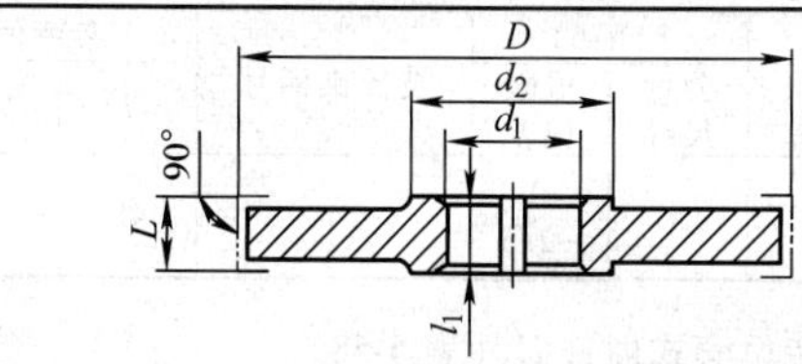

（续）

D(js16)		L(H12)		d_1(H7)		d_2	l_1^{+2}	齿数（参考）
公称尺寸	极限偏差	公称尺寸	极限偏差	公称尺寸	极限偏差			
80	±0.95	10	+0.15 0	27	+0.021 0	41	10	6
100	±1.1	10		32	+0.025 0	47	10	8
		12	+0.18 0				12	
120	±1.25	12		40		55	12	
		16					16	
160		16		40		55	16	10
		20					20	
200	±1.45	20	+0.21 0	50		69	20	12
		25					25	

4）可转位锥柄面铣刀（表5-57）。

表5-57　可转位莫氏锥柄面铣刀

（GB/T 5342.2—2006）（单位：mm）

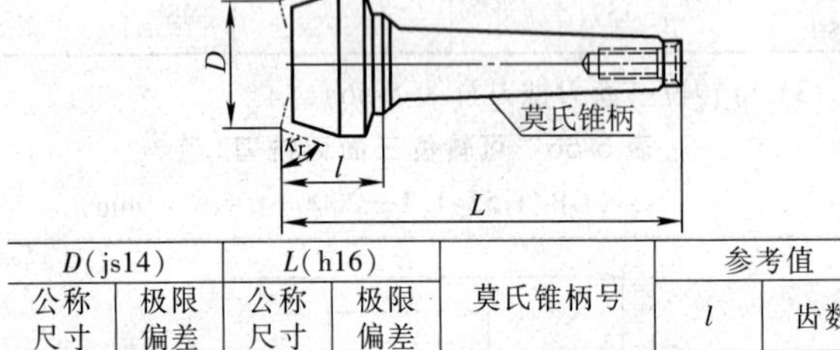

D(js14)		L(h16)		莫氏锥柄号	参考值	
公称尺寸	极限偏差	公称尺寸	极限偏差		l	齿数
60	±0.37	157	0 −2.5	4	48	4
80						6

5）可转位套式面铣刀（表5-58）。

表 5-58 可转位套式面铣刀（GB/T 5342.1—2006）（单位：mm）

(1) A 型面铣刀

D_1 ($\kappa_r = 90°$ 时 $D_1 < D$)

键槽尺寸按 GB/T 6132

$\kappa_r = 45°$、$75°$ 或 $90°$

D(js16)		d_1(H7)		d_2	d_3	d_{4min}	H	l_1	l_{2max}	紧固螺钉
公称尺寸	极限偏差	公称尺寸	极限偏差							
50	±0.8	22	+0.021 0	11	18	41	40	20	33	M10
63	±0.95									
80		27		13.5	20	49	50	22	37	M12
100	±1.1	32	+0.025 0	17.5	27	59		25	33	M16

（续）

（2）B 型面铣刀

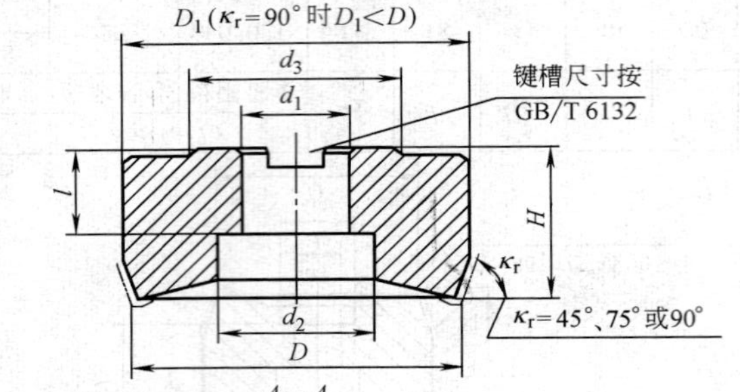

D(js16)		d_1(H7)		d_2	d_{3min}	H	l		紧固螺钉
公称尺寸	极限偏差	公称尺寸	极限偏差				min	max	
80	±0.95	27	+0.021 0	38	49	50	22	30	M12
100	±1.1	32	+0.025 0	45	59		25	32	M16
125	±1.25	40		56	71	63	28	35	M20

（续）

（3）C 型面铣刀 $D=160\text{mm}$，40 号定心刀杆

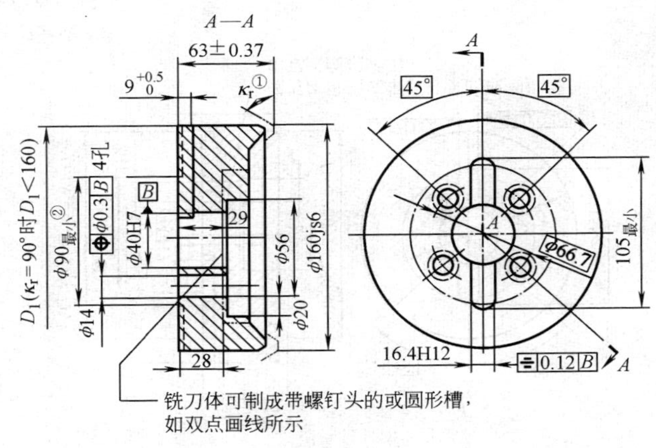

① $\kappa_r=45°$、75°或 90°

② 在刀体背面上直径 90mm（最小）处的空刀是任选的

（续）

（4）C 型面铣刀 $D=200$mm 和 250mm，50 号定心刀杆

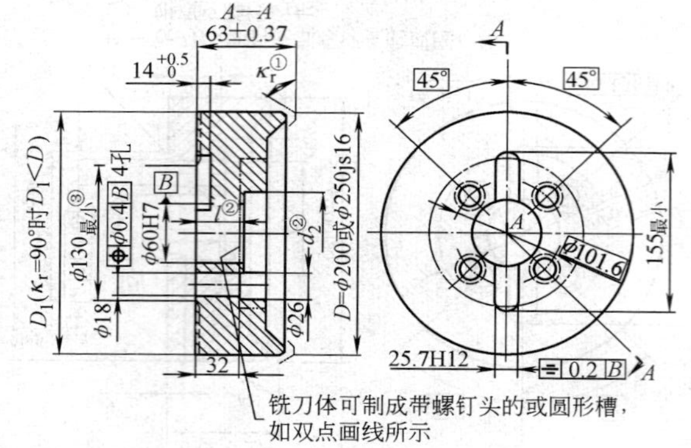

① $\kappa_r=45°$、75°或 90°

② 由制造厂自定

③ 在刀体背面上直径 130mm（最小）处的空刀是任选的

（续）

（5）C 型面铣刀 $D=315\text{mm}$、400mm 和 500mm，60 号定心刀杆

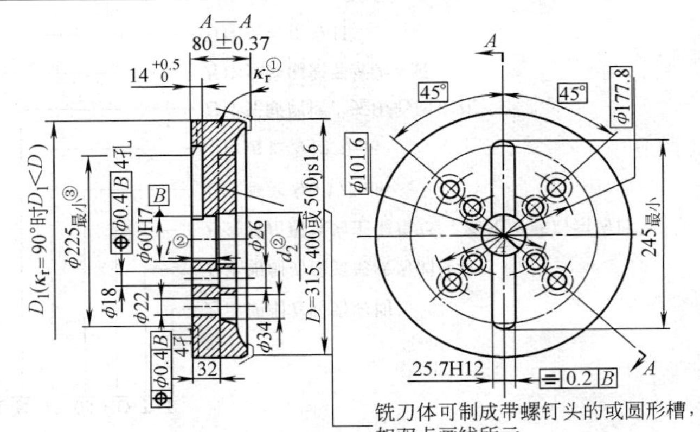

① $\kappa_r=45°$、75°或 90°

② 由制造厂自定

③ 在刀体背面上直径 225mm（最小）处的空刀是任选的

（4）可转位铣刀用刀片

铣刀片型号表示规则：铣刀片和车刀片型号表示规则基本相同，唯一的区别是刀片型号的第 7 项，刀片转角形状或刀片圆角半径（车刀片）的代号。

标记示例：

S P A N 12 03 ED T R

- R — 刀片切削方向为右切
- T — 刀片切削刃截面形状为倒棱状
- ED — 刀尖转角形状为主偏角75°，修光刃法后角为15°
- 03 — 刀片厚度为3.175mm
- 12 — 刀片边长为12.7mm
- N — 刀片无断屑槽，无中心固定孔
- A — 刀片允许偏差等级为A级
- P — 刀片法后角为11°
- S — 刀片形状为正方形

五、齿轮刀具

1. 盘形齿轮铣刀（表 5-59）

表 5-59　盘形齿轮铣刀形式和基本尺寸（JB/T 7970.1—1999）

（单位：mm）

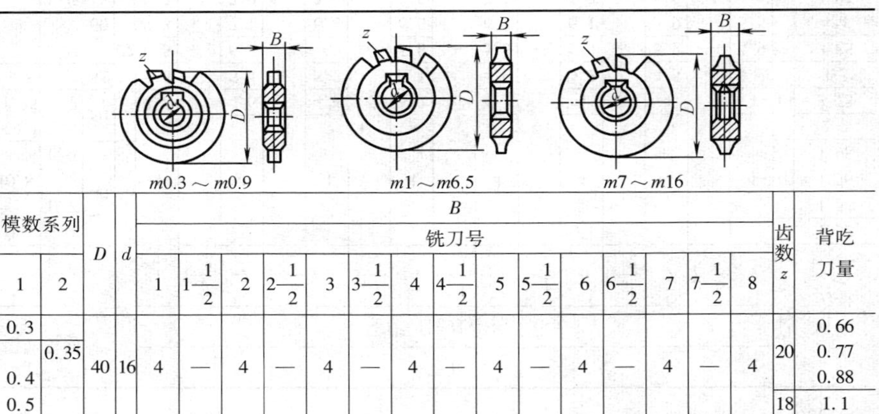

模数系列		D	d	B															齿数 z	背吃刀量
				铣刀号																
1	2			1	$1\frac{1}{2}$	2	$2\frac{1}{2}$	3	$3\frac{1}{2}$	4	$4\frac{1}{2}$	5	$5\frac{1}{2}$	6	$6\frac{1}{2}$	7	$7\frac{1}{2}$	8		
0.3		40	16	4	—	4	—	4	—	4	—	4	—	4	—	4	—	4	20	0.66
	0.35																			0.77
0.4																				0.88
0.5																			18	1.1

（续）

模数系列		D	d	B															齿数	背吃刀量
				铣刀号																
1	2			1	$1\frac{1}{2}$	2	$2\frac{1}{2}$	3	$3\frac{1}{2}$	4	$4\frac{1}{2}$	5	$5\frac{1}{2}$	6	$6\frac{1}{2}$	7	$7\frac{1}{2}$	8	z	
0.6																			18	1.32
	0.7	40	16																	1.54
0.8				4		4		4		4		4		4		4		4	16	1.76
	0.9																			1.98
1		50																		2.2
1.25				4.8		4.6		4.4		4.2		4.1		4		4		4	14	2.75
1.5		55		5.6		5.4		5.2		5.1		4.9		4.7		4.5		4.2		3.3
	1.75		22	6.5	—	6.3	—	6	—	5.8	—	5.6	—	5.4	—	5.2	—	4.9		3.85
2		60		7.3		7.1		6.8		6.6		6.3		6.1		5.9		5.5		4.4
	2.25			8.2		7.9		7.6		7.3		7.1		6.8		6.5		6.1		4.95
2.5		65		9		8.7		8.4		8.1		7.8		7.5		7.2		6.8		5.5
	2.75	70		9.9		9.6		9.2		8.8		8.5		8.2		7.9		7.4	12	6.05
3			27	10.7		10.4		10		9.6		9.2		8.9		8.5		8.1		6.6
	3.25	75		11.5		11.2		10.7		10.3		9.9		9.6		9.3		8.8		7.15
	3.5			12.4		12		11.5		11.1		10.7		10.3		9.9		9.4		7.7

（续）

模数系列		D	d	B															齿数 z	背吃刀量
				铣刀号																
1	2			1	$1\frac{1}{2}$	2	$2\frac{1}{2}$	3	$3\frac{1}{2}$	4	$4\frac{1}{2}$	5	$5\frac{1}{2}$	6	$6\frac{1}{2}$	7	$7\frac{1}{2}$	8		
	3.75			13.3		12.8		12.3		11.9		11.4		11		10.5		10		8.25
4		80	27	14.1		13.7		13.1		12.6		12.2		11.7		11.2		10.7	12	8.8
	4.5			15.3		14.9		14.4		13.9		13.6		13.1		12.6		12		9.9
5		90		16.8		16.3		15.8		15.4		14.9		14.5		13.9		13.2		11
	5.5	95		18.4	—	17.9	—	17.3	—	16.7	—	16.3	—	15.8	—	15.3	—	14.5		12.1
6		100		19.9		19.4		18.8		18.1		17.6		17.1		16.4		15.7		13.2
	6.5			21.4		20.8		20.2		19.4		19		18.4		17.8		17	11	14.3
	7	105	32	22.9		22.3		21.6		20.9		20.3		19.7		19		18.2		15.4
8		110		26.1		25.3		24.4		23.7		23		22.3		21.5		20.7		17.6
	9	115		29.2	28.7	28.3	28.1	27.6	27	26.6	26.1	25.9	25.4	25.1	24.7	24.3	23.9	23.3		19.8
10		120		32.2	31.7	31.2	31	30.4	29.8	29.3	28.7	28.5	28	27.6	27.2	26.7	26.3	25.7		22
	11	135		35.3	34.8	34.3	34	33.3	32.7	32.1	31.5	31.3	30.7	30.3	29.9	29.3	28.9	28.2		24.2
12		145		38.3	37.7	37.2	36.9	36.1	35.5	35	34.3	34	33.4	33	32.4	31.7	31.3	30.6	10	26.4
	14	160	40	44.7	44	43.4	43	42.1	41.3	40.6	39.8	39.5	38.8	38.4	37.7	37	36.3	35.5		30.8
16		170		50.7	49.9	49.3	48.7	47.8	46.8	46.1	45.1	44.8	44	43.5	42.8	41.9	41.3	40.3		35.2

2. 盘形锥齿轮铣刀形式和基本尺寸（表 5-60）

表 5-60　盘形锥齿轮铣刀形式和基本尺寸

（单位：mm）

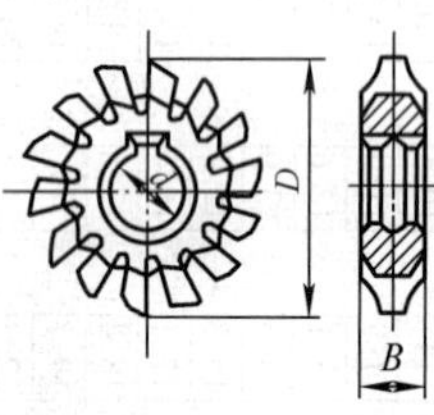

模数 m	基本尺寸			模数 m	基本尺寸		
	D	B	d		D	B	d
0.3	40	4	16	3.25	75	11.5	27
0.35	40	4	16	3.5	75	12.4	27
0.4	40	4	16	3.75	80	13.3	27
0.5	40	4	16	4	80	14.1	27
0.6	40	4	16	4.5	80	15.3	27
0.7	40	4	16	5	90	16.8	32
0.8	40	4	16	5.5	95	18.4	32
0.9	40	4	16	6	100	19.9	32
1	40	4	16	6.5	105	21.4	32
1.25	50	4.8	22	7	105	22.9	32
1.5	55	5.6	22	8	110	26.1	32
1.75	60	6.5	22	9	115	29.2	32
2	60	7.3	22	10	120	31.7	32
2.25	60	8.2	22	11	135	35.3	40
2.5	65	9	22	12	145	38.3	40
2.75	70	9.9	27	14	160	44.7	40
3	70	10.7	27	16	170	50.7	40

3. 渐开线齿轮滚刀

(1) 齿轮滚刀（表 5-61）

表 5-61　齿轮滚刀（GB/T 6083—2016）

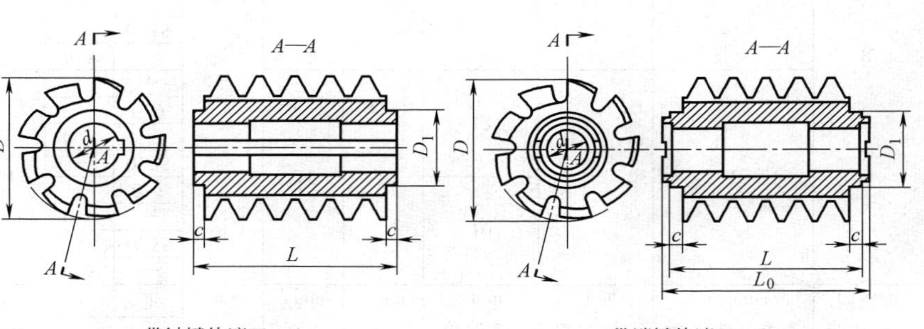

带轴键的滚刀

带端键的滚刀

（续）

（1）小孔径单头齿轮滚刀的尺寸

类型[2]	模数 m/mm 系列 Ⅰ	模数 m/mm 系列 Ⅱ	轴台直径 D_1 /mm	外径 D[1] /mm	孔径 d[2] /mm	参考 总长 L[1] /mm	参考 总长 L_0[1] /mm	参考 最小轴台长度 c/mm	参考 常用容屑槽数量
1	0.5	—	由制造商自行定制	24	8	10	—	1	12
	—	0.55							
	0.6	—							
	—	0.7							
	—	0.75				12			
	0.8	—							
	—	0.9							
	1	—							
2	0.5	—		32	10	20	30	2	
	—	0.55							
	0.6	—							
	—	0.7							
	—	0.75							
	0.8	—							
	—	0.9							
	1	—							
	—	1.125							

	1.25	—	40	10	25	35	2	10
	—	1.375						
	1.5	—						
	—	1.75			30	40		
	2	—						
3	0.5	—	32	13	20	30		12
	—	0.55						
	0.6	—						
	—	0.7						
	—	0.75						
	0.8	—						
	—	0.9						
	1	—						
	—	1.125						
	1.25	—	40		25	35		10
	—	1.375						
	1.5	—						
	—	1.75			30	40		
	2	—						

（续）

(2)单头齿轮滚刀的尺寸

模数 m/mm		轴台直径 D_1 /mm	外径 D① /mm	孔径 d③ /mm	参考			
系列					总长 L① /mm	总长 $L_0$① /mm	最小轴台长度 c/mm	常用容屑槽数量
Ⅰ	Ⅱ							
1	—	由制造商自行定制	50	22	50	65	4	14
—	1.125							
1.25	—							
—	1.375							
1.5	—		55		55	70		
—	1.75							
2	—		65	27	60	75		
—	2.25							
2.5	—		70		65	80		
—	2.75							
3	—		75	32	70	85		
—	3.5		80		75	90		
4	—		85		80	95		
—	4.5		90		85	100		
5	—		95		90	105		
—	5.5		100		95	110	5	12
6	—		105		100	115		
—	6.5		110		110	125		
—	7		115		115	130		

8	—		120		140	160		10
—	9		125					
10	—		130		170	190		
—	11		150	40			6	9
12	—		160		200	220		
—	14		180					
16	—		200	50	250	275		
—	18		220					
20	—		240	60	300	325		
—	22		250					
25	—		280		360	385		
—	28		320	80	400	430		
32	—		350		450	480		
—	36		380					
40	—		400		480	510		

注：小孔径单头齿轮滚刀根据用户需要可以不做键槽。

① 外径 D 公差、总长度 L 或 L_0 公差按 GB/T 1804 应为粗糙级。

② 类型是基于孔径划分的。

③ GB/T 20329（联接尺寸）孔径最大为 50mm。

（2）镶片齿轮滚刀（表 5-62）

表 5-62　镶片齿轮滚刀（GB/T 9205—2005）（单位：mm）

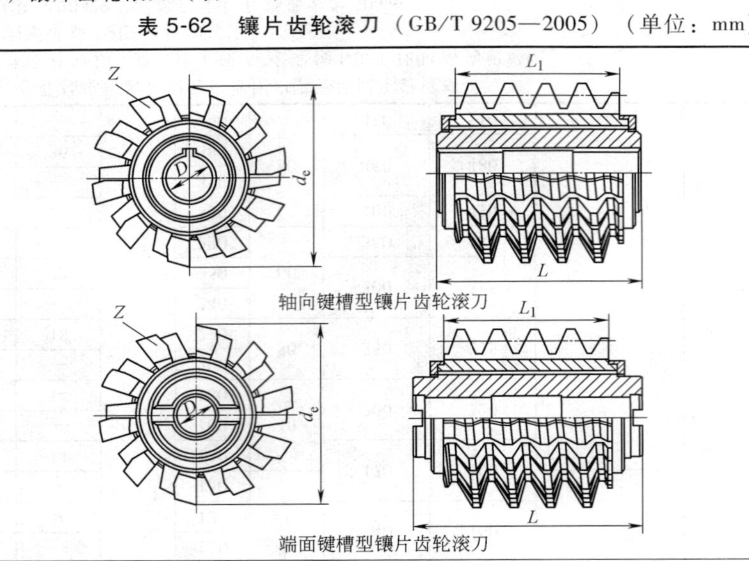

轴向键槽型镶片齿轮滚刀

端面键槽型镶片齿轮滚刀

（续）

模数系列		带轴向键槽型					带端面键槽型				
第一系列	第二系列	d_e	L	D	L_1	Z	d_e	L	D	L_1	Z
10		205	220	60	175	10	205	245	60	175	10
	11	215	235		190		215	260		190	
12		220	240		195		220	265		195	
	14	235	260		215		235	285		215	
16		250	280		235		250	305		235	
	18	265	300		255		265	325		255	
20		280	320		275		280	345		275	
	22	315	335	80	285		315	365	80	285	
25		330	350		300		330	380		300	
	28	345	365		315		345	395		315	
	30	360	385		335		360	415		335	
32		375	405		355		375	435		355	

注：镶片齿轮滚刀的模数为 10~32mm，用于渐开线圆柱齿轮的齿形加工。滚刀做成单头、右旋、0°前角、容屑槽为平行于轴线的直槽。键槽的尺寸按 GB/T 6132 的规定。

（3）小模数齿轮滚刀（表 5-63）

表 5-63 小模数齿轮滚刀（JB/T 2494—2006）（单位：mm）

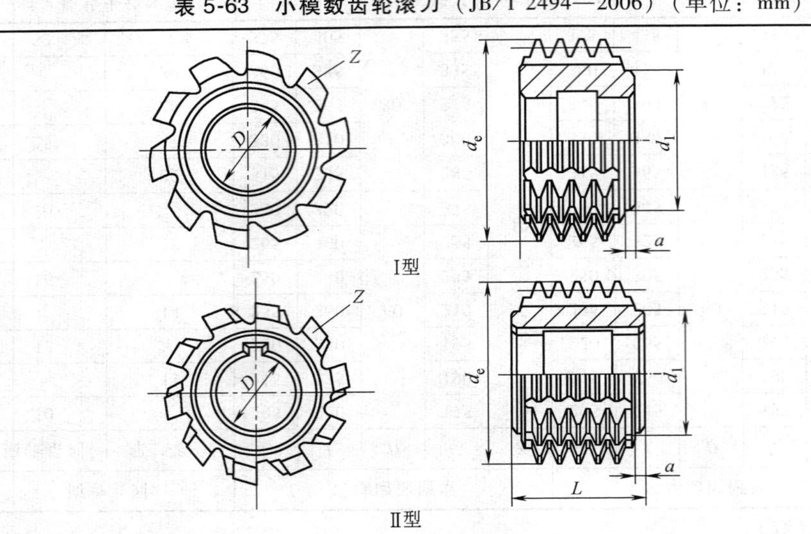

（续）

<table>
<tr><th colspan="2" rowspan="2">模数系列</th><th colspan="12">Ⅰ型</th><th colspan="6">Ⅱ型</th></tr>
<tr><th colspan="6">$\phi25$</th><th colspan="6">$\phi32$</th><th colspan="6">$\phi40$</th></tr>
<tr><th>Ⅰ</th><th>Ⅱ</th><th>d_e</th><th>L</th><th>D</th><th>d_1</th><th>a_{min}</th><th>Z</th><th>d_e</th><th>L</th><th>D</th><th>d_1</th><th>a_{min}</th><th>z</th><th>d_e</th><th>L</th><th>D</th><th>d_1</th><th>a_{min}</th><th>Z</th></tr>
<tr><td>0.1</td><td></td><td rowspan="12">25</td><td rowspan="5">10</td><td rowspan="12">8</td><td rowspan="12">15</td><td rowspan="12">2.5</td><td rowspan="5">15</td><td rowspan="5">—</td><td rowspan="5">—</td><td rowspan="5">—</td><td rowspan="5">—</td><td rowspan="5">—</td><td rowspan="5">—</td><td rowspan="5">—</td><td rowspan="5">—</td><td rowspan="5">—</td><td rowspan="5">—</td><td rowspan="5">—</td><td rowspan="5">—</td></tr>
<tr><td>0.12</td><td></td></tr>
<tr><td>0.15</td><td></td></tr>
<tr><td>0.2</td><td></td></tr>
<tr><td>0.25</td><td></td></tr>
<tr><td>0.3</td><td></td><td rowspan="5">15</td><td rowspan="5">12</td><td rowspan="8">32</td><td rowspan="4">15</td><td rowspan="8">13</td><td rowspan="8">22</td><td rowspan="8">2.5</td><td rowspan="5">12</td><td rowspan="8">40</td><td rowspan="3">25</td><td rowspan="8">16</td><td rowspan="8">25</td><td rowspan="8">4</td><td rowspan="8">15</td></tr>
<tr><td></td><td>0.35</td></tr>
<tr><td>0.4</td><td></td></tr>
<tr><td>0.5</td><td></td><td rowspan="3">30</td></tr>
<tr><td>0.6</td><td></td><td rowspan="4">20</td></tr>
<tr><td></td><td>0.7</td><td rowspan="2">20</td><td rowspan="2">10</td><td rowspan="3">10</td></tr>
<tr><td>0.8</td><td></td><td rowspan="2">40</td></tr>
<tr><td></td><td>0.9</td><td>—</td><td>—</td><td>—</td><td>—</td><td>—</td><td>—</td></tr>
</table>

注：小模数齿轮滚刀的模数为 0.1～0.9mm，压力角为 20°，滚刀直径分为 25mm、32mm、40mm 三种。其精度等级分为 AAA、AA、A 和 B 四级。滚刀做成单头、右旋，容屑槽为平行于轴线的直槽。

（4）磨前齿轮滚刀（表 5-64）

表 5-64　磨前齿轮滚刀（GB/T 28252—2012）

（单位：mm）

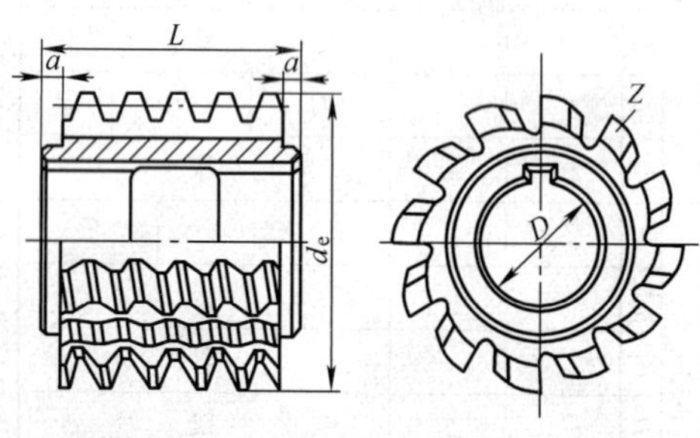

<table>
<tr><th colspan="2">模数系列</th><th rowspan="2">d_e</th><th rowspan="2">L</th><th rowspan="2">D</th><th rowspan="2">a_{min}</th><th rowspan="2">Z</th></tr>
<tr><th>Ⅰ</th><th>Ⅱ</th></tr>
<tr><td>1</td><td rowspan="2">—</td><td rowspan="2">50</td><td>32</td><td rowspan="2">22</td><td rowspan="12">5</td><td rowspan="11">12</td></tr>
<tr><td>1.25</td><td>40</td></tr>
<tr><td>1.5</td><td>—</td><td rowspan="3">63</td><td rowspan="3">50</td><td rowspan="6">27</td></tr>
<tr><td>—</td><td>1.75</td></tr>
<tr><td>2</td><td>—</td></tr>
<tr><td>—</td><td>2.25</td><td rowspan="3">71</td><td>56</td></tr>
<tr><td>2.5</td><td>—</td><td rowspan="2">63</td></tr>
<tr><td>—</td><td>2.75</td></tr>
<tr><td>3</td><td>—</td><td rowspan="3">80</td><td rowspan="3">71</td><td rowspan="4">32</td></tr>
<tr><td>—</td><td>3.25</td></tr>
<tr><td>—</td><td>3.5</td></tr>
<tr><td>—</td><td>3.75</td><td>90</td><td>80</td><td>10</td></tr>
</table>

（续）

模数系列		d_e	L	D	a_{min}	Z
Ⅰ	Ⅱ					
4	—	90	80	32	5	10
—	4.5		90			
5	—	100	100			
—	5.5	112	112	40		
6	—					
—	6.5	118	118			
—	7		125			
8	—	125	132			
—	9	140	150			
10	—	150	170	50		

（5）剃前齿轮滚刀（表 5-65）

表 5-65　剃前齿轮滚刀（JB/T 4103—2006）

（单位：mm）

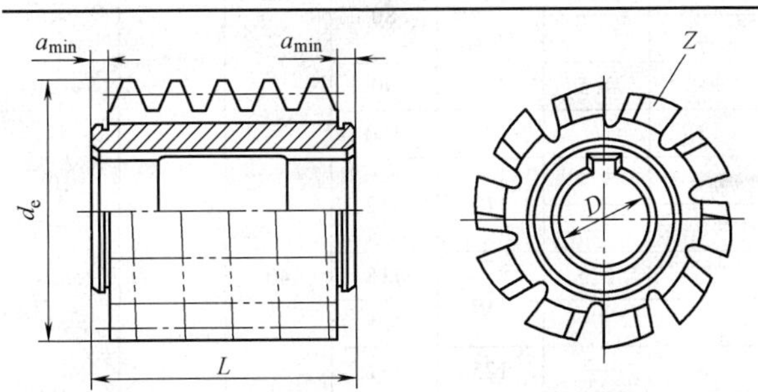

（续）

<table>
<tr><th colspan="2">模数系列</th><th rowspan="2">d_e</th><th rowspan="2">L</th><th rowspan="2">D</th><th rowspan="2">a_{min}</th><th rowspan="2">Z</th></tr>
<tr><th>Ⅰ</th><th>Ⅱ</th></tr>
<tr><td>1</td><td>—</td><td rowspan="2">50</td><td>32</td><td rowspan="2">22</td><td rowspan="20">5</td><td rowspan="11">12</td></tr>
<tr><td>1.25</td><td>—</td><td>40</td></tr>
<tr><td>1.5</td><td>—</td><td rowspan="3">63</td><td rowspan="3">50</td><td rowspan="6">27</td></tr>
<tr><td>—</td><td>1.75</td></tr>
<tr><td>2</td><td>—</td></tr>
<tr><td>—</td><td>2.25</td><td rowspan="3">71</td><td>56</td></tr>
<tr><td>2.5</td><td>—</td><td rowspan="2">63</td></tr>
<tr><td>—</td><td>2.75</td></tr>
<tr><td>3</td><td>—</td><td rowspan="3">80</td><td rowspan="3">71</td><td rowspan="7">32</td></tr>
<tr><td>—</td><td>3.25</td></tr>
<tr><td>—</td><td>3.5</td></tr>
<tr><td>—</td><td>3.75</td><td rowspan="3">90</td><td rowspan="2">80</td><td rowspan="9">10</td></tr>
<tr><td>4</td><td>—</td></tr>
<tr><td>—</td><td>4.5</td><td>90</td></tr>
<tr><td>5</td><td>—</td><td>100</td><td>100</td></tr>
<tr><td>—</td><td>5.5</td><td rowspan="2">112</td><td rowspan="2">112</td><td rowspan="5">40</td></tr>
<tr><td>6</td><td>—</td></tr>
<tr><td>—</td><td>6.5</td><td rowspan="2">118</td><td>118</td></tr>
<tr><td>—</td><td>7</td><td>125</td></tr>
<tr><td>8</td><td>—</td><td>125</td><td>132</td></tr>
</table>

六、丝锥和板牙

1. 常用丝锥规格范围及标准代号（表 5-66）

表 5-66　常用丝锥规格范围及标准代号

类型	简图	规格范围	标准代号
粗柄机用和手用丝锥	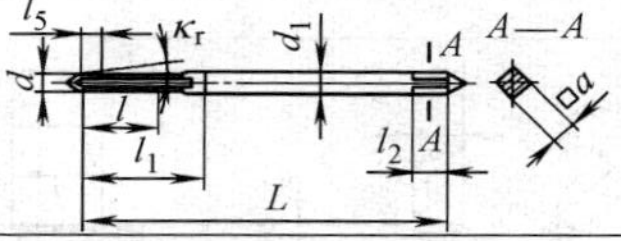	粗牙为 M1～M2.5 细牙为 M1×0.2～M2.5×0.35	GB/T 3464.1—2007
粗柄带颈机用和手用丝锥	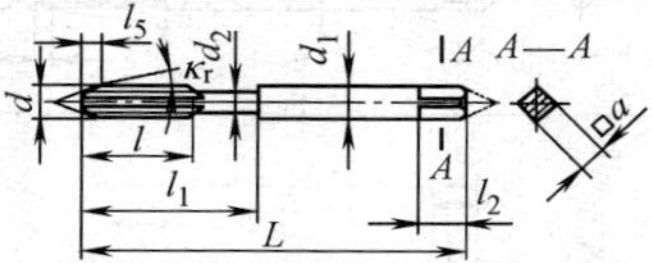	粗牙为 M3～M10 细牙为 M3×0.35～M10×1.25	GB/T 3464.1—2007
细柄机用和手用丝锥	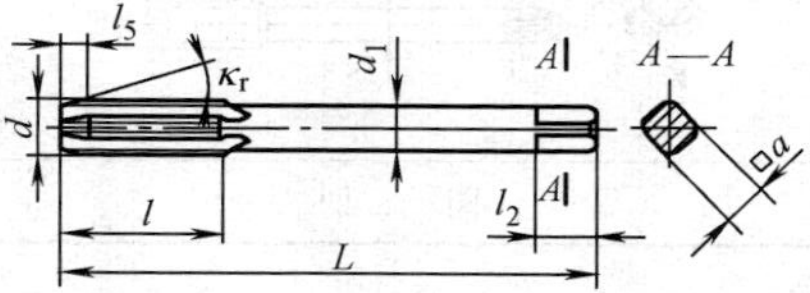	粗牙为 M3～M68 细牙为 M3×0.35～M100×6	GB/T 3464.1—2007

（续）

类型	简　图	规格范围	标准代号
细长柄机用丝锥	d　d_1　l　L　l_2　A　A—A　□a	粗牙为 M3～M24 细牙为 M3×0. 35～M24×2	GB/T 3464. 2—2003
粗短柄机用和手用丝锥	l_5　κ_r　d　l　l_1　L　l_2　A　A—A　□a	粗牙为 M1～M2. 5 细牙为 M1×0. 2～M2. 5×0. 35	GB/T 3464. 3—2007
粗柄带颈短柄机用和手用丝锥	l_5　κ_r　d_2　d_1　d　l　l_1　L　l_2　A　A—A　□a	粗牙为 M3～M10 细牙为 M3×0. 35～M10×1. 25	GB/T 3464. 3—2007

（续）

类型	简图	规格范围	标准代号
细短柄机用和手用丝锥	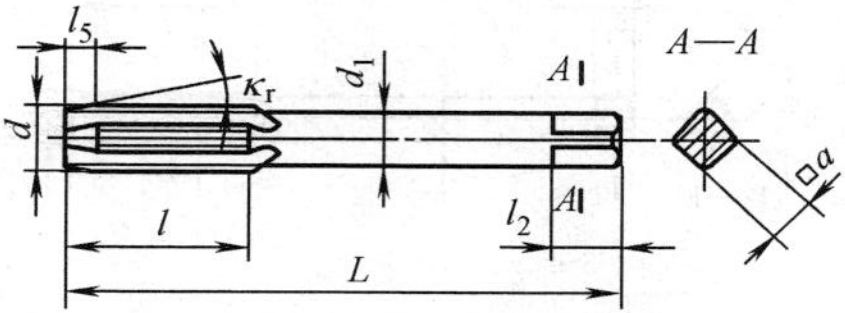 l_5 κ_r d_1 A A—A d l l_2 L a	粗牙为 M3～M52 细牙为 M3×0.35～M52×4	GB/T 3464.3—2007
螺母丝锥（$d \leqslant$ 5mm）	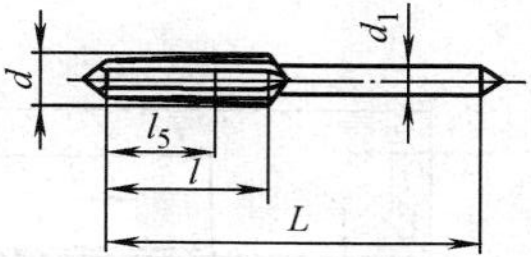 d d_1 l_5 l L	粗牙为 M2～M5 细牙为 M3×0.35～M5×0.5	GB/T 967—2008
圆柄（无方头）螺母丝锥（5mm < d ≤30mm）	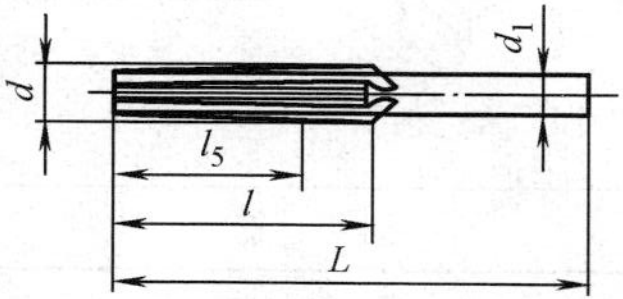 d d_1 l_5 l L	粗牙为 M6～M30 细牙为 M6×0.75～M30×1	GB/T 967—2008

（续）

类型	简　　图	规格范围	标准代号
螺母丝锥（带方头）（d>5mm）	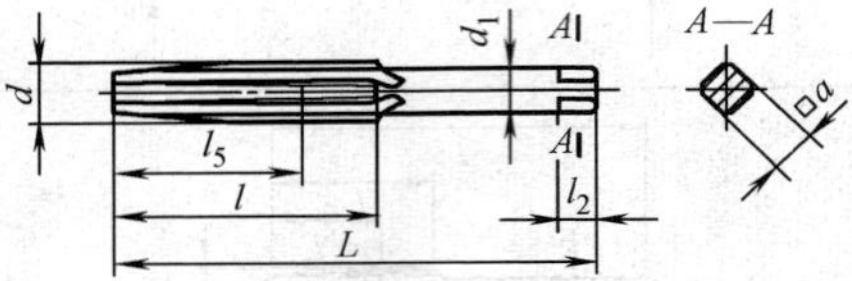	粗牙为 M6～M52 细牙为 M6×0.75～M52×1.5	GB/T 967—2008
长柄螺母丝锥	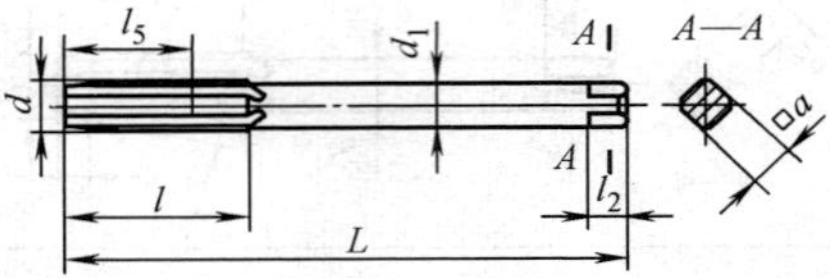	粗牙为 M3～M33 细牙为 M3×0.35～M52×1.5	GB/T 28257—2012

（续）

类型	简　　图	规格范围	标准代号
米制锥螺纹丝锥	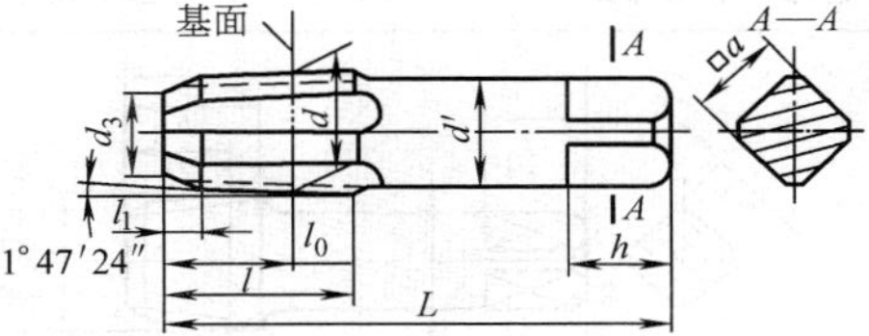 基面 A—A d_3 d d' □a l_1 l_0 h 1°47′24″ l L	ZM6～ZM60	—
螺旋槽丝锥	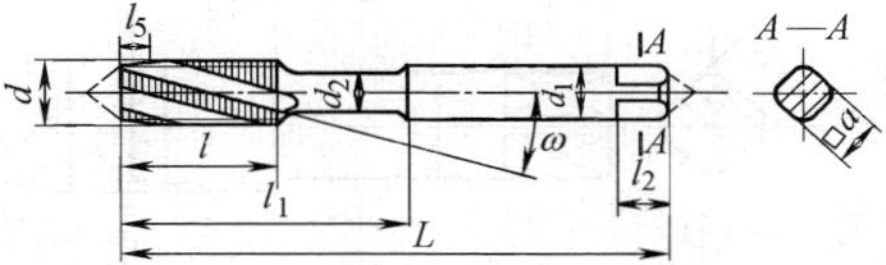 l_5 A—A d d_2 d_1 □a ω l l_2 l_1 L 适用于M3～M6	粗牙为 M3～M27 细牙为 M3×0.35～M33×3	GB/T 3506—2008

（续）

类型	简图	规格范围	标准代号
55° 圆柱管螺纹丝锥		G 系列： G1/16～G4 Rp 系列： Rp1/16～Rp4	GB/T 20333—2006
55° 圆锥管螺纹丝锥		Rc1/16～Rc4	GB/T 20333—2006

注：1. 米制锥螺纹丝锥适用于加工用螺纹密封的米制锥螺纹（GB/T 1415—2008）。

2. 55°圆柱管螺纹丝锥有 G 和 Rp 两个系列。G 系列适用于加工 55°非密封管螺纹，Rp 系列适用于加工 55°密封管螺纹。

3. 55°圆锥管螺纹丝锥适用于加工 55°密封管螺纹。

2. 惠氏螺纹丝锥类型及规格范围（表 5-67）

表 5-67　惠氏螺纹丝锥类型及规格范围

类型		简　图	规格范围
粗柄带颈丝锥（JB/T 8825.1—2011）		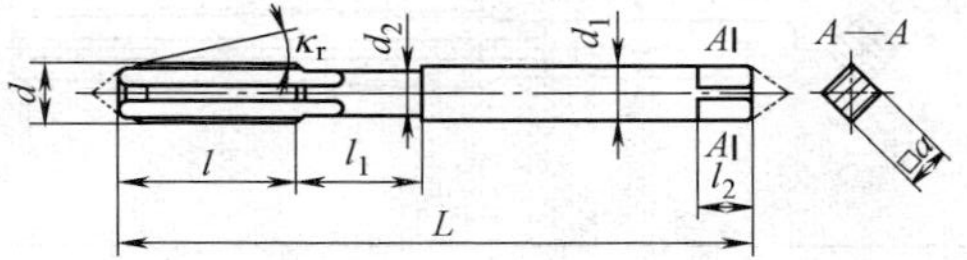	粗牙为 1/8-40BSW～3/8-16BSW 细牙为 3/16-32BSF～3/8-20BSF
细柄丝锥（JB/T 8825.1—2011）		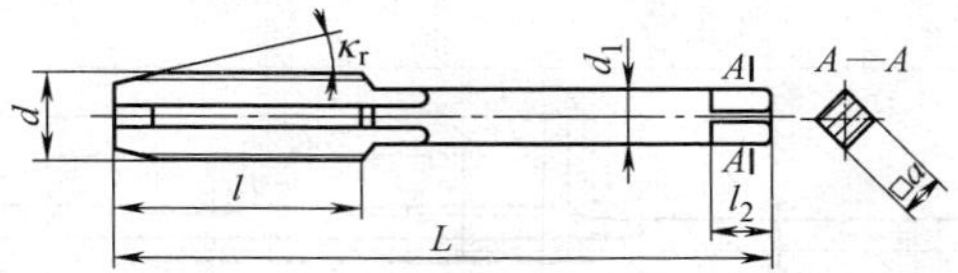	粗牙为 1/8-40BSW～4-3BSW 细牙为 3/16-32BSF～4-4 $\frac{1}{2}$BSF
螺母丝锥（JB/T 8825.4—2011）	d< 6.35mm 丝锥	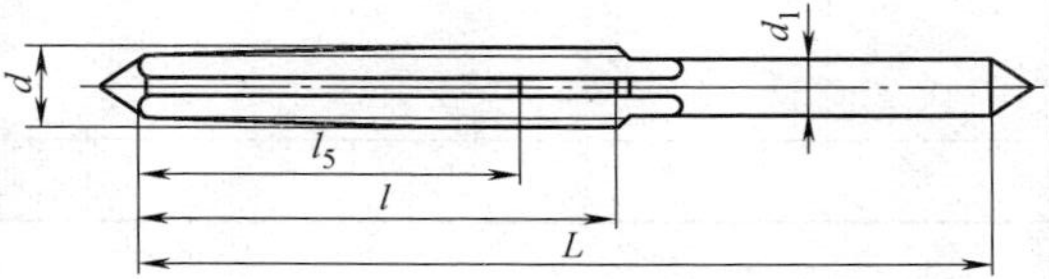	粗牙为 1/8-40BSW～3/16-24BSW 细牙为 3/16-32BSF～7/32-28BSF

（续）

类型		简图	规格范围
螺母丝锥（JB/T 8825.4—2011）	6.35mm ≤d≤ 25.4mm 圆柄（无方头）丝锥	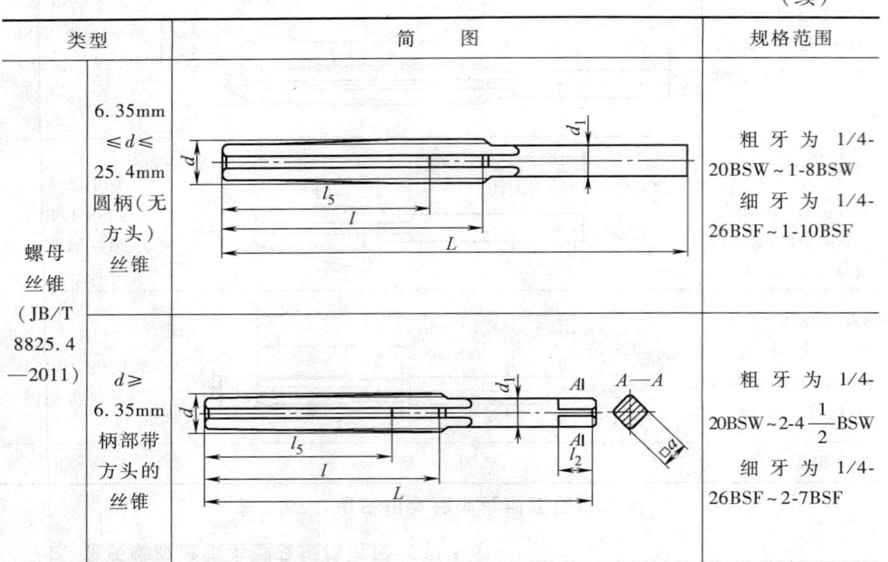	粗牙为 1/4-20BSW～1-8BSW 细牙为 1/4-26BSF～1-10BSF
	d≥ 6.35mm 柄部带方头的丝锥		粗牙为 1/4-20BSW～2-4$\frac{1}{2}$BSW 细牙为 1/4-26BSF～2-7BSF

3. 常用板牙规格范围及标准代号（表 5-68）

表 5-68　常用板牙规格范围及标准代号

类型	简图	规格范围	标准代号
圆板牙	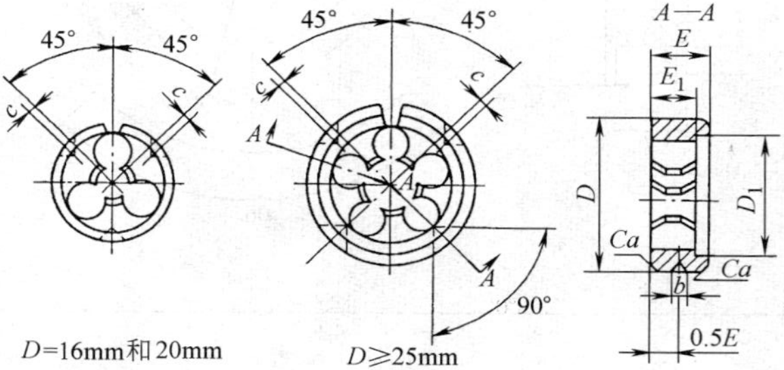 D=16mm和20mm　$D \geqslant 25$mm　A—A	粗牙为M1～M68 细牙为M1×0.2～M56×4	GB/T 970.1—2008

（续）

类型	简图	规格范围	标准代号
G系列圆柱管螺纹圆板牙	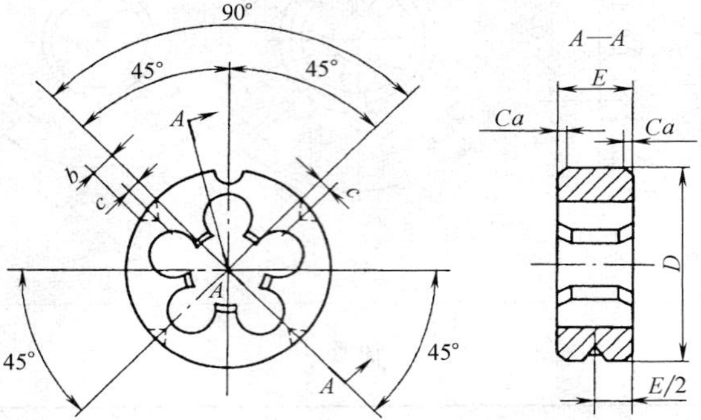	G1/16 ~ G2¼	GB/T 20324—2006

（续）

类型	简图	规格范围	标准代号
R系列圆锥管螺纹圆板牙	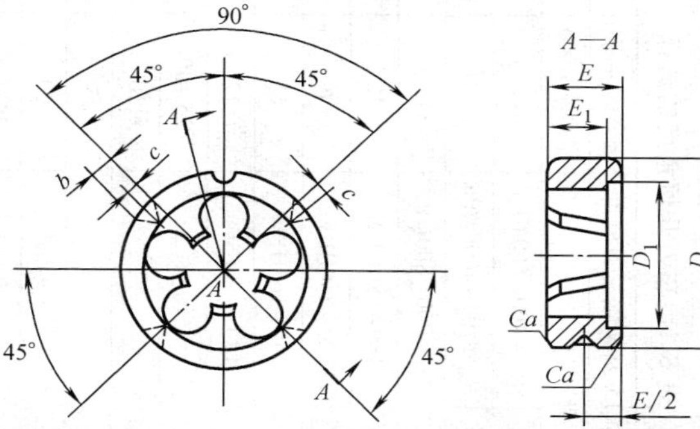 90° 45° 45° 45° 45° A A A b c c A—A E E_1 D_1 D Ca Ca E/2	R1/16~R2	GB/T 20328—2006

注：1. 圆板牙适于加工普通螺纹（GB/T 192—2003、GB/T 193—2003、GB/T 196—2003、GB/T 197—2018）。

2. G 系列圆柱管螺纹圆板牙适用于加工 55°非密封管螺纹（GB/T 7307—2001）。

3. R 系列圆锥管螺纹圆板牙适用于加工 55°密封管螺纹（GB/T 7306.1—2000、GB/T 7306.2—2000）。

第六章 车工工作

一、车刀几何角度及刃磨

1. 车刀几何角度的选择（表6-1）

表6-1 车刀几何角度的选择

(1) 高速钢车刀前角及后角的参考值

工件材料		前角 γ_o/(°)	后角 α_o/(°)
钢和铸钢	R_m=400~500MPa	20~25	8~12
	R_m=700~1000MPa	5~10	5~8
镍铬钢和铬钢	R_m=700~800MPa	5~15	5~7
灰铸铁	160~180HBW	12	6~8
	220~260HBW	6	6~8
可锻铸铁	140~160HBW	15	6~8
	170~190HBW	12	6~8
铜、铝、巴氏合金		25~30	8~12
中硬青铜及黄铜		10	8
硬青铜		5	6
钨		20	15
铌		20~25	12~15
钼合金		30	10~12
镁合金		25~35	10~15

（续）

(2) 硬质合金车刀前角及后角的参考值			
工 件 材 料		前角 γ_o/(°)	后角 α_o/(°)
结构钢、合金钢及铸钢	$R_m \leqslant 800$MPa	10~15	6~8
	$R_m = 800 \sim 1000$MPa	5~10	6~8
高强度钢及表面有夹杂的铸钢，$R_m > 1000$MPa		-10~-5	6~8
不锈钢		15~30	8~10
耐热钢，$R_m = 700 \sim 1000$MPa		10~12	8~10
变形锻造高温合金		5~10	10~15
铸造高温合金		0~5	0~15
钛合金		5~15	10~15
淬火钢 40HRC 以上		-10~-5	8~10
高锰钢		-5~5	8~12
铬锰钢		-5~-2	8~10
灰铸铁、青铜、脆性黄铜		5~15	6~8
韧性黄铜		15~25	8~12
纯铜		25~35	8~12
铝合金		20~30	8~12
纯铁		25~35	8~10
纯钨铸锭		5~15	8~12
纯钨铸锭及烧结钼棒		15~35	6

(3) 倒棱前角及倒棱宽度参考值			
刀具材料	工件材料	倒棱前角 γ_{o1}/(°)	倒棱宽度 b_γ/mm
高速钢	结构钢	0~5	$(0.8 \sim 1.0)f$
硬质合金	低碳钢、不锈钢	-10~-5	$\leqslant 0.5f$
	中碳钢、合金钢	-15~-10	$(0.3 \sim 0.8)f$
	灰铸铁	-10~-5	$\leqslant 0.5f$

（续）

(4) 主偏角和副偏角参考值					
加工情况	加工冷硬铸铁、高锰钢等高硬度、高强度材料，且工艺系统刚性好	工艺系统刚性较好，加工外圆及端面，能中间切入	工艺系统刚性较差，粗加工、强力切削	工艺系统刚性差，车台阶轴、细长轴、薄壁件	车断、车槽
主偏角 κ_r/(°)	10～30	45	60～75	75～93	≥90
副偏角 κ_r'/(°)	10～5	45	15～10	10～5	1～2

(5) 刃倾角参考值					
适用范围	精车细长轴	精车有色金属	粗车一般钢和铸铁	粗车余量不均、淬硬钢等	冲击较大的断续车削
λ_s/(°)	0～5	5～10	-5～0	-10～-5	-15～-5

注：f 为进给量，单位为 mm/r。

2. 车刀的磨损和刃磨

(1) 刀具磨损的形式　由于加工材料不同，切削用量不同，刀具磨损的形式也不同。主要有以下三种形式：

1) 后面磨损（图 6-1）。这是指磨损部位主要发生在后面上。磨损后形成 $\alpha_o=0°$ 的磨损带，它用宽度 VB 表示磨损量。这种磨损一般是在切削脆性材料，或用较低的切削速度和较小的切削厚度（$a_c<0.1$mm）切削塑性材料时

发生的。这时前面上的机械磨擦较小，温度较低，所以后面上的磨损大于前面上的磨损。

2）前面磨损（图6-2）。这是指磨损部位主要发生在前面上（KT 为前面的磨损量）。磨损后在前面靠近刃口处出现月牙洼。在磨损过程中，月牙洼逐渐加深、加宽，并向刃口方向扩展，甚至导致崩刃。这种磨损一般是在用较高的切削速度和较大的切削厚度（$a_c>0.5\text{mm}$）切削塑性材料时发生的。

3）前面、后面同时磨损（图6-3）。这是指前面的月牙洼（KT）和后面的棱面（VB）同时发生的磨损。这种磨损发生的条件介于以上两种磨损之间，即发生在切削厚度 $a_c=0.1\sim0.5\text{mm}$、切削塑性材料的情况下。

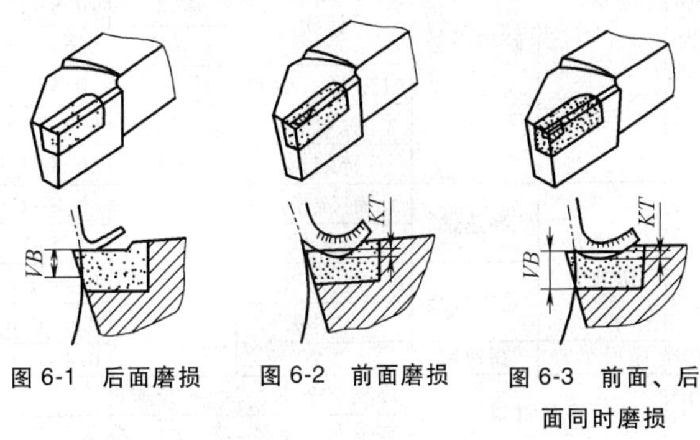

图 6-1　后面磨损　　图 6-2　前面磨损　　图 6-3　前面、后面同时磨损

因为在大多数情况下后面都有磨损，VB 的大小对加工精度和表面粗糙度影响较大，而且对 VB 的测量也较方

便，所以车刀的磨钝标准以测出的 *VB* 大小为准。

（2）车刀磨钝标准及寿命（表 6-2）

表 6-2　车刀磨钝标准及寿命

	车刀类型	刀具材料	加工材料	加工性质	后面最大磨损量 *VB*/mm
磨钝标准	外圆车刀、端面车刀、镗刀	高速钢	碳钢、合金钢、铸钢、有色金属	粗车	1.5~2
				精车	1
			灰铸铁、可锻铸铁	粗车	2~3
				半精车	1.5~2
			耐热钢、不锈钢	粗、精车	1
		硬质合金	碳钢、合金钢	粗车	1~1.4
				精车	0.4~0.6
			铸铁	粗车	0.8~1
				精车	0.6~0.8
			耐热钢、不锈钢	粗、精车	0.8~1
			钛合金	精、半精车	0.4~0.5
			淬硬钢	精车	0.8~1
	切槽及切断刀	高速钢	钢、铸钢	—	0.8~1
			灰铸铁		1.5~2
		硬质合金	钢、铸钢		0.4~0.6
			灰钢铁		0.6~0.8
	成形车刀	高速钢	碳钢		0.4~0.5
车刀寿命	刀具材料		硬质合金	高速钢	
			普通车刀	普通车刀	成形车刀
	车刀寿命 *T*/min		60	60	120

注：以上为焊接车刀的寿命，机夹可转位车刀的寿命可适当降低，一般选为 30min。

（3）车刀的手工刃磨[㊀]

1）砂轮的选择。刃磨车刀常用的砂轮有两种：一种是白刚玉（WA）砂轮，其砂粒韧性较好，比较锋利，硬度稍低，适用于刃磨高速钢车刀（一般选用F46~F60的粒度）；另一种是绿碳化硅（GC）砂轮，其砂粒硬度高，切削性能好，适用于刃磨硬质合金车刀（一般选用F46~F60的粒度）。

2）刃磨的步骤。

① 先把车刀前面、主后面和副后面等处的焊渣磨去，并磨平车刀的底平面。

② 粗磨刀杆部分的主后面和副后面，其后角应比刀片的后角大2°~3°，以便刃磨刀片的后角。

③ 粗磨刀片上的主后面、副后面和前面，粗磨出来的主后角、副后角应比所要求的后角大2°左右（图6-4）。

④ 精磨前面及断屑槽。断屑槽一般有两种形状，即直线形和圆弧形。刃磨圆弧形断屑槽，必须把砂轮的外圆与平面的交接处修整成相应的圆弧。刃磨直线形断屑槽，砂轮的外圆与平面的交接处应修整得尖锐。刃磨时，刀尖可向上或向下磨削（图6-5），应注意断屑槽形状、位置及前角大小。

⑤ 精磨主后面和副后面。刃磨时，将车刀底平面靠在调整好角度的台板上，使切削刃轻靠住砂轮端面进行刃

㊀ 标准麻花钻的刃磨及修磨、群钻的手工刃磨方法见第十一章钻孔、扩孔、锪孔和绞孔工作。

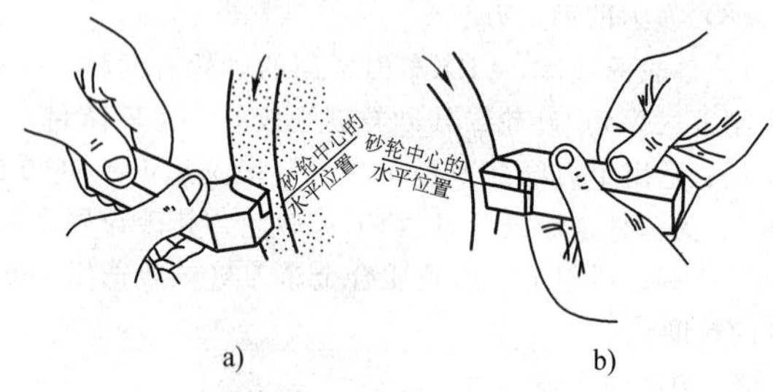

图 6-4　粗磨主后角和副后角

a）粗磨主后角　b）粗磨副后角

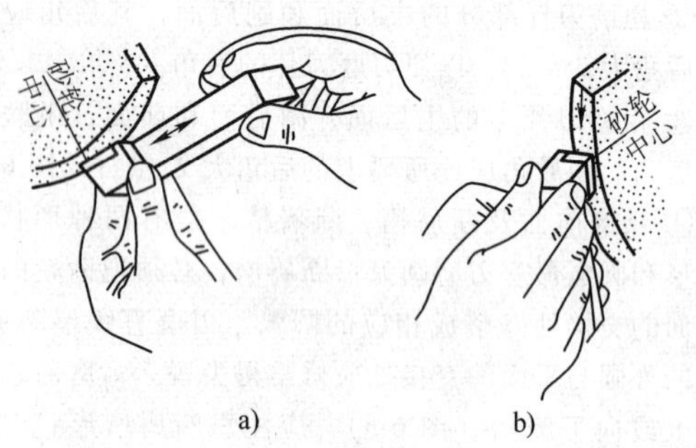

图 6-5　磨断屑槽

a）在砂轮右角上刃磨　b）在砂轮左角上刃磨

磨，刃磨后的刃口应平直。精磨时，应注意主、副后角的角度（图 6-6）。

⑥ 磨负倒棱。刃磨时，用力要轻，车刀要沿主切削

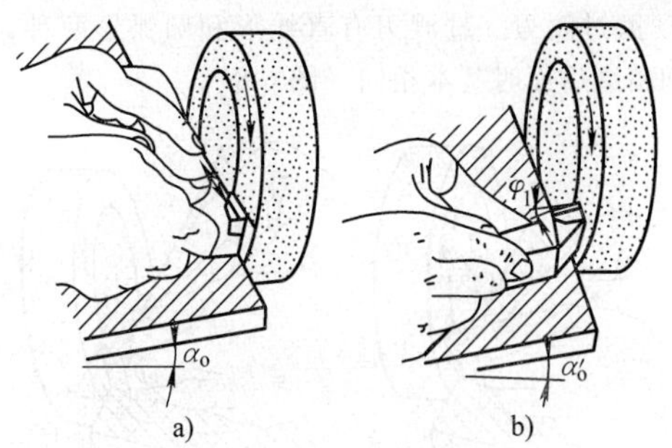

图 6-6 精磨主、副后面

a）精磨主后面 b）精磨副后面

刃的后端向刀尖方向摆动。磨削时可以用直磨法和横磨法（图 6-7）。

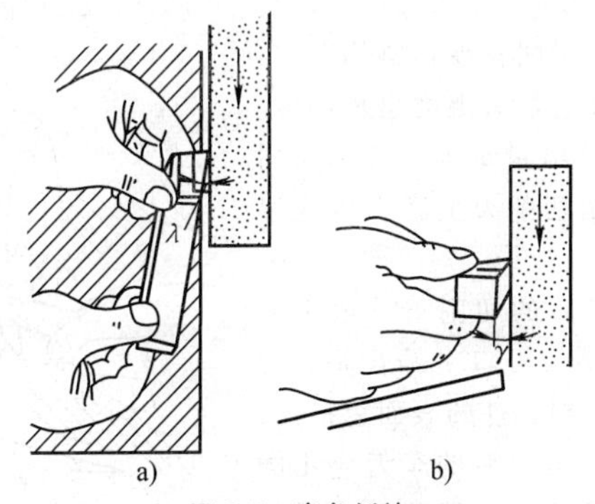

图 6-7 磨负倒棱

a）直磨法 b）横磨法

⑦ 磨过渡刃。过渡刃有直线形和圆弧形两种，刃磨方法和精磨后面时基本相同（图 6-8）。

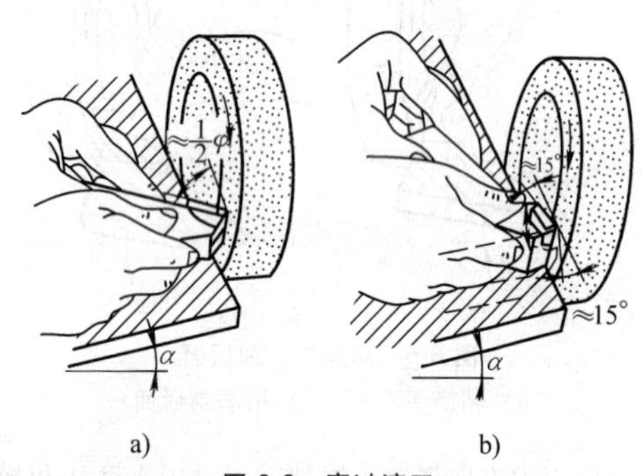

图 6-8　磨过渡刃

a）磨直线形过渡刃　b）磨圆弧形过渡刃

对于车削较硬材料的车刀，也可以在过渡刃上磨出负倒棱。对于大进给量车刀，可用相同方法在副切削刃上磨出修光刃（图 6-9）。

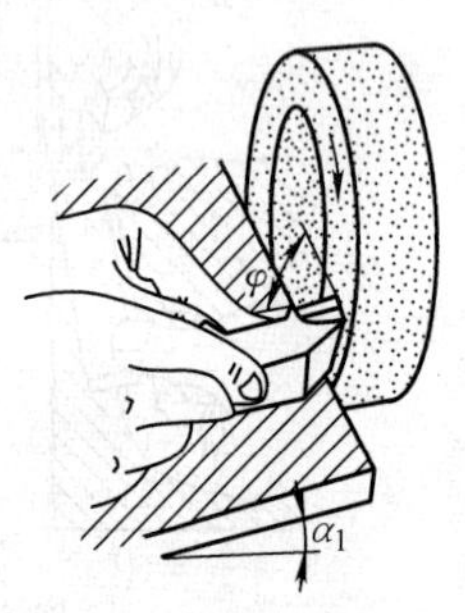

图 6-9　磨修光刃

刃磨后的切削刃一般不够平滑光洁，刃口呈锯齿形，切削时会影响工件的表面粗糙度，所以手工刃磨后的车刀应用磨石进行研磨，以消除刃磨后的残留痕迹。

二、车　锥　体

1. 锥体各部分名称和尺寸计算（表 6-3）

表 6-3　锥体各部分名称和尺寸计算

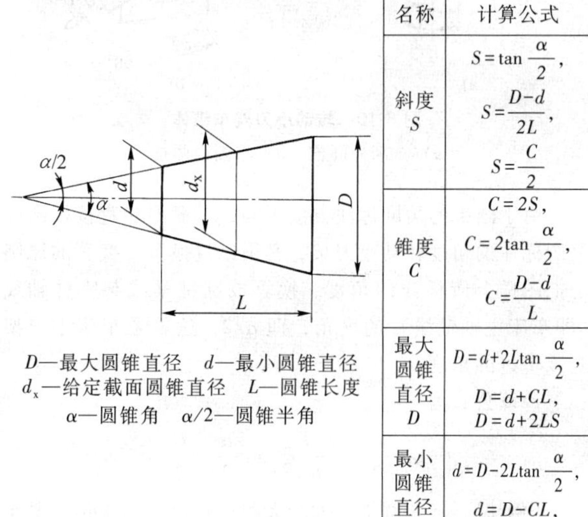

D—最大圆锥直径　d—最小圆锥直径
d_x—给定截面圆锥直径　L—圆锥长度
α—圆锥角　$\alpha/2$—圆锥半角

名称	计算公式
斜度 S	$S=\tan\dfrac{\alpha}{2}$， $S=\dfrac{D-d}{2L}$， $S=\dfrac{C}{2}$
锥度 C	$C=2S$， $C=2\tan\dfrac{\alpha}{2}$， $C=\dfrac{D-d}{L}$
最大圆锥直径 D	$D=d+2L\tan\dfrac{\alpha}{2}$， $D=d+CL$， $D=d+2LS$
最小圆锥直径 d	$d=D-2L\tan\dfrac{\alpha}{2}$， $d=D-CL$， $d=D-2LS$

2. 车锥体方法

圆锥体有各种不同的形式，在车床上加工圆锥体主要有以下四种方法：

（1）转动小刀架车锥体　这种方法适用于车削长度较短、圆锥半角（斜角）$\alpha/2$ 较大的圆锥体（图 6-10）。

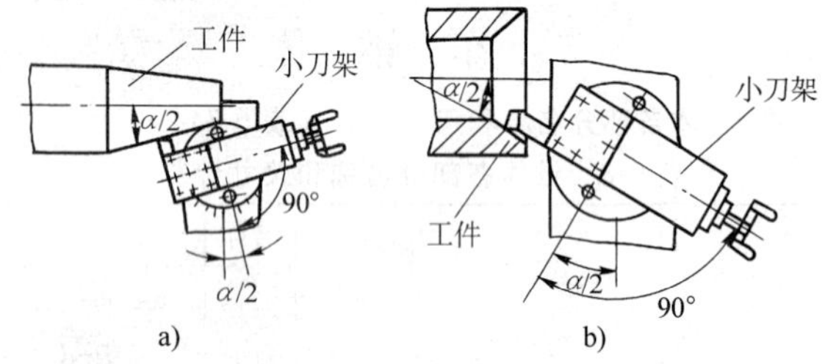

图 6-10 转动小刀架车锥体

a）车削外圆锥 b）车削内圆锥

由于圆锥的角度标注方法不同，一般不能直接按图样上所标注的角度转动小刀架，必须经过换算。换算的原则是把图样上所标注的角度，换算成圆锥素线与零件轴线（即车床主轴轴线）的夹角，即 $\alpha/2$，这就是车床小刀架应该转过的角度。

计算公式为

$$\tan\frac{\alpha}{2}=\frac{D-d}{2L} \text{或} \tan\frac{\alpha}{2}=\frac{C}{2}$$

［**例 1**］ 已知圆锥体的最大圆锥直径 $D=24\text{mm}$，最小圆锥直径 $d=20\text{mm}$，圆锥长度 $L=32\text{mm}$，求小刀架转动角度 $\frac{\alpha}{2}$。

［**解**］ $\tan\frac{\alpha}{2}=\frac{D-d}{2L}=\frac{24-20}{2\times32}=0.0625$

查三角函数表，$\tan3°34'=0.06233$，$\tan3°36'=0.06291$

取平均值 $\tan 3°35' = 0.06262$

所以 $$\frac{\alpha}{2} \approx 3°35'$$

[例 2]　车削一锥体，已知锥度 $C=1:10$，求小刀架转动角度。

[解]　$$\tan\frac{\alpha}{2} = \frac{C}{2} = \frac{\frac{1}{10}}{2} = \frac{1}{20} = 0.05$$

查三角函数表，$\tan 2°52' = 0.05007$，所以$\frac{\alpha}{2} \approx 2°52'$，即小刀架应转过 2°52′。

(2) 用靠模板法车锥体　对尺寸相同和批量大且精度高、角度小的圆锥体用靠模板方法（图 6-11）加工。用这种方法，靠模板调整方便、准确，可以自动进刀，车削圆锥体和圆锥孔的质量较高。但靠模装置的角度调节范围较小，一般在 12°以下。

[例 1]　已知圆锥体最大圆锥直径 $D=400\text{mm}$，最小圆锥直径 $d=350\text{mm}$，圆锥长度 $L=250\text{mm}$，靠模板的支距 $H=500\text{mm}$，求靠模板的偏移量 B。

[解]　$$B = \frac{H}{2}\frac{D-d}{L} = \frac{500}{2} \times \frac{400-350}{250}\text{mm} = 50\text{mm}$$

[例 2]　圆锥体的尺寸同例 1，求靠模板的旋转角度$\frac{\alpha}{2}$。

[解]　$$\tan\frac{\alpha}{2} = \frac{D-d}{2L} = \frac{400-350}{2\times 250} = 0.1$$

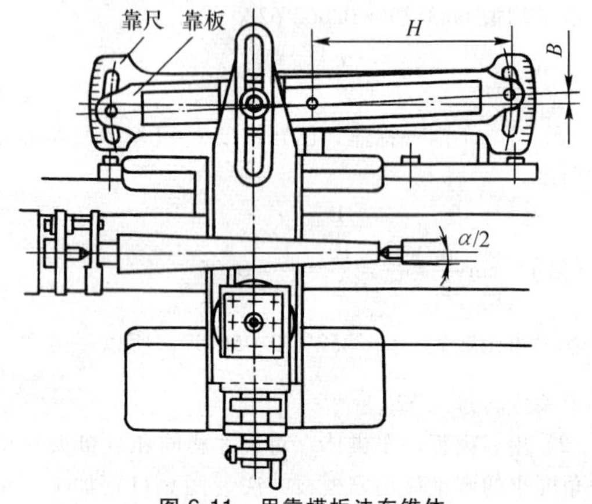

图 6-11　用靠模板法车锥体

H—支距，靠模板转动中心到刻线处的距离；$\frac{\alpha}{2}$—靠模板旋转角度，它等于圆锥体的斜角，计算公式与小刀架转动角度相同　B—靠模板的偏移量，可用表 6-4 中的公式计算

表 6-4　计算公式

已知条件	计 算 公 式
D（最大圆锥直径） d（最小圆锥直径） L（圆锥长度） H（支距） B（靠模板偏移量）	$B=H\frac{D-d}{2L}=\frac{H}{2}\frac{D-d}{L}$
C（锥度） H（支距）	$B=\frac{H}{2}C$

查三角函数表，$\tan 5°42' = 0.09981$，$\tan 5°44' = 0.10040$

取平均值 $\tan 5°43' = 0.10011$

所以 $\frac{\alpha}{2} \approx 5°43'$

（3）车标准锥度和常用锥度时小刀架和靠模板转动角度（表 6-5）

表 6-5 车标准锥度和常用锥度时小刀架和靠模板转动角度

锥体名称		锥度	小刀架和靠模板转动角度（锥体斜角）	锥体名称	锥度	小刀架和靠模板转动角度（锥体斜角）
莫氏锥度	0	1 : 19.212	1°29′27″	常用锥度	1 : 200	0°08′36″
	1	1 : 20.047	1°25′43″		1 : 100	0°17′11″
	2	1 : 20.02	1°25′50″		1 : 50	0°34′23″
	3	1 : 19.922	1°26′16″		1 : 30	0°57′17″
	4	1 : 19.254	1°29′15″		1 : 20	1°25′56″
	5	1 : 19.002	1°30′26″		1 : 15	1°54′33″
	6	1 : 19.18	1°29′36″		1 : 12	2°23′09″
30°		1 : 1.866	15°		1 : 10	2°51′45″
45°		1 : 1.207	22°30′		1 : 8	3°34′35″
60°		1 : 0.866	30°		1 : 7	4°05′08″
75°		1 : 0.652	37°30′		1 : 5	5°42′38″
90°		1 : 0.5	45°		1 : 3	9°27′44″
120°		1 : 0.289	60°		7 : 24	8°17′46″

（4）用偏移尾座法车锥体　当工件精度要求不高，锥体较长，而锥度又较小时，可采用偏移尾座法车锥体（图

6-12)。这种方法适用于卧式车床采用自动进刀车锥面。工件表面粗糙度值较大，但因顶尖在中心孔中歪斜，接触不良，所以中心孔磨损不均。受尾座偏移量限制，不能车锥角大的工件，也不能车锥孔及整锥体。

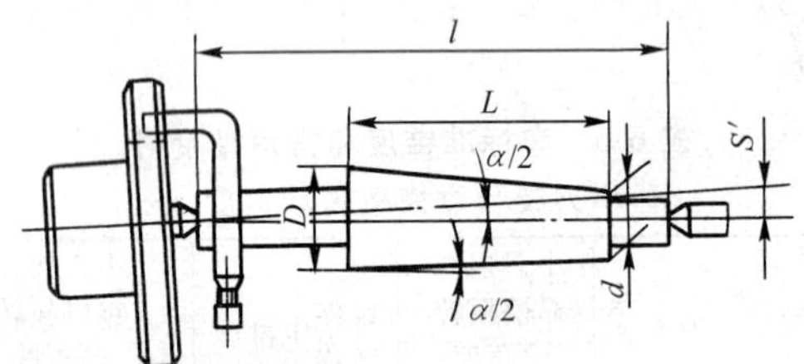

图 6-12　用偏移尾座法车锥体

偏移量 S' 的计算公式：

当工件全长 l 不等于锥形部分长度 L 时

$$S' = \frac{l}{2}\frac{D-d}{L},\quad S' = \frac{l}{2}C \text{ 或 } S' = lS$$

当工件全长 l 等于锥形部分长度 L 时

$$S' = \frac{D-d}{2}$$

［例 1］　已知一圆锥体 $D=80\text{mm}$，$d=75\text{mm}$，$L=100\text{mm}$，$l=120\text{mm}$，求尾座偏移量 S'。

［解］　$S' = \frac{l}{2}\frac{D-d}{L} = \frac{120}{2}\times\frac{80-75}{100}\text{mm} = 3\text{mm}$

［例 2］　已知一圆锥体 $D=30\text{mm}$，$C=1:20$，$L=60\text{mm}$，$l=80\text{mm}$，求尾座偏移量 S'。

［解］ $S' = \frac{l}{2}C = \frac{80}{2} \times \frac{1}{20}\text{mm} = 2\text{mm}$

根据计算出来的偏移量 S'，利用尾座本身的刻度，把尾座偏移后即可车削。偏移时也可采用指示表或其他方法来控制尺寸 S'。

(5) 用宽刃刀车锥体　在车削较短的圆锥面时，也可以用宽刃刀直接车出（图 6-13）。宽刃刀的切削刃必须平直，切削刃与主轴轴线的夹角应等于工件圆锥半角 $\alpha/2$，使用宽刃刀车圆锥面时，车床必须具有很好的刚性，否则容易引起振动。

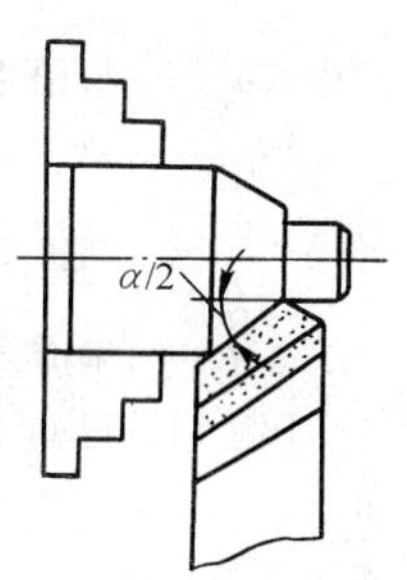

图 6-13　用宽刃刀车锥体

3. 车削圆锥时尺寸控制方法

在车削圆锥工件时，一般是用环规或塞规检验工件的锥度和尺寸。当锥度已车准，而尺寸未达到要求时，必须再进给车削。当用量规测量出长度 a（图 6-14）后，可用以下方法确定横向进给量。

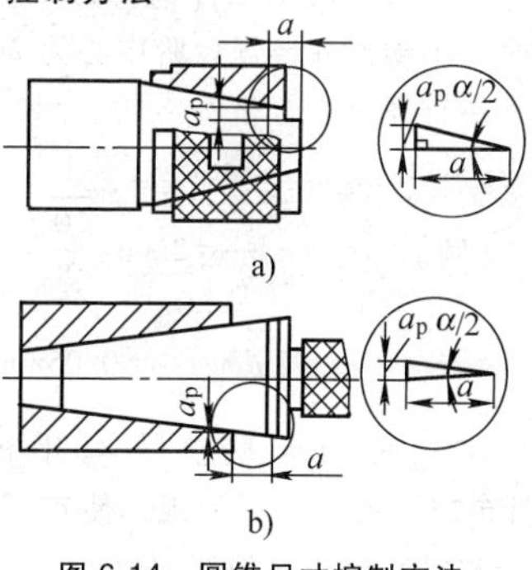

图 6-14　圆锥尺寸控制方法
a）车圆锥体　b）车圆锥孔

(1) 计算法

计算公式为

$$a_{p} = a\tan\frac{\alpha}{2} \text{ 或 } a_{p} = a\frac{C}{2}$$

式中 a_p——极限量规刻线或台阶中心离开工件端面的距离为 a 时的背吃刀量（mm）；

$\frac{\alpha}{2}$——圆锥半角；

C——锥度。

［例 1］ 已知工件的圆锥半角 $\alpha/2=1°30'$，用环规测量时，工件小端离开环规台阶中心为 4mm，背吃刀量多少才能使小端直径尺寸合格？

［解］ $a_{p}=a\tan\frac{\alpha}{2}=4\text{mm}\times\tan1°30'$

$=4\text{mm}\times0.026\ 19=0.105\text{mm}$

［例 2］ 已知工件锥度为 1∶20，用环规测量工件小端时，小端离开环规台阶中心为 2mm，背吃刀量多少才能使小端直径尺寸合格？

［解］ $a_{p}=a\frac{C}{2}=2\text{mm}\times\frac{\frac{1}{20}}{2}$

$=2\text{mm}\times\frac{1}{40}=0.05\text{mm}$

（2）移动床鞍法　当用极限量规量出长度 a（图 6-15）后，取下量规，使车刀轻轻接触工件小端面；接着移动小滑板，使车刀离开工件端面一段 a 的距离；然后移动床鞍，使车刀同工件端面接触后即可进行车削。

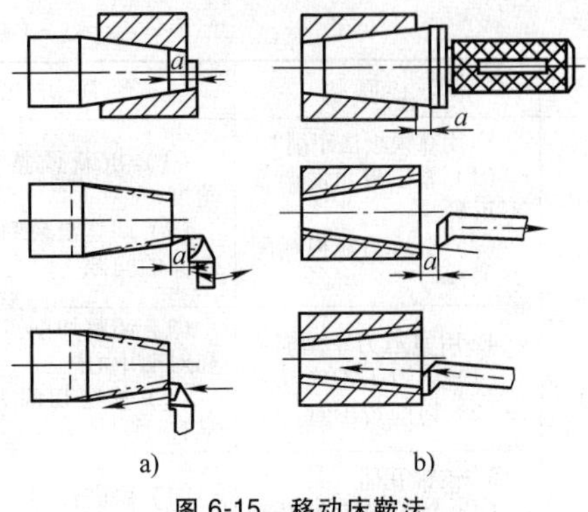

图 6-15 移动床鞍法
a）车圆锥体 b）车圆锥孔

4. 车圆锥面时产生废品的原因及预防方法（表 6-6）

表 6-6 车圆锥面时产生废品的原因及预防方法

废品种类	产生原因	预防方法
锥度（角度）不正确	1. 用转动小滑板车削时 （1）小滑板转动角度计算错误 （2）小滑板移动时松紧不匀	（1）仔细计算小滑板应转的角度和方向，并反复试车校正 （2）调整镶条使小滑板移动均匀
	2. 用偏移尾座法车削时 （1）尾座偏移位置不正确 （2）工件长度不一致	（1）重新计算和调整尾座偏移量 （2）如果工件数量较多，各件的长度必须一致

（续）

废品种类	产生原因	预防方法
锥度（角度）不正确	3. 用靠模板法车削时 （1）靠模板角度调整不正确 （2）滑块与靠模板配合不良	（1）重新调整靠模板角度 （2）调整滑块和靠模板之间的间隙
	4. 用宽刃刀车削时 （1）装刀不正确 （2）切削刃不直	（1）调整切削刃的角度和对准中心 （2）修磨切削刃，使之平直
	5. 铰锥孔时 （1）铰刀锥度不正确 （2）铰刀的安装轴线与工件旋转轴线不同轴	（1）修磨铰刀 （2）用指示表和试棒调整尾座中心
大小端尺寸不正确	没有经常测量大小端直径	经常测量大小端直径，并按计算尺寸控制吃刀量
双曲线误差	车刀没有对准工件中心	车刀必须严格对准工件中心

三、车成形面

1. 用成形刀（样板刀）车成形面

这种方法是将切削刀具刃磨成工件成形面的形状，从径向或轴向进给将成形面加工成形；也可将工件的成形面划分成几段，将几把车刀按各分段形面的形状刃磨，分别将整个成形面分段加工成形。

（1）普通成形刀（图 6-16） 这种成形刀的切削刃廓形根据工件的成形表面刃磨，刀体结构和装夹与普通车刀相同。这种刀具制作方便，可用手工刃磨，但精度较低。若精度要求较高时，可在工具磨床上刃磨。这种成形车刀常用于加工简单的成形面。

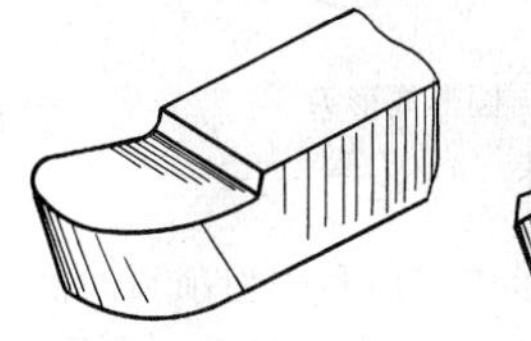
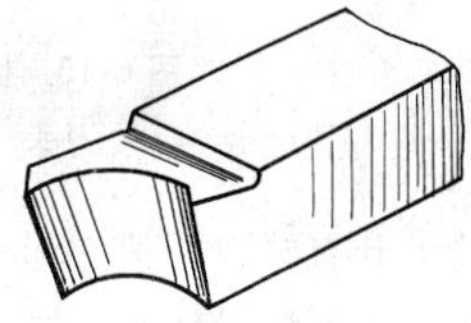

图 6-16 普通成形刀

（2）棱形成形刀（图 6-17）这种成形刀由刀头和刀杆两部分组成。刀头的切削刃按工件的形状在工具磨床上用成形砂轮磨削成形。后部有燕尾块，安装在弹性刀杆的燕尾槽中，用螺钉紧固。刀杆上的燕尾槽做成倾斜状，这样成形刀产生了后角，切削刃磨损后，只需刃磨刀头的前面；切削刃磨低后，可以把刀头向上拉起，直至刀头无法夹住为止。这种成形刀精度高，刀具寿命长，但制造比较复杂。

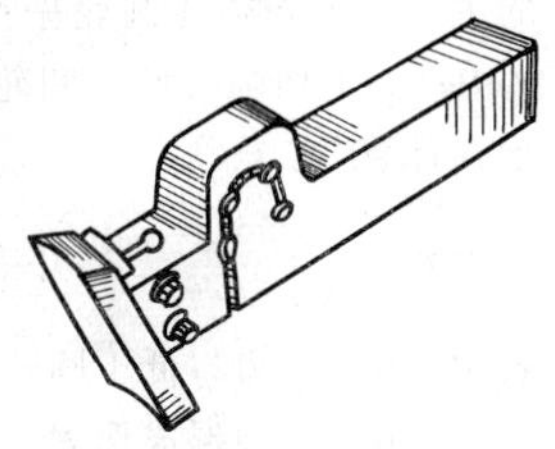

图 6-17 棱形成形刀

（3）圆形成形刀（图 6-18） 这种成形刀做成圆轮形，

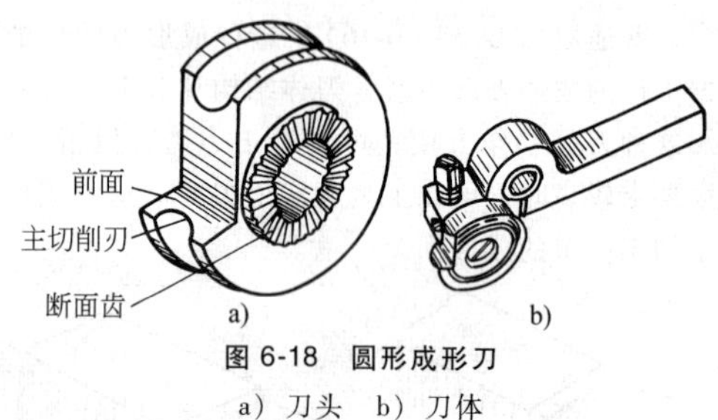

图 6-18　圆形成形刀

a）刀头　b）刀体

在圆轮上开有缺口，使它形成前面和主切削刃。使用时，将它安装在弹性刀杆上。为了防止圆轮转动，在侧面做出端面齿，使之与刀杆侧面上的端面齿相啮合。圆形成形刀的主切削刃必须比圆轮中心低一些，否则后角为 0°（图 6-19a）。主切削刃低于圆轮中心的距离（图 6-19b）可用下式计算

$$H=\frac{D}{2}\sin\alpha_o$$

式中　H——刃口低于圆轮中心的距离（mm）；

D——圆形成形刀直径（mm）；

α_o——成形刀的后角（一般为 6°~10°）。

（4）分段切削成形刀　这种成形刀按加工零件的特殊形面分段制成，然后分段加工形面。图 6-20 所示为冲模的冲头，由于成形面素线较长，用一把成形刀车削时进给力太大，所以将成形面分成 AB、BC、CD、DE 四段，采用四把对应各段形状的成形刀进行切削（图 6-21）。

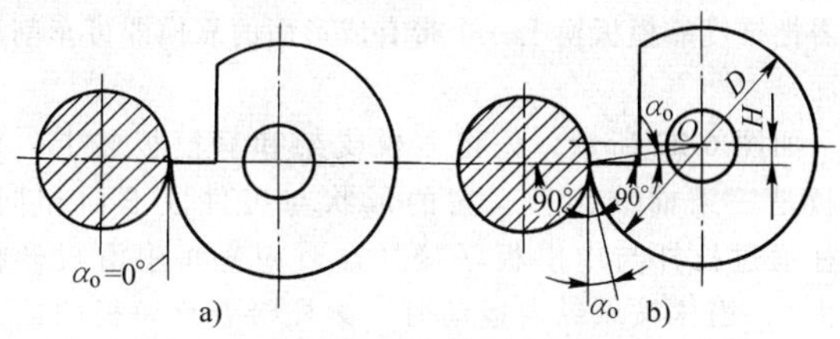

图 6-19 圆形成形刀的后角

加工时必须先粗车后再用成形刀精车连接。精车时一般采用手动进给，机床转速取低速，进刀速度也不宜太快。

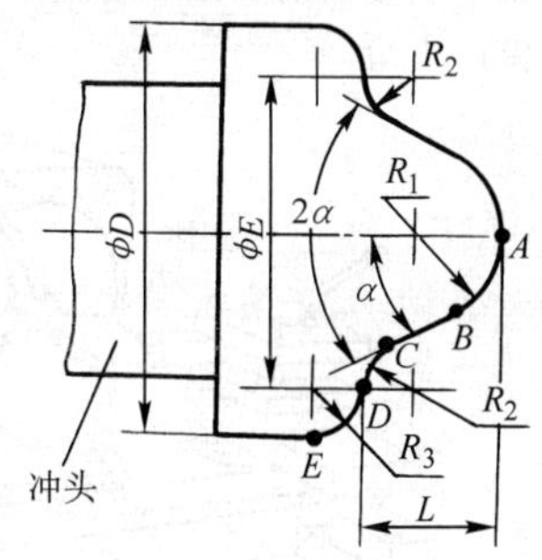

图 6-20 冲头

2. 用靠模法车成形面

（1）靠板靠模法　在车床上用靠板靠模法车削成形面，实际上和用靠模车圆锥的方法基本相同。

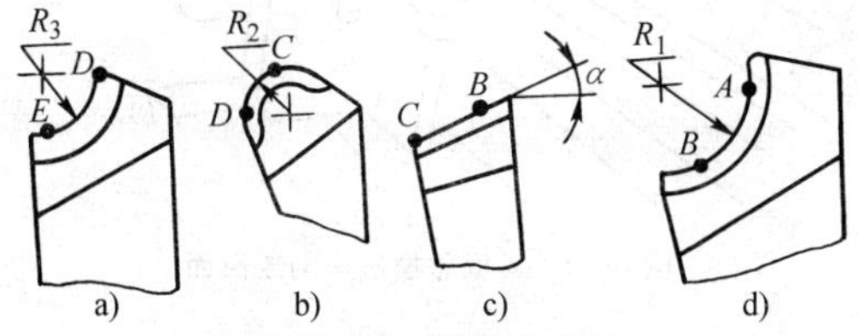

图 6-21 分段切削的成形刀

a）车削 *DE* 段　b）车削 *CD* 段　c）车削 *BC* 段　d）车削 *AB* 段

只需把锥度靠模板换上一个带有成形面的靠模即可车削成形面。

如图 6-22 所示，先将靠模支架和靠模板装上。靠模板是一条曲线沟模，它的形状与工件成形面相同。滚柱通过拉杆与中滑板联接（这时应先将中滑板丝杠抽去），当床鞍做纵向运动时，滚柱沿着靠模板的曲线沟槽移动，使车刀刀尖做相应的曲线移动，这样就完成了成形面的加工。若把小滑板转过 90°，就可以进行横向进给。

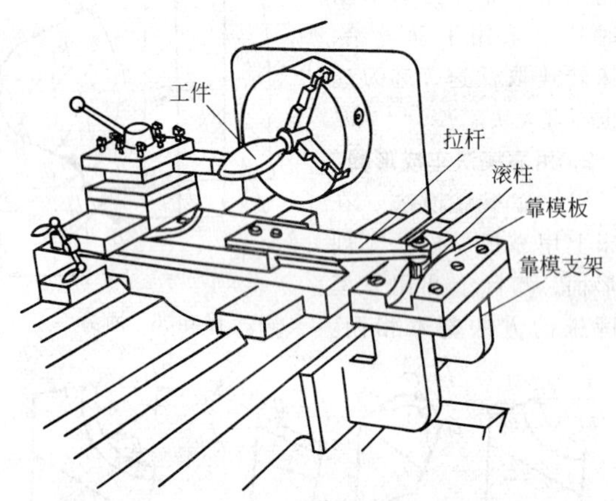

图 6-22　靠板靠模法车削成形面

这种靠模法操作方便，形面准确，质量稳定，但只能加工成形面变化不大的工件。

（2）尾座靠模法　如图 6-23 所示，在尾座套筒锥孔内装夹一个标准样件（即靠模），在刀架上装一个长刀夹，在刀夹上装车刀和靠模杆。车削时用双手操纵中、小滑板，使靠模杆始终贴住靠模，并沿着靠模的表面移动，使车刀在工件表面上车出与靠模形状相同的成形面。这种方法简单，在一般车床上都能使用。

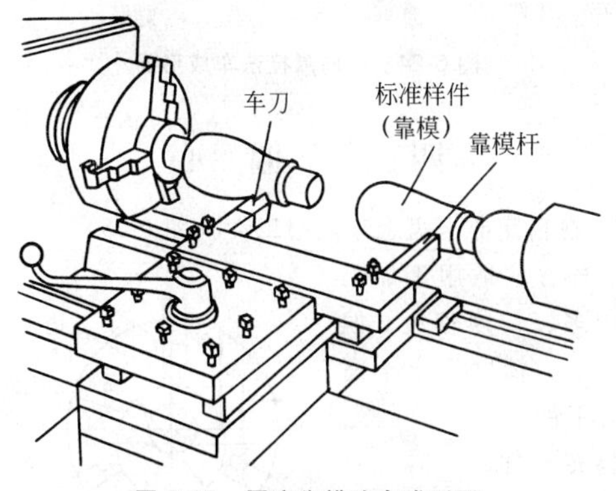

图 6-23　尾座靠模法车成形面

（3）横向靠模法　用以车工件端面上的成形面，如图 6-24 所示。靠模装夹在尾座套筒锥孔内的夹板上，用螺钉紧固。把装有刀杆的刀夹装夹在方刀架上，滚轮由弹簧保证紧靠住靠模。为了防止刀杆在刀夹中转动，在刀杆上铣一个键槽安装键。车削时，中滑板自动进给，滚轮沿着靠模的曲线表面横向移动，车刀即车出工件的成形端面。

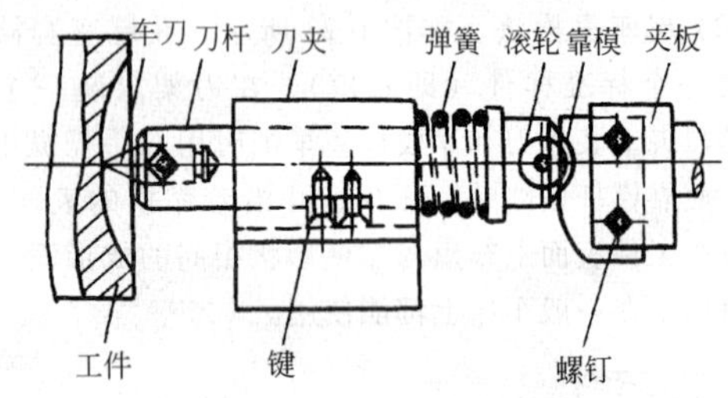

图 6-24　横向靠模法车成形面

四、车　偏　心

1. 在自定心卡盘上车偏心工件（图 6-25）

这种方法适用于加工数量较多、长度较短、偏心距较小、精度要求不高的偏心工件。

装夹工件时，应在自定心卡盘中的一个爪上加上垫片，其垫片厚度计算公式为

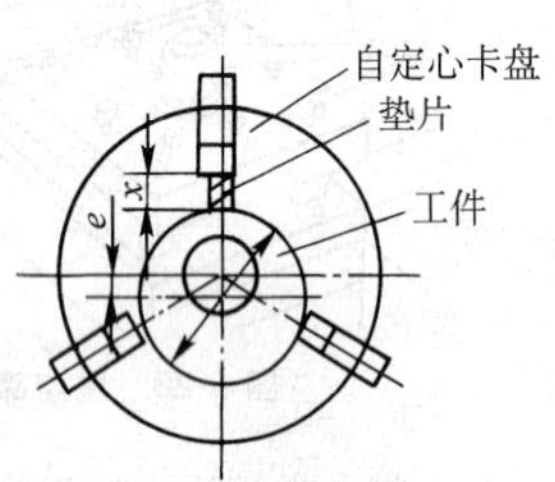

图 6-25　用自定心卡盘装夹车偏心工件

$$x=1.5e\pm K;\ K=1.5\Delta e$$

式中　x——垫片厚度（mm）；

e——偏心工件的偏心距（mm）；

K——偏心距修正值（mm），正负值按实测结果确定；

Δe——试切削后实测偏心误差（mm）。

［例］ 用自定心卡盘车一个偏心工件，$d=50\text{mm}$，$e=4\text{mm}$，求垫片厚度。

［解］ $x=1.5e=1.5\times4\text{mm}=6\text{mm}$

若试切后实测偏心距为 4.04mm，则

$$\Delta e = 4.04\text{mm} - 4\text{mm} = 0.04\text{mm}$$

$$K = 1.5 \times 0.04\text{mm} = 0.06\text{mm}$$

垫片厚度

$$x = 1.5e - K = 6\text{mm} - 0.06\text{mm} = 5.94\text{mm}$$

2. 在双卡盘上车偏心工件（图 6-26）

这种方法适用于加工长度较短、偏心距较小、数量较多的偏心工件。

加工前应先调整偏心距。首先用一根加工好的心轴装夹在自定心卡盘上，并找正。然后调整单动卡盘，将心轴中心偏移一个工件的偏心距。卸下心轴，就可以装夹工件进行加工。这种方法的优点是一批工件中只需找正一次偏心距；缺点是两个卡盘重叠一起，刚性较差。

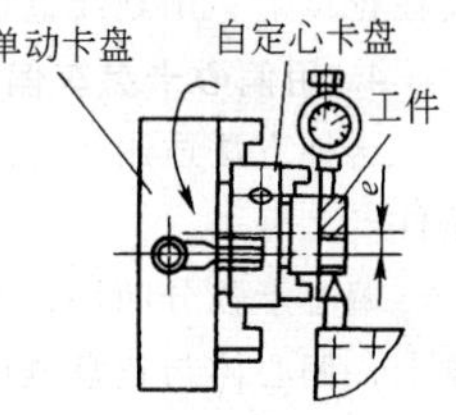

图 6-26 用双卡盘装夹车偏心工件

3. 在花盘上车偏心工件（图 6-27）

这种方法适用于加工工件长度较短、偏心距较大、精度要求不高的偏心孔工件。

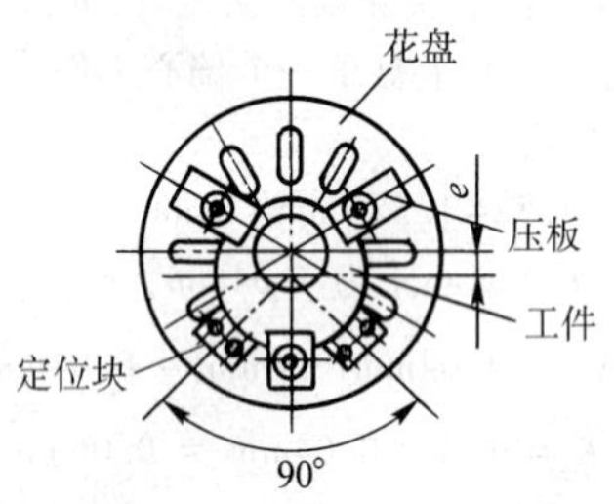

图 6-27　用花盘装夹车偏心工件

在加工偏心孔前，先将工件外圆和两端面加工至要求后，在一端面上划好偏心孔的位置，然后用压板把工件装夹在花盘上，用划线盘进行找正后压紧，即可车削。

4. 用偏心卡盘车偏心工件（图 6-28）

这种方法适用于加工短轴、盘、套类的较精密的偏心工件。

偏心卡盘分两层，花盘用螺钉固定在车床主轴的连接盘上，偏心体与花盘燕尾槽相互配合，其上装有自定心卡盘。利用丝杠来调整卡盘的中心距。偏心距 e 的大小可在两个测头 6、7 之间测量。当偏心距为零时，测头 6、7 正好相碰。转动丝杠时，测头 7 逐渐离开测头 6，离开的尺寸即是偏心距。当偏心距调整好后，用四个螺钉紧固，把工件装夹在自定心卡盘上，就可以进行车削。

其优点是装夹方便，能保证加工质量，并能获得较高的精度，通用性强。

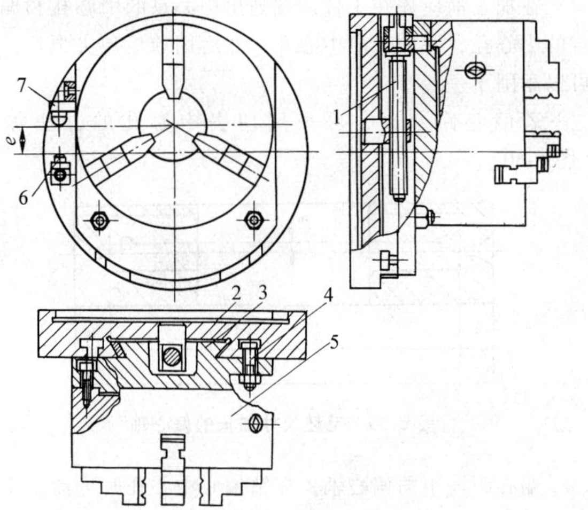

图 6-28　偏心卡盘

1—丝杠　2—花盘　3—偏心体　4—螺钉
5—自定心卡盘　6、7—测头

5. 用两顶尖车偏心工件（图 6-29）

这种方法适用于加工较长的偏心工件。

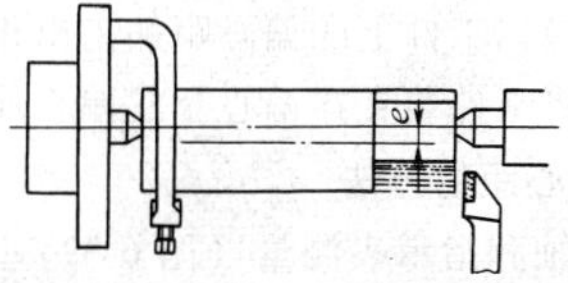

图 6-29　用两顶尖装夹偏心工件

在加工前应先在工件两端划出中心点的中心孔和偏心点的中心孔，并加工出中心孔，然后用前后顶尖顶住，便可以车削了。

若偏心距小时，可采用切去中心孔的方法加工（图 6-30）。

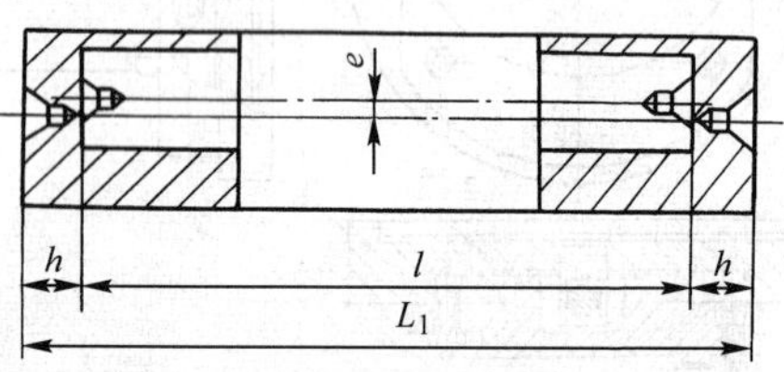

图 6-30　毛坯尺寸加长的偏心轴

偏心距较小的偏心轴，在钻偏心中心孔时可能跟主轴中心孔相互干涉。这时可将工件长度加长两个中心孔的深度。加工时，可先把毛坯车成光轴，然后车去两端中心孔至工件要求的长度，再划线，钻偏心中心孔，车偏心轴。

6. 用专用夹具车偏心工件（图 6-31）

这种方法适用于加工精度要求高而且批量较大的偏心工件。

加工前应根据工件上的偏心距加工出相应的偏心轴或偏心套，然后将工件装夹在偏心套或偏心轴上进行车削。

7. 测量偏心距的方法

（1）用心轴和指示表测量（图 6-32）　这种测量方法适用于精度要求较高而偏心距较小的偏心工件。用指示表

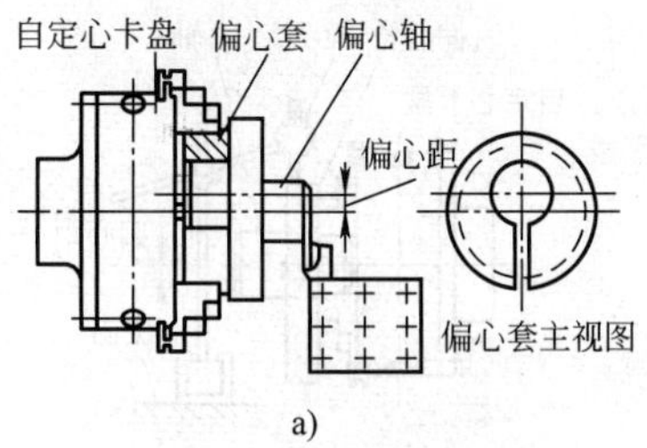

a)

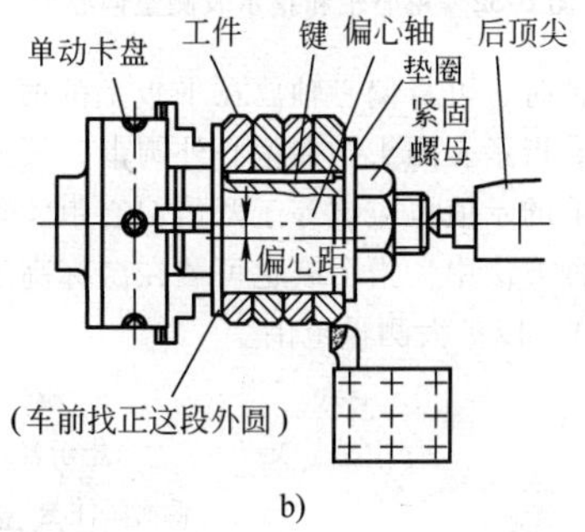

b)

图 6-31　车削偏心专用夹具

a）用偏心套车偏心轴　b）用偏心轴车偏心套

测量偏心工件，是以孔作为基准面，用一个夹在自定心卡盘上的心轴支承工件。指示表示值头指在偏心工件的外圆上，将偏心工件的一个端面靠在卡爪上，缓慢转动。指示表上的示值应该是两倍的偏心距，否则工件的偏心距就不合格。

（2）用等高 V 形架和指示表测量（图 6-33）　用指示

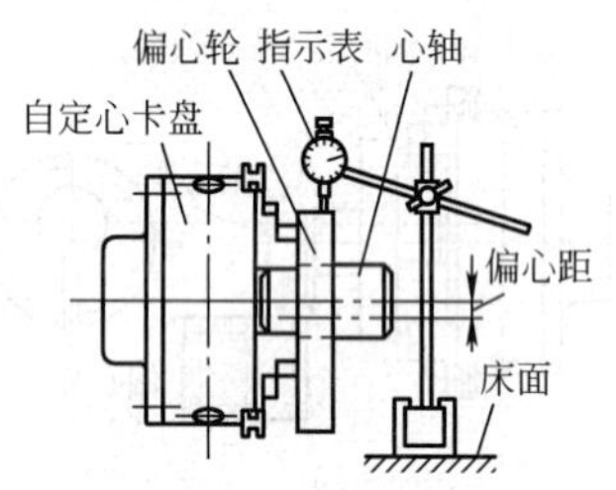

图 6-32　用心轴和指示表测量偏心轮

表测量偏心轴时，可将偏心轴放在平板上的两个等高的 V 形架上支承。指示表测头指在偏心外圆上，缓慢转动偏心轴。指示表上的示值也应该等于两倍偏心距。

以上两种方法中，指示表也可装在游标高度卡尺上使用（图 6-34），以扩大测量范围。

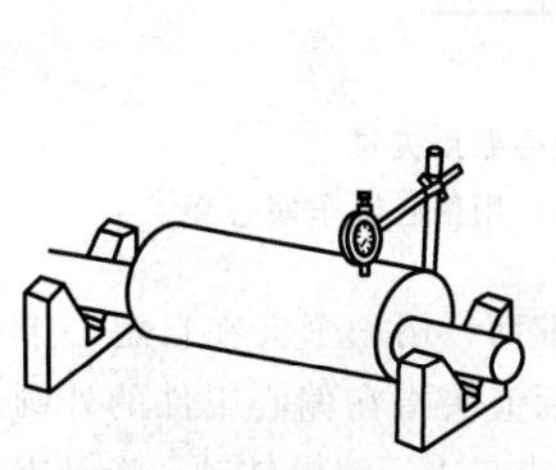

图 6-33　用等高 V 形架和指示表测量偏心轴

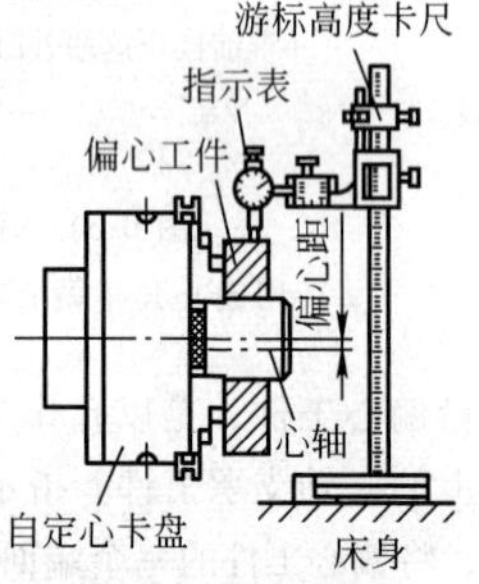

图 6-34　指示表与游标高度卡尺配合测量偏心工件

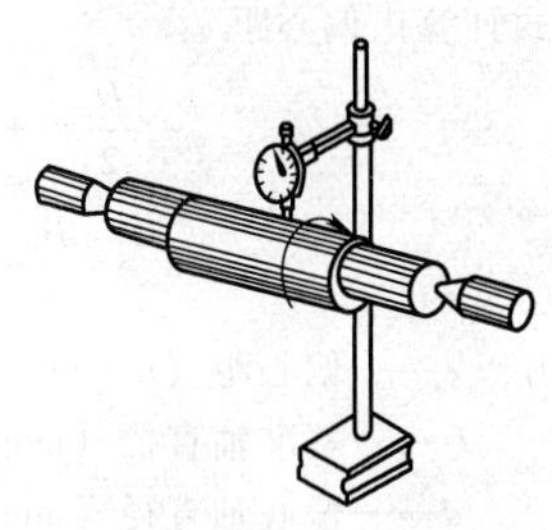

图 6-35 用两顶尖孔和指示表测量偏心工件

（3）用两顶尖孔和指示表测量（图 6-35） 这种方法适用于两端有中心孔、偏心距较小的偏心轴测量。其测量方法是将工件装夹在两顶尖之间，指示表的测头指在偏心工件的外圆上，用手转动偏心轴，指示表上的示值应是偏心距的两倍。

偏心套的偏心距也可用上述的方法来测量，但是必须将偏心套装在心轴上才能测量。

（4）用 V 形架间接测量（图 6-36） 因受指示表测量范围的限制，偏心距较大的工件可用间接测量偏心距的方法。把工件放在平板上的 V 形架上，转动偏心轴，用指示表测出偏心轴的最高点。工件固定不动，水平移动指示表，测出偏心轴外圆到基准轴外圆之间的距离 a，然后用

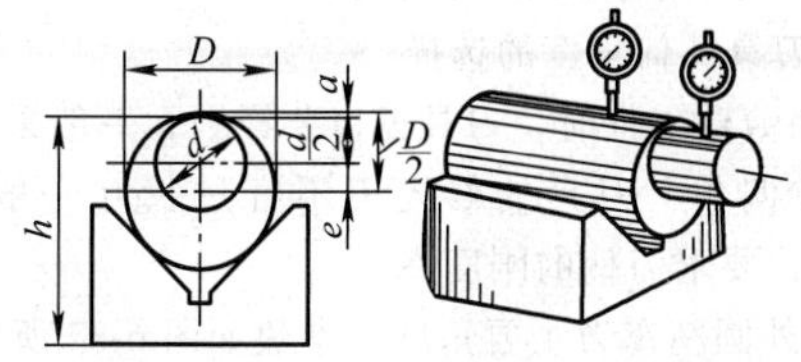

图 6-36 用 V 形架间接测量偏心距

下式计算出偏心距 e：

$$\frac{D}{2}=e+\frac{d}{2}+a$$

$$e=\frac{D}{2}-\frac{d}{2}-a$$

式中　e——偏心距（mm）；

D——基准轴直径（mm）；

d——偏心轴直径（mm）；

a——基准轴外圆到偏心轴外圆之间的最小距离（mm）。

用这种方法,必须把基准轴直径和偏心轴直径用千分尺测量出正确的实际尺寸,否则计算时会产生误差。

五、车削薄壁工件

车削薄壁工件时，由于工件的刚性差，工件在车削过程中受切削力和夹紧力的作用极易产生变形，影响工件的尺寸和形状精度。因此，合理选择装夹方法、刀具几何角度、切削用量及充分地进行冷却润滑，都是保证加工薄壁工件精度的关键。

1. 工件的装夹方法（表 6-7）

2. 刀具几何角度的选择

车削薄壁工件时，刀具刃口要锋利，一般采用较大的前角和主偏角，刀具的修光刃不宜过长（一般取 0.2~0.3mm），要求刀柄的刚度高。

1）外圆精车刀主要角度及参数如图 6-37 所示。

2）内孔精车刀主要角度及参数如图 6-38 所示。

表 6-7　工件的装夹方法

装夹方法	简　图	应用说明
增加工艺凸台	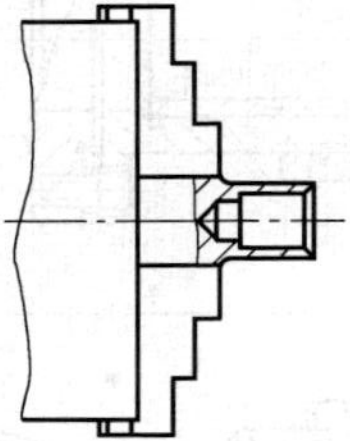	对薄壁套类工件，可在坯料上留有一定的夹持长度（工艺凸台）。在工件一次装夹中完成内、外圆和一端端面的加工后，切下工件，最后装夹在心轴上，车另一端面和倒角
开口套筒装夹	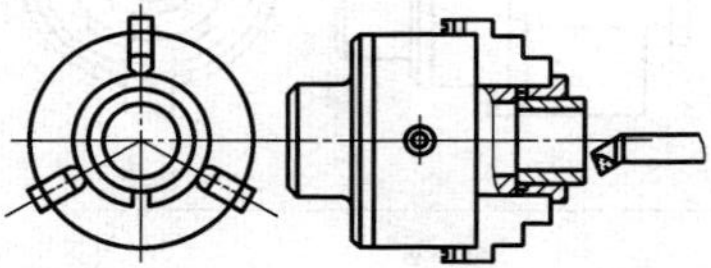	开口套筒接触面大，夹紧力均匀分布在工件外圆上，不易产生变形。这种方法还必须提高自定心卡盘的安装精度，以保证较高的同轴度

（续）

装夹方法	简　　图	应用说明
软卡爪装夹	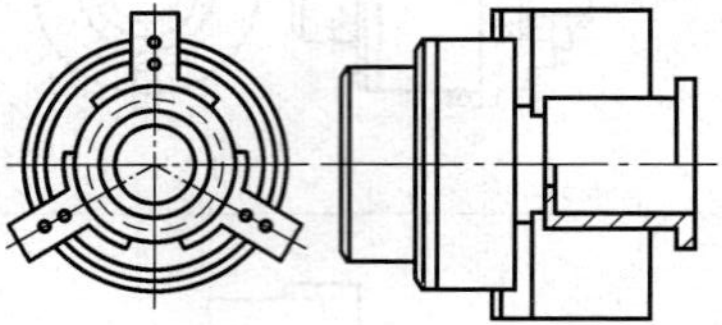	采用改装成扇形软卡爪的自定心卡盘，可按与加工工件的装夹基面间隙配合的要求加工卡爪的工作面，使接触面增大，夹紧力均匀分布在工件上，不易产生变形
轴向夹紧夹具装夹	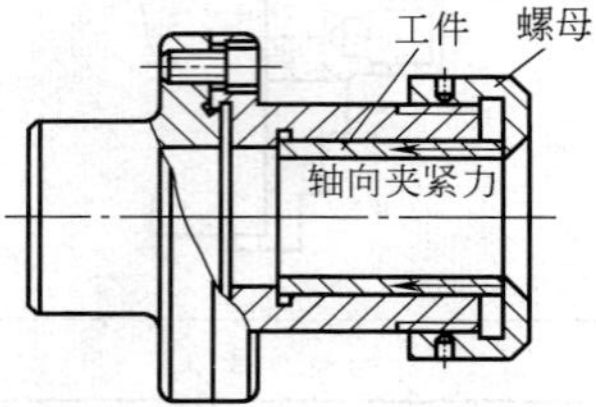 工件 螺母 轴向夹紧力	夹具用螺母的端面来夹紧工件。夹紧力是轴向的，可避免工件变形

（续）

装夹方法	简　　图	应用说明
小锥度心轴装夹	1:1000～1:5000	锥度一般在 1：1000～1：5000，制造方便，加工精度高。缺点是在长度上无法定位，承受切削力小，装卸不大方便。适用于内孔定位加工外圆
胀力心轴装夹	3～6 H7/h6 30°	这种心轴依靠材料弹性变形所产生的胀力来固定工件，装卸方便，加工精度高，使用比较广泛 胀力心轴一般直接安装在机床主轴孔中。胀力心轴的旋塞锥角最好为 30°左右，最薄部分壁厚为 3～6mm，胀体上开有三等分槽，使胀力保持均匀 适用于内孔定位加工外圆

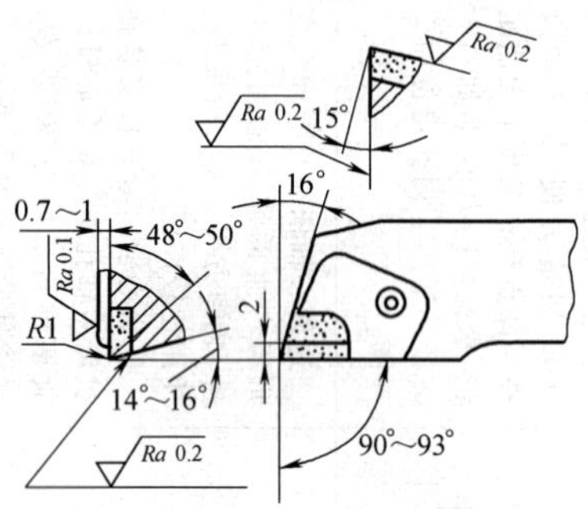

图 6-37　外圆精车刀

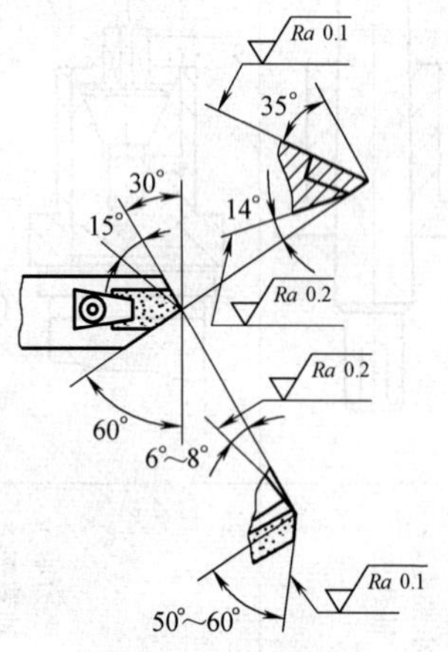

图 6-38　内孔精车刀

3. 精车薄壁工件的切削用量（表 6-8）

表 6-8　精车薄壁工件的切削用量

工件材料	刀片材料	切削用量		
		v/(m/min)	f/(mm/r)	a_p/mm
45、Q235 铝合金	YT15 YG6A YG6X	100~130 400~700[①]	0.08~0.16 0.02~0.03	0.05~0.5 0.05~0.1

① 当机床精度低或刚度差时，应适当降低切削速度。

六、滚压加工

滚压加工是一种对机械零件表面进行光整和强化加工的工艺。在车床上应用滚压工具在工件表面上施加一定的压力来强行滚压，可使金属表层产生塑性变形，修正工件表面的微观几何形状，减小表面粗糙度值，同时提高工件的表面硬度、耐磨性和抗疲劳强度。这种方法主要用于大型轴类、套筒类零件的内、外旋转表面的加工，滚压螺钉、螺栓等零件的螺纹，以及滚压小模数齿轮和滚花加工等。

1. 滚压加工常用工具及其应用（表 6-9）

2. 滚轮式滚压工具常用的滚轮外圆形状及应用

（1）带圆柱形部分（宽度为 b）和斜角的滚轮（图 6-39）　这种滚轮适用于滚压长度不受限制的圆柱面或平面。滚压小零件时，b=2~5mm；滚压大零件时，b=12~15mm。

表 6-9 滚压加工常用工具及其应用

形式		结构示意图	特　点	注　意　事　项
硬质合金滚轮式内、外圆滚压工具	滚压小尺寸外圆	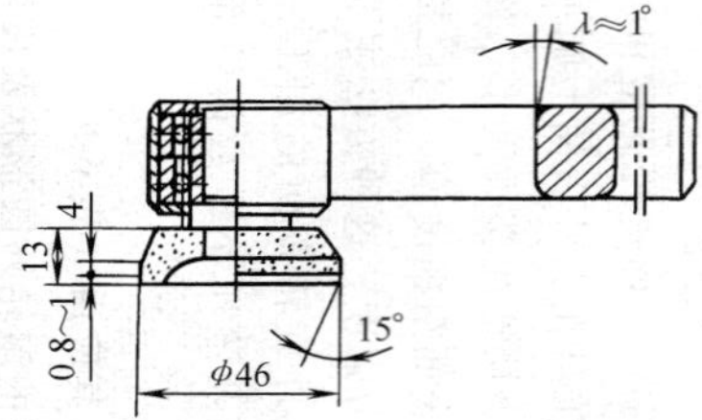 $\lambda\approx1^\circ$ 4 13 0.8~1 15° $\phi46$	1. 具有滚辗和滚研压两种效应，滚压效果较好 2. 滚轮外径较大，减小了滚轮的转速，使滚轮寿命增加，且可采用较高的滚压速度 3. 滚压时，无须加油润滑冷却	1. 工具的滚轮轴线应相对工件轴线在垂直平面内顺时针方向倾斜 $\lambda\approx1^\circ$，使其具有楔入及滚研压效应 2. 安装工具时，应使滚轮轴线相对工件轴线在水平面内顺时针方向倾斜 1°左右（目测时，滚轮型面与工件的实际接触宽度为 3~4mm），以使工件表面的弹性变形区逐渐复原、挤光
	滚压大尺寸外圆	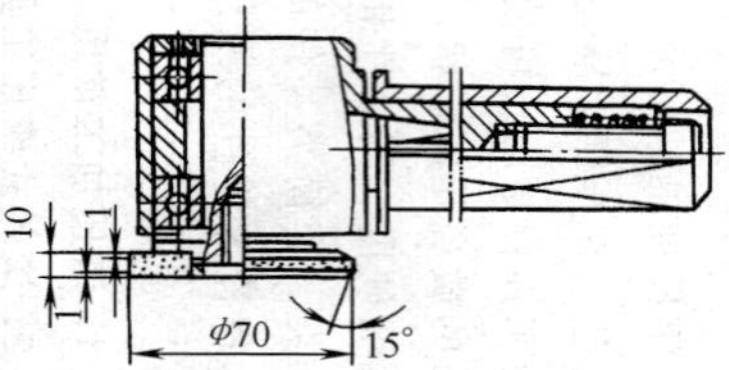 10 1 1 $\phi70$ 15°		

（续）

形式		结构示意图	特点	注意事项
硬质合金滚轮式内、外圆滚压工具	滚压内孔	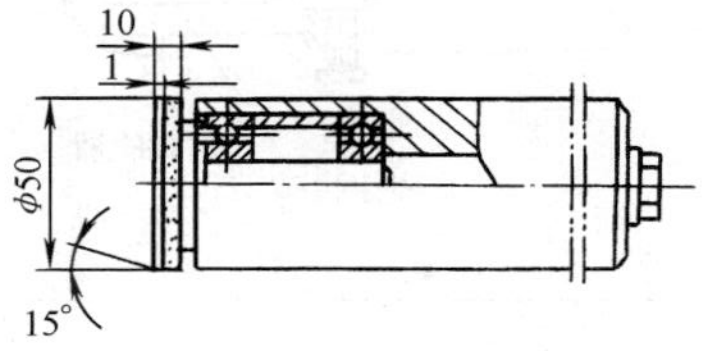 10 1 $\phi50$ 15°	4. 能滚压台阶轴、短孔、不通孔等塑性材料的工件	3. 滚轮的滚辗压角 $\gamma=10°\sim14°$，以保证顺利楔入工件进行滚辗 4. 滚压前，工件表面和滚轮型面应保持清洁无油污。工件表面不应有局部缩孔或硬化现象
滚柱式内、外圆滚压工具	滚压外圆	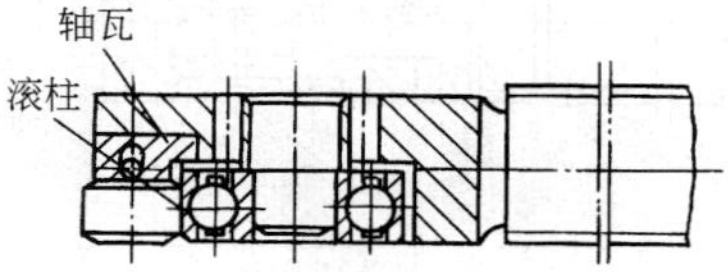 轴瓦 滚柱	1. 具有较大的滚研压效应 2. 滚柱与工件的接触面小，滚压时，无须施加很大的压力	1. 安装工具时，滚柱对准工件中心，并使滚柱轴线相对工件轴线在垂直平面上顺时针方向倾斜一个角度 λ

（续）

<table>
<tr><th colspan="2">形式</th><th>结构示意图</th><th>特　点</th><th>注　意　事　项</th></tr>
<tr><td rowspan="2">滚柱式内、外圆滚压工具</td><td>滚压大孔</td><td>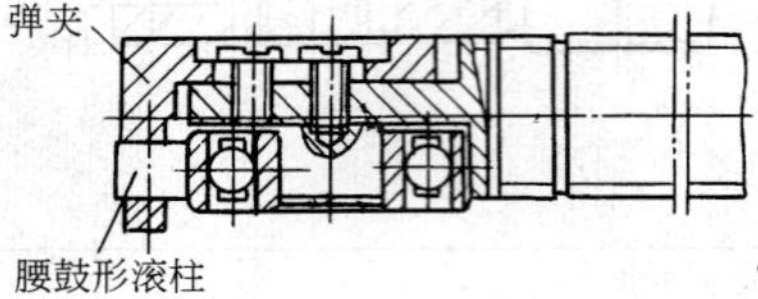</td><td rowspan="2">3. 不宜滚压经调质处理的硬度高的工件，对不通孔和有台阶的内孔，不能滚压到底</td><td rowspan="2">外圆滚压 $\lambda = 15° \sim 30°$
内孔滚压 $\lambda = 5° \sim 25°$
中小孔滚压 $\lambda = 10°$
2. 滚柱与弹夹的配合间隙不宜过大，一般在 0.1mm 左右，否则工件表面会产生振动痕迹</td></tr>
<tr><td>滚压小孔</td><td>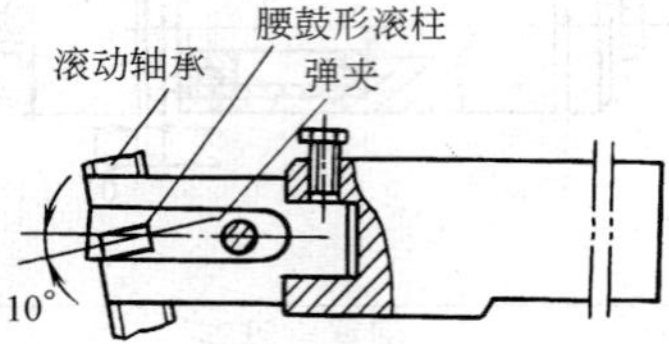</td></tr>
</table>

（续）

形式		结构示意图	特点	注意事项
硬质合金YZ型深孔滚压工具	滚压深孔	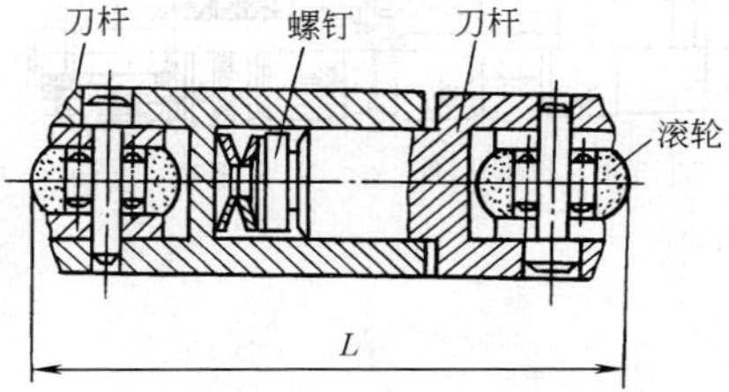	1. 为加工不同尺寸范围的孔径，滚压工具可调节或改组成不同长度的规格（$L=80\sim95$mm，$95\sim110$mm，$110\sim230$mm） 2. 采用弹性方式滚压，压力均匀，调整方便 3. 在滚轮进给方向前面装有滚压导向部分，能保持滚压后的表面粗糙度	1. 成组碟形弹簧应采取面对面“《》”或背对背“》《”的装法 2. 滚轮材料为YG6X，其型面可在工具磨床上用碗形砂轮磨出，然后用海绵蘸研磨膏研磨

（续）

形式		结构示意图	特　点	注意事项
圆锥滚柱深孔滚压工具	滚压深孔	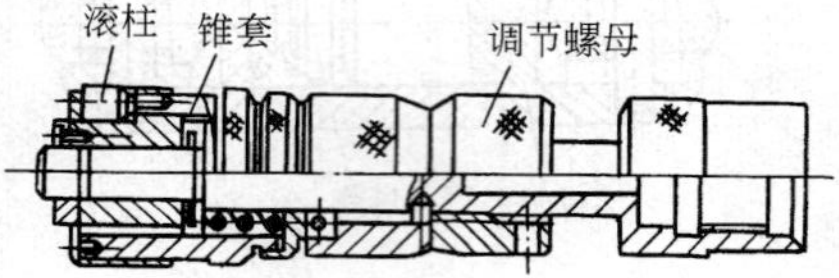	1. 采用圆锥形滚柱型面，滚压时，滚柱与工件具有30′～1°的斜角，使工件的弹性变形区逐渐复原以减小孔壁的表面粗糙度值 2. 与钢珠型面相比，它同工件的接触面增大，从而可加大进给量	1. 滚压时应采用切削液，它可由50%硫化切削液+50%柴油或全损耗系统用油、煤油配制而成 2. 滚柱的压入深度可由调节螺母调整，调节螺母旋转一圈，滚压头直径方向的增减量 $x = 2 \times 1.5\text{mm} \times \tan30' = 0.0262\text{mm}$ 式中，1.5mm为调节螺母的螺距；30′为心轴锥套圆锥体斜角

（续）

<table>
<tr><th>形式</th><th colspan="2">结构示意图</th><th>特　点</th><th>注意事项</th></tr>
<tr><td rowspan="2">滚珠式滚压工具</td><td>滚压外圆</td><td>钢球(5个)</td><td rowspan="2">1. 采用滚动轴承的滚珠，具有高精度、高硬度、小表面粗糙度值等优点
2. 滚珠与工件的轴向摩擦力小，因而滚压工具的轴向载荷小
3. 滚压内孔的滚压工具，其直径大小可以调节</td><td rowspan="2">1. 为使滚珠和工件之间的摩擦力大于滚珠和支承之间的摩擦力，滚珠应支承在一个或两个滚动轴承的外环上
2. 弹性滚压工具用于滚压精度不太高的场合</td></tr>
<tr><td>滚压内孔</td><td></td></tr>
</table>

（2）具有半径 R 的球形面滚轮（图 6-40） 这种滚轮适用于滚压刚性较差的零件，圆柱面或平面的长度不受限制。

（3）凸出部分具有半径 R 的球形面滚轮（图 6-41） 这种滚轮适用于滚压零件上的凹槽或凹圆角。

（4）具有综合形状的滚轮（图 6-42） 这种滚轮适用于滚压零件上的端面（a 部分）、凹形面（R 部分）和圆柱面（b 部分）。

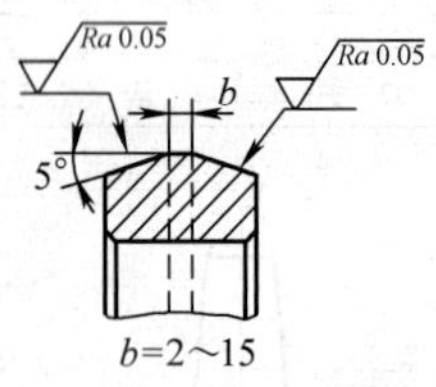

图 6-39 带圆柱形部分（宽度为 b）和斜角的滚轮

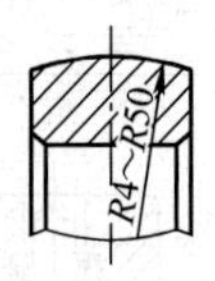

图 6-40 具有半径 R 的球形面滚轮

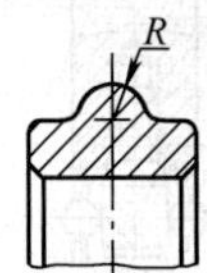

图 6-41 凸出部分具有半径 R 的球形面滚轮

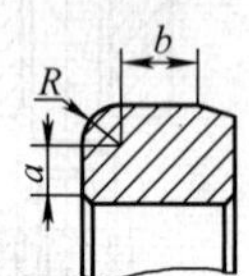

图 6-42 具有综合形状的滚轮

（5）滚压特殊形状表面的滚轮（图 6-43） 这种滚轮适用于滚压特殊形状的零件。

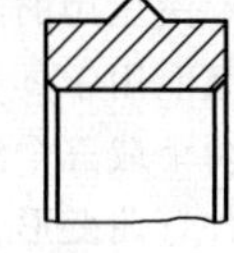

图 6-43 滚压特殊形状表面的滚轮

滚轮可用 T12A、CrWMn、Cr12、5CrNiMn 等材料制造，热处理硬度为 58 ~ 65HRC，也可采用硬质合金制造。

滚轮一般支承在滚动轴承上。滚轮的表面粗糙度值一般在 *Ra*0.2μm 以下。滚轮与相配合的心轴的同轴度误差应小于 0.01mm。

3. 滚轮滚压的加工方法

滚轮滚压可加工圆柱形或锥形的外表面和内表面，曲线旋转体的外表面、平面、端面、凹槽，台阶轴的过渡圆角等，如图 6-44 所示。

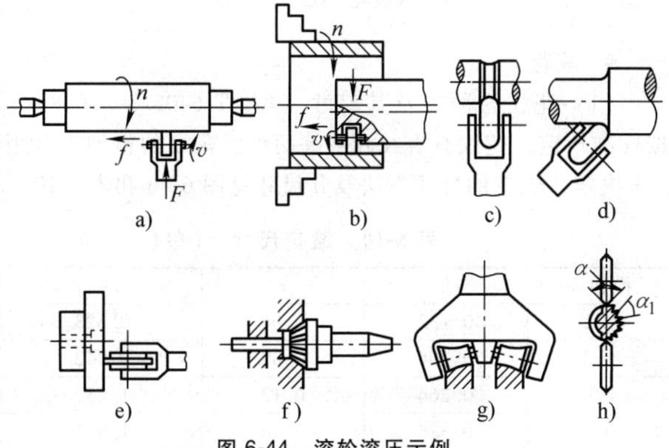

图 6-44 滚轮滚压示例

a）滚压圆柱形外表面 b）滚压圆柱形内表面 c）滚压圆柱凹槽 d）滚压过渡圆角 e）滚压端面 f）滚压锥形孔 g）滚压型面 h）滚压直槽

滚压用的滚轮数量有一个、两个或三个。单一滚轮滚压只能用于具有足够刚度的工件。若工件刚度较小，则须用两个或三个滚轮，在相对的方向上同时进行滚压，以免工件弯曲变形，如图 6-45 所示。

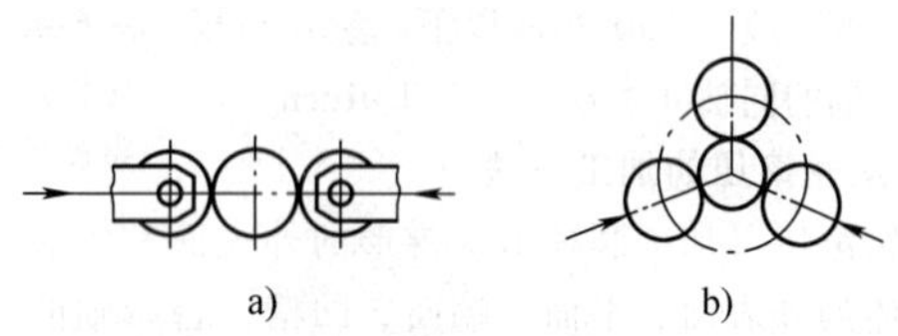

图 6-45　多滚轮滚压圆柱形外表面示意

a）双滚轮　b）三滚轮

4. 滚花

（1）花纹的种类及其尺寸（GB/T 6403. 3—2008）

按标准规定，花纹有直纹和网纹两种。花纹的粗细由节距 p 来决定，滚花的标注方法及其尺寸见图 6-46 和表 6-10。

表 6-10　滚花尺寸　（单位：mm）

模数 m	h	r	节距 p
0. 2	0. 132	0. 06	0. 628
0. 3	0. 198	0. 09	0. 942
0. 4	0. 264	0. 12	1. 257
0. 5	0. 326	0. 16	1. 571

注：表中 $h=0.785m-0.414r$。

标记示例：

1）模数 $m=0.3$mm 的直纹滚花：直纹　m0. 3　GB/T

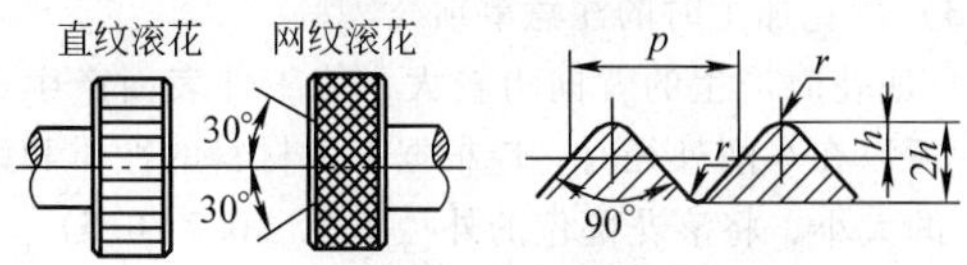

图 6-46　滚花种类及标注方法

6403.3—2008。

2）模数 $m=0.4$mm 的网纹滚花：网纹　m0.4　GB/T 6403.3—2008。

（2）滚花刀的种类　滚花刀一般有单轮、双轮及六轮三种（图 6-47）。单轮滚花刀通常用于滚压直纹，双轮滚花刀和六轮滚花刀用于滚压网纹。双轮滚花刀由节距相同的一个左旋和一个右旋滚花刀组成一组。六轮滚花刀是把网纹模数 m 不等的三组双轮滚花刀装在同一把特制的刀杆上。

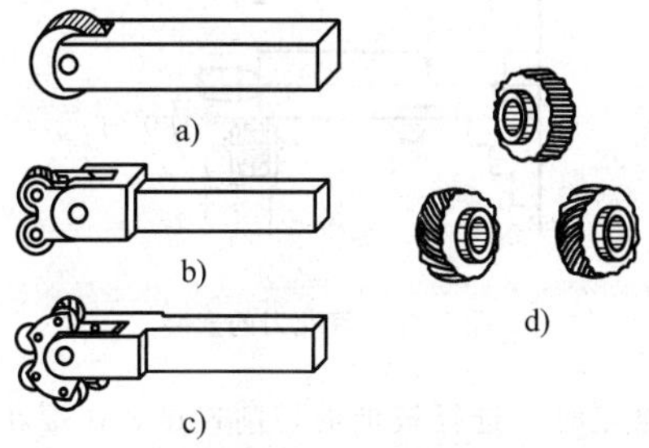

图 6-47　滚花刀的种类

a）单轮　b）双轮　c）六轮　d）滚轮

（3）滚花加工时的注意事项

1）滚花时产生的背向力较大，使工件表面产生塑性变形，所以在车削外径时，应根据工件材料的性质和滚花节距 p 的大小，将滚花部位的外径车小（0.2~0.5）p。

2）滚花前，工件表面粗糙度值应为 $Ra12.5\mu m$。

3）滚花刀的装夹应与工件表面平行。在滚花刀开始接触工件时，必须用较大的压力进给，使工件圆周上一开始就形成较深的花纹，不易产生乱纹。这样来回滚压 1~2 次，直到花纹凸出为止。

为了减少开始时的背向力，可用滚花刀宽度的 1/2 或 1/3 进行滚压，或把滚轮刀尾部安装得略向左偏一些，使滚花刀与工件表面有一个很小的夹角（类似车刀的副偏角），这样滚花刀就容易切入工件表面（图 6-48）。

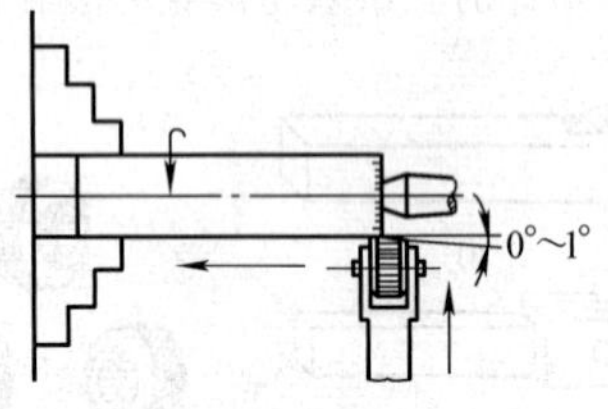

图 6-48　滚花刀的安装

4）滚花时应选择较低的切削速度。在滚花过程中，必须经常加入切削液并清除切屑，以免损坏滚花刀，防止滚花刀被切屑堵塞而影响花纹的质量。

5）滚花后工件直径大于滚花前直径，其值 $\Delta \approx (0.8 \sim 1.6) m$。

6）滚花一般在精车之前进行。

七、冷绕弹簧

1. 卧式车床可绕制弹簧的种类（图 6-49）

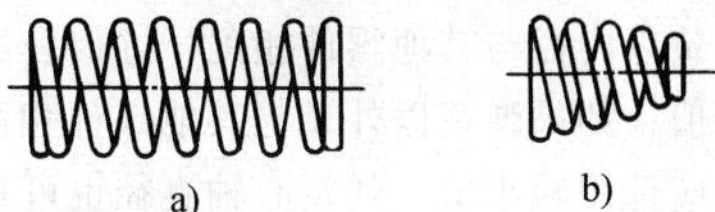

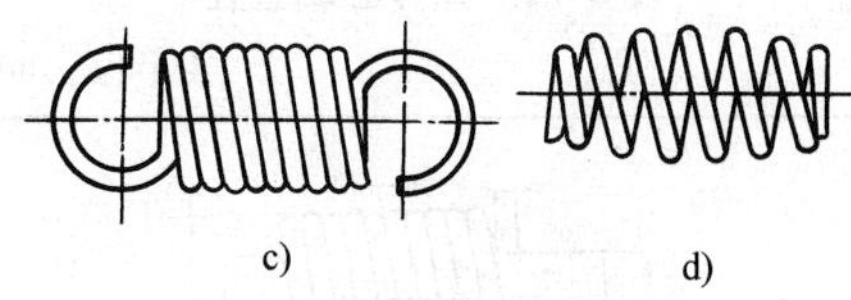

图 6-49 弹簧的种类

a）压缩弹簧 b）截锥形弹簧 c）拉伸弹簧 d）中凸形弹簧

2. 绕制圆柱形螺旋弹簧用心轴直径的计算

（1）冷绕弹簧用心轴直径的经验公式

$$D_0 = \left[\left(1 - 0.0167 \times \frac{d + D_1}{d}\right) \pm 0.02\right] D_1$$

式中 D_0——心轴直径（mm）；

D_1——弹簧内径（mm）；

d——钢丝直径（mm）。

如果用中级弹簧钢丝，钢丝直径 $d<1\text{mm}$ 时，心轴系

数取-0.02mm；$d>2.5$mm 时，取 0.02mm。

当用高级弹簧钢丝、钢丝直径 $d<2$mm 时，心轴系数取-0.02mm；$d>3.5$mm 时，取 0.02mm。钢丝直径在上述范围外，此项系数可不考虑。

(2) 冷绕弹簧用心轴直径的近似公式

$$D_0 = (0.75 \sim 0.8)\ D_1$$

如果弹簧以内径与其他零件相配，近似公式中的系数应选用较大值；如果弹簧以外径与其他零件相配，近似公式中的系数应选用较小值。弹簧心轴直径也可查表 6-11。

表 6-11　弹簧心轴直径

（单位：mm）

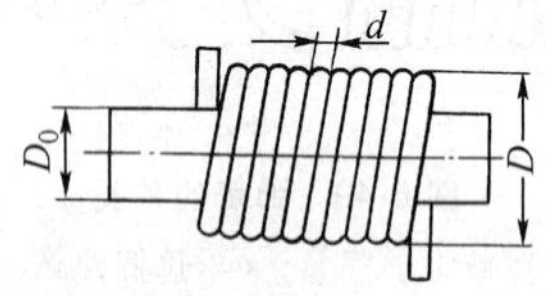

d	0.3	0.5	0.8	1	2	2.5	3	4	5	6	心轴直径偏差
D	心轴直径 D_0										
3	2.1										±0.1
4	3.1	2.5									
5	4	3.5	2.7	2							
6	5	4.5	3.6	2.9							
8		6.4	5.5	4.8							
10		8.4	7.4	6.7							
12			9.3	8.5	6.1	4.8					
14			11.1	10.4	8	6.6	5.2				

（续）

d	0.3	0.5	0.8	1	2	2.5	3	4	5	6	心轴直径偏差
D	心轴直径 D_0										
18				14.3	11.9	10.4	9				±0.2
20				16.2	13.8	12.2	10.8				
22					16.6	14.1	12.7	10.5			
32					25.5	24	22.5	20.2	17.2	16.1	
40							30.3	28.1	26.1	24	
50								37.9	35.8	33.5	
60								47.2	45	42.5	

注：1. 在车床上热盘弹簧，心轴直径应等于弹簧内径。

2. 冷绕弹簧用的心轴直径按小于弹簧内径选定，其差值按经验决定。2 级和 3 级精度钢弹簧可按本表的数据选用。

3. 表中 D 为弹簧外径，d 为钢丝直径。

计算和查得的心轴直径是近似的。正式绕制弹簧前，最好先进行试验，即先绕 2~3 圈，让其扩大，然后测量内径是否符合要求，再根据测量结果修正心轴直径。如果心轴直径偏差不大，也可以利用调整对钢丝牵引力的方法，使弹簧的直径稍微增大或减小。

八、车细长轴

工件的长度 L 与直径 d 之比大于 25（$L/d>25$）的轴类零件称为细长轴。

1. 细长轴的加工特点

1）工件刚性差、拉弯力弱，并有因材料自重下垂的弯曲现象。

2）在切削过程中，工件受热伸长会产生弯曲变形，甚至会使工件卡死在顶尖间而无法加工。

3）工件受切削力作用易产生弯曲，从而引起振动，影响工件的精度和表面粗糙度。

4）采用跟刀架和中心架辅助工具、夹具，对操作技能要求高，与之配合的机床、夹具、刀具等多方面的协调困难，也是产生振动的原因，会影响加工精度。

5）由于工件长，每次进给的切削时间长，刀具磨损和工件尺寸变化大，难以保证加工精度。

因此，在车削细长轴时，对工件的装夹、刀具、机床、辅助工具和夹具及切削用量等要合理选择，精心调整。

2. 细长轴的装夹

（1）钻中心孔　将棒料一端钻好中心孔。当毛坯直径小于机床主轴通孔时，按一般方法加工中心孔，但是棒料伸出床头后面的部分应加强安全措施；当棒料直径大于机床主轴通孔或弯曲较大时，则用卡盘夹持一端，另一端用中心架支承其外圆毛坯面，先钻好可供活顶尖顶住的不规则中心孔，然后车出一段完整的外圆柱面，再用中心架支承该圆柱面，修正原来的中心孔，达到圆度的要求。应注意，在开始架中心架时，应使工件旋转中心与中心钻的中心重合，否则中心钻在工件端面上划圈，导致中心钻折断。

中心孔是细长轴的主要定位基准。精加工时，中心孔要求更高。一般精加工前要修正中心孔，使两端中心孔同轴，角度、圆度、表面粗糙度符合要求。因此，在必要时还应将两端中心孔进行研磨。

（2）装夹方式

1）用中心架装夹。

① 中心架直接支承在工件中间（图 6-50）。这种方法适用于允许调头接刀车削，这样支承可改善细长轴的刚性。在工件装上中心架之前，必须在毛坯中间车一段安装中心架卡爪的沟槽。

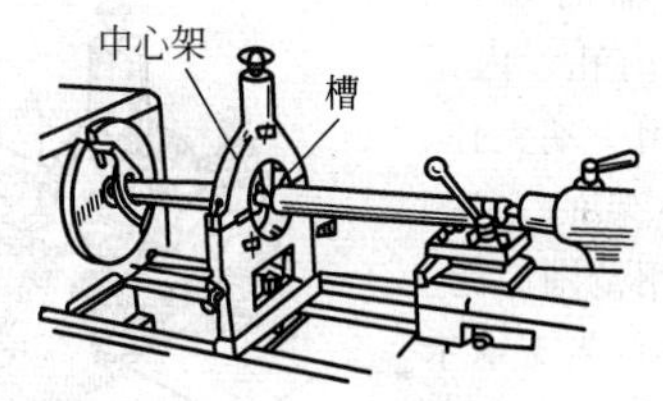

图 6-50　中心架直接支承在工件中间

车削时，卡爪与工件接触处应经常加润滑油。为了使卡爪与工件保持良好的接触，也可以在卡爪与工件之间加一层砂布或研磨剂，使接触更好。

② 用过渡套筒支承工件（图 6-51）。要在细长轴中间车削一条沟槽是比较困难的，为了解决这个问题，可采用过渡套筒装夹细长轴，使卡爪不直接与毛坯接触，而使卡爪与过渡套筒的外表面接触。过渡套筒的两端各装有四个螺钉，用这些螺钉夹住毛坯工件，但过渡套筒的外圆必须找正。

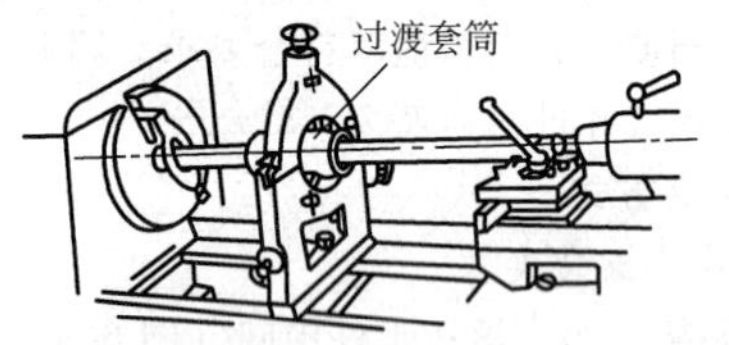

图 6-51　用过渡套筒支承工件

③ 一端夹住、一端架中心架（图 6-52）。除钻中心孔外，车削长轴的端面、较长套筒的内孔、内螺纹时，都可用一端夹住、一端架中心架的方法。这种方法使用范围广泛。

图 6-52　一端夹住、一端架中心架

④ 对中心架支承卡爪的调整。在调整中心架卡爪前，应在卡盘和顶尖之间将工件两端支承好。中心架卡爪的调整，重点是注意两侧下方的卡爪，它决定工件中心位置是否能保持在主轴轴线的延长线上。因此，支承力应均等而且适度，否则将因操作失误顶弯工件。位于工件上方的卡爪起承受主切削力 F_c 的作用。按顺序，它应在下方两侧卡爪支承调整稳妥之后，再进行支承调整，并注

意不能顶压过紧。调整之后应使中心架每个卡爪都能如精密配合的滑动轴承的内壁一样保持相同的微小间隙，作自由滑动。应随时注意中心架各个卡爪的磨损情况，及时地调整和补偿。

中心架的三个卡爪在长期使用磨损后，可用青铜、球墨铸铁或尼龙 1010 等材料的卡爪更换。

2）用跟刀架装夹（图 6-53）。车细长轴时最好采用三爪跟刀架（图 6-54）。它有平衡主切削力 F_c、背向力 F_p 和承受工件重力 G 的作用。各支承卡爪的触头由可以更换的耐磨铸铁制成。支承爪圆弧可预先经镗削加工而成，也可以在车削时利用工件粗车后的粗糙表面进行磨合。在调整跟刀架各支承压力时，力度要适中，并要供给充分的切削液，才能保证跟刀架支承的稳定和工件的尺寸精度。

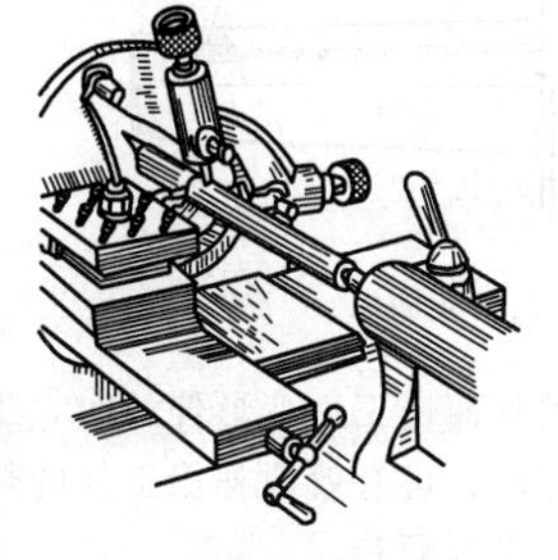

图 6-53　用跟刀架装夹工件

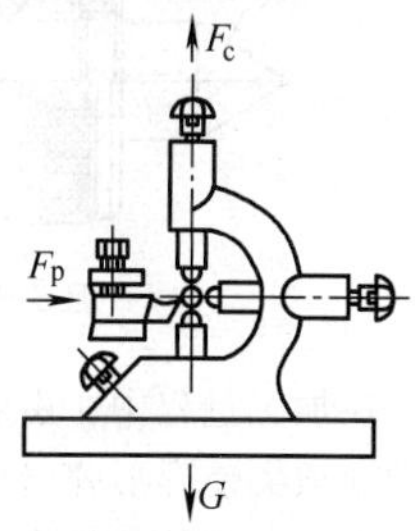

图 6-54　三爪跟刀架

（3）装夹时的注意事项

1）当材料毛坯弯曲较大时，使用单动卡盘装夹为宜。

因为单动卡盘具有可调整被夹工件圆心位置的特点。当工件毛坯加工余量充足时，利用它将弯曲过大的毛坯部分“借”正，保证外径能全部车圆，并应留有足够的半精加工余量。

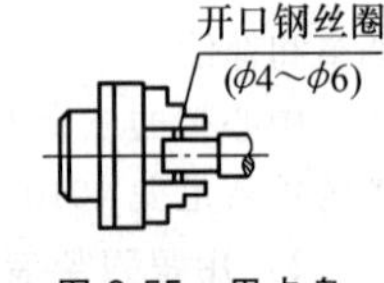

图 6-55　用卡盘装夹工件

2）卡爪夹持毛坯不宜过长，一般为 15～20mm，并且应加垫铜皮，或用直径 $\phi4\sim\phi6$mm 的钢丝在夹头上绕一圈，充当垫块（图 6-55）。这样可以防止因材料尾端外圆不平，产生受力不均而迫使工件弯曲的情况。

3）尾座端顶尖采用弹性回转顶尖（图 6-56）。

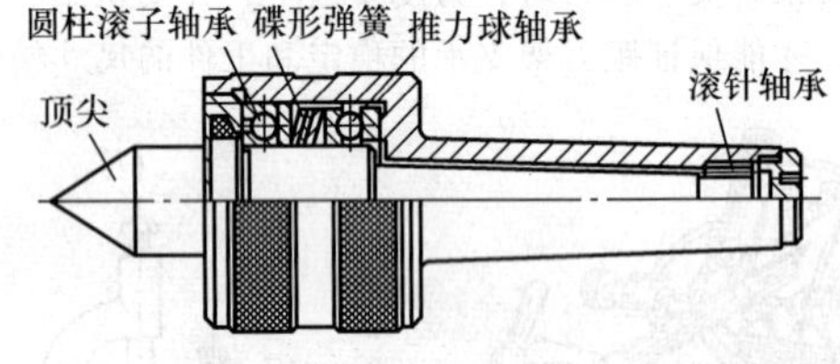

图 6-56　弹性回转顶尖

在加工过程中，由于切削热而使工件变形伸长时，工件推动顶尖使碟形弹簧压缩变形，可有效地补偿工件的热变形伸长，工件不易弯曲，使车削顺利。

调整顶尖对工件的压力时，一般是在车床开动后，用手指将顶尖头部捏住，使其不转动为宜。

（4）装夹方法举例（表 6-12）

表 6-12 车削细长轴的装夹方法举例

装夹方法	简图	应用范围
一夹一顶，上中心架（用过渡套），正装车刀车削	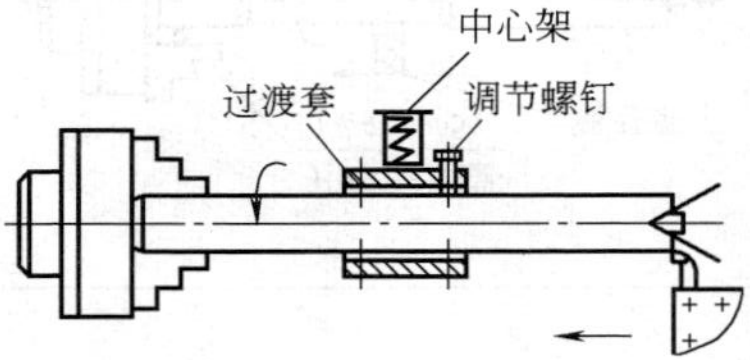 中心架 过渡套 调节螺钉	适用于允许调头接刀车削（过渡套外表面粗糙度值要小，精度要高，内孔要比工件直径大20～30mm）
用两顶尖拨顶，上中心架	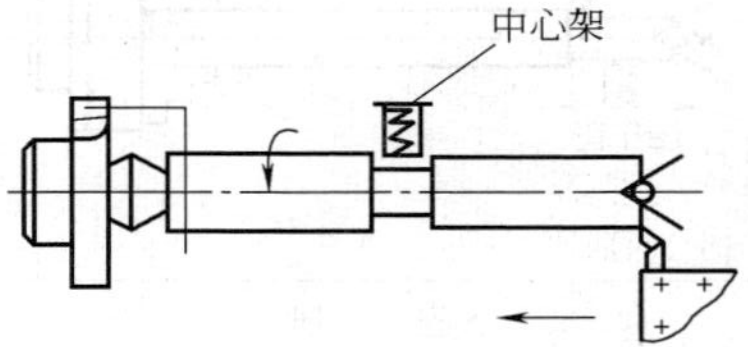 中心架	适用于允许调头接刀车削（工件凹槽尺寸；槽底径等于工件最后直径，槽宽比中心架支承宽度大10mm）

（续）

装夹方法	简　图	应用范围
一夹一顶（用弹性回转顶尖），上跟刀架，正装车刀车削	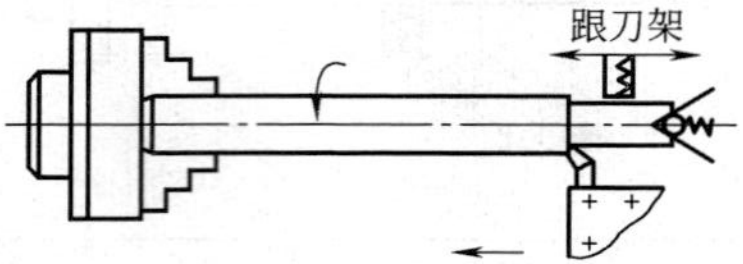 跟刀架	适用于不允许调头接刀车削的工件
一夹一顶（用弹性回转顶尖），夹持面用开口钢丝圈，上跟刀架，反向进给	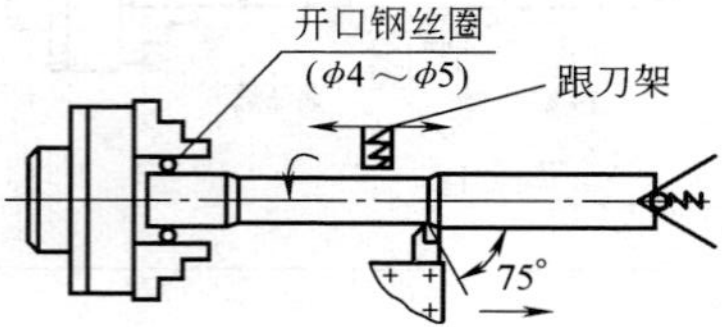 开口钢丝圈 ($\phi4\sim\phi5$) 跟刀架 75°	因后向进给，故变形小，加工精度高。精车时，使用可调宽刃弹性车刀

3. 对车刀几何角度的综合要求

1）车刀的主偏角，取 $\kappa_r=75°\sim95°$，以减小背向力，减少细长轴的弯曲。

2）选择较大的前角，取 $\gamma_o=15°\sim30°$，以减小进给力。

3）车刀前面应磨有 $R1.5\sim R3$mm 的断屑槽，使切屑卷曲折断。

4）选择正值刃倾角，取 $\lambda_s=3°\sim10°$，使切屑流向待加工表面。

5）减小切削刃表面粗糙度值，保持切削刃锋利。

6）不磨刀尖圆弧过渡刃和倒棱或磨得很小，保持切削刃锋利，减小背向力。

7）粗车时，刀尖要高于中心 0.1mm 左右；精车时，刀尖应等于或略低于中心，不要超过 0.1mm。

4. 车削细长轴常用的切削用量（表 6-13）

表 6-13　车削细长轴常用的切削用量

切削用量	粗　车	精　车
v/(m/min)	32	1.5
f/(mm/r)	0.3~0.35	12~14
a_p/mm	2~4	0.02~0.05

九、螺纹加工

（一）车螺纹

1. 对三角形螺纹车刀几何形状的要求

1）当车刀的背前角[㊀] $\gamma_p=0°$时，车刀的刀尖角 ε_r 应等于牙型角 α，若 $\gamma_p\neq0°$应进行修正（图 6-57）。刀尖角与背前角之间的关系为

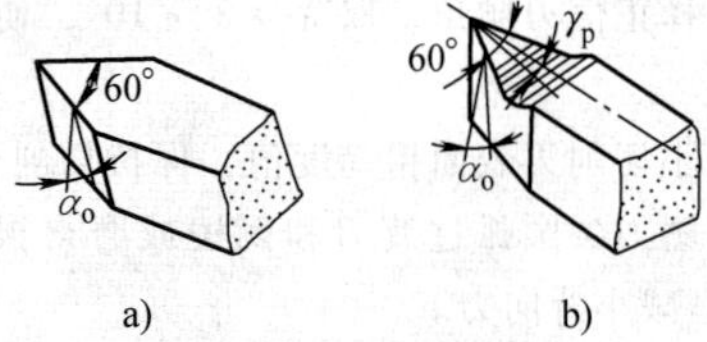

图 6-57 螺纹车刀前角与车刀几何形状关系

a）背前角等于 0° b）背前角大于 0°

$$\tan\frac{\varepsilon_r'}{2}=\tan\frac{\alpha}{2}\cos\gamma_p$$

式中 ε_r'——有背前角的刀尖角；

α——螺纹牙型角；

γ_p——螺纹车刀的背前角。

2）车刀进刀后角因螺旋角的影响应磨得大些。

3）车刀的左右切削刃必须是直线。

㊀ 在 GB/T 12204—2010 中规定的背前角，就是俗称的径向前角。

4）刀尖角对于刀具轴线必须对称。

2. 车螺纹车刀的刀尖宽度尺寸

（1）车梯形螺纹车刀的刀尖宽度尺寸（表 6-14）

表 6-14　车梯形螺纹车刀的刀尖宽度尺寸

（牙型角 $\alpha=30°$）　（单位：mm）

计算公式：刀尖宽度=0.366×螺距-0.536×间隙					
螺距	刀尖宽度	螺距	刀尖宽度	螺距	刀尖宽度
2	0.598	8	2.66	24	8.248
3	0.964	10	3.292	32	11.176
4	1.33	12	4.124	40	14.104
5	1.562	16	5.32	48	17.032
6	1.928	20	6.784		

注：间隙的数值可查梯形螺纹的基本尺寸。

（2）车模数蜗杆车刀的刀尖宽度尺寸（表 6-15）

表 6-15　车模数蜗杆车刀的刀尖宽度尺寸

（牙型角 $\alpha=40°$）　（单位：mm）

计算公式：刀尖宽度=0.843×模数-0.728×间隙 （若取间隙=0.2×模数，则刀尖宽度=0.697×模数）					
模数	刀尖宽度	模数	刀尖宽度	模数	刀尖宽度
1	0.697	(4.5)	3.137	12	8.364
1.5	1.046	5	3.485	14	9.758
2	1.394	6	4.182	16	11.152
2.5	1.743	(7)	4.879	18	12.546
3	2.091	8	5.576	20	13.94
(3.5)	2.44	(9)	6.273	25	17.425
4	2.788	10	6.97	(30)	20.91

注：括号内的尺寸尽量不采用。

（3）车径节蜗杆车刀的刀尖宽度尺寸（表 6-16）

表 6-16 车径节蜗杆车刀的刀尖宽度尺寸

（牙型角 $\alpha=29°$） （单位：mm）

计算公式：刀尖宽度$=\dfrac{25.4\times0.9723}{径节P}=\dfrac{24.6964}{P}$

径节 P	刀尖宽度	径节 P	刀尖宽度	径节 P	刀尖宽度
1	24.696	8	3.087	18	1.372
2	12.348	9	2.744	20	1.235
3	8.232	10	2.47	22	1.123
4	6.174	11	2.245	24	1.029
5	4.939	12	2.058	26	0.95
6	4.116	14	1.764	28	0.882
7	3.528	16	1.544	30	0.823

注：刀尖宽度=螺纹槽底宽度，通常采用这个尺寸作为磨刀样板（精车）。

3. 卧式车床车螺纹交换齿轮计算

在卧式车床上车削标准螺距的螺纹时，一般不需要进行交换齿轮的计算，只有车削特殊螺距时，才进行交换齿轮的计算。

（1）车特殊螺距时的计算方法　螺距特殊是指螺距（或每英寸牙数、模数等）在铭牌上找不到，其对应的传动比 i 可以用下列公式计算

车米制螺纹或模数蜗杆：$i=\dfrac{z_1}{z_2}\ \dfrac{z_3}{z_4}=\dfrac{a}{a_1}i_{原}$

车寸制螺纹或径节蜗杆：$i=\dfrac{z_1}{z_2}\ \dfrac{z_3}{z_4}=\dfrac{b_1}{b}i_{原}$

（上面公式不论寸制车床或米制车床都适用）

式中 a——工件螺纹的螺距或模数（mm）；

a_1——在铭牌上任意选取的螺距或模数，如果 a 是螺距，那么 a_1 应该在铭牌螺距一栏中任意选取；如果 a 是模数，那么 a_1 应该在铭牌模数一栏中任意选取；

b——工件螺纹的每英寸牙数或径节；

b_1——在铭牌上任意选取的每英寸牙数或径节。如果 b 是每英寸牙数，那么 b_1 应在铭牌上每英寸牙数一行中任意选取；如果 b 是径节，那么 b_1 应在铭牌上径节一栏中任意选取；

$i_{原}$——所选出来的 a_1 或 b_1 原来位置上的交换齿轮比，此比值在铭牌上是注明的。

[例 1] 在 C6140 型车床上，要车螺距 $P=0.9$mm 的螺纹，计算交换齿轮齿数和变换手柄位置。

[解] 0.9mm 的螺距在铭牌上是没有的。可以在米制螺纹螺距一行中选 $a_1=0.8$mm，由铭牌查出 $i_{原}=\frac{22}{33}\times\frac{20}{25}$，手柄在 1 的位置，现在要车螺距 0.9mm 的螺纹，则传动比

$$i=\frac{z_1}{z_2}\frac{z_3}{z_4}=\frac{a}{a_1}i_{原}=\frac{0.9}{0.8}\times\frac{22}{33}\times\frac{20}{25}=\frac{40}{48}\times\frac{36}{50}$$

手柄仍放在 1 的位置。

[例 2] 在 C6140 型车床上车每英寸 10½牙的寸制螺纹，计算交换齿轮齿数和变换手柄位置。

[解] 每英寸 10½牙的螺距在铭牌上是没有的。可在寸制螺纹每英寸牙数一栏中选取 $b_1=5.5$，查出 $i_{原}=\frac{25}{31}\times\frac{21}{22}$，手柄在 3 的位置，现需车每英寸牙数为 10½的螺纹，则传动比

$$i=\frac{b_1}{b}i_{原}=\frac{5.5}{10.5}\times\frac{25}{31}\times\frac{21}{22}=\frac{21}{42}\times\frac{25}{31}$$

手柄放在 3 的位置上。

(2) 车模数或径节蜗杆时的计算方法

$$车模数蜗杆：i=\frac{z_1}{z_2}\frac{z_3}{z_4}=\frac{工件模数}{铭牌所选螺距}\times\frac{22}{7}\times i_{原}$$

$$车径节蜗杆：i=\frac{z_1}{z_2}\frac{z_3}{z_4}=\frac{铭牌所选每英寸牙数}{工件径节}\times\frac{22}{7}\times i_{原}$$

应用以上公式应注意：如果需要车模数蜗杆，应在铭牌米制螺距一行中选取；如果要车径节蜗杆，应在铭牌上寸制螺纹（每英寸牙数）一行中选取，并尽可能使选出的数字与所车工件数字相同。

[例 1] 在一台带有进给箱的寸制车床上车一个模数 $m=2.5\text{mm}$ 的蜗杆，计算交换齿轮齿数和变换手柄位置。

[解] 在铭牌米制螺距一行中选取 2.5，查出 $i_{原}=\frac{50}{127}$，手柄 A 在 8 的位置上，手柄 B 应放在 3 的位置上。

需车模数 2.5mm 的蜗杆，则

$$i=\frac{z_1}{z_2}\ \frac{z_3}{z_4}=\frac{\text{工件模数}}{\text{铭牌所选螺距}}\times\frac{22}{7}\times i_{\text{原}}=\frac{2.5}{2.5}\times\frac{22}{7}\times\frac{50}{127}$$

$$=\frac{100}{35}\times\frac{55}{127}$$

手柄 A 在 8 的位置上，手柄 B 放在 3 的位置上。

[例 2] 在一台有进给箱的米制车床上车一径节为 12 的蜗杆螺纹，求交换齿轮齿数和手柄位置。

[解] 在铭牌寸制螺纹一行中选取 12，查出

$$i_{\text{原}}=\frac{50}{60}\times\frac{70}{80}$$

需车径节为 12 的蜗杆，则

$$i=\frac{z_1}{z_2}\ \frac{z_3}{z_4}=\frac{\text{铭牌所选每英寸牙数}}{\text{工件径节}}\times\frac{22}{7}\times i_{\text{原}}$$

$$=\frac{12}{12}\times\frac{22}{7}\times\frac{50}{60}\times\frac{70}{80}=\frac{50}{30}\times\frac{55}{40}$$

手柄应放在车每英寸 12 牙时所规定的位置。

4. 车多线螺纹时交换齿轮的计算及分线方法

圆柱体上只有一条螺旋槽的螺纹叫作单线螺纹，凡有两条或两条以上螺旋槽的螺纹叫作多线螺纹（图 6-58）。

(1) 导程计算公式

$$P_{\mathrm{h}}=nP$$

式中 P_{h}——螺纹导程（mm）；

P——螺纹螺距（mm）；

n——螺纹线数。

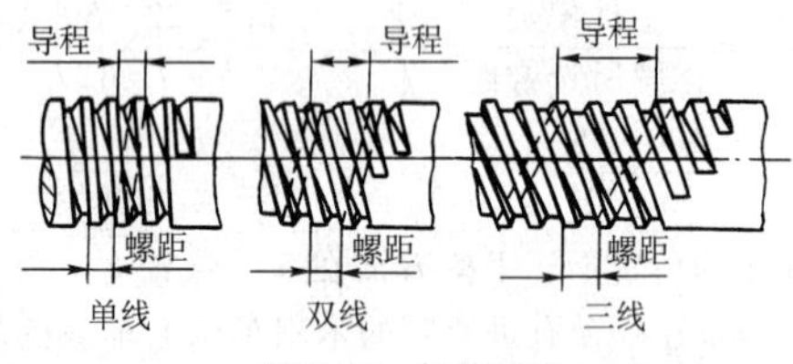

图 6-58　螺纹形式

（2）交换齿轮计算　车多线螺纹时的传动比是按螺纹导程来计算的。为了减少计算导程（或者多线螺纹的每英寸牙数）的麻烦，只需在单线螺纹的公式后面乘以螺纹线数。

例如，用米制车床车米制多线螺纹，计算公式为

$$\frac{z_1}{z_2}\ \frac{z_3}{z_4}=\frac{工件螺距}{丝杠螺距}\times 线数$$

［例 1］　车床丝杠螺距 $P_{丝}=6\mathrm{mm}$，车削一螺距为 2.5mm 的双线螺纹，求交换齿轮齿数。

［解］　$\frac{z_1}{z_2}\ \frac{z_3}{z_4}=\frac{2.5}{6}\times 2=\frac{5}{6}=\frac{50}{60}$

［例 2］　车床丝杠每英寸牙数为 4，需车削每英寸牙数为 10 的双线螺纹，计算交换齿轮齿数。

［解］　$$\frac{z_1}{z_2}\ \frac{z_3}{z_4}=\frac{4}{10}\times 2=\frac{4}{5}=\frac{40}{50}$$

（3）车多线螺纹的分线方法

1）用小刀架的丝杠分线（图 6-59）。这种方法属于轴向分线法。当车好一条螺旋线后，把车刀轴向移动一个螺

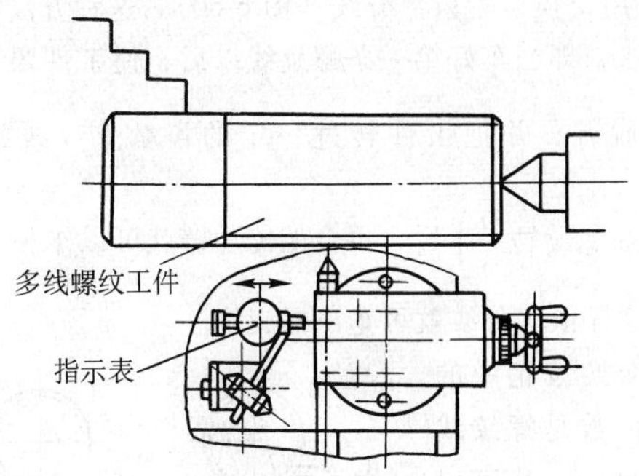

图 6-59　用小刀架的丝杠分线

距，就可车削第二条螺旋线。前移的距离可用指示表测出，也可以按小刀架摇过的格数来计算。

$$\text{小刀架摇把摇过的格数}=\frac{\text{工件的螺距}}{\dfrac{\text{小刀架丝杠螺距}}{\text{刻度盘一圈的格数}}}=\frac{\text{工件的螺距}\times\text{刻度盘一圈的格数}}{\text{小刀架丝杠螺距}}$$

［例］　车床小刀架丝杠螺距为 5mm，小刀架刻度盘一圈 100 格，所车工件上的螺纹为 Tr20×6（P2），如何用小刀架丝杠分线？

［解］　摇把应转的格数 $=\frac{2\times100}{5}=40$

即车完每一条螺旋线后，将小刀架摇把摇过 40 格，使小刀架往前移一个螺距（2mm），就可车另一条螺旋线。

2）用交换齿轮齿数分线（图 6-60）。这种方法属于圆周分线法，即当车好第一条螺旋线以后，使工件跟车刀的传动链脱开，并把工件转过一定的齿数$\left(双线螺纹转\dfrac{z_1}{2}，三线螺纹转\dfrac{z_1}{3}\right)$后，再合上传动链就可以车另一条螺旋线。这样依次分线就可车出螺旋线。

当交换齿轮中的主动轮齿数是螺纹线数的倍数时，就可以按下列步骤进行分线：当车好第一条螺旋线后，停机；在主轴交换齿轮 z_1（主动轮 A）上用粉笔做好三等分（或两等分）；然后将中间轮 B 与主动轮 A 脱开，用手转动卡盘；使记号 2 的一个齿转到原来 1 的位置上；这时再将中间轮 B 与主动轮 A 啮合，即可车第二条螺旋线。

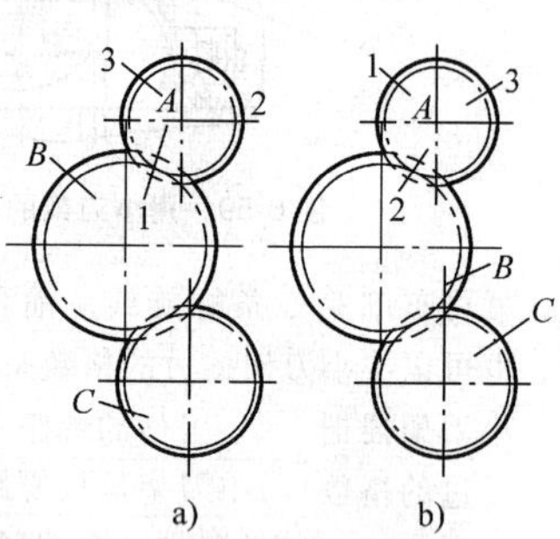

图 6-60　用交换齿轮齿数分线

第三条螺旋线的分线方法与第二条螺旋线的分线方法相同。

5. 螺纹车削方法

（1）螺纹车刀对刀方法及安装（表 6-17）

表 6-17　螺纹车刀对刀方法及安装

项目	简图	安装要点及应用
对刀方法	a)　b)	用中心规（螺纹角度卡板）安装外螺纹车刀（图 a）及内螺纹车刀（图 b）。对刀精度低，适用于一般螺纹车削
	螺纹工件 A A—A 特制螺纹角度卡板 螺纹车刀	用带有 V 形块的特制螺纹角度卡板，卡板后面做一 V 形角尺面，装刀时放在螺纹外圆上，作为基准，以保证螺纹车刀的刀尖角对分线与螺纹工件的轴线垂直。这种方法对刀精度较高，适用于车削精度较高的螺纹工件

（续）

项目	简图	安装要点及应用
对刀方法	螺纹车刀 刃磨基准面 指示表 大拖板	在使用工具磨床刃磨车刀的刀尖角时，选用刀杆上一个侧面作为刃磨基准面，在装刀时，用指示表找正该基准面的平面度，这样可以保证装刀的偏差。这种方法对刀精度最高，适用于车削精密螺纹
法向安装车刀方法	ψ $\gamma_a=\gamma_r=0^\circ$ α_n α_r $\alpha_n=\alpha_r$	法向安装螺纹车刀，使两侧刃的工作前、后角相等，切削条件一致。切削顺利，但会使牙型产生误差 法向安装车刀主要适用于粗车螺纹升角＞3°的螺纹以及车削法向直廓蜗杆

（续）

螺距 P /mm	<10	≥16
车削方法	首先用切槽车刀径向进刀车至底径，再用刃形小于牙型角2°的粗车刀径向进刀粗车，最后用开有卷屑槽的精车刀径向进刀精车 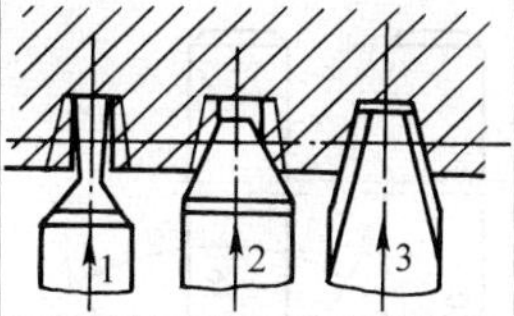	先用切刀径向进刀粗车至底径，再用左、右偏刀轴向进刀粗车两侧，最后用精车刀径向进刀精车 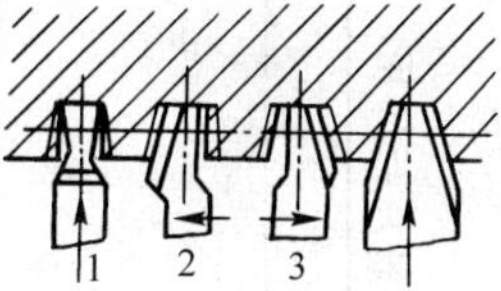

注：车削蜗杆时可参考此表。

（4）矩形螺纹车削方法（表 6-20）

表 6-20　矩形螺纹车削方法

螺距 P /mm	≤4	≤12	>12
车削方法	用一把车刀，径向进刀车成。精密螺纹用两把刀，径向进刀粗、精车而成 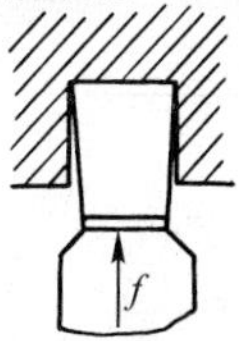	分别用粗、精车刀径向进刀粗、精车 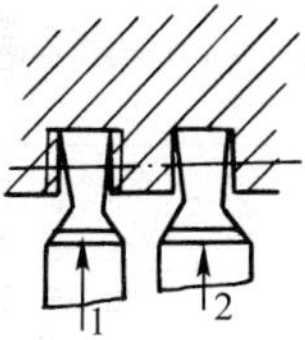	先用切刀径向进刀车至底径，后用左、右精车偏刀分别精车牙型两侧（轴向进刀） 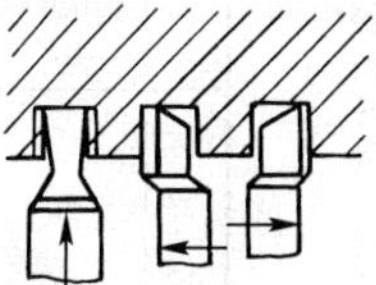

6. 常用螺纹车刀的特点与应用（表 6-21）

表 6-21　常用螺纹车刀的特点与应用

名　称	图　示	特点与应用
硬质合金车削钢件螺纹用车刀	Ra 0.2 10° Ra 0.2 6° R=0.144P 59°16′ 4°	刀具前角大、切削阻力小，几何角度刃磨方便。适用于粗、精车螺纹（精车时应修正刀尖角）

（续）

名　称	图　示	特点与应用
硬质合金内螺纹车刀	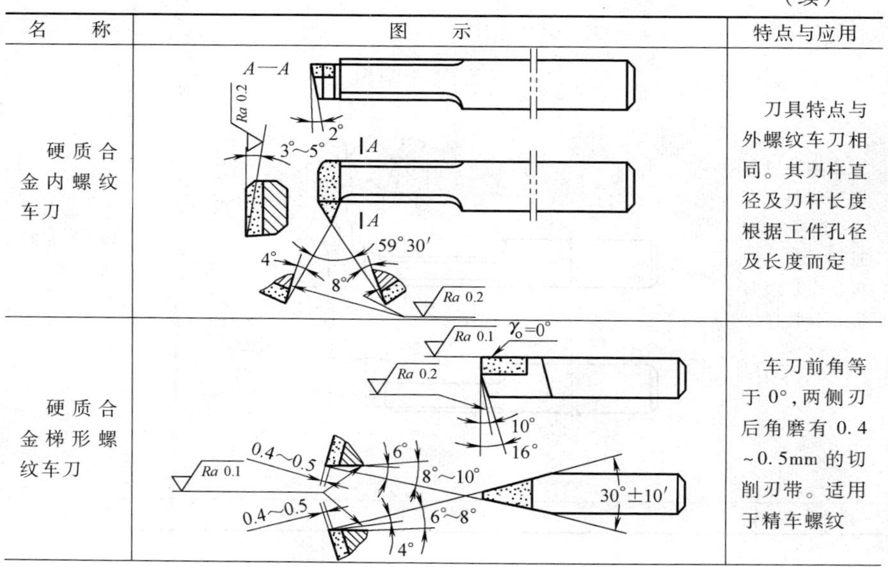	刀具特点与外螺纹车刀相同。其刀杆直径及刀杆长度根据工件孔径及长度而定
硬质合金梯形螺纹车刀		车刀前角等于 0°，两侧刃后角磨有 0.4 ~0.5mm 的切削刃带。适用于精车螺纹

（续）

名　　称	图　　示	特点与应用
高速钢梯形内螺纹车刀	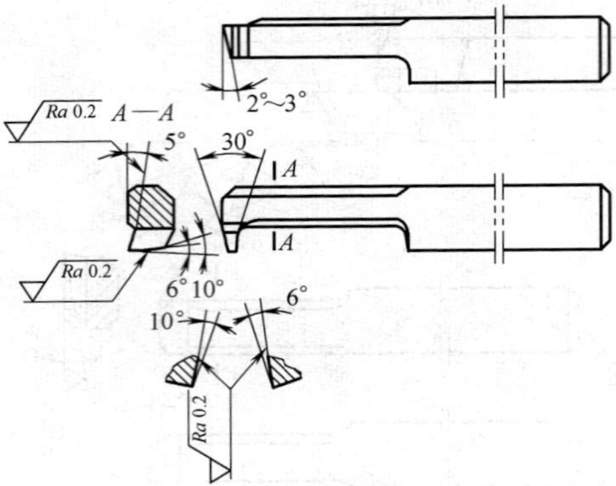	刀具特点与外螺纹车刀相同。刀杆的直径与长度，根据工件的孔径与长度而定

（续）

名　　称	图　　示	特点与应用
高速钢蜗杆螺纹精车刀	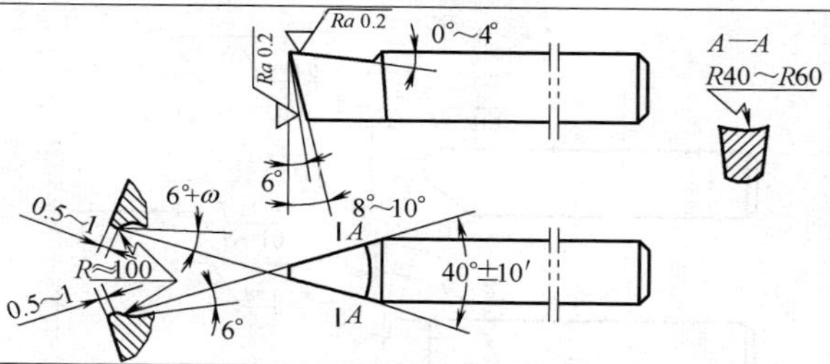 Ra 0.2　0°～4°　Ra 0.2　6°　8°～10°　A—A　R40～R60　6°+ω　0.5～1　R≈100　0.5～1　6°　A　A　40°±10′	车刀前面为圆弧形（半径R=40～60mm），有较大的侧刃前角，便于排屑，两侧刃后角磨有0.5～1mm切削刃带，可提高刀具强度。前角大于0°时应修正刀尖角
硬质合金锯齿形螺纹车刀	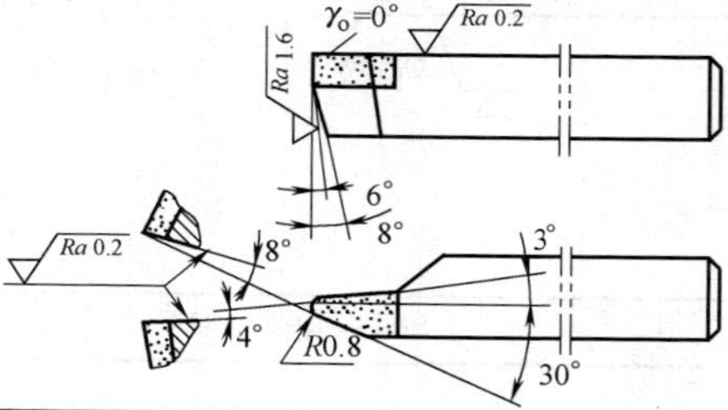 γ_o=0°　Ra 0.2　Ra 1.6　6°　8°　Ra 0.2　8°　3°　4°　R0.8　30°	车刀前角等于0°，强度好，刃磨方便。适用于精车螺纹

（续）

名　　称	图　　示	特点与应用
高速钢带有刃带的方牙螺纹精车刀	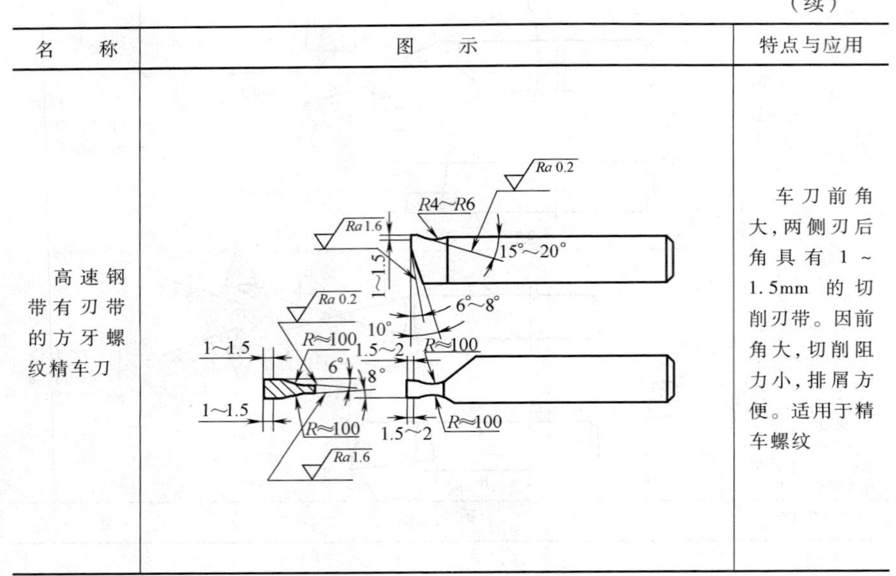	车刀前角大，两侧刃后角具有 1 ~ 1.5mm 的切削刃带。因前角大，切削阻力小，排屑方便。适用于精车螺纹

（二）用板牙和丝锥切削螺纹

板牙套螺纹一般用于不大于 M16 或螺距小于 2mm 的外螺纹。丝锥适用于加工直径或螺距较小的内螺纹。

1. 用车床套螺纹和攻螺纹的工具（表 6-22）

表 6-22　用车床套螺纹和攻螺纹的工具

名称	图　示	应用说明
套螺纹工具	螺钉　工具体　销钉　套筒　$\frac{H8}{h7}$	先将套螺纹工具安装在尾座套筒内，工具体左端孔内装上板牙，并用螺钉固定。套筒上有一条长槽，长槽内由销钉插入工具体中，防止套螺纹时转动
攻螺纹工具	方榫配合	攻螺纹工具与套螺纹工具相似，只需将中间工具体改换成能装夹丝锥的工具体，即方孔配合

2. 攻螺纹前底孔尺寸的计算

（1）普通螺纹攻螺纹前钻孔用麻花钻直径（表 6-23）

表 6-23　普通螺纹攻螺纹前钻孔用麻花钻直径
（GB/T 20330—2006）（单位：mm）

公称直径 *D*	螺距 *P*		钻头直径 *d*
1	粗	0.25	0.75
2	粗	0.4	1.6
3	粗	0.5	2.5
	细	0.35	2.65
4	粗	0.7	3.3
	细	0.5	3.5
5	粗	0.8	4.2
	细	0.5	4.5
6	粗	1	5
	细	0.75	5.2
8	粗	1.25	6.8
	细	1 0.75	7 7.2
10	粗	1.5	8.5
	细	1.25 1 0.75	8.8 9 9.2
12	粗	1.75	10.2
	细	1.5 1.25 1	10.5 10.8 11

（续）

公称直径 D	螺距 P		钻头直径 d
14	粗	2	11.9
	细	1.5 1.25 1	12.5 12.8 13
16	粗	2	14
	细	1.5 1	14.5 15
18	粗	2.5	15.4
	细	2 1.5 1	16 16.5 17
20	粗	2.5	17.4
	细	2 1.5 1	18 18.5 19
22	粗	2.5	19.5
	细	2 1.5 1	20 20.5 21
24	粗	3	21
	细	2 1.5 1	22 22.5 23
27	粗	3	24
	细	2 1.5 1	25 25.5 26

（续）

公称直径 D	螺距 P		钻头直径 d
30	粗	3.5	26.5
	细	3 2 1.5 1	27 28 28.5 29
33	粗	3.5	29.5
	细	3 2 1.5	30 31 31.5
36	粗	4	32
	细	3 2 1.5	33 34 34.5
39	粗	4	35
	细	3 2 1.5	36 37 37.5
42	粗	4.5	37.3
	细	4 3 2 1.5	38 39 40 40.5
45	粗	4.5	40.5
	细	4 3 2 1.5	41 42 43 43.5

（续）

公称直径 D	螺距 P		钻头直径 d
48	粗	5	43
	细	4 3 2 1.5	44 45 46 46.5
52	粗	5	47
	细	4 3 2 1.5	48 49 50 50.5

（2）寸制螺纹钻底孔用麻花钻直径（表 6-24）

表 6-24　寸制螺纹钻底孔用麻花钻直径

（GB/T 20330—2006）

类别	公称直径/in	每英寸牙数	钻头直径/mm
统一制粗牙螺纹（UNC）	1/4	20	5.1
	5/16	18	6.6
	3/8	16	8
	7/16	14	9.4
	1/2	13	10.8
	9/16	12	12.2
	5/8	11	13.5
	3/4	10	16.5
	7/8	9	19.5
	1	8	22.25
	1⅛	7	25
	1¼	7	28

（续）

类别	公称直径/in	每英寸牙数	钻头直径/mm
统一制粗牙螺纹（UNC）	1⅜	6	30.75
	1½	6	34
	1¾	5	39.5
	2	4½	45
统一制细牙螺纹（UNF）	1/4	28	5.5
	5/16	24	6.9
	3/8	24	8.5
	7/16	20	9.9
	1/2	20	11.5
	9/16	18	12.9
	5/8	18	14.5
	3/4	16	17.5
	7/8	14	20.4
	1	12	23.25
	1⅛	12	26.5
	1¼	12	29.5
	1⅜	12	32.75
	1½	12	36

（3）管螺纹钻底孔用麻花钻直径（表 6-25）

表 6-25　管螺纹钻底孔用麻花钻直径
（GB/T 20330—2006）

类别	公称直径/in	每英寸牙数	钻头直径/mm
不用螺纹密封的管螺纹	1/16	28	6.8
	1/8	28	8.8

（续）

类别	公称直径/in	每英寸牙数	钻头直径/mm
不用螺纹密封的管螺纹	1/4	19	11.8
	3/8	19	15.25
	1/2	14	19
	5/8	14	21
	3/4	14	24.5
	7/8	14	28.25
	1	11	30.75
	1⅛	11	35.5
	1¼	11	39.5
	1½	11	45
	1¾	11	51
	2	11	57
统一制细牙螺纹	1/16	28	6.6
	1/8	28	8.6
	1/4	19	11.5
	3/8	19	15
	1/2	14	18.5
	3/4	14	24
	1	11	30.25
	1¼	11	39
	1½	11	45
	2	11	56.5

（4）55°密封圆锥管螺纹与60°圆锥管螺纹钻底孔用钻头直径（表6-26）

表 6-26　55°密封圆锥管螺纹与 60°圆锥管螺纹钻底孔用钻头直径

55°密封圆锥管螺纹		
螺纹尺寸代号	每英寸牙数	钻头直径/mm
1/8	28	8.4
1/4	19	11.2
3/8	19	14.7
1/2	14	18.3
3/4	14	23.6
1	11	29.7
1¼	11	38.3
1½	11	44.1
2	11	55.8

60°圆锥管螺纹		
螺纹尺寸代号	每英寸牙数	钻头直径/mm
1/8	27	8.6
1/4	18	11.1
3/8	18	14.5
1/2	14	17.9
3/4	14	23.2
1	11½	29.2
1¼	11½	37.9
1½	11½	43.9
2	11½	56

3. 套螺纹前圆杆直径尺寸（表 6-27）

表 6-27　套螺纹前圆杆直径尺寸　（单位：mm）

粗牙普通螺纹				寸制螺纹			圆柱管螺纹		
螺纹直径 d	螺距 P	圆杆直径 D		螺纹直径 /in	圆杆直径 D		螺纹尺寸代号	管子外径 D	
		最小直径	最大直径		最小直径	最大直径		最小直径	最大直径
M6	1	5.8	5.9	1/4	5.9	6	1/8	9.4	9.5
M8	1.25	7.8	7.9	5/16	7.4	7.6	1/4	12.7	13
M10	1.5	9.75	9.85	3/8	9	9.2	3/8	16.2	16.5
M12	1.75	11.75	11.9	1/2	12	12.2	1/2	20.5	20.8
M14	2	13.7	13.85	—	—	—	5/8	22.5	22.8
M16	2	15.7	15.85	5/8	15.2	15.4	3/4	26	26.3
M18	2.5	17.7	17.85	—	—	—	7/8	29.8	30.1
M20	2.5	19.7	19.85	3/4	18.3	18.5	1	32.8	33.1
M22	2.5	21.7	21.85	7/8	21.4	21.6	1⅛	37.4	37.7
M24	3	23.65	23.8	1	24.5	24.8	1¼	41.4	41.7
M27	3	26.65	26.8	1¼	30.7	31	1⅜	43.8	44.1
M30	3.5	29.6	29.8	—	—	—	1½	47.3	47.6
M36	4	35.6	35.8	1½	37	37.3	—	—	—
M42	4.5	41.55	41.75	—	—	—	—	—	—
M48	5	47.5	47.7	—	—	—	—	—	—
M52	5	51.5	51.7	—	—	—	—	—	—
M60	5.5	59.45	59.7	—	—	—	—	—	—
M64	6	63.4	63.7	—	—	—	—	—	—
M68	6	67.4	67.7	—	—	—	—	—	—

4. 攻螺纹和套螺纹时产生废品的原因及预防方法（表 6-28）

表 6-28 攻螺纹和套螺纹时产生废品的原因及预防方法

废品种类	产生原因	预防方法
牙型高度不够	（1）套螺纹前的外圆车得太小 （2）攻螺纹前的内孔钻得太大	按计算的尺寸来加工外圆和内孔
螺纹中径尺寸不对	（1）丝锥和板牙装夹歪斜 （2）丝锥和板牙磨损	（1）找正尾座跟主轴同轴度，使误差在 0.05mm 以内，板牙端面必须装得跟主轴轴线垂直 （2）更换丝锥和板牙
螺纹表面粗糙度值大	（1）切削速度太高 （2）切削液减少或选用不当 （3）丝锥与板牙齿部崩裂 （4）容屑槽切屑堵塞	（1）降低切削速度 （2）合理选择和充分浇注切削液 （3）修磨或调换丝锥或板牙 （4）经常清除容屑槽中的切屑

（三）螺纹的测量

1. 三针测量方法

用量针测量螺纹中径的方法，叫作三针测量法。测量时，在螺纹凹槽内放置具有同样直径 D 的三根量针（图 6-61），然后用千分尺来测量尺寸 M 的大小，以验证所加工的螺纹中径是否正确。

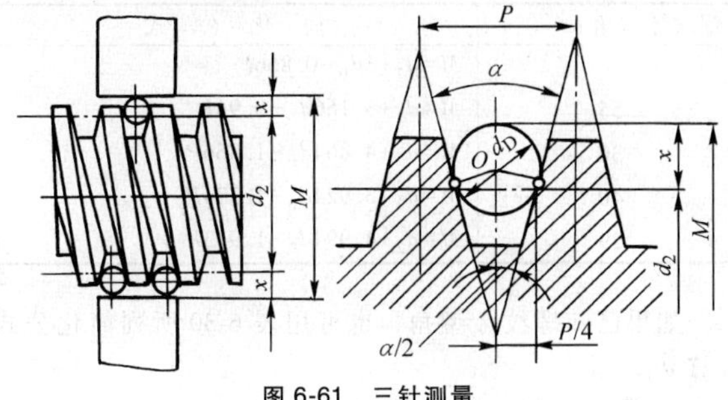

图 6-61　三针测量

（1）计算公式

$$M = d_2 + d_D\left(1 + \frac{1}{\sin\frac{\alpha}{2}}\right) - \frac{P}{2}\cot\frac{\alpha}{2}$$

式中　M——千分尺测得的尺寸（mm）；

d_2——螺纹中径（mm）；

d_D——钢针直径（mm）；

α——工件牙型角（°）；

P——工件螺距（mm）。

如果已知螺纹牙型角，也可用表 6-29 所列简化公式计算螺纹中径 M。

（2）钢针直径 d_D 的计算公式

$$d_D = \frac{P}{2\cos\frac{\alpha}{2}}$$

表 6-29　三针测量 M 值计算的简化公式

螺纹牙型角 α/（°）	简　化　公　式
60	$M=d_2+3d_D-0.866P$
55	$M=d_2+3.166d_D-0.96P$
30	$M=d_2+4.864d_D-1.866P$
40	$M=d_2+3.924d_D-1.374P$
29	$M=d_2+4.994d_D-1.933P$

如果已知螺纹牙型角，也可用表 6-30 所列简化公式计算 d_D。

表 6-30　三针测量钢针直径计算的简化公式

螺纹牙型角 α/（°）	简　化　公　式
60	$d_D=0.577P$
55	$d_D=0.564P$
30	$d_D=0.518P$
40	$d_D=0.533P$
29	$d_D=0.516P$

（3）测量普通螺纹时的 M 值（表 6-31）

表 6-31　测量普通螺纹时的 M 值　（单位：mm）

螺纹直径 d	螺距 P	钢针直径 d_D	三针测量值 M
1	0.2	0.118	1.051
1	0.25	0.142	1.047
1.2	0.2	0.118	1.251
1.2	0.25	0.142	1.247
1.4	0.2	0.118	1.451

（续）

螺纹直径 d	螺距 P	钢针直径 d_D	三针测量值 M
1.4	0.3	0.17	1.455
1.7	0.2	0.118	1.751
1.7	0.35	0.201	1.773
2	0.25	0.142	2.047
2	0.4	0.232	2.09
2.3	0.25	0.142	2.347
2.3	0.4	0.232	2.39
2.6	0.35	0.201	2.673
2.6	0.45	0.26	2.698
3	0.35	0.201	3.073
3	0.5	0.291	3.115
3.5	0.35	0.201	3.573
4	0.5	0.291	4.115
4	0.7	0.402	4.145
5	0.5	0.291	5.115
5	0.8	0.461	5.171
6	0.75	0.433	6.162
6	1	0.572	6.2
8	0.5	0.291	8.115
8	1	0.572	8.2
8	1.25	0.724	8.278
9	0.35	0.201	9.073
9	0.5	0.291	9.116
10	0.35	0.204	10.073
10	0.5	0.291	10.115
10	1	0.572	10.2
10	1.5	0.866	10.325
11	0.35	0.201	11.073
11	0.5	0.291	11.115
12	0.5	0.291	12.115

（续）

螺纹直径 d	螺距 P	钢针直径 d_D	三针测量值 M
12	0.75	0.433	12.162
12	1.25	0.724	12.278
12	1.75	1.008	12.372
14	0.5	0.291	14.115
14	0.75	0.443	14.162
14	1.5	0.866	14.325
14	2	1.157	14.44
16	0.5	0.291	16.115
16	0.75	0.433	16.162
16	1.5	0.866	16.325
16	2	1.157	16.44
18	0.5	0.291	18.115
18	0.75	0.433	18.162
18	1.5	0.866	18.325
18	2.5	1.441	18.534
20	0.5	0.291	20.115
20	0.75	0.433	20.162
20	1.5	0.866	20.325
20	2.5	1.441	20.534
22	0.5	0.291	22.115
22	0.75	0.433	22.162
22	1.5	0.866	22.325
22	2.5	1.441	22.534
24	0.75	0.433	24.162
24	1	0.572	24.2
24	1.5	0.866	24.325
24	2	1.157	24.44
24	3	1.732	24.649
27	0.75	0.433	27.162
27	1	0.572	27.2

（续）

螺纹直径 d	螺距 P	钢针直径 d_D	三针测量值 M
27	1. 5	0. 866	27. 325
27	2	1. 157	27. 44
27	3	1. 732	27. 649
30	0. 75	0. 433	30. 162
30	1	0. 572	30. 2
30	1. 5	0. 866	30. 325
30	2	1. 157	30. 44
30	3. 5	2. 02	30. 756
33	0. 75	0. 433	33. 162
33	1	0. 572	33. 2
33	1. 5	0. 866	33. 325
33	2	1. 157	33. 44
36	1	0. 572	36. 2
36	1. 5	0. 866	36. 325
36	2	1. 157	36. 44
36	3	1. 732	36. 649
36	4	2. 311	36. 871
39	1	0. 572	39. 2
39	1. 5	0. 866	39. 325
39	2	1. 157	39. 44
39	3	1. 732	39. 649
42	0. 75	0. 433	42. 162
42	1	0. 572	42. 2
42	1. 5	0. 866	42. 325
42	2	1. 157	42. 44
42	3	1. 732	42. 649
42	4. 5	2. 595	42. 966
45	0. 75	0. 433	45. 162
45	1	0. 572	45. 2
45	1. 5	0. 866	45. 325

（续）

螺纹直径 d	螺距 P	钢针直径 d_D	三针测量值 M
45	2	1. 157	45. 44
45	3	1. 732	45. 649
48	0. 75	0. 433	48. 162
48	1	0. 572	48. 2
48	1. 5	0. 866	48. 325
48	2	1. 157	48. 44
48	3	1. 732	48. 649
48	5	2. 866	49. 08
52	0. 75	0. 433	52. 162
52	1	0. 572	52. 2
52	1. 5	0. 866	52. 325
52	2	1. 157	52. 44
52	3	1. 732	52. 649
56	1	0. 572	56. 2
56	1. 5	0. 866	56. 325
56	2	1. 157	56. 44
56	3	1. 732	56. 649
56	4	2. 311	56. 871
56	5. 5	3. 177	57. 196
60	1	0. 572	60. 2
60	1. 5	0. 866	60. 325
60	2	1. 157	60. 44
60	3	1. 732	60. 649
60	4	2. 311	60. 871
64	1	0. 572	64. 2
64	1. 5	0. 866	64. 325
64	2	1. 157	64. 44
64	3	1. 732	64. 649
64	4	2. 311	64. 871
64	6	3. 468	65. 311

（续）

螺纹直径 d	螺距 P	钢针直径 d_D	三针测量值 M
68	1	0.572	68.2
68	1.5	0.866	68.325
68	2	1.157	68.44
68	3	1.732	68.649
68	4	2.311	68.871
72	1	0.572	72.2
72	1.5	0.866	72.325
72	2	1.157	72.44
72	3	1.732	72.649
72	4	2.311	72.871
72	6	3.468	73.311
76	1	0.572	76.2
76	1.5	0.866	76.325
76	2	1.157	76.44
76	3	1.732	76.649
76	4	2.311	76.871
76	6	3.468	77.311
80	1	0.572	80.2
80	1.5	0.866	80.325
80	2	1.157	80.44
80	3	1.732	80.649
80	4	2.311	80.871
80	6	3.468	81.311
85	1	0.572	85.2
85	1.5	0.866	85.325
85	2	1.157	85.44
85	3	1.732	85.649
85	4	2.311	85.871
85	6	3.468	86.311
90	1	0.572	90.2

（续）

螺纹直径 d	螺距 P	钢针直径 d_D	三针测量值 M
90	1.5	0.866	90.325
90	2	1.157	90.44
90	3	1.732	90.649
90	4	2.311	90.871
90	6	3.468	91.311
95	1	0.572	95.2
95	1.5	0.866	95.325
95	2	1.157	95.44
95	3	1.732	95.649
95	4	2.311	95.871
95	6	3.468	96.311
100	1	0.572	100.2
100	1.5	0.866	100.325
100	2	1.157	100.44
100	3	1.732	100.649

注：当螺距 $P=1\text{mm}$ 时，计算得到的钢针直径 $d_D=0.577\text{mm}$，但实际使用的钢针直径为 0.572mm，下同。

（4）测量梯形螺纹时的 M 值（表 6-32）

（5）测量寸制螺纹时的 M 值（表 6-33）

表 6-32　测量梯形螺纹时的 M 值

（单位：mm）

螺纹直径 d	螺　距 P	钢针直径 d_D	三针测量值 M
10	1.5	0.796	10.23
10	2	1.008	10.171
12	2	1.008	12.171

（续）

螺纹直径 d	螺　距 P	钢针直径 d_D	三针测量值 M
12	3	1.732	13.326
14	2	1.008	14.171
14	3	1.732	15.326
16	2	1.008	16.171
16	4	2.02	16.361
18	2	1.008	18.171
18	4	2.02	18.361
20	2	1.008	20.171
20	4	2.02	20.361
22	3	1.732	23.325
22	5	2.595	22.791
22	8	4.4	24.472
24	3	1.732	25.326
24	5	2.595	24.791
24	8	4.4	26.472
26	3	1.732	27.325
26	5	2.595	26.791
26	8	4.4	28.472
28	3	1.732	29.376
28	5	2.595	28.791
28	8	4.4	30.472
30	3	1.732	31.326
30	6	3.177	31.256
30	10	5.18	31.535
32	3	1.732	33.326
32	6	3.177	33.256
32	10	5.18	33.535
36	3	1.732	37.326
36	6	3.177	37.256
36	10	5.18	37.535

（续）

螺纹直径 d	螺　距 P	钢针直径 d_D	三针测量值 M
40	3	1. 732	41. 326
40	7	3. 55	40. 705
40	10	5. 18	41. 535
44	3	1. 732	45. 326
44	7	3. 55	44. 705
44	12	6. 216	45. 842
48	3	1. 732	49. 326
48	8	4. 4	50. 472
48	12	6. 216	49. 843
50	3	1. 732	51. 326
50	8	4. 4	52. 473
50	12	6. 216	51. 842
52	3	1. 732	53. 326
52	8	4. 4	54. 473
52	12	6. 216	53. 842
55	3	1. 732	56. 326
55	9	4. 773	56. 92
55	14	7. 252	57. 149
60	3	1. 732	61. 326
60	9	4. 773	60. 273
60	14	7. 252	62. 149
65	4	2. 02	65. 361
65	10	5. 18	66. 535
65	16	8. 588	68. 914
70	4	2. 02	70. 361
70	10	5. 18	71. 535
70	16	8. 588	73. 914
75	4	2. 02	75. 361
75	10	5. 18	76. 535
75	16	8. 588	78. 914

（续）

螺纹直径 d	螺　距 P	钢针直径 d_D	三针测量值 M
80	4	2.02	80.361
80	10	5.18	81.535
80	16	8.588	83.914
85	4	2.02	85.361
85	12	6.216	86.842
85	18	9.324	87.764
90	4	2.02	90.361
90	12	6.216	91.842
90	18	9.324	92.764
95	4	2.02	95.361
95	12	6.216	96.842
95	18	9.324	97.764
100	4	2.02	100.361
100	12	6.216	101.842
100	20	10.36	103.071

注：当 P 等于或大于 10mm 时，表中所列的钢针直径是指最佳直径。

表 6-33　测量寸制螺纹时的 M 值

螺纹直径 d/in	每英寸牙数	钢针直径 d_D/mm	三针测量值 M/mm
3/16	24	0.572	4.88
1/4	20	0.724	6.609
5/16	18	0.796	8.194
3/8	16	0.866	9.73
1/2	12	1.157	12.974
5/8	11	1.302	16.301
3/4	10	1.441	19.546
7/8	9	1.591	22.741

（续）

螺纹直径 d/in	每英寸牙数	钢针直径 d_D/mm	三针测量值 M/mm
1	8	1.732	25.8
$1\frac{1}{8}$	7	2.02	29.161
$1\frac{1}{4}$	7	2.02	32.336
$1\frac{1}{2}$	6	2.311	38.64
$1\frac{3}{4}$	5	2.886	45.455
2	$4\frac{1}{2}$	3.177	51.822
$2\frac{1}{4}$	4	3.58	58.318
$2\frac{1}{2}$	4	3.468	64.668
$2\frac{3}{4}$	$3\frac{1}{2}$	4.4	71.185
3	$3\frac{1}{2}$	4.091	77.535
$3\frac{1}{4}$	$3\frac{1}{4}$	4.4	83.969
$3\frac{1}{2}$	$3\frac{1}{4}$	4.4	90.319
$3\frac{3}{4}$	3	4.773	96.806
4	3	4.773	103.153

2. 单针测量方法

螺纹中径的测量，除三针测量方法外还有单针测量方法（图6-62），其特点是用一根钢针，测量比较简便，计算公式如下

$$A = \frac{M + d_0}{2}$$

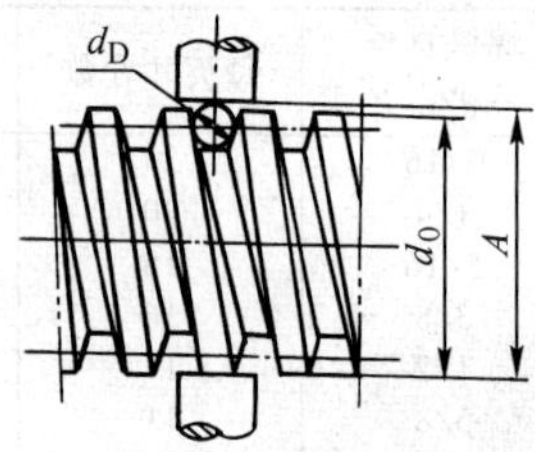

图6-62 单针测量

式中 A——单针测量时千分尺上测得的尺寸（mm）；

d_0——螺纹外径的实际尺寸（mm）；

M——三针测量值（mm）。

3. 综合测量方法

综合测量螺纹的方法是采用螺纹量规。普通螺纹量规（GB/T 10920—2008）适用于检验 GB/T 196—2003《普通螺纹　基本尺寸》和 GB/T 197—2018《普通螺纹　公差》所规定的螺纹。根据使用性能分为工作螺纹量规、验收螺纹量规和校对螺纹量规。

（1）普通螺纹量规名称及适用公称直径的范围（表 6-34）

表 6-34　普通螺纹量规名称及适用公称直径的范围（GB/T 10920—2008）

普通螺纹量规的型式名称		公称直径 d/mm
塞规	锥度锁紧式螺纹塞规	$1 \leqslant d \leqslant 100$
	双头三牙锁紧式螺纹塞规	$40 \leqslant d \leqslant 62$
	单头三牙锁紧式螺纹塞规	$62 < d \leqslant 120$
	套式螺纹塞规	$40 \leqslant d \leqslant 120$
	双柄式螺纹塞规	$100 < d \leqslant 180$
环规	整体式螺纹环规	$1 \leqslant d \leqslant 120$
	双柄式螺纹环规	$120 < d \leqslant 180$

（2）梯形螺纹量规名称及适用公称直径的范围（表 6-35）

（3）用螺纹密封的管螺纹（55°）量规名称及适用范围（表 6-36）

表 6-35 梯形螺纹量规名称及适用公称直径的范围 （GB/T 10920—2008）

梯形螺纹量规的型式名称		公称直径 d/mm
塞规	锥度锁紧式螺纹塞规	$8 \leqslant d \leqslant 100$
	三牙锁紧式螺纹塞规	$50 < d \leqslant 100$
	双柄式螺纹塞规	$100 < d \leqslant 140$
环规	整体式螺纹环规	$8 \leqslant d \leqslant 100$
	双柄式螺纹环规	$100 < d \leqslant 140$

表 6-36 用螺纹密封的管螺纹（55°）量规名称及适用范围（JB/T 10031—2019）

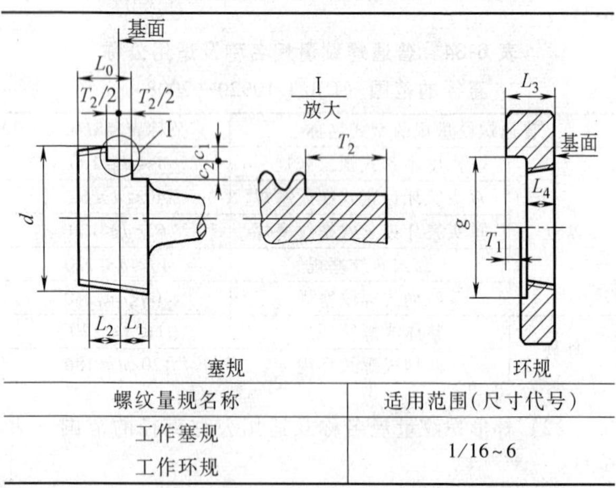

螺纹量规名称	适用范围(尺寸代号)
工作塞规	1/16~6
工作环规	

第七章 铣工工作

一、常用分度头分度方法及计算

1. 分度头

(1) 分度头的结构形式及主要参数(表7-1)

表7-1 分度头的结构形式及主要参数

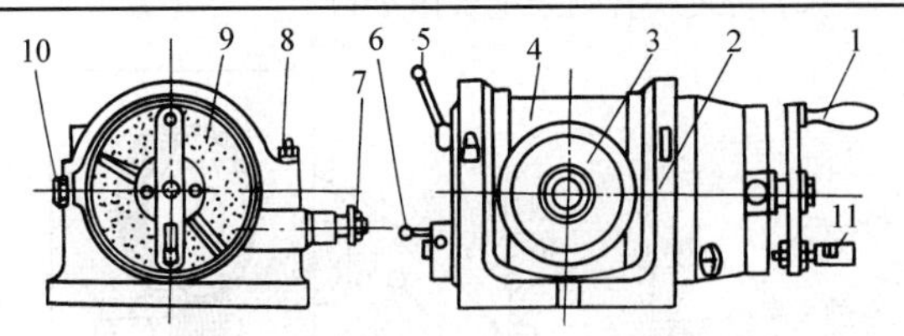

1—手柄 2—底座 3—主轴 4—回转体 5—主轴锁紧手柄 6—蜗杆脱落手柄 7—交换齿轮轴 8—螺母 9—分度盘 10—分度盘锁紧螺钉

规格名称	型号			
	F11 80 (FW80)	F11 100 (FW100)	F11 125 (FW125)	F11 160 (FW160)
中心高/mm	80	100	125	160
主轴锥孔号(莫氏)	3	3	4	4
主轴倾斜角(水平方向)	-6°~+90°	-6°~+90°	-6°~+90°	-6°~+90°

（续）

<table>
<tr><th rowspan="2">规格名称</th><th colspan="4">型号</th></tr>
<tr><th>F11 80
(FW80)</th><th>F11 100
(FW100)</th><th>F11 125
(FW125)</th><th>F11 160
(FW160)</th></tr>
<tr><td>蜗杆副速比</td><td>1∶40</td><td>1∶40</td><td>1∶40</td><td>1∶40</td></tr>
<tr><td>定位键宽度/mm</td><td>12</td><td>14</td><td>18</td><td>18</td></tr>
<tr><td>主轴法兰盘定位短锥直径/mm</td><td>36.512</td><td>41.275</td><td>53.975</td><td>53.975</td></tr>
</table>

注：表中括号内型号为旧标准中的型号。

(2) 分度头传动系统（图 7-1）

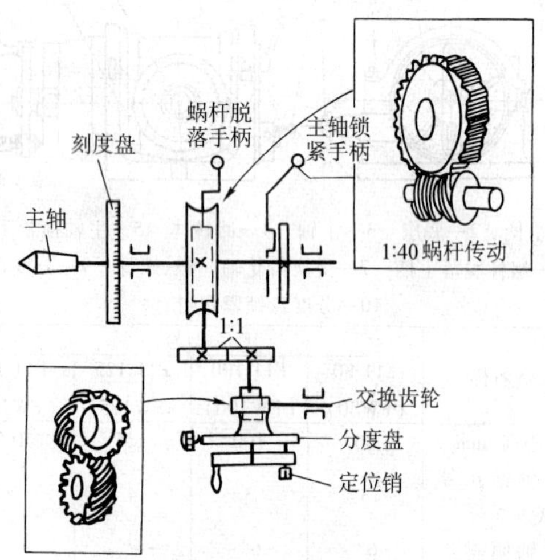

图 7-1　分度头传动系统

（3）分度头定数、分度盘孔数和交换齿轮齿数（表 7-2）

表 7-2　分度头定数、分度盘孔数和交换齿轮齿数

分度头形式	定数	分度盘的孔数	交换齿轮齿数
带一块分度盘	40	正面:24、25、28、30、34、37、38、39、41、42、43 反面:46、47、49、51、53、54、57、58、59、62、66	25、25、30、35、40、50、55、60、70、80、90、100
带两块分度盘	40	第一块 正面:24、25、28、30、34、37 反面:38、39、41、42、43 第二块 正面:46、47、49、51、53、54 反面:57、58、59、62、66	

2. 分度方法及计算

（1）单式分度法计算及分度（表 7-3）

表 7-3　单式分度法计算及分度

$$n\text{（手柄的转数）}=\frac{40\text{（分度头定数）}}{z\text{（工件等分数）}}$$

工件等分　数	分度盘孔　数	手柄回转　数	转过的孔距数	工件等分　数	分度盘孔　数	手柄回转　数	转过的孔距数
2	任意	20	—	10	任意	4	—
3	24	13	8	11	66	3	42
4	任意	10	—	12	24	3	8
5	任意	8	—	13	39	3	3
6	24	6	16	14	28	2	24
7	28	5	20	15	24	2	16
8	任意	5	—	16	24	2	12
9	54	4	24	17	34	2	12

（续）

工件等分数	分度盘孔数	手柄回转数	转过的孔距数	工件等分数	分度盘孔数	手柄回转数	转过的孔距数
18	54	2	12	48	24	—	20
19	38	2	4	49	49	—	40
20	任意	2	—	50	25	—	20
21	42	1	38	51	51	—	40
22	66	1	54	52	39	—	30
23	46	1	34	53	53	—	40
24	24	1	16	54	54	—	40
25	25	1	15	55	66	—	48
26	39	1	21	56	28	—	20
27	54	1	26	57	57	—	40
28	42	1	18	58	58	—	40
29	58	1	22	59	59	—	40
30	24	1	8	60	42	—	28
31	62	1	18	62	62	—	40
32	28	1	7	64	24	—	15
33	66	1	14	65	39	—	24
34	34	1	6	66	66	—	40
35	28	1	4	68	34	—	20
36	54	1	6	70	28	—	16
37	37	1	3	72	54	—	30
38	38	1	2	74	37	—	20
39	39	1	1	75	30	—	16
40	任意	1	—	76	38	—	20
41	41	—	40	78	39	—	20
42	42	—	40	80	34	—	17
43	43	—	40	82	41	—	20
44	66	—	60	84	42	—	20
45	54	—	48	85	34	—	16
46	46	—	40	86	43	—	20
47	47	—	40	88	66	—	30

（续）

工件等分数	分度盘孔数	手柄回转数	转过的孔距数	工件等分数	分度盘孔数	手柄回转数	转过的孔距数
90	54	—	24	144	54	—	15
92	46	—	20	145	58	—	16
94	47	—	20	148	37	—	10
95	38	—	16	150	30	—	8
96	24	—	10	152	38	—	10
98	49	—	20	155	62	—	16
100	25	—	10	156	39	—	10
102	51	—	20	160	28	—	7
104	39	—	15	164	41	—	10
105	42	—	16	165	66	—	16
106	53	—	20	168	42	—	10
108	54	—	20	170	34	—	8
110	66	—	24	172	43	—	10
112	28	—	10	176	66	—	15
114	57	—	20	180	54	—	12
115	46	—	16	184	46	—	10
116	58	—	20	185	37	—	8
118	59	—	20	188	47	—	10
120	66	—	22	190	38	—	8
124	62	—	20	192	24	—	5
125	25	—	8	195	39	—	8
130	39	—	12	196	49	—	10
132	66	—	20	200	30	—	6
135	54	—	16	204	51	—	10
136	34	—	10	205	41	—	8
140	28	—	8	210	42	—	8

［例］ 铣一直齿圆柱齿轮，齿数 $z=12$，求每次分度头手柄的转数。

［解］ 用公式计算

$$n=\frac{40}{z}=\frac{40}{12}=3\frac{4}{12}=3\frac{8}{24}$$

即铣完一齿后，分度头手柄摇 3 转，再在 24 的孔圈上转过 8 个孔距。

查单式分度表：工件等分数 12，分度盘孔数 24，手柄回转数 3，转过的孔距数 8，和用公式计算的结果相同。

（2）角度分度法

1）计算公式。

① 工件角度以“度”为单位时

$$n=\frac{\theta}{9^{\circ}}$$

② 工件角度以“分”为单位时

$$n=\frac{\theta}{9\times60'}=\frac{\theta}{540'}$$

③ 工件角度以“秒”为单位时

$$n=\frac{\theta}{9\times60\times60''}=\frac{\theta}{32\,400''}$$

式中　n——分度头手柄转数；

θ——工件等分的角度。

［例 1］ 在一轴上铣两个键槽，其夹角为 77°，应如何分度？

［解］ 把 77°代入以“度”为单位的公式中

$$n=\frac{77^{\circ}}{9^{\circ}}=8\frac{5}{9}=8\frac{30}{54}$$

即分度头手柄转 8 圈后再在 54 孔圈上转过 30 孔距。

［例 2］ 若一轴上两槽间的夹角为 7°21′30″，应如何

分度？

［解］ 首先把7°21′30″化成“秒”，即

$$7°21'30'' = 26\,490''$$

把26 490″代入以“秒”为单位的公式中，得

$$n = \frac{\theta}{32\,400''} = \frac{26\,490''}{32\,400''} = 0.8176 \approx \frac{54}{66}$$

2）角度分度（表7-4）。

表7-4 角度分度（分度头定数为40）

分度头主轴转角			分度盘孔 数	转过的孔距数	折合手柄转数
度(°)	分(′)	秒(″)			
0	10	0	54	1	0.018 5
0	20	0	54	2	0.037
0	30	0	54	3	0.055 6
0	40	0	54	4	0.074 1
0	50	0	54	5	0.092 6
1	0	0	54	6	0.111 1
1	10	0	54	7	0.129 6
1	20	0	54	8	0.148 1
1	30	0	30	5	0.166 7
1	40	0	54	10	0.185 2
1	50	0	54	11	0.203 7
2	0	0	54	12	0.222 2
2	10	0	54	13	0.240 7
2	20	0	54	14	0.259 3
2	30	0	54	15	0.277 8
2	40	0	54	16	0.296 3
2	50	0	54	17	0.314 8
3	0	0	30	10	0.333 3
3	10	0	54	19	0.351 9
3	20	0	54	20	0.370 4
3	30	0	54	21	0.388 9

（续）

分度头主轴转角			分度盘	转过的	折合手柄
度(°)	分(′)	秒(″)	孔　数	孔距数	转数
3	40	0	54	22	0.407 4
3	50	0	54	23	0.425 9
4	0	0	54	24	0.444 4
4	10	0	54	25	0.463
4	20	0	54	26	0.481 4
4	30	0	66	33	0.5
4	40	0	54	28	0.52
4	50	0	54	29	0.537
5	0	0	54	30	0.555 6
5	10	0	54	31	0.574 1
5	20	0	54	32	0.592 6
5	30	0	54	33	0.611 1
5	40	0	54	34	0.629 6
5	50	0	54	35	0.648 1
6	0	0	30	20	0.666 7
6	10	0	54	37	0.685 2
6	20	0	54	38	0.703 7
6	30	0	54	39	0.722 2
6	40	0	54	40	0.740 7
6	50	0	54	41	0.759 3
7	0	0	54	42	0.777 8
7	10	0	54	43	0.796 3
7	20	0	54	44	0.814 8
7	30	0	30	45	0.833 3
7	40	0	54	46	0.851 9
7	50	0	54	47	0.870 4
8	0	0	54	48	0.888 9
8	10	0	54	49	0.907 4
8	20	0	54	50	0.925 9
8	30	0	54	51	0.944 4
8	40	0	54	52	0.963
8	50	0	54	53	0.981 5
9	0	0			1

（3）直线移距分度法　就是把分度头主轴或侧轴和纵向工作台丝杠用交换齿轮联接起来，移距时只要转动分度手柄，通过齿轮传动，使工作台做精确的移距。这种方法适用于加工精度较高的齿条和直尺刻线等的等分移距分度。常用的直线移距分度法有两种：

1）主轴交换齿轮法。这种方法是先在分度头主轴后锥孔插入安装交换齿轮心轴，然后在主轴与纵向丝杠之间装上交换齿轮（图 7-2）。当转动分度手柄时，运动便会通过交换齿轮传至纵向丝杠，使工作台产生移距。

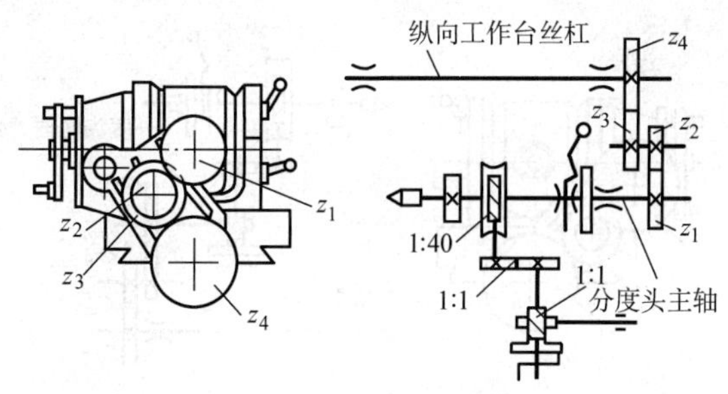

图 7-2　主轴交换齿轮法

交换齿轮计算公式为

$$\frac{40S}{nP}=\frac{z_1}{z_2}\ \frac{z_3}{z_4}$$

式中　40——分度头定数；

S——工件每格距离（mm）；

n——每次移距分度头手柄转数；

P——铣床纵向工作台丝杠螺距（mm）。

由于传动经过 1∶40 的蜗杆副减速，所以适于刻线间隔较小的移距分度。式中的 n 虽然可以任意选取，但为了保证计算交换齿轮的传动比合理，n 尽可能不要选得太大，应取在 1~10 之间。

2）侧轴交换齿轮法。这种方法是在分度头侧轴和工作台纵向传动丝杠之间装上交换齿轮（图 7-3）。由于传动不经过 1∶40 的蜗杆副传动，所以适用于间隔较大的移距。

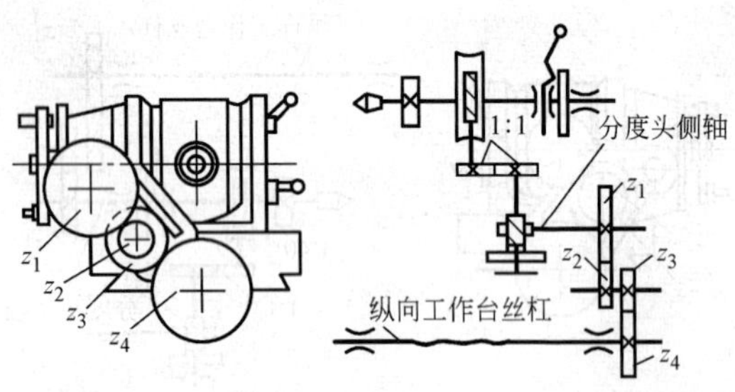

图 7-3　侧轴交换齿轮法

交换齿轮的计算公式为

$$\frac{S}{nP}=\frac{z_1}{z_2}\ \frac{z_3}{z_4}$$

由于分度头传动结构的原因，采用侧轴交换齿轮法，在分度时不能将分度手柄的定位销拔出，应该松开分度盘的紧固螺钉连同分度盘一起转动。为了正确控制分度手柄的转数，可将分度盘的紧固螺钉改装为侧面定位销（图 7-4），并在分度盘外圆上钻一个定位孔。分度时，左手拔出侧面定位销，右手将分度手柄连同分度盘一起转动，当摇到预定转数时，靠弹簧的作用，侧面定位销就自动弹入定位孔内。

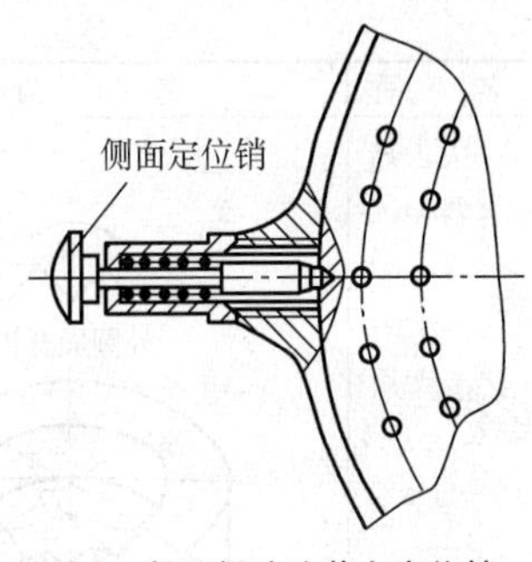

图 7-4　紧固螺孔改装上定位销

二、铣离合器

离合器的种类有牙嵌离合器和摩擦离合器等，前者靠端面齿相互嵌入对方的齿槽传动，后者靠摩擦传动。

1. 牙嵌离合器的种类及特点（表 7-5）

表 7-5　牙嵌离合器的种类及特点

名　称	基本齿形	特　点
矩形齿离合器	外圆展开齿形	齿侧平面通过工件轴线

（续）

名　　称	基　本　齿　形	特　　点
尖齿离合器	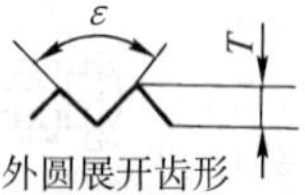 ε　T 外圆展开齿形 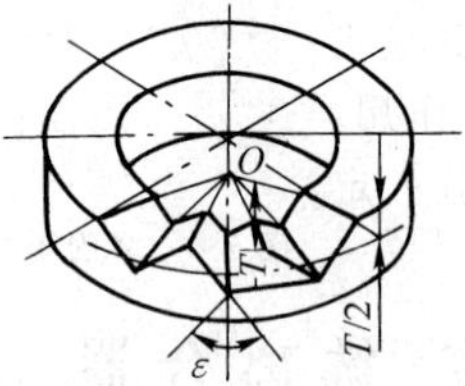 O　T　T/2　ε	整个齿形向轴线上一点收缩
锯形齿离合器	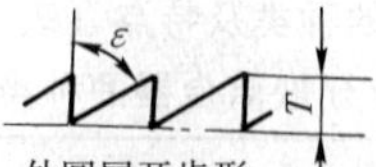 ε　T 外圆展开齿形 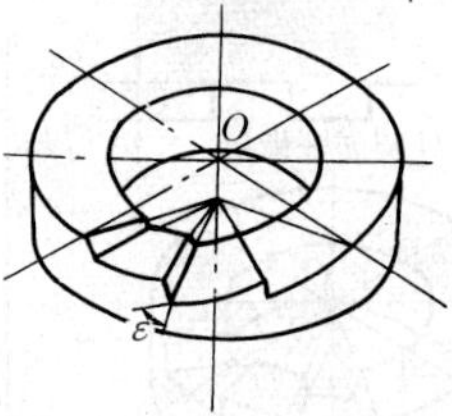 O　ε	直齿面通过工件轴线，斜齿面向轴线上一点收缩

（续）

名　称	基 本 齿 形	特　点
梯形收缩齿离合器	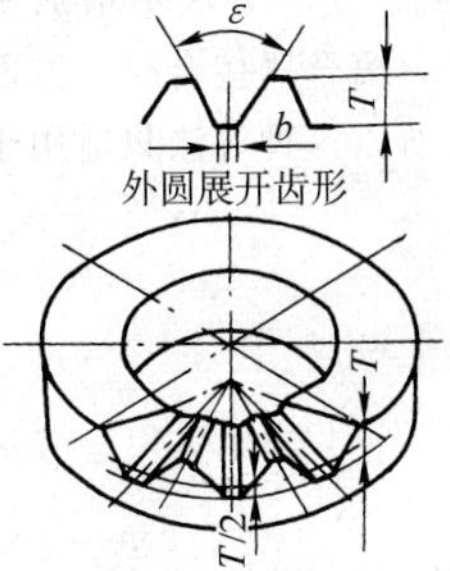 ε　T　b 外圆展开齿形 T　$T/2$	齿顶及槽底在齿长方向都等宽，而且中心线通过离合器轴线

2. 铣矩形齿离合器

这种离合器可分奇数齿和偶数齿两种。刀具选择相同，其铣削方法略有区别。

（1）奇数齿离合器铣削

1）计算铣刀最大宽度 B（mm）

$$B = \frac{d}{2}\sin\frac{180^\circ}{z}$$

式中　d——离合器孔径（mm）；

z——离合器齿数。

2）将铣刀一侧对准工件中心（图 7-5a），铣削时铣刀应铣过槽 1 和 3 的一侧，分度后再铣槽 2 和 4 的一侧（每次进给同时铣出两个齿的不同侧面），这样依次铣削即可。

3）加工离合器齿侧间隙的方法。

① 将离合器的各齿侧面都铣得偏过中心一个距离（图 7-5b）。这可在对刀时调整铣刀侧刃，使其超过中心 $e=0.1\sim0.5$mm 来达到。这种方法不增加铣削次数，但由于齿侧面不通过中心，离合器接合时齿侧面只有外圆处接触，影响承载能力，所以这种方法只适用于要求不高的离合器。

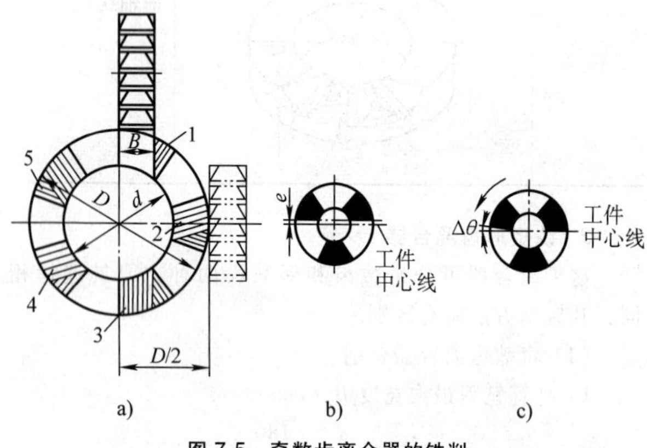

图 7-5　奇数齿离合器的铣削

② 将齿槽角铣得略大于齿面角（图 7-5c），这种方法是在离合器铣削之后，再使离合器转过一个角度 $\Delta\theta=1°\sim2°$铣一次。把所有齿的同名侧铣去一些来达到。此法也适用于齿槽角大于齿面角的宽齿槽离合器，此时 $\Delta\theta=\dfrac{\text{齿槽角}-\text{齿面角}}{2}$。用这种方法铣削离合器，其齿侧面仍是

通过轴心的径向平面，齿侧面贴合较好，所以一般用于要求较高的离合器加工。

（2）偶数齿离合器的铣削（图 7-6）

1）矩形偶数齿离合器的对刀方法和铣刀宽度的选择与奇数齿相同。

2）铣偶数齿离合器时，每次只能铣一个槽的一侧，而不能通过整个端面。

3）当各齿的同一侧铣完后，铣另一侧时，需要重新对刀，其方法是摇动分度头手柄，使工件转过一个齿槽角$\left(\text{即分度头手柄转过}\frac{20}{z}\right)$，使齿的另一侧与铣刀侧刃平行，再将工作台横向移动一个铣刀宽度的距离，使齿的另一侧对准铣刀的另一侧，这样依次进行铣削即可。

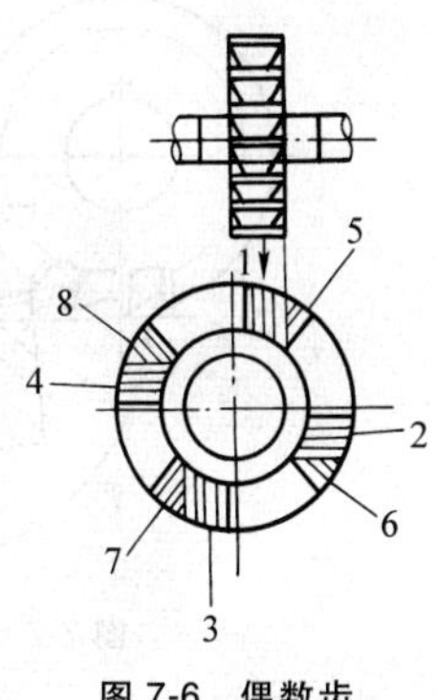

图 7-6　偶数齿离合器的铣削

3. 铣梯形齿离合器

1）铣梯形齿离合器可选用成形铣刀。

2）对刀方法如图 7-7 所示，且与尖齿对刀法相同。对刀时，应使铣刀刀尖通过工件轴心。

3）计算分度头扳角 φ

$$\cos\varphi = \tan\frac{90°}{z}\cot\frac{\theta}{2}$$

式中 θ——铣刀廓形角（°）；

z——离合器齿数。

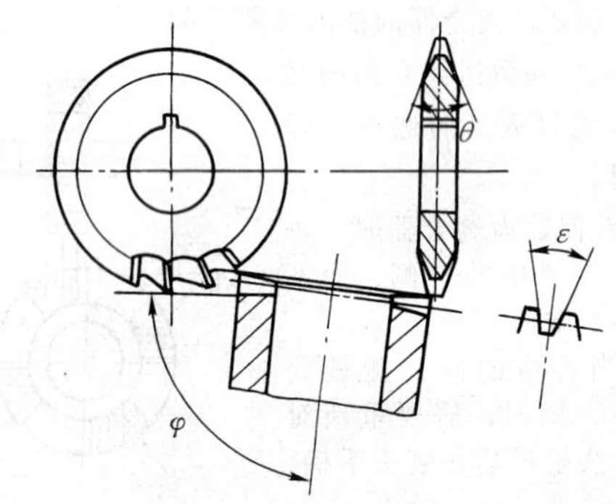

图 7-7 铣梯形齿离合器

4）铣梯形齿和尖齿离合器时分度头的倾斜角 φ 值见表 7-6。

表 7-6 铣梯形齿和尖齿离合器时分度头的倾斜角 φ 值

离合器齿数	双角铣刀角度 θ		离合器齿数	双角铣刀角度 θ	
	60°	90°		60°	90°
z	分度头倾斜角 φ		z	分度头倾斜角 φ	
8	69°51′	78°30′	14	78°45′	83°32′
9	72°13′	79°51′	15	79°31′	83°58′
10	74°05′	80°53′	16	80°11′	84°21′
11	75°35′	81°53′	17	80°46′	84°41′
12	76°50′	82°26′	18	81°17′	84°59′
13	77°52′	83°02′	19	81°45′	85°15′

（续）

离合器齿数	双角铣刀角度 θ		离合器齿数	双角铣刀角度 θ	
	60°	90°		60°	90°
z	分度头倾斜角 φ		z	分度头倾斜角 φ	
20	82°10′	85°29′	41	86°12′	87°48′
21	82°34′	85°42′	42	86°17′	87°51′
22	82°53′	85°54′	43	86°22′	87°54′
23	83°12′	86°05′	44	86°27′	87°57′
24	83°29′	86°15′	45	86°32′	88°00′
25	83°45′	86°24′	46	86°37′	88°03′
26	84°01′	86°32′	47	86°41′	88°05′
27	84°13′	86°39′	48	86°45′	88°08′
28	84°25′	86°46′	49	86°49′	88°10′
29	84°37′	86°53′	50	86°53′	88°12′
30	84°47′	86°59′	51	86°56′	88°14′
31	84°57′	87°05′	52	87°00′	88°16′
32	85°06′	87°11′	53	87°03′	88°18′
33	85°16′	87°16′	54	87°07′	88°20′
34	85°25′	87°21′	55	87°10′	88°22′
35	85°32′	87°26′	56	87°14′	88°24′
36	85°40′	87°30′	57	87°16′	88°25′
37	85°47′	87°34′	58	87°19′	88°27′
38	85°54′	87°38′	59	87°24′	88°30′
39	86°00′	87°42′	60	87°24′	88°30′
40	86°06′	87°45′			

4. 铣尖齿离合器

1）选用对称双角铣刀，其廓形角 θ 与离合器齿形角 ε 相等，如图 7-8 所示。

2）对刀时，应使双角铣刀刀尖通过工件轴心。

3）计算分度头倾斜角 φ，其与铣梯形齿离合器相同。

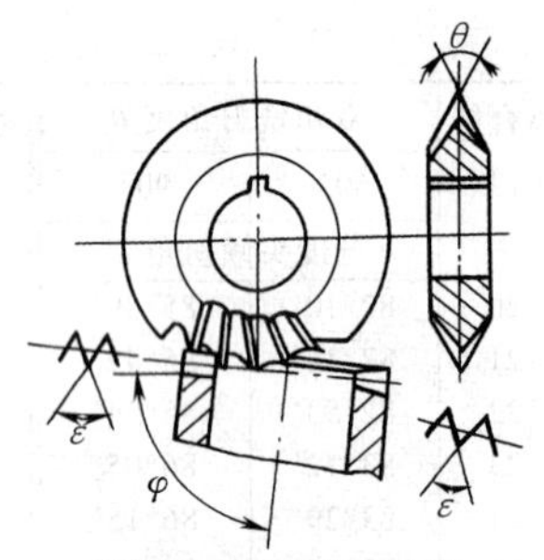

图 7-8　铣尖齿离合器

5. 铣锯齿形离合器

1）选用单角铣刀，其廓形角 θ 与离合器齿形角 ε 相等，如图 7-9 所示。

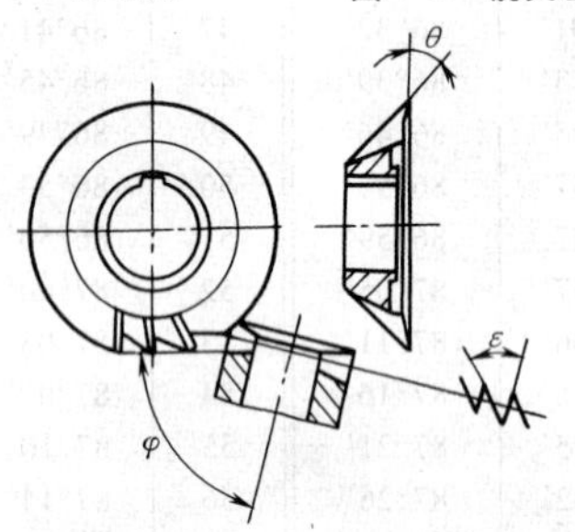

图 7-9　铣锯齿形离合器

2）对刀时，应使单角铣刀的端面侧刃通过工件轴心。

3）计算分度头倾斜角 φ

$$\cos\varphi = \tan\frac{180°}{z}\cot\theta$$

式中　θ——单角铣刀廓形角（°）；

z——离合器齿数。

4）铣锯齿形离合器时分度头的倾斜角 φ 值见表 7-7。

表 7-7 铣锯齿形离合器时分度头的倾斜角 φ 值

离合器齿数 z	单角铣刀角度 θ（即离合器齿形角）					
	60°	65°	70°	75°	80°	85°
	分度头倾斜角 φ					
5	65°12′	70°12′	74°40′	78°47′	82°12′	86°21′
6	70°32′	74°23′	77°52′	81°06′	84°09′	87°06′
7	73°50′	77°02′	79°54′	82°35′	85°10′	87°35′
8	76°10′	78°52′	81°20′	83°38′	85°48′	87°55′
9	77°52′	80°14′	82°23′	84°24′	86°19′	88°11′
10	79°12′	81°17′	83°13′	85°00′	86°43′	88°22′
11	80°14′	82°08′	83°54′	85°29′	87°04′	88°32′
12	81°06′	82°49′	84°24′	85°53′	87°18′	88°39′
13	81°49′	83°24′	84°51′	86°13′	87°30′	88°46′
14	82°26′	83°54′	85°12′	86°30′	87°42′	88°51′
15	82°57′	84°19′	85°34′	86°44′	87°51′	88°56′
16	83°24′	84°41′	85°51′	86°57′	87°59′	89°00′
17	83°48′	85°00′	86°06′	87°08′	88°07′	89°04′
18	84°09′	85°17′	86°19′	87°17′	88°13′	89°07′
19	84°30′	85°32′	86°31′	87°26′	88°19′	89°10′
20	84°46′	85°46′	86°42′	87°34′	88°24′	89°12′
21	85°01′	85°58′	86°51′	87°41′	88°29′	89°15′
22	85°13′	86°09′	87°00′	87°48′	88°33′	89°17′
23	85°27′	86°20′	87°08′	87°53′	88°37′	89°19′
24	85°38′	86°29′	87°15′	87°59′	88°40′	89°20′
25	85°49′	86°37′	87°22′	88°04′	88°43′	89°22′
26	85°59′	86°45′	87°28′	88°08′	88°46′	89°24′
27	86°08′	86°53′	87°34′	88°12′	88°50′	89°25′
28	86°16′	86°59′	87°39′	88°16′	88°52′	89°26′
29	86°24′	87°06′	87°44′	88°20′	88°54′	89°27′
30	86°31′	87°11′	87°48′	88°23′	88°56′	89°28′
31	86°39′	87°18′	87°53′	88°25′	88°59′	89°29′

三、铣　凸　轮

凸轮的种类比较多，常用的有圆盘凸轮（图 7-10）和圆柱凸轮（图 7-11）。

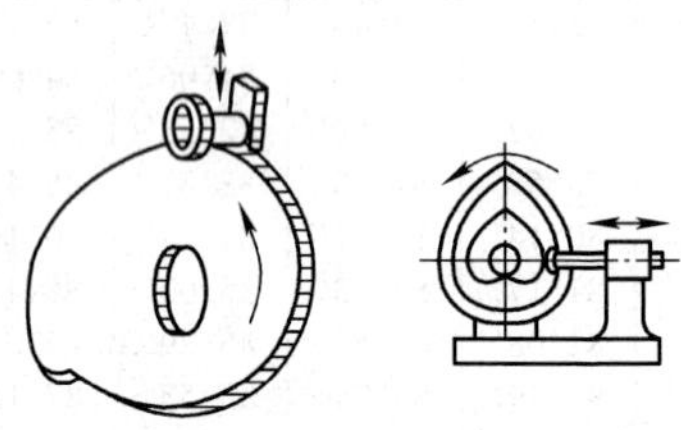

图 7-10　圆盘凸轮

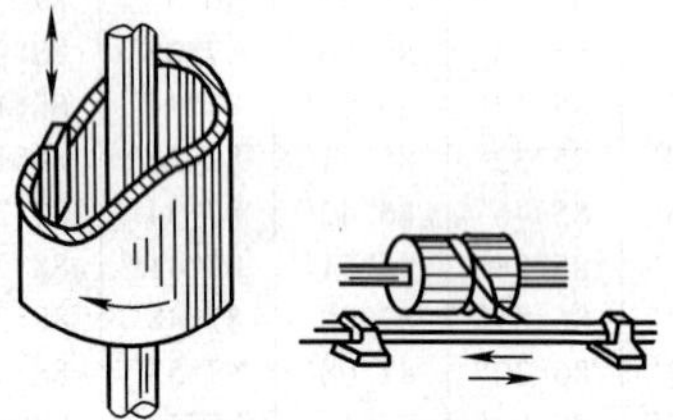

图 7-11　圆柱凸轮

通常在铣床上铣削加工的是等速凸轮。等速凸轮就是当凸轮周边上某一点转过相等的角度时，便在半径方向上（或轴线方向上）移动相等的距离。等速凸轮的工作型面一般都采用阿基米德螺旋面。

1. 凸轮传动的三要素（表 7-8）

表 7-8　凸轮传动的三要素

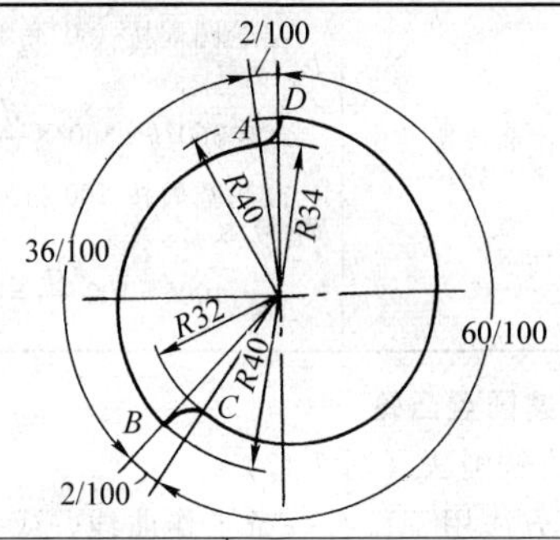

名称	定　义	计　算　公　式
升高量 H	凸轮工作曲线最高点半径和最低点半径之差	工作曲线 AB 的升高量 $H=40\text{mm}-34\text{mm}=6\text{mm}$ 工作曲线 CD 的升高量 $H=40\text{mm}-32\text{mm}=8\text{mm}$
升高率 h	凸轮工作曲线旋转一个单位角度或者转过等分圆周的一等分时，从动件上升或下降的距离	凸轮圆周按 360°角等分时，升高率 h 应为 $$h=\frac{H}{\theta}$$ 式中　θ——工作曲线在圆周上所占的度数 凸轮圆周按 100 格等分时，升高率 h 应为 $$h=\frac{H}{A}$$ 式中　A——工作曲线在圆周上所占的百分格数

（续）

名称	定　义	计 算 公 式
导程 P_h	工作曲线按一定的升高率旋转一周时的升高量	凸轮圆周按 360°角等分时，导程 P_h 应为 $P_h = 360°h = 360°\times\frac{H}{\theta} = \frac{360°H}{\theta}$ 凸轮圆周按 100 格等分时，导程 P_h 应为 $P_h = 100h = 100\frac{H}{A} = \frac{100H}{A}$

2. 铣等速圆盘凸轮

（1）垂直铣削法（图 7-12）

1）这种方法用于仅有一条工作曲线，或者虽然有几条工作曲线，但它们的导程都相等，并且所铣凸轮的外径较大，铣刀能靠近轮坯而顺利切削（图 7-12a）。

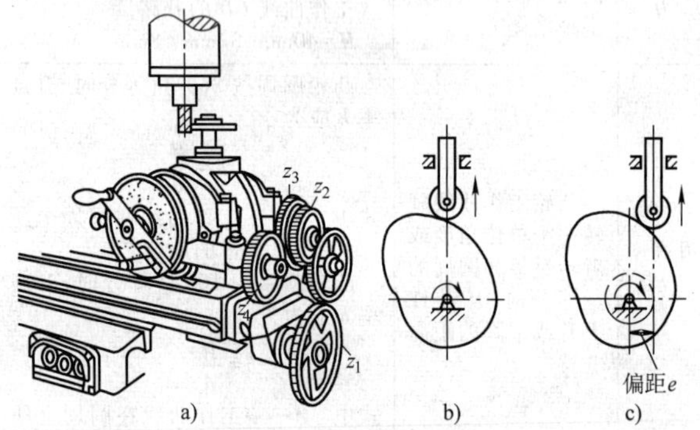

图 7-12　垂直铣削等速圆盘凸轮

2）立铣刀直径应与凸轮推杆上的小滚轮直径相同。

3）分度头交换齿轮轴与工作台丝杠的交换齿轮计算

$$i=\frac{40P_{丝}}{P_{h}}$$

式中 40——分度头定数；

$P_{丝}$——工作台丝杠螺距（mm）；

P_{h}——凸轮导程（mm）。

4）铣削圆盘凸轮时的对刀位置必须根据从动件的位置来确定。

若从动件是对心直动式的圆盘凸轮（图 7-12b），对刀时应将铣刀和工件的中心连线调整到与纵向进给方向一致。

若从动件是偏置直动式的圆盘凸轮（图 7-12c），则应调整工作台，使铣刀对中后再偏移一个距离。这个距离必须等于从动件的偏距 e，并且偏移的方向也必须和从动件的偏置方向一致。

（2）扳角度铣削法（图 7-13）

1）这种方法用于有几条工作曲线，各条曲线的导程不相等，或者凸轮导程是大质数、零星小数，选配齿轮困难等。

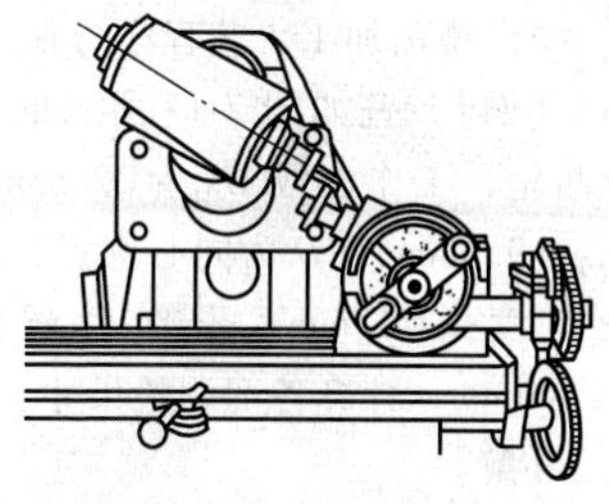

图 7-13 扳角度铣削等速圆盘凸轮

2）计算分度头主轴扳转角度。

① 计算凸轮的导程 P_h。选择 P_h'（P_h'可以由自己决定，但 P_h'应大于 P_h 并能分解因子）。

② 计算分度头转动角度 α

$$\sin\alpha=\frac{P_h}{P_h'}$$

3）计算传动比 i（按选择的 P_h'计算）

$$i=\frac{40P_{丝}}{P_h'}$$

4）计算立铣头的转动角度 β

$$\beta=90°-\alpha$$

5）计算铣刀长度 l

$$l=a+H\cot\alpha+10\text{mm}$$

式中 a——凸轮厚度（mm）；

10mm——多留出的切削刃长度；

α——分度头主轴扳转角度（°）。

6）铣削加工工艺程序与垂直铣削法相似。

［例］ 铣如图 7-14 所示的圆盘凸轮，工作曲线 $H_{AB}=22.5\text{mm}$，$H_{DE}=9.6\text{mm}$，CD 为同心圆弧，凸轮厚度 $a=15\text{mm}$。工作台丝杠 $P_{丝}=6\text{mm}$，计算各部调整尺寸。

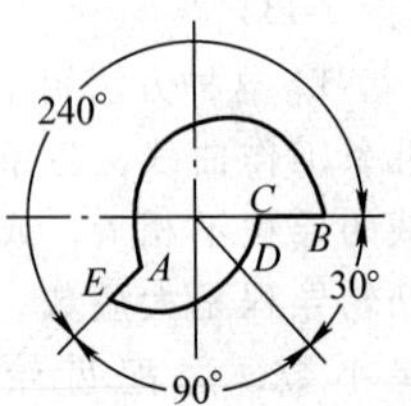

图 7-14 圆盘凸轮

［解］

1）计算工件导程

工作曲线 AB 所对的圆心角 $\theta=240°$，则

$$P_{h(AB)}=\frac{360°H}{\theta}=\frac{360°\times22.5}{240°}\text{mm}=33.75\text{mm}$$

工作曲线 DE 所对的圆心角 $\theta=90°$，则

$$P_{h(DE)}=\frac{360°H}{\theta}=\frac{360°\times9.6\text{mm}}{90°}=38.4\text{mm}$$

2）选择 P_h'：$P_h'=40\text{mm}$（$P_h'>P_h$）。

3）计算分度头扳转角度 α

$$\sin\alpha=\frac{P_{h(AB)}}{P_h'}=\frac{33.75}{40}=0.8437,\ \alpha=57°32'$$

$$\sin\alpha=\frac{P_{h(DE)}}{P_h'}=\frac{38.4}{40}=0.96,\ \alpha=73°45'$$

4）计算立铣头扳转角度 β

AB 工作曲线应为

$$\beta=90°-\alpha=90°-57°32'=32°28'$$

DE 工作曲线应为

$$\beta=90°-\alpha=90°-73°45'=16°15'$$

5）计算传动比 i（按选择的 P_h'计算）：

$$i=\frac{40P_{丝}}{P_h'}=\frac{240}{40}=\frac{100\times90}{25\times60}$$

6）计算铣刀长度 l

$$\begin{aligned}l&=a+H\cot\alpha+10\text{mm}\\&=15\text{mm}+22.5\text{mm}\times\cot57°32'+10\text{mm}\\&=15\text{mm}+22.5\text{mm}\times0.8437+10\text{mm}=44\text{mm}\end{aligned}$$

3. 铣等速圆柱凸轮

等速圆柱凸轮分螺旋槽凸轮和端面凸轮（图 7-11），

其中螺旋槽凸轮铣削方法和铣削螺旋槽基本相同。所不同的是，圆柱螺旋槽凸轮工作型面往往是由多个不同导程的螺旋面（螺旋槽）组成的，它们各自所占的中心角不同，而且不同的螺旋面（螺旋槽）之间还常通过圆弧连接，因此导程的计算就比较复杂。在实际生产中应根据图样给定的不同条件，采用不同的方法来计算凸轮曲线的导程。

计算等速圆柱螺旋槽凸轮导程，若加工图样上给定螺旋角 β 时，导程计算公式为 $P_h = \pi d\cot\beta$（d 为工件外径）。

等速圆柱（端面）凸轮的铣削如图 7-15 所示。

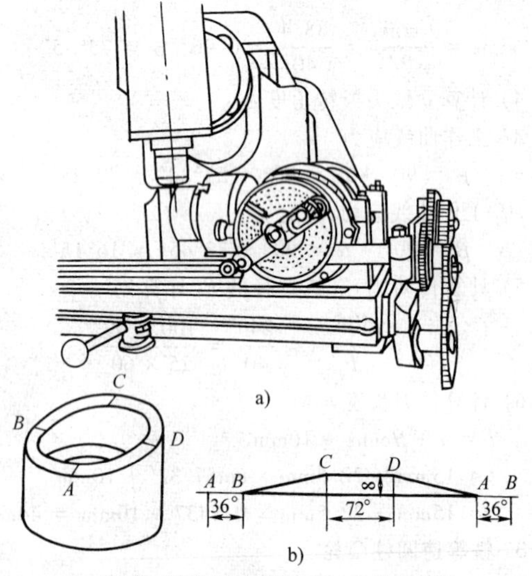

图 7-15　等速圆柱（端面）凸轮的铣削

1）铣削等速圆柱凸轮的原理与铣削等速圆盘凸轮相同，只是分度头主轴应平行于工作台（图 7-15a）。

2）铣削时的调整计算方法与用垂直铣削法铣削等速圆盘凸轮相同。

3）圆柱凸轮曲线的上升和下降部分需分两次铣削（图 7-15b）。图 7-15b 中，*AD* 段是右旋，*BC* 段是左旋。铣削中以增减惰轮来改变分度头主轴的旋转方向，即可完成左、右旋工作曲线。

四、铣 球 面

采用铣削法加工圆球，可以在铣床上进行也可以在车床上进行，其原理是一样的，即：一个旋转的刀具沿着一个旋转的物体运动，两轴线相交但又不重合，那么刀尖在物体上形成的轨迹则为球面。

铣削时，工件中心线与刀盘中心线要在同一平面上。工件装夹在分度头三爪上（图 7-16），由电动机减速后带动或用机床纵向丝杠（拿掉丝杠螺母）通过交换齿轮带动旋转。

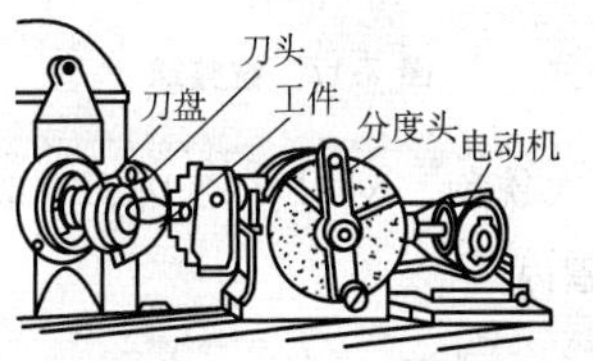

图 7-16　球面铣削装夹及传动机构

1. 铣整球（图 7-17）

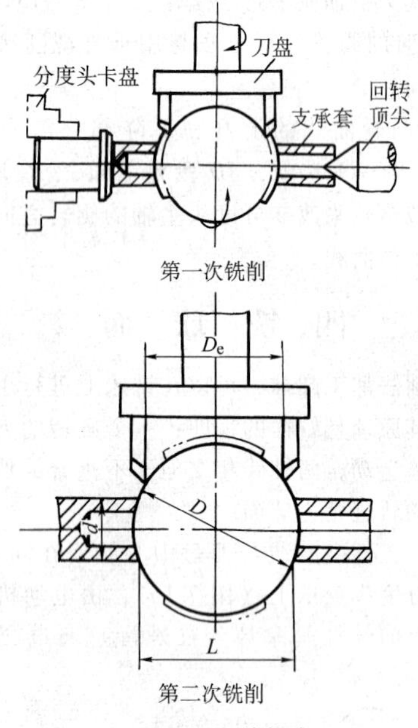

图 7-17　铣整球

（1）第一次铣削　对刀直径 D_e，一般应控制在 $L>D_e>\sqrt{2}R$ 的范围内

$$L = \sqrt{D^2 - d^2}$$

式中　L——两支承套间距离（mm）；

D——工件的直径（mm）；

d——支承套的直径（mm）。

（2）第二次铣削（按前者水平转 90°）

2. 铣带柄圆球（图 7-18）

（1）求分度头应扳角度 α

$$\tan\alpha = \frac{\overline{BC}}{\overline{AC}} = \frac{\frac{d}{2}}{L_1} = \frac{d}{2L_1}$$

$$L_1 = \frac{D + \sqrt{D^2 - d^2}}{2}$$

（2）求对刀直径 D_e

$$D_e = \sqrt{\left(\frac{d}{2}\right)^2 + L_1^2}$$

或

$$\frac{D_e}{2} = \overline{OA}\cos\alpha = R\cos\alpha$$

所以 $D_e = 2R\cos\alpha = D\cos\alpha$

3. 铣内球面（图 7-19）

（1）求分度头应扳角度 α

$$\angle AOB = 2\alpha$$

$$\sin 2\alpha = \frac{\overline{AB}}{\overline{AO}} = \frac{\frac{d}{2}}{R} = \frac{d}{2R} = \frac{d}{D}$$

（2）求对刀半径 $\frac{D_e}{2}$

$$\frac{D_e}{2} = R\sin\alpha$$

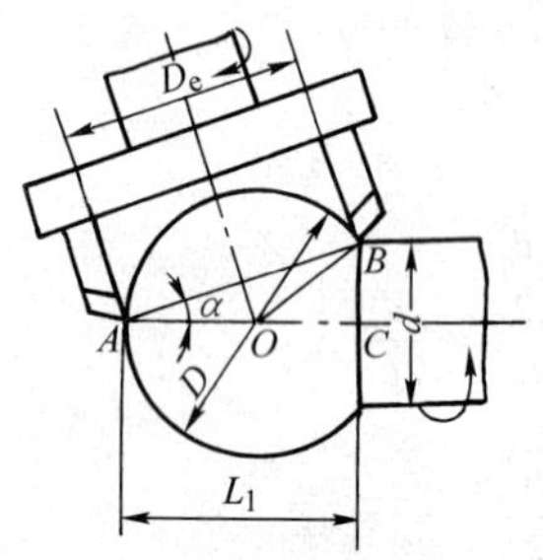

图 7-18 铣带柄圆球

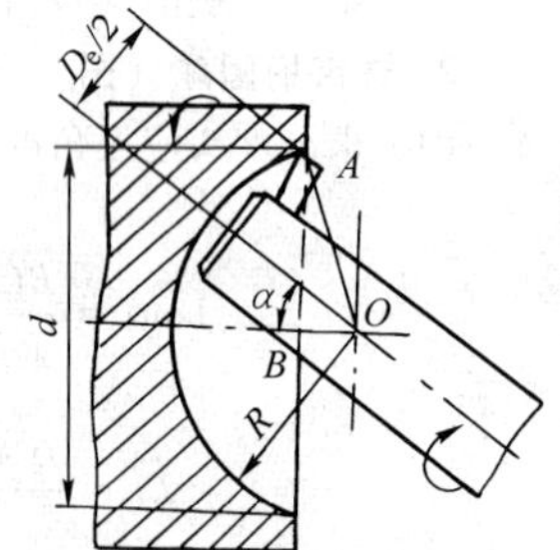

图 7-19 铣内球面

五、刀具开齿计算

1. 对前角 γ_o=0°的铣刀开齿

(1) 用单角铣刀开齿方法

1) 齿槽加工。如图 7-20 所示，将铣刀的端面切削刃对准工件中心，然后切至所要求齿槽深度，依次将全部齿槽铣出即可。注意工作铣刀的角度必须与齿槽角 θ 相等。

2) 齿背加工。齿槽加工后，可直接用单角铣刀加工齿背，但必须将工件转过一个角度 ω（图 7-20）

$$\omega = 90° - \theta - \alpha_1$$

式中 ω——分度头主轴的回转角（°）；

θ——工件的齿槽角（°）；

α_1——工件的齿背角（°）。

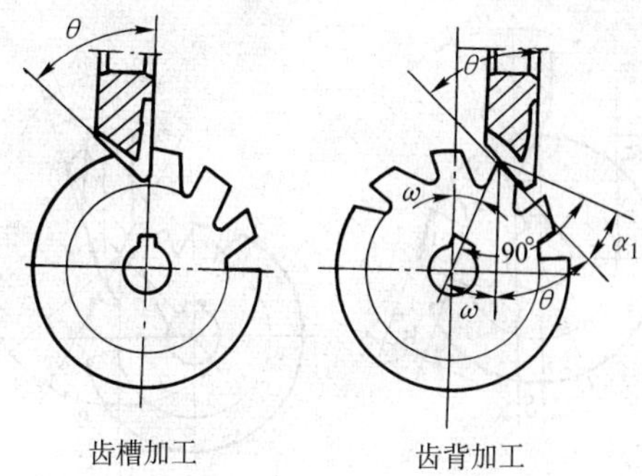

图 7-20　用单角铣刀开齿方法

然后可按下式计算出分度头手柄转数 n

$$n = \frac{\omega}{9^\circ} = \frac{90^\circ - \theta - \alpha_1}{9^\circ}$$

（2）用双角铣刀开齿方法

1）齿槽加工。可以用双角铣刀加工，但必须使工作铣刀相对工件中心偏移一个距离 S（图 7-21）

$$S = (R - h)\sin\theta_1$$

偏移后还应计算出升高量 H

$$H = R - (R - h)\cos\theta_1$$

式中　R——工件半径（mm）；

h——工件齿槽深度（mm）；

θ_1——双角铣刀的小角度（°）。

2）齿背加工。分度头主轴回转角 ω 的计算和分度方

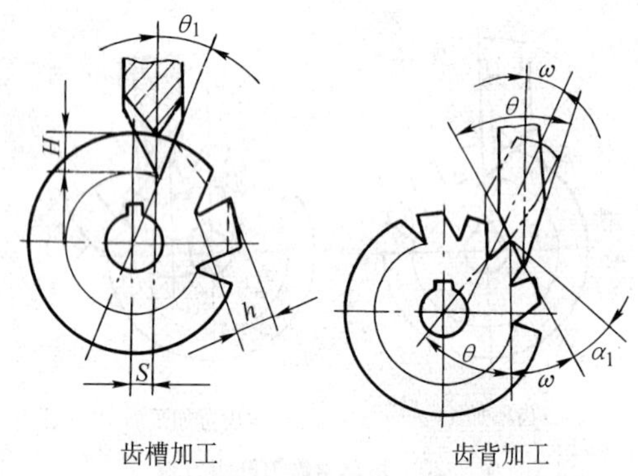

图 7-21 用双角铣刀开齿方法

法与用单角铣刀加工 $\gamma_o=0°$ 的齿背时相同，但公式中的 θ 是代表双角铣刀的角度（包括小角度 θ_1 在内）。

3）用双角铣刀铣前角等于零度齿槽时，也可采用下面简易对刀方法。

加工时，刀尖与工件中心线对正后，先铣出浅印 A（图 7-22a），然后将工件转过一个工作铣刀小角度 θ_1，并且使刀尖仍然对正浅印 A（图 7-22b），再降低工作台，使工件按图中箭头 B 的方向离开刀尖一个距离 S（图 7-22c）。

移动距离 S 用下式计算

$$S = h\sin\theta_1$$

式中 θ_1——工件转过角度（°），即工作铣刀小角度；

h——工件齿槽深度（mm）。

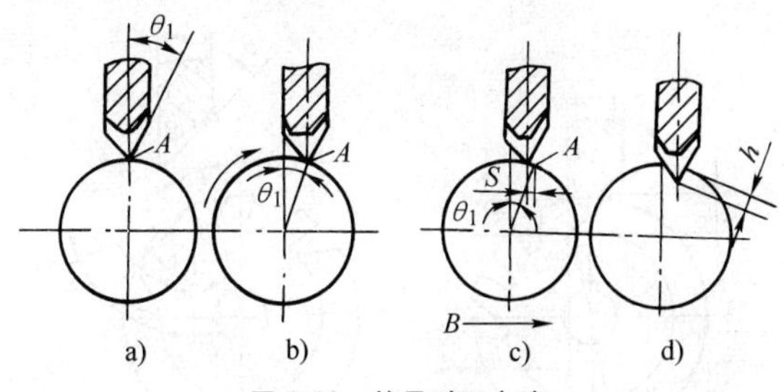

图 7-22 简易对刀方法

工作台横向移动后，接着升高工作台进行铣削，当铣刀刀齿铣到浅印 A 后（图 7-22d），切削深度就达到尺寸要求了。

2. 对前角 $\gamma_o>0°$ 的铣刀开齿

(1) 用单角铣刀开齿方法

1) 齿槽加工。如图 7-23 所示，为保证前角 γ_o 的大小，工作铣刀在进给时应与工件中心偏移一个距离 S。其值为

$$S = R\sin\gamma_o$$

计算升高量 H

$$H = R(1 - \cos\gamma_o) + h$$

式中 R——工件半径（mm）；

γ_o——工件前角（°）；

h——工件齿槽深度（mm）。

2) 齿背加工（图 7-23）。齿槽加工后，可直接用单角铣刀加工齿背，但必须将工件转过一个角度 ω

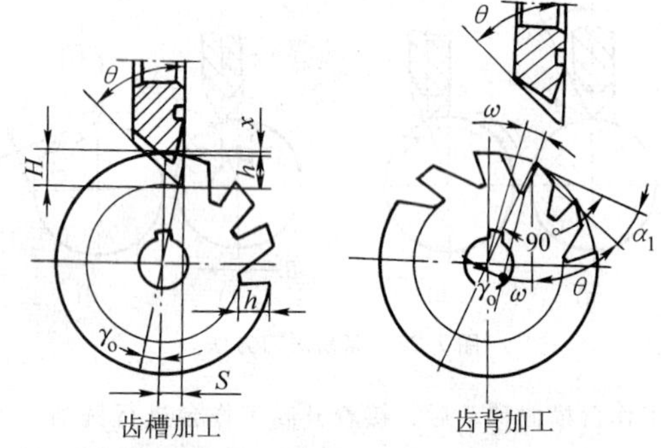

图 7-23 用单角铣刀开齿方法

$$\omega = 90° - \theta - \alpha_1 - \gamma_o$$

然后换算成分度头手柄转数 n。

3）用单角铣刀铣削前角大于零度齿槽的简易对刀方法。先使单角铣刀端面切削刃对准工件中心，并铣出浅印 A，然后将工件按图 7-24 中所示箭头方向转动一个 γ_o 角（刀坯前角），再重新使铣刀刀尖和浅印 A 对准，工作台升高一个齿槽深度 h 后，就可正式铣削。

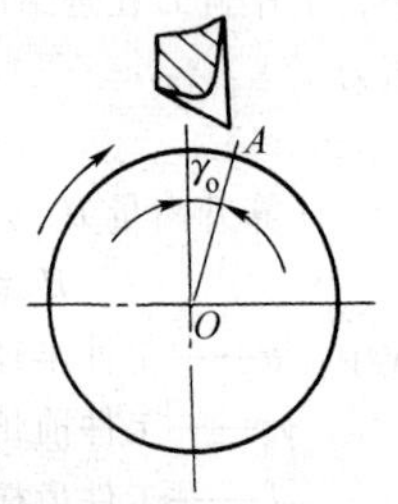

图 7-24 简易对刀方法

（2）用双角铣刀开齿方法

1）齿槽加工。计算铣刀偏移距离 S（图 7-25）

$$S = R\sin(\theta_1 + \gamma_o) - h\sin\theta_1$$

计算升高量 H

$$H = R[1 - \cos(\theta_1 + \gamma_o)] + h\cos\theta_1$$

式中 R——工件半径（mm）；

γ_o——工件前角（°）；

θ_1——双角铣刀的小角度（°）；

h——工件齿槽深（mm）。

2）齿背加工。如图 7-25 所示，ω 的计算和分度方法与用单角铣刀加工 γ_o>0°的齿背时相同。

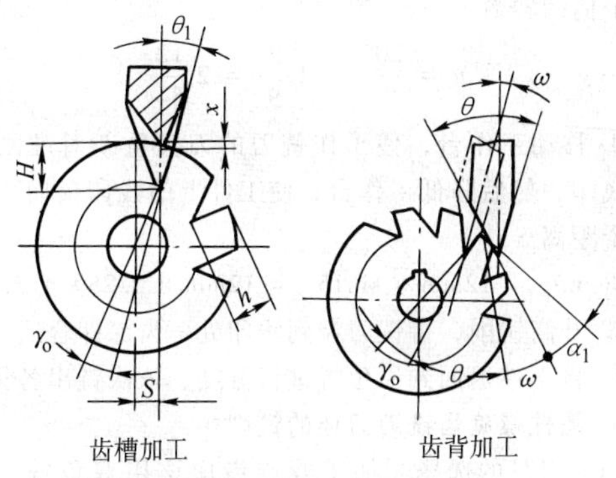

图 7-25　用双角铣刀开齿方法

用双角铣刀铣削前角大于0°的刀坯时，也可采用简易对刀的方法。这种方法与用双角铣刀铣削前角等于0°的刀坯时基本相似。现举例说明加工方法。

［例］　已知一刀坯 $D = 100$mm，$h = 12$mm，$\gamma_o = 5°$，

用双角铣刀 $\theta=55°$、$\theta_1=15°$进行加工。试述所有调整及铣削过程。

［解］ 加工方法和步骤：

① 工件安装找正后，将铣刀刀尖对正工件的中心。

② 使工件靠近铣刀，并铣出一条刀印。

③ 旋转分度头手柄，使工件朝工作铣刀的小角度方向转动一个角度，其大小为铣刀小角角度加上工件的前角，即

$$\theta_1+\gamma_o=15°+5°=20°$$

手柄的转数 n

$$n=\frac{20°}{9°}=2\frac{2}{9}=2\frac{12}{54}$$

④ 移动工作台，使工作铣刀的刀尖重新对准刚才铣出的浅印，然后降低工作台，使工件上的浅印反向离开刀尖一个距离 S

$$S=h\sin\theta_1=12\text{mm}\times\sin15°=12\text{mm}\times0.259=3.1\text{mm}$$

⑤ 升高铣削，待铣刀铣到浅印处，齿深即合适。

⑥ 将工件退回到原位置进行分度，依次铣出各齿。

3. 圆柱螺旋齿铣刀刀坯的铣削

（1）刀具的选择 加工螺旋齿应该用双角铣刀。双角铣刀的角度和旋向应根据工件的齿槽角决定（图 7-26）。当工件的旋向为“右旋”时，应选用“左切”双角铣刀；当工件的旋向为“左旋”时，应选用“右切”双角铣刀。

如果没有合适的刀具，用“左切”双角铣刀加工

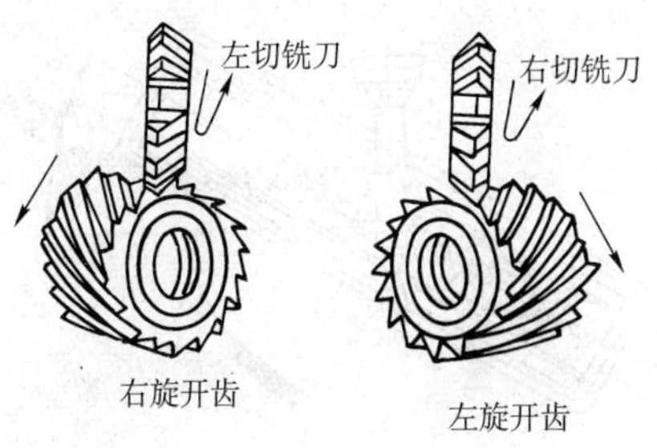

图 7-26　工件铣刀

“左旋”齿槽或用“右切”双角铣刀加工“右旋”齿槽时，一般工作台角度应多扳 3°左右来弥补可能发生的“内切”现象。

(2) 工作台转角角度的确定　铣“右旋”齿槽，工作台逆时针转动一个螺旋角；铣“左旋”齿槽，工作台顺时针转动一个螺旋角（图 7-27）。

当工件螺旋角 $\beta<20°$ 时，工作台扳转角度等于工件的螺旋角 β。当工件螺旋角 $\beta>20°$ 时，为了避免工作铣刀发生“内切”，工作台实际转动角度 β_1 应小于工件螺旋角 β

$$\tan\beta_1 = \tan\beta\cos(\theta_1 + \gamma_{on})$$

式中　β——工件螺旋角（°）；

β_1——工作台实际转角（°）；

θ_1——工作铣刀的小角度（°）；

γ_{on}——工件的法向前角（°）。

(3) 传动比的计算　传动比

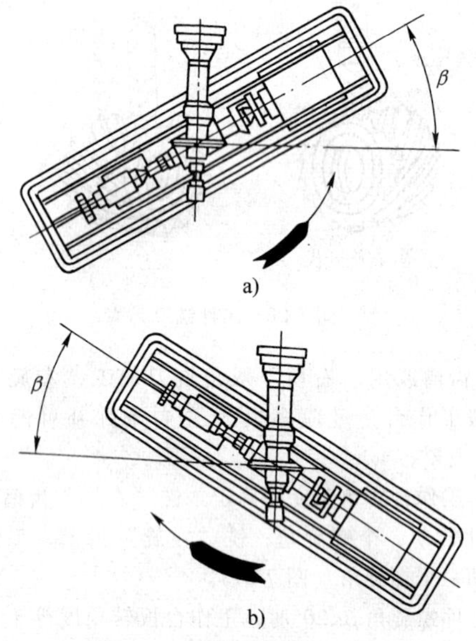

图 7-27　工作台转角角度的确定

a）右旋铣刀开齿　b）左旋铣刀开齿

$$i = \frac{40P_{丝}}{P_h} = \frac{40P_{丝}}{\pi D\cot\beta}$$

式中　40——分度头定数；

$P_{丝}$——铣床纵向工作台丝杠螺距（mm）；

P_h——工件导程（mm）；

D——工件外径（mm）。

［例］ 要铣削一条螺旋槽 $\beta=26°$，$D=110\text{mm}$，计算传动比 i。

［解］ $i=\dfrac{40P_{丝}}{\pi D\cot\beta}=\dfrac{40\times6}{3.14\times110\times\cot26°}$

$=\dfrac{240}{708.07}=0.339$

查交换齿轮表（表 8-20）$0.34028=\dfrac{70\times35}{80\times90}$，即采用两套交换齿轮，主动轮齿数为 70、35，从动轮齿数为 80、90。

（4）偏移量 S 和升高量 H 的计算

1）计算公式

$$S=\frac{R}{\cos^2\beta}\sin(\theta_1+\gamma_{on})-h\sin\theta_1$$

$$H=R[1-\cos(\theta_1+\gamma_{on})]+h\cos\theta_1$$

式中 R——工件半径（mm）；

γ_{on}——工件法向前角（°）；

θ_1——工作铣刀的小角度（°）；

h——工件的齿槽深（mm）。

2）铣螺旋齿的偏移量 S 值也可由表 7-9 直接查得。

［例］ 加工一把圆柱右旋铣刀，$D=80\text{mm}$，$\beta=30°$，$z=16$，$h=6\text{mm}$，$\gamma_{on}=15°$，齿槽角 $\theta=65°$，求加工中的一般调整。

［解］ 1）采用“左切”双角铣刀，齿形角 $\theta=65°$（其中小角角度 $\theta_1=15°$）。

表 7-9 铣螺旋齿的偏移量 S 值

螺旋角 β	前角 γ_{on}			
	5°	10°	12°	15°
10°	0.176D −0.26h	0.218D −0.26h	0.234D −0.26h	0.258D −0.26h
15°	0.183D −0.26h	0.226D −0.26h	0.244D −0.26h	0.268D −0.26h
20°	0.194D −0.26h	0.238D −0.26h	0.257D −0.26h	0.283D −0.26h
25°	0.208D −0.26h	0.257D −0.26h	0.276D −0.26h	0.304D −0.26h
30°	0.228D −0.26h	0.282D −0.26h	0.303D −0.26h	0.33D −0.26h
35°	0.255D −0.26h	0.305D −0.26h	0.338D −0.26h	0.373D −0.26h
40°	0.29D −0.26h	0.355D −0.26h	0.387D −0.26h	0.426D −0.26h
45°	0.342D −0.26h	0.423D −0.26h	0.454D −0.26h	0.5D −0.26h

注：1. 表中数据是根据工作铣刀小角度 θ_1 计算的，如果条件改变应按公式计算。

2. 表中及公式中均未考虑工作铣刀的刀尖半径 r，若需要考虑，从 S 值中减去“0.7r”即可。

2）工作台应转角度 β_1

$$\tan\beta_1 = \tan\beta\cos(\theta_1 + \gamma_{on})$$

$$= \tan30° \times \cos(15° + 15°) = 0.5$$

故 $\beta_1 = 26°34'$，即工作台逆时针转动 26°34′。

3）传动比 i

$$i=\frac{40P_{丝}}{\pi D\cot\beta}=\frac{40\times6}{3.14\times80\times\cot30^\circ}$$

$$=\frac{240}{435.58}=0.591$$

查交换齿轮表，$0.55682=\frac{70\times35}{55\times80}$，即两套交换齿轮，主动轮齿数为 70、35，从动轮齿数为 55、80。

4）偏移量 S

$$S=\frac{R}{\cos^2\beta}\sin\ (\theta_1+\gamma_{on})\ -h\sin\theta$$

$$=\frac{40\text{mm}}{\cos^2 30^\circ}\times\sin\ (15^\circ+15^\circ)\ -6\text{mm}\times\sin15^\circ$$

$$=25.11\text{mm}$$

5）升高量 H

$$H=R[1-\cos(\theta_1+\gamma_{on})]+h\cos\theta_1$$

$$=40\text{mm}\times[1-\cos(15^\circ+15^\circ)]+$$

$$6\text{mm}\times\cos15^\circ=11.155\text{mm}$$

4. 麻花钻的铣削

常用的麻花钻钻头有两条螺旋形的沟槽，其螺旋角为 β，如图 7-28 所示。

铣削钻头螺旋槽及齿背所用的铣刀是一组成形铣刀，其刀齿的几何形状根据钻头的直径来决定，如图 7-29 所示。如果选择得不正确，就不能保证加工出来钻头的钻槽截形。

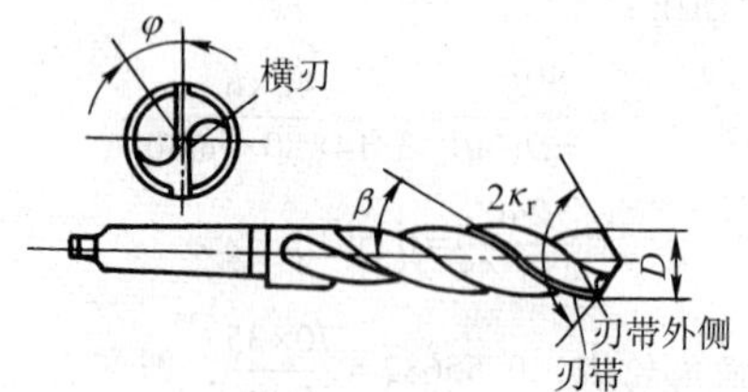

图 7-28　钻头

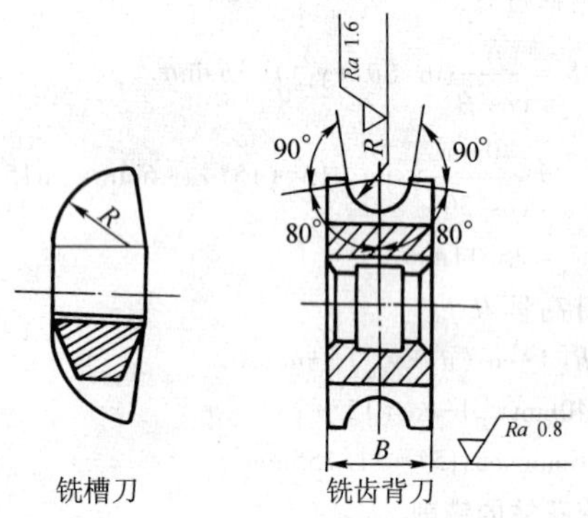

图 7-29　铣削钻头用铣刀

铣削时，工作台转角大小、转动方向与进给运动规律都和铣螺旋齿圆柱形铣刀相同，但对刀时一般采用试铣的方法。

5. 端面齿的铣削

(1) 刀具的选择　采用单角铣刀，其截形角应与被加工工件的齿槽角相同。

（2）分度头倾斜角 φ 的计算　三面刃铣刀、单角铣刀等都具有端面齿。为保证刀齿全长上刃口棱边的宽度相等，在开齿时应把分度头主轴倾斜一个角度 φ，如图 7-30 所示。其计算公式为

$$\cos\varphi = \tan\frac{360^\circ}{z}\cot\theta$$

式中　z——刀坯齿数；

θ——工作铣刀截形角（°）。

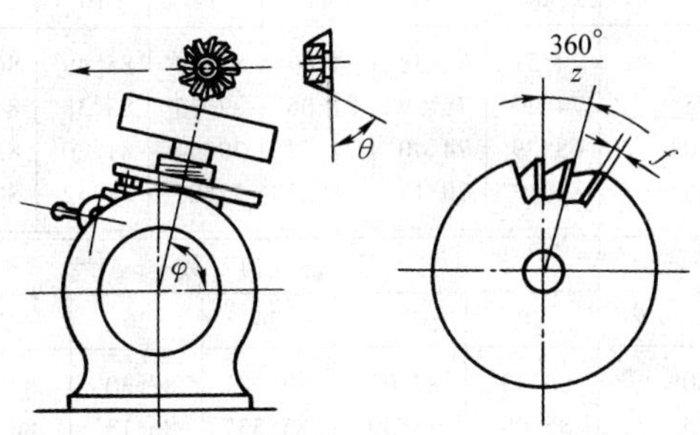

图 7-30　端面齿的铣削

（3）偏移量 S 的计算　当被加工工件前角等于 0°时，单角工作铣刀的端面切削刃对准工件中心就可以进行铣削。

当被加工工件前角大于零度时，单角工作铣刀端面切削刃对正工件中心后还需将工作台横向移动一个距离 S

$$S = R\sin\gamma_{os}$$

式中　R——工件半径（mm）；

γ_{os}——工件刀齿端面前角（°）。

实际生产中，虽然计算出偏移量 S 值，但为了保证端面切削刃和圆周切削刃互相对齐，平滑连接，往往采用试铣方法来对刀。铣端面齿分度头扳转角 φ 值见表 7-10。

表 7-10　铣端面齿分度头扳转角 φ 值

工作铣刀截形角 θ	刀坯齿数 z					
	8	10	12	14	16	18
80°	79°51′	82°38′	84°09′	85°08′	85°49′	86°19′
75°	74°27′	78°59′	81°06′	82°35′	83°38′	84°24′
70°	68°39′	74°40′	77°52′	79°54′	81°20′	82°27′
65°	62°12′	70°12′	74°23′	77°01′	78°52′	80°14′

工作铣刀截形角 θ	刀坯齿数 z				
	20	22	24	26	28
80°	86°43′	87°02′	87°18′	87°30′	87°42′
75°	85°00′	85°30′	85°53′	86°13′	86°30′
70°	83°12′	83°52′	84°24′	84°51′	85°14′
65°	81°17′	82°08′	82°49′	83°24′	83°53′

6. 锥面齿的铣削

锥面的开齿与端面上开齿有很多相同的地方，如工作铣刀选用单角铣刀，其截形角 θ 应等于刀坯的齿槽角，横向偏移量 S 的计算方法等均一样。

锥面刀齿也要求刀齿在全长上棱边宽度一致，所以齿槽应是大端深，小端浅，因此铣削时分度头也要扳转一个角度 φ，如图 7-31 所示。其计算公式为

$$\varphi=\beta-\lambda$$

$$\tan\beta=\cos\frac{360^\circ}{z}\cot\delta$$

$$\sin\lambda=\tan\frac{360^\circ}{z}\cot\theta\sin\beta$$

式中 β——工件刀齿齿高中线与工件轴线间夹角（°）；

λ——工件刀齿中线与齿槽底线间夹角（°）；

z——工件刀齿数；

δ——工件锥面与大端端面的夹角（°）；

θ——工作铣刀角度（°）。

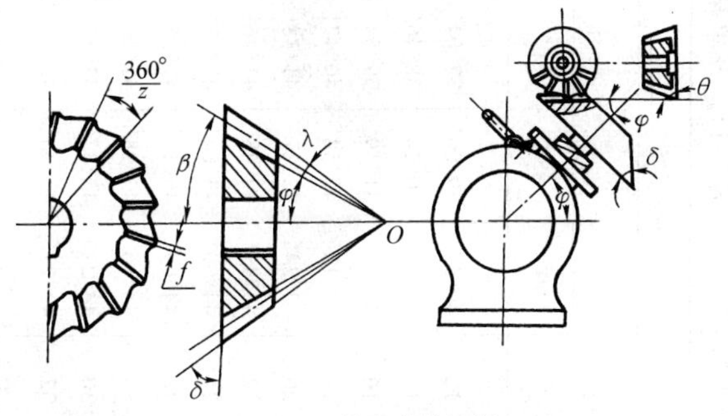

图 7-31　锥面齿的铣削

表 7-11 开单角铣刀锥面齿时分度头扳转角 φ 值

δ 角为 45°									
齿数 z	开齿用角度铣刀的角度								
	90°	85°	80°	75°	70°	65°	60°	55°	50°
12	40°54′	39°00′	37°04′	35°05′	33°00′	30°46′	28°18′	25°33′	20°24′
14	42°01′	40°24′	38°46′	37°04′	35°17′	33°23′	31°18′	28°58′	26°19′
16	42°44′	41°19′	39°54′	38°25′	36°52′	35°18′	33°24′	31°23′	29°05′
18	43°13′	41°58′	40°42′	39°23′	38°01′	36°33′	34°57′	33°10′	31°09′
20	43°34′	42°27′	41°18′	40°08′	38°53′	37°35′	36°09′	34°33′	32°44′
22	43°49′	42°48′	41°46′	40°42′	39°34′	38°23′	37°04′	35°38′	33°59′
24	44°00′	43°04′	42°07′	41°09′	40°07′	39°02′	37°50′	36°30′	35°01′
26	44°09′	43°17′	42°25′	41°31′	40°34′	39°34′	38°28′	37°14′	35°52′
28	44°16′	43°28′	42°40′	41°49′	40°57′	39°55′	39°00′	37°52′	36°36′
30	44°22′	43°37′	42°52′	42°05′	41°16′	40°24′	39°27′	38°34′	37°12′
32	44°27′	43°45′	43°03′	42°19′	41°29′	40°44′	39°51′	38°51′	37°44′

（续）

δ角为60°									
齿数 z	开齿用角度铣刀的角度								
	90°	85°	80°	75°	70°	65°	60°	55°	50°
12	26°34′	25°16′	23°57′	22°36′	21°11′	20°39′	18°00′	16°09′	14°03′
14	27°29′	26°22′	25°14′	24°04′	22°50′	21°32′	20°06′	18°22′	16°44′
16	28°04′	27°05′	26°06′	25°04′	24°00′	22°51′	21°36′	20°13′	18°39′
18	28°29′	27°37′	26°44′	25°49′	24°52′	23°50′	22°44′	21°30′	20°06′
20	28°46′	27°59′	27°11′	26°22′	25°30′	24°35′	23°35′	22°29′	21°14′
22	28°59′	28°16′	27°33′	26°48′	26°01′	25°11′	24°16′	23°16′	22°07′
24	29°09′	28°30′	27°50′	27°09′	26°26′	25°40′	24°50′	23°54′	22°52′
26	29°16′	28°40′	28°03′	27°25′	26°45′	26°03′	25°17′	24°26′	23°28′
28	29°22′	28°48′	28°14′	27°39′	27°02′	26°23′	25°42′	24°52′	23°59′
30	29°27′	28°56′	28°24′	27°51′	27°16′	26°39′	26°00′	25°15′	24°25′
32	29°31′	29°02′	28°32′	28°01′	27°28′	26°54′	26°16′	25°35′	24°48′

实际生产中，开单角铣刀锥面齿时分度头扳转角 φ 值可由表 7-11 查得。铣削背吃刀量 a_p 也可用试切法来确定，主要应保证锥面上切削刃棱边宽度所规定的数值。

7. 铰刀的开齿

一般铰刀有圆柱铰刀和圆锥铰刀两种，如图 7-32 所示。圆柱铰刀的开齿方法与在圆盘形刀坯上开直齿时相同。

圆锥铰刀又有等分齿和不等分齿之分，不等分齿是常用的，故需分度，为了保证全部刀齿的切削刃宽度一致，在加工中各齿的吃刀量不应完全一致，中心角大的刀齿铣得深些，中心角小的刀齿铣得浅些。

另外铣削圆锥铰刀时，还要将分度头扳转一个角度，其计算公式与用角度铣刀开锥面齿时分度头倾斜角 φ 的公式相同，因一般锥铰刀的工作图中未给出刀齿角 δ，而是给出大小端直径及工作部分长度，这时可按下式求出 δ 角

$$\tan\delta=\frac{D_1-D_2}{2L}$$

式中 D_1——铰刀大端直径（mm）；

D_2——铰刀小端直径（mm）；

L——铰刀圆锥部分长度（mm）。

求出 δ 角后，可代入铣锥面齿的有关公式中，求出分度头的扳转角 φ 即可加工。

铰刀刀齿的不等分分度可查表 7-12。

表 7-12　铰刀刀齿的不等分分度

（分度头定数 40，铣 6～16 齿铰刀时，取用 49 孔分度盘）

铰刀齿数	第一个角度	转数	孔数	第二个角度	转数	孔数	第三个角度	转数	孔数	第四个角度	转数	孔数
6	58°2′	6	22	59°53′	6	32	62°5′	6	44			
8	42°	4	32	44°	4	44	46°	5	6	48°	5	16
10	33°	3	34	34°30′	3	41	36°	4	—	37°30′	4	8
12	27°30′	3	3	28°30′	3	8	29°30′	3	14	30°30′	3	19
14	23°30′	2	30	24°15′	2	34	25°	2	38	25°45′	2	43
16	20°30′	2	14	21°	2	17	21°30′	2	20	22°15′	2	23
铰刀齿数	第五个角度	转数	孔数	第六个角度	转数	孔数	第七个角度	转数	孔数	第八个角度	转数	孔数
6												
8												
10	39°	4	15									
12	31°30′	3	24	32°30′	3	30						
14	26°30′	2	46	27°	3	—	28°	3	5			
16	22°45′	2	26	23°15′	2	29	24°	2	32	24°45′	2	35

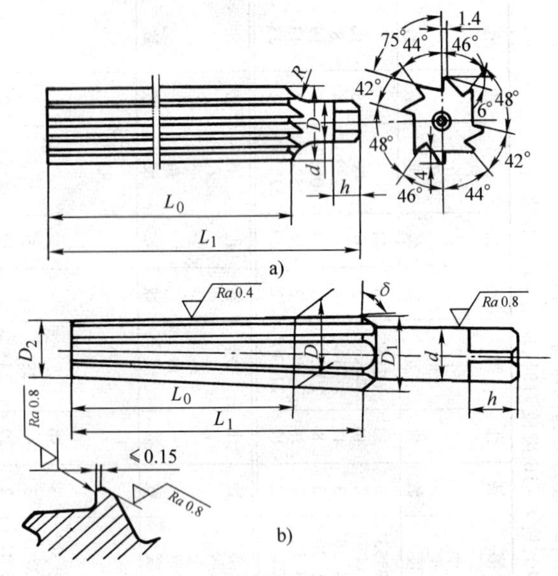

图 7-32　铰刀

a）圆柱铰刀　b）圆锥铰刀

六、铣削花键轴

1. 花键的定心方式

花键轴的种类较多，按齿廓的形状可分为矩形齿、梯形齿、渐开线齿和三角形齿等。

花键的定心方式有三种（表 7-13），但一般情况下，均按大径定心。矩形齿花键轴由于加工方便，强度较高，而且易于对正，所以应用较广。

表 7-13 花键的定心方式

定心方式	图　　示	特点及用途
小径定心	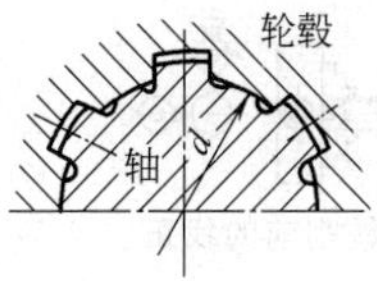 轮毂 轴 d	小径定心是矩形花键联接最精密的方法，定心精度高。多用于机床行业
大径定心	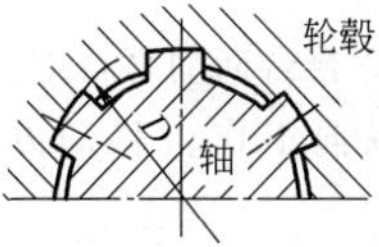 轮毂 D 轴	大径定心的矩形花键联接加工方便，定心精度较高，可用于汽车、拖拉机和机床等行业
齿形定心	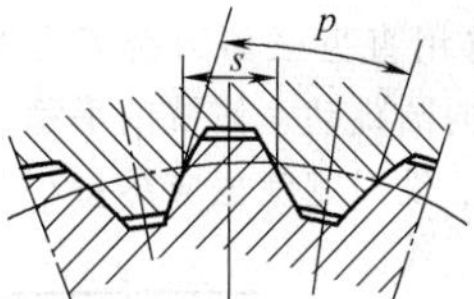 p s	齿形定心方式用于渐开线花键；在受载情况下能自动定心，可使多数齿同时接触；有平齿根和圆齿根两种，圆齿根有利于降低齿根的应力集中。适用于载荷较大的汽车、拖拉机变速器轴等

2. 在铣床上铣削矩形齿花键轴

花键轴可以在专用的花键铣床上采用滚切法进行加工，这种方法有较高的生产率和加工精度。但在没有专用花键铣床或修配较少数量零件时，也可以在普通卧式铣床上进行铣削。

(1) 用单刀铣削矩形齿花键轴

1) 工件的装夹与找正（图7-33）。先把工件的一端装夹在分度头的自定心卡盘内，另一端由尾座顶尖顶紧，然后用百分表按下列三个方面进行找正。

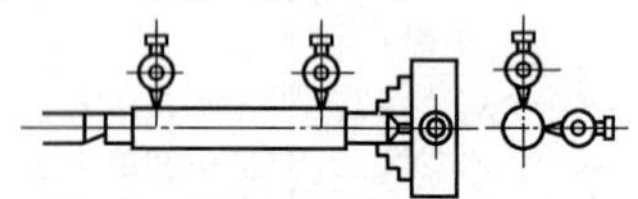

图7-33 花键轴铣削前的找正

① 工件两端的径向圆跳动量。

② 工件的上母线相对于工作台台面的平行度。

③ 工件的侧母线相对于纵向工作台移动方向的平行度。

2) 铣刀的选择和安装。

① 铣削键侧用刀具。选用直齿三面刃铣刀，外径尽可能小些，以减少铣刀的轴向圆跳动，使铣削平稳，保证键侧有较小的表面粗糙度值。铣刀宽度也应尽量小些，以免在铣削中伤及邻齿齿侧。

② 铣削小径用刀具。选用厚度为2~3mm的细齿锯片铣刀铣削，或者自制凹圆弧成形单刀头（用高速钢磨制）（图7-34）铣削。

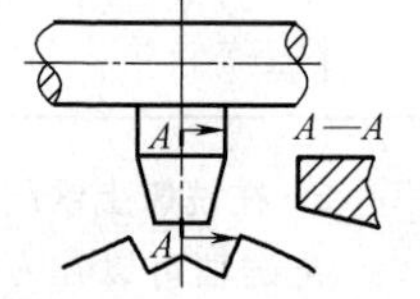

图7-34 铣削小径用成形刀头

铣刀安装时，可将三面刃铣刀与锯片铣刀以适当的间隔距离安装在同一根刀杆上。这样在加工时，只要移动横向工作台，就可以将花键的键侧及槽底先后铣出，避免了装拆刀具的麻烦。

3）对刀。对刀时，必须使三面刃铣刀的侧面切削刃和花键键侧重合，这样才能保证花键的宽度和键侧的对称性。常用对刀方法有以下几种：

① 侧面接触对刀方法。先使三面刃铣刀侧面切削刃微微接触工件外圆表面，然后垂直向下退出工件，再使横向工作台朝铣刀方向移动一个距离 S

$$S=\frac{D-b}{2}$$

式中 D——工件外径（mm）；

b——花键键宽（mm）。

这种对刀方法简单，对刀时 D 应按实测的尺寸计算。但这种方法有一定的局限性，即当工件外径较大时，由于受铣刀直径的限制，刀杆可能会和工件相碰，此时就不能采用这种方法对刀。

② 用切痕法对刀。如图 7-35 所示，先由操作者目测使工件中心尽量对准三面刃铣刀中心，然后开动机床，并逐渐升高工作台，使铣刀圆周切削刃少量切着工件，再将

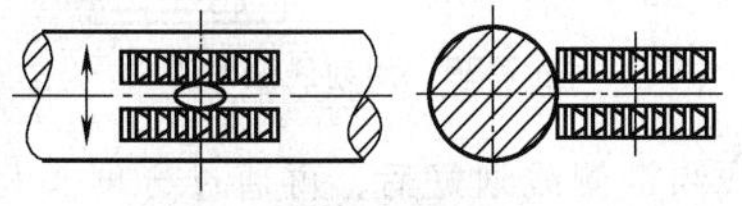

图 7-35 用切痕法对刀

横向工作台前后移动，就可以在工件上切出一个椭圆形痕迹，只要将工作台逐渐升高，痕迹的宽度也会加宽，当痕迹宽度等于花键键宽后，可移动横向工作台，使铣刀的侧面与痕迹边缘相切，即完成对刀目的。为了去掉这个痕迹，必须在对刀之后将工件转过半个齿距，才能开始铣削。

③ 用划线法对刀。如图 7-36 所示，采用这种方法对刀时，先要在工件上划线，划线顺序是：用高度尺先在工件外圆柱面的两侧各划一条中心线。然后通过分度头将工件转过重 80°，再用高度尺试划一次，两次所划的中心线重合即可；如果不重合，应调整高度尺的高度重划，直到划出正确的中心线后为止。然后，分别升高和降低半个花键键宽划出两条键侧线。

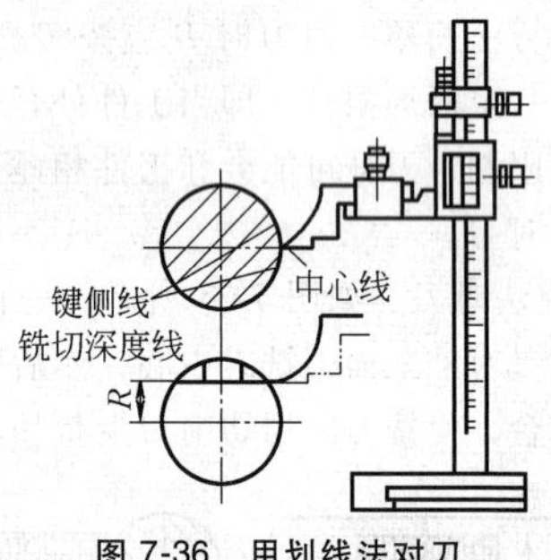

图 7-36　用划线法对刀

中心线和键侧线划好后，再通过分度头将工件转过 90°，使划线部分外圆朝上，并用高度尺在工件端面划出花键的铣切深度线。

在铣削时，只要使三面刃铣刀的侧面切削刃对准所划的键侧线即可。

4）铣削过程。

① 铣键侧。对刀之后，可以先依次铣完花键的一侧（图 7-37a），然后移动横向工作台，再依次铣完花键的另一侧（图 7-37b），工作台应向铣刀方向移动，移动的距离 S 可按下式计算

$$S=B+b$$

式中　B——三面刃铣刀宽度（mm）；

　　　b——花键键宽（mm）。

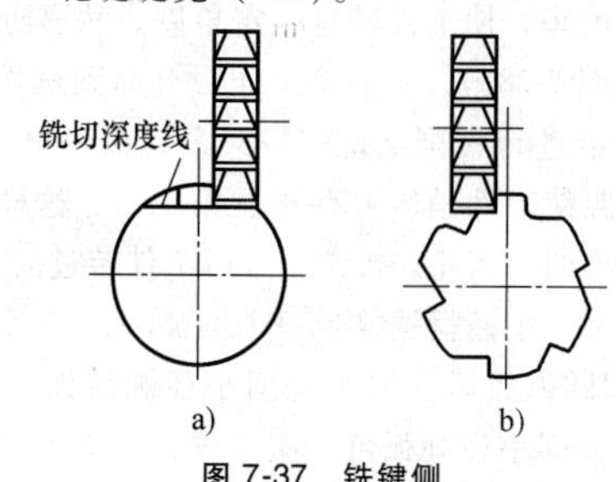

图 7-37　铣键侧

在铣削花键一侧时，应在铣第一条花键一段长度后，测量其键宽尺寸是否合格，然后进行调整。

② 铣削小径圆弧面。键侧铣好以后，槽底的凸起余量就可用装在同一根刀杆上的锯片铣刀铣削掉。铣削前应使锯片对准工件的中心线，如图 7-38a 所示，摇动铣床升

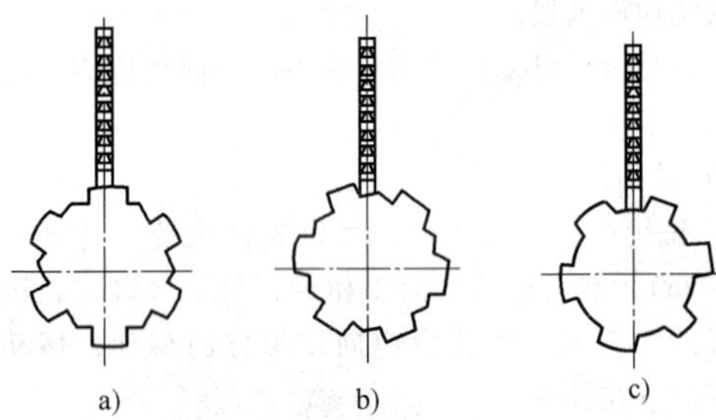

图 7-38　铣槽底圆弧面

降工作台，使切削刃轻轻擦到或贴在齿顶表面的薄纸为止。摇动分度头，使工件转过一定角度，从靠近键的一侧开始铣削（图 7-38b），然后将工作台升高到铣切深度，再摇动纵向进给进行铣削。铣完一刀后，摇动分度头手柄，转过几个孔距使工件稍转一些再铣第二刀，这样铣出的小径是呈多边形的。因此，每铣一刀后工件转过的角度越小，铣削次数越多，小径就越接近一个圆弧（图 7-38c）。

③ 用凹圆弧成形单刀头铣削小径圆弧面（图 7-34）。用这种方法铣削小径圆弧可一次完成，但必须注意，使用这种方法对刀比较麻烦，若对刀不准会使铣出的小径圆弧中心和工件不同心。对刀的方法是先将单刀头装夹在专用的刀杆上，而在分度头自定心卡盘和尾座顶尖之间，装上一个与工件完全相同的试件，并要进行找正，然后开动机床，逐渐升高工作台及移动横向工作台，使凹圆弧形刀头两尖角同时擦着试件的表面即可。对刀完毕后，锁紧横向

工作台，拆下试件，换上已铣好键侧的花键轴。重新找正后，摇动分度头手柄使花键槽对准刀头凹圆弧后即可铣削加工。

（2）用组合铣刀铣削矩形齿花键轴　用组合铣刀铣削花键时，工件的装夹、调整与用单刀铣削花键时相同，但在选择和安装铣刀时应注意以下几点：

1）两把铣刀直径必须相同。

2）两把铣刀的间距应等于花键宽度，可用铣刀之间的垫圈或垫片的厚度来保证，并要经过试切，确定齿宽在公差范围内。

3）对刀方法如图 7-39 所示，与用单刀铣削花键时“用侧面接触对刀方法”基本相同，但工作台横向移动距离 S 计算有所不同

$$S=\frac{D}{2}+B+\frac{b}{2}$$

式中　D——工件外径（mm）；

B——一把铣刀的宽度（mm）；

b——花键键宽（mm）。

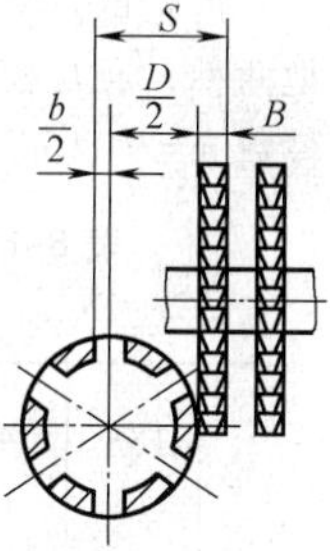

图 7-39　用组合铣刀对刀方法

对刀结束后，紧固横向工作台，调整好背吃刀量，即可开始铣削，采用组合铣刀铣削花键键侧和槽底时，可将工件经过两次装夹分别铣削，这样可以避免铣削一根花键轴都要移动横向工作台和调整背吃刀量的麻烦。

第八章　齿 轮 加 工

一、成形法铣削齿轮用铣刀

在万能铣床上，采用成形法铣削直齿圆柱齿轮、齿条、斜齿圆柱齿轮、直齿锥齿轮时，一般用盘形齿轮铣刀（表 5-59）。

齿轮铣刀将同一模数齿轮按齿数划分为一组 8 把或 15 把两种，通常模数 $m=1\sim8\text{mm}$ 时为一组 8 把（表 8-1），模数 $m=9\sim16\text{mm}$ 时为一组 15 把（表 8-2）。

表 8-1　一组 8 把模数铣刀和径节铣刀所铣的齿轮齿数

所铣齿轮齿数		12~13	14~16	17~20	21~25	26~34	35~54	55~134	135~齿条
铣刀号数	模数铣刀	1	2	3	4	5	6	7	8
	径节铣刀	8	7	6	5	4	3	2	1

表 8-2 一组 15 把模数铣刀所铣的齿轮齿数

铣刀号数	所铣齿数	铣刀号数	所铣齿数
1	12	5	26~29
1½	13	5½	30~34
2	14	6	35~41
2½	15~16	6½	42~54
3	17~18	7	55~79
3½	19~20	7½	80~134
4	21~22	8	135~齿条
4½	23~25		

二、铣直齿圆柱齿轮

[例] 铣一个直齿圆柱齿轮，$m=3\text{mm}$，$z=24$。

1）铣刀的选定。已知 $m=3\text{mm}$，$z=24$，根据表 8-1 可知，对应的所铣齿轮齿数为 21~25，应选用 4 号铣刀。

2）分度头计算。按单式分度法计算公式计算（或查表 7-3）

$$n=\frac{40}{z}=\frac{40}{24}=1\frac{16}{24}$$

即铣完一齿后，分度头手柄摇 1 转，再在 24 的孔圈上转过 16 个孔距。

3）工件的装夹与找正。若加工的是直齿圆柱齿轮轴，一般用分度头夹一端，尾座顶尖顶一端（图 8-1）。若加

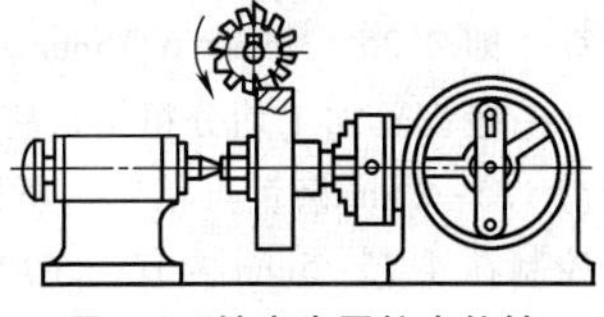

图 8-1 铣直齿圆柱齿轮轴

工的是直齿圆柱齿轮，则应配制相应的心轴，将工件锁紧在心轴上，也是用分度头夹心轴一端，尾座顶尖顶一端，但应保证加工时进、退刀的余量。

装夹后应对工件进行找正：

① 找正工件的径向圆跳动和轴向圆跳动。

② 找正分度头与尾座顶尖间的等高（即工件的等高）。

③ 找正工件相对铣床升降导轨的平行度。

4）对刀及吃刀量的控制。加工齿轮用刀具对正工件中心一般采用切痕法（图8-2），即将工作台上升，使齿坯接近铣刀，然后凭目测使铣刀廓形对称线大致对准齿坯中心，再开动机床使铣刀旋转并逐渐升高工作台，使铣刀的圆周切削刃和齿坯微微接触，同时来回移动横向工作台，这时齿坯上出现了一个椭圆形刀痕，接着调整铣刀廓形对称线对准椭圆中心即可。

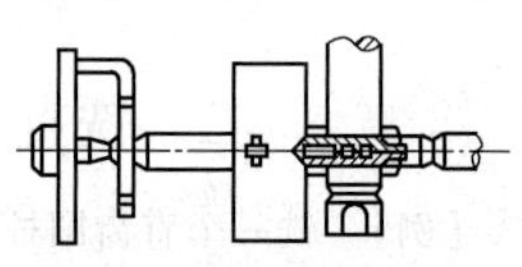

图 8-2　用切痕法对中

刀具对准后，应锁紧横向工作台。吃刀量应按 2.25m 计算，即 2.25×3mm = 6.75mm。为保证齿面的表面粗糙度，一般齿轮加工均分粗铣、精铣两次进行，一般粗铣后要留 1.5~2mm 余量再精铣。所以该例中铣第一刀的吃刀量控制在 4.75~5mm 为宜，在加工第二刀时，应对好齿轮所要求的尺寸后，再铣削完成。

三、铣直齿条、斜齿条

齿条分直齿条和斜齿条两种，斜齿条按齿的偏斜方向又分右斜（旋）和左斜（旋）两种。

1. 铣直齿条

齿条是基圆直径无限大的齿轮，因此，加工齿条的铣刀刀号应选择 8 号铣刀。

铣削直齿条时，铣刀应在齿条起始位置上对刀后加工第一条齿槽，齿槽深度基本上按 2.25 倍的模数计算调整。

铣削直齿条方法见表 8-3。

表 8-3　铣削直齿条方法

形式	图　示	采用方法的说明
矩齿条	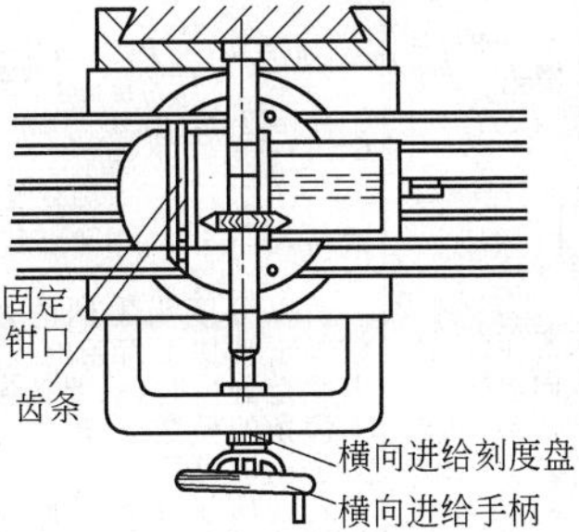 固定钳口 齿条 横向进给刻度盘 横向进给手柄	横向移距方法。即用铣床横向刻度盘控制齿距。其刻度盘转动格数 n 的计算公式为 $n=\pi m/F$ 式中　m——齿条模数； F——刻度盘每格的移动量

（续）

形式	图　示	采用方法的说明
	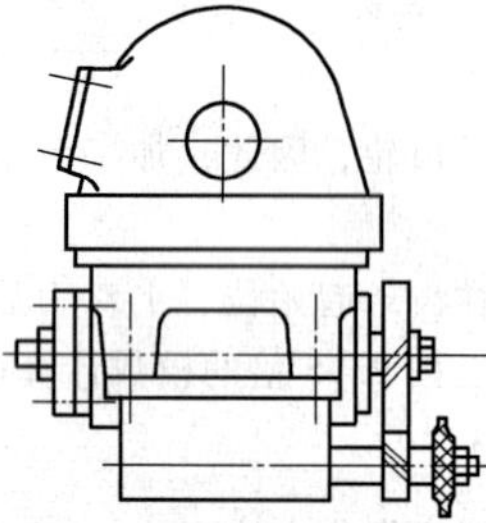	用万能铣头改装成横切专用铣刀装置的方法
长齿条	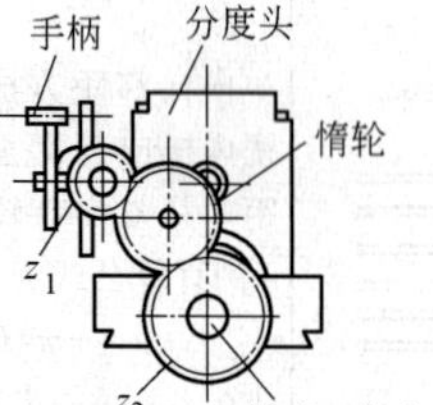	分度头侧轴交换齿轮方法。当铣床工作台纵向丝杠螺距 $P_{丝}=6\text{mm}$，被加工齿条模数为 m，小齿轮 $z_1=22$，大齿轮 $z_2=42$，手柄的回转数为 n，则 $\pi m=n\dfrac{z_1}{z_2}P_{丝}=n\times\dfrac{22}{42}\times 6=n\times\dfrac{22}{7}$ 取 $\pi\approx\dfrac{22}{7}$，则 $m=n$ 所以分度头手柄的回转数等于被加工齿条的模数。因此在分齿时，只要按被加工齿条的模数 m 转动分度头手柄即可 若铣床工作台纵向丝杠的螺距 $P_{丝}=4\text{mm}$，则需把大齿轮齿数改为 $z_2=28$

2. 铣斜齿条

斜齿条的各部几何尺寸计算与斜齿圆柱齿轮相同。其对刀、齿槽深度计算调整均与直齿条铣削相同。铣削斜齿条方法见表8-4。

表8-4 铣削斜齿条方法

形式	图示	采用方法的说明
短齿条	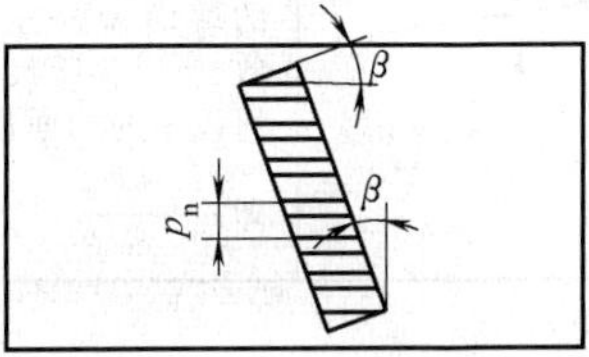 β β p_n	工件偏斜横向移距方法。找正时，把工件的侧面调整到与横向进给方向成β角（右旋齿条应逆时针转过β角，左旋齿条应顺时针转过β角）。移距尺寸为斜齿条的法向齿距，即$p_n = \pi m_n$
长齿条	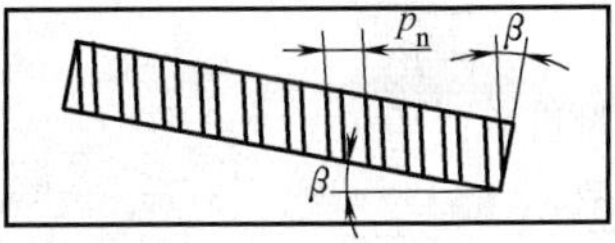 p_n β β	工件偏斜纵向移距方法。当β角较小且长度不太长的斜齿条，可将工件偏斜装夹。找正时，可把工件的侧面调整到与纵向进给方向成β角。用纵向移距方法进行加工，移距尺寸仍为斜齿条法向齿距，即$p_n = \pi m_n$

（续）

形式	图　示	采用方法的说明
长齿条	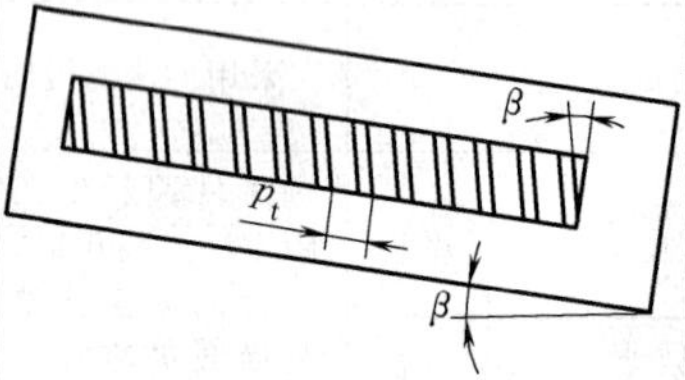 β p_t β	工作台扳转角度纵向移距方法。装夹时，先找正工件侧面与纵向进给方向平行，再按图样要求将工作台扳转一个 β 角。由于这种方法移距方向与齿条的端面齿距方向一致，所以移距尺寸为斜齿条的端面齿距，即 $p_t=\frac{\pi m_n}{\cos\beta}$

四、铣斜齿圆柱齿轮

1. 选择铣刀号数用当量齿数的计算

铣刀号数用当量齿数的计算公式为

$$z'=\frac{z}{\cos^3\beta}$$

式中　z'——斜齿轮当量齿数；

z——斜齿轮齿数；

β——斜齿轮螺旋角（°）。

［例］　已知斜齿圆柱齿轮 $z=24$，$m_n=4\text{mm}$，$\beta=45°$，求加工时应采用的铣刀号数。

［解］ $z' = \frac{z}{\cos^3\beta} = \frac{24}{\cos^3 45°} = \frac{24}{0.707^3} \approx 68$

查表 8-1 便知用 7 号铣刀。

2. 铣斜齿圆柱齿轮交换齿轮的计算

传动比 i 的计算公式为

$$i = \frac{40P_{丝}}{P_h} = \frac{40P_{丝}}{d'\pi\cot\beta}$$

$$= \frac{40P_{丝}}{m_t z\pi\cot\beta} = \frac{40P_{丝}\sin\beta}{\pi m_n z}$$

$$= \frac{z_1 z_3}{z_2 z_4}$$

式中 40——分度头定数；

$P_{丝}$——工作台丝杠螺距（mm）；

P_h——工作导程（mm）；

d'——齿轮分度圆直径（mm）；

β——齿轮螺旋角（°）；

m_t——端面模数（mm）；

m_n——法向模数（mm）；

z——齿数。

［例］ 加工一齿轮，$z=30$，$m_n=4$，$\beta=18°$，所用分度头定数为 40，工作台丝杠螺距 $P_{丝}=6\text{mm}$，求传动比 i。

［解］ 传动比 $i = \frac{40P_{丝}\sin\beta}{\pi m_n z} = \frac{40\times6\times\sin18°}{3.1416\times4\times30} \approx 0.19673$

查表 8-20 可知

$$i=\frac{z_1z_3}{z_2z_4}=\frac{55\times25}{70\times100}$$

3. 工作台扳转角度

用盘形铣刀在万能铣床上铣削螺旋槽时，为了使螺旋槽方向和刀具旋转平面相一致，必须将万能铣床纵向工作台在水平面内旋转一个角度。工作台旋转角度的大小和方向与工件的螺旋角有关，即铣右旋斜齿圆柱齿轮时，工作台逆时针转动一个螺旋角 β；铣左旋斜齿圆柱齿轮时，工作台顺时针转动一个螺旋角 β。

4. 工件旋转方向和工作台转动方向及惰轮装置（表8-5）

表 8-5　工件旋转方向和工作台转动方向及惰轮装置

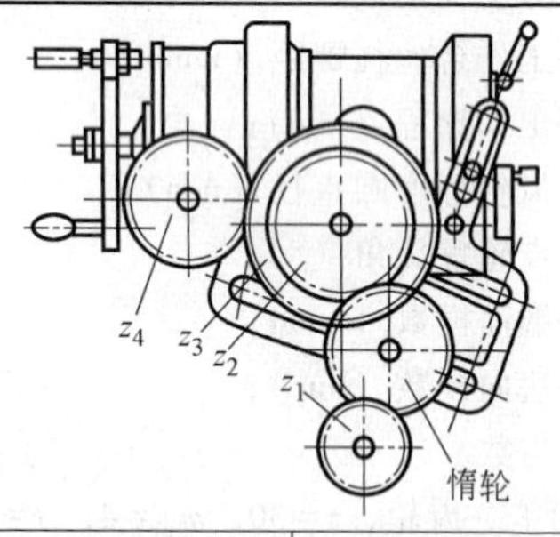

被加工齿轮螺旋方向	工作台转动方向和工件的旋转方法①	交换齿轮及惰轮	
		两对交换齿轮	三对交换齿轮
右旋	逆时针转动	不加惰轮	加一个惰轮
左旋	顺时针转动	加一个惰轮	不加惰轮

① 对着分度头主轴方向看。

5. 铣削时的注意事项

1）铣削斜齿圆柱齿轮时，分度头手柄定位销要插入孔盘中，使工件随着纵向工作台的进给而连续转动，这时应松开分度头主轴紧固手柄和孔盘紧固螺钉。

2）当铣完一个齿槽后，停机将工作台下降一点后才能退刀，否则铣刀会擦伤已加工好的表面。铣下一个齿槽时再将工作台升到原来位置。切记，退刀要用手动方式。

3）当铣完一个齿槽后，按上述方法退刀后，将分度头手柄定位销从分度盘孔中拨出进行分度，然后将定位销插好，重新上升工作台至原背吃刀量后，加工下一个齿槽。切记，由于分度头手柄定位销从分度盘孔中拨出后，切断了工件旋转和工作台进给运动的联系，所以这时绝对禁止移动工作台。

五、铣直齿锥齿轮

在普通铣床上铣锥齿轮，要用专门加工锥齿轮的盘形铣刀，刀上印有“⏢”标记（图8-3）。锥齿轮铣刀与圆柱齿轮盘形齿轮铣刀一样每组8把，其铣刀刀号及加工范围也相同。

锥齿轮铣刀的齿形曲线按大端齿形设计制造，大端齿形与当量圆柱齿轮的齿形相同，而铣刀的厚度按小端设计制造，

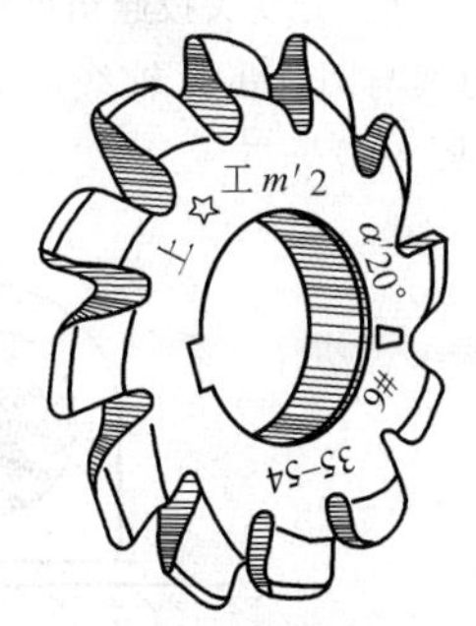

图 8-3　直齿锥齿轮盘形铣刀

并且比小端的齿槽略小一些。因此，选择直齿锥齿轮铣刀时必须用当量齿数。

1. 铣刀号数的选择

用当量齿数的计算公式为

$$z' = \frac{z}{\cos\delta}$$

式中 z'——当量齿数；

z——直齿锥齿轮齿数；

δ——直齿锥齿轮分锥角（°）。

[例] 要加工一个锥齿轮，$z=39$，$\delta=45°$，求应选用的铣刀号数。

[解] $z' = \frac{z}{\cos\delta} = \frac{39}{\cos45°} = \frac{39}{0.707} \approx 55$

查表 8-1 便知用 7 号铣刀。

2. 铣削方法

1）分度头扳起角度计算。分度头扳起角度等于根锥母线与圆锥齿轮轴线的夹角 δ_t（根圆锥角），即切削角（图 8-4）。

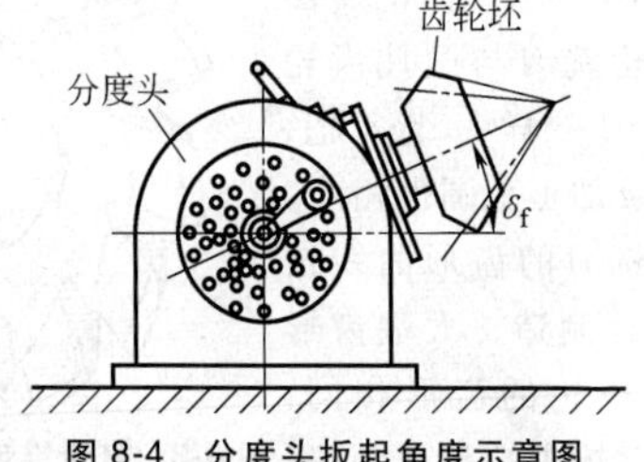

图 8-4 分度头扳起角度示意图

分度头扳起角度的计算，公式为

$$\delta_f=\delta-\theta_f$$

式中　δ——分锥角（°）；

θ_f——齿根角（°）。

2）横向偏移量 s 的计算。其计算公式为

$$s=\frac{mb}{2R}$$

式中　m——模数（mm）；

b——齿面宽（mm）；

R——外锥距（mm）。

［例］　要加工一个直齿锥齿轮，$m=3$mm，$z=25$，分锥角 $b=45°$，齿宽 $b=18$mm，外锥距 $R=53$mm，求横向移位置 s；

［解］

$$s=\frac{mb}{2R}=\frac{3\times18}{2\times53}\text{mm}=0.53\text{mm}$$

3）铣削过程（图 8-5）。将铣刀对准工件中心，按大端模数，铣至齿高 $h=2.2m$，铣出全部直齿槽，并测出大端齿厚，然后铣大端两侧余量。图 8-5 所示是铣大端左侧余量。先按图 8-5a 中箭头所示方向将工作台移动一个距离 s（横向移位量），再按图 8-5b 中箭头所示方向转动分度头（工作台移动方向与分度头转动方向相反），使铣刀左侧刃刚刚接触小端齿槽左侧后铣一刀（图 8-5c）。立即用齿厚游标卡尺测量大端的齿厚，这时的尺寸 $=\frac{1}{2}\times$(开出

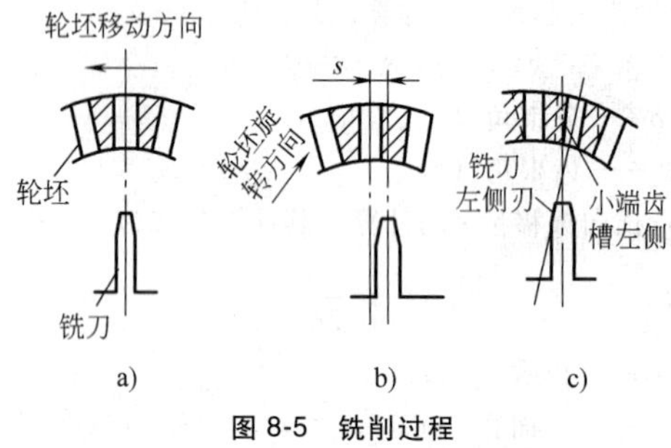

图 8-5　铣削过程

直槽后的大端齿厚-图样要求的齿厚)+图样要求齿厚。如果还有余量就应把分度头再转 1~2 个孔。铣大端右侧时，按上面移动的 s 值和分度头转数值反方向加倍摇好。

这样加工出的齿轮，小端齿顶、齿根稍厚一些，若啮合要求较高，应对齿顶进行修锉。

六、飞刀展成铣蜗轮

蜗轮蜗杆啮合时，沿中心平面的切面内相当于齿轮齿条的啮合。蜗杆转动一圈，相当于齿条沿轴向移动一个齿距（单头蜗杆）或几个齿距（多头蜗杆），蜗轮相应地转过一个齿或几个齿。蜗杆继续转动，蜗轮也继续转过相应的齿数，即蜗轮做旋转运动时，蜗杆相似地做齿条的推进运动。而飞刀就相当于蜗杆上齿的一部分，利用飞刀做旋转运动就能进行切削。根据这一原理，就可利用飞刀展成铣蜗轮。

1. 铣削方法

如图 8-6 所示，首先将立铣头扳转一个角度，使刀杆轴线与水平面的夹角等于蜗轮的螺旋角，即等于蜗杆的导程角。为了得到连续展成运动，必须将纵向工作台丝杠与分度头配轮轴之间用交换齿轮联接起来，在纵向工作台对应飞刀完成切向进给运动的同时，通过交换齿轮使蜗轮完成相应的转动。

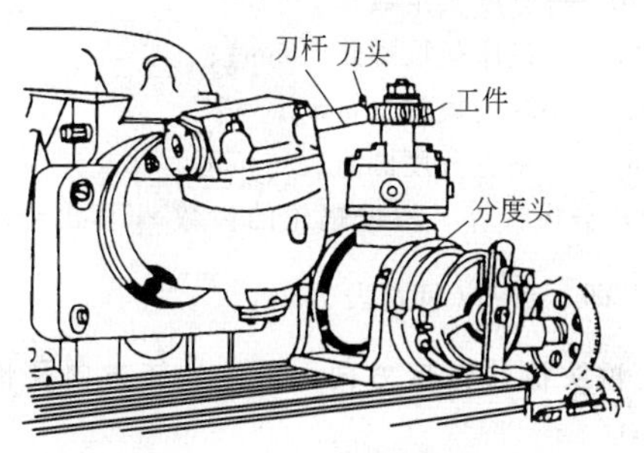

图 8-6 飞刀展成铣蜗轮

由于飞刀转动与工件转动之间没有固定联系，因而不能连续分齿，要在展成切出一个齿后，将刀头转向上方，工作台退回原位，用手摇动分度头手柄，分过一齿后再铣下一个齿。

用这种方法（连续展成，断续分齿法）加工出的蜗轮，是斜直槽而不是螺旋槽，因而当螺旋角较大时，啮合性能较差。

2. 交换齿轮计算

(1) 展成交换齿轮计算　根据展成原理，工件转过一个齿$\left(\frac{1}{z}\text{转}\right)$，工作台要相应地再纵向移动一个蜗轮齿距（其值为 πm_x），从而可以导出交换齿轮计算公式为

$$i=\frac{z_1}{z_2}\frac{z_3}{z_4}=\frac{40P_{丝}}{z\pi m_x}=\frac{40P_{丝}}{\pi d_2}$$

式中　40——分度头定数；

$P_{丝}$——机床丝杠螺距（mm）；

m_x——轴向模数（mm）；

d_2——蜗轮分度圆直径（mm）。

(2) 分齿计算　根据蜗轮的齿数 z_2 算出分度头手柄转数 n，即 $n=\frac{40}{z_2}$（可查表 7-3）。

3. 铣头扳转角度方向、工件旋转方向及惰轮装置（表 8-6）

表 8-6　铣头扳转角度方向、工件旋转方向及惰轮装置

刀具位置	铣头扳转角度方向		工作台运动方向	工件旋转方向	两对交换齿轮	三对交换齿轮
	右旋蜗轮	左旋蜗轮	右旋蜗轮和左旋蜗轮一致			
在工件外边	顺时针	逆时针	←	逆时针	不加惰轮	加一惰轮
在工件里边	逆时针	顺时针	←	顺时针	加一惰轮	不加惰轮

4. 飞刀部分尺寸计算公式（表 8-7）

表 8-7　飞刀部分尺寸计算公式

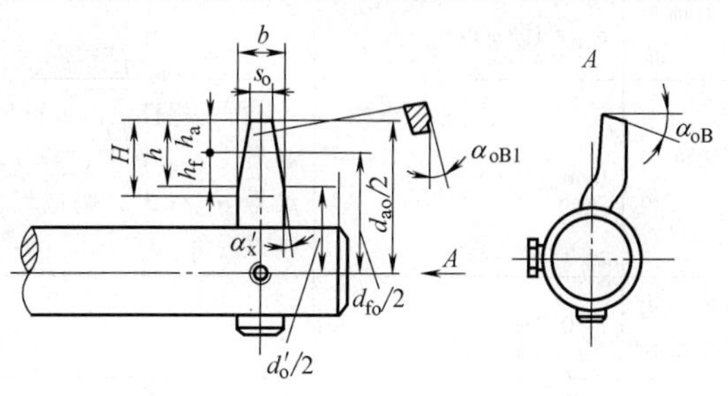

各部名称	计算公式	备　注
飞刀节圆直　径	$d_{fo}=\dfrac{d_1}{\cos\beta}+am_x$	d_1 是蜗杆节圆直径，β 是导程角，当 $\beta=3°\sim20°$ 时，取 $a=0.1\sim0.3$
齿顶高	$h_a=h_a^* m_x+c^* m_x+0.1m_x$	h_a^* 是蜗轮齿顶高系数，$c^* m_x$ 是标准径向间隙，$0.1m_x$ 为刃磨量，m_x 为蜗杆轴向模数
齿根高	$h_f=h_a^* m_x+c^* m_x$	
齿高	$h=h_a+h_f$	
飞刀节圆齿　厚	$s_o=\dfrac{\pi m_x}{2}\cos\beta$	
飞刀外径	$d_{ao}=d_{fo}+2h_a$	
飞刀根径	$d'_o=d_{fo}-2h_f$	

（续）

各部名称	计算公式	备　注
飞刀顶刃后　角	$\alpha_{oB}=10°\sim12°$	
侧刃法向后　角	$\tan\alpha_{oB1}=\tan\alpha_{oB}\sin\alpha_n$	α_n①是蜗杆法向齿形角。必须使 $\alpha_{oB1}\geqslant3°$，若计算结果 $\alpha_{oB1}<3°$，则应增大顶刃后角
刀齿顶刃圆角半径	$r=0.2m_x$	
飞刀宽度	$b=s_o+2h_f\tan\alpha_n+2y$	$2y=0.5\sim2$mm（此值为加宽量）
刀齿深度	$H=\dfrac{d_{ao}-d_o'}{2}+K$	$K=\dfrac{\pi d_{ao}}{z}\tan\alpha_{oB}$
齿形角	$\alpha_x'=\alpha_n-\dfrac{\sin^3\beta\times90°}{z_1（蜗杆头数）}$	当 $\beta\leqslant20°$时，可取 $\alpha_x'=\alpha_n$

① $\tan\alpha_n=\tan\alpha_x\cos\beta$，$\alpha_x$ 是蜗杆轴向齿形角，α_n 是蜗杆法向齿形角。

［例］　已知一对蜗轮蜗杆，$m_x=3$mm，螺旋角 $\beta=12°30'$，蜗轮 $z_2=30$，节圆直径 $d_2=90$mm，蜗杆节圆直径 $d_1=54$mm，右旋，机床丝杠螺距 $P_{丝}=6$mm。求展成传动比、飞刀各部分尺寸及分度头手柄转数。

［解］　$i=\dfrac{40P_{丝}}{\pi d_2}=\dfrac{40\times6}{3.1416\times90}\approx0.84883$

$$i=\frac{z_1}{z_2}\frac{z_3}{z_4}\approx\frac{80\times35}{55\times60}$$

飞刀头各部分尺寸计算：

（1）飞刀节圆直径　$\beta=12°30'$（在 3°~20°范围内），可取 $a=0.2$，则

$$d_{fo}=\frac{d_1}{\cos\beta}+am_x=\frac{54\text{mm}}{\cos12°30'}+0.2\times3\text{mm}$$

$$=\frac{54\text{mm}}{0.9763}+0.6\text{mm}$$

$$=55.31\text{mm}+0.6\text{mm}=55.91\text{mm}$$

（2）齿顶高

$$h_a=fm_x+cm_x+0.1m_x$$
$$=1\times3\text{mm}+0.2\times3\text{mm}+0.1\times3\text{mm}$$
$$=3\text{mm}+0.6\text{mm}+0.3\text{mm}=3.9\text{mm}$$

（3）齿根高

$$h_f=fm_x+cm_x=1\times3\text{mm}+0.2\times3\text{mm}=3.6\text{mm}$$

（4）齿高

$$h=h_a+h_f=3.9\text{mm}+3.6\text{mm}=7.5\text{mm}$$

（5）飞刀节圆齿厚

$$s_o=\frac{\pi m_x}{2}\cos\beta=\frac{3.14\times3\text{mm}}{2}\times\cos12°30'$$

$$=4.71\text{mm}\times0.9763=4.598\text{mm}$$

（6）飞刀回转外径

$$d_{ao}=d_{fo}+2h_a=55.91\text{mm}+2\times3.9\text{mm}=63.71\text{mm}$$

（7）飞刀根径

$$d_o' = d_{fo} - 2h_f = 55.91\text{mm} - 2\times 3.6\text{mm} = 48.71\text{mm}$$

（8）飞刀顶刃后角

$$\alpha_{oB} = 10°$$

（9）侧刃法向后角

$$\alpha_{oB1} = 5°$$

（10）刀齿顶刃圆角半径

$$r = 0.2m_x = 0.2\times 3\text{mm} = 0.6\text{mm}$$

（11）铣刀宽度

$$b = s_o + 2h_f\tan\alpha_n + 2y$$

其中，$\tan\alpha_n = \tan\alpha_x\cos\beta = \tan 20°\times\cos 12°30' = 0.355\ 34$；取 $2y = 1\text{mm}$，所以

$$\begin{aligned} b &= 4.598\text{mm} + 2\times 3.6\text{mm}\times 0.355\ 34 + 1\text{mm} \\ &= 4.598\text{mm} + 7.2\text{mm}\times 0.355\ 34 + 1\text{mm} \\ &= 4.598\text{mm} + 2.56\text{mm} + 1\text{mm} = 8.158\text{mm} \end{aligned}$$

（12）刀齿深度

$$H = \frac{d_{ao} - d_o'}{2} + K$$

因为 $K = \dfrac{\pi d_{ao}}{z}\tan\alpha_{oB}$，所以

$$\begin{aligned} H &= \frac{63.71 - 48.71}{2}\text{mm} + \frac{3.14\times 63.71\text{mm}}{30}\times 0.176 \\ &= 7.5\text{mm} + 1.174\text{mm} = 8.674\text{mm} \end{aligned}$$

（13）齿形角

$$\alpha_x' = \alpha_n - \frac{\sin^3\beta\times 90°}{z_1}$$

因为，$\beta=12°30'<20°$，可取 $\alpha_x'=\alpha_n$，则 $\tan\alpha_n=0.35534$

所以 $$\alpha_x'=\alpha_n=19°34'$$

分齿计算

$$n=\frac{40}{z_2}=\frac{40}{30}=1\frac{8}{24}$$

即展成切削一齿后，手柄回转一圈，再在分度盘 24 的孔圈上转过 8 个孔距数。

刀具安装在工件里边（即表 8-6 中第二种情况），已知蜗轮是右旋，所以飞刀刀杆应逆时针扳转 12°30′，算出的两对展成交换齿轮应加一个惰轮，这样蜗轮的转动方向为顺时针。

七、滚　　齿

1. 滚齿机传动系统

以 Y38 滚齿机为例，其传动系统如图 8-7 所示。

2. 常用滚齿机联系尺寸

（1）滚齿机主要相关尺寸（表 8-8）

（2）工作台尺寸（表 8-9）

（3）刀架及尾架尺寸（表 8-10）

3. 滚齿常用夹具及齿轮安装（表 8-11）

4. 滚刀心轴和滚刀的安装要求（表 8-12）

5. 滚刀精度的选择（表 8-13）

6. 滚齿调整

（1）交换齿轮计算及滚齿机定数

表 8-8　滚齿机主要相关尺寸　　（单位：mm）

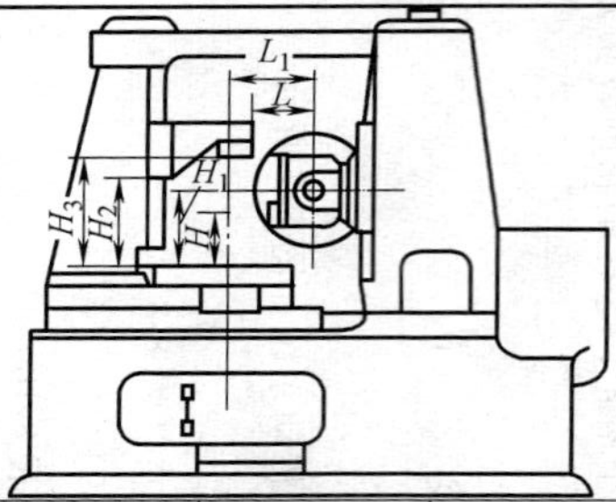

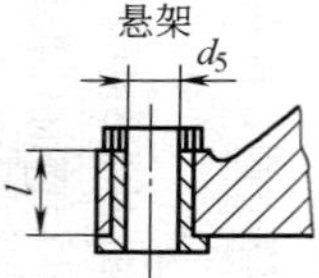

机床型号	最大加工范围			滚刀轴中心线至工作台面的距离		滚刀轴中心线至工作台中心线距离		工作台面至悬架下面尺寸		悬架尺寸		可安装最大滚刀直径
	直径	模数	宽度	H	H_1	L	L_1	H_2	H_3	d_5	l	
Y31	125	1.5	80	50	150	15	85	60	210	12	40	55
Y32B	200	4	180	110	300	30	160	150	365	35	65	80
Y3150	500	6	240	170	350	25	320	280	500	25	71	120
Y38	800	8	240	205	275	80	470	420	780	25	80	120
Y38-1（Y3180A）	800	8	220	195	465	60	500	495	660	22.7	76	125
Y310	1 000	12	300	210	590	90	605	310	650	35	105	200

表 8-9　工作台尺寸　　（单位：mm）

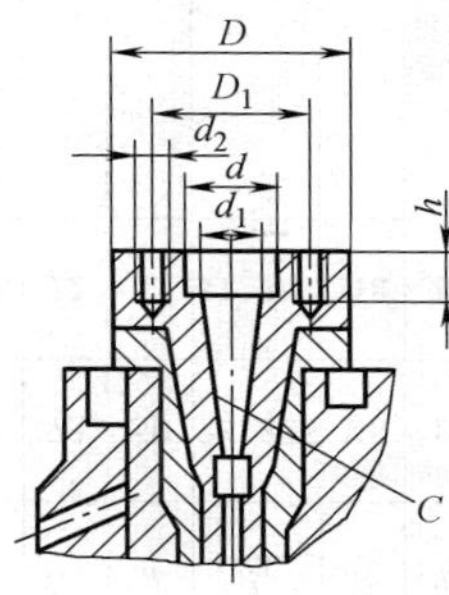

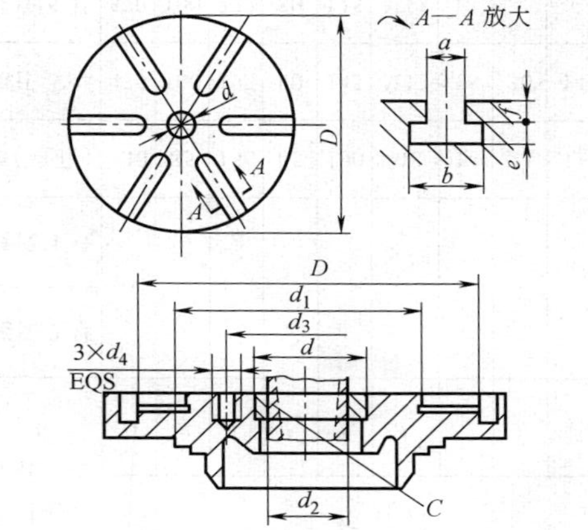

（续）

机床型号	工作台尺寸						工件心轴座孔锥度	工作台尺寸									
	D	D_1	d	d_1	d_2	h	C	D	d	d_1	d_2	d_3	d_4	a	b	e	f
Y31	90	72	50	23.825	M8	15	莫氏 3 号										
Y32B	150	72	65	31.267	M8	20	莫氏 4 号										
Y3150							65（直孔）	330	85	156	65	100	M8	14	24	11	15
Y38							莫氏 5 号	475	100	195	80	145	M12	18	30	14	20
Y38-1							莫氏 5 号	570	100	272	80	145	M12	18			
Y310							莫氏 5 号	670	170	282	140	205	M8	22			

表 8-10　刀架及尾架尺寸　　（单位：mm）

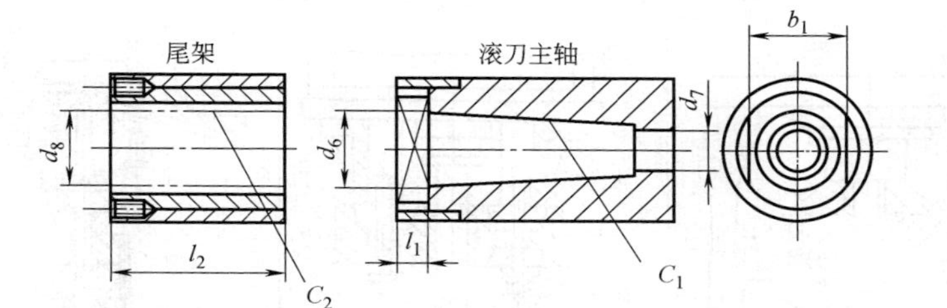

机床型号	刀架最大垂直行程	刀架最大回转角度	主轴孔锥度 C_1	主轴尺寸				尾架尺寸		尾架孔锥度 C_2
				d_6	d_7	l_1	b_1	d_8	l_2	
Y31	100	360°	莫氏 2 号	17.780	12	7	32	13	30	1∶5
Y32B	200	±60°	莫氏 4 号	31.267	16	15	32	22、27	50	1∶5
Y3150	260	±90°	莫氏 4 号	31.267	16	—	32	22、27、32	65	1∶5
Y38	270	360°	莫氏 5 号	44.399	20	16	45	22、27、32	65	1∶5
Y38-1	270	360°	莫氏 4 号	31.267	16	12	32	22、27、32	60	1∶5
Y310	280	240°	莫氏 5 号	44.399	20	16	48	27、32、40	95	1∶5

注：表中有两个数据者为不同厂生产的同一型号产品的有关参数。

表 8-11　滚齿常用夹具及齿轮的安装

立式滚齿机用夹具及齿轮安装		
小型带孔齿轮	中型带孔齿轮	带孔齿轮 （用后立柱支承）
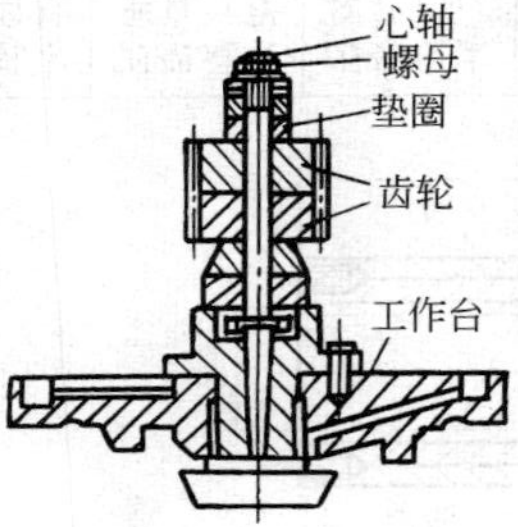 心轴 螺母 垫圈 齿轮 工作台	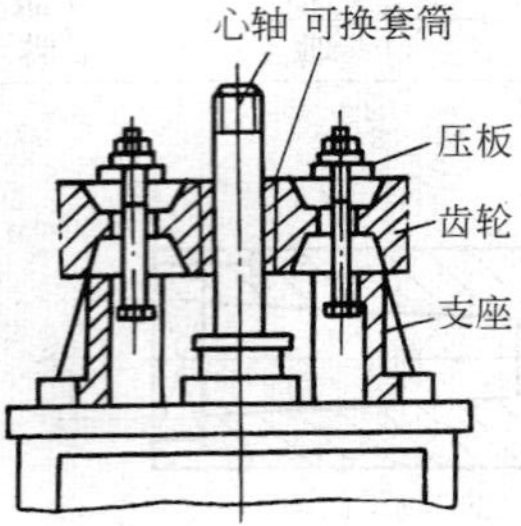 心轴 可换套筒 压板 齿轮 支座	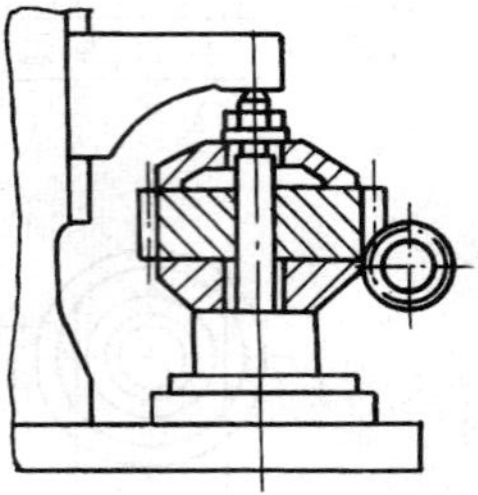

（续）

<table>
<tr><td>立式滚齿机用夹具及齿轮安装</td><td>卧式滚齿机用夹具</td></tr>
<tr><td>轴齿轮</td><td>带　孔　齿　轮</td></tr>
<tr><td colspan="2">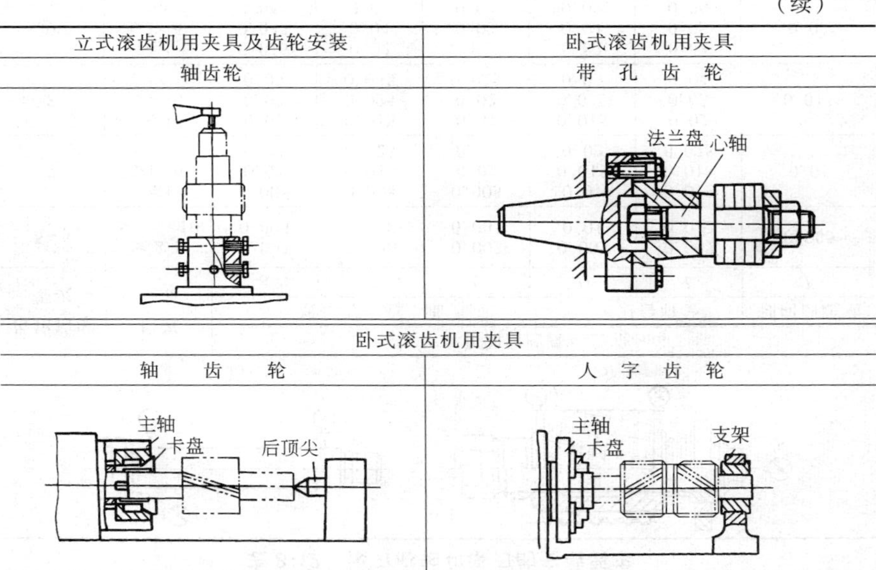
</td></tr>
<tr><td colspan="2">卧式滚齿机用夹具</td></tr>
<tr><td>轴　　齿　　轮</td><td>人　字　齿　轮</td></tr>
</table>

表 8-12　滚刀心轴和滚刀的安装要求

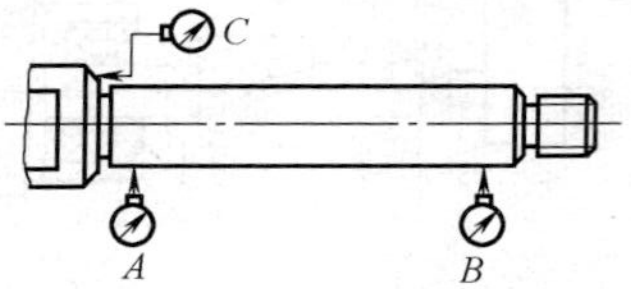

a)

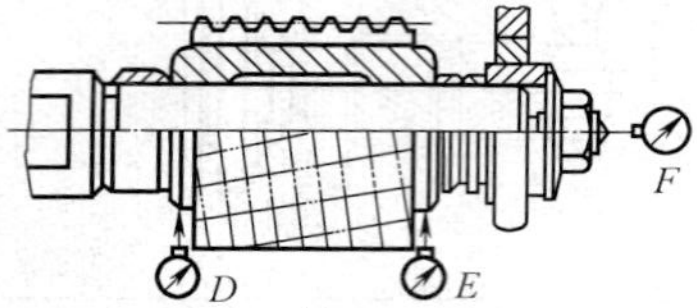

b)

齿轮精度等级	模数/mm	径向和轴向圆跳动公差/mm					
		滚　刀　心　轴			滚刀台肩		轴向圆跳动
		A	*B*	*C*	*D*	*E*	*F*
5~6	≤2.5 >2.5~10	0.003 0.005	0.006 0.008	0.003 0.005	0.005 0.01	0.007 0.012	0.005
7	≤1 >1~6 >6	0.005 0.01 0.02	0.008 0.015 0.025	0.005 0.01 0.02	0.01 0.015 0.02	0.012 0.018 0.025	0.01
8	≤1 >1~6 >6	0.01 0.02 0.03	0.015 0.025 0.035	0.01 0.02 0.025	0.015 0.025 0.03	0.02 0.03 0.04	0.015
9	≤1 >1~6 >6	0.015 0.035 0.045	0.02 0.04 0.05	0.015 0.03 0.04	0.02 0.04 0.05	0.03 0.05 0.06	0.02

表 8-13　滚刀精度的选择

齿轮精度	6~7	7~8	8~9	10~12
滚刀精度	AA	A	B	C

注：滚切 6 级精度以上的齿轮，需设计制造更高精度的滚刀。

1）交换齿轮计算。

① 分齿交换齿轮计算公式

$$\frac{分齿定数 \times K}{z}=\frac{a}{b}\times\frac{c}{d}$$

式中　K——滚刀头数；

z——齿数。

② 进给交换齿轮计算公式

$$垂直进给定数 \times f_{立}=\frac{a_1}{b_1}\times\frac{c_1}{d_1}$$

$$水平进给定数 \times f_{平}=\frac{a_1}{b_1}\times\frac{c_1}{d_1}$$

式中　$f_{立}$——垂直进给量（mm）；

$f_{平}$——水平进给量（mm）。

③ 差动交换齿轮计算公式

$$\frac{差动定数 \times \sin\beta}{m_n K}=\frac{a_2}{b_2}\times\frac{c_2}{d_2}$$

式中　β——工件螺旋角（°）；

m_n——法向模数（mm）。

2）Y38 滚齿机定数，见表 8-14。

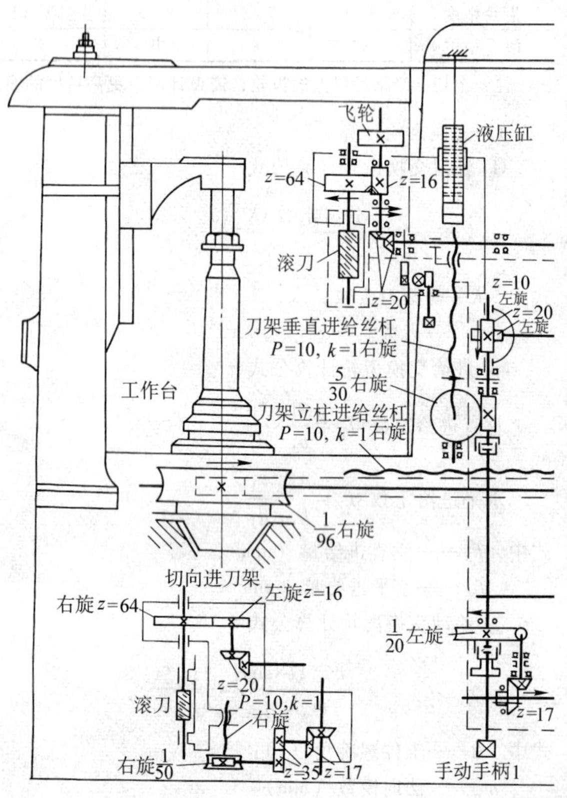

飞轮
液压缸
z=64
z=16
滚刀
z=20
z=10
左旋
z=20
左旋
刀架垂直进给丝杠
P=10, k=1右旋
5/30右旋
工作台
刀架立柱进给丝杠
P=10, k=1右旋
1/96右旋
切向进刀架
右旋z=64
左旋z=16
1/20左旋
z=20
P=10,k=1
滚刀
右旋
z=17
右旋1/50
z=35
z=17
手动手柄1

图 8-7　Y38 滚齿机

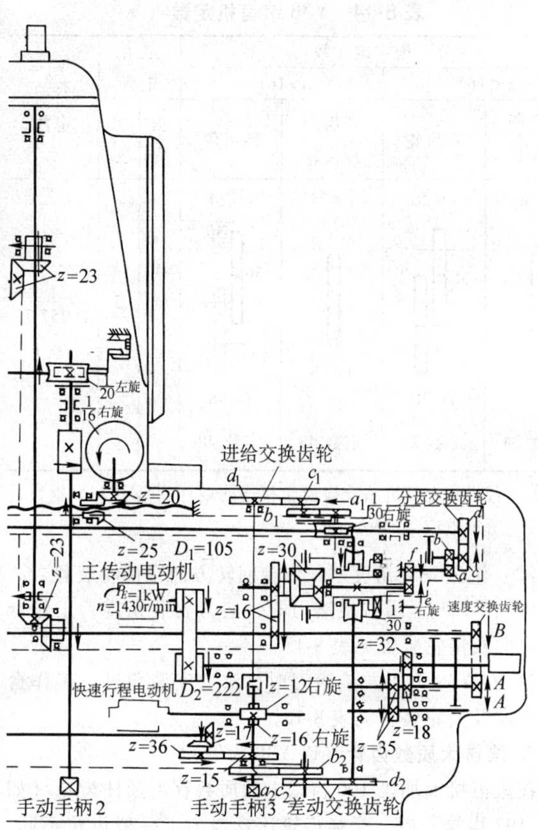
z=23
20左旋
1
16右旋
z=20
进给交换齿轮
d_1
c_1
a_1
1
30右旋
分齿交换齿轮
d
b_1
z=25
D_1=105
z=30
b
f
a
c
z=23
主传动电动机
P_E=1kW
n=1430r/min
z=16
e
右旋
1
30
速度交换齿轮
B
z=32
A
A
快速行程电动机
D_2=222
z=12右旋
z=17
z=16 右旋
z=18
z=36
z=35
b_2
z=15
d_2
a_2
c_2
手动手柄2
手动手柄3
差动交换齿轮

传动系统

表 8-14　Y38 滚齿机定数

分齿定数				进给定数		差动定数
$z \leqslant 161$		$z > 161$				
直齿圆柱齿轮	斜齿轮	直齿圆柱齿轮	斜齿轮	垂直	水平	
$e=36$  $f=36$ 定数 24	$e=36$ 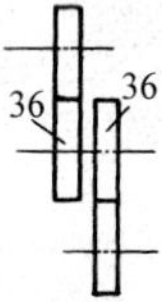 36　36 $f=36$ 定数 24	$e=24$  $f=48$ 定数 48	$e=24$ 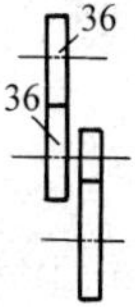 36 36 $f=48$ 定数 48	$\frac{3}{4}$ ①	$\frac{5}{4}$	7. 957 75

① 若机床上与进给交换齿轮相连的蜗杆副是 2/24，垂直进给定数应是 3/10。

（2）滚刀安装角度、工作台回转方向及惰轮装置

1）在 Y38 上用右旋滚刀时，滚刀安装角度、工作台回转方向及惰轮装置见表 8-15。

2）在 Y38 上用左旋滚刀时，滚刀安装角度、工作台回转方向及惰轮装置见表 8-16。

7. 滚铣大质数齿轮（以 Y38 为例）

在滚齿机上加工 100 齿以上的质数直齿圆柱齿轮（如 113、197 齿等）时，交换齿轮计算与加工一般齿轮不同，可根据下面介绍的公式算出各组交换齿轮。

表 8-15　在 Y38 上用右旋滚刀时，滚刀安装角度、工作台回转方向及惰轮装置

齿轮种类	滚刀安装角度和工作台回转方向	齿轮 e 和 f		分齿交换齿轮及惰轮 $\frac{a}{b}\times\frac{c}{d}$		进给交换齿轮及惰轮 $\frac{a_1}{b_1}\times\frac{c_1}{d_1}$		差动交换齿轮及惰轮 $\frac{a_2}{b_2}\times\frac{c_2}{d_2}$	
		当 $z\leqslant161$ 时	当 $z>161$ 时	一对齿轮	两对齿轮	一对齿轮	两对齿轮	一对齿轮	两对齿轮
直齿圆柱齿轮	ω	$\frac{e}{f}=\frac{36}{36}$	$\frac{e}{f}=\frac{24}{48}$	加一个惰轮	不加惰轮	加一个惰轮	不加惰轮	—	—
蜗轮				加一个惰轮	不加惰轮	加一个惰轮	不加惰轮	—	—

（续）

齿轮种类	滚刀安装角度和工作台回转方向	齿轮 e 和 f		分齿交换齿轮及惰轮 $\frac{a}{b}\times\frac{c}{d}$		进给交换齿轮及惰轮 $\frac{a_1}{b_1}\times\frac{c_1}{d_1}$		差动交换齿轮及惰轮 $\frac{a_2}{b_2}\times\frac{c_2}{d_2}$	
		当 $z\leqslant161$ 时	当 $z>161$ 时	一对齿轮	两对齿轮	一对齿轮	两对齿轮	一对齿轮	两对齿轮
右旋齿轮	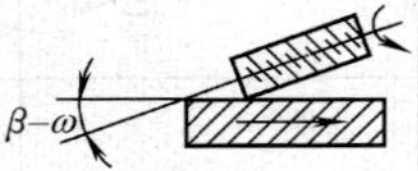 $\beta-\omega$	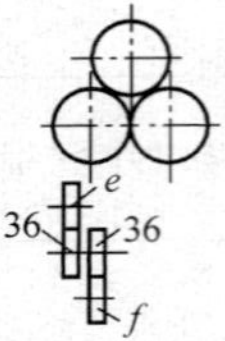 36 36 e f $\frac{e}{f}=\frac{36}{36}$	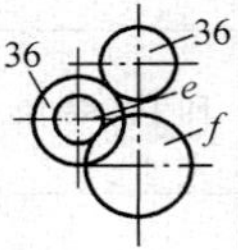 36 36 e f $\frac{e}{f}=\frac{24}{48}$	加一个惰轮	不加惰轮	加一个惰轮	不加惰轮	加一个惰轮	不加惰轮
左旋齿轮	 $\beta+\omega$			加一个惰轮	不加惰轮	加一个惰轮	加一个惰轮	加两个惰轮	加一个惰轮

注：ω—滚刀螺旋角；β—工件螺旋角。

表 8-16　在 Y38 上用左旋滚刀时，滚刀安装角度、工作台回转方向及惰轮装置

<table>
<tr><th rowspan="2">齿轮种类</th><th rowspan="2">滚刀安装角度和工作台回转方向</th><th colspan="2">齿轮 e 和 f</th><th colspan="2">分齿交换齿轮及惰轮
$\frac{a}{b}\times\frac{c}{d}$</th><th colspan="2">进给交换齿轮及惰轮
$\frac{a_1}{b_1}\times\frac{c_1}{d_1}$</th><th colspan="2">差动交换齿轮及惰轮
$\frac{a_2}{b_2}\times\frac{c_2}{d_2}$</th></tr>
<tr><th>当 $z\leqslant161$ 时</th><th>当 $z>161$ 时</th><th>一对齿轮</th><th>两对齿轮</th><th>一对齿轮</th><th>两对齿轮</th><th>一对齿轮</th><th>两对齿轮</th></tr>
<tr><td>直齿圆柱齿轮</td><td>ω</td><td rowspan="2">e
f
$\frac{e}{f}=\frac{36}{36}$</td><td rowspan="2">e
f
$\frac{e}{f}=\frac{24}{48}$</td><td>加两个惰轮</td><td>加一个惰轮</td><td>加两个惰轮</td><td>加一个惰轮</td><td>—</td><td>—</td></tr>
<tr><td>蜗轮</td><td></td><td>加两个惰轮</td><td>加一个惰轮</td><td>加两个惰轮</td><td>加一个惰轮</td><td>—</td><td>—</td></tr>
</table>

（续）

齿轮种类	滚刀安装角度和工作台回转方向	齿轮 e 和 f		分齿交换齿轮及惰轮 $\frac{a}{b}\times\frac{c}{d}$		进给交换齿轮及惰轮 $\frac{a_1}{b_1}\times\frac{c_1}{d_1}$		差动交换齿轮及惰轮 $\frac{a_2}{b_2}\times\frac{c_2}{d_2}$	
		当 $z\leqslant161$ 时	当 $z>161$ 时	一对齿轮	两对齿轮	一对齿轮	两对齿轮	一对齿轮	两对齿轮
右旋齿轮	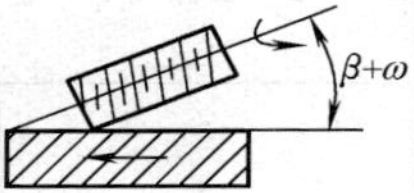 $\beta+\omega$	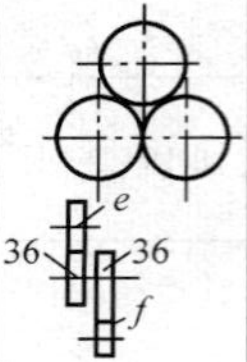 36 36 e f $\frac{e}{f}=\frac{36}{36}$	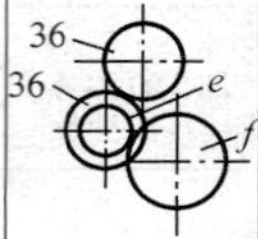 36 36 e f $\frac{e}{f}=\frac{24}{48}$	加两个惰轮	加一个惰轮	加两个惰轮	加一个惰轮	加两个惰轮	加一个惰轮
左旋齿轮	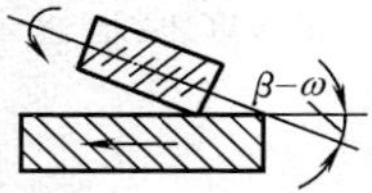 $\beta-\omega$			加两个惰轮	加一个惰轮	加两个惰轮	加一个惰轮	加一个惰轮	不加惰轮

(1) 滚铣大质数直齿圆柱齿轮时各组交换齿轮计算

1) 分齿交换齿轮计算

$$\frac{24K}{z \pm p}=\frac{a}{b}\times\frac{c}{d}$$

式中 K——滚刀头数；

$\pm p$——加减任意一个分数，但要保证使分子分母能互相约简。

当 $z\leqslant 161$ 时，定数用 24；当 $z>161$ 时，定数用 48。

2) 进给交换齿轮计算

$$\frac{3}{4}f_{立}=\frac{a_1}{b_1}\times\frac{c_1}{d_1}$$

式中 $f_{立}$——垂直进给量。

3) 差动交换齿轮计算

$$\pm\frac{25^{㊀}p}{f_{立}K}=\frac{a_2}{b_2}\times\frac{c_2}{d_2}$$

若分齿交换齿轮公式中用“$z+p$”，则差动交换齿轮公式前取“-”号，表示差动补给运动与工作台转动方向一致，使工作台多转一点，用两对齿轮时不加惰轮；反之，若分齿交换齿轮公式中用“$z-p$”，则差动交换齿轮公式前取“+”号，表示差动补给运动使工作台少转一点，用两对齿轮时，加一个惰轮。

[**例**] 在 Y38 滚齿机上要加工一个 101 齿的直齿圆柱齿轮，如果使用的是单头滚刀，进给量 $f_{立}=1\text{mm}$，试求各组交换齿轮。

㊀ 即 π×差动定数＝π×7.957 75≈25。

［解］ 设 $p=\frac{1}{20}$，前边取“+”号，$\frac{e}{f}=\frac{36}{36}=1$，

则分齿交换齿轮

$$\frac{24K}{z+p}=\frac{24\times 1}{101+\frac{1}{20}}=\frac{24\times 20}{2\,021}=\frac{20\times 24}{43\times 47}$$

进给交换齿轮

$$\frac{3}{4}f_{立}=\frac{3}{4}\times 1=\frac{30}{40}$$

差动交换齿轮：因分齿交换齿轮公式中用“$z+p$”，则差动交换齿轮公式前取“-”号，即

$$-\frac{25p}{f_{立}\ K}=-\frac{25\times\frac{1}{20}}{1\times 1}=-\frac{25}{20}=-\frac{5\times 5}{5\times 4}=-\frac{50\times 25}{25\times 40}$$

表示差动补给运动与工作台转动方向一致，即多转，不加惰轮。

（2）滚铣大质数斜齿圆柱齿轮时各组交换齿轮计算

1）分齿交换齿轮计算

$$\frac{24K}{z\pm p}=\frac{a}{b}\times\frac{c}{d}$$

当 $z\leqslant 161$ 时，定数用 24；当 $z>161$ 时，定数用 48。

2）进给交换齿轮计算

$$\frac{3}{4}f_{立}=\frac{a_1}{b_1}\times\frac{c_1}{d_1}$$

3）差动交换齿轮计算

$$\pm\frac{7.957\ 75\sin\beta}{m_{n}K}\pm\frac{25^{㊀}}{f_{立}}\frac{p}{K}=\frac{a_2}{b_2}\times\frac{c_2}{d_2}$$

式中符号的意义：

当工件与滚刀螺旋方向相同时，第一项前用“-”号；方向相反时，用“+”号。

当分齿交换齿轮公式中用 $z+p$ 时，第二项前用“-”号；当分齿交换齿轮中用 $z-p$ 时，第二项前用“+”号。

第一项和第二项若符号相同则相加；若符号相反则相减。其结果得“-”号，表示差动补给运动与工作台转动方向一致，使工作台多转一点，用两对齿轮时，不加惰轮；反之，结果得“+”号，表示差动补给运动与工作台转动方向相反，使工作台少转一点，用两对齿轮时，加一个惰轮。

［例］ 在 Y38 滚齿机上，加工一个右旋斜齿圆柱齿轮，$m_n=2$mm，$\beta=30°$，$z=103$，$f_{立}=1$mm，用右旋单头滚刀，试求各组交换齿轮。

［解］ 设 $p=\frac{1}{25}$，前边取“+”号，则分齿交换齿轮：

$$\frac{24K}{z+p}=\frac{24\times1}{103+\frac{1}{25}}=\frac{24\times25}{2\ 576}=\frac{24\times25}{16\times7\times23}=\frac{25\times60}{70\times92}$$

进给交换齿轮 $\frac{3}{4}f_{立}=\frac{3}{4}\times1=\frac{30}{40}$

差动交换齿轮

㊀ 即 π×差动定数=π×7.957 75≈25，如果用其他机床，也可用这个公式计算各组交换齿轮，但需将分齿、进给、差动三个定数改为相应机床的定数。

由于工件与滚刀螺旋方向相同，差动交换齿轮公式第一项前用“-”号。又因分齿交换齿轮公式中用$z+p$，所以第二项前也用“-”号。

$$-\frac{7.95775\sin\beta}{m_n K}-\frac{25p}{f_{立} K}=-\frac{7.95775\times\sin30°}{2\times1}$$

$$-\frac{25\times\frac{1}{25}}{1\times1}=-\frac{7.95775\times0.5}{2\times1}-1=$$

$$-1.98944-1=-2.98944\approx-\frac{45\times95}{22\times65}$$

结果得“-”号，表示用两对齿轮时，不加惰轮。

注意：因为是质数齿轮，在加工中，差动运动（附加转动）是分齿运动不可分割的一部分，即在加工过程中分齿运动和差动运动不能分开，否则分齿就乱了。所以在加工中，如果切削第二刀时，只能先利用反车自动返回，然后进行切削。

8. 分齿及差动交换齿轮表

（1）Y38 滚齿机加工直齿、斜齿圆柱齿轮（滚刀头数 $K=1$）时的分齿交换齿轮表（表 8-17）

表 8-17　Y38 滚齿机加工直齿、斜齿圆柱齿轮（滚刀头数 $K=1$）时的分齿交换齿轮表

z	分齿交换齿轮	z	分齿交换齿轮	z	分齿交换齿轮
10	40/20×24/20	15	40/20×20/25	20	30/23×23/25
11	45/25×40/33	16	30/20×25/25	21	40/20×20/35
12	40/20×20/20	17	40/20×24/34	22	30/20×24/33
13	50/20×48/65	18	40/24×20/25	23	30/23×24/30
14	40/20×30/35	19	45/25×40/57	24	25/25×25/25

（续）

z	分齿交换齿轮	z	分齿交换齿轮	z	分齿交换齿轮
25	30/25×20/25	55	24/20×20/55	85	24/34×20/50
26	40/20×30/65	56	25/35×24/40	86	24/40×20/43
27	40/20×20/45	57	24/20×20/57	87	20/25×20/58
28	25/20×24/35	58	24/20×20/58	88	25/40×24/55
29	40/20×24/58	59	24/20×20/59	89	24/20×20/89
30	24/23×23/30	60	20/25×20/40	90	20/30×20/50
31	40/20×24/62	61	24/20×20/61	91	25/35×24/65
32	25/20×24/40	62	24/20×20/62	92	24/23×20/80
33	24/23×23/33	63	20/30×20/35	93	20/25×20/62
34	24/23×23/34	64	25/20×24/80	94	24/40×20/47
35	24/23×23/35	65	24/20×20/65	95	24/20×20/95
36	25/25×20/30	66	20/20×20/55	96	20/20×20/80
37	24/20×20/37	67	24/20×20/67	97	24/20×20/97
38	30/20×24/57	68	24/34×20/40	98	24/20×20/98
39	40/20×20/65	69	20/23×20/50	99	20/33×20/50
40	24/20×20/40	70	24/35×20/40	100	24/40×20/50
41	24/20×20/41	71	24/20×20/71	101	—
42	23/23×20/35	72	20/30×20/40	102	20/34×20/50
43	24/20×20/43	73	24/20×20/73	103	—
44	25/20×24/55	74	24/37×20/40	104	25/40×24/65
45	24/20×20/45	75	20/25×20/50	105	20/35×20/50
46	24/23×20/40	76	25/20×24/95	106	24/40×20/53
47	24/20×20/47	77	25/35×24/55	107	—
48	20/20×20/40	78	20/20×20/65	108	20/40×20/45
49	40/20×24/98	79	24/20×20/79	109	—
50	24/25×20/40	80	24/20×20/80	110	24/40×20/55
51	24/30×20/34	81	20/30×20/45	111	20/37×20/50
52	25/20×24/65	82	24/40×20/41	112	25/40×24/70
53	24/20×20/53	83	24/20×20/83	113	—
54	20/20×20/45	84	20/35×20/40	114	20/20×20/95

（续）

z	分齿交换齿轮	z	分齿交换齿轮	z	分齿交换齿轮
				166	24/20×20/83
115	24/25×20/92	140	24/40×20/70	168	20/35×20/40
116	24/40×20/58	141	20/47×20/50	169	60/97×45/98
117	20/30×20/65	142	24/40×20/71	170	24/34×20/50
118	24/40×20/59	143	—	171	20/25×20/57
119	24/34×20/70	144	20/48×20/50	172	24/40×20/43
120	20/40×20/50	145	24/50×20/58	174	20/25×20/58
121	—	146	24/40×20/73	175	24/35×20/50
122	24/40×20/61	147	20/35×20/70	176	25/40×24/55
123	20/41×20/50	148	24/37×20/80	177	20/25×20/59
124	24/40×20/62	149	—	178	24/20×20/89
125	24/25×20/100	150	20/25×20/100	180	20/30×20/50
126	20/35×20/60	151	—	182	25/35×24/65
127	—	152	25/40×24/95	183	20/25×20/61
128	25/40×24/80	153	20/34×20/75	184	24/23×20/80
129	20/43×20/50	154	—	185	24/37×20/50
				186	20/25×20/62
130	24/40×20/65	155	24/50×20/62		
131	—	156	20/40×20/65	187	24/34×20/55
132	20/40×20/55	157	—	188	24/40×20/47
133	25/35×24/95	158	24/40×20/79	189	20/35×20/45
134	24/40×20/67	159	20/50×20/53	190	24/20×20/95
				192	20/20×20/80
135	20/45×20/50	160	24/40×20/80		
136	24/34×20/80	161	24/35×20/92	194	24/20×20/97
137	—	162	20/30×20/45	195	20/25×20/65
138	20/25×20/92	164	24/40×20/41	196	24/20×20/98
139	—	165	20/25×20/55	198	20/33×20/50
				200	24/40×20/50

注：凡表内无数值者，必须利用差动装置。

（2）Y38 滚齿机加工大质数直齿圆柱齿轮（滚刀头数 $K=1$）时的分齿差动交换齿轮表（表 8-18）

表 8-18 Y38 滚齿机加工大质数直齿圆柱齿轮（滚刀头数 $K=1$）时的分齿差动交换齿轮表

齿数 z	p	分齿交换齿轮	差动交换齿轮	
			$f_{立}=0.75\text{mm}$	$f_{立}=1\text{mm}$
101	1/20	24/43×20/47	55/33	50/40
137	1/20	25/43×25/83	55/33	50/40
241	1/20	23/33×20/70	40/24	50/40
362	1/20	59/89×20/100	55/33	50/40
386	1/20	33/65×24/98	95/57	50/40
389	-1/20	34/58×20/95	40/24	50/40
401	1/20	37/79×23/90	40/24	50/40
428	1/20	43/90×23/98	40/24	50/40
446	1/20	23/57×20/75	40/24	50/40
451	1/20	34/71×20/90	40/24	50/40
461	1/20	34/71×20/92	40/24	50/40
478	1/20	20/48×20/83	40/24	50/40
479	1/20	30/71×23/97	40/24	50/40
481	1/20	37/89×24/100	55/33	50/40
482	-1/15	24/61×20/79	50/20×40/45	55/33
483	1/20	40/83×20/97	55/33	30/24
489	1/15	24/67×20/73	50/20×40/45	55/33

注：表中 p 为“-”值时，则差动交换齿轮需加一个惰轮。

9. 滚齿加工常见缺陷及消除方法（表 8-19）

表 8-19 滚齿加工常见缺陷及消除方法

缺陷名称	主要原因	消除方法
齿数不正确	1）跨轮或分齿交换齿轮调整不正确	1）重新调整跨轮、分齿交换齿轮，并检查惰轮装置是否正确

（续）

缺陷名称		主要原因	消除方法
齿数不正确		2)滚刀选用错误 3)工件毛坯尺寸不正确 4)滚切斜齿轮时，附加运动方向不对	2)合理选用滚刀 3)更换工件毛坯 4)增加或减少差动交换齿轮中的惰轮
齿形不正常	1.齿面出棱 	滚刀齿形误差太大或分齿运动瞬时速比较变化大，工件缺陷状况有四种： 1)滚刀刃磨后，刀齿等分性差 2)滚刀轴向窜动大 3)滚刀径向圆跳动误差大 4)滚刀用钝	主要着眼于滚刀刃磨质量、滚刀安装精度以及机床主轴的几何精度： 1)控制滚刀刃磨质量 2)保证滚刀的安装精度；同时，安装滚刀时不能敲击；垫圈端面平整；螺母端面要垂直；锥孔内部应清洁；后托架装上后不能留间隙 3)复查机床主轴的旋转精度，并修复调整机床前后轴承，尤其是止推垫片 4)更换新刀
	2.齿形不对称	1)滚刀安装不对中 2)滚刀刃磨后，前刀面的径向误差大，螺旋角或导程误差大 3)滚刀安装角的误差太大	1)用“啃刀花”法或对刀规对刀 2)控制滚刀刃磨质量 3)重新调整滚刀的安装角

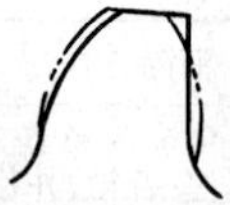

（续）

缺陷名称		主要原因	消除方法
齿形不正常	3. 齿形角不对 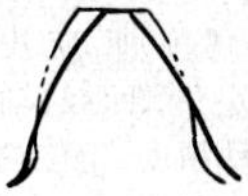	1)滚刀本身的齿形角误差太大 2)滚刀刃磨后，前刀面的径向误差大 3)滚刀安装角的误差大	1)合理选用滚刀的精度 2)控制滚刀的刃磨质量 3)重新调整滚刀的安装角
	4. 齿形周期性误差 	1)滚刀安装后，径向圆跳动或轴向窜动大 2)机床工作台回转不均匀 3)跨轮或分齿交换齿轮安装偏心或齿面磕碰 4)刀架滑板有松动 5)工件装夹不合理产生振摆	1)控制滚刀的安装精度 2)检查机床工作台分度蜗杆的轴向窜动，并调整修复 3)检查跨轮及分齿交换齿轮的安装及运转状况 4)调整刀架滑板的镶条 5)合理选用工件装夹的正确方案
齿圈径向圆跳动超差		工件内孔中心与机床工作台回转中心不重合 1. 有关机床、夹具方面： 1)工作台径向圆跳动误差大 2)心轴磨损或径向圆跳动误差大	着眼于控制机床工作台的回转精度与工件的正确安装 1. 有关机床和夹具方面： 1)检查并修复工作台回转导轨 2)合理使用和保养工件心轴

（续）

缺陷名称	主要原因	消除方法
齿圈径向圆跳动超差	3）上、下顶尖有摆差或松动 4）夹具定位端面与工作台回转中心线不垂直 5）工件装夹元件，例如垫圈和螺母精度不够 2. 有关工件方面： 1）工件定位孔直径超差 2）找正工件外圆安装时，外圆与内孔的同轴度超差 3）工件夹紧刚性差	3）修复后立柱及上顶尖的精度 4）切削前，应找正夹具定位端面的轴向圆跳动精度，定位端面只准内凹 5）装夹元件，垫圈两平面应平行；夹紧螺母端面对螺纹中心线应垂直 2. 有关工件方面： 1）控制工件定位孔的尺寸精度 2）控制工件外圆与内孔的同轴度误差 3）夹紧力应施加于工件刚性足够的部位
齿向误差超差	滚刀垂直进给方向与齿坯内孔中心线方向偏斜太大。加工斜齿轮时，还有附加运动的不正确 1. 有关机床和夹具方面： 1）立柱三角导轨与工作台轴线不平行 2）工作台轴向圆跳动误差大	着眼于控制机床几何精度和工件的正确安装。下列第4）、5）、6）、7）条，主要适用加工斜齿轮时 1. 有关机床和夹具方面： 1）修复立柱精度，控制机床热变形 2）修复工作台的回转精度

（续）

缺陷名称	主要原因	消除方法
齿向误差超差	3）上、下顶尖不同心 4）分度蜗杆副的啮合间隙大 5）分度蜗杆副的传动存在有周期性误差 6）垂直进给丝杠螺距误差大 7）分齿、差动交换齿轮误差大 2. 有关工件方面： 1）齿坯两端面不平行 2）工件定位孔与端面不垂直	3）修复后立柱或上、下顶尖的精度 4）合理调整分度蜗杆副的啮合间隙 5）修复分度蜗杆副的零件精度，并合理调整安装 6）垂直进给丝杠因使用磨损而精度达不到时，应及时更换 7）应控制差动交换齿轮的计算误差 2. 有关工件方面： 1）控制齿坯两端面的平行度误差 2）控制齿坯定位孔与端面的垂直度
齿距累积误差超差	滚齿机工作台每一转中回转不均匀的最大误差太大： 1）分度蜗杆副传动精度误差 2）工作台的径向圆跳动误差与轴向圆跳动误差大 3）分齿交换齿轮啮合太松或存在磕碰现象	着眼于分齿运动链的精度，尤其是分度蜗杆副与滚刀两方面： 1）修复分度蜗杆副的传动精度 2）修复工作台的回转精度 3）检查分齿交换齿轮的啮合松紧和运转状况

（续）

缺陷名称		主要原因	消除方法
齿面缺陷	1.撕裂	1)齿坯材质不均匀 2)齿坯热处理方法不当 3)切削用量选用不合理而产生积屑瘤 4)切削液效能不高 5)滚刀用钝,不锋利	1)控制齿坯材料质量 2)正确选用热处理方法,尤其是调质处理后的硬度,建议采用正火处理 3)正确选用切削用量,避免产生积屑瘤 4)正确选用切削液,尤其要注意它的润滑性能 5)更换新刀
	2.啃齿	由于滚刀与齿坯的相互位置发生突然变化所造成: 1)立柱三角导轨太松,造成滚刀进给突然变化;立柱三角导轨太紧,造成爬行现象 2)刀架斜齿轮啮合间隙大 3)油压不稳定	寻找和消除一些突然因素: 1)调整立柱三角导轨,要求紧松适当 2)刀架斜齿轮若因使用时间久而磨损应更换 3)合理保养机床,尤其是清洁,使油路保持畅通,油压保持稳定

（续）

缺陷名称		主要原因	消除方法
表面缺陷	3. 振纹	由于振动所造成： 1）机床内部某传动环节的间隙大 2）工件与滚刀的装夹刚性不够 3）切削用量选用太大 4）后托架安装后间隙大	寻找与消除振动源： 1）对于使用时间久而磨损严重的机床及时大修 2）提高滚刀的装夹刚性，例如缩小支承间距离，带柄滚刀应尽量加大轴径等；提高工件的装夹刚性，例如尽量加大支承端面，支承端面（包括工件）只准内凹，缩短上、下顶尖间距离 3）正确选用切削用量 4）正确安装后托架
	4. 鱼鳞	齿坯热处理方法不当，其中在加工调质处理后的钢件时比较多见	酌情控制调质处理的硬度，建议采用正火处理作为齿坯的预备热处理

八、交换齿轮表（表 8-20）

表 8-20　交换齿轮表

传动比	交换齿轮				传动比	交换齿轮			
	z_1	z_2	z_3	z_4		z_1	z_2	z_3	z_4
14.400 00	100	25	90	25	7.200 00	100	25	90	50
12.800 00	100	25	80	25	7.040 00	80	25	55	25
12.000 00	100	25	90	30	7.000 00	100	25	70	40
11.520 00	90	25	80	25	6.857 14	100	25	60	35
11.200 00	100	25	70	25	6.720 00	70	25	60	25
10.666 67	100	25	80	30	6.666 67	100	30	80	40
10.285 71	100	25	90	35	6.600 00	90	25	55	30
10.080 00	90	25	70	25	6.545 45	100	25	90	55
9.600 00	100	25	60	25	6.428 57	100	35	90	40
9.333 33	100	25	70	30	6.400 00	100	25	80	50
9.142 86	100	25	80	35	6.300 00	90	25	70	40
9.000 00	100	25	90	40	6.285 71	100	25	55	35
8.960 00	80	25	70	25	6.171 43	90	25	60	35
8.800 00	100	25	55	25	6.160 00	70	25	55	25
8.640 00	90	25	60	25	6.000 00	100	25	90	60
8.571 43	100	30	90	35	5.866 67	80	25	55	30
8.400 00	90	25	70	30	5.833 33	100	30	70	40
8.228 57	90	25	80	35	5.818 18	100	25	80	55
8.000 00	100	25	80	40	5.760 00	90	25	80	50
7.920 00	90	25	55	25	5.714 29	100	35	80	40
7.680 00	80	25	60	25	5.657 14	90	25	55	35
7.619 05	100	30	80	35	5.600 00	100	25	70	50
7.500 00	100	30	90	40	5.500 00	100	25	55	40
7.466 67	80	25	70	30	5.485 71	80	25	60	35
7.333 33	100	25	55	30	5.454 55	100	30	90	55

（续）

传动比	交换齿轮				传动比	交换齿轮			
	z_1	z_2	z_3	z_4		z_1	z_2	z_3	z_4
5.400 00	90	25	60	40	4.266 67	80	25	40	30
5.333 33	100	25	80	60	4.242 42	100	30	70	55
5.280 00	60	25	55	25	4.200 00	90	25	70	60
5.250 00	90	30	70	40	4.190 48	80	30	55	35
5.238 10	100	30	55	35	4.166 67	100	30	50	40
5.236 36	90	25	80	55	4.155 84	100	35	80	55
5.142 86	100	25	90	70	4.125 00	90	30	55	40
5.133 33	70	25	55	30	4.114 29	90	25	80	70
5.120 00	80	25	40	25	4.090 91	100	40	90	55
5.090 91	100	25	70	55	4.072 73	80	25	70	55
5.040 00	90	25	70	50	4.000 00	100	25	90	90
5.028 57	80	25	55	35	3.960 00	90	25	55	50
5.000 00	100	30	90	60	3.928 57	100	35	55	40
4.950 00	90	25	55	40	3.927 27	90	25	60	55
4.848 48	100	30	80	55	3.920 00	70	25	35	25
4.800 00	100	25	60	50	3.888 89	100	30	70	60
4.761 90	100	30	50	35	3.857 14	90	35	60	40
4.714 29	90	30	55	35	3.850 00	70	25	55	40
4.675 32	100	35	90	55	3.840 00	80	25	60	50
4.666 67	100	25	70	60	3.818 18	90	30	70	55
4.583 33	100	30	55	40	3.809 52	100	30	80	70
4.581 82	90	25	70	55	3.771 43	60	25	55	35
4.571 43	100	25	80	70	3.750 00	100	30	90	80
4.500 00	100	25	90	80	3.740 26	90	35	80	55
4.480 00	80	25	70	50	3.733 33	80	25	70	60
4.444 44	100	30	80	60	3.673 47	100	35	90	70
4.400 00	100	25	55	50	3.666 67	100	25	55	60
4.363 64	100	25	60	55	3.657 14	80	25	40	35
4.320 00	90	25	60	50	3.636 36	100	40	80	55
4.285 71	100	30	90	70	3.600 00	100	25	90	100

（续）

传动比	交换齿轮				传动比	交换齿轮			
	z_1	z_2	z_3	z_4		z_1	z_2	z_3	z_4
3.571 43	100	35	50	40	2.938 78	90	35	80	70
3.555 56	100	25	80	90	2.933 33	80	25	55	60
3.535 71	90	35	55	40	2.916 67	100	30	70	80
3.520 00	80	25	55	50	2.909 09	100	50	80	55
3.500 00	100	25	70	80	2.880 00	90	25	80	100
3.490 91	80	25	60	55	2.863 64	90	40	70	55
3.428 57	100	25	60	70	2.857 14	100	35	90	90
3.393 94	80	30	70	55	2.828 57	90	25	55	70
3.360 00	70	25	60	50	2.812 50	100	40	90	80
3.333 33	100	30	90	90	2.805 19	90	35	60	55
3.300 00	90	25	55	60	2.800 00	100	25	70	100
3.272 73	100	50	90	55	2.777 78	100	30	50	60
3.266 67	70	25	35	30	2.750 00	100	25	55	80
3.265 31	100	35	80	70	2.742 86	80	25	60	70
3.214 29	100	35	90	80	2.727 27	100	55	90	60
3.208 33	70	30	55	40	2.700 00	90	25	60	80
3.200 00	100	25	80	100	2.666 67	100	30	80	100
3.181 82	100	40	70	55	2.640 00	60	25	55	50
3.150 00	90	25	70	80	2.625 00	90	30	70	80
3.142 86	100	25	55	70	2.619 05	100	30	55	70
3.116 88	100	35	60	55	2.618 18	90	50	80	55
3.111 11	100	25	70	90	2.597 40	100	35	50	55
3.085 71	90	25	60	70	2.592 59	100	30	70	90
3.080 00	70	25	55	50	2.571 43	100	35	90	100
3.055 56	100	30	55	60	2.566 67	70	25	55	60
3.054 55	70	25	60	55	2.560 00	80	25	40	50
3.047 62	80	30	40	35	2.545 45	100	50	70	55
3.030 30	100	30	50	55	2.539 68	100	35	80	90
3.000 00	100	30	90	100	2.520 00	90	25	70	100
2.962 96	100	30	80	90	2.514 29	80	25	55	70

（续）

传动比	交换齿轮				传动比	交换齿轮			
	z_1	z_2	z_3	z_4		z_1	z_2	z_3	z_4
2.500 00	100	40	90	90	2.133 33	80	25	60	90
2.493 51	80	35	60	55	2.121 21	100	55	70	60
2.488 89	80	25	70	90	2.100 00	90	30	70	100
2.475 00	90	25	55	80	2.095 24	80	30	55	70
2.454 55	90	40	60	55	2.083 33	100	30	50	80
2.450 00	70	25	35	40	2.077 92	100	55	80	70
2.448 98	100	35	60	70	2.074 07	80	30	70	90
2.444 44	100	25	55	90	2.062 50	90	30	55	80
2.424 24	100	55	80	60	2.057 14	90	35	80	100
2.400 00	100	25	60	100	2.045 45	100	55	90	80
2.380 95	100	30	50	70	2.041 67	70	30	35	40
2.357 14	90	30	55	70	2.040 82	100	35	50	70
2.337 66	100	55	90	70	2.037 04	100	30	55	90
2.333 33	100	30	70	100	2.036 36	80	50	70	55
2.327 27	80	25	40	55	2.020 41	90	35	55	70
2.291 67	100	30	55	80	2.000 00	100	50	90	90
2.290 91	90	50	70	55	1.980 00	90	25	55	100
2.285 71	100	35	80	100	1.968 75	90	40	70	80
2.272 73	100	40	50	55	1.964 29	100	35	55	80
2.250 00	100	40	90	100	1.963 64	90	50	60	55
2.244 90	100	35	55	70	1.960 00	70	25	35	50
2.240 00	80	25	70	100	1.959 18	80	35	60	70
2.222 22	100	40	80	90	1.955 56	80	25	55	90
2.204 08	90	35	60	70	1.944 44	100	40	70	90
2.200 00	100	25	55	100	1.939 39	80	30	40	55
2.187 50	100	40	70	80	1.928 57	90	35	60	80
2.181 82	100	50	60	55	1.925 00	70	25	55	80
2.160 00	90	25	60	100	1.920 00	80	25	60	100
2.142 86	100	60	90	70	1.909 09	90	55	70	60
2.138 89	70	30	55	60	1.904 76	100	60	80	70

（续）

传动比	交换齿轮				传动比	交换齿轮			
	z_1	z_2	z_3	z_4		z_1	z_2	z_3	z_4
1.885 71	60	25	55	70	1.632 65	100	35	40	70
1.875 00	100	60	90	80	1.629 63	80	30	55	90
1.870 13	90	55	80	70	1.616 16	100	55	80	90
1.866 67	80	30	70	100	1.607 14	100	70	90	80
1.851 85	100	30	50	90	1.604 17	70	30	55	80
1.836 73	90	35	50	70	1.600 00	100	50	80	100
1.833 33	100	30	55	100	1.590 91	100	55	70	80
1.828 57	80	25	40	70	1.587 30	100	35	50	90
1.818 18	100	55	90	90	1.575 00	90	40	70	100
1.800 00	100	50	90	100	1.571 43	100	35	55	100
1.795 92	80	35	55	70	1.562 50	100	40	50	80
1.785 71	100	35	50	80	1.558 44	100	55	60	70
1.781 82	70	25	35	55	1.555 56	100	50	70	90
1.777 78	100	50	80	90	1.546 88	90	40	55	80
1.767 86	90	35	55	80	1.542 86	90	35	60	100
1.760 00	80	25	55	100	1.540 00	70	25	55	100
1.750 00	100	40	70	100	1.527 78	100	40	55	90
1.746 03	100	35	55	90	1.527 27	70	50	60	55
1.745 45	80	50	60	55	1.523 81	80	35	60	90
1.718 75	100	40	55	80	1.515 15	100	55	50	60
1.714 29	100	35	60	100	1.500 00	100	60	90	100
1.711 11	70	25	55	90	1.484 85	70	30	35	55
1.696 97	80	55	70	60	1.481 48	100	60	80	90
1.687 50	90	40	60	80	1.469 39	90	35	40	70
1.680 00	70	25	60	100	1.466 67	80	30	55	100
1.666 67	100	60	90	90	1.458 33	100	60	70	80
1.662 34	80	35	40	55	1.454 55	100	55	80	100
1.650 00	90	30	55	100	1.440 00	90	50	80	100
1.636 36	100	55	90	100	1.431 82	90	55	70	80
1.633 33	70	25	35	60	1.428 57	100	70	90	90

（续）

传动比	交换齿轮				传动比	交换齿轮			
	z_1	z_2	z_3	z_4		z_1	z_2	z_3	z_4
1.425 93	70	30	55	90	1.250 00	100	80	90	90
1.422 22	80	25	40	90	1.246 75	80	55	60	70
1.414 29	90	35	55	100	1.244 44	80	50	70	90
1.414 14	100	55	70	90	1.237 50	90	40	55	100
1.406 25	90	40	50	80	1.227 27	90	55	60	80
1.402 60	90	55	60	70	1.225 00	70	25	35	80
1.400 00	100	50	70	100	1.224 49	100	35	30	70
1.396 83	80	35	55	90	1.222 22	100	50	55	90
1.388 89	100	40	50	90	1.212 12	100	55	60	90
1.375 00	100	40	55	100	1.203 13	70	40	55	80
1.371 43	80	35	60	100	1.200 00	100	50	60	100
1.363 64	100	55	60	80	1.190 48	100	60	50	70
1.361 11	70	30	35	60	1.185 19	80	30	40	90
1.350 00	90	40	60	100	1.178 57	90	60	55	70
1.346 94	60	35	55	70	1.168 83	90	55	50	70
1.333 33	100	60	80	100	1.166 67	100	60	70	100
1.320 00	60	25	55	100	1.163 64	80	50	40	55
1.312 50	90	60	70	80	1.145 83	100	60	55	80
1.309 52	100	60	55	70	1.145 45	90	55	70	100
1.309 09	90	55	80	100	1.142 86	100	70	80	100
1.306 12	80	35	40	70	1.136 36	100	55	50	80
1.298 70	100	55	50	70	1.131 31	80	55	70	90
1.296 30	100	60	70	90	1.125 00	100	80	90	100
1.285 71	100	70	90	100	1.122 45	55	35	50	70
1.283 33	70	30	55	100	1.120 00	80	50	70	100
1.280 00	80	25	40	100	1.113 64	70	40	35	55
1.272 73	100	55	70	100	1.111 11	100	80	80	90
1.269 84	100	70	80	90	1.102 04	90	35	30	70
1.260 00	90	50	70	100	1.100 00	100	50	55	100
1.257 14	80	35	55	100	1.093 75	100	40	35	80

（续）

传动比	交换齿轮				传动比	交换齿轮			
	z_1	z_2	z_3	z_4		z_1	z_2	z_3	z_4
1.090 91	100	55	60	100	0.969 70	80	55	60	90
1.088 89	70	25	35	90	0.964 29	90	70	60	80
1.080 00	90	50	60	100	0.962 50	70	40	55	100
1.071 43	100	70	60	80	0.960 00	80	50	60	100
1.069 44	70	40	55	90	0.954 55	90	55	35	60
1.066 67	80	50	60	90	0.952 38	100	70	60	90
1.060 61	100	55	35	60	0.942 86	60	35	55	100
1.050 00	90	60	70	100	0.937 50	100	40	30	80
1.047 62	80	60	55	70	0.935 06	90	55	40	70
1.041 67	100	60	50	80	0.933 33	80	60	70	100
1.038 96	100	55	40	70	0.925 93	100	60	50	90
1.037 04	80	60	70	90	0.918 37	90	35	25	70
1.031 25	90	60	55	80	0.916 67	100	60	55	100
1.028 57	90	70	80	100	0.914 29	80	35	40	100
1.022 73	90	55	50	80	0.909 09	100	55	50	100
1.020 83	70	30	35	80	0.907 41	70	30	35	90
1.020 41	100	35	25	70	0.900 00	90	80	80	100
1.018 52	100	60	55	90	0.897 96	55	35	40	70
1.018 18	80	55	70	100	0.892 86	100	70	50	80
1.015 87	80	35	40	90	0.890 91	70	50	35	55
1.010 10	100	55	50	90	0.888 89	100	90	80	100
1.000 00	100	90	90	100	0.883 93	90	70	55	80
0.990 00	90	50	55	100	0.880 00	80	50	55	100
0.984 38	90	40	35	80	0.875 00	100	80	70	100
0.982 14	100	70	55	80	0.873 02	100	70	55	90
0.981 82	90	55	60	100	0.872 73	80	55	60	100
0.980 00	70	25	35	100	0.859 38	55	40	50	80
0.979 59	80	35	30	70	0.857 14	100	70	60	100
0.977 78	80	50	55	90	0.855 56	70	50	55	90
0.972 22	100	80	70	90	0.848 48	80	55	35	60

（续）

传动比	交换齿轮				传动比	交换齿轮			
	z_1	z_2	z_3	z_4		z_1	z_2	z_3	z_4
0.843 75	90	40	30	80	0.734 69	60	35	30	70
0.840 00	70	50	60	100	0.733 33	80	60	55	100
0.833 33	100	80	60	90	0.729 17	100	60	35	80
0.831 17	80	55	40	70	0.727 27	100	55	40	100
0.825 00	90	60	55	100	0.720 00	90	50	40	100
0.818 18	90	55	50	100	0.715 91	90	55	35	80
0.816 67	70	30	35	100	0.714 29	100	70	50	100
0.816 33	80	35	25	70	0.712 96	70	60	55	90
0.814 81	80	60	55	90	0.711 11	80	50	40	90
0.808 08	100	55	40	90	0.707 07	100	55	35	90
0.803 57	90	70	50	80	0.703 13	90	40	25	80
0.802 08	70	60	55	80	0.701 30	90	55	30	70
0.800 00	100	50	40	100	0.700 00	100	50	35	100
0.795 45	100	55	35	80	0.698 41	80	70	55	90
0.793 65	100	70	50	90	0.694 44	100	80	50	90
0.787 50	90	80	70	100	0.687 50	100	80	55	100
0.785 71	100	70	55	100	0.685 71	80	70	60	100
0.781 25	100	40	25	80	0.681 82	100	55	30	80
0.779 22	100	55	30	70	0.680 56	70	40	35	90
0.777 78	100	90	70	100	0.675 00	90	80	60	100
0.771 43	90	70	60	100	0.673 47	55	35	30	70
0.770 00	70	50	55	100	0.666 67	100	90	60	100
0.765 63	70	40	35	80	0.660 00	60	50	55	100
0.763 89	100	80	55	90	0.656 25	90	60	35	80
0.763 64	70	55	60	100	0.654 76	55	60	50	70
0.761 90	80	70	60	90	0.654 55	90	55	40	100
0.757 58	100	55	25	60	0.649 35	100	55	25	70
0.750 00	100	80	60	100	0.648 15	100	60	35	90
0.742 42	70	55	35	60	0.646 46	80	55	40	90
0.740 74	100	60	40	90	0.642 86	90	70	50	100

（续）

传动比	交换齿轮				传动比	交换齿轮			
	z_1	z_2	z_3	z_4		z_1	z_2	z_3	z_4
0.641 67	70	60	55	100	0.560 00	80	50	35	100
0.640 00	80	50	40	100	0.556 82	70	55	35	80
0.636 36	100	55	35	100	0.555 56	100	90	50	100
0.634 92	100	70	40	90	0.550 00	90	90	55	100
0.630 00	90	50	35	100	0.546 88	70	40	25	80
0.628 57	80	70	55	100	0.545 45	100	55	30	100
0.625 00	100	80	50	100	0.544 44	70	50	35	90
0.623 38	80	55	30	70	0.540 00	90	50	30	100
0.622 22	80	90	70	100	0.535 71	100	70	30	80
0.618 75	90	80	55	100	0.534 72	70	80	55	90
0.613 64	90	55	30	80	0.533 33	80	90	60	100
0.612 50	70	40	35	100	0.530 30	70	55	25	60
0.612 24	60	35	25	70	0.525 00	90	60	35	100
0.611 11	100	90	55	100	0.523 81	60	70	55	90
0.606 06	100	55	30	90	0.520 83	100	60	25	80
0.601 56	55	40	35	80	0.519 48	80	55	25	70
0.600 00	100	50	30	100	0.518 52	80	60	35	90
0.595 24	100	60	25	70	0.515 63	55	40	30	80
0.592 59	80	60	40	90	0.514 29	90	70	40	100
0.589 29	60	70	55	80	0.511 36	90	55	25	80
0.584 42	90	55	25	70	0.510 42	70	60	35	80
0.583 33	100	60	35	100	0.510 20	50	35	25	70
0.581 82	80	55	40	100	0.509 26	55	60	50	90
0.572 92	55	60	50	80	0.509 09	80	55	35	100
0.572 73	90	55	35	100	0.507 94	80	70	40	90
0.571 43	100	70	40	100	0.505 05	100	55	25	90
0.568 18	100	55	25	80	0.500 00	100	80	40	100
0.565 66	80	55	35	90	0.494 95	70	55	35	90
0.562 50	90	80	50	100	0.491 07	55	70	50	80
0.561 22	55	35	25	70	0.490 91	90	55	30	100

（续）

传动比	交换齿轮				传动比	交换齿轮			
	z_1	z_2	z_3	z_4		z_1	z_2	z_3	z_4
0.490 00	70	50	35	100	0.424 24	70	55	30	90
0.489 80	40	35	30	70	0.420 00	70	50	30	100
0.488 89	80	90	55	100	0.416 67	100	80	30	90
0.486 11	100	80	35	90	0.412 50	60	80	55	100
0.484 85	80	55	30	90	0.409 09	90	55	25	100
0.482 14	90	70	30	80	0.408 33	70	60	35	100
0.481 25	70	80	55	100	0.408 16	40	35	25	70
0.480 00	80	50	30	100	0.407 41	55	60	40	90
0.477 27	70	55	30	80	0.404 04	80	55	25	90
0.476 19	100	70	30	90	0.401 79	90	70	25	80
0.471 43	60	70	55	100	0.401 04	55	60	35	80
0.468 75	90	60	25	80	0.400 00	90	90	40	100
0.467 53	60	55	30	70	0.397 73	70	55	25	80
0.466 67	80	60	35	100	0.396 83	100	70	25	90
0.462 96	100	60	25	90	0.393 75	90	80	35	100
0.458 33	60	80	55	90	0.392 86	55	70	50	100
0.457 14	80	70	40	100	0.390 63	50	40	25	80
0.454 55	100	55	25	100	0.389 61	60	55	25	70
0.453 70	70	60	35	90	0.388 89	100	90	35	100
0.450 00	90	80	40	100	0.385 71	90	70	30	100
0.446 43	100	70	25	80	0.385 00	55	50	35	100
0.445 45	70	55	35	100	0.381 94	55	80	50	90
0.444 44	100	90	40	100	0.381 82	70	55	30	100
0.440 00	55	50	40	100	0.380 95	80	70	30	90
0.437 50	100	80	35	100	0.378 79	50	55	25	60
0.436 51	55	70	50	90	0.375 00	100	80	30	100
0.436 36	80	55	30	100	0.370 37	80	60	25	90
0.429 69	55	40	25	80	0.366 67	60	90	55	100
0.428 57	100	70	30	100	0.364 58	70	60	25	80
0.427 78	70	90	55	100	0.363 64	80	55	25	100

（续）

传动比	交换齿轮				传动比	交换齿轮			
	z_1	z_2	z_3	z_4		z_1	z_2	z_3	z_4
0.360 00	60	50	30	100	0.305 56	55	90	50	100
0.357 14	100	70	25	100	0.303 03	60	55	25	90
0.356 48	55	60	35	90	0.300 00	90	90	30	100
0.355 56	80	90	40	100	0.297 62	50	60	25	70
0.353 54	70	55	25	90	0.294 64	55	70	30	80
0.350 00	90	90	35	100	0.291 67	70	80	30	90
0.349 21	55	70	40	90	0.286 46	55	60	25	80
0.347 22	100	80	25	90	0.285 71	80	70	25	100
0.343 75	55	80	50	100	0.284 09	50	55	25	80
0.342 86	80	70	30	100	0.282 83	40	55	35	90
0.340 91	60	55	25	80	0.281 25	90	80	25	100
0.340 28	70	80	35	90	0.280 00	40	50	35	100
0.337 50	90	80	30	100	0.277 78	100	90	25	100
0.333 33	100	90	30	100	0.275 00	55	80	40	100
0.330 00	55	50	30	100	0.273 44	35	40	25	80
0.328 13	35	40	30	80	0.272 73	60	55	25	100
0.327 38	55	60	25	70	0.272 22	70	90	35	100
0.327 27	60	55	30	100	0.267 86	60	70	25	80
0.324 68	50	55	25	70	0.267 36	55	80	35	90
0.324 07	70	60	25	90	0.266 67	80	90	30	100
0.321 43	90	70	25	100	0.265 15	35	55	25	60
0.320 83	55	60	35	100	0.262 50	70	80	30	100
0.318 18	70	55	25	100	0.261 90	55	70	30	90
0.317 46	80	70	25	90	0.260 42	50	60	25	80
0.314 29	55	70	40	100	0.259 74	40	55	25	70
0.312 50	100	80	25	100	0.259 26	40	60	35	90
0.311 69	40	55	30	70	0.257 14	60	70	30	100
0.311 11	80	90	35	100	0.255 10	25	35	25	70
0.306 25	70	80	35	100	0.254 63	55	60	25	90
0.306 12	30	35	25	70	0.254 55	40	55	35	100

（续）

传动比	交换齿轮				传动比	交换齿轮			
	z_1	z_2	z_3	z_4		z_1	z_2	z_3	z_4
0.252 53	50	55	25	90	0.198 86	35	55	25	80
0.250 00	90	90	25	100	0.198 41	50	70	25	90
0.245 54	55	70	25	80	0.196 43	55	70	25	100
0.244 44	55	90	40	100	0.195 31	25	40	25	80
0.243 06	70	80	25	90	0.194 81	30	55	25	70
0.242 42	40	55	30	90	0.194 44	70	90	25	100
0.240 63	55	80	35	100	0.190 97	55	80	25	90
0.240 00	40	50	30	100	0.190 91	35	55	30	100
0.238 64	35	55	30	80	0.190 48	40	70	30	90
0.238 10	60	70	25	90	0.189 39	25	55	25	60
0.235 71	55	70	30	100	0.187 50	60	80	25	100
0.234 38	30	40	25	80	0.185 19	40	60	25	90
0.233 33	70	90	30	100	0.183 33	55	90	30	100
0.231 48	50	60	25	90	0.182 29	35	60	25	80
0.229 17	55	80	30	90	0.181 82	40	55	25	100
0.227 27	50	55	25	100	0.178 57	50	70	25	100
0.225 00	60	80	30	100	0.176 77	35	55	25	90
0.223 21	50	70	25	80	0.175 00	40	80	35	100
0.222 22	80	90	25	100	0.173 61	50	80	25	90
0.218 75	70	80	25	100	0.171 88	55	80	25	100
0.218 25	55	70	25	90	0.171 43	40	70	30	100
0.218 18	40	55	30	100	0.170 45	30	55	25	80
0.214 29	60	70	25	100	0.166 67	60	90	25	100
0.213 89	55	90	35	100	0.162 34	25	55	25	70
0.212 12	35	55	30	90	0.162 04	35	60	25	90
0.210 00	35	50	30	100	0.159 09	35	55	25	100
0.208 33	60	80	25	90	0.158 73	40	70	25	90
0.206 25	55	80	30	100	0.156 25	50	80	25	100
0.202 02	40	55	25	90	0.155 56	40	90	35	100
0.200 00	60	90	30	100	0.152 78	55	90	25	100

（续）

传动比	交换齿轮				传动比	交换齿轮			
	z_1	z_2	z_3	z_4		z_1	z_2	z_3	z_4
0.151 52	30	55	25	90	0.116 67	35	90	30	100
0.150 00	40	80	30	100	0.115 74	25	60	25	90
0.148 81	25	60	25	70	0.113 64	25	55	25	100
0.145 83	35	80	30	90	0.111 61	25	70	25	80
0.142 86	40	70	25	100	0.111 11	40	90	25	100
0.142 05	25	55	25	80	0.109 38	35	80	25	100
0.138 89	50	90	25	100	0.107 14	30	70	25	100
0.136 36	30	55	25	100	0.104 17	30	80	25	90
0.133 93	30	70	25	80	0.099 21	25	70	25	90
0.133 33	40	90	30	100	0.097 22	35	90	25	100
0.131 25	35	80	30	100	0.093 75	30	80	25	100
0.130 21	25	60	25	80	0.089 29	25	70	25	100
0.126 26	25	55	25	90	0.086 81	25	80	25	90
0.125 00	40	80	25	100	0.083 33	30	90	25	100
0.121 53	35	80	25	90	0.078 13	25	80	25	100
0.119 05	30	70	25	90	0.069 44	25	90	25	100

九、齿轮的测量

1. 公法线长度的测量

（1）标准直齿圆柱齿轮公法线长度测量

1）公法线长度计算公式见表 8-21。

2）标准直齿圆柱齿轮公法线长度数值见表 8-22。

（2）斜齿圆柱齿轮公法线长度测量

表 8-21　公法线长度计算公式

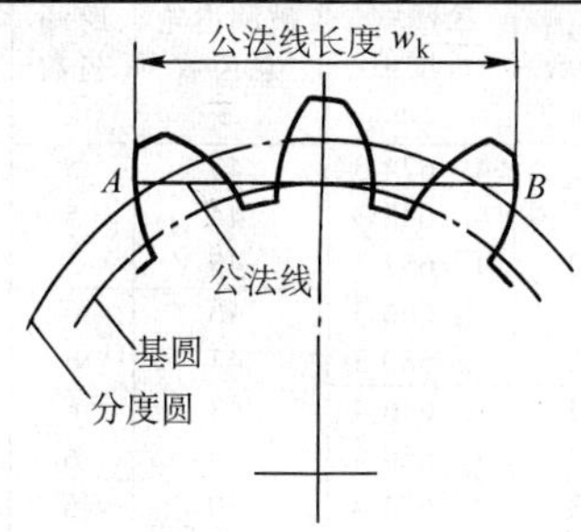

压力角 α	公法线长度 w_k /mm	跨测齿数 k
20°	$w_k = m\cos20°[\pi(k-0.5)+0.0149z]$ $=m[2.952(k-0.5)+0.014z]$	$k=\dfrac{\alpha}{180°}z+0.5$ $=0.111z+0.5$
14.5°	$w_k = m\cos14.5°[\pi(k-0.5)+0.00555z]$ $=m[3.0415(k-0.5)+0.00537z]$	$k=\dfrac{\alpha}{180°}z+0.5$ $=0.08z+0.5$

表 8-22　标准直齿圆柱齿轮公法线长度数值

($m=1\text{mm}$，$\alpha=20°$)

被测齿轮总齿数 z	跨测齿数 k	公法线长度值 w_k/mm	被测齿轮总齿数 z	跨测齿数 k	公法线长度值 w_k/mm
10	2	4. 568 3	12	2	4. 596 3
11	2	4. 582 3	13	2	4. 610 3

（续）

被测齿轮总齿数 z	跨测齿数 k	公法线长度值 w_k/mm	被测齿轮总齿数 z	跨测齿数 k	公法线长度值 w_k/mm
14	2	4.624 3	43	5	13.886 8
15	2	4.638 3	44	5	13.900 8
16	2	4.652 3	45	5	13.914 8
17	2	4.666 3	46	6	16.881 0
18	2	4.680 3	47	6	16.895 0
19	3	7.646 4	48	6	16.909 0
20	3	7.660 4	49	6	16.923 0
21	3	7.674 4	50	6	16.937 0
22	3	7.688 4	51	6	16.951 0
23	3	7.702 5	52	6	16.965 0
24	3	7.716 5	53	6	16.979 0
25	3	7.730 5	54	6	16.993 0
26	3	7.744 5	55	7	19.959 1
27	3	7.758 5	56	7	19.973 2
28	4	10.724 6	57	7	19.987 2
29	4	10.738 6	58	7	20.001 2
30	4	10.752 6	59	7	20.015 2
31	4	10.766 6	60	7	20.029 2
32	4	10.780 6	61	7	20.043 2
33	4	10.794 6	62	7	20.057 2
34	4	10.808 6	63	7	20.071 2
35	4	10.822 6	64	8	23.037 3
36	4	10.836 7	65	8	23.051 3
37	5	13.802 8	66	8	23.065 3
38	5	13.816 8	67	8	23.079 3
39	5	13.830 8	68	8	23.093 3
40	5	13.844 8	69	8	23.107 4
41	5	13.858 8	70	8	23.121 4
42	5	13.872 8	71	8	23.135 4

（续）

被测齿轮总齿数 z	跨测齿数 k	公法线长度值 w_k/mm	被测齿轮总齿数 z	跨测齿数 k	公法线长度值 w_k/mm
72	8	23.1494	100	12	35.3500
73	9	26.1155	101	12	35.3641
74	9	26.1295	102	12	35.3781
75	9	26.1435	103	12	35.3921
76	9	26.1575	104	12	35.4061
77	9	26.1715	105	12	35.4201
78	9	26.1855	106	12	35.4341
79	9	26.1995	107	12	35.4481
80	9	26.2135	108	12	35.4572
81	9	26.2275	109	13	38.4282
82	10	29.1937	110	13	38.4422
83	10	29.2077	111	13	38.4563
84	10	29.2217	112	13	38.4703
85	10	29.2357	113	13	38.4843
86	10	29.2497	114	13	38.4983
87	10	29.2637	115	13	38.5123
88	10	29.2777	116	13	38.5263
89	10	29.2917	117	13	38.5403
90	10	29.3057	118	14	41.5064
91	11	32.2719	119	14	41.5205
92	11	32.2859	120	14	41.5344
93	11	32.2999	121	14	41.5484
94	11	32.3139	122	14	41.5625
95	11	32.3279	123	14	41.5765
96	11	32.3419	124	14	41.5905
97	11	32.3559	125	14	41.6045
98	11	32.3699	126	14	41.6185
99	11	32.3839	127	15	44.5846

（续）

被测齿轮总齿数 z	跨测齿数 k	公法线长度值 w_k/mm	被测齿轮总齿数 z	跨测齿数 k	公法线长度值 w_k/mm
128	15	44. 598 6	157	18	53. 861 2
129	15	44. 612 6	158	18	53. 875 2
130	15	44. 626 6	159	18	53. 889 2
131	15	44. 640 6	160	18	53. 903 2
132	15	44. 654 6	161	18	53. 917 2
133	15	44. 668 6	162	18	53. 931 2
134	15	44. 682 6	163	19	56. 897 3
135	15	44. 696 6	164	19	56. 911 3
136	16	47. 662 8	165	19	56. 925 4
137	16	47. 676 8	166	19	56. 939 4
138	16	47. 690 8	167	19	56. 953 4
139	16	47. 704 8	168	19	56. 967 4
140	16	47. 718 8	169	19	56. 981 4
141	16	47. 732 8	170	19	56. 995 4
142	16	47. 746 8	171	19	57. 009 4
143	16	47. 760 8	172	20	59. 975 5
144	16	47. 774 8	173	20	59. 989 5
145	17	50. 741 0	174	20	60. 003 5
146	17	50. 755 0	175	20	60. 017 5
147	17	50. 769 0	176	20	60. 031 5
148	17	50. 783 0	177	20	60. 045 6
149	17	50. 797 0	178	20	60. 059 6
150	17	50. 811 0	179	20	60. 073 6
151	17	50. 825 0	180	20	60. 087 6
152	17	50. 839 0	181	21	63. 053 7
153	17	50. 853 0	182	21	63. 067 7
154	18	53. 819 2	183	21	63. 081 7
155	18	53. 833 2	184	21	63. 095 7
156	18	53. 847 2	185	21	63. 109 7

（续）

被测齿轮总齿数 z	跨测齿数 k	公法线长度值 w_k/mm	被测齿轮总齿数 z	跨测齿数 k	公法线长度值 w_k/mm
186	21	63. 123 7	194	22	66. 187 9
187	21	63. 137 7	195	22	66. 201 9
188	21	63. 151 7	196	22	66. 215 9
189	21	63. 165 7	197	22	66. 229 9
190	22	66. 131 9	198	22	66. 243 9
191	22	66. 145 9	199	23	69. 210 1
192	22	66. 159 9	200	23	69. 224 1
193	22	66. 173 9			

注：1. 若模数 $m \neq 1$mm，其 w_k 值等于表中的 w_k 值乘 m。
2. 内齿轮公法线长度可按表 8-22 查得，测量方法如图 8-8 所示。

1）公法线长度

$$w_{kn} = m_n \cos\alpha_n [\pi(k-0.5) + z\,\mathrm{inv}\alpha_t]$$

式中 w_{kn}——法向公法线长度（mm）；

m_n——法向模数（mm）；

α_n——法向压力角（°）；

α_t——端面压力角（°）；

inv——渐开线函数。

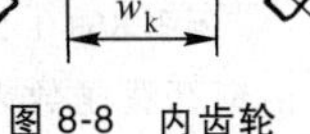

图 8-8 内齿轮公法线长度测量

一般加工时图样上给出 α_n，因此可用下面公式计算出 α_t

$$\tan\alpha_t = \frac{\tan\alpha_n}{\cos\beta}$$

式中 β——螺旋角（°）。

2）跨测齿数

$$k=\frac{\alpha_t z}{180°\cos^3\beta}+0.5$$

注意：只有齿宽 $b \geqslant w_{kn}\sin\beta$，才能测量。测量时要在法线上进行（图 8-9）。

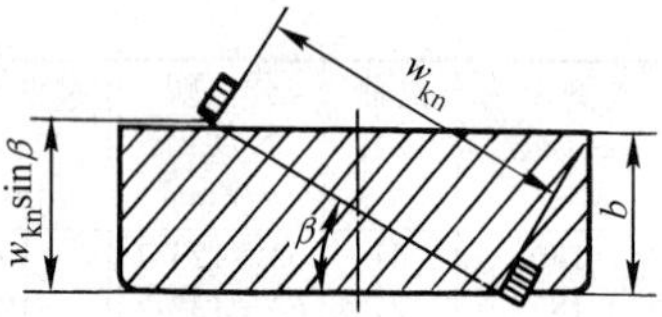

图 8-9　$b \geqslant w_{kn}\sin\beta$ 时斜齿轮才能测量公法线长度示意图

［例］　已知一个斜齿轮 $z=26$，$m_n=3.25\text{mm}$，$\alpha_n=20°$，螺旋角 $\beta=21°47'12''$，求该齿轮的公法线长度 w_{kn} 以及跨测齿数 k。

［解］　先求出 α_t

$$\tan\alpha_t=\frac{\tan\alpha_n}{\cos\beta}=\frac{\tan20°}{\cos21°47'12''}=0.391\ 96$$

即　$\alpha_t=21°24'11''$

再求跨测齿数 k

$$k=\frac{\alpha_t z}{180°\cos^3\beta}+0.5=\frac{21°24'11''\times26}{180°\times\cos^3 21°47'12''}+0.5$$

$$=3.86+0.5\approx4$$

由渐开线函数表中查得

$$\text{inv}\alpha_t=\text{inv}21°24'11''=0.018\ 4$$

将上面所得数值代入公法线计算公式得

$$w_{kn}=m_n\cos\alpha_n[\pi(k-0.5)+z\text{inv}\alpha_t]$$

$$=3.25\times\cos20°[3.141\ 6\times(4-0.5)+26\times0.018\ 4]\text{mm}$$

$$=35.042\text{mm}$$

（3）渐开线函数表（表 8-23）

表 8-23　渐开线函数表

α /(°)	各行前几位相同的数字	0′	5′	10′	15′	20′	25′
1	0.000	00 177	00 225	00 281	00 346	00 420	00 504
2	0.000	01 418	01 603	01 804	02 020	02 253	02 503
3	0.000	04 790	05 201	05 634	06 091	06 573	07 079
4	0.000	11 364	12 090	12 847	13 634	14 453	15 305
5	0.000	22 220	23 352	24 522	25 731	26 978	28 266
6	0.00	03 845	04 008	04 175	04 347	04 524	04 706
7	0.00	06 115	06 337	06 564	06 797	07 035	07 279
8	0.00	09 145	09 435	09 732	10 034	10 343	10 559
9	0.00	13 048	13 416	13 792	14 174	14 563	14 960
10	0.00	17 941	18 397	18 860	19 332	19 812	20 299
11	0.00	23 941	24 495	25 057	25 628	26 208	26 797
12	0.00	31 171	31 832	32 504	33 185	33 875	34 575
13	0.00	39 754	40 534	41 325	42 126	42 938	43 760
14	0.00	49 819	50 729	51 650	52 582	53 526	54 482
15	0.00	61 498	62 548	63 611	64 686	65 773	66 873
16	0.0	07 493	07 613	07 735	07 857	07 982	08 107
17	0.0	09 025	09 161	09 299	09 439	09 580	09 722
18	0.0	10 760	10 915	11 071	11 228	11 387	11 547
19	0.0	12 715	12 888	13 063	13 240	13 418	13 598
20	0.0	14 904	15 098	15 293	15 490	15 689	15 890
21	0.0	17 345	17 560	17 777	17 996	18 217	18 440
22	0.0	20 054	20 292	20 533	20 775	21 019	21 266
23	0.0	23 049	23 312	23 577	23 845	24 114	24 386
24	0.0	26 350	26 639	26 931	27 225	27 521	27 820
25	0.0	29 975	30 293	30 613	30 935	31 260	31 587
26	0.0	33 947	34 294	34 644	34 997	35 352	35 709
27	0.0	38 287	38 666	39 047	39 432	39 819	40 209
28	0.0	43 017	43 430	43 845	44 264	44 685	45 110
29	0.0	48 164	48 612	49 064	49 518	49 976	50 437
30	0.0	53 751	54 238	54 728	55 221	55 717	56 217
31	0.0	59 809	60 336	60 866	61 400	61 937	62 478
32	0.0	66 364	66 934	67 507	68 084	68 665	69 250

（续）

α /(°)	各行前几位相同的数字	0′	5′	10′	15′	20′	25′
33	0. 0	73 449	74 064	74 684	75 307	75 934	76 565
34	0. 0	81 097	81 760	82 428	83 100	83 777	84 457
35	0. 0	89 342	90 058	90 777	91 502	92 230	92 963
36	0.	09 822	09 899	09 977	10 055	10 133	10 212
37	0.	10 778	10 861	10 944	11 028	11 113	11 197
38	0.	11 806	11 895	11 985	12 075	12 165	12 257
39	0.	12 911	13 006	13 102	13 199	13 297	13 395
40	0.	14 097	14 200	14 303	14 407	14 511	14 616
41	0.	15 370	15 480	15 591	15 703	15 815	15 928
42	0.	16 737	16 855	16 974	17 093	17 214	17 336
43	0.	18 202	18 329	18 457	18 585	18 714	18 844
44	0.	19 774	19 910	20 047	20 185	20 323	20 463
45	0.	21 460	21 606	21 753	21 900	22 049	22 108
46	0.	23 268	23 424	23 582	23 740	23 899	24 059
47	0.	25 206	25 374	25 513	25 713	25 883	26 055
48	0.	27 285	27 465	27 646	27 828	28 012	28 196
49	0.	29 516	29 709	29 903	30 098	30 295	30 492
50	0.	31 909	32 116	32 324	32 534	32 745	32 957
51	0.	34 478	34 700	34 924	35 149	35 376	35 604
52	0.	37 237	37 476	37 716	37 958	38 202	38 446
53	0.	40 202	40 459	40 717	40 977	41 239	41 502
54	0.	43 390	43 667	43 945	44 225	44 506	44 789
55	0.	46 822	47 119	47 419	47 720	48 023	48 328
56	0.	50 518	50 838	51 161	51 486	51 813	52 141
57	0.	54 503	54 849	55 197	55 547	55 900	56 255
58	0.	58 804	59 178	59 554	59 933	60 314	60 697
59	0.	63 454	63 858	64 265	64 674	65 086	65 501

（续）

α /(°)	各行前几位相同的数字	30′	35′	40′	45′	50′	55′
1	0.000	00 598	00 704	00 821	00 950	01 992	01 248
2	0.000	02 771	03 058	03 364	03 689	04 035	04 402
3	0.000	07 610	08 167	08 751	09 362	10 000	10 668
4	0.000	16 189	17 107	18 059	19 045	20 067	21 125
5	0.000	29 594	30 963	32 374	33 827	35 324	36 864
6	0.00	04 897	05 093	05 280	05 481	05 687	05 898
7	0.00	07 528	07 783	08 044	08 310	08 582	08 861
8	0.00	10 980	11 308	11 643	11 984	12 332	12 687
9	0.00	15 363	15 774	16 193	16 618	17 051	17 492
10	0.00	20 795	21 299	21 810	22 330	22 859	23 396
11	0.00	27 394	28 001	28 616	29 241	29 875	30 518
12	0.00	35 285	36 005	36 735	37 474	38 224	38 984
13	0.00	44 593	45 437	46 291	47 157	48 033	48 921
14	0.00	55 448	56 427	57 417	58 420	59 434	60 460
15	0.00	67 985	69 110	70 248	71 398	72 561	73 738
16	0.0	08 234	08 362	08 492	08 623	08 756	08 889
17	0.0	09 866	10 012	10 158	10 307	10 456	10 608
18	0.0	11 709	11 873	12 038	12 205	12 373	12 543
19	0.0	13 779	13 963	14 148	14 334	14 523	14 713
20	0.0	16 092	16 296	16 502	16 710	16 920	17 132
21	0.0	18 665	18 891	19 120	19 350	19 583	19 817
22	0.0	21 514	21 765	22 018	22 272	22 529	22 788
23	0.0	24 660	24 936	25 214	25 495	25 778	26 062
24	0.0	28 121	28 424	28 729	29 037	29 348	29 660
25	0.0	31 917	32 249	32 583	32 920	33 260	33 602
26	0.0	36 069	36 432	36 798	37 166	37 537	37 910
27	0.0	40 602	40 997	41 395	41 797	42 201	42 607
28	0.0	45 537	45 967	46 400	46 837	47 276	47 718

（续）

α /(°)	各行前几位相同的数字	30′	35′	40′	45′	50′	55′
29	0.0	50 901	51 368	51 838	52 312	52 788	53 268
30	0.0	56 720	57 226	57 736	58 249	58 765	59 285
31	0.0	63 022	63 570	64 122	64 677	65 236	65 799
32	0.0	69 838	70 430	71 026	71 626	72 230	72 838
33	0.0	77 200	77 839	78 483	79 130	79 781	80 437
34	0.0	85 142	85 832	86 525	87 223	87 925	88 631
35	0.0	93 701	94 443	95 190	95 924	96 698	97 459
36	0.	10 292	10 371	10 452	10 533	10 614	10 696
37	0.	11 283	11 369	11 455	11 542	11 630	11 718
38	0.	12 348	12 441	12 534	12 627	12 721	12 815
39	0.	13 493	13 592	13 692	13 792	13 893	13 995
40	0.	14 722	14 829	14 936	15 043	15 152	15 261
41	0.	16 041	16 156	16 270	16 386	16 502	16 619
42	0.	17 457	17 579	17 702	17 826	17 951	18 076
43	0.	18 975	19 106	19 238	19 371	19 505	19 639
44	0.	20 603	20 743	20 885	21 028	21 171	21 315
45	0.	22 348	22 490	22 651	22 804	22 958	23 112
46	0.	24 220	24 382	24 545	24 709	24 874	25 040
47	0.	26 228	26 401	26 576	26 752	26 929	27 107
48	0.	28 381	28 567	28 755	28 943	29 133	29 324
49	0.	30 691	30 891	31 092	31 295	31 493	31 703
50	0.	33 171	33 385	33 601	33 818	34 037	34 257
51	0.	35 833	36 063	36 295	36 529	36 763	36 990
52	0.	38 693	38 941	39 190	39 441	39 693	39 947
53	0.	41 767	42 034	42 302	42 571	42 843	43 116
54	0.	45 074	45 361	45 650	45 904	46 232	46 526
55	0.	48 635	48 944	49 255	49 568	49 882	50 199
56	0.	52 472	52 805	53 141	53 478	53 817	54 159

（续）

α /(°)	各行前几位相同的数字	30′	35′	40′	45′	50′	55′
57	0.	56 612	56 972	57 333	57 698	58 064	58 433
58	0.	61 083	61 472	61 863	62 257	62 653	63 052
59	0.	65 919	66 340	66 763	67 189	67 618	68 050

表 8-23 的用法说明：

1）找出角 $\alpha=14°30'$的 inv。inv14°30′=0.005 544 8。

2）找出角 $\alpha=22°18'25''$的 inv。在表 8-23 中找出 inv22°15′=0.020 775。表 8-23 中 5′(300″）的差为 0.000 244，附加的 3′25″(205″）的 inv 数值应为 $\frac{0.000\ 244\times205}{300}=0.000\ 167$，因此 inv22°18′25″=0.020 775+0.000 167=0.020 942。

（4）公法线平均长度偏差及公差

1）外齿轮公法线平均长度上极限偏差 E_{Wms}（为负值）和内齿轮公法线平均长度下极限偏差 E_{Wmi}（为正值）见表 8-24。

2）公法线平均长度公差 T_{Wm} 见表 8-25。

表 8-24　外齿轮公法线平均长度上极限偏差 E_{Wms}（为负值）和内齿轮公法线平均长度下极限偏差 E_{Wmi}（为正值）

（单位：μm）

侧隙种类	齿轮第Ⅱ公差组精度等级	法向模数 /mm	分度圆直径/mm				
			≤50	>50~80	>80~125	>125~180	>180~250
b	3	≥1~10	63	71	80	100	112
		>10~25	—	—	90	100	112
	4	≥1~10	63	71	90	100	112
		>10~25	—	—	90	100	112

（续）

侧隙种类	齿轮第Ⅱ公差组精度等级	法向模数/mm	分度圆直径/mm				
			≤50	>50~80	>80~125	>125~180	>180~250
b	5	≥1~10	71	80	90	100	112
		>10~25	—	—	100	112	125
	6	≥1~10	80	90	100	112	125
		>10~25	—	—	112	125	140
	7	≥1~10	90	100	112	125	140
		>10~25	—	—	125	140	160
	8	≥1~10	100	112	125	140	160
		>10~25	—	—	140	160	180
	9	≥1~10	112	125	140	160	180
		>10~25	—	—	200	200	200
	10	≥1~10	140	160	180	180	200
		>10~25	—	—	224	250	250
c	3	≥1~10	40	50	56	63	71
		>10~25	—	—	56	63	71
	4	≥1~10	45	50	56	63	71
		>10~25	—	—	63	71	80
	5	≥1~10	50	63	63	71	80
		>10~25	—	—	80	90	90
	6	≥1~10	56	63	71	80	90
		>10~25	—	—	80	90	100
	7	≥1~10	71	71	80	90	100
		>10~25	—	—	100	112	125
	8	≥1~10	80	90	100	100	112
		>10~25	—	—	125	140	140

（续）

侧隙种类	齿轮第Ⅱ公差组精度等级	法向模数/mm	分度圆直径/mm				
			≤50	>50~80	>80~125	>125~180	>180~250
c	9	≥1~10 >10~25	100 —	112 —	125 160	125 180	140 180
	10	≥1~10 >10~25	125 —	140 —	140 200	160 200	160 224
d	3	≥1~10 >10~25	28 —	32 —	40 40	45 45	50 50
	4	≥1~10 >10~25	36 —	40 —	40 50	45 56	50 63
	5	≥1~10 >10~25	40 —	45 —	50 56	56 63	63 71
	6	≥1~10 >10~25	50 —	56 —	56 71	63 80	71 90
	7	≥1~10 >10~25	56 —	63 —	71 80	80 90	80 100
	8	≥1~10 >10~25	71 —	71 —	80 112	90 112	100 112
	9	≥1~10 >10~25	90 —	100 —	112 140	112 140	125 160
	10	≥1~10 >10~25	112 —	125 —	125 180	140 180	160 200
e	3	≥1~10 >10~25	22 —	25 —	28 36	32 40	36 40
	4	≥1~10 >10~25	25 —	28 —	32 36	36 40	40 45

（续）

侧隙种类	齿轮第Ⅱ公差组精度等级	法向模数/mm	分度圆直径/mm				
			≤50	>50~80	>80~125	>125~180	>180~250
e	5	≥1~10	32	36	40	45	50
		>10~25	—	—	50	56	56
	6	≥1~10	40	45	50	56	56
		>10~25	—	—	63	63	71
	7	≥1~10	50	56	56	63	71
		>10~25	—	—	80	90	90
	8	≥1~10	63	63	71	80	80
		>10~25	—	—	100	100	112
	9	≥1~10	80	90	90	100	112
		>10~25	—	—	140	140	140
	10	≥1~10	100	112	112	125	140
		>10~25	—	—	160	160	180

侧隙种类	齿轮第Ⅱ公差组精度等级	法向模数/mm	分度圆直径/mm				
			>250~315	>315~400	>400~500	>500~630	>630~800
b	3	≥1~10	125	125	140	160	180
		>10~25	125	140	140	160	180
	4	≥1~10	125	140	140	160	180
		>10~25	125	140	160	160	180
	5	≥1~10	125	140	160	180	200
		>10~25	140	140	160	180	200
	6	≥1~10	140	140	160	180	200
		>10~25	160	160	160	180	200
	7	≥1~10	140	160	160	180	200
		>10~25	180	180	200	224	250

（续）

侧隙种类	齿轮第Ⅱ公差组精度等级	法向模数/mm	分度圆直径/mm				
			>250~315	>315~400	>400~500	>500~630	>630~800
b	8	≥1~10	180	180	200	200	224
		>10~25	180	200	224	224	250
	9	≥1~10	200	200	224	250	280
		>10~25	224	224	250	280	315
	10	≥1~10	224	224	250	280	315
		>10~25	250	280	280	315	355
c	3	≥1~10	80	90	100	100	125
		>10~25	80	90	100	112	125
	4	≥1~10	80	90	100	112	125
		>10~25	90	90	100	112	125
	5	≥1~10	90	100	100	112	125
		>10~25	100	112	112	125	140
	6	≥1~10	100	112	112	125	140
		>10~25	112	125	125	140	160
	7	≥1~10	112	125	140	140	160
		>10~25	125	140	140	160	180
	8	≥1~10	125	140	140	160	180
		>10~25	160	160	160	180	200
	9	≥1~10	160	160	180	180	200
		>10~25	200	200	224	224	224
	10	≥1~10	180	180	200	200	224
		>10~25	224	250	250	280	280
d	3	≥1~10	56	56	63	71	80
		>10~25	56	63	63	71	80

（续）

侧隙种类	齿轮第Ⅱ公差组精度等级	法向模数/mm	分度圆直径/mm				
			>250~315	>315~400	>400~500	>500~630	>630~800
d	4	≥1~10	56	63	63	71	80
		>10~25	63	63	71	80	90
	5	≥1~10	63	71	71	80	90
		>10~25	80	80	90	100	112
	6	≥1~10	71	80	90	90	100
		>10~25	90	90	90	100	112
	7	≥1~10	90	90	100	112	125
		>10~25	112	112	125	140	140
	8	≥1~10	112	112	112	125	125
		>10~25	125	125	140	160	160
	9	≥1~10	140	140	140	140	160
		>10~25	160	180	180	200	200
	10	≥1~10	160	160	160	160	180
		>10~25	200	200	200	224	224
e	3	≥1~10	40	40	45	50	56
		>10~25	40	45	50	56	56
	4	≥1~10	40	45	45	50	56
		>10~25	50	50	56	63	71
	5	≥1~10	50	56	63	71	71
		>10~25	56	63	63	71	80
	6	≥1~10	56	63	63	71	80
		>10~25	71	80	80	90	100
	7	≥1~10	80	80	80	90	90
		>10~25	90	90	100	112	112
	8	≥1~10	90	90	100	112	112
		>10~25	112	125	125	125	140

（续）

侧隙种类	齿轮第Ⅱ公差组精度等级	法向模数/mm	分度圆直径/mm				
			>250~315	>315~400	>400~500	>500~630	>630~800
e	9	≥1~10	112	125	125	140	140
		>10~25	140	160	160	160	180
	10	≥1~10	140	160	160	160	180
		>10~25	180	180	200	200	224

侧隙种类	齿轮第Ⅱ公差组精度等级	法向模数/mm	分度圆直径/mm				
			>800~1 000	>1 000~1 250	>1 250~1 600	>1 600~2 000	>2 000~2 500
b	3	≥1~10	200	250	280	355	400
		>10~25	200	250	280	355	400
	4	≥1~10	200	250	280	355	400
		>10~25	224	250	280	355	400
	5	≥1~10	224	250	315	355	400
		>10~25	224	250	315	355	400
	6	≥1~10	224	250	315	355	400
		>10~25	224	280	315	355	450
	7	≥1~10	250	280	315	400	450
		>10~25	250	280	315	450	450
	8	≥1~10	250	280	315	400	450
		>10~25	280	315	355	400	450
	9	≥1~10	280	315	355	450	500
		>10~25	355	400	400	450	500
	10	≥1~10	355	355	400	450	500
		>10~25	355	400	450	560	560
c	3	≥1~10	140	160	180	224	250
		>10~25	140	160	180	224	250

（续）

侧隙种类	齿轮第Ⅱ公差组精度等级	法向模数/mm	分度圆直径/mm				
			>800~1 000	>1 000~1 250	>1 250~1 600	>1 600~2 000	>2 000~2 500
c	4	≥1~10	140	160	180	224	250
		>10~25	140	160	200	224	280
	5	≥1~10	140	160	200	224	280
		>10~25	160	180	200	250	280
	6	≥1~10	160	180	200	250	280
		>10~25	180	200	200	250	280
	7	≥1~10	180	200	224	250	315
		>10~25	200	224	250	280	315
	8	≥1~10	200	224	250	280	315
		>10~25	224	250	280	315	355
	9	≥1~10	224	250	280	315	355
		>10~25	250	280	315	355	450
	10	≥1~10	250	280	315	355	400
		>10~25	280	315	355	400	450
d	3	≥1~10	90	100	125	140	180
		>10~25	90	112	125	140	180
	4	≥1~10	90	112	125	140	180
		>10~25	100	112	125	160	180
	5	≥1~10	100	112	140	160	200
		>10~25	112	125	140	160	200
	6	≥1~10	125	125	140	160	200
		>10~25	125	140	160	200	200
	7	≥1~10	140	160	180	200	224
		>10~25	140	160	180	224	250
	8	≥1~10	140	160	180	224	250
		>10~25	160	180	200	224	280

（续）

侧隙种类	齿轮第Ⅱ公差组精度等级	法向模数/mm	分度圆直径/mm				
			>800~1 000	>1 000~1 250	>1 250~1 600	>1 600~2 000	>2 000~2 500
d	9	≥1~10	180	200	224	280	315
		>10~25	224	224	250	280	315
	10	≥1~10	180	200	250	280	355
		>10~25	250	280	280	315	355
e	3	≥1~10	63	71	90	100	125
		>10~25	63	80	90	100	125
	4	≥1~10	63	80	90	100	125
		>10~25	71	80	90	112	125
	5	≥1~10	80	90	100	112	140
		>10~25	90	100	112	125	140
	6	≥1~10	90	100	112	140	140
		>10~25	100	112	125	140	160
	7	≥1~10	100	125	140	160	180
		>10~25	125	140	140	180	200
	8	≥1~10	125	125	140	180	200
		>10~25	140	160	180	200	224
	9	≥1~10	160	160	180	224	250
		>10~25	200	200	224	250	280
	10	≥1~10	200	200	224	250	280
		>10~25	224	250	280	315	315

2. 分度圆弦齿厚的测量（图 8-10）

（1）计算公式

1）分度圆弦齿厚

$$\bar{s} = mz\sin\frac{90^\circ}{z}$$

表 8-25 公法线平均长度公差 T_{Wm}

（单位：μm）

齿厚公差等级	法向模数/mm	分度圆直径/mm							
		≤50	>50~80	>80~125	>125~180	>180~250	>250~315	>315~400	>400~500
3	≥1~25	14	16	20	25	28	32	32	36
4		14	22	25	28	32	36	45	45
5		20	25	28	32	36	45	50	50
6		25	32	36	45	50	50	63	71
7		28	36	45	50	63	71	71	80
8		36	45	56	63	71	90	90	100
9		45	56	63	80	100	112	112	125
10		56	71	90	100	125	140	140	160

齿厚公差等级	法向模数/mm	分度圆直径/mm						
		>500~630	>630~800	>800~1 000	>1 000~1 250	>1 250~1 600	>1 600~2 000	>2 000~2 500
3	≥1~25	40	45	50	71	80	100	112
4		50	56	63	80	90	125	140
5		56	71	90	100	112	140	160
6		80	90	100	125	140	180	200
7		90	112	125	140	160	224	250
8		125	140	160	180	200	280	315
9		160	180	200	224	280	355	400
10		180	224	250	280	355	450	500

2）分度圆弦齿高

$$\bar{h}_a=\frac{m}{2}\left[2+z\left(1-\cos\frac{90°}{z}\right)\right]$$

测量斜齿轮时，应以法向模数 m_n 和当量齿数 z_v 来代替公式中的 m 和 z。

$$z_v = \frac{z}{\cos^3\beta}$$

测量锥齿轮时，测量位置应取在大头，所以应以大端模数和当量齿数 z_v 来代替公式中的 m 和 z。

$$z_v = \frac{z}{\cos\delta}$$

式中 δ——分锥角。

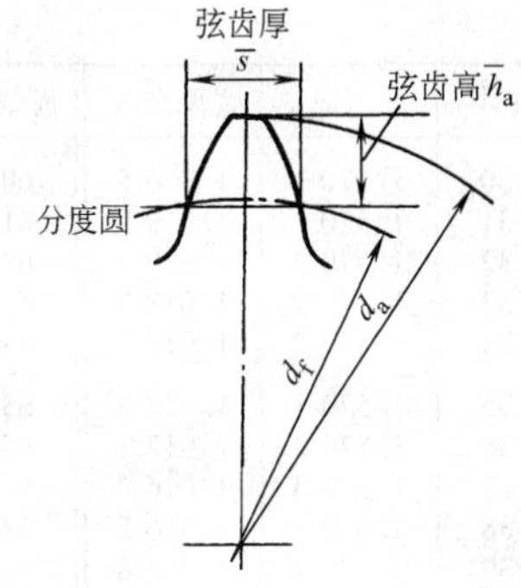

图 8-10 分度圆弦齿厚的测量

(2) 分度圆弦齿厚的测量尺寸（表 8-26）

表 8-26 分度圆弦齿厚的测量尺寸（m = 1mm）

（单位：mm）

齿数 z	弦齿厚 $\bar{s}$	弦齿高 $\bar{h}_a$	齿数 z	弦齿厚 $\bar{s}$	弦齿高 $\bar{h}_a$
10	1.564 3	1.061 5	20	1.569 2	1.030 8
11	1.565 5	1.056	21	1.569 3	1.029 4
12	1.566 3	1.051 3	22	1.569 4	1.028 0
13	1.566 9	1.047 4	23	1.569 5	1.026 8
14	1.567 5	1.044	24	1.569 6	1.025 7
15	1.567 9	1.041 1	25	1.569 7	1.024 7
16	1.568 3	1.038 5	26	1.569 8	1.023 7
17	1.568 6	1.036 3	27	1.569 8	1.022 8
18	1.568 8	1.034 2	28	1.569 9	1.022
19	1.569	1.032 4	29	1.57	1.021 2

（续）

齿数 z	弦齿厚 $\bar{s}$	弦齿高 $\bar{h}_a$	齿数 z	弦齿厚 $\bar{s}$	弦齿高 $\bar{h}_a$
30	1.570 1	1.020 5	60	1.570 6	1.010 3
31	1.570 1	1.019 9	61	1.570 6	1.010 1
32	1.570 2	1.019 3	62	1.570 6	1.01
33	1.570 2	1.018 7	63	1.570 6	1.009 8
34	1.570 2	1.018 1	64	1.570 6	1.009 6
35	1.570 3	1.017 6	65	1.570 6	1.009 5
36	1.570 3	1.017 1	66	1.570 6	1.009 3
37	1.570 3	1.016 7	67	1.570 6	1.009 2
38	1.570 3	1.016 2	68	1.570 6	1.009 1
39	1.570 4	1.015 8	69	1.570 6	1.008 9
40	1.570 4	1.015 4	70	1.570 6	1.008 8
41	1.570 4	1.015	71	1.570 7	1.008 7
42	1.570 4	1.014 6	72	1.570 7	1.008 6
43	1.570 4	1.014 3	73	1.570 7	1.008 4
44	1.570 5	1.014	74	1.570 7	1.008 3
45	1.570 5	1.013 7	75	1.570 7	1.008 2
46	1.570 5	1.013 4	76	1.570 7	1.008
47	1.570 5	1.013 1	77	1.570 7	1.008
48	1.570 5	1.012 8	78	1.570 7	1.007 9
49	1.570 5	1.012 6	79	1.570 7	1.007 8
50	1.570 5	1.012 4	80	1.570 7	1.007 7
51	1.570 5	1.012 1	81	1.570 7	1.007 6
52	1.570 6	1.011 9	82	1.570 7	1.007 5
53	1.570 6	1.011 6	83	1.570 7	1.007 4
54	1.570 6	1.011 4	84	1.570 7	1.007 3
55	1.570 6	1.011 2	85	1.570 7	1.007 3
56	1.570 6	1.011	86	1.570 7	1.007 2
57	1.570 6	1.010 8	87	1.570 7	1.007 1
58	1.570 6	1.010 6	88	1.570 7	1.007
59	1.570 6	1.010 4	89	1.570 7	1.006 9

（续）

齿数 z	弦齿厚 $\bar{s}$	弦齿高 $\bar{h}_a$	齿数 z	弦齿厚 $\bar{s}$	弦齿高 $\bar{h}_a$
90	1.5707	1.0069	110	1.5708	1.0056
91	1.5707	1.0068	115	1.5708	1.0054
92	1.5707	1.0067	120	1.5708	1.0051
93	1.5707	1.0066	125	1.5708	1.0049
94	1.5707	1.0065	127	1.5708	1.0048
95	1.5707	1.0065	130	1.5708	1.0047
96	1.5707	1.0064	135	1.5708	1.0046
97	1.5707	1.0064	140	1.5708	1.0044
98	1.5707	1.0063	145	1.5708	1.0042
99	1.5707	1.0062	150	1.5708	1.0041
100	1.5707	1.0062	齿条	1.5708	1
105	1.5708	1.0059			

注：测量斜齿轮和锥齿轮时，应按当量齿数 z_v 来查表。

3. 固定弦齿厚的测量（图8-11）

（1）计算公式

1）固定弦齿厚

$$\bar{s}=\frac{\pi}{2}m_n\cos^2\alpha_n$$

2）固定弦齿高

$$\bar{h}=h_a-\frac{\pi}{8}m_n\sin2\alpha_n$$

式中 m_n——法向模数（mm）；

α_n——法向压力角（°）；

h_a——齿顶高（mm）。

$\alpha_n=20°$、14.5°时的简化计算公式见表8-27。

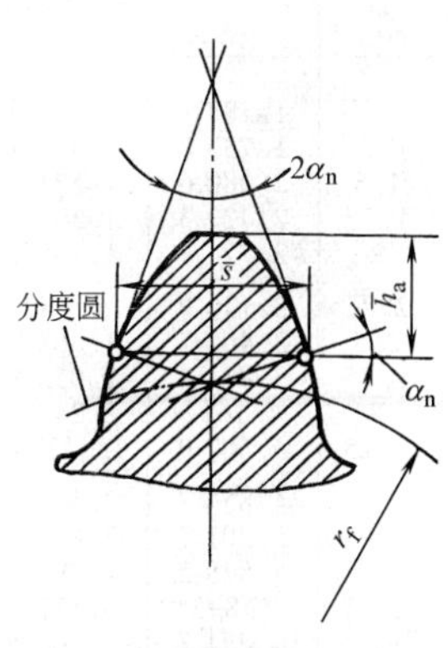

图8-11 固定弦齿厚的测量

表 8-27 简化计算公式

α_n	$\bar{s}$	$\bar{h}_a$
20°	$1.387m_n$	$0.748m_n$
14.5°	$1.472m_n$	$0.810m_n$

［例］ 有一个直齿圆柱齿轮，模数 $m=4$mm，压力角 $\alpha=20°$，求固定弦齿厚 $\bar{s}$ 和固定弦齿高 $\bar{h}_a$。

［解］ 根据表 8-27 中的公式计算得

$$\bar{s}=1.387m_n=1.387\times4\text{mm}=5.548\text{mm}$$

$$\bar{h}_a=0.748m_n=0.748\times4\text{mm}=2.99\text{mm}$$

（2）固定弦齿厚测量尺寸（表 8-28）

表 8-28 固定弦齿厚测量尺寸 （单位：mm）

m	$\alpha_n=20°$		m	$\alpha_n=20°$	
	$\bar{s}$	$\bar{h}_a$		$\bar{s}$	$\bar{h}_a$
1	1.387 1	0.747 6	4.75	6.588 5	3.551
1.25	1.733 8	0.934 4	5	6.935 3	3.737 9
1.5	2.080 6	1.121 4	5.5	7.628 8	4.111 7
1.75	2.427 3	1.308 2	6	8.322 3	4.485 4
2	2.774 1	1.495 1	6.5	9.015 8	4.859 2
2.25	3.120 9	1.682	7	9.709 3	5.233
2.5	3.467 7	1.868 9	7.5	10.402 9	5.606 8
2.75	3.814 4	2.055 8	8	11.096 4	5.980 6
3	4.1612	2.242 7	9	12.483 4	6.728 2
3.25	4.507 9	2.4296	10	13.870 5	7.475 7
3.5	4.854 7	2.616 5	11	15.257 5	8.223 3
3.75	5.201 7	2.803 4	12	16.644 6	8.9709
4	5.548 2	2.990 3	13	18.031 6	9.718 5
4.25	5.895	3.177 2	14	19.418 7	10.466 1
4.5	6.241 7	3.364 1	15	20.805 7	11.213 7

（续）

m	$\alpha_n=20°$		m	$\alpha_n=20°$	
	$\bar{s}$	$\bar{h}_a$		$\bar{s}$	$\bar{h}_a$
16	22.192 8	11.961 2	22	30.515 1	16.446 7
18	24.966 9	13.456 4	24	33.289 2	17.941 9
20	27.741	14.951 5	25	34.676 2	18.689 5

注：测量斜齿轮时，应按法向模数 m_n 来查表；测量锥齿轮时，应按大端模数来查表。

4. 齿厚上极限偏差及公差

（1）齿厚上极限偏差 E_{ss}（表 8-29）

表 8-29　齿厚上极限偏差

E_{ss}（为负值）　　　（单位：μm）

侧隙种类	齿轮第Ⅱ公差组精度等级	法向模数/mm	分度圆直径/mm				
			≤50	>50~80	>80~125	>125~180	>180~250
b	3	≥1~10	63	71	80	100	112
		>10~25	—	—	90	100	112
	4	≥1~10	63	71	90	100	112
		>10~25	—	—	90	100	112
	5	≥1~10	71	80	90	100	112
		>10~25	—	—	100	112	125
	6	≥1~10	71	80	90	112	125
		>10~25	—	—	100	112	125
	7	≥1~10	80	90	100	112	125
		>10~25	—	—	112	125	140
	8	≥1~10	90	100	112	125	140
		>10~25	—	—	125	140	160
	9	≥1~10	100	112	125	140	160
		>10~25	—	—	160	160	160
	10	≥1~10	125	140	160	160	180
		>10~25	—	—	180	200	200

（续）

侧隙种类	齿轮第Ⅱ公差组精度等级	法向模数/mm	分度圆直径/mm				
			≤50	>50~80	>80~125	>125~180	>180~250
c	3	≥1~10	40	50	56	63	71
		>10~25	—	—	56	63	71
	4	≥1~10	45	50	56	63	71
		>10~25	—	—	63	71	80
	5	≥1~10	45	56	63	71	80
		>10~25	—	—	71	80	80
	6	≥1~10	50	56	63	71	80
		>10~25	—	—	71	80	90
	7	≥1~10	56	63	71	80	90
		>10~25	—	—	80	90	100
	8	≥1~10	63	71	80	90	100
		>10~25	—	—	100	112	112
	9	≥1~10	80	90	100	112	125
		>10~25	—	—	125	140	140
	10	≥1~10	100	112	125	140	140
		>10~25	—	—	160	160	180
d	3	≥1~10	28	32	40	45	50
		>10~25	—	—	40	45	50
	4	≥1~10	32	36	40	45	50
		>10~25	—	—	45	50	56
	5	≥1~10	36	40	45	50	56
		>10~25	—	—	50	56	63
	6	≥1~10	40	45	50	56	63
		>10~25	—	—	56	63	71
	7	≥1~10	45	50	56	63	71
		>10~25	—	—	63	71	80

（续）

侧隙种类	齿轮第Ⅱ公差组精度等级	法向模数/mm	分度圆直径/mm				
			≤50	>50~80	>80~125	>125~180	>180~250
d	8	≥1~10	56	56	63	71	80
		>10~25	—	—	80	90	90
	9	≥1~10	71	80	90	90	100
		>10~25	—	—	100	112	125
	10	≥1~10	90	100	100	112	125
		>10~25	—	—	140	140	160
e	3	≥1~10	22	25	28	32	36
		>10~25	—	—	32	36	36
	4	≥1~10	22	25	28	32	36
		>10~25	—	—	32	36	40
	5	≥1~10	28	32	36	40	45
		>10~25	—	—	40	45	50
	6	≥1~10	32	36	40	45	45
		>10~25	—	—	45	50	56
	7	≥1~10	36	40	45	50	56
		>10~25	—	—	56	63	63
	8	≥1~10	45	50	56	63	63
		>10~25	—	—	71	71	80
	9	≥1~10	63	71	71	80	90
		>10~25	—	—	100	100	112
	10	≥1~10	80	90	90	100	112
		>10~25	—	—	125	125	140

（续）

侧隙种类	齿轮第Ⅱ公差组精度等级	法向模数/mm	分度圆直径/mm				
			>250~315	>315~400	>400~500	>500~630	>630~800
b	3	≥1~10	125	125	140	160	180
		>10~25	125	140	140	160	180
	4	≥1~10	125	140	140	160	180
		>10~25	125	140	160	160	180
	5	≥1~10	125	140	160	180	230
		>10~25	140	140	160	180	200
	6	≥1~10	140	140	160	180	200
		>10~25	140	160	160	180	200
	7	≥1~10	140	160	160	180	200
		>10~25	160	160	180	200	224
	8	≥1~10	160	160	180	200	224
		>10~25	160	180	200	200	224
	9	≥1~10	180	180	200	224	250
		>10~25	200	200	224	250	280
	10	≥1~10	200	200	224	250	280
		>10~25	224	250	250	280	315
c	3	≥1~10	80	90	100	100	125
		>10~25	80	90	100	112	125
	4	≥1~10	80	90	100	112	125
		>10~25	90	90	100	112	125
	5	≥1~10	90	100	100	112	125
		>10~25	90	100	112	125	140
	6	≥1~10	90	100	112	125	140
		>10~25	100	112	112	125	140

（续）

侧隙种类	齿轮第Ⅱ公差组精度等级	法向模数/mm	分度圆直径/mm				
			>250~315	>315~400	>400~500	>500~630	>630~800
c	7	≥1~10	100	112	125	125	140
		>10~25	112	125	125	140	160
	8	≥1~10	112	125	125	140	160
		>10~25	125	140	140	160	180
	9	≥1~10	140	140	160	160	180
		>10~25	160	160	180	180	200
	10	≥1~10	160	180	180	180	200
		>10~25	180	200	200	224	224
d	3	≥1~10	56	56	63	71	80
		>10~25	56	63	63	71	80
	4	≥1~10	56	63	63	71	80
		>10~25	63	63	71	80	90
	5	≥1~10	63	71	71	80	90
		>10~25	71	71	80	90	100
	6	≥1~10	63	71	80	80	90
		>10~25	71	80	80	90	100
	7	≥1~10	80	80	90	100	112
		>10~25	90	90	100	112	112
	8	≥1~10	90	90	100	112	112
		>10~25	100	100	112	125	125
	9	≥1~10	112	112	125	125	140
		>10~25	125	140	140	160	160
	10	≥1~10	125	140	140	160	160
		>10~25	160	160	180	180	200

（续）

侧隙种类	齿轮第Ⅱ公差组精度等级	法向模数/mm	分度圆直径/mm				
			>250~315	>315~400	>400~500	>500~630	>630~800
e	3	≥1~10	40	40	45	50	56
		>10~25	40	45	50	56	56
	4	≥1~10	40	45	45	50	56
		>10~25	45	45	50	56	63
	5	≥1~10	45	50	56	63	63
		>10~25	50	56	56	63	71
	6	≥1~10	50	56	56	63	71
		>10~25	56	63	63	71	80
	7	≥1~10	63	63	71	80	80
		>10~25	71	71	80	90	90
	8	≥1~10	71	71	80	90	90
		>10~25	80	90	90	100	112
	9	≥1~10	90	100	100	112	125
		>10~25	112	125	125	125	140
	10	≥1~10	112	125	125	140	140
		>10~25	140	140	140	160	180

侧隙种类	齿轮第Ⅱ公差组精度等级	法向模数/mm	分度圆直径/mm				
			>800~1 000	>1 000~1 250	>1 250~1 600	>1 600~2 000	>2 000~2 500
b	3	≥1~10	200	250	280	355	400
		>10~25	200	250	280	355	400
	4	≥1~10	200	250	280	355	400
		>10~25	224	250	280	355	400

（续）

侧隙种类	齿轮第Ⅱ公差组精度等级	法向模数/mm	分度圆直径/mm				
			>800~1 000	>1 000~1 250	>1 250~1 600	>1 600~2 000	>2 000~2 500
b	5	≥1~10	224	250	315	355	400
		>10~25	224	250	315	355	400
	6	≥1~10	224	250	315	355	400
		>10~25	224	280	315	355	450
	7	≥1~10	250	280	315	400	450
		>10~25	250	280	315	400	450
	8	≥1~10	250	280	315	400	450
		>10~25	250	315	355	400	450
	9	≥1~10	280	315	355	450	500
		>10~25	315	355	400	450	500
	10	≥1~10	315	355	400	450	500
		>10~25	315	355	400	500	560
c	3	≥1~10	140	160	180	224	250
		>10~25	140	160	180	224	250
	4	≥1~10	140	160	180	224	250
		>10~25	140	160	200	224	280
	5	≥1~10	140	160	200	224	280
		>10~25	160	180	200	250	280
	6	≥1~10	160	180	200	250	280
		>10~25	160	180	200	250	280
	7	≥1~10	160	200	224	250	315
		>10~25	180	200	224	280	315
	8	≥1~10	180	200	224	280	315
		>10~25	200	224	250	280	315

（续）

侧隙种类	齿轮第Ⅱ公差组精度等级	法向模数/mm	分度圆直径/mm				
			>800~1 000	>1 000~1 250	>1 250~1 600	>1 600~2 000	>2 000~2 500
c	9	≥1~10	200	224	280	315	355
		>10~25	224	250	280	315	400
	10	≥1~10	224	250	280	315	400
		>10~25	250	280	315	355	400
d	3	≥1~10	90	100	125	140	180
		>10~25	90	112	125	140	180
	4	≥1~10	90	112	125	140	180
		>10~25	100	112	125	160	180
	5	≥1~10	100	112	140	160	200
		>10~25	112	125	140	160	200
	6	≥1~10	112	125	140	160	200
		>10~25	112	125	140	180	200
	7	≥1~10	125	140	160	180	224
		>10~25	125	140	160	200	224
	8	≥1~10	125	140	160	200	224
		>10~25	140	160	180	200	250
	9	≥1~10	160	180	200	250	280
		>10~25	180	200	224	250	280
	10	≥1~10	180	200	224	250	315
		>10~25	224	224	250	280	315
e	3	≥1~10	63	71	90	100	125
		>10~25	63	80	90	100	125
	4	≥1~10	63	80	90	100	125
		>10~25	71	80	90	112	125

（续）

侧隙种类	齿轮第Ⅱ公差组精度等级	法向模数/mm	分度圆直径/mm				
			>800~1 000	>1 000~1 250	>1 250~1 600	>1 600~2 000	>2 000~2 500
e	5	≥1~10	71	90	100	112	140
		>10~25	80	90	100	125	140
	6	≥1~10	80	90	100	125	140
		>10~25	90	100	112	125	140
	7	≥1~10	90	112	125	140	160
		>10~25	100	112	125	160	180
	8	≥1~10	100	112	125	160	180
		>10~25	112	125	140	160	200
	9	≥1~10	140	140	160	200	224
		>10~25	160	160	180	224	250
	10	≥1~10	160	180	200	224	250
		>10~25	180	200	224	250	280

（2）齿厚公差 T_s（表 8-30）

表 8-30　齿厚公差 T_s（单位：μm）

齿厚公差等级	法向模数/mm	分度圆直径/mm				
		≤50	>50~80	>80~125	>125~180	>180~250
3	≥1~10	20	22	28	32	36
	>10~25	—	—	28	32	36
4	≥1~10	25	32	36	40	45
	>10~25	—	—	40	45	50
5	≥1~10	36	40	45	50	56
	>10~25	—	—	50	56	63

（续）

齿厚公差等级	法向模数/mm	分度圆直径/mm				
		≤50	>50~80	>80~125	>125~180	>180~250
6	≥1~10	50	56	63	71	80
	>10~25	—	—	71	80	90
7	≥1~10	63	71	80	90	100
	>10~25	—	—	100	112	112
8	≥1~10	80	90	100	112	125
	>10~25	—	—	125	140	140
9	≥1~10	100	112	125	146	160
	>10~25	—	—	160	160	180
10	≥1~10	125	140	160	180	200
	>10~25	—	—	200	224	224

齿厚公差等级	法向模数/mm	分度圆直径/mm				
		>250~315	>315~400	>400~500	>500~630	>630~800
3	≥1~10	40	40	45	50	56
	>10~25	40	45	50	50	56
4	≥1~10	50	56	56	63	71
	>10~25	50	56	63	71	80
5	≥1~10	63	71	71	80	90
	>10~25	71	71	80	90	100
6	≥1~10	80	90	100	112	125
	>10~25	90	100	112	112	125
7	≥1~10	112	112	125	140	160
	>10~25	125	125	140	160	160

（续）

齿厚公差等级	法向模数/mm	分度圆直径/mm				
		>250~315	>315~400	>400~500	>500~630	>630~800
8	≥1~10	140	140	160	180	200
	>10~25	160	160	180	180	200
9	≥1~10	180	180	200	224	250
	>10~25	200	200	224	250	280
10	≥1~10	224	224	250	280	315
	>10~25	250	250	280	315	315

齿厚公差等级	法向模数/mm	分度圆直径/mm				
		>800~1 000	>1 000~1 250	>1 250~1 600	>1 600~2 000	>2 000~2 500
3	≥1~10	63	80	90	112	125
	>10~25	71	80	90	112	125
4	≥1~10	80	100	112	140	160
	>10~25	90	100	112	140	160
5	≥1~10	112	125	140	180	200
	>10~25	112	125	140	180	200
6	≥1~10	140	160	180	224	250
	>10~25	140	160	200	224	280
7	≥1~10	180	200	224	280	315
	>10~25	180	200	250	280	355
8	≥1~10	224	250	280	355	400
	>10~25	224	250	315	355	400
9	≥1~10	280	315	355	450	500
	>10~25	315	355	400	450	560
10	≥1~10	355	400	450	560	630
	>10~25	355	400	500	560	710

第九章 磨工工作

一、普通磨料和磨具

1. 磨料的品种、代号及其应用范围（表9-1）

表9-1 磨料的品种、代号及其应用范围
（GB/T 2476—2016）

种类	名称	代号	特性	应用范围
刚玉类	棕刚玉	A	呈棕褐色，硬度较高，韧性较大，价格相对较低	适于磨削抗拉强度较高的金属材料，如碳钢、合金钢、可锻铸铁、硬青铜等
	白刚玉	WA	呈白色，硬度比棕刚玉高，韧性较棕刚玉低，易破碎，棱角锋利	适于磨削淬火钢、合金钢、高碳钢、高速钢，以及加工螺纹及薄壁件等
	单晶刚玉	SA	呈淡黄或白色，单颗粒球状晶体，强度与韧性均比棕刚玉、白刚玉高，具有良好的多棱多角的切削刃，切削能力较强	适于磨削不锈钢、高钒钢、高速钢等高硬、高韧性材料，以及易变形、烧伤的工件，也适用于高速磨削和小表面粗糙度值磨削
	微晶刚玉	MA	呈棕黑色，磨粒由许多微小晶体组成，韧性大，强度高，工作时呈微刃破碎，自锐性能好	适于磨削不锈钢、轴承钢、特种球墨铸铁等较难磨材料，也适于成形磨、切入磨、高速磨及镜面磨等精加工

（续）

种类	名称	代号	特性	应用范围
刚玉类	铬刚玉	PA	呈玫瑰红或紫红色，韧性高于白刚玉，效率高，加工后表面粗糙度值较小	适于刀具、量具、仪表、螺纹等小表面粗糙度值的磨削
	锆刚玉	ZA	呈灰褐色，具有较高的韧性和耐磨性，是 Al_2O_3 和 ZrO_2 的复合氧化物	适用于对耐热合金钢、钛合金及奥氏体不锈钢等难磨材料进行磨削和重负荷磨削
	黑刚玉	BA	呈黑色，又称人造金刚砂，硬度低，但韧性好，自锐性、亲水性能好，价格较低	多用于研磨与抛光，并可用来制造树脂砂轮及砂布、砂纸等
碳化物类	黑碳化硅	C	呈黑色，有光泽，硬度高，但性脆，导热性能好，棱角锋利，自锐性优于刚玉	适于磨削铸铁、黄铜、铅、锌等抗拉强度较低的金属材料，也适于加工各类非金属材料，如橡胶、塑料、矿石、耐火材料及热敏性材料的干磨等，也可用于珠宝、玉器的自由磨粒研磨等
	绿碳化硅	GC	呈绿色，硬度和脆性均较黑色碳化硅为高，导热性好，棱角锋利，自锐性能好	主要用于硬质合金刀具、工件、螺纹和其他工具的精磨，适于加工宝石、玉石、钟表宝石轴承及贵重金属、半导体的切割、磨削和自由磨粒的研磨等

（续）

种类	名称	代号	特性	应用范围
碳化物类	立方碳化硅	SC	呈黄绿色，晶体呈立方形，强度高于黑碳化硅，脆性高于绿碳化硅，棱角锋利	适于磨削韧而黏的材料，如不锈钢、轴承钢等，尤其适于微型轴承沟槽的超精加工等
	碳化硼	BC	呈灰黑色，在普通磨料中硬度最高，磨粒棱角锋利，耐磨性能好	适于硬质合金、宝石及玉石等材料的研磨与抛光

2. 磨料粒度号及其选择

（1）粗磨粒粒度号及其基本尺寸（表 9-2）

表 9-2 粗磨粒粒度号及其基本尺寸（GB/T 2481.1—1998）

粒度号		基本尺寸/μm
粗粒度	F4	5 600～4 750
	F5	4 750～4 000
	F6	4 000～3 350
	F7	3 350～2 800
	F8	2 800～2 360
	F10	2 360～2 000
	F12	2 000～1 700
	F14	1 700～1 400
	F16	1 400～1 180
	F20	1 180～1 000
	F22	1 000～850
	F24	850～710
中粒度	F30	710～600

（续）

粒　度　号		基本尺寸/μm
中粒度	F36	600～500
	F40	500～425
	F46	425～355
	F54	355～300
	F60	300～250
细粒度	F70	250～212
	F80	212～180
	F90	180～150
	F100	150～125
	F120	125～106
	F150	106～75
	F180	90～63
	F220	75～53

（2）微粉粒度号及其基本尺寸（表 9-3）

表 9-3　微粉粒度号及其基本尺寸（GB/T 2484.2—2020）

粒度号	基本尺寸/μm		
	最大值	中　值	最小值
F230	82	53±3	34
F240	70	44.5±2	28
F280	59	36.5±1.5	22
F320	49	29.2±1.5	16.5
F360	40	22.8±1.5	12
F400	32	17.3±1	8
F500	25	12.8±1	5

（续）

粒度号	基本尺寸/μm		
	最大值	中　值	最小值
F600	19	9.3±1	3
F800	14	6.5±1	2
F1 000	10	4.5±1	1
F1 200	7	3±0.5	1

（3）不同粒度磨具的使用范围（表 9-4）

表 9-4　不同粒度磨具的使用范围

磨具粒度	一般使用范围
F14～F24	磨钢锭,铸件打毛刺,切断钢坯等
F36～F46	一般平磨、外圆磨和无心磨
F60～F100	精磨和刀具刃磨
F120～F600	精磨、珩磨、螺纹磨
细于 F600	精细研磨、镜面磨削

3. 磨具硬度等级（表 9-5）

表 9-5　磨具硬度等级（GB/T 2484—2018）

硬度级别	超软	很软	软	
硬度等级	A、B、C、D	E、F、G	H、J、K	
硬度级别	中级	硬	很硬	超硬
硬度等级	L、M、N	P、Q、R、S	T	Y

4. 磨具组织号及其适用范围（表 9-6）

5. 结合剂的代号、性能及其适用范围（表 9-7）

表 9-6 磨具组织号及其适用范围

磨粒率	磨粒率由大——→小														
组织号	0	1	2	3	4	5	6	7	8	9	10	11	12	13	14
磨粒率(%)	62	60	58	56	54	52	50	48	46	44	42	40	38	36	34
适用范围	重负荷磨削,成形、精密磨削,间断磨削及自由磨削,或加工硬脆材料等				无心磨,内、外圆磨和工具磨,淬火钢工件磨削及刀具刃磨等				粗磨和磨削韧性大、硬度不高的工件,机床导轨和硬质合金刀具磨削,适合磨削薄壁、细长工件,或砂轮与工件接触面大以及平面磨削等					磨削热敏性较大的钨银合金、磁钢、有色金属,以及塑料、橡胶等非金属材料	

表 9-7 结合剂的代号、性能及其适用范围（GB/T 2484—2018）

类别	名称及代号	原料	性能	适用范围
无机结合剂	陶瓷结合剂 V	黏土、长石、硼玻璃、石英及滑石等	化学性能稳定，耐热，抗酸、碱，气孔率大，磨耗小，强度较高，能较好保持磨具的几何形状，但脆性较大	适用于内圆、外圆、无心、平面、螺纹及成形磨削，以及刃磨、珩磨及超精磨等，适于对碳钢、合金钢、不锈钢、铸铁、非铁金属以及玻璃、陶瓷等材料进行加工

（续）

类别	名称及代号	原料	性能	适用范围
无机结合剂	菱苦土结合剂 MG	氧化镁及氯化镁等	工作时发热量小，其结合能力次于陶瓷结合剂，有良好的自锐性，强度较低且易水解	适于磨削热传导性差的材料，及磨具与工件接触面较大的工件，还广泛用于石材加工和磨米
有机结合剂	树脂或其他热固性有机结合剂 B 纤维增强树脂结合剂 BF	酚醛树脂或环氧树脂等	结合强度高，具有一定的弹性，能在高速下进行工作，自锐性能好，但其耐热性、坚固性较陶瓷结合剂差，且不耐酸、碱	适用于荒磨、切断和自由磨削，如磨钢锭、打磨铸件和锻件毛刺等。可用来制造高速、小表面粗糙度值、重负荷、薄片切断砂轮，以及各种特殊要求的砂轮
	橡胶结合剂 R 增强橡胶结合剂 RF	合成及天然橡胶	强度高、弹性好，磨具结构紧密，气孔率较小。磨粒钝化后易脱落，但耐酸、耐油及耐热性能较差，磨削时有臭味	适于制造无心磨导轮，精磨、抛光砂轮，超薄型切割用片状砂轮以及轴承精加工用砂轮

6. 磨具形状代号和尺寸标记

(1) 通用砂轮代号(表9-8)

表9-8 通用砂轮代号

(GB/T 2484—2018)

代号	示意图	形状尺寸标记
1	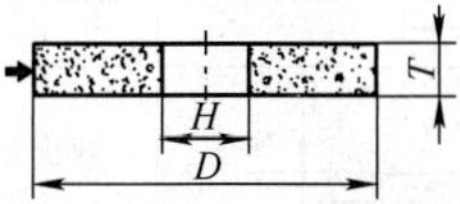	平形砂轮 1 型-圆周型面[①]-D×T×H
2	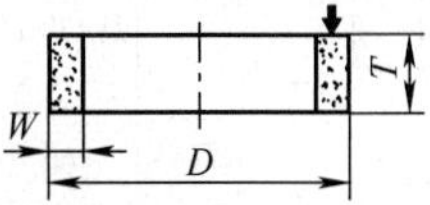	粘结或夹紧用筒形砂轮 2 型-D×T×W
3	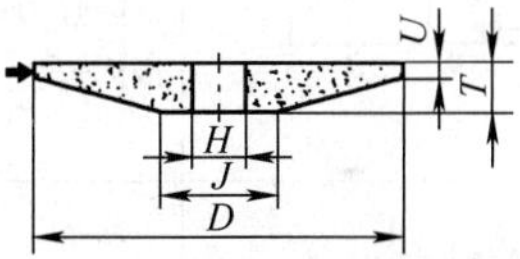	单斜边砂轮 3 型-D/J×T×H
4	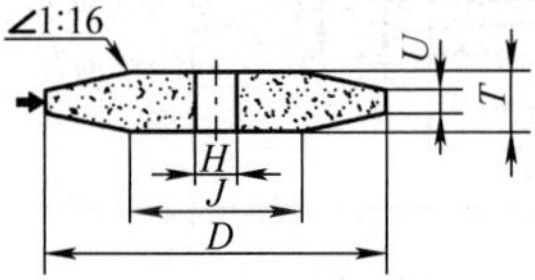	双斜边砂轮 4 型-D×T×H
5	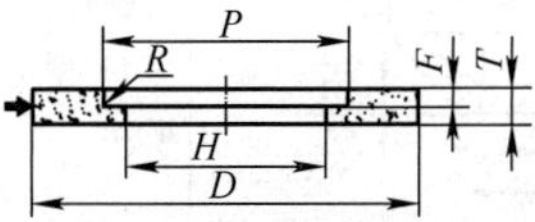	单面凹砂轮 5 型-圆周型面[①]-D×T×H-P×F

（续）

代号	示意图	形状尺寸标记
6	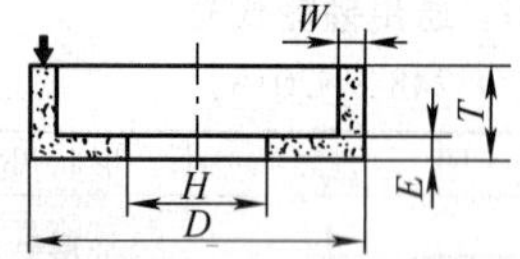	杯形砂轮 6 型-$D \times T \times H$-$W \times E$
7	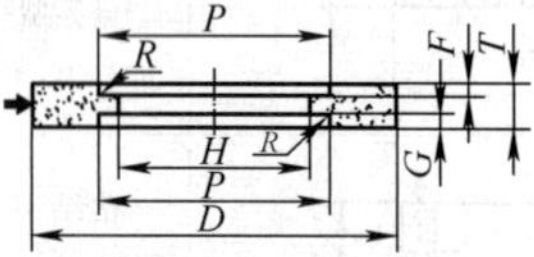	双面凹一号砂轮 7 型-圆周型面[①]-$D \times T \times H$-$P \times F/G$
8	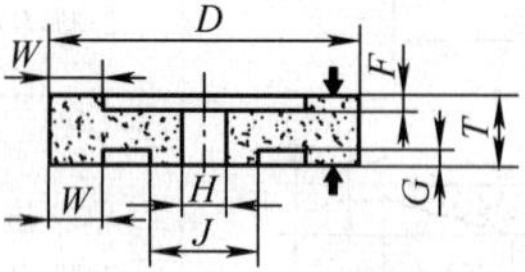	双面凹二号砂轮 8 型-$D \times T \times H$-$W \times J \times F/G$
9	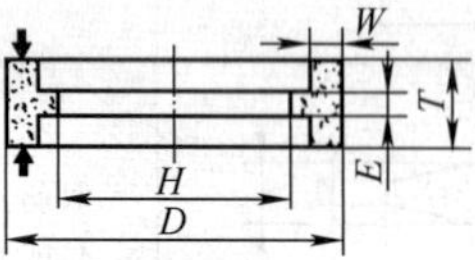	双杯形砂轮 9 型-$D \times T \times H$-$W \times E$
11	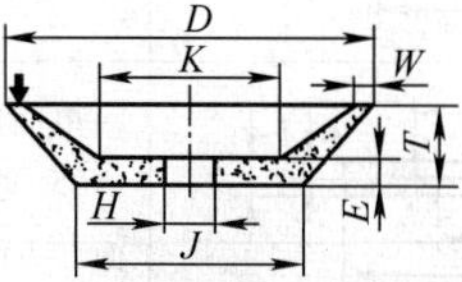	碗形砂轮 11 型-$D/J \times T \times H$-$W \times E$

（续）

代号	示意图	形状尺寸标记
12	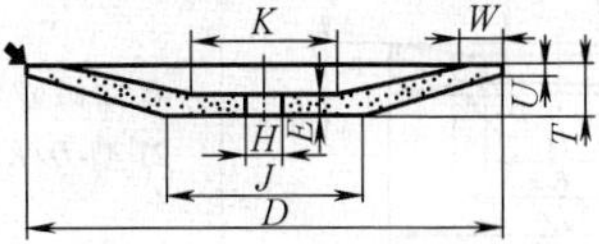	碟形砂轮 12 型-$D/J \times T/U \times H\text{-}W \times E$
12a	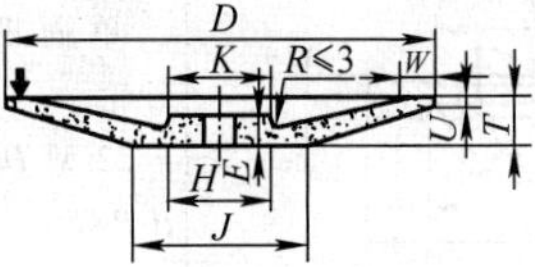	碟形一号砂轮 12a 型-$D/J \times T \times H$
12b	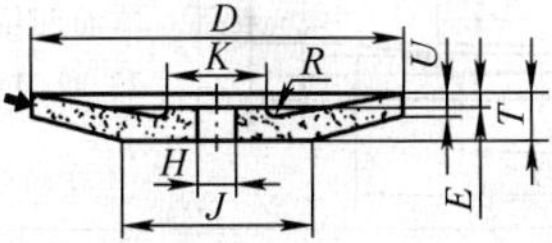	碟形二号砂轮 12b 型-$D/J \times T \times H\text{-}U$
13	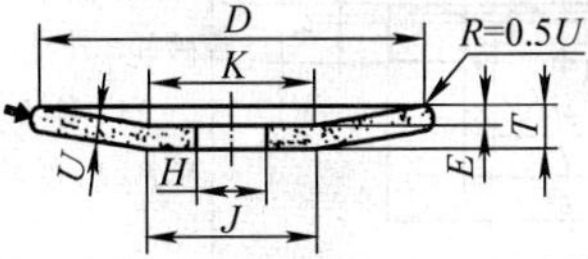	茶托形砂轮 13 型-$D/J \times T/U \times H\text{-}K$
20	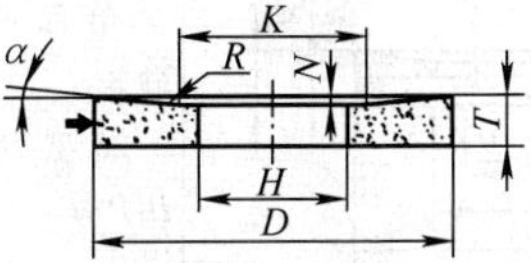	单面锥砂轮 20 型-$D/K \times T/N \times H$

（续）

代号	示 意 图	形状尺寸标记
21	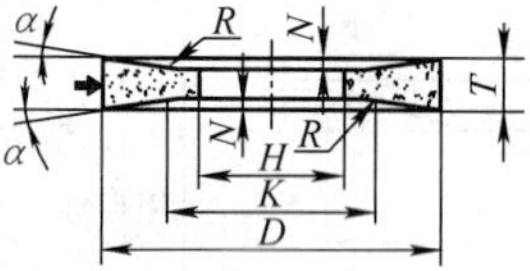	双面锥砂轮 21 型-D/K×T/N×H
22	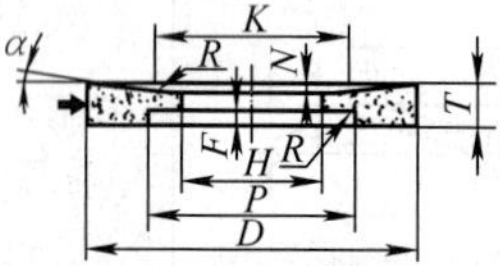	单面凹单面锥砂轮 22 型-D/K×T/N×H-P×F
23	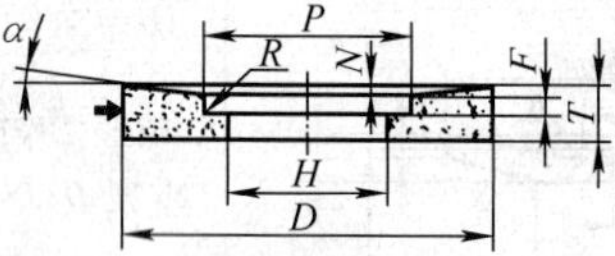	单面凹锥砂轮 23 型-D×T/N×H-P×F
24	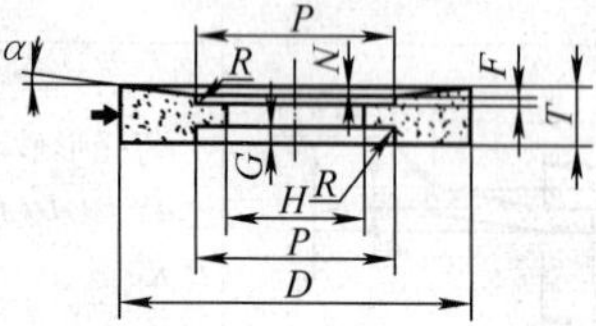	双面凹单面锥砂轮 24 型-D×T/N×H-P×F/G
25	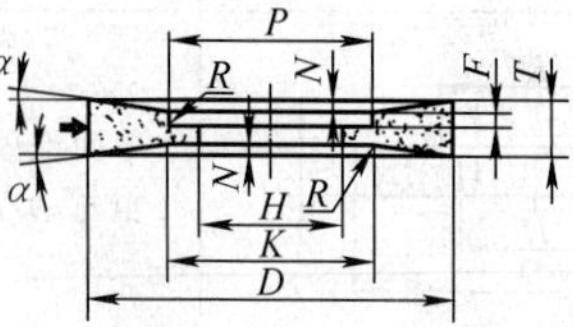	单面凹双面锥砂轮 25 型-D/K×T/N×H-P×F

（续）

代号	示意图	形状尺寸标记
26	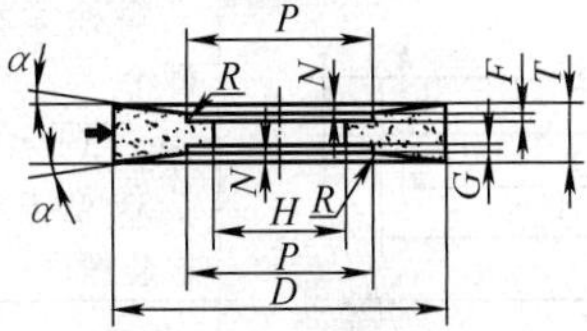	双面凹锥砂轮 26 型-$D \times T/N \times H$-$P \times F/G$
27	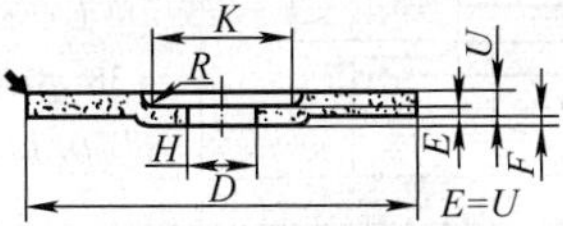	钹形砂轮，包括半柔性砂轮 27 型-$D \times U \times H$
28	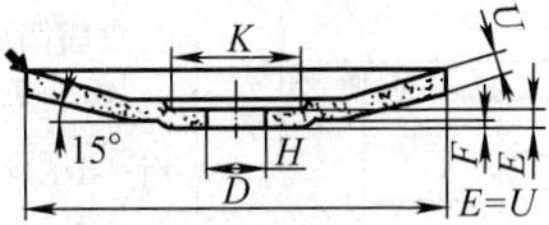	锥面钹形砂轮 28 型-$D \times U \times H$
29	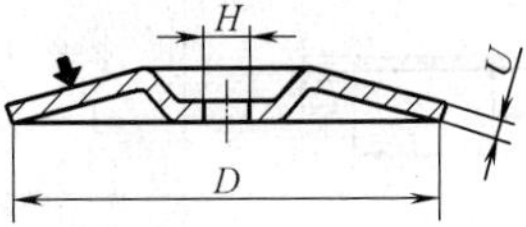	柔性钹形砂轮 29 型-$D \times U \times H$
35	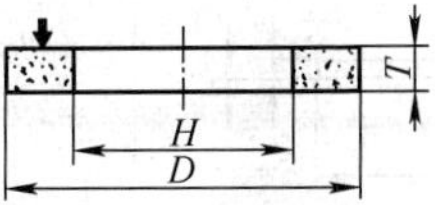	粘结或夹紧用圆盘砂轮 35 型-$D \times T \times H$
36	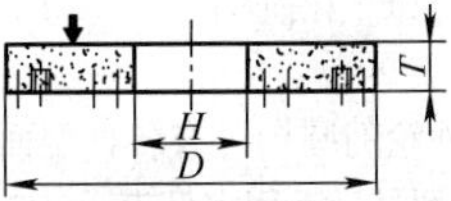	螺栓紧固平形砂轮 36 型-$D \times T \times H$-嵌装螺母

（续）

代号	示意图	形状尺寸标记
37	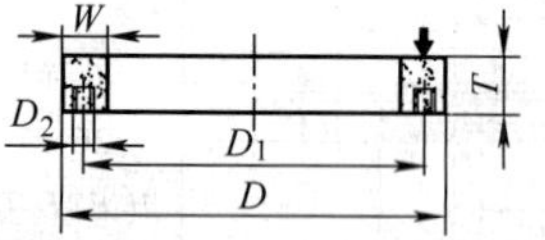	螺栓紧固筒形砂轮（$W \leqslant 0.17D$）37 型-$D \times T \times W$-嵌装螺母
38	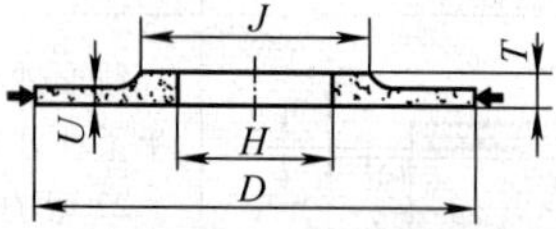	单面凸砂轮 38 型-圆周型面①-$D/J \times T/U \times H$
39	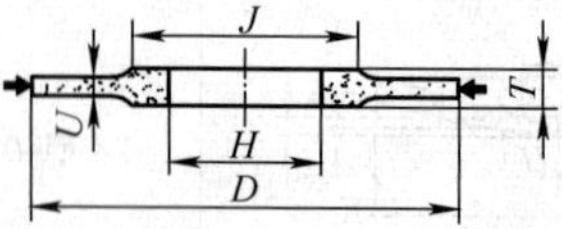	双面凸砂轮 39 型-圆周型面①-$D/J \times T/U \times H$
41	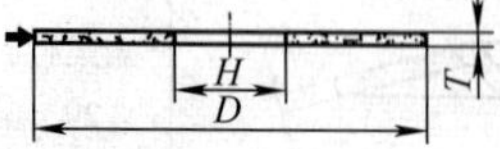	平形切割砂轮 41 型-$D \times T \times H$
42	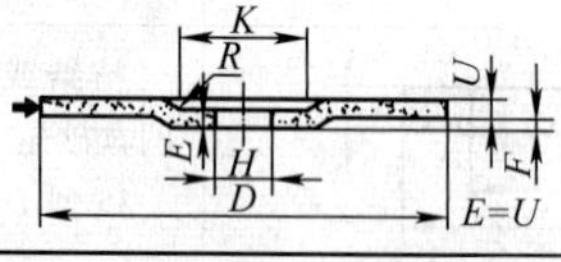	钹形切割砂轮 42 型-$D \times U \times H$

注：表图中有“➡”者为基本工作面（下同）。

① 对应的圆周型面见表 9-9。

（2）圆周型面　平形砂轮的圆周可有各种型面。其中一些型面是标准化的，应在砂轮型号后面用字母表示（表 9-9）。

表 9-9　圆周型面

代号	B	C	D
型面	X① 65° $T(U)$	X① 45° $T(U)$	$R0.3T$ 60° $T(U)$
代号	E	F	G
型面	60° 60° $T(U)$	$R0.5T$ $T(U)$	$R0.13T$ 65° 65° $T(U)$
代号	H	I	J
型面	$R0.13T$ 80° 80° $T(U)$	X $R0.13T$ 60° 60° $T(U)$	$R0.7T$ X① X① $T(U)$

（续）

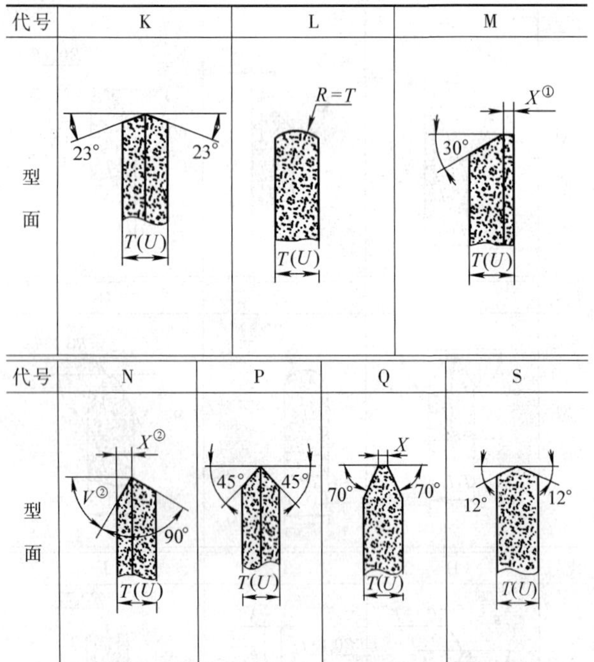

注：图中的“T（U）”对于平形、单面凹和双面凹砂轮为“T”，对于单面凸和双面凸砂轮为“U”。

① $X=0.25T$（U），X 最大至 3.2mm，除非另有规定。

② $X=0.33T$（U）。

（3）不带柄磨头代号（表 9-10）

表 9-10 不带柄磨头代号（GB/T 2484—2018）

代号	示意图	形状尺寸标记
16	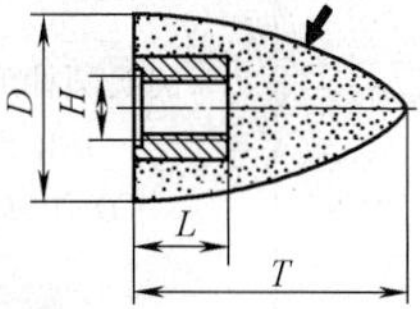 D H L T	椭圆锥磨头 16 型 $D\times T\text{-}H\times L$
17	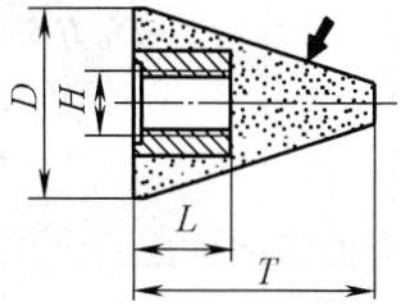 D H L T	方头锥磨头 17 型 $D\times T\text{-}H\times L$
17R	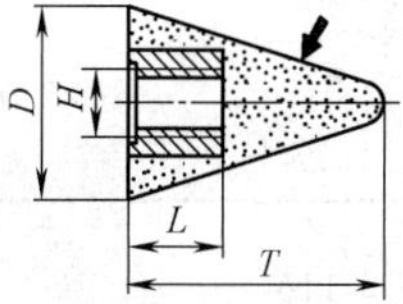 D H L T	圆头锥磨头 17R 型 $D\times T\text{-}H\times L$
18	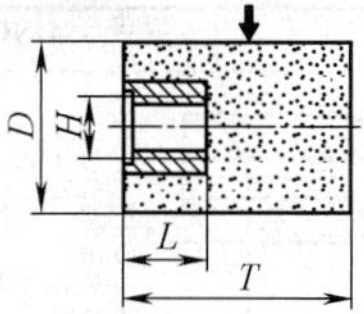 D H L T	平头圆柱形磨头 18 型 $D\times T\text{-}H\times L$

（续）

代号	示 意 图	形状尺寸标记
18R	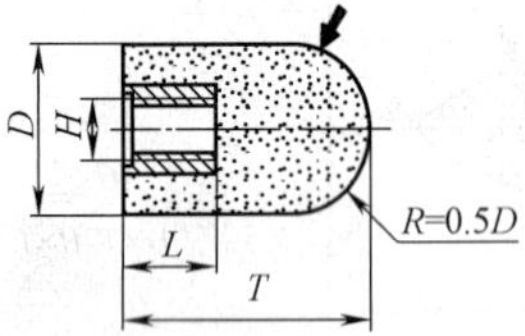 D H L T R=0.5D	圆头圆柱形磨头 18R 型 *D×T-H×L*
19	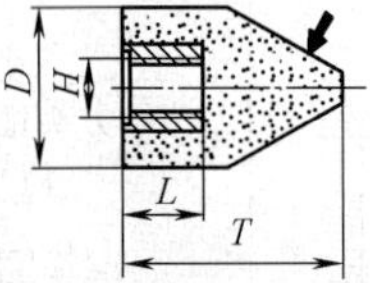 D H L T	端面方头锥磨头 19 型 *D×T-H×L*
19R	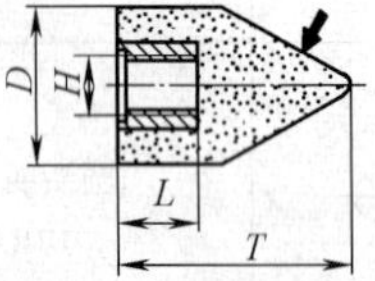 D H L T	端面圆头锥磨头 19R 型 *D×T-H×L*

（4）带柄磨头代号（表 9-11）

表 9-11　带柄磨头代号（GB/T 2484—2018）

代号	示 意 图	形状尺寸标记
52	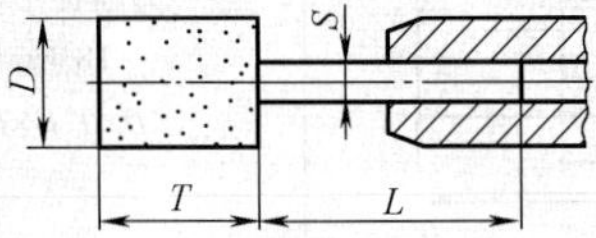 S D T L	圆柱形带柄磨头 5201 型 *D×T×S*

（续）

代号	示 意 图	形状尺寸标记
	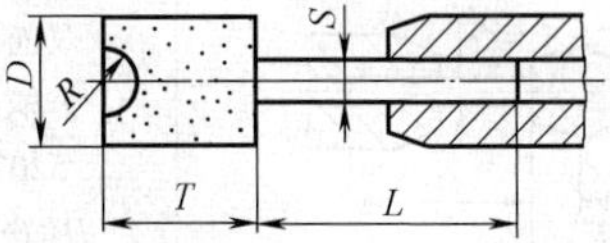	端面凹形带柄磨头 5202 型 $D×T×S\text{-}R$
	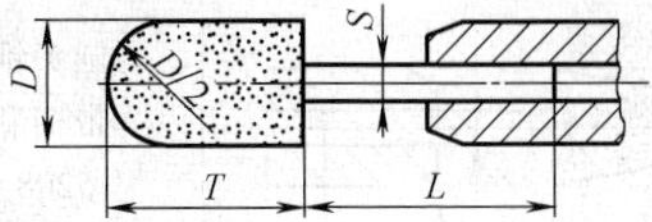	端面半球形带柄磨头 5203 型 $D×T×S$
52	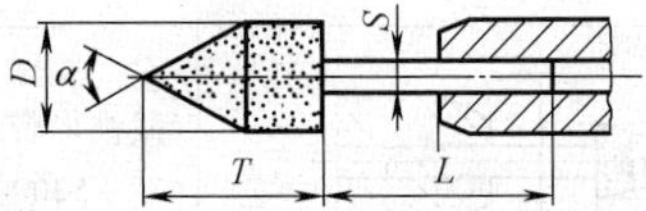	端面尖锥形带柄磨头 5204 型 $D×T×S$
	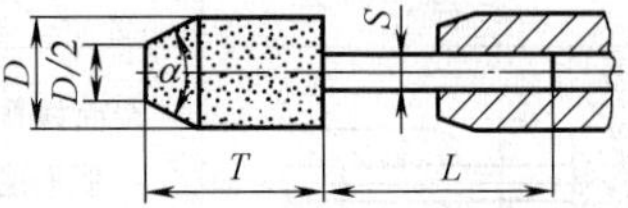	端面截锥形带柄磨头 5205 型 $D×T×S$
	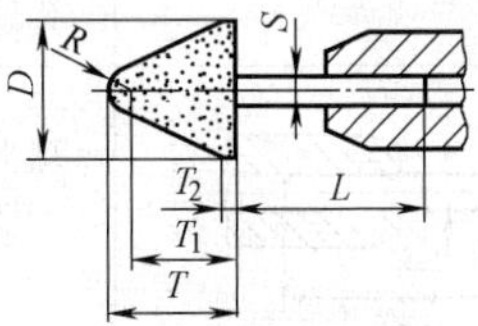	端面圆头锥形带柄磨头 5206 型 $D×T×S\text{-}T_1/T_2×R$

（续）

代号	示　意　图	形状尺寸标记
52	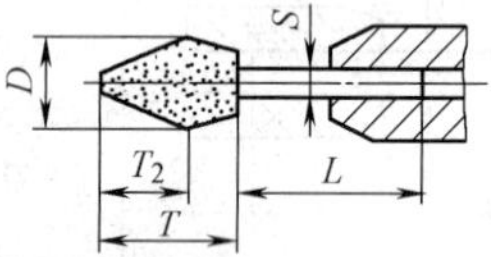	双面锥形带柄磨头 5207 型 $D \times T \times S\text{-}T_2$
	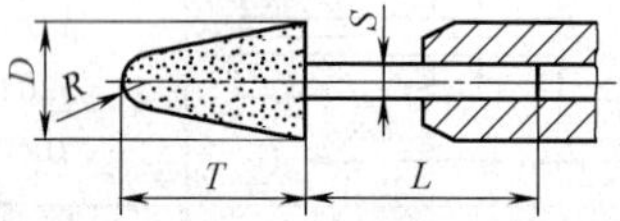	圆头锥形带柄磨头 5208 型 $D \times T \times S\text{-}R$
	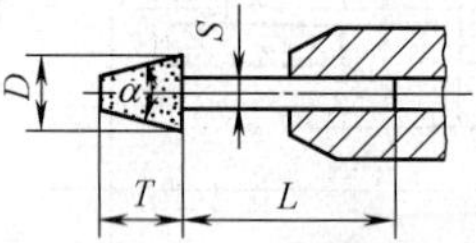	截锥形带柄磨头 5209 型 $D \times T \times S$
	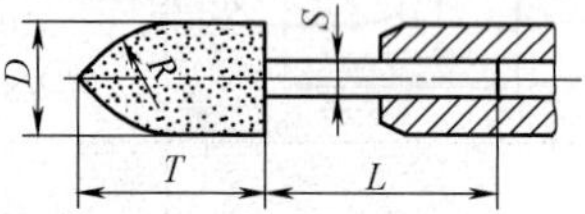	端面椭圆锥形带柄磨头 5210 型 $D \times T \times S\text{-}R$
	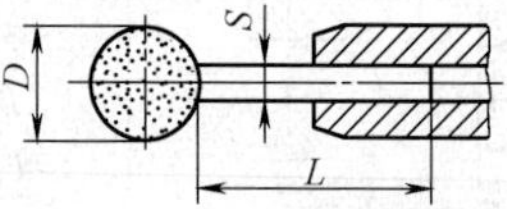	球形带柄磨头 5211 型 $D \times S$

（续）

<table>
<tr><th>代号</th><th>示 意 图</th><th>形状尺寸标记</th></tr>
<tr><td rowspan="5">52</td><td>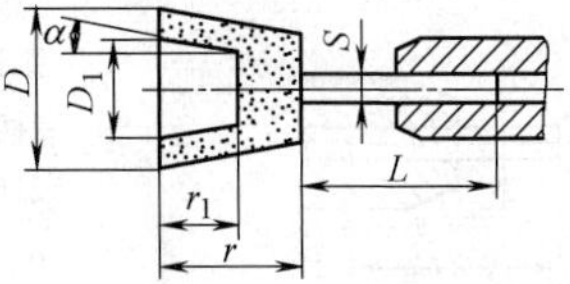</td><td>碗形带柄磨头
5212 型
$D \times T \times S\text{-}D_1/T_1$</td></tr>
<tr><td>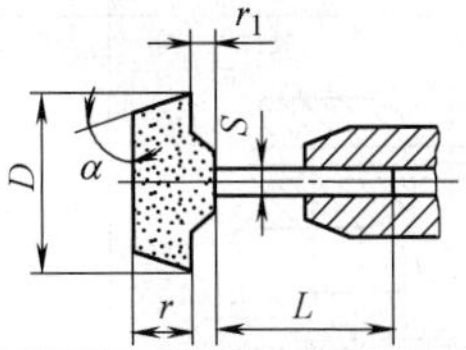</td><td>异形锥形
带柄磨头
5213 型
$D \times T \times S\text{-}T_1$</td></tr>
<tr><td>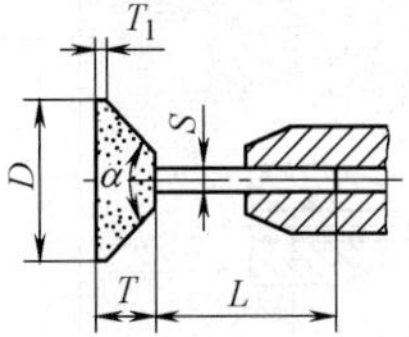</td><td>平端反锥形
带柄磨头
5214A 型
$D \times T \times S\text{-}T_1$</td></tr>
<tr><td>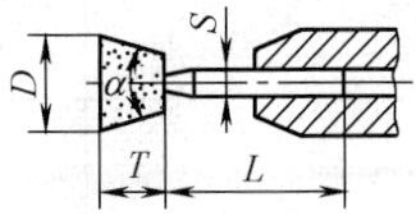</td><td>平端反锥形
带柄磨头
5214B 型
$D \times T \times S$</td></tr>
<tr><td>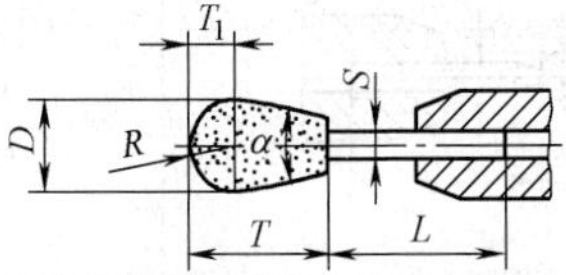</td><td>球端反锥形
带柄磨头
5215 型
$D \times T \times S\text{-}T_1 \times R$</td></tr>
</table>

(续)

代号	示 意 图	形状尺寸标记
52	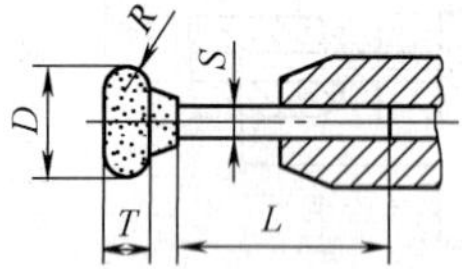	弧边形 带柄磨头 5216A 型 $D \times T \times S$
	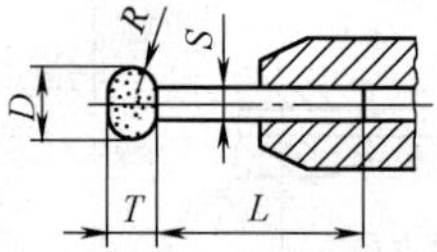	弧边形 带柄磨头 5216B 型 $D \times T \times S$
	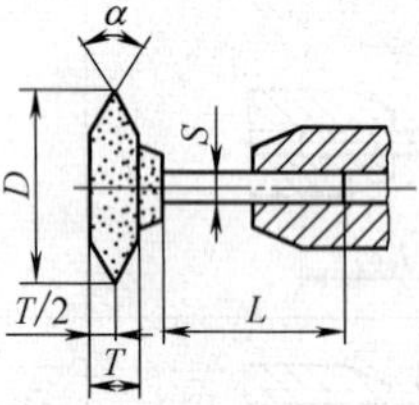	尖斜边形 带柄磨头 5217 型 $D \times T \times S$
	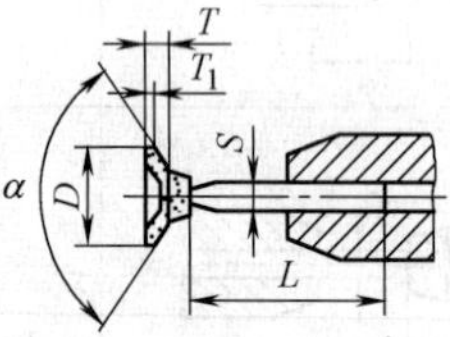	碟锥形 带柄磨头 5218 型 $D \times T \times S\text{-}T_1$

（续）

代号	示 意 图	形状尺寸标记
52	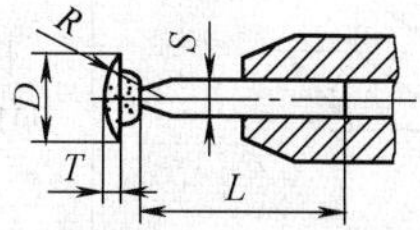	蘑菇形 带柄磨头 5219 型 $D \times T \times S\text{-}R$

（5）一般磨石（油石）代号（表 9-12）

表 9-12 一般磨石（油石）代号（GB/T 2484—2018）

代号	示 意 图	形状尺寸标记
54	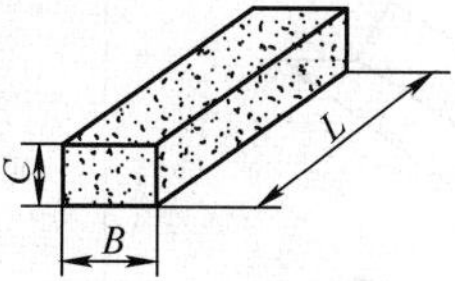	长方形珩磨磨石 5410 型-$B \times C \times L$
	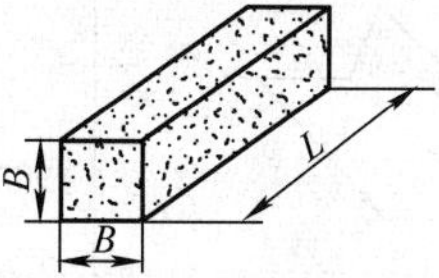	正方形珩磨磨石 5411 型-$B \times L$
	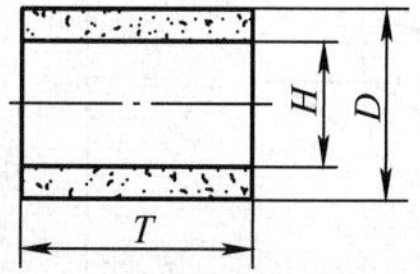	珩磨磨石 5420 型-$D \times T \times H$

（续）

代号	示　意　图	形状尺寸标记
90	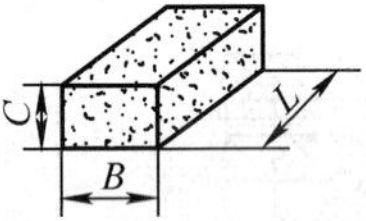	长方形磨石 9010 型-$B \times C \times L$
	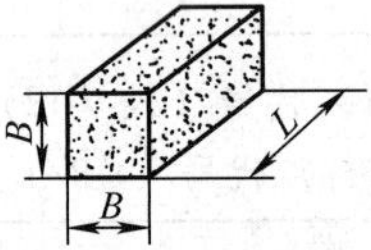	正方形磨石 9011 型-$B \times L$
	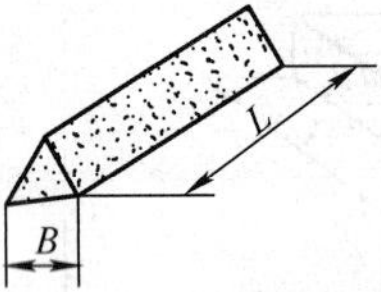	三角磨石 9020 型-$B \times L$
	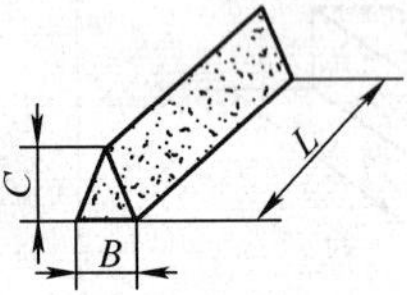	刀形磨石 9021 型-$B \times C \times L$
	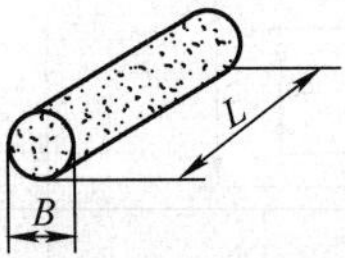	圆形磨石 9030 型-$B \times L$

（续）

代号	示 意 图	形状尺寸标记
90	C B L	半圆形磨石 9040 型-$B×C×L$

（6）超精磨石（油石）代号（表 9-13）

表 9-13 超精磨石（油石）代号（GB/T 14319—2008）

代号	名称	形状图	尺寸标记
SFJ	正方形超精油石	A L A	SFJ-$A×L$
SCJ	长方形超精油石	H L B	SCJ-$B×H×L$

（7）陶瓷结合剂强力珩磨磨石（油石）代号（表 9-14）

表 9-14 陶瓷结合剂强力珩磨磨石（油石）代号（GB/T 14319—2008）

代号	名称	形状图	尺寸标记
SFHQ	正方形油石	A L A	SFHQ-$A×L$
SCHQ	长方形油石	H L B	SCHQ-$B×H×L$

(8) 砂瓦代号（表 9-15）

表 9-15　砂瓦代号（GB/T 2484—2018）

代号	示 意 图	形状尺寸标记
31	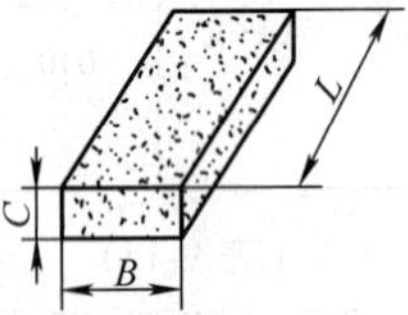 C B L	平形砂瓦 3101 型-$B\times C\times L$
	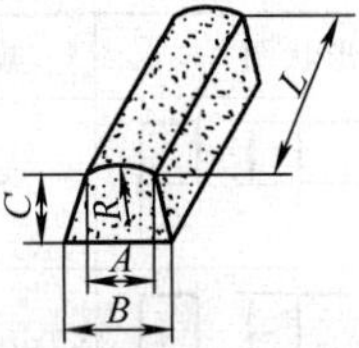 C R A B L	平凸形砂瓦 3102 型-$B/A\times R\times L$
	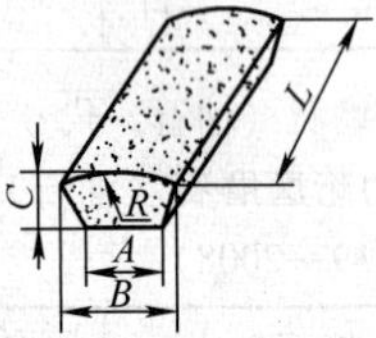 C R A B L	凸平形砂瓦 3103 型-$B/A\times R\times L$
	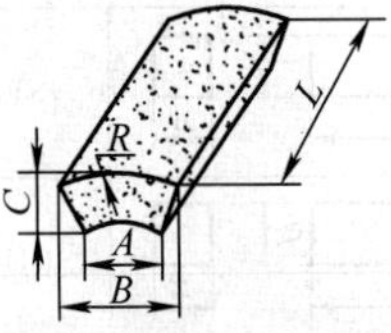 R C A B L	扇形砂瓦 3104 型-$B/A\times R\times L$

（续）

代号	示 意 图	形状尺寸标记
31		梯形砂瓦 3109 型-$B/A\times C\times L$

（9）砂轮的标记方法示例（GB/T 2484—2018）

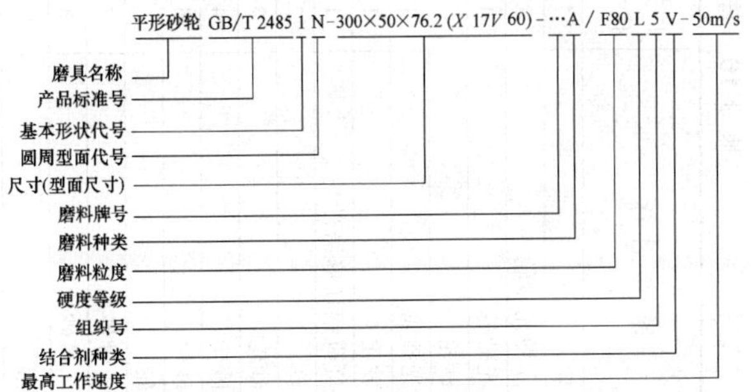

7. 普通磨具的最高工作速度（表 9-16）

表 9-16 普通磨具的最高工作速度

磨具名称	形状代号	最高工作速度/(m/s)				
		陶瓷结合剂	树脂结合剂	橡胶结合剂	菱苦土结合剂	增强树脂结合剂
平形砂轮	1	35	40	35	—	—
丝锥板牙抛光砂轮	1	—	—	20	—	—
石墨抛光砂轮	1	—	30	—	—	—
镜面磨砂轮	1	—	25	—	—	—
柔性抛光砂轮	1	—	—	23	—	—
磨螺纹砂轮	1	50	50	—	—	—
树脂重负荷钢坯修磨砂轮	1	—	50~60	—	—	—
筒形砂轮	2	25	30	—	—	—
单斜边砂轮	3	35	40	—	—	—
双斜边砂轮	4	35	40	—	—	—
单面凹砂轮	5	35	40	35	—	—
杯形砂轮	6	30	35	—	—	—
双面凹一号砂轮	7	35	40	35	—	—
双面凹二号砂轮	8	30	30	—	—	—
碗形砂轮	11	30	35	—	—	—

（续）

磨具名称	形状代号	最高工作速度/(m/s)				
		陶瓷结合剂	树脂结合剂	橡胶结合剂	菱苦土结合剂	增强树脂结合剂
碟形砂轮	12a 12b	30	35	—	—	—
单面凹锥砂轮	23	35	40	—	—	—
双面凹锥砂轮	26	35	40	—	—	—
钹形砂轮	27	—	—	—	—	60~80
砂瓦	31	30	30	—	—	—
螺栓紧固平形砂轮	36	—	35	—	—	—
单面凸砂轮	38	35	—	—	—	—
平形切割砂轮	41	35	50	50	—	60~80
带柄磨头	52	25	25	—	—	—
小砂轮	—	35	35	35	—	—

注：特殊最高工作速度的磨具，应按用户要求制造，但必须有醒目标志。

二、超硬磨料和磨具

超硬磨料指金刚石、立方氮化硼等以显著高硬度为特征的磨料。

1. 超硬磨料的品种、代号及应用范围（表 9-17）

表 9-17 超硬磨料的品种、代号及应用范围

类别	品种	代号	粒度	推荐用途
人造金刚石（GB/T 23536—2009）	磨料级	RVD	35/40～325/400	陶瓷、树脂结合剂磨具；研磨工具等
		MBD		金属结合剂磨具；电镀制品等
	锯切级	SMD	16/18～70/80	锯切、钻探工具、电镀制品等
	修整级	DMD	30/35 及以粗	修整工具；单粒或多粒修整器等
	微粉	MPD	M0/0.5～M36/54	精磨、研磨、抛光工具；聚晶复合材料等
立方氮化硼（GB/T 6408—2018）	黑色立方氮化硼	CBN100	50/60～325/400	树脂、陶瓷、金属结合剂制品
		CBN300		
		CBN500		
	琥珀色立方氮化硼	CBN200		硬、韧金属材料的研磨和抛光
		CBN400		
		CBN600		

2. 超硬磨料的粒度

(1) 超硬磨料的粒度号及尺寸范围（表 9-18）

表 9-18 超硬磨料的粒度号及尺寸范围
（GB/T 6406—2016）（单位：μm）

范围	GB/T 6406 粒度标记	ISO 粒度标记	上检查筛孔尺寸 /μm	下检查筛孔尺寸 /μm
窄范围	16/18	1 181	1 280	1 010
	18/20	1 001	1 080	850
	20/25	851	915	710
	25/30	711	770	600
	30/35	601	645	505
	35/40	501	541	425
	40/45	426	455	360
	45/50	356	384	302
	50/60	301	322	255
	60/70	251	271	213
	70/80	213	227	181
	80/100	181	197	151
	100/120	151	165	127
	120/140	126	139	107
	140/170	107	116	90
	170/200	91	97	75
	200/230	76	85	65
	230/270	64	75	57
	270/325	54	65	49
	325/400	46	57	41
	400/500	39	49	32
	500/600	33	41	28

（续）

范围	GB/T 6406 粒度标记	ISO 粒度标记	上检查筛孔尺寸 /μm	下检查筛孔尺寸 /μm
宽范围	16/20	1 182	1 280	850
	20/30	852	915	600
	25/35	712	770	505
	30/40	602	645	425
	35/45	502	541	360
	40/50	427	455	302
	45/60	357	384	255
	50/70	302	322	213
	60/80	252	271	181

（2）微粉粒度标记及尺寸范围（表 9-19）

表 9-19 微粉粒度标记及尺寸范围

（JB/T 7990—2012）（单位：μm）

粒度标记	公称尺寸 D 范围	D_5(最小值)	D_{95}(最大值)	最大颗粒
M0/0.25	0~0.25	0	0.25	0.75
M0/0.5	0~0.5	0	0.5	1.5
M0/1	0~1	0	1	3
M0.5/1	0.5~1	0.5	1	3
M1/2	1~2	1	2	6
M2/4	2~4	2	4	9
M3/6	3~6	3	6	12
M4/8	4~8	4	8	15
M5/10	5~10	5	10	18.5

（续）

粒度标记	公称尺寸 D 范围	D_5（最小值）	D_{95}（最大值）	最大颗粒
M6/12	6～12	6	12	20
M8/16	8～16	8	16	24
M10/20	10～20	10	20	26
M15/25	15～25	15	25	34
M20/30	20～30	20	30	40
M25/35	25～35	25	35	48
M30/40	30～40	30	40	52
M35/55	35～55	35	55	71.5
M40/60	40～60	40	60	78
M50/70	50～70	50	70	90

注：1. D_5 常用于表示粉体细端的粒度指标。

2. D_{95} 常用于表示粉体粗端的粒度指标。

3. 超硬磨料结合剂及其代号、性能和应用范围（表 9-20）

表 9-20　超硬磨料结合剂及其代号、性能和应用范围

结合剂及其代号	性　能	应用范围
树脂结合剂 B	磨具自锐性好，故不易堵塞，有弹性，抛光性能好，但结合强度差，不宜结合较粗磨粒，耐磨、耐热性差，故不适于较重负荷磨削，可采用镀敷金属衣磨料，以改善结合性能	树脂结合剂的金刚石磨具主要用于硬质合金工件和刀具以及非金属材料的半精磨和精磨；树脂结合剂的立方氮化硼磨具主要用于高钒高速钢刀具的刃磨以及工具钢、不锈钢、耐热合金钢工件的半精磨与精磨

（续）

<table>
<tr><th colspan="2">结合剂及其代号</th><th>性　能</th><th>应用范围</th></tr>
<tr><td colspan="2">陶瓷结合剂V</td><td>耐磨性较树脂结合剂高，工作时不易发热和堵塞，热膨胀量小，且磨具易修整</td><td>陶瓷结合剂的磨具常用于精密螺纹、齿轮的精磨及接触面较大的成形磨，并适于加工超硬材料烧结体的工件</td></tr>
<tr><td rowspan="2">金属结合剂M</td><td>青铜结合剂</td><td>结合强度较高，形状保持性好，使用寿命较长，且可承受较大负荷。但磨具自锐性能差，易堵塞发热，故不宜结合细粒度磨料，磨具修整也较困难</td><td>金属结合剂的金刚石磨具主要用于对玻璃、陶瓷、石料、半导体等非金属硬脆材料的粗、精磨及切割、成形磨以及对各种材料的珩磨；金属结合剂的立方氮化硼磨具用于合金钢等材料的珩磨，效果显著</td></tr>
<tr><td>电镀金属结合剂</td><td>结合强度高，表层磨粒密度较高，且均裸露于表面，故切削刃口锐利，加工效率高。但由于镀层较薄，因此使用寿命较短</td><td>电镀金属结合剂的磨具多用于成形磨削。电镀金属结合剂还用来制造小磨头、套料刀、切割锯片及修整滚轮等。电镀金属立方氮化硼磨具用于加工各种钢类工件的小孔，精度好，效率高，对小径不通孔的加工效果尤显优越</td></tr>
</table>

4. 超硬磨料的浓度代号（表 9-21）

表 9-21　超硬磨料的浓度代号（GB/T 35479—2017）

浓度	磨料含量/(g/cm^3)		代号
	金刚石	立方氮化硼	
25%	0.22	0.22	25
50%	0.44	0.44	50
75%	0.66	0.65	75

（续）

浓度	磨料含量/(g/cm³)		代号
	金刚石	立方氮化硼	
100%	0.88	0.87	100
125%	1.1	1.09	125
150%	1.32	1.3	150
175%	1.54	1.52	175
200%	1.76	1.74	200

5. 超硬磨料的尺寸代号（表 9-22）

表 9-22　超硬磨料的尺寸代号（GB/T 35479—2017）

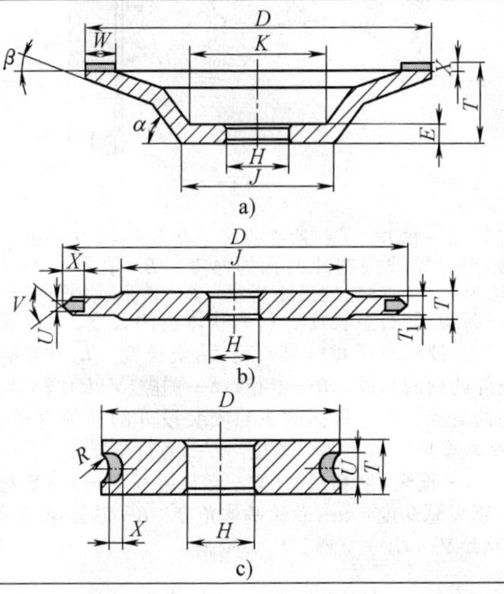

（续）

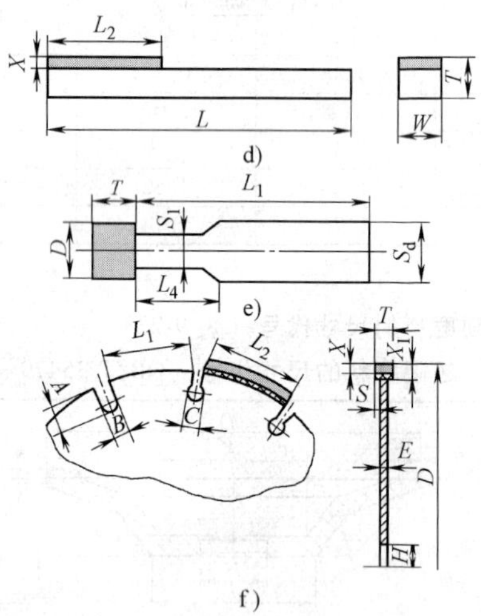

A—槽深　B—槽宽　C—槽孔直径　D—外径　E—碗形、碟形、凹形、锥形砂轮或圆锯片的孔处厚度　H—孔径　J—碗形、碟形、斜边形或凸形砂轮的最小直径　K—碗形或碟形砂轮的内底径　L—磨头、磨石总长度　L_1—基体齿的长度，带柄磨头柄的长度　L_2—带柄磨石磨料层长度、结块长度　L_4—带柄磨头除安装段外的柄的长度　R—半径　S—侧隙$(T-E)/2$　S_d—带柄磨头柄的直径　S_1—带柄磨头除安装段外的柄的直径　T—总厚度，结块厚度　T_1—基本厚度　U—磨料层厚度(当小于T或T_1时)　V—面角(磨料层)　W—磨料层宽度　X—磨料层深度　X_1—锯齿总深度　α—砂轮基体角度　β—基体第二倾角角度　Z—结块数　C_1—宽槽　C_2—窄槽

6. 超硬磨料的形状及代号（GB/T 35479—2017）

(1) 基体的基本形状及代号（表 9-23）

表 9-23 基体的基本形状及代号

代号	名称	图示
1	平行	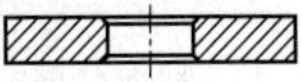
2	筒形	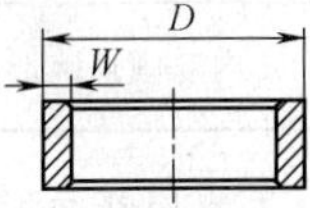 D W $W \leqslant 0.17D$
3	单面凸形	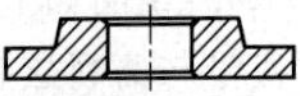
4	单斜边形	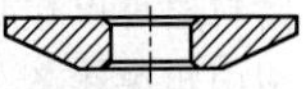
5	杯形/单面凹形	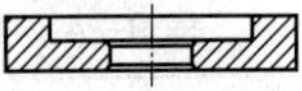
6	双面凹形	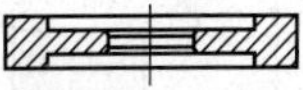
7	外双倾角碗形	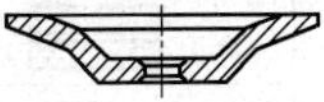
8	碗形	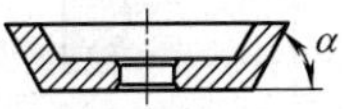 α $\alpha > 60°$
9	碟形	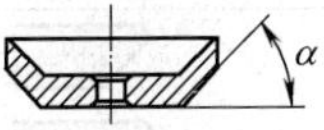 α $30° < \alpha \leqslant 60°$

（续）

代号	名称	图示
10	碟形	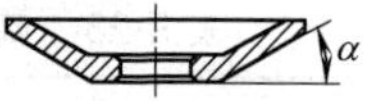 α α≤30°
11	双面凸形	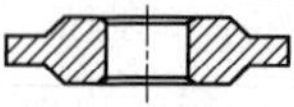
12	内双倾角碗形	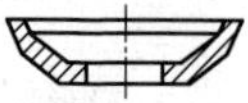

（2）磨料层断面形状及代号　磨料层断面形状及代号见表9-24。说明如下：

1）代号与磨料层在基体上的位置无关。

2）磨料层可以在基体的任何位置。

3）图中粗黑线条表示磨削面。

表9-24　磨料层断面形状及代号

代号	断面形状	代号	断面形状
A		BT	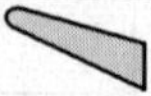
AA	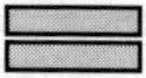	C	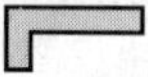
AF		CH	
B	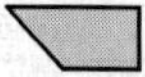	D	
BF		DD	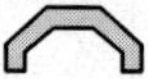
BH		E	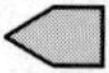

（续）

代号	断面形状	代号	断面形状
EE		M	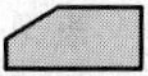
EF		P	
EH		Q	
ER		QV	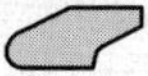
ET	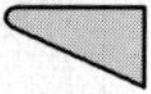	R	
F		S	
FF		T	
G		U	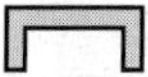
GN		V	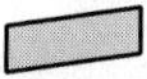
H		VF	
J		VL	
K		VV	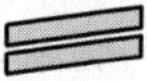
L		Y	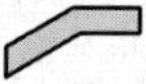
LL			

注：表中列出的只是最常见形状。

（3）磨料层在基体上的位置及代号　磨料层在基体上的位置及代号见表 9-25。

表 9-25　磨料层在基体上的位置及代号

代号	位置	形状	说明
1	周边	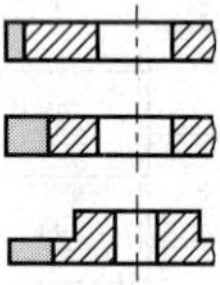	磨料层位于基体的周边,并延伸于周边整个厚度（轴向）,其厚度可大于、等于或小于磨料层的宽度（径向）
2	端面	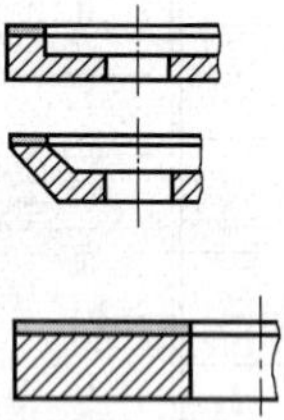	磨料层位于基体的端面。它可覆盖或不覆盖整个端面
3	双端面	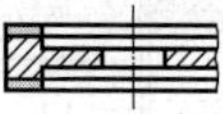	磨料层位于基体的两端面。它可覆盖或不覆盖整个端面
4	内斜面或弧面	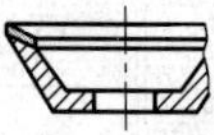	此代号应用于 2 型、6 型、10 型、11 型、12 型、13 型或 15 型的基体,磨料层位于基体端面壁上。该壁以一个角度或弧度从周边较高点向中心较低点延伸

（续）

代号	位置	形状	说明
5	外斜面或弧面	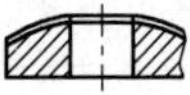	此代号应用于2型、6型、11型或15型的基体，磨料层位于基体端面壁上。该壁以一个角度或弧度从周边较低点向中心较高点延伸
6	周边一部分	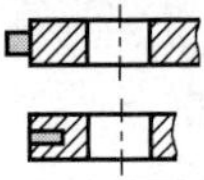	磨料层位于基体的周边，但不占有整个基体厚度
7	端面一部分	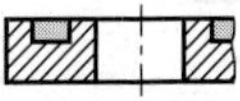	磨料层位于基体的端面，而不延伸至基体的周边。但它可以或不延伸至中心
8	整体	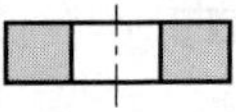	无基体，全部由磨料和结合剂组成
9	边角	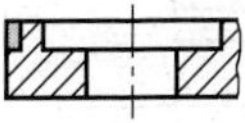	磨料层只占基体周边上的一角，而不延伸至另一角
10	内孔	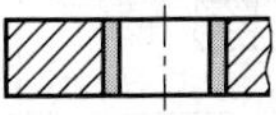	磨料层位于基体的内孔

（4）基体基本形状的改型及代号　基体基本形状可按需要进行改型，改型及代号见表9-26。

表 9-26　基体基本形状的改型及代号

代号	形状	说明
B	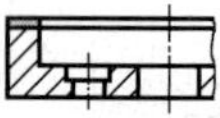	基体内有沉孔
C	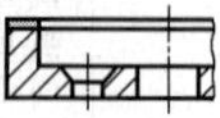	基体内有埋头孔
H	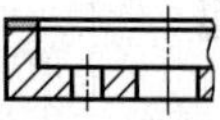	基体内有直孔
K	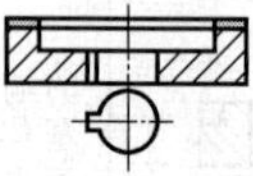	基体内有带键槽的孔
M	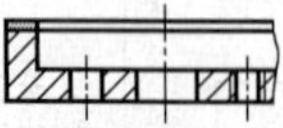 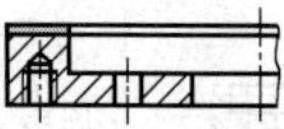	基体内有混合孔（既有直孔又有螺纹孔）
P	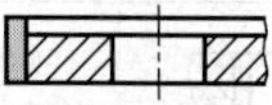	基体的一端面减薄，其厚度小于磨料层的厚度
Q	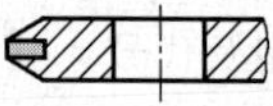	磨料层三个面部分或整个地嵌入基体

（续）

代号	形状	说明
R	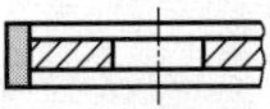	基体的两端面减薄，其厚度小于磨料层的厚度
S	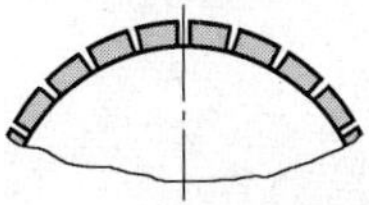	金刚石结块装于整体的基体上（结块间隙与槽的定义无关）
SS	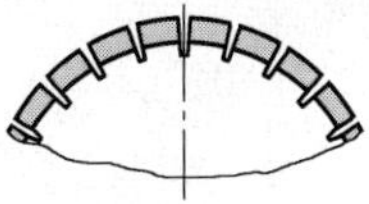	金刚石结块装于带槽的基体上
T	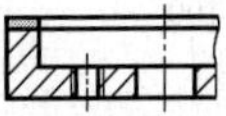	基体带螺纹孔
V	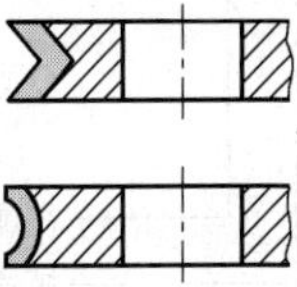	镶嵌在基体上磨料层的任一内角或弧面的凹面朝外，称磨料层反镶
W	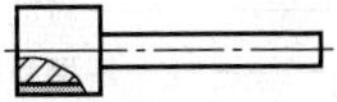	带有磨料层的基体和安装轴连为一体
Y	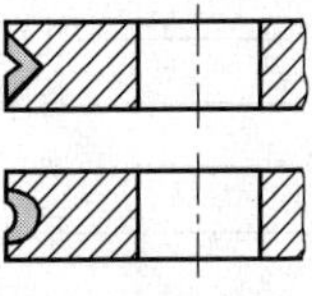	见 Q 和 V 说明

7. 超硬磨料产品标记

（1）标记法则　金刚石或立方氮化硼磨具完整的产品标记应包括下列信息：

1）磨具的形状标记。

2）基本尺寸。

3）磨料种类及粒度。

4）结合剂。

5）浓度。

（2）标记示例

1）平形砂轮

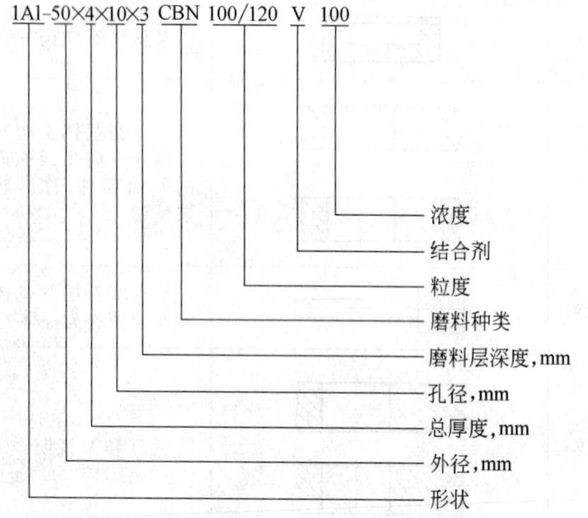

2）单面凹形砂轮

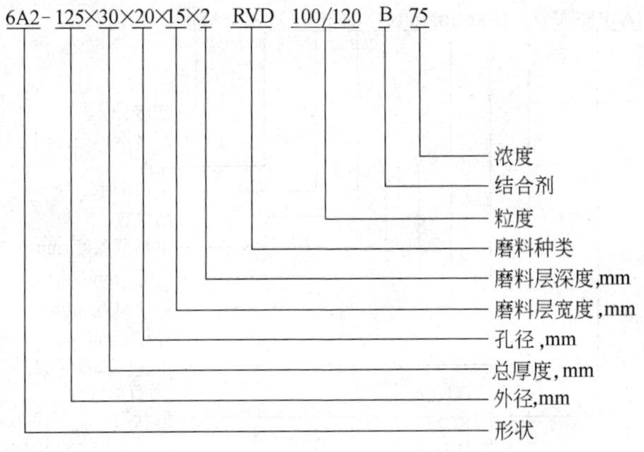

3）双面凸形砂轮

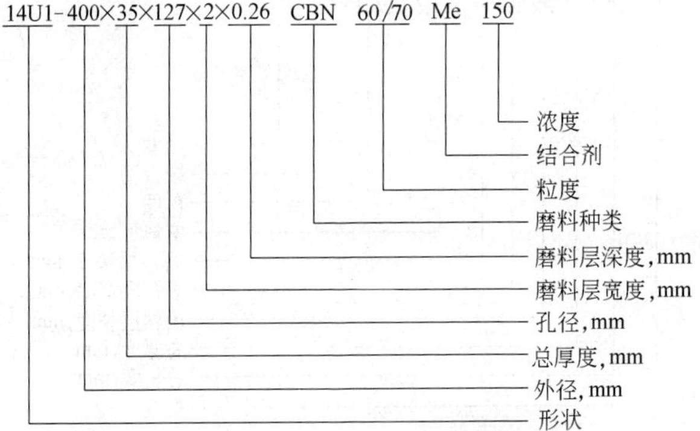

4）圆锯片

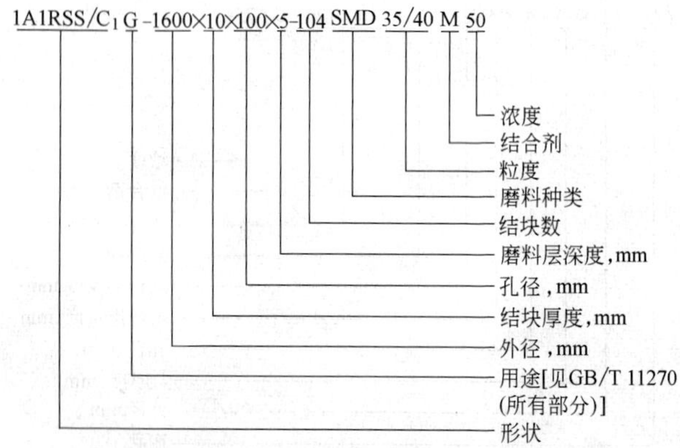

5）带柄平形磨石

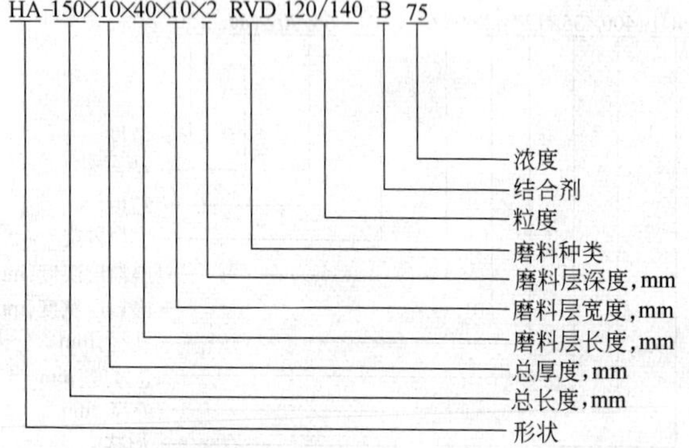

8. 超硬磨料制品形状代号及主要用途（表 9-27）

表 9-27 超硬磨料制品形状代号及主要用途

名　称	代　号	主要用途
平形砂轮	1A1	外圆、平面、内圆、无心磨、刃磨、螺纹磨、电解磨等
平形倒角砂轮	1L1	
平形加强砂轮	14A1	
弧形砂轮	1FF1	
弧形砂轮	1F1	
平形燕尾砂轮	1EE1V	
双内斜边砂轮	1V9	
切割砂轮	1A6Q	切非金属材料
薄片砂轮	1A1R	
平形小砂轮	1A8	磨内孔、模具整形
双斜边砂轮	1E6Q	外圆、平面、内圆、无心磨、刃磨、螺纹磨、电解磨、磨槽、磨齿等
双斜边砂轮	14E6Q	
双斜边砂轮	14EE1	
双斜边砂轮	14E1	
双斜边砂轮	1DD1	
单斜边砂轮	4B1	
单面凹砂轮	6A2	
双面凹砂轮	9A1	
双面凹砂轮	9A3	
筒形砂轮	6A2T	铣磨光学玻璃平面、球面、弧面等
筒形 1 号砂轮	2F2/1	
筒形 2 号砂轮	2F2/2	
筒形 3 号砂轮	2F2/3	
杯形砂轮	6A9	刃磨
碗形砂轮	11A2	刃磨、电解磨

（续）

<table>
<tr><th>名　　称</th><th>代　号</th><th>主要用途</th></tr>
<tr><td>碗形砂轮</td><td>11V9</td><td>磨齿形面</td></tr>
<tr><td>碟形砂轮</td><td>12A2/20°</td><td rowspan="6">磨铣刀、铰刀、拉刀、齿轮、齿面、锯齿、端面磨、平面磨、电解等</td></tr>
<tr><td>碟形砂轮</td><td>12A2/45°</td></tr>
<tr><td>碟形砂轮</td><td>12D1</td></tr>
<tr><td>碟形砂轮</td><td>12V9</td></tr>
<tr><td>碟形砂轮</td><td>12V2</td></tr>
<tr><td>磨边砂轮</td><td>1DD6Y</td></tr>
<tr><td>磨边砂轮</td><td>2EEA1V</td><td rowspan="3">光学、镜片、玻璃磨边</td></tr>
<tr><td>磨边砂轮</td><td>14A1</td></tr>
<tr><td>磨边砂轮</td><td>2D9</td></tr>
<tr><td>磨边砂轮</td><td>9A1</td><td rowspan="3">光学、镜片、玻璃磨边</td></tr>
<tr><td>磨边砂轮</td><td>1A1</td></tr>
<tr><td>精磨片</td><td>1A8/1</td></tr>
<tr><td>精磨片</td><td>1P8/2</td><td rowspan="3">精磨和超精磨光学镜片、玻璃、陶瓷、宝石等</td></tr>
<tr><td>精磨片</td><td>1A2/3</td></tr>
<tr><td>精磨片</td><td>1A2/4</td></tr>
<tr><td>带柄平形磨石</td><td>HA</td><td rowspan="4">修磨硬质合金、钢制模具</td></tr>
<tr><td>带柄弧形磨石</td><td>HH</td></tr>
<tr><td>带柄三角磨石</td><td>HEE</td></tr>
<tr><td>平行带弧磨石</td><td>HMA/1</td></tr>
<tr><td>平形磨石</td><td>HMA/2</td><td rowspan="4">精密珩磨淬火钢、不锈钢、铸铁、渗氮钢等内孔</td></tr>
<tr><td>弧形磨石</td><td>HMH</td></tr>
<tr><td>平形带槽磨石</td><td>2HMA</td></tr>
<tr><td>基体带斜磨石</td><td>HMA/S</td></tr>
<tr><td>磨头</td><td>1A1W</td><td>雕刻、内孔及复杂面</td></tr>
<tr><td>电镀平头扁锉</td><td>CP1</td><td rowspan="2">钳工修整工具、模具等</td></tr>
<tr><td>电镀尖头圆锉</td><td>CJ1</td></tr>
</table>

（续）

名　　称	代　号	主要用途
电镀尖头方锉	CJ2	钳工修整工具、模具等
电镀尖头等边三角形锉	CJ3	
电镀尖头圆锉	CJ4	
电镀尖头双边圆扁锉	CJ5	
电镀尖头刀形锉	CJ6	
电镀尖头三角锉	CJ7	
电镀尖头双半圆锉	CJ8	
电镀尖头椭圆锉	CJ9	

三、磨 削 方 法

1. 砂轮的安装与修整

（1）砂轮的安装　一般用法兰盘安装砂轮（图 9-1）。安装时应注意以下几点：

1）安装前应进行声响检查。用绳子将砂轮吊起，轻击砂轮，声音应清脆，没有颤音或杂音。

2）两个法兰盘的直径必须相等，以便砂轮不受弯曲应力而导致破裂。法兰盘的最小直径应不小于砂轮直径的1/3，在没有防护罩的情况下应不小于 2/3。

3）砂轮和法兰之间必须放橡胶、毛毡等弹性材料，以增加接触面，使受力均匀。安装后，经静平衡，砂轮应在最高转速下试转 5min 后才能正式使用。

（2）砂轮静平衡调整方法　采用手工操作调整砂轮静平衡时，须使用平衡架（图 9-2）、平衡心轴（图 9-3）及平衡块、水平仪等工具。

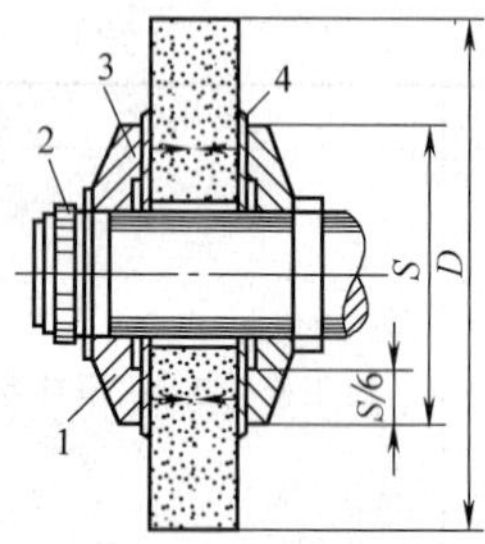

图 9-1 用法兰盘安装砂轮

1—铅衬垫 2—螺母

3—法兰盘 4—弹性衬垫

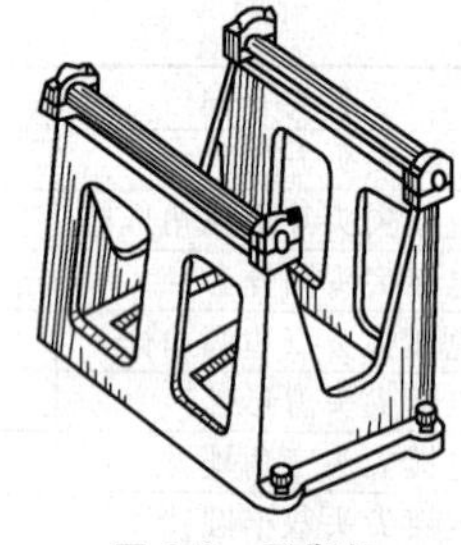

图 9-2 平衡架

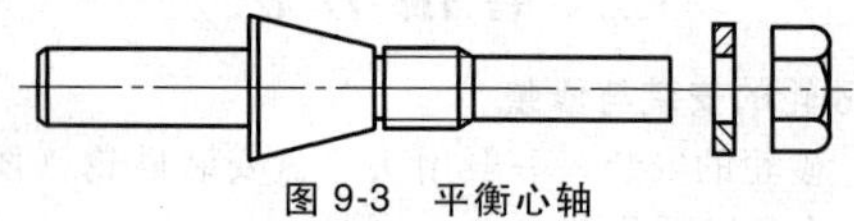

图 9-3 平衡心轴

1）调整方法如图 9-4 所示。

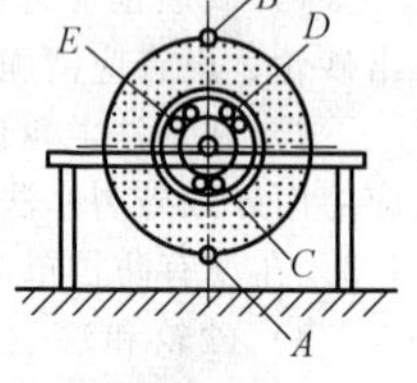

图 9-4 砂轮静平衡调整

① 找出通过砂轮重心的最下位置点 *A*。

② 与 *A* 点在同一直径上的对应点做一记号 *B*。

③ 加入平衡块 *C*，使 *A* 和 *B* 两点位置不变。

④ 再加入平衡块 *D*、*E*，并仍使 *A* 和 *B* 两点位置不变。若有变动，可上下调整 *D*、*E* 使 *A*、*B* 两点恢复原位。此时砂轮左右已平衡。

⑤ 将砂轮转动 90°。若不平衡，将 D、E 同时向 A 或 B 点移动，直到 A、B 两点平衡为止。

⑥ 如此调整，直至砂轮能在任何方位上稳定下来，砂轮就平衡好了。根据砂轮直径的大小，检查 6 个或 8 个方位即可。

2）调整时应注意以下几点：

① 平衡架要放水平，特别是纵向。

② 将砂轮中的切削液甩净。

③ 砂轮要紧固，法兰盘、平衡块要洗净。

④ 砂轮法兰盘内锥孔与平衡心轴配合要紧密，心轴不应弯曲。

⑤ 砂轮平衡后，平衡块应紧固。

⑥ 平衡架最好采用刀口式，因与心轴接触面小，反应较灵敏。

（3）修整砂轮

1）修整砂轮的基本原则。应根据工件表面精度要求、砂轮性质、工件材料和加工形式等决定砂轮表面修整的粗细及采用的方法。

① 表面精度要求高，砂轮修整得要平细。

② 工件材料硬、接触面大，砂轮修整得要粗糙。

③ 粗磨比精磨的砂轮修整得要粗糙。

④ 横向、纵向进给量大时，砂轮表面要粗糙。

⑤ 横向、纵向进给量小时，砂轮表面要平细。

⑥ 采用细粗糙度、高精度磨削时，砂轮应适当留有空进给。

2）砂轮修整的方法见表 9-28。

表 9-28　砂轮修整的方法

修整方法	图　　示	修整工具及适用范围
车削法	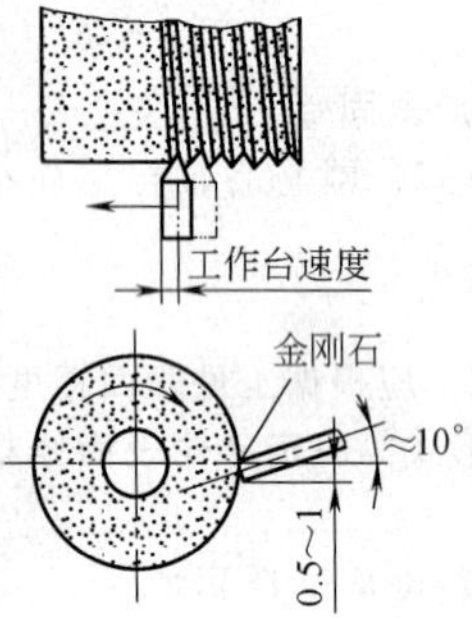 工作台速度 金刚石 ≈10° 0.5～1	1）车削法是最常用的一种砂轮修整方法。多采用单颗粒金刚石工具，其颗粒大小应根据砂轮直径来确定。修整时，金刚石将磨粒打碎，形成切刃，并使磨粒脱落。适用于粗磨和精磨，能获得较好的修整效果，但天然金刚石价格高，修整工具的消耗大。金刚石顶角应保持 70°～80°。安装角度为 10°～15° 2）金刚石安装高度要低于砂轮中心 0.5～1mm，如果高于砂轮中心，会使金刚石产生振动，影响修整磨粒微刃性和等高性的要求，而且金刚石尖锋也容易嵌入砂轮 3）金刚石刀杆的安装位置，应使砂轮在修整时与磨削工件时的位置相同。如果相差太大，当砂轮架导轨与床身导轨不垂直或本身偏斜，会使砂轮在磨削时出现单面接触，影响加工精度 4）修整时应充分浇注切削液，同时必须浇注在整个砂轮宽度上。绝对不允许断续地供给切削液，以免金刚石因骤冷骤热而碎裂。干磨修整砂轮时，修几刀后应停顿一下，使金刚石得以冷却

（续）

修整方法	图　示	修整工具及适用范围
磨削法	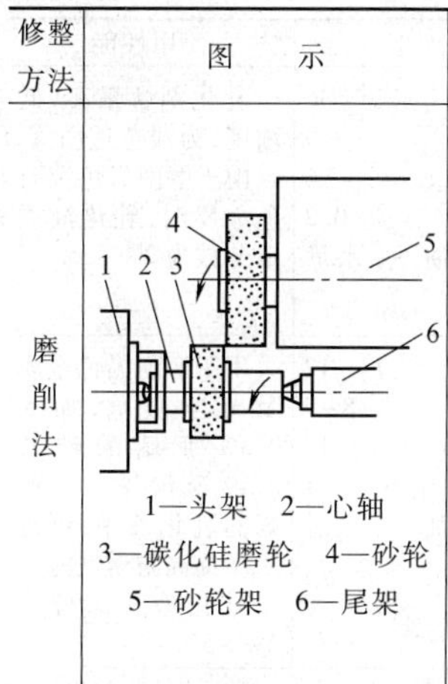1—头架　2—心轴 3—碳化硅磨轮　4—砂轮 5—砂轮架　6—尾架	1)修整工具和砂轮之间的运动相似于外圆磨削。特点是简单而不需增加专用传动装置,并使砂轮与工件接触均匀 2)用磨削法修整的砂轮表面不锋利,其切削性能较车削法差,但用它来磨削的工件表面质量较好,通常用于成形修整或节省天然金刚石。修整轮往往采用碳化硅砂轮、硬质合金圆盘、金刚石滚轮等

2. 常用磨削液的组成及使用性能（表 9-29）

表 9-29　常用磨削液的组成及使用性能

名称	组成(质量分数,%)		使用性能
69-1 乳化液	石油磺酸钡	10	用于磨削钢与铸铁件时,乳化液质量分数为 2%~5%
	磺化蓖麻油	10	
	油酸	2.4	
	三乙醇胺	10	
	氢氧化钾	0.6	
	L-AN10~L-AN15 全损耗系统用油	余量	

（续）

<table>
<tr><th>名称</th><th colspan="2">组成(质量分数,%)</th><th>使用性能</th></tr>
<tr><td>NL 乳化液</td><td>石油磺酸钠
蓖麻油酸钠皂
三乙醇胺
苯骈三氮唑
L-AN10 全损耗系统用油</td><td>36
19
6
0.2
余量</td><td>乳化剂含量高,低浓度,为浅色透明液
用于磨削黑色及有色金属时,乳化液质量分数为 2%~3%</td></tr>
<tr><td>防锈乳化液</td><td>石油磺酸钠
石油磺酸钡
环烷酸钠
三乙醇胺
L-AN22 全损耗系统用油</td><td>11~12
8~9
12
1
余量</td><td>用于磨削黑色金属及光学玻璃,加入 0.3% 亚硝酸钠及 0.5% 碳酸钠于已配好的乳化液中,可进一步提高防锈性能
乳化液质量分数 2%~5%</td></tr>
<tr><td>半透明乳化液</td><td>石油磺酸钠
三乙醇胺
油酸
乙酸
L-AN22 全损耗系统用油</td><td>39.4
8.7
16.7
4.9
余量</td><td>用于精磨,配制时可加苯乙醇胺,质量分数为 2%~3%</td></tr>
<tr><td>极压乳化液</td><td>防锈甘油络合物(硼酸 62 份、甘油 92 份、45%的氢氧化钠 65 份)
硫代硫酸钠
亚硝酸钠
三乙醇胺
聚乙二醇(分子量 400)
碳酸钠
水</td><td>22.4
9.4
11.7
7
2.5
5
余量</td><td>有良好的润滑和防锈性能,多用于黑色金属磨削,乳化液质量分数为 5%~10%</td></tr>
</table>

（续）

名称	组成(质量分数,%)		使用性能
420 号磨削液	甘油 三乙醇胺 苯甲酸钠 亚硝酸钠 水	0.5 0.4 0.5 0.8~1 余量	用于高速磨削与缓进给磨削,有时要加消泡剂,如将甘油换为硫化油酸聚氧乙烯醚可提高磨削效果,如换为氯化硬脂酸聚氧乙烯醚适于磨 In-738 叶片
3 号高负荷磨削液	硫化油酸 三乙醇胺 非离子型表面活性剂 硼酸盐 水 消泡剂(有机硅)另加 2.5/1 000	30 23.3 16.7 5 25	具有良好的清洗、冷却等性能,有较高的极压性(PK 值>2 500N) 适用于缓进给强力磨削,其磨削液质量分数为 1.5%~3%
磨削液	三乙醇胺 癸二酸 聚乙二醇(分子量 400) 苯骈三氮唑 水	17.5 10 10 2 余量	用于磨削黑色金属与有色金属,不磨铜件,可不加苯骈三氮唑,磨削液质量分数为 1%~2%

3. 磨外圆

外圆磨削是对工件圆柱形、圆锥形外表面，多台阶轴外表面及旋转体外曲面进行的磨削。外圆磨削一般能达到 $Ra0.32 \sim 1.25\mu m$ 的表面粗糙度值，加工尺寸公差等级为 IT6~IT7。

（1）磨外圆砂轮的选择（表 9-30）

表 9-30 磨外圆砂轮的选择

加工材料	磨削要求	砂轮的特性			
		磨料	粒度	硬度	结合剂
未淬火的碳钢及合金钢	粗磨	A	F36~F46	M~N	V
	精磨	A	F46~F60	M~Q	V
软青铜	粗磨	C	F24~F36	K	V
	精磨	C	F46~F60	K~M	V
不锈钢	粗磨	SA	F36	M	V
	精磨	SA	F60	L	V
铸铁	粗磨	C	F24~F36	K~L	V
	精磨	C	F60	K	V
纯铜	粗磨	C	F36~F46	K~L	B
	精磨	WA	F60	K	V
硬青铜	粗磨	WA	F24~F36	L~M	V
	精磨	PA	F46~F60	L~P	V
调质的合金钢	粗磨	WA	F40~F60	L~M	V
	精磨	PA	F60~F80	M~P	V
淬火的碳钢及合金钢	粗磨	WA	F40~F60	K~M	V
	精磨	PA	F60~F100	L~N	V
渗氮钢(38CrMoAlA)	粗磨	PA	F46~F60	K~N	V
	精磨	SA	F60~F80	L~M	V
高速钢	粗磨	WA	F36~F46	K~L	V
	精磨	PA	F60	K~L	V
硬质合金	粗磨	GC	F46	K	V
	精磨	SD	F100	K	B

(2) 磨外圆砂轮速度的选择(表 9-31)

表 9-31 磨外圆砂轮速度的选择

砂轮速度/(m/s)	陶瓷结合剂砂轮	≤35
	树脂结合剂砂轮	<50

（3）外圆的磨削余量（表 9-32）

表 9-32　外圆的磨削余量（直径余量）　（单位：mm）

工件直径	余量限度	磨削前								粗磨后精磨前	精磨后研磨前
		未经热处理的轴				经热处理的轴					
		轴的长度									
		<100	101~200	201~400	401~700	<100	101~300	301~600	601~1000		
≤10	max	0.2	—	—	—	0.25	—	—	—	0.02	0.008
	min	0.1	—	—	—	0.15	—	—	—	0.015	0.005
11~18	max	0.25	0.3	—	—	0.3	0.35	—	—	0.025	0.008
	min	0.15	0.2	—	—	0.2	0.25	—	—	0.02	0.006
19~30	max	0.3	0.35	0.4	—	0.35	0.4	0.45	—	0.03	0.01
	min	0.2	0.25	0.3	—	0.25	0.3	0.35	—	0.025	0.007
31~50	max	0.3	0.35	0.4	0.45	0.4	0.5	0.55	0.7	0.035	0.01
	min	0.2	0.25	0.3	0.35	0.25	0.3	0.4	0.5	0.028	0.008
51~80	max	0.35	0.4	0.45	0.55	0.45	0.55	0.65	0.75	0.035	0.013
	min	0.2	0.25	0.3	0.35	0.3	0.35	0.45	0.50	0.028	0.008
81~120	max	0.45	0.5	0.55	0.6	0.55	0.6	0.7	0.8	0.04	0.014
	min	0.25	0.35	0.35	0.4	0.35	0.4	0.45	0.45	0.032	0.01
121~180	max	0.5	0.55	0.6	—	0.6	0.7	0.8	—	0.045	0.016
	min	0.3	0.35	0.4	—	0.4	0.5	0.55	—	0.038	0.012
181~260	max	0.6	0.6	0.65	—	0.7	0.75	0.85	—	0.05	0.02
	min	0.4	0.4	0.45	—	0.5	0.55	0.6	—	0.04	0.015

(4) 外圆磨削常见的工件缺陷、产生原因及解决方法（表 9-33）

表 9-33　外圆磨削常见的工件缺陷、产生原因及解决方法

工件缺陷	产生原因及解决方法
表面直波纹	1)砂轮不平衡转动时产生振动。注意保持砂轮平衡:新砂轮需经二次静平衡;砂轮在使用过程出现不平衡,需要做静平衡;砂轮停机前先关掉切削液,让砂轮空转几分钟后再停机 2)砂轮硬度过高或砂轮本身硬度不均匀 3)砂轮用钝后没有及时修整 4)砂轮修得过细或金刚石顶角已磨钝,修出的砂轮不锋利 5)工件转速过高或中心孔有毛刺 6)工件质量过大,不符合机床规格。这时可降低切削用量,增加支承架 7)砂轮主轴轴承磨损,配合间隙过大 8)头架主轴轴承松动 9)电动机不平衡 10)进给导轨磨损 11)机床结合面有松动。检查拨杆、顶尖、套筒等 12)液压泵振动 13)传动带长短不均匀 14)砂轮卡盘与主轴锥度接触不好
表面螺旋纹	1)砂轮硬度过高或砂轮两边硬度高,修得过细,而背吃刀量过大 2)纵向进给量过大 3)砂轮磨损,母线不直 4)修整砂轮和磨削时切削液供应不足 5)工作台导轨润滑油过多,使台面运行产生摆动 6)工作台运行有爬行现象。可打开放气阀排除液压系统中的空气或检修机床 7)砂轮主轴轴向窜动超差 8)砂轮主轴与头尾架轴线不平行 9)修整时金刚石运动轴线与砂轮轴线不平行
表面烧伤	1)砂轮太硬或粒度太细 2)砂轮修得过细,不锋利或砂轮太钝 3)切削用量过大或工件速度过低 4)切削液浇注不充分

（续）

工件缺陷		产生原因及解决方法
圆柱度超差	锥度	1）工件旋转轴线与工作台运动方向不平行 2）工件和机床的弹性变形发生变化。校正锥度时，砂轮一定要锋利，工作过程也要保持砂轮锋利状态 3）工作台导轨润滑油过多
	鼓形	1）工件刚度差，磨削时产生让刀现象。减少工件的弹性变形；减小背吃刀量，增加光磨次数；砂轮经常保持良好的切削性能；应使用中心架 2）中心架调整不适当。正确调整支承块的压力 3）机床导轨水平面内直线度超差
	鞍形	1）磨细长轴时，顶尖顶得太紧，工件弯曲变形。调整尾架顶尖预紧力 2）中心架水平支承块压力过大 3）机床导轨水平面内直线度超差

工件缺陷	产生原因及解决方法
两端尺寸较小（或较大）	1）砂轮越出工件端面太多（或太少）。正确调整换向撞块，砂轮越出工件端面距离为砂轮宽度的1/3~1/2 2）工作台换向停留时间太长（或太短）
轴肩旁外圆尺寸较大	1）换向时工作台停留时间太短 2）砂轮边角磨损或母线不直
台肩轴向圆跳动超差	1）吃刀量过大，退刀过快。进给时要均匀，光磨时间要充分 2）切削液不充分 3）砂轮主轴轴向窜动超差 4）头架主轴推力轴承间隙过大
端面与轴线的垂直度超差	1）砂轮轴线与工件轴线平行度超差 2）砂轮接触面较大。修整砂轮呈内凹形，使砂轮接触工件宽度小于2mm

（续）

工件缺陷	产生原因及解决方法	工件缺陷	产生原因及解决方法
圆度超差	1)中心孔形状不正确或中心孔内有污垢、毛刺 2)中心孔或顶尖因润滑不良而磨损 3)工件顶得过紧或过松 4)顶尖锥孔接触不好,有松动 5)工件刚度差而毛坯形状误差又大,在磨削时因余量不均匀而引起背吃刀量变化,使工件弹性变形发生相应变化,磨削后未能消除原来全部误差。正确控制磨削用量,进给量应从大到小,并增加光磨行程 6)工件不平衡量过大,在运转时产生跳动,磨削后产生椭圆 7)砂轮主轴与轴承配合间隙过大 8)尾架套筒间隙过大 9)消除横进给机构螺母间隙的压力太小或没有 10)用卡盘装夹磨削外圆时,头架主轴径向圆跳动过大 11)砂轮过钝	阶梯轴同轴度超差	1)与圆度超差原因1)~4)相同 2)磨削步骤安排不当。各段同轴度要求高的工件,应分粗磨和精磨,同时尽可能在一次装夹中精磨完毕
		拉毛划伤	1)切削液不清洁 2)砂轮硬度太软 3)工件对砂轮磨料不适应

4. 磨内圆

内圆磨削是对工件圆柱孔、圆锥孔、孔端面和特殊形状内孔表面进行的磨削。内圆磨削一般能达到 *Ra*0.01～0.02μm 的表面粗糙度值，加工尺寸公差等级为 IT6～IT7。

(1) 内圆磨削砂轮的选择及安装

1) 砂轮的选择。内圆磨削时，由于磨径的限制，所用砂轮直径与外圆磨削相比较小，砂轮转速又受到内圆磨具转速的限制（目前一般内圆磨具的转速为 10 000～20 000r/min），因此磨削速度一般为 20～30m/s。由于磨削速度较低，磨削表面粗糙度值不易减小。

内圆磨削时，由于砂轮与工件成内切圆接触，砂轮与工件的接触弧比外圆磨削大，因此磨削热和磨削力均较大，磨粒容易磨钝，工件容易发热或烧伤。

内圆磨削时，切削液不易进入磨削区域，磨屑也不易排出，影响砂轮磨削性能。

内圆磨削时，砂轮接长轴的刚性比较差，容易产生弯曲变形和振动，对加工精度和表面粗糙度都有很大影响，同时也限制了磨削用量的提高。

综上内圆磨削的基本特点，因此，内圆磨削对于砂轮选择，既要保证有理想的磨削速度，又要保证在磨削中有合理的切削力、切削热及排屑、冷却润滑等。

内圆磨削砂轮的选择可参考表 9-34 选取。

2) 砂轮的安装。内圆砂轮一般安装在砂轮接长轴的一端，而接长轴的另一端与磨头主轴连接。也有些磨床内圆砂轮直接安装在内圆磨具的主轴上。砂轮安装方法有螺纹紧固和粘结剂紧固两种方法。内圆磨削砂轮的安装见表 9-35。

表 9-34 内圆磨削砂轮的选择 （单位：mm）

(1)砂轮直径的选择

被磨孔的直径	砂轮直径	被磨孔的直径	砂轮直径
12~17	10	45~55	40
17~22	15	55~70	50
22~27	20	70~80	65
27~32	25	80~100	75
32~45	30	100~125	85

(2)砂轮宽度的选择

磨削长度	14	30	45	>50
砂轮宽度	10	25	32	40

(3)砂轮的选择

加工材料	磨削要求	砂轮的特性			
		磨料	粒度	硬度	结合剂
未淬火的碳素钢	粗磨	A	F24~F46	K~M	V
	精磨	A	F46~F60	K~N	V
铝	粗磨	C	F36	K~L	V
	精磨	C	F60	L	V
铸铁	粗磨	C	F24~F36	K~L	V
	精磨	C	F46~F60	K~L	V
纯铜	粗磨	A	F16~F24	K~L	V
	精磨	A	F24	K~M	B
硬青铜	粗磨	A	F16~F24	J~K	V
	精磨	A	F24	K~M	V
调质合金钢	粗磨	A	F46	K~L	V
	精磨	WA	F60~F80	K~L	V
淬火的碳钢及合金钢	粗磨	WA	F46	K~L	V
	精磨	PA	F60~F80	K~L	V
渗氮钢	粗磨	WA	F46	K~L	V
	精磨	SA	F60~F80	K~L	V
高速钢	粗磨	WA	F36	K~L	V
	精磨	PA	F24~F36	M~N	B

表 9-35　内圆磨削砂轮的安装

安装方法	图示	应注意的问题
用螺纹紧固	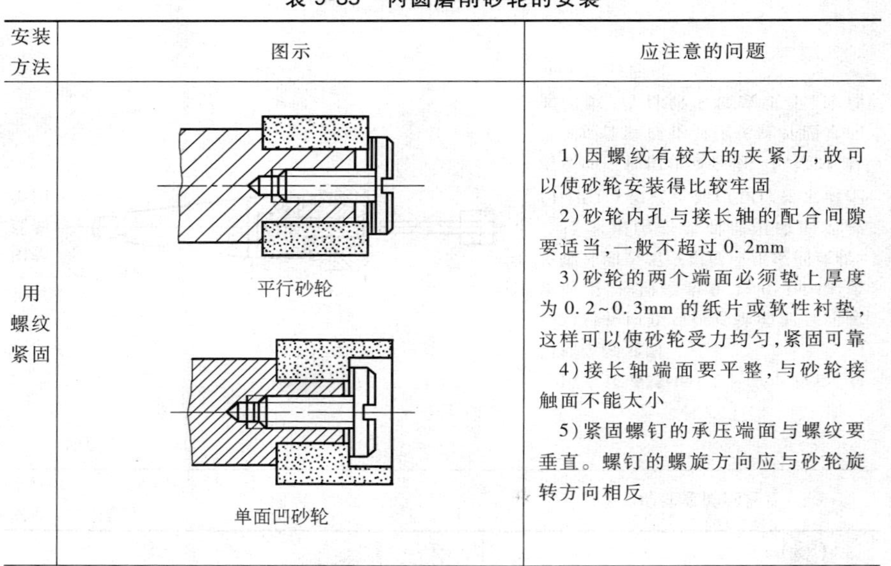 平行砂轮 单面凹砂轮	1)因螺纹有较大的夹紧力,故可以使砂轮安装得比较牢固 2)砂轮内孔与接长轴的配合间隙要适当,一般不超过 0.2mm 3)砂轮的两个端面必须垫上厚度为 0.2~0.3mm 的纸片或软性衬垫,这样可以使砂轮受力均匀,紧固可靠 4)接长轴端面要平整,与砂轮接触面不能太小 5)紧固螺钉的承压端面与螺纹要垂直。螺钉的螺旋方向应与砂轮旋转方向相反

（续）

安装方法	图示	应注意的问题
用粘结剂紧固	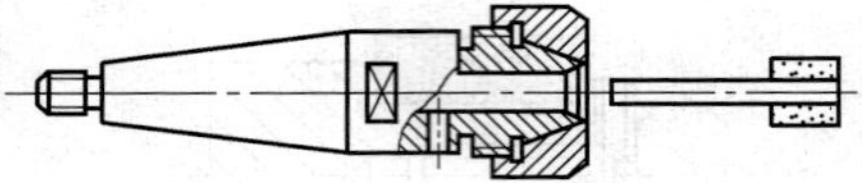	1）直径 ϕ15mm 以下的小砂轮，常用粘结剂紧固 2）砂轮内孔与接长轴的配合间隙要适当，一般应为 0.2～0.3mm。接长轴外圆表面应粗糙或压成网纹状 3）常用的粘结剂是用磷酸溶液（H_3PO_4）和氧化铜（CuO）粉末调配而成的一种糊状混合物。粘接时，粘结剂应涂满砂轮与接长轴外圆之间的间隙，待自然干燥或烘干，冷却 5min 左右即可

3）砂轮接长轴。在内圆磨床或万能外圆磨床上都使用接长轴安装砂轮。常用的内圆磨削接长轴如图 9-5 所示。各类接长轴可以按经常被磨孔的孔径和长度配制成不同规格，以备应用。

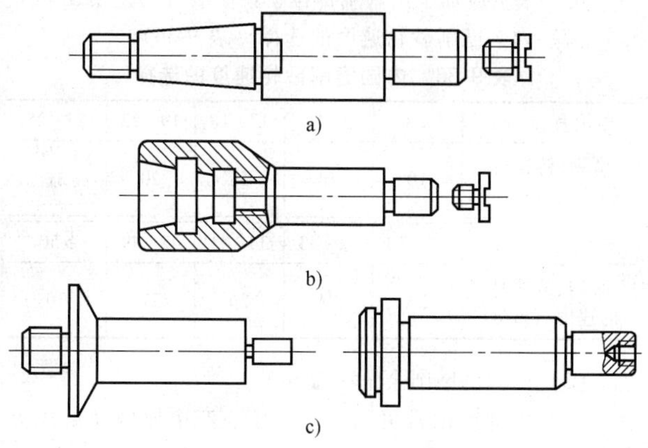

图 9-5　内圆砂轮接长轴

a）锥柄接长轴　b）锥孔接长轴　c）圆柱柄接长轴

接长轴在自行制作时，应注意以下几点：

① 接长轴材料常用 40Cr 钢，为提高刚性可采用 W18Cr4V 高速钢。

② 保证接长轴上各段外圆与锥面的同轴度。接长轴锥面与磨床主轴锥面配合精度要高，一般接长轴外锥为莫氏或 1∶20 锥体，其配合面积不小于 85%。

③ 接长轴上螺纹旋向应与砂轮旋向相反。

④ 在保证加工需要的情况下，为提高刚性，接长轴伸出磨头主轴外的杆身长度，应尽可能短，其直径大小则取决于采用砂轮的尺寸。

接长轴上应加工出削扁部位，便于装拆时使用。

（2）内圆磨削砂轮速度的选择（表 9-36）

表 9-36　内圆磨削砂轮速度的选择

砂轮直径/mm	<8	9~12	13~18	19~22	23~25
磨钢、铸铁时的速度/(m/s)	10	14	18	20	21
砂轮直径/mm	26~30	31~33	34~41	42~49	>50
磨钢、铸铁时的速度/(m/s)	23	24	26	27	30

（3）内圆的磨削余量（表 9-37）

（4）内圆磨削常见的工件缺陷、产生原因及解决方法（表 9-38）

5. 磨圆锥面

磨削圆锥面时，一般要使工件旋转轴线相对于工作台运动方向偏斜一个圆锥半角，即圆锥素线与圆锥轴线之间的夹角（$\alpha/2$）。这是外圆锥磨削和内圆锥磨削共同的特点。

（1）外圆锥面的磨削　外圆锥面一般在外圆磨床或万能外圆磨床上磨削，根据工件形状和锥（角）度的大小不同，采用不同的方法（表 9-39）。

表 9-37　内圆的磨削余量（直径余量）　（单位：mm）

孔径范围	余量限度	最后磨削前								粗磨后精磨前
		未经淬火的孔				经淬火的孔				
		孔长								
		<50	50~100	100~200	200~300	<50	50~100	100~200	200~300	
≤10	max	—	—	—	—	—	—	—	—	0.02
	min	—	—	—	—	—	—	—	—	0.015
11~18	max	0.22	0.25	—	—	0.25	0.28	—	—	0.03
	min	0.12	0.13	—	—	0.15	0.18	—	—	0.02
19~30	max	0.28	0.28	—	—	0.30	0.3	0.35	—	0.04
	min	0.15	0.15	—	—	0.18	0.22	0.35	—	0.030
31~50	max	0.3	0.3	0.35	—	0.35	0.35	0.4	—	0.05
	min	0.15	0.15	0.2	—	0.2	0.25	0.28	—	0.040
51~80	max	0.3	0.32	0.35	0.4	0.4	0.4	0.45	0.5	0.06
	min	0.15	0.18	0.2	0.25	0.25	0.28	0.3	0.35	0.05
81~120	max	0.37	0.4	0.45	0.5	0.5	0.5	0.55	0.6	0.07
	min	0.2	0.2	0.25	0.3	0.3	0.3	0.35	0.4	0.05
121~180	max	0.4	0.42	0.45	0.5	0.55	0.6	0.65	0.7	0.08
	min	0.25	0.25	0.25	0.3	0.35	0.4	0.45	0.5	0.06
181~260	max	0.45	0.48	0.5	0.55	0.6	0.65	0.7	0.75	0.09
	min	0.25	0.28	0.3	0.35	0.4	0.45	0.5	0.55	0.065

注：表中推荐的数据适合成批生产，如果要求有完整的工艺装备和合理的工艺规程，可根据具体情况选用。

表 9-38 内圆磨削常见的工件缺陷、产生原因及解决方法

工件缺陷	产生原因及解决方法
圆度超差	1)床头的主轴轴承回转精度超差 2)工件毛坯精度太差,吃刀量又过大 3)工件装夹有变形 4)工件热变形 5)砂轮切削性能差或不锋利
圆柱度超差 锥度	1)工件旋转轴与工作台运动方向不平行 2)工件和砂轮间的弹性变形发生变化。保持砂轮锋利状态 3)砂轮往复行程和换向停留时间选择不当,往复行程应向锥孔小端方向延伸
圆柱度超差 鼓形或鞍形	1)工作台在水平方向运动精度不好 2)砂轮往复行程和换向停留时间选择不当。向孔两端加大往复行程能纠正鼓形缺陷,向孔两端缩小往复行程能纠正鞍形缺陷
表面烧伤	1)工件和砂轮接触面积太大,冷却不充分 2)其他见表 9-33
表面其他缺陷	与外圆磨削相同,见表 9-33

表 9-39　外圆锥面磨削的几种方法

磨削方法	图　示	说　明
转动工作台磨外圆锥面	$\frac{\alpha}{2}$	这种方法适用于锥度不大的外圆锥面。磨削时，把工件装夹在两顶尖之间，将上工作台相对下工作台逆时针转过 $\alpha/2$（工件圆锥半角）即可 磨削时，一般采用纵磨法。工作台转动角度时，应按工作台右端标尺上的刻度（标尺右边的刻度为锥度，左边为相应的角度），但按刻度转动角度并不十分精确，必须经试磨后再进行调整 在顶尖距为1m的外圆磨床上，工作台逆时针回转角度一般为6°~9°，顺时针为3°。因此，用这种方法只能磨削圆锥角小于18°的外圆锥面 这种方法装夹工件简单，机床调整方便，精度容易保证
转动头架磨外圆锥面	$\frac{\alpha}{2}$	当工件的圆锥半角超过上工作台所能回转的角度时，可采用转动头架的方法来磨削外圆锥面。此法是把工件装夹在头架卡盘中，将头架逆时针转过 $\alpha/2$ 即可。角度值可从头架下面底座的刻度盘上确定。但是，头架刻度并不十分精确，必须经试磨后再进行调整

（续）

磨削方法	图示	说明
同时转动工作台和头架磨外圆锥面		当采用转动头架磨外圆锥面时，有时遇到工件伸出较长，或外圆锥较大，砂轮架已退到极限位置，工件与砂轮相碰不能磨削，如果距离相差又不多时，可采用这种方法，即把上工作台逆时针偏移一个角度 β_2，使头架转动角度比原来小些，这样工件相对就退出了一些。这时头架转动的角度 β_1 与工作台转过的角度 β_2 之和应等于 $\alpha/2$
转动砂轮架磨外圆锥面		这种方法适用于磨削锥度较大而又较长的工件。砂轮架应转过 $\alpha/2$，磨削时必须注意工作台不能作纵向进给，只能用砂轮的横向进给来进行磨削。当工件圆锥素线长度大于砂轮的宽度时，只能用分段接刀的方法进行磨削 修整砂轮时必须将砂轮架转回到“零位”，这样来回调整比较麻烦。而且磨削时工作台不能纵向运动，这样会影响加工精度和表面粗糙度值，所以一般情况下很少采用

（2）内圆锥面的磨削　内圆锥面一般在内圆磨床或万能外圆磨床上磨削。磨内圆锥的原理与磨外圆锥的原理相同，常用的几种方法见表 9-40。

表 9-40　内圆锥面磨削的几种方法

磨削方法	图　示	说　明
转动工作台磨内圆锥面		将工作台转过 $\alpha/2$。工作台做纵向往复运动，砂轮做横向进给 这种方法仅限于磨削圆锥角小于 18°（因受工作台转角的限制）且较长的内圆锥面
转动头架磨内圆锥面		将头架转过 $\alpha/2$（工件圆锥半角）。工作台做纵向往复运动，砂轮做微量横向进给 这种方法适用于锥度较大、长度较短的内圆锥面
转动头架磨内圆锥面		若工件两端有左右对称的内圆锥时，先把外端内圆锥面磨削正确，不变动头架的角度，将内圆砂轮摇向对面，再磨削里面的一个内圆锥。这样可以保证两内圆锥的同轴度

（3）圆锥面的精度检验　工件在磨削时和加工完成后都要进行精度检验，圆锥面的精度检验包括锥度（或角度）的检验和圆锥尺寸的检验。

锥度或角度的精度通常可用游标万能角度尺、角度样板、正弦规和圆锥量规等量具量仪来测量检验。

其中，圆锥量规（图 9-6）除了有一个精确的圆锥形表面外，在塞规和套规上分别具有一个阶台 a（或刻线 m）。该阶台（或刻线）距离就是检验工件圆锥大端和小端直径的公差范围。

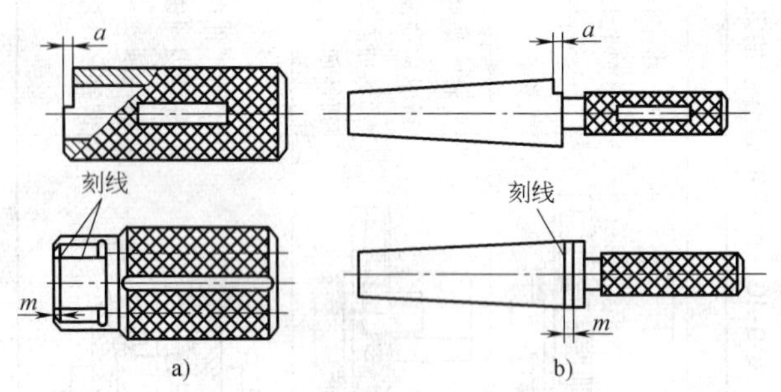

图 9-6　圆锥量规

a）圆锥套规　b）圆锥塞规

当锥度已磨准确，检验工件时，工件端面在锥度量规阶台（或刻线）之间才算合格，如图 9-7 所示（这种检验方法在工厂俗称综合测量方法）。

（4）圆锥面磨削的质量分析（表 9-41）

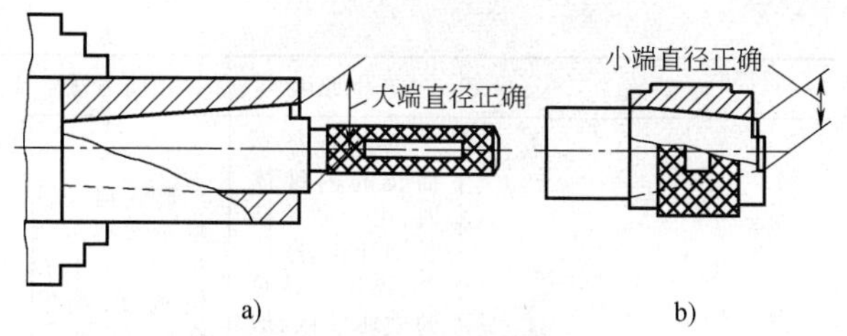

图 9-7 用锥度量规测量

a）测量锥孔 b）测量外锥体

表 9-41 圆锥面磨削的质量分析

缺陷	产生原因	预防方法
锥度不正确	磨削时，因显示剂涂得太厚或用圆锥量规测量时摇晃造成测量误差。没有将工作台、头架或砂轮架角度调整正确	显示剂应涂得极薄和均匀，圆锥量规测量时不能摇晃，转动角度要在 ± 30° 以内。应在测量准确后，固定好工作台、头架或砂轮架的位置再进行磨削
	用磨钝的砂轮磨削时，因弹性变形的影响，使锥度发生变动	经常修整砂轮。精磨时需光磨到火花基本消失为止

（续）

缺陷	产生原因	预防方法
锥度不正确	磨削直径小而长的内锥体时，由于砂轮接长轴细长，刚性差，再加上砂轮圆周速度低、切削能力差而引起	砂轮接长轴尽量选得短而粗些；减小砂轮宽度；精磨余量留小些
圆锥母线不直（双曲线误差） 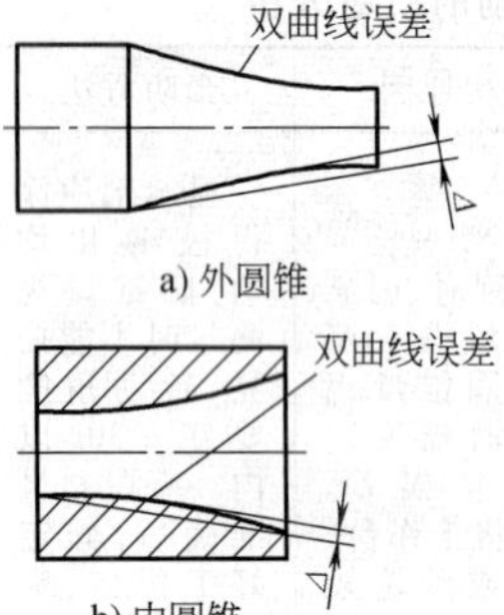 双曲线误差 a) 外圆锥 双曲线误差 b) 内圆锥	砂轮架（或内圆砂轮轴）的旋转轴线与工件旋转轴线不等高而引起	修理或调整机床，使砂轮架（或内圆砂轮轴）的旋转轴线与工件的旋转轴线等高

6. 磨平面

在平面磨床上磨削平面，尺寸公差等级一般可达IT6~IT7，表面粗糙度为 Ra0.16~0.63μm。精密平面磨床，磨削表面粗糙度可达 Ra0.1μm，平行度误差在1 000mm长度内为0.01mm。

（1）磨平面砂轮的选择（表9-42）

表 9-42　磨平面砂轮的选择

工件材料		非淬火碳素钢	调质合金钢	淬火碳素钢、合金钢	铸铁
砂轮的特性	磨料	A	A	WA	C
	粒度	F36~F46	F36~F46	F36~F46	F36~F46
	硬度	L~N	K~M	J~K	K~M
	组织	5~6	5~6	5~6	5~6
	结合剂	V	V	V	V

（2）磨平面砂轮速度的选择（表 9-43）

表 9-43　磨平面砂轮速度的选择

磨削形式	工件材料	粗磨/（m/s）	精磨/（m/s）
圆周磨削	灰铸铁	20~22	22~25
	钢	22~25	25~30
端面磨削	灰铸铁	15~18	18~20
	钢	18~20	20~25

（3）平面的磨削余量（表 9-44）

表 9-44　平面的磨削余量　（单位：mm）

加工性质	加工面长度	加工面宽度					
		≤100		>100~300		>300~1 000	
		余量	公差	余量	公差	余量	公差
零件在装置时未经校准	≤300	0.3	0.1	0.4	0.12	—	—
	>300~1 000	0.4	0.12	0.5	0.15	0.6	0.15
	>1 000~2 000	0.5	0.15	0.6	0.15	0.7	0.15
零件装置在夹具中或用指示表校准	≤300	0.2	0.1	0.25	0.12	—	—
	>300~1 000	0.25	0.12	0.3	0.15	0.4	0.15
	>1 000~2 000	0.3	0.15	0.4	0.15	0.4	0.15

注：1. 表中数值为每个加工面的加工余量。
2. 若几个零件同时加工时，长度及宽度为装置在一起的各零件尺寸（长度或宽度）及各零件间的间隙之总和。
3. 热处理的零件磨削的加工余量为将表中数值乘以 1.2。
4. 磨削的加工余量和公差用于有公差的表面的加工，其他尺寸按照自由尺寸的公差进行加工。

（4） 平面磨削的质量分析（表 9-45）

表 9-45 平面磨削的质量分析

工件缺陷	产生原因和解决方法	工件缺陷	产生原因和解决方法
表面波纹 a) 直波纹 b) 两边直波纹	1）磨头系统刚性不足 2）镶条间隙过大 3）主轴轴承间隙过大 4）主轴部件动平衡不好 5）砂轮不平衡 6）砂轮过硬、组织不均、磨钝 7）电动机定子间隙不均匀 8）砂轮卡盘锥孔配合不好	线性划伤	工件表面留有磨屑或细砂，当砂轮进入磨削区后，带着磨屑和细砂一起滑移而引起。调整好切削液喷嘴，加大切削液流量，使工件表面保持清洁
		表面接刀痕	砂轮母线不直，垂直和横向进给量过大 机床应在热平衡状态下修整砂轮，金刚石位置放在工作台面上

（续）

工件缺陷	产生原因和解决方法	工件缺陷	产生原因和解决方法
c) 菱形波纹 d) 花波纹	9）工作台换向冲击，易出现两边或一边的波纹；工作台换向一定时间与砂轮每转一定时间之比不为整倍数时，易出现菱形波纹 10）液压系统振动 11）垂直进给量过大及外源振动 消除措施：根据波距和工作台速度算出它的频率，然后对照机床上可能产生该频率的部件，采取相应措施消除	敞角或侧面呈喇叭口	1）轴承结构不合理，或间隙过大 2）砂轮选择不当或不锋利 3）进给量过大 4）可以在两端加辅助工件一起磨削
		表面烧伤和拉毛	与外圆磨削相同，见表9-33

7. 薄片工件的磨削

如垫圈、摩擦片、样板等厚度较薄或比较狭长的工件均称为薄片、薄板工件。这类工件刚度差，磨削时很容易产生受热变形和受力变形。尤其工件在磨削前有翘曲变形（图 9-8a），这时如果用电磁吸盘进行装夹，在吸力作用下产生很大的弹性变形，翘曲暂时消失（图 9-8b），但去除吸紧力，放松工件后，弹性变形消失，工件又恢复成原来的翘曲形状（图 9-8c）。

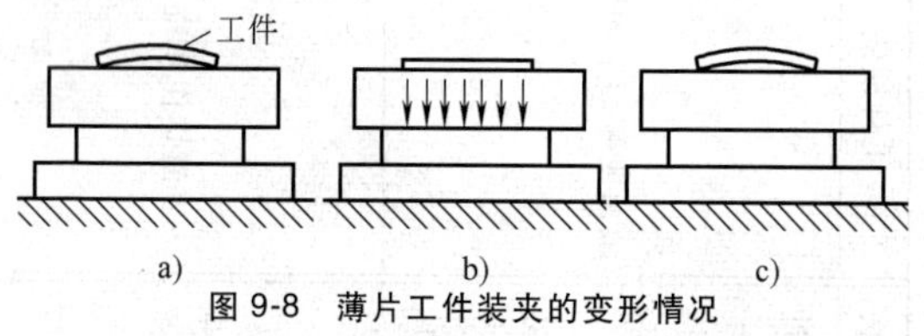

图 9-8　薄片工件装夹的变形情况

针对薄片工件磨削的特点，可采用以下措施来减小工件因受热或受力变形。

1）磨削加工前的上道工序（如车、刨、铣），要严格保证平面的各项精度要求。

2）应选择硬度较低、粒度较粗、组织疏松的白刚玉砂轮进行磨削，并应及时对砂轮进行修整，以保持砂轮的锋利。

3）磨削时应采用较小的背吃刀量和较高的工作台纵向行程速度。

4）应供应充分的冷却润滑液，改善磨削条件。

5）改进装夹方法，减小工件的受力变形：

① 垫弹性垫片。在工件与电磁吸盘之间垫一层很薄（0. 5~3mm）的橡胶垫或有密集孔的海绵垫，利用弹性垫片的可压缩性，使工件的弹性变形减小。这样磨出的工件比较平直。将工件反复翻面磨削几次，在工件平面度得到改善后，可直接将工件吸在电磁吸盘上磨削。

② 垫纸。先将工件放在平板上，检查确定出凹、凸两面，将凹面用纸垫平作为定位基准面，放在电磁吸盘上磨削，这样磨出的第一个平面比较平，再将磨好的平面直接放在电磁吸盘上磨另一面。这样再反复翻面磨削即可。

③ 涂白蜡。在工件翘曲的部位表面涂上一层白蜡，然后在旧砂轮端面上摩擦，使工件凸部上的白蜡磨去，凹部的白蜡磨平，以此平面定位装夹在电磁吸盘上磨出第一平面，再以磨出的第一平面为基准磨第二面，这样反复翻面磨削即可。

④ 垫布。如果两平面要求精度高，可在电磁吸盘和工件之间垫一薄油毛毡或呢布料，这样可以减小对工件的磁力，避免引起变形。

8. 细长轴的磨削

细长轴通常是指长度与直径的比值（简称长径比）大于10的工件。

细长轴的刚性较差，磨削时在磨削力的作用下，工件会产生弯曲变形，使工件产生形状误差（如腰鼓形、竹节形、椭圆形和锥形等）、多角形振痕和径向圆跳动误差等。

因此，磨削细长轴的关键是减小磨削力和提高工件支承的刚度。具体应注意以下几点：

1）工件在磨削前，应增加校直和消除应力的热处理工序，避免磨削时由于应力变形而使工件弯曲。

2）应选用粒度较粗、硬度较低的砂轮，以提高砂轮的自锐性。为了减小磨削阻力，还应选用宽度较窄的砂轮，或将宽砂轮前端修窄。

3）要保两顶尖的同轴度。顶尖孔应经过修研，保证与顶尖有良好的接触面。尾座顶尖的压力应适当，以减小顶紧力所引起的弯曲变形及因加工中产生的热膨胀伸长所引起的弯曲变形，并保证顶尖孔有良好的润滑。

4）采用双拨杆拨盘，使工件受力均衡，以减小振动和圆度误差。

5）磨削细长轴时，背吃刀量要小，工作台速度要慢，工件的转速要低，必要时在精磨时可采用空磨几次。

磨削细长轴时的磨削用量见表9-46。

表9-46　磨削细长轴时的磨削用量

磨削用量	磨削方式	
	粗磨	精磨
背吃刀量 a_p/mm	0.005~0.015	0.0025~0.005
纵向进给量 f/(mm/r)	$0.5B$	$(0.2\sim0.3)B$
工件圆周速度 v_w/(m/min)	3~6	2~5
砂轮圆周速度 v_0/(m/s)	25~30	30~40

注：B 为砂轮宽度（mm）。

6）磨削过程中，要经常使砂轮保持锋利状态，并注意充分冷却润滑，以减小磨削热的影响。

7）当工件长径比较大，而加工精度又要求较高时，可采用中心架支承（开式中心架），如图 9-9 所示。为了保证中心架上竖直支承块和水平支承块与工件成一个理想外圆接触，可在工件支承部位先用切入法磨出一小段外圆，然后以此段外圆作为中心架的支承圆。此外圆要磨得圆，并留有适当的精磨余量。磨好支承圆后，就可以调整中心架，使竖直支承块和水平支承块轻轻接触工件表面（防止工件受力太大）。当支承圆和工件全长接刀磨平后，随着工件直径的继续磨小，这时就需要周期性调整中心架。

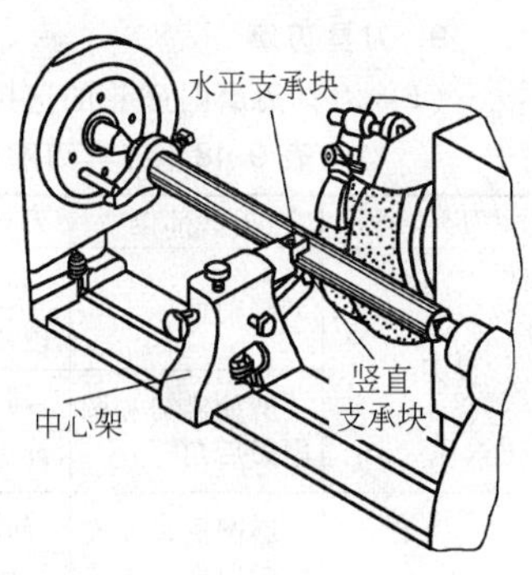

图 9-9　用中心架支承工件

按工件的长径比不同，可采用两个或两个以上的中心架支承。中心架数目的选择见表 9-47。

表 9-47　中心架数目的选择

工件直径/mm	工件长度/mm					
	300	450	700	750	900	1050
	中心架数目					
26~30	1	2	2	4	4	4
31~50	—	1	2	3	3	3
51~60	—	1	1	2	2	2
61~75	—	1	1	1	2	2
76~100	—	—	1	1	1	2

9. 刀具刃磨

(1) 刀具刃磨时砂轮的选择（表9-48）

表9-48　刀具刃磨时砂轮的选择

刀具名称	刃磨部位	刀具材料	选用砂轮的参数
铰刀	磨前面	高速钢	WAF60～F80J～KV
		硬质合金	GCF100～F120H～JV
	磨前锥刃和圆周刃后角	高速钢	WAF60～F80J～KV
		硬质合金	GCF100H～JV
立铣刀	磨圆周齿及端面齿前面	高速钢	WAF80～F120J～KV
		硬质合金	GCF80～F120J～KV
	磨圆周齿及端面齿后面	高速钢	WAF80J～KV
		硬质合金	GCF100～F120HV
圆柱形铣刀	磨前面、后面	高速钢	WAF60～F70KV
套式面铣刀	磨圆周刃、端面刃和主切削刃后角	高速钢	WAF46H～JV
		硬质合金	GCF100HV
三面刃铣刀	磨圆周齿前面	高速钢	WAF60～F80H～JV
		硬质合金	GCF100H～JV
	磨端面齿后角、副偏角和圆周齿后角	高速钢	WAF60～F80J～KV
		硬质合金	GCF100H～JV
镶硬质合金三面刃铣刀	磨圆周齿、端面齿后角、端面齿副偏角和45°过渡刃	硬质合金	GCF46H～JV

（续）

刀具名称	刃磨部位	刀具材料	选用砂轮的参数
切口铣刀和细齿锯片铣刀	磨前面、后面	高速钢	WAF46～F80KV
		硬质合金	GCF100～F120HV
镶齿圆锯片	磨前面、后面	高速钢	WAF46～F70J～KV
角度铣刀	磨斜面刃前角和后角	高速钢	WAF60～F80K～LA
齿轮滚刀	磨前面（模数 7～30mm 铲齿）	高速钢	WAF46HV
	磨前面（模数>10mm）	高速钢	WAF60～F70HV
	磨前面（模数>1mm）	硬质合金	金刚石砂轮
插齿刀	粗、精磨前面	高速钢	WAF60～F80H～KV～B
	磨后面		WAF80～F100J～KV
齿轮铣刀	磨前面（模数<1mm）	高速钢	WAF80KV
	磨前面（模数>1mm）		WAF46～F70H～JV
圆拉刀	磨后面	高速钢	WAF60～F70J～LV
	粗磨前面		WAF60～F80J～KV
	精磨后面		GCF150K～LB

（续）

刀具名称	刃磨部位	刀具材料	选用砂轮的参数
花键拉刀	粗磨前面	高速钢	WAF60～F80J～KV
	精磨前面		GCF150K～LB
键槽拉刀	粗磨前面	高速钢	WAF60～F70KV
	精磨前面		GCF120JB

（2）刃磨一般刀具时砂轮形状与外径的选择（表9-49）

（3）砂轮和支片安装位置的确定（表9-50）

（4）刀具刃磨的方法（表9-51）

表9-49　刃磨一般刀具时砂轮形状与外径的选择

刃磨部位	形状与外径	刃磨范围	说　明
刃磨前面	小角度单斜边砂轮（3） 碟形一号砂轮（12a） 外径 ϕ150mm	用于各种铲齿刀具、铰刀、立铣刀、面铣刀、角度铣刀、槽铣刀、圆柱形铣刀、拉刀、三面刃铣刀等	1）当磨不到槽根时应改用外径 ϕ50～ϕ75mm 的小砂轮 2）刃磨螺旋槽或斜槽刀具的前角，应在砂轮斜面上磨削 3）刃磨直槽刀具的前角，在砂轮的斜面或平面上磨削都可以
	平形砂轮（1）	用于刃磨车刀、钻头、插齿刀等	在刃磨插齿刀前面时，砂轮的直径要小于前面锥形的曲率半径

（续）

刃磨部位	形状与外径	刃磨范围	说　明
刃磨后面	碗形砂轮（11） 杯形砂轮（6） 外径 $\phi75 \sim \phi125$mm	用于各种铰刀、立铣刀、面铣刀、T形槽铣刀、镶齿铣刀、圆柱形铣刀、三面刃铣刀等	磨削细齿刀具时，砂轮外径应减小至$\phi100$mm以内，并需把砂轮外径调整到刀具的中心线以下，否则会产生磨坏邻齿的情况

表 9-50　砂轮和支片安装位置的确定

磨削方式	砂轮形状	图　示	说　明
前角的刃磨	用碟形砂轮	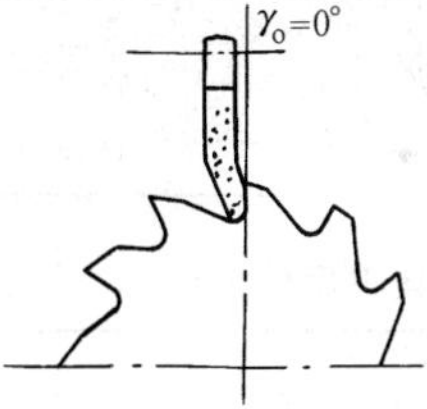 $\gamma_o=0°$	刃磨前角 $\gamma_o=0°$ 时，砂轮平面的延长线应通过刀具中心
		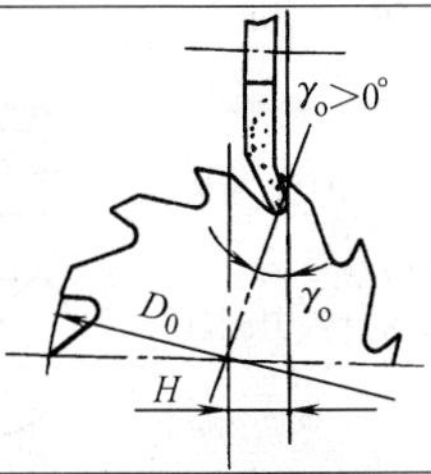 $\gamma_o>0°$　γ_o　D_0　H	刃磨前角 $\gamma_o>0°$ 时，砂轮平面应偏移刀具轴线距离 H $H=\dfrac{D_0}{2}\sin\gamma_o$ D_0——铣刀直径(mm)

（续）

磨削方式	砂轮形状	图示	说明
后角的刃磨	用杯形或碟形砂轮	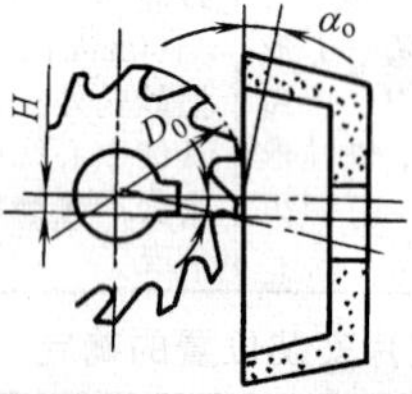	支片顶端相对刀具中心应下降 H 值 $$H=\frac{D_0}{2}\sin\alpha_o$$ 或 $H=0.087D\alpha_o$ α_o——刀具后角（°） D_0——铣刀直径（mm）
	用平形砂轮	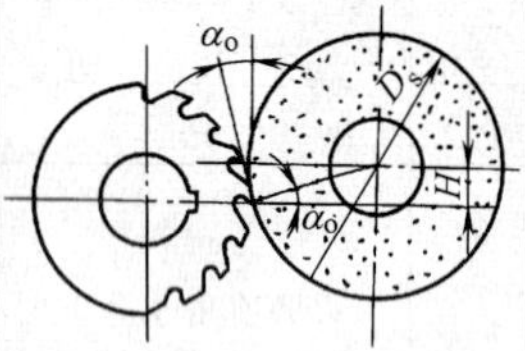	砂轮轴线应高于刀具轴线 H 值 $$H=\frac{D_s}{2}\sin\alpha_o$$ α_o——刀具后角（°） D_s——砂轮直径（mm）

表 9-51　刀具刃磨的方法

铣刀刃磨	
刃磨部位	说　明
前面	1）用于磨削前角 $\gamma_o=0°$ 的直齿三面刃铣刀及铲齿成形铣刀等 2）磨削时砂轮平面通过铣刀轴线 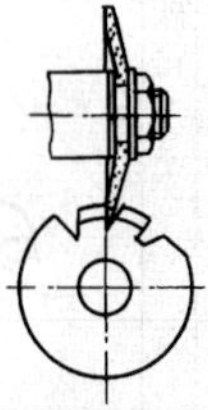

（续）

铣刀刃磨	
刃磨部位	说　明
前面	1）用于磨削前角 $\gamma_o>0°$ 的直齿三面刃铣刀、槽铣刀、角度铣刀等 2）磨削时，砂轮平面偏离铣刀轴线一个距离 H $H=\frac{D_0}{2}\sin\gamma_o$ 式中　D_0——铣刀外径（mm） γ_o——铣刀刀齿前角（°） 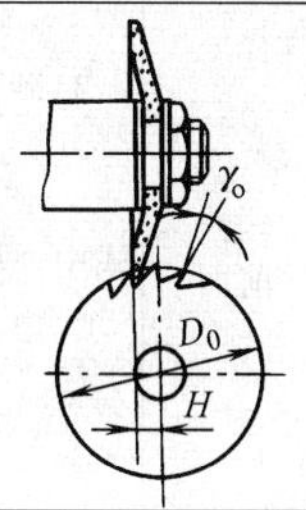
	1）用于磨削法向前角 $\gamma_n=0°$ 的斜齿（或螺旋齿）铣刀 2）磨削时砂轮斜面的延长线应通过铣刀轴线 3）砂轮轴线自水平面向下扳一个等于砂轮斜角 δ 的倾角 4）砂轮轴线在水平面回转一个 φ 角，使砂轮的磨削平面平行于刀齿前面 $\varphi=\beta$ 式中　β——铣刀的斜角（或螺旋角）（°） 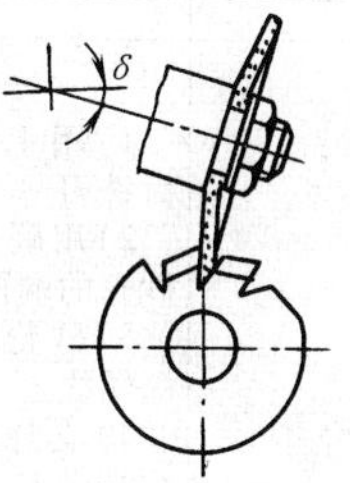
	1）用于磨削法向前角 $\gamma_n>0°$ 的斜齿或螺旋齿铣刀 2）磨削时砂轮轴线在水平面向下扳一个等于砂轮斜角的倾角 δ，并回转一个 φ 角，其大小等于刀齿的螺旋角 β 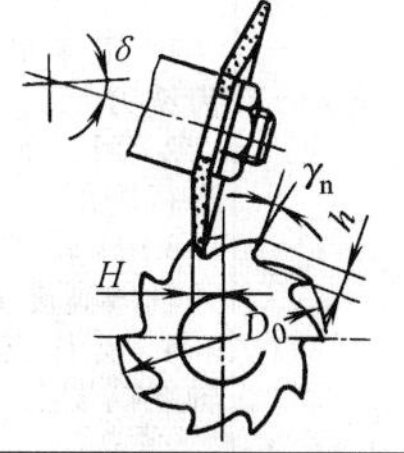

（续）

铣刀刃磨	
刃磨部位	说　明
前面	3）砂轮斜面的磨削平面偏离铣刀中心一个距离 H $$H=\frac{D_0}{2}\frac{1}{\cos^2\beta}\sin(\delta+\gamma_n)-h\sin\delta$$ 式中　D_0——铣刀直径（mm） β——铣刀斜角（或螺旋角）（°） δ——砂轮斜角（°） γ_n——铣刀法向前角（°） h——铣刀刀齿高度（mm）
后面	1）用于磨削粗齿直齿铣刀 2）用碗形（或杯形）砂轮的端面进行磨削 3）砂轮与铣刀在同一轴线上 4）支片低于铣刀轴线高度 H 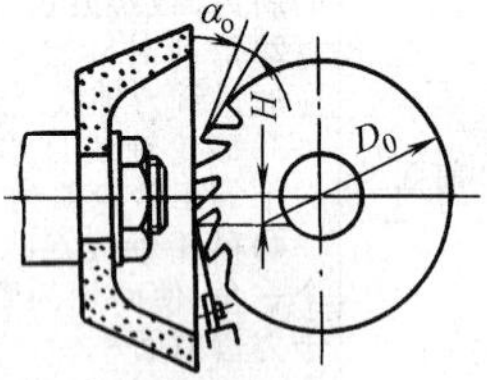 α_o—后角
	1）用于磨削粗齿直齿铣刀 2）用平形砂轮外圆进行磨削 3）砂轮轴线高于铣刀轴线高度 H 4）支片支承在铣刀轴线高度上 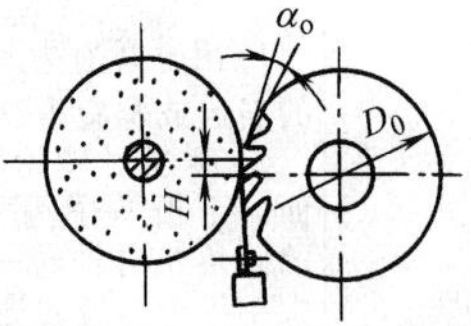

（续）

铣刀刃磨	
刃磨部位	说　明
后面	1)用于磨削细齿直齿铣刀 2)用碗形砂轮端面进行磨削 3)砂轮轴线低于铣刀轴线，并使砂轮外径接近铣刀刀齿后面 4)采用细齿支片，使支片低于铣刀轴线高度 H 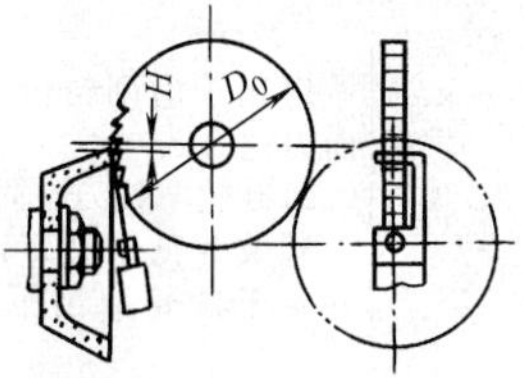
	1)用于斜齿(或螺旋齿)铣刀磨削 2)用碗形(或杯形)砂轮端面进行磨削 3)支片低于铣刀轴线高度 H，并支于砂轮的磨削点下面(采用斜支片或螺旋支片) 4)磨削时，铣刀在轴向移动的同时，并连续旋转(使支片紧靠于前面上) 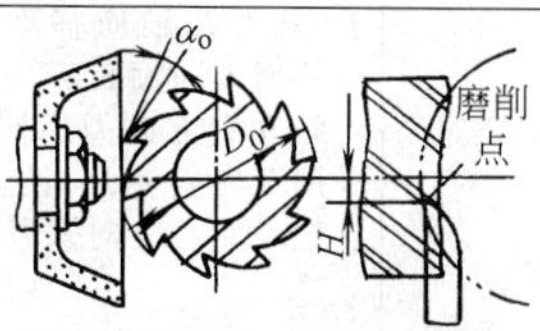
	1)用于磨削错齿(或镶齿)三面刃铣刀 2)砂轮与铣刀在同一轴线上 3)支片低于铣刀轴线高度 H，并支于砂轮磨削下面(用斜支片) 4)磨削时，前面紧靠于支片上，铣刀在轴向移动的同时，并按斜槽方向旋转 5)左右方向刀齿分两次磨削，磨完一个方向的齿，更换支片再磨另一方向的齿 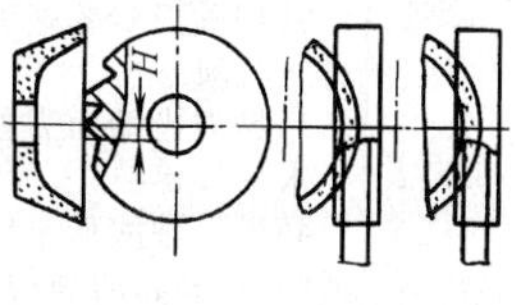

（续）

铣刀刃磨	
刃磨部位	说　明
后面	1）用于磨削错齿（或镶齿）三面刃铣刀 2）砂轮与铣刀在同一轴线上 3）支片低于铣刀轴线高度 H，并支于砂轮磨削下面（用斜支片） 4）磨削时，前面紧靠于支片上，铣刀在轴向移动的同时，并按斜槽方向旋转 5）左右方向刀齿同时磨削时，采用双向斜支片，使支片的最高点位于左右方向刀齿的中点 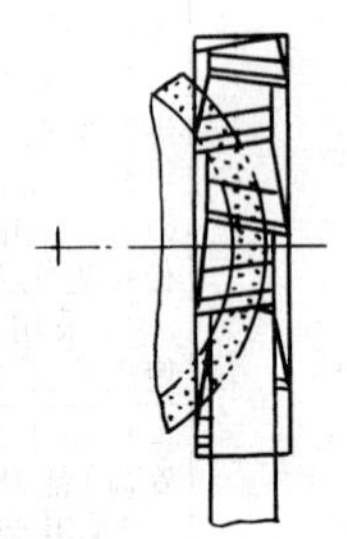
	1）用于磨削立铣刀、三面刃铣刀、面铣刀端面刃的磨削 2）用碗形砂轮端面进行磨削 3）铣刀齿端面刃处于水平位置 4）砂轮轴线低于铣刀轴线，砂轮的磨削平面（端面）在垂直平面倾斜一个 α_o 角 5）当铣刀端面齿有 κ_r' 角时，铣刀轴线在水平内应转一个 κ_r' 角 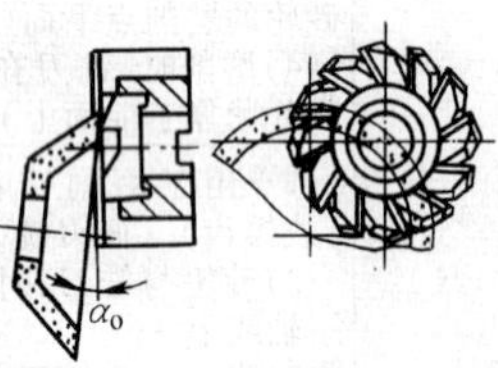

（续）

<table>
<tr><th colspan="2">拉刀刃磨</th></tr>
<tr><th>刃磨部位</th><th>说　明</th></tr>
<tr><td colspan="2">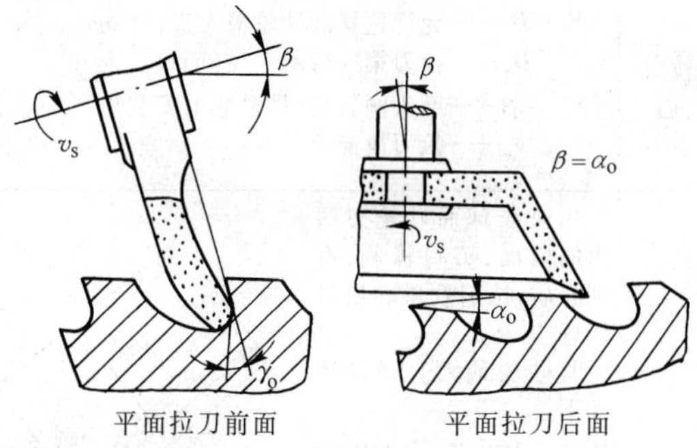

平面拉刀前面　　平面拉刀后面
1)采用碟形砂轮的端面刃磨前面
2)砂轮轴线的倾斜角 β 等于平面拉刀齿前角 γ_o
3)用碗形砂轮刃磨平面拉刀后面时，磨头倾斜角等于平面拉刀后角 α_o</td></tr>
<tr><td>圆拉刀前面</td><td>用直线锥面砂轮刃磨出的前面，表面粗糙度值较大，拉削效果和质量较差。但因方法简便，目前仍被采用
其砂轮最大直径计算如下
$$D_s=\frac{D_g\sin(\beta-\gamma_o)}{\sin\gamma_o}$$
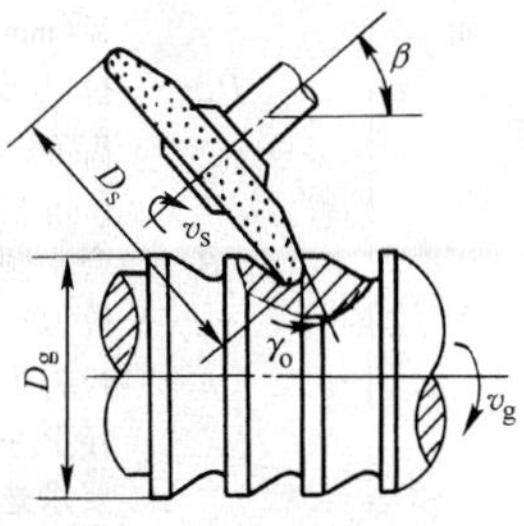

用直线锥面磨削法刃磨圆拉刀</td></tr>
</table>

（续）

拉刀刃磨	
刃磨部位	说　明
圆拉刀前面	式中　D_s——允许选择的砂轮最大直径（mm） D_g——拉刀第一齿的外径（mm） β——磨头倾斜角（即砂轮的安装角） γ_o——拉刀齿前角（°）
圆拉刀前面	用弧线球面砂轮刃磨出的前面，刃口锋利，有利卷屑，拉削效果和质量较好 其砂轮最大直径计算如下 $D_s = 1.05\sin\beta\left[D_g\cot\gamma_o + 2h\tan\gamma_o - \cot\beta(D_g - 2h)\right]$ 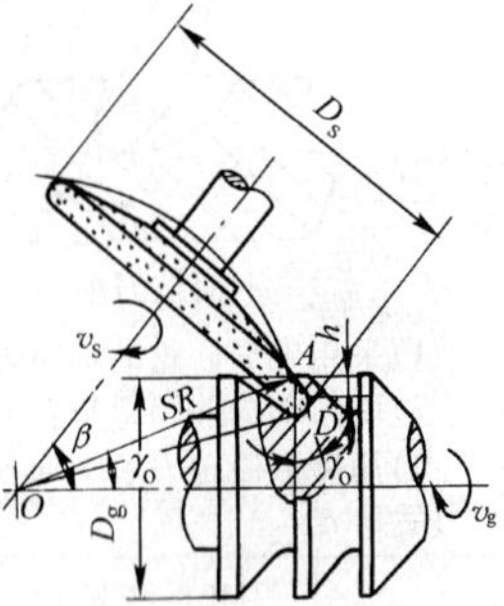 式中　D_s——允许选择的砂轮最大直径（mm） D_g——拉刀第一齿的外径（mm） β——磨头倾斜角（°） γ_o——拉刀齿前角（°） h——拉刀齿前面与槽底 r 的切点 D 到刀齿外径上一点 A 的垂直距离（一般可按图样要求选择）（mm） 用弧线球面磨削法刃磨圆拉刀

第十章　刨工、插工工作

一、刨　　工

刨削适用于在多品种、小批量生产中加工各种平面、导轨面、直沟槽、燕尾槽、T形槽等。如果增加辅助装置，刨削还可以加工曲面、齿条和齿轮等工件。

刨削加工尺寸公差等级一般可达IT7~IT9，工件表面粗糙度值可达 $Ra1.6\sim6.3\mu m$。

1. 刨削加工方法

（1）牛头刨床常见加工方法（表10-1）

表10-1　牛头刨床常见加工方法

刨平面	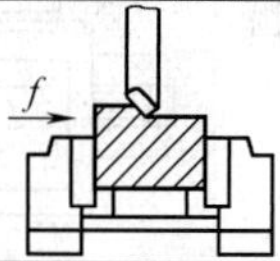 f	刨斜面	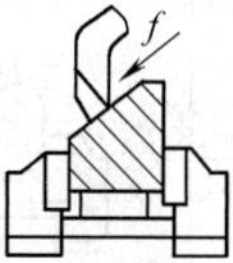 f
刨侧面	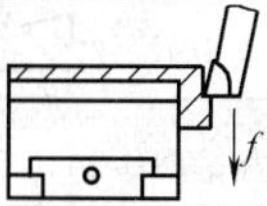 f	刨槽	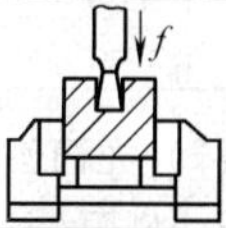 f
刨台阶	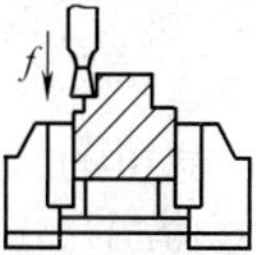 f	刨孔内槽	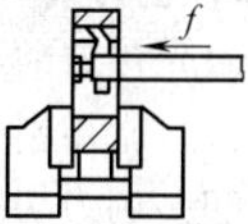 f

（续）

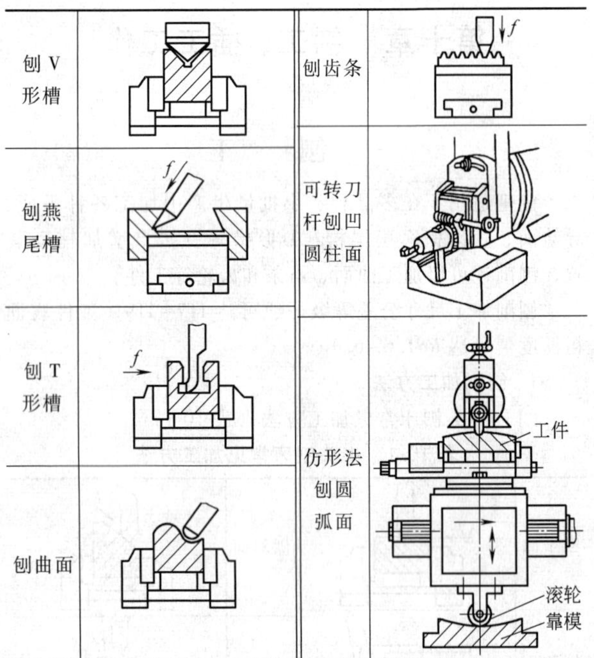

加工方法	图示	加工方法	图示
刨V形槽		刨齿条	
刨燕尾槽		可转刀杆刨凹圆柱面	
刨T形槽		仿形法刨圆弧面	
刨曲面			

（2）龙门刨床常见加工方法（表10-2）

2. 刨刀

（1）刨刀的结构型式（表10-3）

（2）常用刨刀的种类及用途（表10-4）

（3）刨刀切削角度的选择（表10-5）

表 10-2　龙门刨床常见加工方法

加工方法	简图	加工方法	简图
用竖直刀架加工一个平面	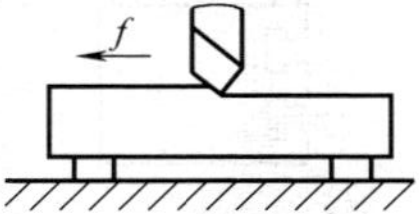	用竖直刀架加工一个与基准面平行的平面（用垫铁调整方法）	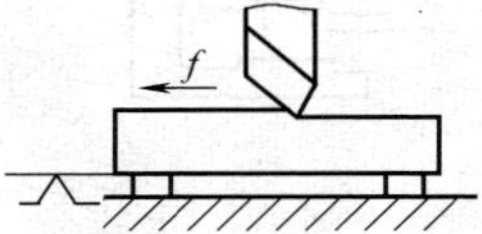
用两个竖直刀架同时加工两侧面	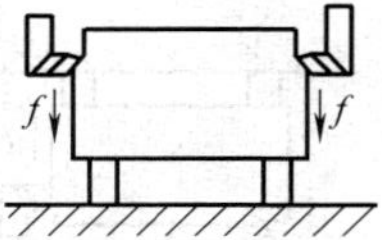	用竖直刀架与水平刀架同时加工两侧面	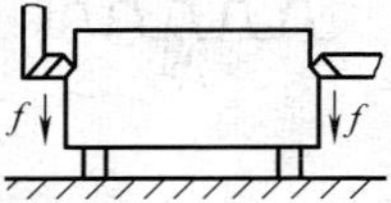
用水平刀架加工一个平面	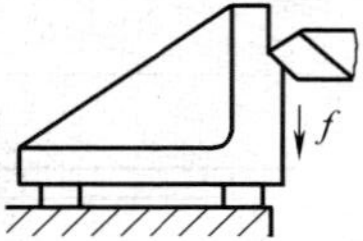	用水平刀架加工一个与基准面平行的平面（基准面用百分表校准）	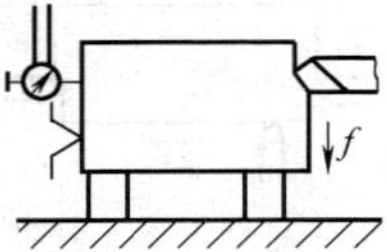
用两个水平刀架同时加工两侧面	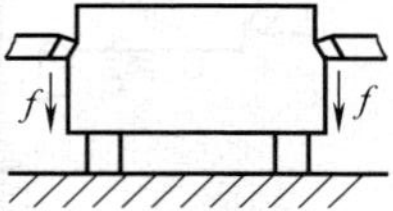		

（续）

用竖直刀架与水平刀架同时加工上平面与侧面	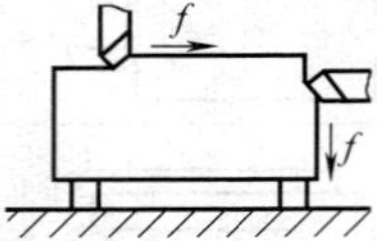	用两个水平刀架及一个竖直刀架同时加工上平面与侧面	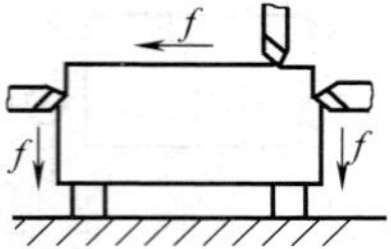
用两个竖直刀架同时加工上平面与侧面	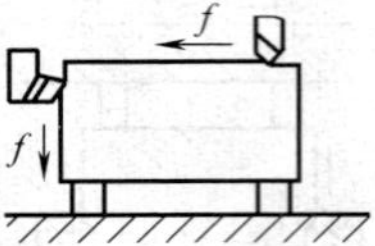	用竖直刀架加工齿条	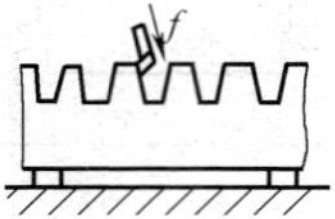
用水平刀架加工侧面上的T形槽	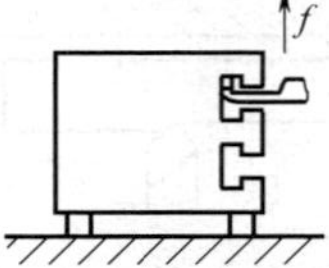	用水平刀架加工内表面	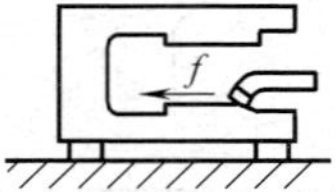

（续）

用两个竖直刀架和一个水平刀架同时加工导轨面	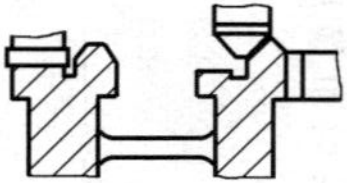	用竖直刀架加工上面的T形槽	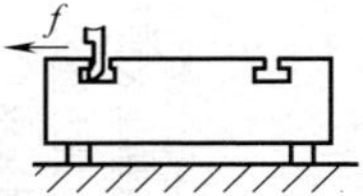
用竖直刀架加工内表面	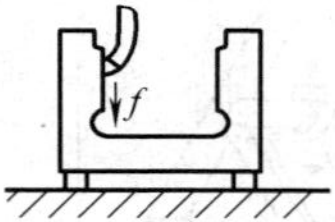	把工件装成斜度加工斜面	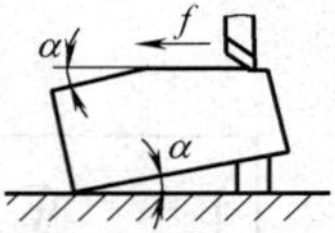 a) 用竖直刀架 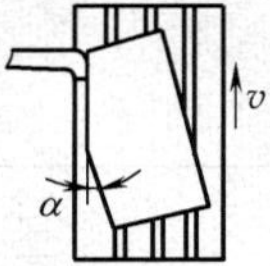 b) 用水平刀架
用竖直刀架扳角度加工斜面	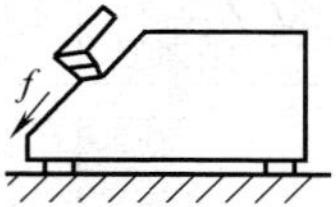		

表 10-3　刨刀的结构型式

种类	图　　示	特点及用途
粗刨刀	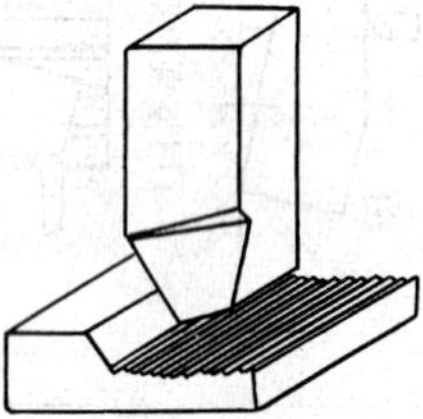	粗加工表面用刨刀，多为强力刨刀，以提高切削效率
精刨刀	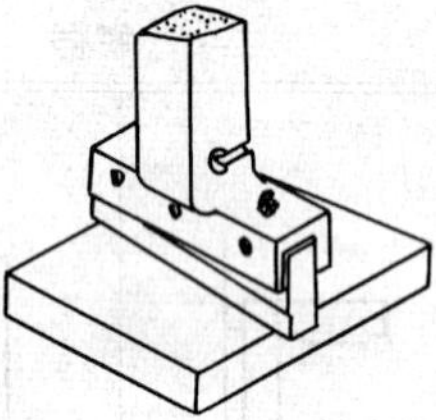	精细加工用刨刀，多为宽刃形式，以获得较小表面粗糙度值的表面
整体刨刀	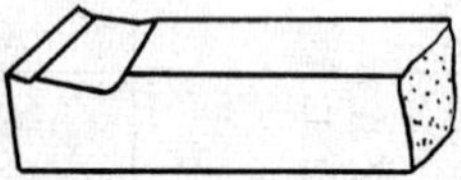	刀头与刀杆为同一材料制成，一般高速钢刀具多是此种形式

（续）

种类	图　示	特点及用途
焊接刨刀	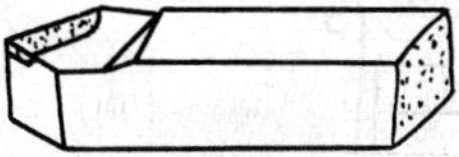	刀头与刀杆由两种材料焊接而成，刀头一般为硬质合金刀片
机械夹固式刨刀		刀头与刀杆为不同材料，用压板、螺栓等把刀头紧固在刀杆上

表 10-4　常用刨刀的种类及用途

种类	图　示	特点及用途
直杆刨刀	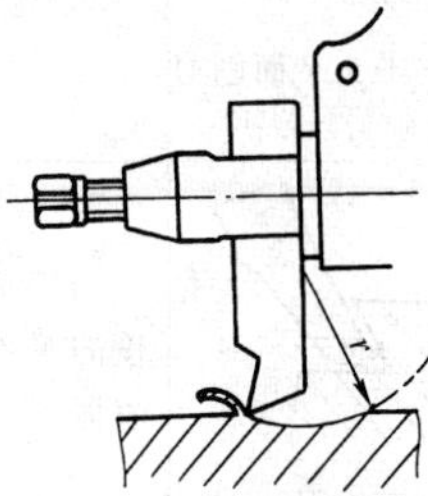	刀杆为直杆。粗加工用

（续）

种类	图　示	特点及用途
弯颈刨刀	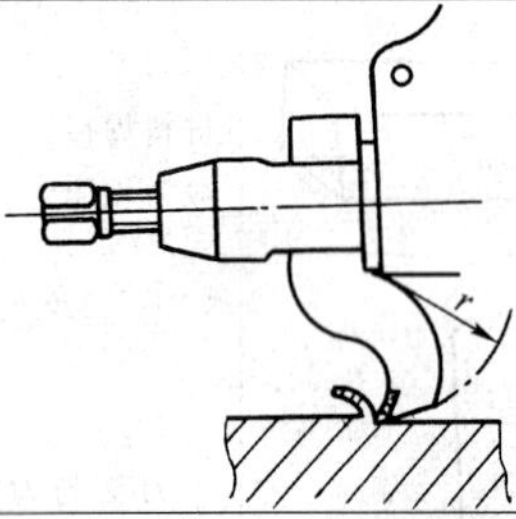	刀杆的刀头部分向后弯曲。在刨削力作用下发生弯曲弹性变形，不扎刀。切断、切槽、精加工用
弯头刨刀	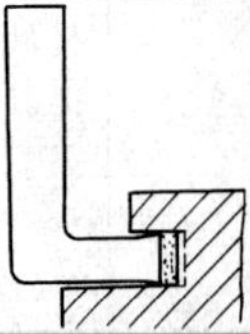	刀头部分向左或向右弯曲。用于切槽
平面刨刀	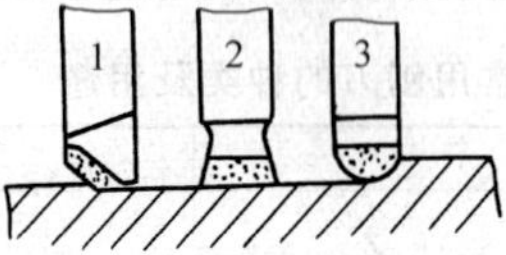 1—尖头平面刨刀　2—平头平面刨刀　3—圆头平面刨刀	粗、精刨平面用
偏刀	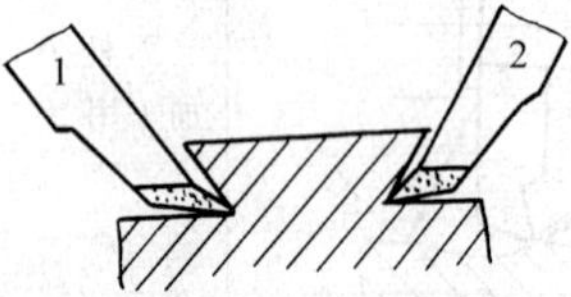 1—左偏刀　2—右偏刀	用于加工互成角度的平面、斜面、垂直面等

（续）

种类	图　示	特点及用途
内孔刀	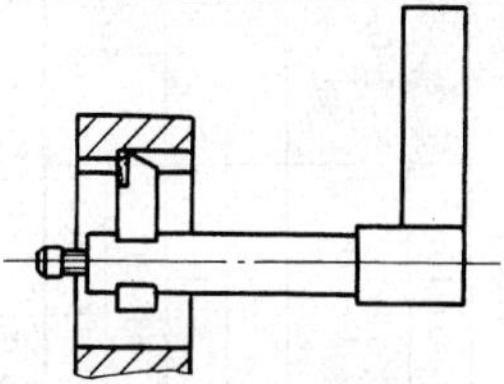	加工内孔表面与内孔槽
切刀	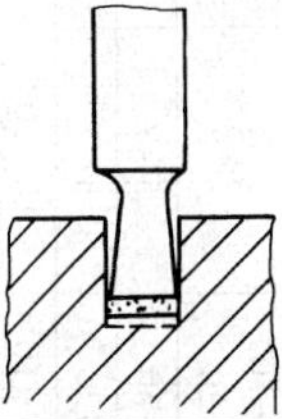	用于切槽、切断、刨台阶
弯切刀	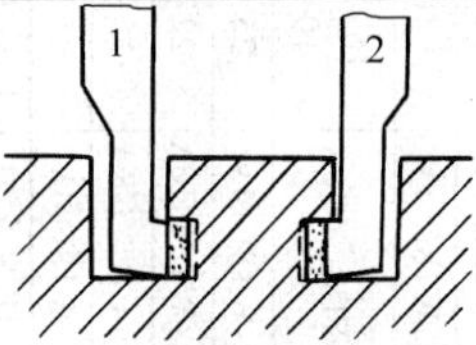 1—左弯切刀　2—右弯切刀	加工T形槽、侧面槽等
成形刀	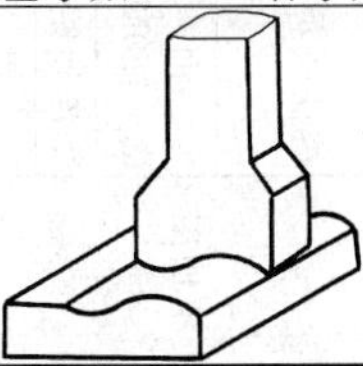	加工特殊形状表面。刨刀切削刃形状与工件表面形状一致，一次成形

表 10-5 刨刀切削角度的选择

加工性质	工件材料	刀具材料	前角 γ_o/(°)	后角 α_o①/(°)	刃倾角 λ_s/(°)	主偏角 κ_r②/(°)
粗加工	铸铁或黄铜	W18Cr4V	10~15	7~9	−15~−10	45~75
		YG8,YG6	10~13	6~8	−20~−10	
	钢 R_m<750MPa	W18Gr4V	15~20	5~7	−20~−10	45~75
		YW2,YT15	15~18	4~6	−20~−10	
	淬硬钢	YG8,YG6X	−15~−10	10~15	−20~−15	10~30
	铝	W18Cr4V	40~45	5~8	−8~−3	
精加工	铸铁或黄铜	W18Cr4V	−10~0	6~8	5~15	0~45
		YG8,YG6X	−15~−10③ 10~20	3~5	0~10	
	钢 R_m<750MPa	W18Gr4V	25~30	5~7	3~15	
		YW2,YG6X	22~28	5~7	5~10	
	淬硬钢	YG8,YG8A	−15~−10	10~20	15~20	10~30
	铝	W18Cr4V	45~50	5~8	−5~0	

① 精刨时，可根据情况在刀面上磨出消振棱。一般倒棱后角 $\alpha_{\alpha1}=-1.5°\sim0°$，倒棱宽度 $b_{\alpha1}=0.1\sim0.5$mm。

② 机床功率较小、刚性较差时，主偏角选大值，反之选小值。主切削刃和副切削刃之间宜采用圆弧过渡。

③ 两组推荐值都可用，视具体情况选用。

3. 装夹方法与刨削工具

(1) 刨削常用装夹方法（表 10-6）

表 10-6　刨削常用装夹方法

方法	分类与用途	图示	方法	分类与用途	图示
压板装夹	平压板和弯头压板	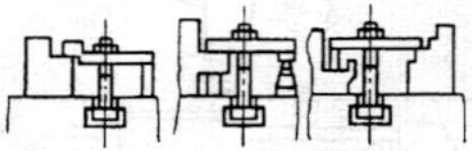	压板装夹	孔内压板	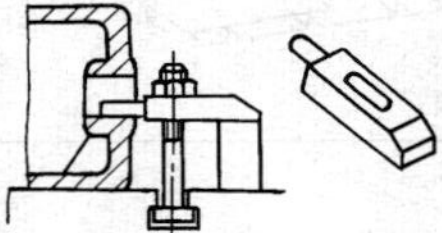
		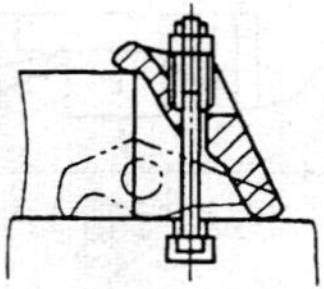	台虎钳装夹	刨一般平面	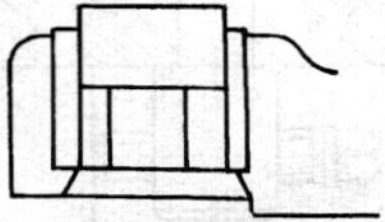
	可调压板			平面 1、2 有垂直度要求时	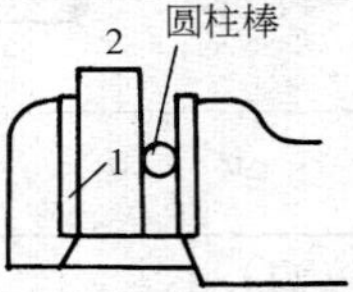 2 圆柱棒 1

（续）

方法	分类与用途	图示
台虎钳装夹	平面3、4有平行度要求时	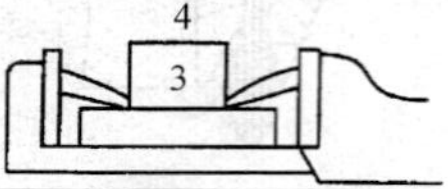 4 3
	台虎钳与螺栓配合装夹薄壁工件	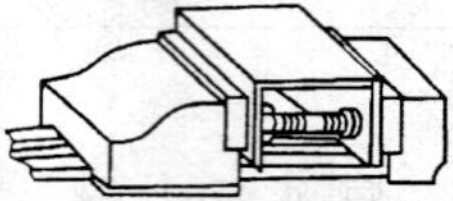
螺纹撑、螺纹挡装夹	螺纹撑	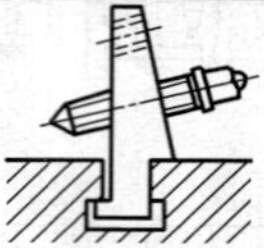 a)用于T形槽的螺纹撑 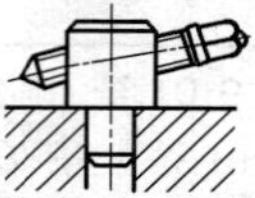 b)用于圆柱孔内的螺纹撑
螺纹撑、螺纹挡装夹	螺纹挡	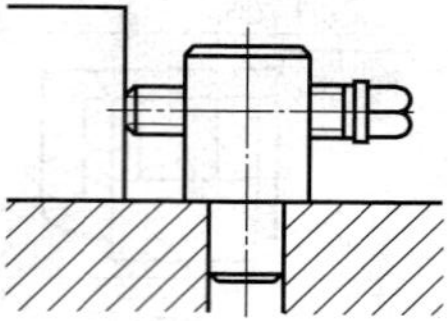
	用螺纹撑和挡块在工作台上装夹工件	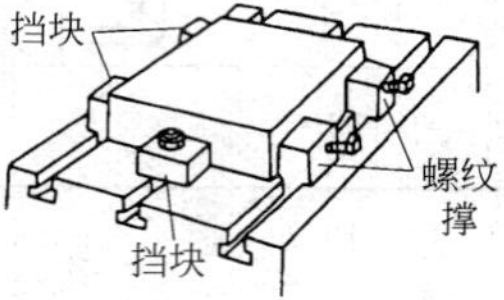 挡块 螺纹撑 挡块

（续）

方法	分类与用途	图示
螺纹撑、螺纹挡装夹	用螺纹撑和挡块在工作台上装夹薄板工件	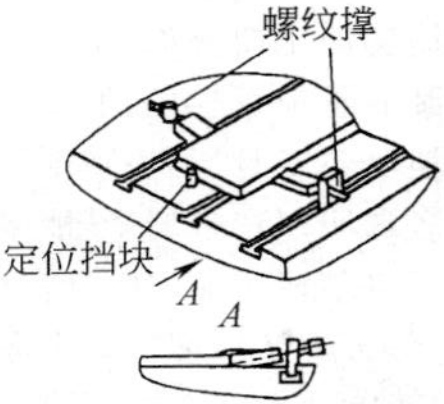 螺纹撑 定位挡块 A A
	用角度挡块和螺纹撑在工作台上装夹圆柱形工件	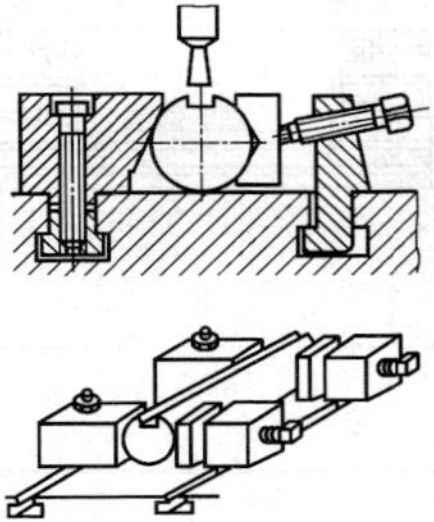
螺纹撑、螺纹挡装夹	用螺纹撑在工作台上装夹圆弧工件	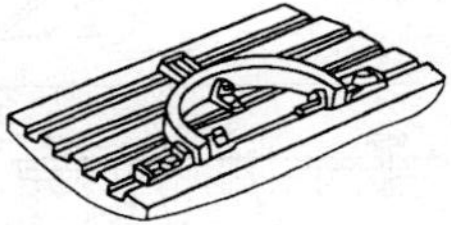
弯板装夹工件	刨垂直面及槽	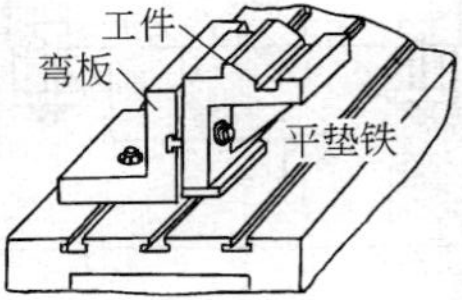 工件 弯板 平垫铁

（续）

方法	分类与用途	图示	方法	分类与用途	图示
镶条装夹工件	镶条装夹薄板工件	 镶条斜度采用1：100，适于加工薄而大的工件。粗加工时，考虑热变形的影响，必须将纵向的镶条适当放松些，且工件两面应轮流翻转，多次重新装夹加工，使两加工面的内应力接近平衡	其他装夹方法	挤压方法装夹工件	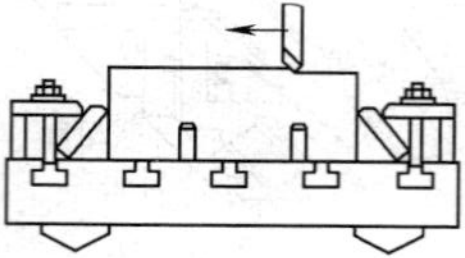
				压板与千斤顶配合装夹工件	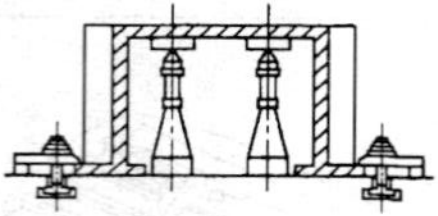
				箱体工件的装夹方法	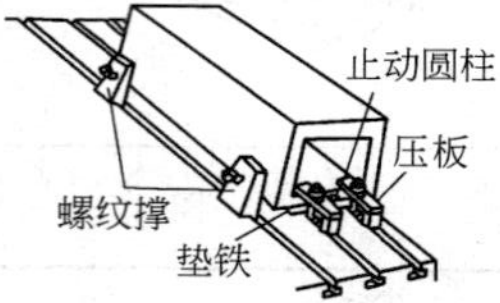 止动圆柱 压板 螺纹撑 垫铁

(2) 刨削工具（表10-7）

表10-7 刨削工具

名称	简图	说明
刨内槽工具	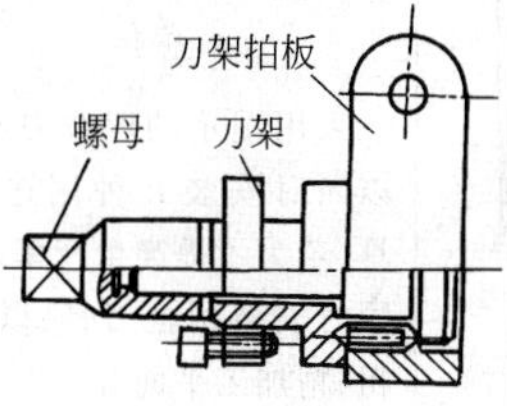	齿轮或带轮等内孔工件的键槽一般采用插床加工，但也可采用牛头刨床加工。加工时只要拆除原来刀架拍板的刀杆，并加装图示的刀杆，即可刨削内孔键槽。刨削时宜将刀架拍板固定，以防刨削时由于往复运动引起刀架来回跳动，产生扎刀现象
刨削内外圆弧工具	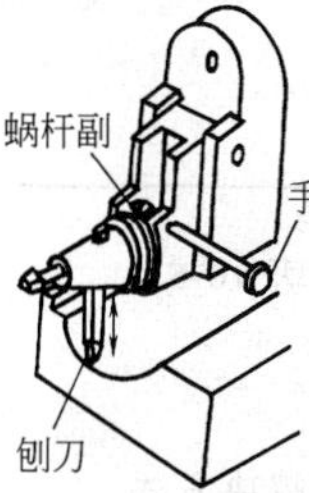 a) 内圆弧刀架 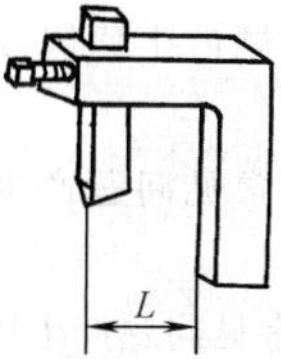 b) 外圆弧刀架	在牛头刨床上加工内外圆弧曲面，需把原刀架拍板改成图中所示刀架。加工时每次回程进刀，匀速地旋转手柄，使刀头依蜗轮中心轴线转动进刀，即可获得内圆弧曲面。刀尖与蜗轮轴线的距离应等于圆弧曲面的半径 R。当拆除刨刀改用刀杆时，同理可获得外圆弧曲面，但被加工件长度受刀杆装刀孔前面与刀杆内侧长度 L 的限制

（续）

名称	简图	说明
四方刀架	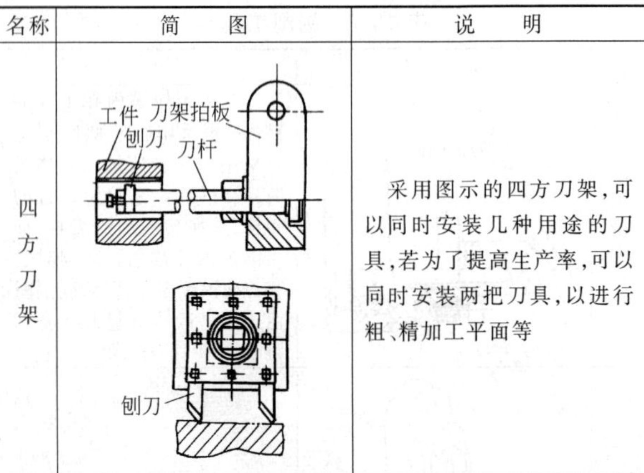	采用图示的四方刀架，可以同时安装几种用途的刀具，若为了提高生产率，可以同时安装两把刀具，以进行粗、精加工平面等

4. 槽类工件的刨削与切断（表 10-8）

5. 镶条的刨削（表 10-9）

6. 常用刨削用量（表 10-10）

7. 刨削常见问题产生原因及解决方法

（1）刨平面常见问题产生原因及解决方法（表 10-11）

（2）刨垂直面和阶台常见问题产生原因及解决方法（表 10-12）

（3）切断、刨直槽及 T 形槽常见问题产生原因及解决方法（表 10-13）

（4）刨斜面、V 形槽及镶条常见问题产生原因及解决方法（表 10-14）

表 10-8　槽类工件的刨削与切断

类别	图示或说明	加工方法
直角沟槽		当槽的精度要求不高且又较窄时，可按图 a 一次将槽刨完 当精度要求较高且宽度又较大时，可按图 b 先用较窄的切槽刀开槽，然后用等宽的切槽刀精刨
		宽度很宽的槽，按下列两种方法加工： 图 a 所示为按 1、2、3 顺序用切刀垂直进给，三面各留余量 0.1~0.3mm，粗切后再进行精刨 图 b 所示为先用切槽刀刨出 1、2 槽，再用尖头刨刀粗刨中间，三面各留余量 0.1~0.3mm，最后换切槽刀精刨

（续）

类别	图示或说明	加工方法
轴上直通槽	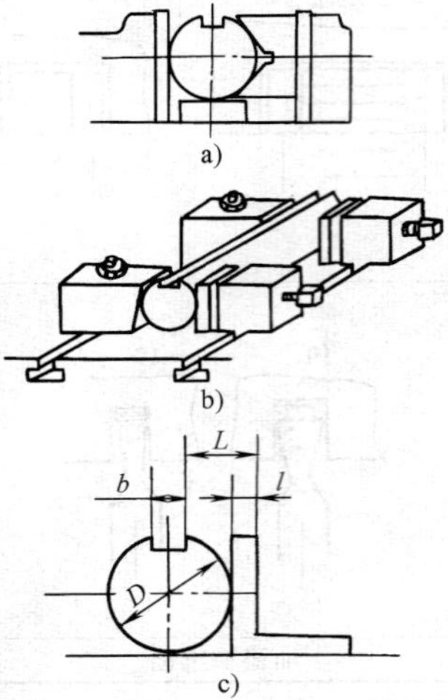 a) b) c)	短的工件可按图 a 所示用机用虎钳装夹，长的工件可按图 b 所示直接装夹在工作台台面上 为了保证槽侧与轴线的平行度要求，装夹时应用指示表找正侧素线 粗刨直通槽方法与刨直角沟槽相同 精刨时，先用切槽刀垂直进给精刨一个侧面，此时要特别注意保证键槽对轴线的对称度，测量方法可参照图 c，其中 $L=\frac{D-b}{2}+l$（D 为轴的实际尺寸；b 为键槽按中间公差的宽度；l 值可用游标卡尺或公法线千分尺测量）。精刨完一侧后，再精刨另一侧，达到槽宽要求

（续）

类别	图示或说明	加工方法
V形槽	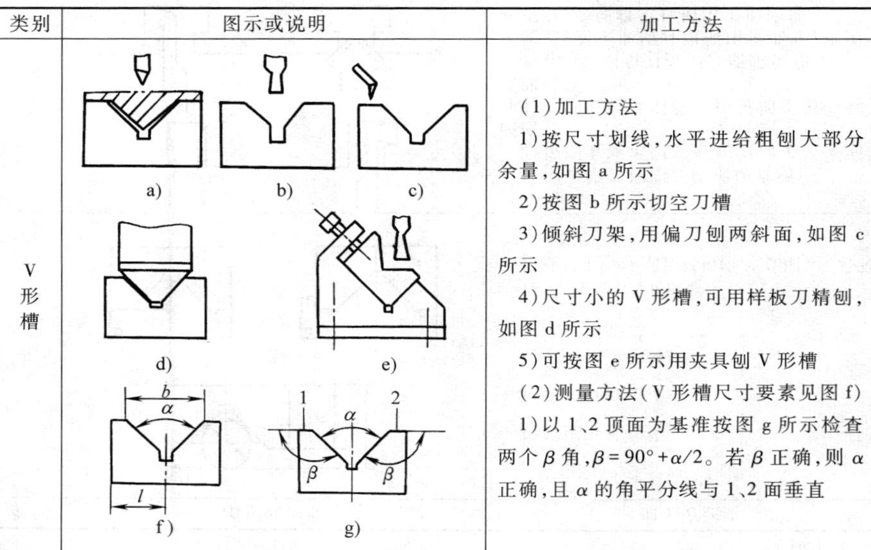 a)　b)　c)　d)　e)　f)　g)	（1）加工方法 1）按尺寸划线，水平进给粗刨大部分余量，如图 a 所示 2）按图 b 所示切空刀槽 3）倾斜刀架，用偏刀刨两斜面，如图 c 所示 4）尺寸小的 V 形槽，可用样板刀精刨，如图 d 所示 5）可按图 e 所示用夹具刨 V 形槽 （2）测量方法（V 形槽尺寸要素见图 f） 1）以 1、2 顶面为基准按图 g 所示检查两个 β 角，$\beta=90°+\alpha/2$。若 β 正确，则 α 正确，且 α 的角平分线与 1、2 面垂直

（续）

类别	图示或说明	加工方法
V形槽	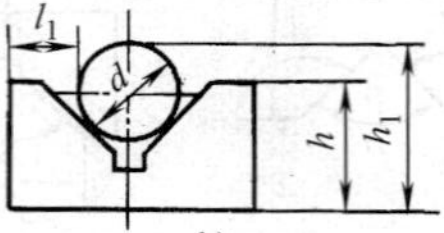 h) 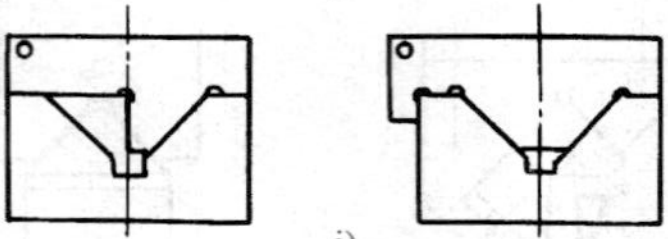 i)	2）按图 h 测量 l_1，$l_1=l-\frac{d}{2}$ 3）按图 h 测量 h_1 $h_1=\frac{d}{2\sin\frac{\alpha}{2}}+h+\frac{d}{2}-\frac{b}{2}\cot\frac{\alpha}{2}$ 若 h_1 准确，则 b 准确 4）成批生产时，可用样板检查，如图 i 所示
T形槽	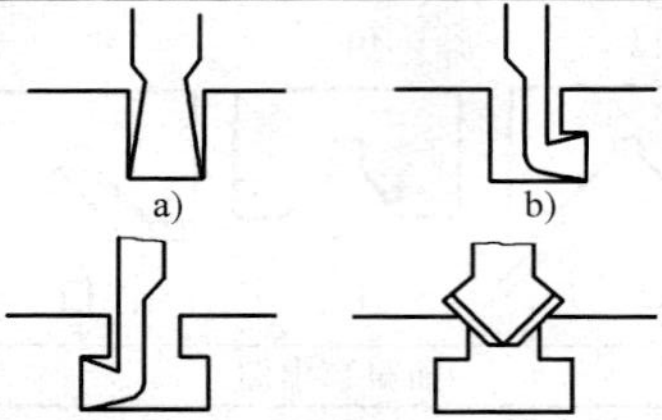 a)　b) c)　d)	1）用直槽刀按图 a 所示切直槽 2）按图 b 所示用左弯切刀加工一侧面凹槽 3）按图 c 所示用右弯切刀加工另一侧面凹槽 4）用 45°倒角刀按图 d 所示倒角 注意：刨 T 形槽时切削用量要小；刨刀回程时，必须将刀具抬出 T 形槽外

(续)

<table>
<tr><th>类别</th><th>图示或说明</th><th>加工方法</th></tr>
<tr><td>燕尾槽</td><td>a)　b)　c)
斜燕尾在水平面内的斜度（1 : K_a）和应偏转的斜角 θ_a
<table>
<tr><th>斜镶条的斜度 1 : K_b</th><th>斜镶条的斜角 θ_b</th><th>燕尾的倾斜角 α</th><th>斜燕尾在水平面内的斜度 1 : K_a</th><th>斜燕尾在水平面内应偏转的斜角 θ_a</th></tr>
<tr><td rowspan="2">1 : 50</td><td rowspan="2">1°9′</td><td>55°</td><td>1 : 40.95</td><td>0°24′</td></tr>
<tr><td>60°</td><td>1 : 43.3</td><td>1°19′</td></tr>
<tr><td rowspan="2">1 : 60</td><td rowspan="2">0°57′</td><td>55°</td><td>1 : 40.15</td><td>1°10′</td></tr>
<tr><td>60°</td><td>1 : 51.96</td><td>1°6′</td></tr>
<tr><td rowspan="2">1 : 100</td><td rowspan="2">0°34′</td><td>55°</td><td>1 : 81.9</td><td>0°42′</td></tr>
<tr><td>60°</td><td>1 : 83.3</td><td>0°40′</td></tr>
</table></td><td>1）按要求找正装夹后，精刨 1 面到尺寸
2）按图 a 用切槽刀刨直角槽，直角槽宽略小于燕尾槽小头宽度，直角槽深略小于燕尾槽深度
3）扳转刀架和拍板座，用偏刀刨斜面的方法，先粗刨后精刨一斜面 2（图 b），并刨槽底相应部分到尺寸
4）反方向扳转刀架和拍板座，换反方向偏刀，如果是直燕尾槽，可直接加工另一斜面 3（图 c）及相应槽底到尺寸，如果是斜燕尾槽，工件需偏转一角度 θ_a 后再刨斜面和槽底到尺寸。注意 θ_a 的方向和斜面在哪一边均有规定要求，从加工第一个燕尾斜面时就不能弄错。当燕尾槽所用的斜镶条的斜角为斜镶条纵剖面之值时（无特殊说明的斜镶条均如此），θ_a 的值可由左表查出
5）切空刀槽、倒角（可分别穿插在 3）、4）项中进行）</td></tr>
</table>

（续）

类别	图示或说明	加工方法
切断	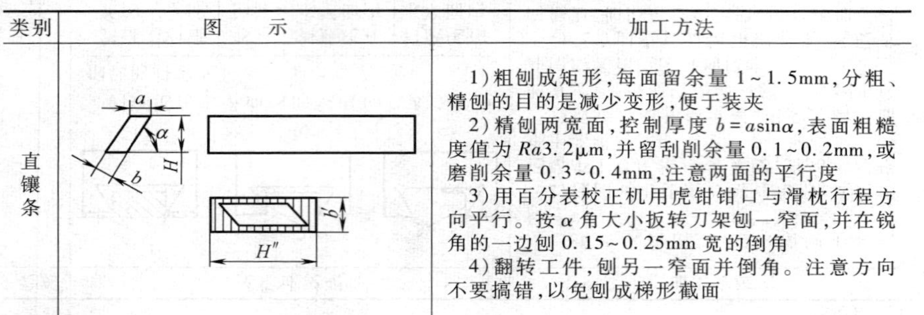	1）根据图样要求，按划线或用金属直尺进行对刀切断 2）工件接近切断时进给量要减小 3）若工件较厚，可把工件翻转装夹，两面各刨一半 4）注意切断过程中切口尺寸不能因夹紧力而变小

表 10-9　镶条的刨削

类别	图　示	加工方法
直镶条		1）粗刨成矩形，每面留余量 1~1.5mm，分粗、精刨的目的是减少变形，便于装夹 2）精刨两宽面，控制厚度 $b=a\sin\alpha$，表面粗糙度值为 $Ra3.2\mu m$，并留刮削余量 0.1~0.2mm，或磨削余量 0.3~0.4mm，注意两面的平行度 3）用百分表校正机用虎钳钳口与滑枕行程方向平行。按 α 角大小扳转刀架刨一窄面，并在锐角的一边刨 0.15~0.25mm 宽的倒角 4）翻转工件，刨另一窄面并倒角。注意方向不要搞错，以免刨成梯形截面

（续）

类别	图 示	加工方法
斜镶条	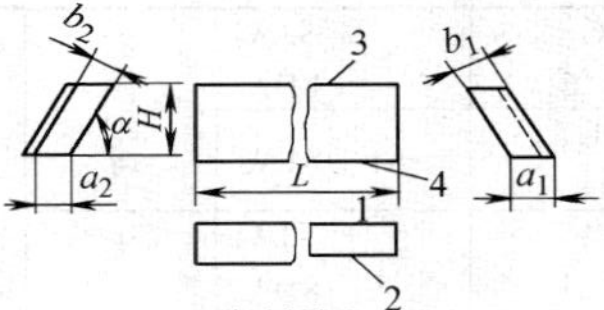 b_2 α H a_2 3 L 4 b_1 a_1 1 2 a) 斜镶条 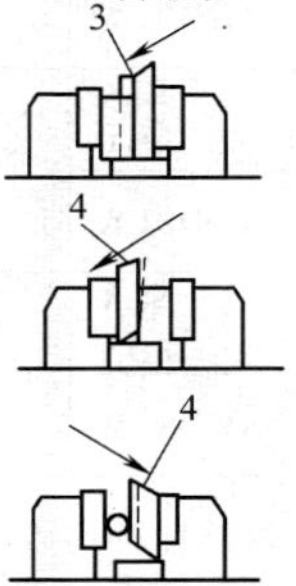 3 4 4 b)工件装夹示意	1）粗刨成矩形，每面留余量 1～1.5mm 2）精刨基准宽面 1 3）以 1 面为基准，用与工件斜度相同的斜垫铁（其斜度 $S=\dfrac{b_1-b_2}{L}=\dfrac{(a_1-a_2)\sin\alpha}{L}$，在修配工作中，可借用与其相同的旧镶条）垫在工件底下，用撑板夹持工件，刨宽面 2，并注意留适当的刮削余量 4）按图 b 装夹刨小窄面 3，并倒角 注意：固定钳口与滑枕方向要平行；扳转角度为 α，方向不要弄错 5）按图 b 中间图装夹，刨小窄面 4 并倒角 按图 b 下面图装夹，刨小窄面 4，但要注意刀架扳转方向

表 10-10 常用刨削用量

工序名称	机床类型	刀具材料	工件材料[①]	背吃刀量 a_p /mm	进给量 f /(mm/双行程)	切削速度 v_c /(m/min)
粗加工	牛头刨床	W18Cr4V	铸铁	4~6	0.66~1.33	15~25
			钢	3~5	0.33~0.66	15~25
		YG8	铸铁	10~15	0.66~1	30~40
		YT5	钢	8~12	0.33~0.66	25~35
	龙门刨床	W18Cr4V	铸铁	10~20	1.2~4	15~25
			钢	5~15	1~2.5	15~25
		YG8	铸铁	25~50	1.5~3	30~60
		YT5	钢	20~40	1~2	40~50
精加工	牛头刨床	W18Cr4V	铸铁	0.03~0.05	0.33~2.33[②]	5~10
			钢	0.03~0.05	0.33~2.33	5~8
		YG8	铸铁	0.03~0.05	0.33~2.33	5~8
		YT5	钢	0.03~0.05	0.33~2.33	5~8
	龙门刨床	W18Cr4V	铸铁	0.005~0.01	1~15[②]	3~5
			钢	0.005~0.01	1~15	3~5
		YG8	铸铁	0.03~0.05	1~20	4~6
		YT5	钢	0.03~0.05	1~20	4~6

① 铸铁 170~240HBW，钢 R_m = 700~1000MPa。

② 根据修光刃宽度来确定 f，一般取 f 为修光刃宽度的 60%~80%。

表 10-11　刨平面常见问题产生原因及解决方法

问题	产生原因	解决方法
表面粗糙度参数值不符合要求	光整精加工切削用量选择不合理	最后光整精刨时采用较小的 a_p、f、v
	刀具几何角度不合理，刀具不锋利	合理选用几何角度，刀具磨钝后及时刃磨
工件表面产生波纹	机床刚度不好，滑动导轨间隙过大，切削产生振动	调整机床工作台、滑枕、刀架等部分的压板、镶条及地脚螺钉等
	工件装夹不合理或工件刚性差，切削时振动	注意装夹方法，垫铁不能松动，增加辅助支承，使工件薄弱环节的刚度得到加强
	刀具几何角度不合理或刀具刚度差，切削振动	合理选用刀具几何角度，加大 γ_o、K_r、λ_s；缩短刨刀伸出长度，采用减振弹性刀
平面出现小沟纹或微小台阶	刀架丝杠与螺母间隙过大；调整刀架后未锁紧刀架	调整丝杠与螺母间隙或更换新丝杠、螺母。调整刀架后，必须将刀架溜板锁紧
	拍板、滑枕、刀架溜板等配合间隙过大	调整间隙
	刨削时中途停机	精刨平面时避免中途停机

（续）

问题	产生原因	解决方法
工件开始吃刀的一端形成倾斜倒棱	拍板、滑枕、刀架溜板间隙过大，刀架丝杠上端轴颈锁紧螺母松动	调整拍板、滑枕、刀架溜板间隙及刀架侧面镶条与导轨间隙。锁紧刀架丝杠上端螺母
	背吃刀量太大，刀杆伸出量过长	减小背吃刀量和刀杆伸出量
	刨刀 κ_r 和 γ_o。过小，进给力增大	适当选用较大的 κ_r 和 γ_o 角
平面局部有凹陷现象	牛头刨床大齿轮曲柄销的丝杠一端锁紧螺母松动，造成滑枕在切削中有瞬时停滞现象	应停机检查，将此螺母拧紧
	在切削时，突然在加工表面停机	精刨平面时，不应在加工表面停机
	工件材质、余量不均，引起“扎刀”现象	选用弯颈式弹性刨刀，避免“扎刀”；多次分层切削，使精刨余量均匀
平面的平面度不符合要求	工件装夹不当，夹紧时产生弹性变形	装夹时应将工件垫实，夹紧力应作用在工件不易变形的位置

（续）

问题	产生原因	解决方法
平面的平面度不符合要求	刨刀几何角度、刨削用量选用不合适，产生较大的刨削力、刨削热而使工件变形	合理选用刨刀几何角度和刨削用量，必要时可等工件冷却一定时间再精刨
两相对平面不平行，两相邻平面不垂直	夹具定位面与机床主运动方向不平行或机床相关精度不够	装夹工件前应找正夹具基准面，调整机床精度
	工件装夹不正确，基准选择不当，定位基准有毛刺、异物，工件与定位面未贴实	正确选择基准面和定位面并清除毛刺、异物。检查工件装夹是否正确

表 10-12　刨垂直面和阶台常见问题产生原因及解决方法

问题	产生原因	解决方法
垂直平面与相邻平面不垂直 相邻平面 f v 垂直平面	刀架垂直进给方向与工作台面不垂直	调整刀架进给方向，使之与工作台面垂直
	刀架镶条间隙上下不一致，使升降时松紧不一，造成受力后靠向一边	调整刀架镶条间隙，使之松紧一致

（续）

问题	产生原因	解决方法
垂直平面与相邻平面不垂直 相邻平面 f v 垂直平面	工件装夹时在水平方向没找正，两端高低不平，或工件伸出太长，切削时受力变形	找正工件；被加工面尽量减小伸出量
	工作台或刀架溜板水平进给丝杠与螺母间隙未消除	精切时应消除丝杠、螺母之间的间隙
	刀架或刨刀伸出过长，切削中产生让刀；刀具刃口磨损	缩短刀架、刀杆伸出长度，选用刚度好的刀杆，及时刃磨
垂直平面与相邻侧面不垂直 f v 相邻平面 垂直平面	机用虎钳钳口与主运动方向不垂直	装夹前应找正钳口与主运动方向垂直
	刨削力过大，产生振动和移动	工件装夹牢固，合理选择刨削用量与刀具角度

（续）

问题	产生原因	解决方法
表面粗糙度达不到要求	刀具几何角度不合适，刀头太尖，刀具实际安装角度使副偏角过大	选择合适的刀具几何角度，加大刀尖圆弧半径，正确安装刨刀
	背吃刀量与进给量过大	精加工时选用较小的背吃刀量与进给量
阶台与工件基准面不平行即（$A \neq A'$、$B \neq B'$） A' B' B A	工件装夹时未找正基准面	装夹工件时应找正工件的水平与侧面基准
	工件装夹不牢固，切削时工件移位或切削让刀	工件和刀具要装夹牢固，选用合理的刨刀几何角度与刨削用量，以减小刨削力
阶台两侧面不垂直	刀架不垂直，龙门刨床横梁溜板紧固螺钉未拧紧而让刀	加工前找正刀架对工作台的垂直度，锁紧横梁溜板

表 10-13　切断、刨直槽及 T 形槽常见问题产生原因及解决方法

问题	产生原因	解决方法
切断面与相邻面不垂直	刀架与工作台面不垂直	刨削时，找正刀架垂直行程方向与工作台垂直
	切刀主切削刃倾斜让刀	刃磨时使主切削刃与刀杆中心线垂直，装刀时主切削刃不应歪斜
切断面不光	进给量太大或进给不匀	自动进给时，选用合适的进给量；手动进给时，要均匀进给
	切刀副偏角、副后角太小	加大刀具副后角、副偏角
	抬刀不够高，回程划伤	抬刀应高出工件
直槽上宽下窄或槽侧有小阶台	刀架不垂直，刀架镶条上下松紧不一，刀架拍板松动	找正刀架垂直，调整镶条间隙，解决拍板松动
	刨刀刃磨不好或中途刃口磨钝后主切削刃变窄	正确刃磨切刀，提高寿命
槽与工件中心线不对称	分次切槽时，横向进给造成中心偏移	由同一基准面至槽两侧应分别对刀，使其对称
T 形槽左、右凹槽的顶面不在同一平面	一次刨成凹槽时，左、右弯头切刀主切削刃宽度不等	刃磨时左、右弯头切刀主切削刃宽度应一致
	多次切成凹槽时，对刀不准确	对刀时左、右应一致
T 形槽两凹槽与中心线不对称	刨削左、右凹槽时，横向进给未控制准确	控制左、右横向进给一致

表 10-14　刨斜面、V 形槽及镶条常见问题产生原因及解决方法

问题	产生原因	解决方法
斜面与基面角度超差	装夹工件歪斜，水平面左、右高度不等	找正工件，使其符合等高要求
	用样板刀刨削时，刀具安装对刀不准	样板刀角度与切削安装实际角度一致，对刀正确
	刀架上、下间隙不一致或间隙过大	调整刀架镶条，使间隙合适
长斜面工件斜面全长上的直线度和平面度超差	精刨夹紧力过大，工件弯曲变形	精刨时适当放松夹紧力，消除装夹变形
	工件材料内应力致使加工后出现变形	精加工前工件经回火或时效处理
	基准面平面度不好或有异物存在	修正基准面，装夹时清理干净基面和工作台面
斜面表面粗糙度达不到要求	进给量太大，刀杆伸出过长，切削时发生振动	选用合适的进给量，刀杆伸出长度合理，用刚度好的刀杆
	刀具磨损或切削刃无修光刃	及时刃磨刀具，切削刃磨出 1～1.5mm 的修光刃

（续）

问题	产生原因	解决方法
V形槽与底面、侧面的平行度和V形槽中心平面与底面的垂直度及与侧面的对称度不合要求	平行度误差由定位基准与主运动方向不一致造成	定位装夹时，找正侧面、底面与主运动方向平行
	垂直度误差与对称度误差由加工及测量方法不当造成	采用正确的加工与测量方法 用定刀精刨：精刨V形槽第一面后将刀具和工件定位，工件调转180°并以相同定位刨第二面
镶条弯曲变形	刨削用量过大，刀尖圆弧半径过大，切削刃不锋利，使刨削力和刨削热增大	减小刨削用量，刃磨刀具使切削刃锋利，改变刀具几何角度使切削轻快，减少热变形
	装夹变形	装夹时将工件垫实再夹紧，避免强行找正
	加工翻转次数少，刨削应力未消除	加工中多翻转工件反复刨削各面或增加消除应力的工序

8. 精刨

精刨是采用宽的平直切削刃，用很低的切削速度和极小的背吃刀量，在大进给量的前提下切去工件表面一层极薄的金属，使工件表面粗糙度值减小至 $Ra0.8\sim1.6\mu m$，加工表面直线度误差在 1m 长度上不大于 0.02mm。

精刨广泛应用于加工机床工作台台面、机床导轨面、机座和箱体的重要接合面等。

（1）精刨的类型及特点（表 10-15）

（2）精刨加工对工艺系统的要求

1）对机床的要求。

① 机床应有较高的精度和足够的刚度。用于精刨的机床上不要进行粗刨加工。

② 机床工作台运行要平稳，低速无爬行，换向无冲击。刀架、滑板、拍板的配合间隙应调整到最小值。

③ 床身导轨要润滑充足，以减小摩擦力和工作台热变形，提高加工精度。

2）对工件及工件装夹的要求。

① 工件刨削前必须进行时效处理，消除工件的内应力，减小加工变形。

② 工件本身组织要均匀，无砂眼、气孔等，加工面硬度要一致。

③ 精刨工序工件的总余量一般为 0.2～0.5mm。每次精刨背吃刀量为 0.05～0.08mm，终刨背吃刀量为 0.1～0.05mm。

④ 精刨前工件精刨面的表面粗糙度值不大于 $Ra3.2\mu m$。锐边倒钝。

表 10-15　精刨的类型及特点

类型		简图	特点与应用
直线刃精刨	一般宽刃精刨		1）一般刃宽 10~60mm 2）自动横向进给 3）适用于在牛头刨床上加工铸铁和钢件。加工铸铁时，取 $\lambda_s=3°\sim8°$；加工钢件时，取 $\lambda_s=10°\sim15°$ 4）表面粗糙度值可达 $Ra0.8\sim1.6\mu m$
	宽刃刀精刨		1）一般刃宽 $L=100\sim240$mm 2）$L>B$ 时，没有横向进给，只有垂直进给；$L\leqslant B$ 时，一般采用排刀法，常取进给量 $f=(0.2\sim0.6)L$，用千分表控制垂直进给量 3）适于在龙门刨床上加工铸铁和钢件 4）表面粗糙度值可达 $Ra0.8\sim1.6\mu m$

（续）

类型			简图	特点与应用
曲线刃精刨	圆弧刃精刨			1）采用圆弧刃，在同样的切削用量下，单位刃长的负荷轻，刀尖强度高，耐冲击，因而寿命长 2）切削刃上每点的刃倾角都是变化的，可增大前角，减小切屑变形，因此在同样切削用量下，可减小刨削力和使切屑流畅排出，并能微量进给（0.01～0.1mm） 3）适用于加工碳素工具钢和合金工具钢，比直线刃可提高效率2～3倍 4）表面粗糙度值可达 Ra0.8～1.6μm
	圆形刃精刨	不转圆形刃精刨		1）除具有圆弧刃的特点外，刃磨一次可分段使用，这样相对寿命长 2）节省辅助时间 3）适用于加工中碳钢 4）表面粗糙度值可达 Ra1.6～3.2μm
		滚切精刨		1）显著提高切削效率和刀具寿命 2）在后面上有一个压光棱带；$\alpha_{o1}=0°$，$b_{\alpha1}=0.2$～1mm，因而可提高表面加工质量 3）适用于加工铸铁、钢件、石材等多种材料 4）表面粗糙度值可达 Ra0.8～1.6μm

⑤ 工件的定位基准面和工作台面要擦干净，保证定位基准平稳。

⑥ 夹紧力作用点应在工件的定位支承面上。夹紧力应尽量小，以减小夹紧变形。对某些重型工件，只需用压板螺栓轻压，或用螺纹撑、挡铁夹紧。

3）对加工刀具的要求。精刨刀切削部分一般要求切削刃全长上的直线度公差为0.005mm，刀具前面和后面的表面粗糙度值小于 $Ra0.1\mu m$。精刨刀必须进行研磨。

二、插　工

插削加工主要用于插削工件的内表面，也可插削外表面。插削可加工方孔、多边孔、孔内键槽、花键孔、平面和曲面等。

插削加工尺寸公差等级一般可达IT7～IT9，工件表面粗糙度值可达 $Ra3.2\mu m$。

1. 插刀

（1）常用插刀类型及用途（表10-16）

表10-16　常用插刀类型及用途

类型	图　示	用　途
尖刀	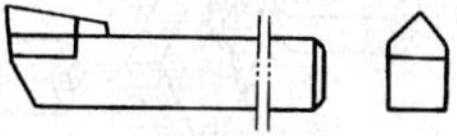	多用于粗插或插削多边形孔
切刀	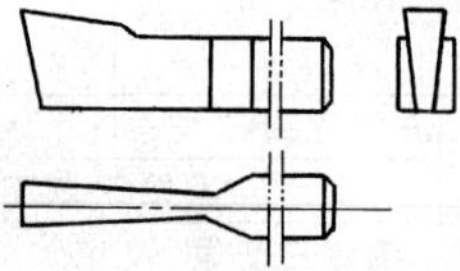	常用于插削直角形沟槽和各种多边形孔

（续）

类型	图　示	用　途
成形刀	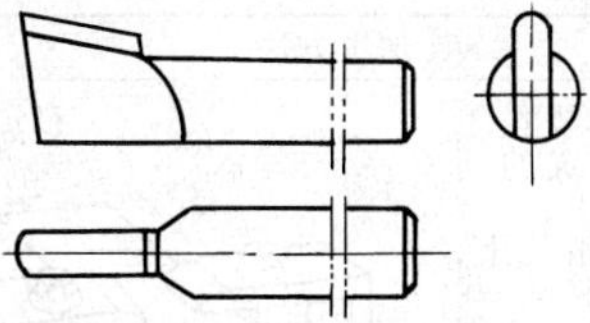	根据工件表面形状需要刃磨而成，按形状分为角度、圆弧和齿形等成形刀
小刀头	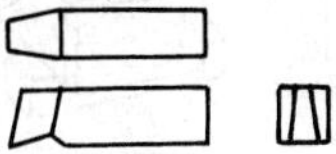	可按加工要求刃磨成各种形状，装夹在刀杆中，适用于粗、精加工和成形加工。因受刀杆限制不适宜加工小孔、窄槽或不通孔

（2）插刀主要几何角度（表 10-17）

表 10-17　插刀主要几何角度

图　示	前角 γ_o/(°)			后角 α_o /(°)	副偏角 κ_r' /(°)	副后角 α_o' /(°)
	普通钢	铸铁	硬韧钢			
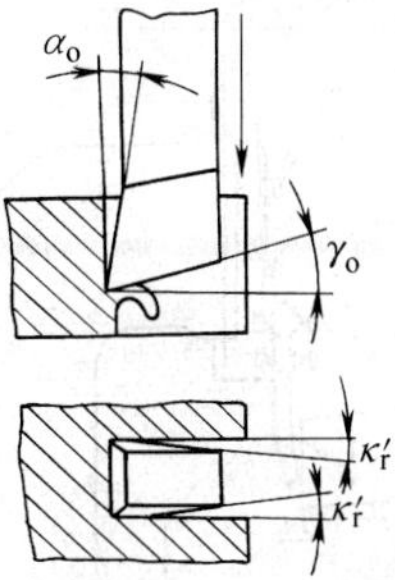 α_o γ_o κ_r' κ_r'	5～12	0～5	1～3	4～8	1～2	1～2

2. 常用装夹和加工方法（表 10-18）

表 10-18　常用装夹和加工方法

插削方式	加工方法
插垂直面	将工件安装在工作台中间位置的两块等高垫铁上，并将划针安装在滑枕上，使滑枕上下移动，找正工件侧面上已划好的垂直线，然后横向移动工作台。用划针检查插削面与横向进给方向的平行度，最后进行插削 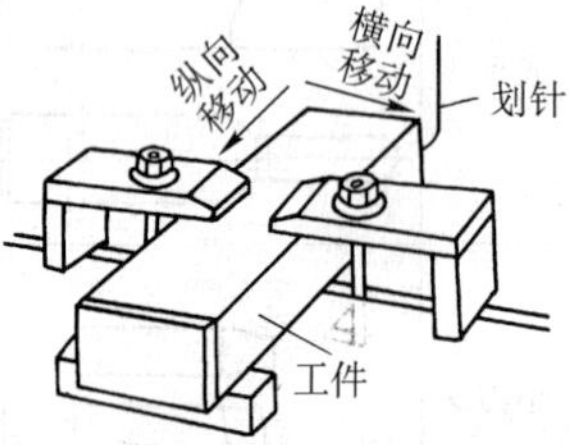
	将工件放在工作台上，按划线找正工件，使加工面与横向进给方向平行，然后采用插削垂直面的方法进行插削 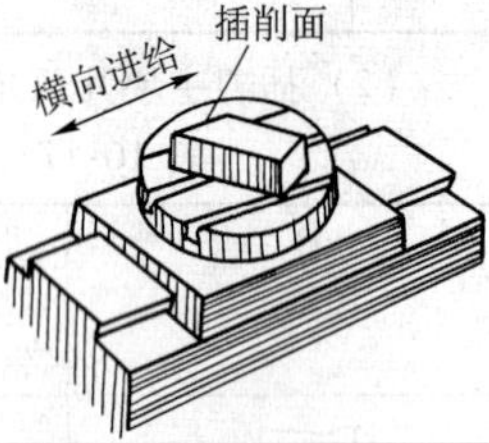
插斜面	用斜垫铁将工件垫起，使待加工表面处于垂直状态，然后用插削垂直面的方法进行插削。垫铁角度为 $90°-\alpha$，这种方法适用于 $\beta \leqslant 11°25'$ 的工件 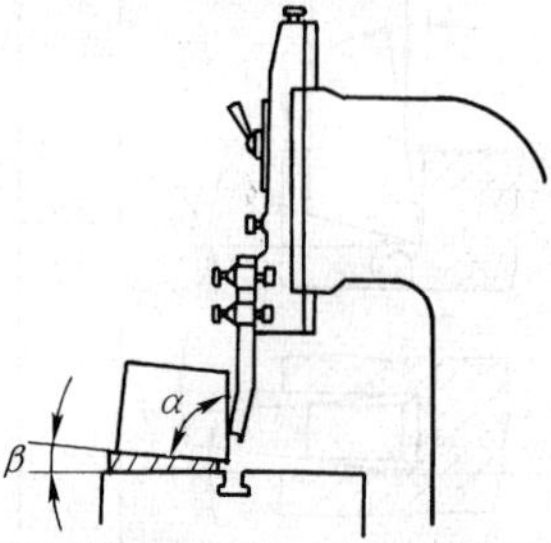

（续）

插削方式	加工方法
插斜面	工件平放在工作台上，将滑枕按工件的斜度倾斜一个角度进行插削 1）滑枕在横向垂直面内倾斜 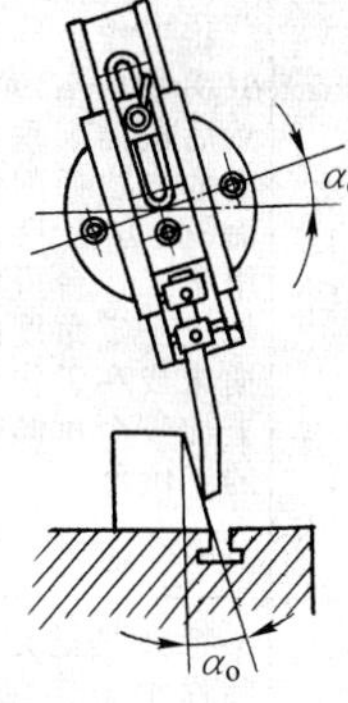
	2）滑枕在纵向垂直面内倾斜 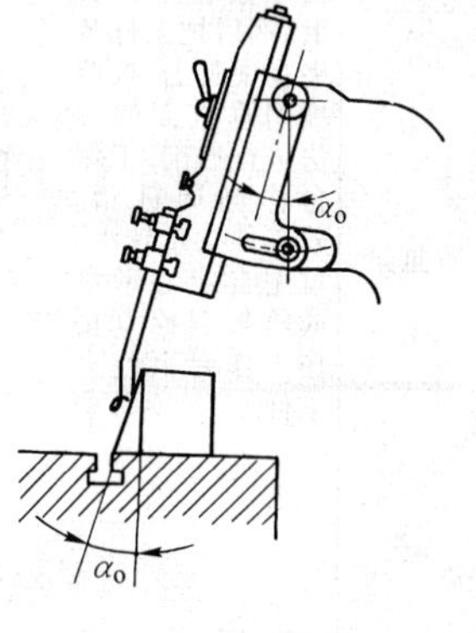

（续）

插削方式	加工方法
插斜面	将工作台倾斜 $\beta(\beta=90°-\alpha)$ 角，然后按插削垂直面的方法插削斜面，此方法只适用于工作台可倾斜成一定角度的插床或在工作台上加一个可倾斜的工作台 插刀 工件 工作台 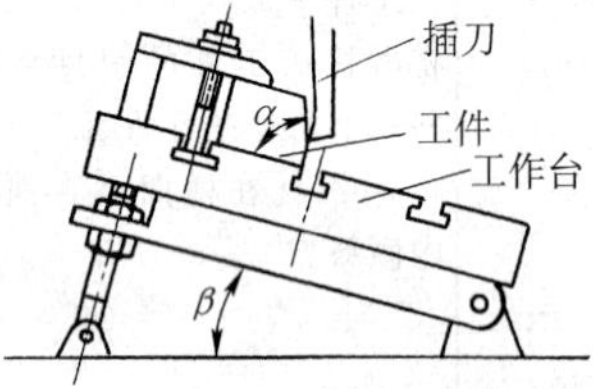 α β
插曲面	将夹具的定位圆置于工作台中心定位孔内，将夹具压紧在工作台上，然后把工件装夹在夹具上，按照插削垂直面的方法进行插削，工作台作圆周进给。若工件批量较小，可用自定心卡盘或压板螺栓直接在工作台上装夹工件 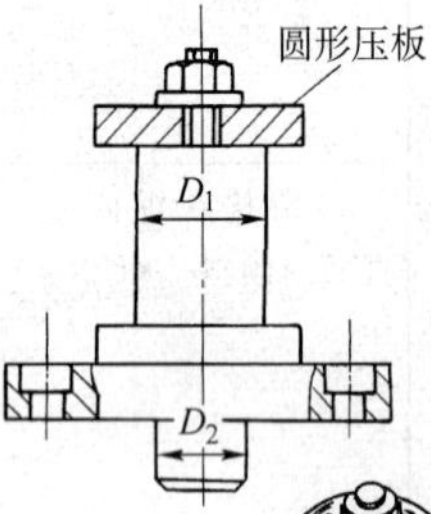 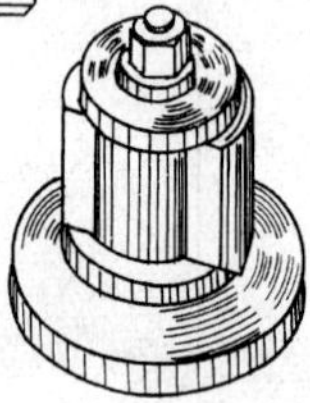 圆形压板 D_1 D_2

（续）

插削方式	加工方法
插曲面	在插床纵向导轨上固定一块靠模板，将纵向进给丝杠拆去，并用弹簧拉紧，使滚轮紧靠靠模板，这样利用工作台的横向进给，就可以插出与靠模板曲线形状相反的曲面 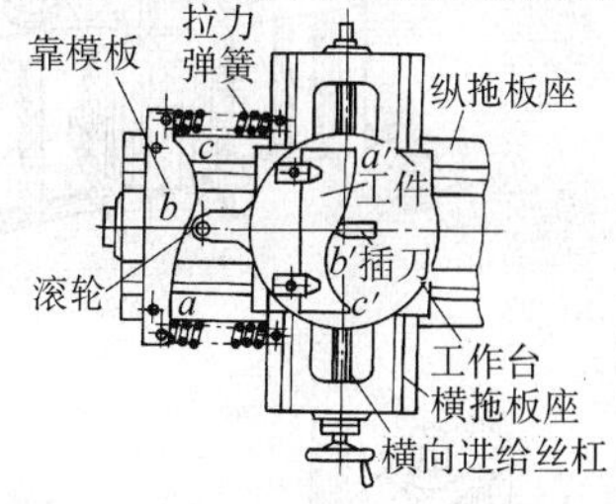
	插削复杂的成形面时，先用划针按划线找正，利用工作台圆周进给加工圆弧表面，纵向或横向进给加工直线部分 插削简单的圆弧面可采用赶弧法，插削批量较大的小尺寸成形内孔面时，可采用成形刀插削 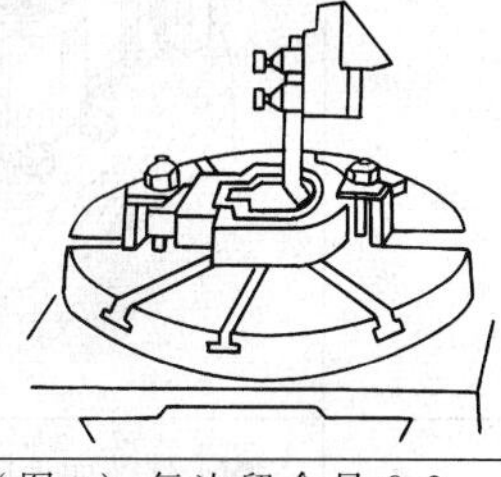
插方孔	按划线找正粗插各边（图 a），每边留余量 0.2～0.5mm，将工作台转 45°角，用角度刀头插去四个内角上未插去的部分（图 b），然后精插第一边，测量该边至基面的尺寸，符合要求后将工作台精确转 180°角，精插其相对的一边，并测量方孔宽度尺寸，符合要求后，再将工作台精确转 90°角，用上述方法插削第二边及第四边 对于尺寸较小的方孔，在进行粗插加工后可按图 c 所示的方法，用整体方插刀插削

(续)

<table>
<tr><th>插削方式</th><th>加工方法</th></tr>
<tr><td>插方孔</td><td> 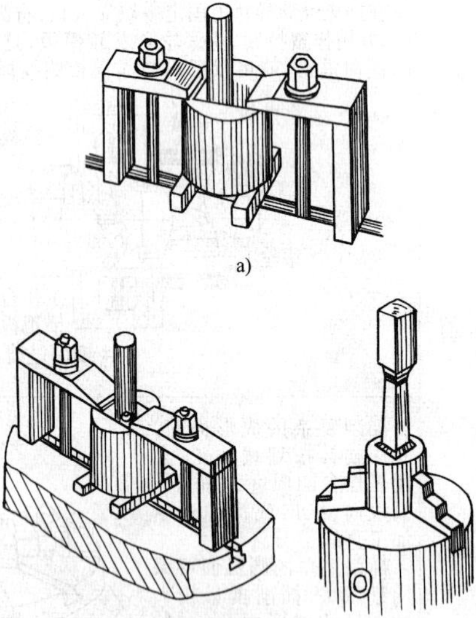a)
b) c)</td></tr>
<tr><td>插键槽</td><td>按工件端面上的划线找正对刀后,插削键槽,先用手动进给至 0.5mm 深时,停机检查键槽宽度尺寸及键槽的对称度,调整正确后继续插削至要求
找正插刀时,将指示表固定在工作台上,使指示表测头触及插刀侧面,纵向移动工作台,测得插刀侧面的最高点,将工作台准确地转 180°角,按上述方法测得插刀另一侧面的最高点,前后两次读数差的一半即为主切削刃中心与工作台轴线的不重合度数值,此时可移动横向工作台,使插刀处于正确位置</td></tr>
</table>

（续）

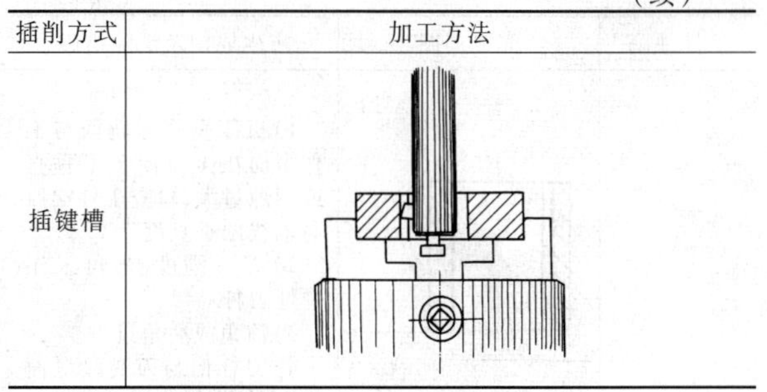

插削方式	加工方法
插键槽	

3. 插削常见缺陷和产生原因（表10-19）

表10-19　插削常见缺陷和产生原因

工件缺陷	简　　图	产生原因及消除措施
键槽对称度超差	Δ X Y	主要是对刀问题，可用对刀样板、刀尖划痕或指示表找正来解决
键侧平行度超差	Δ X	1）机床垂直导轨侧面与工作台面在 X 方向上不垂直或间隙过大 2）插刀两侧刃后角不对称或者主切削刃有刃倾角 3）两侧刃研磨后锋利程度不一致 4）刀杆刚度差，刀杆上开的刀槽不对称

（续）

工件缺陷	简　　图	产生原因及消除措施
键槽底面对工件轴线的等高度超差	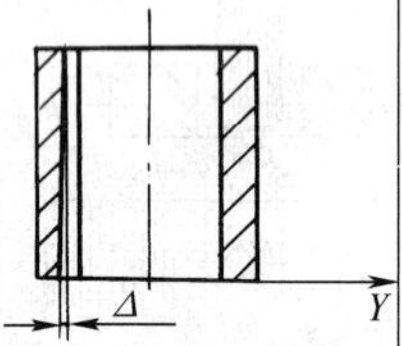	1）机床垂直导轨面与工作台面在 Y 方向上不垂直或间隙过大，检查工件端面与轴线的垂直度 2）刀杆刚度差，可采用弹性刀杆 3）前角或后角过大 4）刀杆槽与刀具接触面呈凸形，采用凹槽插刀杆
	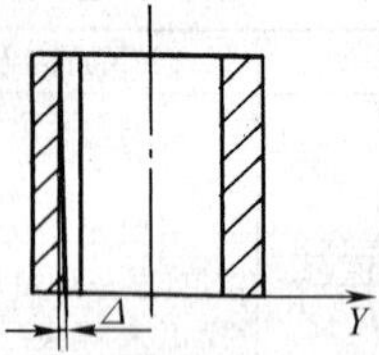	1）机床垂直导轨面与工作台面在 Y 方向上不垂直或间隙过大 2）刀杆刚度差，若条件允许，可增加刀杆直径，或采用弹性刀杆 3）插刀前角或后角过小
	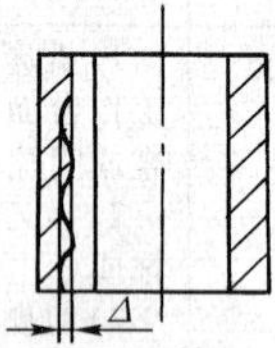	1）插刀前角或后角过大 2）刀杆槽底面呈凸形

第十一章　钻孔、扩孔、锪孔和铰孔工作

一、钻　　孔

（一）钻头

1. 麻花钻

（1）标准麻花钻的结构与几何角度（图 11-1）

（2）通用型麻花钻的主要几何参数（表 11-1）

表 11-1　通用型麻花钻的主要几何参数

<table>
<tr><th>钻头直径
d/mm</th><th>螺旋角
β/(°)</th><th>顶角
2ϕ/(°)</th><th>后角
α_o/(°)</th><th>横刃斜角
ψ/(°)</th></tr>
<tr><td>0.1~0.28</td><td>19</td><td rowspan="15">118</td><td rowspan="2">28</td><td rowspan="15">40~60</td></tr>
<tr><td>0.29~0.35</td><td rowspan="2">20</td></tr>
<tr><td>0.36~0.49</td><td>26</td></tr>
<tr><td>0.5~0.7</td><td>22</td><td rowspan="2">24</td></tr>
<tr><td>0.72~0.98</td><td>23</td></tr>
<tr><td>1~1.95</td><td>24</td><td>22</td></tr>
<tr><td>2~2.65</td><td>25</td><td>20</td></tr>
<tr><td>2.7~3.3</td><td>26</td><td>18</td></tr>
<tr><td>3.4~4.7</td><td>27</td><td rowspan="3">16</td></tr>
<tr><td>4.8~6.7</td><td>28</td></tr>
<tr><td>6.8~7.5</td><td rowspan="2">29</td></tr>
<tr><td>7.6~8.5</td><td>14</td></tr>
<tr><td>8.6~18</td><td rowspan="3">30</td><td>12</td></tr>
<tr><td>18.25~23</td><td>10</td></tr>
<tr><td>23.25~100</td><td>8</td></tr>
</table>

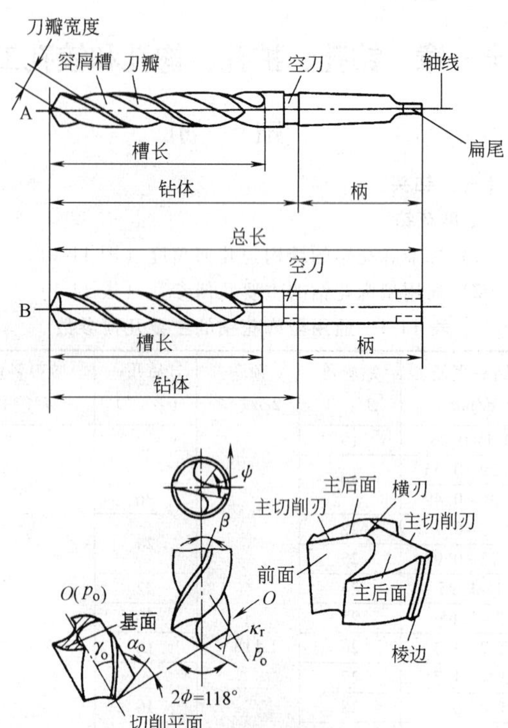

图 11-1　标准麻花钻的结构与几何角度

2ϕ—顶角　β—螺旋角　γ_o—前角

α_o—后角　ψ—横刃斜角

(3) 加工不同材料时麻花钻的几何角度（表 11-2）

表 11-2 加工不同材料时麻花钻的几何角度

加工材料	顶角/(°)	后角/(°)	横刃斜角/(°)	螺旋角/(°)
一般材料	116~118	12~15	35~45	20~32
一般硬材料	116~118	6~9	25~35	20~32
铝合金(通孔)	90~120	12	35~45	17~20
铝合金(深孔)	118~130	12	35~45	32~45
软黄铜和青铜	118	12~15	35~45	10~30
硬青铜	118	5~7	25~35	10~30
铜和铜合金	110~130	10~15	35~45	30~40
硬度较低的铸铁	90~118	12~15	30~45	20~32
冷(硬)铸铁	118~135	5~7	25~35	20~32
淬火钢	118~125	12~15	35~45	20~32
铸钢	118	12~15	35~45	20~32
锰钢(锰的质量分数为 7%~13%)	150	10	25~35	20~32
高速钢	135	5~7	25~35	20~32
镍钢(250~400HBW)	130~150	5~7	25~35	20~32
木料	70	12	35~45	30~40
硬橡胶	60~90	12~15	35~45	10~20

（4）高速钢麻花钻的类型、直径范围及标准代号（表 11-3）

表 11-3　高速钢麻花钻的类型、直径范围及标准代号

类　　型	简　　图	直径范围 d/mm	标准代号
粗直柄小麻花钻	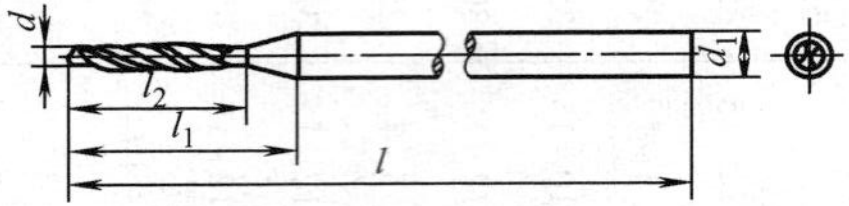 d, l_2, l_1, l, d_1	0.1～0.35	GB/T 6135.1—2008
直柄短麻花钻	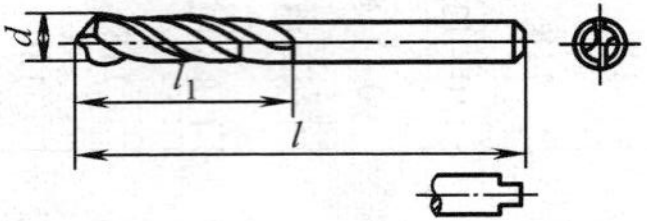 d, l_1, l	0.2～40	GB/T 6135.2—2008
直柄长麻花钻	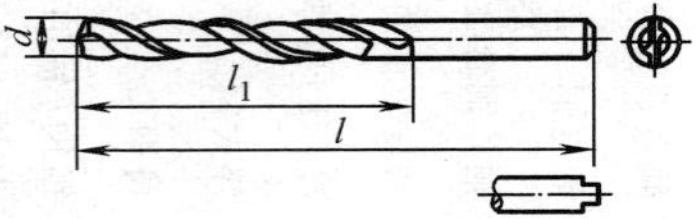 d, l_1, l	1～31.5	GB/T 6135.3—2008

（续）

类　　型	简　　图	直径范围 d/mm	标准代号
直柄超长麻花钻	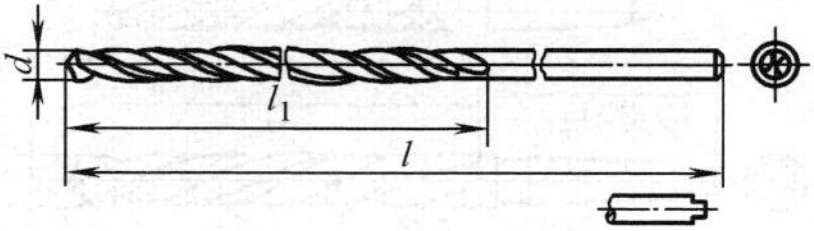 d　l_1　l	2~14	GB/T 6135.4—2008
莫氏锥柄麻花钻	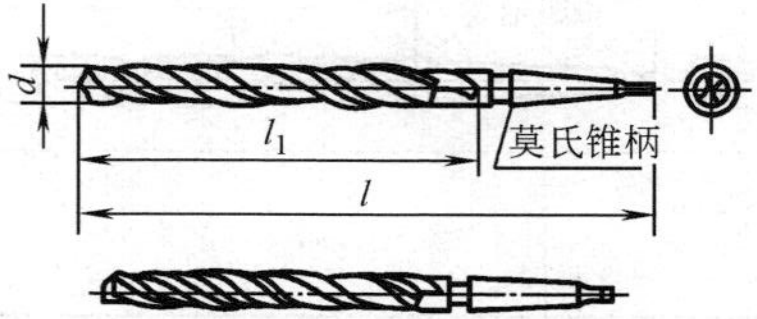 d　l_1　l　莫氏锥柄	3~100	GB/T 1438.1—2008

（续）

类　型	简　图	直径范围 d/mm	标准代号
莫氏锥柄长麻花钻	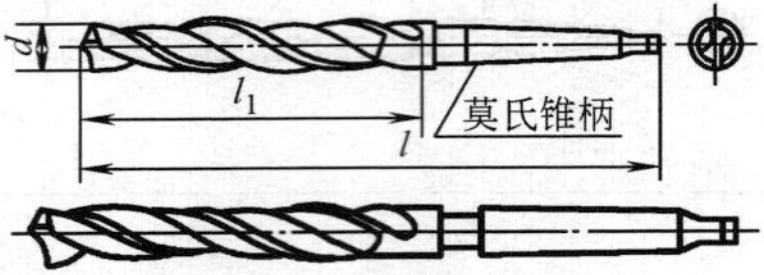 d　l_1　l　莫氏锥柄	5~50	GB/T 1438.2—2008
莫氏锥柄加长麻花钻	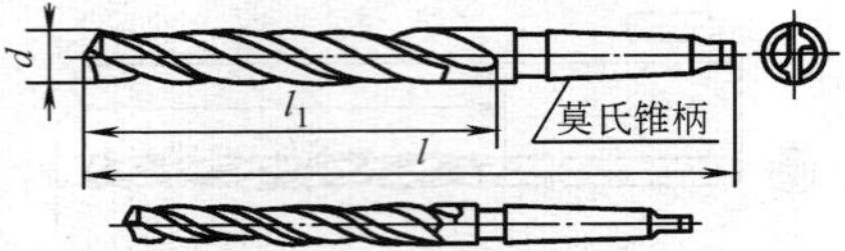 d　l_1　l　莫氏锥柄	6~30	GB/T 1438.3—2008
莫氏锥柄超长麻花钻	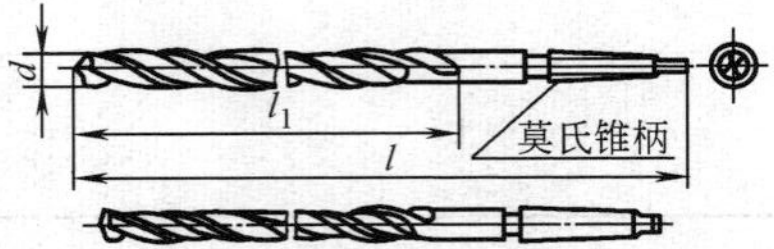 d　l_1　l　莫氏锥柄	6~50	GB/T 1438.4—2008

(5) 整体硬质合金麻花钻的类型和用途（表 11-4）

表 11-4　整体硬质合金麻花钻的类型和用途

类　型	直径范围 /mm	简　图	用途
整体硬质合金粗柄麻花钻	0.2~3.175	d	加工印制电路板
整体硬质合金定直径圆柱柄麻花钻	3.2~6.5	d	加工玻璃纤维环氧树脂电路板、纸-胶木电路板等
整体硬质合金直柄麻花钻	1~20	d	加工印制电路板、铸铁、非铁金属、钢、耐热钢、合金钢、淬硬钢、塑料、石墨等

（续）

类　型	直径范围/mm	简　图	用途
整体硬质合金直柄内冷却麻花钻	5～20	140° d	用途和整体硬质合金直柄麻花钻相同。但由于有内冷却，刀具性能更好
削平柄硬质合金三刃麻花钻	3～20	130° d	用于高效加工直线度要求高的孔，可加工钢、铸铁、耐热合金、淬硬钢及钛合金等

2. 几种特殊用途的钻头

(1) 分屑钻头(图 11-2)

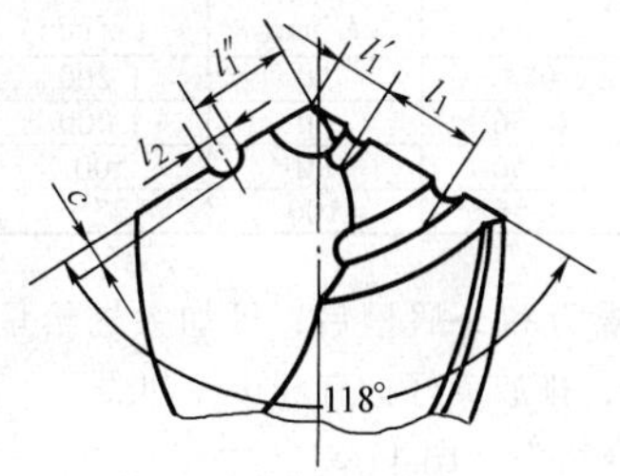

图 11-2　分屑钻头

1) 加工范围。可加工碳素钢与合金结构钢。

2) 几何形状。

① 分屑槽尺寸(表 11-5)。

② 横刃长度为 0.75~1.5mm,应注意修磨对称。

表 11-5　分屑槽尺寸(单位:mm)

钻头直径	总槽数	l_2	c	l_1'	l_1	l_1''
12~18	2	0.85~1.3	0.6~0.9	2.3	4.6	—
>18~35	3	1.3~2.1	0.9~1.5	3.6	7.2	7.2
>35~50	5	2.1~3	1.5~2	5	10	10①

① 有两条槽时,槽距应为 10mm,具体尺寸可按钻头直径决定。

3) 钻削特点。

① 切削用量(表 11-6)。

② 加工表面粗糙度值 Ra 可达 6.3~3.2μm,刀具寿命为 2~3h,效率可提高 2~3 倍。

表 11-6 切削用量

钻头直径 d/mm	进给量 f /（mm/r）	行程长度 L/mm	转速 n /（r/min）	钻削速度 v /（m/min）
16	0.4	50	1 200	61
20	0.56	60	1 000	64
35	0.56	80	500	56
57	0.56	100	255	46

③ 修磨横刃和分屑槽后，可加大进给量，但要小于分屑槽深度 c；排屑良好，有利于冷却。

（2）综合钻头（图 11-3）

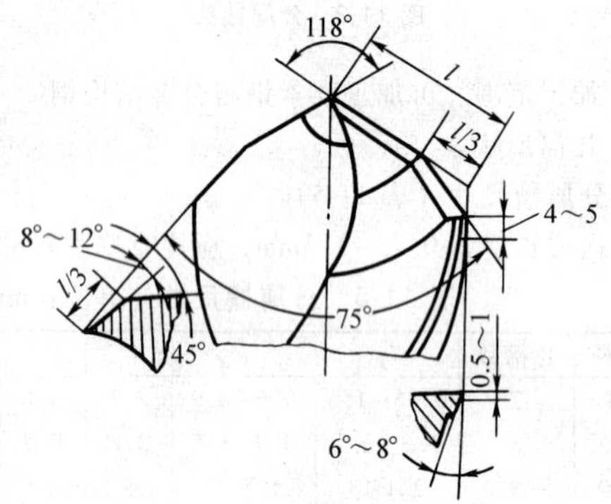

图 11-3 综合钻头

1）加工范围。可加工铸铁。

2）几何形状。

① 横刃长度为 0.5~1mm。

② 双后角：$l/3$ 处的后角为 $\alpha_o = 8° \sim 12°$，其余为 45°。

③ 双重顶角：近外圆处为 75°。

④ 在 4~5mm 长度的棱边上磨出副后角 6°~8°。

⑤ 两主切削刃和过渡刃要修磨对称，棱边根据加工材料修磨。

3）钻削特点。

① 切削用量（表 11-7）。

表 11-7 切削用量

钻头直径 d/mm	进给量 f /（mm/r）	行程长度 L/mm	转速 n /（r/min）	钻削速度 v /（m/min）
20	1.2	50	500	32
32	1	120	335	34
40	0.8	135	255	33
50	0.56	140	180	29

② 表面粗糙度值可达 Ra3.2~6.3μm，刀具寿命为 4~5h，效率可提高 2~4 倍。

（3）钻不锈钢钻头（图 11-4）

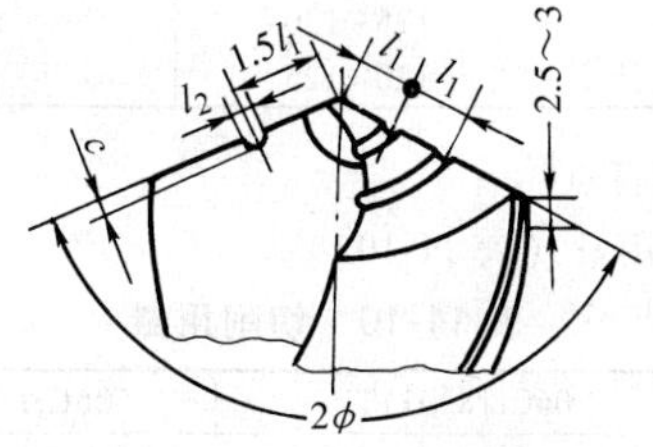

图 11-4 钻不锈钢钻头

1）加工范围。可加工不锈钢与耐热钢。

2）几何形状。

① 分屑槽尺寸：

$$l_2 = 1.5 \sim 1.75\text{mm}$$

$$c = 0.5 \sim 0.6\text{mm}$$

$$l_1 = \frac{d}{6} \sim \frac{d}{7}$$

② 修磨横刃，使该处为正前角，横刃长见表 11-8。

表 11-8　横刃长

钻头直径 d/mm	6~25	>25~30	>30
横刃长/mm	0.4~0.5	0.6~0.7	0.7~0.8

③ 顶角与后角（表 11-9）。

④ 修磨棱边，宽度为 0.5~1mm，后角为 30°。

表 11-9　顶角与后角

钻头直径 d/mm	顶角 2ϕ/(°)	后角 α_o/(°)
<15	135~140	12~15
>15~30	130~135	10~12
>30~40	125~130	8~10
>40	120~125	7~8

3）钻削特点。

① 切削用量（表 11-10）。

表 11-10　切削用量

加工材料	06Cr18Ni11Ti		06Cr17Ni12Mo2	
钻孔直径 d/mm	钻削速度 v/(m/min)	进给量 f /(mm/r)	钻削速度 v/(m/min)	进给量 f /(mm/r)
8~18	10~12	0.12~0.16	8~10	0.12~0.16
>18	8~10	0.12~0.2	7~8	0.12~0.2

② 表面粗糙度值可达 $Ra3.2\sim6.3\mu m$，效率提高 1~2 倍，刀具寿命为 1~2h。

③ 注意经常清除切削刃上的积屑瘤，钻头未退出孔之前不要停机。

（4）钻铝合金钻头（图 11-5）

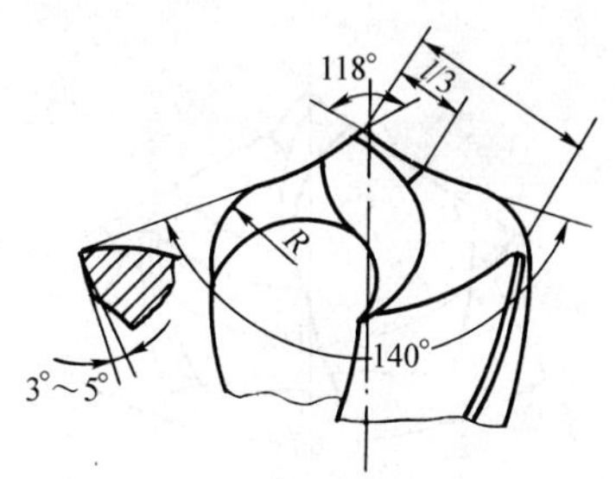

图 11-5 钻铝合金钻头

1）加工范围。可加工铝合金。

2）几何形状。

① 前角 $\gamma_o=3°\sim5°$。

② 外刃圆角半径 $R=\frac{d}{4}$。

③ 横刃与前面一起修磨成光滑圆弧连接。

3）钻削特点。

① 切削用量：钻 $\phi13\sim\phi17mm$ 孔时，$n=2\,000\sim3\,000r/min$，$f=0.4\sim0.6mm/r$（加切削液）。

② 表面粗糙度值可达 $Ra3.2\sim6.3\mu m$，刀具寿命为 1~

2h，效率提高4倍。

③ 前面背光，不易粘积屑瘤，切屑像弧叶般顺利排出。

（5）钻纯铜钻头（图11-6）

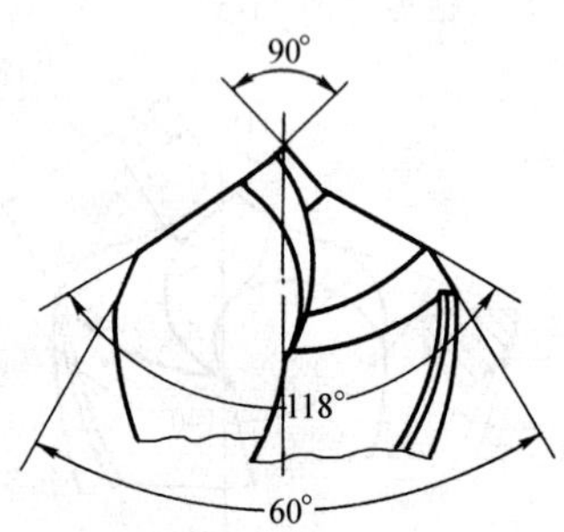

图11-6　钻纯铜钻头

1）加工范围。可加工纯铜。

2）几何形状。横刃斜角为30°。

3）钻削特点。

① 切削用量：钻 $\phi17.3$mm孔时，$n=1\ 700$r/min，$f=0.5\sim1$mm/r。

② 三重顶角可分屑，排屑顺利，钻头不致被咬住。

③ 横刃窄，钻芯顶角小，定心好。

④ 表面粗糙度值可达 $Ra3.2\sim6.3\mu m$，刀具寿命2~3h，效率提高3倍。

（6）钻青铜钻头（图11-7）

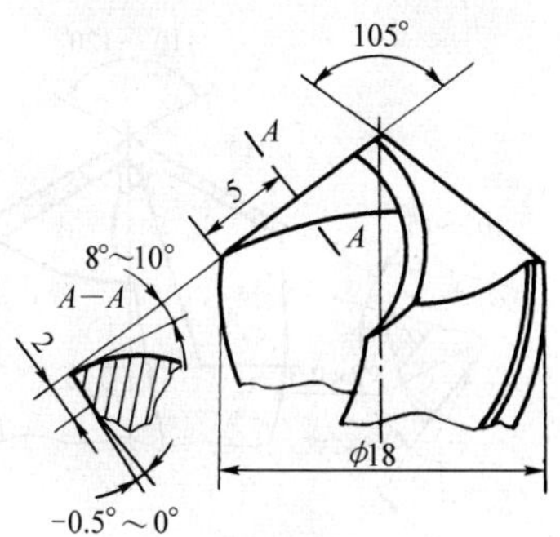

图 11-7 钻青铜钻头

1）加工范围。可加工青铜。

2）几何形状。

① 横刃长为 0.5～0.75mm。

② 后角 $\alpha_o=8°\sim10°$。

③ 修磨前面，减小前角到-0.5°～0°。

3）钻削特点。

① 切削用量：钻 ϕ18mm 孔时，$n=600\sim1\ 000$r/min，$f=0.4\sim0.6$mm/r。

② 表面粗糙度值可达 Ra3.2μm，效率提高 5 倍。

③ 前角小，避免钻头梗死，出口无毛边，安全可靠。

（7）钻高锰钢的硬质合金钻头（图 11-8）

1）加工范围。可加工高锰钢。

2）几何形状。

① 前角 $\gamma_o=0°\sim5°$。

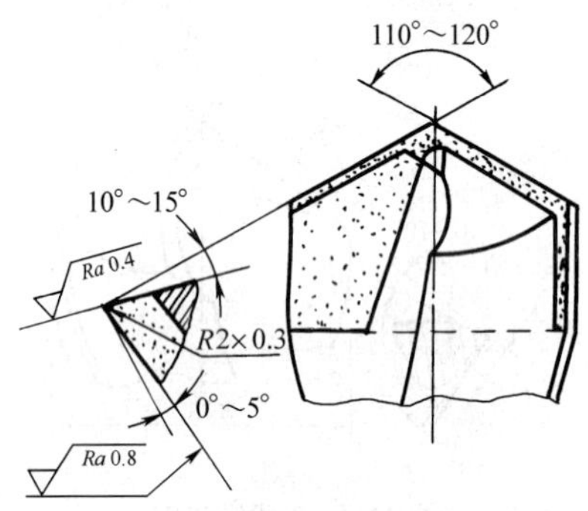

图 11-8　钻高锰钢的硬质合金钻头

② 后角 $\alpha_o = 10° \sim 15°$。

③ 横刃斜角 $\psi = 77°$。

④ 横刃长 b：$d = 16 \sim 18$mm，$b = 1.2$mm；$d = 20 \sim 22$mm，$b = 1.5$mm；$d = 24 \sim 30$mm，$b = 1.8 \sim 2$mm。

⑤ YG8 刀片，焊装斜角为 6°，增大刀片部分的倒锥。

3）钻削特点。

① 进给量（表 11-11）。

表 11-11　进给量

直径 d/mm	16	18	20	24	28	30
进给量 f/(mm/r)	0.045	0.05	0.065	0.075	0.085	0.09

钻 ϕ18mm 孔时，$v = 15$m/min；钻 ϕ28mm 孔时，$v = 24$m/min。

② 最好用硫化乳化液冷却，流量要充足，8～10L/min。

③ 寿命可达 40min 以上。

（8）精钻孔钻头（图 11-9）

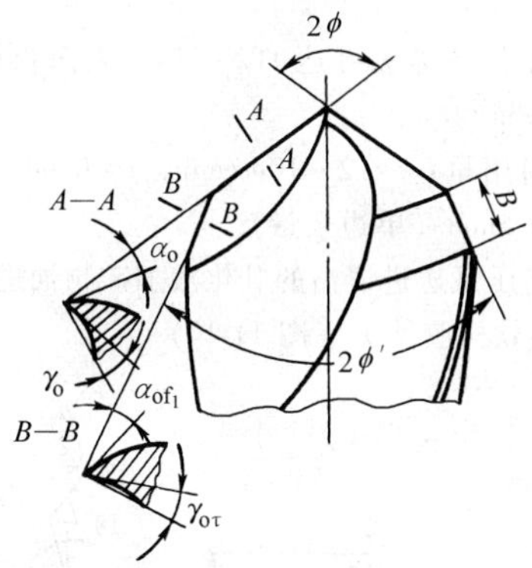

图 11-9　精钻孔钻头

1）加工范围。可加工低碳钢、中碳钢和 06Cr18Ni11Ti 不锈钢。

2）几何形状。

① 后角 $\alpha_o \approx 15° \sim 17°$，最外缘处约为 30°。

② 修磨顶角时要尽量保证对称，其数值见表 11-12。

表 11-12　顶角数值

加工材料	2ϕ	2ϕ'
脆性材料	100°～115°	50°～60°
韧性材料	100°～110°	45°～50°

③ 前角 $\gamma_o = 15° \sim 20°$。

④ $B \approx 0.2d$。

⑤ 棱边宽度为 0.2~0.4mm，副后角 = 6°~8°。

3）钻削特点。

① 尺寸公差等级可达 IT2~IT4，表面粗糙度值可达 $Ra0.4\sim0.8\mu m$。

② 切削用量：$v=2\sim10m/min$，$f=0.04\sim0.14mm/r$，$a_p=0.15\sim0.5mm$（单边余量）。

③ 用高压泵送进清洁的乳化液加矿物油进行冷却。

（9）钻软橡胶钻头（图 11-10）

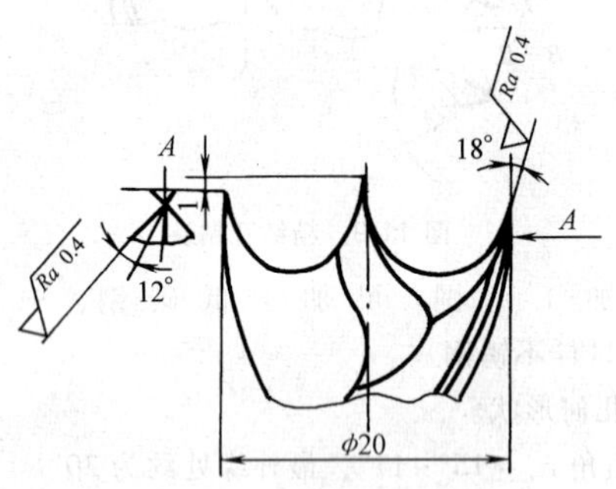

图 11-10　钻软橡胶钻头

1）加工范围。可加工软橡胶。

2）钻削特点。

① 表面粗糙度值可达 $Ra6.3\mu m$。

② 切削用量：$n=1000r/min$，$f=0.3mm/r$。

（10）钻软塑料、硬橡胶钻头（图 11-11）。

1）加工范围。可加工塑料与橡胶。

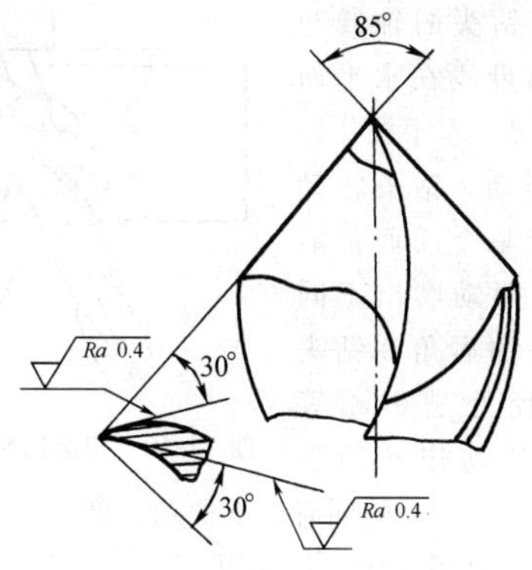

图 11-11　钻软塑料、硬橡胶钻头

2）几何形状。

① 修磨前面，加大前角。

② 大后角，$\alpha_o = 30°$。

③ 横刃长为 0.3mm。

3）钻削特点。

① 切削用量：钻 ϕ18mm 孔时，n = 1000r/min，f = 0.5mm/r。

② 表面粗糙度值可达 Ra6.3μm，效率提高 1～2 倍。

3. 标准麻花钻的刃磨及修磨

（1）标准麻花钻的刃磨方法　刃磨时（图 11-12），右手握住钻头的工作部分，食指尽可能靠近切削部分作为钻头摆动的支点，并掌握好钻头绕轴线的转动和加在砂轮上的压力。将主切削刃与砂轮中心平面放置在一个水平面内，而且使钻头的轴线与砂轮圆柱面母线在水平面内的夹角为 ϕ。左手握住钻柄做上下摆动。钻头转动的目的是使整个后面都能磨到，上下摆动磨出不同后角（钻头的后角在钻头的不同半径处是不相等的）。两手的动作必须稳定，协调一致，转动的同时上下摆动，磨好一个主切削刃后，翻转 180°磨另一个主切削刃。

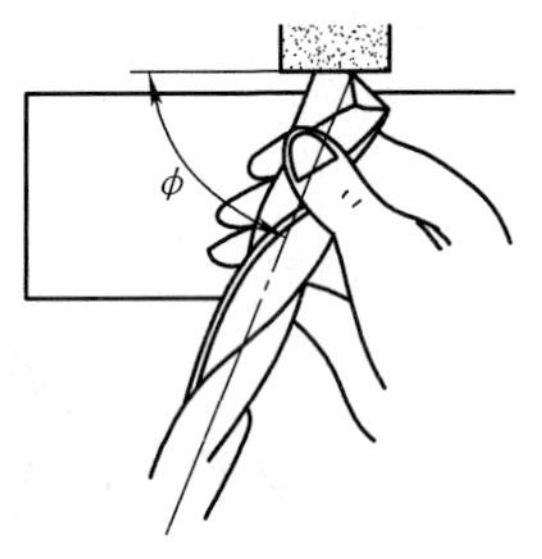

图 11-12　刃磨钻头主切削刃

粗磨时，一般后面的下部先接触砂轮，左手上摆进行刃磨；精磨时，一般主切削刃先接触砂轮，左手下摆进行刃磨，而且磨削量要小，刃磨时间要短。在刃磨过程中，要随时检查角度的正确性和对称性，同时还要随时将钻头浸入水中冷却以免退火。

主切削刃刃磨后应对以下几方面进行检查：

1）检查顶角 2ϕ 的大小是否正确，是否对称于钻头轴线。

2）检查两主切削刃是否长短一致，高低一致。

检查以上两项时，把钻头切削部分向上竖立，两眼平视，观察两切削刃，并反复多次旋转 180°进行观察，若结果一样，就说明对称了。

3）钻头外缘处的后角可直接用目测检查。近中心处的后角可以通过检查横刃斜角 ψ 是否正确来确定。

（2）标准麻花钻的修磨

1）标准麻花钻几何形状的分析。标准麻花钻由于结构上的原因，其切削部分的几何形状不尽合理，主要有以下几个方面：

① 钻头横刃较长，横刃前角为负值，钻削时，实际上不是切削，而是刮削和挤压，进给力增大；同时横刃过长，钻头的定心作用较差，钻削时容易产生振动。

② 主切削刃上各点的前角大小不一样，使切削性能不同。尤其靠近横刃处前角为负值，切削条件很差，实际处于刮削状态。

③ 主切削刃外缘处的刀尖角较小，前角很大，刀齿强度很低，而钻削时此处的切削速度又最高，故容易磨损。

④ 主切削刃长，而且全部参加切削，各处切屑排出的速度相差较大，使切屑卷曲成螺旋卷，容易在螺旋槽内堵塞，影响排屑和切削液的注入。

⑤ 钻头导向部分棱边较宽，而且副后角为 0°，所以靠近切削部分的一段棱边与孔壁的摩擦比较严重，故容易发热和磨损。

综上分析，标准麻花钻的几何形状不能适应加工各种材料和不同加工条件的需要，所以通常要对标准麻花钻的几何形状进行适当的修磨。

2）标准麻花钻的修磨方法如下：

① 修磨主切削刃（修磨顶角 2ϕ）。标准麻花钻顶角 $2\phi=118°$，修磨时应根据加工材料的不同按表 11-2 对应

修磨。

修磨主切削刃时，可磨出第二顶角 $2\phi_0$（图 11-13），即在外缘处磨出过渡刃。一般 $2\phi_0=70°\sim75°$，$f_0=0.2d$。其目的是增加切削刃的总长度和增大刀尖角 ε_r，从而增加刀齿强度，使切削刃与棱边交角处的耐磨性提高，提高钻头使用寿命。同时也有利于减小孔壁表面粗糙度值。

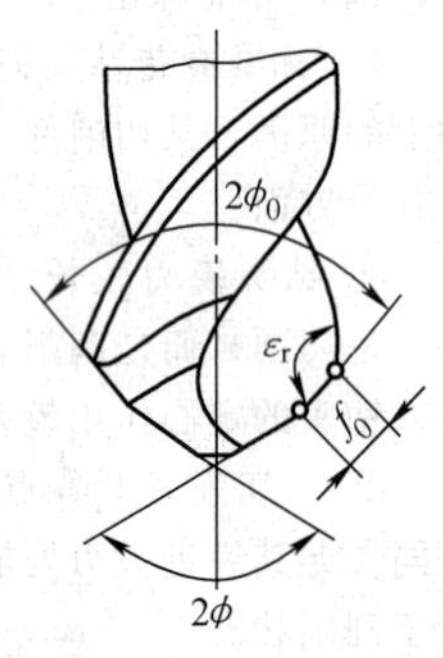

图 11-13　修磨主切削刃

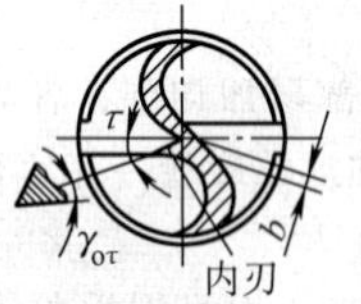

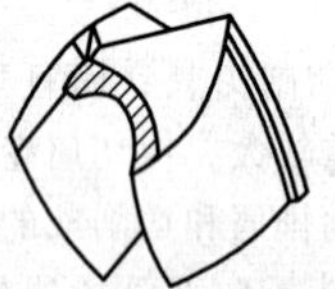

图 11-14　修磨横刃

② 修磨横刃（图 11-14）。修磨横刃的目的是减短横刃长度，并使靠近钻芯处的前角增大，以减小切削时的进给力和挤刮现象，改善定心作用。修磨后横刃长度为原来的 1/5～1/3，并形成内刃，内刃斜角 $\tau=20°\sim30°$，内刃前角 $\gamma_{o\tau}=-15°\sim0°$，一般钻头直径在 5mm 以上的均须修磨横刃。

③ 修磨分屑槽。一般直径大于 15mm 的钻头，在钻削钢件时，都应在钻头的主后面修磨出几条相互错开的分屑槽（图 11-15），以使切屑变窄，排屑顺利。

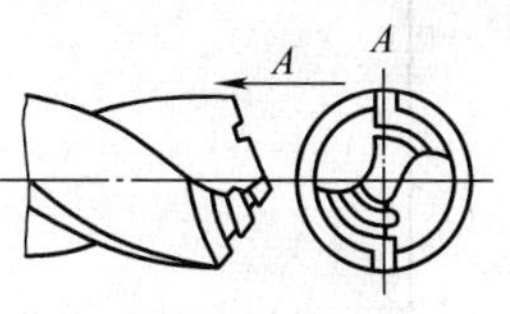

图 11-15　修磨分屑槽

④ 修磨前面。修磨前面是将钻头主切削刃和副切削刃交角处的前面磨去一块（图 11-16），以减小此处的前角，提高刀齿的强度。

⑤ 修磨棱边。修磨棱边是为了减少棱边与孔壁的摩擦，提高钻头使用寿命。修磨后的副后角 $\alpha_o'=6°\sim8°$，但必须保留 0.2~0.4mm 宽的未经修磨的棱边。副后角修磨长度 $L=(0.1\sim0.2)\ d$（图 11-17）。

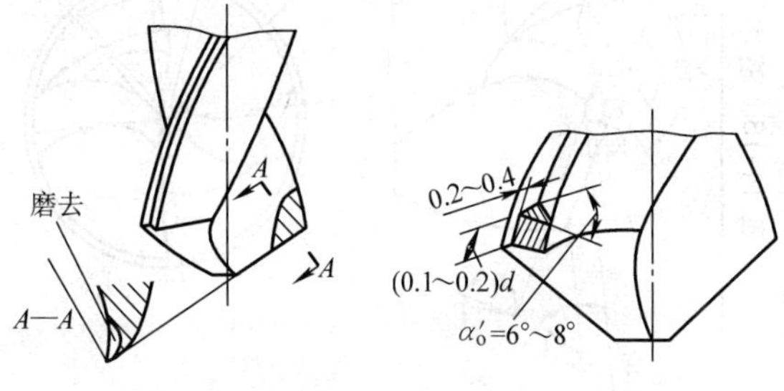

图 11-16　修磨前面　　图 11-17　修磨棱边

4. 几种典型群钻的几何参数和刃磨方法

（1）几种典型群钻的几何参数

1）基本型群钻切削部分几何参数（表 11-13）。

表 11-13　基本型群钻切削部分几何参数

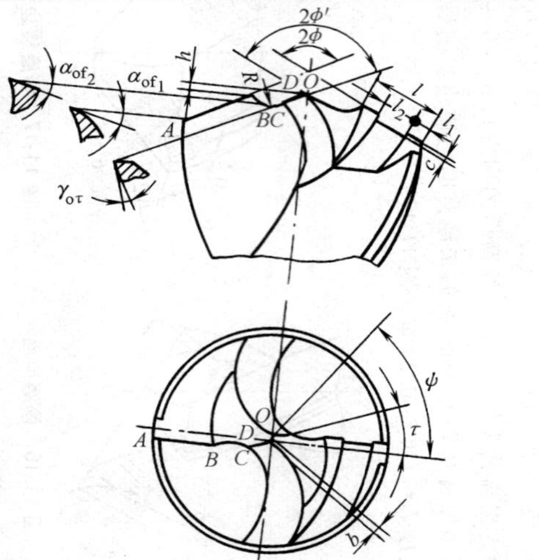

特点口诀
三尖七刃锐当先
月牙弧槽分两边
一侧外刃宽分屑
横刃磨低窄又尖

（续）

钻头直径 d	尖高 h	圆弧半径 R	外刃长 l	槽距 l_1	槽宽 l_2	槽刃长 b I	槽刃长 b Ⅱ	槽深 c	槽数 z	外刃顶角 2ϕ I	外刃顶角 2ϕ Ⅱ	内刃顶角 $2\phi'$	横刃斜角 ψ I	横刃斜角 ψ Ⅱ	内刃前角 $\gamma_{o\tau}$	内刃斜角 τ	外刃后角 α_{of_1}	圆弧后角 α_{of_2}
	mm								条	(°)								
5~7	0.2	0.75	1.3	~	~	0.2	0.15											
>7~10	0.28	1	1.9	~	~	0.3	0.2	~	~							20	15	18
>10~15	0.36	1.5	2.6	~	~	0.4	0.3											
>15~20	0.55	1.5	5.5	1.4	2.7	0.5	0.4											
>20~25	0.7	2	7.0	1.8	3.4	0.6	0.48											
>25~30	0.85	2.5	8.5	2.2	4.2	0.75	0.55	1	1	125	140	135	65	60	-10	25	12	15
>30~35	1	3	10	2.5	5	0.9	0.65											
>35~40	1.15	3.5	11.5	2.9	5.8	1.05	0.75											
>40~45	1.3	4	13	2.2	3.25	1.15	0.85											
>45~50	1.45	4.5	14.5	2.4	3.6	1.3	0.95	1.5	2							30	10	12
>50~60	1.65	5	17	2.9	4.25	1.45	1.05											

注：参数值按直径范围的中间值来定，允许偏差为±。下同。

2）加工铸铁用群钻切削部分几何参数（表 11-14）。

表 11-14　加工铸铁用群钻切削部分几何参数

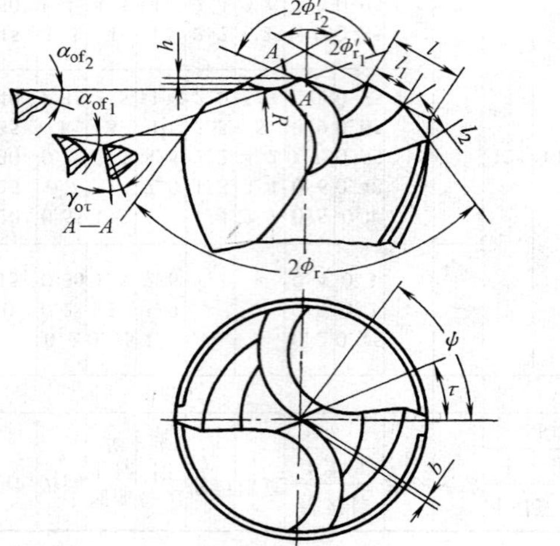

特点口诀
铸铁屑碎赛磨料
转速稍低大走刀
三尖刃利加冷却
双重顶角寿命高

（续）

钻头直径 d	尖高 h	圆弧半径 R	横刃长 b	总外刃长 l	分外刃长 $l_1=l_2$	外刃顶角 $2\phi_r$	第二顶角 $2\phi'_{r_1}$	内刃顶角 $2\phi'_{r_2}$	横刃斜角 ψ	内刃前角 $\gamma_{o\tau}$	内刃斜角 τ	外刃后角 α_{of_1}	圆弧后角 α_{of_2}
mm						(°)							
5~7	0.11	0.75	0.15	1.9									
>7~10	0.15	1.25	0.2	2.6							20	18	20
>10~15	0.2	1.75	0.3	4									
>15~20	0.3	2.25	0.4	5.5									
>20~25	0.4	2.75	0.48	7									
>25~30	0.5	3.5	0.55	8.5	$\frac{3}{5}l$	120	70	135	65	-10	25	15	18
>30~35	0.6	4	0.65	10									
>35~40	0.7	4.5	0.75	11.5									
>40~45	0.8	5	0.85	13									
>45~50	0.9	6	0.95	14.5							30	13	15
>50~60	1	7	1.1	17									

3）加工纯铜用群钻切削部分几何参数（表 11-15）。

表 11-15　加工纯铜用群钻切削部分几何参数

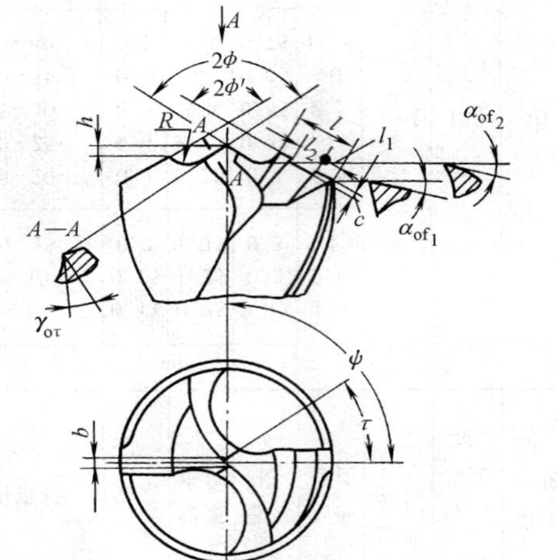

特点口诀

纯铜群钻钻芯高

圆弧后角要减小

横刃斜角九十度

孔形光整无多角

（续）

钻头直径 d	尖高 h	圆弧半径 R	横刃长 b	外刃长 l	槽距 l_1	槽宽 l_2	槽数 z	外刃顶角 2ϕ	内刃顶角 $2\phi'$	横刃斜角 ψ	内刃前角 $\gamma_{o\tau}$	内刃斜角 τ	外刃后角 α_{of_1}	圆弧后角 α_{of_2}
mm							条	(°)						
5~7	0.35	1.25	0.15	1.3	—	—	—	120	115	90	−25	30	15	12
>7~10	0.5	1.75	0.2	1.9	—	—								
>10~15	0.8	2.25	0.3	2.6	—	—								
>15~20	1.1	3	0.4	3.8	—	—								
>20~25	1.4	4	0.48	4.9	—	—								
>25~30	1.7	4	0.55	8.5	2.2	4.2	1					35	12	10
>30~35	2	4.5	0.65	10	2.5	5								
>35~40	2.3	5	0.75	11.5	2.9	5.8								

4）加工黄铜用群钻切削部分几何参数（表 11-16）。

表 11-16　加工黄铜用群钻切削部分几何参数

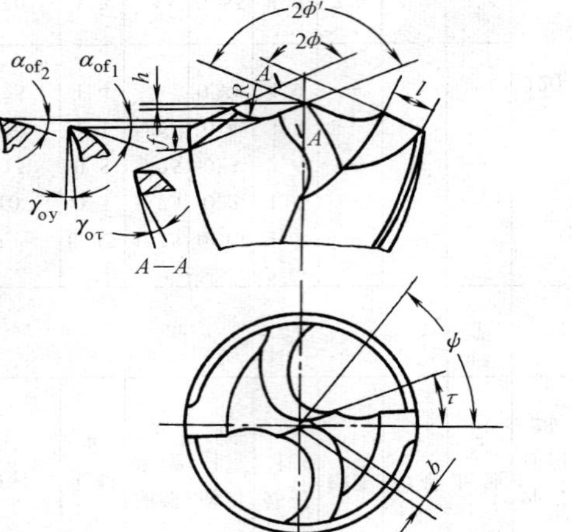

特点口诀

黄铜钻孔易“扎刀”

外刃前角要减小

棱边磨窄修圆弧

孔圆光整质量高

（续）

钻头直径 d	尖高 h	圆弧半径 R	横刃长 b	外刃长 l	修磨长度 f	外刃顶角 I 2ϕ	外刃顶角 II 2ϕ	内刃顶角 $2\phi'$	横刃斜角 ψ	外刃纵向前角 $\gamma_{o\tau}$	内刃前角 γ_{oy}	内刃斜角 τ	外刃后角 α_{of_1}	圆弧后角 α_{of_2}
mm						(°)								
5~7	0.2	0.75	0.15	1.3	1.5	125	110	135	65	8	-10	20	15	18
>7~10	0.3	1	0.2	1.9										
>10~15	0.4	1.5	0.3	2.6										
>15~20	0.55	2	0.4	3.8	3							25	12	15
>20~25	0.70	2.5	0.48	4.9										
>25~30	0.85	3	0.55	6										
>30~35	1	3.5	0.65	7.1										
>35~40	1.15	4	0.75	8.2										

5）加工薄板用群钻切削部分几何参数（表 11-17）。

表 11-17　加工薄板用群钻切削部分几何参数

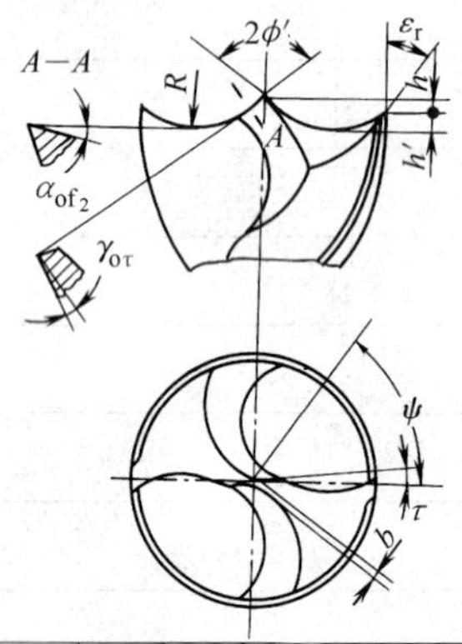

特点口诀
迂回、钳制靠三尖
内定中心外切圈
压力减轻变形小
孔形圆整又安全

<table>
<tr><th>钻头直径 d</th><th>横刃长 b</th><th>尖高 h</th><th>圆弧半径 R</th><th>圆弧深度 h'</th><th>内刃顶角 $2\phi'$</th><th>刃尖角 ε_r</th><th>内刃前角 $\gamma_{o\tau}$</th><th>圆弧后角 α_{of_2}</th></tr>
<tr><td colspan="5">mm</td><td colspan="4">(°)</td></tr>
<tr><td>5~7</td><td>0.15</td><td rowspan="3">0.5</td><td rowspan="3">用单圆弧连接</td><td rowspan="8">>(δ+1)</td><td rowspan="8">110</td><td rowspan="8">40</td><td rowspan="8">−10</td><td rowspan="3">15</td></tr>
<tr><td>>7~10</td><td>0.20</td></tr>
<tr><td>>10~15</td><td>0.30</td></tr>
<tr><td>>15~20</td><td>0.40</td><td rowspan="3">1</td><td rowspan="5">用双圆弧连接</td><td rowspan="5">12</td></tr>
<tr><td>>20~25</td><td>0.48</td></tr>
<tr><td>>25~30</td><td>0.55</td></tr>
<tr><td>>30~35</td><td>0.65</td><td rowspan="2">1.5</td></tr>
<tr><td>>35~40</td><td>0.75</td></tr>
</table>

注：1. δ 是指料厚。

2. 参数值按直径范围的中间值来定，允许偏差为±。ψ、τ 可参考其他钻头选取。

6）加工毛坯用扩孔群钻切削部分几何参数（表 11-18）。

表 11-18 加工毛坯用扩孔群钻切削部分几何参数

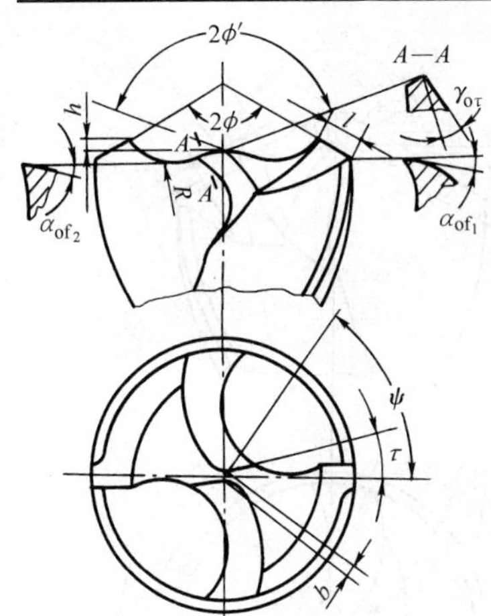

特点口诀
毛坯扩孔定心难
钻芯低于两外尖
外刃切入手进给
再用机进也不偏

钻头直径 d	尖高 h	圆弧半径 R	横刃长 b	外刃长 l	外刃顶角 2ϕ	内刃顶角 $2\phi'$
mm					(°)	
30~45	1.5	6	1.5	按扩孔余量决定	120	140
>45~60	2	7	2			
>60~80	2.5	8	2.5			

钻头直径 d	横刃斜角 ψ	内刃前角 $\gamma_{o\tau}$	内刃斜角 τ	外刃后角 α_{of_1}	圆弧后角 α_{of_2}
(°)					
30~45	65	−15	30	12	12
>45~60			35	10	10
>60~80			40	8	8

（2）群钻的手工刃磨方法　以中型群钻（直径 15~40mm）为例，如图 10-18 所示。

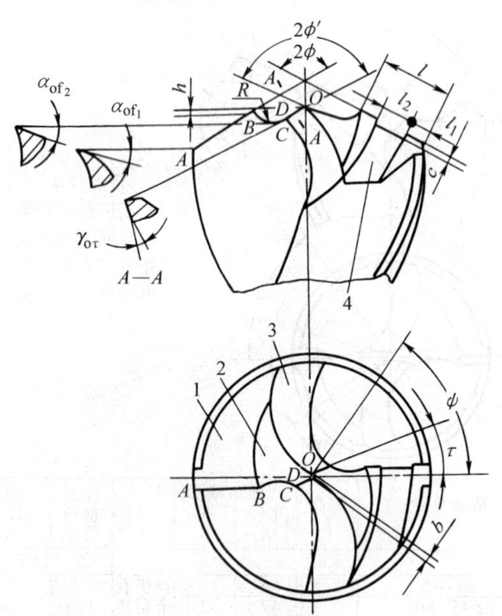

图 11-18　中型群钻

1—外刃后面　2—月牙槽后面　3—内刃前面　4—分屑槽

1）刃磨前准备——修整砂轮（图 11-19）。

［口诀］

砂轮要求不特殊，

通用砂轮就满足。
外圆轮侧修平整，
圆角可小月牙弧。
[注意事项]

砂轮型号建议用 1-WAF60K ~ L。

砂轮圆角不得大于参数表中标出的圆弧半径（R）值。

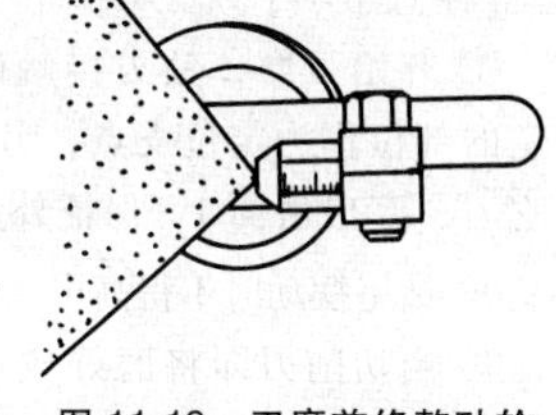

图 11-19 刃磨前修整砂轮

2）磨外直刃（图 11-20）。

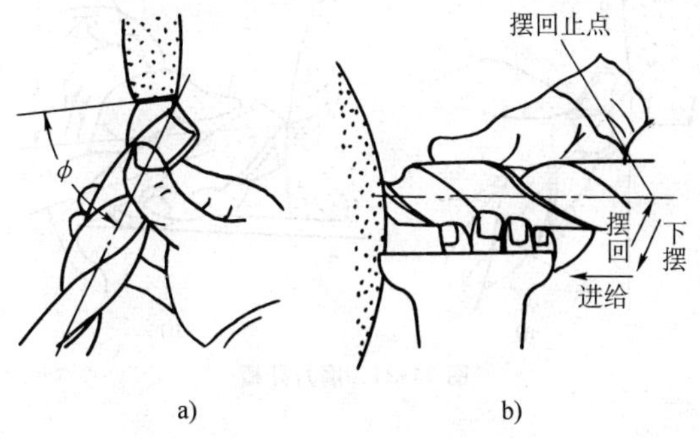

图 11-20 磨外直刃

[口诀]

钻刃摆平轮面靠，
钻轴左斜出顶角。
由刃向背磨后面，
上下摆动尾别翘。

［注意事项］

① 开始刃磨，钻刃接触砂轮，一只手握住钻头某个固定的部位作为定位支点，另一只手将钻尾上下摆动，同时吃刀，磨出后面 1，保证外刃后角（α_{of_1}）。

② 钻尾摆动时不得高出水平面，以防止磨出负后角。

③ 当切削刃即将磨好成形时，注意磨削不可由刃背向刃口方向进行，以免刃口退火。

3）磨月牙槽（图 11-21）。

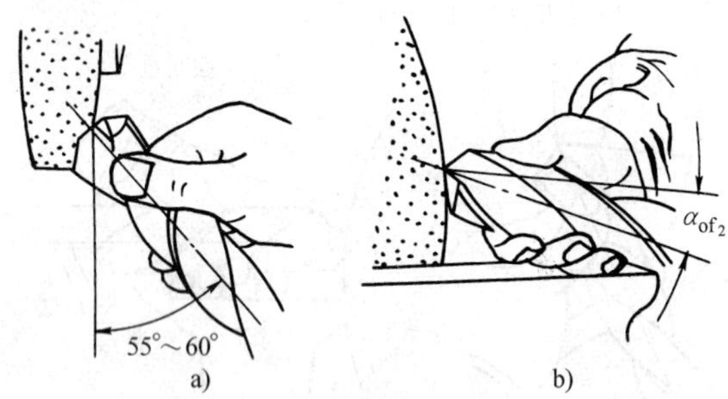

图 11-21　磨月牙槽

［口诀］

刀对轮角刃别翘，
钻尾压下弧后角（α_{of_2}），
轮侧钻轴夹 55（°），
上下勿动平进刀。

［注意事项］

① 手拿钻头，使钻头主切削刃基本水平，以保证横

刃斜角适当，和 B 点（图 11-18）处的侧后角为正值。

若外直刃外缘点向上翘，会使 B 点处出现负值后角，并使横刃斜角（ψ）变小。

② 开始刃磨，钻头水平向前缓慢平稳送进，磨出后面 2，形成圆弧刃，应保证圆弧半径（R）和外刃长（l）。如果砂轮圆角小于要求的圆弧半径（R）值，则钻头还应在水平面做微小的摆动，以得到表中的 R 值。

③ 钻头千万不可在垂直面内上下摆动，或绕钻轴转动，否则横刃变成 S 形，横刃斜角变小，而且圆弧形状也不易控制对称。

④ 对圆弧和钻芯尖的对称性要求较严，在翻转 180° 磨另一边的后面 2 时，应特别注意。

4）修磨横刃（图 11-22）。

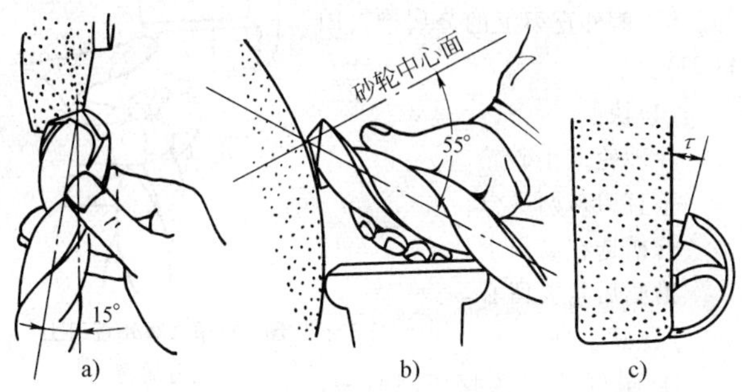

图 11-22 修磨横刃

［口诀］

钻轴左倾 15（°），

尾柄下压约 55（°），
外刃轮侧夹“τ”角，
钻芯缓进别烧糊。

［注意事项］

① 开始刃磨，钻头上的磨削点逐渐由外刃背向钻芯移动，磨出前面 3（图 11-18），保证内刃斜角（τ）和内刃前角（$\gamma_{o\tau}$）。

② 由外向里刃磨时，磨削量应由大到小，磨至钻芯时要轻，防止刃口退火（烧糊）。

③ 刃磨时，要严防由于外直刃与轮侧的夹角（τ）太小，而磨到圆弧刃甚至外直刃。这个角度的大小要求不严。但必须强调两个“τ”角的一致性。

④ 钻芯不要磨得过薄。

5）磨外直刃上的分屑槽（图 11-23）。

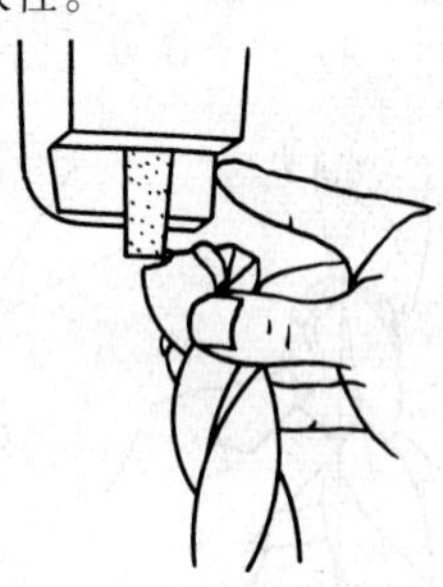

图 11-23　磨外直刃上的分屑槽

［口诀］

片砂轮或小砂轮，
垂直刃口两平分，
开槽选在高刃上，
槽侧后角要留心。

［注意事项］

① 最好选用橡胶切割砂轮，也可用普通小砂轮，但砂轮圆角半径要修小一点。

② 手拿钻头，目测两外直刃，如果两外直刃有高有低，选定较高的一刃，使片砂轮侧面（或小砂轮的圆角平

分面）与它垂直，并对准外直刃的中间。

③ 开始刃磨，钻头接触砂轮，同时在垂直面内摆动钻尾，磨出分屑槽 4 和分屑槽侧后角，保证槽距（l_1）、槽宽（l_2）和槽深（c）。

（二）钻孔的方法

1. 钻不同孔距精度所用的加工方法（表 11-19）

表 11-19　钻不同孔距精度所用的加工方法

孔距精度/mm	加工方法	适用范围
±（0.25~0.5）	划线找正，配合测量与简易钻模	单件、小批生产
±（0.1~0.25）	用普通夹具或组合夹具，配合快换卡头	小、中批生产
	盘、套类工件可用通用分度夹具	
±（0.03~0.1）	利用坐标工作台、指示表、量块、专用对刀装置或采用坐标、数控钻床	单件、小批生产
	采用专用夹具	大批量生产

2. 切削液的选用（表 11-20）

表 11-20　切削液的选用

加工材料	切削液
碳素钢、合金钢	① 3%~5%乳化液 ② 5%~10%极压乳化液
不锈钢、高温合金	① 10%~15%乳化液 ② 10%~20%极压乳化液 ③ 含氯（氯化石蜡）的切削油 ④ 含硫、磷、氯的切削油

（续）

加工材料	切　削　液
铸铁、黄铜	① 一般不加 ② 3%～5%乳化液
纯铜、铝及铝合金	① 3%～5%乳化液 ② 煤油 ③ 煤油与菜籽油的混合油
硬橡胶、胶木、硬纸板	① 一般不加 ② 风冷
有机玻璃	10%～15%乳化液

3. 常用钻孔方法

（1）钻通孔　当孔快要钻穿时，应变自动进给为手动进给，以避免钻穿孔的瞬间因进给量剧增而发生啃刀，影响加工质量和损坏钻头。

（2）钻不通孔　应按钻孔深度调整好钻床上的挡块、深度标尺等，或采用其他控制方法。以免钻得过深或过浅，并应注意退屑。

（3）钻深孔　背吃刀量达到钻头直径3倍时，钻头就应退出排屑。此后，每钻进一定深度，钻头应退出排屑一次，并注意冷却润滑，防止切屑堵塞，钻头过热退火或扭断。

（4）钻超过ϕ30mm大孔　一般应分两次钻削，第一次用60%～80%孔径的钻头，第二次用所需直径的钻头扩孔。扩孔钻头应使两条主切削刃长度相等、对称，否则会使孔径扩大。

（5）钻ϕ1mm以下的小孔　开始进给力要小，防止钻头弯曲和滑移，以保证钻孔试切的正确位置。钻孔过程要经常退出钻头排屑和加注切削液。切削速度可选在2000r/min以上，进给力应小而平稳，不宜过大过快。

4. 特殊孔的钻削方法（表 11-21）

表 11-21 特殊孔的钻削方法

钻孔形式	图示	方法要点
钻半(缺)圆孔	工件 嵌件 a)　b)	1)把两年合起来或用同样材料的垫块与工件并在一起钻(图 a) 2)用同样材料镶嵌在工件内,钻孔后去掉这块材料,就形成了缺圆孔(图 b)
钻骑缝孔		1)钻头伸出钻夹头的长度尽量短,且横刃应磨得较短 2)若两种零件材料不同,样冲眼应大部分打在硬材料上,并在钻孔时使钻头略往硬材料一边偏

（续）

钻孔形式	图　示	方法要点
钻斜面上的孔	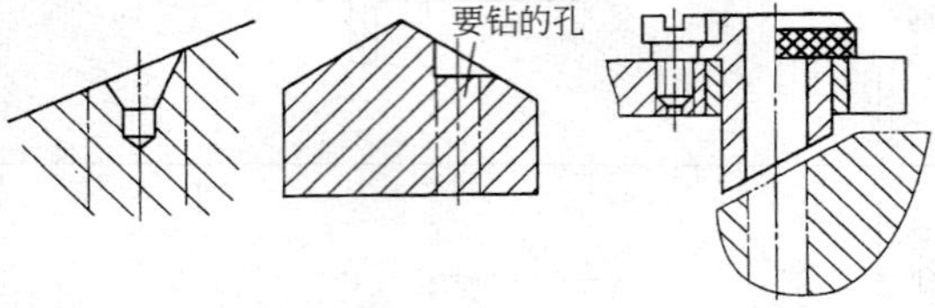 要钻的孔 a)　b)	1）先用样冲冲一个较大的中心孔或用中心钻钻出中心孔，或用铣刀铣出个小平台，再用钻头钻孔（图 a） 2）先使斜面处于水平位置装夹工件，用钻头钻出一个浅窝，再使斜面倾斜一些装夹，将浅窝钻大，经几次倾斜逐渐扩大浅窝，然后放正工件正式钻孔 3）用斜面钻套进行钻孔（图 b）
钻圆弧面上的孔	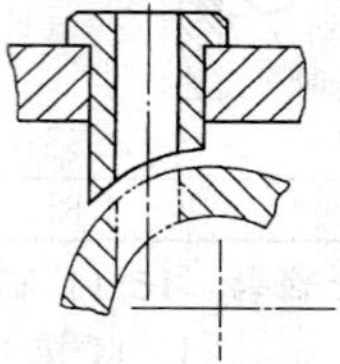	用圆弧面钻套进行钻孔

(续)

钻孔形式	图　示	方法要点
在工件凹腔内钻孔	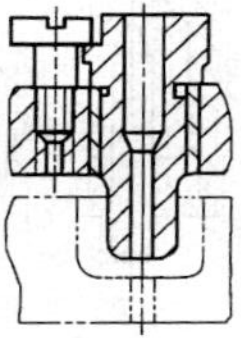	用加长钻套进行钻孔。装卸工件时钻套可以提起，钻套上部孔径必须扩大，以减小与刀具的接触长度，减小摩擦
加工中心距较小的孔	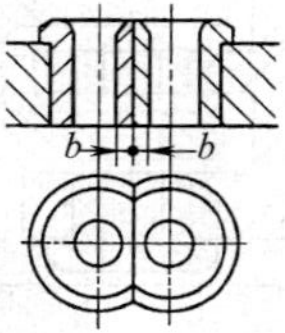 b b	用削边钻套进行钻孔，但应保证削边厚度 b 不小于 1mm

（续）

钻孔形式	图　示	方法要点
加工间断孔	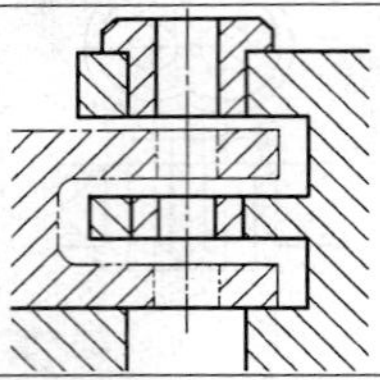	用中间钻套进行钻孔。实际作用为双导向或多导向，以免钻头偏斜
钻二联孔	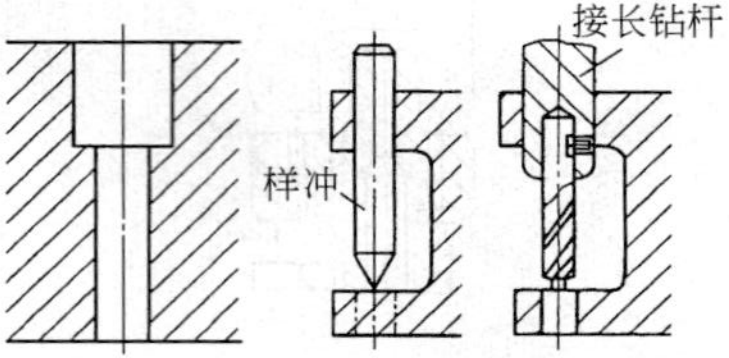 样冲 接长钻杆 a)　b)　c)	1）先钻大孔至平底深度，再改用小钻头将小孔钻穿，然后用平底钻锪平底孔（图 a） 2）先钻出上面大孔，当钻头横刃刚接触下面平面时，用横刃划出一个小圆线，然后按小圆线找正中心，打一个样冲眼，再钻孔（图 b） 3）先钻孔大孔，然后用一根外径与大孔为动配合的接长钻杆，装上中心钻头，先钻一个定位孔后，再换上与小孔直径相同的钻头钻孔（图 c）

5. 钻孔中常见缺陷产生原因和解决方法（表 11-22）

表 11-22　钻孔中常见缺陷产生原因和解决方法

序号	缺陷内容	产生原因	解决办法
1	孔径增大、误差大	1)钻头左、右切削刃不对称,摆差大 2)钻头横刃太长 3)钻头刃口崩刃 4)钻头刃带上有积屑瘤 5)钻头弯曲 6)进给量太大 7)钻床主轴摆差大或松动	1)刃磨时保证钻头左、右切削刃对称,摆差在允许范围内 2)修磨横刃,减小横刃长度 3)及时发现崩刃情况,并更换钻头 4)将刃带上的积屑瘤用磨石修整到合格 5)校直或更换 6)降低进给量 7)及时调整和维修钻床
2	孔径小	1)钻头刃带已严重磨损 2)钻出的孔不圆	1)更换合格钻头 2)见序号 3 的解决办法
3	钻孔时产生振动或孔不圆	1)钻头后角太大 2)无导向套或导向套与钻头配合间隙过大 3)钻头左、右切削刃不对称,摆差大	1)减小钻头后角 2)钻杆伸出过长时必须有导向套,采用合适间隙的导向套或先钻中心孔再钻孔 3)刃磨时保证钻头左、右切削刃对称,摆差在允许范围内

（续）

序号	缺陷内容	产生原因	解决办法
3	钻孔时产生振动或孔不圆	4)主轴轴承松动 5)工件夹紧不牢 6)工件表面不平整,有气孔、砂眼 7)工件内部有缺口、交叉孔	4)调整或更换轴承 5)改进夹具与定位装置 6)更换合格毛坯 7)改变工序顺序或改变工件结构
4	孔位超差,孔歪斜	1)钻头已磨钝 2)钻头左、右切削刃不对称,摆差大 3)钻头横刃太长 4)钻头与导向套配合间隙过大 5)主轴与导向套中心线不同轴,主轴与工作台面不垂直 6)钻头在切削时振动 7)工件表面不平整,有气孔、砂眼 8)工件内部有缺口、交叉孔 9)导向套底端面与工件表面间的距离大,导向套长度短	1)重磨钻头 2)刃磨时保证钻头左、右切削刃对称,摆差在允许范围内 3)修磨横刃,减小横刃长度 4)采用合适间隙的导向套 5)找正机床夹具位置,检查钻床主轴的垂直度 6)先钻中心孔再钻孔,采用导向套 7)更换合格毛坯 8)改变工序顺序或改变工件结构 9)加长导向套长度

（续）

序号	缺陷内容	产生原因	解决办法
4	孔位超差，孔歪斜	10)工件夹紧不牢 11)工件表面倾斜 12)进给量不均匀	10)改进夹具与定位装置 11)正确定位安装 12)使进给量均匀
5	钻头折断	1)切削用量选择不当 2)钻头崩刃 3)钻头横刃太长 4)钻头已钝，刃带严重磨损呈正锥形 5)导向套底端面与工件表面间的距离太小，排屑困难 6)切削液供应不足 7)切屑堵塞钻头的螺旋槽，或切屑卷在钻头上，使切削液不能进入孔内 8)导向套磨损成倒锥形，退刀时，钻屑夹在钻头与导向套之间	1)减少进给量和切削速度 2)及时发现崩刃情况，当加工较硬的钢件时，后角要适当减小 3)修磨横刃，减小横刃长度 4)及时更换钻头，刃磨时将磨损部分全部磨掉 5)加大导向套与工件间的距离 6)切削液喷嘴对准加工孔口，加大切削液流量 7)减小切削速度、进给量；采用断屑措施；或采用分级进给方式，使钻头退出数次 8)及时更换导向套

（续）

序号	缺陷内容	产生原因	解决办法
5	钻头折断	9)快速行程终了位置距工件太近,快速行程转向工件进给时误差大 10)孔钻通时,由于进给阻力迅速下降而进给量突然增加 11)工件或夹具刚度不足,钻通时弹性恢复,使进给量突然增加 12)进给丝杠磨损,动力头重锤重量不足;动力液压缸反压力不足,当孔钻通时,动力头自动下落,使进给量增大 13)钻铸件时遇到缩孔 14)锥柄扁尾折断	9)增加工作行程距离 10)修磨钻头顶角,尽可能降低钻孔轴向力;孔将要钻通时,改为手动进给,并控制进给量 11)减少机床、工件、夹具的弹性变形;改进夹紧定位,增加工件、夹具刚度;增加二次进给 12)及时维修机床,增加动力头重锤重量;增加二次进给 13)对估计有缩孔的铸件要减少进给量 14)更换钻头,并注意擦净锥柄油污
6	钻头寿命低	1)同第5项的1)、3)、4)、5)、6)、7)	1)同第5项的1)、3)、4)、5)、6)、7)

（续）

序号	缺陷内容	产生原因	解决办法
6	钻头寿命低	2)钻头切削部分几何形状与所加工的材料不适应 3)其他	2)加工铜件时，钻头应选用较小后角，避免钻头自动钻入工件，使进给量突然增加；加工低碳钢时，可适当增大后角，以增加钻头寿命；加工较硬的钢材时，可采用双重钻头顶角，开分屑槽或修磨横刃等，以增加钻头寿命 3)改用新型适用的高速钢(铝高速钢、钴高速钢)钻头或采用涂层刀具；消除加工件的夹砂、硬点等不正常情况
7	孔壁表面粗糙	1)钻头不锋利 2)后角太大 3)进给量太大 4)切削液供给不足，切削液性能差 5)切屑堵塞钻头的螺旋槽 6)夹具刚度不够 7)工件材料硬度过低	1)将钻头磨锋利 2)采用适当的后角 3)减小进给量 4)加大切削液流量，选择性能好的切削液 5)见第5项的7) 6)改进夹具 7)增加热处理工序，适当提高工件硬度

二、扩　　孔

扩孔是用扩孔刀具对工件上已有的孔进行扩大加工，如钻孔、铸孔、锻孔和冲孔的扩大加工。扩孔可以作为孔的最终加工，也可以作为铰孔、磨孔前的预加工工序。扩孔后，孔的尺寸公差等级一般可达IT9～IT10，表面粗糙度值可达 $Ra12.5\sim3.2\mu m$。

1. 扩孔钻类型、规格范围及标准代号（表 11-23）

表 11-23　扩孔钻类型、规格范围及标准代号

类型	简　图	规格范围[①] d/mm 推荐值	标准代号
直柄扩孔钻	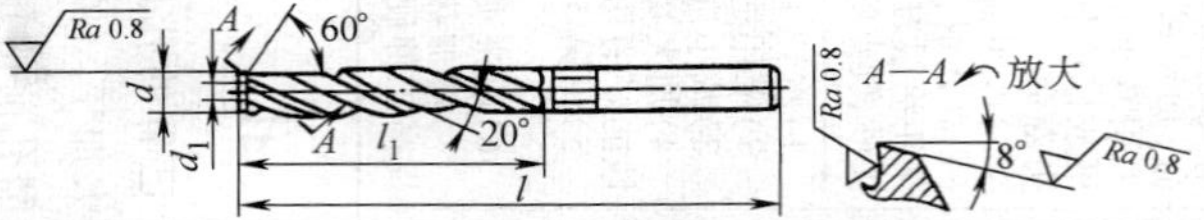 Ra 0.8　A　60°　d　d_1　A　l_1　20°　l　Ra 0.8　A—A 放大　8°　Ra 0.8	3～19.7	GB/T 4256—2004
莫氏锥柄扩孔钻	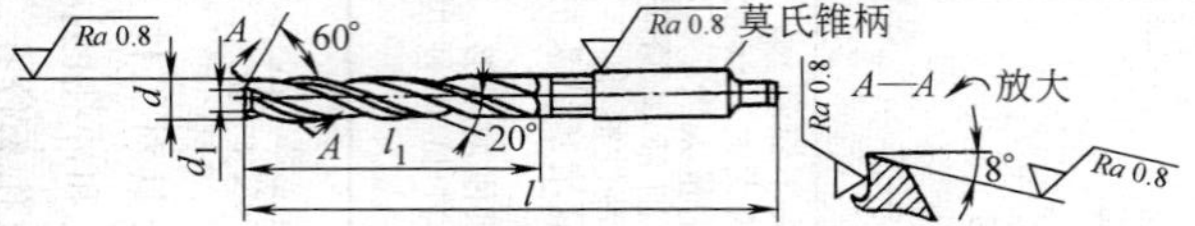 Ra 0.8　A　60°　Ra 0.8 莫氏锥柄　d　d_1　A　l_1　20°　l　Ra 0.8　A—A 放大　8°　Ra 0.8	7.8～50	GB/T 4256—2004
套式扩孔钻	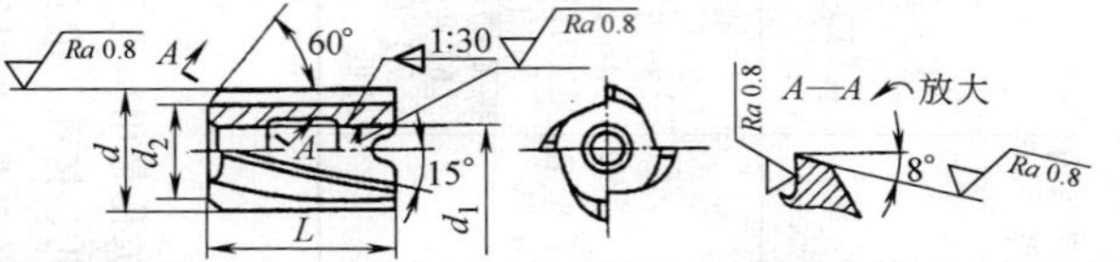 Ra 0.8　A　60°　1:30　Ra 0.8　d　d_2　A　15°　d_1　L　Ra 0.8　A—A 放大　8°　Ra 0.8	25～100	GB/T 1142—2004

① 直径 d “推荐值” 为常备的扩孔钻规格，用户有特殊需要时也可供应 “分级范围” 内的任一直径的扩孔钻。直径 $d \leqslant 6$mm 的扩孔钻可制成反顶尖。

2. 扩孔方法

(1) 用麻花钻扩孔　在实际生产中，常用经修磨的麻花钻当扩孔钻使用。

在实心材料上钻孔，如果孔径较大，不能用麻花钻一次钻出，常用直径较小的麻花钻预钻一孔，然后用大直径的麻花钻进行扩孔（图 11-24）。

在预钻孔上扩孔的麻花钻，几何参数与钻孔时基本相同。由于扩孔时避免了麻花钻横刃切削的不良影响，可适当提高切削用量。同时，由于背吃刀量减小，使切屑容易排出，因此扩孔后，孔的表面粗糙度值也有一定程度的降低。

用麻花钻扩孔时，扩孔前的钻孔直径为孔径的 50%~70%，扩孔时的切削速度约为钻孔的 1/2，进给量为钻孔的 1.5~2 倍。

(2) 用扩孔钻扩孔　扩孔钻的切削条件要比麻花钻好。由于它的切削刃较多，因此扩孔时切削比较平稳，导向作用好，不易产生偏移。但为了提高扩孔的精度，还应注意以下几点：

1）钻孔后，在不改变工件和机床主轴相互位置的情况下，立即换上扩孔钻进行扩孔。这样可使钻头与扩孔钻的中心重合，使切削均匀平稳，保证加工质量。

2）扩孔前先用镗刀镗出一段直径与扩孔钻相同的导向孔（图 11-25），这样可使扩孔钻在一开始就有较好的导向，而不至于随着原有不正确的孔偏斜。这种方法多用于铸孔、锻孔的扩孔。

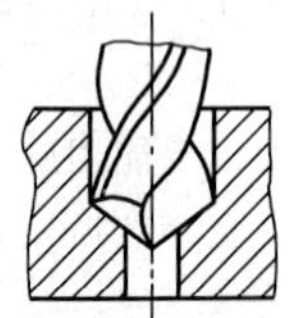

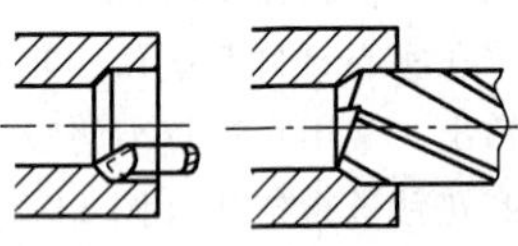

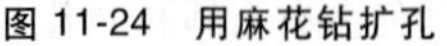

图 11-24　用麻花钻扩孔　　　图 11-25　扩孔前的镗孔

3）也可采用钻套为导向进行扩孔。

3. 扩孔、钻扩孔中常见问题产生原因和解决方法（表 11-24）

表 11-24　扩孔、钻扩孔中常见问题产生原因和解决方法

问题	产生原因	解决方法
孔径增大	1）扩孔钻切削刃摆差大 2）扩孔钻刃口崩刃 3）扩孔钻刃带上有积屑瘤 4）安装扩孔钻时，锥柄表面油污未擦干净，或锥面有磕、碰伤	1）刃磨时保证摆差在允许范围内 2）及时发现崩刃情况，更换刀具 3）将刃带上的积屑瘤用磨石修整到合格 4）安装扩孔钻前必须将扩孔钻锥柄及机床主轴锥孔内部油污擦干净，锥面有磕、碰伤处用磨石修光

（续）

问题	产 生 原 因	解 决 方 法
孔表面粗糙	1）切削用量过大 2）切削液供给不足 3）扩孔钻过度磨损	1）适当降低切削用量 2）切削液喷嘴对准加工孔口，加大切削液流量 3）定期更换扩孔钻，刃磨时把磨损区全部磨去
孔位置精度超差	1）导向套配合间隙大 2）主轴与导向套同轴度误差大 3）主轴轴承松动	1）位置公差要求较高时，导向套与刀具配合要精密些 2）找正机床与导向套位置 3）调整主轴轴承间隙

三、锪　孔

用锪钻对工件的孔口表面进行的各种成形加工，称为锪孔（削）。常用的锪孔形式见表 11-25。

表 11-25　常用的锪孔形式

锪孔形式	锪圆柱形沉孔	锪圆锥形沉孔	锪凸台平面
图例	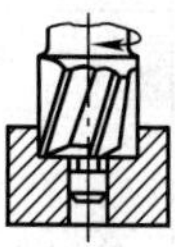		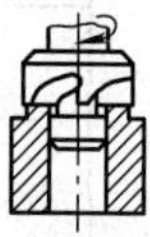

1. 锪钻类型、规格范围及标准代号（表 11-26）

表 11-26 锪钻类型、规格范围及标准代号

类　型	简　　图	规格尺寸范围	标准代号
60°、90°、120°直柄锥面锪钻	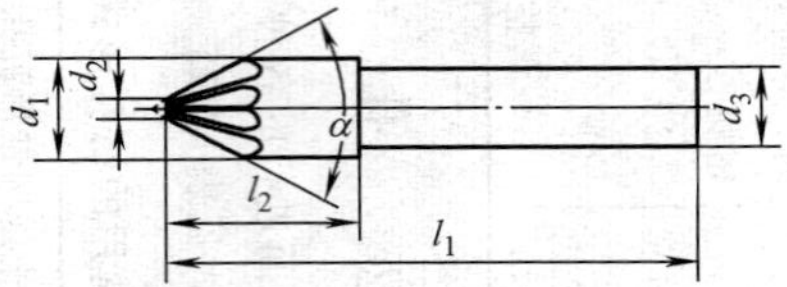	$d_1 = 8 \sim 25\text{mm}$	GB/T 4258—2004
60°、90°、120°莫氏锥柄锥面锪钻	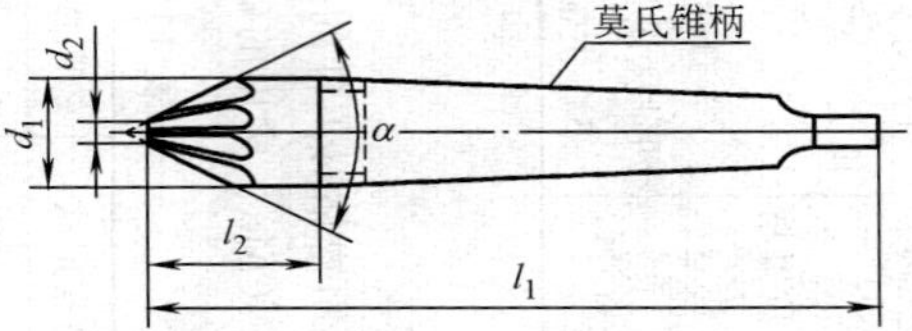	$d_1 = 16 \sim 80\text{mm}$	GB/T 1143—2004

（续）

类　型	简　图	规格尺寸范围	标准代号
带整体导柱直柄平底锪钻	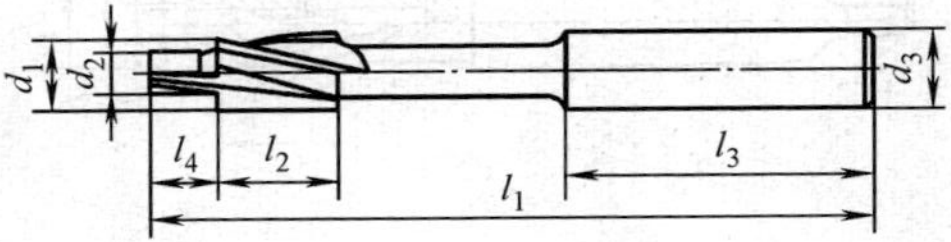 d_1 d_2 d_3 l_4 l_2 l_3 l_1	$d_1=3.3$～20mm $d_2=1.8$～13.5mm	GB/T 4260—2004
带可换导柱莫氏锥柄平底锪钻	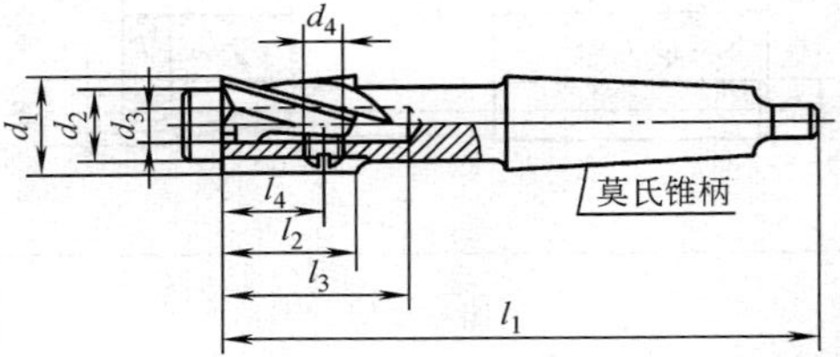 d_4 d_1 d_2 d_3 莫氏锥柄 l_4 l_2 l_3 l_1	$d_1=13$～61mm $d_2=6.6$～33mm	GB/T 4261—2004

（续）

类　型	简　图	规格尺寸范围	标准代号
带整体导柱直柄 90° 锥面锪钻	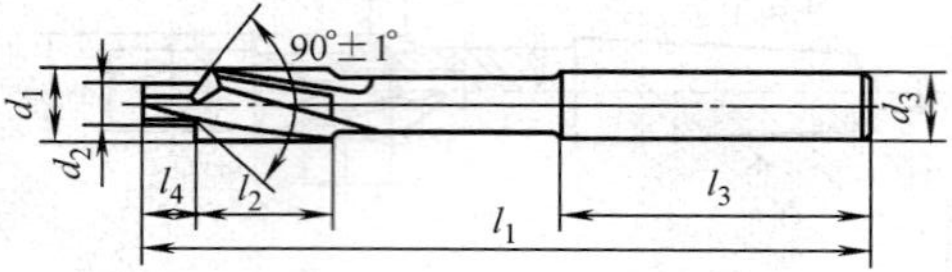 90°±1° d_1 d_2 d_3 l_4 l_2 l_3 l_1	d_1 = 3.7～17.6mm d_2 = 1.8～9mm	GB/T 4263—2004
带可换导柱莫氏锥柄 90° 锥面锪钻	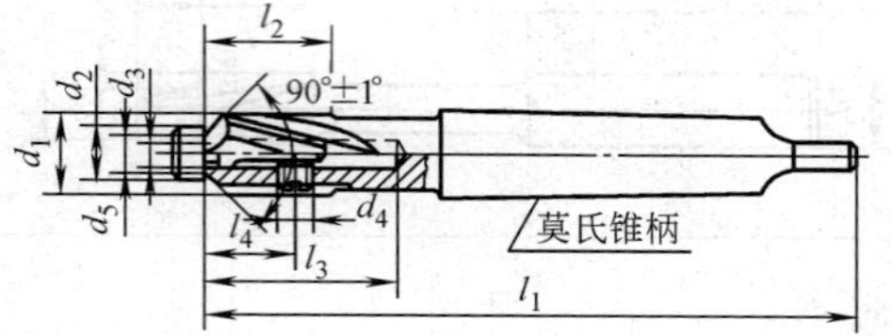 l_2 90°±1° d_2 d_3 d_1 d_5 d_4 l_4 l_3 莫氏锥柄 l_1	d_1 = 13.8～40.4mm d_2 = 6.6～22mm	GB/T 4264—2004

2. 用麻花钻改制锪钻

1）用标准麻花钻改制成带导柱的平底锪钻（图11-26）。一般选用比较短的麻花钻，在磨床上把麻花钻的端部磨出圆柱形导柱，其直径 d 与工件上已有的孔采用f7的间隙配合。端面上的切削刃用薄片砂轮磨出，后角一般为 $\alpha_o=8°$，麻花钻的螺旋槽与导柱面形成的刃口要用磨石磨钝。

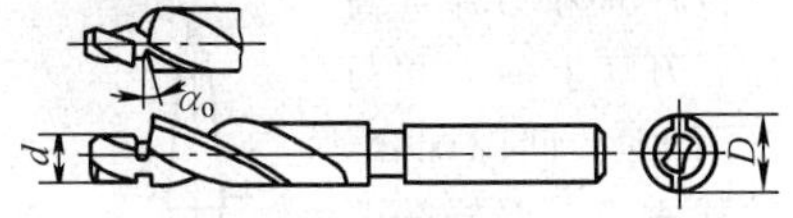

图 11-26 改制的带导柱的平底锪钻

若将标准麻花钻改制成不带导柱的平底锪钻（图11-27），则它既可锪圆柱形沉孔，又可以锪平孔口端面。如果将凸尖部全部磨平，则可用来锪平不通孔的孔底。

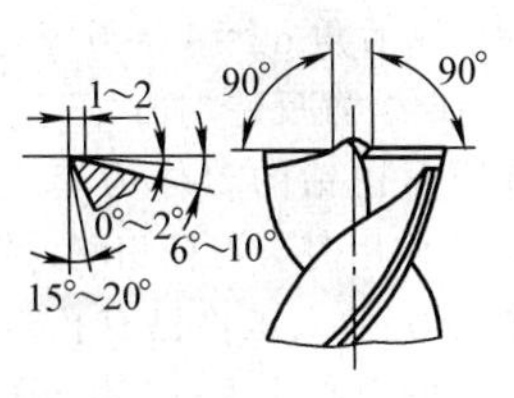

图 11-27 改制的不带导柱的平底锪钻

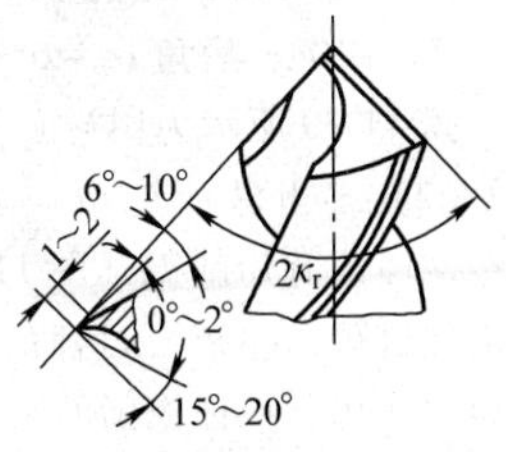

图 11-28 改制的锥形锪钻

2）用标准麻花钻改制成锥形锪钻（图 11-28）。其锥角按沉头孔规定的角度确定。为保证锪出的锥形沉头孔的表面粗糙度值较小，后角磨得小些，一般取 $\alpha_o=6°\sim10°$，并有 1~2mm 的倒棱，麻花钻外缘处的前角也磨得小一些，一般取 $\gamma_o=15°\sim20°$，两切削刃要磨得对称。

3. 锪端面

（1）简单端面锪钻　简单端面锪钻如图 11-29 所示。它由刀杆（镗杆）和刀片（高速钢）组成。刀杆上的方孔与刀片尺寸采用 h6 的间隙配合，并与刀杆轴线垂直。刀杆端部的外圆直径与工件已有孔采用 f7 的间隙配合，以保证良好的引导作用，使锪出的端面与孔的中心线垂直。

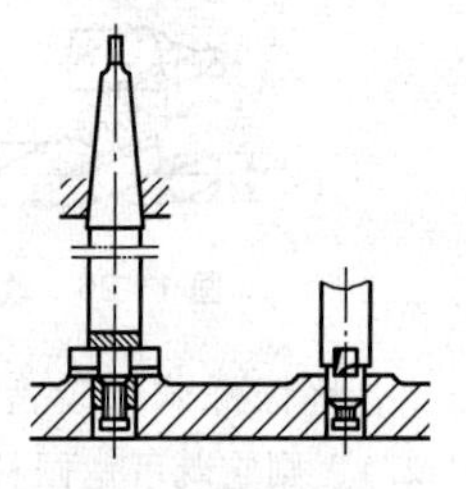

图 11-29　简单端面锪钻

刀片的角度：锪铸铁材料时 $\gamma_o=5°\sim10°$，锪钢时 $\gamma_o=15°\sim20°$；后角 $\alpha_o=6°\sim8°$；副后角 $\alpha_o'=4°\sim6°$。

图 11-30 所示为用衬套作为导向装置反锪端面。

（2）多齿端面锪钻　多齿端面锪钻的刀体为套式，只在端面上有切削刃（图 11-31）。使用时与刀杆相配，靠紧定螺钉传递扭矩。刀杆的圆柱部分伸入工件已有孔内，起导向作用，保证锪削的平面与孔的中心线垂直。由于端面锪钻的加工对象主要是铸铁件，因此刀体上一般镶有硬质合金刀片。

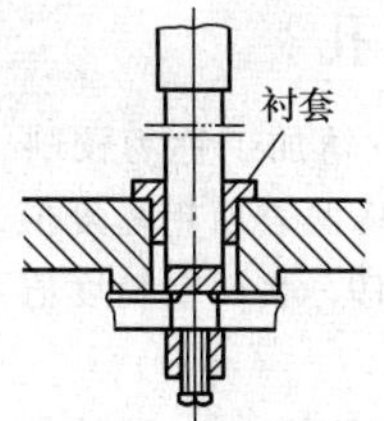

图 11-30　用衬套作为导向装置

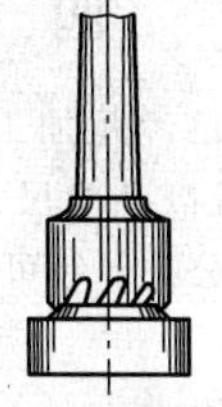

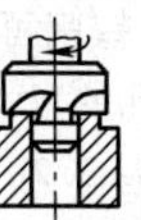

图 11-31　多齿端面锪钻

4. 锪孔中常见问题产生原因和解决方法(表 11-27)

表 11-27　锪孔中常见问题产生原因和解决方法

问题	产生原因	解决方法
锥面、平面呈多角形	1）前角太大,有扎刀现象 2)切削速度太高 3）选择切削液不当 4）工件或刀具装夹不牢固 5）锪钻切削刃不对称	1)减小前角 2）降低切削速度 3）合理选择切削液 4）重新装夹工件和刀具 5）正确刃磨
平面呈凹凸形	锪钻切削刃与刀杆旋转轴线不垂直	正确刃磨和安装锪钻
表面粗糙度值大	1）锪钻几何参数不合理 2）选用切削液不当 3）刀具磨损	1）正确刃磨 2）合理选择切削液 3）重新刃磨

四、铰　孔

用铰刀对已经粗加工的孔进行精加工称为铰削（铰孔）。铰削可提高孔的尺寸精度，降低表面粗糙度值，铰削后孔的尺寸公差等级可达 IT7 ~ IT9，表面粗糙度值可达 Ra0.8 ~ 3.2μm。

（一）铰刀

1. 铰刀的结构和几何角度（图 11-32）

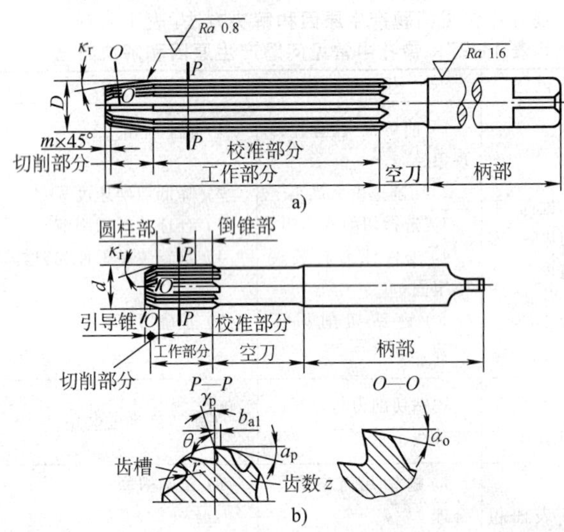

图 11-32　铰刀

a）手用铰刀　b）机用铰刀

2. 高速钢铰刀的几何参数

（1）高速钢铰刀的前角 γ_o 与后角 α_o　铰削时切削厚度较小，切屑与前面在切削刃附近接触，前角 γ_o 对切屑变形的影响不显著。为了便于制造和修磨，一般铰刀的前角 $\gamma_o=0°$（在生产应用中铰刀前角也可取 0°~4°），后角 $\alpha_o=6°\sim10°$。

标准高速钢铰刀的后角 α_o、刃带宽度 $b_{\alpha1}$ 和齿背宽度 $b_{\alpha2}$ 见表 11-28。

表 11-28　高速钢铰刀的后角 α_o、刃带宽度 $b_{\alpha1}$ 和齿背宽度 $b_{\alpha2}$

铰刀直径 d/mm	1~3	>3~10	>10~18	>18~30	>30~50	>50~80
刃带宽度 $b_{\alpha1}$/mm	0.05~0.1	0.1~0.15	0.15~0.25	0.2~0.3	0.25~0.4	0.3~0.5
后角 α_o	14°~18°	10°~14°	8°~12°	6°~10°	6°~10°	6°~10°
齿背宽度 $b_{\alpha2}$/mm	0.3~0.7	0.4~0.8	0.9~1.2	1~1.3	1.3~1.7	1.8~2.3

（2）铰刀的主偏角 κ_r　铰刀的主偏角 κ_r 大小主要影响被加工孔的精度和表面粗糙度，见表 11-29。

表 11-29　铰刀的主偏角 κ_r

铰刀类型	加工材料(或孔形式)	κ_r
手用铰刀	各种材料	0°30′~1°30′
机用铰刀	铸铁	3°~5°
	钢	12°~15°
	不通孔	45°

(3) 铰刀的刃倾角 λ_s 为提高铰孔质量，在铰削钢件时，铰刀切削部分的前面上磨有刃倾角 λ_s，可使切削平稳，切屑从孔前方排出，适合加工通孔，一般 $\lambda_s=15°$ (图 11-33)。

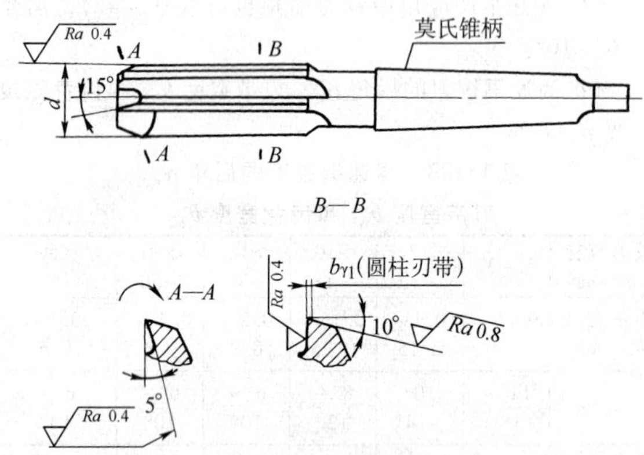

图 11-33 带刃倾角锥柄机用铰刀

(4) 铰刀的螺旋角 β 铰刀的齿槽有直槽和螺旋槽两种，直槽刃磨方便，螺旋槽切削平稳，适用于深孔及断续表面的铰削。螺旋槽的旋向有左旋和右旋两种：右旋铰刀切削时，切屑向后排出，适于加工不通孔；左旋铰刀切削时，切屑向前排出，适于加工通孔。螺旋角大小与加工材料有关，加工灰铸铁、硬钢材料时，$\beta=7°\sim8°$；加工可锻铸铁、钢材料时，$\beta=12°\sim20°$；加工轻金属时，$\beta=35°\sim45°$。

（5）铰刀的倒锥度　一般铰刀工作部分长度为（0.8~3）d；圆柱校准部分长度为（0.25~0.5）d，见表 11-30。

表 11-30　铰刀的倒锥度（单位：mm）

铰刀类型	直径 d	倒锥度
手用铰刀	≤20	0.005~0.015
	>20~50	0.01~0.02
机用铰刀	≤2.8	0.005~0.02
	>2.8~6	0.02~0.04
	>6~18	0.03~0.05
	>18~32	0.04~0.06
	>32~50	0.05~0.07
	>50~80	0.06~0.08

（6）铰刀的齿数 z　铰刀的齿数 z 与铰刀直径及工件材料有关。加工韧性材料时 z 取小值，加工脆性材料时 z 取大值（表 11-31）。

表 11-31　铰刀齿数的选取

高速钢机用铰刀	铰刀直径 d/mm	1~2.8	>2.8~20	>20~30	>30~40	>40~50	>50~80	>80~100
高速钢带刃倾角机用铰刀		>5.3~18	>18~30	>30~40	—	—	—	—
硬质合金机用铰刀		>5.3~15	>15~31.5	>31.5~40	42~62	65~80	82~100	—
铰刀齿数	z	4	6	8	10	12	14	16

3. 常用铰刀的形式、标准代号及规格范围（表11-32）

表11-32　常用铰刀的形式、标准代号及规格范围

类　型	图　示	规格范围/mm
手用铰刀（GB/T 1131.1~2—2004）	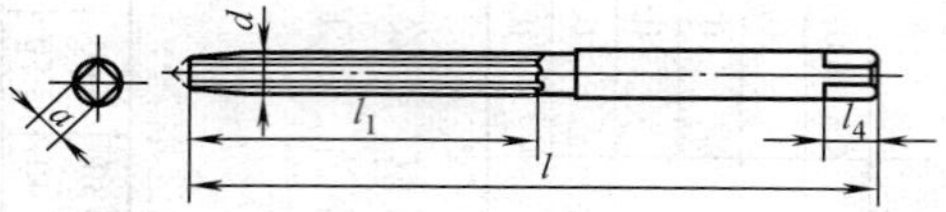	$d \times l \times l_1$ 3.5×71×35~50×347×174 加工孔分为H7、H8、H9三个精度等级
直柄机用铰刀（GB/T 1132—2017）	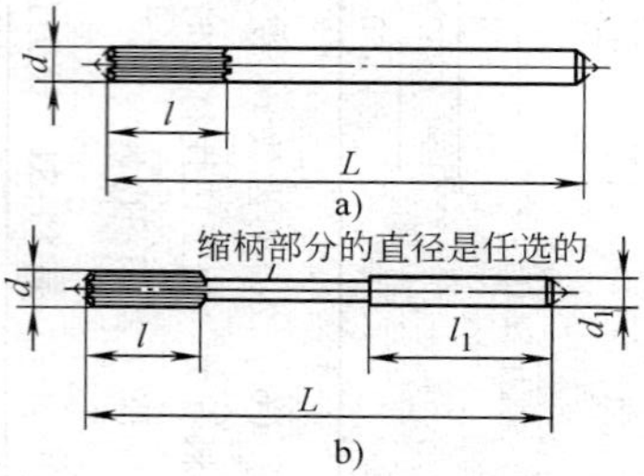 a) 缩柄部分的直径是任选的 b)	$d \times L \times l$ 3.5×70×18~20×195×60 加工孔分为H7、H8、H9三个精度等级

（续）

类　型	图　示	规格范围/mm
莫氏锥柄机用铰刀（GB/T 1132—2017）	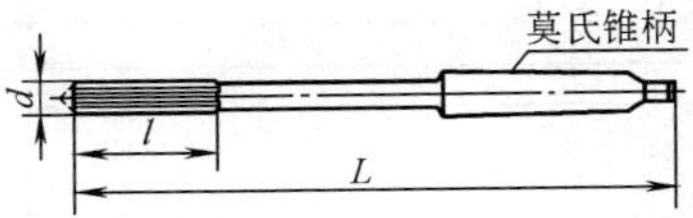 莫氏锥柄 d l L	$d\times L\times l$ 5. 5×138×26 ~50×344×86 加工孔分为H7、H8、H9三个精度等级
硬质合金直柄机用铰刀（GB/T 4251—2008）	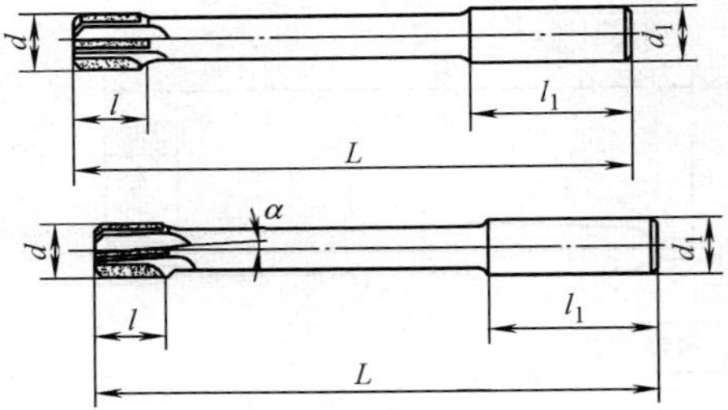 d d_1 l l_1 L α d d_1 l l_1 L	$d\times d_1\times L\times l$ 6×5. 6×93×17~ 20×16×195×25 加工孔分为H7、H8、H9三个精度等级

（续）

类　型	图　示	规格范围/mm
硬质合金莫氏锥柄机用铰刀（GB/T 4251—2008）	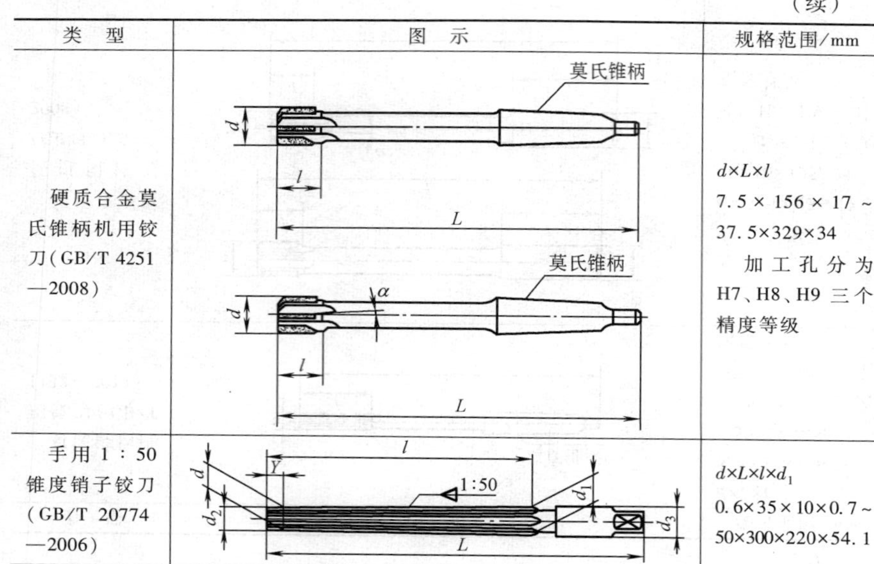	$d \times L \times l$ 7.5×156×17～37.5×329×34 加工孔分为H7、H8、H9三个精度等级
手用1：50锥度销子铰刀（GB/T 20774—2006）		$d \times L \times l \times d_1$ 0.6×35×10×0.7～50×300×220×54.1

（续）

类　型	图　示	规格范围/mm
锥柄机用 1∶50 锥度销子铰刀（GB/T 20332—2006）	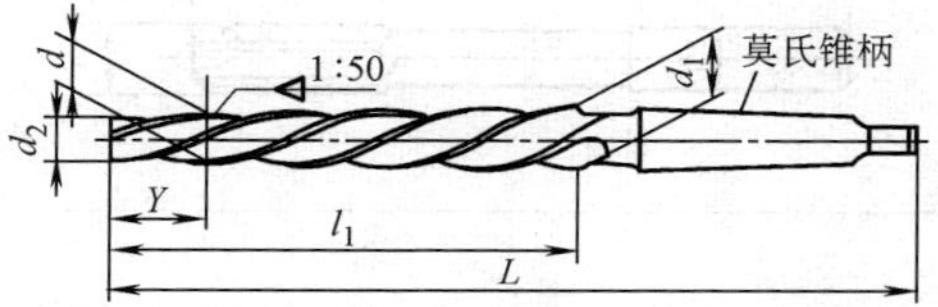	$d \times L \times l_1 \times d_1$ 5×155×73×6.36 ~50×500×360 ×56.90
直柄莫氏圆锥和米制圆锥铰刀（GB/T 1139—2017）	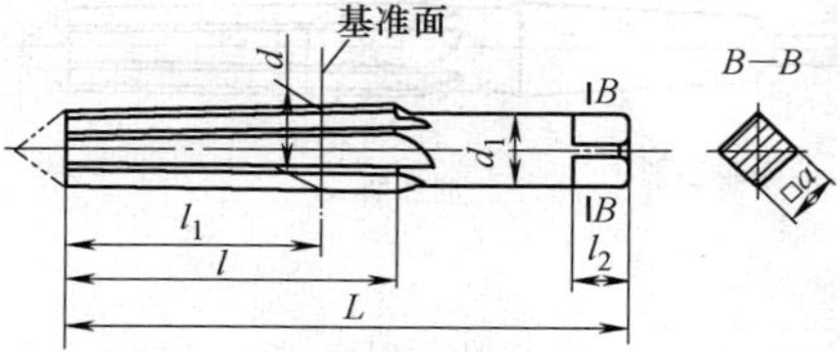	圆锥号 米制:4、6 莫氏:0~6

（续）

类　型	图　示	规格范围/mm
锥柄莫氏圆锥和米制圆锥铰刀（GB/T 1139—2017）	基准面 莫氏锥柄 d l_1 l L	圆锥号 米制：4、6 莫氏：0～6
带刃倾角直柄机用铰刀（GB/T 1134—2008）	d d_1 l l_1 L	d×L×l 5.5×93×26～20×195×60 加工孔分为H7、H8、H9三个精度等级

（续）

类　型	图　示	规格范围/mm
带刃倾角莫氏锥柄机用铰刀（GB/T 1134—2008）	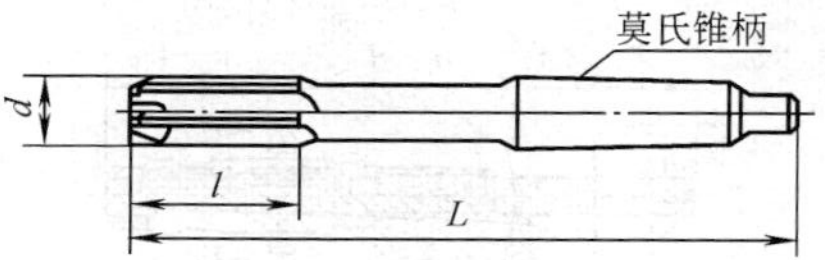 莫氏锥柄 d　l　L	$d \times L \times l$ 8×156×33～40×329×81 加工孔分为H7、H8、H9三个精度等级
套式机用铰刀	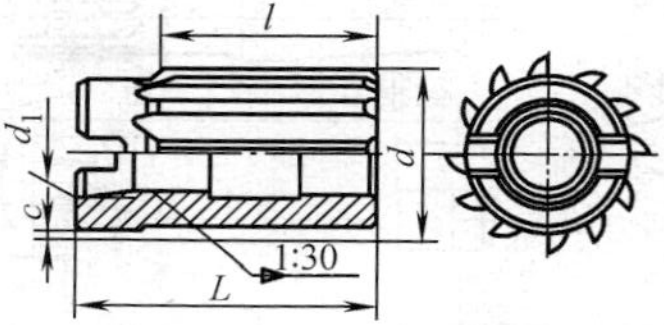 l　d_1　d　c　1:30　L	$d \times L \times l$ 25×45×32～100×100×71 加工孔分为H7、H8、H9三个精度等级

（续）

类　型	图　示	规格范围/mm
米制锥螺纹锥孔铰刀	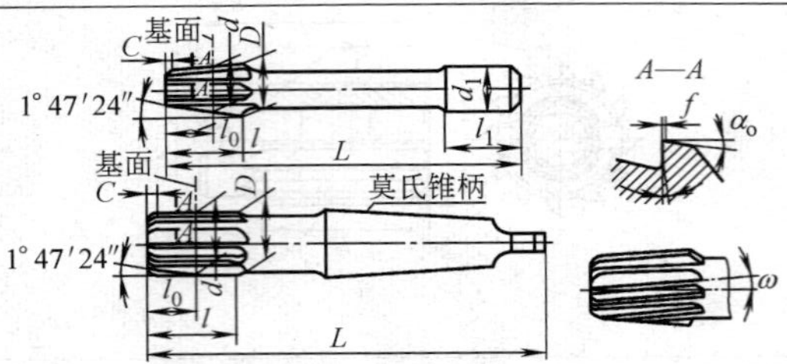	螺纹代号 ZM6～ZM60
可调节手用铰刀（JB/T 3869—1999）	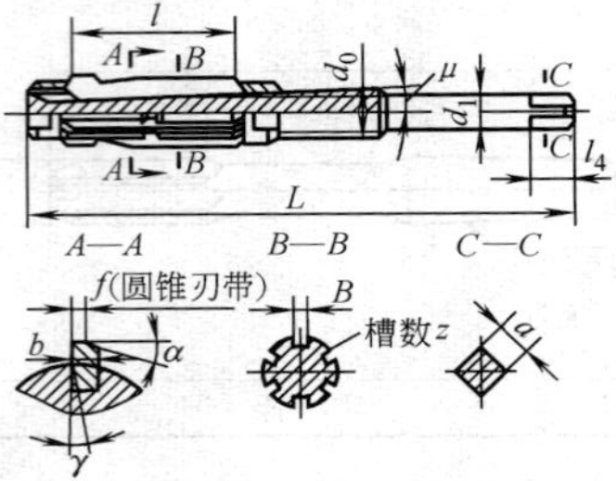	调节范围（直径）： （6.5～7.0） ～（84～100）

（续）

类　型	图　示	规格范围/mm
硬质合金可调节浮动铰刀（JB/T 7426—2006）	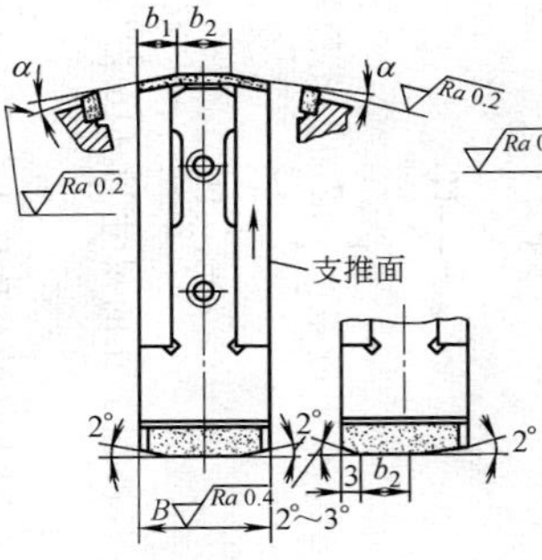 A 型（加工通孔） 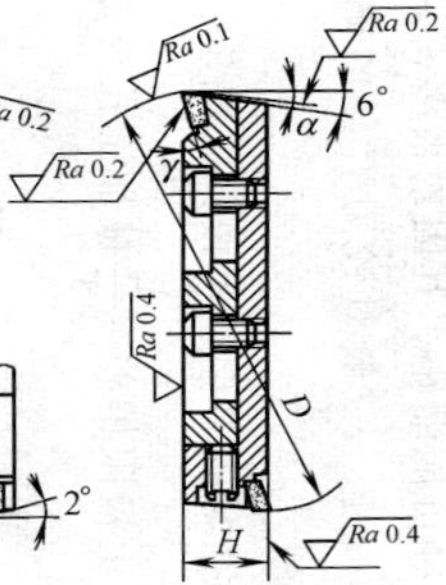　B 型（加工不通孔）	调节范围 × D =（20 ~ 22）× 20 ~（210~230）×210

（二）铰孔的方法

1. 铰刀直径的确定及铰刀的研磨

（1）铰刀直径的确定　铰刀的直径和公差直接影响被加工孔的尺寸精度。在确定铰刀的直径和偏差时，应考虑被加工孔的公差、铰孔时的扩张或收缩量、铰刀使用时的磨损量以及铰刀本身的制造公差等。

铰孔后孔径可能缩小，其因素很多，目前对收缩量的大小尚无统一规定。一般对铰刀直径的确定多采用经验数值。

铰削基准孔时铰刀偏差可按下式确定：

$$上极限偏差=\frac{2}{3}被加工孔公差$$

$$es=\frac{2}{3}\mathrm{IT}$$

$$下极限偏差=\frac{1}{3}被加工孔公差$$

$$ei=\frac{1}{3}\mathrm{IT}$$

［例］　若被加工孔的尺寸为 $\phi16^{+0.027}_{\ \ 0}$mm，求所用铰刀的直径尺寸。

［解］　铰刀直径的公称尺寸应为 $\phi16$mm。

铰刀偏差：

$$上极限偏差\ es=\frac{2}{3}\mathrm{IT}=\frac{2}{3}\times0.027\mathrm{mm}=0.018\mathrm{mm}$$

$$下极限偏差\ ei=\frac{1}{3}\mathrm{IT}=\frac{1}{3}\times0.027\mathrm{mm}=0.009\mathrm{mm}$$

因此，所选用铰刀尺寸应为$\phi16^{+0.018}_{+0.009}$mm。

(2) 铰刀的研磨　标准圆柱铰刀直径上留有研磨余量，而且棱边的表面粗糙度值也较大，所以铰削标准公差等级为IT8以上的孔时，要先将铰刀直径研磨到所需要的尺寸精度。

1) 研磨铰刀的方法有以下几种：

① 径向调整式研磨工具（图11-34）。它是由壳套、研套和调整螺钉组成的。孔径尺寸用精镗或由待研的铰刀铰出，研套上铣出开口斜槽，由调整螺钉控制研套弹性变形，进行研磨以达到要求的尺寸。

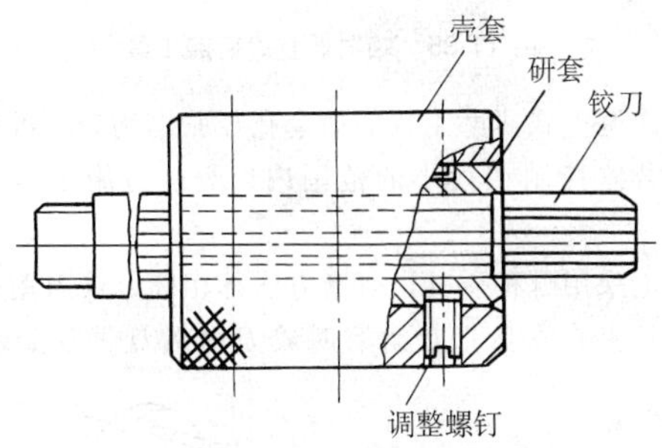

图11-34　径向调整式研磨工具

径向调整式研磨工具制造方便，但研套的孔径尺寸不易调成一致，所以研磨的精度不高。

② 轴向调整式研磨工具（图11-35）。它是由壳套、研套、调整螺母和限位螺钉组成的。研套和壳套以圆锥配合。研套沿轴向铣有开口直槽，这样可依靠弹性变形改变

孔径的尺寸。研套外圆上还铣有直槽，在限位螺钉的控制下，只能做轴向移动而不能转动。再旋动两端的调整螺母，研套在轴向移动的同时使研套的孔径得到调整。

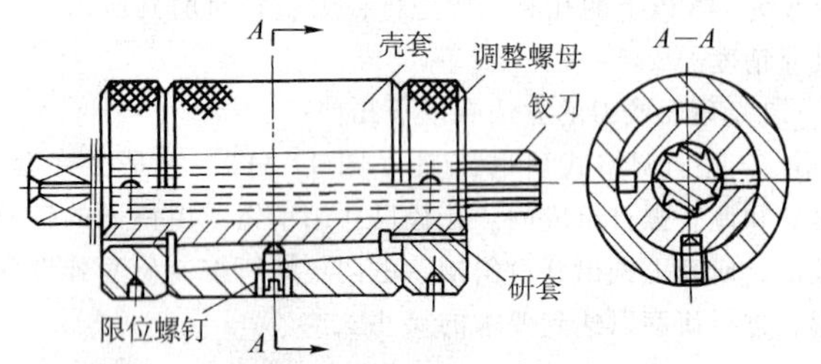

图 11-35 轴向调整式研磨工具

轴向调整式研磨工具的研套孔径胀缩均匀、准确，能使尺寸公差控制在很小的范围内，所以适用于研磨精密铰刀。

无论采用哪种研具，研磨方法都相同。铰刀用两顶尖和拨盘装夹在车床上。研磨时铰刀由拨盘带动旋转（图

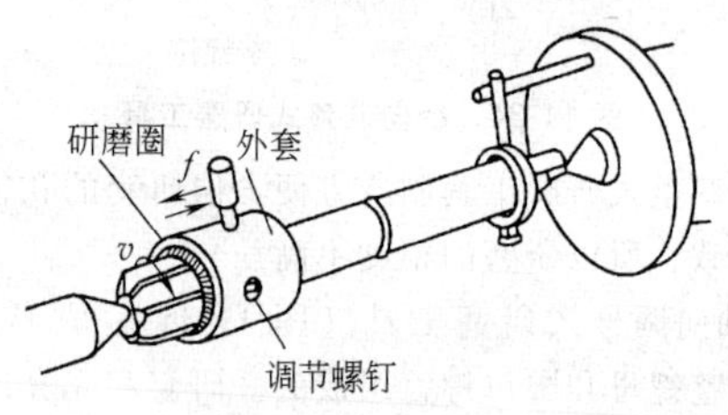

图 11-36 铰刀的研磨

11-36)，旋转方向要与铰削方向相反，转速以40~60r/min为宜。研具套在铰刀的工作部分上，将研套孔的尺寸调整到能在铰刀上自由滑动和转动为宜。研磨剂放置要均匀。研磨时，用手握住研具做轴向均匀的往复移动。

研磨过程中要随时注意检查，及时清除铰刀沟槽中的研垢，并重新换上研磨剂再研磨。

2）铰刀在使用中的修磨。铰刀在使用中可以通过手工修磨，保持和提高其良好的切削性能。

① 研磨或修磨后的铰刀，为了使切削刃顺利地过渡到校准部分，必须用磨石仔细地将过渡处的尖角修成小圆弧（图11-37），并要求各齿圆弧大小一致，以免因圆弧不一致而产生径向偏摆。

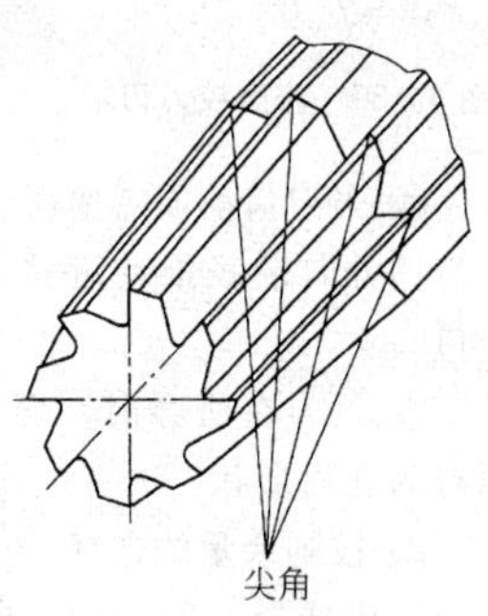

图11-37 切削刃与校准部分过渡处尖角

② 铰刀刃口有毛刺或积屑瘤时，要用磨石研掉。

③ 切削刃后面磨损不严重时，可用磨石沿切削刃垂直方向轻轻研磨，加以修光（图11-38）。

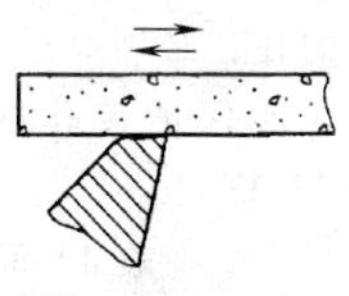
图11-38 铰刀后面的研磨

若要将铰刀刃带宽度磨窄时，也可用上述方法将刃带研出1°左右的小斜面（图11-39），并保持需要的刃带宽度。但研磨后面时，不能将磨石沿切削刃方向推动（图 11-40），这样很可能将刀齿刃口磨圆，从而降低其切削性能。

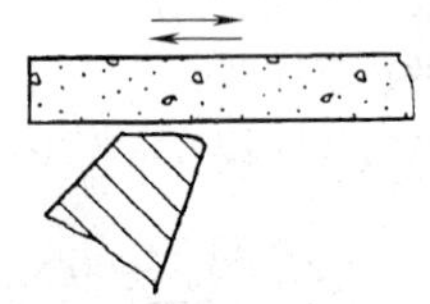

图 11-39　修磨铰刀刃带

图 11-40　不正确的研磨方法

④ 当刀齿前面需要研磨时，应将磨石紧贴在前面上，沿齿槽方向轻轻推动进行研磨，但应特别注意不要研坏刃口。

⑤ 铰刀在研磨时，切勿将刃口研凹，必须保持铰刀原有的几何形状。

2. 铰削余量的选择

正确选择铰削余量，既能保证加工孔的精度，又能提高铰刀的使用寿命。铰削余量应依据加工孔径的大小、精度、表面粗糙度、材料的软硬、上道工序的加工质量和铰刀类型等多种因素进行选择。若对铰削精度要求较高的孔，必须经过扩孔或粗铰孔工序后进行精铰孔，这样才能保证铰孔的质量。一般铰削余量的选择可参考表 11-33。

表 11-33　铰削余量　　（单位：mm）

铰孔直径	<5	5~20	21~32	33~50	51~70
铰削余量	0.1~0.2	0.2~0.3	0.3	0.5	0.8

3. 铰削时切削液的选用（表 11-34）

表 11-34　铰削时切削液的选用

加工材料	切　削　液
钢	1）10%~20%乳化液 2）铰孔要求高时，采用 30%菜籽油和 70%肥皂水 3）铰孔要求更高时，可采用菜籽油、柴油、猪油等
铸铁	1）一般不用 2）煤油，但引起孔径缩小，最小收缩量 0.02~0.04mm 3）低浓度乳化液
铝	煤油
铜	乳化液

4. 手工铰孔注意事项

1）工件装夹位置要正确，应使铰刀的轴线与孔的轴线重合。对薄壁工件夹紧力不要过大，以免将孔夹扁，铰削后产生变形。

2）在铰削过程中，两手用力要平衡，旋转铰手的速度要均匀，铰手不得摆动，以保持铰削的稳定性，避免将孔径扩大或将孔口铰成喇叭形。

3）铰削进给时，不要用过大的力压铰手，而应随着铰刀的旋转轻轻地对铰手加压，使铰刀缓慢地引伸进入孔内，并均匀地进给，以保证孔的加工质量。

4）注意变换铰刀每次停歇的位置，以消除铰刀在同一处停歇所造成的振痕。

5）铰刀不能反转，即使退刀时也不能反转，即要按铰削方向边旋转边向上提起铰刀。铰刀反转会使切屑卡在孔壁和后面之间，将孔壁刮毛。同时，铰刀也容易磨损，甚至造成崩刃。

6）铰削钢料工件时，切屑碎末容易粘附在刀齿上，应经常清除。

7）铰削过程中，如果铰刀被切屑卡住时，不能用力扳转铰手，以防损坏铰刀；应想办法将铰刀退出，清除切屑后，再加切削液，继续铰削。

5. 机动铰孔注意事项

1）必须保证钻床主轴、铰刀和工件孔三者的同轴度。

当孔精度要求较高时，应采用浮动式铰刀夹头装夹铰刀，以调整铰刀的轴线位置。

常用浮动式铰刀夹头有两种：图 11-41 所示为一种比较简单的浮动式铰刀夹头，图中只有销轴与夹头体为间隙配合，装锥柄铰刀的套筒只能在此轴转动方向有浮动范围。所以铰刀轴线的调整受到一定限制，只适用于轴线偏差不大的工件采用。图 11-42 所示为万向浮动式铰刀夹头，图中套筒上端为球面，与垫块零件以点接触，这样，在销轴与夹具体配合间隙许可的范围内，铰刀的浮动范围得到扩大，所以铰刀可以在任意方向调整铰刀轴线的偏差。这种铰刀夹头适用于要求精度较高孔的加工使用。

2）开始铰削时，先采用手动进给，当铰刀切削部分进入孔内以后，再改用自动进给。

3）铰削不通孔时，应经常退刀，清除刀齿和孔内的切屑，以防切屑刮伤孔壁。

4）铰削通孔时，铰刀校准部分不能全部铰出头，以免将孔的出口处刮坏。

5）在铰削过程中，必须注入足够的切削液，以清除切屑和降低切削温度。

6）铰孔完毕，应不停车退出铰刀，以免停车退出时拉伤孔壁。

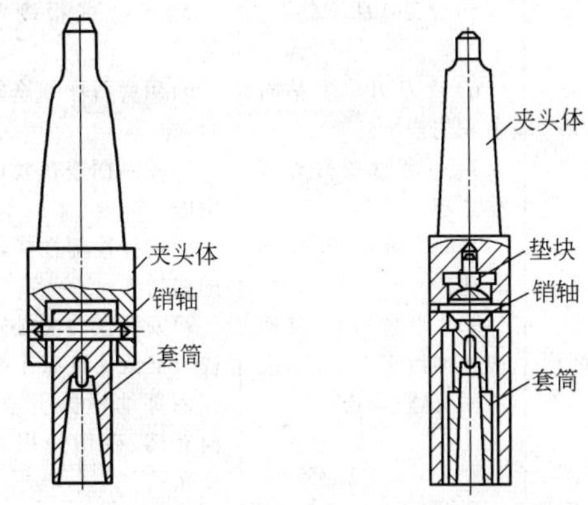

图 11-41　浮动式铰刀夹头　　图 11-42　万向浮动式铰刀夹头

6. 铰孔中常见问题产生原因和解决方法（表 11-35）

表 11-35　铰孔中常见问题产生原因和解决方法

问题	产生原因	解决方法
孔径增大，误差大	1）铰刀外径尺寸设计值偏大或铰刀刃口有毛刺 2）切削速度过高	1）根据具体情况适当减小铰刀外径，将铰刀刃口毛刺修光 2）降低切削速度

（续）

问题	产生原因	解决方法
孔径增大，误差大	3）进给量不当或加工余量太大 4）铰刀主偏角过大 5）铰刀弯曲 6）铰刀刃口上粘附着积屑瘤 7）刃磨时铰刀刃口摆差超差 8）切削液选择不合适 9）安装铰刀时，锥柄表面油污未擦干净，或锥面有磕、碰伤 10）锥柄的扁尾偏位，装入机床主轴后与锥柄圆锥干涉 11）主轴弯曲或主轴轴承过松或损坏 12）铰刀浮动不灵活，与工件不同轴 13）手铰孔时两手用力不均匀，使铰刀左右晃动	3）适当调整进给量或减小加工余量 4）适当减小主偏角 5）校直或报废弯曲铰刀 6）用磨石仔细修整到合格 7）控制摆差在允许范围内 8）选择冷却性能较好的切削液 9）安装铰刀前必须将铰刀锥柄及机床主轴锥孔内部油污擦干净，锥面有磕、碰伤处用磨石修光 10）修磨铰刀扁尾 11）调整或更换主轴轴承 12）重新调整浮动夹头，并调整同轴度 13）注意正确操作

（续）

问题	产生原因	解决方法
孔径小	1)铰刀外径尺寸设计值偏小 2)切削速度过低 3)进给量过大 4)铰刀主偏角过小 5)切削液选择不合适 6)铰刀已磨损,刃磨时磨损部分未磨去 7)铰薄壁钢件时,铰完孔后内孔弹性恢复使孔径缩小 8)铰钢料时,余量太大或铰刀不锋利,也易产生弹性恢复,使孔径缩小 9)内孔不圆,孔径不合格	1)更改铰刀外径尺寸 2)适当提高切削速度 3)适当降低进给量 4)适当增大主偏角 5)选择润滑性能好的油性切削液 6)定期更换铰刀,正确刃磨铰刀切削部分 7)设计铰刀尺寸时应考虑此因素,或根据实际情况取值 8)做试验性切削,取合适余量;将铰刀磨锋利 9)见“内孔不圆”一项
内孔不圆	1)铰刀过长,刚度不足,铰削时产生振动 2)铰刀主偏角过小 3)铰刀刃带窄 4)铰孔余量偏 5)孔表面有缺口、交叉孔	1)刚度不足的铰刀可采用不等分齿距的铰刀;铰刀的安装应采用刚性连接 2)增大主偏角 3)选用合格铰刀 4)控制预加工工序的孔位误差 5)采用不等分齿距的铰刀;采用较长、较精密的导向套

（续）

问题	产生原因	解决方法
内孔不圆	6）孔表面有砂眼、气孔 7）主轴轴承松动，无导向套，或铰刀与导向套配合间隙过大 8）由于薄壁工件装夹得过紧，卸下后工件变形	6）选用合格毛坯 7）采用等齿距铰刀铰较精密的孔时，对机床主轴间隙与导向套的配合间隙应要求较高 8）采用恰当的夹紧方法，减小夹紧力
孔表面有明显的棱面	1）铰孔余量过大 2）铰刀切削部分后角过大 3）铰刀刃带过宽 4）工件表面有气孔、砂眼 5）主轴摆差大	1）减小铰孔余量 2）减小切削部分后角 3）修磨刃带宽度 4）选用合格毛坯 5）调整机床主轴
孔表面粗糙	1）切削速度过高 2）切削液选择不合适 3）铰刀主偏角过大，铰刀刃口不等 4）铰孔余量太大 5）铰孔余量不均匀或太小，局部表面未铰到 6）铰刀切削部分摆差超差，刃口不锋利，表面粗糙	1）降低切削速度 2）根据加工材料选择切削液 3）适当减小主偏角，正确刃磨铰刀刃口 4）适当减小铰孔余量 5）提高铰孔前底孔位置精度与质量，或增加铰孔余量 6）选用合格铰刀

（续）

问题	产生原因	解决方法
孔表面粗糙	7)铰刀刃带过宽	7)修磨刃带宽度
	8)铰孔时排屑不良	8)根据具体情况减少铰刀齿数,加大容屑空间;或采用带刃倾角铰刀,使排屑顺利
	9)铰刀过度磨损	9)定期更换铰刀,刃磨时把磨损区全部磨去
	10)铰刀碰伤,刃口留有毛刺或崩刃	10)铰刀在刃磨、使用及运输过程中应采取保护措施,避免磕、碰伤;对已碰伤的铰刀,应用特细的磨石将磕、碰伤修好,或更换铰刀
	11)刃口有积屑瘤	11)用磨石修整到合格
	12)由于材料关系,不适用0°前角或负前角铰刀	12)采用前角为5°~10°的铰刀
铰刀寿命低	1)铰刀材料不合适	1)根据加工材料选择铰刀材料,可采用硬质合金铰刀或涂层铰刀
	2)铰刀在刃磨时烧伤	2)严格控制刃磨切削用量,避免烧伤
	3)切削液选择不合适,切削液未能顺利地流到切削处	3)根据加工材料正确选择切削液;经常清除切屑槽内的切屑,用足够压力的切削液
	4)铰刀刃磨后表面粗糙度值太大	4)通过精磨或研磨达到要求

（续）

问题	产生原因	解决方法
孔位置精度超差	1)导向套磨损 2)导向套底端距工件太远，导向套长度短，精度差 3)主轴轴承松动	1)定期更换导向套 2)加长导向套，提高导向套与铰刀间的配合精度 3)及时维修机床，调整主轴轴承间隙
铰刀刀齿崩刃	1)铰孔余量过大 2)工件材料硬度过高 3)切削刃摆差过大，切削载荷不均匀 4)铰刀主偏角太小，使切削宽度增大 5)铰深孔或不通孔时，切屑太多，又未及时清除 6)刃磨时刀齿已磨裂	1)修改预加工的孔径尺寸 2)降低材料硬度，或改用负前角铰刀或硬质合金铰刀 3)控制摆差在合格范围内 4)加大主偏角 5)注意及时清除切屑或采用带刃倾角铰刀 6)注意刃磨质量
铰刀柄部折断	1)铰孔余量过大 2)铰锥孔时，粗、精铰削余量分配及切削用量选择不合适 3)铰刀刀齿容屑空间小，切屑堵塞	1)修改预加工的孔径尺寸 2)修改余量分配，合理选择切削用量 3)减少铰刀齿数，加大容屑空间；或将刀齿间隔磨去一齿

（续）

问题	产生原因	解决方法
铰孔后孔的中心线不直	1)铰孔前的钻孔不直,特别是孔径较小时,由于铰刀刚度较差,不能纠正原有的弯曲度 2)铰刀主偏角过大,导向不良,使铰刀在铰削中容易偏差方向 3)切削部分倒锥过大 4)铰刀在断续孔中部间隙处位移 5)手工铰孔时,在一个方向上用力过大,迫使铰刀向一边偏斜,破坏了铰孔的垂直度	1)增加扩孔或镗孔工序校正孔 2)减小主偏角 3)调换合适的铰刀 4)调换有导向部分或加长切削部分的铰刀 5)注意正确操作

第十二章　钳　工　工　作

一、划　线

1. 划线的种类

划线分平面划线和立体划线两种。平面划线是指在工件的一个表面（即工件的两坐标体系内）上划线就能表示出加工界线的划线（图 12-1），例如在板料上划线，在盘状工件端面上划线等。而立体划线是指在工件的几个不同表面（即工件的三坐标体系内）上划线才能明确表示出加工界线的划线（图 12-2），例如在支架、箱体、曲轴等工件上划线。

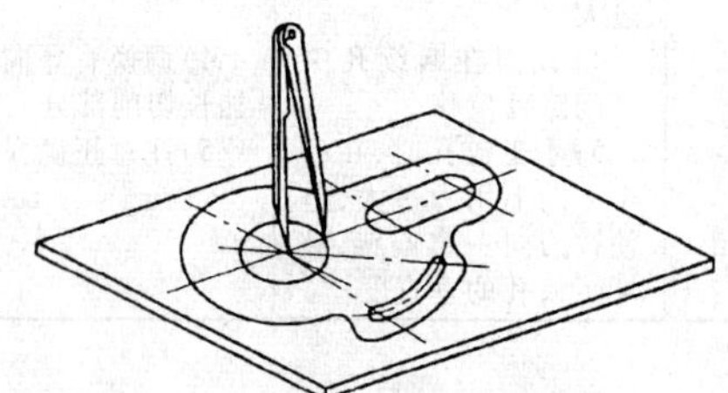

图 12-1　平面划线

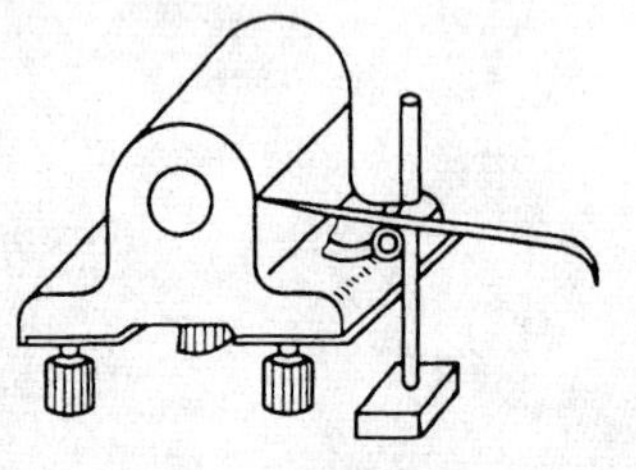

图 12-2　立体划线

2. 常用划线工具的名称及用途（表 12-1）

表 12-1　常用划线工具的名称及用途

工具名称	形　　式	用　　途
平板	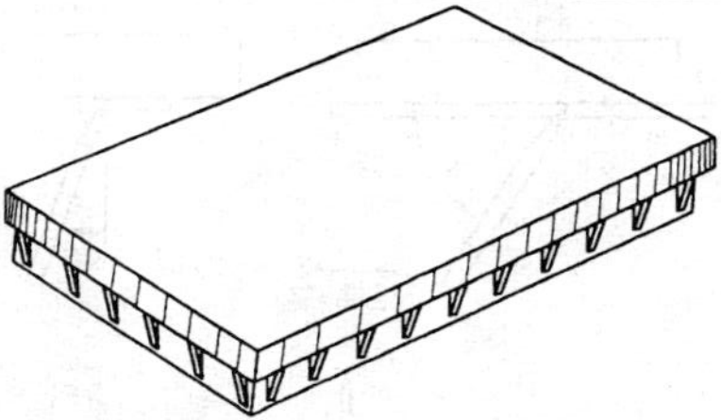	用铸铁制成，表面经过精刨或刮削加工。它的工作表面是划线及检测的基准
划线盘		划线盘是用来在工件上划线或找正工件位置常用的工具。划针的直头一端（有的焊有高速钢或硬质合金）用来划线，而弯头一端常用来找正工件位置 划线时划针应尽量处于水平位置，不要倾斜太大，划针伸出部分应尽量短些，并要牢固地夹紧。操作时划针应与被划线工件表面之间保持 40°～60°夹角（沿划线方向）

（续）

工具名称	形　式	用　途
划针	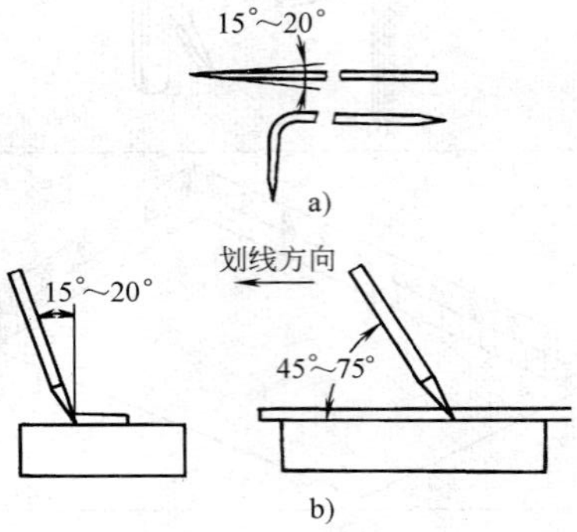 15°~20° a) 划线方向 15°~20° 45°~75° b)	划针是划线用的基本工具。常用的划针用 $\phi3 \sim \phi6$mm 的弹簧钢丝或高速钢制成的，尖端磨成 15°~20°的尖角（图 a），并经过热处理，硬度可达 55~60HRC。有的划针在尖端部位焊有硬质合金，使针尖能保持长期锋利 划线时针尖要靠紧导向工具的边缘，划针上部向外侧倾斜 15°~20°，向划线方向倾斜 45°~75°（图 b）。划线要做到一次划成，不要重复地划同一条线条。只有力度适当，才能使划出的线条既清晰又准确，否则线条变粗，反而模糊不清

（续）

工具名称	形　式	用　途
划规	a)　b)　c)　d) 划规脚　h　R　r	划规用来划圆和圆弧、等分线段、等分角度以及量取尺寸等。划规用中碳钢或工具钢制成，两脚尖端经过热处理，硬度可达 48～53HRC。有的划规在两脚端部焊上一段硬质合金，使用时耐磨性更好 常用划规有普通划规（图 a）、扇形划规（图 b）和弹簧划规（图 c）三种，使用划规划圆有时两尖脚不在同一平面上（图 d），即所划线中心高于（或低于）所划圆周平面，则两尖角的距离就不是所划圆的半径，此时应把划规两尖脚的距离调为 $R=\sqrt{r^2+h^2}$ 式中　r——所划圆的半径(mm) h——划规两尖角高低差的距离（mm）

（续）

工具名称	形　式	用　途
大尺寸划规	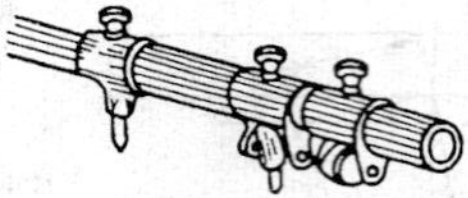	大尺寸划规是专门用来划大尺寸圆或圆弧的。在滑杆上调整两个划规脚，就可得到所需的尺寸
游标划规	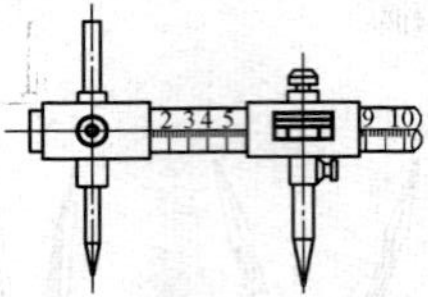	游标划规又称“地规”。游标划规带有游标刻度，游标划针可调节距离，另一划针可调节高低，适用于大尺寸划线和在阶梯面上划线
专用划规	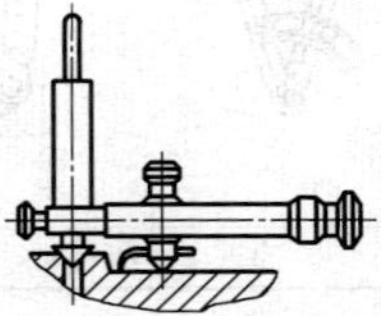	与游标划规相似，以零件上孔的圆心为圆心划同心圆或弧，也可以在阶梯面上划线

（续）

工具名称	形　　式	用　　途
单脚划规	a)　b)	单脚划规用碳素工具钢制成，划线尖端焊上高速钢 单脚划规可用来求圆形工件中心（图 a），操作比较方便；也可沿加工好的直面划平行线（图 b）
游标高度卡尺		这是一种精密的划线与测量结合的工具，要注意保护划切削刃（有的划刀刃焊有硬质合金）

（续）

工具名称	形　　式	用　　途
样冲	60°	样冲用工具钢制成，并经热处理，硬度可达 55～60HRC，其尖角磨成 60°；也可用报废的刀具改制 使用时样冲应先向外倾斜，以便于样冲尖对准线条，对准后再立直，用锤子锤击
直角尺		在划线时常用作划平行线或垂直线的导向工具，也可用来找正工件在划线平台上的垂直位置
三角板		常用 2～3mm 厚的钢板制成，表面没有尺寸刻度，但有精确的两条直角边及 30°、45°、60°斜面，通过适当组合，可用于划各种特殊角度线

（续）

工具名称	形　式	用　途
曲线板		用薄钢板制成，表面平整光洁，常用来划各种光滑的曲线
中心架		调整带尖头的可伸缩螺钉，可将中心架固定在工件的空心孔中，以便于划中心线时在其上定出孔的中心
方箱		方箱是用灰铸铁制成的空心立方体或长方体，其相对平面互相平行、相邻平面互相垂直。划线时，可用C形夹头将工件夹于方箱上，再通过翻转方箱，便可在一次安装的情况下，将工件上互相垂直的线全部划出来 方箱上的V形槽平行于相应的平面，是装夹圆柱形工件用的

（续）

工具名称	形式	用途
V 形块	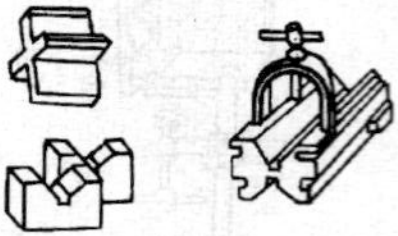	一般 V 形块都是一副两块，两块的平面与 V 形槽都是在一次安装中磨削加工的。V 形槽夹角为 90°或 120°，用来支承轴类零件，带 U 形夹的 V 形块可翻转三个方向，在工件上划出相互垂直的线
角铁	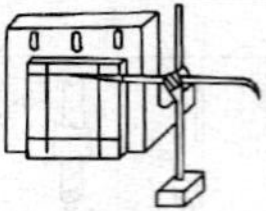	角铁一般是用铸铁制成的，它有两个互相垂直的平面。角铁上的孔或槽是搭压板时穿螺栓用的
千斤顶	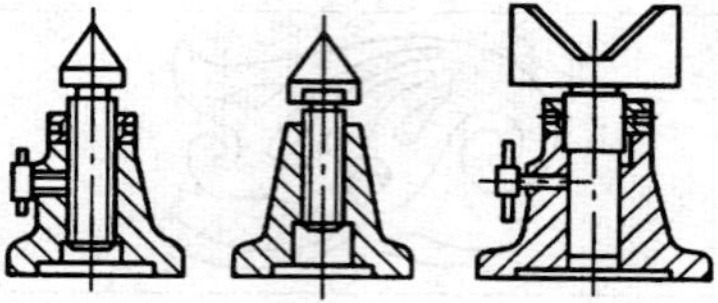	千斤顶是用来支承毛坯或形状不规则的工件进行立体划线的工具。它可调整工件的高度，以便安装不同形状的工件 用千斤顶支承工件时，一般要同时用三个千斤顶支承在工件的下部，三个支承点离工件重心应尽量远一些，三个支承点所组成的三角形面积应尽量大，在工件较重的一端放两个千斤顶，较轻的一端放一个千斤顶，这样比较稳定 带 V 形块的千斤顶是用于支持工件圆柱面的

（续）

工具名称	形式	用途
斜垫铁		用来支持和垫高毛坯工件，能对工件的高低做少量的调节

3. 基本划线方法（表 12-2）

表 12-2 基本划线方法

划线要求	划线方法
等分线段 AB 为五等份（或若干等份）	1. 作直线 AC 与已知线段 AB 成 20°～40°角 2. 由 A 点起在 AC 上任意截取五等分点 a、b、c、d、e 3. 连接 Be。过 d、c、b、a 点分别作 Be 的平行线。各平行线在 AB 上的交点 d'、c'、b'、a'即为五等分点
作与直线 AB 距离为 R 的平行线	1. 在已知直线 AB 上任意取两点 a、b 2. 分别以 a、b 点为圆心，R 为半径，在同侧划圆弧 3. 作两圆弧的公切线，即为所求的平行线
过线外一点 P，作线段 AB 的平行线	1. 在线段 AB 的中段任取一点 O 2. 以 O 点为圆心，OP 为半径作圆弧，交 AB 于 a、b 两点 3. 以 b 点为圆心，aP 为半径作圆弧，交圆弧 $\overset{\frown}{ab}$ 于 c 点 4. 连接 Pc，即为所求平行线

（续）

划线要求	划线方法
过已知线段 AB 的端点 B 作垂线	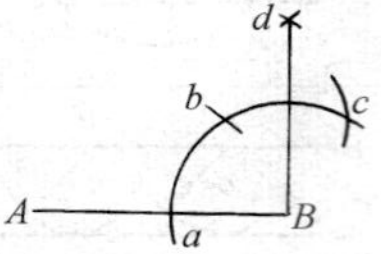 1. 在线段 AB 上任取一点 a，以 B 点为圆心，取 Ba 为半径作圆弧 2. 以 a 点为圆心，以 aB 为半径，在圆弧上截取 $\overset{\frown}{ab}$，再以 b 点为圆心，aB 为半径在圆弧上截取 $\overset{\frown}{bc}$ 3. 以 b、c 点为圆心，Ba 为半径作圆弧，得交点 d 点。连接 dB，即为所求垂线
求作 15°、30°、45°、60°、75°、120° 的角度	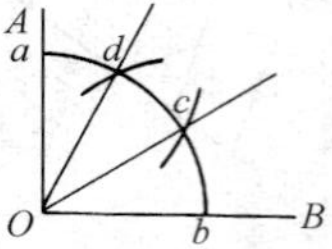 1. 以直角 $\angle AOB$ 的顶点 O 为圆心，任意长为半径作圆弧，与直角边 OA、OB 交于 a、b 2. 以 Oa 为半径，分别以 a、b 点为圆心作圆弧，交圆弧 $\overset{\frown}{ab}$ 于 c、d 两点 3. 连接 Oc、Od，则 $\angle bOc$、$\angle cOd$、$\angle dOa$ 均为 30°角 4. 用等分角度的方法，也可作出 15°、45°、60°、75°及 120°角
任意角度的近似作法	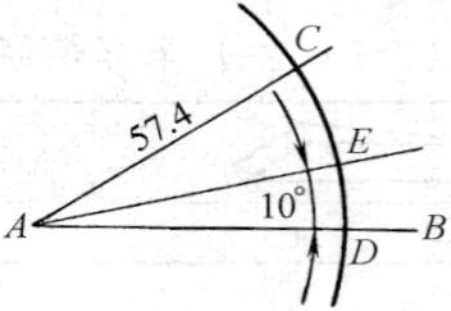 1. 作直线 AB 2. 以 A 点为圆心，57.4mm 为半径作圆弧 $\overset{\frown}{CD}$ 3. 以 D 点为圆心，10mm 为半径在圆弧 $\overset{\frown}{CD}$ 上截取，得 E 点 4. 连接 AE，则 $\angle EAD$ 近似为 10°，第 3 步中，半径每 1mm 所截弧长近似为 1°

（续）

划线要求	划线方法
求已知弧的圆心	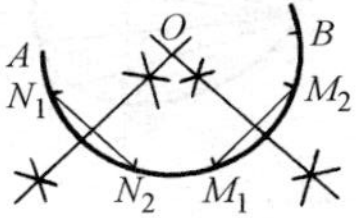 1. 在已知圆弧 $\widehat{AB}$ 上取点 N_1、N_2、M_1、M_2，并分别作线段 N_1N_2 和 M_1M_2 的垂直平分线 2. 两垂直平分线的交点 O，即为圆弧 $\widehat{AB}$ 的圆心
作圆弧与两相交直线相切	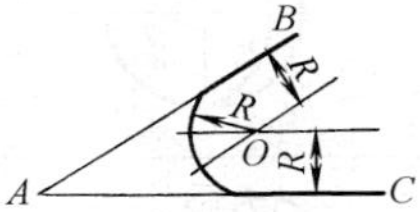 1. 在两相交直线的锐角 $\angle BAC$ 内侧，分别作与两直线相距为 R 的两条平行线，得交点 O 2. 以 O 点为圆心、R 为半径作圆弧即成
作圆弧与两圆外切	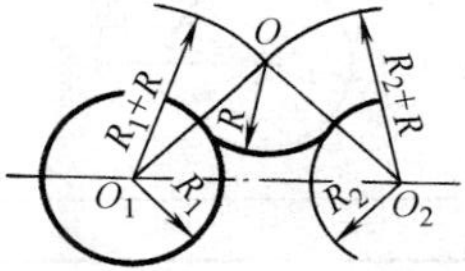 1. 分别以 O_1、O_2 点为圆心，以 R_1+R 及 R_2+R 为半径作圆弧交于 O 点 2. 以 O 点为圆心、R 为半径作圆弧即成

（续）

划线要求	划线方法
作圆弧与两圆内切	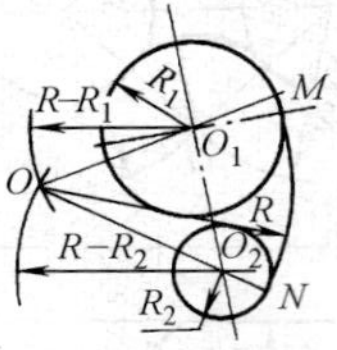 1. 分别以 O_1、O_2 点为圆心，以 $R-R_1$ 和 $R-R_2$ 为半径作弧交于 O 点 2. 以 O 点为圆心、R 为半径作圆弧即成
把圆周五等分	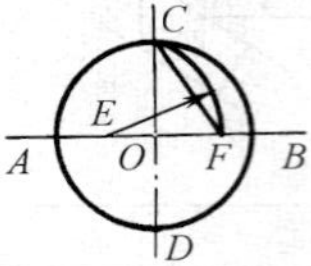 1. 过圆心 O 作直径 $CD \perp AB$ 2. 取 OA 的中点 E 3. 以 E 点为圆心、EC 为半径作圆弧交 AB 于 F 点，CF 即为圆五等分的长度
任意等分半圆	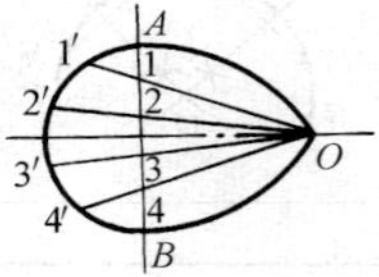 1. 将圆的直径 AB 分为任意等份，得交点 1、2、3、4、…、n 2. 分别以点 A、B 为圆心、AB 为半径作圆弧交于 O 点 3. 连接 $O1$、$O2$、$O3$、$O4$、…、On 并分别延长交半圆于 $1'$、$2'$、$3'$、$4'$、…、n'，$1'$、$2'$、$3'$、$4'$、…、n'即为半圆的等分点

（续）

划线要求	划 线 方 法
作正八边形	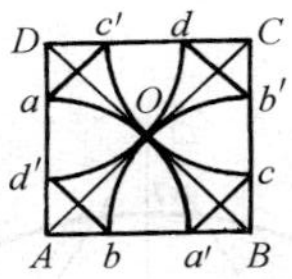 1. 作正方形 $ABCD$ 的对角线 AC 和 BD，交于 O 点 2. 分别以 A、B、C、D 为圆心，AO、BO、CO、DO 为半径作圆弧，交正方形于 a、a'，b、b'，c、c'，d、d' 3. 连接 bd'、$a'c$、db'、$c'a$ 即得正八边形
卵圆划法	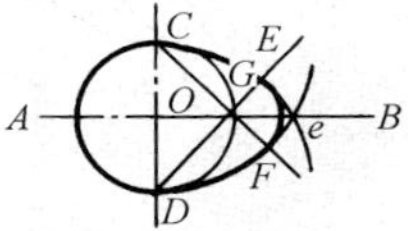 1. 作线段 CD 垂直于 AB，相交于 O 点 2. 以 O 点为圆心、OC 为半径作圆，交 AB 于 G 点 3. 分别以 D、C 为圆心，DC 为半径作弧交于 e 4. 连接 DG、CG 并延长，分别交圆弧于 E、F 5. 以 G 点为圆心、GE 为半径划弧，即得卵圆

（续）

<table>
<tr><th>划线要求</th><th>划线方法</th></tr>
<tr><td>椭圆（用四心法）</td><td> 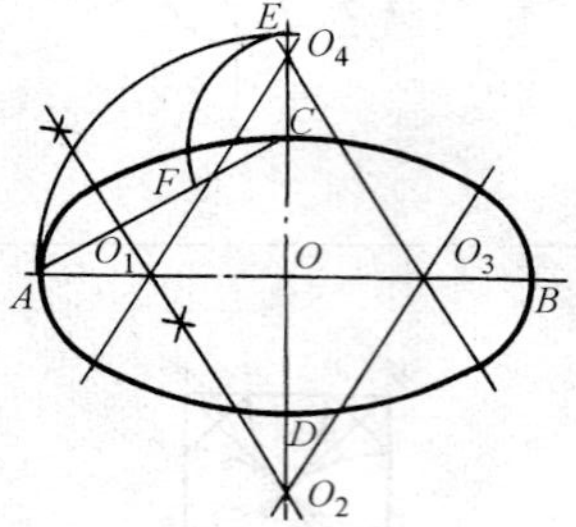已知：
AB—椭圆长轴
CD—椭圆短轴

1. 划 AB 和 CD 相互垂直且平分
2. 连接 AC，并以 O 点为圆心，OA 为半径划圆弧交 OC 的延长线于 E 点
3. 以 C 点为圆心，CE 为半径划圆弧，交 AC 于 F 点
4. 划 AF 的垂直平分线交 AB 于 O_1，交 CD 延长线于 O_2，并分别截取 O_1 和 O_2 点对于 O 点的对称点 O_3 和 O_4 点
5. 分别以 O_1、O_2 和 O_3、O_4 为圆心，O_1A、O_2C 和 O_3B、O_4D 为半径划出四段圆弧，圆滑连接后即得椭圆</td></tr>
</table>

（续）

划线要求	划线方法
椭圆（用同心圆法）	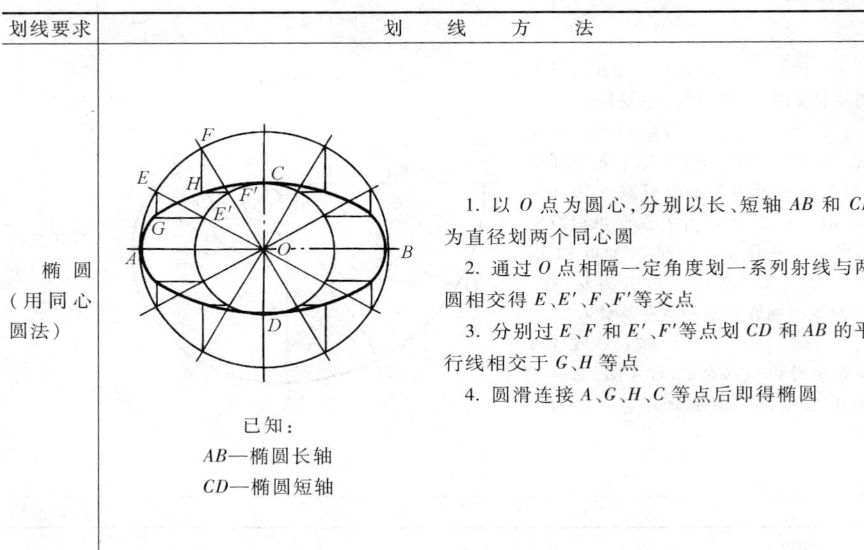已知： *AB*—椭圆长轴 *CD*—椭圆短轴 1. 以 *O* 点为圆心，分别以长、短轴 *AB* 和 *CD* 为直径划两个同心圆 2. 通过 *O* 点相隔一定角度划一系列射线与两圆相交得 *E*、*E′*、*F*、*F′*等交点 3. 分别过 *E*、*F* 和 *E′*、*F′*等点划 *CD* 和 *AB* 的平行线相交于 *G*、*H* 等点 4. 圆滑连接 *A*、*G*、*H*、*C* 等点后即得椭圆

（续）

划线要求	划线方法
渐开线	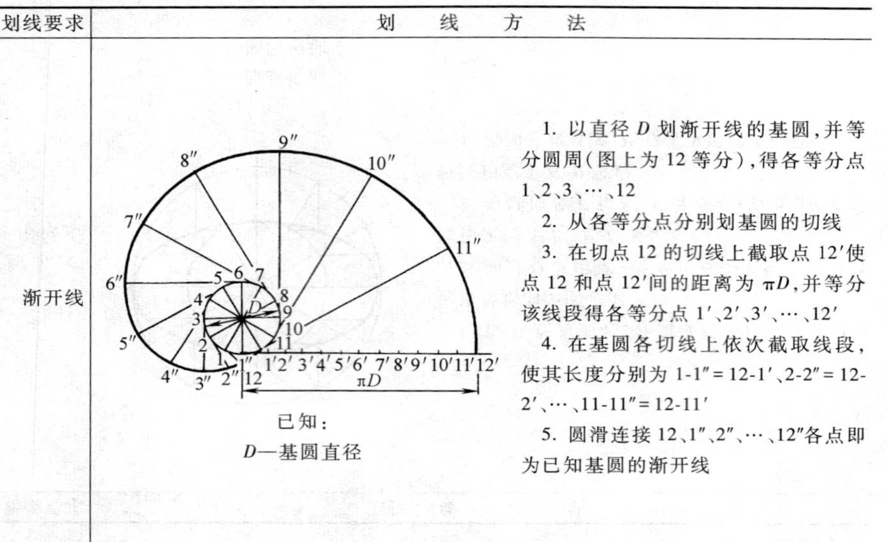 已知： *D*—基圆直径 1. 以直径 *D* 划渐开线的基圆，并等分圆周（图上为 12 等分），得各等分点 1、2、3、…、12 2. 从各等分点分别划基圆的切线 3. 在切点 12 的切线上截取点 12′使点 12 和点 12′间的距离为 πD，并等分该线段得各等分点 1′、2′、3′、…、12′ 4. 在基圆各切线上依次截取线段，使其长度分别为 1-1″=12-1′、2-2″=12-2′、…、11-11″=12-11′ 5. 圆滑连接 12、1″、2″、…、12″各点即为已知基圆的渐开线

（续）

划线要求	划　线　方　法
阿基米德螺旋线（等速运动曲线）	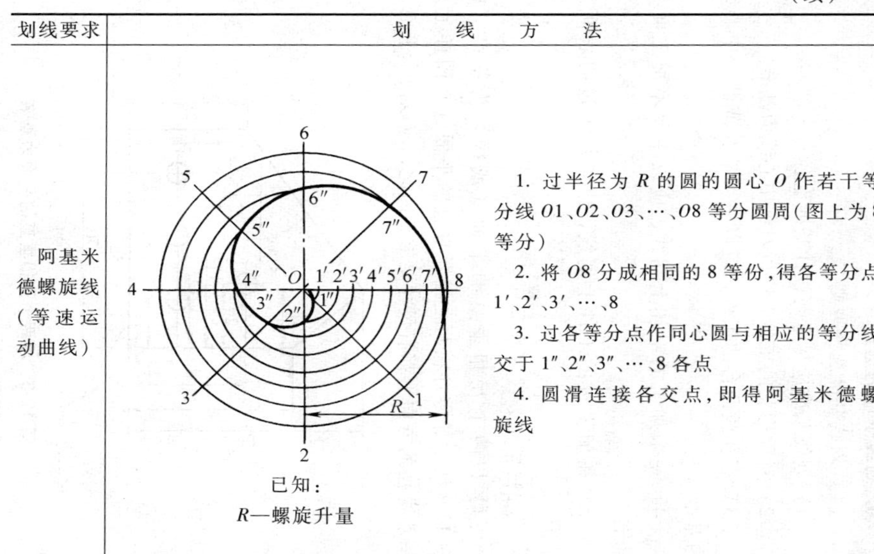 已知： R—螺旋升量 1. 过半径为 R 的圆的圆心 O 作若干等分线 $O1$、$O2$、$O3$、…、$O8$ 等分圆周(图上为 8 等分) 2. 将 $O8$ 分成相同的 8 等份，得各等分点 1′、2′、3′、…、8 3. 过各等分点作同心圆与相应的等分线交于 1″、2″、3″、…、8 各点 4. 圆滑连接各交点，即得阿基米德螺旋线

4. 划线基准的选择

（1）划线基准选择原则

1）划线基准应尽量与设计基准重合。

2）对称形状的工件，应以对称中心线为基准。

3）有孔或凸台的工件，应以主要的孔或凸台中心线为基准。

4）在未加工的毛坯上划线，应以主要不加工面为基准。

5）在加工过的工件上划线，应以加工过的表面为基准。

（2）常用划线基准类型

1）以两个互相垂直的平面（或线）为基准。如图 12-3 所示，零件在两个相互垂直的平面（在图样上是一条线）的方向上都有尺寸要求，因此，应以两个平面为

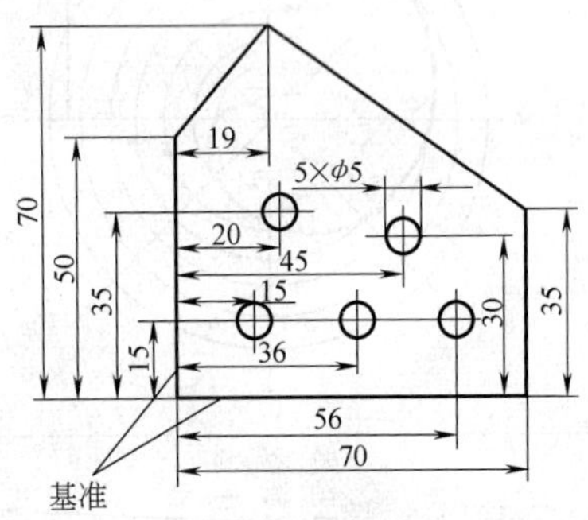

图 12-3　以两个互相垂直的平面为基准

尺寸基准。

2）以一个平面（或直线）和一条中心线为基准。如图 12-4 所示，零件高度方向的尺寸以底面为依据，宽度方向的尺寸对称于中心线，因此，在划高度尺寸线时应以底平面为尺寸基准，划宽度尺寸线时应以中心线为尺寸基准。

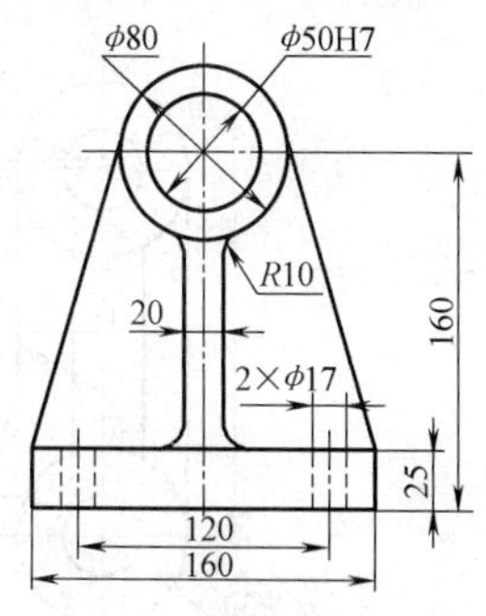

图 12-4　以一个平面和一条中心线为基准

3）以两条相互垂直的中心线为基准。如图 12-5 所示，零件两个方向的尺寸与其中心线具有对称性，并且其他尺寸也从中心线开始标注，因此，在划线时应选择中心十字线为尺寸基准。

以上三种情况均以设计基准作为划线基准，是用于平面划线的。

对于工艺要求复杂的工件，为了保证加工质量，需要分几次划线才能完成整个划线工作。对同一个零件，在毛坯件上划线称为第一次划线，待车或铣等加工后，再进行划线时，则称为第二次划线……在选择划线基准时，需要根据不同的划线次数，选择不同的划线基准，这种方法称为“按划线次数选择划线基准”。例如，图 12-6 所示为齿轮泵体零件，第一次划线时，应选择 φ24mm 凸台的水平中心线为基准，距 50mm 划出底面 A 的加工线，并以底面

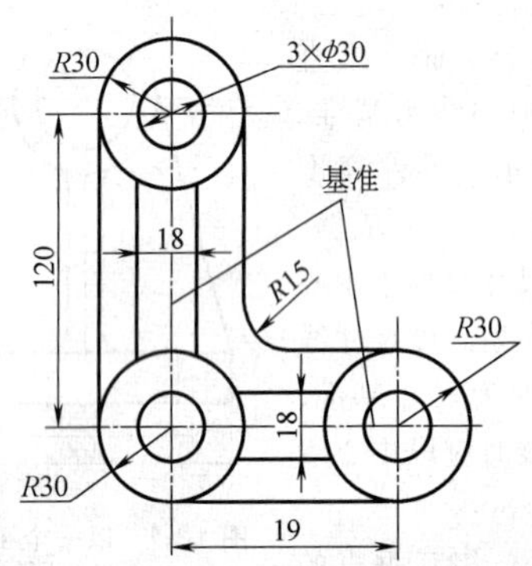

图 12-5　以两条相互垂直的中心线为基准

A 的垂直中心线为基准，划出侧面 B、C 的加工线（选择 ϕ24mm 凸台为基准，保证了 Rc3/8 螺孔与凸台壁厚的均匀）。第二次划线在 A、B、C 三个面加工后进行，这时应选择底面 A 为基准（划线基准与设计基准一致），划出距底面 A 为 50mm 的 Rc3/8 螺孔的中心线，这样保证了划线质量。

此外，对圆形零件进行划线时，应以圆形零件的轴线为基准。对对称形零件进行划线时，应以零件的对称轴线为划线基准。

5. 划线时的找正和借料

（1）找正的目的和原则

1）若毛坯工件上有不加工表面，应按不加工面找正

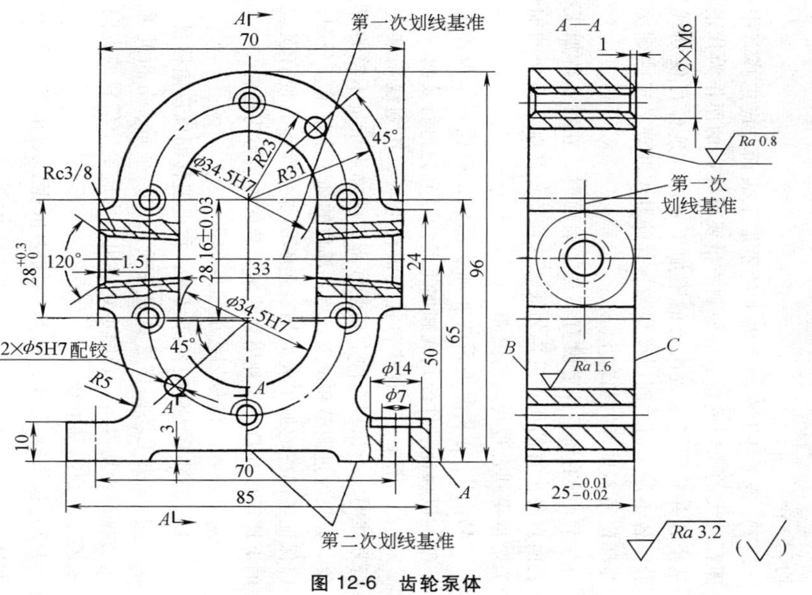
A—A
第一次划线基准
第一次
划线基准
第二次划线基准
2×M6
1
Ra 0.8
Ra 1.6
Ra 3.2
( )
$25^{-0.01}_{-0.02}$
70
96
65
50
24
33
85
R31
R23
R5
ϕ34.5H7
45°
120°
28.16±0.03
1.5
$28^{+0.3}_{0}$
Rc3/8
2×ϕ5H7配铰
ϕ14
ϕ7
10
3
A
B
C

图 12-6 齿轮泵体

后再划线，这样可使待加工表面与不加工表面之间的尺寸均匀。

2）若工件上有两个以上的不加工表面，应选择其中面积较大的、较重要的或外观质量要求较高的面作为找正基准，并兼顾其他较次要的不加工表面。这样可使划线后，各不加工面之间厚度均匀，并使其形状误差反映到次要部位或不显著的部位上。

3）当毛坯工件上没有不加工表面时，在对各待加工表面自身位置的找正后再划线。这样能使各加工表面的加工余量得到合理均匀的分布。

4）对于有装配关系的非加工部位，应优先作为找正基准，以保证工件经划线和加工后能顺利地进行装配。

（2）借料　对有些铸件或锻件毛坯，按划线基准进行划线时，会出现零件毛坯某些部位的加工余量不够的现象。如果通过调整和试划，将各部位的加工余量重新分配，以保证各部位的加工表面均有足够的加工余量，使有误差的毛坯得以补救，这种用划线来补救的方法称为借料。

对毛坯零件借料划线的步骤如下：

1）测量毛坯件的各部尺寸，找出偏移部位及偏移量。

2）根据毛坯偏移量对照各表面加工余量，分析此毛坯划线是否划得出，若确定划得出，则应确定借料的方向及尺寸，划出基准线。

3）按图样要求，以基准线为依据，划出其余所有的线。

4）复查各表面的加工余量是否合理，若发现还有表面加工余量不够，则应继续借料重新划线，直至各表面都有合适的加工余量为止。

（3）借料划线举例 图 12-7a 所示为某箱体铸件毛坯的实际尺寸，图 12-7b 所示为箱体图样标注的尺寸（已略去其他视图及与借料无关的尺寸）。

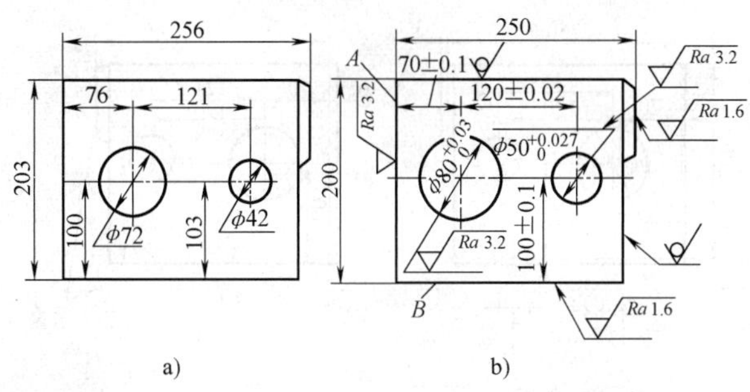

图 12-7 箱体示意图

a）毛坯的实际尺寸 b）图样标注的尺寸

1）如果不采用借料分析各加工平面的余量，首先应选择两相互垂直的平面 A、B 为划线基准（考虑各面余量均为 3mm）。

① 大孔的划线中心与毛坯孔中心相差 4.24mm（图 12-8a）。

② 小孔的划线中心与毛坯孔中心相差 4mm（图 12-8a）。

③ 如果不借料，以大孔毛坯中心为基准来划线（图 12-8b），则底面与右侧面均无加工余量，此时小孔的单边

余量最小处不到 0.9mm，很可能镗不圆。

④ 如果不借料，以小孔毛坯中心为基准来划线（图 12-8c），则右侧面不但没有加工余量，还比图样尺寸小了 1mm，这时大孔的单边余量最小处不到 0.9mm，很可能镗不圆。

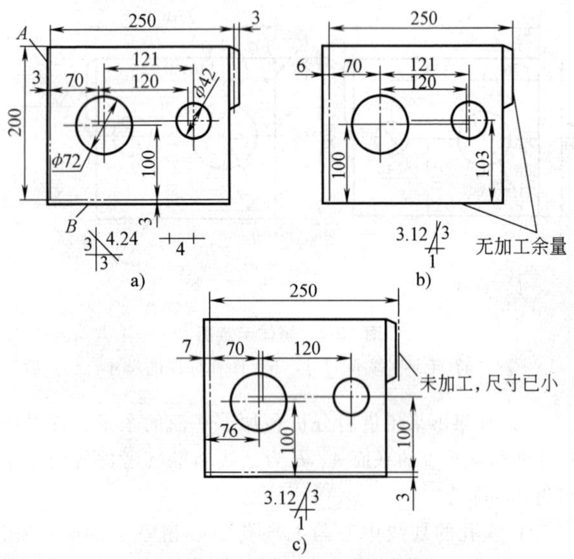

图 12-8　不借料时划线出现的情况

2）若采用借料划线，其尺寸分析（图 12-9）如下：

① 经借料后各平面加工余量分别为 4.5mm、

2mm、1.5mm。

② 将大孔中心往上借 2mm，往左借 1.5mm（孔的中心实际借偏约 2.5mm），大孔获得单边最小加工余量为 1.5mm。

③ 将小孔中心往下借 1mm，往左借 2.5mm（孔的中心实际借偏约 2.7mm），小孔获得单边最小加工余量为 1.3mm。

应当指出，通过借料，高度尺寸比图样要求尺寸超出 1mm，但一般是允许的，否则应考虑其他方法借正。

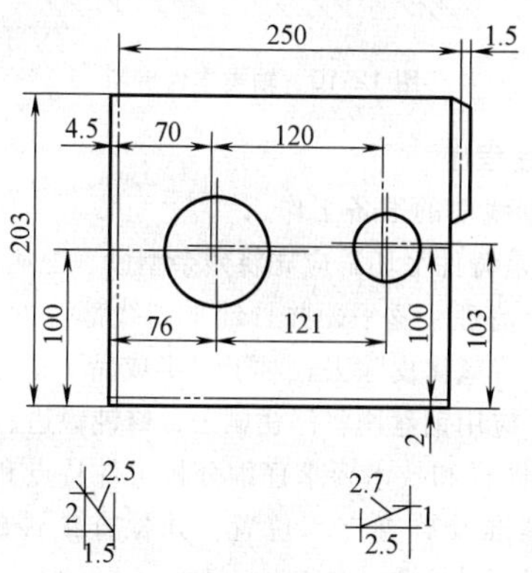

图 12-9 采用借料划线的情况

图 12-10 所示是一件有锻造缺陷的轴（毛坯），若按常规方法加工，则轴的大端、小端均有部分没有加工余量；若采用借料划线（轴类工件借料方法，应借调中心孔或外圆夹紧定位部位，使轴的两端外圆均有一定加工余

量）进行找正后加工，即可补救锻造缺陷。

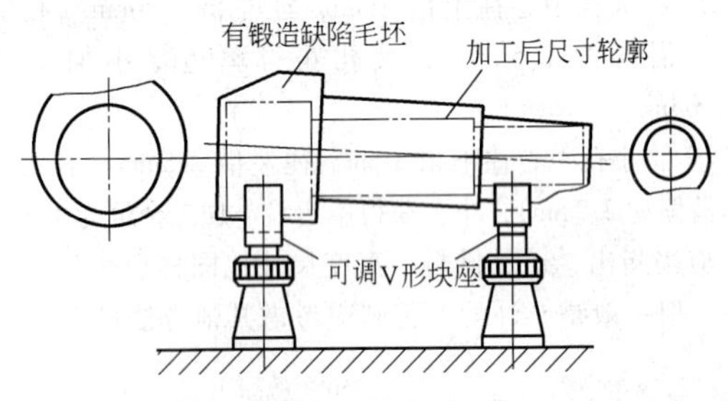

图 12-10　轴类零件借料

6. 划线程序

（1）划线前的准备工作

1）若是铸件毛坯，应先将残余型砂、毛刺、浇注系统及冒口进行清理、錾平，并且锉平划线部位的表面。对锻件毛坯，应将氧化皮除去。对于“半成品”的已加工表面，若有锈蚀，应用钢丝刷将浮锈刷去，修钝锐边、擦净油污。

2）按图样和技术要求仔细分析工件特点和划线要求，确定划线基准及放置支承位置，并检查工件的误差和缺陷，确定借料的方案。

3）为了划出孔的中心，在孔中要装入中心塞块。一般小孔多用木塞块（图 12-11a）或铅塞块（图 12-11b），大孔用可调式中心顶（图 12-11c）。

4）划线部位清理后应涂色。涂料要涂得均匀而且要薄。划线常用涂料及应用见表 12-3。

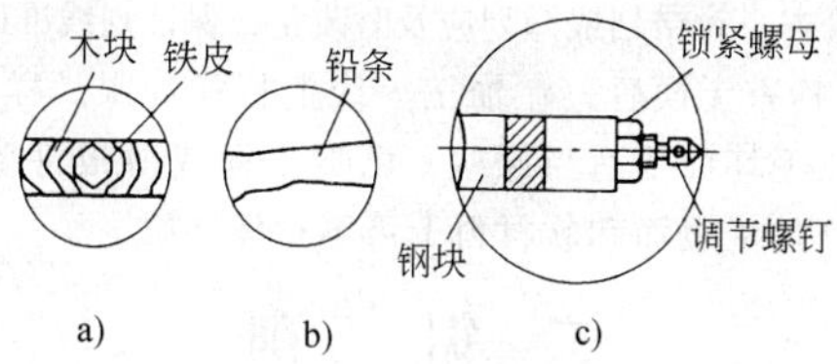

图 12-11 中心塞块

a）木塞块 b）铅塞块 c）可调式中心顶

表 12-3 划线常用涂料及应用

待涂表面	涂　　料
未加工表面（黑皮表面）	白灰水（白灰、乳胶和水） 白垩溶液（白垩粉、水，并加入少量亚麻油和干燥剂） 粉笔
已加工表面	硫酸铜溶液（硫酸铜加水或乙醇） 蓝油（龙胆紫加虫胶和乙醇） 绿油（孔雀绿加虫胶和乙醇） 红油（品红加虫胶和乙醇）

（2）划线

1）把工件夹持稳当，调整支承、找正，结合借料方案进行划线。

2）先划基准线和位置线，再划加工线，即先划水平线，再划垂直线、斜线，最后划圆、圆弧和曲线。

3）立体工件按上述方法，进行翻转放置依次划线。

（3）检查、打样冲眼

1）对照图样和工艺要求，对工件依划线顺序从基准开始逐项检查，对错划或漏划应及时改正，保证划线准确。

2）检查无误后，在加工界线上打样冲眼。样冲眼必须打正，毛坯面要适当深些，已加工面或薄板件要浅些、疏些。精加工表面和软材料上可不打样冲眼。

二、锯　削

用锯对材料或工件进行切断或切槽等的加工方法称为锯削。钳工的锯削是利用手锯对较小的材料和工件进行分割或切槽（图 12-12）。

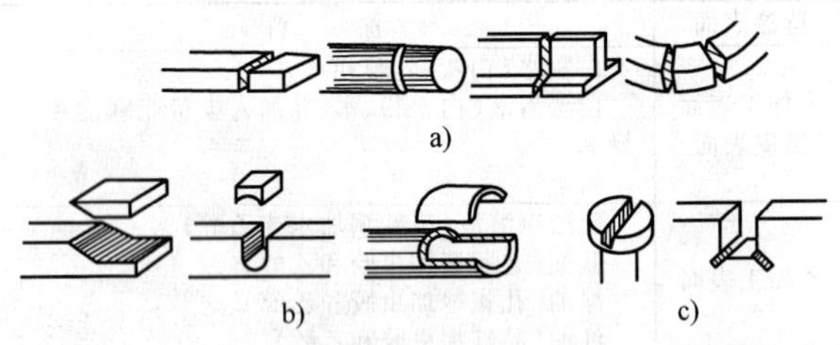

图 12-12　锯削的应用

a）锯断各种型材或半成品　b）锯掉工件上的多余部分　c）在工件上锯沟槽

1. 锯削工具

手工锯削所使用的工具是手锯。手锯由锯架和锯条组成。

（1）锯架

1）钢板锯架形式和规格尺寸见表 12-4。

表 12-4 钢板锯架形式和规格尺寸

（QB/T 1108—2015）（单位：mm）

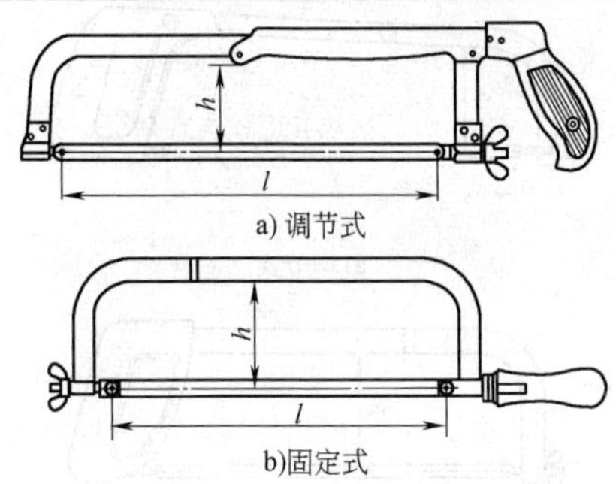

a) 调节式

b)固定式

形式	规格 l	弓深 h
调节式	300(250)	≥64
固定式	250、300	≥64

注：l 为适用钢锯条长度，括号内数值为可调节使用钢锯条长度。

2）钢管锯架形式和规格尺寸见表 12-5。

（2）锯条　锯条长度是以两端安装孔的中心距来表示的。

锯条的许多锯齿在制造时按一定的规则左右错开，排列成一定的形状，称为锯路，锯路分为 J 型（交叉型）和 B 型（波浪型）两种（图 12-13）。

锯条根据齿距不同分粗齿、中齿、细齿三种。不同齿距适用于锯削不同材料。锯条的选用见表 12-6。

表 12-5　钢管锯架形式和规格尺寸

（QB/T　1108—2015）（单位：mm）

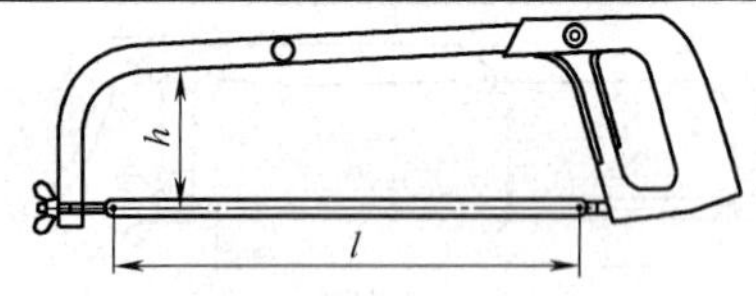

a) 调节式

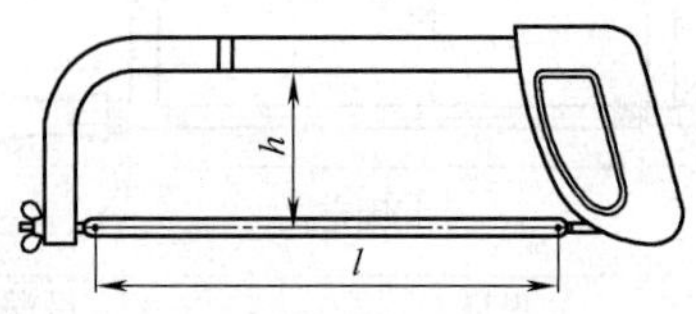

b) 固定式

形式	规格 l	弓深 h
调节式	300(250)	≥74
固定式	250、300	≥74

注：l 为适用钢锯条长度，括号内数值为可调节使用钢锯条长度。

表 12-6　锯条的选用

锯齿规格	适用材料
粗齿 （齿距为 1.4~1.8mm）	低碳钢、铝、纯铜及较厚工件
中齿 （齿距为 1.2mm）	普通钢材、铸铁、黄铜、厚壁管子、较厚的型钢等
细齿 （齿距为 0.8~1mm）	硬性金属、小而薄的型钢、板料、薄壁管子等

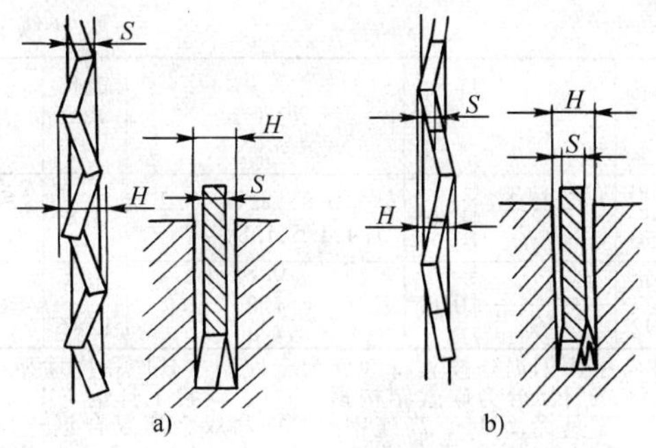

图 12-13 锯路型式

a) J型 b) B型

1) 手用钢锯条规格尺寸见表 12-7。

2) 锯条齿部硬度见表 12-8。

3) 手用钢锯条齿形角见表 12-9。

表 12-7 手用钢锯条规格尺寸（GB/T 14764—2008）

（单位：mm）

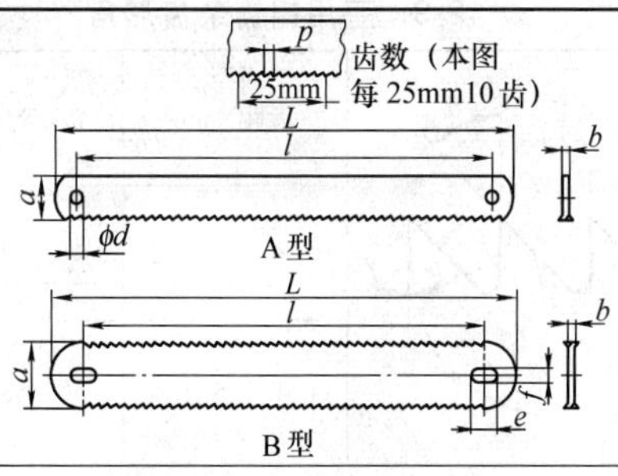

（续）

型式	长度 l	宽度 a	厚度 b	齿距 p	销孔 $d(e\times f)$	全长 L
A型	300	12.0 或 10.7	0.65	0.8，1.0，1.2，1.4，1.5，1.8	3.8	≤315
	250					≤265
B型	296	22	0.65	0.8 1.0 1.4	8×5	≤315
	292	25			12×6	

注：手用钢锯条按其特性分为全硬型（H）和挠性型（F）；按材质分为碳素结构钢（D）、碳素工具钢（T）、合金工具钢（M）、高速钢（G）和双金属复合钢（Bi）五种；按其型式分为单面齿型（A）、双面齿型（B）两种。

表 12-8　锯条齿部硬度

材　　料	最小硬度　HRA
碳素结构钢	76
碳素工具钢	81
合金工具钢	
高速工具钢	82
双金属复合钢	

表 12-9　手用钢锯条齿形角

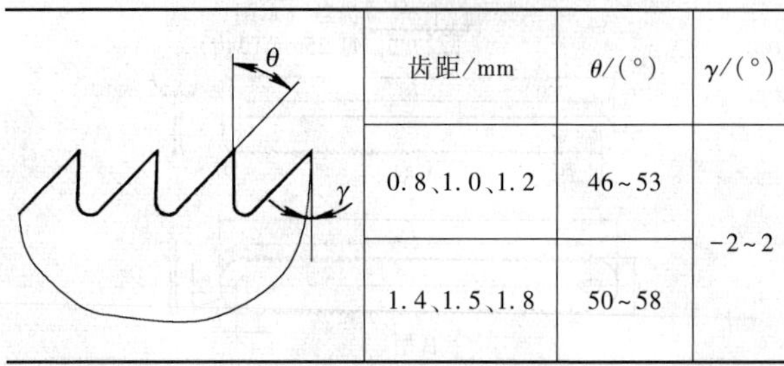

齿距/mm	θ/(°)	γ/(°)
0.8、1.0、1.2	46~53	-2~2
1.4、1.5、1.8	50~58	

2. 锯削方法(表 12-10)

表 12-10　锯削方法

项目	图　　示	说明
锯条的安装	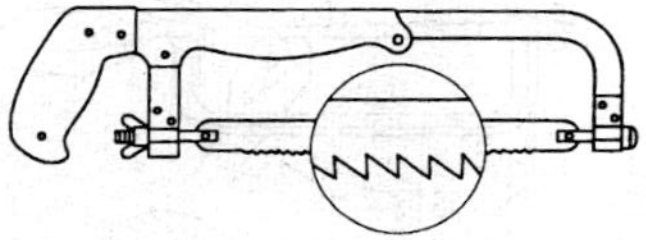 a) 正确 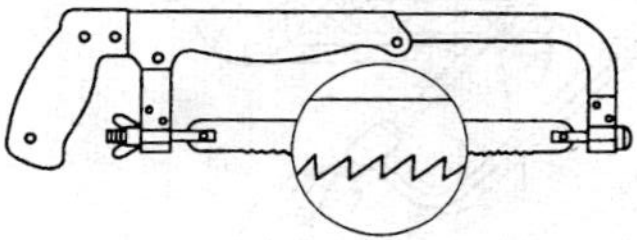 b) 错误	手锯是在向前推进时进行切削的,所以安装锯条时要保证齿尖向前,且其松紧适当

（续）

项目	图　示	说明
起锯	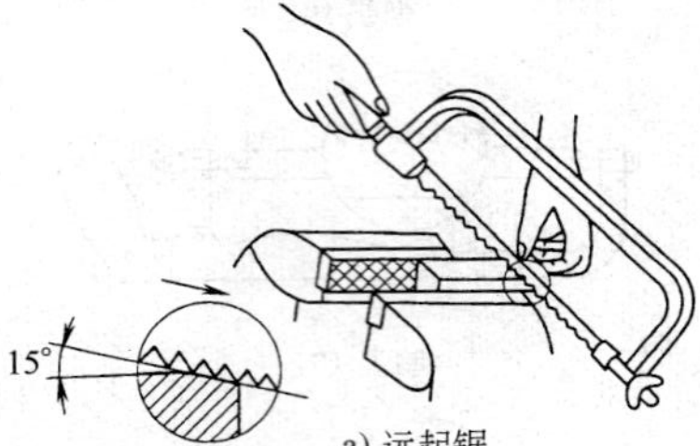 15° a) 远起锯 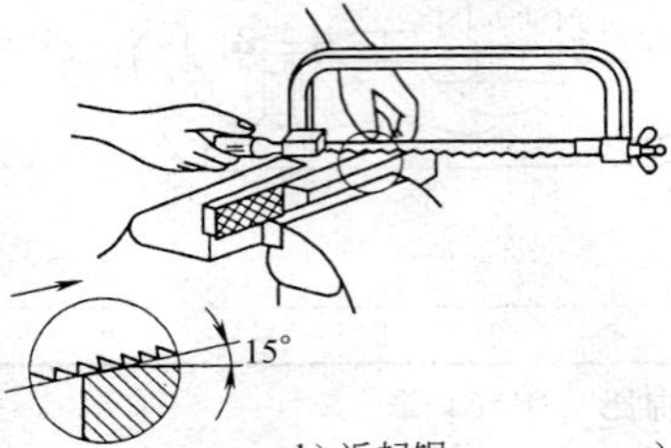 15° b) 近起锯 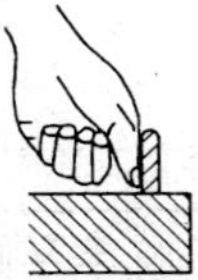 c) 用拇指引锯	1）远起锯，手锯俯倾 15°为宜（图 a） 2）近起锯，手锯仰倾 15°为宜（图 b） 3）用拇指引锯，主要用于防止锯条在工件表面上打滑（图 c）

（续）

项目	图　示	说明
棒料的锯削		棒料锯削的断面如果要求比较平整，应从起锯开始连续锯到结束。若所锯削的断面要求不高，可改变几次锯削的方向，使棒料转过一个角度再锯
管子的锯削	a) 正确　b) 错误	锯削薄壁管子时，不应在一个方向从开始连续锯削到结束（图 b）。正确的方法是，先在一个方向锯到管子内壁处，然后把管子向推锯的方向转过一个角度，并连接原锯缝再锯到管子的内壁处，如此进行几次，直到锯断为止（图 a）

（续）

项目	图　示	说明
薄板料的锯削	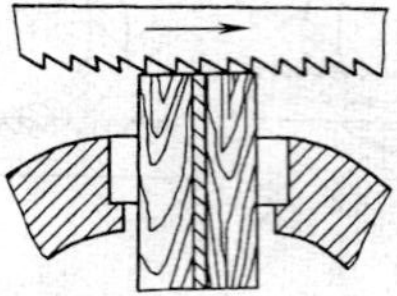 a) 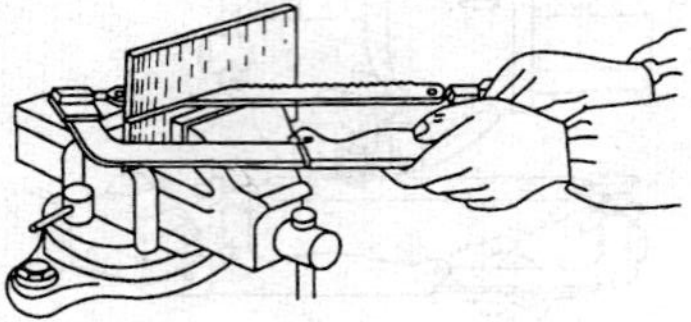 b)	锯削薄板料时，应尽可能从宽面上锯下去。当一定要在板料的狭面上锯下去时，应该把板料夹在两块木板之间（图 a），连木块一起锯下去。另一种方法是把薄板料夹在台虎钳上（图 b），做横向斜推锯

（续）

项目	图　示	说明
深缝的锯削	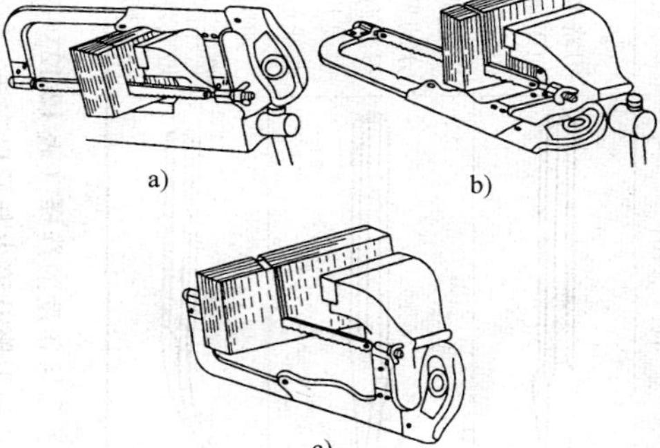 a)　b)　c)	当锯缝的深度到达锯架高度时(图 a),为了防止锯架与工件相碰,应将锯条转过 90°或 180°重新安装,使锯架转到工件的旁边再锯(图 b、c) 工件夹紧要牢靠,并应使锯削部位处于钳口附近

三、錾　　削

錾削是用锤子敲击錾子对工件进行切削加工的一种方法。錾削主要用于不便于机械加工的场合。它的工作范围包括去除凸缘和毛刺、分割材料、錾油槽等。

1. 錾子的种类及用途（表12-11）

表12-11　錾子的种类及用途

名称	简　　图	特点及用途
扁錾		切削部分扁平，切削刃略带圆弧，常用于錾切平面，去除凸缘、毛边和分割材料
狭錾（尖錾）		切削刃较短，切削部分的两个侧面从切削刃起向柄部逐渐变狭，主要用于錾槽和分割曲线形板料
油槽錾		切削刃短，并呈圆弧形或菱形，切削部分常做成弯曲形状，主要用来錾削润滑油槽

2. 錾子几何角度的选择（表12-12）

3. 錾子的刃磨及淬火与回火方法

（1）錾子的刃磨方法　用錾子楔角刃磨（图12-14）时，握錾要右手在前、左手在后前翘握持，在旋转着的砂轮缘上进行刃磨，这时錾子的切削刃应高于砂轮中心，在

表 12-12 錾子几何角度的选择

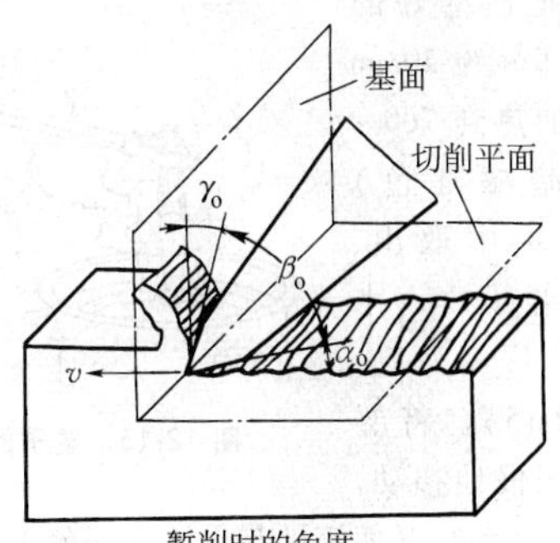

錾削时的角度

工件材料	β_o(楔角)	α_o(后角)	γ_o(前角)
工具钢、铸铁	70°~60°	5°~8°	$\gamma_o=90°-(\beta_o+\alpha_o)$
结构钢	60°~50°	5°~8°	
铜、铝、锡	45°~30°	5°~8°	

砂轮全宽上作左右来回平稳的移动，并要控制錾子前后面的位置，保证磨出合格的楔角。刃磨时加在錾子上的压力不能过大，刃磨过程中錾子应经常浸水冷却，防止过热退火。

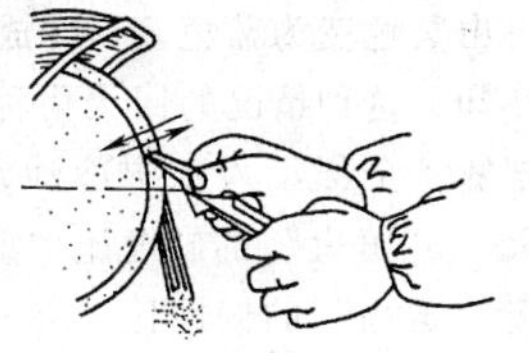

图 12-14 錾子的刃磨

(2) 錾子的淬火与回火方法 錾子是用碳素工具钢(T7A 或 T8A) 锻造制成的，经锻造成的錾子要经过淬火、回火后才能使用。

淬火时把已磨好的錾子的切削部分约 20mm 长的一端，加热到 760～780℃（呈暗橘红色）后，迅速从炉中取出，并垂直地把錾子放入水中冷却，浸入深度为 5～6mm（图 12-15）。将錾子沿着水面缓慢地移动，由此造成水面波动，又使淬硬与不淬硬部分不致有明显的界限，避免了錾子在淬硬与不淬硬的界限处断裂。待冷却到錾子露出水面部分呈黑色时，由水中取出。这时利用錾子上部的余热进行回火。首先，迅速擦去前、后面上的氧化层和污物，然后观察切削部分随温度升高而颜色发生变化的情况，錾子刚出水时呈白色，随后由白色变为黄色，再由黄色变为蓝色。当变成黄色时，把錾子全部浸入水中冷却，这种情况的回火俗称为“黄火”。如果变成蓝色时把錾子全部浸入水中冷却，这种情况的回火俗称为“蓝火”。“黄火”的硬度比“蓝火”的硬度高些，不易磨损，但“黄火”的韧性比“蓝火”的差些。所以一般采用两者之间的硬度“黄蓝火”，这样既能达到较高的硬度，又能保持一定的韧性。

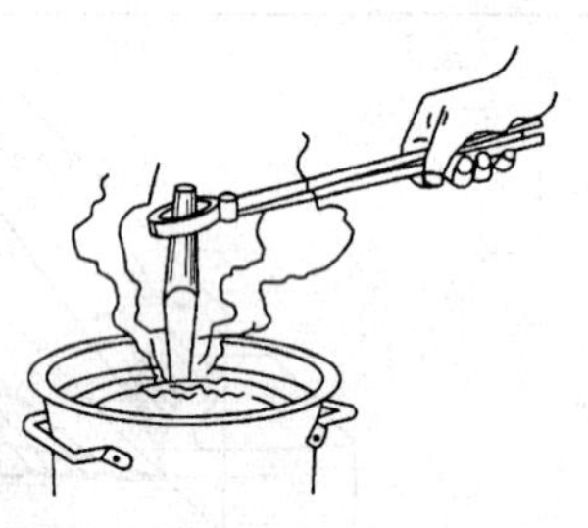
图 12-15　錾子的淬火

但应注意錾子出水后，由白色变为黄色，由黄色变为蓝色，时间很短，只有数秒钟，所以要取得“黄蓝火”

就必须把握好时机。

4. 錾削方法

(1) 錾切板料的方法　常见錾切板料的方法有以下三种。

1) 把工件夹在台虎钳上錾切。錾切时，板料要按划线（切断线）与钳口平齐，用扁錾沿着钳口并斜对着板料（约成45°角）自右向左錾切如图12-16所示。

錾切时，錾子的刃口不能正对着板料錾切，否则由于板料的弹动和变形会造成切断处产生不平整或出现裂缝如图12-17所示。

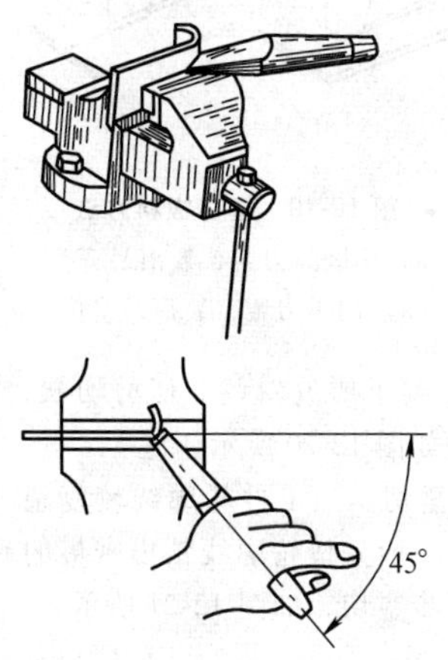

图12-16　在台虎钳上錾切板料

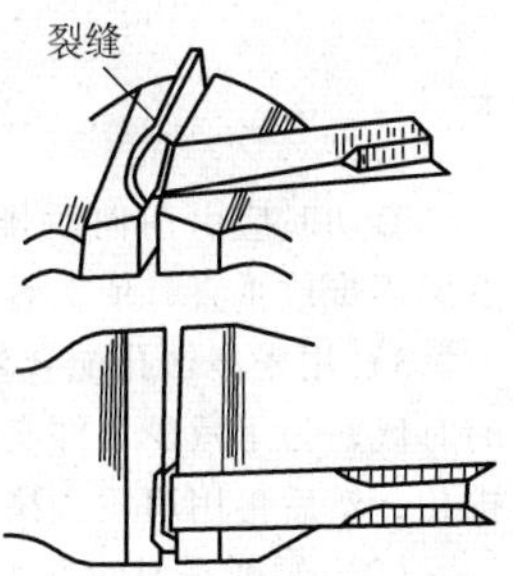

图12-17　不正确的錾切薄料方法

2）在铁砧上或平板上錾切。尺寸较大的板料，在台虎钳上不能夹持时，应放在铁砧上錾切（图 12-18）。切断用的錾子，其切削刃应磨有适当的弧形，这样既便于錾削，而且錾痕也齐整（图 12-19）。錾子切削刃的宽度应视需要而定。当錾切直线段时，扁錾切削刃可宽些。錾切曲线段时，刃宽应根据曲率半径大小决定，使錾痕能与曲线基本一致。

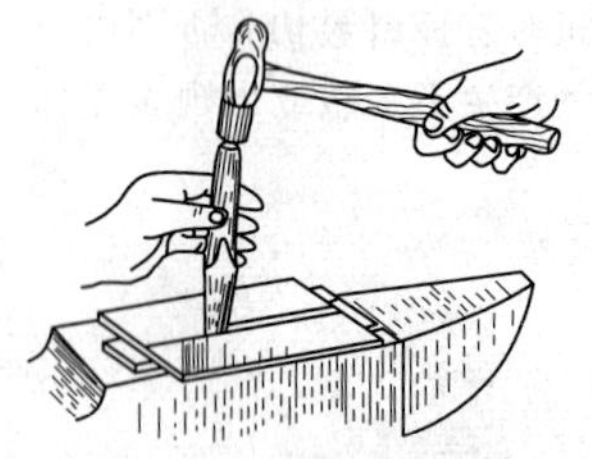

图 12-18　在铁砧上錾切板料

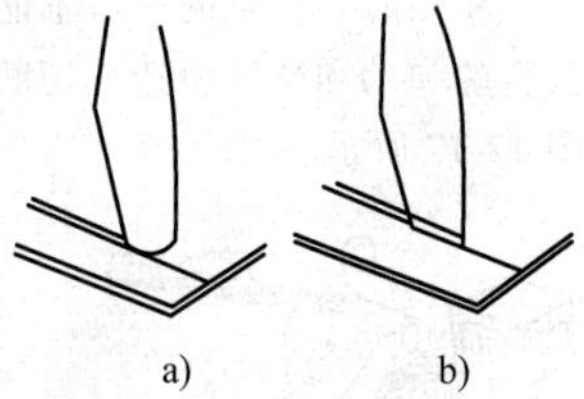

图 12-19　錾切板料方法

a）用圆弧刃錾，錾痕易齐整

b）用平刃錾，錾痕易错位

錾切时应由前向后排錾，錾子要放斜些，似剪切状，然后逐步放垂直，依次錾切，如图 12-20 所示。

3）用密集钻孔配合錾子錾切。当工件轮廓线较复杂的时候，为了减少工件变形，一般先按轮廓线钻出密集的排孔，然后再用扁錾、狭錾逐步錾切，如图 12-21 所示。

（2）錾削平面的方法

1）起錾与终錾。起錾时应先从工件的边缘尖角处，将錾子向下倾斜（图 12-22a），只须轻轻敲打錾子，就容易

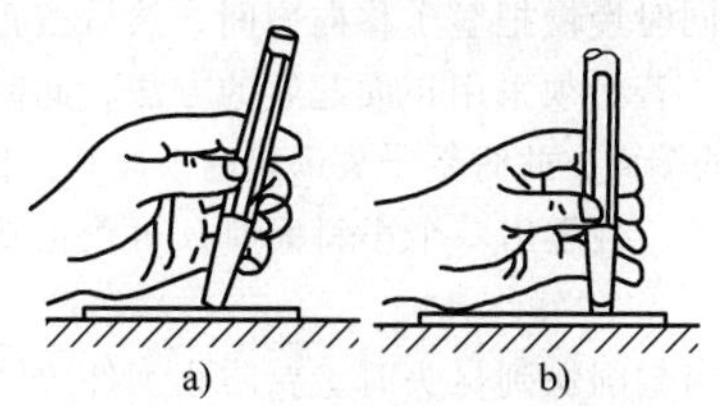

图 12-20 錾切步骤

a）先倾斜錾切 b）后垂直錾切

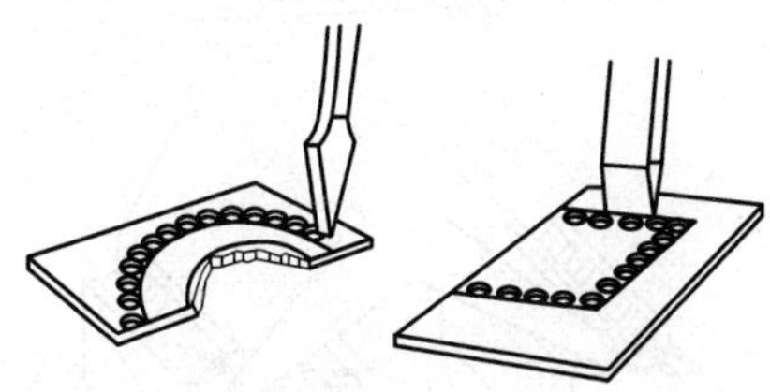

图 12-21 用密集钻孔配合錾子錾切

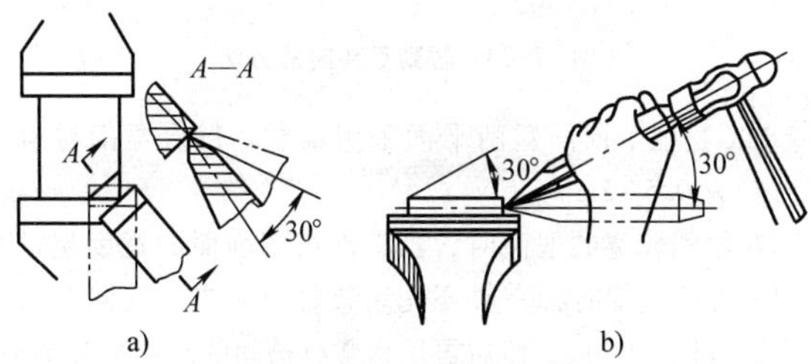

图 12-22 起錾方法

錾出斜面，同时慢慢把錾子移向中间，然后按正常錾削角度进行錾削。若必须采用正面起錾的方法，此时錾子刃口要贴住工件的端面，此时錾子头部仍向下倾斜（图 12-22b），轻轻敲打錾子，待錾出一个小斜面时，再按正常角度进行錾削。

终錾即当錾削快到尽头时，要防止工件边缘材料的崩裂，尤其是錾铸铁、青铜等脆性材料时要特别注意。当錾削接近尽头 10~15mm 时，必须调头再錾去余下的部分（图 12-23a），如果不调头就容易使工件的边缘崩裂（图 12-23b）。

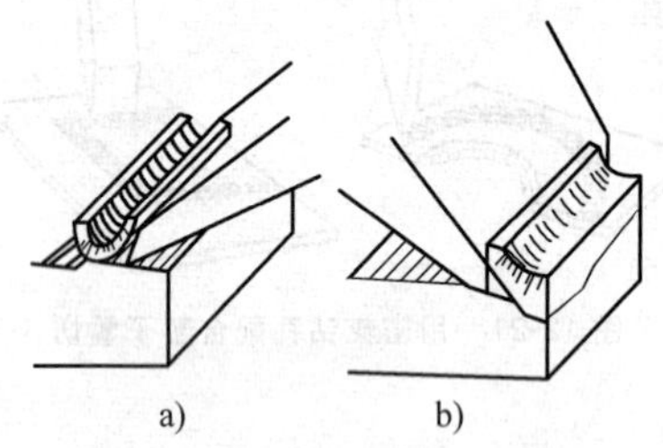

a)　　b)

图 12-23　錾到尽头时的方法

2）錾削平面。錾削平面采用扁錾，每次錾削材料厚度一般为 0.5~2mm。

在錾削较宽的平面时，当工件被切削面的宽度超过錾子切削刃的宽度时，一般要先用狭錾以适当的间隔开出工艺直槽（图 12-24），然后再用扁錾将槽间的凸起部分錾平。

在錾削较窄的平面时（如槽间凸起部分），錾子的切

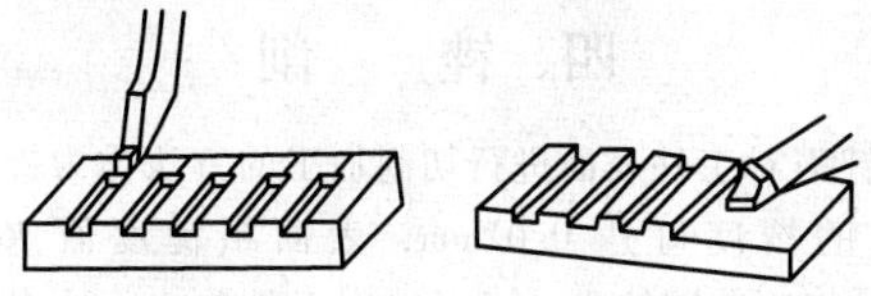

图 12-24　錾削较宽平面

削刃最好与錾削前进方向倾斜一个角度（图 12-25），使切削刃与工件有较多的接触面，这样在錾削过程中容易使錾子掌握平稳。

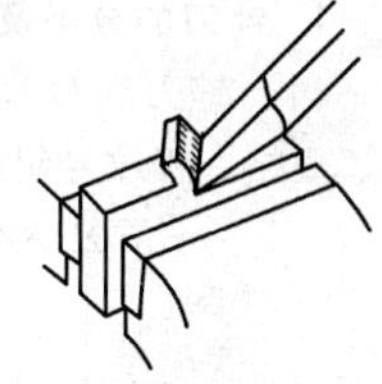

图 12-25　錾削较窄平面

（3）錾削油槽的方法（图 12-26）

油槽錾的切削部分应根据图样上油槽的断面形状、尺寸进行刃磨。同时，在工件需錾削油槽部位划线。起錾时錾子要慢慢地加深尺寸要求，錾到尽头时刃口必须慢慢翘起，保证槽底圆滑过渡。如果在曲面上錾油槽，錾子倾斜情况应随着曲面而变动，使錾削时的后角保持不变，保证錾削顺利进行。

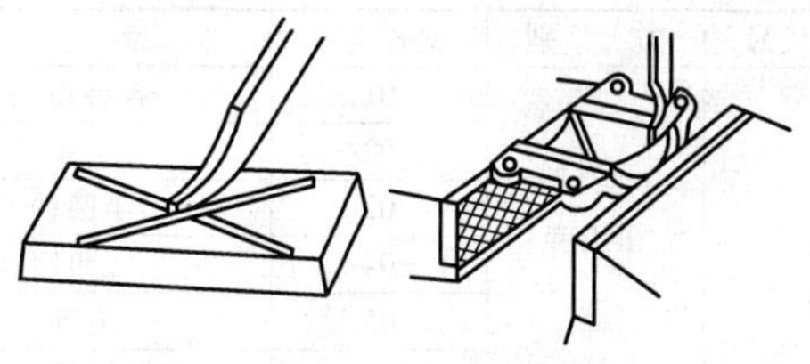

图 12-26　錾削油槽

四、锉　削

用锉刀对工件表面进行切削加工的方法称为锉削。锉削加工的精度可达 0.01mm，表面粗糙度值 *Ra* 可达 0.8μm。锉削范围较广，可以锉削工件的内、外表面和各种沟槽，钳工在装配过程中也经常用锉刀对零件进行修整。

1. 锉刀的分类及基本参数（GB/T 5806—2003）

(1) 锉刀编号规则　锉刀编号由类别代号、型式代号、规格、锉纹号组成。

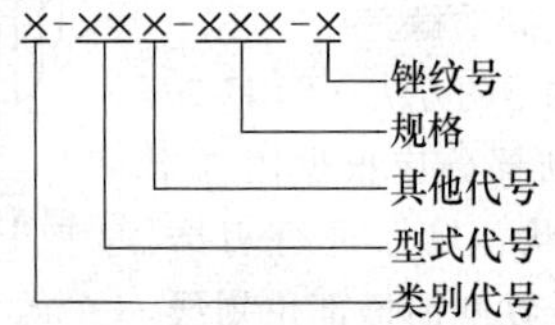

例如：钳工锉类的半圆锉，厚型 250mm 1 号纹的代号为 Q-03h-250-1。

(2) 锉刀的类别和型式代号（表 12-13）

表 12-13　锉刀的类别和型式代号

类别代号	类　别	型式代号	型　式
Q	钳工锉	01	齐头扁锉
		02	尖头扁锉
		03	半圆锉
		04	三角锉
		05	方锉
		06	圆锉

（续）

类别代号	类　别	型式代号	型　式
J	锯锉	01	齐头三角锯锉
		02	尖头三角锯锉
		03	齐头扁锯锉
		04	尖头扁锯锉
		05	菱形锯锉
		06	弧面菱形锯锉
		07	弧面三角锯锉
Z	整形锉	01	齐头扁锉
		02	尖头扁锉
		03	半圆锉
		04	三角锉
		05	方锉
		06	圆锉
		07	单面三角锉
		08	刀形锉
		09	双半圆锉
		10	椭圆锉
		11	圆边扁锉
		12	菱形锉
Y	异形锉	01	齐头扁锉
		02	尖头扁锉
		03	半圆锉
		04	三角锉
		05	方锉
		06	圆锉
		07	单面三角锉
		08	刀形锉
		09	双半圆锉
		10	椭圆锉

（续）

类别代号	类　　别	型式代号	型　　式
B	钟表锉	01	齐头扁锉
		02	尖头扁锉
		03	半圆锉
		04	三角锉
		05	方锉
		06	圆锉
		07	单面三角锉
		08	刀形锉
		09	双半圆锉
		10	棱边锉
T	特殊钟表锉	01	齐头扁锉
		02	三角锉
		03	方锉
		04	圆锉
		05	单面三角锉
		06	刀形锉
M	木锉	01	扁木锉
		02	半圆木锉
		03	圆木锉
		04	家具半圆木锉

（3）锉刀的其他代号（表 12-14）

表 12-14　锉刀的其他代号

代　号	型　别	代　号	型　别	代　号	型　别
p	普通型	h	厚型	t	特窄型
b	薄型	z	窄型	l	螺旋型

（4）锉纹参数

1）齐头扁锉、尖头扁锉、半圆锉、圆锉、方锉和三角锉的锉纹参数见表 12-15。

表 12-15 齐头扁锉、尖头扁锉、半圆锉、圆锉、方锉和三角锉的锉纹参数

规格/mm	每 10mm 锉纹条数					辅锉纹条数	边锉纹条数	主锉纹斜角 λ		辅锉纹斜角 ω		边锉纹斜角 θ
	锉纹号							1~3号锉纹	4~5号锉纹	1~3号锉纹	4~5号锉纹	
	1	2	3	4	5							
100	14	20	28	40	56	为主锉纹条数的75%~95%	为主锉纹条数的100%~120%	65°	72°	45°	52°	90°
125	12	18	25	36	50							
150	11	16	22	32	45							
200	10	14	20	28	40							
250	9	12	18	25	36							
300	8	11	16	22	32							
350	7	10	14	20	—							
400	6	9	12	—	—							
450	5.5	8	11	—	—							
偏差	±5%（其偏差值不足 0.5 条时可圆整为 0.5 条）					—		±5°				

2）整形锉、异形锉、钟表锉和特殊钟表锉的锉纹参数见表 12-16。

表 12-16　整形锉、异形锉、钟表锉和特殊钟表锉的锉纹参数

规格/mm	每 10mm 主锉纹条数										辅锉纹条数	边锉纹条数	主锉纹斜角 λ	辅锉纹斜角 ω	边锉纹斜角 θ	切齿数	
	锉纹号															主锉纹斜角 λ	辅锉纹斜角 ω
	00	0	1	2	3	4	5	6	7	8							
75	—	—	—	—	50	56	63	80	100	112	为主锉纹条数的65%~85%	为主锉纹条数的90%~110%	72°	52°	80°	55°	40°
100	—	—	—	40	50	56	63	80	100	112							
120	—	—	32	40	50	56	63	80	100	—							
140	—	25	32	40	50	56	63	80	—	—							
160	20	25	32	40	50	—	—	—	—	—							
170	20	25	32	40	50	—	—	—	—	—							
180	20	25	32	40	—	—	—	—	—	—							
偏差	±5%												±4°		±10°	±5°	

注：锉纹号（主锉纹条数）为每 10mm 轴向长度内的锉纹条数。

2. 锉刀的选用

(1) 按形状选用锉刀（表 12-17）

表 12-17 按形状选用锉刀

锉刀类别	用途	示例
扁锉	锉平面、外圆面、凸弧面	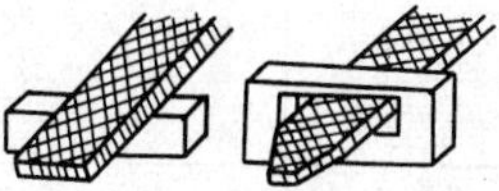
半圆锉	锉凹弧面、平面	
三角锉	锉内角、三角孔、平面	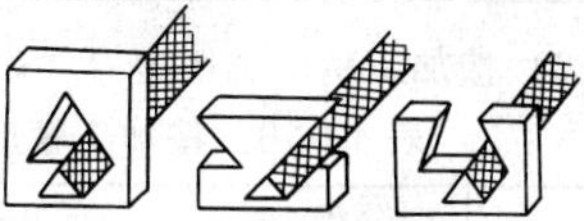
方锉	锉方孔、长方孔	
圆锉	锉圆孔、半径较小的凹弧面、椭圆面	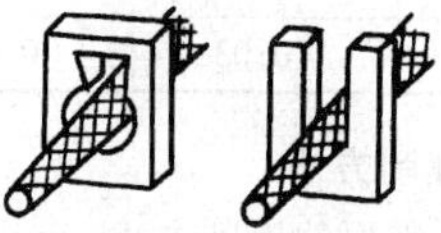

（续）

锉刀类别	用　途	示　例
菱形锉	锉菱形孔、锐角槽	
刀形锉	锉内角、窄槽、楔形槽，锉方孔、三角孔、长方孔的平面	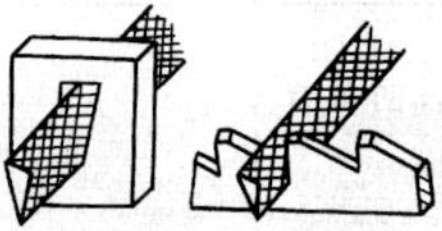

（2） 按加工精度选用锉刀（表 12-18）

表 12-18　按加工精度选用锉刀

锉刀类别	适用场合		
	锉削余量/mm	尺寸精度/mm	表面粗糙度 *Ra*/μm
粗齿锉刀	0.5~1	0.20~0.5	50~12.5
中齿锉刀	0.2~0.5	0.05~0.20	6.3~3.2
细齿锉刀	0.02~0.05	0.02~0.05	6.3~1.6
双细齿锉刀	0.03~0.05	0.01~0.02	3.2~0.8
油光锉	<0.03	0.01	0.8~0.4

3. 锉削方法

（1） 平面的锉削方法

1）顺向锉法。顺着同一方向对工件进行锉削的方法称为顺向锉法（图 12-27）。顺向锉法是最基本的锉削方法。其特点是锉痕正直、整齐美观，适用于锉削不大的平面和最后的锉光。

2）交叉锉法。锉削时锉刀从两个交叉的方向对工件表面进行锉削的方法称为交叉锉法（图 12-28）。交叉锉法的特点是锉刀与工件的接触面大，锉刀容易掌握平稳，锉削时还可以从锉痕上判断出锉削面高低情况，表面容易锉平，但锉痕不正直。所以交叉锉法只适用于粗锉，精加工时要改用顺向锉法，才能得到正直的锉痕。

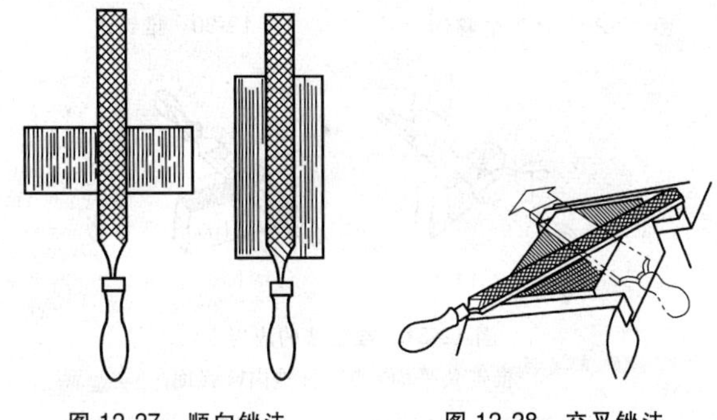

图 12-27　顺向锉法　　　图 12-28　交叉锉法

在锉削平面时，不管是顺向锉法还是交叉锉法，为使整个平面都能均匀地锉削到，一般每次退回锉刀时都要向旁边略为移动一些（图 12-29）。

3）推锉法。用两手对称地横握锉刀，用两大拇指推动锉刀顺着工件长度方向进行锉削的一种方法称为推锉法（图 12-30）。推锉法一般在锉削狭长的平面或顺向锉法锉刀推进受阻时采用（图 12-31）。推锉法切削效率不高，所以常用在加工余量较小和修正尺寸时采用。

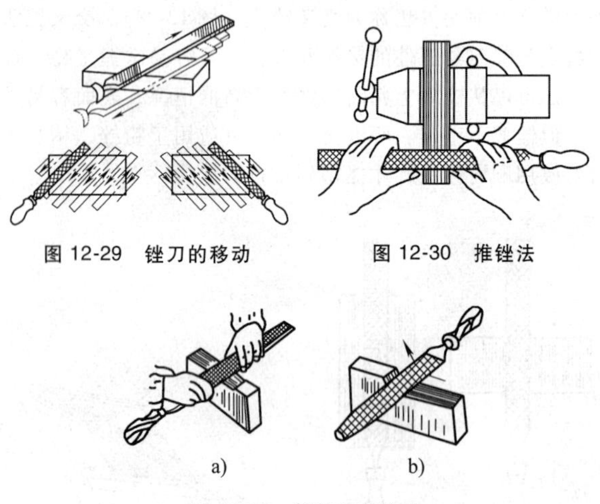

图 12-29　锉刀的移动

图 12-30　推锉法

a)　b)

图 12-31　推锉法的应用

a）推锉狭平面　b）推锉内圆弧面

（2）曲面的锉削方法

1）外圆弧面的锉削方法。锉削外圆弧面时，锉刀要同时完成两个运动，即锉刀在做前进运动的同时，还应绕工件圆弧的中心转动。其锉削方法有两种：

① 顺着圆弧面锉（图 12-32a）。锉削时右手把锉刀柄部往下压，左手把锉刀前端向上抬，这样锉出的圆弧面不会出现棱边现象，使圆弧面光洁圆滑。它的缺点是不易发挥锉削力量，而且锉削效率不高，只适用于在加工余量较小或精锉圆弧面时采用。

② 横着圆弧面锉（图 12-32b）。锉削时锉刀向着图示方向做直线推进，容易发挥锉削力量，能较快地把圆弧外的部分锉成接近圆弧的多棱形，然后再用顺着圆弧面锉的方法精锉成圆弧。

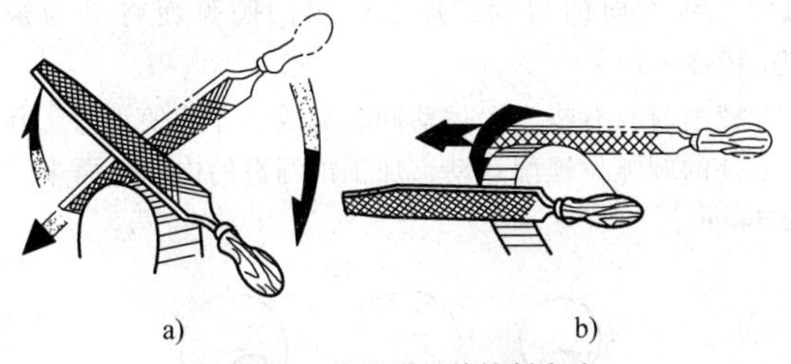

图 12-32　外圆弧面的锉削方法

2）内圆弧面的锉削方法。锉削内圆弧面时，锉刀要同时完成三个运动（图 12-33）。

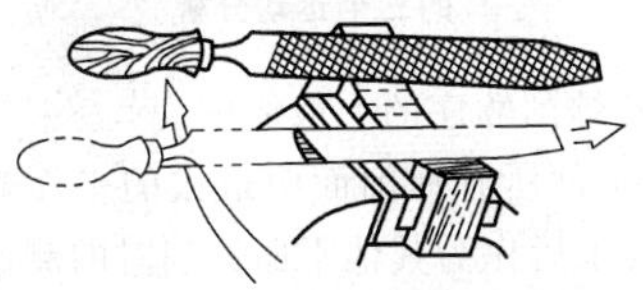

图 12-33　内圆弧面的锉削方法

① 前进运动。

② 随圆弧面向左或向右移动（半个到一个锉刀直径）。

③ 绕锉刀中心线转动（顺时针或逆时针方向转动）。

如果锉刀只做前进运动，即圆锉刀的工作面不做沿工件圆弧曲线的运动，而只做垂直于工件圆弧方向的运动，那么就会将圆弧面锉成凹形（深坑）（图 12-34a）。

如果锉刀只有前进和向左（或向右）的移动，锉刀的工作面仍不做沿工件圆弧曲线的运动，而做沿工件圆弧的切线方向的运动，那么锉出的圆弧面将成为棱形（图 12-34b）。

锉削时只有将三个运动同时完成，才能使锉刀工作面沿工件的圆弧做锉削运动，加工出圆滑的内圆弧面来（图 12-34c）。

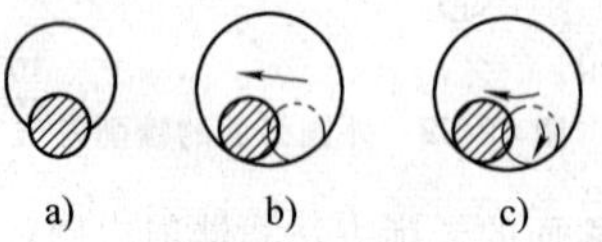

图 12-34　内圆弧面锉削时的三个运动分析

（3）确定锉削顺序的一般原则

1）选择工件所有锉削面中最大的平面光锉，达到规定的平面度要求后作为其他平面锉削时的测量基准。

2）先锉平行面达到规定的平面度要求后，再锉与其相关的垂直面，以便于控制尺寸和精度要求。

3）平面与曲面连接时，应先锉平面后再锉曲面，以便于圆滑连接。

五、刮　　削

刮削是在标准工具的工作面上涂以显示剂，使其与被刮工件两者合研显点（凸点），然后利用刮刀将高点金属刮除。这种方法具有切削量小、切削力小、产生热量少、加工方便和装夹变形小等特点。工件表面经刮削后，能获得很高的几何精度、尺寸精度、接触精度、传动精度，可减小表面粗糙度值。另外刮削后留下的一层薄花纹，既可增加工件表面的美观又可储油，可以润滑工件接触表面，减少摩擦，提高工件使用寿命。

由于刮削使用的工具简单，不受工件形状和位置的限制而能获得很高的精度，所以较广泛地应用于机械制造中，如机床导轨面、转动轴颈和滑动轴承之间的接触面、工具和量具的接触面以及密封表面等的加工。

1. 刮研工具

（1）铸铁平尺　铸铁平尺的精度分为 00 级、0 级、1 级、2 级共四级。铸铁平尺形式及规格尺寸见表 12-19。

铸铁平尺工作面的直线度公差见表 12-20。

Ⅰ、Ⅱ字形平尺上工作面与下工作面的平行度公差，桥形平尺工作面与支承脚支承面的平行度公差，平尺侧面对工作面的垂直度公差见表 12-21。

表 12-19　铸铁平尺形式及规格尺寸　　（单位：mm）

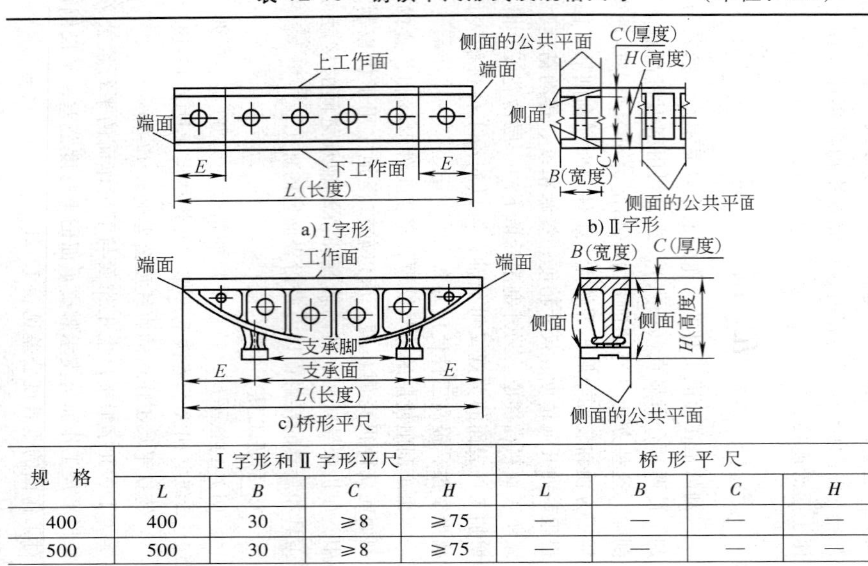

a) Ⅰ字形　b) Ⅱ字形　c) 桥形平尺

规　格	Ⅰ字形和Ⅱ字形平尺				桥 形 平 尺			
	L	B	C	H	L	B	C	H
400	400	30	≥8	≥75	—	—	—	—
500	500	30	≥8	≥75	—	—	—	—

（续）

规　格	Ⅰ字形和Ⅱ字形平尺				桥形平尺			
	L	*B*	*C*	*H*	*L*	*B*	*C*	*H*
630	630	35	≥10	≥80	—	—	—	—
800	800	35	≥10	≥80	—	—	—	—
1000	1000	40	≥12	≥100	1000	50	≥16	≥180
1250	1250	40	≥12	≥100	1250	50	≥16	≥180
1600	1600*	45	≥14	≥150	1600	60	≥24	≥300
2000	2000*	45	≥14	≥150	2000	80	≥26	≥350
2500	2500*	50	≥16	≥200	2500	90	≥32	≥400
3000	3000*	55	≥20	≥250	3000	100	≥32	≥400
4000	4000*	60	≥20	≥280	4000	100	≥38	≥500
5000	—	—	—	—	5000	110	≥40	≥550
6300	—	—	—	—	6300	120	≥50	≥600

测　试　项　目	精度等级			
	00	0	1	2
25mm×50mm 单位面积内接触点面积的比率	≥20%		≥16%	≥10%
25mm×25mm 面积内接触点数	≥25			≥20

注：1. 带“*”尺寸，建议制成Ⅱ字形平尺。

2. 距工作面边缘 0.01*L*（最大为 10mm）范围内接触点面积的比率或接触点数不计，且任意一点都不得高于工作面。

表 12-20 铸铁平尺工作面的直线度公差

规格/mm	精度等级			
	00	0	1	2
	直线度公差值/μm			
400	1.6	2.6	5	—
500	1.8	3.0	6	—
630	2.1	3.5	7	—
800	2.5	4.2	8	—
1000	3.0	5.0	10	20
1250	3.6	6.0	12	24
1600	4.4	7.4	15	30
2000	5.4	9.0	18	36
2500	6.6	11.0	22	44
3000	7.8	13.0	26	52
4000	—	17.0	34	68
5000	—	21.0	42	84
6300	—	—	52	105
任意 200	1.1	1.8	4	7

注：1. 表中数值均按标准温度 20°C 给定。

2. 距工作面边缘 0.01L（最大为 10mm）范围内直线度公差不计，且任意一点都不得高于工作面。

表 12-21　铸铁平尺工作面平行度、垂直度公差

规格尺寸/mm	精度等级							
	00	0	1	2	00	0	1	2
	上工作面与下工作面（或支承面）的平行度公差/μm				侧面对工作面的垂直度公差/μm			
400	2.4	3.9	8	—	8.0	13.0	25	—
500	2.7	4.5	9	—	9.0	15.0	30	—
630	3.2	5.3	11	—	10.5	18.0	35	—
800	3.8	6.3	12	—	12.5	21.0	40	—
1000	4.5	7.5	15	30	15.0	25.0	50	100
1250	5.4	9.0	18	36	18.0	30.0	60	120
1600	6.6	11.1	23	45	22.0	37.0	75	150
2000	8.1	13.5	27	54	27.0	45.0	90	180
2500	9.9	16.5	33	66	33.0	55.0	110	220
3000	11.7	19.5	39	78	39.0	65.0	130	260
4000	—	25.5	51	102	—	85.0	170	340
5000	—	31.5	63	126	—	105.0	210	420
6300	—	—	78	158	—	—	260	525

注：平行度公差值为表 12-20 中直线度公差值的 1.5 倍，垂直度公差值为表 12-20 中直线度公差值的 5 倍。

（2）专用刮研工具（表 12-22）。

表 12-22　专用刮研工具

图　　示	用　　途
	刮削凸燕尾导轨用研具

（续）

图　　示	用　　途
	刮削 V 形与平面组合导轨研具
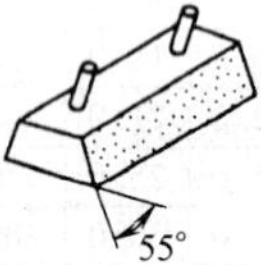 55°	刮削 55°单燕尾凹导轨用研具
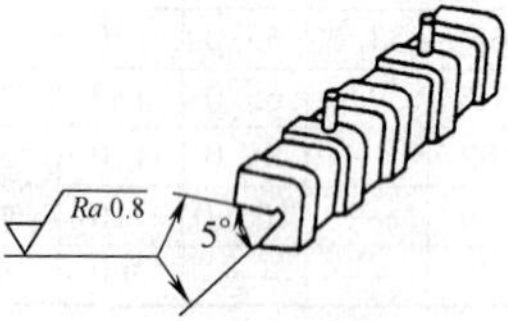 Ra 0.8 5°	刮削 55°单燕尾凸导轨用研具
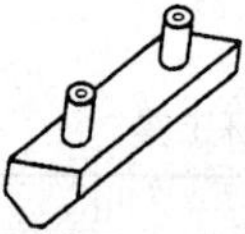	刮削单条 V 形导轨研具

2. 刮刀

（1）刮刀的种类及用途（表 12-23）

表 12-23　刮刀的种类及用途（单位：mm）

(1)普通手推平面刮刀的形状和尺寸

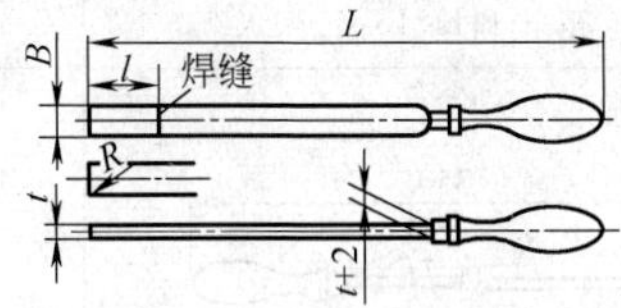

种类	尺寸					用途
	L	*l*	*B*	*t*	*R*	
粗刮刀	450~600	150	25~30	4~4.5	120	粗刮
细刮刀	350~450	100	25	3~3.5	60	细刮
精刮刀	300~350	75	20	2.5~3	50	精刮或刮花
小刮刀	200~300	50	15	2.5	40	小工件精刮

(2)挺刮式平刮刀的形状和尺寸

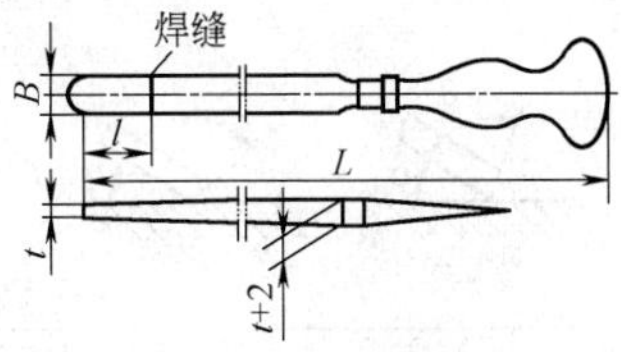

种类	尺寸				用途
	L	*l*	*B*	*t*	
大型	600~700	150	25~30	4~5	粗刮大平面
小型	450~600	150	20~25	3.5~4	细刮大平面

（续）

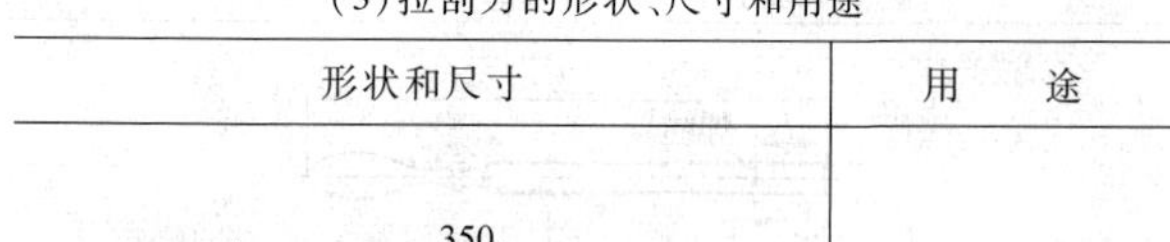

（3）拉刮刀的形状、尺寸和用途	
形状和尺寸	用　途
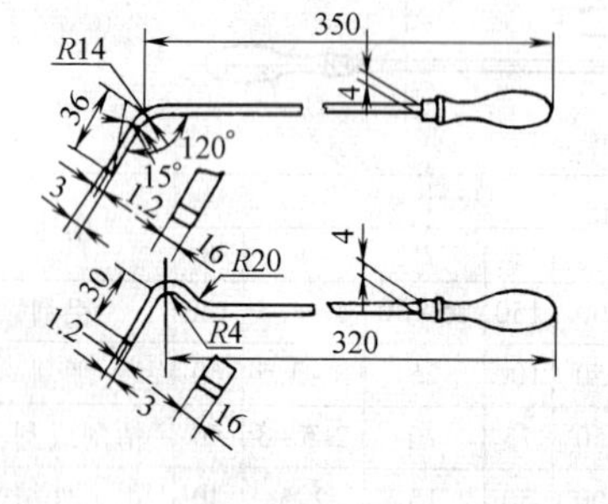	1）用于精刮或刮花 2）可拉刮带有台阶的平面

（4）平面刮刀的刃角与工件表面的角度

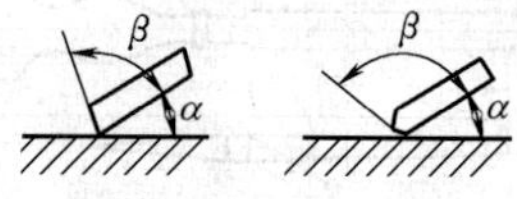

工件材料	α	β		
		粗刮	细刮	精刮或刮花
钢	15°～25°	85°～90°	85°～90°	85°～90°
铸铁、青铜	15°～25°	90°～92.5°	92.5°～95°	95°～100°

（续）

（5）曲面刮刀的分类及用途

名称	图示	用途
三角刮刀	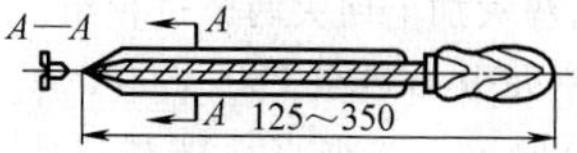 A—A　A　A　125～350	常用三角锉刀改制而成，用于刮削各种曲面
蛇头刮刀	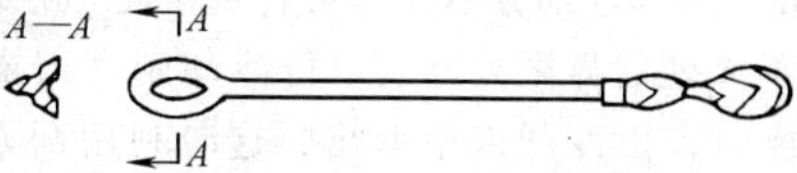 A—A　A　A	刀头部有3个带圆弧形的切削刃，两平面磨有凹槽，切削刃的大小根据粗、精刮削而定，常用于精刮各种曲面
柳叶刮刀	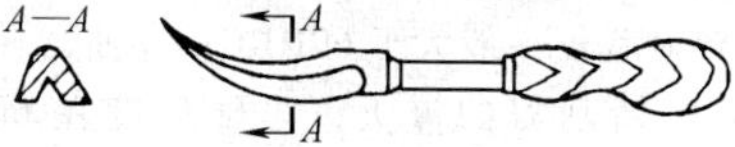 A—A　A　A	刀头部有两个刃口，口的中部有一弧形钩槽，适用于刮削对开轴承及套形轴承

（2）刮刀材料和热处理方法　刮刀的材料一般采用碳素工具钢，如 T8、T10、T12、T12A 等，或轴承钢如 GCr15 锻制而成。当刮削硬质材料时，也可用硬质合金刀片焊在刀杆上使用。

若刮刀采用碳素工具钢或轴承钢，将刮刀粗磨好后进行热处理，其过程由淬火加上回火两个过程组成。方法是用氧乙炔火焰或在炉火中加热至 780～800℃（呈暗橘红色）后，迅速从炉中取出，并垂直地把刮刀放入冷却液（淬火冷却介质）中冷却。浸入深度，平面刮刀为 5～8mm，三角刮刀为整个切削刃，蛇头刮刀为圆弧部分。同时将刮刀沿着水面缓慢地移动（图 12-35），由此造成水面波动，又使淬硬与不淬硬部分不致有明显的界限，避免了刮刀在淬硬与不淬硬的界限处断裂，待冷却到刮刀露出水面部分呈黑色时，由冷却液中取出，这时利用刮刀上部的余热进行回火，当刮刀浸入冷却液部分的颜色呈白色后，再迅速将刮刀全部浸入冷却液中，至完全冷却后再取出。

冷却液有三种：①水，一般用于平面粗刮刀及刮削铸铁或钢的曲面刮刀的淬火，淬硬程度一般低于 60HRC；②含有体积分数为 15%的盐溶液，用于刮削较硬金属的平面刮刀的淬火，淬硬程度一般大于 60HRC；③油，一般用于曲面刮刀及平面精刮刀的淬火，淬硬程度在 60HRC 左右。

（3）刮刀刃磨方法

1）平面刮刀的刃磨。平面刮刀的刃磨分三个阶段进行，即粗磨、细磨和精磨。

① 粗磨。粗磨是在砂轮上进行的，使刀头基本成形，然后进行热处理。

② 细磨。刮刀淬火后进行细磨，先磨刮刀两个平面（图 12-36a）。将两个平面分别在砂轮的侧面磨平，要求达到平整，厚薄均匀，再将头部长度为 30～60mm 的平面磨到厚度为 1.5～4mm（一般刮刀切削部分的厚度）的平面。

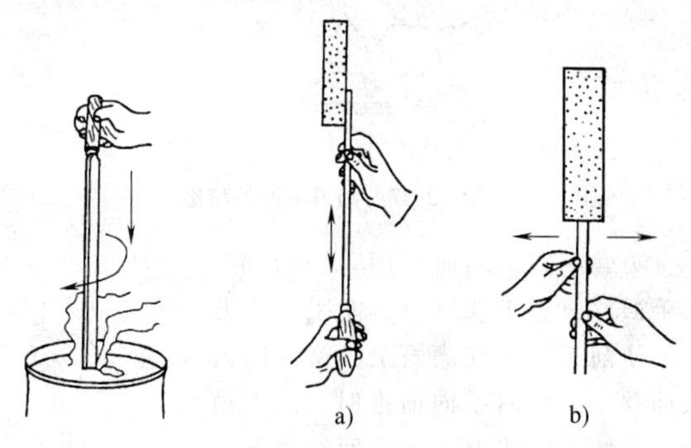

图 12-35 刮刀淬火　　图 12-36 平面刮刀的刃磨

然后磨刀刮刀两侧窄面。最后将刮刀的顶端面在砂轮的外圆弧面上（图 12-36b）平稳地左右移动，刃磨到顶端面与刀身中心线垂直即可。

③ 精磨。经细磨后的刮刀，切削刃还不能符合平整和锋利的要求，必须在磨石上进行精磨。精磨时，应在磨石表面上滴适量润滑油，先磨两个平面，再磨端面。

在磨两个平面时（图 12-37a），使刀头的平面平贴在磨石上来回移动。当一面磨好后再磨另一面。刮刀两平面经过多次反复刃磨，直到平面光洁平整为止。图 12-37b 所示为错误磨法，这种磨法会使平面磨成弧面，刃口不锋利。

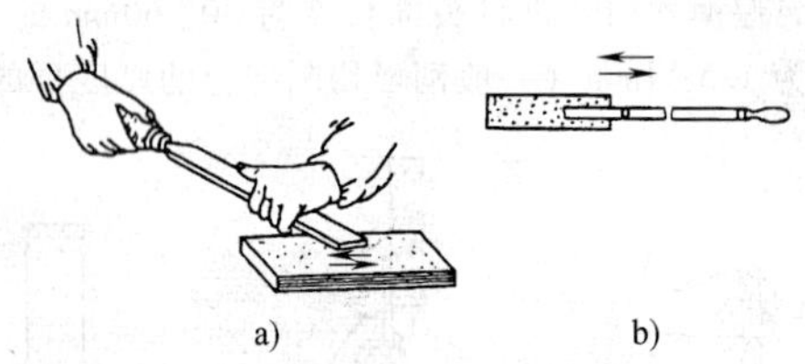

图 12-37　刮刀平面的精磨

刃磨刮刀顶端面（图 12-38）时，右手握住靠近刀头部分，左手扶住刀柄，使刮刀直立在磨石上，略前倾做来回移动。当右手向前推时，刮刀稍微向前倾斜，使刀端前半面在磨石上磨动，向后拉回时，应略提起刀身，以免磨损刃口。当前半面磨好后，把刮刀翻转 180°，再用同样方法磨刮刀的另半面，这样反复刃磨，直到符合精度要求为止。

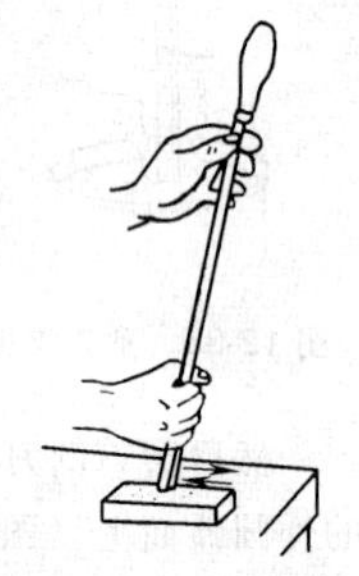

图 12-38　刃磨刮刀顶端面的方法（一）

图 12-39 所示是刃磨刮刀顶端面的另一种方法，是用两手握住刀身，并将刮刀上部靠在操作

者的肩前部，成一定楔角，然后两手施加压力，将刮刀向后拉动，刃磨刀端的一个半面。当刮刀向前移动时，应将刮刀提起，以免损伤刃口。此半面磨好后，将刮刀翻转180°，再用同样的方法刃磨另一半面，直至符合精度要求为止。这种方法容易掌握，但刃磨速度较慢。

图12-39 刃磨刮刀顶端面的方法（二）

刃磨刮刀顶端面时，应按粗刮刀、细刮刀、精刮刀的不同，磨出不同的楔角，如图12-40所示。

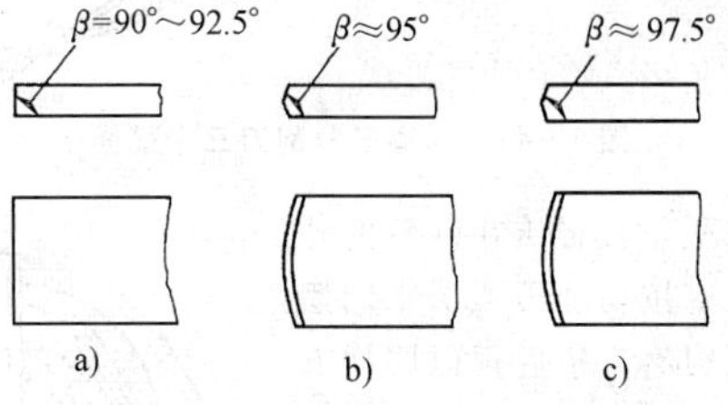

图12-40 刮刀头部形状和角度
a）粗刮刀 b）细刮刀 c）精刮刀

粗刮刀：$\beta=90°\sim92.5°$，切削刃必须平直。

细刮刀：$\beta\approx95°$，切削刃稍带圆弧。

精刮刀：$\beta\approx97.5°$，切削刃呈圆弧形，而圆弧半径要小于细刮刀。

2）曲面刮刀的刃磨。

① 三角刮刀的刃磨。一般先将锻好的毛坯在砂轮上粗磨（图 12-41），右手握住三角刮刀刀柄，左手将刮刀的

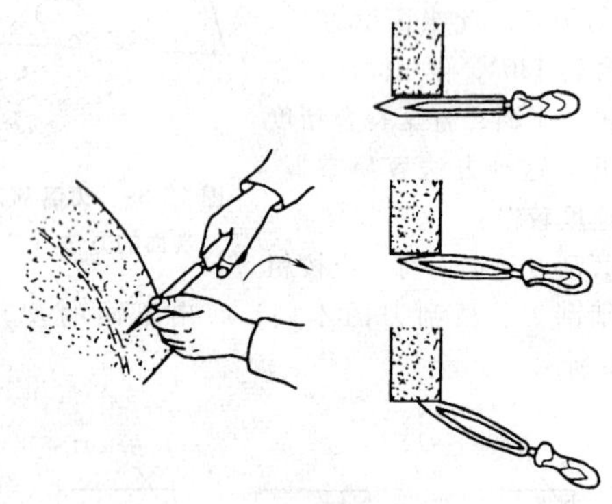

图 12-41　粗磨三角刮刀三个弧面

刃口以水平位置轻压在砂轮的外圆弧面上，按切削刃弧形来回摆动。一面刃磨完毕后再以同样方法刃磨其他两面，使三个面的交线形成弧形的切削刃。接着如图 12-42 所示，将三角刮刀的三个圆弧面在砂轮角上开槽。磨削时刮刀应上下左右移动，刀槽要开在两刃中间，切削刃边上只留

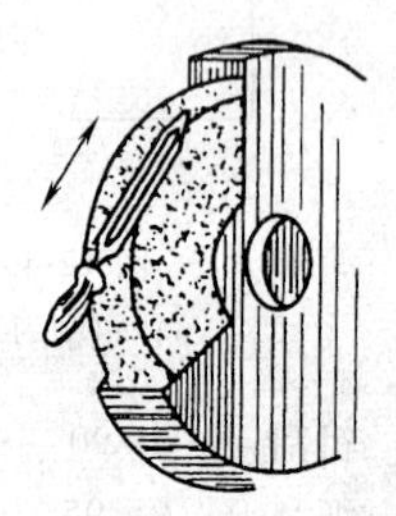

图 12-42　三角刮刀的开槽

2~3mm 的棱边。

三角刮刀淬火后，必须在磨石上进行精磨。如图 12-43 所示，刃磨时右手握住刮刀的刀柄，左手压在切削刃上，将刮刀的两个切削刃同时放在磨石上，由于中间有槽，因此两切削刃边上只有窄的棱边被磨到。使切削刃沿着磨石长度方向来回移动，在切削刃来回移动的同时，还要按切削刃的弧形做上下摆动，直到切削刃锋利为止。

② 蛇头刮刀两平面的粗磨和精磨方法均与平面刮刀相似。刀头的刃磨及开槽方法与三角刮刀相似。

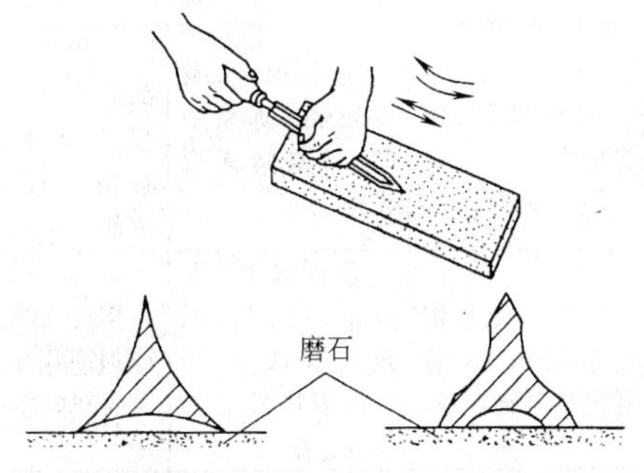

图 12-43　三角刮刀的精磨

3. 刮削用显示剂的种类及应用（表 12-24）

在使用显示剂时，关键是显示剂的调和及涂布。显示剂的调和稀稠要适当，粗刮时，显示剂应当调稀些，这样既便于涂布，而且显示出的研点也大些。同时，一般应将显示剂涂在标准平板表面上，这样在刮削过程中，切屑不

表 12-24　刮削用显示剂的种类及应用

种类	成　分	特　点	应用范围
红丹	一氧化铅再度氧化制成，俗称铅丹。配方为：红丹：N32G液压油：煤油≈100：7：3	呈橘黄色，粒度细腻，研点真实，无腐蚀作用，但研点后颜色较淡，对眼睛有反光刺激，虽有铅毒现象产生，但对人体无较大伤害	应用于铸钢件及部分非铁金属的刮削，是金属切削机床机械加工接合面接触检验及评定和锥孔接触精度评定的显示剂
	氧化铁红，配方同上	呈红褐色，粒度较粗，研点清楚，对眼睛无反光作用	可用于铸钢件及部分非铁金属的刮削，但不能作为接触精度评定的显示剂
普鲁士蓝油	普鲁士蓝粉混合适量L-AN牌号的油与蓖麻油	呈深蓝色，研点小而清楚，刮点显示真实，当室内温度较低时不易涂刷	用于精密零件，特别适用于有色金属的刮削和检验
印红油	碱性品红溶解在乙醇中，加入甘油配制而成	呈鲜红色，对眼睛略有反光刺激，取材方便	用于锥孔接触及刮削面的接触判别，但不作为评定用显示剂
烟墨油	烟墨与L-AN牌号的油混合	点子呈黑色，研点小而清楚	用于表面呈银白色的金属刮削和检验，较少采用

（续）

种类	成　分	特　点	应用范围
松节油或乙醇	松节油或乙醇	研点发光亮，特别精细真实，对零件有腐蚀作用，对眼睛有反光刺激	用于精密零件的刮削与检验，较少采用

易黏附在刮刀切削刃口上，刮削比较方便。精刮时，显示剂可调和得干些，涂布时应薄而均匀，一般应将显示剂涂布在工件表面上。这样工件表面显示出的研点呈红底黑点，不反光，容易看清，便于提高刮削精度。

4. 刮削余量

(1) 平面刮削余量（表 12-25）

表 12-25　平面刮削余量　　（单位：mm）

零件宽度	零件长度				
	100～500	500～1000	1000～2000	2000～4000	4000～6000
≤100	0.10	0.15	0.20	0.25	0.30
>100～500	0.15	0.20	0.25	0.30	0.40
>500～1000	0.25	0.25	0.35	0.45	0.50

(2) 内孔刮削余量（表 12-26）

5. 刮削精度要求

刮削面的精度常用 25mm×25mm 内的研点数目表示。

(1) 平面刮点要求（表 12-27）

(2) 滑动轴承刮点要求（表 12-28）

表 12-26 内孔刮削余量 （单位：mm）

内孔直径	内孔长度		
	≤100	>100~200	>200~300
≤80	0.04~0.06	0.06~0.09	0.09~0.12
>80~120	0.07~0.10	0.10~0.13	0.13~0.16
>120~180	0.10~0.13	0.13~0.16	0.16~0.19
>180~260	0.13~0.16	0.16~0.19	0.19~0.22
>260~360	0.16~0.19	0.19~0.22	0.22~0.25

表 12-27 平面刮点要求

表面类型	每 25mm×25mm 内的点数	刮削前工件表面粗糙度 $Ra/\mu m$	应用举例
超精密面	>25	3.2	0 级平板，精密量仪
精密面	20~25	3.2	1 级平板，精密量具
	16~20	6.3	精密机床导轨、精密滑动轴承
一般	12~16	6.3	机床导轨及导向面，工具基准面
	8~12	6.3	一般基准面，机床导向面，密封接合面
	5~8	6.3	一般接合面
	2~5	6.3	较粗糙机件的固定接合面

（3）金属切削机床刮点要求（表 12-29）

6. 刮削方法

（1）平面刮削要点（表 12-30）

表 12-28 滑动轴承刮点要求

<table>
<tr><td rowspan="3">轴承直径/mm</td><td colspan="3">金属切削机床</td><td colspan="2">锻压设备、通用机械</td><td colspan="2">动力机械、冶金设备</td></tr>
<tr><td colspan="3">机床精度等级</td><td rowspan="2">重要</td><td rowspan="2">一般</td><td rowspan="2">重要</td><td rowspan="2">一般</td></tr>
<tr><td>Ⅲ级和Ⅲ级以上</td><td>Ⅳ级</td><td>Ⅴ级</td></tr>
<tr><td></td><td colspan="7">每 25mm×25mm 的刮点数</td></tr>
<tr><td>≤120</td><td>20</td><td>16</td><td>12</td><td>12</td><td>8</td><td>8</td><td>5</td></tr>
<tr><td>>120</td><td>16</td><td>12</td><td>10</td><td>8</td><td>6</td><td>6</td><td>2</td></tr>
</table>

表 12-29 金属切削机床刮点要求

<table>
<tr><td rowspan="4">机床精度等级</td><td colspan="2">静压、滑、滚导轨</td><td colspan="2">移置导轨</td><td rowspan="4">镶条压板滑动面</td><td rowspan="4">特别重要接合面</td></tr>
<tr><td colspan="4">每条导轨宽度/mm</td></tr>
<tr><td>≤250</td><td>>250</td><td>≤100</td><td>>100</td></tr>
<tr><td colspan="4">接触点数每 25mm×25mm</td></tr>
<tr><td>Ⅲ级和Ⅲ级以上</td><td>20</td><td>16</td><td>16</td><td>12</td><td>12</td><td>12</td></tr>
<tr><td>Ⅳ级</td><td>16</td><td>12</td><td>12</td><td>10</td><td>10</td><td>8</td></tr>
<tr><td>Ⅴ级</td><td>10</td><td>8</td><td>8</td><td>6</td><td>6</td><td>6</td></tr>
</table>

表 12-30 平面刮削要点

类别	刮 削 要 点
粗刮	在整个刮削面上采用连续推铲的方法，使刮出的刀迹连成长片。粗刮时有时会出现平面四周高中间低的现象，故四周必须多刮几次，且每刮一遍应转过 30°～45°的角度交叉刮削，直至每 25mm×25mm 内含 4～6 个研点为止

（续）

类别	刮　削　要　点
细刮	刮刀宽以 15mm 为宜。刮削时,刀迹长度不超过切削刃的宽度,每刮一遍要变换一个方向,以形成 45°～60°的网纹。整个细刮过程中随着研点的增多,刀迹应逐渐缩短,直至每 25mm×25mm 内含 12～25 个研点为止
精刮	刀迹长度一般为 5mm 左右。落刀要轻,起刀后迅速挑起,每个研点上只能刮一刀,不能重复,并始终交叉进行。当研点增至每 25mm×25mm 内有 20 个研点时,应按以下三个步骤刮削,直至达到规定的研点数 1)最大最亮的研点全部刮去 2)中等研点在其顶点刮去一小片 3)小研点不刮
刮花	常用花纹有斜纹花和月牙花两种 刮斜纹花时精刮刀与工件边以 45°方向刮削,花纹大小视刮削面大小而定。刮削时应一个方向刮定再刮削另一个方向 刮月牙花时左手按刮刀前部,起压刀和掌握方向的作用,右手握刮刀中部做适当的扭动,然后起刀,以形成花纹。依次交叉以 45°方向连续推扭刮削

（2）基准平板刮削方法　刮削基准平板（原始平板）采用三块对研方法，见表 12-31。

（3）平行面的刮削方法　刮削前，应先确定被刮削的平面中，其中一个平面为基准面，首先进行粗、细、精刮削，当按规定达到每 25mm×25mm 内研点数的要求之后，就以此面为基准面，再刮削对应的平行面。刮削前用

表 12-31 基准平板刮削方法

方法		简图
正研	先将三块平板单独进行粗刮，去除机械加工的刀痕和锈斑等，然后将三块平板分别标号进行刮研，其过程要经三次循环 一次循环：先设 1 号为基准，与 2 号互研互刮，与 3 号互研、单刮 3 号，使 1 号与 2 号、2 号与 3 号相贴合	 未刮 刮后
	二次循环：在上一次基础上以 2 号平板为基准，1 号与 2 号平板互研单刮 1 号，3 号与 1 号平板互研互刮	 未刮 刮后 未刮 刮后
	三次循环：在上一次基础上，以 3 号为基准，2 号与 3 号平板互研，单刮 2 号，1 号与 2 号平板互研互刮（然后重复循环，直至规定要求）	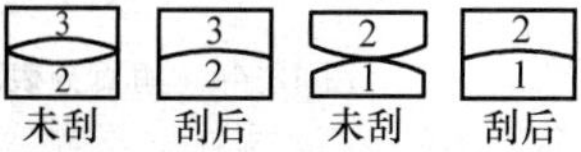 未刮 刮后 未刮 刮后
对角研	在正研过程中，三块平板还应转换方向（45°）互研，以免在平板对角部位产生扭曲现象 经互研发现有扭曲，应根据研点修刮，直至研点分布均匀和消除扭曲，使三块平板相互之间，无论直研、调头研还是对角研，到研点情况都完全相同为止	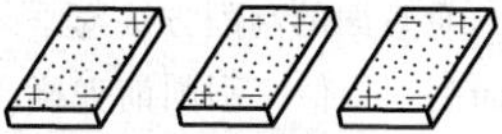 平面扭曲情况 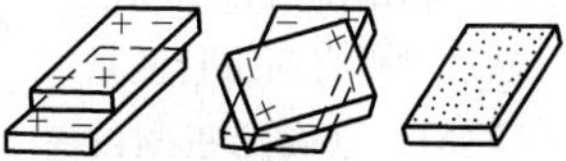 对角研点检查

百分表测量该面对基准面的平行度误差（图 12-44），确定粗刮时各刮削部位的刮削量，并以标准平板为测量基准，结合显点刮削，以保证平面度要求。在保证平面度和初步达到平行度要求的情况下，进入细刮。细刮时除了用显点方法来确定刮削部位外，还应结合百分表进行平行度误差测量，这样再做刮削的修正。达到细刮要求后，进行精刮，直到每 25mm×25mm 内的研点数和平行度都符合要求为止。

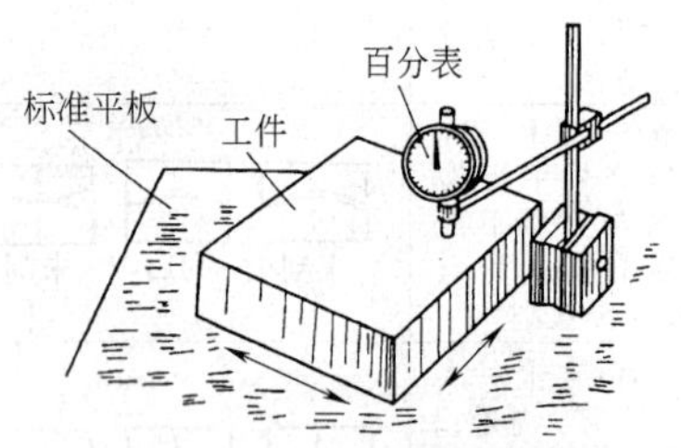

图 12-44　用百分表测量平行度误差

（4）垂直面的刮削方法　垂直面的刮削方法与平行面刮削相似，刮削前先确定一个平面为基准面，进行粗、细、精刮削后作为基准面，然后对垂直面进行测量（图 12-45），以确定粗刮的刮削部位和刮削量，并结

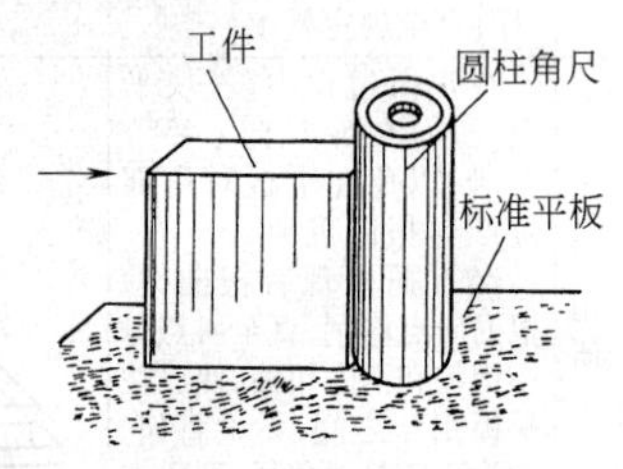

图 12-45　垂直度误差的测量方法

合显点刮削，以保证达到平面度要求。细刮和精刮时，除按研点进行刮削外，还要不断地进行垂直度误差测量，直到被刮面每 25mm×25mm 内的研点数和垂直度都符合要求为止。

（5）曲面的刮削方法　曲面刮削一般是指内曲面刮削。其刮削的原理与平面刮削一样，但刮削方法及所用的工具不同。内曲面刮削常用三角刮刀或蛇头刮刀。刮削时，刮刀应在曲面内做后拉或前推的螺旋运动。

内曲面刮削一般以校准轴（又称工艺轴）或相配合的工作轴作为内曲面研点的校准工具。校准时将显示剂涂布在轴的圆周面上，使轴在内曲面上来回旋转显示出研点（图 12-46），然后根据研点进行刮削。刮削时应注意以下几点：

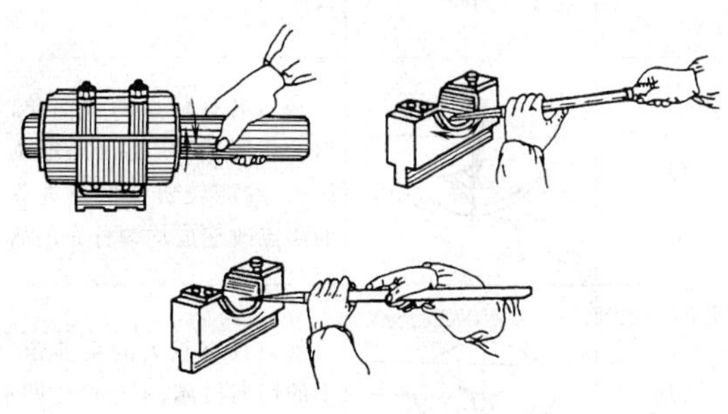

图 12-46　内曲面的显点和刮削

1）刮削时用力不可太大，否则容易发生抖动，使表面产生振痕。

2）研点时配合轴应沿内曲面做来回旋转，精刮时转动弧长应小于25mm。切忌沿轴线方向做直线研点。

3）每刮一遍之后，下一遍刮削应交叉进行，因为交叉刮削可避免刮削面产生波纹，研点也不会呈条状。

4）在一般情况下由于孔的前、后端磨损快，因此刮削内孔时，前后端的研点要多些，中间段的研点可以少些。

5）曲面刮刀的前角及用力方向见表12-32。

表12-32 曲面刮刀的前角及用力方向

刮削类别	应用说明	
粗刮	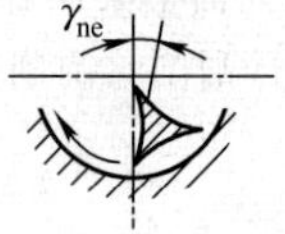 γ_{ne}	刮刀呈正前角，刮出的切屑较厚，故能获得较高的刮削效率
细刮	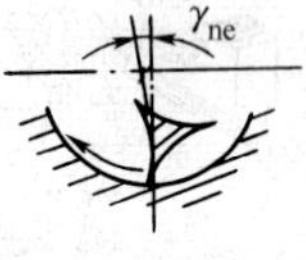 γ_{ne}	刮刀具有较小的负前角，刮出的切屑较薄，能很好地刮去研点，并能较快地把各处集中的研点改变成均匀分布的研点
精刮	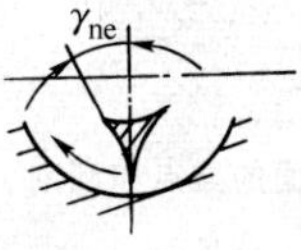 γ_{ne}	刮刀具有较大的负前角，刮出的切屑极薄，不会产生凹痕，故能获得较小的表面粗糙度值

（6）刮削面缺陷的分析（表12-33）

表 12-33 刮削面缺陷的分析

缺陷形式	特　征	产生原因
深凹痕	刮削面研点局部稀少或刀迹与显示研点高低相差太多	1. 粗刮时用力不均、局部落刀太重或多次刀迹重叠 2. 切削刃磨得过于呈弧形
撕痕	刮削面上有粗糙的条状刮痕,比正常刀迹深	1. 切削刃不光滑和不锋利 2. 切削刃有缺口或裂纹
振痕	刮削面上出现有规则的波纹	多次同向刮削,刀迹没有交叉
划道	刮削面上划出深浅不一的直线	研点时夹有砂粒、切屑等杂质,或显示剂不清洁
刮削面精密度不准确	显点情况无规律地改变且捉摸不定	1. 推磨研点时压力不均,研具伸出工件太多,按出现的假点刮削 2. 研具本身不准确

六、研　磨

用研磨工具和研磨剂，在一定压力下通过研具与工件做相对滑动，从工件表面上磨掉一层极薄的金属，以提高工件尺寸、形状精度和减小表面粗糙度值的精整加工方法称为研磨。

研磨精度可达 0.025μm，球体圆度误差可达 0.025μm，圆柱度误差可达 0.1μm，表面粗糙度值可达 *Ra*0.01μm，并能使两个平面达到精密配合。研磨主要用于精密的零件，如量规、精密配合件、光学零件等。

研磨的特点及作用有以下几点：

1）研磨可以获得用其他方法难以达到的高尺寸精度和形状精度。

2）磨粒在工件表面不重复先前运动轨迹，易于切削掉加工表面凸峰，容易获得极小的表面粗糙度值。

3）经研磨后的零件能提高加工表面的耐磨性、耐蚀能力及疲劳强度，从而延长了零件的使用寿命。

4）加工方法简单，不需复杂设备，但加工效率较低。

1. 研磨的分类

（1）湿研磨　又称敷砂研磨。将稀糊状或液状研磨剂涂敷或连续注入研具表面，磨粒在工件与研具之间不停地滑动或滚动，形成对工件的切削运动，加工表面呈无光泽的麻点状。湿研磨一般用于粗研磨。

（2）干研磨　又称嵌砂研磨或压砂研磨。在一定的压力下，将磨料均匀地压嵌在研具的表层中，研磨时只需在研具表面涂以少量的润滑剂即可，干研磨可获得很高的加工精度和小的表面粗糙度值，但研磨效率较低，一般用于精研磨。

（3）半干研磨　采用糊状的研磨膏作为研磨剂，其研磨性能介于湿研磨与干研磨之间，用于粗研磨和精研磨均可。

2. 研具

研具是用于涂敷或嵌入磨料并使其磨粒发挥切削作用的工具。研具材料硬度一般应比工件材料硬度低，而且硬度一致性好，组织均匀，无杂质、异物、裂纹和缺陷。其结构要合理，并具有较高的几何精度，耐磨性好，散热性好。

(1) 研具材料

1) 常用研具材料的性能及适用范围见表 12-34。

表 12-34 常用研具材料的性能及适用范围

材料	性能与要求	用 途
灰铸铁	硬度为 120～160HBW，金相组织以铁素体为主，可适当增加珠光体的比例，用石墨球化及磷共晶等办法提高使用性能	用于湿式研磨平板
高磷铸铁	硬度为 160～200HBW，以均匀细小的珠光体（70%～85%）为基体，可提高平板的使用性能	用于干式研磨平板及嵌砂平板
10、20 低碳钢	强度较高	用于铸铁研具强度不足时，如 M5 以下螺纹孔，直径 d<8mm 的小孔及窄槽等的研磨
黄铜、纯铜	磨粒易嵌入，研磨工效高，但强度低，不能承受过大的压力，耐磨性差，加工表面粗糙度值大	用于粗研余量大的工件及青铜件和小孔的研磨
木材	要求木质紧密、细致、纹理平直，无节疤、虫伤	用于研磨铜或其他软金属
沥青	磨粒易嵌入，不能承受大的压力	用于玻璃、水晶、电子元件等的精研与镜面研磨
玻璃	脆性大，一般要求 10mm 的厚度，并经 450° 退火，处理	用于精研，配用氧化铬研磨膏，可获得良好的研磨效果

2) 常用的干研嵌砂平板材料成分见表 12-35。

(2) 通用研认

1) 平面研具的类型、特点及适用范围见表 12-36。

表 12-35　常用的干研嵌砂平板材料成分

嵌砂粒度	干研平板成分(质量分数,%)								金相组织及硬度
	C	Si	Mn	P	S	Sb	Ti	Cu	
F1200以下	3.2	2.14	0.74	0.2	0.1	0.045	—	—	粗片状珠光体占 70%,游离碳呈 A 型 4~5 级,硬度为 156HBW
F1200以上	2.88	1.58	0.84	0.95	0.05	—	0.15	0.78	薄片状及细片状珠光体约占 85%,二元磷共晶网状分布,游离碳呈 A 型 4~5 级,硬度为 192HBW

表 12-36　平面研具的类型、特点及适用范围

名称	简图	结构特点	适用范围
研磨平板	60° B b h	多制成正方形和长方形,常用于手工研磨,有开槽与不开槽两种。开槽的目的是刮去多余的研磨剂,使零件获得好的平面度。常开 60° V 形槽,槽宽 b 和槽深 h 为 1~5mm,槽距 B 为 15~20mm	用于研磨平面

（续）

名称		简图	结构特点	适用范围
研磨圆盘	直角交叉型圆盘		研磨圆盘也有开槽和不开槽两种。研磨圆盘多开螺旋槽，方向是使研磨液能向内侧循环移动，与离心力作用相抵消。采用研磨膏研磨时，选用阿基米德螺旋线槽较好 但采用开槽圆盘研磨，工件的表面粗糙值较大，因此，若要求工件表面粗糙度值较小，应选用不开槽圆盘研磨	研磨各种平面零件，主要用于小型零件
	圆环射线型圆盘			
	偏心圆环型圆盘			

（续）

名称		简图	结构特点	适用范围
研磨圆盘	螺旋射线型圆盘		研磨圆盘也有开槽和不开槽两种。研磨圆盘多开螺旋槽，方向是使研磨液能向内侧循环移动，与离心力作用相抵消。采用研磨膏研磨时，选用阿基米德螺旋线槽较好 但采用开槽圆盘研磨，工件的表面粗糙值较大，因此，若要求工件表面粗糙度值较小，应选用不开槽圆盘研磨	研磨各种平面零件，主要用于小型零件
	径向射线型圆盘			
	阿基米德螺旋线型圆盘			

2）外圆柱面研具的类型、特点及适用范围见表 12-37。

表 12-37　外圆柱面研具的类型、特点及适用范围

名称	简图	结构特点	适用范围
整体式研具		整体式外圆柱面研具是一个空心、整体不开口的研磨套，有均布的三个槽	用于研磨小直径的外圆柱面
带研磨套开口式研具		研磨较大直径的圆柱面时，孔内加研磨套，其内径比工件外径大 0.02～0.04mm，套的长度为加工表面长度的 1/4～1/2。研磨套内圆不开槽	用于研磨较大直径的外圆柱面

（续）

名称	简图	结构特点	适用范围
带研磨套开口式研具	研磨套的外表面开槽	研磨套制成开口的，便于调节尺寸。除开口外，还开两个槽，使研磨套具有一定的弹性	用于研磨普通直径的外圆柱面
	研磨套的内表面开槽	开口式研磨套，在研磨大型工件时，可在套的内表面开槽，以增加弹性	用于研磨大型外圆柱面
三点式研具	72° 工件	三点式研具是在整体研具架的内径上开有三个槽（角度如图所示），其中拧入调节螺栓的槽较深。在三个槽内均镶嵌有一块研磨块。研磨时，把三块研磨块车成研磨直径尺寸	用于研磨高精度的外圆柱面

3） 内圆柱面研具的类型、特点及适用范围见表 12-38。

表 12-38　内圆柱面研具的类型、特点及适用范围

名称	简图	结构特点	适用范围
整体式研具	不开槽式	不开槽式整体研棒，是实心整体圆柱体，刚性好，研磨精度高	用于精研较小孔（直径 < 8mm）的内圆柱面
	开槽式	开槽式整体研棒，是在实心圆柱体外圆表面上开直槽、螺旋槽或交叉槽。螺旋槽研棒研磨效率高，但研孔表面粗糙度值大和圆度较差；交叉螺旋槽和十字交叉槽研棒加工质量好，水平研磨开直槽较好，垂直研磨开螺旋槽较好	用于粗研较小孔（直径 < 8mm）的内圆柱面

（续）

名称	简图	结构特点	适用范围
可调式研具	7 6 5 4 3 2 1 1—心棒　2、7—螺母　3、6—套 4—研磨套　5—销	心棒与研磨套的配合锥度为 1∶20~1∶50。锥套外径比工件小 0.01~0.02mm，其结构有开槽或不开槽两种	开槽式研磨棒适用于粗研，不开槽式研磨棒适用于精研
不通孔式研具		利用螺纹，通过锥度使外径胀大。研棒工作部分的长度尺寸必须比被研磨孔的长度尺寸大 20~30mm，锥度为 1∶50~1∶20。研磨不通孔时，由于磨料不易均布，可在外径上开螺旋槽，或在轴向做成反锥	适用于研磨不通孔的内圆柱面

4）内圆柱面研棒沟槽形式见表 12-39。

表 12-39　内圆柱面研棒沟槽形式

形式	简　图
单槽	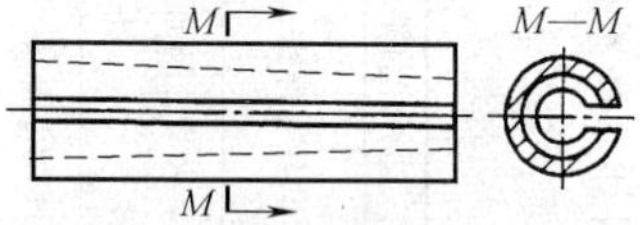 M　M　M—M
圆周短槽	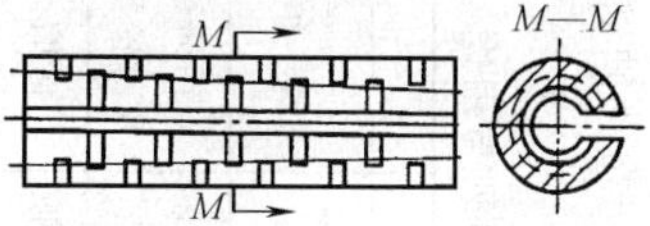 M　M　M—M
轴向直槽	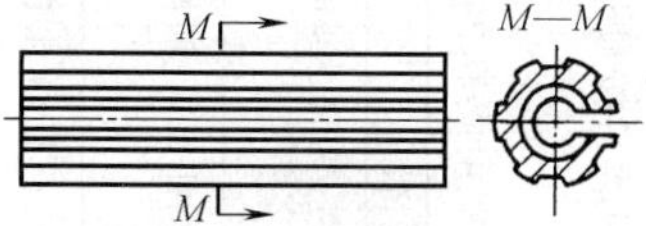 M　M　M—M
螺旋槽	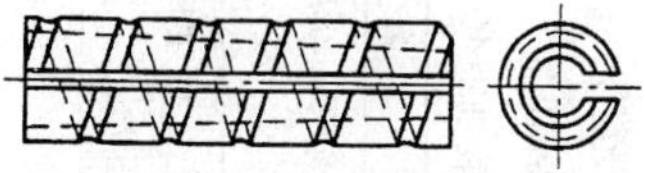
交叉螺旋槽	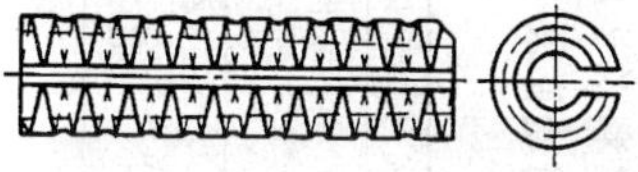
十字交叉槽	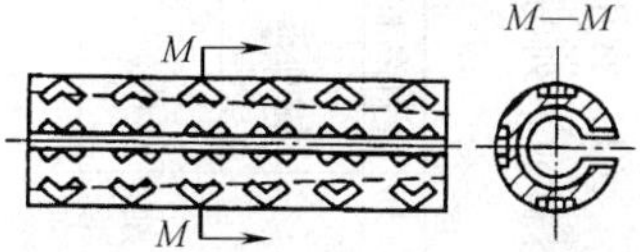 M　M　M—M

3. 研磨剂

研磨剂是由磨料和研磨液调和而成的混合剂。

(1) 常用磨料及适用范围 研磨磨料按硬度可分为硬磨料和软磨料两类。常用磨料的系列与用途见表 12-40。

表 12-40 常用磨料的系列与用途

系列	磨料名称	代号	特性	适用范围
刚玉类	棕刚玉	A	棕褐色。硬度高，韧性大，价格便宜	粗、精研磨钢、铸铁、黄铜
	白刚玉	WA	白色。硬度比棕刚玉高，韧性比棕刚玉差	精研磨淬火钢、高速钢、高碳钢及薄壁零件
	铬刚玉	PA	玫瑰红或紫红色。韧性比白刚玉高，磨削表面质量好	研磨量具、仪表零件及高精度表面
	单晶刚玉	SA	淡黄色或白色。硬度和韧性比白刚玉高	研磨不锈钢、高钒高速钢等强度高、韧性大的材料
碳化物类	墨碳化硅	C	黑色有光泽。硬度比白刚玉高，性脆而锋利，导热性和导电性良好	研磨铸铁、黄铜、铝、耐火材料及非金属材料

（续）

系列	磨料名称	代号	特　　性	适用范围
碳化物类	绿碳化硅	GC	绿色。硬度和脆性比黑碳化硅高，具有良好的导热性和导电性	研磨硬质合金、硬铬、宝石、陶瓷、玻璃等材料
	碳化硼	BC	灰黑色。硬度仅次于金刚石，耐磨性好	精研磨和抛光硬质合金、人造宝石等硬质材料
金刚石类	人造金刚石	JR	无色透明或淡黄色、黄绿色、黑色。硬度高，比天然金刚石略脆，表面粗糙	粗、精研磨硬质合金、人造宝石、半导体等高硬度脆性材料
	天然金刚石	JT	硬度最高，价格昂贵	
软料磨类	氧化铁	—	红色至暗红色。比氧化铬软	精研磨或抛光钢、铁、玻璃等材料
	氧化铬	—	深绿色	

（2）磨料粒度的选择（表 12-41）

表 12-41　磨粒粒度的选择

微粉粒度	适用范围			能达到的表面粗糙度 *Ra*/μm
	连续施加磨粒	嵌砂研磨	涂敷研磨	
F360~F400(旧牌号:W28~W20)	√		√	0.63~0.32
F500(旧牌号:W14)	√		√	0.32~0.16
F600(旧牌号:W10)	√		√	
F800(旧牌号:W7)			√	0.16~0.08
		√	√	
F1000(旧牌号:W5)		√	√	0.08~0.04
F1200(旧牌号:W3.5)		√	√	0.04~0.02
F1500(旧牌号:W2.5)		√	√	
F1800(旧牌号:W1.5)		√	√	0.02~0.01
F2500(旧牌号:W1.0)		√	√	
F2500 以上(旧牌号:W0.5)		√	√	<0.01

注：√表示可选用。

（3）研磨剂　研磨液主要起润滑，冷却作用，并使磨粒均布在研具表面上。常用研磨液见表 12-42。

表 12-42　常用研磨液

工件材料		研　磨　液
钢	粗研	煤油 3 份,L-AN10 全损耗系统用油 1 份,汽轮机油或锭子油少量,轻质矿物油适量
	精研	L-AN10 全损耗系统用油

（续）

工件材料	研磨液
铸铁	煤油
铜	动物油（熟猪油与磨料拌成糊状后加30倍煤油）、锭子油（少量）、植物油（适量）
淬火钢、不锈钢	植物油、汽轮机油或乳化液
硬质合金	航空汽油
金刚石	橄榄油、圆度仪油或蒸馏水
金、银、白金	乙醇或氨水
玻璃、水晶	水

（4）研磨剂的配制　研磨剂主要有液态研磨剂和研磨膏两种。

1）液态研磨剂。湿研时液态研磨剂用煤油、混合脂、微粉配制。常用液态研磨剂见表12-43。

表12-43　常用液态研磨剂

配方		调法	用途
金刚砂/g 硬脂酸/g 航空汽油/g 煤油	2~3 2~2.5 80~100 数滴	先将硬脂酸和航空汽油在清洁的瓶中混合，然后放入金刚砂摇晃至乳白状而金刚砂不易沉下为止，最后滴入煤油	研磨各种硬质合金刀具
白刚玉(F1000)/g 硬脂酸/g 蜂蜡/g 航空汽油/g 煤油/g	16 8 1 80 95	先将硬脂酸与蜂蜡溶解，冷却后加入航空汽油搅拌，然后用双层纱布过滤，最后加入磨料和煤油	精研磨高速钢刀具及一般钢材

干研时压砂用研磨剂配方见表 12-44。

表 12-44　干研时压砂用研磨剂配方

序号	成　分		备　注
1	白刚玉(F1200 以下)/g 硬脂酸混合脂/g 航空汽油/mL 煤油/mL	15 8 200 35	使用时不加任何辅料
2	白刚玉(F1200 以下)/g 硬脂酸混合脂/g 航空汽油/mL	25 0.5 200	使用时,平板表面涂以少量硬脂酸混合脂,并加数滴煤油
3	白刚玉/g 硬脂酸混合脂/g 航空汽油及煤油混合液/mL	50 4~5 500	航空汽油与煤油的比例取决于磨料的粒度 F1200 以下:汽油 9 份,煤油 1 份 F1200:汽油 7 份,煤油 3 份
4	刚玉(F1000~F1200)适量,煤油 6~20 滴,直接放在平板上用氧化铬研磨膏调成稀糊状		

2) 研磨膏。常用研磨膏有：刚玉类研磨膏，主要用于钢铁件的研磨；碳化硅、碳化硼类研磨膏，主要用于硬质合金、玻璃、陶瓷和半导体等的研磨；氧化铬类研磨膏，主要用于精细抛光或非金属材料的研磨；金刚石类研磨膏，主要用于硬质合金等高硬度材料的研磨。常用研磨膏的成分及用途见表 12-45~表 12-47。

表 12-45 刚玉类研磨膏的成分及用途

粒度	成分及比例(质量分数,%)				用途
	微粉	混合脂	油酸	其他	
F600	52	26	20	硫化油 2 或煤油少许	粗研
F800	46	28	26	煤油少许	半精研及研狭长表面
F1000	42	30	28	煤油少许	半精研
F1200	41	31	28	煤油少许	精研及研端面
F1200 以下	40	32	28	煤油少许	精研
	40	26	26	凡士林 8	精细研
	25	35	30	凡士林 10	精细研及抛光

表 12-46 碳化硅、碳化硼类研磨膏的成分及用途

研磨膏名称	成分及比例(质量分数,%)	用途
碳化硅	碳化硅(F240~F320)83、凡士林 17	粗研
碳化硼	碳化硼(F600)65、石蜡 35	半精研
混合研磨膏	碳化硼(F600)35、白刚玉(F600~F1000)与混合脂各 15、油酸 35	半精研
碳化硼	碳化硼(F1200 以上)76、石蜡 12、羊油 10、松节油 2	精细研

4. 研磨方法

(1) 常用研磨运动轨迹

1) 手工研磨运动轨迹类型见表 12-48。

表 12-47　人造金刚石类研磨膏

粒度	颜色	加工表面粗糙度 Ra/μm	粒度	颜色	加工表面粗糙度 Ra/μm
F800	青莲	0.16~0.32	F1200以下	橘红	0.02~0.04
F1000	蓝	0.08~0.32		天蓝	0.01~0.02
F1200	玫红	0.08~0.16		棕	0.008~0.012
F1200以下	橘黄	0.04~0.08		中蓝	≤0.01
	草绿	0.04~0.08			

表 12-48　手工研磨运动轨迹类型

轨迹类型	简　图	适用范围
直线往复式	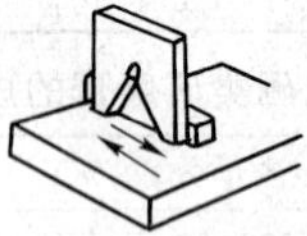	常用于研磨有台阶的狭长平面,如平面样板、角尺的测量面等,能获得较高的几何精度
摆动直线式	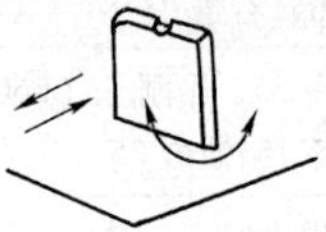	用于研磨某些圆弧面,如样板角尺,双斜面直尺的圆弧测量面
螺旋式		用于研磨圆片或圆柱形工件的端面,能获得较小的表面粗糙度值和较好的平面度

（续）

轨迹类型	简　图	适用范围
"8"字形或仿"8"字形式	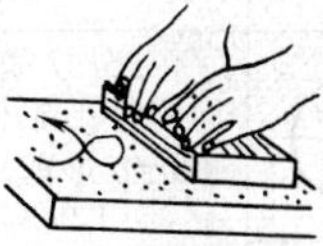	常用于研磨小平面工件,如量规的测量面等

2）机械研磨运动轨迹类型见表 12-49。

表 12-49　机械研磨运动轨迹类型

轨迹类型	轨迹图形	特点及适用范围
直线往复式	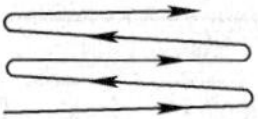	工件在平板上作平面平行运动,其研磨速度一致,研磨量均匀,运动较平稳,研磨行程的同一性较好。但研磨轨迹容易重复,平板磨损不一致。适用于加工底面狭长而高的工件
正弦曲线式		工件始终保持平面平行运动,主要是成形研磨。由于轨迹交错频繁,研磨表面粗糙度值比直线往复式有明显增大
周摆线式	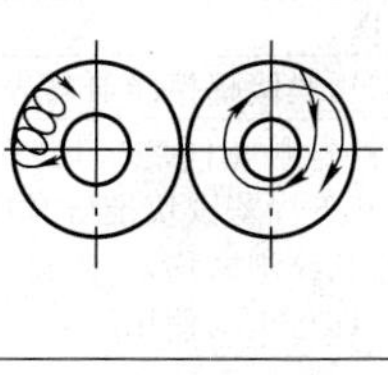	工件运动能走遍整个板面,结构简单,加工表面粗糙度值小。但因工件前导边始终不变换,且工件各点的行程不一致性较大,不易保持研磨盘的平面度。适用于加工扁平工件及圆柱工件的端面

（续）

轨迹类型	轨迹图形	特点及适用范围
内摆线式	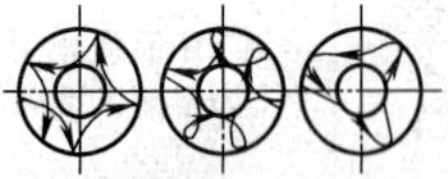	内、外摆线式轨迹适于研磨圆柱形工件端面，及底面为正方形或矩形、长宽比小于2：1的扁平工件。这种轨迹的尺寸一致性好，平板磨损较均匀，故研磨质量好，效率较高，适用于大批量生产
外摆线式	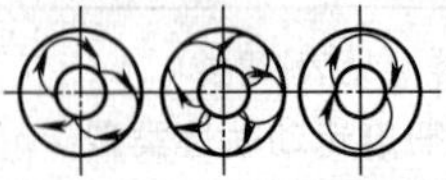	

(2) 研具的压砂　研磨前研具可按表12-50所述的工序步骤进行压砂。

表12-50　研具压砂工序

序号	工序名称	说　明
1	涂硬脂酸	用煤油清洗擦净研具，涂抹一层硬脂酸
2	倒砂，抹匀及晾干	将浸泡好的液态研磨剂摇晃均匀，并倒在研具表面，抹匀、晾干
3	滴加液态润滑剂	滴加适量煤油，把晾干的研磨粉调匀呈黏糊状，然后将另一块研具合上，开始嵌压砂
4	嵌压砂	按“8”字形运动推研研具，并经常调转上研具的方向，一般需3~5遍，才能使磨粒均匀嵌入并有一定深度
5	擦净	取下上研具，用脱脂棉擦净研具表面
6	试块检查	用与被研工件材料相同的试块，在研具表面直线往复推研几下。若试块推研时切削速度很快，且表面研磨条纹细密均匀，则说明研具表面嵌砂多而均匀，即可正式使用

（3）研磨工艺参数的选择

1）研磨余量的选择见表12-51～表12-53。

表12-51　平面研磨余量　（单位：mm）

平面长度	平面宽度		
	≤25	25～75	75～150
≤25	0.005～0.007	0.007～0.010	0.010～0.014
25～75	0.007～0.010	0.010～0.016	0.016～0.02
75～150	0.010～0.014	0.016～0.020	0.020～0.024
150～250	0.014～0.018	0.020～0.024	0.024～0.03

注：经过精磨的工件，手工研磨余量每面为3～5μm，机械研磨余量每面为5～10μm。

表12-52　外圆研磨余量　（单位：mm）

直　径	余　量	直　径	余　量
≤10	0.005～0.008	50～80	0.008～0.012
10～18	0.006～0.008	80～120	0.010～0.014
18～30	0.007～0.01	120～180	0.012～0.016
30～50	0.008～0.01	180～260	0.015～0.02

注：经过精磨的工件，手工研磨余量为3～8μm，机械研磨余量为8～15μm。

表12-53　内孔研磨余量　（单位：mm）

孔　径	铸　铁	钢
25～125	0.020～0.1	0.01～0.04
150～275	0.080～0.16	0.02～0.05
300～500	0.12～0.2	0.04～0.06

注：经过精磨的工件，手工研磨直径余量为5～10μm。

2）研磨速度的选择见表 12-54。

表 12-54 研磨速度的选择 （单位：m/min）

研磨类型	平面		外圆	内孔	其他
	单面	双面			
湿研	20~120	20~60	50~75	50~100	10~70
干研	10~30	10~15	10~25	10~20	2~8

注：1. 工件材质软或精度要求高时，速度取小值。

2. 内孔指孔径范围为 6~10mm。

3）研磨压力的选择见表 12-55。

表 12-55 研磨压力的选择 （单位：MPa）

研磨类型	平面	外圆	内孔①	其他
湿研	0.1~0.15	0.15~0.25	0.12~0.28	0.08~0.12
干研	0.01~0.1	0.05~0.15	0.04~0.16	0.03~0.1

① 孔径范围为 5~20mm。

（4）典型面研磨方法举例

1）平面研磨方法。平面的研磨一般分为粗研和精研。粗研用有槽的平板，精研用光滑平板。

研磨前，先用煤油或汽油把研磨平板的工作表面清洗干净并擦干，再在研磨平板上涂适当的研磨剂，然后把工件需要研磨的表面合在研板上进行研磨。研磨时多采用“8”字形或螺旋形运动轨迹（表 12-48），但研磨狭窄平面时也常采用直线往复式轨迹，并用金属块作为导靠（金属块平面应互相垂直），使金属块和工件紧靠在一起，并与工件一起研磨（图 12-47a），以保持侧面和平面的垂直，防止倾斜和产生圆角。若加工工件数量较多，可采用 C 形夹板将几块工件夹在一起进行研磨（图 12-47b）。

研磨平面时，压力应适中，粗研时压力可大些，精研时压力要小些。研磨速度一般控制在每分钟往复 20~40 次。

2）外圆柱面研磨方法。外圆柱面的研磨方法分纯手工研磨和机械配合手工研磨两种。

① 纯手工研磨方法。如图 12-48 所示，先将工件安装在特制的工具上，并在工件外圆涂一层薄而均匀的研磨剂，然后装入已固定好的研具孔内，调整好研磨间隙，手握工具手柄，使工件既做正、反方向转动，又做轴向往复移动，保证整个研磨面得到均匀的研磨。

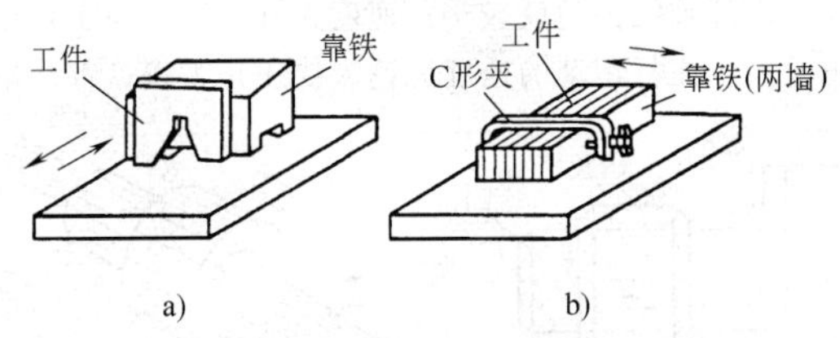

图 12-47　平面研磨时辅助工具的应用

② 机械配合手工研磨方法。如图 12-49 所示，在研磨外圆柱面时，由机床夹住工件旋转，手握研具做轴向往复运动，进行研磨（图 12-49a、b）。

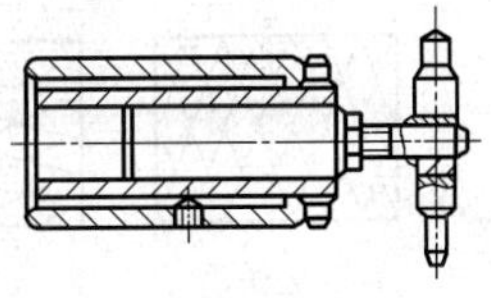

图 12-48　纯手工研磨外圆柱面

应根据表 12-38 选用相应的可调式研具。给工件均匀涂上研磨剂，套上研具，调整研磨环的研磨间隙，以手能转动为宜。研磨中，应随时调整研磨间隙。由于工件存在加工误差，研磨时，手握研具可感觉到松紧不同，紧的地方可多研几下，直到间隙合理而手感松紧很均匀为止。研具应常调头研磨。

研磨时往复运动与工件旋转运动要有规律。一般工件的转速在直径小于 80mm 时为 100r/min，直径大于 100min 时为 50r/min。研具往复运动的速度根据工件在研具上研磨出来的网纹来控制（图 12-49c）。当往复运动的速度适当时，工件上研磨出来的网纹形成 45°交叉线；速度太快，网纹与工件轴线夹角就较小；速度太慢，网纹与工件轴线夹角较大。往复运动的速度无论太快还是太慢，都影响工

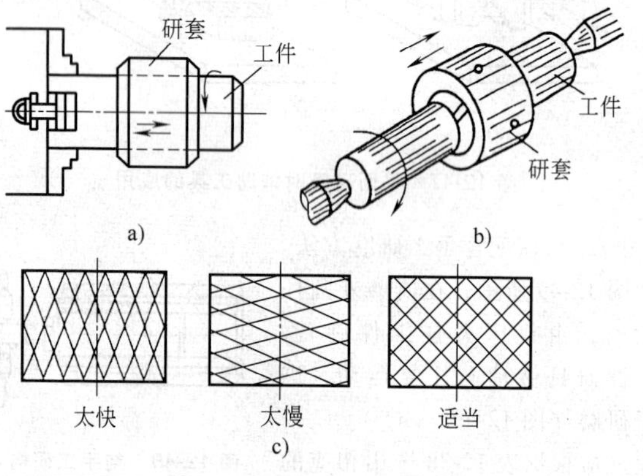

图 12-49 机械配合手工研磨外圆柱面

件的精度和耐磨性。

3）内圆柱面（内孔）研磨方法。内圆柱面的研磨方法分纯手工研磨和机械配合手工研磨两种。

① 纯手工研磨方法（图12-50）。先将工件固定好，将研磨剂均匀涂在研具表面，然后装入工件中，用手转动研具（或将研具装在铰杠上），同时做轴向往复运动。

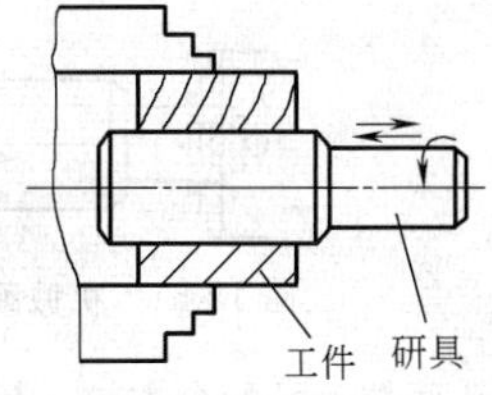

图 12-50 纯手工研磨内圆柱面

研具可采用整体式或可调式研磨棒。整体式研磨棒常采用5支一组形式，其尺寸偏差见表12-56。

表 12-56 整体式成组研磨棒的直径偏差

号数	尺寸规定	备注
1	比被研磨孔小 0.015mm	开螺旋槽
2	比1号研磨棒大 0.01~0.015mm	开螺旋槽
3	比2号研磨棒大 0.005~0.008mm	开螺旋槽
4	比3号研磨棒大 0.005mm	不开螺旋槽
5	比4号研磨棒大 0.003~0.005mm	不开螺旋槽

② 机械配合手工研磨方法（图12-51）。把研磨棒夹在机床卡盘上，将研磨剂均匀涂在研具表面，手握工件在研磨棒全长上做均匀往复移动，研磨速度取 0.3~1m/s。研磨中不断调大研磨棒直径，以达到工件要求的尺寸和精度。

在调节研磨棒时与工件的配合要适当，配合太紧，易

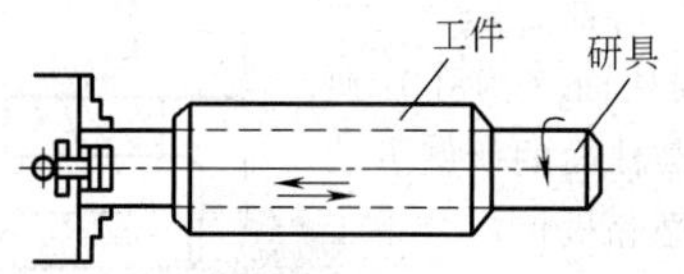

图 12-51　机械配合手工研磨内圆柱面

将孔面拉毛；配合太松，孔会研磨成椭圆形。研磨时如果工件的端面有过多的研磨剂被挤出，应及时擦掉，否则会使孔口扩大，研磨成喇叭口形状。如果孔口要求精度很高，可将研磨棒的两端用砂布磨得略小一些，以避免孔口扩大。

4）不通孔研磨。研磨前，要求工件孔径尽量接近最终要求，研磨余量要尽量小。研磨棒长度应长于工件 5~10mm，并使其前端有大于直径 0.01~0.03mm 的倒锥。粗研磨采用粒度为 F600 的研磨剂，精研磨前洗净残留研磨剂，再用细研磨剂研磨。

5）圆锥面研磨。圆锥面研磨包括圆锥孔和圆锥体（外圆锥面）的研磨。研具结构有整体式和可调式两种，其工作部分的长度应是工件研磨长度的 1.5 倍左右。整体式研磨棒开有螺旋槽（图 12-52），可调式研磨棒（套）的结构和圆柱面可调式研磨棒（套）类似。

研磨一般在车床或钻床上进行，研磨棒的转动方向应与螺旋槽方向一致。研磨时，研磨棒（套）上应均匀地涂上一层研磨剂，插入工件锥孔（或锥体）中（图 12-53）进行研磨。研磨时需要多次擦净，重新涂上研磨

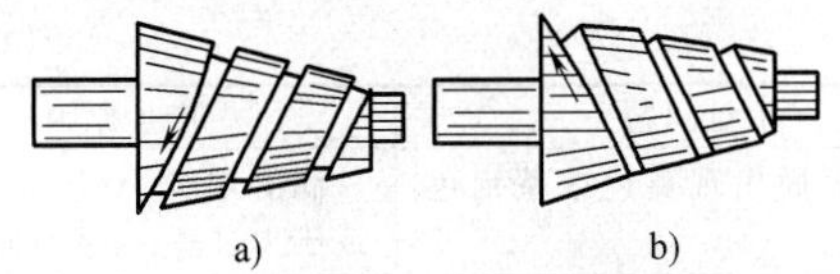

图 12-52 带有螺旋槽的圆锥面研磨棒

a）左向螺旋槽 b）右向螺旋槽

剂，在做转动的同时，要不断地稍微拔出和推入，反复进行研磨，研磨到接近要求的精度时，拔出研具，擦掉研具和工件表面的研磨剂，重新套上进行抛光。

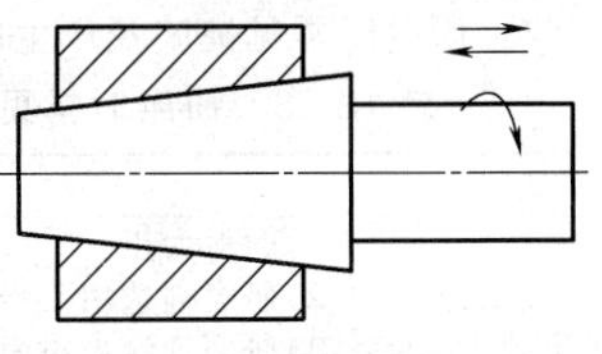

图 12-53 研磨圆锥面

5. 研磨时常见缺陷及产生原因

1）平板压砂常见问题及产生原因见表 12-57。

表 12-57 平板压砂常见问题及产生原因

常见问题	产生原因
有不均匀的打滑现象，并伴有“吱吱”声响，平板表面发亮	主要是压砂不进，硬脂酸过多，平板材料有硬层
压砂不均匀	硬脂酸过多，平板不吻合，煤油过少，磨料分布不均匀
平板中部磨料密集	对研平板有凹心，煤油过多
平板表面有划痕	研磨剂中混有粗粒，或磨料未嵌入，硬脂酸分布不均

（续）

常见问题	产生原因
平板表面出现黄色或茶褐色斑块烧伤	润滑剂少,对研速度过快或压力过高,研磨时间过长
研磨时噪声很大	磨粒呈脆性
平板表面光亮度不一致	磨粒分布不均匀,或所施加的压力不均匀

2）研磨时常见缺陷及产生原因见表 12-58。

表 12-58　研磨时常见缺陷及产生原因

缺陷	产生原因
表面粗糙度值大	1)磨料太粗 2)研磨剂选用不当 3)研磨剂涂得薄而不均 4)研磨时忽视清洁工作,研磨剂中混入杂质
平面呈凸形	1)研磨时压力过大 2)研磨剂涂得太厚,工作边缘挤出的研磨剂未及时擦去仍继续研磨 3)运动轨迹没有错开 4)研磨平板选用不当
孔口扩大	1)研磨剂涂抹不均匀 2)研磨时孔口挤出的研磨剂未及时擦去 3)研磨棒伸出太长 4)研磨棒与工件孔之间的间隙太大,研磨时研具相对于工件孔的径向摆动太大 5)工件内孔本身或研磨棒有锥度
孔呈椭圆形或圆柱有锥度	1)研磨时没有更换方向或及时调头 2)工件材料硬度不匀或研磨前加工质量差 3)研磨棒本身的制造精度低

附录 三角函数表

0°

分(′)	正弦 sin	余弦 cos	正切 tan	余切 cot	
0	0.00000	1.0000	0.00000	∞	60
2	00058	0000	00058	1718.87	58
4	00116	0000	00116	859.44	56
6	00175	0000	00175	572.96	54
8	00233	0000	00233	429.72	52
10	0.00291	1.0000	0.00291	343.77	50
12	00349	99999	00349	286.48	48
14	00407	99999	00407	245.55	46
16	00465	99999	00465	214.86	44
18	00524	99999	00524	190.98	42
20	0.00582	0.99998	0.00582	171.89	40
22	00640	99998	00640	156.26	38
24	00698	99998	00698	143.24	36
26	00756	99997	00765	132.22	34
28	00814	99997	00815	122.77	32
30	0.00873	0.99996	0.00873	114.59	30
32	00931	99996	00931	107.43	28
34	00989	99995	00989	101.11	26
36	01047	99995	01047	95.489	24
38	01105	99994	01105	90.463	22
40	0.01164	0.99993	0.01164	85.940	20
42	01222	99993	01222	81.847	18
44	01280	99992	01280	78.126	16
46	01338	99991	01338	74.729	14
48	01396	99990	01396	71.615	12
50	0.01454	0.99989	0.01455	68.750	10
52	01513	99989	01513	66.105	8
54	01571	99988	01517	63.657	6
56	01629	99987	01629	61.383	4
58	01687	99986	01687	59.266	2
60	0.01745	0.99985	0.01746	57.290	0
	余弦 cos	正弦 sin	余切 cot	正切 tan	分(′)

89°

1°

分(′)	正弦 sin	余弦 cos	正切 tan	余切 cot	
0	0.01745	0.99985	0.01746	57.290	60
2	01803	99984	01804	55.442	58
4	01862	99983	01862	53.709	56
6	01920	99982	01920	52.081	54
8	01978	99980	01978	50.549	52
10	0.02036	0.99979	0.02036	49.104	50
12	02094	99978	02095	47.740	48
14	02152	99977	02153	46.449	46
16	02211	99976	02211	45.226	44
18	02269	99974	02269	44.066	42
20	0.02327	0.99973	0.02328	42.964	40
22	02385	99972	02386	41.916	38
24	02443	99970	02444	40.917	36
26	02501	99969	02502	39.965	34
28	02560	99967	02560	39.057	32
30	0.02618	0.99966	0.02619	38.188	30
32	02676	99964	02677	37.358	28
34	02734	99963	02735	36.563	26
36	02792	99961	02793	35.801	24
38	02850	99959	02851	35.070	22
40	0.02908	0.99958	0.02910	34.368	20
42	02967	99956	02968	33.694	18
44	03025	99954	03026	33.045	16
46	03083	99952	03084	32.421	14
48	03141	99951	03143	31.821	12
50	0.03199	0.99949	0.03201	31.242	10
52	03257	99947	03259	30.683	8
54	03316	99945	03317	30.145	6
56	03374	99943	03376	29.624	4
58	03432	99941	03434	29.122	2
60	0.03490	0.99939	0.03492	28.636	0
	余弦 cos	正弦 sin	余切 cot	正切 tan	分(′)

88°

2°

分(′)	正弦 sin	余弦 cos	正切 tan	余切 cot	
0	0.03490	0.99939	0.03492	28.636	60
2	03548	99937	03550	28.166	58
4	03606	99935	03609	27.712	56
6	03664	99933	03667	27.271	54
8	03723	99931	03725	26.845	52
10	0.03781	0.99929	0.03783	26.432	50
12	03839	99926	03842	26.031	48
14	03897	99924	03900	25.642	46
16	03955	99922	03958	25.264	44
18	04013	99919	04016	24.898	42
20	0.04071	0.99917	0.04075	24.542	40
22	04129	99915	04133	24.196	38
24	04188	99912	04191	23.859	36
26	04246	99910	04250	23.532	34
28	04304	99907	04308	23.214	32
30	0.04362	0.99905	0.04366	22.904	30
32	04420	99902	04424	22.602	28
34	04478	99900	04483	22.308	26
36	04536	99897	04541	22.022	24
38	04594	99894	04599	21.743	22
40	0.04653	0.99892	0.04658	21.470	20
42	04711	99889	04716	21.205	18
44	04769	99886	04774	20.946	16
46	04827	99883	04833	20.693	14
48	04885	99881	04891	20.446	12
50	0.04943	0.99878	0.04949	20.206	10
52	05001	99875	05007	19.970	8
54	05059	99872	05066	19.740	6
56	05117	99869	05124	19.516	4
58	05175	99866	05182	19.296	2
60	0.05234	0.99863	0.05241	19.081	0
	余弦 cos	正弦 sin	余切 cot	正切 tan	分(′)

87°

3°

分(′)	正弦 sin	余弦 cos	正切 tan	余切 cot	
0	0.05234	0.99863	0.05241	19.081	60
2	05292	99860	05299	18.871	58
4	05350	99857	05357	18.666	56
6	05408	99854	05416	18.464	54
8	05466	99851	05474	18.268	52
10	0.05524	0.99847	0.05533	18.075	50
12	05582	99844	05591	17.886	48
14	05640	99841	05649	17.702	46
16	05698	99838	05708	17.521	44
18	05756	99834	05766	17.343	42
20	0.05814	0.99831	0.05824	17.169	40
22	05873	99827	05883	16.999	38
24	05931	99824	05941	16.832	36
26	05989	99821	05999	16.668	34
28	06047	99817	06058	16.507	32
30	0.06105	0.99813	0.06116	16.350	30
32	06163	99810	06175	16.195	28
34	06221	99806	06233	16.043	26
36	06279	99803	06291	15.895	24
38	06337	99799	06350	15.748	22
40	0.06395	0.99795	0.06408	15.605	20
42	06453	99792	06467	15.464	18
44	06511	99788	06525	15.325	16
46	06569	99784	06584	15.189	14
48	06627	99780	06642	15.056	12
50	0.06685	0.99776	0.06700	14.924	10
52	06743	99772	06759	14.795	8
54	06802	99768	06817	14.669	6
56	06860	99764	06876	14.544	4
58	06918	99760	06934	14.421	2
60	0.06976	0.99756	0.06993	14.301	0
	余弦 cos	正弦 sin	余切 cot	正切 tan	分(′)

86°

4°

分(′)	正弦 sin	余弦 cos	正切 tan	余切 cot	
0	0.06976	0.99756	0.06993	14.301	60
2	07034	99752	07051	14.182	58
4	07092	99748	07110	14.065	56
6	07150	99744	07168	13.951	54
8	07208	99740	07227	13.838	52
10	0.07266	0.99736	0.07285	13.727	50
12	07324	99731	07344	13.617	48
14	07382	99727	07402	13.510	46
16	07440	99723	07461	13.404	44
18	07498	99719	07519	13.300	42
20	0.07556	0.99714	0.07578	13.197	40
22	07614	99710	07636	13.096	38
24	07672	99705	07695	12.996	36
26	07730	99701	07753	12.898	34
28	07788	99696	07812	12.801	32
30	0.07846	0.99692	0.07870	12.706	30
32	07904	99687	07929	12.612	28
34	07962	99683	07987	12.520	26
36	08020	99678	08046	12.429	24
38	08078	99673	08104	12.339	22
40	0.08136	0.99668	0.08163	12.251	20
42	08194	99664	08221	12.163	18
44	08252	99659	08280	12.077	16
46	08310	99654	08339	11.992	14
48	08368	99649	08397	11.909	12
50	0.08426	0.99644	0.08456	11.826	10
52	08484	99639	08514	11.745	8
54	08542	99635	08573	11.664	6
56	08600	99630	08632	11.585	4
58	08658	99625	08690	11.507	2
60	0.08716	0.99619	0.08749	11.430	0
	余弦 cos	正弦 sin	余切 cot	正切 tan	分(′)

85°

5°

分(′)	正弦 sin	余弦 cos	正切 tan	余切 cot	
0	0.08716	0.99619	0.08749	11.430	60
2	08774	99614	08807	11.354	58
4	08831	99609	08866	11.279	56
6	08889	99604	08925	11.205	54
8	08947	99599	08983	11.132	52
10	0.09005	0.99594	0.09042	11.059	50
12	09063	99588	09101	10.988	48
14	09121	99583	09159	10.918	46
16	09179	99578	09218	10.848	44
18	09237	99572	09277	10.780	42
20	0.09295	0.99567	0.09335	10.712	40
22	09353	99562	09394	10.645	38
24	09411	99556	09453	10.579	36
26	09469	99551	09511	10.514	34
28	09527	99545	09570	10.449	32
30	0.09585	0.99540	0.09629	10.385	30
32	09642	99534	09688	10.322	28
34	09700	99528	09746	10.260	26
36	09758	99523	09805	10.199	24
38	09816	99517	09864	10.138	22
40	0.09874	0.99511	0.09923	10.078	20
42	09932	99506	09981	10.019	18
44	09990	99500	10040	9.9601	16
46	10048	99494	10099	9.9021	14
48	10106	99488	10158	9.8448	12
50	0.10164	0.99482	0.10216	9.7882	10
52	10221	99476	10275	9.7322	8
54	10279	99470	10334	9.6768	6
56	10337	99464	10393	9.6220	4
58	10395	99458	10452	9.5679	2
60	0.10453	0.99452	0.10510	9.5144	0
	余弦 cos	正弦 sin	余切 cot	正切 tan	分(′)

84°

6°

分(′)	正弦 sin	余弦 cos	正切 tan	余切 cot	
0	0.10453	0.99452	0.10510	9.5144	60
2	10511	99446	10569	4614	58
4	10569	99440	10628	4090	56
6	10626	99434	10687	3572	54
8	10684	99428	10746	3060	52
10	0.10742	0.99421	0.10805	9.2553	50
12	10800	99415	10863	2051	48
14	10858	99409	10922	1555	46
16	10916	99402	10981	1065	44
18	10973	99396	11040	0579	42
20	0.11031	0.99390	0.11099	9.0098	40
22	11089	99383	11158	8.9623	38
24	11147	99377	11217	9152	36
26	11205	99370	11276	8686	34
28	11263	99364	11335	8225	32
30	0.11320	0.99357	0.11394	8.7769	30
32	11378	99351	11452	7317	28
34	11436	99344	11511	6870	26
36	11494	99337	11570	6427	24
38	11552	99331	11629	5989	22
40	0.11609	0.99324	0.11688	8.5555	20
42	11667	99317	11747	5126	18
44	11725	99310	11806	4701	16
46	11783	99303	11865	4280	14
48	11840	99297	11924	3863	12
50	0.11898	0.99290	0.11983	8.3450	10
52	11956	99283	12042	3041	8
54	12014	99276	12101	2636	6
56	12071	99269	12160	2234	4
58	12129	99262	12219	1837	2
60	0.12187	0.99255	0.12278	8.1443	0
	余弦 cos	正弦 sin	余切 cot	正切 tan	分(′)

83°

7°

分(′)	正弦 sin	余弦 cos	正切 tan	余切 cot	
0	0.12187	0.99255	0.12278	8.1443	60
2	12245	99248	12338	1054	58
4	12302	99240	12397	0667	56
6	12360	99233	12456	0285	54
8	12418	99226	12515	7.9906	52
10	0.12476	0.99219	0.12574	7.9530	50
12	12533	99211	12633	9158	48
14	12591	99204	12692	8789	46
16	12649	99197	12751	8424	44
18	12706	99189	12810	8062	42
20	0.12764	0.99182	0.12869	7.7704	40
22	12822	99175	12929	7348	38
24	12880	99167	12988	6996	36
26	12937	99160	13047	6647	34
28	12995	99152	13105	6301	32
30	0.13053	0.99144	0.13165	7.5958	30
32	13110	99137	13224	5618	28
34	13168	99129	13284	5281	26
36	13226	99122	13343	4947	24
38	13283	99113	13402	4615	22
40	0.13341	0.99106	0.13461	7.4287	20
42	13399	99098	13521	3962	18
44	13456	99091	13580	3639	16
46	13514	99083	13639	3319	14
48	13572	99075	13698	3002	12
50	0.13629	0.99067	0.13758	7.2687	10
52	13687	99059	13817	2375	8
54	13744	99051	13876	2066	6
56	13802	99043	13935	1759	4
58	13860	99035	13995	1455	2
60	0.13917	0.99027	0.14054	7.1154	0
	余弦 cos	正弦 sin	余切 cot	正切 tan	分(′)

82°

8°

分(′)	正弦 sin	余弦 cos	正切 tan	余切 cot	
0	0. 13917	0. 99027	0. 14054	7. 1154	60
2	13975	99019	14113	0855	58
4	14033	99011	14173	0558	56
6	14090	99002	14232	0264	54
8	14148	98994	14291	6. 9972	52
10	0. 14205	0. 98986	0. 14351	6. 9682	50
12	14263	98978	14410	9395	48
14	14320	98969	14470	9110	46
16	14378	98961	14529	8828	44
18	14436	98953	14588	8548	42
20	0. 14493	0. 98944	0. 14648	6. 8269	40
22	14551	98936	14707	7994	38
24	14608	98927	14767	7720	36
26	14666	98919	14826	7448	34
28	14723	98910	14886	7179	32
30	0. 14781	0. 98902	0. 14945	6. 6912	30
32	14838	98893	15005	6646	28
34	14896	98884	15064	6383	26
36	14954	98876	15124	6122	24
38	15011	98867	15183	5863	22
40	0. 15069	0. 98858	0. 15243	6. 5606	20
42	15126	98849	15302	5350	18
44	15184	98841	15362	5097	16
46	15241	98832	15421	4846	14
48	15299	98823	15481	4596	12
50	0. 15356	0. 98814	0. 15540	6. 4348	10
52	15414	98805	15600	4103	8
54	15471	98796	15660	3859	6
56	15529	98787	15719	3617	4
58	15586	98778	15779	3376	2
60	0. 15643	0. 98769	0. 15838	6. 3138	0
	余弦 cos	正弦 sin	余切 cot	正切 tan	分(′)

81°

9°

分(′)	正弦 sin	余弦 cos	正切 tan	余切 cot	
0	0.15643	0.98769	0.15838	6.3138	60
2	15701	98760	15898	2901	58
4	15758	98751	15958	2666	56
6	15816	98741	16017	2432	54
8	15873	98732	16077	2200	52
10	0.15931	0.98723	0.16137	6.1970	50
12	15988	98714	16196	1742	48
14	16046	98704	16256	1515	46
16	16103	98695	16316	1290	44
18	16160	98686	16376	1066	42
20	0.16218	0.98676	0.16435	6.0844	40
22	16275	98667	16495	0624	38
24	16333	98657	16555	0405	36
26	16390	98648	16615	0188	34
28	16447	98638	16674	5.9972	32
30	0.16505	0.98629	0.16734	5.9758	30
32	16562	98619	16794	9545	28
34	16620	98609	16854	9333	26
36	16677	98600	16914	9124	24
38	16734	98590	16974	8915	22
40	0.16792	0.98580	0.17033	5.8708	20
42	16849	98570	17093	8502	18
44	16906	98561	17153	8298	16
46	16964	98551	17213	8095	14
48	17021	98541	17273	7894	12
50	0.17078	0.98531	0.17333	5.7694	10
52	17136	98521	17393	7495	8
54	17193	98511	17453	7297	6
56	17250	98501	17513	7101	4
58	17308	98491	17573	6906	2
60	0.17365	0.98481	0.17633	5.6713	0
	余弦 cos	正弦 sin	余切 cot	正切 tan	分(′)

80°

10°

分(′)	正弦 sin	余弦 cos	正切 tan	余切 cot	
0	0.17365	0.98481	0.17633	5.6713	60
2	17422	98471	17693	6521	58
4	17479	98461	17753	6329	56
6	17537	98450	17813	6140	54
8	17594	98440	17873	5951	52
10	0.17651	0.98430	0.17933	5.5764	50
12	17708	98420	17993	5578	48
14	17766	98409	18053	5393	46
16	17823	98399	18113	5209	44
18	17880	98389	18173	5026	42
20	0.17937	0.98378	0.18233	5.4845	40
22	17995	98368	18293	4665	38
24	18052	98357	18353	4486	36
26	18109	98347	18414	4308	34
28	18166	98336	18474	4131	32
30	0.18224	0.98325	0.18534	5.3955	30
32	18281	98315	18594	3781	28
34	18338	98304	18654	3607	26
36	18395	98294	18714	3435	24
38	18452	98283	18775	3263	22
40	0.18509	0.98272	0.18835	5.3093	20
42	18567	98261	18895	2924	18
44	18624	98250	18955	2755	16
46	18681	98240	19016	2588	14
48	18738	98229	19076	2422	12
50	0.18795	0.98218	0.19136	5.2257	10
52	18852	98207	19197	2092	8
54	18910	98196	19257	1929	6
56	18967	98185	19317	1767	4
58	19024	98174	19378	1606	2
60	0.19081	0.98163	0.19438	5.1446	0
	余弦 cos	正弦 sin	余切 cot	正切 tan	分(′)

79°

11°

分(′)	正弦 sin	余弦 cos	正切 tan	余切 cot	
0	0. 19081	0. 98163	0. 19438	5. 1446	60
2	19138	98152	19498	1286	58
4	19195	98140	19559	1128	56
6	19252	98129	19619	0970	54
8	19309	98118	19680	0814	52
10	0. 19366	0. 98107	0. 19740	5. 0658	50
12	19423	98096	19801	0504	48
14	19481	98084	19861	0350	46
16	19538	98073	19921	0197	44
18	19595	98061	19982	0045	42
20	0. 19652	0. 98050	0. 20042	4. 9894	40
22	19709	98039	20103	9744	38
24	19766	98027	20164	9594	36
26	19823	98016	20224	9446	34
28	19880	98004	20285	9298	32
30	0. 19937	0. 97992	0. 20345	4. 9152	30
32	19994	97981	20406	9006	28
34	20051	97969	20466	8860	26
36	20108	97958	20527	8716	24
38	20165	97946	20588	8573	22
40	0. 20222	0. 97934	0. 20648	4. 8430	20
42	20279	97922	20709	8288	18
44	20336	97910	20770	8147	16
46	20393	97899	20830	8007	14
48	20450	97887	20891	7867	12
50	0. 20507	0. 97875	0. 20952	4. 7729	10
52	20563	97863	21013	7591	8
54	20620	97851	21073	7453	6
56	20677	97839	21134	7317	4
58	20734	97827	21195	7181	2
60	0. 20791	0. 97815	0. 21256	4. 7046	0
	余弦 cos	正弦 sin	余切 cot	正切 tan	分(′)

78°

12°

分(′)	正弦 sin	余弦 cos	正切 tan	余切 cot	
0	0.20791	0.97815	0.21256	4.7046	60
2	20848	97803	21316	6912	58
4	20905	97791	21377	6779	56
6	20962	97778	21438	6646	54
8	21019	97766	21499	6514	52
10	0.21076	0.97754	0.21560	4.6382	50
12	21132	97742	21621	6252	48
14	21189	97729	21682	6122	46
16	21246	97717	21743	5993	44
18	21303	97705	21804	5864	42
20	0.21360	0.97692	0.21864	4.5736	40
22	21417	97680	21925	5609	38
24	21474	97667	21986	5483	36
26	21530	97655	22047	5357	34
28	21587	97642	22108	5232	32
30	0.21644	0.97630	0.22169	4.5107	30
32	21701	97617	22231	4983	28
34	21758	97604	22292	4860	26
36	21814	97592	22353	4737	24
38	21871	97579	22414	4615	22
40	0.21928	0.97566	0.22475	4.4494	20
42	21985	97553	22536	4374	18
44	22041	97541	22597	4253	16
46	22098	97528	22658	4134	14
48	22155	97515	22719	4015	12
50	0.22212	0.97502	0.22781	4.3897	10
52	22268	97489	22842	3779	8
54	22325	97476	22903	3662	6
56	22382	97463	22964	3546	4
58	22438	97450	23026	3430	2
60	0.22495	0.97437	0.23087	4.3315	0
	余弦 cos	正弦 sin	余切 cot	正切 tan	分(′)

77°

13°

分(′)	正弦 sin	余弦 cos	正切 tan	余切 cot	
0	0.22495	0.97437	0.23087	4.3315	60
2	22552	97424	23148	3200	58
4	22608	97411	23209	3086	56
6	22665	97398	23271	2972	54
8	22722	97384	23332	2859	52
10	0.22778	0.97371	0.23393	4.2747	50
12	22835	97358	23455	2635	48
14	22892	97345	23516	2524	46
16	22948	97331	23577	2413	44
18	23005	97318	23639	2303	42
20	0.23062	0.97304	0.23700	4.2193	40
22	23118	97291	23762	2084	38
24	23175	97278	23823	1976	36
26	23231	97264	23885	1868	34
28	23288	97251	23946	1760	32
30	0.23345	0.97237	0.24008	4.1653	30
32	23401	97223	24069	1547	28
34	23458	97210	24131	1441	26
36	23514	97196	24193	1335	24
38	23571	97182	24254	1230	22
40	0.23627	0.97169	0.24316	4.1126	20
42	23684	97155	24377	1022	18
44	23740	97141	24439	0918	16
46	23797	97127	24501	0815	14
48	23853	97113	24562	0713	12
50	0.23910	0.97100	0.24624	4.0611	10
52	23966	97086	24686	0500	8
54	24023	97072	24747	0408	6
56	24079	97058	24809	0308	4
58	24136	97044	24871	0207	2
60	0.24192	0.97030	0.24933	4.0108	0
	余弦 cos	正弦 sin	余切 cot	正切 tan	分(′)

76°

14°

分(′)	正弦 sin	余弦 cos	正切 tan	余切 cot	
0	0.24192	0.97030	0.24933	4.0108	60
2	24249	97015	24995	0009	58
4	24305	97001	25056	3.9910	56
6	24362	96987	25118	9812	54
8	24418	96973	25180	9714	52
10	0.24474	0.96959	0.25242	3.9617	50
12	24531	96945	25304	9520	48
14	24587	96930	25366	9423	46
16	24644	96916	25428	9327	44
18	24700	96902	25490	9232	42
20	0.24756	0.96887	0.25552	3.9136	40
22	24813	96873	25614	9042	38
24	24869	96858	25676	8947	36
26	24925	96844	25738	8854	34
28	24982	96829	25800	8760	32
30	0.25038	0.96815	0.25862	3.8667	30
32	25094	96800	25924	8575	28
34	25151	96786	25986	8482	26
36	25207	96771	26048	8391	24
38	25263	96756	26110	8299	22
40	0.25320	0.96742	0.26172	3.8208	20
42	25376	96727	26235	8118	18
44	25432	96712	26297	8028	16
46	25488	96697	26359	7938	14
48	25545	96682	26421	7848	12
50	0.25601	0.96667	0.26483	3.7760	10
52	25657	96653	26546	7671	8
54	25713	96638	26608	7583	6
56	25769	96623	26670	7495	4
58	25826	96608	26733	7408	2
60	0.25882	0.96593	0.26795	3.7321	0
	余弦 cos	正弦 sin	余切 cot	正切 tan	分(′)

75°

15°

分(′)	正弦 sin	余弦 cos	正切 tan	余切 cot	
0	0. 25882	0. 96593	0. 26795	3. 7321	60
2	25938	96578	26857	7234	58
4	25994	96562	26920	7148	56
6	26050	96547	26982	7062	54
8	26107	96532	27044	6976	52
10	0. 26163	0. 96517	0. 27107	3. 6891	50
12	26219	96502	27169	6806	48
14	26275	96486	27232	6722	46
16	26331	96471	27294	6638	44
18	26387	96456	27357	6554	42
20	0. 26443	0. 96440	0. 27419	3. 6470	40
22	26500	96425	27482	6387	38
24	26556	96410	27545	6305	36
26	26612	96394	27607	6222	34
28	26668	96379	27670	6140	32
30	0. 26724	0. 96363	0. 27732	3. 6059	30
32	26780	96347	27795	5978	28
34	26836	96332	27858	5897	26
36	26892	96316	27921	5816	24
38	26948	96301	27983	5736	22
40	0. 27004	0. 96285	0. 28046	3. 5656	20
42	27060	96269	28109	5576	18
44	27116	96253	28172	5497	16
46	27172	96238	28234	5418	14
48	27228	96222	28297	5339	12
50	0. 27284	0. 96206	0. 28360	3. 5261	10
52	27340	96190	28423	5183	8
54	27396	96174	28486	5105	6
56	28452	96158	28549	5028	4
58	27508	96142	28612	4951	2
60	0. 27564	0. 96126	0. 28675	3. 4874	0
	余弦 cos	正弦 sin	余切 cot	正切 tan	分(′)

74°

16°

分(′)	正弦 sin	余弦 cos	正切 tan	余切 cot	
0	0.27564	0.96126	0.28675	3.4874	60
2	27620	96110	28738	4798	58
4	27676	96094	28801	4722	56
6	27731	96078	28864	4646	54
8	27787	96062	28927	4570	52
10	0.27843	0.96046	0.28990	3.4495	50
12	27899	96029	29053	4420	48
14	27955	96013	29116	4346	46
16	28011	95997	29179	4271	44
18	28067	95981	29242	4197	42
20	0.28123	0.95964	0.29305	3.4124	40
22	28178	95948	29368	4050	38
24	28234	95931	29432	3977	36
26	28290	95915	29495	3904	34
28	28346	95898	29558	3832	32
30	0.28402	0.95882	0.29621	3.3759	30
32	28457	95865	29685	3687	28
34	28513	95849	29748	3616	26
36	28569	95832	29811	3544	24
38	28625	95816	29875	3473	22
40	0.28680	0.95799	0.29938	3.3402	20
42	28736	95782	30001	3332	18
44	28792	95766	30065	3261	16
46	28847	95749	30128	3191	14
48	28903	95732	30192	3122	12
50	0.28959	0.95715	0.30255	3.3052	10
52	29015	95698	30319	2983	8
54	29070	95681	30382	2914	6
56	29126	95664	30446	2845	4
58	29182	95647	30509	2777	2
60	0.29237	0.95630	0.30573	3.2709	0
	余弦 cos	正弦 sin	余切 cot	正切 tan	分(′)

73°

17°

分(′)	正弦 sin	余弦 cos	正切 tan	余切 cot	
0	0.29237	0.95630	0.30573	3.2709	60
2	29293	95613	30637	2641	58
4	29348	95596	30700	2573	56
6	29404	95579	30764	2506	54
8	29460	95562	30828	2438	52
10	0.29515	0.95545	0.30891	3.2371	50
12	29571	95528	30955	2305	48
14	29626	95511	31019	2238	46
16	29682	95493	31083	2172	44
18	29737	95476	31147	2106	42
20	0.29793	0.95459	0.31210	3.2041	40
22	29849	95441	31274	1975	38
24	29904	95424	31338	1910	36
26	29960	95407	31402	1845	34
28	30015	95389	31466	1780	32
30	0.30071	0.95372	0.31530	3.1716	30
32	30126	95354	31594	1652	28
34	30182	95337	31658	1588	26
36	30237	95319	31722	1524	24
38	30292	95301	31786	1460	22
40	0.30348	0.95284	0.31850	3.1397	20
42	30403	95266	31914	1334	18
44	30459	95248	31978	1271	16
46	30514	95231	32042	1209	14
48	30570	95213	32106	1146	12
50	0.30625	0.95195	0.32171	3.1084	10
52	30680	95177	32235	1022	8
54	30736	95159	32299	0961	6
56	30791	95142	32363	0899	4
58	30846	95124	32428	0838	2
60	0.30902	0.95106	0.32492	3.0777	0
	余弦 cos	正弦 sin	余切 cot	正切 tan	分(′)

72°

18°

分(′)	正弦 sin	余弦 cos	正切 tan	余切 cot	
0	0.30902	0.95106	0.32492	3.0777	60
2	30957	95088	32556	0716	58
4	31012	95070	32621	0655	56
6	31068	95052	32685	0595	54
8	31123	95033	32749	0535	52
10	0.31178	0.95015	0.32814	3.0475	50
12	31233	94997	32878	0415	48
14	31289	94979	32943	0356	46
16	31344	94961	33007	0296	44
18	31399	94943	33072	0237	42
20	0.31454	0.94924	0.33136	3.0178	40
22	31510	94906	33201	0120	38
24	31565	94888	33266	0061	36
26	31620	94869	33330	0003	34
28	31675	94851	33395	2.9945	32
30	0.31730	0.94832	0.33460	2.9887	30
32	31786	94814	33524	9829	28
34	31841	94795	33589	9772	26
36	31896	94777	33654	9714	24
38	31951	94758	33718	9657	22
40	0.32006	0.94740	0.33783	2.9600	20
42	32061	94721	33848	9544	18
44	32116	94702	33913	9487	16
46	32171	94684	33978	9431	14
48	32226	94665	34043	9375	12
50	0.32282	0.94646	0.34108	2.9319	10
52	32337	94627	34173	9263	8
54	32392	94609	34238	9208	6
56	32447	94590	34303	9152	4
58	32502	94571	34368	9097	2
60	0.32557	0.94552	0.34433	2.9042	0
	余弦 cos	正弦 sin	余切 cot	正切 tan	分(′)

71°

19°

分(′)	正弦 sin	余弦 cos	正切 tan	余切 cot	
0	0.32557	0.94552	0.34433	2.9042	60
2	32612	94533	34498	8987	58
4	32667	94514	34563	8933	56
6	32722	94495	34628	8878	54
8	32777	94476	34693	8824	52
10	0.32832	0.94457	0.34758	2.8770	50
12	32887	94438	34824	8716	48
14	32942	94418	34889	8662	46
16	32997	94399	34954	8609	44
18	33051	94380	35020	8555	42
20	0.33106	0.94361	0.35085	2.8502	40
22	33161	94342	35150	8449	38
24	33216	94322	35216	8396	36
26	33271	94303	35281	8344	34
28	33326	94284	35346	8291	32
30	0.33381	0.94264	0.35412	2.8239	30
32	33436	94245	35477	8187	28
34	33490	94225	35543	8135	26
36	33545	94206	35608	8083	24
38	33600	94186	35674	8032	22
40	0.33655	0.94167	0.35740	2.7980	20
42	33710	94147	35805	7929	18
44	33764	94127	35871	7878	16
46	33819	94108	35937	7827	14
48	33874	94088	36002	7776	12
50	0.33929	0.94068	0.36068	2.7725	10
52	33983	94049	36134	7675	8
54	34038	94029	36199	7625	6
56	34093	94009	36265	7575	4
58	34147	93989	36331	7525	2
60	0.34202	0.93969	0.36397	2.7475	0
	余弦 cos	正弦 sin	余切 cot	正切 tan	分(′)

70°

20°

分(′)	正弦 sin	余弦 cos	正切 tan	余切 cot	
0	0. 34202	0. 93969	0. 36397	2. 7475	60
2	34257	93949	36463	7425	58
4	34311	93929	36529	7376	56
6	34366	93909	36595	7326	54
8	34421	93889	36661	7277	52
10	0. 34475	0. 93869	0. 36727	2. 7228	50
12	34530	93849	36793	7179	48
14	34584	93829	36859	7130	46
16	34639	93809	36925	7082	44
18	34694	93789	36991	7034	42
20	0. 34748	0. 93769	0. 37057	2. 6985	40
22	34803	93748	37123	6937	38
24	34857	93728	37190	6889	36
26	34912	93708	37256	6841	34
28	34966	93688	37322	6794	32
30	0. 35021	0. 93667	0. 37388	2. 6746	30
32	35075	93647	37455	6699	28
34	35130	93626	37521	6652	26
36	35184	93606	37588	6605	24
38	35239	93585	37654	6558	22
40	0. 35293	0. 93565	0. 37720	2. 6511	20
42	35347	93544	37787	6464	18
44	35402	93524	37853	6418	16
46	35456	93503	37920	6371	14
48	35511	93483	37986	6325	12
50	0. 35565	0. 93462	0. 38053	2. 6279	10
52	35619	93441	38120	6233	8
54	35674	93420	38186	6187	6
56	35728	93400	38253	6142	4
58	35782	93379	38320	6096	2
60	0. 35837	0. 93358	0. 38386	2. 6051	0
	余弦 cos	正弦 sin	余切 cot	正切 tan	分(′)

69°

21°

分(′)	正弦 sin	余弦 cos	正切 tan	余切 cot	
0	0.35837	0.93358	0.38386	2.6051	60
2	35891	93337	38453	6006	58
4	35945	93316	38520	5961	56
6	36000	93295	38587	5916	54
8	36054	93274	38654	5871	52
10	0.36108	0.93253	0.38721	2.5826	50
12	36162	93232	38787	5782	48
14	36217	93211	38854	5737	46
16	36271	93190	38921	5693	44
18	36325	93169	38988	5649	42
20	0.36379	0.93148	0.39055	2.5605	40
22	36434	93127	39122	5561	38
24	36488	93106	39190	5517	36
26	36542	93084	39257	5473	34
28	36596	93063	39324	5430	32
30	0.36650	0.93042	0.39391	2.5386	30
32	36704	93020	39458	5343	28
34	36758	92999	39526	5300	26
36	36812	92978	39593	5257	24
38	36867	92956	39660	5214	22
40	0.36921	0.92935	0.39727	2.5172	20
42	36975	92913	39795	5129	18
44	37029	92892	39862	5086	16
46	37083	92870	39930	5044	14
48	37137	92849	39997	5002	12
50	0.37191	0.92827	0.40065	2.4960	10
52	37245	92805	40132	4918	8
54	37299	92784	40200	4876	6
56	37353	92762	40267	4834	4
58	37407	92740	40335	4792	2
60	0.37461	0.92718	0.40403	2.4751	0
	余弦 cos	正弦 sin	余切 cot	正切 tan	分(′)

68°

22°

分(′)	正弦 sin	余弦 cos	正切 tan	余切 cot	
0	0.37461	0.92718	0.40403	2.4751	60
2	37515	92697	40470	4709	58
4	37569	92675	40538	4668	56
6	37622	92653	40606	4627	54
8	37676	92631	40674	4586	52
10	0.37730	0.92609	0.40741	2.4545	50
12	37784	92587	40809	4504	48
14	37838	92565	40877	4464	46
16	37892	92543	40945	4423	44
18	37946	92521	41013	4383	42
20	0.37999	0.92499	0.41081	2.4342	40
22	38053	92477	41149	4302	38
24	38107	92455	41217	4262	36
26	38161	92432	41285	4222	34
28	38215	92410	41353	4182	32
30	0.38268	0.92388	0.41421	2.4142	30
32	38322	92366	41490	4102	28
34	38376	92343	41558	4063	26
36	38430	92321	41626	4023	24
38	38483	92299	41694	3984	22
40	0.38537	0.92276	0.41763	2.3945	20
42	38591	92254	41831	3906	18
44	38644	92231	41899	3867	16
46	38698	92209	41968	3828	14
48	38752	92186	42036	3789	12
50	0.38805	0.92164	0.42105	2.3750	10
52	38859	92141	42173	3712	8
54	38912	92119	42242	3673	6
56	38966	92096	42310	3635	4
58	39020	92073	42379	3597	2
60	0.39073	0.92050	0.42447	2.3559	0
	余弦 cos	正弦 sin	余切 cot	正切 tan	分(′)

67°

23°

分(′)	正弦 sin	余弦 cos	正切 tan	余切 cot	
0	0.39073	0.92050	0.42447	2.3559	60
2	39127	92028	42516	3520	58
4	39180	92005	42585	3483	56
6	39234	91982	42654	3445	54
8	39287	91959	42722	3407	52
10	0.39341	0.91936	0.42791	2.3369	50
12	39394	91914	42860	3332	48
14	39448	91891	42929	3294	46
16	39501	91868	42998	3257	44
18	39555	91845	43067	3220	42
20	0.39608	0.91822	0.43136	2.3183	40
22	39661	91799	43205	3146	38
24	39715	91775	43274	3109	36
26	39768	91752	43343	3072	34
28	39822	91729	43412	3035	32
30	0.39875	0.91706	0.43481	2.2998	30
32	39928	91683	43550	2962	28
34	39982	91660	43620	2925	26
36	40035	91636	43689	2889	24
38	40088	91613	43758	2853	22
40	0.40141	0.91590	0.43828	2.2817	20
42	40195	91566	43897	2781	18
44	40248	91543	43966	2745	16
46	40301	91519	44036	2709	14
48	40355	91496	44105	2673	12
50	0.40408	0.91472	0.44175	2.2637	10
52	40461	91449	44244	2602	8
54	40514	91425	44314	2566	6
56	40567	91402	44384	2531	4
58	40621	91378	44453	2496	2
60	0.40674	0.91355	0.44523	2.2460	0
	余弦 cos	正弦 sin	余切 cot	正切 tan	分(′)

66°

24°

分(′)	正弦 sin	余弦 cos	正切 tan	余切 cot	
0	0. 40674	0. 91355	0. 44523	2. 2460	60
2	40727	91331	44593	2425	58
4	40780	91307	44662	2390	56
6	40833	91283	44732	2355	54
8	40886	91260	44802	2320	52
10	0. 40939	0. 91236	0. 44872	2. 2286	50
12	40992	91212	44942	2251	48
14	41045	91188	45012	2216	46
16	41098	91164	45082	2182	44
18	41151	91140	45152	2148	42
20	0. 41204	0. 91116	0. 45222	2. 2113	40
22	41257	91092	45292	2079	38
24	41310	91068	45363	2045	36
26	41363	91044	45432	2011	34
28	41416	91020	45502	1977	32
30	0. 41469	0. 90996	0. 45573	2. 1943	30
32	41522	90972	45643	1909	28
34	41575	90948	45713	1876	26
36	41628	90924	45784	1842	24
38	41681	90899	45854	1808	22
40	0. 41734	0. 90875	0. 45924	2. 1775	20
42	41787	90851	45995	1742	18
44	41840	90826	46065	1708	16
46	41892	90802	46136	1675	14
48	41945	90778	46206	1642	12
50	0. 41988	0. 90753	0. 46277	2. 1609	10
52	42051	90729	46348	1576	8
54	42104	90704	46418	1543	6
56	42156	90680	46489	1510	4
58	42209	90655	46560	1478	2
60	0. 42262	0. 90631	0. 46631	2. 1445	0
	余弦 cos	正弦 sin	余切 cot	正切 tan	分(′)

65°

25°

分(′)	正弦 sin	余弦 cos	正切 tan	余切 cot	
0	0.42262	0.90631	0.46631	2.1445	60
2	42315	90606	46702	1413	58
4	42367	90582	46772	1380	56
6	42420	90557	46843	1348	54
8	42473	90532	46914	1315	52
10	0.42525	0.90507	0.46985	2.1283	50
12	42578	90483	47056	1251	48
14	42631	90458	47128	1219	46
16	42683	90433	47199	1187	44
18	42736	90408	47270	1155	42
20	0.42788	0.90383	0.47341	2.1123	40
22	42841	90358	47412	1092	38
24	42894	90334	47483	1060	36
26	42946	90309	47555	1028	34
28	42999	90284	47626	0997	32
30	0.43051	0.90259	0.47698	2.0965	30
32	43104	90233	47769	0934	28
34	43156	90208	47840	0903	26
36	43209	90183	47912	0872	24
38	43261	90158	47984	0840	22
40	0.43313	0.90133	0.48055	2.0809	20
42	43366	90108	48127	0778	18
44	43418	90082	48198	0748	16
46	43471	90057	48270	0717	14
48	43523	90032	48342	0686	12
50	0.43575	0.90007	0.48414	2.0655	10
52	43628	89981	48486	0625	8
54	43680	89956	48557	0594	6
56	43733	89930	48629	0564	4
58	43785	89905	48701	0533	2
60	0.43837	0.89879	0.48773	2.0503	0
	余弦 cos	正弦 sin	余切 cot	正切 tan	分(′)

64°

26°

分(′)	正弦 sin	余弦 cos	正切 tan	余切 cot	
0	0.43837	0.89879	0.48773	2.0503	60
2	43889	89854	48845	0473	58
4	43942	89828	48917	0443	56
6	43994	89803	48989	0413	54
8	44046	89777	49062	0383	52
10	0.44098	0.89752	0.49134	2.0353	50
12	44150	89726	49206	0323	48
14	44203	89700	49278	0293	46
16	44255	89674	49351	0263	44
18	44307	89649	49423	0233	42
20	0.44359	0.89623	0.49495	2.0204	40
22	44411	89597	49568	0174	38
24	44464	89571	49640	0145	36
26	44516	89545	49713	0115	34
28	44568	89519	49786	0086	32
30	0.44620	0.89493	0.49858	2.0057	30
32	44672	89467	49931	0028	28
34	44724	89441	50004	1.9999	26
36	44776	89415	50076	9970	24
38	44828	89389	50149	9941	22
40	0.44880	0.89363	0.50222	1.9912	20
42	44932	89337	50295	9883	18
44	44984	89311	50368	9854	16
46	45036	89285	50441	9825	14
48	45088	89259	50514	9797	12
50	0.45140	0.89232	0.50587	1.9768	10
52	45192	89206	50660	9740	8
54	45243	89180	50733	9711	6
56	45295	89153	50806	9683	4
58	45347	89127	50879	9654	2
60	0.45399	0.89101	0.50953	1.9626	0
	余弦 cos	正弦 sin	余切 cot	正切 tan	分(′)

63°

27°

分(′)	正弦 sin	余弦 cos	正切 tan	余切 cot	
0	0.45399	0.89101	0.50953	1.9626	60
2	45451	89074	51026	9598	58
4	45503	89048	51099	9570	56
6	45554	89021	51173	9542	54
8	45606	88995	51246	9514	52
10	0.45658	0.88968	0.51319	1.9486	50
12	45710	88942	51393	9458	48
14	45762	88915	51467	9430	46
16	45813	88888	51540	9402	44
18	45865	88862	51614	9375	42
20	0.45917	0.88835	0.51688	1.9347	40
22	45968	88808	51761	9319	38
24	46020	88782	51835	9292	36
26	46072	88755	51909	9265	34
28	46123	88728	51983	9237	32
30	0.46175	0.88701	0.52057	1.9210	30
32	46226	88674	52131	9183	28
34	46278	88647	52205	9155	26
36	46330	88620	52279	9128	24
38	46381	0.88593	52353	9101	22
40	0.46433	88566	0.52427	1.9074	20
42	46484	88539	52501	9047	18
44	46536	88512	52575	9020	16
46	46587	88485	52650	8993	14
48	46639	88458	52724	8967	12
50	0.46690	0.88431	0.52798	1.8940	10
52	46742	88404	52873	8913	8
54	46793	88377	52947	8887	6
56	46844	88349	53022	8860	4
58	46896	88322	53096	8834	2
60	0.46947	0.88295	0.53171	1.8807	0
	余弦 cos	正弦 sin	余切 cot	正切 tan	分(′)

62°

28°

分(′)	正弦 sin	余弦 cos	正切 tan	余切 cot	
0	0.46947	0.88295	0.53171	1.8807	60
2	46999	88267	53246	8781	58
4	47050	88240	53320	8755	56
6	47101	88213	53395	8728	54
8	47153	88185	53470	8702	52
10	0.47204	0.88158	0.53545	1.8676	50
12	47255	88130	53620	8650	48
14	47306	88103	53694	8624	46
16	47358	88075	53769	8598	44
18	47409	88048	53844	8572	42
20	0.47460	0.88020	0.53920	1.8546	40
22	47511	87993	53995	8520	38
24	47562	87965	54070	8495	36
26	47614	87937	54145	8469	34
28	47665	87909	54220	8443	32
30	0.47716	0.87882	0.54296	1.8418	30
32	47767	87854	54371	8392	28
34	47818	87826	54446	8367	26
36	47869	87798	54522	8341	24
38	47920	87770	54597	8316	22
40	0.47971	0.87743	0.54673	1.8291	20
42	48022	87715	54748	8265	18
44	48073	87687	54824	8240	16
46	48124	87659	54900	8215	14
48	48175	87631	54975	8190	12
50	0.48226	0.87603	0.55051	1.8165	10
52	48277	87575	55127	8140	8
54	48328	87546	55203	8115	6
56	48379	87518	55279	8090	4
58	48430	87490	55355	8065	2
60	0.48481	0.87462	0.55431	1.8040	0
	余弦 cos	正弦 sin	余切 cot	正切 tan	分(′)

61°

29°

分(′)	正弦 sin	余弦 cos	正切 tan	余切 cot	
0	0.48481	0.87462	0.55431	1.8040	60
2	48532	87434	55507	8016	58
4	48583	87406	55583	7991	56
6	48634	87377	55659	7966	54
8	48684	87349	55736	7942	52
10	0.48735	0.87321	0.55812	1.7917	50
12	48786	87292	55888	7893	48
14	48837	87264	55964	7868	46
16	48888	87235	56041	7844	44
18	48938	87207	56117	7820	42
20	0.48989	0.87178	0.56194	1.7796	40
22	49040	87150	56270	7771	38
24	49090	87121	56347	7747	36
26	49141	87093	56424	7723	34
28	49192	87064	56501	7699	32
30	0.49242	0.87036	0.56577	1.7675	30
32	49293	87007	56654	7651	28
34	49344	86978	56731	7627	26
36	49394	86949	56808	7603	24
38	49445	86921	56885	7579	22
40	0.49495	0.86892	0.56962	1.7556	20
42	49546	86863	57039	7532	18
44	49596	86834	57116	7508	16
46	49647	86805	57193	7485	14
48	49697	86777	57271	7461	12
50	0.49748	0.86748	0.57348	1.7437	10
52	49798	86719	57425	7414	8
54	49849	86690	57503	7391	6
56	49899	86661	57580	7367	4
58	49950	86632	57657	7344	2
60	0.50000	0.86603	0.57735	1.7321	0
	余弦 cos	正弦 sin	余切 cot	正切 tan	分(′)

60°

30°

分(′)	正弦 sin	余弦 cos	正切 tan	余切 cot	
0	0.50000	0.86603	0.57735	1.7321	60
2	50050	86573	57813	7297	58
4	50101	86544	57890	7274	56
6	50151	86515	57968	7251	54
8	50201	86486	58046	7228	52
10	0.50252	0.86457	0.58124	1.7205	50
12	50302	86427	58201	7182	48
14	50352	86398	58279	7159	46
16	50403	86369	58357	7136	44
18	50453	86340	58435	7113	42
20	0.50503	0.86310	0.58513	1.7090	40
22	50553	86281	58591	7067	38
24	50603	86251	58670	7045	36
26	50654	86222	58748	7022	34
28	50704	86192	58826	6999	32
30	0.50754	0.86163	0.58905	1.6977	30
32	50804	86133	58983	6954	28
34	50854	86104	59061	6932	26
36	50904	86074	59140	6909	24
38	50954	86045	59218	6887	22
40	0.51004	0.86015	0.59297	1.6864	20
42	51054	85985	59376	6842	18
44	51104	85956	59454	6820	16
46	51154	85926	59533	6797	14
48	51204	85896	59612	6775	12
50	0.51254	0.85866	0.59691	1.6753	10
52	51304	85836	59770	6731	8
54	51354	85806	59849	6709	6
56	51404	85777	59928	6687	4
58	51454	85747	60007	6665	2
60	0.51504	0.85717	0.60086	1.6643	0
	余弦 cos	正弦 sin	余切 cot	正切 tan	分(′)

59°

31°

分(′)	正弦 sin	余弦 cos	正切 tan	余切 cot	
0	0.51504	0.85717	0.60086	1.6643	60
2	51554	85687	60165	6621	58
4	51604	85657	60245	6599	56
6	51653	85627	60324	6577	54
8	51703	85597	60403	6555	52
10	0.51753	0.85567	0.60483	1.6534	50
12	51803	85536	60562	6512	48
14	51852	85506	60642	6490	46
16	51902	85476	60721	6469	44
18	51952	85446	60801	6447	42
20	0.52002	0.85416	0.60881	1.6426	40
22	52051	85385	60960	6404	38
24	52101	85355	61040	6383	36
26	52151	85325	61120	6361	34
28	52200	85294	61200	6340	32
30	0.52250	0.85264	0.61280	1.6318	30
32	52299	85234	61360	6297	28
34	52349	85203	61440	6276	26
36	52399	85173	61520	6255	24
38	52448	85142	61601	6234	22
40	0.52498	0.85112	0.61681	1.6212	20
42	52547	85081	61761	6191	18
44	52597	85051	61842	6170	16
46	52646	85020	61922	6149	14
48	52696	84989	62003	6128	12
50	0.52745	0.84959	0.62083	1.6107	10
52	52794	84928	62164	6087	8
54	52844	84897	62245	6066	6
56	52893	84866	62325	6045	4
58	52943	84836	62406	6024	2
60	0.52992	0.84805	0.62487	1.6003	0
	余弦 cos	正弦 sin	余切 cot	正切 tan	分(′)

58°

32°

分(′)	正弦 sin	余弦 cos	正切 tan	余切 cot	
0	0. 52992	0. 84805	0. 62487	1. 6003	60
2	53041	84774	62568	5983	58
4	53091	84743	62649	5962	56
6	53140	84712	62730	5941	54
8	53189	84681	62811	5921	52
10	0. 53238	0. 84650	0. 62892	1. 5900	50
12	53288	84619	62973	5880	48
14	53337	84588	63055	5859	46
16	53386	84557	63136	5839	44
18	53435	84526	63217	5818	42
20	0. 53484	0. 84495	0. 63299	1. 5798	40
22	53534	84464	63380	5778	38
24	53583	84433	63462	5757	36
26	53632	84402	63544	5737	34
28	53681	84370	63625	5717	32
30	0. 53730	0. 84339	0. 63707	1. 5697	30
32	53779	84308	63789	5677	28
34	53828	84277	63871	5657	26
36	53877	84245	63953	5637	24
38	53926	84214	64035	5617	22
40	0. 53975	0. 84182	0. 64117	1. 5597	20
42	54024	84151	64199	5577	18
44	54073	84120	64281	5557	16
46	54122	84088	64363	5537	14
48	54171	84057	64446	5517	12
50	0. 54220	0. 84025	0. 64528	1. 5497	10
52	54269	83994	64610	5477	8
54	54317	83962	64693	5458	6
56	54366	83930	64775	5438	4
58	54415	83899	64858	5418	2
60	0. 54464	0. 83867	0. 64941	1. 5399	0
	余弦 cos	正弦 sin	余切 cot	正切 tan	分(′)

57°

33°

分(′)	正弦 sin	余弦 cos	正切 tan	余切 cot	
0	0. 54464	0. 83867	0. 64941	1. 5399	60
2	54513	83835	65024	5379	58
4	54561	83804	65106	5359	56
6	54610	83772	65189	5340	54
8	54659	83740	65272	5320	52
10	0. 54708	0. 83708	0. 65355	1. 5301	50
12	54756	83676	65438	5282	48
14	54805	83645	65521	5262	46
16	54854	83613	65604	5243	44
18	54902	83581	65688	5224	42
20	0. 54951	0. 83549	0. 65771	1. 5204	40
22	54999	83517	65854	5185	38
24	55048	83485	65938	5166	36
26	55097	83453	66021	5147	34
28	55145	83421	66105	5127	32
30	0. 55194	0. 83389	0. 66189	1. 5108	30
32	55242	83356	66272	5089	28
34	55291	83324	66356	5070	26
36	55339	83292	66440	5051	24
38	55388	83260	66524	5032	22
40	0. 55436	0. 83228	0. 66608	1. 5013	20
42	55484	83195	66692	4994	18
44	55533	83163	66776	4975	16
46	55581	83131	66860	4957	14
48	55630	83098	66944	4938	12
50	0. 55678	0. 83066	0. 67028	1. 4919	10
52	55726	83034	67113	4900	8
54	55775	83001	67197	4882	6
56	55823	82969	67282	4863	4
58	55871	82936	67366	4844	2
60	0. 55919	0. 82904	0. 67451	1. 4826	0
	余弦 cos	正弦 sin	余切 cot	正切 tan	分(′)

56°

34°

分(′)	正弦 sin	余弦 cos	正切 tan	余切 cot	
0	0.55919	0.82904	0.67451	1.4826	60
2	55968	82871	67536	4807	58
4	56016	82839	67620	4788	56
6	56064	82806	67705	4770	54
8	56112	82773	67790	4751	52
10	0.56160	0.82741	0.67875	1.4733	50
12	56208	82708	67960	4715	48
14	56256	82675	68045	4696	46
16	56305	82643	68130	4678	44
18	56353	82610	68215	4659	42
20	0.56401	0.82577	0.68301	1.4641	40
22	56449	82544	68386	4623	38
24	56497	82511	68471	4605	36
26	56545	82478	68557	4586	34
28	56593	82446	68642	4568	32
30	0.56641	0.82413	0.68728	1.4550	30
32	56689	82380	68814	4532	28
34	56736	82347	68900	4514	26
36	56784	82314	68985	4496	24
38	56832	82281	69071	4478	22
40	0.56880	0.82248	0.69157	1.4460	20
42	56928	82214	69243	4442	18
44	56976	82181	69329	4424	16
46	57024	82148	69416	4406	14
48	57071	82115	69502	4388	12
50	0.57119	0.82082	0.69588	1.4370	10
52	57167	82048	69675	4352	8
54	57215	82015	69761	4335	6
56	57262	81982	69847	4317	4
58	57310	81949	69934	4299	2
60	0.57358	0.81915	0.70021	1.4281	0
	余弦 cos	正弦 sin	余切 cot	正切 tan	分(′)

55°

35°

分(′)	正弦 sin	余弦 cos	正切 tan	余切 cot	
0	0.57358	0.81915	0.70021	1.4281	60
2	57405	81882	70107	4264	58
4	57453	81848	70194	4246	56
6	57501	81815	70281	4229	54
8	57548	81782	70368	4211	52
10	0.57596	0.81748	0.70455	1.4193	50
12	57643	81714	70542	4176	48
14	57691	81681	70629	4158	46
16	57738	81647	70717	4141	44
18	57786	81614	70804	4124	42
20	0.57833	0.81580	0.70891	1.4106	40
22	57881	81546	70979	4089	38
24	57928	81513	71066	4071	36
26	57976	81479	71154	4054	34
28	58023	81445	71242	4037	32
30	0.58070	0.81412	0.71329	1.4019	30
32	58118	81378	71414	4002	28
34	58165	81344	71505	3985	26
36	58212	81310	71593	3968	24
38	58260	81276	71681	3951	22
40	0.58307	0.81242	0.71769	1.3934	20
42	58354	81208	71857	3916	18
44	58401	81174	71946	3899	16
46	58449	81140	72034	3882	14
48	58496	81106	72122	3865	12
50	0.58543	0.81072	0.72211	1.3848	10
52	58590	81038	72299	3831	8
54	58637	81004	72388	3814	6
56	58684	80970	72477	3798	4
58	58731	80936	72565	3781	2
60	0.58779	0.80902	0.72654	1.3764	0
	余弦 cos	正弦 sin	余切 cot	正切 tan	分(′)

54°

36°

分(′)	正弦 sin	余弦 cos	正切 tan	余切 cot	
0	0.58779	0.80902	0.72654	1.3764	60
2	58826	80867	72743	3747	58
4	58873	80833	72832	3730	56
6	58920	80799	72921	3713	54
8	58967	80765	73010	3697	52
10	0.59014	0.80730	0.73100	1.3680	50
12	59061	80696	73189	3663	48
14	59108	80662	73278	3647	46
16	59154	80627	73368	3630	44
18	59210	80593	73457	3613	42
20	0.59248	0.80558	0.73547	1.3597	40
22	59295	80524	73637	3580	38
24	59342	80489	73726	3564	36
26	59389	80455	73816	3547	34
28	59436	.80420	73906	3531	32
30	0.59482	0.80386	0.73996	1.3514	30
32	59529	80351	74086	3498	28
34	59576	80316	74176	3481	26
36	59622	80282	74267	3465	24
38	59669	80247	74357	3449	22
40	0.59716	0.80212	0.74447	1.3432	20
42	59763	80178	74538	3416	18
44	59809	80143	74628	3400	16
46	59856	80108	74719	3384	14
48	59902	80073	74810	3367	12
50	0.59949	0.80038	0.74900	1.3351	10
52	59995	80003	74991	3335	8
54	60042	79968	75082	3319	6
56	60089	79934	75173	3303	4
58	60135	79899	75264	3287	2
60	0.60182	0.79864	0.75355	1.3270	0
	余弦 cos	正弦 sin	余切 cot	正切 tan	分(′)

53°

37°

分(′)	正弦 sin	余弦 cos	正切 tan	余切 cot	
0	0.60182	0.79864	0.75355	1.3270	60
2	60228	79829	75447	3254	58
4	60274	79793	75538	3238	56
6	60321	79758	75629	3222	54
8	60367	79723	75721	3206	52
10	0.60414	0.79688	0.75812	1.3190	50
12	60460	79653	75904	3175	48
14	60506	79618	75996	3159	46
16	60553	79583	76088	3143	44
18	60599	79547	76180	3127	42
20	0.60645	0.79512	0.76272	1.3111	40
22	60691	79477	76364	3095	38
24	60738	79441	76456	3079	36
26	60784	79406	76548	3064	34
28	60830	79371	76640	3048	32
30	0.60876	0.79335	0.76733	1.3032	30
32	60933	79300	76825	3017	28
34	60968	79264	76918	3001	26
36	61015	79229	77010	2985	24
38	61061	79193	77103	2970	22
40	0.61107	0.79158	0.77196	1.2954	20
42	61153	79122	77289	2938	18
44	61199	79087	77382	2923	16
46	61245	79051	77475	2907	14
48	61291	79016	77568	2892	12
50	0.61337	0.78980	0.77661	1.2876	10
52	61383	78944	77754	2861	8
54	61429	78908	77848	2846	6
56	61474	78873	77941	2830	4
58	61520	78837	78035	2815	2
60	0.61566	0.78801	0.78129	1.2799	0
	余弦 cos	正弦 sin	余切 cot	正切 tan	分(′)

52°

38°

分(′)	正弦 sin	余弦 cos	正切 tan	余切 cot	
0	0.61566	0.78801	0.78129	1.2799	60
2	61612	78765	78222	2784	58
4	61658	78729	78316	2769	56
6	61704	78694	78410	2753	54
8	61749	78658	78504	2738	52
10	0.61795	0.78622	0.78598	1.2723	50
12	61841	78586	78692	2708	48
14	61887	78550	78786	2693	46
16	61932	78514	78881	2677	44
18	61978	78478	78975	2662	42
20	0.62024	0.78442	0.79070	1.2647	40
22	62069	78405	79164	2632	38
24	62115	78369	79259	2617	36
26	62160	78333	79354	2602	34
28	62206	78297	79449	2587	32
30	0.62251	0.78261	0.79544	1.2572	30
32	62297	78225	79639	2557	28
34	62342	78188	79734	2542	26
36	62388	78152	79829	2527	24
38	62433	78116	79924	2512	22
40	0.62479	0.78079	0.80020	1.2497	20
42	62524	78043	80115	2482	18
44	62570	78007	80211	2467	16
46	62615	77970	80306	2452	14
48	62660	77934	80402	2437	12
50	0.62706	0.77897	0.80498	1.2423	10
52	62751	77861	80594	2408	8
54	62796	77824	80690	2393	6
56	62842	77788	80786	2378	4
58	62887	77751	80882	2364	2
60	0.62932	0.77715	0.80978	1.2349	0
	余弦 cos	正弦 sin	余切 cot	正切 tan	分(′)

51°

39°

分(′)	正弦 sin	余弦 cos	正切 tan	余切 cot	
0	0.62932	0.77715	0.80978	1.2349	60
2	62977	77678	81075	2334	58
4	63022	77641	81171	2320	56
6	63068	77605	81268	2305	54
8	63113	77568	81364	2290	52
10	0.63158	0.77531	0.81461	1.2276	50
12	63203	77494	81558	2261	48
14	63248	77458	81655	2247	46
16	63293	77421	81752	2232	44
18	63338	77384	81849	2218	42
20	0.63383	0.77347	0.81946	1.2203	40
22	63428	77310	82044	2189	38
24	63473	77273	82141	2174	36
26	63518	77236	82238	2160	34
28	63563	77199	82336	2145	32
30	0.63608	0.77162	0.82434	1.2131	30
32	63653	77125	82531	2117	28
34	63698	77088	82629	2102	26
36	63742	77051	82727	2088	24
38	63787	77014	82825	2074	22
40	0.63832	0.76977	0.82923	1.2059	20
42	63877	76940	83022	2045	18
44	63922	76903	83120	2031	16
46	63966	76866	83218	2017	14
48	64011	76828	83317	2002	12
50	0.64056	0.76791	0.83415	1.1988	10
52	64100	76754	83514	1974	8
54	64145	76717	83613	1960	6
56	64190	76679	83712	1946	4
58	64234	76642	83811	1932	2
60	0.64279	0.76604	0.83910	1.1918	0
	余弦 cos	正弦 sin	余切 cot	正切 tan	分(′)

50°

40°

分(′)	正弦 sin	余弦 cos	正切 tan	余切 cot	
0	0. 64279	0. 76604	0. 83910	1. 1918	60
2	64323	76567	84009	1903	58
4	64368	76530	84108	1889	56
6	64412	76492	84208	1875	54
8	64457	76455	84307	1861	52
10	0. 64501	0. 76417	0. 84407	1. 1847	50
12	64546	76380	84507	1833	48
14	64590	76342	84606	1819	46
16	64635	76304	84706	1806	44
18	64679	76267	84806	1792	42
20	0. 64723	0. 76229	0. 84906	1. 1778	40
22	64768	76192	85006	1764	38
24	64812	76154	85107	1750	36
26	64856	76116	85207	1736	34
28	64901	76078	85308	1722	32
30	0. 64945	0. 76041	0. 85408	1. 1708	30
32	64989	76003	85509	1695	28
34	65033	75965	85609	1681	26
36	65077	75927	85710	1667	24
38	65122	75889	85811	1653	22
40	0. 65166	0. 75851	0. 85912	1. 1640	20
42	65210	75813	86014	1626	18
44	65254	75775	86115	1612	16
46	65298	75738	86216	1599	14
48	65342	75700	86318	1585	12
50	0. 65386	0. 75661	0. 86419	1. 1571	10
52	65430	75623	86521	1558	8
54	65474	75585	86623	1544	6
56	65518	75547	86725	1531	4
58	65562	75509	86827	1517	2
60	0. 65606	0. 75471	0. 86929	1. 1504	0
	余弦 cos	正弦 sin	余切 cot	正切 tan	分(′)

49°

41°

分(′)	正弦 sin	余弦 cos	正切 tan	余切 cot	
0	0. 65606	0. 75471	0. 86929	1. 1504	60
2	65650	75433	87031	1490	58
4	65694	75395	87133	1477	56
6	65738	75356	87236	1463	54
8	65781	75318	87338	1450	52
10	0. 65825	0. 75280	0. 87441	1. 1436	50
12	65869	75241	87543	1423	48
14	65913	75203	87646	1410	46
16	65956	75165	87749	1396	44
18	66000	75126	87852	1383	42
20	0. 66044	0. 75088	0. 87955	1. 1369	40
22	66088	75050	88059	1356	38
24	66131	75011	88162	1343	36
26	66175	74973	88265	1329	34
28	66218	74934	88369	1316	32
30	0. 66262	0. 74896	0. 88473	1. 1303	30
32	66306	74857	88576	1290	28
34	66349	74818	88680	1276	26
36	66383	74780	88784	1263	24
38	66436	74741	88888	1250	22
40	0. 66480	0. 74703	0. 88992	1. 1237	20
42	66523	74664	89097	1224	18
44	66566	74625	89201	1211	16
46	66610	74586	89306	1197	14
48	66653	74548	89410	1184	12
50	0. 66697	0. 74509	0. 89515	1. 1171	10
52	66740	74470	89620	1158	8
54	66783	74431	89725	1145	6
56	66827	74392	89830	1132	4
58	66870	74353	89935	1119	2
60	0. 66913	0. 74314	0. 90040	1. 1106	0
	余弦 cos	正弦 sin	余切 cot	正切 tan	分(′)

48°

42°

分(′)	正弦 sin	余弦 cos	正切 tan	余切 cot	
0	0.66913	0.74314	0.90040	1.1106	60
2	66956	74276	90146	1093	58
4	66999	74237	90251	1080	56
6	67043	74198	90357	1067	54
8	67086	74159	90463	1054	52
10	0.67129	0.74120	0.90569	1.1041	50
12	67172	74080	90674	1028	48
14	67215	74041	90781	1016	46
16	67258	74002	90887	1003	44
18	67301	73963	90993	0990	42
20	0.67344	0.73924	0.91099	1.0977	40
22	67387	73885	91206	0964	38
24	67430	73846	91313	0951	36
26	67473	73806	91419	0939	34
28	67516	73767	91526	0926	32
30	0.67559	0.73728	0.91633	1.0913	30
32	67602	73688	91740	0900	28
34	67645	73649	91847	0888	26
36	67688	73610	91955	0875	24
38	67730	73570	92062	0862	22
40	0.67773	0.73531	0.92170	1.0850	20
42	67816	73491	92277	0837	18
44	67859	73452	92385	0824	16
46	67901	73413	92493	0812	14
48	67944	73373	92601	0799	12
50	0.67987	0.73333	0.92709	1.0786	10
52	68029	73294	92817	0774	8
54	68072	73254	92926	0761	6
56	68115	73215	93034	0749	4
58	68157	73175	93143	0736	2
60	0.68200	0.73135	0.93252	1.0724	0
	余弦 cos	正弦 sin	余切 cot	正切 tan	分(′)

47°

43°

分(′)	正弦 sin	余弦 cos	正切 tan	余切 cot	
0	0.68200	0.73135	0.93252	1.0724	60
2	68242	73096	93360	0711	58
4	68285	73056	93469	0699	56
6	68327	73016	93578	0686	54
8	68370	72976	93688	0674	52
10	0.68412	0.72937	0.93797	1.0661	50
12	68455	72897	93906	0649	48
14	68497	72857	94016	0637	46
16	68539	72817	94125	0624	44
18	68582	72777	94235	0612	42
20	0.68624	0.72737	0.94345	1.0599	40
22	68666	72697	94455	0587	38
24	68709	72657	94565	0575	36
26	68751	72617	94676	0562	34
28	68793	72577	94786	0550	32
30	0.68835	0.72537	0.94896	1.0538	30
32	68878	72497	95007	0526	28
34	68920	72457	95118	0513	26
36	68962	72417	95229	0501	24
38	69004	72377	95340	0489	22
40	0.69046	0.72337	0.95451	1.0477	20
42	69088	72297	95562	0464	18
44	69130	72257	95673	0452	16
46	69172	72216	95785	0440	14
48	69214	72176	95897	0428	12
50	0.69256	0.72136	0.96008	1.0416	10
52	69298	72095	96120	0404	8
54	59340	72055	96232	0392	6
56	69382	72015	96344	0379	4
58	69424	71974	96457	0367	2
60	0.69466	0.71934	0.96569	1.0355	0
	余弦 cos	正弦 sin	余切 cot	正切 tan	分(′)

46°

44°

分(′)	正弦 sin	余弦 cos	正切 tan	余切 cot	
0	0.69466	0.71934	0.96569	1.0355	60
2	69508	71894	96681	0343	58
4	69549	71853	96794	0331	56
6	69591	71813	96907	0319	54
8	69633	71772	97020	0307	52
10	0.69675	0.71732	0.97133	1.0295	50
12	69717	71691	97246	0283	48
14	69758	71650	97359	0271	46
16	69800	71610	97472	0259	44
18	69842	71569	97586	0247	42
20	0.69883	0.71529	0.97700	1.0235	40
22	69925	71488	97813	0224	38
24	69966	71447	97927	0212	36
26	70008	71407	98041	0200	34
28	70049	71366	98155	0188	32
30	0.70091	0.71325	0.98270	1.0176	30
32	70132	71284	98384	0164	28
34	70174	71243	98499	0152	26
36	70215	71203	98613	0141	24
38	70257	71162	98728	0129	22
40	0.70298	0.71121	0.98843	1.0117	20
42	70339	71080	98958	0105	18
44	70381	71039	99073	0094	16
46	70422	70998	99189	0082	14
48	70463	70957	99304	0070	12
50	0.70505	0.70916	0.99420	1.0058	10
52	70546	70875	99536	0047	8
54	70587	70834	99652	0035	6
56	70628	70793	99768	0023	4
58	70670	70752	99884	0012	2
60	0.70711	0.70711	1.00000	1.0000	0
	余弦 cos	正弦 sin	余切 cot	正切 tan	分(′)

45°

图书在版编目(CIP)数据

机械工人切削手册/原北京第一通用机械厂编. —9版. —北京:机械工业出版社,2022.6(2024.11重印)

ISBN 978-7-111-71039-4

Ⅰ.①机… Ⅱ.①原… Ⅲ.①金属切削-技术手册 Ⅳ.①TC5-62

中国版本图书馆CIP数据核字(2022)第108534号

机械工业出版社(北京市百万庄大街22号 邮政编码100037)

策划编辑:王晓洁 责任编辑:王晓洁 章承林

责任校对:张 征 张 薇 封面设计:马精明

责任印制:单爱军

北京新华印刷有限公司印刷

2024年11月第9版第3次印刷

101mm×140mm · 21印张 · 2插页 · 837千字

标准书号:ISBN 978-7-111-71039-4

定价:69.80元

电话服务 网络服务

客服电话:010-88361066 机 工 官 网:www.cmpbook.com

010-88379833 机 工 官 博:weibo.com/cmp1952

010-68326294 金 书 网:www.golden-book.com

机工教育服务网:www.cmpedu.com